Chemistry 13th Edition

An Introduction to General, Organic, and Biological Chemistry

Karen C. Timberlake 저

핵심 일반화학 13판

일반화학교재편찬위원회 역

저자 소개

Karen Timberlake는 36년간 보건 및 기초 화학 통합 과정에서 화학을 가르친 로스앤젤레스 밸리 대학의 화학과 명예 교수이다. 워싱턴 대학교에서 학사 학위를 받았고, UCLA(캘리포니아 대학교 로스앤젤레스)에서 생화학 분야의 석사 학위를 받았다.

Timberlake 교수는 40년간 화학 교재를 집필해왔다. 이 기간 동안, 그녀는 화학에서 학생들의 성공을 촉진하고, 화학을 실제 상황에 적용하는 교육적인 도구의 전략적인 사용에 있어 긴밀한 관련을 맺고 있다. 100만 명 이상의 학생들은 Karen Timberlake가 저술한 교재, 실험 교재 및 학습서를 이용하여 화학을 배우고 있다. 본 교재 외에도 그녀는 《*General, Organic, and Biological Chemistry*, 5th ed.》, 《*Study Guide and Selected Solutions Manual for General, Organic, and Biological Chemistry*》, 《*Laboratory Manual for General, Organic, and Biological Chemistry*》, 《*Essentials Laboratory Manual for General, Organic and Biological Chemistry*》, 《*Basic Chemistry*, 5th ed.》 및 《*Study Guide and Selected Solutions Manual for Basic Chemistry*》 등을 저술하였다.

Timberlake 교수는 미국 화학학회(American Chemical Society, ACS), 미국 과학 교사 협회(National Science Teachers Association, NSTA)와 같은 많은 과학 및 교육 단체에 소속되어 있다. 그녀는 화학 제조업자 협회(Chemical Manufacturers Association)에서 수여하는 대학 화학 교육상의 서부 지역 수상자가 되기도 하였다. 시간이 지남에 따라 우수성을 입증한 자신의 교재 《*Chemistry: An Introduction to General, Organic, and Biological Chemistry*, 8th ed.》으로 교재 저자 협회(Textbook Authors Association)로부터 물리과학 분야의 McGuffey 상을 수상하였고, 《*Basic Chemistry*》 초판으로 교재 저자 협회로부터 'Texty' 교재 우수상도 수상하였다. 그녀는 Los Angeles Collaborative for Teaching Excellence(LACTE)와 그녀가 재직하는 대학의 Title III를 포함하는 과학 교육 연구과제에도 참여하였다. 그녀는 학술회의와 교육회의에서 학생들의 학습 성공을 촉진하기 위하여 화학에서 학생 중심의 교습 방법의 사용에 대하여 발표하였다.

Timberlake 교수는 교재를 저술하지 않을 때는 남편과 함께 테니스를 치거나 사교댄스, 여행, 새로운 식당 순회, 요리, 그리고 손자와 손녀인 Daniel과 Emily를 돌보면서 느긋하게 보내고 있다.

헌정

저는 이 책을 다음 사람들에게 헌정하고자 합니다.

- **인내심과 애정 어린 지원, 그리고 늦은 식사를 준비하여 준 나의 남편 Bill**
- **인생의 귀중함을 알려준 아들 John과 며느리 Cindy, 그리고 손자 Daniel과 손녀 Emily**
- **열심히 공부하고 동참해줌으로써 항상 나에게 동기를 부여하고 저술의 목적을 주었던 오랜 세월에 걸친 훌륭한 제자들**

즐겨 사용하는 인용문

교육이라는 기술은 그저 젊은 사람들의 자연스러운 호기심을 깨우는 기술이다.

—Anatole France

사람은 행함으로 배워야 한다. 비록 무언가를 알고 있다고 생각해도, 행하기 전까지는 확실하지 않다.

—Sophocles

발견이란 모두가 보는 것을 보고, 아무도 하지 못한 생각을 하는 것이다.

—Albert Szent-Gyorgyi

나는 학생들을 가르친 적이 없다. 나는 단지 그들이 배울 수 있는 여건을 만들어주려고 노력했을 뿐이다.

—Albert Einstein

서문

본 교재의 13판을 찾아주신 것을 환영한다. 이 화학 교재는 여러분이 간호, 영양학, 호흡 관련 치료, 환경학 및 농학과 같은 보건 관련 직업을 준비하는 데 도움이 되도록 저술되고 설계되었다. 이 교재는 여러분이 화학에 대한 사전 지식이 없다고 가정하였다. 이 교재를 저술함에 있어 주목적은 물질의 구조와 거동을 보건과 환경에 있어서의 역할과 연계함으로써 화학을 학습하는 것을 매력적이고 긍정적인 경험으로 만드는 것이다. 이번 새로운 판에서는 보다 많은 문제 해결 전략과 문제 해결 지침, 새로운 연계성을 가진 문제 분석, 새로운 문제와 생각해보기, 개념 및 도전 문제, 새로운 일련의 개념 종합 문제 등을 소개하고 있다.

여러분이 보건과 환경에 관련된 문제에 대한 중요한 결정을 내릴 수 있는 기반을 형성할 과학적 개념을 이해함으로써 비판적 사고를 할 수 있도록 돕는 것이 나의 목표이다. 따라서 다음과 같은 자료를 사용하였다.

- 화학을 배우고 즐길 수 있도록 도와주는 것
- 화학을 관심이 있는 직업과 연계하는 것
- 화학에서의 성공으로 이끌어주는 문제 해결 기술을 개발하는 것
- 화학에서 배움과 성공을 촉진하는 것

13판에서 새로운 점

이번 13판 교재 전반에 다음과 같은 새롭고 최신의 특성들이 추가되었다.

- NEW AND UPDATED! 장의 시작 부분은 보건 직업에 있어서 흥미를 끄는 의학적 이야기를 제공하고 각 장의 화학 개념을 소개하였다.
- NEW! 각 장의 끝에 추가된 '의학 최신 정보'는 장 시작 부분의 이야기를 이어가며 후속 치료에 대하여 기술한다.
- NEW! 여백에 제시한 '생각해보기'는 학생들에게 방금 읽은 문장에 대하여 생각해볼 것을 요구하며, 주제에 관련된 생각해보기 질문에 답함으로써 그것을 이해하였는지 여부를 시험할 것을 요구하고 있다.
- NEW! '문제'는 각 예제의 풀이에 앞서 게재되어 학생들이 주어진 풀이를 읽기 전에 문제를 풀어 볼 것을 격려하고 있다.
- NEW! 주어진 조건과 필요한 사항 사이의 관계를 제시하기 위하여 '연계'가 문제 분석 박스에 추가되었다.
- NEW! 연습 문제에 추가된 '의학 응용'은 화학 내용과 의학 및 보건 사이의 관련성을 보여준다.
- NEW! 화학을 학습하는 전략은 화학을 학습하고 배우는 성공적인 방법을 사용하기 위하여 추가되었다.
- NEW! 여백에 기재된 '확인하기'는 학생들이 시험 내용을 되풀이 연습하여 관련된 연습 문제를 풀도록 격려한다.
- NEW! '양방향 비디오'는 학생들에게 교재의 문제에 대하여 단계적 문제 풀이 경험을 제공한다.
- NEW! 절이 시작할 때 여백에 기재된 '복습' 주제에는 이전 장의 주요 수학 기법과 핵심 화학 기법이 나열되어 있으며, 이것은 현재 장에서 새로운 화학 원리를 배우기 위한 기초를 제공한다.
- UPDATE! '풀이 지침'은 선택된 예제에 포함되었다.
- UPDATE! '주요 수학 기법'은 학생들이 교재 전반을 통하여 배우는 화학과 관련된 기초 수학을 복습한다. 각 장의 끝에 있는 주요 수학 기법 복습은 수학 기법을 요약하고, 추가적인 예를 제공한다.
- UPDATE! '핵심 화학 기법'은 화학을 성공적으로 배우는 데 필요한 각 장의 주요 화학 원리를 확인한다. 각 장의 끝에 있는 핵심 화학 기법은 관련 자료를 보강하고 추가적인 예를 제공한다.
- UPDATE! 예제의 풀이에 포함된 '문제 분석'은 비판적 사고 기법을 강화하고 언어적으로 문제를 분해하여 문제를 풀이하는 데 필요한 성분을 나타낸다.
- UPDATE! '연습 문제', '예제'와 그림은 논의되는 화학과 이러한 기법이 전문적인 경험에서 어떻게 필요한지, 그 연계를 보여준다.
- UPDATE! '개념 종합'은 2개 이상의 이전 장에서 나온 주제를 종합하여 학생들의 이해를 시험하고, 비판적인 사고를 향상시키는 종합 문제 세트를 제공한다.

13판의 장 체계

내가 저술하는 각 교재에서 나는 모든 화학 개념을 실생활 문제와 연계하는 것은 필수라고 생각하였다. 화학 과정은 다른 시간 체계에서 가르칠 수도 있기 때문에 이 교재의 모든 장을 다루는 것은 어려울 수 있다. 그러나 각각의 장은 자체로 완전한 형태이며, 이는 일부 장이 생략되거나 다루는 순서를 변경할 수 있다.

1장 일상에서의 화학

이 장은 일상의 용어로 과학적 방법을 논의하고, 화학 계산에서 필요한 과학적 표기법을 포함하여 기초 수학을 복습하는 주요 수학 기법의 절을 통해 학생들이 화학을 배움에 있어 학습 계획을 개발하도록 안내한다.

- 장을 여는 내용은 살인 사건에 대한 이야기를 들려주며 법의학 과학자가 하는 업무와 경험을 기술한다.
- 새로운 의학 최신 정보는 살인을 해결하는 데 도움이 되는 법의학 증거를 기술하고 의학 응용을 포함한다.
- '과학적 방법: 과학자처럼 생각하기'는 **법칙**과 **이론**을 포함하도록 확장하였다.
- 과학적 표기법으로 숫자 쓰기는 이제 새로운 절이 되었다.
- 화학을 학습하고 배우기라는 제목의 최신화된 절은 확장되어 내용을 배우고 이해하는 것을 향상시키는 전략을 논의하고 있다.
- 주요 수학 기법은 다음과 같다.
  자릿값 확인하기, 계산에서 양수와 음수 사용하기, 백분율 계산, 방정식 풀기, 그래프 해석 및 과학적 표기법으로 숫자 쓰기

2장 화학과 측정

2장은 측정을 살펴보고, 미터법 체계의 수적 관계를 이해할 필요가 있음을 강조한다. 유효숫자는 최종 해답을 결정하는 데 주로 논의한다. 미터법 체계에서 접두사는 문제 풀이 전략으로 동등량과 환산 인자를 쓰는 데 사용된다. 밀도 또한 논의하며, 환산 인자로 사용한다.

- 장을 여는 내용은 고혈압 환자의 이야기를 들려주며, 등록 간호사의 업무와 경험에 대하여 말한다.
- 새로운 의학 최신 정보는 환자의 상태와 주치의의 확인 방문을 기술한다.
- 화학의 의학 응용에 대한 시각적 소개를 향상하기 위하여 내시경, 프로프라놀롤 정제, 기침 시럽, 운동하는 사람, 요 시험지와 1파인트 혈액 등 새로운 사진을 추가하였다. 예전의 그림은 선명도를 향상하기 위하여 최신화하였다.
- 예제는 문제 풀이를 통하여 혈액의 부피, 오메가-3 지방산, 방사선 영상, 체지방, 콜레스테롤 및 처방약 지시와 같은 건강 관련 주제와 연계하도록 하였다.
- 새로운 의학 응용은 측정, 무기질과 비타민의 일일 권장량, 복용량의 동등량과 환산 인자에 대한 의문을 기술한다.
- 새로운 자료는 문제 설정에서 사용하는 동등량과 환산 인자의 유효숫자를 세는 법을 나타내고 있다.
- 새로운 주요 수학 기법인 반올림을 추가하였다.
- 핵심 화학 기법은 다음과 같다.
  유효숫자 세기, 계산에서 유효숫자를 이용하기, 접두사 이용, 동등량으로부터 환산 인자 쓰기, 환산 인자 이용 및 밀도를 환산 인자로 이용하기

3장 물질과 에너지

물질과 물질의 상태를 분류하고, 온도 측정을 기술하며, 에너지, 비열, 영양에서의 에너지 및 상태 변화에 대하여 논의하였다. 또한 물리적, 화학적 성질과 물리적, 화학적 변화도 논의하였다.

- 장을 여는 내용은 2형 당뇨에 걸릴 위험이 있는 과체중 청소년의 식단과 운동을 기술하고, 영양사가 하는 업무와 경험을 기술한다.
- 새로운 의학 최신 정보는 체중 감소를 위하여 영양사가 마련한 새로운 식단을 기술하였다.
- 연습 문제와 예제에는 암 치료에 사용되는 열치료, 제세동기의 고에너지 충격 출력에 의하여 생성된 에너지, 냉각 모자를 이용한 체온 저하, 근육 부상에 대한 얼음주머니 치료와 음식의 에너지 값을 포함하였다.
- 핵심 화학 기법은 다음과 같다.
  물리적, 화학적 변화 확인, 온도 척도 사이의 변환, 에너지 단위 사용, 열 방정식 이용 및 상태 변화에 대한 열 계산
- 1장에서 3장을 포함하는 개념 종합이 장을 마무리한다.

4장 원자와 원소

원소와 원자, 주기율표를 소개한다. 새로운 원소 113번 니호늄(Nh), 115번 모스코븀(Mc), 117번 테네신(Ts)과 118번 오가네손(Og)의 이름과 기호가 주기율표에 추가되었다. 원자의 전자 배열을 기재하였고, 주기적 성질의 경향을 기술하였다. 동위원소에 대한 원자 번호와 질량수를 결정하고, 원소의 가장 풍부한 동위원소는 원자 질량으로 결정하였다.

- 장을 여는 내용과 후속 내용은 농부의 업무와 경험을 기술한다.
- 새로운 의학 최신 정보는 농부에 의한 농작물 생산 향상을 기술한다.
- 원자 번호와 질량수는 원자의 양성자 수와 중성자 수를 계산하는 데 사용한다.
- 양성자 수와 중성자 수는 질량수를 계산하는 데 사용하고, 동위원소의 원자 기호를 쓰는 데 사용한다.
- 주기적 성질의 경향은 원자가 전자, 원자 크기, 이온화 에너지 및 금속 특성에 대하여 기술한다.
- 핵심 화학 기법은 다음과 같다.
  양성자와 중성자 세기, 동위원소의 원자 기호 쓰기, 전자 배열 쓰기, 주기 성질의 경향을 확인하기 및 Lewis 기호 그리기

5장 핵화학

방사성 원자의 핵으로부터 방출되는 방사선의 종류를 살펴본다. 핵 반응식은 자연 산출 방사성과 인공 생성 방사성 모두에 대하여 쓰고 완결된다. 방사성 동위원소의 반감기에 대하여 논의하고, 시료가 붕괴하는 데 걸리는 시간을 계산한다. 핵의학 분야에서 중요한 방사성 동위원소를 기술하고, 핵분열과 핵융합 및 이들의 에너지 생산에서의 역할에 대하여 논의한다.

- 새로운 장을 여는 내용은 관상 동맥 심장 질환의 가능성이 있는 환자의 핵 스트레스 시험 수행을 기술하고, 방사선 기사의 업무와 경험을 기술한다.
- 새로운 의학 최신 정보는 방사성 동위원소 Tl-201을 이용한 심장 영상의 결과를 논의한다.
- 예제와 연습 문제는 백혈병 치료에 사용하는 인-32, 암을 치료하기 위하여 신체에 이식된 방사선 동위원소를 포함한 타이타늄 씨앗, 관절염 통증을 위한 이트륨 주사 및 인-32 용량에서의 밀리큐리를 포함한 간호학과 의학 예를 사용한다.
- 핵심 화학 기법은 다음을 포함한다.
  핵 반응식 쓰기, 반감기 이용

6장 이온과 분자 화합물

이온 및 공유 결합의 형성을 기술한다. 화학식을 쓰고, 다원자 이온을 가진 것을 포함하여 이온 화합물과 분자 화합물을 명명한다.

- 새로운 장을 여는 내용은 분자 화합물로 아스피린을 기술하고, 약제 기사의 업무와 경험을 기술한다.
- 새로운 의학 최신 정보는 약국에 있는 여러 종류의 화합물을 기술하고 의학 응용에 포함하였다.
- 6.6절은 ‘분자의 Lewis 구조’, 6.7절은 ‘전기음성도와 결합 극성’, 6.8절은 ‘분자의 모양’, 6.9절은 ‘분자의 극성과 분자간 힘’으로 새롭게 제목을 부여하였다.
- Lewis 구조라는 용어로 전자-점 식을 대체하였다.
- 다원자 이온에 관한 최신화된 자료는 -산(ate) 이온과 아-산(ite) 이온의 이름, 탄산과 탄산수소의 전하, 할로젠의 산소와의 다원자 이온의 화학식과 전하를 비교하였다.
- 이온 화합물과 분자 화합물의 입자와 결합을 비교하는 새로운 그림을 추가하였다.
- 6.5절의 새로운 화합물 명명에 대한 흐름도는 이온과 분자 화합물의 명명 방식을 보여준다.
- 핵심 화학 기법은 다음과 같다.
  양이온과 음이온 쓰기, 이온 화학식 쓰기, 이온 화합물 명명, 분자 화합물의 이름과 화학식 쓰기, Lewis 구조 그리기, 전기음성도 이용, 모양 예측, 분자의 극성 및 분자간 힘 확인하기
- 4장에서 6장을 포함하는 개념 종합이 장을 마무리한다.

7장 화학량과 반응

주어진 양의 원소 또는 순물질에서 입자의 질량 또는 수를 결정하기 위하여 계산에 사용되는 화합물의 Avogadro 수, 몰 및 몰 질량을 논의한다. 학생들은 화학 반응식을 완결하는 것과 결합, 분해, 단일 치환, 이중 치환, 연소와 같은 반응의 종류를 배운다. 장의 논의에서 생물학적 반응을 포함한 실생활의 예를 이용한 산화-환원 반응, 화학 반응식의 몰 관계, 화학 반응의 계산, 화학 반응의 에너지 계산은 발열과

흡열 반응의 활성화 에너지와 에너지 변화를 논의한다.

- 장을 여는 내용은 폐기종의 증상을 기술하고, 운동 생리학자의 경력을 논의한다.
- 새로운 의학 최신 정보는 간질성 폐질환의 치료에 대하여 설명한다.
- 예제와 도전 문제는 간호학과 의학 예를 사용한다.
- 새롭게 확장된 그림은 화학 반응의 시각적 증거를 보여준다.
- 핵심 화학 기법은 다음과 같다.
  입자를 몰로 변환, 몰 질량 계산, 몰 질량을 환산 인자로 이용, 화학 반응식 완결, 화학 반응의 종류 분류, 산화와 환원된 물질을 확인하기, 몰-몰 계수 이용하기 및 그램을 그램으로 환산

8장 기체

기체의 성질을 논의하고, Boyle의 법칙, Charles의 법칙, Gay-Lussac의 법칙, Avogadro의 법칙 및 Dalton의 법칙과 같은 기체 법칙을 이용하여 기체 내 변화를 계산한다. 문제 풀이 전략은 기체 법칙과 관련한 논의와 계산을 향상시킨다.

- 장을 여는 내용은 호흡 치료사의 업무와 경험을 기술한다.
- 새로운 의학 최신 정보는 운동으로 유발된 천식을 예방하는 운동에 대하여 기술한다. 의학 응용은 폐 부피 및 기체 법칙과 관계가 있다.
- 예제와 도전 문제에서는 산소 치료를 하는 동안 안면 마스크를 통하여 제공되는 산소 기체의 부피를 계산하고, 스쿠버 다이버의 헬리옥스 호흡 혼합물 제조 및 가정용 산소 탱크를 포함하여 간호학과 의학 예를 이용한다.
- 핵심 화학 기법은 다음과 같다.
  기체 법칙 이용, 부분압 계산

9장 용액

용액, 전해질, 포화와 용해도, 불용성 염, 농도와 삼투에 대하여 기술한다. 용액의 농도는 용질의 질량 또는 부피를 결정하는 데 사용되고, 용액의 부피와 몰 농도는 묽힘 및 적정의 계산에 사용된다. 용액의 성질, 체내 삼투 및 투석에 대하여 논의한다.

- 장을 여는 내용은 신장 질환이 있는 환자의 투석 치료를 기술하고, 투석 간호사의 업무와 경험을 기술한다.
- 새로운 의학 최신 정보는 투석 치료와 투석액의 전해질 수준을 설명한다.
- 최신화된 그림은 통풍과 정맥주사 수액을 포함한다.
- 정맥주사 수액의 전해질에 대하여 표 9.6에서 설명한다.
- 핵심 화학 기법은 다음과 같다.
  용해도 규칙 이용, 농도 계산 및 환산 인자로서 농도를 이용
- 7장에서 9장을 포함하는 개념 종합이 장을 마무리한다.

10장 산과 염기와 평형

산과 염기 및 짝산-염기쌍에 대하여 논의한다. 강산과 약산 및 강염기와 약염기의 해리는 산 또는 염기로서의 세기와 관련이 있다. 물의 해리는 물의 해리 표현식인 K_w, pH 척도 및 pH 계산과 연결된다. 산과 염기의 금속, 탄산화물, 탄산수소화물과의 반응이 논의된다. 반응에서 산에 대한 화학 반응식은 완결되고 산의 적정이 도시되었다. 완충은 혈액에서의 역할과 함께 논의되었다.

- 장을 여는 내용은 호흡성 산증이 있는 사고 피해자를 기술하고, 임상 병리사의 업무와 경험을 기술한다.
- 의학 최신 정보는 위산 역류증의 증상과 치료를 논의한다.
- '산-염기 평형' 절은 Le Châtelier의 원리를 포함한다.
- 의학 응용에는 체액, 음식, 혈장, 체액의 pH의 $[OH^-]$ 또는 $[H_3O^+]$ 계산이 포함된다.
- 주요 수학 기법은 다음과 같다.
  $[H_3O^+]$으로부터 pH 계산, pH로부터 $[H_3O^+]$ 계산
- 새로운 핵심 화학 기법은 다음과 같다.
  짝산-염기쌍 확인하기, Le Châtelier의 원리 이용, 용액에서 $[H_3O^+]$와 $[OH^-]$ 계산, 산과 염기 반응에 대한 반응식 쓰기, 적정에서 산 또는 염기의 몰 농도 또는 부피 계산

11장 유기화학 서론: 탄화수소

무기와 유기 화합물을 비교하고 알케인, 시스-트랜스 이성질체를 포함한 알켄, 알카인 및 방향족 화합물의 이름과 구조를 기술한다.

- 장을 여는 내용은 화재 피해자와 방화 현장에서 촉진제와 연료의 흔적을 찾는 과정을 기술하고, 소방관/응급의료기사의 업무와 경험을 기술한다.
- 새로운 의학 최신 정보는 병원에서의 화상 치료와 화재에서 확인된 연료의 종류를 기술한다.
- 쐐기-점선 모형을 메테인과 에테인을 표시하기 위하여 추가하였다.
- 선-각 구조식을 표 11.2 처음 10개 알케인의 IUPAC 이름과 화학식에 포함하였다.
- 핵심 화학 기법은 다음과 같다.
  알케인의 명명과 그리기, 수소화 및 수화 반응에 대한 반응식 쓰기

12장 알코올, 싸이올, 에터, 알데하이드 및 케톤

알코올, 싸이올, 에터, 알데하이드 및 케톤의 작용기와 이름을 기술한다. 알코올, 페놀, 알데하이드 및 케톤의 물에 대한 용해도를 논의하였다.

- 새로운 장을 여는 내용은 악성 흑색종의 위험 인자를 기술하고 피부과 간호사의 업무와 경험을 논의한다.
- 새로운 의학 최신 정보는 악성 흑색종, 피부 보호와 자외선 차단제의 작용기를 논의한다.
- 일부 알데하이드와 케톤의 용해도에 대한 표를 최신화하였다.
- 소독제에 대한 새로운 자료가 추가되었다.
- 체내 메탄올의 산화가 화학과 보건의 '체내에서 알코올의 산화'에 포함되었다.
- 핵심 화학 기법은 다음과 같다.
  작용기 확인, 알코올과 페놀의 명명, 알데하이드와 케톤의 명명, 알코올의 탈수 반응에 대한 반응식 쓰기 및 알코올의 산화에 대한 반응식 쓰기
- 10장에서 12장을 포함하는 개념 종합이 장을 마무리한다.

13장 카복실산, 에스터, 아민 및 아마이드

카복실산, 에스터, 아민 및 아마이드의 작용기와 명명을 논의한다. 화학 반응에는 에스터화 반응, 아마이드화 반응 및 에스터와 아마이드의 산과 염기 가수분해 반응을 포함한다.

- 장을 여는 내용은 농장에서 사용하는 살충제와 약물을 기술하고 환경 보건 전문사업자의 업무와 경험을 기술한다.
- 새로운 의학 최신 정보는 동물에게 살포하는 데 사용되는 살충제를 기술한다.
- 카복실산의 선-각 구조식이 표 13.1에 추가되었다.
- 핵심 화학 기법은 다음과 같다.
  카복실산의 명명, 에스터의 가수분해 및 아마이드 형성

감사의 글

새로운 교재를 저술하는 것은 많은 분들의 끊임없는 노력의 결과입니다. 저는 뛰어난 배움의 종합물을 제공하는 양질의 교재를 만들기 위하여 오랜 시간 동안 지칠 줄 모르는 노력을 기울여주신 많은 분들의 지원과 격려, 헌신에 진심으로 감사드립니다. Pearson 사의 편집팀은 놀라운 일을 해주었습니다. 저는 이번 13판의 비전을 지원해주신 교재 자료 관리자이신 Jeanne Zalesky, 교재 자료 관리자 Scott Dustan에게도 감사드립니다.

책이 만들어지는 데 있어 준비해야 할 검토, 그림, 인터넷 자료들을 비롯한 모든 것을 멋지게 모아주신 콘텐츠 제작자이신 Lizette Faraji의 멋진 결과물에도 감사드립니다. 원고의 모든 단계를 멋진 책의 마지막 페이지까지 훌륭하게 정리하여 변화시킨 SPi Global의 Karen Berry와 Christian Arsenault에게도 감사드립니다. 원고와 정확성 검토를 담당한 Mark Quirie, 학생들이 화학을 배우는 데 도움이 되도록 문제와 단어가 정확한지 확인하기 위하여 초기 및 최종 원고와 페이지를 정확하게 분석하고 편집한 Laura Patchkofsky, Linda Smith에게도 감사드립니다. 그들의 날카로운 눈과 사려 깊은 첨언은 이 교재를 발전시키는 데 매우 큰 도움이 되었습니다.

저는 화학에 대한 아름다움과 이해를 제공하는 이 교재의 그림 분야에 대하여 특히 자부심을 가지고 있기에 그림 전문가인 Wynne Au Yeung과 Stephanie Marquez, 창의적인 아이디어로 교재의 표지와 속 페이지의 뛰어난 디자인을 제공한 내부와 표지 디자이너인 Mark Ong과 Tamara Newnam에게 감사드립니다. 사진 연구원인 Eric Shrader는 학생들이 화학의 아름다움을 볼 수 있도록 교재에 생생한 사진을 연구하고 선택하는 데 있어 뛰어났습니다. 원고의 화학물질 구조를 생성하는 데 도움을 준 그림 소프트웨어인 KnowItAll ChemWindows를 사용하도록 배려해주신 Bio-Rad Laboratories에게도 감사드립니다. Production Solution과 Precision Graphics에 의해 디자인된 거시에서 미시로의 그림은 학생들에게 일상 사물들의 원자와 분자 구성에 대한 시각적 인상을 제공하였으며, 이는 환상적인 배움의 도구가 되어주었습니다. 저는 마케팅팀과 마케팅 책임자이신 Elizabeth Ellsworth가 현장에서 쏟아 부은 모든 노고에 대하여 감사드립니다.

저는 본문의 추가, 수정, 변경 및 삭제되는 부분에 대한 모든 새로운 아이디어를 신중하게 평가하고, 이 교재의 개선 사항에 대한 많은 양의 피드백을 제공해준 동료들에게도 감사드립니다. 여러분 모두, 한 분 한 분에게 감사드리며 존경합니다.

만약 여러분들이 화학에 대한 경험을 공유하고 싶거나 이 교재에 대하여 질문과 의견이 있다면, 저는 여러분의 의견을 듣는 것에 대하여 감사할 것입니다.

Karen Timberlake
Email: khemist@aol.com

세계판을 위한 감사의 글

Pearson 사는 세계판에 기여한 Chitralekha Sidana와 세계판의 감수에 대하여 마드라스 대학교의 Karishma Kochar, Dr. S. Nehru와 서던퀸즐랜드 대학교의 Antoine Trzeinski에게 감사를 드립니다.

역자 서문

지난 30여 년간 다양한 전공과 배경을 가진 학생들에게 일반화학을 다양한 번역판 교재를 이용하여 지속적으로 강의하면서 아쉬웠던 것들이 있었습니다. 그동안 여러 가지 요인에 의하여 대학가에서는 다양한 교과과정이 지속적으로 개편되고 시행되었습니다. 그리고 이에 따라 수강 학생들의 전공 특성에 의거하여 일상적인 2학기 과정이 아닌 1학기 과정이 요구될 때, 학생들 특히 보건 관련 학과 학생들의 요구에 적절한 내용을 2학기용 교재에서 선택적으로 선정하는 것이 쉽지 않았고, 고교 과정에서 화학을 배우지 않은 학생들의 수가 점차 증가함에 따라 제한된 시간 안에 보다 쉽게 화학의 핵심을 전달하기에 적절한 교재를 발견하기가 매우 어려웠던 것이 사실이었습니다. 이에 특히 '보건 계통 관련 진로 및 내용이 보다 많이 서술되어 이 분야 학생들의 흥미와 진로 설계에 도움이 될 수 있다면 더욱 좋겠다.'라는 추가적인 희망도 있었습니다.

그동안 지속적으로 다양한 교재가 발간되어 왔음에도 불구하고 개인적인 기대에 만족스러운 결과를 주지는 못하였습니다. 그러나 최근 화학 교육에 많은 경험과 실적을 가진 Karen Timberlake 교수의 일반화학 13판을 보게 되었고, 다행스럽게도 이러한 개인적인 희망사항이 모두 충족되는 느낌이었다고 고백합니다. 다만 일반적인 1학기 강의 주차에 고려하여 원서를 모두 번역하는 대신, 보통 고학년의 전공 영역에서 세부적으로 다루게 되는 생화학 부분을 제외한 일반화학과 유기화학에 한정하여 번역하였으므로, 이에 대한 독자들의 양해를 부탁드립니다.

저자가 서문에서 자세히 설명하였듯이, 장의 서두에는 장에 관련된 보건 계통의 다양한 진로에 있어 할 일과 배워야 할 내용을 간략히 설명하여 학생들의 흥미를 집중시킨 것은 정말 매력적인 부분이라고 할 수 있습니다. 또한 일반적으로 최근 일반화학을 강의하면서 강조되는 부분 중의 하나인 양자역학의 지식을 소개하고, 이로부터 화학의 핵심이 되는 다양한 원자 특성의 원인이 되는 원자 구조의 차이를 도입할 때 학생들이 이해할 수 있도록 개념을 쉽게 풀어 전달하는 것이 쉽지 않음을 항상 느껴 왔습니다. 그러나 여러분이 교재 내용을 살펴보면 알 수 있듯이 복잡하고 어려운 수학적 기법이 포함된 내용을 평이한 언어로 화학의 핵심 개념을 설명하고 있음을 확인할 수 있을 것입니다. 따라서 수식에 질렸던 많은 학생들이 화학의 핵심 개념을 보다 쉽게 이해하고 접근할 수 있을 것이라고 확신합니다.

다양한 예제와 유제, 연습 문제들의 경우에도 보건 계통에서 흔히 마주칠 수 있는 상황을 차용하고 있습니다. 따라서 이 분야를 전공하고자 하는 학생들을 비롯해 이 분야에 흥미를 느끼는 타 전공의 학생들까지 저절로 흥미를 불어 일으킬 수 있을 것으로 예상됩니다. 다양한 사진과 그림 또한 제시된 개념을 시각적으로 이해하는 데 도움이 되도록 설계되고 배치되어 있는 것을 볼 수 있습니다. 따라서 오랫동안 개념을 기억에 저장할 수 있을 것입니다.

이제 그동안 화학이 어렵다는 막연한 생각 때문에 멀리하였던 분들에게도 이제는 자신 있게 권할 수 있는 교재라 확신하기에, 이 교재를 차근차근 배워가게 된다면 화학이 더 이상 어렵지 않게 될 것으로 전망합니다.

이 교재를 선택한 여러분들이 화학 개념의 이해를 넘어 화학을 배우는 재미를 느끼며, 더 나아가 미래의 진로를 선택하고 성공하는 데 도움이 되기를 진심으로 바랍니다.

2023. 2.1

역자 일동

차례

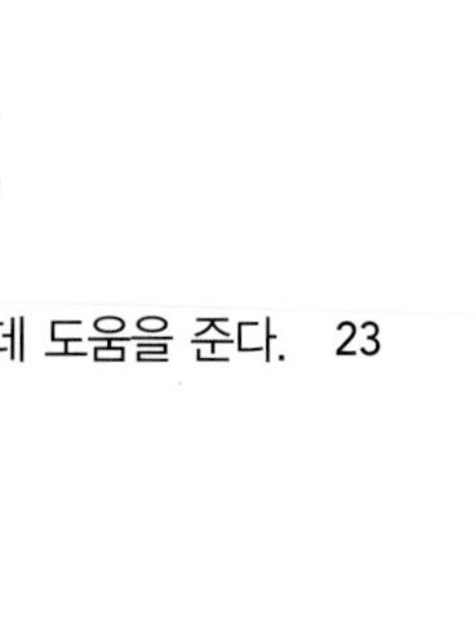

6

이온과 분자 화합물 185

7

화학량과 반응 239

8

기체 283

9 용액 311

10 산과 염기와 평형 351

11 유기화학 서론: 탄화수소 395

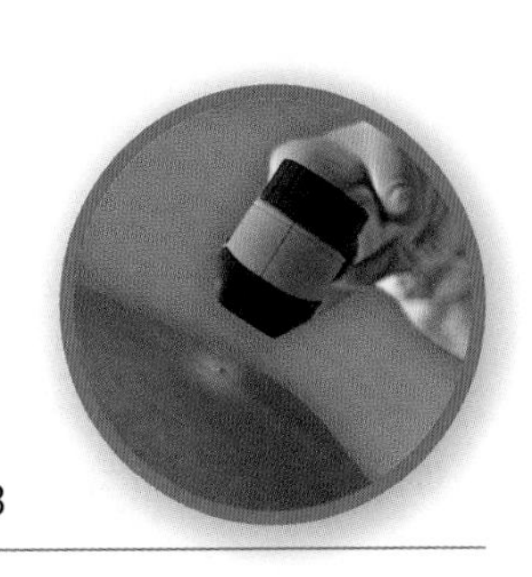

12 알코올, 싸이올, 에터, 알데하이드 및 케톤 433

13 카복실산, 에스터, 아민 및 아마이드 471

1 일상에서의 화학

직장에서 집으로 돌아온 남자로부터 집 바닥에 아내가 쓰러져 있다는 긴급전화가 걸려 왔다. 도착한 경찰은 도착했을 때 여성은 이미 사망했다고 선언하였다. 피해자의 시신은 거실 바닥에 누워 있었고, 현장에서 혈흔은 발견되지 않았다. 경찰은 작은 탁자에서 소량의 액체가 담겨 있는 유리잔과 인접한 세탁실에서 독성 물질인 에틸렌 글라이콜이 반 정도 들어 있는 부동액 용기를 발견하였다. 용기와 유리잔, 액체는 수거되어 법의학 실험실로 보내졌다.

또 다른 긴급전화에서는 한 남자가 자신의 집 밖 잔디밭에서 누운 채로 발견되었다. 그의 몸에서는 혈흔이 발견되었고, 잔디밭에는 몇 발의 탄피가 발견되었다. 피해자의 집 안에서는 총기가 회수되었다. 탄피와 총기는 수거되어 역시 법의학 실험실로 보내졌다.

법의학자인 Sarah와 Mark는 과학적 처리와 화학적 시험을 하여 법 집행기관으로부터 전달된 증거를 조사하였다. Sarah는 혈액과 위 내용물, 그리고 첫 번째 피해자의 집에서 채취된 액체를 분석하며, 약물과 독극물, 알코올의 존재 여부를 살펴볼 것이다. 그녀의 실험실 동료인 Mark는 유리잔의 지문을 분석하고, 두 번째 범죄 현장에서 발견된 총기와 탄피의 특성이 일치하는지를 살펴볼 것이다.

관련 직업 법의학 과학자

대부분의 법의학 과학자들은 시 또는 군(county)의 법체계의 일부인 범죄 연구소에서 일하며, 범죄 현장의 조사관들이 확보한 체액과 조직 시료를 분석한다. 이러한 시료를 분석하면서 법의학 과학자들은 신체 내 특정한 화학 물질의 존재 또는 부재를 확인하여 범죄 사건을 해결하는 데 도움을 준다. 이들이 찾고자 하는 화학물질들은 알코올, 불법 또는 처방 약물, 독극물, 방화 잔류물, 금속 및 일산화 탄소와 같은 다양한 기체 등이 포함되며, 이러한 물질들을 확인하기 위해 다양한 화학 기자재와 고도의 특정한 방법론이 사용된다. 법의학 과학자들은 범죄 피의자, 운동선수와 잠재적 피고용인들의 시료를 분석하기도 한다. 또한 그들은 환경오염과 야생동물 범죄의 동물 시료를 포함하는 경우도 다루고 있다. 법의학 과학자들은 보통 수학, 화학, 생물학 과정을 포함하는 학사 학위를 가지고 있다.

의학 최신 정보 법의학적 증거는 범죄를 해결하는 데 도움을 준다.

법의학 실험실에서 Sarah는 독성 화합물의 여부를 확인하기 위해 피해자의 위 내용물과 혈액을 분석한다. 여러분은 23쪽의 '의학 최신 정보 법의학적 증거는 범죄를 해결하는 데 도움을 준다'에서 법의학 증거에 대한 실험 결과를 볼 수 있고, 피해자가 에틸렌 글라이콜(부동액)을 중독량까지 섭취했는지를 판단할 수 있다.

차례

1.1 화학과 화학물질

학습 목표 화학이라는 용어를 정의하고 물질을 화학물질로 확인한다.

이제 여러분은 화학을 수강하고 있으므로 앞으로 무엇을 배울지 궁금할 것이다. 여러분은 과학의 어떤 질문들에 흥미를 가졌는가? 아마도 여러분은 혈액 속의 헤모글로빈(hemoglobin)이 하는 역할 또는 아스피린(aspirin)이 어떻게 두통을 완화시키는지에 대하여 관심을 가졌을 것이다. 여러분과 마찬가지로 화학자들 또한 우리가 살고 있는 세상에 대하여 관심을 가지고 있다.

헤모글로빈은 몸에서 어떤 역할을 하는가? 헤모글로빈은 4개의 폴리펩타이드 사슬로 구성되어 있고, 각 사슬은 폐에서 산소와 결합하는 철 원자를 가진 헴(heme) 기를 가지고 있다. 헤모글로빈은 폐로부터 신체 조직으로 산소를 전달하고, 조직에서는 에너지를 제공하기 위해 산소를 사용한다. 산소가 일단 방출되면, 헤모글로빈은 폐에 전달할 이산화 탄소(CO_2)와 결합하고 폐에서 방출된다.

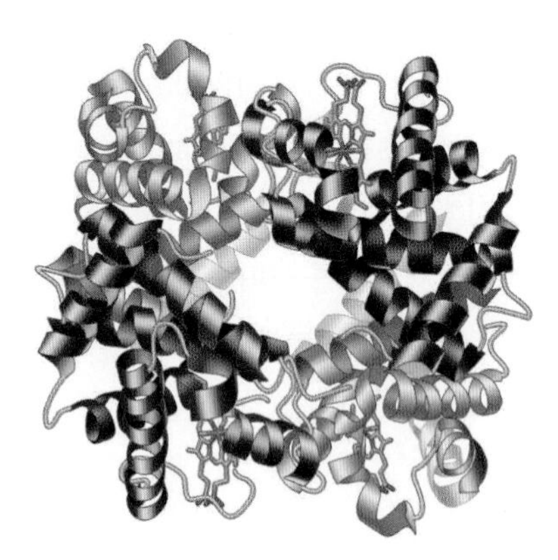

혈액에서 헤모글로빈은 산소는 조직으로, 이산화 탄소는 폐로 운반한다.

아스피린이 두통을 완화시키는 이유는 무엇일까? 신체 일부가 다치면 프로스타글란딘(prostaglandin)이라는 물질이 생성되는데, 이것이 염증과 통증을 일으킨다. 아스피린은 프로스타글란딘의 생성을 방지하는 데 작용하여 염증과 통증을 완화시킨다. 의료 분야의 화학자들은 당뇨, 유전적 결함, 암, AIDS 및 다른 질병에 대한 새로운 치료법을 개발하고 있다. 법의학 실험실의 화학자, 투석 병동의 간호사, 영양사, 화공기사 또는 농학 과학자에게 화학은 문제를 이해하고 가능한 해법을 평가하는 데 중심적인 역할을 하고 있다.

화학

화학(chemistry)은 물질의 조성, 구조, 성질 및 반응을 연구하는 학문이다. **물질**(matter)은 세상을 구성하는 모든 물질(substance)을 이르는 또 다른 단어이다. 아마도 여러분은 화학자가 하얀 가운을 입고 보안경을 쓰고 일하는 실험실에서만 화학이 일어난다고 상상할지도 모른다. 사실 화학은 여러분 주위에서 매일 일어나고 있으며, 여러분이 사용하거나 하고 있는 모든 것에 영향을 미친다. 요리를 할 때, 세탁물에 표백제를 첨가할 때, 차에 시동을 걸 때 화학을 하고 있는 것이다. 은이 변색되거나 제산제 정제를 물에 넣었을 때 거품이 나는 것은 화학 반응이 일어나고 있는 것이다. 식물은 화학 반응을 통해 이산화 탄소와 물, 에너지를 탄수화물로 변환하기 때문에 성장한다. 화학 반응은 음식을 소화하고 에너지와 건강을 위해 필요한 물질로 분해할 때 발생한다.

제산제 정제는 물에 넣었을 때 화학반응이 진행된다.

화학물질

화학물질(chemical)은 어느 곳에서 발견되든 항상 동일한 조성과 성질을 가지는 물질이다. 여러분 주위에서 볼 수 있는 모든 것들은 하나 또는 그 이상의 화학물질로 구성되어 있다. 화학 과정은 화학 실험실, 제조 공장, 제약 실험실뿐만 아니라 자연과 우리 몸에서 매일 일어나고 있다. 종종 **화학물질**과 **순물질**(substance)이라는 용어는 물질의 특별한 종류를 기술하기 위하여 상호교환하여 사용된다.

여러분은 매일 화학자들이 개발하고 제조한 물질이 포함되어 있는 제품을 사용한

생각해보기

물은 왜 화학물질인가?

표 1.1 치약에서 흔히 사용되는 화학물질

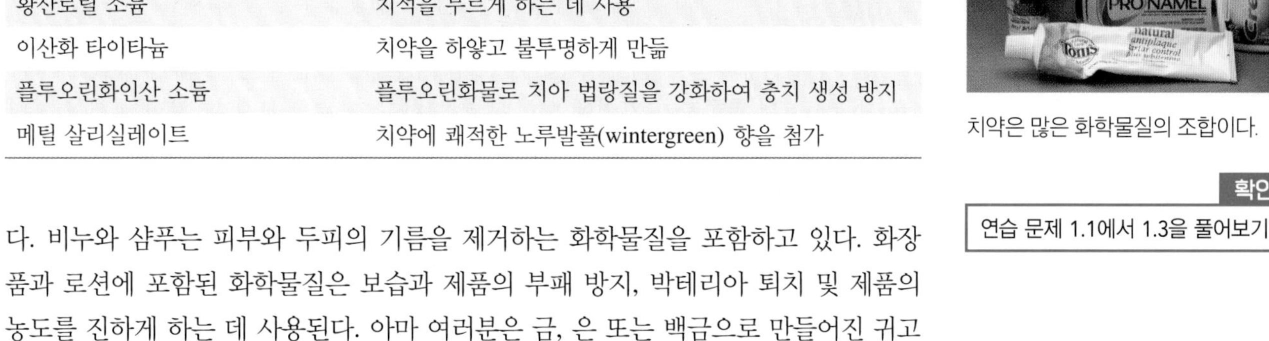

화학물질	기능
탄산 칼슘	치석을 제거하는 연마제로 사용
소르비톨	수분 제거를 막아 치약이 굳는 것을 방지
황산로릴 소듐	치석을 무르게 하는 데 사용
이산화 타이타늄	치약을 하얗고 불투명하게 만듦
플루오린화인산 소듐	플루오린화물로 치아 법랑질을 강화하여 충치 생성 방지
메틸 살리실레이트	치약에 쾌적한 노루발풀(wintergreen) 향을 첨가

치약은 많은 화학물질의 조합이다.

확인하기

연습 문제 1.1에서 1.3을 풀어보기

다. 비누와 샴푸는 피부와 두피의 기름을 제거하는 화학물질을 포함하고 있다. 화장품과 로션에 포함된 화학물질은 보습과 제품의 부패 방지, 박테리아 퇴치 및 제품의 농도를 진하게 하는 데 사용된다. 아마 여러분은 금, 은 또는 백금으로 만들어진 귀고리 또는 시계를 차고 있을 것이다. 아침 시리얼은 칼슘, 인이 강화되어 있는 반면, 마시는 우유에는 비타민 A와 D가 풍부하게 들어 있을 것이다. 양치질을 할 때 사용하는 치약의 물질은 치아를 깨끗하게 하고 치석 생성을 방지하며, 충치를 예방한다. 치약을 만드는 데 사용되는 일부 화학물질은 **표 1.1**에 게재되어 있다.

연습 문제

1.1 화학과 화학물질

학습 목표 화학이라는 용어를 정의하고 물질을 화학물질로 확인한다.

각 장의 연습 문제 해답은 장의 끝에 있다.

1.1 다음의 정의를 한 문장으로 써라.

a. 화학 **b.** 화학물질

의학 응용

1.2 종합 비타민 제품 한 병을 구해서 구성 성분 목록을 읽어 보라. 목록에 있는 4개의 화학물질은 무엇인가?

1.3 약품 캐비닛에서 볼 수 있는 일부 품목의 라벨을 읽어 보라. 그 품목에 포함되어 있는 화학물질의 이름은 무엇인가?

1.2 과학적 방법: 과학자처럼 생각하기

학습 목표 과학적 방법의 일부인 활동을 기술한다.

여러분이 매우 어렸을 때는 만지고 핥으면서 주위에 있는 사물을 탐색하였고, 성장하면서 살고 있는 세상에 대한 질문을 하였다. 번개는 무엇인가? 무지개는 어디에서 오는 것인가? 하늘은 왜 푸른가? 그리고 성인이 되어서는 항생제가 어떻게 작용하는지 또는 비타민이 건강에 중요한 이유는 무엇인지에 대하여 의문을 가졌을 것이다. 여러분은 매일 질문을 하고, 주위의 세상을 정리하고 이해하기 위해 해답을 찾고 있다.

노벨상 수상자인 Linus Pauling은 오리건에서의 학창 시절을 기술할 때, 화학과 지질학, 물리학에 관한 많은 책을 읽었다고 회상하였다. “나는 왜 어떤 물질은 색을 띠고 다른 물질은 그렇지 않은지, 왜 일부 광물이나 무기 화합물은 단단하고 다른 것은 부드러운지와 같은 물질의 성질에 대하여 고심하였다.” 그는 다음과 같이 말했다. “나는 이 엄청난 경험적 지식이라는 배경을 쌓아갔고, 동시에 많은 질문을 하고 있었

Linus Pauling은 1954년에 노벨 화학상을 수상하였다.

다.” Linus Pauling은 1954년에 화학결합의 본질과 그것을 이용한 복잡한 화합물의 구조 결정에 대한 연구로 화학상을 수상하고, 1962년에는 평화상을 수상하면서 2개의 노벨상을 받았다.

과학적 방법

자연을 이해하려고 노력하는 과정은 과학자마다 독특하다. 그러나 **과학적 방법**(scientific method)은 과학자가 자연에 대한 관찰을 하고, 자료를 모으며, 자연 현상을 설명하기 위하여 사용하는 과정이다.

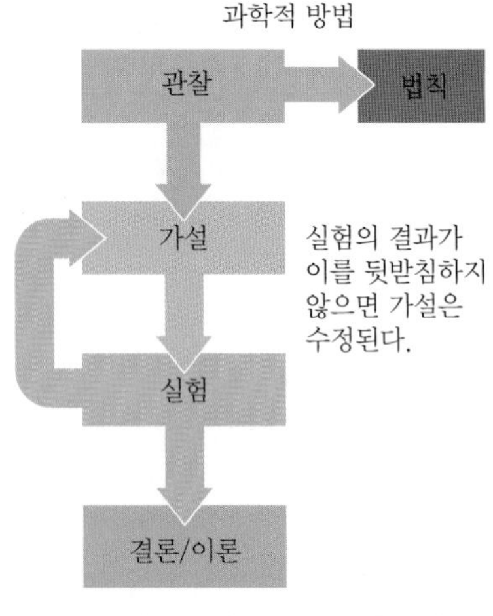

과학적 방법은 관찰, 가설과 실험을 이용하여 자연에 대한 결론 또는 이론을 발전시킨다.

1. **관찰**(observation) 과학적 방법의 첫 번째 단계는 자연을 관찰하는 것이고, 관찰한 것에 대하여 질문을 하는 것이다. 관찰이 항상 참인 것처럼 보일 때, 이것은 거동을 예상하고 종종 측정 가능한 **법칙**(law)으로 기술할 수 있다. 그러나 법칙은 관찰을 설명하지 않는다. 예를 들어, **중력의 법칙**(law of gravity)을 이용하여 우리가 화학책을 떨어뜨리면 탁자 또는 바닥에 떨어질 것이라고 예상할 수 있지만, 이 법칙은 책이 왜 떨어지는지를 설명하지는 않는다.
2. **가설**(hypothesis) 과학자는 관찰이나 법칙을 설명하는 것이 가능한 가설을 설정한다. 가설은 실험에 의하여 검증될 수 있는 방법으로 기술되어야 한다.
3. **실험**(experiment) 가설이 참 또는 거짓인지를 결정하기 위하여 가설과 관찰 사이의 관계를 발견하기 위한 실험이 실시된다. 실험의 결과는 가설을 확인할 수도 있다. 그러나 만약 실험이 가설을 확인하지 못하면 수정되거나 폐기되어야 한다. 그리고 가설을 검증하기 위한 새로운 실험이 설계될 것이다.
4. **결론/이론**(conclusion/theory) 실험 결과를 분석하면, 가설이 **참**(true)인지 **거짓**(false)인지에 대한 결론을 내릴 수 있다. 실험이 일관된 결과를 제공한다면, 그 가설은 사실이라고 말할 수 있다. 그렇다 할지라도 가설은 지속적으로

화학과 보건
초기 화학자: Paracelsus

수세기 동안 화학은 물질의 변화를 연구하는 학문이었다. 고대 그리스 시대부터 16세기까지, 연금술사는 물질을 자연의 4가지 요소인 흙, 공기, 불, 물이라고 기술하였다. 8세기까지 연금술사는 구리 및 납과 같은 금속을 금과 은으로 변환할 수 있을 것으로 믿었다. 비록 이러한 노력은 실패하였지만 연금술사는 광물에서 금속을 추출하는 것을 포함하는 화학 반응에 대한 정보를 제공하였다. 연금술사는 최초의 실험 기구들을 설계하였고 초기 실험 순서를 개발하였다. 이러한 초기 노력은 과학적 방법을 이용한 최초의 관찰과 실험 중 일부가 되었다.

Paracelsus(1493~1541)는 연금술이 새로운 의약품을 만들어내야 한다고 생각한 의사이자 연금술사였다. 그는 관찰과 실험을 통해 건강한 신체는 특정 화학물질에 의하여 균형이 무너질 수 있는 일련의 화학 과정에 의해 조절되고, 광물과 의약품에 의해 균형이 회복된다고 제안하였다. 예를 들면, 그는 광부들이 흡입한 먼지가 폐 질환을 일으킨다고 단언하였다. 또한 갑상샘종(goiter)은 오염된 물로 일어난 문제로 생각하였고, 매독은 수은 화합물로 치료하였다. 의약품에 대한 그의 견해는 적절한 복용량이 독과 치료의 차이를 만든다는 것이었다. Paracelsus는 연금술을 변화시켜 현대 의학과 화학을 정립하는 데 기여하였다.

스위스의 의사이자 연금술사인 Paracelsus(1493~1541)는 화학물질과 광물은 의약품으로 사용할 수 있다고 믿었다.

검증되고 새로운 실험 결과에 근거하여 수정되거나 대체될 수 있다. 만약 일군의 과학자에 의한 많은 추가 실험이 가설을 지속적으로 뒷받침한다면, 이것은 초기 관찰에 대한 설명을 제공하는 **과학적 이론**(scientific theory)이 될 수 있다.

관찰을 통해 여러분은 고양이에 대한 알레르기가 있다고 생각할 수 있다.

생각해보기

다음 문장을 실험이라고 고려할 수 있는 이유는 무엇인가?
"오늘 토마토 묘목 2개를 정원에, 2개를 옷장에 두었다. 나는 모든 식물에 같은 양의 물과 비료를 줄 것이다."

일상에서 과학적 방법 사용하기

여러분은 일상에서 과학적 방법을 사용한다는 것을 깨닫고 놀랄지도 모른다. 친구의 집을 방문한다고 가정해보자. 도착하자마자 곧 눈이 가렵기 시작하고, 재채기를 하기 시작한다. 그러고 나서 친구의 집에 새로운 고양이가 있다는 사실을 발견하게 된다. 그러면 아마도 여러분은 고양이 알레르기를 가지고 있다는 가설을 세울 것이다. 이러한 가설을 시험하기 위해 친구의 집을 떠나본다. 만약 재채기가 멈춘다면, 세웠던 가설은 맞는 것이다. 고양이를 기르는 다른 친구의 집을 방문하여 가설을 더 검증해볼 수도 있다. 만약 다시 재채기를 시작한다면, 실험 결과는 여러분의 가설을 뒷받침하고 고양이 알레르기를 가지고 있다는 결론에 도달할 것이다. 그러나 만약 친구의 집을 떠난 후에도 재채기가 지속된다면, 여러분의 가설은 뒷받침되지 않는다. 그렇다면 이제 감기에 걸렸을 수 있다는 새로운 가설을 세울 필요가 있다.

예제 1.1 과학적 방법

문제

다음의 문장이 관찰, 가설, 실험 또는 결론인지 확인하라.

a. 응급실에서 진단하는 동안 간호사는 환자의 심장 박동이 분당 30회라고 기록하였다.
b. 반복된 연구에 따르면 식단에서 소듐의 양을 낮추면 혈압이 감소한다.
c. 간호사는 최근 외과수술한 절개부가 붉어지고 부풀어 오른 것을 보고 감염되었을 것이라고 생각한다.

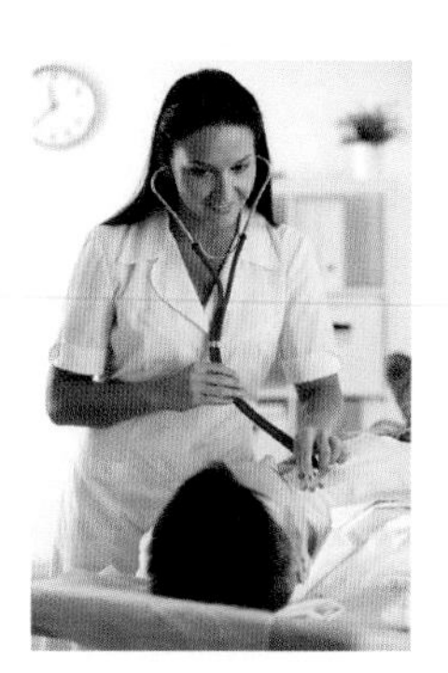

간호사는 병원에서 관찰한다.

풀이

a. 관찰 **b.** 결론 **c.** 가설

유제 1.1

다음의 문장이 관찰, 가설, 실험 또는 결론인지 확인하라.

a. 밤에 커피를 마시면 잠이 오지 않는다.
b. 나는 아침에만 커피를 마시려고 노력할 것이다.
c. 만약 오후에 커피를 마시는 것을 끊는다면 밤에 잠을 잘 수 있을 것이다.

해답

a. 관찰 **b.** 실험 **c.** 가설

확인하기

연습 문제 1.4와 1.5를 풀어보기

연습 문제

1.2 과학적 방법: 과학자처럼 생각하기

학습 목표 과학적 방법의 일부인 활동을 기술한다.

1.4 **a**에서 **f**까지의 각 활동이 관찰, 가설, 실험 또는 결론인지 확인하라.

Chang이 수석 요리사로 있는 인기 있는 레스토랑에서 다음 일들이 일어났다.

고객들은 참깨 드레싱을 최고로 평가하였다.

a. Chang은 하우스 샐러드의 매출이 떨어졌다고 판단했다.

b. Chang은 하우스 샐러드에 새로운 드레싱이 필요하다고 결정했다.

c. 시식 테스트에서 Chang은 새로운 드레싱으로 각각 참깨, 올리브유와 발사믹 식초, 크리미 이탈리안 드레싱, 블루치즈를 곁들인 상추 4그릇을 준비했다.

d. 시식자들은 참깨 샐러드드레싱을 가장 선호하는 것으로 평가했다.

e. 2주 후, Chang은 새로운 참깨 드레싱을 뿌린 하우스 샐러드의 주문이 2배가 되었다고 언급했다.

f. Chang은 참깨 드레싱이 맛을 향상시켰기 때문에 하우스 샐러드의 매출을 향상시켰다고 판단했다.

의학 응용

1.5 다음의 문장이 관찰, 가설, 실험 또는 결론인지 확인하라.

a. 일반 우유 한 잔을 마시고 1시간 후, Jim은 위경련을 경험했다.

b. Jim은 자신이 젖당 불내증(lactose intolerance)일 것이라 생각했다.

c. Jim은 젖당이 없는 우유 한 잔을 마셨고, 어떠한 위경련도 일어나지 않았다.

d. Jim은 젖당을 분해하는 효소인 젖당 분해 효소(lactase)를 첨가한 일반 우유 한 잔을 마셨고, 위경련은 일어나지 않았다.

1.3 화학을 학습하고 배우기

학습 목표 학습에 효과적인 전략을 확인한다. 화학을 배우기 위한 학습 계획을 세운다.

아마 처음으로 화학을 수강하고 있을지도 모른다. 화학을 배우기로 선택한 이유가 무엇이든 새롭고 흥미로운 많은 개념을 배울 수 있기를 기대할 것이다.

학습과 이해를 향상시키기 위한 전략

화학에서의 성공은 새로운 정보를 여러분의 지식 기반에 연결하고 이미 배운 내용과 잊어버린 내용을 다시 확인하며, 시험을 통해 배운 것을 되새기는 등의 좋은 학습 습관을 활용한다. 화학을 학습하고 배우는 데 도움이 되는 방법을 살펴보자. 다음의 일반적인 각각의 학습 습관이 생각하기에 도움이 되는지 그렇지 않은지를 표시해달라는 요청을 받았다고 가정해보자.

	도움이 됨	**도움이 되지 않음**
강조하기		
밑줄 치기		
책을 많이 읽기		
핵심 단어를 기억하기		
연습 문제 풀기		
벼락치기 공부		

동시에 다른 개념을 학습하기
며칠 후 다시 시험보기

무언가를 배운다는 것은 새로운 정보를 장기 기억에 넣는 과정으로, 시험을 위해 이러한 개념을 기억하도록 하는, 즉 인출이라는 과정을 필요로 한다. 따라서 학습 습관을 평가하기 위해서는 지식을 얼마나 쉽게 기억해낼 수 있게 하느냐에 따라 달라진다. 인출에 크게 도움이 되지 않는 학습 습관으로는 강조, 밑줄 치기, 책을 많이 읽기, 핵심 단어 기억하기와 벼락치기 공부가 포함된다. 만약 새로운 정보를 기억하고자 한다면, 이것을 우리가 검색할 수 있는 이전의 지식과 연계할 필요가 있다. 이것은 새로운 정보를 검색하는 방법에 대하여 많은 실전적 시험을 하는 학습 습관을 개발함으로써 성취할 수 있다. 우리는 며칠 후에 뒤로 돌아가 다시 시험함으로써 얼마나 많이 배웠는지를 확인할 수 있다. 또 다른 유용한 학습 전략은 서로 다른 개념을 동시에 학습하는 것이며, 이는 이러한 개념들을 연계하고 차별화하는 방법을 허용한다. 비록 이러한 학습 습관이 더 많은 시간이 걸리고 더 어려운 것처럼 보이지만 이들은 지식에 있어서 차이를 발견하고 이미 알고 있는 것과 새로운 정보를 연계하는 것을 돕는다. 결국 장기적으로는 시험을 위한 학습을 덜 부담스럽게 함으로써 더 많은 정보를 유지하고 검색할 수 있다.

성공적인 학습을 위해 새로운 학습 습관을 활용하기 위한 조언

1. **교재와 노트를 지속적으로 되풀이하여 읽지 말라.** 같은 자료를 반복하여 읽는 것은 자료에 익숙해지게 해주지만, 학습했다는 것을 의미하지는 않는다. 여러분이 해야 할 것과 하지 말아야 할 것을 발견하기 위하여 스스로 시험을 볼 필요가 있다.
2. **읽으면서 자신에게 질문을 하라.** 읽으면서 자신에게 질문을 하는 것은 새로운 자료와 지속적으로 소통할 것을 요구한다. 예를 들어, 새로운 자료가 이전의 자료와 어떻게 연계되었는지를 자신에게 물어볼 수 있으며, 이는 연계하는 데 도움이 된다. 새로운 자료를 오랜 지식과 연결함으로써 새로운 자료를 인출하는 통로를 만들게 된다.
3. **자신에게 퀴즈를 내면서 스스로를 시험하라.** 교재의 문제 또는 예비 시험을 이용하여 시험을 보는 연습을 자주 하라.
4. **집중적으로 머리에 집어넣기보다는 평상시 속도로 학습하라.** 일단 스스로 시험해 보고, 며칠 후에 다시 시험과 검색을 실시한다. 처음 읽을 때에는 모든 정보를 기억하지 못한다. 자주 보는 퀴즈와 재시험으로 우리는 무엇을 더 배워야 하는지 확인할 수 있다. 수면 또한 새롭게 학습한 정보들 사이의 연계를 강화하는 데 중요하다. 수면 부족은 정보를 검색하는 것을 방해할 수 있다. 따라서 화학 시험을 위해 집중적으로 머리에 집어넣기 위하여 밤을 새우는 것은 좋은 생각이 아니다. 화학에서 성공하려면 새로운 정보를 배우고 시험에 필요할 때 그 정보를 검색하는 통합적인 노력이 필요하다.
5. **한 장에서 다른 주제들을 학습하고, 알고 있는 개념과 새로운 개념을 연결하라.** 자료를 이미 알고 있는 정보와 연결함으로써 보다 효과적으로 배우게 된다. 개

념들 사이의 연계를 증가시킴으로써 필요할 때 정보를 검색할 수 있게 된다.

도움이 됨	도움이 되지 않음
연습 문제 풀기	강조하기
동시에 다른 개념을 학습하기	밑줄 치기
며칠 후 다시 시험보기	책을 여러 번 읽기
	핵심 단어를 기억하기
	벼락치기 공부

생각해보기

새로운 개념을 배우는 데 자체 시험이 도움이 되는 이유는 무엇인가?

예제 1.2 **화학을 학습하는 전략**

문제

어느 학생이 가장 좋은 시험 성적을 얻게 될지 예상하라.

a. 책을 4번 읽은 학생

b. 책을 2번 읽고 각 절의 끝에 있는 모든 문제를 풀어 본 학생

c. 시험 전날 밤에 책을 읽은 학생

풀이

b. 책을 2번 읽고 각 절의 끝에 있는 모든 문제를 풀어 본 학생은 개념 간의 연계를 하는 자체 시험을 활용하고, 먼저 배운 정보 검색을 실시하여 책의 내용들과 소통하였다.

유제 1.2

예제 1.2의 학생 **b**가 정보 인출을 향상시킬 수 있는 또 다른 방법은 무엇인가?

해답

예제 1.2의 학생 **b**는 2, 3일 후에 각 절의 문제를 다시 풀어봄으로써 자신이 얼마나 많이 배웠는지를 확인할 수 있다. 다시 시험을 보는 것은 오래 지속되는 기억과 더 효과적인 인출을 위해 새로운 정보와 이미 배운 정보 사이의 연계를 강화시킨다.

화학을 학습하고 배우는 것을 도와주는 이 교재의 특성

주요 수학 기법

핵심 화학 기법

이 교재는 개인적인 배움 방식을 보완하는 학습 특성으로 설계되었다. 뒤표지의 안쪽에는 원소의 주기율표가 있고, 뒤표지의 안쪽에는 화학을 배우는 동안 필요한 유익한 정보를 요약한 표들이 있다. 각 장은 해당 장의 주제들을 개략적으로 기술한 **차례**로 시작한다. **주요 용어**는 교재에서 처음 등장할 때 굵은 글씨로 표시하였고, 각 장의 끝에 요약하였다. 또한 이 용어들은 교재 뒤 **찾아보기**에 나열되었다. 화학을 배우는 데 결정적인 **주요 수학 기법**과 **핵심 화학 기법**은 여백에 특별한 표식으로 표시하였고, 각 장의 마지막에서 요약하였다.

교재를 읽기 전, 차례의 주제들을 살펴봄으로써 장에 대한 개요를 얻을 수 있다.

장의 절을 읽을 준비를 할 때, 절의 제목을 살펴보고 질문으로 바꾸어보라. 새로운 주제에 대하여 자신에게 질문을 하는 것은 이미 배운 자료들과 새로운 연계를 형성하는 것이다. 예를 들어, 1.1절 '화학과 화학물질'에서 여러분은 "화학은 무엇인가?" 또는 "화학물질은 무엇인가?"라고 질문할 수 있다. 각 절의 시작 부분에는 **학습 목표**에 이해해야 할 내용을 언급하고, **복습**란에는 해당 장의 새로운 자료와 연계할 앞 장의 주요 수학 기법과 핵심 화학 기법을 나열한다. 교재를 읽으면서 여러분은 여백에 있는 **생각해보기**를 보게 될 것이며, 이것은 읽는 것을 잠시 멈추고 자료와 연계된 질문으로 자신을 시험해보도록 일깨워준다.

각 장에는 몇 개의 **예제**가 포함되어 있다. **문제**는 풀이를 보기 전에 문제를 풀어야 한다. **문제 분석**에는 여러분이 가지고 있는 정보인 **주어진 조건**, 여러분이 달성하여야 할 **필요한 사항**과 진행하는 방법을 보여주는 **연계**를 포함하고 있다. 여러분이 알고 있는 것을 여러분이 배워야 할 것과 연계하는 것을 도와주기 때문에 이것은 문제를 푸는 데 도움이 된다. 이 과정은 여러분이 성공적인 문제 해결 기술을 개발하는 데 도움을 줄 것이다. 많은 예제는 문제 풀이에 활용할 수 있는 단계를 보여주는 **풀이 지침**을 포함하고 있다. 연관된 **유제**를 풀어서 여러분의 풀이를 제공된 해답과 비교해보라.

각 장의 절 끝에는 문제 풀이를 즉시 새로운 개념에 적용하게 하는 일련의 **연습 문제**가 있다. 각 절 전체에 걸쳐 **확인하기**에서는 학습을 하면서 제시된 연습 문제를 풀도록 상기시킨다. 연습 문제의 **의학 응용**은 내용을 보건 및 의학과 연계한다. 각 장의 마지막에는 모든 문제의 해답이 제공되어 있다. 만약 해답이 여러분의 답과 일치하면 여러분은 그 주제를 이해하였을 확률이 매우 높다. 만약 일치하지 않는다면, 여러분은 그 절을 다시 학습할 필요가 있다.

각 장 전체에 걸쳐 **화학과 보건**, **화학과 환경**이라는 기사들은 여러분이 배우고 있는 화학 개념을 실제 상황과 연계하는 데 도움을 주고 있다. 많은 그림과 도표는 알루미늄 포일의 알루미늄 원자와 같은 일반 물체의 집합을 원자 수준, 즉 거시에서 미시로의 묘사를 기술하기 위하여 이용한다. 이러한 시각적 모형은 교재에서 기술된 개념을 도시하고, 미시적 방법으로 세상을 '볼' 수 있게 한다. **양방향 비디오** 제안은 내용과 아울러 문제 해결도 보여준다.

각 장의 끝에서 장을 마무리하는 몇 개의 학습 보조 자료를 발견할 것이다. **장 복습**은 쉽게 읽을 수 있는 핵심 사항의 요약을 제공하고 **개념도**는 중요한 주제 사이의 연계를 시각적으로 보여준다. **개념 이해 문제**는 그림과 모형을 이용하여 여러분들로 하여금 개념을 시각화하고 여러분의 배경 지식과 이들을 연계도록 돕는다. **추가 연습 문제**와 **도전 문제**는 해당 장의 주제에 대한 여러분의 이해를 확인하기 위해 추가적인 연습을 제공한다. 문제에 대한 모든 해답으로 장이 끝나며 제공된 해답과 여러분의 답을 비교하도록 한다.

몇 개 장이 끝나면 **개념 종합**이라는 문제가 2개 이상의 장에서 나온 자료가 포함된 문제를 푸는 능력을 시험한다. 많은 학생들은 다른 학생들과 함께 공부하는 것이 배움에 도움이 될 수 있다는 것을 알고 있다. 집단에서 학생들은 함께 가르치고 배움으로써 서로를 공부하도록 하는 동기를 부여하고, 부족한 부분은 채우며, 오개념을 수정한다. 홀로 공부하는 것은 동료와 첨삭 과정을 허용하지 않는다. 집단에서는

복습

생각해보기

생각해보기 질문의 목적은 무엇인가?

문제

	주어진 조건	필요한 사항	연계
문제 분석	165 lb	kg	환산 인자

확인하기

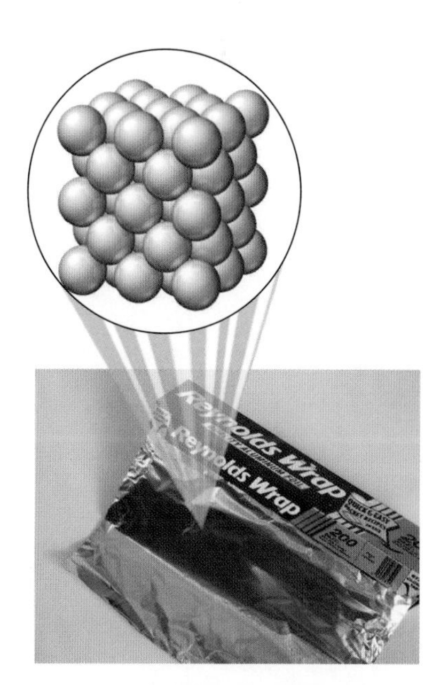

알루미늄 포일의 알루미늄 원자를 도시하는 것은 거시에서 미시로의 묘사의 한 예이다.

양방향 비디오

다른 학생들과 읽은 것과 문제 해결에 대해 토론하면서 보다 깊이 개념을 이해할 수 있다.

학습 계획 세우기

화학의 세계로 여행을 떠나면서, 화학을 배우고 학습하는 여러분만의 접근법을 생각해보라. 여러분은 다음 목록에 있는 일부 방안을 참고할 수 있다.

다음 중에서 성공적으로 화학을 배우는 데 도움이 될 방안을 확인해보라. 이제 실제로 해보자. 성공 여부는 '여러분'에게 달려 있다.

화학 학습을 위한 나의 학습 계획에는 다음이 포함될 것이다.

________ 수업 전에 교재 읽기
________ 수업 참가
________ **학습 목표** 살펴보기
________ 문제 풀이 노트 작성
________ 교재 읽기
________ 각 절을 읽으면서 **확인** 문제를 풀기
________ **생각해보기** 질문에 답하기
________ **풀이**를 보기 전에 **예제**를 풀어보기
________ 각 절의 끝에 있는 **연습 문제** 풀어보고 답을 확인하기
________ 동시에 다른 주제를 학습하기
________ 학습 집단을 조직
________ 면담 시간에 교수 면담
________ **주요 수학 기법**과 **핵심 화학 기법**을 살펴보기
________ 복습 시간에 참가
________ 가능한 자주 학습하기

집단으로 공부하는 것은 학습에 유익할 수 있다.

예제 1.3 화학 학습을 위한 학습 계획

문제

다음 활동 중 화학을 성공적으로 학습하기 위한 학습 계획에 포함하여야 하는 것은 무엇인가?

a. 이해했다고 생각될 때까지 되풀이하며 교재를 읽기
b. 교수의 면담 시간에 방문하기
c. 각 절을 읽고 다 읽은 후에 자체 시험하기
d. 시험 전날 밤까지 공부를 미루기
e. 풀이를 보기 전에 예제를 풀기
f. 며칠 후에 새로운 정보를 다시 확인하기

풀이

화학에서의 성공은 다음을 통해 향상될 수 있다.

b. 교수의 면담 시간에 방문하기
c. 각 절을 읽고 다 읽은 후에 자체 시험하기
e. 풀이를 보기 전에 예제를 풀기
f. 며칠 후에 새로운 정보를 다시 확인하기

유제 1.3

화학을 배우는 데 도움이 되는 것은 다음 중 무엇인가?

a. 복습 시간 건너뛰기
b. 절을 읽으면서 문제 풀기
c. 시험 전날 밤을 새우기
d. 수업 전에 할당된 자료를 읽기

해답

b와 **d**

확인하기
연습 문제 1.6과 1.7을 풀어보기

연습 문제

1.3 화학을 학습하고 배우기

학습 목표 학습에 효과적인 전략을 확인한다. 화학을 배우기 위한 학습 계획을 세운다.

1.6 화학에서 성공하기 위해 여러분이 할 수 있는 4가지 일은 무엇인가?

1.7 여러분의 반에 있는 한 학생이 여러분에게 조언을 요청하였다. 아래에 있는 조언을 어떤 순서로 주겠는가?

a. 각 절의 Q&A를 살펴보고 마지막의 해답을 확인하라.
b. 강의 시작 전에 교재를 읽어보라.
c. 강의 시간 중에는 적극적인 학생이 되어라.
d. 주요 핵심 화학 기법을 살펴보라.

1.4 화학에서의 주요 수학 기법

학습 목표 자릿값, 양수와 음수, 백분율, 방정식 풀기 및 그래프 해석과 같은 화학에서 사용되는 수학 개념을 살펴본다.

화학을 학습하는 동안 수를 포함하는 많은 문제를 풀게 된다. 따라서 여러분은 다양한 수학적 기법과 연산이 필요할 것이다. 우리는 화학에서 특히 중요한 주요 수학 기법을 살펴볼 것이다. 또한 장 전체를 훑어가면서 우리가 적용할 주요 수학 기법을 참고할 것이다.

수의 자릿값 확인

주요 수학 기법
자릿값 확인하기

모든 수에 대해 그 수의 각 자릿수에 대한 **자릿값**을 확인할 수 있다. 이 자릿값은 일의 자리(소수점 왼쪽 첫 번째 자리) 또는 십의 자리(소수점 왼쪽 두 번째 자리)와 같은 이름을 가진다. 한 조숙아의 체중이 2518 g이라고 하자. 2518이라는 수에 대한 자

릿값은 다음과 같이 나타낼 수 있다.

수	자릿값
2	천의 자리
5	백의 자리
1	십의 자리
8	일의 자리

생각해보기

8.034라는 수에서 0이 0.1의 자리에 있다는 것을 어떻게 알 수 있는가?

또한 0.1의 자리(소수점 오른쪽 첫 번째 자리)와 0.01의 자리(소수점 오른쪽 두 번째 자리)와 같은 자릿수도 확인할 수 있다. 은화의 질량은 6.407 g이다. 6.407이라는 수에 대한 자릿값은 다음과 같이 나타낼 수 있다.

수	자릿값
6	일의 자리
4	0.1의 자리
0	0.01의 자리
7	0.001의 자리

예제 1.4 자릿값 확인

문제

범죄 현장에서 발견된 총탄의 질량은 15.24 g이다. 총탄 질량의 각 숫자에 대한 자릿값은 어떻게 되는가?

풀이

수	자릿값
1	십의 자리
5	일의 자리
2	0.1의 자리
4	0.01의 자리

유제 1.4

범죄 현장에서 발견된 총탄에는 0.925 g의 납이 포함되어 있다. 납 질량의 각 숫자에 대한 자릿값은 어떻게 되는가?

해답

수	자릿값
9	0.1의 자리
2	0.01의 자리
5	0.001의 자리

확인하기

연습 문제 1.8을 풀어보기

계산에서 양수와 음수를 사용하기

주요 수학 기법

계산에서 양수와 음수 사용하기

양수(positive number)는 0보다 큰 임의의 수를 말하며 양의 부호(+)를 가진다. 종종 양의 부호는 생략해서 숫자 앞에 쓰지 않는다. 예를 들어, +8이라는 수는 8로 쓸 수 있다. **음수**(negative number)는 0보다 작은 임의의 수이고 음의 부호(−)를 가진다. 예를 들면, 마이너스 8은 −8로 쓴다.

양수와 음수의 곱셈과 나눗셈

2개의 양수 또는 2개의 음수를 곱하면 답은 양수(+)이다.

$$2 \times 3 = +6$$
$$(-2) \times (-3) = +6$$

양수와 음수를 곱하면 답은 음수(−)이다.

$$2 \times (-3) = -6$$
$$(-2) \times 3 = -6$$

양수와 음수의 나눗셈 규칙은 곱셈의 법칙과 같다. 2개의 양수 또는 2개의 음수를 나누면 답은 양수(+)이다.

$$\frac{6}{3} = 2 \qquad \frac{-6}{-3} = 2$$

양수와 음수를 나누면 답은 음수(−)이다.

$$\frac{-6}{3} = -2 \qquad \frac{6}{-3} = -2$$

양수와 음수의 덧셈

양수와 양수를 더하면 답은 양수이다.

$3 + 4 = 7$ (+7)에서 + 부호는 생략할 수 있다.

음수와 음수를 더하면 답은 음수이다.

$$(-3) + (-4) = -7$$

양수와 음수를 더하면 큰 수에서 작은 수를 빼고 부호는 큰 수와 같은 부호를 가진다.

$$12 + (-15) = -3$$

생각해보기

$(-5) + (-4) = -9$이지만 $(-5) + 4 = -1$인 이유는 무엇인가?

양수와 음수의 뺄셈

두 수를 뺄 때, 빼는 수의 부호를 바꾸고 위의 덧셈의 규칙에 따른다.

$$12 - (\mathbf{+5}) = 12 \mathbf{- 5} = 7$$
$$12 - (\mathbf{-5}) = 12 \mathbf{+ 5} = 17$$
$$-12 - (\mathbf{-5}) = -12 \mathbf{+ 5} = -7$$
$$-12 - (\mathbf{+5}) = -12 \mathbf{- 5} = -17$$

확인하기

연습 문제 1.9를 풀어보기

계산기 조작

계산기에는 기본적인 수학 연산을 위해 사용하는 4개의 키가 있다. 부호 변환 [+/−] 키는 숫자의 부호를 변경하는 데 사용한다.

계산기로 기본 계산을 실행하려면 왼쪽에서 오른쪽으로 문제가 나타나는 순서대로 조작하여 풀어나간다. 계산기에 부호 변환 [+/−] 키가 있는 경우, 숫자를 누르고 부호 변환 [+/−] 키를 누르면 음수가 입력된다. 마지막에는 등호 [=] 키 또는 ANS 또는 ENTER 키를 누르면 된다.

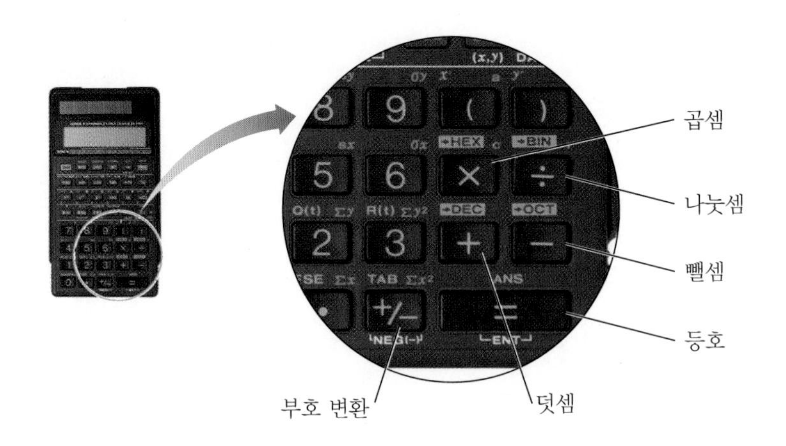

덧셈과 뺄셈

예 1	$15 - 8 + 2 =$
답:	15 [−] 8 [+] 2 [=] 9
예 2:	$4 + (-10) - 5 =$
답:	4 [+] 10 [+/−] [−] 5 [=] −11

덧셈과 나눗셈

예 3:	$2 \times (-3) =$
답:	2 [×] 3 [+/−] [=] −6
예 4:	$\frac{8 \times 3}{4} =$
답:	8 [×] 3 [÷] 4 [=] 6

백분율 계산

주요 수학 기법

백분율 계산

생각해보기

백분율 계산에서 100% 값을 사용하는 이유는 무엇인가?

백분율을 계산하려면 부분을 전체로 나누고 100%를 곱하라. 예를 들어, 아스피린 알약에 325 mg의 아스피린(활성 성분)이 포함되어 있고, 알약의 질량이 545 mg이라면 알약에 포함된 아스피린의 백분율은 얼마인가?

$$\frac{325\text{ mg 아스피린}}{545\text{ mg 알약}} \times 100\% = 59.6\%\text{ 아스피린}$$

값을 백분율(%)로 기술할 때, 이는 100개 물품에 대한 부분의 개수를 나타낸다. 만약 붉은색 공의 백분율이 5라면, 이는 공 100개마다 5개의 붉은 공이 있음을 의미한다. 만약 녹색 공의 백분율이 50이라면, 공 100개마다 50개의 녹색 공이 있는 것이다.

$$5\%\text{ 붉은색 공} = \frac{5\text{개의 붉은색 공}}{100\text{개의 공}} \qquad 50\%\text{ 녹색 공} = \frac{50\text{개의 녹색 공}}{100\text{개의 공}}$$

범죄 현장에서 탄피가 증거로 표시되어 있다.

예제 1.5 **백분율 계산**

문제

범죄 현장에서 발견된 총탄은 총탄의 금속 백분율이 용의자의 탄창에서 나온 총탄의 금속 조성과 일치한다면 재판에서 증거로 사용될 수 있다. 만약 범죄 현장에서 발견된 총탄이 납 13.9 g, 주석 0.3 g, 안티모니 0.9 g을 포함하고 있다면, 총탄에 포함된 각 금속의 백분율은 얼마인가? 답은 일의 자리까지 나타내라.

풀이

전체 질량 = 13.9 g + 0.3 g + 0.9 g = 15.1 g

납의 백분율

$$\frac{13.9\text{ g}}{15.1\text{ g}} \times 100\% = 92\% \text{ 납}$$

주석의 백분율

$$\frac{0.3\text{ g}}{15.1\text{ g}} \times 100\% = 2\% \text{ 주석}$$

안티모니의 백분율

$$\frac{0.9\text{ g}}{15.1\text{ g}} \times 100\% = 6\% \text{ 안티모니}$$

유제 1.5

용의자의 탄창에서 압수된 총탄은 납 11.6 g, 주석 0.5 g, 안티모니 0.4 g의 조성을 가진다.

a. 총탄에 포함된 각 금속의 백분율은 얼마인가? 답은 일의 자리까지 나타내라.

b. 용의자의 탄창에서 제거된 총탄을 용의자가 예제 1.5에서 언급한 범죄 현장에 있었다는 증거로 고려할 수 있는가?

해답

a. 용의자의 탄창에서 나온 총탄에는 납 93%, 주석 4%, 안티모니 3%가 포함되어 있다.

b. 이 총탄의 조성은 범죄 현장에서 나온 총탄과 일치하지 않아 증거로 사용될 수 없다.

확인하기

연습 문제 1.10을 풀어보기

방정식 풀기

주요 수학 기법

방정식 풀기

화학에서는 특정 변수 사이의 관계를 나타내는 방정식을 사용한다. 다음 방정식에서 x에 대하여 어떻게 푸는지 살펴보자.

$$2x + 8 = 14$$

전반적인 목표는 방정식의 항을 재배열하여 한 변에 x를 위치시키는 것이다.

생각해보기

이 방정식의 양변에서 숫자 8을 빼는 이유는 무엇인가?

1. **모든 동류항은 한쪽 변으로 옮긴다.** 숫자 8과 14는 동류항이다. 방정식의 좌변으로부터 8을 제거하기 위하여 8을 뺀다. 균형을 유지하기 위해 우변의 14에도 8을 뺄 필요가 있다.

$$2x + \cancel{8} - \cancel{8} = 14 - 8$$
$$2x = 6$$

2. 풀어야 할 변수를 한쪽 변에 위치시켜라. 이 문제에서는 양변을 2로 나누면 x를 구할 수 있다. x의 값은 6을 2로 나눈 결과이다.

$$\frac{\cancel{2}x}{\cancel{2}} = \frac{6}{2}$$
$$x = 3$$

3. 답을 확인해보라. 얻은 x의 값을 원래 방정식에 대입하여 답을 확인한다.

$$2(3) + 8 = 14$$
$$6 + 8 = 14$$
$$14 = 14 \quad x = 3\text{은 맞는 답이다.}$$

요약: 특정 변수에 대한 방정식을 풀기 위해서는 방정식의 양변에 동일한 수학적 연산을 시행하여야 함을 명심하라.

- 만약 기호 또는 숫자를 뺄셈으로 제거하면 다른 변에서도 동일한 기호와 숫자를 뺄 필요가 있다.
- 만약 기호 또는 숫자를 덧셈으로 제거하면 다른 변에서도 동일한 기호와 숫자를 더할 필요가 있다.
- 만약 기호 또는 숫자를 나눗셈으로 없애고자 하면 양변에 동일한 기호와 숫자로 나눌 필요가 있다.
- 만약 기호 또는 수를 곱셈으로 없애고자 하면 양변에 동일한 기호와 숫자로 곱할 필요가 있다.

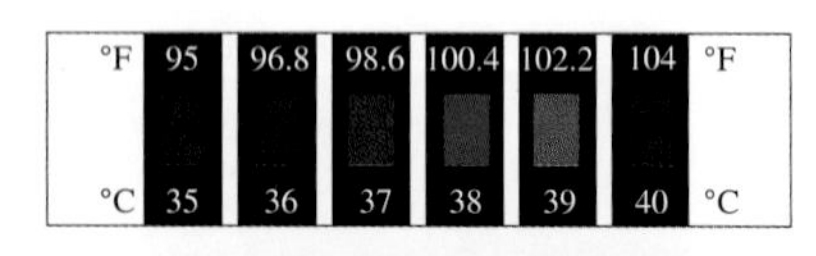

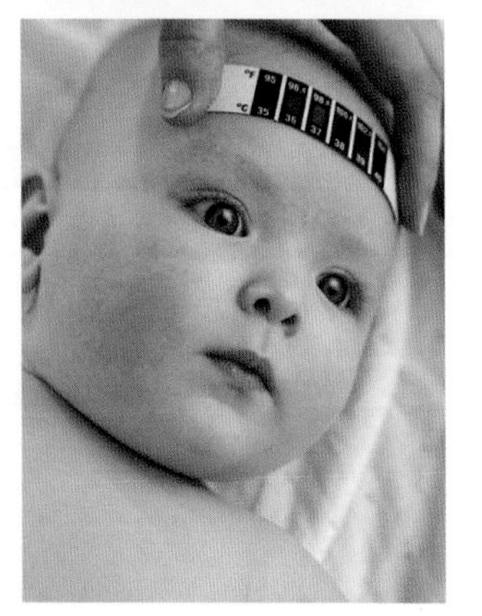

플라스틱 띠 온도계는 체온을 표시하기 위해 색을 변화시킨다.

온도를 다룰 때에는 다음 방정식을 사용하여 섭씨온도와 화씨온도 사이를 변환할 필요가 있다.

$$T_F = 1.8(T_C) + 32$$

화씨온도를 섭씨온도로 변환하는 방정식을 얻기 위해 양변에서 32를 뺀다.

$$T_F = 1.8(T_C) + 32$$
$$T_F - 32 = 1.8(T_C) + \cancel{32} - \cancel{32}$$
$$T_F - 32 = 1.8(T_C)$$

T_C에 대한 식을 얻기 위해 양변을 1.8로 나눈다.

$$\frac{T_F - 32}{1.8} = \frac{\cancel{1.8}(T_C)}{\cancel{1.8}} = T_C$$

예제 1.6 방정식 풀기

문제

다음 방정식을 V_2에 대하여 풀라.

$$P_1V_1 = P_2V_2$$

풀이

$$P_1V_1 = P_2V_2$$

V_2에 대해 풀기 위해 양변을 기호 P_2로 나눈다.

$$\frac{P_1V_1}{P_2} = \frac{\cancel{P_2}V_2}{\cancel{P_2}}$$

$$V_2 = \frac{P_1V_1}{P_2}$$

유제 1.6

다음 방정식을 m에 대하여 풀라.

$$\text{열} = m \times \Delta T \times SH$$

해답

$$m = \frac{\text{열}}{\Delta T \times SH}$$

양방향 비디오

방정식 풀기

생각해보기

이 방정식의 양변의 분자를 P_2로 나누는 이유는 무엇인가?

확인하기

연습 문제 1.11을 풀어보기

그래프 해석

그래프는 두 변수 사이의 관계를 나타낸다. 이 변수의 양은 x축(가로축)과 y축(세로축), 두 수직축을 따라 표시된다.

주요 수학 기법

그래프 해석

예

풍선의 부피 대 온도 그래프에서 풍선 내 기체의 부피는 온도에 대하여 나타낼 수 있다.

제목

제목을 보라. 이것은 그래프에 대하여 무엇을 말하는가? 제목은 풍선의 부피가 다른 온도에서 측정되었음을 의미한다.

세로축

세로(y)축의 이름과 숫자를 보라. 이름은 풍선의 부피가 리터(L) 단위로 측정되었음을 의미한다. 기체 부피의 최저 및 최고 측정값을 포함하도록 선정된 수치는 22.0 L에서 30.0 L까지 균등한 간격으로 배열되어 있다.

가로축

가로(x)축의 이름은 풍선의 온도가 섭씨온도(℃)로 측정되었음을 의미한다. 숫자들은 섭씨온도를 측정한 값으로 0℃에서 100℃까지 균등한 간격으로 배열되어 있다.

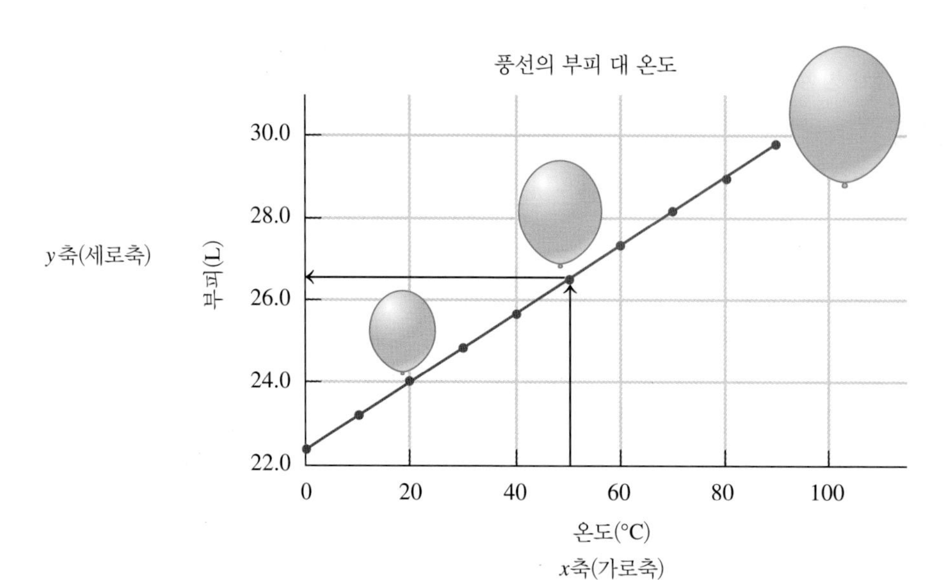

생각해보기

세로축과 가로축의 값들은 왜 일정한 간격으로 위치하는가?

그래프의 점

그래프의 각 점은 특정 온도에서 측정된 리터 단위의 부피를 나타낸다. 이 점들이 연결되면 선이 만들어진다.

그래프 해석

그래프로부터 기체의 온도가 증가함에 따라 기체의 부피가 증가함을 알 수 있다. 이러한 관계를 **정비례 관계**(direct relationship)라 한다. 이제 우리는 그래프를 사용하여 다양한 온도에서의 부피를 확인할 수 있다. 예를 들어, 50℃에서의 기체의 부피를 알고자 한다고 가정해보자. x축에서 50℃를 찾은 다음, 표시된 선까지 선을 그리자. 거기서부터 y축과 만나는 수평선을 그리고, 위의 그래프에서 도시된 바와 같이 y축을 지나는 선의 부피 값을 읽는다.

예제 1.7 **그래프 해석**

문제

간호사가 아이의 열을 내리기 위하여 타이레놀을 복용시켰다. 그래프는 시간에 대한 아이의 체온을 그래프로 나타낸 것이다.

a. 세로축은 무엇을 측정한 것인가?
b. 세로축 값의 범위는 어떻게 되는가?
c. 가로축은 무엇을 측정한 것인가?
d. 가로축 값의 범위는 어떻게 되는가?

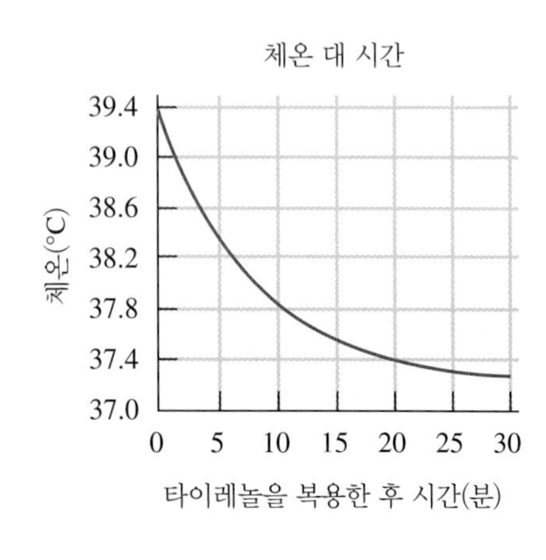

풀이

a. 섭씨온도로 측정된 체온
b. 37.0℃에서 39.4℃까지
c. 타이레놀을 복용한 후 분 단위로 측정된 시간
d. 0분에서 30분까지

유제 1.7

a. 예제 1.7의 그래프를 이용하라. 타이레놀을 복용하고 나서 15분 뒤 아이의 체온은 몇 도인가?

b. 체온이 38.0℃까지 떨어지는 데에는 몇 분이 경과되는가?

해답

a. 37.6℃ **b.** 8분

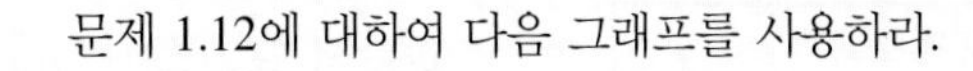

확인하기

연습 문제 1.12를 풀어보기

연습 문제

1.4 화학에서의 주요 수학 기법

학습 목표 자릿값, 양수와 음수, 백분율, 방정식 풀기 및 그래프 해석과 같은 화학에서 사용되는 수학 개념을 살펴본다.

1.8 굵게 표시된 숫자의 자릿값은 무엇인가?

a. 7.0**9**84

b. **2**6.2860

c. **8**5.5258

1.9 다음의 값을 구하라.

a. $20 - (-10) =$

b. $-6 + (-38) =$

c. $2 \times (-7) + 14 =$

의학 응용

1.10 **a.** 화물에 80 kg의 밀과 20 kg의 목화가 들어 있다. 화물에 있는 무게에 대한 목화의 백분율은 얼마인가?

b. 배에 400톤의 밀과 100톤의 목화가 실려 있다. 배에 실려 있는 무게에 대한 밀의 백분율은 얼마인가?

c. 밀의 백분율이 높은 것은 어느 것인가?

1.11 다음을 'a'에 대하여 풀어라.

a. $5a + 10 = 60$

b. $\frac{a}{8} = 6$

문제 1.12에 대하여 다음 그래프를 사용하라.

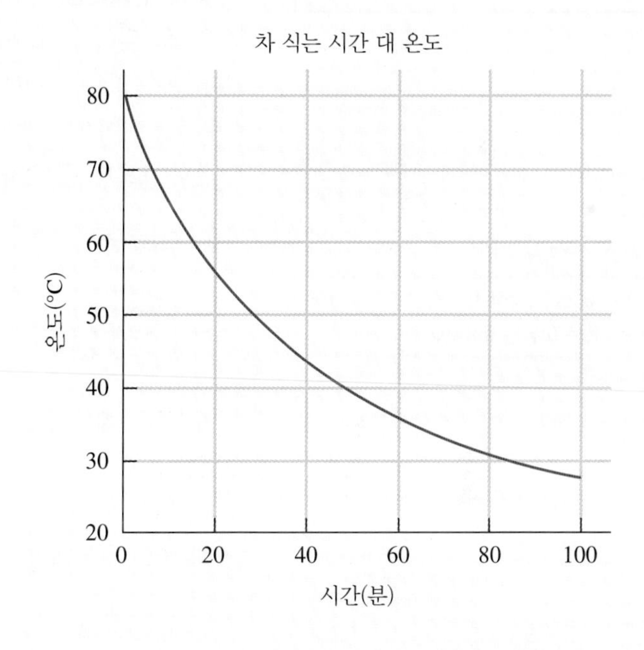

1.12 **a.** 제목은 그래프에 대하여 무엇을 나타내는가?

b. 세로축에서 측정한 것은 무엇인가?

c. 세로축 값의 범위는 얼마인가?

d. 시간이 증가할수록 온도는 증가하는가, 아니면 감소하는가?

1.5 과학적 표기법으로 숫자 쓰기

학습 목표 과학적 표기법으로 숫자를 쓴다.

화학에서는 매우 크거나 작은 숫자를 다룬다. 약 0.000 008 m인 사람의 머리카락 굵기와 같이 매우 작은 것을 측정하거나 평균적인 사람의 두피에 있는 약 100 000 개의 머리카락의 수를 세고 싶을 수도 있다. 이 교재에서는 세 자리 숫자마다 빈칸을 두어 자릿수를 쉽게 셀 수 있도록 하였다. 그러나 크거나 작은 숫자를 **과학적 표기법**

사람의 두피에는 평균 1×10^5개의 머리카락이 있다. 각 머리카락의 굵기는 8×10^{-6} m이다.

표준 수	과학적 표기법
0.000 008 m	8×10^{-6} m
100 000개의 머리카락	1×10^5개의 머리카락

주요 수학 기법

과학적 표기법으로 숫자 쓰기

으로 쓰는 것이 더 편리하다는 것을 알게 될 것이다.

과학적 표기법(scientific notation)으로 표기된 숫자는 계수와 10의 거듭제곱, 두 부분으로 되어 있다. 예를 들어, 수 2400은 과학적 표기법으로 2.4×10^3으로 쓸 수 있다. 계수 2.4는 1 이상 10 미만의 수가 되도록 소수점을 왼쪽으로 이동하여 얻는다. 소수점을 왼쪽으로 세 자리 이동했기 때문에 10의 거듭제곱은 양수 3이 되며, 10^3으로 쓴다. 1보다 큰 숫자를 과학적 표기법으로 변환할 때 10의 거듭제곱은 양수이다.

생각해보기

530 000을 과학적 표기법인 5.3×10^5으로 쓰는 이유는 무엇인가?

표준 수		과학적 표기법		
2400.	=	2.4	×	10^3
← 세 자리		계수		10의 거듭제곱

또 다른 예에서 0.000 86은 과학적 표기법으로 8.6×10^{-4}으로 쓴다. 계수 8.6은 소수점을 오른쪽으로 이동하여 얻는다. 소수점은 오른쪽으로 네 자리 이동하였기 때문에 10의 거듭제곱은 −4이고 10^{-4}로 쓴다. 1보다 작은 숫자를 과학적 표기법으로 쓸 때 10의 거듭제곱은 음수이다.

생각해보기

0.000 053을 과학적 표기법인 5.3×10^{-5}으로 쓰는 이유는 무엇인가?

표준 수		과학적 표기법		
0.00086	=	8.6	×	10^{-4}
네 자리→		계수		10의 거듭제곱

표 1.2는 양수와 음수의 10의 거듭제곱의 예를 일부 제공하고 있다. 10의 거듭제곱은 숫자에서 소수점을 추적하는 방법이다. **표 1.3**은 과학적 표기법으로 측정값을 나타낸 몇 가지 예를 제공한다.

표 1.2 일부 10의 거듭제곱

표준 수	10의 거듭제곱	과학적 표기법	
10 000	10 × 10 × 10 × 10	1×10^4	일부 10의 양의 거듭제곱
1 000	10 × 10 × 10	1×10^3	
100	10 × 10	1×10^2	
10	10	1×10^1	
1	0	1×10^0	

0.1	$\frac{1}{10}$	1×10^{-1}	일부 10의 음의 거듭제곱
0.01	$\frac{1}{10} \times \frac{1}{10} = \frac{1}{100}$	1×10^{-2}	
0.001	$\frac{1}{10} \times \frac{1}{10} \times \frac{1}{10} = \frac{1}{1\,000}$	1×10^{-3}	
0.0001	$\frac{1}{10} \times \frac{1}{10} \times \frac{1}{10} \times \frac{1}{10} = \frac{1}{10\,000}$	1×10^{-4}	

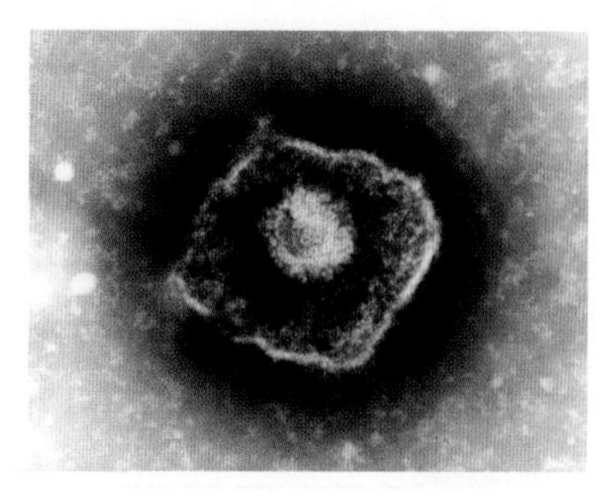

수두 바이러스의 지름은 3×10^{-7} m이다.

표 1.3 표준 수와 과학적 표기법으로 쓰인 일부 측정값

측정된 양	표준 수	과학적 표기법
매년 미국에서 사용되는 휘발유량	550 000 000 000 L	5.5×10^{11} L
지구의 지름	12 800 000 m	1.28×10^{7} m
하루 동안 방출되는 평균 혈액량	8500 L	8.5×10^{3} L
빛이 태양에서 지구까지 이동하는 시간	500 s	5×10^{2} s
보통 인간의 질량	68 kg	6.8×10^{1} kg
귀 등골의 질량	0.003 g	3×10^{-3} g
수두 바이러스(Varicella zoster)의 지름	0.000 000 3 m	3×10^{-7} m
박테리아(mycoplasma)의 질량	0.000 000 000 000 000 000 1 kg	1×10^{-19} kg

예제 1.8 과학적 표기법으로 숫자 쓰기

문제

다음을 각각 과학적 표기법으로 써라.

a. 3500 **b.** 0.000 016

풀이 지침

문제 분석	주어진 조건	필요한 사항	연계
	표준 수	과학적 표기법	계수는 1에서 10 사이

a. 3500

1단계 **소수점을 이동하여 계수가 1에서 10 사이가 되도록 하라.** 1보다 큰 수인 경우, 계수가 3.5가 되도록 소수점은 왼쪽으로 세 자리 이동한다.

2단계 **움직인 자릿수를 10의 거듭제곱으로 표시하라.** 소수점을 왼쪽으로 세 자리 이동하면 세제곱이 되어 10^3으로 적는다.

3단계 **계수에 10의 거듭제곱으로 곱한 형태로 써라.** 3.5×10^3

b. 0.000 016

1단계 **소수점을 이동하여 계수가 1에서 10 사이가 되도록 하라.** 1보다 작은 수인 경우, 계수가 1.6이 되도록 소수점은 오른쪽으로 다섯 자리 이동한다.

2단계 **움직인 자릿수를 10의 거듭제곱으로 표시하라.** 소수점을 오른쪽으로 다섯 자리 이동하면 마이너스 다섯 제곱이 되어, 10^{-5}으로 적는다.

3단계 계수에 10의 거듭제곱으로 곱한 형태로 써라. 1.6×10^{-5}

유제 1.8

다음을 각각 과학적 표기법으로 써라.

a. 425 000 **b.** 0.000 000 86

해답

a. 4.25×10^5 **b.** 8.6×10^{-7}

확인하기

연습문제 1.13과 1.14를 풀어보기

과학적 표기법과 계산기

과학적 표기법으로 된 숫자는 [EE or EXP] 키를 이용하여 계산기에 입력할 수 있다. 계수를 입력한 후에 [EE or EXP] 키를 누르고 10의 거듭제곱을 입력하라. 10의 음의 거듭제곱을 입력하려면 계산기에 따라 [+/−] 키 또는 [−] 키를 누른다.

입력하고자 하는 수	순서	계산기 표시 창
4×10^6	4 [EE or EXP] 6	4 06 또는 4^{06} 또는 4E06
2.5×10^{-4}	2.5 [EE or EXP] [+/−] 4	2.5−04 또는 2.5^{-04} 또는 2.5E−04

생각해보기

계산기에 과학적 표기법의 숫자를 어떻게 입력하는지를 기술한다.

계산기의 답이 과학적 표기법으로 표시될 때, 계수는 1에서 10 사이의 수로 나타나고 빈칸 또는 E 그리고 10의 거듭제곱이 뒤를 따른다. 이 표시 창의 수를 과학적 표기법으로 표현하려면 계수를 쓰고 × 10 그리고 거듭제곱의 지수를 이용하여 써라.

계산기 표시 창	과학적 표기법으로 표시
7.52 04 또는 7.52^{04} 또는 7.52E04	7.52×10^4
5.8−02 또는 5.8^{-02} 또는 5.8E−02	5.8×10^{-2}

많은 계산기가 적절한 키를 이용하여 숫자를 과학적 표기법으로 변환한다. 예를 들어, 0.000 52를 입력하고 2nd or 3rd funcion 키를 누른 다음, SCI 키를 누른다. 과학적 표기법은 계산기 표시 창에 계수와 10의 거듭제곱으로 나타난다.

0.000 52 [2nd or 3rd function key] [SCI] = 5.2−04 또는 5.2^{-04} 또는 5.2E−04 = 5.2×10^{-4}

계산기 표시 창

연습 문제

1.5 과학적 표기법으로 숫자 쓰기

학습 목표 과학적 표기법으로 숫자를 쓴다.

1.13 다음을 각각 과학적 표기법으로 써라.

a. 67 000 **b.** 520 **c.** 0.000 0081
d. 0.000 27 **e.** 0.0094 **f.** 490 000

1.14 다음 각 항목의 두 수 중 어느 수가 더 큰가?

a. 6.1×10^4 또는 4.2×10^2
b. 3.7×10^{-6} 또는 5.8×10^{-3}
c. 7×10^{-8} 또는 7×10^8
d. 0.000 69 또는 8.3×10^{-1}

의학 최신 정보 법의학 증거는 범죄를 해결하는 데 도움을 준다.

다양한 실험실 시험을 통해 Sarah는 피해자의 혈액에서 에틸렌 글라이콜을 발견하였다. 정량적 시험에 따르면 피해자는 125 g의 에틸렌 글라이콜을 섭취한 것으로 나타났다. Sarah는 범죄 현장에서 발견된 유리잔 속의 액체는 알코올 음료에 첨가된 에틸렌 글라이콜이라고 확인하였다. 에틸렌 글라이콜은 냄새가 없고, 물과 섞이는 투명하고 단맛이 나는 점성이 큰 액체이다. 이것은 자동차의 부동액과 브레이크 유체로 사용되기 때문에 쉽게 구할 수 있다. 에틸렌 글라이콜 음독의 초기 증세는 술에 취한 것과 비슷하기 때문에 피해자는 그 존재를 알지 못한다. 에틸렌 글라이콜을 마셨을 경우, 중추 신경계 저하, 심혈관 손상 및 신장 질환을 일으킬 수 있다. 빨리 발견된다면 혈액으로부터 에틸렌 글라이콜을 제거하기 위하여 혈액 투석을 사용할 수 있다. 에틸렌 글라이콜의 치사량은 체중 kg당 에틸렌 글라이콜 1.5 g이다. 따라서 50 kg(110 lb)인 사람에게는 75 g의 에틸렌 글라이콜이 치명적일 수 있다.

Mark는 에틸렌 글라이콜이 담긴 유리잔의 지문이 피해자 남편의 것임을 확인하였다. 이 증거는 집에서 발견된 부동액 용기와 함께 체포로 이어졌고, 아내를 독살한 것에 대해 남편의 유죄가 선고되었다.

의학 응용

1.15 피해자의 집에서 발견된 용기에 담긴 액체 450 g 중 에틸렌 글라이콜은 120 g이 들어 있었다. 에틸렌 글라이콜의 백분율은 얼마인가? 답을 일의 자리까지 나타내라.

개념도

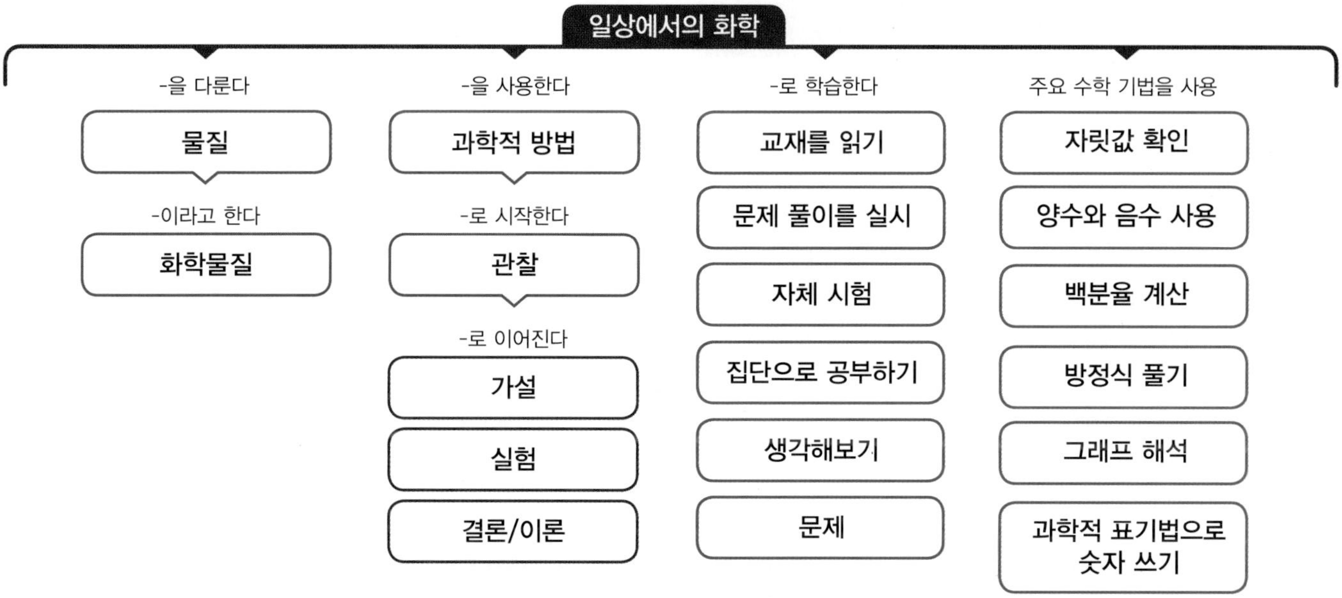

일상에서의 화학

- -을 다룬다
  - 물질
    - -이라고 한다
    - 화학물질
- -을 사용한다
  - 과학적 방법
    - -로 시작한다
    - 관찰
      - -로 이어진다
      - 가설
      - 실험
      - 결론/이론
- -로 학습한다
  - 교재를 읽기
  - 문제 풀이를 실시
  - 자체 시험
  - 집단으로 공부하기
  - 생각해보기
  - 문제
- 주요 수학 기법을 사용
  - 자릿값 확인
  - 양수와 음수 사용
  - 백분율 계산
  - 방정식 풀기
  - 그래프 해석
  - 과학적 표기법으로 숫자 쓰기

장 복습

1.1 화학과 화학물질

학습 목표 화학이라는 용어를 정의하고 물질을 화학물질로 확인한다.

- 화학은 물질의 조성, 구조, 성질 및 반응을 연구하는 것이다.
- 화학물질은 어느 곳에서 발견되든 항상 동일한 조성과 성질을 가진 물질이다.

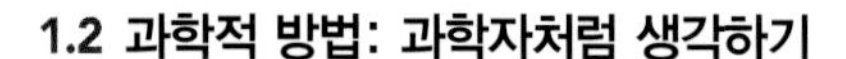

1.2 과학적 방법: 과학자처럼 생각하기

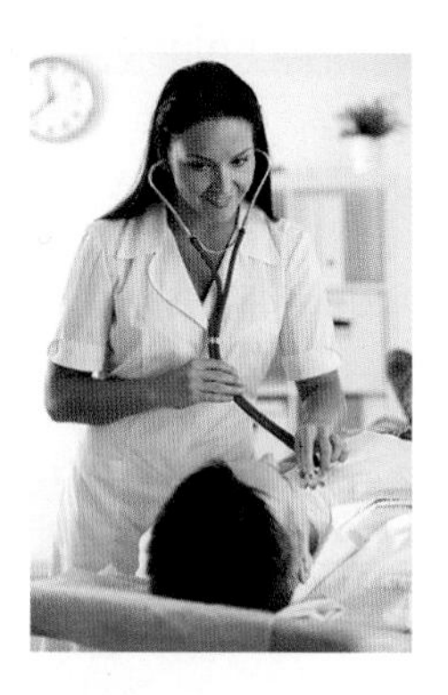

학습 목표 과학적 방법의 일부인 활동을 기술한다.

- 과학적 방법은 관찰로 시작하여 가설을 설정하고 실험을 수행하여 자연 현상을 설명하는 과정이다.
- 반복된 성공적인 실험 후에 가설은 이론이 될 수 있다.

1.3 화학을 학습하고 배우기

학습 목표 학습에 효과적인 전략을 확인한다. 화학을 배우기 위한 학습 계획을 세운다.

- 화학을 배우기 위한 계획은 화학을 배우기 위한 성공적인 접근법을 개발하는 것을 도와주는 교재의 특성을 이용한다.
- 장에 있는 학습 목표, 복습, 문제 분석과 문제를 이용하고, 예제와 유제, 각 절의 끝에 있는 연습 문제를 풀면 화학의 개념을 성공적으로 배울 수 있다.

1.4 화학에서의 주요 수학 기법

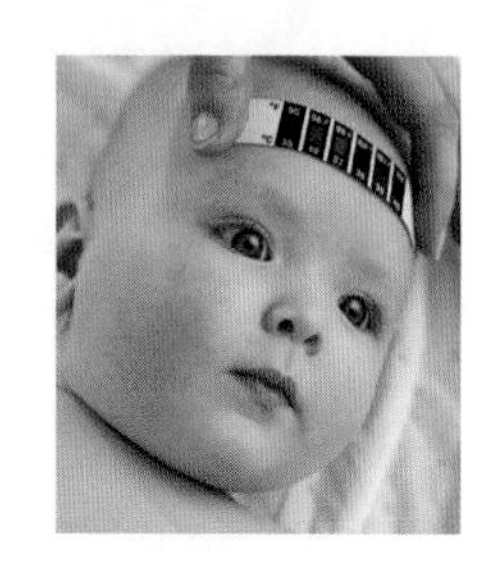

학습 목표 자릿값, 양수와 음수, 백분율, 방정식 풀기 및 그래프 해석과 같은 화학에서 사용하는 수학 개념을 살펴본다.

- 화학 문제를 푸는 데에는 자릿값 확인, 양수와 음수 사용, 백분율 계산, 방정식 풀기 및 그래프 해석과 같은 많은 수학 기법이 포함된다.

1.5 과학적 표기법으로 숫자 쓰기

학습 목표 과학적 표기법으로 숫자를 쓴다.

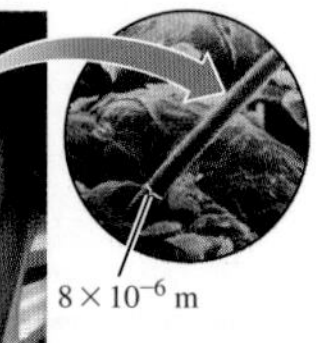

- 과학적 표기법으로 쓴 수는 계수와 10의 거듭제곱, 두 부분으로 이루어져 있다.
- 1 이상의 수를 과학적 표기법으로 변환할 때, 10의 거듭제곱은 양수이다.
- 1보다 작은 수를 과학적 표기법으로 쓸 때, 10의 거듭제곱은 음수이다.

주요 용어

화학물질 어느 곳에서 발견되든 동일한 조성과 성질을 가진 물질

화학 물질의 조성, 구조, 성질과 반응을 연구하는 것

결론 가설을 지지하는 반복되는 실험으로 입증된 관찰에 대한 설명

실험 가설의 유용성을 시험하는 순서

가설 자연 현상의 확인되지 않은 설명

관찰 자연 현상을 기록하고 정리하여 확인된 정보

과학적 방법 관찰하고, 가설을 제안하며, 가설을 검증하는 과정. 반복된 실험으로 가설이 입증된 후 이론이 될 수 있다.

과학적 표기법 1에서 10 사이의 계수 뒤에 10의 거듭제곱이 따라오는 것을 이용하여 크거나 작은 수를 쓰는 형태

이론 가설을 확인하는 추가적인 실험으로 지지되는 관찰의 설명

주요 수학 기법

각 주요 수학 기법을 포함하는 장의 절은 각 주제 끝의 괄호 안에 표시하였다.

자릿값 확인하기(1.4)

- 자릿값은 수에서 각 자릿수의 숫자를 확인한다.

예: 456.78에서 각각의 숫자에 대한 자릿값을 확인하라.

해답:

숫자	자릿값
4	백의 자리
5	십의 자리
6	일의 자리
7	0.1의 자리
8	0.01의 자리

계산에서 양수와 음수 사용하기(1.4)

- **양수**는 0보다 큰 임의의 수이고 양의 부호(+)를 가진다. **음수**는 0보다 작은 임의의 수이고 음의 기호(−)와 함께 쓴다.
- 두 양수를 더하거나 곱할 때 또는 나눌 때 답은 양수이다.
- 두 음수를 곱하거나 나눌 때 답은 양수이며, 두 음수를 더하면 답은 음수이다.
- 양수와 음수를 곱하거나 나눌 때, 답은 음수이다.
- 양수와 음수를 더할 때는 큰 수에서 작은 수를 빼고, 부호는 더 큰 수의 부호를 따른다.
- 두 수를 뺄 때, 빼려는 수의 부호를 바꾸고 덧셈의 규칙에 따른다.

예: 다음의 값을 구하라.

a. $-8 - 14 =$ ____ **b.** $6 \times (-3) =$ ____

해답: **a.** -22 **b.** -18

백분율 계산(1.4)

백분율은 부분을 전체로 나눈 다음 100%를 곱한 것이다.

예: 서랍에 흰색 양말이 6개, 검정색 양말이 18개 들어 있다. 흰색 양말의 백분율은 얼마인가?

해답: $\frac{6\ \text{흰색 양말}}{24\ \text{전체 양말}} \times 100\% = 25\%$ 흰색 양말

방정식 풀기(1.4)

화학에서 방정식은 보통 미지수를 포함한다. 미지 인자 자체를 얻기 위하여 방정식을 재배열하려면 방정식의 양변에 대응하는 수학적 연산을 행함으로써 균형을 유지하여야 한다.

- 뺄셈으로 숫자 또는 기호를 제거하려면 다른 변에도 같은 숫자 또는 기호를 빼야 한다.
- 덧셈으로 숫자 또는 기호를 제거하려면 다른 변에도 같은 숫자 또는 기호를 더해야 한다.
- 나눗셈으로 숫자 또는 기호를 소거하려면 다른 변에도 같은 숫자 또는 기호를 나누어야 한다.
- 곱셈으로 숫자 또는 기호를 소거하려면 다른 변에도 같은 숫자 또는 기호를 곱해야 한다.

예: a에 대하여 다음 방정식을 풀어라. $3a - 8 = 28$

해답: 양변에 8을 더하라. $3a - \cancel{8} + \cancel{8} = 28 + 8$

$3a = 36$

각 변을 3으로 나눈다. $\frac{\cancel{3}a}{\cancel{3}} = \frac{36}{3}$

$a = 12$

검산: $3(12) - 8 = 28$

$36 - 8 = 28$

$28 = 28$

$a = 12$는 맞는 답이다.

그래프 해석(1.4)

- 그래프는 두 변수 사이의 관계를 나타낸다.
- 변수의 양은 x축(가로축)과 y축(세로축), 두 수직축을 따라 표시된다.
- 제목은 x축과 y축의 성분을 나타낸다.
- x축과 y축의 수는 변수의 범위를 나타낸다.
- 그래프는 x축과 y축의 성분 사이의 관계를 나타낸다.

예:

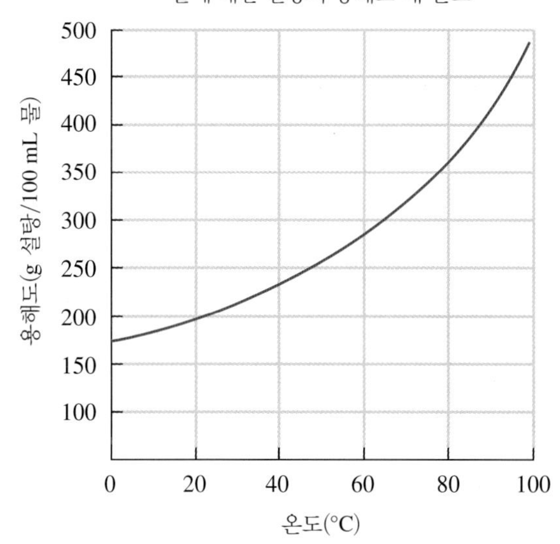

a. 100 mL 물에 용해된 설탕의 양은 온도가 증가할 때 증가하는가, 아니면 감소하는가?

b. 70°C에서는 100 mL 물에 몇 g이 용해되는가?

c. 275 g의 설탕은 몇 도(°C)일 때 100 mL의 물에 용해되는가?

해답: **a.** 증가 **b.** 320 g

c. 55

과학적 표기법으로 숫자 쓰기(1.5)

- 과학적 표기법으로 쓴 수는 계수와 10의 거듭제곱으로 구성된다.

수를 과학적 표기법으로 쓰는 방법은 다음과 같다.

- 1에서 10 사이의 계수를 얻기 위해 소수점을 이동한다.
- 움직인 자릿수를 10의 거듭제곱으로 표현한다. 만약 소수점이 왼쪽으로 이동하면 10의 거듭제곱은 양수이고, 소수점이 오른쪽으로 이동하면 음수이다.

예: 수 28 000을 과학적 표기법으로 써라.

해답: 소수점을 왼쪽으로 네 자리 이동하면 계수 2.8과 10의 양의 거듭제곱 10^4을 얻는다. 수 28 000을 과학적 표기법으로 쓴 것은 2.8×10^4이다.

개념 이해 문제

복습할 장의 절은 각 문제 끝의 괄호 안에 표시하였다.

1.16 '화학물질이 없는' 샴푸에 함유된 성분에는 물, 코카마이드, 글리세린, 시트르산이 있다. 샴푸는 진정으로 '화학물질이 없는' 것인가? (1.1)

1.17 Sherlock Holmes에 따르면, "사람은 오직 하나가 남을 때까지 과학적 질문, 수집, 관찰, 자료 시험 그리고 가설의 조합, 수정, 거부의 규칙에 따라야만 한다."고 한다. Holmes는 과학적 방법을 따르고 있는가? 따른다면 그러한 이유는 무엇인가? 또 그렇지 않다면 그 이유는 무엇인가? (1.2)

1.18 다음의 각 서술을 관찰(O) 또는 가설(H)로 분류하라.

a. 끓는점에서 물은 증기로 변한다.

b. 동물의 대사 활동이 온도와 관련되어 있다면, 상온이 낮아지면 대사 활동이 감소할 것인가?

c. 토마토 식물은 더 많은 햇빛에 노출될 때 잘 자란다.

의학 응용

1.19 다음에 대한 답이 양의 부호를 가질지, 음의 부호를 가질지 표시하라. (1.4)

a. 3개의 음수를 더한다.

b. 2개의 음수를 곱하고 양수로 나눈다.

추가 연습 문제

1.20 다음 문장을 완성하기 위한 적절한 구절을 선택하라.
만약 실험 결과가 여러분의 가설을 뒷받침하지 않는다면, ____ 한다. (1.2)

a. 실험 결과가 여러분의 가설을 뒷받침하는 것처럼 가장하여야

b. 가설을 수정하여야

c. 더 많은 실험을 수행하여야

1.21 다음 문장을 완성하기 위한 적절한 구절을 선택하라.
만약 실험 결과가 여러분의 가설을 뒷받침하지 않는다면, ____ 한다. (1.2)

a. 실험 요소들을 다시 증명하도록 노력하고 어떠한 실수가 있었는지를 살펴보아야

b. 반 친구와 논의하고 무엇이 잘못되었는지를 살펴보아야

c. 교수님께 문의하여야

d. 더 많은 실험을 수행하여야

1.22 여러분의 학습 집단이 화학 논의에 대한 타협점에 도달할 수 없다면 무엇을 하여야 하는가? (1.3)

a. 그저 여러분의 의견을 더욱 주장한다.

b. 인터넷에서 답을 찾는다.

c. 교재를 다시 샅샅이 살펴본다.

d. 스스로 실험을 실시한다.

e. 과목 관리자에게 문의한다.

1.23 다음을 각각 계산하라.

a. $6 \times (-9)$ **b.** $+7 + (-81)$

c. $\frac{-120}{-40}$

1.24 다음을 각각 과학적 표기법으로 써라. (1.5)

a. 120 000 **b.** 0.000 000 34

c. 0.066 **d.** 2 700

의학 응용

1.25 다음을 각각 과학적 표기법을 이용하여 써라. (1.5)

a. 1200 000 **b.** 0.000 000 44

c. 0.066 **d.** 1000 000

도전 문제

다음 문제들은 이 장의 주제와 연관되어 있다. 그러나 장의 순서를 따르지 않으며, 여러 절의 개념과 기법을 종합할 것을 요구한다. 이러한 문제들은 여러분의 비판적 사고 능력을 향상시키고 다음 시험을 준비하는 것을 도와줄 것이다.

1.26 다음을 각각 관찰, 가설, 실험, 또는 결론으로 분류하라. (1.2)

a. 자전거 타이어가 펑크가 났다.

b. 만약 자전거 타이어에 공기를 넣으면, 적절한 상태로 팽창할 것이다.

c. 자전거 타이어에 공기를 넣었을 때, 채워지지 않았다.

d. 자전거 타이어에 새는 곳이 있다.

1.27 다음을 각각 a에 대하여 풀라. (1.4)

a. $4a - 5 = 35$

b. $\frac{3a}{6} = -18$

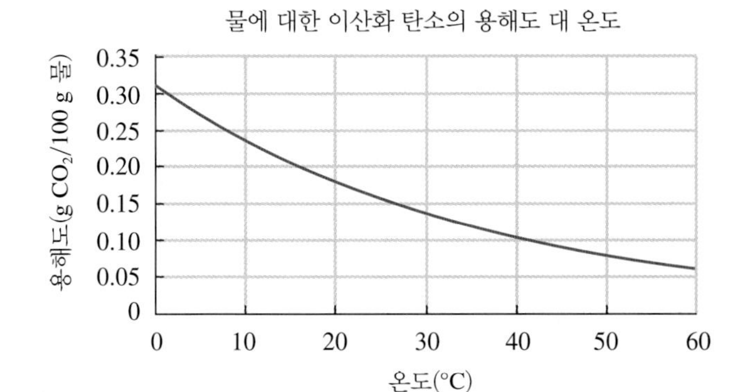

1.28 **a.** 제목은 그래프에 대하여 무엇을 의미하는가? (1.4)
b. 세로축은 무엇을 측정하는가?
c. 세로축 값의 범위는 얼마인가?
d. 이산화 탄소의 용해도는 온도가 증가함에 따라 증가하는가, 아니면 감소하는가?

연습 문제 해답

1.1 **a.** 화학은 물질의 조성, 구조, 성질 및 반응을 연구하는 학문이다.
b. 화학물질은 어느 곳에서 발견되든 항상 동일한 조성과 성질을 가지는 물질이다.

1.2 비타민 A, 비타민 B_3, 비타민 B_{12}, 비타민 C, 폴산(folic acid)과 같은 많은 화학물질이 비타민 병에 기재되어 있다.

1.3 약품 캐비닛에서 발견되는 전형적인 품목과 이들이 가지는 화학물질 일부는 다음과 같다.
- **제산제**(antacid) **정제**: 탄산 칼슘, 셀룰로스, 녹말, 스테아르산, 이산화 규소
- **구강청정제**(moutwash): 물, 알코올, 티몰(thymol), 글리세롤, 소듐 벤조에이트, 벤조산
- **기침 억제제**(cough suppressant): 멘톨, 베타-카로틴, 수크로스, 글루코스

1.4 **a.** 관찰 **b.** 가설 **c.** 실험 **d.** 관찰 **e.** 관찰 **f.** 결론

1.5 **a.** 관찰 **b.** 가설 **c.** 실험 **d.** 실험

1.6 화학을 성공적으로 배울 수 있도록 도와주는 여러분이 할 수 있는 몇 가지가 있다. 학습 집단을 구성, 해답을 보기 전에 문제를 풀어보는 것, 복습을 확인하고, 예제와 유제를 풀어보는 것, 연습 문제를 풀어보고 해답을 확인하며, 수업 전에 과제를 읽어보고, 문제 노트를 작성하는 것 등이다.

1.7 **b.**, **c.**, **d.**, **a.**

1.8 **a.** 0.01의 자리 **b.** 일의 자리 **c.** 십의 자리

1.9 **a.** 30 **b.** −44 **c.** 0

1.10 **a.** 20% 목화 **b.** 80% 밀 **c.** 2개 모두 밀의 백분율이 동일하다.

1.11 **a.** $a = 10$ **b.** $a = 48$

1.12 **a.** 그래프는 한 잔의 차 온도와 시간 사이의 관계를 보여준다.
b. °C 단위의 온도
c. 20°C에서 80°C까지
d. 감소

1.13 **a.** 6.7×10^4 **b.** 5.2×10^2 **c.** 8.1×10^{-6} **d.** 2.7×10^{-4} **e.** 9.4×10^{-3} **f.** 4.9×10^5

1.14 **a.** 6.1×10^4 **b.** 5.8×10^{-3} **c.** 7×10^8 **d.** 8.3×10^{-1}

1.15 27% 에틸렌 글라이콜

1.16 아니오. 모든 구성 성분은 화학물질이다.

1.17 예. Sherlock의 수사는 관찰(자료 수집)하고, 가설을 설정하고, 가설을 시험하고, 하나의 가설만이 입증될 때까지 수정하는 것을 포함한다.

1.18 **a.** O **b.** H **c.** O

1.19 **a.** 음 **b.** 양

1.20 **b**와 **c**

1.21 **a**, **d**

1.22 **c**와 **e**

1.23 **a.** −54 **b.** −74 **c.** +3

1.24 **a.** 1.2×10^5 **b.** 3.4×10^{-7} **c.** 6.6×10^{-2} **d.** 2.7×10^3

1.25 **a.** 1.2×10^6 **b.** 4.4×10^{-7} **c.** 6.6×10^{-2} **d.** 1.0×10^6

1.26 **a.** 관찰 **b.** 가설 **c.** 실험 **d.** 결론

1.27 **a.** 10 **b.** −36

1.28 **a.** 그래프는 이산화 탄소의 물에 대한 용해도와 온도와의 관계를 보여준다.

b. 이산화 탄소의 용해도(g CO_2/100 g 물)

c. 0에서 0.35 g의 CO_2/100 g 물

d. 감소

2 화학과 측정

지난 몇 달 동안 Greg는 두통과 현기증, 메스꺼움 증세가 증가함을 느꼈다. 그는 병원을 방문하였고, 등록 간호사 Sandra가 체중 74.5 kg, 키 171 cm, 체온 37.2℃, 혈압 155/95과 같은 몇 가지 측정값을 기록하면서 초기 검사를 완료하였다. 정상 혈압은 120/80 이하이다.

의사를 만난 Greg는 고혈압(hypertension)을 진단받았다. 의사는 40 mg 정제로 시판되고 있는 80 mg 인데랄(프로프라놀롤)을 처방하였다. 인데랄은 심장의 근육을 이완시키는 베타 차단제로, 고혈압, 협심증(가슴 통증), 부정맥과 편두통을 치료하는 데 사용된다.

2주 후, Greg는 병원을 다시 방문하였다. 의사는 Greg의 혈압이 152/90임을 확인하고, 인데랄의 복용량을 160 mg으로 증가시켰다. 등록 간호사 Sandra는 Greg에게 하루 복용량을 정제 2개에서 4개로 늘려야 한다고 알려주었다.

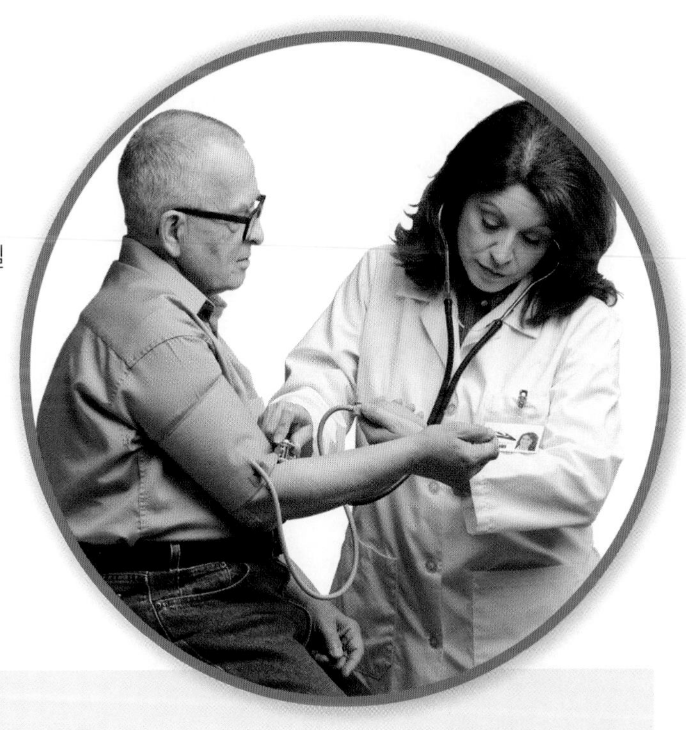

관련 직업 등록 간호사

의사를 보조하는 것 외에도 등록 간호사는 환자의 건강을 증진하고 질병을 예방, 치료하는 일을 한다. 그들은 환자를 돌보고 환자가 질병에 대처할 수 있도록 돕는다. 또한 환자의 체중, 키, 체온, 혈압 등을 측정하고, 환산하며, 약 복용 비율을 계산한다. 등록 간호사는 환자의 증상과 처방된 의약품에 대한 상세한 진료 기록을 보관한다.

의학 최신 정보 Greg의 의사 방문

몇 주 후, Greg는 의사에게 피곤함을 느낀다고 호소하였다. 그는 철분 수치가 낮은지를 확인하기 위하여 혈액 검사를 받았다. 여러분은 59쪽의 의학 최신 정보 Greg의 의사 방문에서 Greg의 혈청 철분 수치 결과를 볼 수 있고, Greg에게 철분 보충제를 제공해야 할지 결정할 수 있다.

차례

2.1 측정 단위

학습 목표 부피, 길이, 질량, 온도 및 시간을 측정하는 데 사용되는 미터법 또는 SI 단위의 명칭과 약어를 쓴다.

여러분의 일과를 생각해보라. 몇 가지 측정을 하였을 것이다. 욕실의 체중계에 올라 체중을 확인하였을 것이고, 저녁으로 밥을 짓는다면 쌀 한 컵에 물 두 컵을 넣었을 것이다. 몸 상태가 좋지 않다면, 체온을 잴 수도 있다. 측정을 할 때마다 체중계, 계량컵, 또는 체온계와 같은 측정 기구를 사용할 것이다.

전 세계의 과학자와 보건 전문가는 측정 단위로 **미터법**(metric system)을 사용한다. 이것은 일부 국가를 제외한 모든 국가에서 사용하는 공통적인 측정 체계이다. **국제단위계**(International System of Units(SI) 또는 Système International)는 미국을 제외한 전 세계에 걸쳐 사용하는 공식적인 측정 체계이다. 화학에서는 표 2.1에 게재된 바와 같이 부피, 길이, 질량, 온도 및 시간에 미터법 단위와 SI 단위를 사용한다.

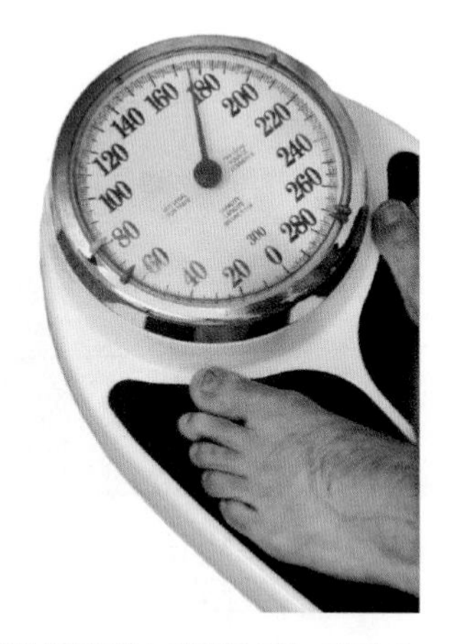

욕실 저울에서 체중을 재는 것도 측정이다.

표 2.1 측정 단위와 약어

측정	미터법	SI
부피	리터(L)	세제곱미터(m^3)
길이	미터(m)	미터(m)
질량	그램(g)	킬로그램(kg)
온도	섭씨온도(°C)	켈빈(K)
시간	초(s)	초(s)

오늘 캠퍼스까지 1.3 mi을 무게가 26 lb인 배낭을 메고 걷는다고 가정해보자. 기온은 72°F이다. 아마도 여러분의 체중은 128 lb이고, 키는 65 in일 것이다. 이러한 측정과 단위는 미국 체계로 말하기 때문에 매우 익숙할 것이다. 그러나 화학에서는 **미터법**을 사용하여 측정한다. 미터법을 사용하면, 기온이 22°C일 때 질량이 12 kg인 배낭을 메고 캠퍼스까지 2.1 km를 걷는 것이다. 여러분은 질량이 58.0 kg이고 키는 1.7 m이다.

일상에는 많은 측정값이 있다.

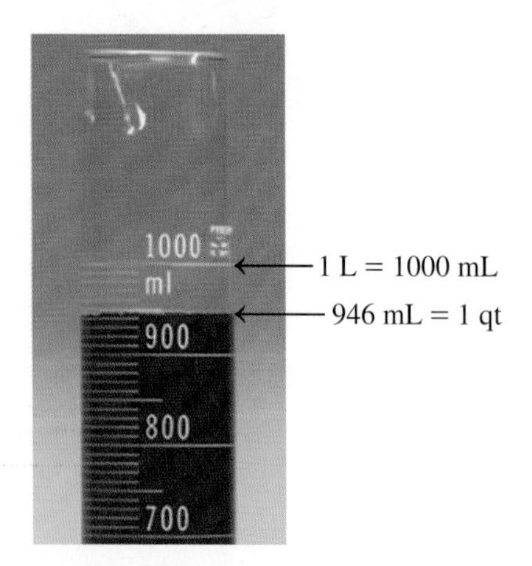

그림 2.1 미터 체계에서 부피는 리터를 기반으로 한다.

Q 1쿼트(quart)는 몇 mL인가?

부피

부피(V)는 물질이 차지하는 공간의 양이다. 부피의 미터법 단위는 **리터**(L)이며, 쿼트(qt)보다는 약간 크다. 실험실이나 병원에서 화학자는 보다 작고 편리한 부피의 미터법 단위인 **밀리리터**(mL)를 사용한다. 1 L는 1000 mL이다(그림 2.1). 부피 단위 사이

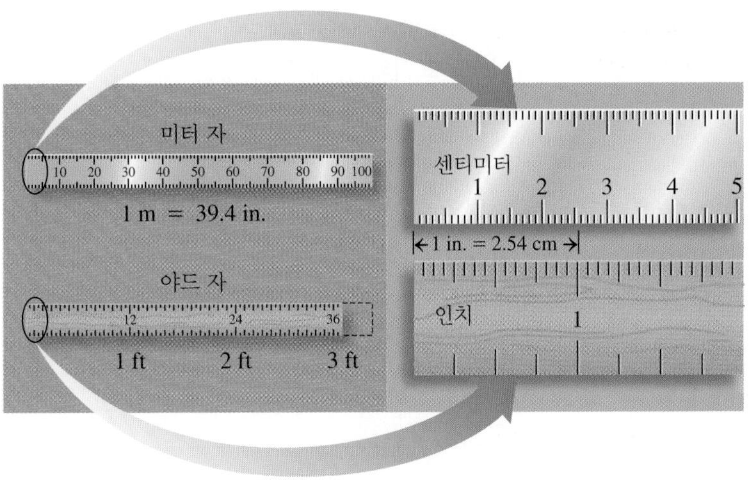

그림 2.2 미터법(SI 단위계)에서 길이는 야드보다 약간 긴 미터에 기반을 두고 있다.

Q 1인치는 몇 센티미터인가?

의 관계는 다음과 같다.

1 L = 1000 mL　　　1 L = 1.06 qt　　　946 mL = 1 qt

길이

길이의 미터법과 SI 단위는 **미터**(m)이다. 길이의 보다 작은 단위인 **센티미터**(cm)는 화학에서 흔히 사용되며 새끼손가락의 폭과 거의 같다(그림 2.2). 길이 단위 사이의 관계는 다음과 같다.

1 m = 100 cm　　　1 m = 39.4 in.　　　1 m = 1.09 yd　　　2.54 cm = 1 in.

질량

물체의 **질량**(mass)은 물체가 가지고 있는 물질의 양을 측정한 것이다. 질량의 SI 단위인 **킬로그램**(kg)은 체중과 같은 보다 큰 질량을 나타내는 데 사용된다. 미터법에서 질량의 단위는 **그램**(g)이며, 보다 작은 질량을 나타내는 데 사용된다. 1 kg은 1000 g이고, 1파운드(lb)는 454 g이다. 질량 단위 사이의 관계는 다음과 같다.

1 kg = 1000 g　　　1 kg = 2.20 lb　　　454 g = 1 lb

질량보다는 **무게**(weight)라는 용어에 더 익숙할 수도 있다. 무게는 물체에 대한 중력을 측정한 것이다. 지구에서 질량이 75.0 kg인 우주인의 무게는 165 lb이며, 중력이 지구의 1/6 정도인 달에서 우주인의 무게는 27.5 lb이다. 그러나 우주인의 질량은 지구와 같은 75.0 kg이다. 과학자들은 무게보다는 중력에 의존하지 않는 질량을 측정한다. 화학 실험실에서 전자저울은 물질의 질량을 그램으로 측정하는 데 사용된다(그림 2.3).

그림 2.3 전자저울이 디지털 표시로 5센트 동전의 질량이 5.01 g임을 보여준다.

Q 5센트 동전 10개의 질량은 얼마인가?

온도

온도(temperature)는 어떤 물질이 얼마나 뜨겁고 실외 온도는 얼마나 추운지, 또는 열이 나고 있는지 확인하는 데 도움을 준다(그림 2.4). 미터법에서 온도는 섭씨온도를 이용하여 측정한다. **섭씨**(°C)**온도 척도**에서 물은 0°C에서 얼고 100°C에서 끓는다. 반면에 화씨(°F) 척도에서 물은 32°F에서 얼고 212°F에서 끓는다. SI 단위계에서 온도

그림 2.4 온도계는 온도를 확인하기 위해 사용한다.

Q 오늘 어떤 종류의 온도를 측정하였는가?

스톱워치는 달리기 시간을 측정하는 데 사용한다.

는 **켈빈(K) 온도 척도**를 이용하여 측정하고 가장 낮은 온도는 0 K이다. 켈빈 척도에서의 단위는 켈빈(K)이라고 하며, 도 표시와 함께 쓰지 않는다.

시간

시간은 일반적으로 연(yr), 일, 시간(h), 분(min) 또는 초(s) 단위로 측정한다. 이 중 시간의 SI와 미터법의 단위는 **초**(s)이다. 초를 결정하기 위하여 현재 사용하는 표준은 원자시계이다. 시간 단위 사이의 관계는 다음과 같다.

1일 = 24 h　　　1 h = 60 min　　　1 min = 60 s

예제 2.1 측정 단위

문제

어느 날 간호사는 측정을 해야 하는 몇 가지 상황을 맞이하게 되었다. 다음 각 항목에 대한 단위로 표시된 측정의 종류와 단위명을 말하라.

a. 환자의 체온이 38.5℃이다.
b. 의사가 항생물질(cefuroxime) 1.5 g을 주사할 것을 지시하였다.
c. 의사가 1 L 식염수 용액을 정맥주사로 투여할 것을 지시하였다.
d. 처방약이 매 4시간마다 환자에게 주어질 것이다.

풀이

a. 섭씨온도는 온도 단위이다.
b. 그램은 질량 단위이다.
c. 리터는 부피 단위이다.
d. 시간은 시간 단위이다.

유제 2.1

신장이 32.5 cm인 영아가 나타내는 측정의 종류와 단위명을 말하라.

해답

센티미터는 길이의 단위이다.

확인하기

연습 문제 2.1에서 2.4를 풀어보기

연습 문제

2.1 측정 단위

학습 목표 부피, 길이, 질량, 온도 및 시간을 측정하는 데 사용되는 미터법 또는 SI 단위의 명칭과 약어를 쓴다.

2.1 다음을 각각 축약 기호로 나타내라.

a. 그램　　**b.** 섭씨온도
c. 리터　　**d.** 파운드
e. 초

2.2 다음 각 문장의 측정의 종류를 말하라.

a. 내 차 연료통에 휘발유 12 L를 넣었다.
b. 내 친구의 키는 170 cm이다.
c. 지구는 달로부터 385 000 km 떨어져 있다.
d. 그 말은 1.2초 차이로 경주에서 승리하였다.

2.3 다음에 대한 단위명과 측정 용도를 말하라.

a. 3.4 cm　　**b.** 500 mg

c. 2.0 L **d.** 60 s

e. 300 K

의학 응용

2.4 어느 날 의료진은 측정을 해야 하는 몇 가지 상황을 맞이할 수 있다. 다음의 단위로 표시된 측정의 이름과 종류를 말하라.

a. 혈액 시료의 응결 시간은 12초이다.

b. 조숙아의 체중이 2.0 kg이다.

c. 제산제 정제에는 탄산 칼슘 1.0 g이 함유되어 있다.

d. 어린이의 체온이 39.2°C이다.

2.2 측정값과 유효숫자

학습 목표 수가 측정값인지 정확한 수인지 확인한다. 측정값에서 유효숫자의 개수를 결정한다.

측정을 할 때, 특정한 종류의 측정 도구를 사용한다. 예를 들어, 키를 측정하기 위해 미터 자를, 체중을 확인하기 위해 저울을, 또는 체온을 측정하기 위해 체온계를 이용한다.

(a)

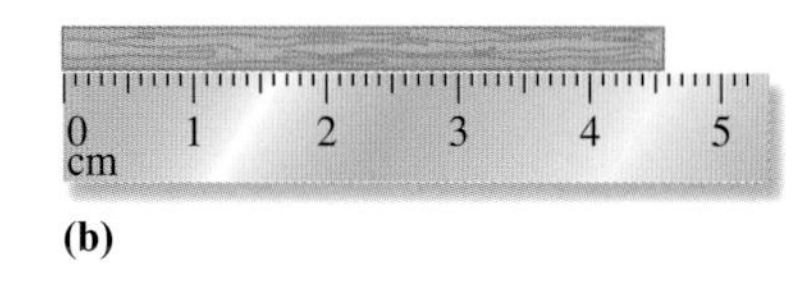

(b)

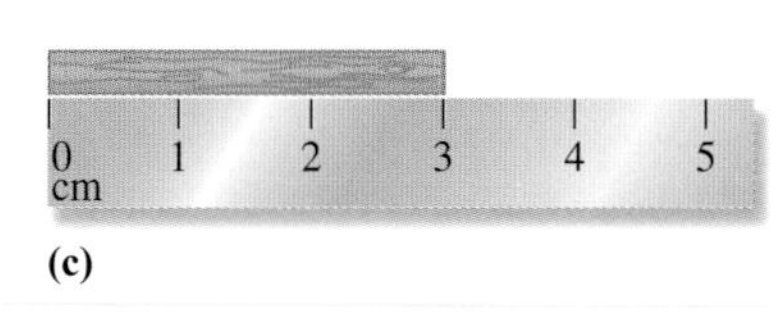

(c)

그림 2.5 직사각형 물체의 길이가 **(a)** 4.5 cm **(b)** 4.55 cm로 측정되었다.

Q (c)의 물체의 길이는 3 cm가 아니라 3.0 cm로 보고되는 이유는 무엇인가?

측정값

측정값(measured numbers)은 키, 체중 또는 체온과 같은 양을 측정할 때 얻은 수이다. **그림 2.5**의 물체의 길이를 측정한다고 가정해보자. 물체의 길이를 보고하고자 하면, 물체의 끝에 표시된 선의 숫자를 관찰한다. 그런 다음 표시된 선 사이의 공간을 시각적으로 나누어 **추산**(estimate)**할** 수 있다. 이 추산값은 측정값의 마지막 자리이다.

예를 들어, 그림 2.5a에서 물체의 끝은 4 cm와 5 cm 표시 사이에 있고, 이는 길이가 4 cm 이상이고 5 cm 이하임을 의미한다. 만약 여러분이 물체의 끝이 4 cm와 5 cm 중간에 있다고 추산하였다면, 여러분은 길이를 4.5 cm로 보고할 것이다. 모든 사람이 같은 방법으로 추산하지 않기 때문에 다른 학생은 같은 물체의 길이를 4.4 cm로 보고할 수도 있을 것이다.

그림 2.5b에 도시된 미터 자는 0.1 cm까지 표시되어 있다. 이제 여러분은 물체의 끝이 4.5 cm와 4.6 cm 사이에 있다고 결정할 것이다. 아마도 여러분은 이 길이를 4.55 cm로 보고하고, 다른 학생은 길이를 4.56 cm로 보고할 수 있을 것이다. 두 결과 모두 받아들일 수 있는 수준이다.

그림 2.5c에서 물체의 끝은 3 cm 표시와 일치한 것으로 보인다. 물체의 끝이 3 cm 표시에 있기 때문에 추산 자릿값(estimated digit)은 0이며, 이는 측정값을 3.0 cm이라고 보고할 수 있다.

유효숫자

핵심 화학 기법

유효숫자 세기

측정값에서 **유효숫자**(significant figures, SFs)는 추산 자릿값을 포함한 모든 자릿값이다. 0이 아닌 수는 항상 유효숫자로 센다. 그러나 0은 숫자의 자리에 따라 유효숫자일수도, 아닐 수도 있다. **표 2.2**는 유효숫자를 세는 규칙과 예를 제공한다.

표 2.2 측정값에서의 유효숫자

규칙	측정값	유효숫자 개수
1. 다음의 경우 그 숫자는 유효숫자이다.		
a. 0이 아닌 숫자	4.5 g	2
	122.35 m	5
b. 0이 아닌 숫자 사이에 있는 0	205°C	3
	5.008 kg	4
c. 자릿수 끝에 오는 0	50. L	2
	16.00 mL	4
d. 과학적 표기법으로 쓰인 계수	4.8×10^5 m	2
	5.70×10^{-3} g	3
2. 다음의 경우 0은 유효숫자가 아니다.		
a. 자릿수 시작에 있는 0	0.0004 s	1
	0.075 cm	2
b. 소수점 없는 큰 수에서 자릿수만 표시	850 000 m	2
	1 250 000 g	3

확인하기

연습 문제 2.5와 2.6을 풀어보기

유효 0과 과학적 표기법

이 교재에서는 수의 마지막에 있는 유효 0 뒤에 소수점을 붙일 것이다. 예를 들어, 측정값을 500. g이라 쓰면, 두 번째 0 뒤의 소수점은 두 개의 0이 유효함을 의미한다. 이것을 좀 더 명확히 보여주기 위하여 5.00×10^2 g으로 쓸 수 있다. 측정값 300 m에서 첫 번째 0은 유효한 0이지만 두 번째 0은 아닐 때, 측정값은 3.0×10^2 m라고 쓴다. 소수점이 없는 큰 표준 수의 마지막의 모든 0이 유효하지 않는다고 가정해보자. 그러면 400 000 g은 오직 1개의 유효숫자를 가진 4×10^5 g으로 쓴다.

생각해보기

3.20×10^4 cm의 계수의 0이 유효숫자인 이유는 무엇인가?

확인하기

연습 문제 2.7과 2.8을 풀어보기

정확한 수

정확한 수(exact numbers)**는 물건을 세거나 동일한 측정 체계에서 두 단위를 비교하는 정의를 이용하여 얻은 수이다.** 친구가 여러분에게 몇 개 과목을 듣고 있냐고 묻는다고 가정해보자. 여러분은 일정의 과목 수를 세어서 답을 할 것이다. 또한 1분이 몇 초인지를 물었다고 가정해보자. 어떠한 측정 도구를 사용하지 않고 여러분은 다음과 같은 정의를 제시할 것이다. 1분은 60초이다. **정확한 수는 측정되는 것이 아니고, 한정된 수의 유효숫자를 가지지 않으며, 계산된 답에서 유효숫자의 수에 영향을 주지 않는다.** 정확한 수의 더 많은 예를 보려면 **표 2.3**을 참조하라.

예를 들어, 질량 42.2 g과 길이 5.0×10^{-3} cm는 측정 도구를 이용하여 얻었기 때

표 2.3 정확한 수의 몇 가지 예

센 수	정의된 동등량	
물건	미터법	미국 체계
도넛 8개	1 L = 1000 mL	1 ft = 12 in.
야구공 2개	1 m = 100 cm	1 qt = 4 cups
캡슐 5개	1 kg = 1000 g	1 lb = 16 oz

야구공의 개수는 세어야 하고, 이는 2가 정확한 수임을 의미한다.

문에 측정값이다. 0이 아닌 모든 수는 항상 유효하기 때문에 42.2 g은 3개의 유효숫자를 가진다. 또한 과학적 표기법으로 쓰인 수의 계수에 있는 숫자는 모두 유효하기 때문에 5.0×10^{-3} cm에는 2개의 유효숫자가 있다. 그러나 달걀 3개라는 양은 세어서 얻은 정확한 수이다. 동등량 1 kg = 1000 g에서 이 동등량은 미터법 내의 정의이기 때문에 1 kg과 1000 g의 질량은 모두 정확한 수이다.

예제 2.2 측정값과 정확한 수

문제

다음의 수가 측정값 또는 정확한 수인지를 확인하고, 다음 각 측정값의 유효숫자 개수를 제시하라.

a. 0.170 L　　**b.** 칼 4개
c. 6.3×10^{-6} s　　**d.** 1 m = 100 cm

풀이

a. 측정값, 유효숫자 3개　　**b.** 정확한 수
c. 측정값, 유효숫자 2개　　**d.** 정확한 수

유제 2.2

다음의 수가 측정값 또는 정확한 수인지를 확인하고, 다음 각 측정값의 유효숫자 개수를 제시하라.

a. 0.020 80 kg　　**b.** 5.06×10^{4} h
c. 화학책 4권

해답

a. 측정값, 유효숫자 4개　　**b.** 측정값, 유효숫자 3개
c. 정확한 수

확인하기
연습 문제 2.9에서 2.11을 풀어보기

연습 문제

2.2 측정값과 유효숫자

학습 목표 수가 측정값인지 정확한 수인지 확인한다. 측정값에서 유효숫자의 개수를 결정한다.

2.5 다음은 각각 유효숫자가 몇 개인가?
a. 28.003 g　　**b.** 0.000057 m
c. 890000000 km　　**d.** 4.50×10^{6} kg
e. 0.7005 L　　**f.** 19.0°C

2.6 다음 중 두 수가 동일한 개수의 유효숫자를 가지는 것은 무엇인가?
a. 51.00 kg과 510000 kg
b. 0.825 m와 0.00825 m
c. 0.000073 s와 7.30×10^{4} s
d. 480.0 L와 0.0480 L

2.7 다음 각각의 측정값에서 0이 유효한지를 나타내라.
a. 1.008 m　　**b.** 3000 L
c. 28700 cm　　**d.** 5.6×10^{-5}
e. 9670000 g

2.8 다음을 각각 2개의 유효숫자를 가진 과학적 표기법으로 써라.
a. 8537 L　　**b.** 31 000 g
c. 160 000 m　　**d.** 0.0001 20 cm

2.9 다음 문장에 있는 수가 측정값 또는 정확한 수인지 확인하라.

a. 내 화학책의 무게는 8 lb이다.

b. 이 꽃다발에는 12송이의 장미가 있다.

c. 미터법에서 1 m는 100 cm와 같다.

d. 이 제과점에는 20종류의 케이크가 있다.

2.10 다음의 두 수 중 측정값이 있다면, 측정값을 확인하라.

a. 햄버거 3개와 햄버거 6 oz

b. 테이블 1개와 의자 4개

c. 포도 0.75 lb와 버터 350 g

d. 60 s = 1 min

의학 응용

2.11 다음이 측정값 또는 정확한 수인지 확인하고, 각 측정값에서 유효숫자의 수를 말하라.

a. 신생아의 체중이 1.607 kg이다.

b. 유아에 대한 아이오딘 1일 권장량(Daily Value, DV)은 130 mg이다.

c. 혈액 시료에 4.02×10^6개의 적혈구 세포가 있다.

d. 11월에 23명의 아기가 병원에서 태어났다.

2.3 계산에서의 유효숫자

학습 목표 올바른 유효숫자의 개수를 가지도록 계산된 답을 조정한다.

복습

자릿값 확인하기(1.4)
계산에서 양수와 음수 사용하기(1.4)

과학에서는 박테리아의 길이, 기체 시료의 부피, 반응 혼합물의 온도 또는 시료 내 철의 질량과 같이 많은 것을 측정한다. 측정값의 유효숫자 개수는 계산된 해답의 유효숫자 개수를 결정한다.

계산기를 사용하면 계산을 빨리 수행할 수 있다. 그러나 계산기는 여러분을 위해 생각하지는 못한다. 숫자를 정확하게 입력하는 것, 정확한 기능키를 누르는 것과 올바른 유효숫자 개수를 가진 답을 제시하는 것은 여러분에게 달려 있다.

반올림

주요 수학 기법

반올림

길이 5.52 m, 폭 3.58 m인 방에 카펫을 깔기 위해 카펫을 사기로 결심하였다고 가정해보자. 카펫이 얼마나 필요한지를 알아보기 위해 계산기로 5.52에 3.58을 곱함으로써 방의 면적을 계산할 것이다. 계산기의 표시 창에는 19.7616이라는 숫자가 표시된다. 원래 측정값의 유효숫자가 3개이기 때문에 계산기의 표시 창의 19.7616은 3개의 유효숫자를 가진 19.8로 **반올림**(round off)한다.

5.52	×	3.58	=	19.7616	=	19.8 m^2
유효숫자 3개		유효숫자 3개		계산기 표시 창		최종 답, 3개의 유효숫자를 가지도록 반올림

실험실에서 기사가 계산기를 사용하고 있다.

따라서 여러분은 19.8 m^{2}를 덮을 수 있는 카펫을 주문할 수 있다.

계산기를 사용할 때마다 원래의 측정값을 살펴보고, 답에서 사용할 수 있는 유효숫자의 수를 결정하는 것이 중요하다. 계산기 표시 창에 나타난 수를 반올림하는 데 다음의 규칙을 사용할 수 있다.

반올림 규칙

1. 만약 제거할 첫 번째 자릿수가 **4 이하**이면, 그 숫자를 포함한 뒤의 자릿수는 단순히 수에서 제거한다.
2. 만약 제거할 첫 번째 자릿수가 **5 이상**이면, 마지막에 남은 자리의 수를 1 증가시킨다.

반올림할 수	유효숫자 3개	유효숫자 2개
8.4234	8.42(34 제거)	8.4(234 제거)
14.780	14.8(80 제거, 마지막 자릿수는 1 증가)	15(780 제거, 마지막 자릿수는 1 증가)
3256	3260* (6 제거, 마지막 자릿수는 1 증가, 0 추가) (3.26×10^3)	3300* (56 제거, 마지막 자릿수는 1 증가, 00 추가) (3.3×10^3)

* 큰 수의 값은 제거된 자릿수를 대체하기 위하여 자리를 표시하는 0을 이용하여 유지한다.

생각해보기

10.07208을 유효숫자 3개가 되도록 반올림하면 10.1이 되는 이유는 무엇인가?

예제 2.3 반올림

문제

다음을 각각 3개의 유효숫자를 가지도록 반올림하라.

a. 35.7823 m　　**b.** 0.002 621 7 L　　**c.** 3.8268×10^3 g

풀이

a. 35.8 m　　**b.** 0.002 62 L　　**c.** 3.83×10^3 g

유제 2.3

예제 2.3의 수를 각각 2개의 유효숫자를 가지도록 반올림하라.

해답

a. 36 m　　**b.** 0.0026 L　　**c.** 3.8×10^3 g

확인하기

연습 문제 2.12와 2.13을 풀어보기

측정값의 곱셈과 나눗셈

곱셈과 나눗셈에서 최종 답은 유효숫자의 개수가 가장 적은 측정값과 동일한 개수의 유효숫자를 가지도록 적는다. 계산기 표시 창의 반올림 예는 다음과 같다.

핵심 화학 기법

계산에서 유효숫자를 이용하기

측정된 수로 다음의 계산을 수행한다.

$$\frac{2.8 \times 67.40}{34.8} =$$

문제가 여러 단계를 가질 때, 분자의 수들을 곱하고 난 후 분모의 수로 나눈다.

2.8	×	67.40	÷	34.8	=	5.422988506	=	5.4
유효숫자 2개		유효숫자 4개		유효숫자 3개		계산기 표시 창		답, 2개의 유효숫자를 가지도록 반올림

계산기의 표시 창은 측정값의 유효숫자가 허용하는 것보다 더 많은 자릿수를 가지기 때문에 반올림할 필요가 있다. 가장 적은 유효숫자 개수(2)를 가지는 측정값 2.8을 이용하여 답이 2개의 유효숫자를 가지도록 계산기 표시 창의 수를 반올림한다.

계산기는 문제를 풀고 계산을 빠르게 하는 데 도움이 된다.

유효숫자 0의 추가

가끔 계산기 표시 창에 작은 정수가 나오기도 한다. 예를 들어, 계산기 표시 창에 4가 표시되었지만 3개의 유효숫자를 가진 측정값을 이용하였다고 가정해보자. 그럴 경우 2개의 유효숫자 0을 **추가**하여 정확한 답인 4.00을 얻는다.

유효숫자 3개

$$\frac{8.00}{2.00} = 4. = 4.00$$

유효숫자 3개 | 계산기 표시 창 | 최종 답, 3개의 유효숫자를 가지도록 2개의 0을 추가

생각해보기

곱셈 0.3 × 52.6에 대한 답을 1개의 유효숫자를 가지도록 쓰는 이유는 무엇인가?

예제 2.4 곱셈과 나눗셈에서의 유효숫자

문제

다음의 측정값으로 계산을 수행하라. 각각의 답을 정확한 유효숫자를 가지도록 써라.

a. 56.8×0.37 **b.** $\frac{(2.075)\ (0.585)}{(8.42)\ (0.0245)}$ **c.** $\frac{25.0}{5.00}$

풀이 지침

문제 분석	주어진 조건	필요한 사항	연계
	곱셈과 나눗셈	유효숫자를 가진 답	반올림 규칙과 0의 추가

1단계 각 측정값의 유효숫자 개수를 결정하라.

a. 56.8 (유효숫자 3개) × 0.37 (유효숫자 2개)

b. $\frac{(2.075)\ (0.585)}{(8.42)\ (0.0245)}$ — 분자: 유효숫자 4개, 유효숫자 3개; 분모: 유효숫자 3개, 유효숫자 3개

c. $\frac{25.0}{5.00}$ — 분자: 유효숫자 3개; 분모: 유효숫자 3개

2단계 요구되는 계산을 수행하라.

a. 21.016 (계산기 표시 창) **b.** 5.884313345 (계산기 표시 창) **c.** 5. (계산기 표시 창)

3단계 유효숫자 개수가 가장 적은 측정값과 동일한 개수의 유효숫자를 가지도록 반올림(또는 0을 추가)하라.

a. 21 **b.** 5.88 **c.** 5.00

유제 2.4

다음의 측정값으로 계산을 수행하고, 각각의 답을 정확한 유효숫자를 가지도록 써라.

a. 45.26×0.01088 **b.** $2.6 \div 324$ **c.** $4.0 \times \frac{8.00}{16}$

해답

a. 0.4924 **b.** 0.0080 또는 8.0×10^{-3} **c.** 2.0

확인하기

연습 문제 2.14를 풀어보기

측정값의 덧셈과 뺄셈

덧셈과 뺄셈에서 최종 답은 소수점 아래 자릿수가 가장 적은 측정값과 동일한 소수점 아래 자릿수가 되도록 적는다.

2.045	0.001의 자리
+ 34.1	0.1의 자리
36.145	계산기 표시 창
36.1	답, 0.1의 자리까지 반올림

수를 더하거나 빼서 0으로 끝나는 답이 나올 때, 계산기 표시 창에는 소수점 뒤에 0이 나타나지 않는다. 예를 들면, 14.5 g − 2.5 g = 12.0 g과 같은 경우이다. 그러나 계산기로 뺄셈을 수행하면 계산기 표시 창에는 12라고 표시된다. 정확한 답을 적기 위해서는 소수점 뒤에 유효숫자 0을 적어야 한다.

생각해보기

55.2와 2.506을 더한 답이 소수점 아래 첫 번째 자리를 가지도록 적는 이유는 무엇인가?

예제 2.5 덧셈과 뺄셈에서 소수점 아래 자릿수

문제

다음 계산을 수행하고, 올바른 소수점 아래 자릿수로 나타내어 답을 제시하라.

a. 104.45 mL + 0.838 mL + 46 mL **b.** 153.247 g − 14.82 g

풀이 지침

문제 분석	주어진 조건	필요한 사항	연계
	덧셈과 뺄셈	올바른 소수점 아래 자릿수	반올림 규칙

1단계 각 측정값에서 소수점 아래 자릿수를 결정하라.

a.

104.45 mL	0.01의 자리
0.838 mL	0.001의 자리
+ 46 mL	일의 자리

b.

153.247 g	0.001의 자리
− 14.82 g	0.01의 자리

2단계 표시된 계산을 수행하라.

a. 151.288 (계산기 표시 창) **b.** 138.427 (계산기 표시 창)

3단계 소수점 아래 자릿수가 가장 적은 측정값과 동일한 수의 자릿수를 가지도록 답을 반올림하라.

a. 151 mL **b.** 138.43 g

유제 2.5

다음 계산을 수행하고, 올바른 소수점 아래 자릿수로 나타내어 답을 제시하라.

a. 82.45 mg + 1.245 mg + 0.000 56 mg

b. 4.259 L − 3.8 L

해답

a. 83.70 mg **b.** 0.5 L

확인하기

연습 문제 2.15를 풀어보기

연습 문제

2.3 계산에서의 유효숫자

학습 목표 올바른 유효숫자의 개수를 가지도록 계산된 답을 조정한다.

2.12 다음의 계산기 답을 각각 3개의 유효숫자를 가지도록 반올림하라.

a. 1.854 kg **b.** 88.2038 L
c. 0.004 738 265 cm **d.** 8807 m
e. 1.832×10^5 s

2.13 다음을 각각 3개의 유효숫자를 가지도록 반올림하거나 0을 추가하라.

a. 56.855 m
b. 0.002 282 g
c. 11 527 s
d. 8.1 L

2.14 다음의 계산을 각각 수행하고, 올바른 유효숫자의 개수를 가진 답을 제시하라.

a. 45.7×0.034 **b.** $0.002\ 78 \times 5$
c. $\frac{34.56}{1.25}$ **d.** $\frac{(0.2465)(25)}{1.78}$
e. $(2.8 \times 10^4)\ (5.05 \times 10^{-6})$ **f.** $\frac{(3.45 \times 10^{-2})(1.8 \times 10^5)}{(8 \times 10^3)}$

2.15 다음 계산을 각각 수행하고 올바른 소수점 아래 자릿수를 가진 답을 제시하라.

a. 45.48 cm + 8.057 cm
b. 23.45 g + 104.1 g + 0.025 g
c. 145.675 mL − 24.2 mL
d. 1.08 L − 0.585 L

2.4 접두사와 동등량

학습 목표 접두사의 수치를 이용하여 미터 동등량을 적는다.

복습
과학적 표기법으로 숫자 쓰기(1.5)

미터법의 특성은 **접두사**(prefix)를 어떠한 단위 앞에 놓아 적절한 10의 거듭제곱으로 크기를 증가 또는 감소시킬 수 있다는 것이다. 예를 들어, 접두사 **밀리**(milli)와 **마이크로**(micro)는 보다 작은 단위인 밀리그램(mg), 마이크로그램(μg)을 만들기 위하여 사용된다.

미국 식품의약국(U.S. Food and Drug Administration)은 성인과 4세 이상 어린이의 영양분에 대한 일일 권장량(Daily Value, DV)을 결정하였다. 일부 접두사를 사용한 이 권장량의 예는 표 2.4에 수록되어 있다.

표 2.4 **일부 영양분의 일일 권장량**

영양분	권장량
칼슘	1.0 g
구리	2 mg
아이오딘	150 μg(150 mcg)
철분	18 mg
마그네슘	400 mg
나이아신	20 mg
인	800 mg
포타슘	3.5 g
셀레늄	70 μg(70 mcg)
소듐	2.4 g
아연	15 mg

접두사 **센티**(centi)는 달러 체계에서의 센트와 같다. 1센트는 '센티달러' 또는 1달러의 0.01이다. 이는 1달러가 100센트와 동일하다는 의미이다. 접두사 **데시**(deci)는 달러 체계의 1다임(dime)과 같다. 1다임은 '데시달러' 또는 1달러의 0.1이 된다. 이 또한 1달러가 10다임과 같다는 것을 의미한다. 표 2.5는 일부 미터 접두사의 기호와 수치를 수록한 것이다.

단위에 대한 접두사의 관계는 접두사를 그들의 수치로 치환하여 표시할 수 있다. 예를 들어, 킬로미터의 접두사 **킬로**(kilo)는 값 1000으로 대체하여 1킬로미터가 1000 m와 같음을 알 수 있다. 다른 예는 다음과 같다.

1 **kilo**meter(1 km) = **1000** meters(1000 m = 10^3 m)
1 **kilo**liter(1 kL) = **1000** liters(1000 L = 10^3 L)
1 **kilo**gram(1 kg) = **1000** grams(1000 g = 10^3 g)

표 2.5 미터법과 SI 접두사

접두사	기호	수치	과학적 표기법	동등량
단위의 크기를 증가시키는 접두사				
테라(tera)	T	1 000 000 000 000	10^{12}	$1\ \text{Ts} = 1 \times 10^{12}\ \text{s}$ $1\ \text{s} = 1 \times 10^{-12}\ \text{Ts}$
기가(giga)	G	1 000 000 000	10^{9}	$1\ \text{Gm} = 1 \times 10^{9}\ \text{m}$ $1\ \text{m} = 1 \times 10^{-9}\ \text{Gm}$
메가(mega)	M	1 000 000	10^{6}	$1\ \text{Mg} = 1 \times 10^{6}\ \text{g}$ $1\ \text{g} = 1 \times 10^{-6}\ \text{Mg}$
킬로(kilo)	k	1 000	10^{3}	$1\ \text{km} = 1 \times 10^{3}\ \text{m}$ $1\ \text{m} = 1 \times 10^{-3}\ \text{km}$
단위의 크기를 감소시키는 접두사				
데시(deci)	d	0.1	10^{-1}	$1\ \text{dL} = 1 \times 10^{-1}\ \text{L}$ $1\ \text{L} = 10\ \text{dL}$
센티(centi)	c	0.01	10^{-2}	$1\ \text{cm} = 1 \times 10^{-2}\ \text{m}$ $1\ \text{m} = 100\ \text{cm}$
밀리(milli)	m	0.001	10^{-3}	$1\ \text{ms} = 1 \times 10^{-3}\ \text{s}$ $1\ \text{s} = 1 \times 10^{-3}\ \text{ms}$
마이크로(micro)	μ*	0.000 001	10^{-6}	$1\ \mu\text{g} = 1 \times 10^{-6}\ \text{g}$ $1\ \text{g} = 1 \times 10^{6}\ \mu\text{g}$
나노(nano)	n	0.000 000 001	10^{-9}	$1\ \text{nm} = 1 \times 10^{-9}\ \text{m}$ $1\ \text{m} = 1 \times 10^{9}\ \text{nm}$
피코(pico)	p	0.000 000 000 001	10^{-12}	$1\ \text{ps} = 1 \times 10^{-12}\ \text{s}$ $1\ \text{s} = 1 \times 10^{12}\ \text{ps}$

* 의학에서 μ는 잘못 읽어 처방약 오류로 이어질 수 있기 때문에 접두사 마이크로의 약어 mc가 사용된다. 따라서 1 μg은 1 mcg으로 쓸 수 있다.

핵심 화학 기법

접두사 이용

생각해보기

60. mg의 비타민 C가 0.060 g의 비타민 C와 동일한 이유는 무엇인가?

예제 2.6 접두사와 동등량

문제

내시경 카메라의 너비는 1 mm이다. 밀리미터를 포함하는 다음의 동등량을 각각 완성하라.

a. 1 m = ________ mm　　**b.** 1 cm = ________ mm

풀이

a. 1 m = 1000 mm　　**b.** 1 cm = 10 mm

유제 2.6

밀리미터와 마이크로미터 사이의 관계는 무엇인가?

해답

1 mm = 1000 μm(mcm)

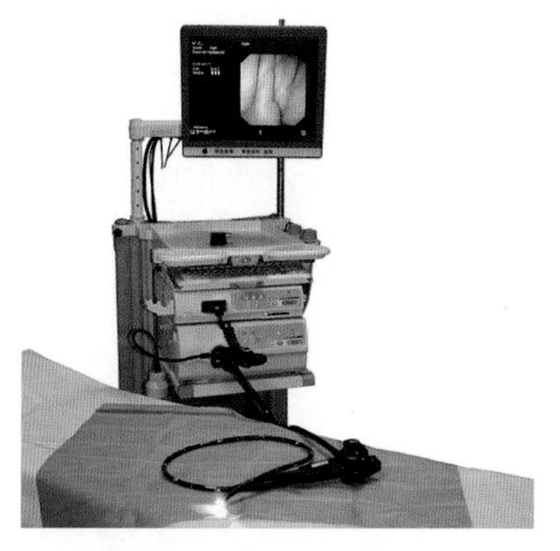

내시경에는 가는 전선 끝에 부착된 너비 1 mm 비디오카메라가 있다.

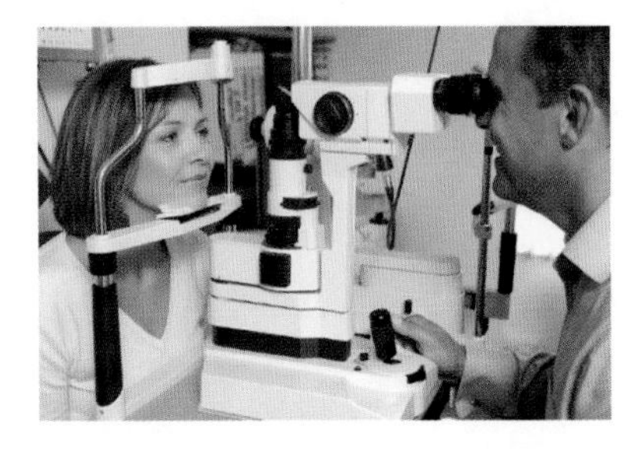

안과 의사는 망막 카메라를 이용하여 눈의 망막을 촬영한다.

길이 측정

안과 의사는 눈의 망막 지름을 센티미터(cm) 단위로 측정할 수 있지만, 외과 의사는 신경의 길이를 밀리미터(mm) 단위로 알 필요가 있다. 접두사 **센티**(centi)가 미터 단위와 함께 사용되면, 1미터의 100분의 1에 해당하는 길이(0.01 m)인 **센티미터**(centimeter)가 된다. 또한 접두사 **밀리**(milli)가 미터와 함께 사용되면, 1미터의 1000분의 1에 해당하는 길이(0.001 m)인 **밀리미터**(millimeter)가 된다. 1 m는 100 cm, 1000 mm이다.

밀리미터와 센티미터의 길이를 비교하면, 1 mm는 0.1 cm이고 1 cm는 10 mm이다. 이러한 비교는 동일한 양을 측정하는 두 단위 사이의 관계를 보여주는 **동등량**(equality)의 예이다. 길이에 대한 서로 다른 미터법 단위 사이의 동등량 예는 다음과 같다.

첫 번째 양			두 번째 양	
1	m	=	100	cm
↑	↑		↑	↑
수	+ 단위		수	+ 단위

이 동등량의 예는 미터와 센티미터 사이의 관계를 보여준다.

1 m = 100 cm = 1×10^2 cm
1 m = 1000 mm = 1×10^3 mm
1 cm = 10 mm = 1×10^1 mm

그림 2.6은 길이를 나타내는 일부 미터 단위를 비교한 것이다.

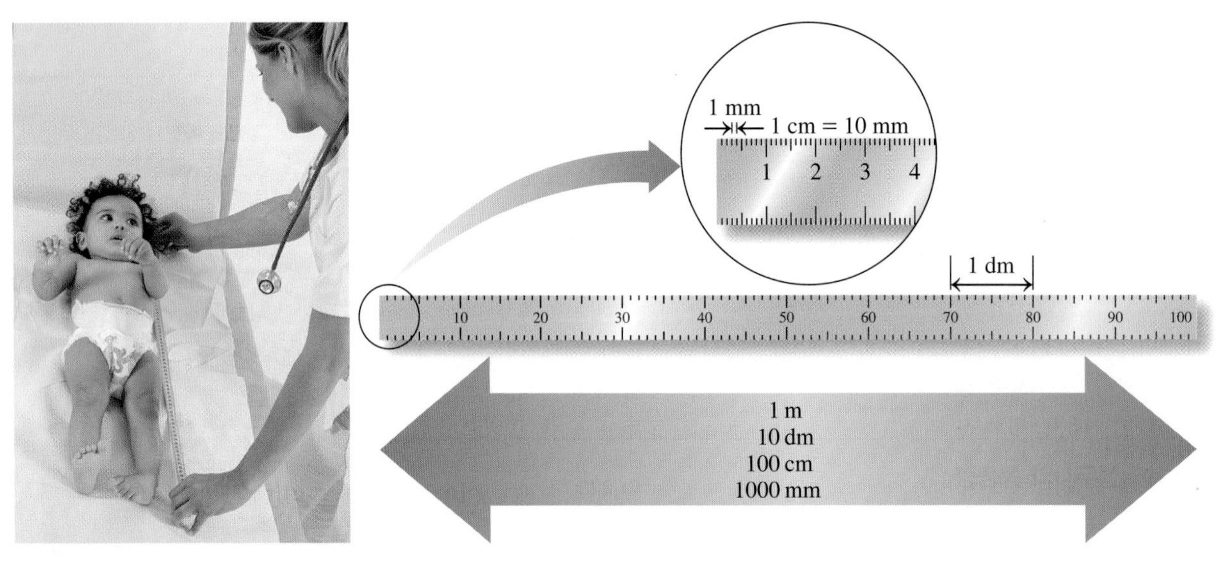

그림 2.6 1 m의 미터 길이는 10 dm, 100 cm, 1000 mm와 같다.

Q 1센티미터(cm)는 몇 밀리미터(mm)인가?

부피 측정

1 L 이하의 부피는 보건학에서 일반적이다. 1리터를 동일하게 10등분하면, 각 부분은 데시리터(dL)이다. 즉, 1 L는 10 dL이다. 혈액 검사에 대한 실험실 결과는 데시리터당 질량으로 보고된다. 표 2.6은 혈액 내의 일부 물질에 대한 통상적인 실험실의 실험값을 수록한 것이다.

1리터를 1000등분으로 나누면, 각각의 작은 부피는 1밀리리터(mL)이다. 생리 식염수 1 L 용기 안에는 용액 1000 mL가 있다(그림 2.7). 부피에 대한 서로 다른 미터법 단위 사이의 동등량 예는 다음과 같다.

1 L = 10 dL = 1×10^1 dL

표 2.6 일부 통상적인 실험실 실험값

혈액 내 물질	정상 범위
알부민	3.5~5.4 g/dL
암모니아	20~70 μg/dL(mcg/dL)
칼슘	8.5~10.5 mg/dL
콜레스테롤	105~250 mg/dL
철분(남성)	80~160 μg/dL(mcg/dL)
단백질(총량)	6.0~8.5 g/dL

확인하기

연습 문제 2.16에서 2.19를 풀어보기

$$1\ \text{L} = 1000\ \text{mL} = 1 \times 10^3\ \text{mL}$$
$$1\ \text{dL} = 100\ \text{mL} = 1 \times 10^2\ \text{mL}$$
$$1\ \text{mL} = 1000\ \mu\text{L(mcL)} = 1 \times 10^3\ \mu\text{L(mcL)}$$

세제곱센티미터(cubic centimeter, cm^3 또는 cc로 축약)는 각 변의 길이가 1 cm인 정육면체의 부피이다. 세제곱센티미터는 밀리리터와 같은 부피이고, 이 단위들은 상호교환하여 사용된다.

$$1\ \text{cm}^3 = 1\ \text{cc} = 1\ \text{mL}$$

1 cm를 보고 있다면 길이를 읽는 것이지만, 1 cm^3, 1 cc, 1 mL를 보고 있다면 이는 부피를 읽는 것이다. 부피 단위에 대한 비교는 그림 2.8에 도시하였다.

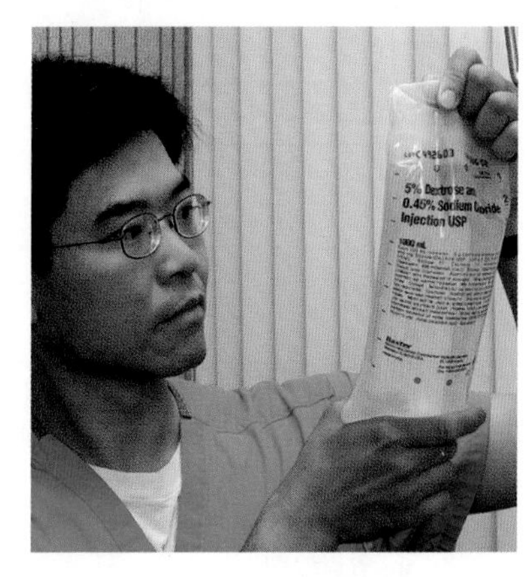

그림 2.7 플라스틱 정맥 수액 용기에는 1000 mL가 담겨 있다.

Q 정맥 수액 용기에는 몇 리터의 용액이 담겨 있는가?

질량 측정

신체검사를 위해 병원에 가면 질량은 킬로그램으로 기록되지만, 실험실 시험 결과는

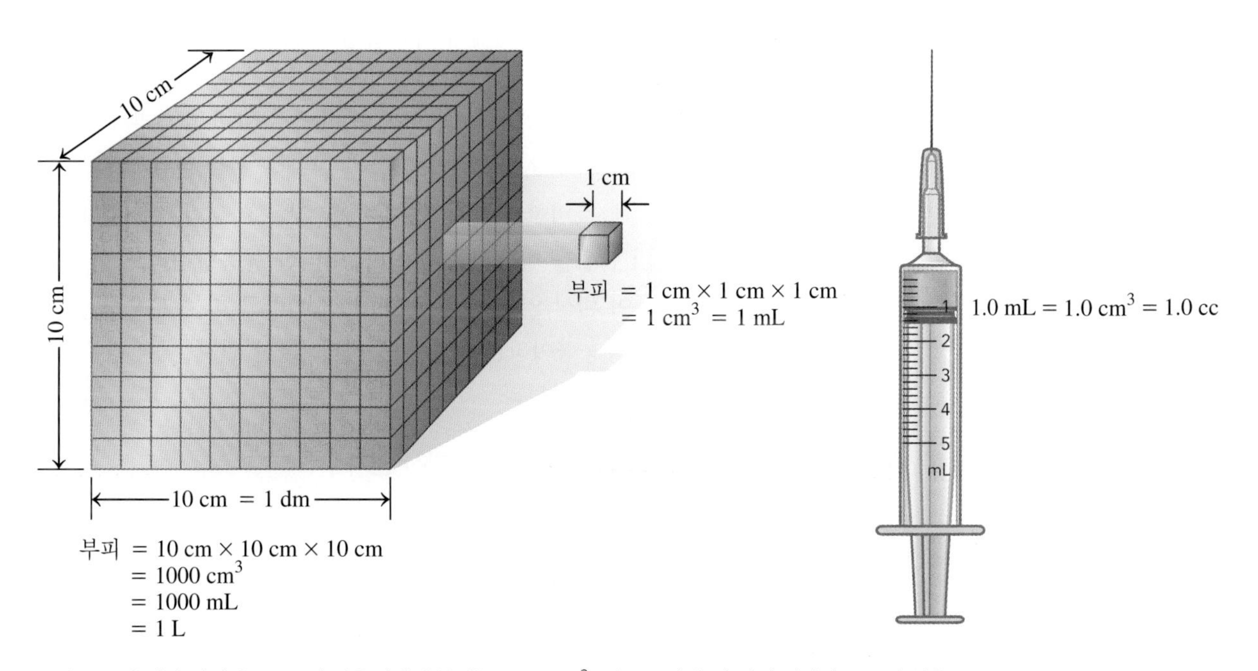

그림 2.8 각 변의 길이가 10 cm인 정육면체의 부피는 1000 cm^3 또는 1 L이며, 각 변의 길이가 1 cm인 정육면체의 부피는 1 cm^3(cc) 또는 1 mL이다.

Q 밀리리터(mL)와 세제곱센티미터(cm^3) 사이의 관계는 무엇인가?

그램, 밀리그램(mg), 또는 마이크로그램(μg 또는 mcg)으로 보고된다. 1킬로그램은 1000 g과 같고, 1그램은 1000 mg, 1 mg은 1000 μg(또는 1000 mcg)과 같다. 질량에 대한 서로 다른 미터법 단위 사이의 동등량 예는 다음과 같다.

확인하기
연습 문제 2.20과 2.21을 풀어보기

$$1\ \text{kg} = 1000\ \text{g} = 1 \times 10^3\ \text{g}$$
$$1\ \text{g} = 1000\ \text{mg} = 1 \times 10^3\ \text{mg}$$
$$1\ \text{mg} = 1000\ \mu\text{g(mcg)} = 1 \times 10^3\ \mu\text{g(mcg)}$$

연습 문제

2.4 접두사와 동등량

학습 목표 접두사의 수치를 이용하여 미터 동등량을 적는다.

2.16 다음의 각 단위를 약어로 나타내라.
a. 밀리그램 **b.** 데시리터
c. 킬로미터 **d.** 피코그램

2.17 다음의 각 단위를 완전한 명칭으로 적어라.
a. ps **b.** cm **c.** nm **d.** mL

2.18 다음 각 접두사에 대한 수치를 써라.
a. 센티 **b.** 테라 **c.** 밀리 **d.** 데시

2.19 다음의 이름을 접두사를 이용하여 적어라.
a. 0.1 g **b.** 10^{-6} g **c.** 1000 g **d.** 0.01 g

2.20 다음의 미터법 관계를 완성하라.
a. 1 s = _______ Ts **b.** 1 pm = _______ m
c. 1 cm = _______ m **d.** 1 m = _______ Gm

2.21 다음 두 값 중에서 어느 것이 더 큰 양을 가지는가?
a. 1000 g 또는 0.1 kg **b.** 0.5 dL 또는 60 mL
c. 1000 nm 또는 10 μm **d.** 2 dm 또는 0.2 m

복습
백분율 계산(1.4)

핵심 화학 기법
동등량으로부터 환산 인자 쓰기

확인하기
연습 문제 2.22를 풀어보기

2.5 환산 인자 쓰기

학습 목표 동일한 양을 기술하는 두 단위 사이의 환산 인자를 쓴다.

화학과 보건학에서의 많은 문제는 한 단위에서 다른 단위로의 환산을 요구한다. 숙제하는 데 2.0 h가 소비되었고 누군가 그것이 몇 분인지 물었다고 가정해보자. 그럴 경우, 120 min이라고 대답할 것이다. 여러분은 관련된 두 단위 사이의 동등량(1시간 = 60분)을 알고 있기 때문에 2.0시간 × 60분/시간과 같이 곱해야 한다. 2.0시간을 120분으로 표현할 때, 공부하는 데 소비한 시간의 양이 변한 것은 아니다. 단지 시간을 표현하는 데 사용하는 측정의 단위를 바꾸었을 뿐이다. **어떠한 동등량이라도 한 양은 분자에, 다른 양은 분모에 두어 환산 인자**(conversion factor)**라고 하는 분수로 쓸 수 있다.** 두 환산 인자는 어떠한 동등량이라도 항상 가능하다. 환산 인자를 쓸 경우에는 단위를 포함시켜야 한다는 것을 명심하라.

1시간 = 60분이라는 동등량에서의 두 가지 환산 인자

$$\frac{\text{분자}}{\text{분모}} \begin{matrix}\longrightarrow \\ \longrightarrow\end{matrix} \quad \frac{60\text{분}}{1\text{시간}} \quad \text{그리고} \quad \frac{1\text{시간}}{60\text{분}}$$

이 계수는 '1시간당 60분'과 '60분당 1시간'이라고 읽는다. **당**이라는 용어는 '나눔'을 의미한다. 일반적인 몇 가지 관계가 **표 2.7**에 수록되어 있다.

2개의 미터법 단위 또는 2개의 미국 체계 단위 사이의 동등량에서의 수는 정의에 의한 수이다. 정의에 의한 수는 정확한 수이기 때문에 이들은 유효숫자를 결정하

표 2.7 일반적인 몇 가지 동등량

양	미터법(SI)	미국	미터법–미국
길이	1 km = 1000 m	1 ft = 12 in.	2.54 cm = 1 in.(정확한 수)
	1 m = 1000 mm	1 yd = 3 ft	1 m = 39.4 in.
	1 cm = 10 mm	1 mi = 5280 ft	1 km = 0.621 mi
부피	1 L = 1000 mL	1 qt = 4 cups	946 mL = 1 qt
	1 dL = 100 mL	1 qt = 2 pt	1 L = 1.06 qt
	1 mL = 1 cm^3	1 gal = 4 qt	473 mL = 1 pt
	1 mL = 1 cc*		5 mL = 1 t(tsp)*
			15 mL = 1 T(tbsp)*
질량	1 kg = 1000 g	1 lb = 16 oz	1 kg = 2.20 lb
	1 g = 1000 mg		454 g = 1 lb
	1 mg = 1000 mcg*		
시간	1 h = 60 min	1 h = 60 min	
	1 min = 60 s	1 min = 60 s	

* 의학에서 사용.

는 데 사용하지 않는다. 예를 들어, 동등량 1 g = 1000 mg은 정의에 의한 수이고, 1과 1000은 모두 정확한 수임을 의미한다.

동등량이 미터법 단위와 미국 단위로 구성되어 있을 때에는 동등량의 수 중 하나는 측정값이고 답에서 유효숫자를 세어야 한다. 예를 들어, 동등량 1 lb = 454 g은 정확히 1 lb를 그램으로 측정하여 얻는다. 이 동등량에서 측정량 454 g은 3개의 유효숫자를 가지는 반면, 1은 정확한 수이다. 예외는 1 in. = 2.54 cm 관계이며, 이들은 정확한 수로 정의된다.

확인하기

연습 문제 2.23을 풀어보기

미터 환산 인자

어떠한 미터법 관계에 대해 2개의 미터 환산 인자를 쓸 수 있다. 예를 들어, 미터와 센티미터의 동등량으로부터 다음 인자를 쓸 수 있다.

생각해보기

동등량 1일 = 24 h은 왜 2개의 환산 인자를 가지는가?

미터 동등량	환산 인자
1 m = 100 cm	$\frac{100\text{ cm}}{1\text{ m}}$ 그리고 $\frac{1\text{ m}}{100\text{ cm}}$

2개는 모두 특정한 관계에 대한 적절한 환산 인자이다. 하나는 단지 다른 것의 역수일 뿐이다. **환산 인자의 유용성은 환산 인자를 뒤집어서 역수를 사용할 수 있다는 사실 때문에 향상된다**. 이 동등량과 환산 인자에서 100과 1이라는 수는 모두 **정확한 수**이다.

미터법–미국 단위계 환산 인자

미국 단위계의 한 단위인 파운드에서 미터법의 킬로그램으로 환산할 필요가 있다고 가정해보자. 여러분이 사용한 관계식은 다음과 같다.

그림 2.9 미국에서는 많은 포장 식품의 내용물이 미국 단위계 및 미터법 단위로 게재되어 있다.

Q 미터법을 사용하면 어떤 이점이 있는가?

$$1\ \text{kg} = 2.20\ \text{lb}$$

상응하는 환산 인자는 다음과 같을 것이다.

$$\frac{2.20\ \text{lb}}{1\ \text{kg}} \quad \text{그리고} \quad \frac{1\ \text{kg}}{2.20\ \text{lb}}$$

그림 2.9는 미국 단위계 및 미터법 단위로 게재된 포장 식품의 내용물을 보여주고 있다.

문제 내에서 언급된 동등량과 환산 인자

문제 내의 동등량이 해당 문제에서만 적용되는 것으로 기술될 수도 있다. 예를 들어, 시간당 킬로미터로 표시된 자동차의 속도 또는 비타민 C 정제의 밀리그램은 해당 문제에서만의 특정 관계가 될 것이다. 다음 각각의 문장에서 동등량과 2개의 환산 인자를 쓸 수 있고, 각각의 수가 정확한지를 확인하거나 유효숫자의 수를 제기할 수 있다.

확인하기

연습 문제 2.24에서 2.26을 풀어보기

자동차가 85 km/h의 속도로 운행하고 있다.

동등량	환산 인자	유효숫자 또는 정확한 수
85 km = 1 h	$\frac{85\ \text{km}}{1\ \text{h}}$ 그리고 $\frac{1\ \text{h}}{85\ \text{km}}$	85 km는 측정되었으며, 2개의 유효숫자를 가진다. 1 h는 정확하다.

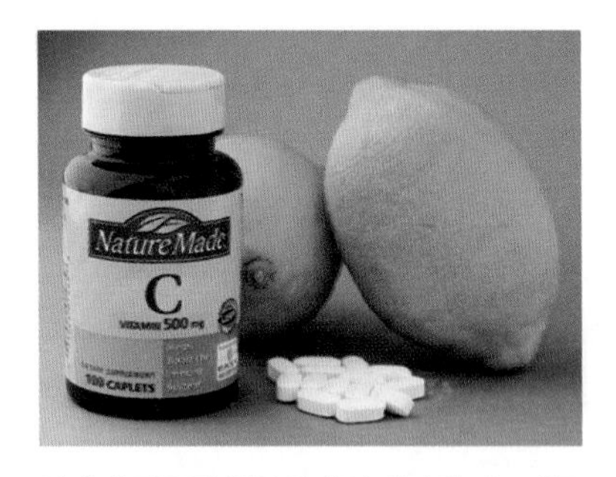

인체에 필요한 항산화제인 비타민 C는 레몬과 같은 과일에서 발견할 수 있다.

정제 1알은 500 mg의 비타민 C를 함유하고 있다.

동등량	환산 인자	유효숫자 또는 정확한 수
정제 1알 = 500 mg 비타민 C	$\frac{500\ \text{mg 비타민 C}}{\text{정제 1알}}$ 그리고 $\frac{\text{정제 1알}}{500\ \text{mg 비타민 C}}$	500 mg은 측정되었으며, 1개의 유효숫자를 가진다. 정제 1알은 정확하다.

백분율로부터의 환산 인자

백분율(%)은 단위를 선택하고 전체 100개 부분에 대하여 이 단위의 부분에 대한 수적 관계를 표시함으로써 환산 인자로 쓸 수 있다. 예를 들어, 한 사람의 질량에는 18%의 체지방이 포함되어 있다. 백분율 양은 체질량 100 질량 단위당 체지방 18 질량 단위로 쓸 수 있다. 그램(g), 킬로그램(kg) 또는 파운드(lb)와 같은 다른 질량 단위를 쓸 수 있으나 계수로 사용된 모든 단위는 동일해야만 한다.

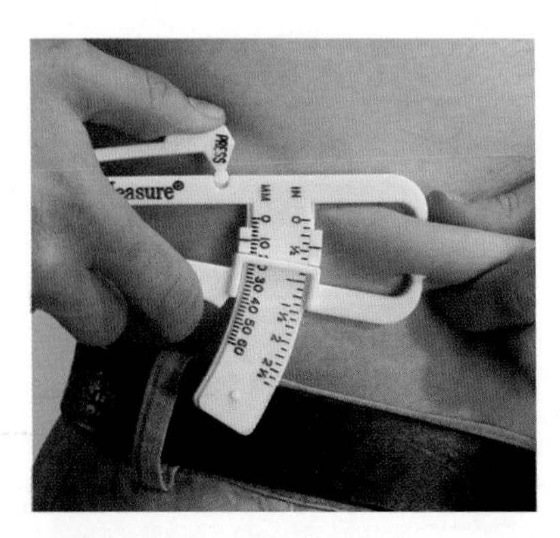

복부의 피하지방 두께는 체지방의 백분율을 결정하는 데 사용될 수 있다.

동등량	환산 인자	유효숫자 또는 정확한 수
18 kg 체지방 = 100 kg 체질량	$\frac{18\ \text{kg 체지방}}{100\ \text{kg 체질량}}$ 그리고 $\frac{100\ \text{kg 체질량}}{18\ \text{kg 체지방}}$	18 kg은 측정되었으며, 2개의 유효숫자를 가진다. 100 kg은 정확하다.

복용량 문제로부터의 환산 인자

처방약의 복용량 문제 내에서 기술된 동등량 역시 환산 인자로 쓸 수 있다. 예를 들어, 호흡기와 귀 감염에 사용하는 항생제인 케플렉스(Keflex(cephalexin))는 250 mg의 캡슐로 얻을 수 있다. 캡슐로 표현된 케플렉스의 양은 2개의 환산 인자가 가능한 동등량으로 쓸 수 있다.

동등량	환산 인자	유효숫자 또는 정확한 수
1 캡슐 = 250 mg 케플렉스	$\frac{250\text{ mg 케플렉스}}{1\text{ 캡슐}}$ 그리고 $\frac{1\text{ 캡슐}}{250\text{ mg 케플렉스}}$	250 mg은 측정되었으며, 2개의 유효숫자를 가진다. 캡슐 1개는 정확하다.

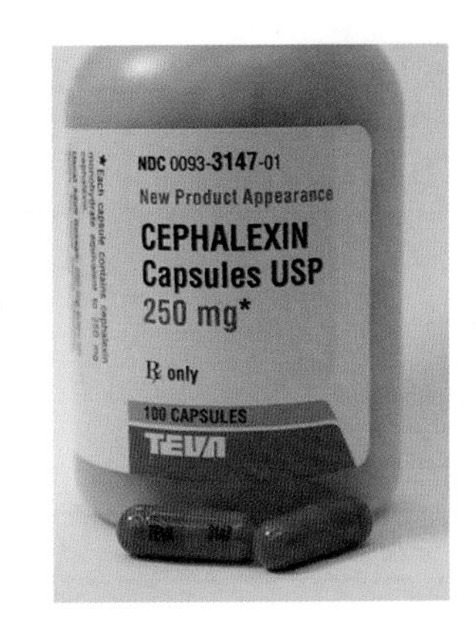

호흡기 감염을 치료하는 데 사용하는 케플렉스(cephalexin)는 250 mg 캡슐로 얻을 수 있다.

예제 2.7 문제 내의 동등량과 환산 인자

문제

다음에 대한 동등량과 2개의 환산 인자를 쓰고, 각각의 수가 정확한지를 확인하거나 유효숫자의 개수를 제시하라.

a. 고혈압을 위해 복용하는 Greg의 처방약에는 정제 1알에 40. mg의 프로프라놀롤이 함유되어 있다.

b. 연어와 같은 냉수성 어류는 질량의 1.9%에 오메가-3 지방산을 함유하고 있다.

풀이

a. 정제 1알에는 40. mg의 프로프라놀롤이 함유되어 있다.

동등량	환산 인자	유효숫자 또는 정확한 수
1 정제 = 40. mg 프로프라놀롤	$\frac{40.\text{ mg 프로프라놀롤}}{1\text{ 정제}}$ 그리고 $\frac{1\text{ 정제}}{40.\text{ mg 프로프라놀롤}}$	40. mg은 측정되었으며, 2개의 유효숫자를 가진다. 정제 1알은 정확하다.

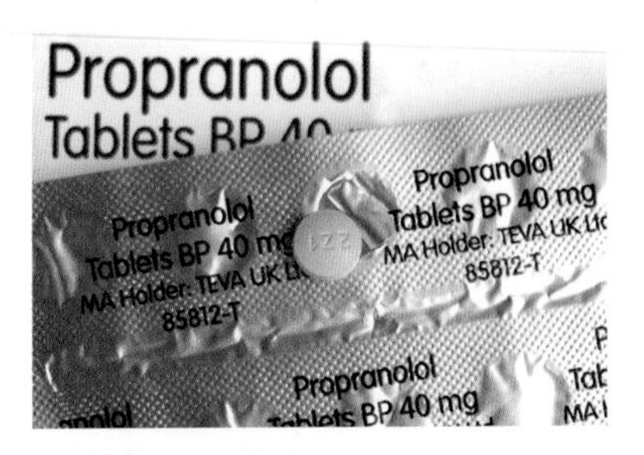

프로프라놀롤은 고혈압을 낮추는 데 사용된다.

b. 연어와 같은 냉수성 어류는 질량의 1.9%에 오메가-3 지방산을 함유하고 있다.

동등량	환산 인자	유효숫자 또는 정확한 수
1.9 g 오메가-3 지방산 = 100 g 연어	$\frac{1.9\text{ g 오메가-3 지방산}}{100\text{ g 연어}}$ 그리고 $\frac{100\text{ g 연어}}{1.9\text{ g 오메가-3 지방산}}$	1.9 g은 측정되었으며, 2개의 유효숫자를 가진다. 100 g은 정확하다.

연어에는 높은 수준의 오메가-3 지방산이 함유되어 있다.

유제 2.7

위와 방광을 치료하는 데 사용하는 레브신(Levsin(hyoscyamine))은 용액 1 mL당 레

생각해보기

백분율은 어떻게 동등량과 2개의 환산 인자를 쓰는 데 사용되는가?

브신 0.125 mg이 들어 있는 액체로 이용된다. 동등량과 2개의 환산 인자를 쓰고, 각각의 수가 정확한지를 확인하거나 유효숫자의 개수를 제시하라.

해답

0.125 mg 레브신 = 1 mL 용액

$$\frac{0.125\ \text{mg 레브신}}{1\ \text{mL 용액}} \quad \text{그리고} \quad \frac{1\ \text{mL 용액}}{0.125\ \text{mg 레브신}}$$

0.125 mg은 측정되었으며, 3개의 유효숫자를 가진다. 1 mL는 정확하다.

확인하기

연습 문제 2.27을 풀어보기

연습 문제

2.5 환산 인자 쓰기

학습 목표 동일한 양을 기술하는 두 단위 사이의 환산 인자를 쓴다.

2.22 1 m = 100 cm와 같은 동등량에 대하여 2개의 환산 인자를 쓸 수 있는 이유는 무엇인가?

2.23 다음 두 단위에 대하여 동등량과 2개의 환산 인자를 써라.

a. 센티미터와 미터 **b.** 나노그램과 그램

c. 리터와 킬로리터 **d.** 초와 밀리초

2.24 다음의 동등량과 2개의 환산 인자를 쓰고, 정확한 수인지를 확인하거나 유효숫자의 개수를 제시하라.

a. 1 yd는 3 ft이다.

b. 1 kg은 2.20 lb이다.

c. 이 자동차는 1갤런의 휘발유로 27 mi을 주행한다.

d. 스털링 실버(Sterling silver)는 질량의 93%가 은이다.

2.25 다음에 대하여 동등량과 2개의 환산 인자를 쓰고, 정확한 수인지를 확인하거나 유효숫자의 개수를 제시하라.

a. 벌은 초당 3.5 m의 평균 속력으로 비행한다.

b. 포타슘의 일일 권장량(DV)은 3.5 g이다.

c. 자동차는 1 L의 휘발유로 26.0 km를 주행한다.

d. 규소는 지각 질량의 28.2%를 구성한다.

의학 응용

2.26 다음 문장에 대하여 동등량과 환산 인자를 써라.

a. 1시간은 60분이다.

b. 1주일은 7일이다.

c. 1캔에는 355 mL의 콜라가 담겨 있다.

d. 1병에는 20개의 비타민 C 정제가 들어 있다.

2.27 다음 처방약에 대하여 동등량과 2개의 환산 인자를 써라.

a. 아타락스(Atarax) 시럽 5 mL당 10 mg의 아타락스

b. 라녹신(Lanoxin) 정제 1알당 0.25 g의 라녹신

c. 모트린(Motrin) 정제 1알당 300 mg의 모트린

2.6 단위 환산을 이용한 문제 풀이

학습 목표 한 단위를 다른 단위로 변환하기 위하여 환산 인자를 사용한다.

화학에서 문제를 풀이하는 과정에는 종종 주어진 단위를 필요한 단위로 바꾸기 위해 1개 이상의 환산 인자가 필요하다. 문제에서 주어진 단위와 필요한 단위를 확인하라. 여기 문제에서는 예제 2.8에서 볼 수 있듯이 주어진 단위를 필요한 단위로 변환하는 데 사용되는 1개 이상의 환산 인자로 설정되어 있다.

주어진 단위 × 1개 이상의 환산 인자 = 필요한 단위

예제 2.8 **환산 인자 이용**

문제

Greg의 의사는 그의 심장에 대한 PET 스캔을 요구하였다. 방사선 영상에서 약물의 복용량은 체질량에 근거하고 있다. Greg의 체질량이 164 lb이면, 그의 체질량은 kg으로 얼마인가?

풀이 지침

1단계 주어진 양과 필요한 양을 기술한다.

	주어진 조건	필요한 사항	연계
문제 분석	164 lb	kg	환산 인자(kg/lb)

2단계 주어진 단위를 필요한 단위로 변환하기 위한 계획을 세워라.

파운드 → 미국-미터법 인자 → 킬로그램

3단계 동등량과 환산 인자를 말하라.

$$1\ \text{kg} = 2.20\ \text{lb}$$

$$\frac{2.20\ \text{lb}}{1\ \text{kg}} \quad \text{그리고} \quad \frac{1\ \text{kg}}{2.20\ \text{lb}}$$

4단계 단위를 소거하기 위하여 문제를 설정하고 답을 계산하라.

주어진 164 lb를 쓰고 주어진 조건에서 lb를 소거하기 위해 분모(밑에 있는 수)에 lb가 있는 환산 인자를 곱한다.

답에 필요한 단위
164 lb × 1 kg / 2.20 lb = 74.5 kg
주어진 양
환산 인자
답

주어진 단위 lb는 소거되고 필요한 단위 kg은 분자에 있다. **최종 답에서 원하는 단위는 모든 단위가 소거된 후에 남아 있는 것이다.** 이것은 문제를 적절하게 설정하였는지 확인하는 유용한 방법이다.

$$\text{lb} \times \frac{\text{kg}}{\text{lb}} = \text{kg} \quad \text{답에 필요한 단위}$$

계산기 표시 창에는 수로 된 답이 나타나고, 이를 알맞은 개수의 유효숫자를 가지는 최종 답을 나타내도록 조정하여야 한다.

생각해보기

한 단위를 다른 단위로 변환할 때, 분모에 놓아야 할 환산 인자의 단위를 어떻게 알 수 있는가?

정확한 수

$$164 \times \frac{1}{2.20} = 164 \div 2.20 = 74.54545454 = 74.5$$

164: 유효숫자 3개 / $\frac{1}{2.20}$: 유효숫자 3개 / 74.54545454: 계산기 표시 창 / 74.5: 유효숫자 3개 (반올림)

74.5라는 값은 kg 단위와 함께 최종 답 74.5 kg을 제공한다. 몇 가지 예외를 제외하고 수를 계산하는 문제의 답은 수와 단위가 함께 포함된다.

양방향 비디오

환산 인자

유제 2.8

붕산 농축액을 이용하여 붕산 살균제 용액 2500 mL을 제조하였다. 제조된 붕산은 몇 qt인가?

확인하기

연습 문제 2.28을 풀어보기

해답

2.6 qt

2개 이상의 환산 인자 이용

핵심 화학 기법

환산 인자 사용

문제를 풀 때, 단위의 변환을 완결하기 위하여 종종 2개 이상의 환산 인자가 필요하다. 이러한 문제를 설정할 때, 한 인자가 다른 인자를 따르게 된다. 각 인자는 필요한 단위를 얻을 때까지 앞선 단위를 소거하도록 정렬한다. 단위를 적절히 소거하기 위하여 문제가 설정되면, 중간 결과를 쓰지 않고도 계산을 수행할 수 있다.

이 과정은 여러분이 단위 소거, 계산기에서의 단계와 최종 답을 얻기 위한 반올림을 이해할 때까지 수행할 가치가 있다. 이 교재에서 2개 이상의 환산 인자가 필요할 때, 최종 답은 예제 2.9에 도시한 바와 같이 올바른 유효숫자의 개수를 제시하기 위하여 계산기 표시 창에서 얻은 최종 결과에 반올림(또는 0의 추가)한 결과에 근거할 것이다.

예제 2.9 2개의 환산 인자 이용

문제

Greg는 갑상샘 저하증이라고 진단받았다. 그의 의사는 하루에 한 번 0.150 mg의 신스로이드(Synthroid)를 복용하도록 처방하였다. 비축된 정제가 신스로이드 75 mcg를 함유하고 있다면 처방된 약을 제공하기 위하여 필요한 정제는 몇 개인가?

풀이 지침

1단계 주어진 양과 필요한 양을 기술한다.

	주어진 조건	필요한 사항	연계
문제 분석	0.150 mg의 신스로이드	정제의 개수	정제 1알 = 75 mcg의 신스로이드

2단계 주어진 단위를 필요한 단위로 환산하기 위한 계획을 세워라.

밀리그램	미터법 인자	마이크로그램	의학 인자	정제의 수

3단계 **동등량과 환산 인자를 말하라.**

$$1\ \text{mg} = 1000\ \text{mcg}$$
$$\frac{1000\ \text{mcg}}{1\ \text{mg}} \text{ 그리고 } \frac{1\ \text{mg}}{1000\ \text{mcg}}$$

$$\text{정제 1알} = 75\ \text{mcg 신스로이드}$$
$$\frac{75\ \text{mcg 신스로이드}}{\text{정제 1알}} \text{ 그리고 } \frac{\text{정제 1알}}{75\ \text{mcg 신스로이드}}$$

4단계 **단위를 소거하기 위하여 문제를 설정하고 답을 계산하라.**

밀리그램을 소거하기 위하여 미터법 인자를 이용하고, 최종 단위로 정제의 개수를 얻기 위하여 의학 인자를 이용하여 문제를 설정할 수 있다.

$$\underset{\text{유효숫자 3개}}{0.150\ \text{mg 신스로이드}} \times \frac{1000\ \text{mcg}}{1\ \text{mg}}\ \begin{matrix}\text{정확한 수}\\ \\ \text{정확한 수}\end{matrix} \times \frac{1\ \text{정제}}{75\ \text{mcg 신스로이드}}\ \begin{matrix}\text{정확한 수}\\ \\ \text{유효숫자 2개}\end{matrix} = 2\ \text{정제}$$

환자를 위한 기침 시럽 1티스푼이 측정되고 있다.

유제 2.9

병에 120 mL의 기침 시럽이 담겨 있다. 하루에 네 번 1티스푼(5 mL)을 복용한다면 병을 다시 채우는 데에는 며칠이 걸리는가?

해답

6일

확인하기

연습 문제 2.29와 2.30을 풀어보기

예제 2.10 환산 인자로 백분율 이용하기

문제

정기적으로 운동하는 사람은 질량의 16%가 체지방이다. 이 사람의 체중이 155 lb 라면, 체지방의 질량은 킬로그램으로 얼마인가?

풀이 지침

1단계 **주어진 양과 필요한 양을 기술하라.**

문제 분석	주어진 조건	필요한 사항	연계
	체중 155 lb	체지방의 kg	환산 인자(kg/lb, 체지방 백분율)

2단계 **주어진 단위를 필요한 단위로 변환하기 위한 계획을 써라.**

체중의 파운드	미국-미터법 인자	체중의 kg	백분율 인자	체지방의 kg

정기적으로 운동하는 것은 체지방을 줄이는 데 도움이 된다.

3단계 **동등량과 환산 인자를 말하라.**

체질량 1 kg = 2.20 lb 체중		
$\frac{2.20\text{ lb 체중}}{1\text{ kg 체질량}}$	그리고	$\frac{1\text{ kg 체질량}}{2.20\text{ lb 체중}}$

16 kg 체지방 = 100 kg 체질량		
$\frac{16\text{ kg 체지방}}{100\text{ kg 체질량}}$	그리고	$\frac{100\text{ kg 체질량}}{16\text{ kg 체지방}}$

4단계 단위를 소거하기 위하여 문제를 설정하고 답을 계산하라.

$$\underset{\text{유효숫자 3개}}{155\text{ }\cancel{\text{lb 체중}}} \times \underset{\text{유효숫자 3개}}{\overset{\text{정확한 수}}{\frac{1\text{ }\cancel{\text{kg 체질량}}}{2.20\text{ }\cancel{\text{lb 체중}}}}} \times \underset{\text{정확한 수}}{\overset{\text{유효숫자 2개}}{\frac{16\text{ kg 체지방}}{100\text{ }\cancel{\text{kg 체질량}}}}} = \underset{\text{유효숫자 2개}}{11\text{ kg 체지방}}$$

유제 2.10

봉지에 1.33 lb의 둥글게 다져진 고기가 들어 있다. 이것이 15%의 지방을 함유하고 있다면, 둥글게 다져진 고기에는 몇 g의 지방이 있는가?

해답

91 g의 지방

확인하기

연습문제 2.31에서 2.33을 풀어보기

연습 문제

2.6 단위 환산을 이용한 문제 풀이

학습 목표 한 단위를 다른 단위로 변환하기 위하여 환산 인자를 사용한다.

2.28 미터법 환산 인자를 이용하여 다음 변환을 시행하라.

a. 44.2 mL를 리터로
b. 8.65 m를 나노미터로
c. 5.2×10^8 g를 메가그램으로
d. 0.72 ks를 밀리초로

2.29 미터법과 미국 환산 인자를 이용하여 다음 변환을 시행하라.

a. 3.428 lb를 킬로그램으로 **b.** 1.6 m를 인치로
c. 4.2 L를 쿼트로 **d.** 0.672 ft를 밀리미터로

2.30 다음 문제를 풀기 위하여 미터법 환산 인자를 이용하라.

a. 학생의 신장이 175 cm라면, 미터로는 얼마인가?
b. 냉장고의 부피가 5000 mL이다. 냉장고의 부피는 리터로는 얼마인가?
c. 벌새의 질량이 0.0055 kg이다. 벌새의 질량은 그램으로는 얼마인가?
d. 풍선의 부피가 3500 cm^3이다. 부피를 리터로 하면 얼마인가?

2.31 1개 이상의 환산 인자를 이용하여 다음 문제를 풀라.

a. 한 용기는 0.500 qt의 액체를 담을 수 있다. 몇 밀리리터의 레모네이드를 담을 수 있는가?
b. 체중이 175 lb인 사람의 질량은 킬로그램으로 얼마인가?
c. 한 운동선수는 질량의 15%가 체지방이다. 74 kg인 운동선수의 지방의 무게는 파운드로 얼마인가?
d. 식물 비료는 질량의 15%에 질소(N)가 함유되어 있다. 수용성 식물영양제 용기에는 10.0 oz의 비료가 들어 있다. 용기 내에 있는 질소는 몇 g인가?

경작지에 뿌리는 농업 비료는 식물의 성장을 위한 질소를 공급한다.

의학 응용

2.32 미터법 환산 인자를 이용하여 다음을 요구하는 단위로 변환하라.

a. 2 g/L를 _____mg/dL
b. 0.8 mg/cc를 _____g/L
c. 0.1 kg/mL를 _____g/L
d. 30 m/mL를 _____km/L

2.33 환산 인자를 이용하여 다음 의학 문제를 풀라.

a. 전문 간호사가 80. mL/h의 속도로 주사할 생리 식염수 500. mL IV(정맥 주사)를 제조하였다. 500. mL를 주사하기 위한 주입 시간은 몇 시간인가?

b. 전문 간호사가 메드롤(Medrol)을 1.5 mg/kg 투여할 것을 지시받았다. 메드롤은 근육주사로 처방되는 소염제이다. 만약 어린이의 체중이 72.6 lb이고 메드롤의 가용한 재고가 20. mg/mL이라면, 간호사는 어린이에게 몇 밀리미터를 투여하여야 하는가?

2.7 밀도

학습 목표 물질의 밀도를 계산하고, 밀도를 이용하여 물질의 질량 또는 부피를 계산한다.

어떤 물체의 질량과 부피는 측정할 수 있다. 한 물체의 질량을 부피와 비교하면, **밀도**(density)라는 관계를 얻을 수 있다.

$$\text{밀도} = \frac{\text{물질의 질량}}{\text{물질의 부피}}$$

모든 물질은 고유의 밀도를 가지며, 이를 통해 다른 물질과 구별할 수 있다. 예를 들어, 납의 밀도는 11.3 g/mL인 반면, 코르크의 밀도는 0.26 g/mL이다. 이러한 밀도로부터 우리는 물질이 물에 가라앉을지 뜰지 예상할 수 있다. **만약 한 물체가 액체보다 밀도가 작다면, 액체에 넣었을 때 그 물체는 뜰 것이다.** 코르크와 같이 물보다 밀도가 작은 물질은 물 위에 뜨지만, 납으로 된 물체는 밀도가 물보다 크기 때문에 가라앉는다(그림 2.10).

밀도는 화학에서 많은 방법으로 사용된다. 순수한 금속의 밀도가 10.5 g/mL로 계산되었다면 그 금속은 금이나 알루미늄이 아닌 은이라고 확인할 수 있을 것이다. 금과 은처럼 금속은 상당히 큰 밀도를 가지는 반면, 기체는 작은 밀도를 가진다. 고체와 액체의 밀도는 미터법으로 보통 g/cm^3 또는 g/mL로 표현된다. 기체의 밀도는 보통 g/L로 말한다. 표 2.8은 몇 가지 흔한 물질의 밀도를 제시한 것이다.

생각해보기

철 한 조각이 물에 가라앉는다면 철 조각의 밀도는 물의 밀도와 비교하여 어떠한가?

밀도 계산

물질의 밀도는 다음 예제 2.11에서 보인 것처럼 질량과 부피를 통해 계산할 수 있다.

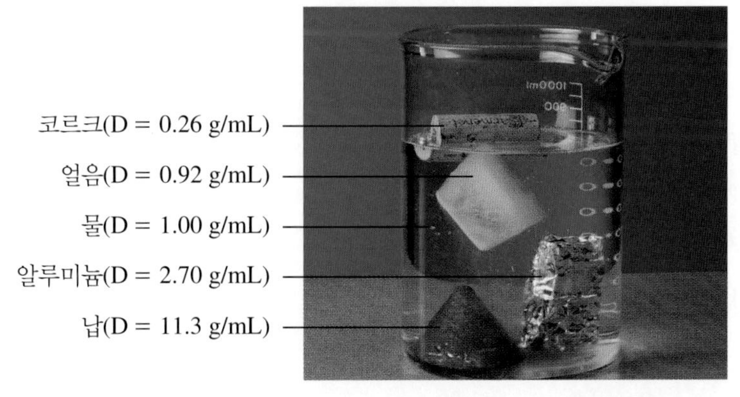

그림 2.10 물에 가라앉는 물체는 물보다 밀도가 크고, 물에 뜨는 물체는 물보다 밀도가 작다.

Q 얼음 덩어리는 뜨고 알루미늄 조각은 가라앉는 이유는 무엇인가?

표 2.8 몇 가지 흔한 물질의 밀도

고체(25°C)	밀도(g/mL)	액체(25°C)	밀도(g/mL)	기체(0°C)	밀도(g/L)
코르크	0.26	휘발유	0.74	수소	0.090
체지방	0.909	에탄올	0.79	헬륨	0.179
얼음(0°C)	0.92	올리브유	0.92	메테인	0.714
근육	1.06	물(4°C)	1.00	네온	0.902
설탕	1.59	오줌	1.003~1.030	질소	1.25
뼈	1.80	혈장(혈액)	1.03	공기(건조)	1.29
소금(NaCl)	2.16	우유	1.04	산소	1.43
알루미늄	2.70	혈액	1.06	이산화 탄소	1.96
철	7.86	수은	13.6		
구리	8.92				
은	10.5				
납	11.3				
금	19.3				

예제 2.11 밀도 계산

문제

종종 '좋은 콜레스테롤'이라고도 불리는 고밀도 지질단백질(lipoprotein)(HDL)은 콜레스테롤의 한 종류이며, 일반적으로 혈액 검사로 측정된다. 만약 HDL 0.258 g 시료의 부피가 0.215 mL라면, HDL 시료의 밀도는 g/mL로 얼마인가?

풀이 지침

1단계 **주어진 양과 필요한 양을 기술한다.**

문제 분석	주어진 조건	필요한 사항	연계
	0.258 g HDL, 0.215 mL	HDL의 밀도(g/mL)	밀도 표현식

2단계 밀도 표현식을 써라.

$$\text{밀도} = \frac{\text{물질의 질량}}{\text{물질의 부피}}$$

3단계 **질량은 g으로, 부피는 mL로 표시하라.**

HDL 시료의 질량 = 0.258 g

HDL 시료의 부피 = 0.215 mL

4단계 **밀도 표현식에서 질량과 부피를 대입하고 밀도를 계산하라.**

$$\text{밀도} = \frac{0.258\ \text{g}}{0.215\ \text{mL}} = \frac{1.20\ \text{g}}{1\ \text{mL}} = 1.20\ \text{g/mL}$$

(0.258 g: 유효숫자 3개; 0.215 mL: 유효숫자 3개; 1.20 g/mL: 유효숫자 3개)

유제 2.11

종종 '나쁜 콜레스테롤'이라고 불리는 저밀도 지질단백질(LDL) 또한 일반적으로 혈액 검사에서 측정된다. 만약 LDL 시료 0.380 g의 부피가 0.362 mL이라면, LDL 시료의 밀도는 g/mL로 얼마인가?

해답

1.05 g/mL

확인하기

연습 문제 2.34와 2.35를 풀어보기

부피 변화를 이용한 고체의 밀도

고체의 부피는 부피 변화로 구할 수 있다. 고체가 물에 완전히 잠기면 이것은 고체의 부피와 동일한 부피를 차지한다. 그림 2.11에서 아연 물체를 집어넣으면 물의 높이는 35.5 mL에서 45.0 mL로 높아진다. 이것은 물 9.5 mL가 증가한 것을 의미하며, 물체의 부피는 9.5 mL이다. 아연의 밀도는 부피 변화를 이용하여 다음과 같이 계산한다.

$$\text{밀도} = \frac{\overset{\text{유효숫자 4개}}{68.60\ \text{g Zn}}}{\underset{\text{유효숫자 2개}}{9.5\ \text{mL}}} = \underset{\text{유효숫자 2개}}{7.2\ \text{g/mL}}$$

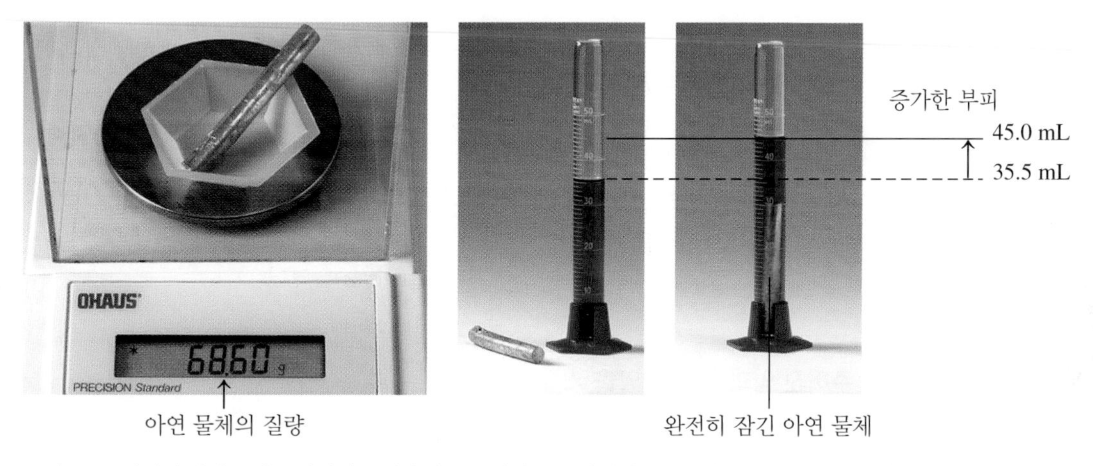

그림 2.11 완전히 잠긴 물체는 자신의 부피와 같은 부피의 물을 차지하기 때문에 부피 변화로 고체의 밀도를 구할 수 있다.

Q 아연 물체의 부피는 어떻게 결정하는가?

화학과 보건

골밀도

뼈의 밀도는 보건과 강도의 척도이다. 뼈는 지속적으로 칼슘과 마그네슘, 인산을 얻거나 잃는다. 어린 시절에 뼈는 분해되는 것보다 더 빠른 속도로 형성되고, 나이가 들어갈수록 새로운 뼈가 형성되는 것보다 뼈의 분해가 더 빠르게 일어난다. 뼈의 손실이 증가할수록, 뼈는 얇아지고 질량과 밀도가 감소한다. 그리고 더 얇은 뼈는 강도를 잃어 골절의 위험성이 높아진다. 호르몬의 변화, 질병과 특정 약물 또한 뼈가 얇아지는 데 기여할 수 있다. 궁극적으로 **골다공증**(osteoporosis)으로 알려진 뼈가 심각하게 얇아지는 상태가 발생할 수 있다. **주사전자현미경**(scanning electron micrograph, SEM) 사진이 (a) 정상 뼈와 (b) 뼈의 무기질 손실에 의해 골다공증이 있는 뼈를 보여주고 있다. 골밀도는 (c) 대퇴골 상단과 척추의 좁은 부위에 저선량 X-ray를 통과시켜 확인할 수 있다. 이 위치는 특히 나이가 들면서 골절이 일어나기 쉬운 부분이다. 고밀도의 뼈는 저밀도의 뼈와 비교하였을 때 더 많은 X-ray를 차단한다. 골밀도 검사 결과는 건강한 젊은 성인뿐만 아니라 같은 연령의 다른 사람들과 비교된다.

뼈의 강도를 향상시키기 위한 권장사항에는 칼슘과 비타민 D 보충제가 포함된다. 걷기와 역기 들기와 같은 체중 부하(weight-bearing) 운동은 근육 강도를 향상시킬 수 있고 이것은 다시 뼈의 강도를 증가시킨다.

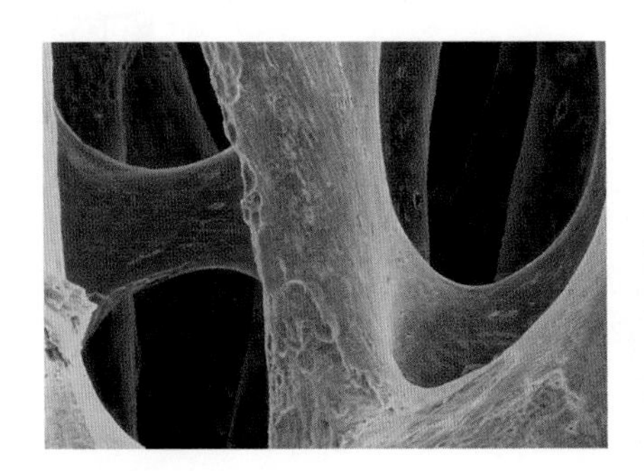

(a) 정상 뼈

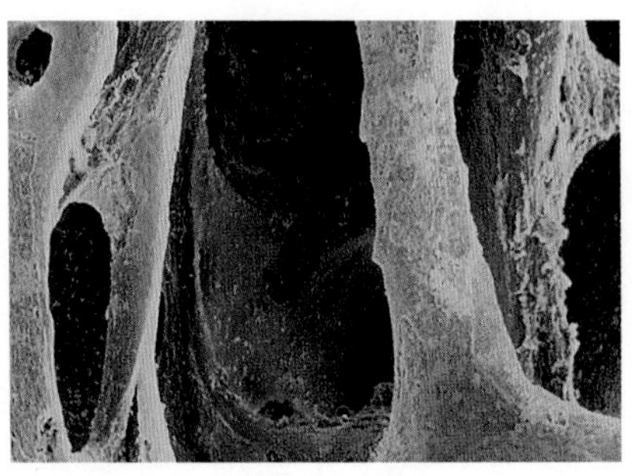

(b) 골다공증이 있는 뼈

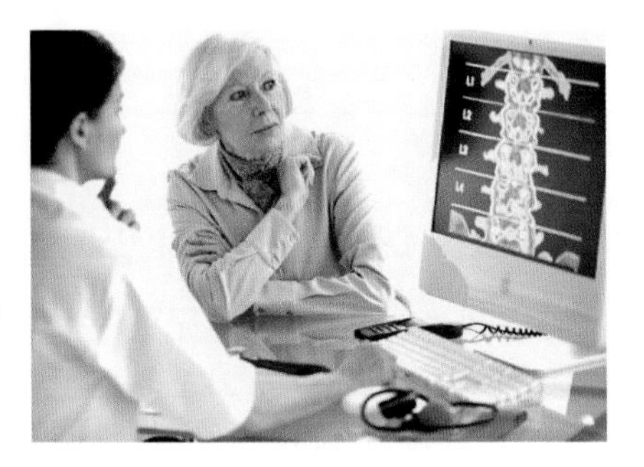

(c) 척추의 저선량 X-ray 조사

핵심 화학 기법

밀도를 환산 인자로 이용하기

밀도를 이용한 문제 풀이

밀도를 환산 인자로 이용할 수 있다. 예를 들어, 시료의 부피와 밀도를 알고 있다면, 시료의 g 표시 질량은 예제 2.12와 같이 계산할 수 있다.

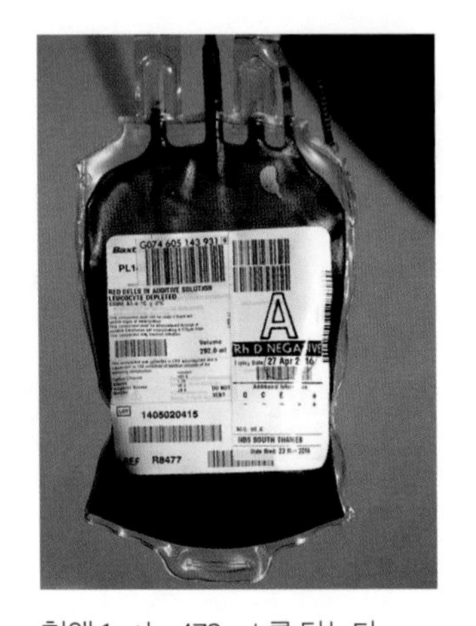

혈액 1 qt는 473 mL를 담는다.

예제 2.12 밀도를 이용한 문제 풀이

문제

Greg의 혈액의 부피는 5.9 qt이다. 만약 혈액의 밀도가 1.06 g/mL라면, Greg의 혈액의 질량은 g으로 얼마인가?

풀이 지침

1단계 주어진 양과 필요한 양을 기술한다.

문제 분석	주어진 조건	필요한 사항	연계
	혈액 5.9 qt	혈액의 g	환산 인자(qt/mL, 혈액 밀도)

2단계 필요한 양을 계산하기 위한 계획을 써라.

쿼트 → 미국-미터법 인자 → 밀리리터 → 밀도 인자 → 그램

3단계 밀도를 포함하는 동등량과 환산 인자를 써라.

$$1\ \text{qt} = 946\ \text{mL}$$

$$\frac{946\ \text{mL}}{1\ \text{qt}} \quad \text{그리고} \quad \frac{1\ \text{qt}}{946\ \text{mL}}$$

$$1\ \text{mL 혈액} = 1.06\ \text{g 혈액}$$

$$\frac{1.06\ \text{g 혈액}}{1\ \text{mL 혈액}} \quad \text{그리고} \quad \frac{1\ \text{mL 혈액}}{1.06\ \text{g 혈액}}$$

4단계 필요한 양을 계산하기 위하여 문제를 설정하라.

$$\underset{\text{유효숫자 2개}}{5.9\ \cancel{\text{qt}}\ \cancel{\text{혈액}}} \times \underset{\text{정확한 수}}{\overset{\text{유효숫자 3개}}{\frac{946\ \cancel{\text{mL}}}{1\ \cancel{\text{qt}}}}} \times \underset{\text{정확한 수}}{\overset{\text{유효숫자 3개}}{\frac{1.06\ \text{g 혈액}}{1\ \cancel{\text{mL}}\ \cancel{\text{혈액}}}}} = \underset{\text{유효숫자 2개}}{5900\ \text{g 혈액}}$$

유제 2.12

외과 수술이 진행되는 동안, 환자는 3.0 pt의 혈액을 수혈 받는다. 수혈 받는 혈액은 몇 kg(밀도 = 1.06 g/mL)이 필요한가?

해답

1.5 kg 혈액

확인하기
연습 문제 2.36에서 2.38까지 풀어보기

비중

비중(specific gravity, sp gr)은 물질의 밀도와 물의 밀도 사이의 관계이다. 비중은 시료의 밀도를 4°C에서 1.00 g/mL인 물의 밀도로 나누어 계산한다. 비중이 1.00인 물질은 물(1.00 g/mL)과 밀도가 동일하다.

$$\text{비중} = \frac{\text{시료의 밀도}}{\text{물의 밀도}}$$

확인하기
연습 문제 2.39를 풀어보기

비중은 화학에서 마주치게 되는 몇 안 되는 단위가 없는 값 중 하나이다. 소변의 비중은 체내의 수분 균형과 소변의 물질을 수치화하는 것을 돕는다. **그림 2.12**에서 비중계는 소변의 비중을 측정하는 데 사용된다. 소변의 정상 비중 범위는 1.003~1.030이며, **2형 당뇨**와 신장 질환이 있으면 비중이 감소할 수 있다. 비중의 증가는 탈수, 신장 감염과 간 질환으로 발생할 수 있다. 의원 또는 병원에서는 화학 패드가 들어 있는 요 시험지(dipstick)를 이용하여 비중을 측정하는 데 사용한다.

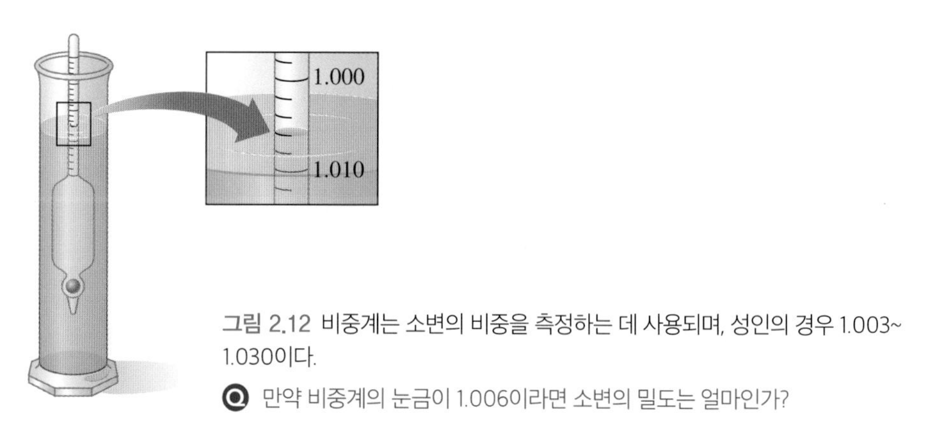

그림 2.12 비중계는 소변의 비중을 측정하는 데 사용되며, 성인의 경우 1.003~1.030이다.

Q 만약 비중계의 눈금이 1.006이라면 소변의 밀도는 얼마인가?

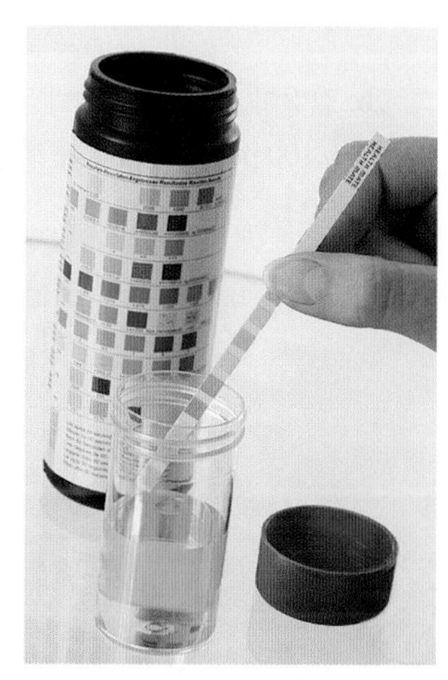

요 시험지는 소변 시료의 비중을 측정하는 데 사용된다.

연습 문제

2.7 밀도

학습 목표 물질의 밀도를 계산하고, 밀도를 이용하여 물질의 질량 또는 부피를 계산한다.

2.34 다음의 밀도(g/mL)를 구하라.

a. 소금 용액 20.0 mL 시료의 질량은 24.0 g이다.

b. 버터 덩어리의 무게는 0.250 lb이고 부피는 130.3 mL이다.

c. 보석의 질량은 4.50 g이다. 보석을 12.00 mL의 물이 담긴 눈금 실린더에 넣었더니 수면이 13.45 mL가 되었다.

d. 처방약 3.00 mL 시료의 질량은 3.85 g이다.

2.35 다음 시료의 밀도(g/mL)는 얼마인가?

a. 골프채의 가벼운 헤드 부분은 타이타늄으로 만들어져 있다. 타이타늄 시료의 부피는 114 cm^3이고 질량은 514.1 g이다.

골프채의 가벼운 헤드 부분은 타이타늄으로 만들어진다.

b. 질량이 115.25 g인 빈 용기에 시럽을 넣었다. 시럽을 0.100 pt 추가하면, 용기와 시럽의 총 질량은 182.48 g이다.

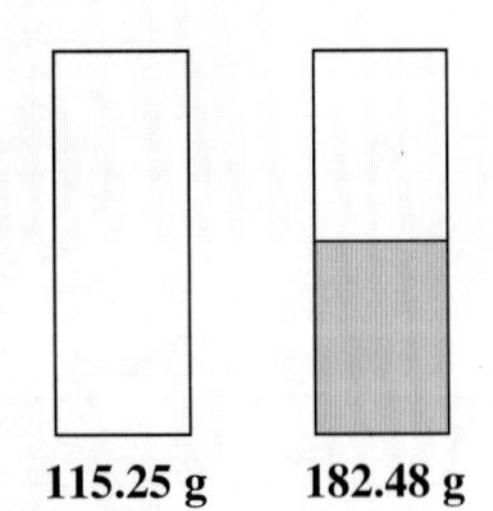

c. 알루미늄 금속 블럭의 부피는 3.15 L이고, 질량은 8.51 kg이다.

2.36 표 2.8의 밀도 값을 이용하여 다음 문제를 풀라.

a. 1.50 kg의 에탄올은 몇 L인가?

b. 수은 6.5 mL를 가진 압력계에는 수은 몇 g이 있는가?

c. 조각가가 은 조형물을 주물하기 위하여 주형을 만들었다. 조형물의 부피는 225 cm^3이다. 은 조형물을 만들기 위해서는 몇 온스의 은이 필요한가?

2.37 표 2.8의 밀도 값을 이용하여 다음 문제를 풀라.

a. 부피가 74.1 cm^3인 구리 덩어리의 질량은 몇 g인가?

b. 12.0 gal의 연료통을 채우는 데 몇 kg의 휘발유가 필요한가?

c. 질량이 27 g인 얼음 덩어리의 부피는 몇 cm^3인가?

2.38 오래된 트렁크에서 알루미늄이나 은 또는 납으로 생각되는 금속 조각을 발견하였다. 이것을 실험실로 가져가 질량이 217 g이고, 부피가 19.2 cm^3인 것을 알아냈다. 여러분이 발견한 금속은 무엇인가?

의학 응용

2.39 다음 문제를 풀라.

a. 소변 시료의 밀도가 1.030 g/mL이다. 이 시료의 비중은 얼마인가?

b. 글루코스 IV 용액 20.0 mL의 시료는 질량이 20.6 g이다. 글루코스 용액의 밀도는 얼마인가?

c. 식물성 기름의 비중이 0.92이다. 750 mL의 식물성 기름의 질량은 몇 g인가?

d. 병원 장비를 세척하기 위하여 325 g의 세정액이 담긴 병을 사용하였다. 만약 세정액의 비중이 0.850이라면 사용한 용액의 부피는 몇 mL인가?

의학 최신 정보 Greg의 주치의 방문

Greg는 주치의를 마지막으로 방문하였을 때 피로감을 호소하였다. 등록 간호사인 Sandra는 8.0 mL의 혈액을 채취하여 실험실로 송부하여 철분 분석을 하였다. 철분 수치가 낮을 때 사람은 피로해지고 면역이 저하될 수 있다.

남성의 혈청 철분 정상 범위는 80~160 mcg/dL이다. Greg의 철 검사에서 혈청 철분 수치는 42 mcg/dL이며, 이는 Greg이 철 결핍성 빈혈(iron-deficiency anemia)임을 의미한다. 그의 주치의는 철분 보충제를 하루에 두 번 복용할 것을 지시하였다. 철분 보충제 한 정은 65 mg의 철을 함유한다.

의학 응용

2.40 **a.** Greg의 혈청 철분 수치에 대한 2개의 환산 인자와 동등량을 써라.

b. Greg의 혈액 시료 8.0 mL에는 몇 마이크로그램의 철이 들어 있는가?

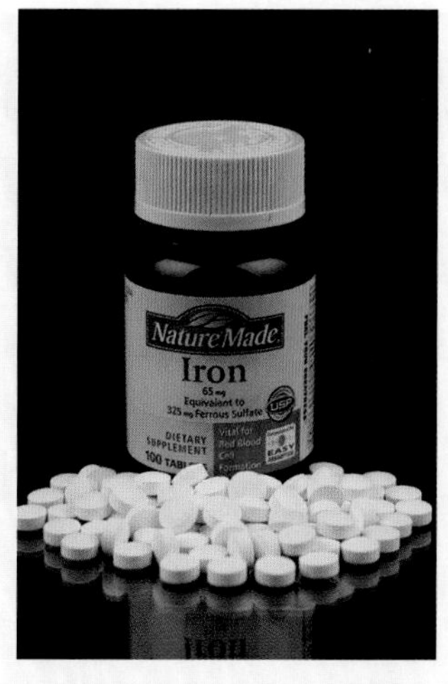

각 정제에는 65 mg의 철을 포함하고 있으며, 이것은 철분 보충제로 제공된다.

개념도

장 복습

2.1 측정 단위

학습 목표 부피, 길이, 질량, 온도 및 시간을 측정하는 데 사용되는 미터법 또는 SI 단위의 명칭과 약어를 쓴다.

- 과학에서 물리량은 미터법 또는 국제단위계(SI) 단위로 기술된다.
- 일부 중요한 단위는 부피의 리터(L), 길이의 미터(m), 질량의 그램(g)과 킬로그램(kg), 온도의 섭씨온도(°C)와 켈빈(K), 그리고 시간의 초(s)이다.

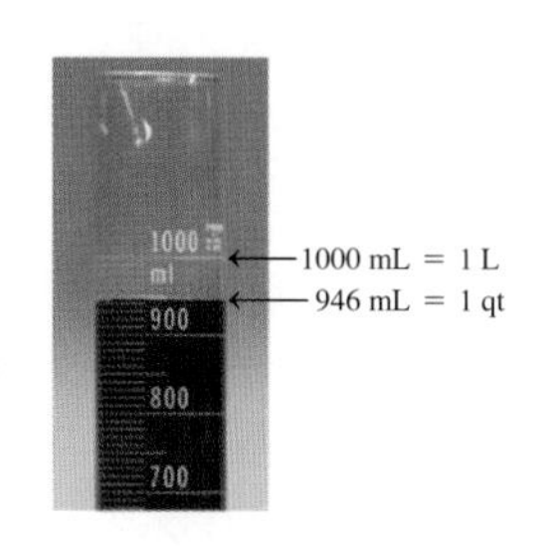

2.2 측정값과 유효숫자

학습 목표 수가 측정값인지 정확한 수인지 확인한다. 측정값에서 유효숫자의 개수를 결정한다.

- 측정값은 측정 도구를 사용하여 얻은 모든 수이다.
- 정확한 수는 물품을 세거나 정의로부터 얻은 것이다. 측정 도구는 필요하지 않다.
- 유효숫자는 추산 자릿값을 포함하여 측정에서 보고된 수이다.
- 소수점 앞 또는 단순히 자리만을 표시하기 위해 수의 끝에 있는 0은 유효숫자가 아니다.

2.3 계산에서의 유효숫자

학습 목표 올바른 유효숫자의 개수를 가지도록 계산된 답을 조정한다.

- 곱셈과 나눗셈에서 최종 답은 가장 적은 유효숫자를 가진 측정값과 같은 수의 유효숫자를 가지도록 쓴다.
- 덧셈과 뺄셈에서 최종 답은 가장 적은 소수점 아래 자릿수와 동일한 수를 가지도록 쓴다.

2.4 접두사와 동등량

학습 목표 접두사의 수치를 이용하여 미터 동등량을 적는다.

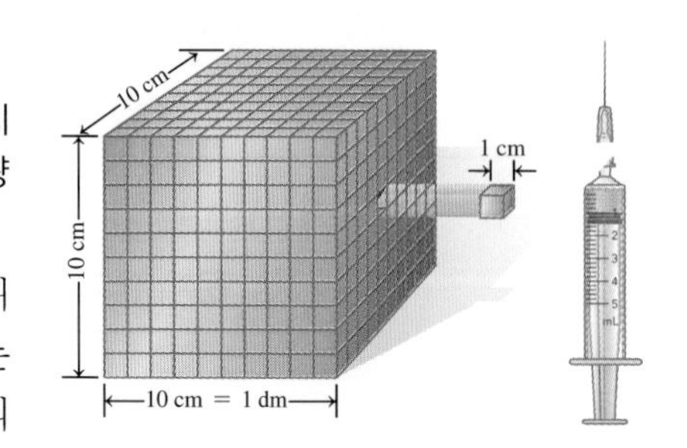

- 미터법 또는 SI 단위 앞에 놓인 접두사는 단위의 크기를 10의 거듭제곱 형태로 변화시킨다.
- **센티**(centi), **밀리**(milli), **마이크로**(micro)와 같은 접두사는 보다 작은 단위를 제공한다. **킬로**(kilo), **메가**(mega), **테라**(tera)와 같은 접두사는 보다 큰 단위를 제공한다.
- 동등량은 동일한 양의 부피, 길이, 질량, 시간을 측정하는 두 단위 사이의 관계를 나타낸다.
- 미터법 동등량의 예는 다음과 같다.
  1 L = 1000 mL, 1 m = 100 cm, 1 kg = 1000 g, 1 min = 60 s

2.5 환산 인자 쓰기

학습 목표 동일한 양을 기술하는 두 단위 사이의 환산 인자를 쓴다.

- 환산 인자는 분수의 형태로 관계를 나타내는 데 사용한다.
- 미터법 또는 미국 단위계의 어떠한 관계라도 2개의 환산 인자를 쓸 수 있다.
- 백분율은 전체 100개 부분에서 부분으로 연관된 단위를 표현함으로써 환산 인자로 쓴다.

2.6 단위 환산을 이용한 문제 풀이

학습 목표 한 단위를 다른 단위로 변환하기 위하여 환산 인자를 사용한다.

- 환산 인자는 한 단위로 표현된 양을 다른 단위로 표현된 양으로 변화시킬 때 유용하다.
- 문제 풀이 과정에서 주어진 단위에 필요한 답을 얻기 전까지, 단위를 소거할 1개 이상의 환산 인자를 곱하게 된다.

2.7 밀도

학습 목표 물질의 밀도를 계산하고, 밀도를 이용하여 물질의 질량 또는 부피를 계산한다.

- 물질의 밀도는 부피에 대한 질량의 비이며, 보통 g/mL 또는 g/cm^{3}로 나타낸다.
- 밀도의 단위는 물질의 질량과 부피 사이를 변환하는 환산 인자를 쓰기 위하여 사용할 수 있다.
- 비중(sp gr)은 물질의 밀도를 물의 밀도인 1.00 g/mL와 비교한다.

주요 용어

섭씨(°C) 온도 척도 물의 어는점이 0°C이고, 끓는점이 100°C인 온도 척도

센티미터(cm) 미터법에서의 길이 단위로, 1 in.는 2.54 cm이다.

환산 인자 분자와 분모가 동등량에서의 양이거나 주어진 관계에서의 양인 비율. 예를 들어, 동등량 1 kg = 2.20 lb에 대한 2개의 환산 인자는 다음과 같이 쓸 수 있다.

$$\frac{2.20\ \text{lb}}{1\ \text{kg}} \quad \text{그리고} \quad \frac{1\ \text{kg}}{2.20\ \text{lb}}$$

세제곱센티미터(cm^3, cc) 한 변이 1 cm인 정육면체의 부피로, 1 cm^3은 1 mL와 같다.

밀도 물체의 부피에 대한 질량의 관계이며, g/cm^3, g/mL 또는 g/L로 표현된다.

동등량 동일한 양을 측정하는 두 단위 사이의 관계

정확한 수 세거나 정의에 의하여 얻은 수

그램(g) 질량을 측정하는 데 사용하는 미터법 단위

국제단위계(SI) 미터법을 수정한 미국을 제외한 전 세계에서 사용되는 공식적 측정 체계

켈빈(K) **온도 척도** 가능한 가장 낮은 온도가 0 K인 온도 척도

리터(L) 쿼트보다 약간 큰 부피의 미터법 단위

질량 물체에서 재료 물질의 양을 측정한 것

측정값 측정 도구를 이용하여 수량을 측정하였을 때 얻은 수

미터(m) 야드에 비하여 약간 긴 길이의 미터법 단위로, 미터는 길이의 SI 표준 단위이다.

미터법 과학자들과 세계 대부분의 지역에서 사용되는 측정 체계

밀리리터(mL) 리터의 1/1000(0.001 L)과 동일한 부피의 미터법 단위

접두사 기본 단위에 앞에 나오는 미터법 단위의 일부 이름이며, 측정의 크기를 명시한다. 모든 접두사는 10진법과 관련 있다.

초(s) SI와 미터법에 모두 사용하는 시간 단위

SI 국제단위계(SI) 참조

유효숫자(SF) 측정에서 기록된 수

비중(sp gr) 물질의 밀도와 물의 밀도 사이의 관계

$$\text{비중} = \frac{\text{시료의 밀도}}{\text{물의 밀도}}$$

온도 물체의 뜨겁고 차가운 정도의 표시

부피(V) 물질이 차지하는 공간의 양

주요 수학 기법

각 주요 수학 기법을 포함하는 장의 절은 각 주제 끝의 괄호 안에 표시하였다.

반올림(2.3)

계산기 표시 창은 정확한 유효숫자의 개수를 제시하기 위하여 반올림한다.

- 만약 제거될 첫 번째 자릿수가 4 이하이면, 이를 포함하여 아래에 있는 자릿수를 전체 수에서 제거한다.
- 만약 제거될 첫 번째 자릿수가 5 이상이면, 수의 마지막에 유지되는 자릿수는 1만큼 증가한다.

계산기 표시 창에 필요한 개수의 유효숫자보다 적은 수가 표시되면 1개 이상의 0을 추가한다.

예: 다음 수를 3개의 유효숫자를 가지도록 반올림하라.

	답:
a. 3.608 92 L	**a.** 3.61 L
b. 0.003 870 298 m	**b.** 0.003 87 m
c. 6 g	**c.** 6.00 g

핵심 화학 기법

각 핵심 화학 기법을 포함하는 장의 절은 각 주제 끝의 괄호 안에 표시하였다.

유효숫자 세기(2.2)

유효숫자(SF)는 마지막 추산 자릿수를 포함하는 모든 측정값이다.

- 모든 0이 아닌 자릿수
- 0이 아닌 자릿수 사이의 0
- 10진수 내의 0
- 과학적 표기법으로 쓰인 수의 계수에 있는 모든 자릿수

정확한 수는 세어진 수 또는 정의로부터 얻은 수이며, 최종 답의 유효숫자의 개수에 영향을 주지 않는다.

예: 다음 유효숫자의 개수를 말하라.

	답:
a. 0.003 045 min	**a.** 유효숫자 4개
b. 15 000 m	**b.** 유효숫자 2개
c. 45.067 kg	**c.** 유효숫자 5개

d. 5.30×10^3 g **d.** 유효숫자 3개
e. 소다수 2캔 **e.** 정확한 수

계산에서 유효숫자를 이용하기(2.3)

- 곱셈과 나눗셈에서 최종 답은 가장 적은 유효숫자를 가진 측정값의 유효숫자 개수와 동일한 수를 가지도록 적는다.
- 덧셈과 뺄셈에서 최종 답은 가장 적은 소수점 아래 자릿수와 동일한 수를 가지도록 적는다.

예: 측정값을 이용하여 다음 계산을 수행하고 올바른 유효숫자의 개수를 가지는 답을 제시하라.

a. $4.05 \text{ m} \times 0.6078 \text{ m}$ **b.** $\frac{4.50 \text{ g}}{3.27 \text{ mL}}$
c. $0.758 \text{ g} + 3.10 \text{ g}$ **d.** $13.538 \text{ km} - 8.6 \text{ km}$

답: **a.** 2.46 m^2 **b.** 1.38 g/mL
c. 3.86 g **d.** 4.9 km

접두사 이용(2.4)

- 미터법과 SI 단위계에서 임의의 단위 앞에 붙여 쓰는 접두사의 크기는 10의 거듭제곱만큼 증가하거나 감소한다.
- 접두사 **센티**(centi)가 미터법 단위와 같이 사용되면, 1미터의 100분의 1(0.01 m)에 해당하는 길이인 센티미터가 된다.
- 접두사 **밀리**(milli)가 미터법 단위와 같이 사용되면, 1미터의 1000분의 1(0.001 m)에 해당하는 길이인 밀리미터가 된다.

예: 다음 미터법 관계를 완성하라.
a. 1000 m = 1 _____m **b.** 0.01 g = 1 ________g

답: **a.** 1000 m = 1 km **b.** 0.01 g = 1 cg

동등량으로부터 환산 인자 쓰기(2.5)

- 환산 인자는 한 단위에서 다른 단위로 변환할 수 있도록 해준다.
- 미터법, 미국 체계 또는 미터법-미국 측정 체계의 어떠한 동등량에 대하여도 2개의 환산 인자를 쓸 수 있다.
- 문제 내에서 언급된 관계에 대하여 2개의 환산 인자를 쓸 수 있다.

예: 다음 동등량에 대하여 2개의 환산 인자를 써라.
1 L = 1000 mL

답: $\frac{1000 \text{ mL}}{1 \text{ L}}$ 그리고 $\frac{1 \text{ L}}{1000 \text{ mL}}$

환산 인자 이용(2.6)

문제 풀이에 있어 환산 인자는 답에서 주어진 단위를 소거하고 필요한 단위를 제공하기 위해 사용한다.

- 주어진 양과 필요한 양을 말하라.
- 주어진 단위를 필요한 단위로 변환하기 위한 계획을 써라.
- 동등량과 환산 인자를 말하라.
- 단위를 소거할 수 있도록 문제를 설정하고 해답을 계산하라.

예: 컴퓨터 칩의 너비는 0.75 in.이다. 밀리미터로 얼마나 떨어져 있는가?

답: $0.75 \cancel{\text{in.}} \times \frac{2.54 \cancel{\text{cm}}}{1 \cancel{\text{in.}}} \times \frac{10 \text{ mm}}{1 \cancel{\text{cm}}} = 19 \text{ mm}$

밀도를 환산 인자로 이용하기(2.7)

밀도는 물질의 질량과 부피의 동등량이며, **밀도 표현식**(density expression)으로 쓸 수 있다.

$$\text{밀도} = \frac{\text{물질의 질량}}{\text{물질의 부피}}$$

밀도는 질량과 부피 사이에서 변환하는 환산 인자로 유용하다.

예: 전구 필라멘트에 사용되는 원소 텅스텐의 밀도는 19.3 g/cm^3이다. 250 g의 텅스텐 덩어리의 부피는 몇 cm^3인가?

해답: $250 \cancel{\text{g}} \times \frac{1 \text{ cm}^3}{19.3 \cancel{\text{g}}} = 13 \text{ cm}^3$

개념 이해 문제

복습할 장의 절은 각 문제 끝의 괄호 안에 표시하였다.

2.41 다음 중 두 수가 같은 개수의 유효숫자를 가지고 있는 것은 무엇인가? (2.2)

a. 5100 m와 0.0051 m **b.** 8000 kg과 0.080 kg
c. 0.000 095 s와 950 000 s **d.** 58.0 L와 5.80×10^4 L

2.42 다음 각 항목을 정확한 수 또는 측정값으로 답하였는지 여부를 제시하라. (2.2)

a. 다리의 개수
b. 테이블의 높이
c. 테이블의 의자 개수
d. 테이블 위의 면적

2.43 섭씨온도계의 온도를 올바른 유효숫자로 말하라. (2.3)

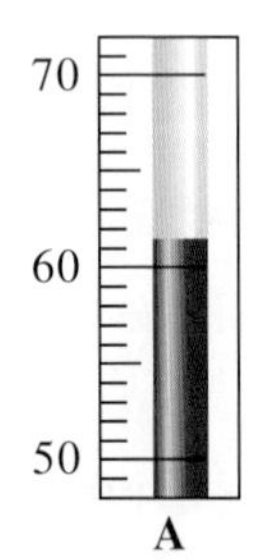

2.44 이 깔개의 길이는 38.4 in.이고 너비는 24.2 in.이다. (2.3, 2.6)

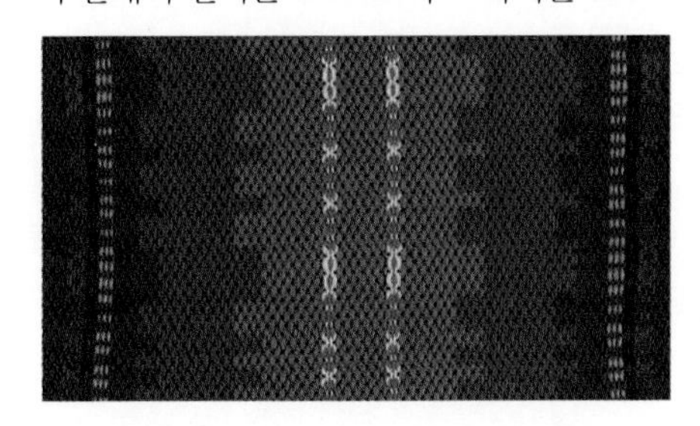

a. 이 깔개의 길이는 cm로 얼마인가?
b. 이 깔개의 너비는 cm로 얼마인가?
c. 길이 측정에서 유효숫자는 몇 개인가?
d. 깔개의 면적을 cm^2 단위로 올바른 유효숫자로 계산하라. (면적 = 길이 × 폭)

2.45 다음 그림은 각각 물이 담긴 용기와 정육면체를 나타낸 것이다. 일부 정육면체는 뜨지만 다른 것은 가라앉는다. 그림 **1**, **2**, **3**, **4**를 다음 문장 중 하나와 연결하고, 선택한 이유를 설명하라. (2.7)

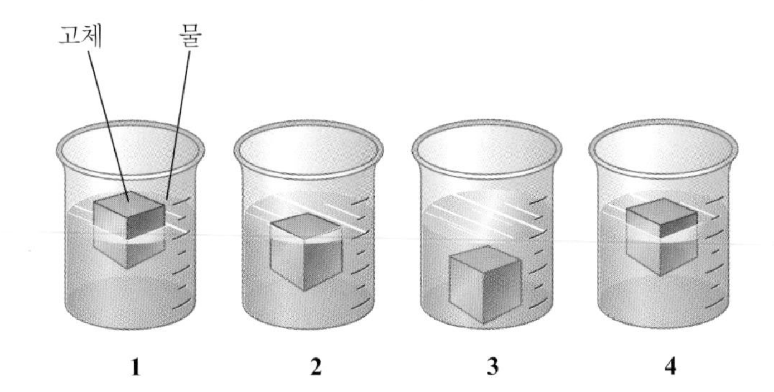

a. 정육면체는 물보다 밀도가 크다.
b. 정육면체는 밀도가 0.80 g/mL이다.
c. 정육면체의 밀도는 물의 밀도의 절반이다.
d. 정육면체는 물의 밀도와 같다.

2.46 다음 고체를 고려하라. 고체 **A**, **B**, **C**는 철(D = 7.87 g/cm^3), 백금(D = 21.5 g/cm^3), 타이타늄(D = 4.51 g/cm^3)을 나타낸다. 만약 각각의 질량이 10.0 g이라면, 각 고체의 정체는 무엇인가? (2.7)

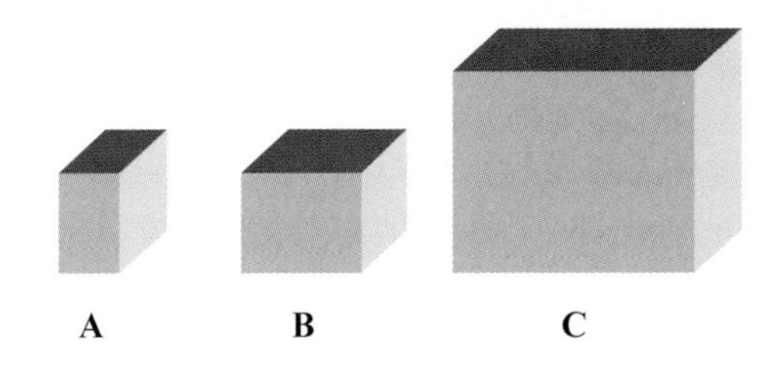

2.47 회색 정육면체의 밀도는 4.5 g/cm^3이다. 녹색 정육면체의 밀도는 회색 정육면체와 동일한가, 낮은가, 아니면 높은가? (2.7)

추가 연습 문제

2.48 다음 계산된 답을 반올림하거나 0을 추가하여 3개의 유효숫자를 가진 최종 답을 제시하라. (2.2)

a. 2.784 kg　　**b.** 76.016 L
c. 0.006212 cm

2.49 디저트에 바닐라 아이스크림 137.25 g, 퍼지 소스 84 g, 너트 43.7 g이 들어 있다. (2.3, 2.6)

a. 디저트의 총 질량은 g으로 얼마인가?
b. 디저트의 총 무게는 파운드로 얼마인가?

2.50 프랑스에서 포도는 kg당 1.95유로이다. 만약 환율이 1.14 달러/유로라면 포도의 가격은 파운드당 달러로 얼마인가? (2.6)

2.51 Bill의 양파 수프 조리법에는 얇게 썬 양파가 4.0 lb 필요하다. 만약 양파의 평균 질량이 115 g라면 Bill에게 필요한 양파는 얼마인가? (2.6)

2.52 체육관에서 운동하는 동안 55.0 m/min의 속도로 러닝머신을 맞추었다. 7500 ft를 걸으려면 몇 분이나 걸어야 하는가? (2.6)

2.53 눈금 실린더의 처음 물의 높이는 215 mL였지만, 납 한 조각이 가라앉자 285 mL로 상승하였다. 납의 질량은 g으로 얼마인가(표 2.8 참조)? (2.7)

2.54 질량이 1.2 kg인 휘발유는 몇 mL인가(표 2.8 참조)? (2.7)

의학 응용

2.55 다음의 영양 정보가 크래커의 상자에 기재되어 있다. (2.6)

1회 제공량 0.50 oz (크래커 6개)
1회 제공량당 지방 4 g, 1회 제공량당 소듐 140 mg

a. 만약 상자의 실 무게(내용물 자체)가 8 oz이면, 상자 안에는 크래커가 약 몇 개 들어 있는가?

b. 만약 크래커를 10개 먹었다면, 소비한 지방은 몇 온스인가?

c. 2.4 g인 소듐 일일 권장량(DV)을 얻기 위해서는 **a**에서의 크래커 제공량을 얼마나 먹어야 하는가?

2.56 박테리아 감염을 치료하기 위하여 의사는 10일간 매일 아목시실린(amoxicillin) 정제 4개를 복용할 것을 지시하였다. 만약 각 정제에 250 mg 아목시실린이 들어 있다면, 10일 동안 몇 온스의 처방약이 주어진 것인가? (2.6)

2.57 아스피린의 성인 최대 복용량은 24시간 내에 4000 mg이다. 만약 한 사람이 매일 4개의 정제를 복용하고 각 정제에 아스피린이 0.80 g이 들어 있다면, 이것은 최대 복용량을 초과하는 것인가? (2.6)

도전 문제

다음 문제들은 이 장의 주제와 연관되어 있다. 그러나 장의 순서를 따르지 않으며, 여러 절의 개념과 기법을 종합할 것을 요구한다. 이러한 문제들은 여러분의 비판적 사고 능력을 향상시키고 다음 시험을 준비하는 것을 도와줄 것이다.

2.58 저울로 0.001 g까지를 측정하였다. 무게가 약 31 g인 물체의 질량을 결정하고자 한다면, 여러분은 질량을 31 g, 31.1 g, 31.08 g, 31.075 g 또는 31.0750 g 중 어느 것으로 기록할 것인가? 여러분의 생각을 기술하는 2~3개의 완전한 문장을 써서 여러분의 선택을 설명하라. (2.3)

2.59 25000 g의 금속 덩어리를 물이 가득 담긴 용기에 넣었더니, 8.0 m^3의 물이 넘쳤다. 금속 덩어리의 밀도는 얼마인가? (2.6)

2.60 1980년에 15 000 km^3이었던 북극해 빙산의 부피가 2012년에는 4500 km^3로 감소하였다. 녹은 빙산에서 생성된 물의 부피는 얼마인가? (0°C에서 물의 밀도는 0.9998 g/mL이고, 0°C에서 얼음의 밀도는 0.92 g/mL이다.) (2.7)

의학 응용

2.61 **a.** 체질량이 65 kg인 운동선수가 3.0% 체지방을 가진다. 이 사람이 가진 체지방은 파운드로 얼마인가? (2.6)

b. 지방 흡인술에서 의사가 한 사람의 신체에서 지방 침전물을 제거하였다. 만약 체지방의 밀도가 0.909 g/mL이고, 3.0 L의 지방을 제거하였다면, 환자에서서 제거된 지방은 몇 파운드인가?

연습 문제 해답

2.1 **a.** g **b.** L **c.** °C **d.** lb **e.** s

2.2 **a.** 부피 **b.** 길이 **c.** 길이 **d.** 시간

2.3 **a.** 센티미터는 길이의 단위 **b.** 밀리그램은 질량의 단위
c. 리터는 부피의 단위 **d.** 초는 시간의 단위
e. 켈빈은 온도의 단위

2.4 **a.** 초, 시간 **b.** 킬로그램, 질량
c. 그램, 질량 **d.** 섭씨온도, 온도

2.5 **a.** 5 **b.** 2 **c.** 2
d. 3 **e.** 4 **f.** 3

2.6 **d.** 4와 4

2.7 **a.** 유효 **b.** 유효하지 않음
c. 유효하지 않음 **d.** 유효하지 않음
e. 유효하지 않음

2.8 **a.** 8.5×10^3 L **b.** 3.1×10^4 g
c. 1.6×10^5 m **d.** 1.20×10^{-4} cm

2.9 **a.** 측정 **b.** 정확
c. 정확 **d.** 정확

2.10 **a.** 6 oz **b.** 없음
c. 0.75 lb, 350 g **d.** 없음(정의는 정확)

2.11 **a.** 측정, 유효숫자 4개 **b.** 측정, 유효숫자 2개
c. 측정, 유효숫자 3개 **d.** 정확

2.12 **a.** 1.85 kg **b.** 88.2 L
c. 0.004 74 cm **d.** 8810 m
e. 1.83×10^5 s

2.13 **a.** 56.9 m **b.** 0.002 28 g
c. 11500 s(1.15×10^4 s) **d.** 8.10 L

2.14 **a.** 1.6 **b.** 0.01
c. 27.6 **d.** 3.5
e. 0.14(1.4×10^{-1}) **f.** 0.8(8×10^{-1})

2.15 **a.** 53.54 cm **b.** 127.6 g
c. 121.5 mL **d.** 0.50 L

2.16 **a.** mg **b.** dL **c.** km **d.** pg

2.17 **a.** picoseconds **b.** centimeter
c. nanometer **d.** millimeter

2.18 **a.** 0.01 **b.** 10^{12} **c.** 0.001 **d.** 0.1

2.19 **a.** decigram **b.** microgram
c. kilogram **d.** centigram

2.20 **a.** 1×10^{-12} Ts **b.** 1×10^{-12} m
c. 1×10^{-2} m **d.** 1×10^{-9} Gm

2.21 **a.** 1000 g **b.** 60 mL
c. 10 μm **d.** 동일

2.22 환산 인자는 역으로 표시되어 두 번째 환산 인자를 제공한다.

2.23 **a.** 1 m = 100 cm, $\frac{100\text{ cm}}{1\text{ m}}$ 그리고 $\frac{1\text{ m}}{100\text{ cm}}$

b. 1 g = 1×10^9 ng, $\frac{1 \times 10^9\text{ ng}}{1\text{ g}}$ 그리고 $\frac{1\text{ g}}{1 \times 10^9\text{ ng}}$

c. 1 kL = 1000 L, $\frac{1000\text{ L}}{1\text{ kL}}$ 그리고 $\frac{1\text{ kL}}{1000\text{ L}}$

d. 1 s = 1000 ms, $\frac{1000\text{ ms}}{1\text{ s}}$ 그리고 $\frac{1\text{ s}}{1000\text{ ms}}$

2.24 **a.** 1 yd = 3 ft, $\frac{3\text{ ft}}{1\text{ yd}}$ 그리고 $\frac{1\text{ yd}}{3\text{ ft}}$

1 yd와 3 ft는 모두 정확하다.

b. 1 kg = 2.20 lb, $\frac{2.20\text{ lb}}{1\text{ kg}}$ 그리고 $\frac{1\text{ kg}}{2.20\text{ lb}}$

2.20 lb는 측정된 것이고 유효숫자는 3개이다. 1 kg은 정확하다.

c. 1 gal = 27 mi, $\frac{27\text{ mi}}{1\text{ gal}}$ 그리고 $\frac{1\text{ gal}}{27\text{ mi}}$

27 mi는 측정된 것이고 유효숫자는 2개이다. 1 gal은 정확하다.

d. 93 g 은 = 100 g 스털링,

$\frac{93\text{ g 은}}{100\text{ g 스털링}}$ 그리고 $\frac{100\text{ g 스털링}}{93\text{ g 은}}$

93 g은 측정된 것이고 유효숫자는 2개이다. 100 g은 정확하다.

2.25 **a.** 3.5 m = 1 s, $\frac{3.5\text{ m}}{1\text{ s}}$ 그리고 $\frac{1\text{ s}}{3.5\text{ m}}$

3.5 m은 측정된 것이고 유효숫자는 2개이다. 1 s는 정확하다.

b. 3.5 g 포타슘 = 1일,

$\frac{3.5\text{ g 포타슘}}{1\text{일}}$ 그리고 $\frac{1\text{일}}{3.5\text{ g 포타슘}}$

3.5 g는 측정된 것이고 유효숫자는 2개이다. 1일은 정확하다.

c. 26.0 km = 1 L, $\frac{26.0\text{ km}}{1\text{ L}}$ 그리고 $\frac{1\text{ L}}{26.0\text{ km}}$

26.0 km는 측정된 것이고 유효숫자는 3개이다. 1 L는 정확하다.

d. 28.2 g 규소 = 100 g 지각,

$\frac{28.2\text{ g 규소}}{100\text{ g 지각}}$ 그리고 $\frac{100\text{ g 지각}}{28.2\text{ g 규소}}$

28.2 g은 측정된 것이고 유효숫자는 3개이다. 100 g은 정확하다.

2.26 **a.** 1시간 = 60분
b. 1주일 = 7일
c. 1캔 = 코카콜라 355 mL
d. 1병 = 비타민 C 정제 20개

2.27 **a.** 5 mL 시럽 = 10 mg 아타락스,

$\frac{10\text{ mg 아타락스}}{5\text{ mL 시럽}}$ 그리고 $\frac{5\text{ mL 시럽}}{10\text{ mg 아타락스}}$

b. 1 정제 = 0.25 g 라녹신,

$\frac{0.25\text{ g 라녹신}}{1\text{ 정제}}$ 그리고 $\frac{1\text{ 정제}}{0.25\text{ g 라녹신}}$

c. 1 정제 = 300 mg 모트린,

$\frac{300\text{ mg 모트린}}{1\text{ 정제}}$ 그리고 $\frac{1\text{ 정제}}{300\text{ mg 모트린}}$

2.28 **a.** 0.0442 L **b.** 8.65×10^9 nm
c. 5.2×10^2 Mg **d.** 7.2×10^5 ms

2.29 **a.** 1.56 kg **b.** 63 in.
c. 4.5 qt **d.** 205 mm

2.30 **a.** 1.75 m **b.** 5 L
c. 5.5 g **d.** 3.5 L

2.31 **a.** 473 mL **b.** 79.5 kg
c. 24 lb **d.** 43 g

2.32 **a.** 200 mg/dL **b.** 0.8 g/L
c. 100000 g/L **d.** 30 km/L

2.33 **a.** 6.3 h **b.** 2.5 mL

2.34 **a.** 1.20 g/mL **b.** 0.871 g/mL
c. 3.10 g/mL **d.** 1.28 g/mL

2.35 **a.** 4.51 g/mL **b.** 1.42 g/mL
c. 2.70 g/mL

2.36 **a.** 1.9 L 에탄올 **b.** 88 g 수은
c. 83.3 oz 은

2.37 **a.** 661 g **b.** 34 kg
c. 29 cm^3

2.38 밀도를 계산하면 11.3 g/cm^3이기 때문에, 금속은 납으로 확인된다.

2.39 **a.** 1.03 **b.** 1.03 g/mL
c. 690 g **d.** 382 mL

2.40 **a.** 42 mcg 철 = 1 dL 혈액

$$\frac{42\text{ mcg 철}}{1\text{ dL 혈액}} \quad \text{그리고} \quad \frac{1\text{dL 혈액}}{42\text{ mcg 철}}$$

b. 3.4 mcg 철

2.41 **a, c, d**

2.42 **a.** 정확 **b.** 측정 **c.** 정확 **d.** 측정

2.43 61.5°C

2.44 **a.** 97.5 cm **b.** 61.5 cm **c.** 유효숫자 3개 **d.** 6.00×10^3 cm^2

2.45 **a.** 도표 3: 물보다 큰 밀도를 가진 정육면체는 바닥까지 가라앉을 것이다.

b. 도표 4: 밀도가 0.80 g/mL인 정육면체는 물에서 약 4/5만큼 잠길 것이다.

c. 도표 1: 밀도가 물의 밀도의 1/2인 정육면체는 물에서 절반이 잠길 것이다.

d. 도표 2: 물과 동일한 밀도를 가지는 정육면체는 물 표면과 같이 떠 있을 것이다.

2.46 **A**는 가장 큰 밀도(21.5 g/cm^3)와 가장 작은 부피를 가진 백금이다.

B는 중간 정도의 밀도(7.87 g/cm^3)와 중간 정도의 부피를 가진 철이다.

C는 가장 작은 밀도(4.51 g/cm^3)와 가장 큰 부피를 가진 타이타늄이다.

2.47 녹색 정육면체는 회색 정육면체와 같은 부피를 가진다. 그러나 녹색 정육면체는 저울에서 더 큰 질량을 가지며, 이는 질량/부피 비가 큰 것을 의미한다. 따라서 녹색 정육면체의 밀도는 회색 정육면체의 밀도보다 크다.

2.48 **a.** 2.78 kg **b.** 76.0 L **c.** 6.21×10^{-3} cm

2.49 **a.** 265 g **b.** 0.584 lb

2.50 파운드당 1.01달러

2.51 양파 16개

2.52 42분

2.53 790 g

2.54 1600 mL(1.6×10^3 mL)

2.55 **a.** 크래커 96개 **b.** 지방 0.2 oz **c.** 17인분

2.56 0.35 oz

2.57 아스피린 복용량 = 4 × 800 = 3200. mg(유효숫자 4개). 이것은 최대 복용량을 초과하지 않는다.

2.58 질량을 31.075 g으로 기록할 것이다. 저울은 최대 0.001 g까지 측정할 수 있기 때문에 질량 값은 0.001 g까지 보고할 수 있다.

2.59 3.13×10^{-3} g/mL

2.60 9662 km^3

2.61 **a.** 4.3 lb 체지방 **b.** 6.0 lb

3 물질과 에너지

Charles는 13살이고 과체중이다. 의사는 Charles가 2형 당뇨의 위험이 있다고 걱정하며, 그의 어머니에게 영양사와 약속을 잡을 것을 조언하였다. 영양사인 Daniel은 그들에게 적절한 음식을 선택하는 것이 건강한 생활방식으로 살아가고 체중 감량, 당뇨병 예방 또는 관리에 중요하다고 설명하였다.

또한 음식은 잠재적 에너지 또는 저장된 에너지를 가지고 있으며, 음식마다 다른 양의 잠재적 에너지를 가지고 있다고 Daniel은 설명하였다. 예를 들어, 탄수화물은 4 kcal/g(17 kJ/g)을 가지는 반면, 지방은 9 kcal/g(38 kJ/g)을 가진다. 그는 지방이 많은 음식을 섭취하면 지방이 더 많은 에너지를 가지고 있기 때문에 지방을 연소하는데 더 많은 운동이 필요하다고 설명하였다. Daniel은 Charles의 전형적인 하루 식단을 살펴보고, 하루에 2500 kcal를 섭취한다고 계산하였다. 미국 심장협회에서는 9~13세 남자아이에게는 1800 kcal를 섭취할 것을 권장하고 있다. Daniel은 Charles와 그의 어머니에게 지방 함량이 높은 음식 대신 통곡물, 과일, 채소를 먹도록 권장하였다. 그들은 식품 영양표시를 참고하여 체중을 감량하려면 건강 식품을 적은 양으로 먹는 것이 중요하다는 사실에 대해 논의하였다. 또한 Daniel은 Charles가 매일 적어도 60분 운동할 것을 권고하였다. 떠나기 전에 Charles와 그의 어머니는 체중 감량 계획을 살펴보기 위하여 다음 주 예약을 하였다.

관련 직업 영양사

영양사는 개인이 좋은 영양과 균형 잡힌 식사에 대한 필요성을 배우도록 돕는 것을 전문으로 한다. 이것은 생화학 과정, 비타민과 식품 영양표시의 중요성 및 에너지 값과 대사 과정에 있어서 탄수화물, 지방, 단백질 사이의 차이에 대하여 이해할 것을 요구한다. 영양사는 병원, 요양원, 학교 식당과 보건소를 포함한 다양한 환경에서 일한다. 이러한 역할에서 그들은 특정 질병을 진단받은 개인을 위한 특별한 식사를 만들거나 요양원에 있는 사람들을 위한 식사 계획을 세운다.

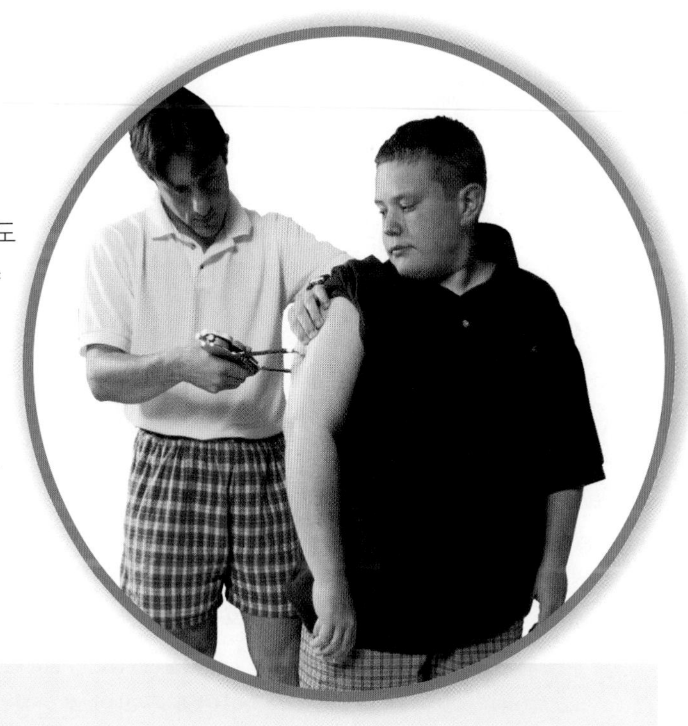

의학 최신 정보 식단과 운동 프로그램

Daniel은 Charles와 그의 어머니를 만나 체중 감량을 위한 메뉴에 대하여 논의하였다. Charles는 자신이 섭취한 음식을 기록하고 Daniel과 그의 식단에 대하여 논의하기 위하여 다시 내원할 것이다. 97쪽에 있는 **의학 최신 정보** 식단과 운동 프로그램에서 그 결과를 살펴볼 수 있고, Charles가 하루에 소비하는 킬로칼로리와 Charles가 감량한 체중을 계산할 것이다.

차례

3.1 물질의 분류

학습 목표 물질의 예를 순물질 또는 혼합물로 분류한다.

물질(matter)은 질량을 가지고 공간을 차지하는 모든 것이다. 아침에 마시는 오렌지 주스, 커피 메이커에 넣는 물, 샌드위치를 담은 비닐봉투, 칫솔과 치약, 우리가 들이마시는 산소, 내쉬는 이산화 탄소 등 우리 주위 어디에나 있다. 과학자에게는 이러한 모든 것이 물질이다. 물질의 다른 종류는 조성에 의하여 분류된다.

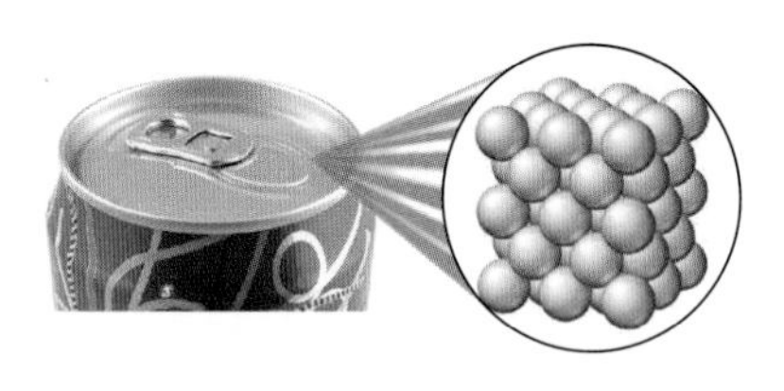

알루미늄 캔은 많은 알루미늄 원자들로 구성되어 있다.

순물질: 원소와 화합물

순물질(pure substance)은 고정되거나 일정한 조성을 가진 물질이다. 순물질에는 **원소**와 **화합물**이라는 두 가지 종류가 있다. 순물질의 가장 단순한 종류인 **원소**(element)는 은, 철, 또는 알루미늄과 같은 오직 한 종류의 물질로 구성되어 있고, 모든 원소는 물질의 각 종류를 구성하는 매우 작은 입자인 **원자**(atom)로 구성되어 있다. 은은 은 원자로, 철은 철 원자로 그리고 알루미늄은 알루미늄 원자로 구성되어 있다. 원소들의 완전한 목록은 이 교재의 뒤표지 안에서 발견할 수 있다.

화합물(compound) 또한 순물질이지만, 항상 동일한 비율로 화학적으로 결합한 2개 이상의 원소들의 원자들로 구성된다. 예를 들어, 화합물인 물에는 산소 원자 1개마다 수소 원자 2개가 결합되어 있으며, 화학식 H_2O로 나타낸다. 이것은 물이 항상 동일한 조성으로 H_2O를 가지고 있음을 의미한다. 수소와 산소의 화학적 결합으로 이루어진 또 다른 화합물은 과산화수소이다. 이것은 2개의 산소 원자마다 2개의 수소를 가지며, 화학식 H_2O_2로 나타낸다. 따라서 물(H_2O)과 과산화수소(H_2O_2)는 동일한 원소인 수소와 산소를 포함하고 있더라도 다른 성질을 가진 서로 다른 화합물이다.

생각해보기

원소와 화합물이 모두 순물질인 이유는 무엇인가?

화합물인 순물질은 화학적 과정에 의하여 원소로 분해될 수 있지만, 끓이거나 거르는 것과 같은 물리적 방법으로는 분해할 수 없다. 예를 들어, 화합물 NaCl로 구성된 평범한 식탁염은 **그림 3.1**에 도시한 바와 같이 화학적 과정으로 소듐 금속과 염소 기체로 분리될 수 있다. 원소는 더 이상 분해할 수 없다.

물인 H_2O는 1개의 산소 원자(붉은색)와 2개의 수소 원자(흰색)로 구성되어 있다.

혼합물

혼합물(mixture)은 2개 이상의 서로 다른 물질들이 물리적으로 섞여 있지만, 화학적으로는 결합되어 있지 않다. 일상의 많은 물질들이 혼합물로 구성되어 있다. 우리가 호흡하는 공기는 대부분 산소와 질소 기체의 혼합물이며, 고층 건물과 철로에 사용되는 강철은 철, 니켈, 탄소, 크로뮴의 혼합물이다. 문손잡이와 악기에 사용되는 황동은 아연과 구리의 혼합물이다(**그림 3.2**). 차, 커피, 바닷물 또한 혼합물이다. 화합물과 달리 혼합물은 물질의 비율이 일정하지 않고 다를 수 있다. 예를 들어, 2개의 설탕-물 혼합물은 보기에는 같아 보이지만 설탕의 비율이 높은 것이 더 단맛이 난다.

성분 사이에는 화학적 상호작용이 없기 때문에 혼합물을 분리하는 데 물리적 과정을 사용할 수 있다. 예를 들어, 5센트와 10센트 동전과 같은 서로 다른 동전들은 크기로 분리할 수 있다. 모래와 섞인 철가루는 자석으로 들어 올릴 수 있고, 체를 이용하여 조리된 스파게티에서 물을 분리할 수 있다(**그림 3.3**).

염화 소듐
화학적 과정
소듐 금속 + 그리고 염소 기체

그림 3.1 소금인 NaCl을 분해하면 소듐 원소와 염소 원소가 생성된다.

Q 원소와 화합물은 어떻게 다른가?

확인하기

연습 문제 3.1을 풀어보기

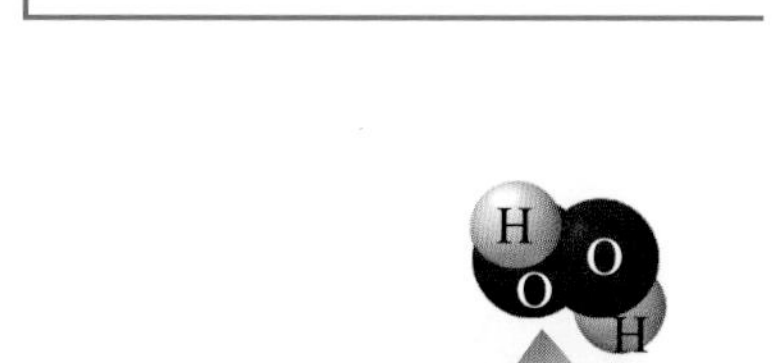

과산화수소인 H_2O_2는 2개의 산소 원자(붉은색)마다 2개의 수소 원자(흰색)로 구성되어 있다.

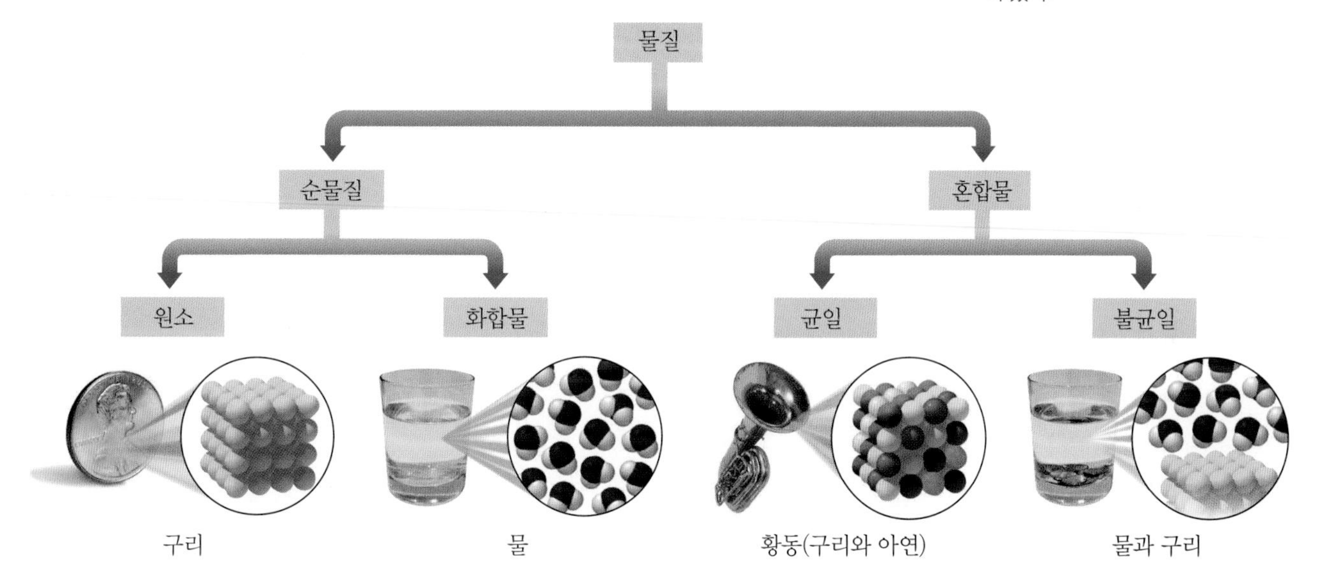

그림 3.2 물질은 성분에 의하여 원소, 화합물, 혼합물로 조직화된다.

Q 구리와 물은 순물질이지만 황동은 혼합물인 이유는 무엇인가?

혼합물의 종류

혼합물은 균일 혼합물 또는 불균일 혼합물로 분류할 수 있다. **용액**(solution)이라고도 불리는 **균일 혼합물**(homogeneous mixture)은 시료 전반에 걸쳐 조성이 균일하다. 한 가지 상으로 나타나는 개별 성분을 볼 수 없다. 균일 혼합물의 익숙한 예로는 산소와 질소 기체를 포함하는 공기와 소금과 물의 용액인 바닷물이 있다.

불균일 혼합물(heterogeneous mixture)의 성분은 시료 전반에 걸쳐 균일한 조성을 가지지 않는다. 성분은 2개의 분리된 영역으로 나타난다. 예를 들어, 기름과 물의 혼합물은 기름이 물의 표면에 떠 있기 때문에 불균일하다. 다른 불균일 혼합물의 예

그림 3.3 스파게티와 물의 혼합물은 체를 이용한 물리적 방법으로 분리한다.

Q 물리적 방법이 혼합물은 분리하는 반면, 화합물은 분리하지 못하는 이유는 무엇인가?

(a)

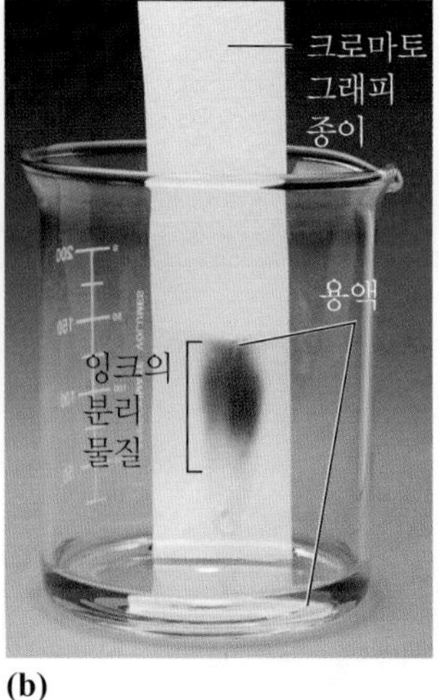

(b)

(a) 액체와 고체의 혼합물은 거름으로 분리된다.
(b) 잉크의 서로 다른 물질들은 크로마토그래피 종이의 표면을 다른 속도로 이동하면서 분리된다.

생각해보기

피자는 불균일 혼합물인 반면, 식초는 균일 혼합물인 이유는 무엇인가?

로는 건포도가 들어 있는 과자와 과육이 들어간 오렌지 주스를 들 수 있다.

화학 실험실에서는 다양한 방법으로 혼합물을 분리한다. 고체는 액체로부터 깔때기 안에 넣은 거름종이를 통해 혼합물을 붓는 **거름**(filtration)으로 분리한다. 이때 고체(잔류물)는 거름종이에 남고 거른 액체(여과액)는 통과한다. **크로마토그래피**(chromatography)는 액체 혼합물의 다른 성분들이 크로마토그래피 종이 표면을 서로 다른 속도로 이동하면서 분리된다.

화학과 보건
호흡 혼합물

우리가 호흡하는 공기는 대부분 산소(21%)와 질소(79%) 기체로 구성되어 있다. 스쿠버 다이버들이 사용하는 균일한 호흡 혼합물은 잠수하는 깊이에 따라 우리가 호흡하는 공기와 다르다. 나이트록스(Nitrox)는 산소와 질소의 혼합물이지만 공기보다 산소 기체가 더 많고(32%까지) 질소가 적다(68%). 보다 적은 질소 기체가 들어 있는 호흡 혼합물은 잠수하는 동안 일반적인 공기를 호흡함에 따른 **질소 중독**(nitrogen narcosis)의 위험을 줄여준다. 헬리옥스(Heliox)는 헬륨과 산소가 포함되어 있으며, 일반적으로 200 ft 이상 잠수하는 데 사용한다. 질소를 헬륨으로 대체하면 질소 중독이 일어나지 않는다. 그러나 300 ft 이상을 잠수하는 경우, 헬륨은 심각한 떨림과 체온 저하와 연관되어 있다. 400 ft 이상을 잠수하는 데 사용하는 호흡 혼합물인 트라이믹스(trimix)는 산소와 헬륨, 약간의 질소가 포함된다. 약간의 질소를 첨가하는 것은 높은 수준의 헬륨을 호흡할 때 발생하는 떨림의 문제를 완화시키기 위한 것이다. 헬리옥스와 트라이믹스는 전문가, 군사 또는 고도로 훈련된 잠수부만 사용한다.

병원에서는 헬리옥스를 성인과 미숙아의 호흡기 질환과 폐 수축을 치료하기 위하여 사용할 수 있다. 헬리옥스는 공기보다 밀도가 작고, 이는 호흡하는 노력을 경감시키고 조직에 산소 기체를 분배하는 것을 돕는다.

나이트록스 혼합물은 스쿠버 탱크를 채우는 데 사용된다.

예제 3.1 혼합물 분류

문제

다음을 순물질(원소 또는 화합물) 또는 혼합물(균일 또는 불균일)로 분류하라.

a. 전선 내부의 구리

b. 초콜릿 칩 쿠키

c. 나이트록스, 스쿠버 탱크를 채우는 데 사용하는 산소와 질소의 혼합물

풀이

a. 구리는 원소이며 순물질이다.

b. 초콜릿 칩 쿠키는 균일한 조성을 가지지 않으므로 불균일 혼합물이다.

c. 산소 기체와 질소 기체는 나이트록스에서 균일한 조성을 가지므로 균일 혼합물이다.

유제 3.1

샐러드드레싱은 기름, 식초와 블루치즈 덩어리로 만들어진다. 이것은 균일 혼합물인가, 불균일 혼합물인가?

해답

불균일 혼합물

확인하기

연습 문제 3.2와 3.3을 풀어보기

연습 문제

3.1 물질의 분류

학습 목표 물질의 예를 순물질 또는 화합물로 분류한다.

3.1 다음 순물질을 원소 또는 화합물로 분류하라.

a. Al_2O_3(산화 알루미늄) **b.** Li(리튬)
c. NH_4OH(수산화 암모늄) **d.** 글루코스($C_6H_{12}O_6$)
e. P(인)

3.2 다음을 순물질 또는 혼합물로 분류하라.

a. 증류수 **b.** 드라이아이스
c. 과일 커스터드 **d.** 철
e. 스쿠버 탱크의 트라이믹스(산소, 헬륨, 질소)

의학 응용

3.3 다음 혼합물을 균일 또는 불균일 혼합물로 분류하라.

a. 설탕 용액 **b.** 탄산음료
c. 물에 있는 모래 **d.** 혼합 채소 요리
e. 망고 슬라이스가 들어간 망고주스

3.2 물질의 상태와 성질

학습 목표 물질의 상태와 물리적, 화학적 성질을 확인한다.

지구에서 물질은 **물질의 상태**(states of matter)라고 불리는 **고체**(solid), **액체**(liquid), **기체**(gas)의 세 가지 **물리적 형태**(physical form) 중 하나로 존재한다. 물은 세 가지 상태를 모두 일상적으로 관찰할 수 있는 친숙한 물질이다. 고체 상태의 물은 얼음 덩어리 또는 눈송이일 수 있다. 수도꼭지에서 나오거나 풀장을 채울 때는 액체이고, 젖은 옷으로부터 증발하거나 팬에서 끓을 때는 기체 또는 증기를 형성한다. 자갈이나

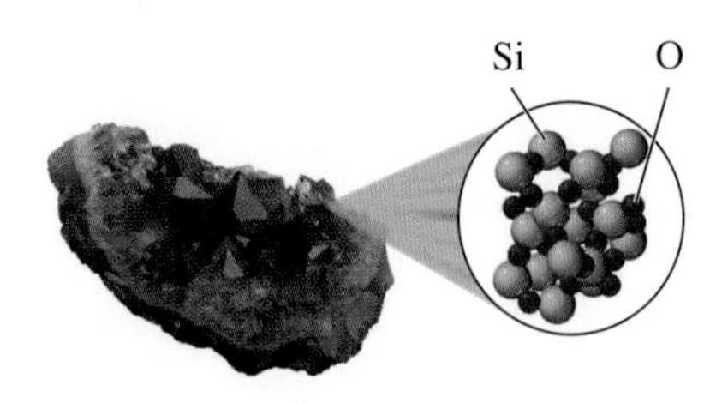

고체인 자수정은 Si 원자와 O 원자를 함유한 자주색 형태의 수정이다.

야구공과 같은 **고체**(solid)는 일정한 모양과 부피를 가진다. 지금 손이 닿는 범위 내에서 책, 연필 또는 컴퓨터 마우스와 같은 여러 가지 고체를 인지할 수 있을 것이다. 고체에서는 강한 인력이 입자들을 가깝게 붙잡고 있다. 고체에서 입자는 단단한 패턴으로 배열되고, 이들이 할 수 있는 움직임은 제자리에서 느리게 진동하는 것이다. 많은 고체에서 이러한 단단한 구조는 자수정에서 볼 수 있는 것과 같은 결정을 생성한다.

액체(liquid)는 일정한 부피를 가지지만 일정한 모양을 가지고 있지는 않다. 액체에서 입자들은 무작위적인 방향으로 움직이고, 단단한 구조는 아니지만 일정한 부피를 유지하기 위하여 서로를 충분히 끌어당긴다. 따라서 물, 기름 또는 식초를 한 용기에서 다른 용기로 부을 때, 액체는 자신의 부피를 유지하지만 새로운 용기의 모양을 따르게 된다.

기체(gas)는 일정한 모양 또는 부피를 가지지 않는다. 기체의 입자들은 용기의 모양과 부피를 따르면서 멀리 떨어져 있고, 서로를 약하게 끌어당기며 빠른 속도로 움직인다. 자전거 타이어에 공기를 주입할 때, 기체인 공기가 타이어 전체의 부피를 채운다. 또 탱크의 프로페인 기체는 탱크 전체의 부피를 채운다. 표 3.1은 물질의 세 가지 상태를 비교한 것이다.

생각해보기

기체가 용기의 모양과 부피를 가지는 이유는 무엇인가?

액체일 때의 물은 담긴 용기의 모양을 가진다.

기체는 용기의 모양과 부피를 가진다.

확인하기

연습문제 3.4를 풀어보기

표 3.1 고체, 액체, 기체의 비교

특성	고체	액체	기체
모양	일정한 모양을 가짐	용기의 모양을 가짐	용기의 모양을 가짐
부피	일정한 부피를 가짐	일정한 부피를 가짐	용기의 부피를 채움
입자의 배열	고정, 매우 가까움	무작위, 가까움	무작위, 멀리 떨어짐
입자 간 상호작용	매우 강함	강함	근본적으로 없음
압자의 운동	매우 느림	중간	매우 빠름
예	얼음, 소금, 철	물, 기름, 식초	수증기, 헬륨, 공기

조리 기구에 사용되는 구리는 열을 잘 전달하는 전도체이다.

물리적 성질과 물리적 변화

물질을 기술하는 한 가지 방법은 그들의 성질을 관찰하는 것이다. 예를 들어, 자신을 설명하라는 요청을 받는다면, 키와 체중, 눈과 피부색, 또는 머리카락의 길이와 색, 머릿결과 같은 특성들을 나열할 것이다.

물리적 성질(physical property)은 물질의 본질에 영향을 주지 않고 관찰하거나 측정할 수 있는 특성이다. 화학에서의 전형적인 물리적 성질에는 모양, 색, 녹는점, 끓는점, 물질의 상태가 있다. 예를 들어, 1센트 동전의 몇 가지 물리적 성질에는 동그란 모양, 적갈색(구리가 원인), 고체 상태, 빛나는 광택 등이 포함된다. 표 3.2는 1센트 동전과 전기선, 구리 팬에서 발견할 수 있는 구리의 물리적 성질 일부를 게재한 것이다.

물은 고체, 액체, 기체의 세 가지 상태를 모두 흔히 발견할 수 있는 물질이다. 물질이 **물리적 변화**(physical change)를 받으면 상태, 크기 또는 모양이 변하지만 조성은 동일하게 유지된다. 물의 고체 상태인 눈이나 얼음은 물의 액체 또는 기체 상태와는 다른 모양을 가지지만 이 세 가지 상태는 모두 물이다.

물질의 물리적인 모양은 다른 방법으로 변할 수 있다. 물에 약간의 소금을 녹인다고 가정해보자. 소금의 모양은 변하지만 물을 증발시켜 소금 결정을 다시 형성할 수 있다. 즉, 물질의 물리적 상태 변화에서는 새로운 물질이 생성되지 않는다.

표 3.2 구리의 몇 가지 물리적 성질

25°C에서의 상태	고체
색	적갈색
냄새	없음
녹는점	1083°C
끓는점	2567°C
광택	빛남
전기 전도	우수
열전도	우수

화학적 성질과 화학적 변화

화학적 성질(chemical property)은 새로운 물질로 변하는 물질의 능력을 기술하는 것이다. **화학적 변화**(chemical change)가 일어날 때, 원래 물질은 1개 이상의 새로운 물질로 변환되고, 이것은 새로운 물리적, 화학적 성질을 가진다. 예를 들어, 금속의 녹이나 부식은 화학적 성질이다. 철(Fe) 못은 비를 맞으면 산소(O_2)와 반응하여 녹(Fe_2O_3)을 형성하며, 이때 화학적 변화를 겪는다. 화학적 변화가 발생하여 형성된 녹은 새로운 물리적, 화학적 성질을 가진 새로운 물질이다. 표 3.3은 일부 물리적, 화학적 변화의 예를 제시한 것이며, 표 3.4는 물리적, 화학적 성질과 변화를 요약한 것이다.

생각해보기

철 못을 구부리는 것은 물리적 변화인 반면, 철 못에 녹이 형성되는 것은 화학적 변화인 이유는 무엇인가?

설탕을 가열하면 화학적 변화가 일어나 플랜에 캐러멜화된 토핑을 형성한다.

표 3.3 몇 가지 물리적 변화와 화학적 변화의 예

물리적 변화	화학적 변화
물이 끓어 수증기가 형성된다.	빛이 나는 은 금속은 공기 중에서 반응하여 검은색의 입자형 막을 형성한다.
구리로 가는 구리선을 뽑아낸다.	나무 조각은 밝은 불꽃을 내며 타고 열과 재, 이산화 탄소, 수증기를 생성한다.
설탕은 물에 녹아 용액을 형성한다.	설탕을 가열하면 부드러운 캐러멜 색의 물질을 형성한다.
종이를 잘라 작은 색종이 조각으로 만든다.	회색의 빛이 나는 철은 산소와 결합하여 적갈색의 녹을 형성한다.

표 3.4 물리적, 화학적 성질과 변화 요약

	물리적	화학적
성질	물질의 특징: 색, 모양, 냄새, 광택, 크기, 녹는점, 또는 밀도	다른 물질을 생성하는 물질의 능력을 보여주는 특징: 종이는 탈 수 있다. 철은 녹을 생성할 수 있고, 은은 변색될 수 있다.
변화	물질의 본질을 유지하는 물리적 성질에서의 변화: 상태의 변화, 크기의 변화, 모양의 변화	원래의 물질이 1개 이상의 새로운 물질로 변환되는 변화: 종이는 타고 철은 녹이 슬고 은은 변색된다.

핵심 화학 기법

물리적, 화학적 변화 확인

금 덩어리를 두들겨 금박으로 만든다.

양방향 비디오
화학적 변화 대 물리적 변화

예제 3.2 물리적 변화와 화학적 변화

문제

다음을 물리적 변화 또는 화학적 변화로 분류하라.

a. 금 덩어리를 두들겨 금박으로 만든다.

b. 휘발유는 공기 중에서 연소한다.

c. 마늘을 얇게 썰어서 작은 조각으로 만든다.

풀이

a. 금 덩어리의 모양이 변할 때 물리적 변화가 일어난다.

b. 휘발유가 연소하여 새로운 성질을 가진 다른 물질을 생성할 때 화학적 변화가 일어난다.

c. 마늘의 크기가 변할 때 물리적 변화가 일어난다.

유제 3.2

다음을 물리적 또는 화학적 변화로 분류하라.

a. 연못의 물이 언다.

b. 베이킹파우더를 식초에 넣으면 기포가 생성된다.

c. 통나무를 베어 장작으로 만들었다.

해답

a. 물리적 변화 **b.** 화학적 변화 **c.** 물리적 변화

확인하기
연습문제 3.5에서 3.7을 풀어보기

연습 문제

3.2 물질의 상태와 성질

학습 목표 물질의 상태와 물리적, 화학적 성질을 확인한다.

3.4 다음이 기체, 액체 또는 고체인지를 확인하라.

a. 스쿠버 탱크 안의 호흡 혼합물은 일정한 부피 또는 모양을 가지지 않는다.

b. 조명 표시등 안의 네온 원자는 서로 상호작용을 하지 않는다.

c. 얼음 덩어리의 입자는 단단한 구조 안에 붙들려 있다.

3.5 다음을 물리적 성질 또는 화학적 성질로 기술하라.

a. 소듐은 부드러운 금속이다.

b. 소듐은 물과 쉽게 반응하여 인화성 수소 기체를 생성한다.

c. 글루코스의 발효는 알코올을 생성한다.

d. 알루미늄은 얇은 알루미늄 판으로 변환될 수 있다.

3.6 다음은 물리적 변화 또는 화학적 변화 중 어떤 변화가 일어나는가?

a. 수증기가 응축되어 비가 된다.

b. 세슘 금속은 물과 폭발적으로 반응한다.

c. 금은 1064°C에서 녹는다.

d. 퍼즐 그림을 1000조각으로 잘랐다.

e. 치즈를 강판에 갈았다.

3.7 다음은 물리적 변화 또는 화학적 변화 중 어떤 변화가 일어나는가?

a. 브로민은 물에 녹는다.

b. 소듐은 물에 녹는다.

c. 염화 소듐은 물에 녹는다.

d. 산소는 물에 녹는다.

3.3 온도

학습 목표 온도가 주어지면, 다른 척도에서의 해당 온도를 계산한다.

복습

계산에서 양수와 음수 사용하기(1.4)
방정식 풀기(1.4)
유효숫자 세기(2.2)

과학에서 온도는 **섭씨**(°C) 단위로 측정되고 보고된다. 섭씨 척도에서 기준점은 0°C로 정의된 물의 어는점과 100°C인 끓는점이다. 미국에서 온도는 매일 흔히 **화씨**(°F) 단위로 보고된다. 화씨 척도에서 물은 32°F에서 얼고 212°F에서 끓는다. 전형적인 실온 22°C는 72°F와 동일하다. 정상적인 사람의 체온은 37.0°C이며, 이는 98.6°F와 동일하다.

섭씨와 화씨온도 척도에서 어는점과 끓는점의 온도 차이는 **도**(degree)라고 하는 보다 작은 단위로 나누어진다. 섭씨 척도에서는 물의 어는점과 끓는점 사이에 100도가 있는 반면, 화씨 척도에서는 물의 어는점과 끓는점 사이에 180도가 있다. 따라서 섭씨온도는 화씨온도의 거의 2배 크기를 가진다. 1°C = 1.8°F(그림 3.4).

$$\text{화씨 180도} = \text{섭씨 100도}$$

$$\frac{\text{화씨 180도}}{\text{섭씨 100도}} = \frac{1.8°\text{F}}{1°\text{C}}$$

화씨온도와 그에 상응하는 섭씨온도와 연계된 온도 방정식은 다음과 같이 쓸 수 있다.

$$T_F = \underbrace{1.8(T_C)}_{\text{°C를 °F로 변화}} + \underbrace{32}_{\text{어는점 조정}} \quad \text{화씨온도를 얻기 위한 온도 방정식}$$

생각해보기

섭씨온도가 화씨온도보다 큰 온도 단위인 이유는 무엇인가?

방정식에서 섭씨온도는 °C에서 °F로 바꾸기 위하여 1.8을 곱하고, 0°C를 화씨의 어는점 32°F로 조정하기 위하여 32를 더한다. 온도 방정식에서 사용된 1.8과 32라는 값은 정확한 수이고 해답에서 유효숫자를 결정하는 데 사용되지 않는다.

핵심 화학 기법

온도 척도 사이의 변환

화씨온도에서 섭씨온도로 변환하려면 온도 방정식을 T_C에 대하여 풀도록 재배열한다. 방정식의 양변에 동일한 연산을 적용하여야 하므로 먼저 양변에서 32를 뺀다.

$$T_F - 32 = 1.8(T_C) + \cancel{32} - \cancel{32}$$

$$T_F - 32 = 1.8(T_C)$$

둘째, 양변을 1.8로 나누어 T_C에 대하여 방정식을 푼다.

$$\frac{T_F - 32}{1.8} = \frac{\cancel{1.8}(T_C)}{\cancel{1.8}}$$

$$\frac{T_F - 32}{1.8} = T_C \quad \text{섭씨온도를 얻기 위한 온도 방정식}$$

과학자들은 가능한 가장 낮은 온도는 −273°C(더 정확하게는 −273.15°C)임을 알아냈다. **켈빈**(Kelvin) 척도에서, **절대 영도**(absolute zero)라 부르는 이 온도의 값은 0 K이다. 켈빈 척도의 단위는 켈빈(K)이라고 하며, **도 기호는 사용하지 않는다**. 더 낮은 온도는 존재하지 않기 때문에 켈빈 척도에서는 음의 온도 값을 가지지 않는다. 물의 어는점인 273 K와 끓는점인 373 K 사이에는 100켈빈이 있으며, 이것은 1켈빈이 섭씨 1도와 같게 한다.

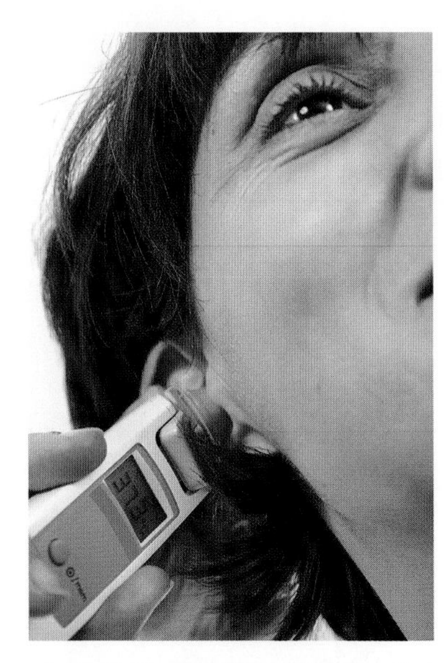

디지털 귀 온도계는 체온을 측정하는 데 사용된다.

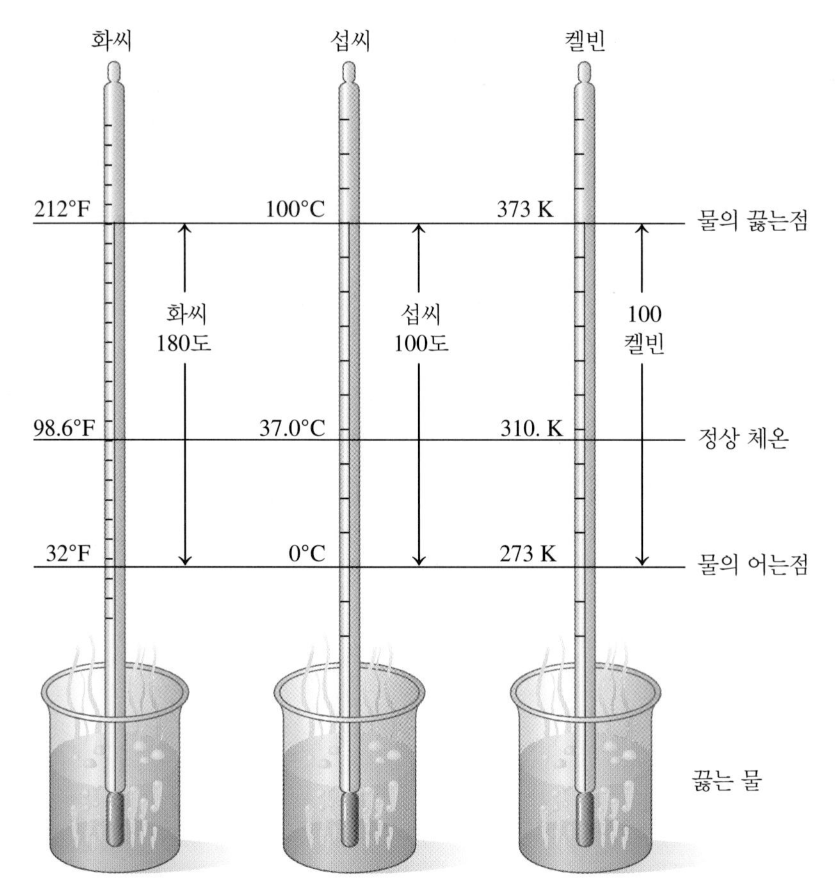

그림 3.4 물의 어는점과 끓는점 사이의 화씨온도와 섭씨온도, 켈빈 온도의 척도 비교

Q 섭씨온도와 화씨온도 척도에서 물의 어는점의 차이는 무엇인가?

$$1\ \text{K} = 1°\text{C}$$

섭씨온도에 273을 더하여 섭씨온도를 해당하는 켈빈 온도와 연계하는 방정식을 쓸 수 있다. 표 3.5는 3개 척도의 일부 온도를 제시하고 있다.

$$T_K = T_C + 273$$ 켈빈을 얻기 위한 온도 방정식

표 3.5 온도의 비교

예	화씨(F)	섭씨(°C)	켈빈(K)
태양	9937	5503	5776
뜨거운 오븐	450	232	505
끓는 물	212	100	373
고열	104	40	313
정상 체온	98.6	37.0	310
실온	70	21	294
어는 물	32	0	273
북반구 겨울	−66	−54	219
액화 질소	−346	−210	63
절대 영도	−459	−273	0

자동차 라디에이터의 부동액 혼합물은 −37°C까지 온도가 떨어지기 전에는 얼지 않을 것이다. 부동액 혼합물의 켈빈 온도는 섭씨온도에 273을 더하여 계산할 수 있다.

$$T_K = -37°C + 273 = 236\ K$$

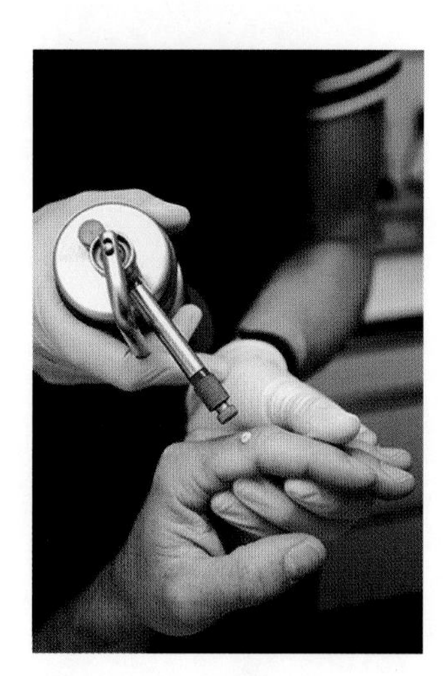

저온 질소의 낮은 온도는 피부 병변을 파괴하는 데 사용된다.

예제 3.3 온도 계산

문제

피부과 의사는 −196°C의 극저온 질소를 피부 병변과 일부 피부암을 제거하는 데 사용한다. 질소의 온도는 화씨온도로 얼마인가?

풀이 지침

1단계 **주어진 양과 필요한 양을 말하라.**

문제 분석	주어진 조건	필요한 사항	연계
	−196°C	화씨일 때의 온도	온도 방정식

2단계 **온도 방정식을 써라.**

$$T_F = 1.8(T_C) + 32$$

3단계 **알고 있는 값을 치환하고 새로운 온도를 계산하라.**

$$T_F = 1.8(-196) + 32$$ 1.8은 정확한 수, 32도 정확한 수

$$= -353 + 32$$

$$= -321°F$$ 해답은 일의 자리까지

방정식에서 **1.8과 32라는 값은 정확한 수이다.**

생각해보기

−40°C가 −40°F와 같은 온도임을 보여라.

유제 3.3

아이스크림을 만드는 과정에서 아이스크림 혼합물을 냉각시키기 위하여 잘게 부순 얼음에 암염을 첨가한다. 온도가 −11°C로 떨어지면, 화씨온도로는 얼마인가?

해답

12°F

확인하기

연습 문제 3.8과 3.9를 풀어보기

예제 3.4 섭씨온도와 켈빈 온도 계산하기

문제

열치료(thermotherapy)라고 하는 암 치료의 한 방식에서 113°F 정도의 높은 온도는 암세포를 파괴하거나 암세포가 방사선 조사에 보다 더 민감하게 만드는 데 사용된다. 이 온도는 섭씨온도로 얼마인가? 또 켈빈 온도로는 얼마인가?

풀이 지침

1단계 주어진 양과 필요한 양을 말하라.

문제 분석	주어진 조건	필요한 사항	연계
	113°F	섭씨와 켈빈일 때의 온도	온도 방정식

2단계 온도 방정식을 써라.

$$T_C = \frac{T_F - 32}{1.8} \qquad T_K = T_C + 273$$

3단계 알고 있는 값을 치환하고 새로운 온도를 계산하라.

$$T_C = \frac{(113 - 32)}{1.8}$$ 32는 정확한 수, 1.8도 정확한 수

$$= \frac{81}{1.8} = 45°C$$

(81: 유효숫자 2개, 1.8: 정확한 수, 45°C: 유효숫자 2개)

섭씨온도를 켈빈 온도로 변환하는 방정식을 이용하여 섭씨온도를 치환한다.

$$T_K = 45 + 273 = 318\ K$$

(45: 일의 자리, 273: 일의 자리, 318: 일의 자리)

유제 3.4

어린이의 체온이 103.6°F이다. 섭씨온도계로 이 온도는 얼마인가?

해답

39.8°C

확인하기

연습 문제 3.10을 풀어보기

연습 문제

3.3 온도

학습 목표 온도가 주어지면, 다른 척도에서의 해당 온도를 계산한다.

3.8 다음 온도 변환을 풀어라.

a. 50°F = _______°C **b.** 283 K = _______°C

c. 3000 K = _______°C

3.9 다음 미지의 온도를 계산하라.

a. 37.0°C = _______°F **b.** 65.3°F = _______°C

c. −27°C = _______K **d.** 62°C = _______K

e. 114°F = _______°C

의학 응용

3.10 **a.** 고열 환자의 체온이 106°F이다. 섭씨온도계로 이 온도는 얼마인가?

b. 고열은 어린이에게 경련을 유발할 수 있기 때문에 어린이의 체온이 40.0°C를 넘어가면 의사를 부를 필요가 있다. 어린이의 체온이 103°F라면 의사를 불러야 하는가?

화학과 보건
체온의 다양성

정상 체온은 사람마다 다르고 온종일에 걸쳐 다르지만 37.0°C로 여겨지고 있다. 구강 온도는 보통 아침에는 36.1°C이지만, 오후 6시에서 오후 10시 사이에는 37.2°C까지 올라간다. 쉬고 있는 사람의 온도가 37.2°C 이상이면 보통 질병의 징후가 된다. 오랜 시간 운동을 한 사람도 높아진 체온을 경험한다. 마라톤 주자의 체온은 운동 중에 생성된 열이 열을 잃는 능력을 넘어서기 때문에 39°C에서 41°C 범위에 있다.

정상 체온으로부터 3.5°C 이상의 변화는 신체 기능을 방해하기 시작한다. 체온이 41°C 이상인 **고체온증**(hyperthermia)은 경련을 일으키며, 특히 어린이에게 영구적인 뇌 손상을 일으킬 수 있다. 열사병은 41.1°C 이상이 되면 발생한다. 땀 생성이 중단되고, 피부는 건조하고 뜨거워진다. 맥박수가 상승하며, 호흡은 약해지고 빨라진다. 그 사람은 무기력해지고 혼수상태에 빠질 수 있다. 내부 장기 손상이 주요 우려사항이고, 즉시 해야 하는 치료에는 얼음물 통에 사람을 담그는 것이 포함된다.

저체온증(hypothermia)의 극저온에서 체온은 28.5°C까지 떨어진다. 사람은 차갑고 창백해 보이며, 불규칙적인 심장박동을 한다. 만약 체온이 26.7°C까지 떨어지면 의식을 잃을 수 있다. 호흡은 느리고 얕아지며, 조직의 산소 공급이 감소한다. 치료에는 산소를 공급하고 글루코스와 식염수액으로 혈액량을 증가시키는 것이 포함된다. 따뜻한 수액(37.0°C)을 복강에 주사하면 내부 온도를 회복할 수 있다.

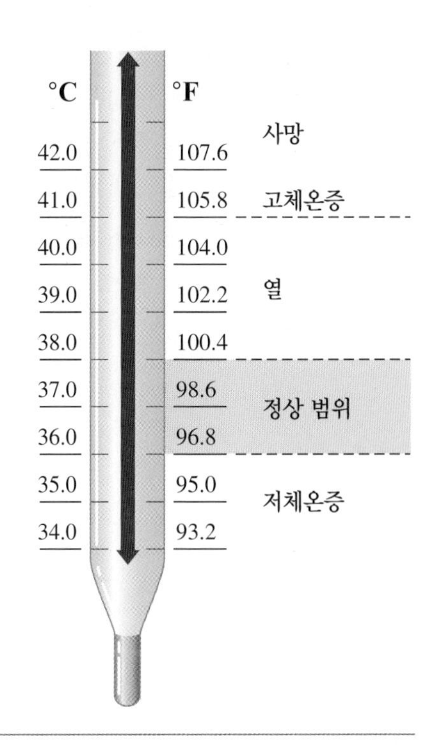

3.4 에너지

학습 목표 에너지를 퍼텐셜 에너지 또는 운동 에너지로 확인하고, 에너지 단위 사이를 변환한다.

복습

반올림(2.3)
계산에서 유효숫자를 이용하기(2.3)
동등량으로부터 환산 인자 쓰기(2.5)
환산 인자 이용(2.6)

여러분이 하는 거의 모든 것들은 에너지와 관련되어 있다. 달리고, 걷고, 춤추거나 생각할 때, 에너지를 필요로 하는 활동인 일을 하기 위해 에너지를 사용한다. 사실 **에너지**(energy)는 일을 할 수 있는 능력으로 정의된다. 여러분이 가파른 언덕을 오르다가 너무 지쳐서 더 이상 갈 수 없다고 가정해보자. 그 순간에는 더 이상 일을 할 수 있는 에너지를 가지고 있지 않다. 이제 앉아서 점심을 먹는다고 가정해보자. 이내 음식에서 에너지를 얻을 것이고, 더 많은 일을 할 수 있게 되어 언덕을 오르는 것을 마칠 수 있을 것이다.

운동 에너지와 퍼텐셜 에너지

생각해보기

책이 바닥에 있을 때보다 높은 테이블 위에 있을 때 더 큰 퍼텐셜 에너지를 가지는 이유는 무엇인가?

에너지는 운동 에너지 또는 퍼텐셜 에너지로 분류할 수 있다. **운동 에너지**(kinetic energy)는 운동의 에너지이다. 움직이는 물체는 운동 에너지를 가진다. **퍼텐셜 에너지**(potential energy)는 물체의 위치나 물질의 조성에 의하여 결정된다. 산의 정상에 머무르는 바위는 위치 때문에 퍼텐셜 에너지를 가진다. 만약 바위가 산에서 굴러 떨어지면, 퍼텐셜 에너지는 운동 에너지가 된다. 저수지에 저장된 물은 퍼텐셜 에너지를 가진다. 물이 댐을 넘어 아래에 있는 강에 떨어지면, 퍼텐셜 에너지는 운동 에너지로 변환된다. 음식과 화석 연료는 퍼텐셜 에너지를 가진다. 음식을 소화하거나 자동차의 휘발유가 연소하면, 퍼텐셜 에너지는 일을 할 수 있는 운동 에너지로 변환된다.

확인하기

연습 문제 3.11과 3.12를 풀어보기

댐 꼭대기의 물은 퍼텐셜 에너지를 저장하고 있다. 물이 댐을 넘어 흐르면, 퍼텐셜 에너지는 수력전기 발전으로 변환된다.

열과 에너지

열(heat)은 입자의 운동과 관련된 에너지이다. 얼음 덩어리는 손에서 얼음 덩어리로 열이 흐르기 때문에 차갑게 느껴진다. 입자가 더 빠르게 움직일수록, 물질의 열 또는 열에너지는 커진다. 얼음 덩어리에서 입자들은 매우 느리게 움직인다. 열이 가해질수록, 얼음 덩어리 입자의 움직임이 증가한다. 결국 고체에서 액체로 변화하면서 입자는 얼음 덩어리가 녹기에 충분한 에너지를 가지게 된다.

에너지의 단위

에너지와 일의 SI 단위는 **줄**(joule, J)이다. 줄은 에너지의 작은 양이므로, 과학자들은 킬로줄(kJ), 1000줄을 주로 사용한다. 차 한 잔의 물을 가열하는 데에는 약 75 000 J 또는 75 kJ의 열이 필요하다. 표 3.6은 몇 가지 에너지원 또는 용도에 대한 에너지를 줄로 표시하여 비교하고 있다.

아마 '열'을 의미하는 라틴어 caloric에서 유래된 **칼로리**(calorie, cal)라는 단위가 더 익숙할 것이다. 칼로리는 원래 물 1 g의 온도를 1°C 올리는 데 필요한 에너지(열)의 양으로 정의되었다. 이제 1칼로리는 정확히 4.184 J로 정의된다. 이 동등량은 다음의 2개 환산 인자로 쓸 수 있다.

$$1\text{ cal} = 4.184\text{ J(정확한 수)} \qquad \frac{4.184\text{ J}}{1\text{ cal}} \text{ 그리고 } \frac{1\text{ cal}}{4.184\text{ J}}$$

1**킬로칼로리**(kcal)는 1000칼로리와 같고, 1**킬로줄**(kJ)은 1000줄과 같다. 이 동등량과 환산 인자는 다음과 같다.

핵심 화학 기법

에너지 단위 이용

$$1\text{ kcal} = 1000\text{ cal} \qquad \frac{1000\text{ cal}}{1\text{ kcal}} \text{ 그리고 } \frac{1\text{ kcal}}{1000\text{ cal}}$$

$$1\text{ kJ} = 1000\text{ J} \qquad \frac{1000\text{ J}}{1\text{ kJ}} \text{ 그리고 } \frac{1\text{ kJ}}{1000\text{ J}}$$

표 3.6 **여러 가지 에너지원과 용도의 비교**

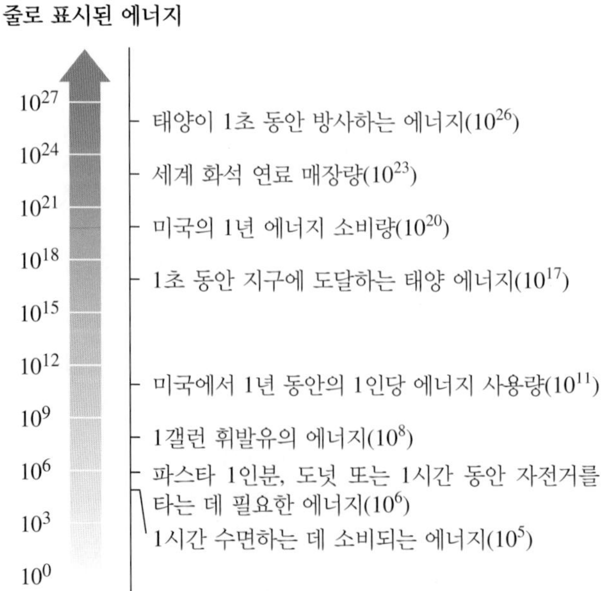

예제 3.5 에너지 단위

문제

제세동기는 360 J의 고에너지 충격 출력을 제공한다. 이 에너지양은 칼로리로 얼마인가?

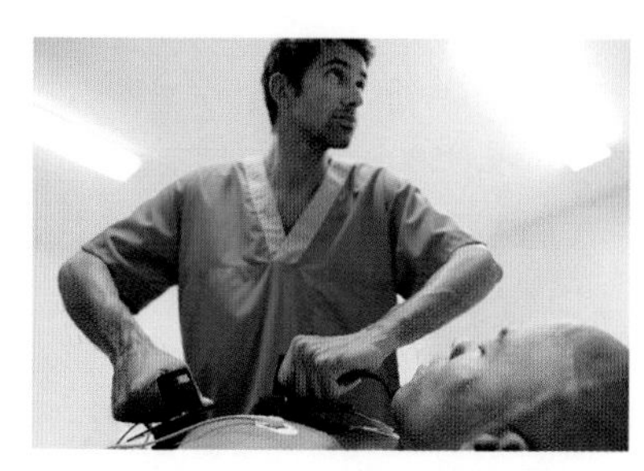

제세동기는 심장에 전기 에너지를 공급하여 정상적인 리듬으로 회복시킨다.

풀이 지침

1단계 주어진 양과 필요한 양을 말하라.

	주어진 조건	필요한 사항	연계
문제 분석	360 J	칼로리	에너지 인자

2단계 주어진 단위를 필요한 단위로 변환하는 계획을 써라.

줄 → 에너지 인자 → 칼로리

3단계 동등량과 환산 인자를 말하라.

$$1\ \text{cal} = 4.184\ \text{J}$$

$$\frac{4.184\ \text{J}}{1\ \text{cal}} \quad \text{그리고} \quad \frac{1\ \text{cal}}{4.184\ \text{J}}$$

4단계 필요한 양으로 계산하기 위한 문제를 설정하라.

$$360\ \cancel{\text{J}} \times \frac{1\ \text{cal}}{4.184\ \cancel{\text{J}}} = 86\ \text{cal}$$

유효숫자 2개   정확한 수   유효숫자 2개

유제 3.5

글루코스 1.0 g이 체내에서 대사될 때, 3.9 kcal을 생성한다. 킬로줄로 얼마가 생성되는가?

해답

16 kJ

확인하기

연습 문제 3.13과 3.14를 풀어보기

연습 문제

3.4 에너지

학습 목표 에너지를 퍼텐셜 에너지 또는 운동 에너지로 확인하고, 에너지 단위 사이를 변환한다.

3.11 롤러코스터 차량이 정상에 올랐다가 다른 쪽으로 내려올 때의 퍼텐셜 에너지와 운동 에너지의 변화를 논의하라.

3.12 다음 문장이 기술하는 것이 퍼텐셜 에너지인지 운동 에너지인지를 확인하라.

a. 책을 테이블 위에 놓았을 때

b. 언덕 정상에 있는 자동차

c. 당구를 치는 동안의 당구공의 충돌

d. 연료 탱크에 저장된 휘발유

3.13 다음 에너지 단위를 변환하라.

a. 3500 cal를 kcal로

b. 415 J을 cal로

c. 28 cal를 J로

d. 4.5 kJ을 cal로

의학 응용

3.14 75와트 전구를 1시간 동안 밝히는 데 필요한 에너지는 270 kJ이다. 전구를 3.0시간 동안 켜는 데 필요한 에너지를 다음의 에너지 단위로 계산하라.

a. 줄 **b.** 킬로칼로리

화학과 환경
이산화 탄소와 기후 변화

지구의 기후는 햇빛, 대기 및 대양 사이의 상호작용의 결과물이다. 태양은 태양 복사의 형태로 에너지를 공급한다. 이 중 일부는 우주로 반사되고, 나머지는 구름, 이산화 탄소(CO_2)를 포함한 대기 기체와 지표면에 흡수된다. 수백만 년 동안 이산화 탄소의 농도는 변동해왔다. 그러나 지난 100년 동안 대기 중 CO_2 기체의 양이 상당히 증가하였다. 1000년부터 1800년까지 대기 중 이산화 탄소 농도는 평균 280 ppm이었다. ppm은 부피로 100만분의 1을 나타내며, 1 kL 공기당 CO_2 mL와 같다. 그러나 1800년대 산업혁명이 시작된 이후 2016년까지, 대기 중 이산화 탄소의 농도는 약 280 ppm에서 약 400 ppm까지 약 40% 증가하였다.

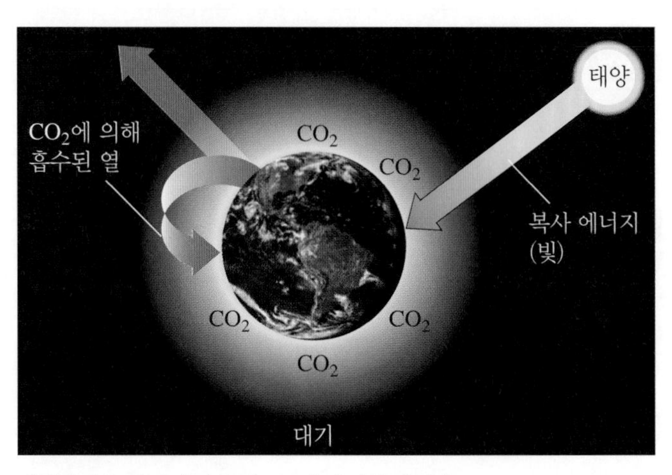

태양에서 온 열이 대기 중의 CO_2 층에 의해 갇힌다.

대기 중 CO_2 농도가 증가함에 따라, 보다 많은 태양 복사가 빠져나가지 못하게 되면서 지구 표면의 온도가 증가하였다. 일부 과학자들은 만약 이산화 탄소의 농도가 산업혁명 이전 수준보다 2배가 되면 지구의 평균 기온이 2.0°C에서 4.4°C까지 올라갈 것으로 추정하였다. 비록 작은 온도 변화처럼 보일지라도 이는 전 세계적으로 엄청난 영향을 줄 수 있다. 심지어 지금도 세계의 많은 지역에서 빙산과 만년설이 줄고 있다. 남극 대륙과 그린란드의 빙판은 빠르게 녹고 있으며 붕괴하고 있다. 극지방의 얼음이 얼마나 빨리 녹을지는 아무도 확실하게 알지 못하지만 이 가속화되는 변화는 해수면 상승에 기여할 것이다. 20세기에 해수면은 15 cm에서 23 cm로 상승하였다. 일부 과학자들은 21세기에 해수면이 1 m 상승할 것으로 예상하고 있다. 이러한 상승은 해변 지역에 주요한 영향을 미칠 것이다.

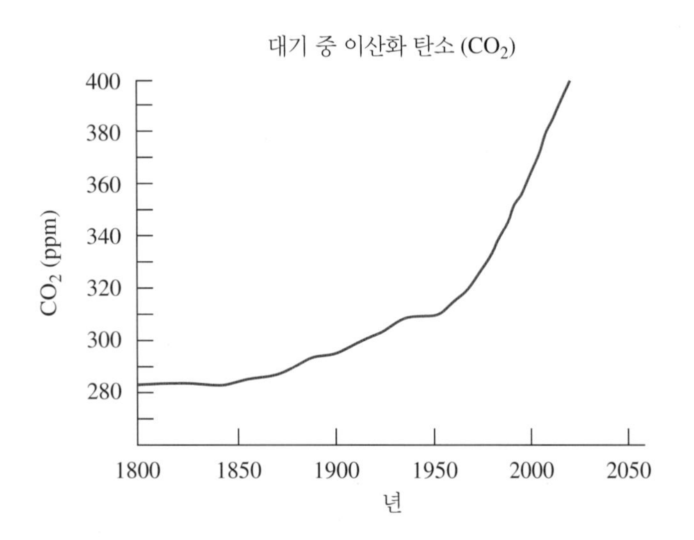

1800년부터 2016년까지 대기 중 이산화 탄소 농도를 제시하였다.

최근까지 이산화 탄소 농도는 대양의 해조류와 산림의 나무가 이산화 탄소를 이용함으로써 유지되었다. 그러나 이산화 탄소를 흡수하는 식물 생태계의 능력은 이산화 탄소의 증가 속도를 따라가지 못하고 있다. 대부분의 과학자들은 이산화 탄소 증가의 주요 원인이 휘발유, 석탄, 천연가스와 같은 화석 연료를 태우는 것이라는 점에 동의하고 있다. 열대우림에서 나무를 베어내고 태우는 것(산림 파괴)도 대기에서 제거되는 이산화 탄소의 양을 감소시킨다.

집 안을 난방하고, 자동차를 운행하며, 산업에 에너지를 제공하는 화석 연료 연소를 통해 생성되는 이산화 탄소를 줄이려는 노력이 전 세계적으로 이루어지고 있다. 과학자들은 대체 에너지원을 제공하고 산림 파괴를 줄이기 위한 방법을 모색하고 있다. 한편, 우리는 백열전구를 발광 다이오드(light-emitting diode, LED)로 대체하는 등 보다 에너지 효율이 높은 가전제품을 이용함으로써 가정에서 사용하는 에너지를 줄일 수 있다. 전 세계적인 이러한 노력은 기후 변화의 가능한 영향을 줄이는 동시에 연료 자원을 보존할 것이다.

3.5 에너지와 영양

학습 목표 에너지 값을 이용하여 음식의 킬로칼로리(kcal) 또는 킬로줄(kJ)을 계산한다.

우리가 섭취하는 음식은 세포의 성장과 재생 등을 포함하여 신체가 일을 할 수 있는 에너지를 제공한다. 탄수화물은 신체의 주요 연료이지만 만약 탄수화물이 고갈되면 지방, 그 다음으로 단백질이 에너지로 사용된다.

영양학 분야에서 오랜 기간 동안 음식의 에너지는 대(大)칼로리(Calorie) 또는 킬로칼로리로 측정되었다. 영양학 단위인 **대(大)칼로리**(Cal, C가 대문자)는 1000 cal 또는 1 kcal와 같다. 최근에는 국제 단위인 킬로줄(kJ)이 우세를 점하고 있다. 예를 들어, 구운 감자의 에너지 함량은 100 Cal이며, 이는 100 kcal 또는 440 kJ이다. 2100 Cal(kcal)를 제공하는 전형적인 식단은 8800 kJ 식단과 같다.

확인하기
연습 문제 3.15를 풀어보기

$$1 \text{ Cal} = 1 \text{ kcal} = 1000 \text{ cal}$$
$$1 \text{ Cal} = 4.184 \text{ kJ} = 4184 \text{ J}$$

영양학 실험실에서는 음식을 **열량계**(calorimeter)에서 연소시켜 **에너지 값**(kcal/g 또는 kJ/g)을 구한다(그림 3.5). 산소로 채워진 열량계라는 강철 용기 안에 음식의 시료를 넣는다. 측정된 양의 물을 첨가하여 연소실을 둘러싼 영역을 채운다. 음식 시료는 연소하면서 열을 방출하여 물의 온도를 증가시킨다. 알고 있는 음식과 물의 질량과 함께 측정된 온도 상승 값으로부터 음식의 에너지 값을 계산할 수 있다. 열량계가 흡수한 에너지는 무시할 수 있다고 가정한다.

음식의 에너지 값

음식의 **에너지 값**(energy value)은 표 3.7에 게재된 탄수화물, 지방 또는 단백질 1 g을 연소하여 얻은 킬로칼로리 또는 킬로줄이다. 이러한 에너지 값을 이용하여 각 식품 성분의 질량을 안다면 음식의 전체 에너지를 계산할 수 있다.

$$\text{킬로칼로리} = g \times \frac{\text{kcal}}{g} \qquad \text{킬로줄} = g \times \frac{\text{kJ}}{g}$$

표 3.7 세 가지 식품 성분에 대한 전형적인 에너지 값

식품 성분	kcal/g	kJ/g
탄수화물	4	17
지방	9	38
단백질	4	17

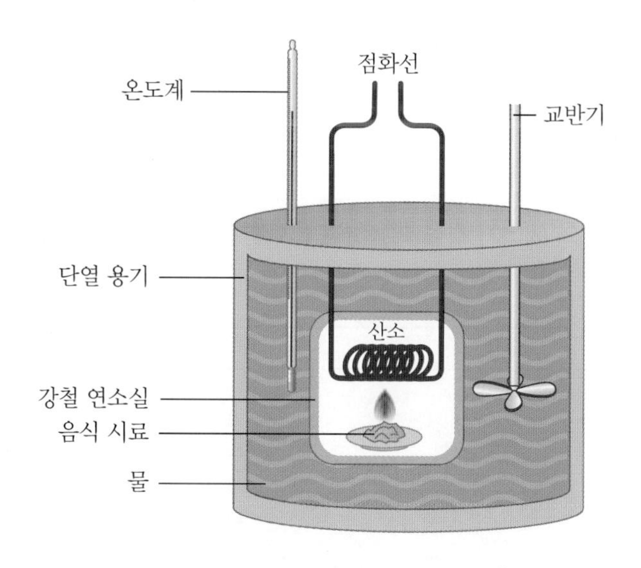

그림 3.5 열량계 안의 음식 시료가 연소하면서 방출한 열은 음식의 에너지 값을 결정하기 위하여 사용된다.

Q 열량계의 물의 온도는 음식 시료가 연소하는 동안 어떻게 되는가?

표 3.8 일부 식품의 조성과 에너지 함량

식품	탄수화물(g)	지방(g)	단백질(g)	에너지
사과 1개 중간 크기	15	0	0	60 kcal(260 kJ)
바나나 1개 중간 크기	26	0	1	110 kcal(460 kJ)
간 쇠고기 3온스	0	14	22	220 kcal(900 kJ)
브로콜리 3온스	4	0	3	30 kcal(120 kJ)
당근 1컵	11	0	2	50 kcal(220 kJ)
껍질을 벗긴 닭고기 3온스	0	3	20	110 kcal(450 kJ)
달걀 1개 큰 것	0	6	6	70 kcal(330 kJ)
무지방 우유 1컵	12	0	9	90 kcal(350 kJ)
구운 감자	23	0	3	100 kcal(440 kJ)
연어 3온스	0	5	16	110 kcal(460 kJ)
스테이크 3온스	0	27	19	320 kcal(1350 kJ)

포장 식품의 식품 영양 성분표에는 보통 1인분의 대(大)칼로리 또는 킬로줄로 에너지 함량이 표시되어 있다. 일부 식품의 조성과 에너지 함량은 표 3.8에 제시되어 있다. 각 음식의 총 에너지는 킬로칼로리로 계산된다. 킬로줄로 표시된 총 에너지는 킬로줄로 표시된 에너지 값을 이용하여 계산된다. 각 식품에 대한 에너지는 십의 자리까지 반올림하였다.

생각해보기

어떤 종류의 식품이 그램당 에너지를 가장 많이 제공하는가?

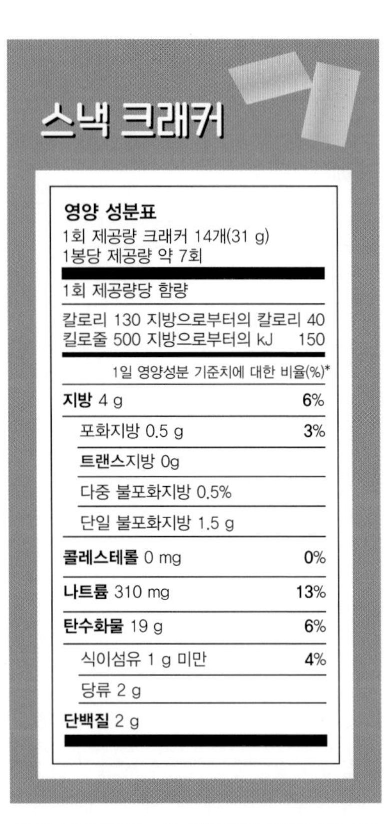

영양 성분표에는 총 대(大)칼로리와 킬로줄, 그리고 1인분당 제공되는 탄수화물, 지방, 단백질의 g 수가 포함되어 있다.

예제 3.6 음식으로부터의 에너지 계산

문제

다이어트 계획표에 따라 운동하면서 Charles는 크래커의 영양 성분표를 통해 1인 제공량이 탄수화물 19 g, 지방 4g, 단백질 2 g이 포함되어 있음을 관찰하였다. 만약 Charles가 스낵 크래커 1인분을 먹었다면 각 식품 유형의 에너지와 총 에너지는 킬로칼로리로 얼마인가? 각 식품 성분의 킬로칼로리는 십의 자리까지 반올림하라.

풀이 지침

1단계 주어진 양과 필요한 양을 말하라.

	주어진 조건	필요한 사항	연계
문제 분석	탄수화물 19 g, 지방 4 g, 단백질 2 g	총 킬로칼로리 수	에너지 값

2단계 각 식품 유형의 에너지 값을 이용하여 킬로칼로리를 계산하고 십의 자리까지 반올림하라.

식품 성분	질량		에너지 값		에너지
탄수화물	19 g	×	$\frac{4\ \text{kcal}}{1\ \text{g}}$	=	80 kcal
지방	4 g	×	$\frac{9\ \text{kcal}}{1\ \text{g}}$	=	40 kcal
단백질	2 g	×	$\frac{4\ \text{kcal}}{1\ \text{g}}$	=	10 kcal

3단계 **각 식품 성분의 에너지를 더하여 음식으로부터의 총 에너지를 제시하라.**

총 에너지 = 80 kcal + 40 kcal + 10 kcal = 130 kcal

유제 3.6

a. 예제 3.6의 크래커 1인분에 대하여 각 식품 성분의 에너지를 킬로줄로 계산하라. 각 식품 성분의 킬로줄에 대하여 십의 자리까지 반올림하라.

b. 크래커 1인분에 대하여 총 에너지는 킬로줄로 얼마인가?

해답

a. 탄수화물: 320 kJ, 지방: 150 kJ, 단백질: 30 kJ

b. 500 kJ

확인하기

연습 문제 3.16에서 3.18을 풀어보기

화학과 보건
체중 감량과 증가

성인의 일일 식단에서 필요한 킬로칼로리 또는 킬로줄의 값은 성별과 나이, 신체 활동 수준에 따라 달라진다. 일부 전형적인 필요 에너지 수준이 **표 3.9**에 제시되어 있다.

사람은 음식 섭취가 에너지 방출을 초과하면 체중이 늘어난다. 사람이 먹는 음식의 양은 뇌에 위치한 사상하부(hypothalamus)의 공복 중추(hunger center)에 의하여 규제된다. 음식 섭취량은 보통 신체의 영양 저장에 비례한다. 영양 저장이 낮으면 배고픔을 느끼고, 높을 경우에는 먹고 싶은 느낌을 받지 못할 것이다.

사람은 음식 섭취가 에너지 방출보다 적으면 체중이 줄어든다. 많은 다이어트 제품은 영양가는 없지만 포만감을 느끼게 하는 셀룰로스를 함유하고 있다. 일부 다이어트 약은 공복 중추를 억제하지만, 신경계를 흥분시켜 혈압을 상승시키므로 주의해서 사용하여야 한다. 근육 운동은 에너지를 소비하는 주요한 방법이기 때문에 매일 운동을 늘리는 것은 체중 감량에 도움이 된다. **표 3.10**은 일부 활동과 여기에 필요한 에너지양을 게재하고 있다.

1시간의 수영은 2100 kJ의 에너지를 사용한다.

표 3.9 성인의 전형적인 에너지 요구량

성별	나이	적당히 활동적 kcal(kJ)	매우 활동적 kcal(kJ)
여성	19~30	2100(8800)	2400(10 000)
	31~50	2000(8400)	2200(9200)
남성	19~30	2700(11 300)	3000(12 600)
	31~50	2500(10 500)	2900(12 100)

표 3.10 70.0 kg(154 lb)의 성인이 소비하는 에너지

활동	에너지(kcal/h)	에너지(kJ/h)
수면	60	250
앉아 있음	100	420
걸음	200	840
수영	500	2100
달리기	750	3100

연습 문제

3.5 에너지와 영양

학습 목표 에너지 값을 이용하여 음식의 킬로칼로리(kcal) 또는 킬로줄(kJ)을 계산한다.

3.15 다음의 킬로칼로리를 계산하라.

a. 열량계에서 연소될 때 1개의 감자는 140 kJ을 생성한다.

b. 열량계에서 연소될 때 식물성 기름 시료는 530 kJ을 생성한다.

3.16 음식의 에너지 값(표 3.7)을 이용하여 다음을 결정하라. (각 식품 성분에 대한 답은 십의 자리까지 반올림하라.)

a. 탄수화물 26 g, 무지방, 단백질 2 g을 함유한 오렌지 주스 1컵의 총 킬로줄

b. 사과가 지방과 단백질이 없고 72 kcal 에너지를 제공하는 경우, 사과 1개의 탄수화물의 g 수

c. 지방 14 g을 함유하고 탄수화물과 단백질이 없는 식물성 기름 1테이블스푼의 킬로칼로리

d. 405 kcal, 탄수화물 13 g과 단백질 5 g을 함유하고 있는 아보카도 1개의 지방의 g

의학 응용

3.17 건강 음료 1컵은 탄수화물 20 g, 지방 15 g과 단백질 12 g을 함유하고 있다. 건강 음료에 들어 있는 에너지는 킬로칼로리와 킬로줄로 얼마인가? (킬로칼로리와 킬로줄을 십의 자리까지 반올림하라.)

3.18 한 환자가 정맥주사(IV)용 글루코스 용액 3.2 L를 투여받았다. 용액 100. mL에 글루코스(탄수화물) 5.0 g을 함유하고 있다면, 환자는 글루코스 용액으로부터 몇 킬로칼로리를 얻을 수 있는가?

3.6 비열

학습 목표 비열을 이용하여 열 손실 또는 얻은 열을 계산한다.

모든 물질은 열을 흡수하는 고유한 특성을 가진다. 감자를 구울 때는 감자를 뜨거운 오븐에 넣고, 파스타를 요리할 경우에는 끓는 물에 파스타를 넣는다. 물에 열을 가하면 끓을 때까지 온도가 증가한다는 것을 이미 알고 있을 것이다. 어떤 물질은 특정 온도에 도달하기 위하여 다른 물질보다 더 많은 열을 흡수하여야 한다.

다른 물질에 대한 에너지 요구량은 **비열**(specific heat)(**표** 3.11)이라고 하는 물리

표 3.11 일부 물질의 비열

물질	cal/g°C	J/g°C
원소		
알루미늄, Al(*s*)	0.214	0.897
구리, Cu(*s*)	0.0920	0.385
금, Au(*s*)	0.0308	0.129
철, Fe(*s*)	0.108	0.452
은, Ag(*s*)	0.0562	0.235
타이타늄, Ti(*s*)	0.125	0.523
화합물		
암모니아, $NH_3(g)$	0.488	2.04
에탄올, $C_2H_6O(l)$	0.588	2.46
염화 소듐, NaCl(*s*)	0.207	0.864
물, $H_2O(l)$	1.00	4.184
물, $H_2O(s)$	0.485	2.03

적 성질로 기술된다. 물질의 **비열**(SH)은 물질 1 g의 온도를 정확히 1°C 증가시키는 데 필요한 열의 양으로 정의된다. 이러한 온도 변화는 ΔT(**델타** T)로 표기하며, 여기서 델타 기호는 '변화'를 의미한다.

$$\text{비열}(SH) = \frac{\text{열}}{\text{질량} \quad \Delta T} = \frac{\text{cal(또는 J)}}{\text{g} \quad {}^\circ\text{C}}$$

물의 비열은 칼로리와 줄의 정의를 이용하여 다음과 같이 쓴다.

$$H_2O(l)\text{의 비열} = \frac{1.00\ \text{cal}}{\text{g}^\circ\text{C}} = \frac{4.184\ \text{J}}{\text{g}^\circ\text{C}}$$

물의 비열은 알루미늄의 비열보다 약 5배 크다. 그리고 알루미늄은 구리에 비하여 약 2배인 비열을 가진다. 같은 양의 열(1.00 cal 또는 4.184 J)을 가하면 알루미늄 1 g의 온도는 약 5°C 상승하고 구리 1 g은 약 10°C 증가할 것이다. 알루미늄과 구리의 낮은 비열은 열이 효과적으로 전달된다는 것을 의미하며, 이는 조리기구로 사용하는 데 유용하다.

확인하기

연습 문제 3.19를 풀어보기

물의 높은 비열은 내륙 도시에 비하여 해변 도시의 기온에 주요한 영향을 미친다. 해변 도시 근처의 막대한 질량의 물은 내륙 도시 주변의 같은 질량의 바위가 흡수하거나 방출하는 에너지의 5배 정도를 흡수하거나 방출한다. 즉 여름에는 물이 많은 양의 열을 흡수하여 해변 도시를 시원하게 하며, 겨울에는 같은 물이 막대한 양의 열을 방출하여 온난한 기온을 제공한다는 것을 의미한다. 질량의 70%를 물이 차지하는 신체에서도 비슷한 효과가 일어난다. 체내의 물은 체온을 유지하기 위하여 많은 양의 열을 흡수하거나 방출한다.

물의 높은 비열은 여름과 겨울의 기온을 보다 온화하게 유지시킨다.

비열을 이용한 계산

물질의 비열을 알고 있으면, 물질의 질량 그리고 초기 온도와 나중 온도를 측정함으로써 잃거나 얻은 열을 계산할 수 있다. **열 방정식**(heat equation)이라는 비열 표현식을 열에 대하여 풀 수 있도록 재배열하여 이러한 측정값을 대체할 수 있다.

핵심 화학 기법

열 방정식 이용

$$\text{열} = \text{질량} \times \text{온도 변화} \times \text{비열}$$

$$\text{열} = m \times \Delta T \times SH$$

$$\text{cal} = \cancel{\text{g}} \times \cancel{{}^\circ\text{C}} \times \frac{\text{cal}}{\cancel{\text{g}}\,\cancel{{}^\circ\text{C}}}$$

$$\text{J} = \cancel{\text{g}} \times \cancel{{}^\circ\text{C}} \times \frac{\text{J}}{\cancel{\text{g}}\,\cancel{{}^\circ\text{C}}}$$

예제 3.7 비열 이용

문제

수술 도중 또는 환자가 심장 마비나 발작을 일으킬 때 체온을 낮추면 신체가 필요로 하는 산소의 양이 감소한다. 체온을 낮추는 데 사용하는 일부 방법에는 차갑게 한 생리식염수, 차가운 물 담요 또는 머리에 쓴 냉각 모자 등이 포함된다. 혈액량

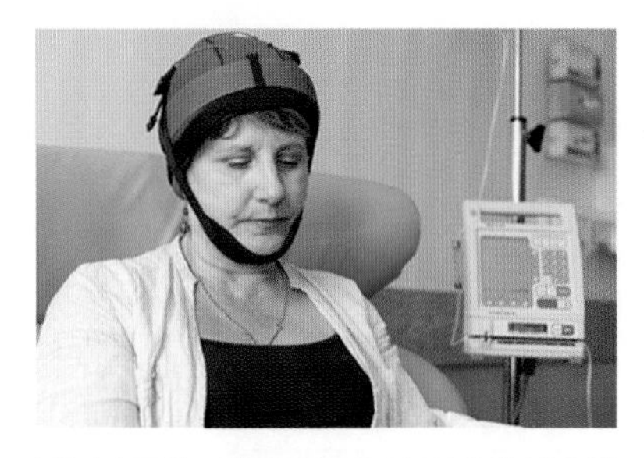
냉각 모자는 체온을 낮추어 조직에 필요한 산소를 줄여준다.

이 5500 mL인 외과 수술 환자의 체온을 38.5°C에서 33.2°C로 냉각시킬 때 몇 킬로줄이 손실되는가? (혈액의 비열과 밀도는 물과 같다고 가정한다.)

풀이 지침

1단계 주어진 양과 필요한 양을 말하라.

	주어진 조건	필요한 사항	연계
문제 해석	혈액 5500 mL = 혈액 5500 g, 38.5°C에서 33.2°C로 냉각	손실된 킬로줄	열 방정식, 물의 비열

2단계 온도 변화(ΔT)를 계산하라.

$$\Delta T = 38.5°\text{C} - 33.2°\text{C} = 5.3°\text{C}$$

3단계 열 방정식과 필요한 환산 인자를 써라.

$$\text{열} = m \times \Delta T \times SH$$

$$\text{비열}_{\text{물}} = \frac{4.184\ \text{J}}{\text{g°C}}$$

$$\frac{4.184\ \text{J}}{\text{g°C}} \text{ 그리고 } \frac{\text{g°C}}{4.184\ \text{J}}$$

$$1\ \text{kJ} = 1000\ \text{J}$$

$$\frac{1000\ \text{J}}{1\ \text{kJ}} \text{ 그리고 } \frac{1\ \text{kJ}}{1000\ \text{J}}$$

4단계 주어진 값으로 치환하고 단위를 확인하고 열을 계산하라.

$$\text{열} = 5500\ \cancel{\text{g}} \times 5.3\cancel{°\text{C}} \times \frac{4.184\ \cancel{\text{J}}}{\cancel{\text{g}}\ \cancel{°\text{C}}} \times \frac{1\ \text{kJ}}{1000\ \cancel{\text{J}}} = 120\ \text{kJ}$$

(5500 g: 유효숫자 2개, 5.3°C: 유효숫자 2개, 4.184 J/g°C: 유효숫자 4개 / 정확한 수, 1 kJ/1000 J: 정확한 수, 120 kJ: 유효숫자 2개)

팬에 있는 구리는 팬의 음식에 열을 신속하게 전도한다.

유제 3.7

일부 요리 팬은 바닥에 구리 층이 있다. 구리 125 g의 온도를 22°C에서 325°C(표 3.11 참조)로 올리는 데 필요한 킬로줄은 얼마인가?

해답

14.6 kJ

확인하기

연습 문제 3.20과 3.21을 풀어보기

연습 문제

3.6 비열

학습 목표 비열을 이용하여 열 손실 또는 얻은 열을 계산한다.

3.19 15.0°C에서 각각 10.0 g인 알루미늄, 철, 구리 시료에 모두 같은 양의 열이 공급된다면, 어느 시료가 가장 높은 온도에 도달할 것인가(표 3.11 참조)?

3.20 열 방정식을 이용하여 다음 에너지를 계산하라(표 3.11 참조).

a. 물 10.4 g을 25°C에서 45°C로 변화시키는 열을 칼로리로 나타낸 값

b. 물 68 g을 12°C에서 37°C로 변화시키는 열을 줄로 나타낸 값

c. 물 136 g을 27°C에서 81°C로 변화시키는 열을 킬로칼로리로 나타낸 값

d. 구리 185 g을 30°C에서 190°C로 변화시키는 열을 킬로줄로 나타낸 값

3.21 열 방정식을 이용하여 다음 에너지를 줄과 칼로리로 계산하라.

a. 물 25.0 g을 12.5°C에서 25.7°C로 가열

b. 구리 38.0 g을 122°C에서 246°C로 가열

c. 에탄올(C_2H_6O) 15.0 g을 60.5°C에서 −42.0°C로 냉각시킬 때 잃은 에너지

d. 철 125 g을 118°C에서 55°C로 냉각시킬 때 잃은 에너지

3.7 상태 변화

복습
그래프 해석(1.4)

학습 목표 고체, 액체, 기체 사이의 상태 변화를 기술하고, 방출하거나 흡수하는 에너지를 계산한다.

물질은 한 상태에서 다른 상태로 변환될 때 **상태 변화**(change of state)가 일어난다(그림 3.6).

녹음과 얼음

고체에 열을 가하면, 입자는 더 빠르게 움직인다. **녹는점**(melting point, mp)이라 불리는 온도에서 고체 입자는 충분한 에너지를 얻어 서로를 붙잡던 인력을 극복한다. 고체 입자들은 분리되고 무작위적인 패턴으로 움직인다. 물질은 **녹고**(melting), 고체에서 액체로 변한다.

만약 액체의 온도를 낮추면, 역과정이 일어난다. 운동 에너지를 잃고, 입자들은 느려지며, 인력은 서로를 가깝게 끌어당긴다. 물질은 **언다**(freezing). 액체는 **어는점**

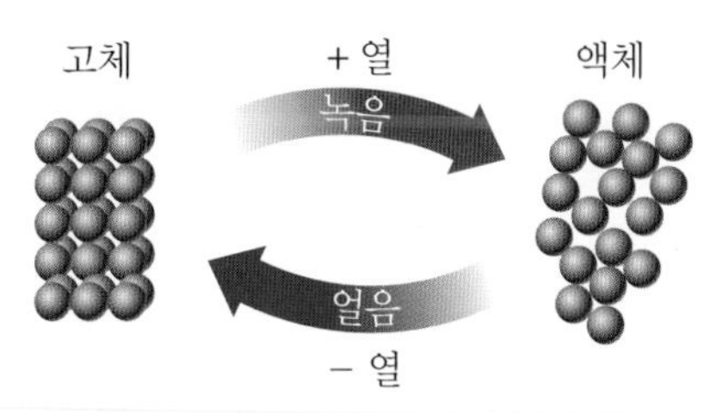

녹음과 얼음은 가역적 과정이다.

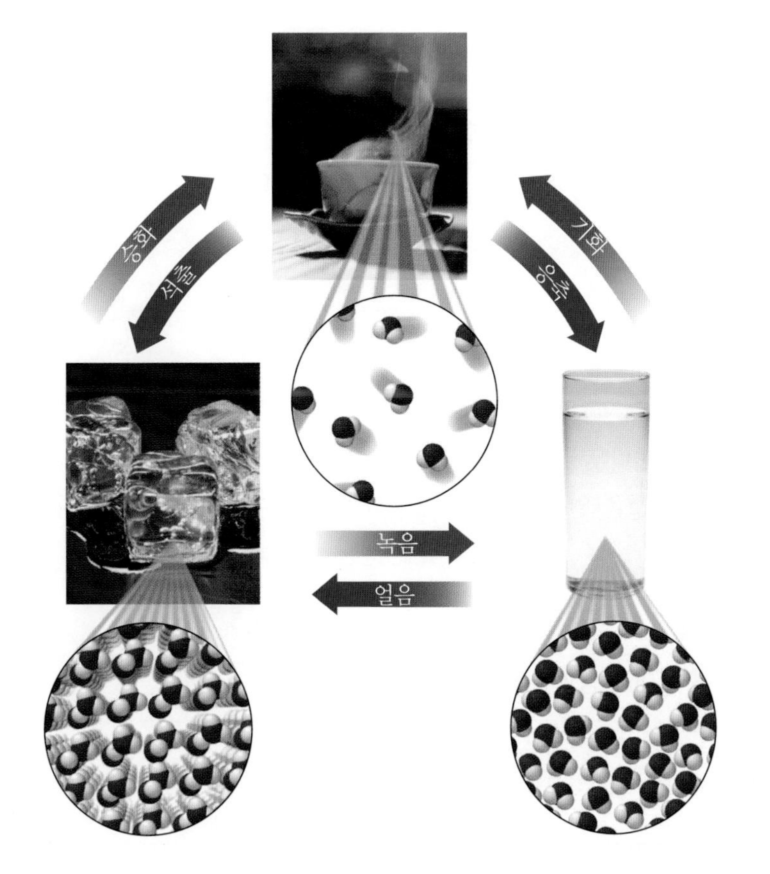

그림 3.6 상태 변화는 녹음과 응고, 기화와 액화, 승화와 석출(deposition)을 포함한다.

Q 액체의 물이 얼 때 열은 추가되는가, 방출되는가?

생각해보기

물의 어는점과 녹는점이 동일한 이유는 무엇인가?

(freezing point, fp)에서 고체로 변하며, 이 온도는 녹는점과 같은 온도이다. 모든 물질은 고유한 어는(녹는)점을 가진다. 고체의 물(얼음)은 열을 가하면 0°C에서 녹고, 액체의 물은 열을 빼기면 0°C에서 언다.

녹음열

녹는 과정에서 **녹음열**(heat of fusion)은 녹는점에서 정확히 1 g의 고체를 액체로 변화시키기 위하여 가해야 하는 에너지이다. 예를 들어, 녹는점(0°C)에서 정확히 1 g의 얼음을 녹이는 데에는 80. cal(334 J)의 열이 필요하다.

$$H_2O(s) + 80.\ \text{cal/g(또는 334 J/g)} \longrightarrow H_2O(l)$$

물의 녹음열

$$\frac{80.\ \text{cal}}{1\ \text{g}\ H_2O} \quad \text{그리고} \quad \frac{1\ \text{g}\ H_2O}{80.\ \text{cal}} \qquad \frac{334\ \text{J}}{1\ \text{g}\ H_2O} \quad \text{그리고} \quad \frac{1\ \text{g}\ H_2O}{334\ \text{J}}$$

녹음열(80. cal/g 또는 334 J/g)은 어는점(0°C)에서 정확히 1 g의 물을 얼리기 위해 제거하여야 하는 열량이기도 하다.

$$H_2O(l) \longrightarrow H_2O(s) + 80.\ \text{cal/g(또는 334 J/g)}$$

녹음열은 계산에서 환산 인자로 사용할 수 있다. 예를 들어, 얼음 시료를 녹이기 위한 열을 구하기 위하여 g으로 표시된 얼음의 질량에 녹음열을 곱한다. 온도는 얼음이 녹고 있는 한 일정하기 때문에 예제 3.8에서 제시한 바와 같이 계산에서 주어진 온도 변화는 없다.

핵심 화학 기법

상태 변화에 대한 열 계산

물을 녹이는(또는 얼리는) 열 계산

열 = 질량 × 녹음열

$$\text{cal} = \cancel{\text{g}} \times \frac{80.\ \text{cal}}{\cancel{\text{g}}} \qquad \text{J} = \cancel{\text{g}} \times \frac{334\ \text{J}}{\cancel{\text{g}}}$$

얼음주머니는 스포츠 외상을 치료하는 데 사용된다.

예제 3.8 열 환산 인자 이용

문제

얼음주머니는 스포츠 트레이너들이 근육 부상을 치료하는 데 사용된다. 만약 얼음 260. g을 얼음주머니에 넣는다면, 얼음이 0°C에서 녹을 때 방출되는 열은 몇 줄인가?

풀이 지침

1단계 주어진 양과 필요한 양을 말하라.

	주어진 조건	필요한 사항	연계
문제 분석	0°C에서 얼음 260. g	0°C에서 얼음이 녹을 때 방출되는 줄로 표시된 열	녹음열

2단계 주어진 양을 필요한 양으로 환산할 계획을 써라.

얼음의 g → 녹음열 → 줄

3단계 열 환산 인자와 미터 인자를 써라.

$$1\text{ g H}_2\text{O }(s \rightarrow l) = 334\text{ J}$$
$$\frac{334\text{ J}}{1\text{ g H}_2\text{O}} \quad \text{그리고} \quad \frac{1\text{ g H}_2\text{O}}{334\text{ J}}$$

4단계 문제를 설정하고 필요한 양을 계산하라.

$$260.\ \cancel{\text{g H}_2\text{O}} \times \frac{334\text{ J}}{1\ \cancel{\text{g H}_2\text{O}}} = 86\,800\text{ J } (8.68 \times 10^4\text{ J})$$

유효숫자 3개 · 유효숫자 3개 / 정확한 수 · 유효숫자 3개

유제 3.8

냉동고에 0°C의 물 125 g을 얼음 트레이에 넣었다. 0°C에서 얼음덩어리를 형성하기 위하여 제거해야 하는 열은 킬로줄로 얼마인가?

해답

41.8 kJ

확인하기

연습 문제 3.23을 풀어보기

승화와 석출

승화(sublimation)라고 하는 과정은 고체 표면의 입자가 액체 상태를 거치지 않고 기체로 바로 변하는 것이다. **석출**(deposition)이라고 하는 역반응에서는 기체 입자가 고체로 바로 변한다. 예를 들어, 고체 이산화 탄소인 드라이아이스는 −78°C에서 승화하며, 데워지면서 액체를 형성하지 않기 때문에 '드라이(dry)'라고 불린다. 극도로 추운 지역에서는 눈이 녹지 않고 승화하여 직접 수증기가 된다.

냉동식품을 냉동고에 오랫동안 보존하면, 많은 수분이 승화하여 식품, 특히 고기가 건조해지고 수축되는 **냉동상**(freezer burn)이라고 하는 상태가 된다. 석출은 냉동고에서 수증기가 냉동 팩과 냉동식품 표면에서 얼음 결정을 형성할 때 일어난다.

승화로 만들어진 동결 건조 식품은 장기 보관 및 캠핑과 하이킹에 편리하다. 냉동식품은 얼음이 승화되는 진공실에 놓인다. 건조된 식품은 모든 영양가를 유지하며, 물만 있으면 먹을 수 있다. 동결 건조 식품은 수분 없이는 박테리아가 번식할 수 없기 때문에 냉장 보관할 필요가 없다.

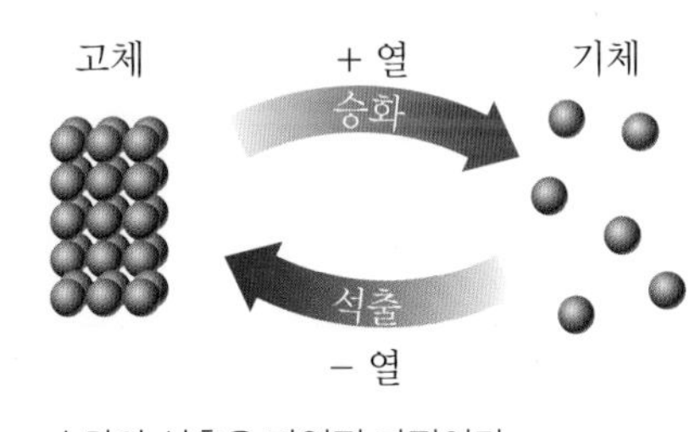

승화와 석출은 가역적 과정이다.

확인하기

연습 문제 3.22를 풀어보기

증발, 끓음, 응축

진흙 웅덩이의 물은 사라지고, 포장되지 않은 음식은 건조되며, 빨랫줄에 걸려 있는 옷들이 마른다. **증발**(evaporation)은 충분한 에너지를 가진 물 입자가 액체 표면에서 벗어나 기체 상으로 진입하면서 일어난다(그림 3.7a). '뜨거운' 물 입자의 손실은 열을

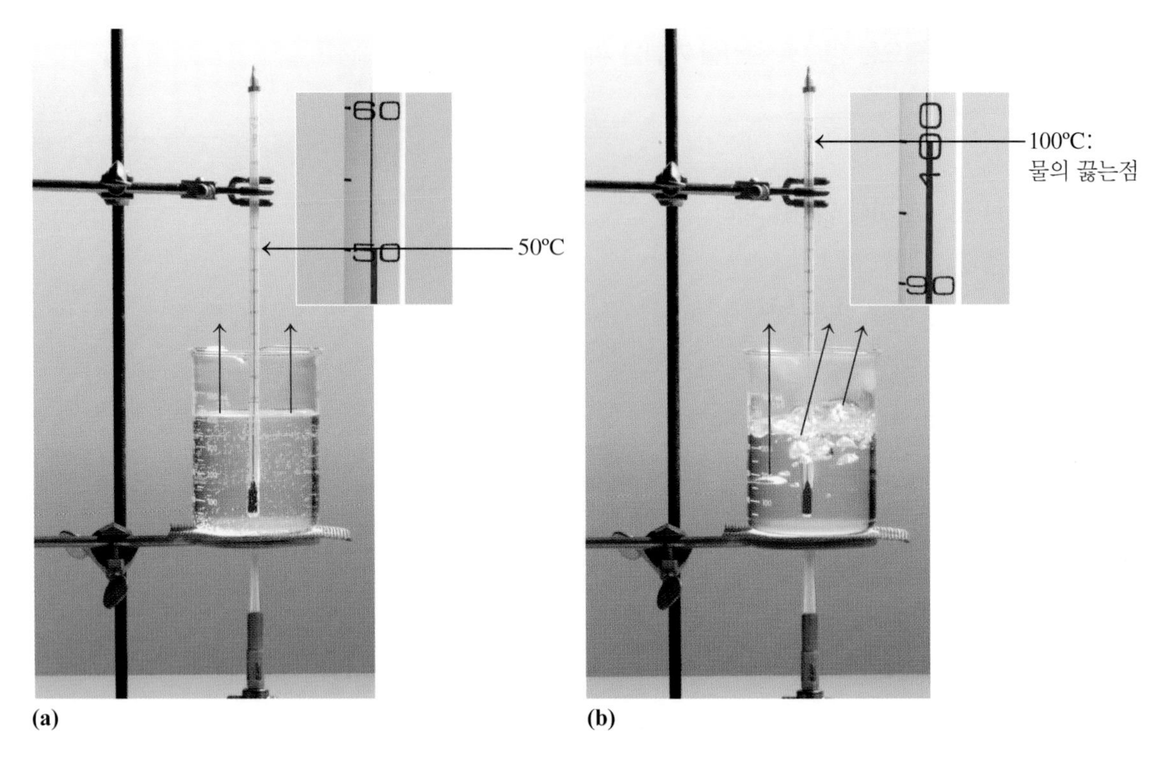

그림 3.7 (a) 증발은 액체 표면에서 일어난다. (b) 끓음은 액체 전체에서 기포가 형성되면서 일어난다.

Q 물이 15℃보다 85℃에서 빠르게 증발되는 이유는 무엇인가?

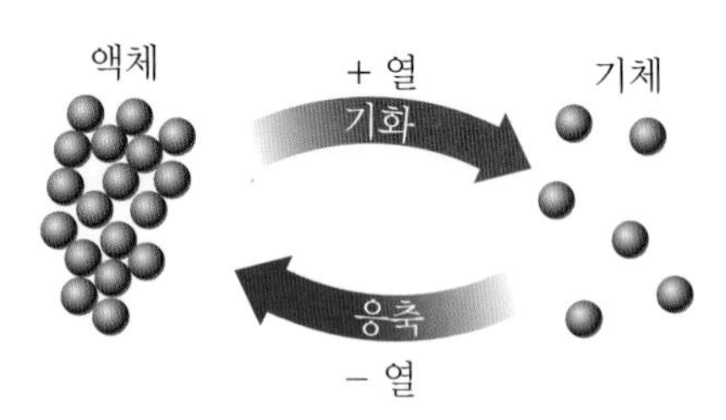

기화와 응축은 가역적 과정이다.

확인하기
연습 문제 3.24를 풀어보기

제거하며, 이것은 액체 물을 냉각한다. 열이 가해지면서, 더 많은 물 입자들이 증발한다. **끓는점**(boiling point, bp)에서 액체 내부의 입자는 인력을 극복하고 기체가 될 수 있는 충분한 에너지를 가진다. 액체의 **끓음**(boiling)은 기포가 형성되고 표면으로 떠올라 없어지는 것으로 관찰할 수 있다(그림 3.7b).

열이 제거되면 역 과정이 일어난다. **응축**(condensation)에서 수증기는 운동 에너지를 잃고 느려지면서 액체로 다시 변환된다. 응축은 끓을 때와 같은 온도에서 일어난다. 뜨거운 물로 샤워를 하고 수증기가 거울에 물방울을 형성할 때 응축이 일어났음을 볼 수 있다.

기화열과 응축열

기화열(heat of vaporization)은 끓는점에서 정확히 1 g의 액체가 기체로 변환하기 위하여 가해주어야 하는 에너지이다. 물의 경우, 100°C에서 물 1 g이 수증기로 변환하는 데 540 cal(2260 J)이 필요하다.

$$H_2O(l) + 540\ \text{cal/g}\ (\text{또는}\ 2260\ \text{J}) \longrightarrow H_2O(g)$$

100°C에서 수증기(기체) 1 g이 액체로 변할 때 같은 양의 열이 방출된다.

$$H_2O(g) \longrightarrow H_2O(l) + 540\ \text{cal/g}(\text{또는}\ 2260\ \text{J/g})$$

그러므로 540 cal/g(2260 J/g)은 물의 **응축열**(heat of condensation)이다.

물의 기화(응축)열

$$\frac{540\ \text{cal}}{1\ \text{g H}_2\text{O}} \quad \text{그리고} \quad \frac{1\ \text{g H}_2\text{O}}{540\ \text{cal}} \qquad \frac{2260\ \text{J}}{1\ \text{g H}_2\text{O}} \quad \text{그리고} \quad \frac{1\ \text{g H}_2\text{O}}{2260\ \text{J}}$$

물 시료를 끓이는 데 필요한 열을 구하기 위하여 g으로 표시된 질량에 기화열을 곱한다. 물이 끓는 한 온도는 일정하기 때문에 계산에서 온도의 변화는 없다.

물이 기화(응축)하기 위한 열 계산

열 = 질량 × 기화열

$$\text{cal} = \cancel{\text{g}} \times \frac{540\ \text{cal}}{\cancel{\text{g}}} \qquad \text{J} = \cancel{\text{g}} \times \frac{2260\ \text{J}}{\cancel{\text{g}}}$$

확인하기
연습 문제 3.25를 풀어보기

가열 곡선과 냉각 곡선

물질이 가열 또는 냉각하는 동안의 모든 상태 변화는 시각적으로 도시할 수 있다. **가열 곡선**(heating curve) 또는 **냉각 곡선**(cooling curve)에서 세로축은 온도를, 가로축은 손실 또는 얻은 열을 도시한다.

가열 곡선의 단계

첫 번째 대각선은 가열되면서 고체가 따뜻해지는 것을 나타낸다. 녹는점에 도달할 때, 수평선 또는 평평한 부분이 고체가 녹고 있음을 나타낸다. 녹음이 일어나면서, 고체는 온도 변화 없이 액체로 변한다(그림 3.8).

모든 입자가 액체 상태가 될 때, 더 많은 열을 가하면 액체의 온도를 증가시키고 이는 대각선으로 표시된다. 일단 액체가 끓는점에 도달하면, 수평선은 일정 온도에서 액체가 기체로 변화함을 나타낸다. 기화열은 녹음열보다 크기 때문에, 끓는점에서의

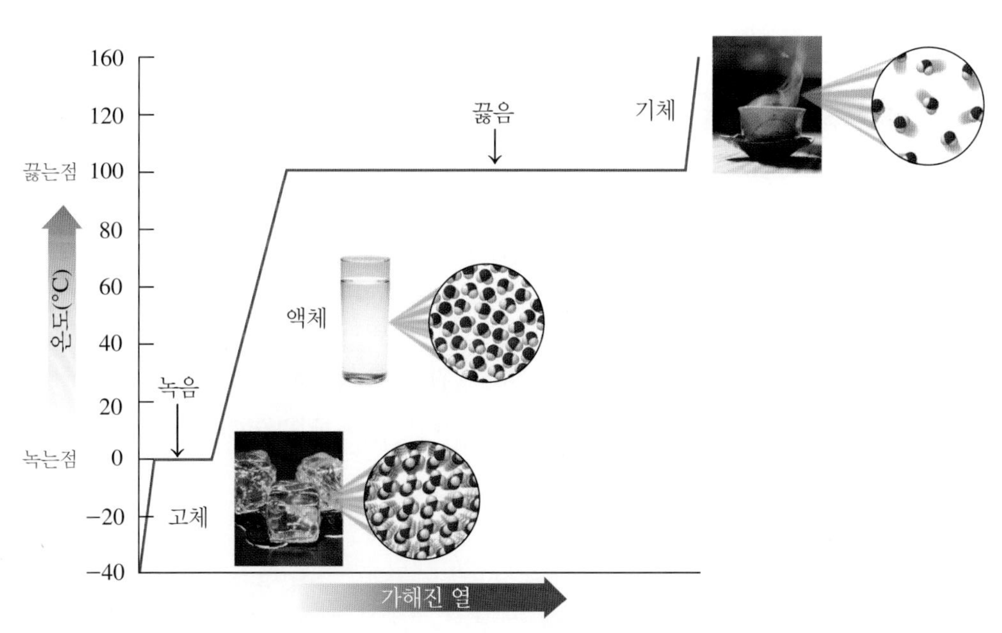

그림 3.8 가열 곡선은 열이 가해짐에 따른 온도 증가와 상태 변화를 도시한다.

Q 100°C에서의 평평한 부분은 물의 가열 곡선에서 무엇을 나타내고 있는가?

확인하기
연습 문제 3.26을 풀어보기

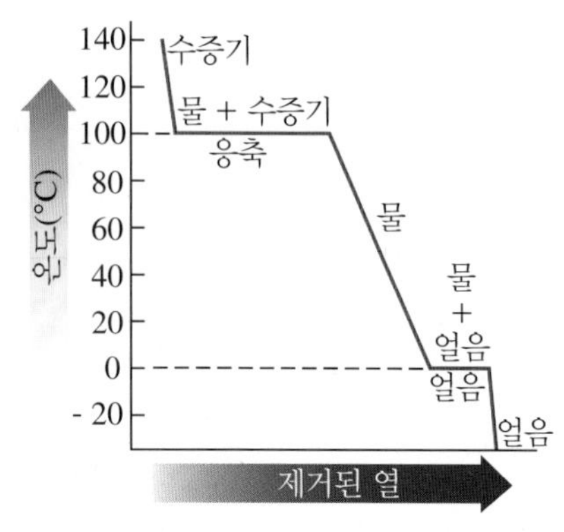

물의 냉각 곡선은 열이 제거됨에 따른 온도 변화와 상태 변화를 도시한다.

수평선은 녹는점에서의 수평선보다 더 길다. 모든 액체가 기체가 될 때, 더 많은 열을 가하면 기체의 온도는 증가한다.

냉각 곡선의 단계

냉각 곡선은 열이 제거되면서 온도가 감소하는 도표이다. 처음에는 응축되기 시작할 때까지 기체에서 열이 제거됨을 보여주는 대각선이 그려진다. 응축점에서 수평선은 기체가 액체를 형성함에 따른 상태 변화를 의미한다. 모든 기체가 액체로 변할 때, 더 냉각시키면 온도가 낮아진다. 온도의 감소는 응축점에서 어는점까지의 대각선으로 나타내며, 어는점에서의 또 다른 수평선이 액체에서 고체로 변하고 있음을 의미한다. 모든 물질이 얼 때, 더 많은 열이 제거되면 고체의 온도를 어는점 이하로 낮추고 이는 대각선으로 나타낸다.

종합 에너지 계산

지금까지는 가열 또는 냉각 곡선에서 한 단계만 계산하였다. 그러나 일부 문제는 상태 변화와 함께 온도 변화를 포함하는 종합적인 단계를 요구한다. 예제 3.9에서 볼 수 있듯이 열을 각 단계에 대해 개별적으로 계산하고, 총 에너지를 얻기 위하여 모두 더한다.

예제 3.9 종합 에너지 계산

문제

Charles는 보다 많은 운동을 함으로써 활동량을 늘렸다. 역기를 이용하고 난 뒤 그는 팔이 아팠다. 0.0°C에서 얼음주머니에는 125 g의 얼음으로 채워져 있다. 얼음을 녹이고, 물의 온도를 체온 37.0°C로 올리기 위하여 흡수되는 열은 킬로줄로 얼마인가?

풀이 지침

1단계 주어진 양과 필요한 양을 말하라.

	주어진 조건	필요한 사항	연계
문제 해석	0.0°C에서 얼음 125 g	0.0°C에서 얼음을 녹이고, 37.0°C까지 물의 온도를 올리기 위한 총 킬로줄	상태 변화(녹음열)와 온도 변화(물의 비열)를 종합한 열

2단계 주어진 양을 필요한 양으로 환산하기 위한 계획을 써라.

총 열 = 0.0°C에서 얼음을 녹이고, 0.0°C(어는점)에서 37.0°C까지 물을 가열하는 데 필요한 킬로줄

3단계 열 환산 인자와 미터 인자를 써라.

$1\ g\ H_2O(s \rightarrow l) = 334\ J$

$\frac{334\ J}{1\ g\ H_2O}$ 그리고 $\frac{1\ g\ H_2O}{334\ J}$

비열$_{물}$ $= \frac{4.184\ J}{g°C}$

$\frac{4.184\ J}{g°C}$ 그리고 $\frac{g°C}{4.184\ J}$

$1\ kJ = 1000\ J$

$\frac{1000\ J}{1\ kJ}$ 그리고 $\frac{1\ kJ}{1000\ J}$

4단계 **문제를 설정하고 필요한 양을 계산하라.**

$\Delta T = 37.0°C - 0.0°C = 37.0°C$

0.0°C에서 얼음(고체)을 물(액체)로 변화시키는 데 필요한 열

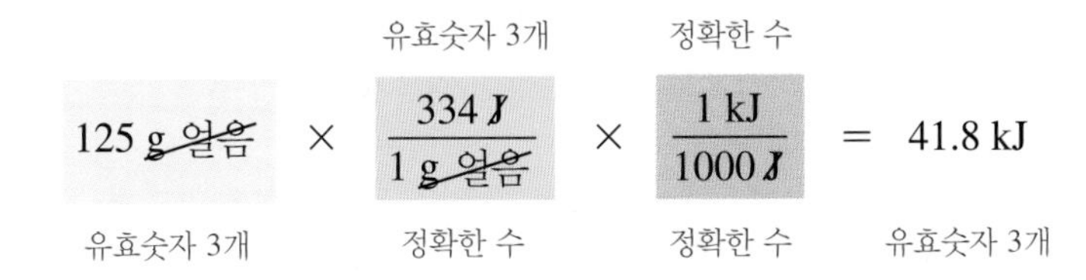

$$125\ \text{g 얼음} \times \frac{334\ \text{J}}{1\ \text{g 얼음}} \times \frac{1\ \text{kJ}}{1000\ \text{J}} = 41.8\ \text{kJ}$$

유효숫자 3개 / 유효숫자 3개, 정확한 수 / 정확한 수, 정확한 수 / 유효숫자 3개

물(액체)을 0.0°C에서 37.0°C로 데우는 데 필요한 열

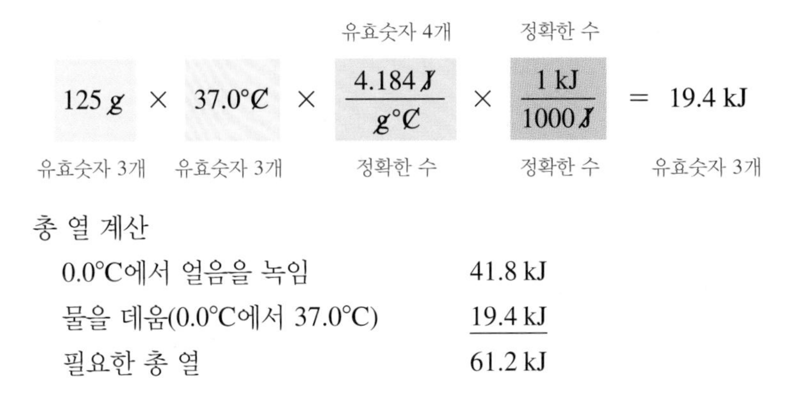

$$125\ \text{g} \times 37.0°\text{C} \times \frac{4.184\ \text{J}}{\text{g}°\text{C}} \times \frac{1\ \text{kJ}}{1000\ \text{J}} = 19.4\ \text{kJ}$$

유효숫자 3개 / 유효숫자 3개 / 유효숫자 4개, 정확한 수 / 정확한 수, 정확한 수 / 유효숫자 3개

총 열 계산

0.0°C에서 얼음을 녹임	41.8 kJ
물을 데움(0.0°C에서 37.0°C)	19.4 kJ
필요한 총 열	61.2 kJ

유제 3.9

100°C에서 수증기 75.0 g이 0°C로 냉각하여 응축되고, 0°C에서 얼 때, 방출되는 킬로줄은 얼마인가? (힌트: 해답은 3가지 에너지 계산이 요구된다.)

해답

226 kJ

확인하기

연습 문제 3.27과 3.28을 풀어보기

화학과 보건

수증기 화상

100°C의 뜨거운 물은 화상과 피부 손상을 일으킬 수 있다. 그러나 수증기가 피부에 닿는 것은 훨씬 더 위험하다. 만약 100°C의 뜨거운 물 25 g이 사람의 피부에 떨어지면, 물의 온도는 체온인 37°C까지 떨어질 것이다. 냉각되는 동안 방출되는 열은 심각한 화상을 일으킬 수 있다. 열의 양은 질량, 온도 변화인 100°C − 37°C = 63°C, 물의 비열인 4.184 J/g°C로부터 계산할 수 있다.

$$25\ \text{g} \times 63°\text{C} \times \frac{4.184\ \text{J}}{\text{g}°\text{C}} = 6600\ \text{J}(\text{물이 냉각될 때 방출되는 열})$$

같은 양의 수증기가 100°C의 액체로 응축하면 훨씬 더 많은 열을 방출한다. 수증기가 응축할 때 방출되는 열은 100°C에서의 물의 기화열 2260 J/g°C을 사용하여 계산할 수 있다.

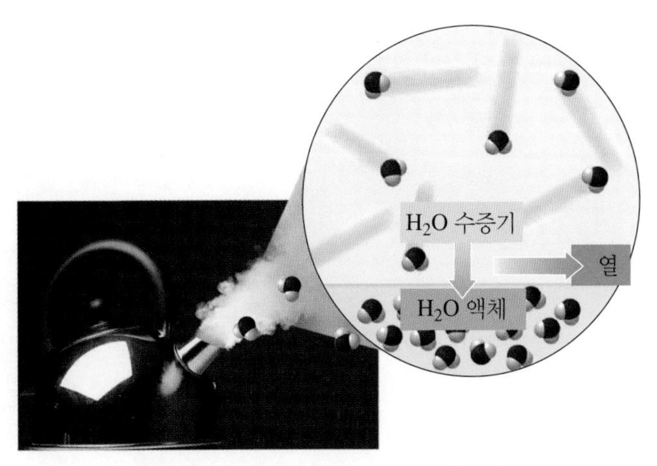

수증기 1 g이 응축될 때, 2260 J 또는 540 cal가 방출된다.

$$25\ \cancel{g} \times \frac{2260\ J}{1\ \cancel{g}} = 57\ 000\ J$$(100°C에서 물(기체)이 물(액체)로 응축될 때 방출)

방출되는 총 열은 100°C에서 응축하는 열과 100°C에서 37°C(체온)로 수증기가 냉각할 때의 열을 더하여 계산할 수 있다. 대부분의 열이 수증기의 응축에서 온다는 것을 알 수 있다.

응축(100°C)	=	57 000 J
냉각(100°C에서 37°C까지)	=	6 600 J
방출된 열	=	64 000 J(반올림)

수증기에서 방출된 열의 양은 같은 양의 뜨거운 물에서 방출된 열보다 거의 10배 정도 크다. 피부에 방출되는 이러한 많은 양의 열이 수증기 화상으로 인한 손상을 일으키는 것이다.

연습 문제

3.7 상태 변화

학습 목표 고체, 액체, 기체 사이의 상태 변화를 기술하고, 방출하거나 흡수하는 에너지를 계산한다.

3.22 다음 상태 변화가 녹음, 얼음, 승화 또는 석출인지 확인하라.
- **a.** 온도가 0°C 이상으로 올라가면 얼음 조각은 부서지기 시작한다.
- **b.** 추운 겨울밤에 딸기에 얼음이 형성된다.
- **c.** 물은 0°C에서 고체가 된다.
- **d.** 드라이아이스를 가열하면 기체가 된다.

3.23 다음에 대해 0°C에서의 열 변화를 계산하고, 열이 흡수 또는 방출되는지 여부를 확인하라.
- **a.** 65 g의 얼음이 녹을 때의 칼로리
- **b.** 17.0 g의 얼음이 녹을 때의 줄
- **c.** 225 g의 물이 얼 때의 킬로칼로리
- **d.** 50.0 g의 물이 얼 때의 킬로줄

3.24 다음 상태 변화가 증발, 끓음 또는 응축인지 확인하라.
- **a.** 구름의 수증기가 비로 변한다.
- **b.** 젖은 옷이 빨랫줄에서 마른다.
- **c.** 용암이 바다로 흘러들어가 수증기가 생성된다.
- **d.** 뜨거운 물로 샤워한 후에는 욕실 거울이 물로 덮인다.

3.25 다음에 대해 100°C에서의 열 변화를 계산하고, 열이 흡수 또는 방출되는지 여부를 확인하라.
- **a.** 10.0 g의 물이 기화할 때의 칼로리
- **b.** 5.00 g의 물이 기화할 때의 줄
- **c.** 8.0 kg의 수증기가 응축할 때의 킬로칼로리
- **d.** 175 g의 수증기가 응축할 때의 킬로줄

3.26 −20°C에서 150°C까지 가열되는 얼음 시료의 가열 곡선을 그려라. 그리고 다음에 해당하는 그래프 부분을 확인하라.
- **a.** 고체 **b.** 녹음 **c.** 액체
- **d.** 끓음 **e.** 기체

3.27 녹음열, 물의 비열 및/또는 기화열의 값을 사용하여 다음에 대하여 열에너지 양을 계산하라.
- **a.** 0°C에서 50.0 g의 얼음을 녹이고 액체를 65.0°C까지 데우는 데 필요한 줄
- **b.** 100°C에서 15.0 g의 수증기가 응축되고 액체가 0°C까지 냉각될 때 방출되는 킬로칼로리
- **c.** 0°C에서 24.0 g의 얼음을 녹이고 액체를 100°C까지 가열하며, 이것을 100°C에서 수증기로 변화시키는 데 필요한 킬로줄

의학 응용

3.28 수증기에 의한 화상을 입은 환자가 응급실에 도착하였다. 100.°C에서 18.0 g의 수증기가 피부에 닿아 응축되어 체온 37.0°C로 냉각될 때 방출하는 열을 킬로칼로리로 계산하라.

의학 최신 정보 식단과 운동 프로그램

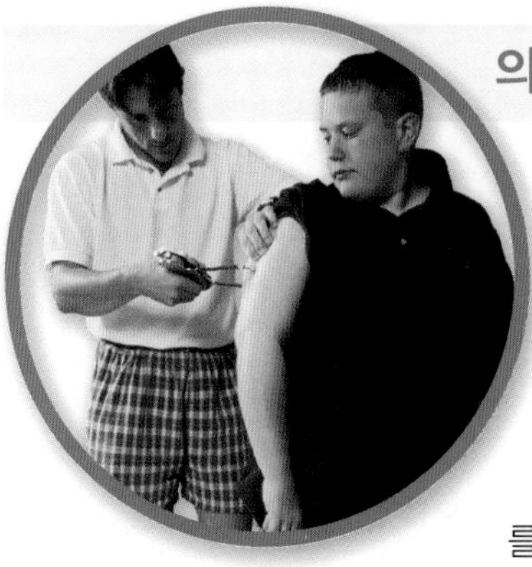

Charles는 한 달간 식단과 운동 프로그램을 수행한 후, 어머니와 함께 영양사를 다시 만났다. Daniel은 식품 섭취량과 운동 일기를 살펴보고, 다이어트가 얼마나 잘 작용하였는지를 평가하기 위하여 몸무게를 측정하였다. 다음은 Charles가 하루에 먹은 것이다.

아침

바나나 1개, 무지방 우유 1컵, 달걀 1개

점심

당근 1컵, 간 쇠고기 3온스, 사과 1개, 무지방 우유 1컵

저녁

껍질을 벗긴 닭고기 6온스, 구운 감자 1개, 브로콜리 3온스, 무지방 우유 1컵

의학 응용

3.29 표 3.8의 에너지 값을 이용하여 다음을 결정하라.

a. 각 끼니의 총 킬로칼로리

b. 하루 동안의 총 킬로칼로리

c. 만약 Charles가 하루에 1800 kcal를 소비한다면, 그는 체중을 유지할 것이다. 새로운 식단으로 그의 체중은 줄어들 것인가?

d. 만약 3500 kcal을 소비하는 것이 1.0 lb의 체중 감량과 같다면, Charles가 5.0 lb를 감량하려면 며칠이 걸릴 것인가?

개념도

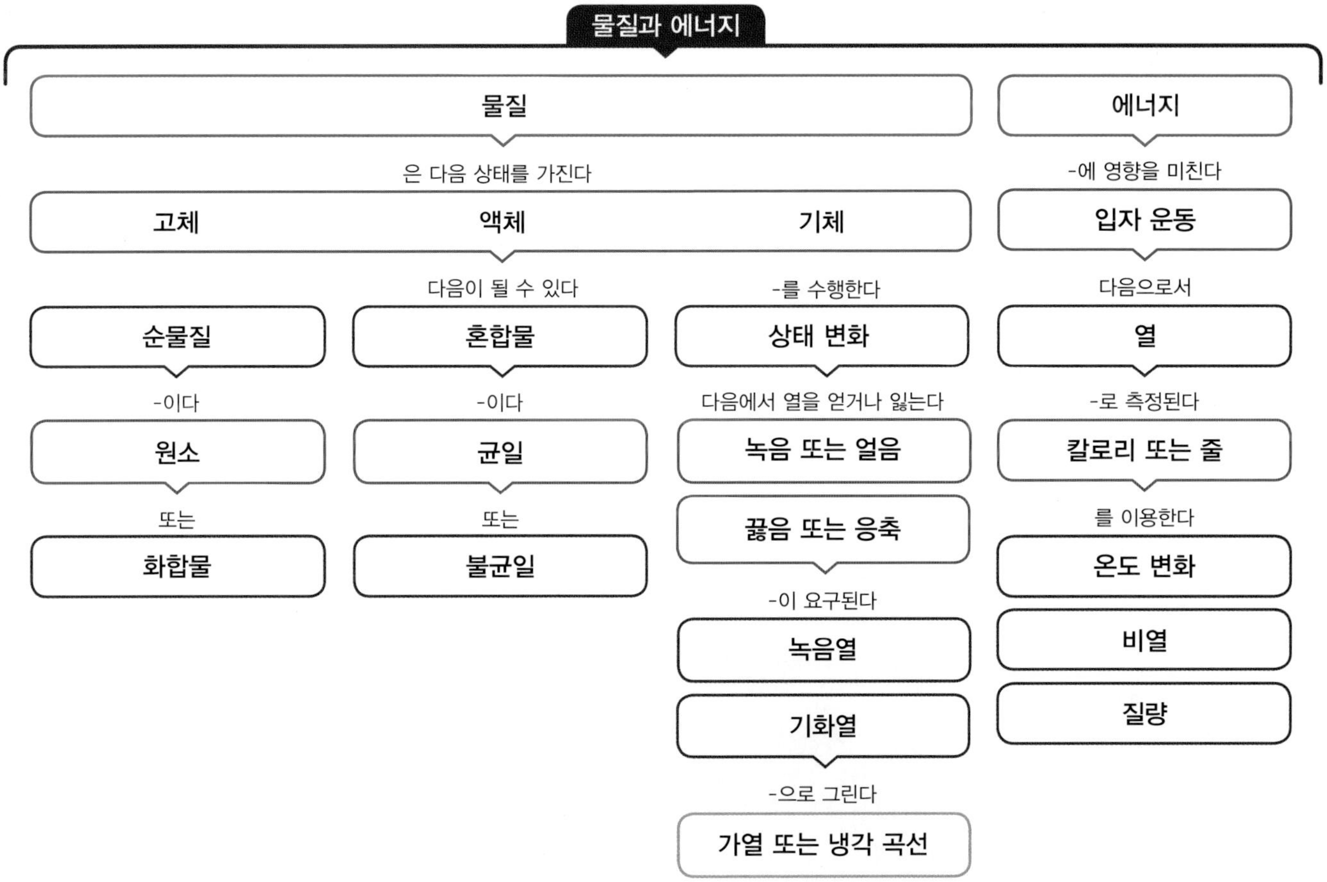

물질과 에너지

물질
은 다음 상태를 가진다
고체 액체 기체
다음이 될 수 있다
순물질
-이다
원소
또는
화합물

혼합물
-이다
균일
또는
불균일

-를 수행한다
상태 변화
다음에서 열을 얻거나 잃는다
녹음 또는 얼음
끓음 또는 응축
-이 요구된다
녹음열
기화열
-으로 그린다
가열 또는 냉각 곡선

에너지
-에 영향을 미친다
입자 운동
다음으로서
열
-로 측정된다
칼로리 또는 줄
를 이용한다
온도 변화
비열
질량

장 복습

3.1 물질의 분류

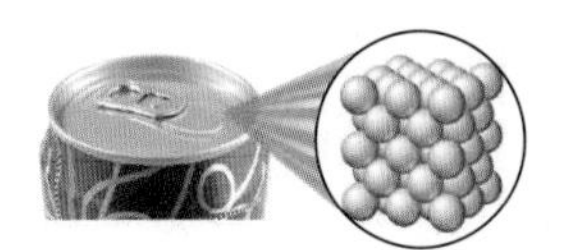

학습 목표 물질의 예를 순물질 또는 혼합물로 분류한다.

- 물질은 질량을 가지고 공간을 차지하는 모든 것이다.
- 물질은 순물질과 혼합물로 분류된다.
- 원소 또는 화합물인 순물질은 일정한 조성을 가지고, 혼합물은 다양한 조성을 가진다.
- 혼합물의 물질은 물리적 방법으로 분리될 수 있다.

3.2 물질의 상태와 성질

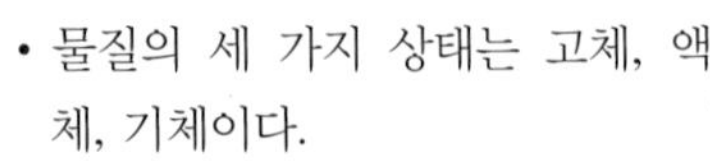

학습 목표 물질의 상태와 물리적, 화학적 성질을 확인한다.

- 물질의 세 가지 상태는 고체, 액체, 기체이다.
- 물리적 성질은 물질의 본질에 영향을 주지 않고 관찰하거나 측정할 수 있는 물질의 특성이다.
- 물리적 변화는 물리적 성질은 변하지만 물질의 조성은 변하지 않을 때 일어난다.
- 화학적 성질은 다른 물질로 변할 수 있는 물질의 능력을 의미한다.
- 화학적 변화는 1개 이상의 물질이 반응하여 새로운 물리적, 화학적 성질을 가진 물질을 형성할 때 일어난다.

3.3 온도

학습 목표 온도가 주어지면, 다른 척도에서의 해당 온도를 계산한다.

- 과학에서 온도는 섭씨(°C)와 켈빈(K)으로 측정한다.
- 섭씨 척도에서 물의 어는점(0°C)과 끓는점(100°C) 사이에 100 단위가 있다.
- 화씨 척도에서 물의 어는점(32°F)과 끓는점(212°F) 사이에 180 단위가 있다. 화씨온도는 섭씨온도와 다음과 같은 관계가 있다. $T_F = 1.8(T_C) + 32$.
- SI 단위인 켈빈은 섭씨온도와 다음과 같은 관계가 있다. $T_K = T_C + 273$.

3.4 에너지

학습 목표 에너지를 퍼텐셜 에너지 또는 운동 에너지로 확인하고, 에너지 단위 사이를 변환한다.

- 에너지는 일을 할 수 있는 능력이다.
- 퍼텐셜 에너지는 저장된 에너지이고, 운동 에너지는 운동의 에너지이다.
- 일반적인 에너지의 단위는 칼로리(cal), 킬로칼로리(kcal), 줄(J)과 킬로줄(kJ)이다.
- 1칼로리는 4.184 J과 같다.

3.5 에너지와 영양

학습 목표 에너지 값을 이용하여 음식의 킬로칼로리(kcal) 또는 킬로줄(kJ)을 계산한다.

- 영양학의 대(大)칼로리(Cal)는 1 kcal 또는 1000칼로리와 같은 양의 에너지이다.
- 음식의 에너지는 탄수화물, 지방, 단백질로부터의 킬로칼로리 또는 킬로줄의 합이다.

3.6 비열

학습 목표 비열을 이용하여 열 손실 또는 얻은 열을 계산한다.

- 비열은 정확히 1 g의 물질의 온도를 정확히 1°C 올리는 데 필요한 에너지의 양이다.
- 물질이 얻거나 잃은 열은 질량, 온도 변화와 비열을 곱하여 구할 수 있다.

3.7 상태 변화

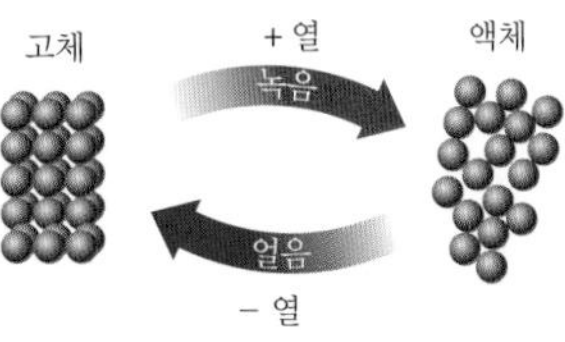

학습 목표 고체, 액체, 기체 사이의 상태 변화를 기술하고, 방출하거나 흡수하는 에너지를 계산한다.

- 녹음은 고체의 입자들이 분해되는 데 충분한 에너지를 흡수하여 액체를 생성할 때 일어난다.
- 정확히 1 g의 고체를 액체로 변환하는 데 필요한 에너지의 양을 녹음열이라 부른다.
- 물의 경우 80. cal(334 J)가 1 g의 얼음을 녹이는 데 필요하고, 1 g의 물을 얼리기 위하여 제거되어야 한다.
- 증발은 액체 상태의 입자들이 분해되는 데 필요한 충분한 에너지를 흡수하여 기체를 생성할 때 일어난다.
- 끓음은 끓는점에서 액체가 기화되는 것이다. 기화열은 정확히 1 g의 액체가 기체로 변환하는 데 필요한 열의 양이다.
- 물의 경우 540 cal(2260 J)가 1 g의 물이 기화하는 데 필요하고, 1 g의 수증기가 응축되기 위하여 제거되어야 한다.
- 승화는 고체가 직접 기체로 변화하는 과정이다.
- 가열 또는 냉각 곡선은 물질에 열이 흡수되거나 제거될 때의 온도와 상태 변화를 보여준다. 그래프의 평평한 부분은 상태 변화

를 의미한다.

• 온도 변화와 상태 변화를 수행하는 물질에서 흡수하거나 제거하는 총 열은 상태 변화와 온도 변화에 대한 에너지 계산의 합이다.

주요 용어

끓음 액체 전반에 기포가 형성되는 것

끓는점(bp) 액체가 기체로 변하는(끓는) 온도와 기체가 액체로 변하는(응축하는) 온도

칼로리(cal) 정확히 1 g의 물을 정확히 1°C 올리는 열에너지의 양

상태 변화 예를 들어 고체에서 액체, 액체에서 고체, 액체에서 기체와 같이 물질의 한 상태가 다른 상태로 변환하는 것이다.

화학적 변화 원래 물질이 다른 조성과 새로운 물리적, 화학적 성질을 가진 새로운 물질로 변환하는 변화

화학적 성질 새로운 물질로 변화하는 물질의 능력을 나타내는 성질

화합물 확정된 조성을 가진 2개 이상의 원소로 구성되었으며, 오직 화학적 방법으로만 보다 간단한 물질로 나눌 수 있는 순물질

응축 기체에서 액체로의 상태 변화

냉각 곡선 열이 제거될 때 물질의 온도 변화와 상태 변화를 나타내는 도표

석출 기체가 고체로 직접 변화하는 승화의 역반응

원소 오직 한 종류의 물질을 가지는 순물질로, 화학적 방법으로 분해할 수 없다.

에너지 일을 할 수 있는 능력

에너지 값 식품 성분인 탄수화물, 지방, 단백질에서 g당 얻을 수 있는 킬로칼로리(또는 킬로줄)

증발 액체 표면에서 고에너지 입자가 탈출함으로써 기체(증기)가 생성되는 것

얼음 액체에서 고체로의 상태 변화

어는점(fp) 액체가 고체로 변하는(어는) 온도 또는 고체가 액체로 변하는(녹는) 온도

기체 일정한 모양 또는 부피를 가지지 않는 물질의 상태

열 물질 내 입자의 운동과 관련된 에너지

녹음열 녹는점에서 정확히 1 g의 물질이 녹는 데 필요한 에너지이다. 물의 경우 얼음 1 g을 녹이는 데 80. cal(334 J)가 필요하고, 물 1 g이 어는 데 80. cal(334 J)가 방출된다.

기화열 끓는점에서 정확히 1 g의 물질이 기화하는 데 필요한 에너지이다. 물의 경우 액체 1 g이 기화하는 데 540 cal(2260 J)가 필요하고, 수증기 1 g이 응축될 때 540 cal(2260 J)가 방출된다.

가열 곡선 가열될 때 물질의 온도 변화와 상태 변화를 나타내는 도표

줄(J) 열에너지의 SI 단위로, 4.184 J = 1 cal이다.

운동 에너지 움직이는 입자의 에너지

액체 용기의 모양을 따르지만 일정한 부피를 가지는 물질의 상태

물질(matter) 물질(substance)을 구성하고 질량을 가지며 공간을 차지하는 물체(material)

녹음 고체에서 액체로의 상태 변화

녹는점(mp) 고체가 액체로 되는(녹는) 온도로, 어는점의 온도와 같다.

혼합물 혼합된 물질의 본질이 변하지 않는 2개 이상의 물질의 물리적 조합

물리적 변화 물질의 물리적 성질은 변하지만 본질은 동일한 변화

물리적 성질 물질의 본질에 영향을 주지 않고 관찰하거나 측정할 수 있는 성질

퍼텐셜 에너지 물질의 위치 또는 조성과 관련된 에너지의 종류

순물질 일정한 조성을 가진 물질의 종류

고체 자체 모양과 부피를 가진 물질의 상태

비열(SH) 정확히 1 g의 물질의 온도를 정확히 1°C만큼 변화시키는 열의 양

물질의 상태 고체, 액체, 기체의 물질의 세 가지 상태

승화 고체가 먼저 액체를 생성하지 않고 직접 기체로 변화하는 상태 변화

핵심 화학 기법

각 핵심 화학 기법을 포함하는 장의 절은 각 주제 끝의 괄호 안에 표시하였다.

물리적, 화학적 변화 확인(3.2)

• 물리적 성질은 물질의 본질을 변화시키지 않고 관찰하거나 측정할 수 있다.

• 화학적 성질은 새로운 물질로 변화하는 물질의 능력을 기술한다.

• 물질이 물리적 변화를 수행할 때, 상태 또는 모양은 변화하지만 조성은 동일하게 유지된다.

• 화학적 변화가 일어날 때, 원래 물질은 다른 물리적, 화학적 성질을 가진 새로운 물질로 변환된다.

예: 다음을 물리적 또는 화학적 성질로 분류하라.

a. 풍선의 헬륨은 기체이다.

b. 천연 가스인 메테인은 연소한다.
c. 황화 수소는 상한 달걀과 같은 냄새가 난다.

해답: a. 기체는 물질의 상태이며, 이는 물리적 성질이다.
b. 메테인이 연소할 때 새로운 성질을 가진 다른 물질로 변하며, 이는 화학적 성질이다.
c. 황화 수소의 냄새는 물리적 성질이다.

온도 척도 사이의 변환(3.3)

- 온도 방정식, $T_F = 1.8(T_C) + 32$는 섭씨를 화씨로 변환하는 데 사용되고, 화씨에서 섭씨로 변환하기 위하여 재배열될 수 있다.
- 온도 방정식, $T_K = T_C + 273$은 섭씨를 켈빈으로 변환하는 데 사용되고, 켈빈에서 섭씨온도로 변환하기 위하여 재배열될 수 있다.

예: 75.0°C를 화씨로 변환하라.

해답: $T_F = 1.8(T_C) + 32$
$T_F = 1.8(75.0) + 32 = 135 + 32$
$= 167°F$

예: 355 K를 섭씨온도로 변환하라.

해답: $T_K = T_C + 273$
T_C에 대한 방정을 풀기 위하여 양변에서 273을 뺀다.
$T_K - 273 = T_C + \cancel{273} - \cancel{273}$
$T_C = T_K - 273$
$T_C = 355 - 273$
$= 82°C$

에너지 단위 이용(3.4)

- 에너지 단위에 대한 동등량은 1 cal = 4.184 J, 1 kcal = 1000 cal 그리고 1 kJ = 1000 J를 포함한다.
- 에너지 단위의 각 동등량은 2개의 환산 인자로 쓸 수 있다.

$$\frac{4.184\ \text{J}}{1\ \text{cal}} \text{ 그리고 } \frac{1\ \text{cal}}{4.184\ \text{J}} \quad \frac{1000\ \text{cal}}{1\ \text{kcal}} \text{ 그리고 } \frac{1\ \text{kcal}}{1000\ \text{cal}}$$

$$\frac{1000\ \text{J}}{1\ \text{kJ}} \text{ 그리고 } \frac{1\ \text{kJ}}{1000\ \text{J}}$$

- 주어진 에너지 단위를 소거하고 필요한 에너지 단위를 얻기 위하여 에너지 단위 환산 인자를 사용한다.

예: 45 000 J을 킬로칼로리로 변환하라.

해답: 위의 환산 인자를 이용하여 주어진 45 000 J로 시작하여 킬로칼로리로 변환한다.

$$45\ 000\ \cancel{\text{J}} \times \frac{1\ \cancel{\text{cal}}}{4.184\ \cancel{\text{J}}} \times \frac{1\ \text{kcal}}{1000\ \cancel{\text{cal}}} = 11\ \text{kcal}$$

열 방정식 이용(3.6)

- 물질이 흡수하거나 잃은 열의 양은 열 방정식을 이용하여 계산한다.

$$\text{열} = m \times \Delta T \times \text{비열}$$

- 물질의 비열로 cal/g°C를 사용하면, 칼로리로 표시된 열을 얻는다.
- 물질의 비열로 J/g°C를 사용하면, 줄로 표시된 열을 얻는다.
- 소거하기 위하여 질량은 그램 단위, 온도 변화로 °C 단위가 사용된다.

예: 타이타늄 5.25 g을 85.5°C에서 132.5°C로 가열하는 데 필요한 줄은 얼마인가?

해답: $m = 5.25\ \text{g}$, $\Delta T = 132.5°C - 85.5°C = 47.0°C$
타이타늄의 비열 = 0.523 J/g°C
단위를 소거하기 위하여 알고 있는 값을 열 방정식에 대입한다.

$$\text{열} = m \times \Delta T \times \text{비열}$$
$$= 5.25\ \cancel{\text{g}} \times 47.0\cancel{°C} \times \frac{0.523\ \text{J}}{\cancel{\text{g}}\cancel{°C}}$$
$$= 129\ \text{J}$$

상태 변화에 대한 열 계산(3.7)

- 녹는점/어는점에서 고체 1 g을 액체로, 또는 액체 1 g을 고체로 변환하기 위하여 녹음열을 흡수/방출하여야 한다.
- 예를 들어, 녹는점(어는점)(0°C)에서 정확히 1 g의 얼음을 녹이는(얼리는) 데에는 334 J의 열이 필요하다.
- 끓는점/응축점에서 정확히 1 g의 액체를 기체로, 또는 1 g의 기체를 액체로 변환하기 위하여 기화열이 흡수/방출되어야 한다.
- 예를 들어, 끓는점(응축점) 100°C에서 정확히 1 g의 물/수증기가 끓는(응축하는) 데에는 2260 J이 필요하다.

예: 끓는점(응축점)에서 수증기(물) 45.8 g이 응축될 때, 방출되는 열의 양은 킬로줄로 얼마인가?

해답: $$45.8\ \cancel{\text{g 수증기}} \times \frac{2260\ \cancel{\text{J}}}{1\ \cancel{\text{g 수증기}}} \times \frac{1\ \text{kJ}}{1000\ \cancel{\text{J}}} = 104\ \text{kJ}$$

개념 이해 문제

복습할 장의 절은 각 문제 끝의 괄호 안에 나타내었다.

3.30 다음이 원소, 화합물 또는 혼합물인지 확인하고, 선택한 이유를 설명하라. (3.1)

a.
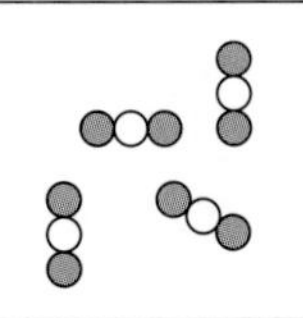

b.
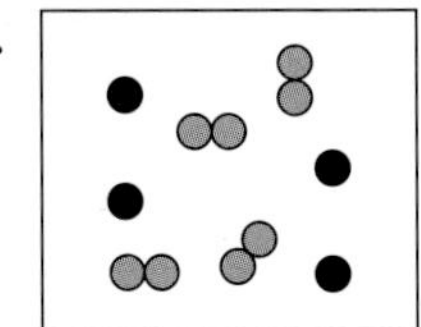

c. 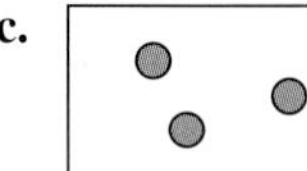

3.31 다음을 균일 또는 불균일 혼합물로 분류하라. (3.1)
a. 과육이 많은 오렌지 주스
b. 우유 속의 시리얼
c. 물속의 황산 구리

3.32 화씨온도계의 온도를 말하고, 섭씨온도로 변환하라. (3.3)

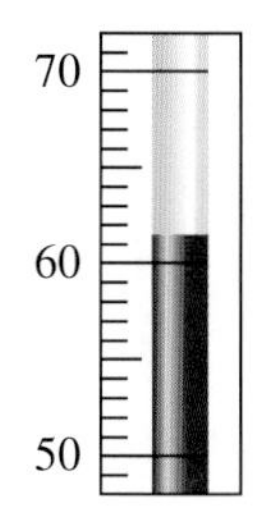

3.33 퇴비는 자른 풀, 음식 폐기물과 마른 나뭇잎으로 가정에서 만들 수 있다. 미생물이 유기물을 분해함에 따라 열이 발생하고 퇴비는 대부분의 해로운 균들을 죽일 수 있는 155°F에 도달한다. 이 온도는 섭씨온도로 얼마인가? 또 켈빈으로는 얼마인가? (3.3)

부패된 식물 재료들로부터 생산된 퇴비는 토양을 기름지게 하는 데 사용된다.

3.34 부피가 20.0 cm^3인 두 덩어리(금과 알루미늄)를 각각 25°C에서 35°C로 가열하기 위한 에너지를 각각 계산하라. 표 2.9와 3.11을 참조하라. (3.6)

 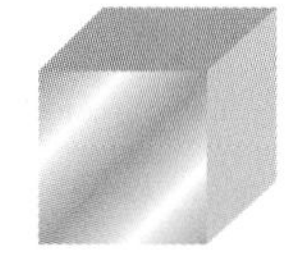

의학 응용

3.35 70.0 kg인 사람이 1/4파운드 치즈버거, 프렌치프라이와 초콜릿 셰이크를 먹었다. (3.5)

제품	탄수화물(g)	지방(g)	단백질(g)
치즈버거	46	40.	47
프렌치프라이	47	16	4
초콜릿 셰이크	76	10.	10.

a. 표 3.7을 이용하여 이 식사 내의 각 식품 성분에 대한 총 킬로칼로리를 계산하라(십의 자리까지 반올림하라).
b. 이 식사의 총 킬로칼로리를 구하라(십의 자리까지 반올림하라).
c. 표 3.10을 이용하여 이 식사의 킬로칼로리를 소진하는 데 필요한 수면 시간을 구하라.
d. 표 3.10을 이용하여 이 식사의 킬로칼로리를 소진하는 데 필요한 달리기 시간을 결정하라.

추가 연습 문제

3.36 다음을 원소, 화합물 또는 혼합물로 분류하라. (3.1)
a. 콘크리트 내의 철제 충전물
b. 비누의 탄산 소듐
c. 대기 중의 공기

3.37 다음을 균일 또는 불균일 혼합물로 분류하라. (3.1)
a. 철가루와 황 가루
b. 식초
c. 치약

3.38 다음이 실온에서 고체, 액체 또는 기체인지 분류하라. (3.2)
a. 수은 금속　**b.** 수소
c. 카푸치노　**d.** 드라이아이스
e. 바비큐 화로의 숯 조개탄

3.39 다음이 물리적 또는 화학적 성질인지 확인하라. (3.2)
a. 수은은 회색빛의 빛나는 외관을 가진다.
b. 수은은 실온에서 액체이다.
c. 수은의 부피는 가열하면 팽창하므로 온도계 액체로 사용된다.
d. 수은은 노란색 황과 반응하여 붉은색 고체를 형성한다.

3.40 다음이 물리적 또는 화학적 변화인지 확인하라. (3.2)
a. 사과를 깎고 나면 누렇게 변한다.
b. 수정란은 태아로 변한다.
c. 축축한 옷은 햇볕 아래에서 마른다.
d. 달걀흰자를 가열한다.

3.41 다음 온도를 섭씨와 켈빈으로 계산하라. (3.3)
a. 미 대륙에서 기록된 최고 온도는 1913년 7월 10일 캘리포니아 데스밸리의 134°F이다.
b. 미 대륙에서 기록된 최저 온도는 1954년 1월 20일 몬태나 로저스 패스의 −69.7°F이다.

3.42 −20°F는 섭씨온도와 켈빈 온도로 얼마인가? (3.3)

3.43 식물성 기름 시료 0.50 g을 열량계에서 넣었다. 시료가 연소되면, 18.9 J이 방출된다. 이 기름의 에너지 값(kcal/g)은 얼마인가? (3.5)

3.44 더운 날 해변 모래는 뜨겁지만 물은 시원하게 유지된다. 모래의 비열은 물의 비열에 비하여 높은가, 아니면 낮은가? 설명하라. (3.6)

화창한 날, 모래는 뜨거워지지만, 물은 시원하게 유지된다.

3.45 다음 그래프는 지방, 기름 및 왁스를 녹이는 용매인 클로로폼의 가열 곡선이다. (3.7)

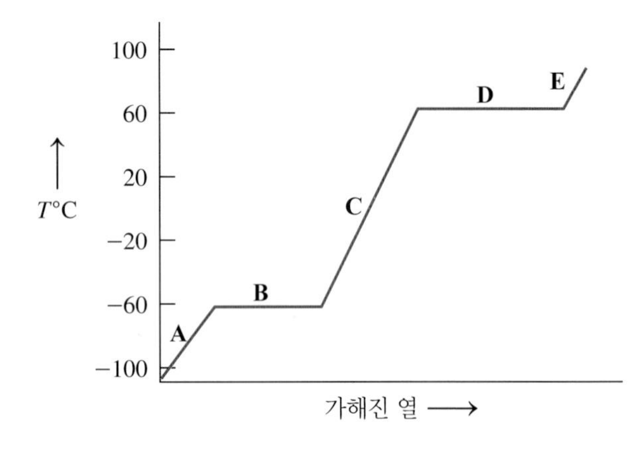

a. 클로로폼의 대략적인 녹는점은 얼마인가?
b. 클로로폼의 대략적인 끓는점은 얼마인가?
c. 가열 곡선에서 **A**, **B**, **C**, **D**, **E** 부분을 고체, 액체, 기체, 녹음 또는 끓음으로 확인하라.
d. 다음 온도에서 클로로폼은 고체인가, 액체인가, 또는 기체인가?

−80°C, −40°C, 25°C, 80°C

3.46 다음 상황에서의 녹음열을 계산하라.(3.7)
a. 140 g의 화합물 Z가 녹기 위해 11.2 kcal의 에너지를 흡수하였다.
b. 60 g의 화합물 Y가 녹기 위해 2.8 kJ의 에너지를 흡수하였다.

의학 응용

3.47 만약 15%가 물인 1 lb의 '체지방'을 제거하려면, 얼마나 많은 킬로칼로리를 소비해야 하는가? (3.5)

3.48 식품 저장에서 동결 건조는 무엇인가? 이것은 박테리아 활동에 어떻게 영향을 미치는가? (3.7)

도전 문제

다음 문제들은 이 장의 주제와 연관되어 있다. 그러나 장의 순서를 따르지 않으며, 여러 절의 개념과 기법을 종합할 것을 요구한다. 이러한 문제들은 여러분의 비판적 사고 능력을 향상시키고 다음 시험을 준비하는 것을 도와줄 것이다.

3.49 올리브 오일 시료 0.66 g을 열량계에서 연소시킬 때, 방출되는 열은 물 370 g을 22.7°C에서 38.8°C까지 상승시킨다. 올리브 오일의 에너지 값은 kcal/g으로 얼마인가? (3.5, 3.6)

3.50 큰 빌딩에서는 기름이 스팀 보일러 난방 시스템에 사용된다. 기름 1.0 lb가 연소되면 2.4×10^7 J이 공급된다. (3.4, 3.6)
a. 물 150 kg을 22°C에서 100°C로 가열하는 데 몇 kg의 기름이 필요한가?
b. 물 150 kg을 100°C에서 수증기로 변화시키는 데 몇 kg의 기름이 필요한가?

3.51 0°C에서 225 g의 얼음이 든 얼음주머니가 근육통을 치료하기 위하여 사용되었다. 주머니를 치웠을 때, 얼음은 녹고 액체 물은 32.0°C이었다. 흡수된 열은 킬로줄 단위로 얼마인가? (3.6, 3.7)

3.52 54.0°C의 금속 구리 조각 70.0 g을 26.0°C의 물 50.0 g에 넣었다. 만약 물과 금속의 최종 온도가 29.2°C라면, 구리의 비열(J/g°C)은 얼마인가? (3.6)

3.53 은이나 철이라고 생각되는 금속이 있다. 금속 8.0 g이 23.50 J을 흡수하였을 때, 온도가 6.5°C 상승하였다. (3.6)
a. 이 금속의 비열(J/g°C)은 얼마인가?
b. 금속은 은 또는 철이라고 확인할 수 있는가(표 3.11 참조)?

연습 문제 해답

3.1 **a.** 화합물 **b.** 원소
c. 화합물 **d.** 화합물
e. 원소

3.2 **a.** 순물질 **b.** 순물질
c. 혼합물 **d.** 순물질
e. 혼합물

3.3 **a.** 균일 **b.** 균일
c. 불균일 **d.** 불균일
e. 불균일

3.4 **a.** 기체 **b.** 기체
c. 고체

3.5 **a.** 물리적 **b.** 화학적
c. 화학적 **d.** 물리적

3.6 **a.** 물리적 **b.** 화학적
c. 물리적 **d.** 물리적
e. 물리적

3.7 **a.** 물리적 **b.** 화학적
c. 물리적 **d.** 물리적

3.8 **a.** 10°C **b.** 10°C
c. 2727°C

3.9 **a.** 98.6°F **b.** 18.5°C
c. 246 K **d.** 335 K
e. 46°C

3.10 **a.** 41°C
b. 아니오. 온도는 39°C와 동등하다.

3.11 롤러코스터 차량이 경사로의 정상에 있을 때, 최대 퍼텐셜 에너지를 가진다. 아래로 내려가면서 퍼텐셜 에너지는 운동 에너지로 변하고, 바닥에서 모든 에너지는 운동 에너지가 된다.

3.12 **a.** 퍼텐셜 **b.** 퍼텐셜
c. 운동 **d.** 퍼텐셜

3.13 **a.** 3.5 kcal **b.** 99.2 cal
c. 120 J **d.** 1100 cal

3.14 **a.** 8.1×10^5 J **b.** 190 kcal

3.15 **a.** 33.46 kcal **b.** 126.67 kcal

3.16 **a.** 470 kJ **b.** 18 g
c. 130 kcal **d.** 37 g

3.17 188 kcal(또는 799 kJ)

3.18 640 kcal

3.19 구리는 시료의 비열이 가장 낮으며, 가장 높은 온도에 도달할 것이다.

3.20 **a.** 208 cal **b.** 7112.8 J
c. 7.34 kcal **d.** 11.4 kJ

3.21 **a.** 1380 J, 330. cal **b.** 1810 J, 434 cal
c. 3780 J, 904 cal **d.** 3600 J, 850 cal

3.22 **a.** 녹음 **b.** 석출
c. 얼음 **d.** 승화

3.23 **a.** 5200 cal 흡수 **b.** 5680 J 흡수
c. 18 kcal 방출 **d.** 16.7 kJ 방출

3.24 **a.** 응축 **b.** 증발
c. 끓음 **d.** 응축

3.25 **a.** 5400 cal 흡수 **b.** 11 300 J 흡수
c. 4300 kcal 방출 **d.** 396 kJ 방출

3.26

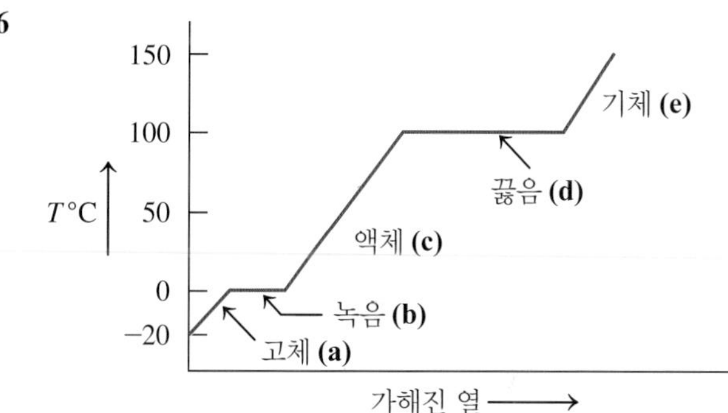

3.27 **a.** 30 300 J **b.** 9.6 kcal
c. 72.2 kJ

3.28 10.8 kcal

3.29 **a.** 아침 식사: 270 kcal, 점심 식사: 420 kcal, 저녁 식사: 440 kcal
b. 총합 1130 kcal
c. 예. Charles는 체중이 줄었을 것이다.
d. 26일

3.30 **a.** 화합물, 입자는 2:1의 원자 비를 가진다.
b. 혼합물, 두 종류의 다른 입자를 가진다.
c. 원소, 하나의 원자 종류를 가진다.

3.31 **a.** 불균일 **b.** 불균일
c. 균일

3.32 61.4°F, 16.3°C

3.33 68.3°C, 341 K

3.34 금: 497.94 J 또는 118.88 cal,
알루미늄: 484.38 J 또는 115.56 cal

3.35 **a.** 탄수화물: 680 kcal, 지방: 590 kcal, 단백질: 240 kcal
b. 1510 kcal
c. 25 h
d. 2.0 h

3.36 **a.** 원소 **b.** 화합물
c. 혼합물

3.37 **a.** 불균일 **b.** 균일
c. 균일

3.38 **a.** 액체 **b.** 기체
c. 액체 **d.** 고체
e. 고체

3.39 **a.** 물리적 **b.** 물리적
c. 물리적 **d.** 화학적

3.40 **a.** 화학적 **b.** 화학적
c. 물리적 **d.** 화학적

3.41 **a.** 56.7°C, 330. K **b.** −56.5°C, 217 K

3.42 −29°C, 244 K

3.43 9.0 kcal/g

3.44 같은 양의 열이라도 물보다 모래의 온도 변화가 더 크다. 따라서 모래는 물보다 비열이 더 작다.

3.45 **a.** 약 −60°C
b. 약 60°C
c. 대각선 A는 온도가 상승함에 따른 고체 상태를 나타낸다. 수평선 B는 고체에서 액체로의 변화 또는 물질의 녹음을 나타낸다. 대각선 C는 온도가 상승함에 따른 액체 상태를 나타낸다. 수평선 D는 액체에서 기체로의 변화 또는 액체의 끓음을 나타낸다. 대각선 E는 온도가 상승함에 따른 기체 상태를 나타낸다.
d. −80°C에서 고체, −40°C에서 액체, 25°C에서 액체, 80°C에서 기체

3.46 **a.** 80 cal/g **b.** 46.67 J/g

3.47 3500 kcal

3.48 동결 건조는 승화를 통하여 음식으로부터 수분을 제거한다. 이것은 미생물이 수분 없이는 생존할 수 없기 때문에 박테리아의 활성을 방지한다.

3.49 9.0 kcal/g

3.50 **a.** 0.93 kg **b.** 6.4 kg

3.51 105.3 kJ

3.52 비열 = 0.385 J/g°C

3.53 **a.** 0.452 J/g°C **b.** 철

CI.1 세계에서 가장 많이 찾아 헤매는 금속 중 하나인 금은 밀도가 19.3 g/cm^3, 녹는점이 1064°C, 비열이 0.129 J/g°C이다. 1998년 알래스카에서 발견된 금 덩어리의 무게는 20.17 lb였다. (2.4, 2.6, 2.7, 3.3, 3.5)

금 덩어리는 금 원석이라 부르며, 개울과 광산에서 발견할 수 있다.

a. 금 덩어리의 무게 측정에서 유효숫자는 몇 개인가?

b. 금 덩어리 질량은 킬로그램으로 얼마인가?

c. 금 덩어리가 순금이라면, 부피는 cm^{3}로 얼마인가?

d. 금의 녹는점은 화씨와 켈빈으로 얼마인가?

e. 금 덩어리의 온도를 500.°C에서 1064°C로 올리는 데 필요한 열은 몇 킬로칼로리인가?

f. 만약 금의 가격이 그램당 42.06달러라면, 금 덩어리는 몇 달러인가?

CI.2 다음 그림에 그려진 물 시료 **A**와 **B**에 대하여 다음에 답하라. (3.1, 3.2, 3.3, 3.5)

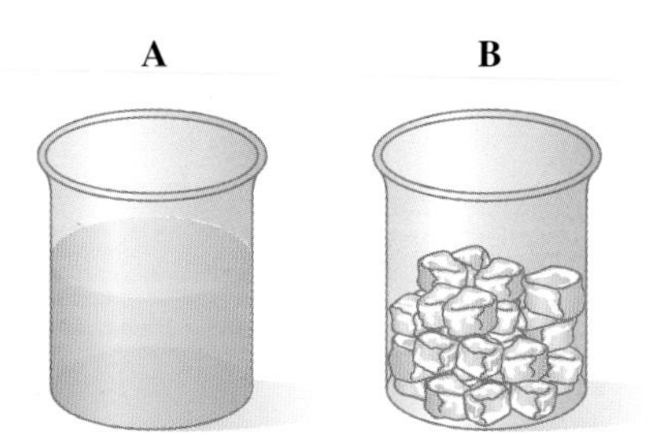

a. 어떤 시료(**A** 또는 **B**)의 물이 자신의 모양을 가지는가?

b. 어떤 그림(**1** 또는 **2** 또는 **3**)이 물 시료 **A**의 입자 배열을 나타내는가?

c. 어떤 그림(**1** 또는 **2** 또는 **3**)이 물 시료 **B**의 입자 배열을 나타내는가?

그림 **1**, **2**, **3**에 대하여 다음에 답하라.

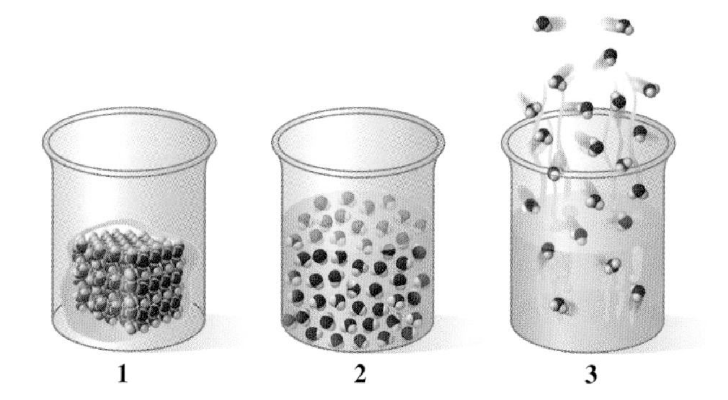

d. 그림 **1**에 표시된 물질의 상태는 _______, 그림 **2**에 표시된 것은 _______, 그림 **3**에 표시된 것은 _______이다.

e. 입자의 운동은 그림 _______에서 가장 느리다.

f. 입자의 배열은 그림 _______에서 가장 멀리 떨어져 있다.

g. 그림 _______에서 입자들은 용기의 부피를 채운다.

h. 그림 **2**의 물이 질량이 19 g이라면, 액체를 0°C까지 냉각할 때 제거하여야 하는 열은 킬로줄 단위로 얼마인가?

CI.3 못 상자에 무게가 0.250 lb인 철 못 75개가 있다. 철의 밀도는 7.86 g/cm^3, 비열은 0.452 J/g°C, 녹는점은 1535°C이다. (2.5, 2.6, 2.7, 3.4, 3.5)

철로 만들어진 못은 밀도가 7.86 g/cm^{3}이다.

a. 상자 안의 철 못의 부피는 cm^{3}로 얼마인가?

b. 만약 17.6 mL의 물이 담긴 눈금 실린더에 못을 30개 넣는다면, 실린더의 새로운 높이는 mL로 얼마인가?

c. 16°C에서 125°C로 온도를 높이기 위해 상자 안의 못에 가하여야 하는 열은 줄 단위로 얼마인가?

d. 못 1개를 25°C에서 녹는점까지 가열하는 데 필요한 열은 줄 단위로 얼마인가?

해답

CI.1 **a.** 유효숫자 4개
b. 9.17 kg
c. 475 cm^3
d. 1947°F, 1337 K
e. 159 kcal
f. 386 000달러

CI.2 **a.** B
b. A는 그림 **2**로 나타난다.
c. B는 그림 **1**로 나타난다.
d. 고체, 액체, 기체
e. 그림 **1**
f. 그림 **3**
g. 그림 **3**
h. 3.6 kJ

CI.3 **a.** 14.4 cm^3
b. 23.4 mL
c. 5590 J
d. 1030 J

4 원자와 원소

John은 농장에 작물을 얼마나 심어야 하는지, 그리고 농장에서 그 작물들의 위치를 결정함으로써 다음 성장기를 대비한다. 이러한 결정의 일부는 pH, 수분량, 토양 내 양분함량을 포함한 토양의 질에 의하여 결정된다. 그는 토양의 시료를 채취하고, 토양에 대한 몇 가지 화학 시험을 시행함으로써 작업을 시작한다. 작물을 심기 전, John은 농지 일부에 비료가 추가로 더 필요하다고 판단하였다. 각 비료마다 다른 영양분을 공급하여 토양이 작물 생산을 증가시킬 수 있도록 돕기 때문에 John은 몇 가지 다른 종류의 비료를 고려하였다. 식물의 성장에는 포타슘, 질소, 인이라는 세 가지 기본 원소가 필요하다. 포타슘(주기율표에서 K)은 금속이고, 질소(N)와 인(P)은 비금속이다. 비료에는 칼슘(Ca), 마그네슘(Mg), 황(S)을 포함하여 몇 가지 다른 원소들도 함유될 수 있다. John은 이 모든 원소가 혼합된 비료를 뿌렸고, 며칠 내에 토양의 양분함량을 다시 확인할 계획이다.

관련 직업 농부

농업은 농작물을 재배하고 동물을 키우는 것 이상을 포함한다. 농부는 화학 시험을 하는 방법과 비료를 토양에 뿌리는 방법, 살충제와 제초제를 작물에 뿌리는 방법을 이해하여야만 한다. 살충제는 농작물을 망칠 수 있는 곤충들을 죽이는 데 사용하는 화학물질인 반면, 제초제는 물과 영양을 얻기 위하여 작물과 경쟁하는 잡초를 죽이는 데 사용하는 화학물질이다. 따라서 이러한 화학물질들의 작용, 안전성, 효율성과 저장에 관한 지식이 필요하다. 이러한 정보를 사용함으로써, 농부는 더 높은 수확량과 보다 큰 영양가 그리고 더 맛이 좋은 농작물을 기를 수 있다.

의학 최신 정보 농작물 생산 향상

지난 해 John은 농장 한 곳의 감자가 갈색 반점이 있으며, 크기가 작다는 것을 알아차렸다. 지난 주, 그는 영양 수준을 확인하기 위하여 농지에서 채취한 토양 시료를 얻었다. 140쪽의 **의학 최신 정보 농작물 생산 향상**에서 John이 어떻게 토양과 농작물의 생산성을 향상시켰는지 보게 될 것이며, John이 사용한 비료의 종류와 뿌리는 양을 알게 될 것이다.

4.1 원소와 기호

학습 목표 원소의 이름이 주어지면 정확한 기호를 쓰고, 기호로부터 정확한 이름을 쓴다.

모든 물질은 118개의 다른 종류의 **원소**(element)로 구성되어 있다. 이 중 88개의 원소들은 천연에서 얻을 수 있으며, 세상의 모든 물질을 구성한다. 많은 원소들은 이미 우리와 친숙하다. 알루미늄을 포일의 형태로 이용하거나 알루미늄 캔으로 탄산수를 마실 수 있고, 금이나 은 혹은 백금으로 만든 반지 또는 목걸이를 가지고 있을 수도 있다. 만약 테니스나 골프를 친다면, 라켓이나 클럽이 타이타늄 또는 탄소로 만들어져 있다는 것을 알아차렸을 것이다. 우리의 몸은 칼슘과 인이 뼈와 치아의 구조를 형성하고, 철과 구리는 적혈구 세포를 형성하는 데 필요하며, 아이오딘은 갑상샘이 적절한 기능을 하기 위해 필요하다.

원소는 모든 것이 만들어지는 순물질이다. 원소는 더 간단한 물질로 분해될 수 없다. 수세기에 걸쳐 원소는 행성, 신화적 인물, 색, 무기질, 지리적 장소와 유명인의 이름에서 유래되었다. 일부 원소 이름에 대한 기원이 표 4.1에 게재되어 있으며, 모든 원소와 해당 기호의 전체 목록은 이 교재의 뒤표지 안쪽에서 찾아볼 수 있다.

표 4.1 일부 원소의 기호와 이름의 기원

원소	기호	이름의 기원
우라늄	U	행성 천왕성
타이타늄	Ti	타이탄(신화)
염소	Cl	'녹황색'이라는 의미의 그리스어 *Chloros*
아이오딘	I	'보라색'이라는 의미의 그리스어 *ioeides*
마그네슘	Mg	산화 마그네슘(광물)
테네신	Ts	테네시
퀴륨	Cm	Marie Curie와 Pierre Curie
코페르니슘	Cn	Nicolaus Copernicus

한 글자 기호		두 글자 기호	
C	탄소	Co	코발트
S	황	Si	규소
N	질소	Ne	네온
H	수소	He	헬륨

생각해보기

매일 마주하는 일부 원소의 이름과 기호는 무엇인가?

화학 기호

화학 기호(chemical symbol)는 원소 이름에 대한 한 글자 또는 두 글자의 알파벳 약자이다. 원소 기호 중 첫 글자만 대문자로 쓴다. 기호에 두 번째 알파벳을 포함하고 있는 경우, 다른 원소를 의미할 때 알 수 있도록 소문자로 표시한다. 만약 두 철자가 모두 대문자라면, 이는 다른 두 원소의 기호를 나타내는 것이다. 예를 들어, 원소 코발트는 기호 Co로 나타내지만, 2개의 대문자로 된 CO는 탄소(C)와 산소(O), 두 원소를 명시하는 것이다.

대부분의 기호가 현재 이름에서 유래한 철자를 이용하지만, 일부는 고대 이름으로부터 유래한 것이다. 예를 들어, 소듐의 기호인 Na는 **나트륨**(natrium)이라는 라틴명에서 유래한 것이며, 철의 기호인 Fe는 라틴명 **페럼**(ferrum)으로부터 유래한 것이다. 표 4.2는 일부 흔한 원소의 이름과 기호를 게재하고 있다. 이들의 이름과 기호는 화학을 배우는 데 큰 도움이 될 것이다.

표 4.2 **일부 흔한 원소들의 이름과 기호**

이름*	기호	이름*	기호	이름*	기호
알루미늄	Al	갈륨	Ga	산소	O
아르곤	Ar	금(*aurum*)	Au	인	P
비소	As	헬륨	He	백금	Pt
바륨	Ba	수소	H	포타슘(*kalium*)	K
붕소	B	아이오딘	I	라듐	Ra
브로민	Br	철(*ferrum*)	Fe	규소	Si
카드뮴	Cd	납(*plumbum*)	Pb	은(*argentum*)	Ag
칼슘	Ca	리튬	Li	소듐(*natrium*)	Na
탄소	C	마그네슘	Mg	스트론튬	Sr
염소	Cl	망가니즈	Mn	황	S
크로뮴	Cr	수은(*hydrargyrum*)	Hg	주석(*stannum*)	Sn
코발트	Co	네온	Ne	타이타늄	Ti
구리(*cuprum*)	Cu	니켈	Ni	우라늄	U
플루오린	F	질소	N	아연	Zn

* 괄호 안에 주어진 이름은 기호가 유래된 고대 라틴어 또는 그리스어이다.

알루미늄

탄소

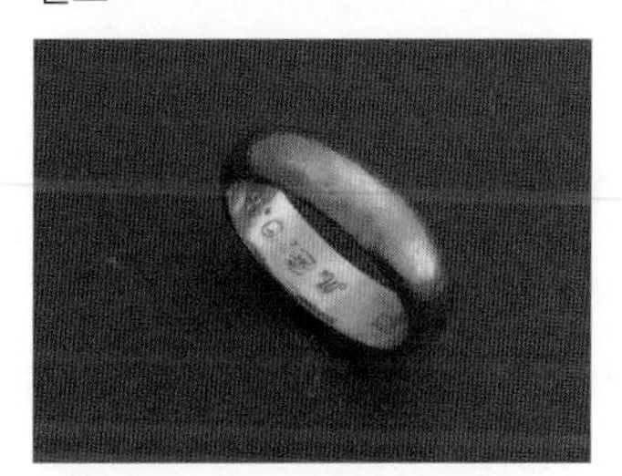
금

은

황

예제 4.1 **화학 원소들의 이름과 기호**

문제

각 원소의 정확한 이름 또는 기호를 이용하여 다음 표를 완성하라.

이름	기호
니켈	______
질소	______
______	Zn
______	K
철	______

풀이

이름	기호
니켈	Ni
질소	N
아연	Zn
포타슘	K
철	Fe

유제 4.1

원소 규소, 황, 은의 화학 기호를 써라.

해답

Si, S, Ag

확인하기

연습 문제 4.1에서 4.3까지 풀어보기

화학과 보건
수은의 독성

수은(Hg)은 은빛의 빛나는 원소로 실온에서 액체이다. 수은은 수은 증기 흡입, 피부 접촉 또는 수은에 오염된 음식이나 물을 섭취함으로써 체내에 유입될 수 있다. 체내에서 수은은 단백질을 파괴하고 세포 기능을 교란한다. 수은에 장기간 노출되면 뇌와 신장이 손상되고, 정신 지체를 일으키며, 신체 발달을 느리게 한다. 혈액, 소변과 머리카락 시료는 수은 시험을 위하여 사용된다.

박테리아는 담수와 염수 모두에서 수은을 독성의 메틸수은으로 변환시키며, 이는 중추 신경계를 공격한다. 어류는 메틸수은을 흡수하기 때문에 수은에 오염된 생선을 소비함으로써 수은에 노출될 수 있다. 생선으로부터 유입된 수은 수준이 우려할 정도가 되자 식품의약국(Food and Drug Administration, FDA)은 최대 수준을 생선 1 kg당 수은 1 mg으로 정하였다. 황새치와 상어와 같이 먹이사슬의 상위에 있는 생선은 매우 높은 수은 수준에 있어, 미국 환경보호청(U.S. Environmental Protection Agency, EPA)은 일주일에 한 번 이상은 소비하지 말 것을 권고하고 있다.

가장 최악의 수은 중독 사고 중 하나는 1965년 일본 미나마타와 니가타에서 발생한 것이다. 그 당시 바다는 산업 폐기물로부터 나오는 높은 수준의 수은으로 오염되어 있었다. 생선이 식생활에서 주요 음식이었기 때문에 2000명 이상의 사람들이 수은 중독의 영향을 받았고, 그 결과 사망하거나 신경 손상을 입었다. 미국에서는 1988년에서 1997년 사이에 페인트와 살충제에 수은 사용이 금지되었고, 배터리와 다른 제품들에 수은 사용이 규제되면서 수은 사용이 75% 감소하였다. 일부 배터리와 소형 형광등(compact fluorescent light bulb, CFL)은 수은을 함유하고 있으므로, 안전한 처리 지시에 따라야 한다.

원소 수은은 실온에서 은빛으로 빛나는 액체이다.

연습 문제

4.1 원소와 기호

학습 목표 원소의 이름이 주어지면 정확한 기호를 쓰고, 기호로부터 정확한 이름을 쓴다.

4.1 다음 원소들의 기호를 써라.
a. 소듐 **b.** 포타슘 **c.** 니켈 **d.** 은
e. 질소 **f.** 팔라듐 **g.** 바나듐 **h.** 아연

의학 응용

4.2 각 기호에 대한 원소의 이름을 써라.
a. S **b.** F **c.** Ne **d.** Au
e. Al **f.** Cu **g.** Pd **h.** Mg

4.3 의학에서 사용되는 화합물의 다음 화학식에서 원소의 이름을 써라.
a. 식탁염, NaCl
b. 석고 깁스, $CaSO_4$
c. 데메롤(demerol), $C_{15}H_{22}ClNO_2$
d. 양극성 정동장애(bipolar disorder) 치료, Li_2CO_3

4.2 주기율표

학습 목표 주기율표를 이용하여 원소의 족과 주기를 확인하고, 원소를 금속, 비금속 또는 준금속으로 확인한다.

1800년대 후반까지 과학자들은 특정 원소들이 비슷하게 보이고 같은 방식으로 거동한다는 것을 인지하였다. 1869년, 러시아의 화학자 Dmitri Mendeleev는 그 당시까지 알려져 있던 60개의 원소들을 비슷한 성질을 가지는 군으로 정렬하였고, 원자 질량이 증가하는 순서대로 배열하였다. 오늘날 이러한 118개 원소들의 배열이 **주기율표**

원소 주기율표

전형 원소

알칼리 금속 / 알칼리 토금속 / 할로젠 / 0족 기체

족 번호

전이 원소

주기 수	1 1A족	2 2A족	3 3B	4 4B	5 5B	6 6B	7 7B	8 8B	9 8B	10 8B	11 1B	12 2B	13 3A족	14 4A족	15 5A족	16 6A족	17 7A족	18 8A족
1	1 H																	2 He
2	3 Li	4 Be											5 B	6 C	7 N	8 O	9 F	10 Ne
3	11 Na	12 Mg											13 Al	14 Si	15 P	16 S	17 Cl	18 Ar
4	19 K	20 Ca	21 Sc	22 Ti	23 V	24 Cr	25 Mn	26 Fe	27 Co	28 Ni	29 Cu	30 Zn	31 Ga	32 Ge	33 As	34 Se	35 Br	36 Kr
5	37 Rb	38 Sr	39 Y	40 Zr	41 Nb	42 Mo	43 Tc	44 Ru	45 Rh	46 Pd	47 Ag	48 Cd	49 In	50 Sn	51 Sb	52 Te	53 I	54 Xe
6	55 Cs	56 Ba	57* La	72 Hf	73 Ta	74 W	75 Re	76 Os	77 Ir	78 Pt	79 Au	80 Hg	81 Tl	82 Pb	83 Bi	84 Po	85 At	86 Rn
7	87 Fr	88 Ra	89† Ac	104 Rf	105 Db	106 Sg	107 Bh	108 Hs	109 Mt	110 Ds	111 Rg	112 Cn	113 Nh	114 Fl	115 Mc	116 Lv	117 Ts	118 Og

* 란탄족	58 Ce	59 Pr	60 Nd	61 Pm	62 Sm	63 Eu	64 Gd	65 Tb	66 Dy	67 Ho	68 Er	69 Tm	70 Yb	71 Lu
† 악티늄족	90 Th	91 Pa	92 U	93 Np	94 Pu	95 Am	96 Cm	97 Bk	98 Cf	99 Es	100 Fm	101 Md	102 No	103 Lr

금속 / 준금속 / 비금속

그림 4.1 주기율표에서 족은 원소들이 세로 열로 배열된 것이고, 주기는 원소들이 가로 행으로 배열된 것이다.

Q 3주기 알칼리 금속의 기호는 무엇인가?

(periodic table)로 알려져 있다(**그림 4.1**).

족과 주기

주기율표에서 각 세로 열에는 비슷한 성질을 가진 원소들의 **족**(group 또는 family)이 포함되어 있다. **족 번호**(group number)는 주기율표의 세로 열(족) 위에 쓴다. 오랫동안 **전형 원소**(representative element)의 족 번호는 1A에서 8A였다. 주기율표의 중앙에는 **전이 원소**(transition element)로 알려진 한 무더기의 원소들이 있으며, 번호 뒤에 'B'를 붙인다. 새로운 체계는 주기율표 왼쪽에서 오른쪽으로 가면서 족에 1에서 18까지의 수를 할당한다. 두 체계가 사용되고 있기 때문에 주기율표에 모두 나타내었고, 원소와 족 번호의 논의에 포함되었다. **란탄족**(lanthanide)과 **악티늄족**(actinide)(또는 내부 전이원소)으로 불리는 14개 원소의 두 줄은 같은 쪽에 맞추기 위하여 주기율표 아래에 위치한다.

주기율표의 각 가로 행은 **주기**(period)이다. 주기는 표 위에서부터 1주기에서 7주기까지 세어나간다. 첫 번째 주기에는 수소(H)와 헬륨(He), 2개의 원소가 있다. 두 번째 주기에는 8개의 원소, 리튬(Li), 베릴륨(Be), 붕소(B), 탄소(C), 질소(N), 산소(O), 플루오린(F), 네온(Ne)이 있다. 세 번째 주기에는 소듐(Na)으로 시작하여 아르곤(Ar)으로 끝나는 8개의 원소가 있다. 포타슘(K)으로 시작하는 네 번째 주기와 루비듐(Rb)

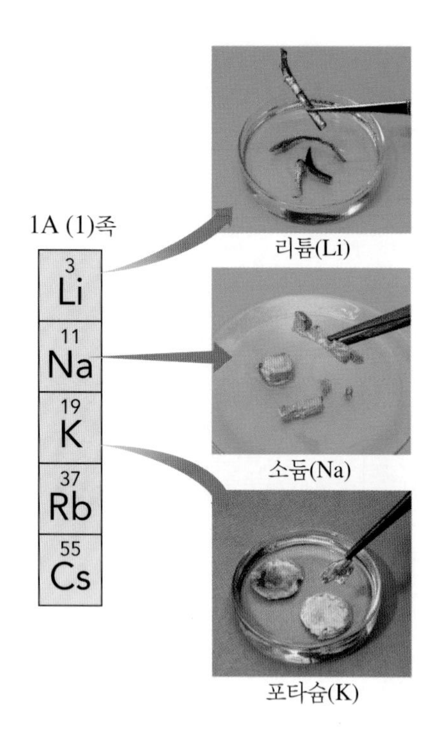

그림 4.3 리튬(Li), 소듐(Na), 포타슘(K)은 1A(1)족의 알칼리 금속들이다.

Q 이 알칼리 금속들이 공통으로 가지는 다른 성질들은 무엇인가?

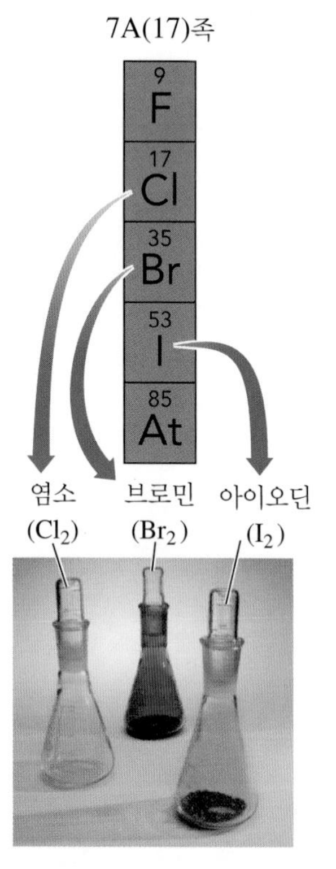

그림 4.4 염소(Cl_2), 브로민(Br_2), 아이오딘(I_2)은 7A(17)족의 할로젠이다.

Q 할로젠 족에 있는 다른 원소에는 무엇이 있는가?

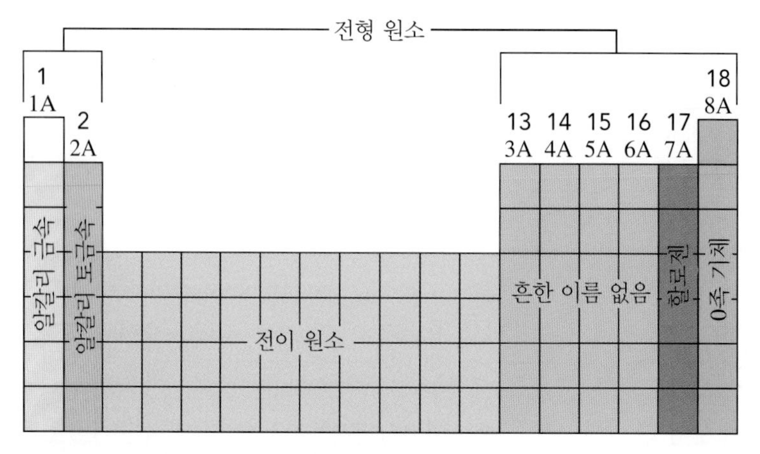

그림 4.2 주기율표의 특정 족은 흔한 이름을 가진다.

Q 헬륨과 아르곤을 포함하는 원소들의 흔한 족 이름은 무엇인가?

으로 시작하는 다섯 번째 주기에는 각각 18개의 원소가 있다. 세슘(Cs)으로 시작하는 여섯 번째 주기에는 32개의 원소가 있으며, 일곱 번째 주기에도 32개의 원소가 있어 총 118개 원소가 된다.

족 이름

주기율표에서 일부 족은 특별한 이름이 있다(그림 4.2). 1A(1)족 원소들—리튬(Li), 소듐(Na), 포타슘(K), 루비듐(Rb), 세슘(Cs)과 프란슘(Fr)—은 **알칼리 금속**(alkali metal)으로 알려진 원소들의 군집이다(그림 4.3). 이 족의 원소들은 부드럽고 빛이 나는 금속으로, 열과 전기의 좋은 전도체이며, 상대적으로 녹는점이 낮다. 알칼리 금속들은 물과 격렬하게 반응하고 산소와 결합할 때 흰 생성물을 생성한다.

수소(H)는 1A(1)족의 가장 상위에 위치하지만 알칼리 금속은 아니며, 같은 족의 나머지 다른 원소들과는 매우 다른 성질을 가진다. 따라서 수소는 알칼리 금속에 포함되지 않는다.

알칼리 토금속(alkaline earth metal)은 2A(2)족에서 발견된다. 여기에는 베릴륨(Be), 마그네슘(Mg), 칼슘(Ca), 스트론튬(Sr), 바륨(Ba)과 라듐(Ra)이 포함된다. 알칼리 토금속들은 1A(1)족의 금속들처럼 빛나는 금속이지만 이들은 반응성이 크지 않다.

할로젠(halogen)은 주기율표 오른쪽의 7A(17)족에서 발견된다. 여기에는 플루오린(F), 염소(Cl), 브로민(Br), 아이오딘(I)과 아스타틴(At)이 포함된다(그림 4.4). 할로젠, 특히 플루오린과 염소는 매우 반응성이 크고 대부분의 원소들과 화합물을 형성한다.

0족 기체(noble gas)는 8A(18)족에서 발견된다. 여기에는 헬륨(He), 네온(Ne), 아르곤(Ar), 크립톤(Kr), 제논(Xe), 라돈(Rn)과 오가네손(Og)이 포함된다. 이들은 매우 반응성이 없고 다른 원소들과 결합된 형태로는 거의 발견되지 않는다.

금속, 비금속, 준금속

주기율표의 또 다른 특징은 원소들을 **금속**(metal)과 **비금속**(nonmetal)으로 나누는 굵은 지그재그 선이다. **수소를 제외하고** 금속은 선의 왼쪽에, 비금속은 오른쪽에 위치한다.

일반적으로 대부분의 **금속**(metal)은 구리(Cu), 금(Au), 은(Ag)과 같이 빛나는 고체이다. 금속은 선(연성)으로 성형하거나 두들겨 평평한 판(전성)으로 만들 수 있다. 또한 금속은 열과 전기의 좋은 전도체이다. 이들은 보통 비금속보다 더 높은 온도에서 녹는다. 모든 금속은 액체인 수은(Hg)을 제외하고 실온에서 고체이다.

비금속(nonmetal)은 특별히 빛나거나 연성 또는 전성이 없고, 보통 좋지 않은 열과 전기의 전도체이다. 이들은 특히 녹는점과 밀도가 낮다. 비금속의 일부 예에는 수소(H), 탄소(C), 질소(N), 산소(O), 염소(Cl)와 황(S)이 있다.

알루미늄을 제외하고 굵은 선을 따라 존재하는 원소들은 **준금속**(metalloid)이며, 여기에는 B, Si, Ge, As, Sb, Te, Po, At과 Ts가 있다. 준금속은 일부 성질은 금속의 독특한 성질을 나타내고, 다른 성질은 비금속의 특성을 나타내는 원소들이다. 예를 들어, 이들은 비금속보다 열과 전기의 보다 나은 전도체이지만 금속처럼 좋지는 않다. 준금속은 가공하여 도체 또는 절연체로 작용할 수 있도록 변형 가능하기 때문에 **반도체**(semiconductor)이다. **표 4.3**은 금속인 은의 일부 특성을 준금속인 안티모니와 비금속인 황과 비교하고 있다.

생각해보기

원소 119가 생성된다면, 어떤 족과 주기에 놓아야 하는가?

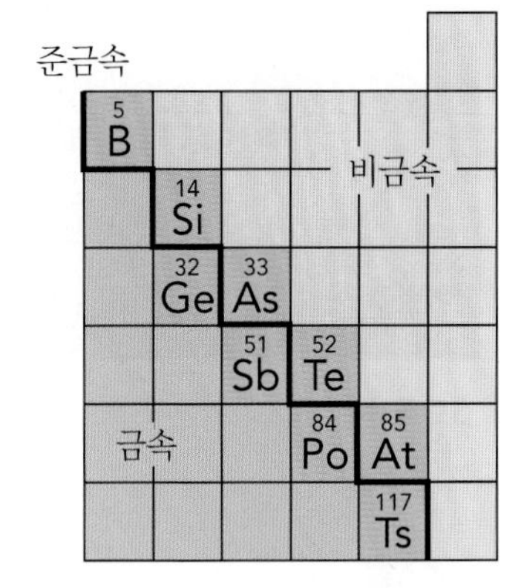

지그재그 선상의 준금속은 금속과 비금속의 특성이 모두 나타난다.

표 4.3 금속, 준금속, 비금속의 일부 특성

은(Ag)	안티모니(Sb)	황(S)
금속	준금속	비금속
빛남	청회색, 빛남	칙칙함, 황색
연성이 매우 좋음	깨지기 쉬움	깨지기 쉬움
두들겨 판으로 만들 수 있음 (전성)	두들기면 부서짐	두들기면 부서짐
열과 전기의 좋은 전도체	열과 전기의 나쁜 전도체	열과 전기의 나쁜 전도체, 좋은 절연체
동전, 보석류, 식기류에 사용	납 경화, 색유리, 플라스틱에 사용	화약, 고무, 곰팡이살균제로 사용
밀도 10.5 g/mL	밀도 6.7 g/mL	밀도 2.1 g/mL
녹는점 962°C	녹는점 630°C	녹는점 113°C

은은 금속, 안티모니는 준금속, 황은 비금속이다.

예제 4.2 금속, 비금속, 준금속

문제

주기율표를 이용하여 다음 원소를 족과 주기, 족 이름(있을 경우), 그리고 금속, 비금속 또는 준금속으로 분류하라.

a. Na, 신경 자극에 중요하고, 혈압을 조절

b. I, 갑상샘 호르몬 생성에 필요

c. Si, 힘줄과 인대에 필요

풀이

a. Na(소듐), 1A(1)족, 3주기, 알칼리 금속

b. I(아이오딘), 7A(17)족, 5주기, 할로젠, 비금속

c. Si(규소), 4A(14)족, 3주기, 준금속

스트론튬은 불꽃놀이에서 붉은색을 제공한다.

유제 4.2

스트론튬은 불꽃놀이에서 빛나는 붉은색을 낸다.

a. 몇 족에서 스트론튬을 찾을 수 있는가?

b. 이 화학물질 군집의 이름은 무엇인가?

c. 몇 주기에서 스트론튬을 찾을 수 있는가?

d. 스트론튬은 금속인가, 비금속인가, 또는 준금속인가?

해답

a. 2A(2)족

b. 알칼리 토금속

c. 5주기

d. 금속

확인하기

연습 문제 4.4에서 4.8까지 풀어보기

화학과 보건

건강에 필수적인 원소들

모든 원소 중에서 인체의 복지와 생존에 필수적인 원소는 약 20개뿐이다. 이 중 4개 원소—산소, 탄소, 수소, 질소—는 주기율표의 1주기와 2주기에 위치하는 전형 원소이며, 체질량의 96%를 구성한다. 우리가 매일 먹는 대부분의 음식은 건강한 신체를 유지하도록 이러한 원소들을 제공한다. 이 원소들은 탄수화물, 지방, 단백질에서 발견되며, 대부분의 수소와 산소는 체질량의 55~60%를 차지하는 물에서 발견된다.

다량무기질(macromineral)인 Ca, P, K, Cl, S, Na, Mg는 주기율표의 3주기와 4주기에 위치한다. 이들은 뼈와 치아의 형성, 심장과 혈관의 유지, 근육 수축, 신경 자극, 체액의 산–염기 균형과 세포의 대사 조절 등에 관여한다. 다량무기질은 주요 원소보다 적은 양으로 존재하므로, 보다 적은 양이 일상 식사에서 필요하다.

	1 1A족	2 2A족	3 3B	4 4B	5 5B	6 6B	7 7B	8	9 8B	10	11 1B	12 2B	13 3A족	14 4A족	15 5A족	16 6A족	17 7A족	18 8A족
1	1 H																	2 He
2	3 Li	4 Be											5 B	6 C	7 N	8 O	9 F	10 Ne
3	11 Na	12 Mg											13 Al	14 Si	15 P	16 S	17 Cl	18 Ar
4	19 K	20 Ca	21 Sc	22 Ti	23 V	24 Cr	25 Mn	26 Fe	27 Co	28 Ni	29 Cu	30 Zn	31 Ga	32 Ge	33 As	34 Se	35 Br	36 Kr
5	37 Rb	38 Sr	39 Y	40 Zr	41 Nb	42 Mo	43 Tc	44 Ru	45 Rh	46 Pd	47 Ag	48 Cd	49 In	50 Sn	51 Sb	52 Te	53 I	54 Xe
6	55 Cs	56 Ba	57* La	72 Hf	73 Ta	74 W	75 Re	76 Os	77 Ir	78 Pt	79 Au	80 Hg	81 Tl	82 Pb	83 Bi	84 Po	85 At	86 Rn
7	87 Fr	88 Ra	89† Ac	104 Rf	105 Db	106 Sg	107 Bh	108 Hs	109 Mt	110 Ds	111 Rg	112 Cn	113 Nh	114 Fl	115 Mc	116 Lv	117 Ts	118 Og

신체 주요 원소들 · 다량무기질 · 미량무기질(미량 원소)

미량무기질(micromineral) 또는 **미량 원소**(trace element)라고 부르는 다른 필수 원소는 3주기의 Si, 5주기의 Mo 및 I와 함께 대부분 4주기의 전이 원소들이다. 이들은 인체에 아주 적은 양, 그중 일부는 100 mg 미만으로 존재한다. 최근에는 이러한 소량을 검출하는 것이 향상되면서 연구자들이 보다 쉽게 미량 원소들의 역할을 확인할 수 있게 되었다. 비소, 크로뮴, 셀레늄과 같은 일부 미량 원소들은 체내에서 높은 수준의 독성을 나타내지만, 여전히 신체에 필요하다. 주석, 니켈과 같은 다른 원소들은 필수적인 것으로 여겨지지만, 이들의 대사 역할은 아직 확인되지 않고 있다. 60. kg의 사람에게 존재하는 일부 원소의 예와 양이 **표 4.4**에 게재되어 있다.

표 4.4 60. kg인 성인의 필수 원소의 일반적인 양

원소	양	기능
주요 원소		
산소(O)	39 kg	생체분자의 구성 성분과 물(H_2O)
탄소(C)	11 kg	유기와 생체분자의 구성 성분
수소(H)	6 kg	생체분자의 성분, 물(H_2O), 체액의 pH 조절, 위산(HCl)
질소(N)	2 kg	단백질과 핵산의 성분
다량무기질		
칼슘(Ca)	1000 g	뼈와 치아에 필요, 근육 수축, 신경 자극
인(P)	600 g	뼈와 치아에 필요, 핵산
포타슘(K)	120 g	세포에서 가장 흔한 양이온(K^+), 근육 수축, 신경 자극
염소(Cl)	100 g	세포 외 액에서 가장 흔한 음이온(Cl^-), 위산(HCl)
황(S)	86 g	단백질, 간, 비타민 B_1, 인슐린의 성분
소듐(Na)	60 g	세포 외 액에서 가장 흔한 양이온(Na^+), 수분 균형, 근육 수축, 신경 자극
마그네슘(Mg)	36 g	뼈의 성분, 대사 작용에 필요
미량무기질(미량 원소)		
철(Fe)	3600 mg	산소 운반체 헤모글로빈의 성분
규소(Si)	3000 mg	성장과 뼈와 치아, 힘줄과 인대, 머리카락과 피부 유지에 필요
아연(Zn)	2000 mg	세포 내 대사 작용, DNA 합성, 뼈, 치아, 연결 조직, 면역계에 필요
구리(Cu)	240 mg	혈관, 혈압, 면역계에 필요
망가니즈(Mn)	60 mg	뼈의 성장, 혈액 응고, 대사 작용에 필요
아이오딘(I)	20 mg	적절한 갑상샘 작용에 필요
몰리브데넘(Mo)	12 mg	음식으로부터 Fe와 N 과정에 필요
비소(As)	3 mg	성장과 생식에 필요
크로뮴(Cr)	3 mg	혈당 수준 유지, 생체분자의 합성에 필요
코발트(Co)	3 mg	비타민 B_{12}, 적혈구 세포의 성분
셀레늄(Se)	2 mg	면역계, 심장 건강과 췌장에서 사용
바나듐(V)	2 mg	뼈와 치아, 음식으로부터 에너지 형성에 사용

연습 문제

4.2 주기율표

학습 목표 주기율표를 이용하여 원소의 족과 주기를 확인하고, 원소를 금속, 비금속 또는 준금속으로 확인한다.

4.4 다음이 설명하는 족과 주기 번호를 확인하라.

a. 원소 O, F, Ne을 포함

b. K로 시작

c. 알칼리 토금속을 포함

d. N, P, As, Sb, Bi를 포함

4.5 다음이 설명하는 원소의 기호를 제시하라.

a. 5A(15)족, 2주기

b. 3주기 0족 기체

c. 4주기 알칼리 토금속
d. 6A(16)족, 3주기
e. 7A(17)족, 4주기

4.6 다음 원소를 금속, 비금속 또는 준금속으로 확인하라.
a. 리튬
b. 인
c. 동전과 보석으로 사용되는 원소
d. 전기와 열의 좋지 않은 전도체인 원소
e. 규소
f. 수소
g. 스트론튬
h. 세슘

의학 응용

4.7 표 4.4를 이용하여 신체에서 다음의 기능을 확인하고 각각을 알칼리 금속, 알칼리 토금속, 전이 금속 또는 할로젠으로 분류하라.
a. K **b.** Mn **c.** Co **d.** I

4.8 화학과 보건: 건강에 필수적인 원소들을 이용하여 다음에 대하여 답하라.
a. 다량무기질은 무엇인가?
b. 신체에서 황의 역할은 무엇인가?
c. 60. kg인 성인의 일반적인 황의 양은 몇 g인가?

4.3 원자

학습 목표 양성자, 중성자, 전자의 전하와 원자 내 위치를 기술한다.

주기율표에 게재된 모든 원소들은 원자로 구성되어 있으며, **원자**(atom)는 원소의 특성을 유지하는 원소의 가장 작은 입자이다. 알루미늄 포일 조각을 계속해서 찢으면서 더 작은 조각으로 만들고, 이제 너무 작아서 더 이상 나눌 수 없는 미세한 조각이 되었다고 가정해보자. 그러면 이제 알루미늄 원자 하나를 가지게 된 것이다.

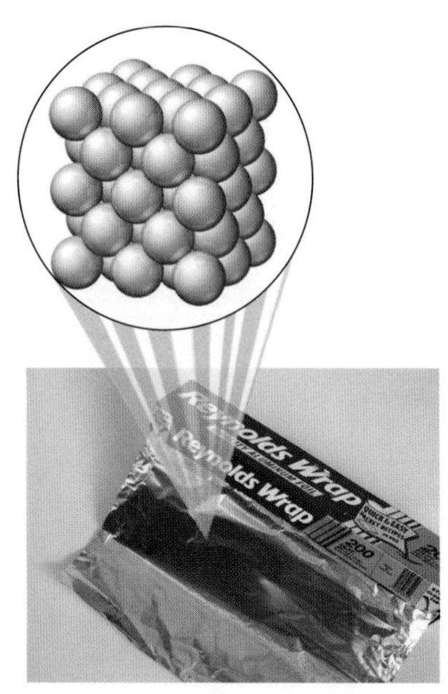

알루미늄 포일은 알루미늄 원자들로 구성되어 있다.

원자의 개념은 상대적으로 근래의 일이다. 기원전 500년경의 그리스 철학자는 모든 것은 **원자**(atomos)라고 불리는 아주 작은 입자를 가지고 있어야만 한다고 추론하였지만, 원자에 대한 생각은 1808년까지 과학 이론이 되지 못하였다. 그 후 John Dalton(1766~1844)은 화합물에서 발견되는 원소의 조합에는 원자가 있기 때문이라고 제안한 원자론을 발전시켰다.

Dalton의 원자론

1. 모든 물질은 원자라는 작은 입자로 구성되어 있다.
2. 주어진 원소의 모든 원자는 동일하고, 다른 원소의 원자와는 다르다.
3. 둘 이상의 서로 다른 원소의 원자들이 결합하여 화합물을 형성한다. 특정 화합물은 항상 같은 종류의 원자들로 구성되어 있으며, 각 종류의 원자 수는 항상 같다.
4. 화학 반응은 원자들의 재배열, 분리 또는 결합을 포함한다. 원자들은 화학 반응 동안 생성되거나 파괴되지 않는다.

비록 Dalton의 진술 일부는 수정되었지만, Dalton의 원자론은 오늘날 원자론의 근간이 되었다. 우리는 이제 같은 원소의 원자가 서로 완전히 일치하지 않고, 보다 작은 입자들로 구성되어 있다는 것을 알고 있다. 그러나 원자는 여전히 원소의 성질을 유지하고 있는 가장 작은 입자이다.

생각해보기
Dalton의 원자론은 화합물 내의 원자들에 대하여 무엇을 말하는가?

원자는 우리 주위에서 볼 수 있는 모든 것의 구성 요소이지만, 맨눈으로는 1개의 원자, 심지어 10억 개의 원자들조차 볼 수 없다. 그러나 수십억 개의 원자들이 모이면 각 원자의 특성은 옆의 특성에 더해져, 비로소 원소와 연관된 특성을 볼 수 있다. 예를 들어, 작은 금 조각은 수많은 금 원자들로 구성되어 있다. **주사 터널 현미경**(scanning tunneling microscope, STM)이라는 특수한 종류의 현미경은 각 원자에 대한 영상을 제공한다(그림 4.5).

그림 4.5 주사 현미경으로 1,600만 배 확대하면 금 원자의 영상이 생성된다.

Q 원자를 보는 데 극도로 높은 배율을 가진 현미경이 필요한 이유는 무엇인가?

원자 내의 전하

1800년대 말, 전기 실험은 원자들이 구형의 고체 형상이 아닌 **아원자 입자**(subatomic particle)라고 하는 더 작은 입자 조각들로 구성되어 있다는 것을 보여주었으며, 이들은 **양성자**(proton), **중성자**(neutron), **전자**(electron)이다. 이 아원자 입자 중 2개는 전하를 가지고 있었기 때문에 보다 쉽게 발견되었다.

전하는 양 또는 음이 될 수 있다. 실험에 의하여 같은 전하는 반발하거나 서로를 밀어내는 것으로 밝혀졌다. 건조한 날에 머리를 빗질하면 비슷한 전하가 빗과 머리카락에 쌓인다. 그 결과, 머리카락은 빗으로부터 멀리 날리게 된다. 그러나 반대 또는 동일하지 않은 전하는 끌어당긴다. 세탁 건조기에서 꺼낸 옷에서 나는 탁탁 거리는 소리는 전하의 존재를 보여준다. 옷들이 서로 달라붙는 것은 반대, 같지 않은 전하가 끌어당긴 결과이다(그림 4.6).

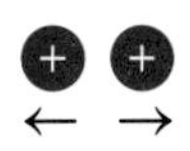

양전하끼리는 밀어낸다.

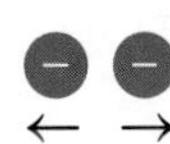

음전하끼리는 밀어낸다.

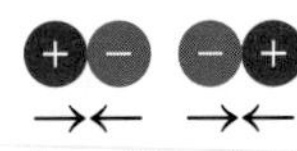

서로 다른 전하는 끌어당긴다.

그림 4.6 같은 전하는 밀어내고 다른 전하는 끌어당긴다.

Q 원자의 핵에서 전자가 양성자에 끌리는 이유는 무엇인가?

원자의 구조

1897년, 영국의 물리학자인 J. J. Thomson은 밀폐된 유리관의 전극에 전기를 흘려보내 **음극선**(cathode ray)이라고 하는 작은 입자의 흐름을 생성하였다. 이 선은 양으로 하전된 전극에 끌렸기 때문에, Thomson은 선의 입자들이 음으로 하전되어야만 한다는 것을 알 수 있었다. 추가로 진행된 실험에서 **전자**라 불리는 이러한 입자들은 원자보다 훨씬 작고 질량이 매우 작다는 것을 발견하였다. 원자는 중성이므로, 과학자들은 곧 원자가 전자보다 매우 무거운 **양성자**라 불리는 양으로 하전된 입자를 가지고 있다는 것을 발견하였다.

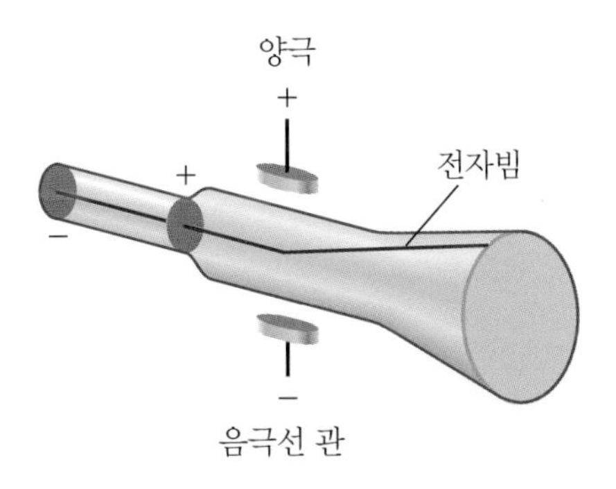

음으로 하전된 음극선(전자)은 양극에 끌린다.

Thomson은 원자의 '자두-푸딩(plum-pudding)' 모형을 제안하였고, 여기서 전자와 양성자는 푸딩 안의 자두와 같이 양으로 하전된 구름에 무작위하게 분포된다. 1911년, Ernest Rutherford는 Thomson과 함께 이 모형을 시험하기 위하여 같이 연구하였다. Rutherford의 실험에서 양으로 하전된 입자들을 얇은 금박에 투사하였다

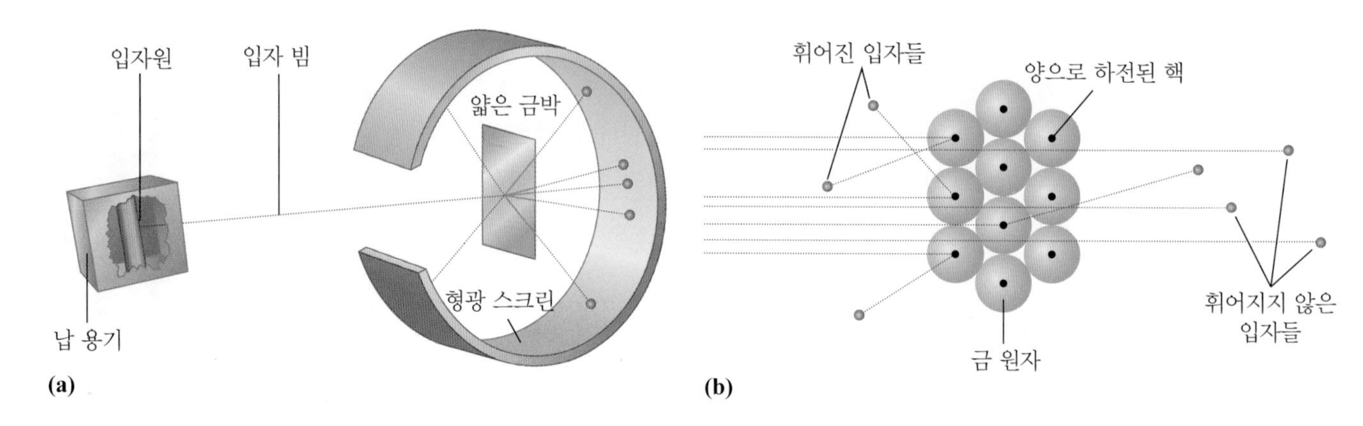

그림 4.7 (a) 양의 입자를 금박 조각에 투사하였다. (b) 원자핵에 가까이 다가가는 입자들은 직선 경로에서 휘어진다.

Q 일부 입자가 휘어지는 데 반해 대부분은 금박에 휘어지지 않고 통과하는 이유는 무엇인가?

양방향 비디오

Rutherford의 금박 실험

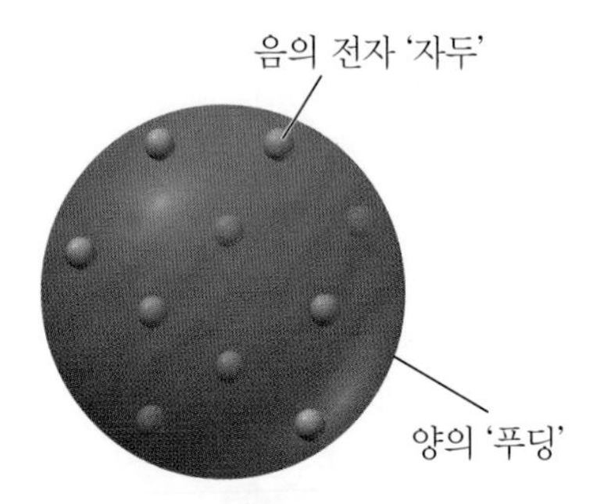

Thomson의 '자두-푸딩' 모형은 양성자와 전자가 원자 전체에 흩어져 있다.

(그림 4.7). 만약 Thomson의 모형이 옳다면, 입자들은 금박을 통과하여 일직선의 경로로 이동할 것이다. Rutherford는 금박을 통과하면서 일부 입자들은 휘어지고, 적은 양의 입자지만 휘는 정도가 매우 커서 거의 반대 방향으로 되돌아오는 것을 발견하고는 매우 놀랐다. Rutherford에 따르면, 이는 휴지 조각에 대포알을 쏘았는데 그에게 되튀어 오는 것과 같았다.

그의 금박 실험으로부터 Rutherford는 양성자가 원자의 중심에 있는 작고 양으로 하전된 영역 안에 포함되어야 한다는 것을 알게 되었고, 이 영역을 **핵**(nucleus)이라 불렀다. 그는 원자 내의 전자는 핵 주위의 공간을 점유하며, 대부분의 입자는 이 공간에 방해받지 않고 통과한다고 제안하였다. 이 밀도가 높고 양인 중앙 부근에 오는 입자만 휘어진다. 원자가 축구 경기장 크기라고 가정하면, 핵은 경기장 중앙에 위치한 골프공의 크기가 될 것이다.

과학자들은 핵이 양성자의 질량보다 무겁다는 것을 알고 있었기 때문에 또 다른 아원자 입자를 찾아냈다. 결국 그들은 핵이 중성인 입자를 가지고 있음을 발견하였고, 이 입자를 **중성자**(neutron)라 불렀다. 따라서 핵의 양성자와 중성자의 질량이 원자의 질량을 결정한다(그림 4.8).

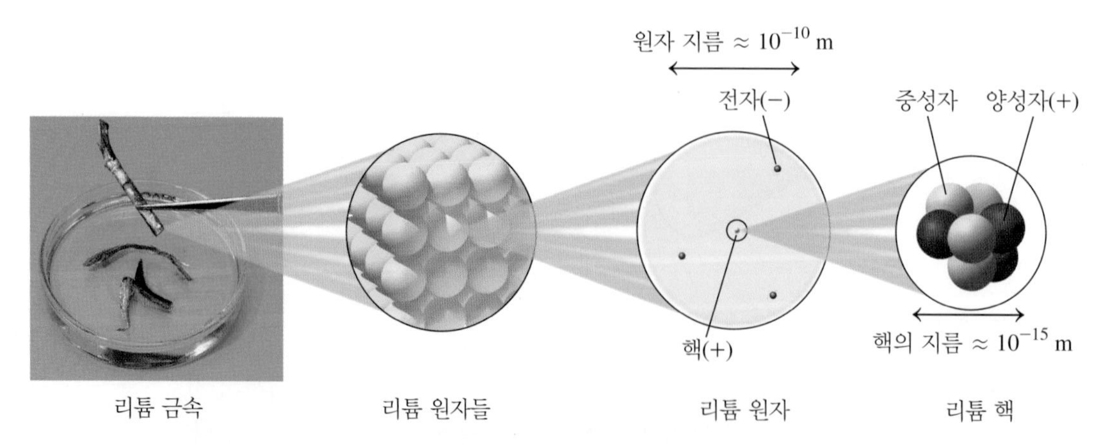

그림 4.8 원자에서 거의 모든 질량을 구성하는 양성자와 중성자는 핵의 작은 부피 속에 밀집되어 있다. 핵 주위를 빠르게 움직이는 전자(음전하)로 원자의 큰 부피를 설명한다.

Q 원자의 대부분이 빈 공간이라고 설명할 수 있는 이유는 무엇인가?

원자의 질량

모든 아원자 입자들은 주위에서 볼 수 있는 사물과 비교하면 매우 작다. 양성자는 질량이 1.67×10^{-24} g이고, 중성자는 이와 거의 같다. 그러나 전자의 질량은 9.11×10^{-28} g으로, 이는 양성자 또는 중성자의 질량에 비하면 매우 작다. 이처럼 아원자 입자들의 질량이 매우 작기 때문에 화학자들은 **원자 질량 단위**(atomic mass unit, amu)라 부르는 매우 작은 질량 단위를 사용한다. 1 amu는 6개의 양성자와 6개의 중성자를 포함하고 있는 핵을 가진 탄소 원자 질량의 1/12로 정의한다. 생물학에서 원자 질량 단위는 John Dalton을 기리는 **돌턴**(Dalton, Da)으로 불린다. amu 척도에서 양성자와 중성자의 질량은 각각 약 1 amu이며, 전자는 질량이 매우 작기 때문에 원자 질량 계산에서 무시된다. 표 4.5는 원자 내 아원자 입자들에 대한 정보를 요약한 것이다.

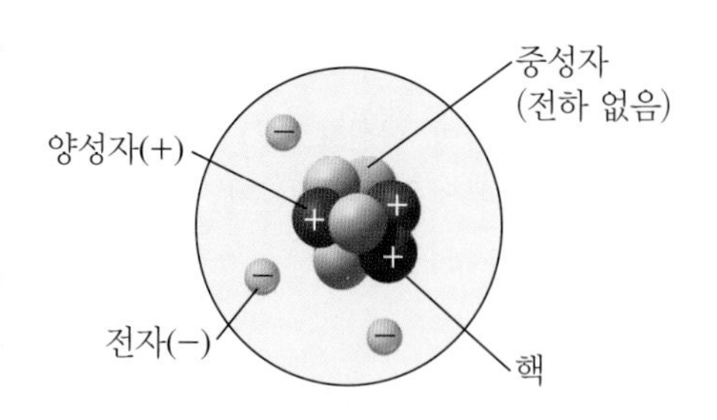

전형적인 리튬 원자의 핵에는 3개의 양성자와 4개의 중성자가 있다.

표 4.5 원자 내 아원자 입자들

입자	기호	전하	질량(amu)	원자 내 위치
양성자	p 또는 p^+	1+	1.007	핵
중성자	n 또는 n^0	0	1.008	핵
전자	e^-	1−	0.000 55	핵 외곽

예제 4.3 **아원자 입자**

문제

다음이 참인지 거짓인지를 확인하라.

a. 양성자는 전자보다 무겁다.
b. 전자는 중성자에게 끌린다.
c. 핵에는 원자의 모든 양성자와 중성자가 있다.

풀이

a. 참
b. 거짓, 전자는 양성자에게 끌린다.
c. 참

유제 4.3

다음 문장은 참인가, 거짓인가?
핵은 원자의 큰 부피를 차지한다.

해답

거짓, 원자의 부피 대부분은 핵 외부에 있다.

확인하기

연습 문제 4.9에서 4.12를 풀어보기

연습 문제

4.3 원자

학습 목표 양성자, 중성자, 전자의 전하와 원자 내 위치를 기술한다.

4.9 다음이 양성자, 중성자 또는 전자 중 무엇을 기술하는지 확인하라.
a. 가장 작은 질량을 가진다.
b. 1+ 전하를 가진다.
c. 핵 외부에서 발견된다.
d. 전기적으로 중성이다.

4.10 금박 실험으로부터 Rutherford는 원자의 구조에 대하여 무엇을 알아냈는가?

4.11 다음의 문장이 참인지, 거짓인지 말하라.
a. 중성자와 전자는 반대 전하를 가진다.
b. 전자와 양성자가 원자 대부분의 질량을 차지한다.
c. 양성자는 서로 밀어낸다.
d. 전자는 양성자와 함께 핵 내부에 위치한다.

4.12 건조한 날에 머리카락을 빗질하면 흩날린다. 이것을 어떻게 설명할 수 있는가?

복습
계산에서 양수와 음수를 사용하기(1.4)

4.4 원자 번호와 질량수

학습 목표 원자의 원자 번호와 질량수가 주어질 때 양성자 수와 중성자 수, 전자 수를 말한다.

같은 원소의 모든 원자들은 항상 같은 수의 양성자를 가진다. 이러한 특성은 한 원소의 원자를 다른 모든 원소들의 원자들과 구분한다.

핵심 화학 기법
양성자와 중성자 세기

원자 번호

한 원소의 **원자 번호**(atomic number)는 그 원소의 모든 원자에 있는 양성자의 수와 같다. 원자 번호는 주기율표에서 각 원소 기호 위에 나타나는 자연수이다.

원자 번호 = 원자의 양성자 수

이 교재의 뒤표지 안에 있는 주기율표는 원자 번호 1부터 118까지 순서대로 나타나 있다. 원자 번호를 이용하면 어떠한 원소의 원자라도 양성자의 수를 확인할 수 있다. 예를 들어, 원자 번호가 3인 리튬 원자는 3개의 양성자를 가진다. 따라서 3개의 양성자를 가진 원자는 항상 리튬 원자이다. 같은 방법으로 원자 번호가 6인 탄소 원자는 6개의 양성자를 가지므로, 6개의 양성자를 가지는 원자는 모두 항상 탄소이다.

원자는 전기적으로 중성이다. 이것은 원자 내 양성자의 수는 전자의 수와 같다는 것을 의미하며, 모든 원자의 총 전하는 0이다. 따라서 원자 번호는 전자의 수를 제공하는 것이기도 하다.

생각해보기
모든 바륨 원자가 56개의 양성자와 56개의 전자를 가지는 이유는 무엇인가?

질량수

양성자와 중성자가 핵의 질량을 결정한다는 것을 이제는 알고 있다. 따라서 단일 원자에 대해 핵의 양성자와 중성자의 총수인 **질량수**(mass number)를 할당한다. 그러나 질량수는 단일 원자에만 적용되기 때문에 주기율표에는 나타나지 않는다.

생각해보기
원자에서 질량수를 결정하는 아원자 입자는 무엇인가?

질량수 = 양성자 수 + 중성자 수

예를 들어, 8개의 양성자와 8개의 중성자를 가지는 산소 원자의 핵은 질량수 16

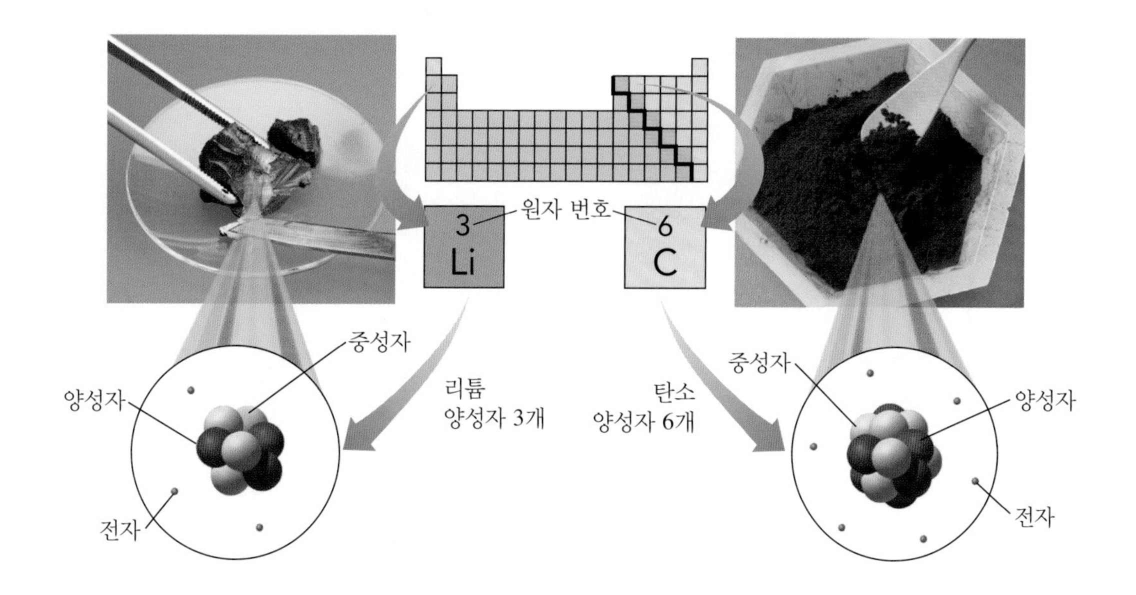

모든 리튬 원자들(왼쪽)은 3개의 양성자와 3개의 전자를 가지고, 모든 탄소 원자들(오른쪽)은 6개의 양성자와 6개의 전자를 가진다.

을 가진다. 또한 26개의 양성자와 32개의 중성자를 가지는 철 원자는 질량수 58을 가진다.

만약 원자의 질량수와 원자 번호가 주어진다면, 핵에 있는 중성자 수를 계산할 수 있다.

핵의 중성자 수 = 질량수 − 양성자 수

예를 들어, 염소 원자(원자 번호 17)의 경우 질량수 37이 주어지면, 핵에 있는 중성자 수를 계산할 수 있다.

중성자 수 = 37(질량수) − 17(양성자) = 중성자 20개

생각해보기

질량수가 102인 주석 원자의 중성자 수는 얼마인가?

표 4.6은 다른 원소의 단일 원자의 예로, 원자 번호와 질량수, 그리고 양성자 수와 중성자 수, 전자 수 사이의 관계를 나타내고 있다.

표 4.6 **일부 원소들의 원자 조성**

원소	기호	원자 번호	질량수	양성자 수	중성자 수	전자 수
수소	H	1	1	1	0	1
질소	N	7	14	7	7	7
산소	O	8	16	8	8	8
염소	Cl	17	37	17	20	17
철	Fe	26	58	26	32	26
금	Au	79	197	79	118	79

확인하기

연습 문제 4.13과 4.14를 풀어보기

예제 4.4 양성자 수와 중성자 수 및 전자 수 계산

문제

미량영양소인 아연은 세포의 대사 작용, DNA 합성, 뼈, 치아 및 연결 조직의 성장, 면역계의 적절한 기능에 필요하다. 질량수가 68인 아연의 원자에서 다음의 수를 계산하라.

a. 양성자
b. 중성자
c. 전자

풀이

문제 분석	주어진 조건	필요한 사항	연계
	아연(Zn), 질량수 68	양성자 수, 중성자 수, 전자 수	주기율표, 원자 번호

a. 원자 번호가 30인 아연(Zn)은 30개의 양성자를 가진다.
b. 이 원자의 중성자 수는 질량수에서 양성자 수(원자 번호)를 빼면 얻을 수 있다.

질량 수	−	원자 번호	=	중성자 수
68	−	30	=	38

c. 아연 원자는 중성이므로, 전자 수는 양성자 수와 같다. 아연 원자는 30개의 전자를 가진다.

유제 4.4
질량수가 80인 브로민 원자의 핵에 있는 중성자 수는 몇 개인가?

해답
45

확인하기
연습 문제 4.15와 4.16을 풀어보기

화학과 환경
탄소의 많은 형태

탄소의 기호는 C이다. 그러나 이 탄소 원자는 다른 방법으로 배열하여 몇 개의 다른 물질이 될 수 있다. 탄소의 두 가지 형태인 다이아몬드와 흑연은 선사시대부터 알려져 왔다. 다이아몬드는 투명하고 다른 어떤 물질보다도 단단하지만, 흑연은 검고 부드럽다. 다이아몬드의 탄소 원자들은 단단한 구조로 배열되며, 흑연의 탄소 원자들은 서로 밀릴 수 있는 평평한 판의 형태로 배열된다. 흑연은 연필심과 윤활제로 사용된다.

최근 두 가지 다른 형태의 탄소가 발견되었다. **버크민스터풀러렌**(buckminsterfullerene) 또는 **버키볼**(buckyball)(측지선 돔(geodesic dome)을 유행시킨 R. Buckminster Fuller의 이름을 따옴)이라고 하는 형태에서는 60개의 탄소 원자가 5개 및 6개의 원자 고리로 배열되어 구형의 새장 같은 구조를 이루고 있다. 풀러렌 구조를 늘리면, **나노튜브**(nanotube)라 불리는 지름이 몇 나노미터에 불과한 기둥 모양을 형성한다. 버키볼과 나노튜브의 실용적인 용도는 아직 개발되지 않았지만, 이들은 경량 구조 재료, 열 전도체, 컴퓨터 부품 및 의약품으로서의 용도로 활용될 것으로 예상된다. 최신 연구에서 탄소 나노튜브(CNT)는 일단 CNT가 표적 세포에 들어가면 방출될 수 있는 많은 약물 분자를 운반할 수 있다는 것을 보여주었다.

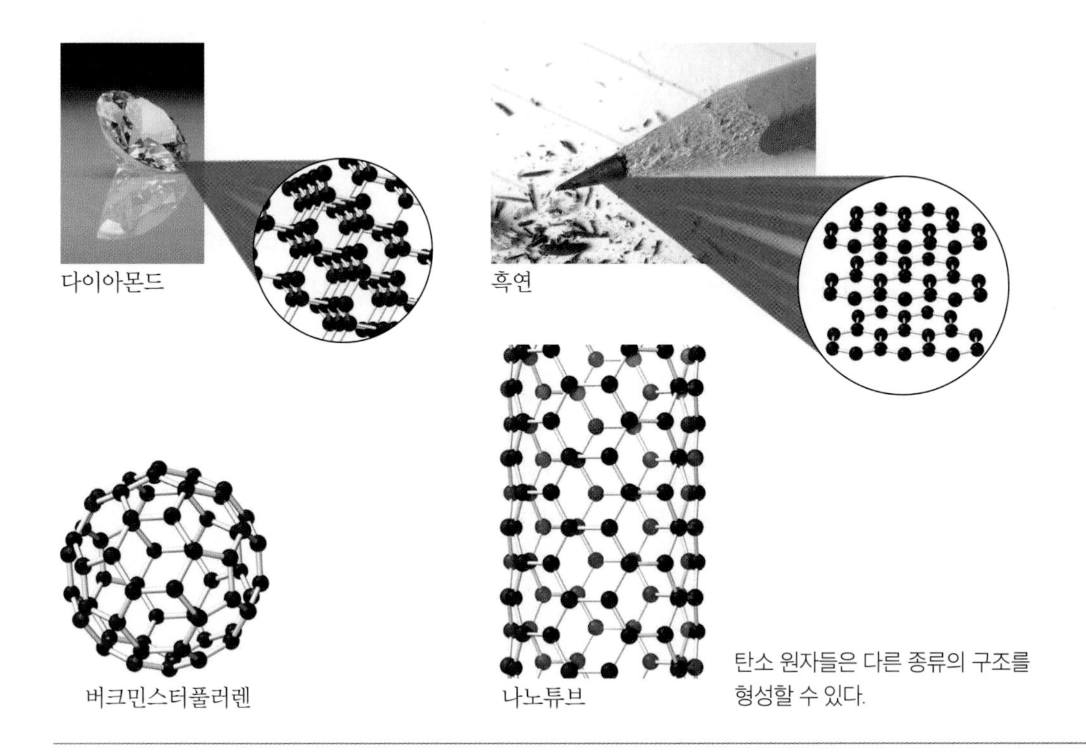

탄소 원자들은 다른 종류의 구조를 형성할 수 있다.

연습 문제

4.4 원자 번호와 질량수

학습 목표 원자의 원자 번호와 질량수가 주어질 때 양성자 수와 중성자 수, 전자 수를 말한다.

4.13 다음을 구하기 위하여 원자 번호와 질량수 중 무엇을 사용할 것인가? 또는 2개를 모두 사용할 것인가?

a. 원자의 양성자 수 **b.** 원자의 중성자 수
c. 핵의 입자 수 **d.** 중성 원자의 전자 수

4.14 다음 원자 번호를 가진 원소의 이름과 기호를 써라.

a. 5 **b.** 29 **c.** 24 **d.** 37
e. 13 **f.** 44 **g.** 55 **h.** 6

4.15 다음 원소의 중성 원자에는 양성자와 전자가 몇 개 있는가?

a. 아르곤 **b.** 망가니즈
c. 아이오딘 **d.** 카드뮴

의학 응용

4.16 인체의 필수 원소 원자에 대하여 다음 표를 완성하라.

원소 이름	기호	원자 번호	질량수	양성자 수	중성자 수	전자 수
	Zn		66			
		12			12	
포타슘					20	
				16	15	
			56			26

4.5 동위원소와 원자 질량

학습 목표 원소의 하나 이상의 동위원소에 있는 양성자 수와 중성자 수, 전자 수를 결정한다. 원소의 가장 풍부한 동위원소를 확인한다.

같은 원소의 모든 원자는 양성자와 전자의 수가 같다는 것을 보았다. 그러나 대부분의 원소는 원자의 중성자 수가 다르기 때문에 완전히 동일하지는 않다. 원소의 시료가 중성자 수가 다른 2개 이상의 원자들로 구성되어 있을 경우, 이러한 원자를 **동위**

원소라고 한다.

원자와 동위원소

동위원소(isotope)는 원자 번호는 같지만 중성자 수가 다른 동일한 원소의 원자이다. 예를 들어, 마그네슘(Mg) 원소의 모든 원자는 원자 번호가 12이다. 따라서 모든 마그네슘 원자의 양성자 수는 12개이다. 그러나 자연에서 발견되는 일부 마그네슘 원자는 12개의 중성자를 가지고 있으며, 다른 원자는 13개의 중성자를, 또 다른 원자는 14개의 중성자를 가지고 있다. 중성자 수가 다르면 마그네슘 원자의 질량수는 달라지지만, 화학적 거동은 변하지 않는다.

핵심 화학 기법

동위원소의 원자 기호 쓰기

원소의 서로 다른 동위원소를 구별하기 위해서는 좌측 상단의 질량수와 좌측 하단의 원자 번호를 표시한 **원자 기호**(atomic symbol)를 적어야 한다.

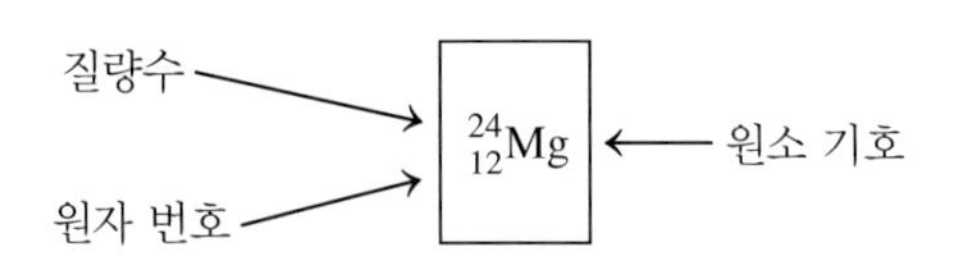

마그네슘의 동위원소 Mg-24에 대한 원자 기호

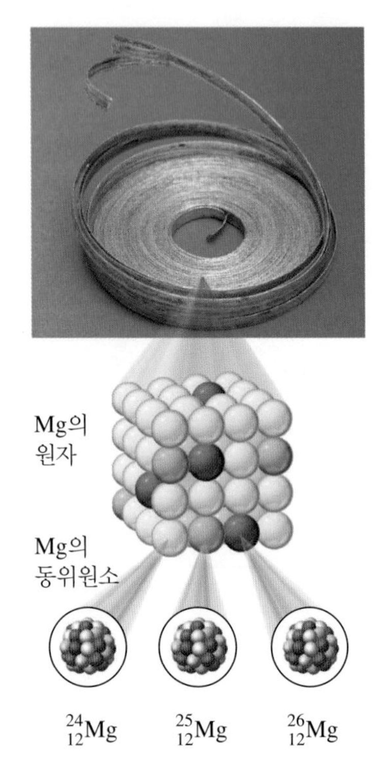

3개의 자연적으로 발생하는 마그네슘 동위원소의 핵은 양성자 수는 같지만 중성자 수는 다르다.

동위원소는 마그네슘-24 또는 Mg-24와 같이 이름 또는 기호 뒤에 질량수로 언급할 수 있다. 마그네슘은 표 4.7에 표시한 바와 같이 천연 동위원소가 3개이다. 자연적으로 발생하는 마그네슘 원자의 많은 시료에서, 각 종류의 동위원소는 낮은 비율로 존재하거나 높은 비율로 존재할 수 있다. 예를 들어, Mg-24 동위원소는 총 시료의 거의 80%를 차지하는 반면, Mg-25와 Mg-26은 각각 마그네슘 원자 총수의 약 10%를 차지한다.

표 4.7 **마그네슘의 동위원소**

원자 기호	$^{24}_{12}Mg$	$^{25}_{12}Mg$	$^{26}_{12}Mg$
이름	Mg-24	Mg-25	Mg-26
양성자 수	12	12	12
전자 수	12	12	12
질량수	24	25	26
중성자 수	12	13	14
백분율	78.70	10.13	11.17

예제 4.5 동위원소의 양성자와 중성자 확인하기

문제

혈당 수준 유지에 필요한 미량영양소인 크로뮴은 4개의 천연 동위원소가 있다. 다음 동위원소에서 양성자 수와 중성자 수를 계산하라.

a. $^{50}_{24}Cr$ **b.** $^{52}_{24}Cr$ **c.** $^{53}_{24}Cr$ **d.** $^{54}_{24}Cr$

풀이

문제 해석	주어진 조건	필요한 사항	연계
	Cr 동위원소의 원자 기호	양성자 수와 중성자 수	주기율표, 원자 번호

원자 기호에서 질량수는 기호의 좌측 상단에 원자 번호는 좌측 하단에 표시한다. 따라서 원자 번호 24인 Cr의 각 동위원소는 24개의 양성자를 가진다. 중성자 수는 각 동위원소의 질량수에서 양성자 수(24)를 빼서 얻는다.

원자 기호	원자 번호	질량수	양성자 수	중성자 수
a. ${}^{50}_{24}Cr$	24	50	24	26(50 − 24)
b. ${}^{52}_{24}Cr$	24	52	24	28(52 − 24)
c. ${}^{53}_{24}Cr$	24	53	24	29(53 − 24)
d. ${}^{54}_{24}Cr$	24	54	24	30(54 − 24)

유제 4.5

바나듐은 뼈와 치아 형성에 필요한 미량영양소이다. 바나듐은 자연에서 발생하는 두 종류의 동위원소 V-50과 V-51이 있다. 바나듐의 동위원소에 대한 원자 기호를 써라.

해답

${}^{50}_{23}V$, ${}^{51}_{23}V$

생각해보기

Sn-105 원자와 Sn-132 원자는 무엇이 다르고, 무엇이 같은가?

확인하기

연습 문제 4.17과 4.18을 풀어보기

원자 질량

생각해보기

질량수와 원자 질량 사이의 차이는 무엇인가?

화학자들은 보통 실험을 할 때, 원소의 다른 모든 동위원소가 포함된 시료를 사용한다. 각 동위원소는 질량이 다르므로, 화학자는 **'평균 원자'**의 **원자 질량**(atomic mass)을 계산하며, 이는 해당 원소의 자연에서 발생하는 동위원소 질량의 **평균**이다. 주기율표에서 원자 질량은 각 원소 기호 밑에 주어진 소수점을 포함한 수이다. 대부분의 원소는 2개 이상의 동위원소로 구성되어 있는데, 이는 주기율표의 원자 질량이 거의 자연수가 아닌 이유 중 하나이다.

예를 들어, 주기율표에서 볼 수 있는 염소의 원자 질량 35.45 amu는 Cl 원자 시료의 평균 질량으로, 실제로 각각의 Cl 원자는 이 질량을 가지지 않는다. 실험을 통해 자연에는 염소의 동위원소가 Cl-35와 Cl-37로 구성되어 있음을 알고 있다. 35.45라는 원자 질량은 Cl-35의 질량수에 보다 가까우며, 이는 염소 시료에서 Cl-35(원자 기호)의 비율이 더 높다는 것을 의미한다. 실제로 염소 원자 시료에는 Cl-37 원자 1개당 Cl-35 원자 3개가 있다.

표 4.8에는 일부 선정된 원소들의 천연 동위원소와 이들의 원자 질량, 가장 풍부하게 존재하는 동위원소가 게재되어 있다.

2개 이상의 동위원소를 포함하는 시료에서 가장 풍부한 동위원소를 결정하는 방법은 다음과 같다. 예를 들어, 자연에서 발생하는 마그네슘의 동위원소는 Mg-24, Mg-25, Mg-26이다. 주기율표에서 원소 기호 밑에 표시된 마그네슘의 원자 질량은 24.31이다. 3개의 마그네슘 동위원소의 질량과 원자 질량을 비교해보면, 이것은 Mg-24의

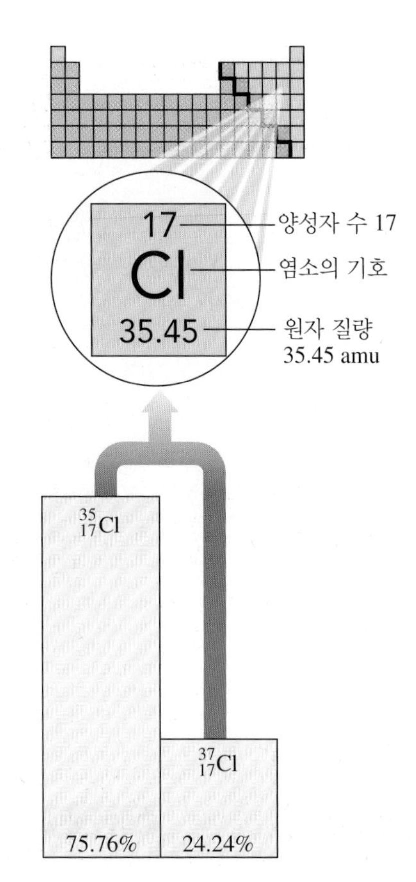

2개의 천연 동위원소를 가지는 염소의 원자 질량은 35.45 amu이다.

확인하기

연습 문제 4.19에서 4.22까지 풀어보기

표 4.8 일부 원소들의 원자 질량

원소	원소 기호	원자 질량	가장 풍부한 동위원소
리튬	$^{6}_{3}Li$, $^{7}_{3}Li$	6.941 amu	$^{7}_{3}Li$
탄소	$^{12}_{6}C$, $^{13}_{6}C$, $^{14}_{6}C$	12.01 amu	$^{12}_{6}C$
산소	$^{16}_{8}O$, $^{17}_{8}O$, $^{18}_{8}O$	16.00 amu	$^{16}_{8}O$
플루오린	$^{19}_{9}F$	19.00 amu	$^{19}_{9}F$
황	$^{32}_{16}S$, $^{33}_{16}S$, $^{34}_{16}S$, $^{36}_{16}S$	32.07 amu	$^{32}_{16}S$
포타슘	$^{39}_{19}K$, $^{40}_{19}K$, $^{41}_{19}K$	39.10 amu	$^{39}_{19}K$
구리	$^{63}_{29}Cu$, $^{65}_{29}Cu$	63.55 amu	$^{63}_{29}Cu$

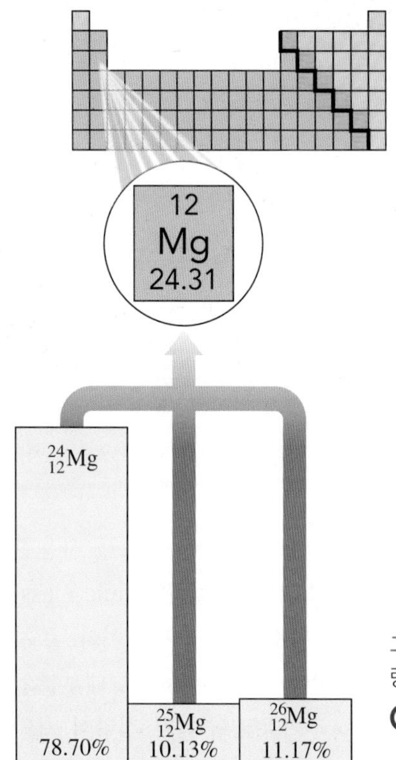

그림 4.9 3개의 천연 동위원소를 가지는 마그네슘의 원자 질량은 24.31 amu이다.

Q 마그네슘의 원자 질량이 Mg-24의 질량과 가장 가까운 이유는 무엇인가?

질량과 가장 가깝다. 따라서 Mg-24가 마그네슘의 가장 풍부한 동위원소이다(그림 4.9).

연습 문제

4.5 동위원소와 원자 질량

학습 목표 원소의 하나 이상의 동위원소에 있는 양성자 수와 중성자 수, 전자 수를 결정한다. 원소의 가장 풍부한 동위원소를 확인한다.

4.17 다음 동위원소의 양성자 수와 중성자 수, 전자 수는 얼마인가?

a. $^{4}_{2}He$ **b.** $^{14}_{6}C$
c. $^{235}_{92}U$ **d.** $^{35}_{17}Cl$

4.18 다음 특성을 가지는 동위원소의 원자 기호를 써라.

a. 양성자 7개, 중성자 8개
b. 양성자 29개, 중성자 36개

c. 전자 56개, 중성자 81개
d. 중성자 22개를 가지는 칼슘 원자
e. 중성자 60개를 가지는 은 원자

4.19 아르곤은 3개의 천연 동위원소를 가지며 각 동위원소의 질량수는 36, 38, 40이다.
a. 원자 각각에 대한 원자 기호를 써라.
b. 이들 동위원소는 어떻게 비슷한가?
c. 이들은 어떻게 다른가?
d. 주기율표에 게재된 아르곤의 원자 질량이 자연수가 아닌 이유는 무엇인가?
e. 아르곤 시료에서 가장 풍부한 동위원소는 무엇인가?

4.20 갈륨의 두 동위원소 $^{69}_{31}Ga$와 $^{71}_{31}Ga$는 자연적으로 발생한다. 더 풍부하게 존재하는 갈륨의 동위원소는 무엇인가?

4.21 구리는 2개의 동위원소 $^{63}_{29}Cu$와 $^{65}_{29}Cu$로 구성되어 있다. 만약 주기율표의 구리 원자 질량이 63.55라면, 구리 시료 중 $^{63}_{29}Cu$의 원자가 $^{65}_{29}Cu$보다 더 많은가?

4.22 탈륨에는 자연적으로 발생하는 두 동위원소 $^{203}_{81}Tl$와 $^{205}_{81}Tl$가 있다. 주기율표에 게재된 원자 질량을 이용하여 보다 풍부하게 존재하는 동위원소를 확인하라.

4.6 전자 에너지 준위

학습 목표 주기율표에서 처음 20개 원소 중 하나의 이름과 기호가 주어지면, 전자 배열을 쓴다.

라디오를 듣고, 전자레인지를 사용하며, 전등을 켜고, 무지개의 색을 보거나 엑스레이를 찍을 때, 우리는 다양한 형태의 **전자기 복사**(electromagnetic radiation)를 경험하고 있다. 빛과 다른 전자기 복사는 에너지 파로서 움직이는 에너지 입자들로 구성되어 있다. 파동에서는 바다의 파도와 같이 마루(peak) 사이의 거리를 **파장**(wavelength)이라 부른다. 모든 형태의 전자기 복사는 빛의 속도인 3.0×10^8 m/s로 공간에서 이동하지만, 에너지와 파장이 다르다. 고에너지 복사는 짧은 파장을 가지는 반면, 저에너지 복사는 보다 긴 파장을 가진다. **전자기 스펙트럼**(electromagnetic spectrum)은 에너지가 증가하는 순서대로 다른 종류의 전자기 복사의 배열을 보여준다(그림 4.10).

빛이 물방울을 통과할 때 무지개가 형성된다.

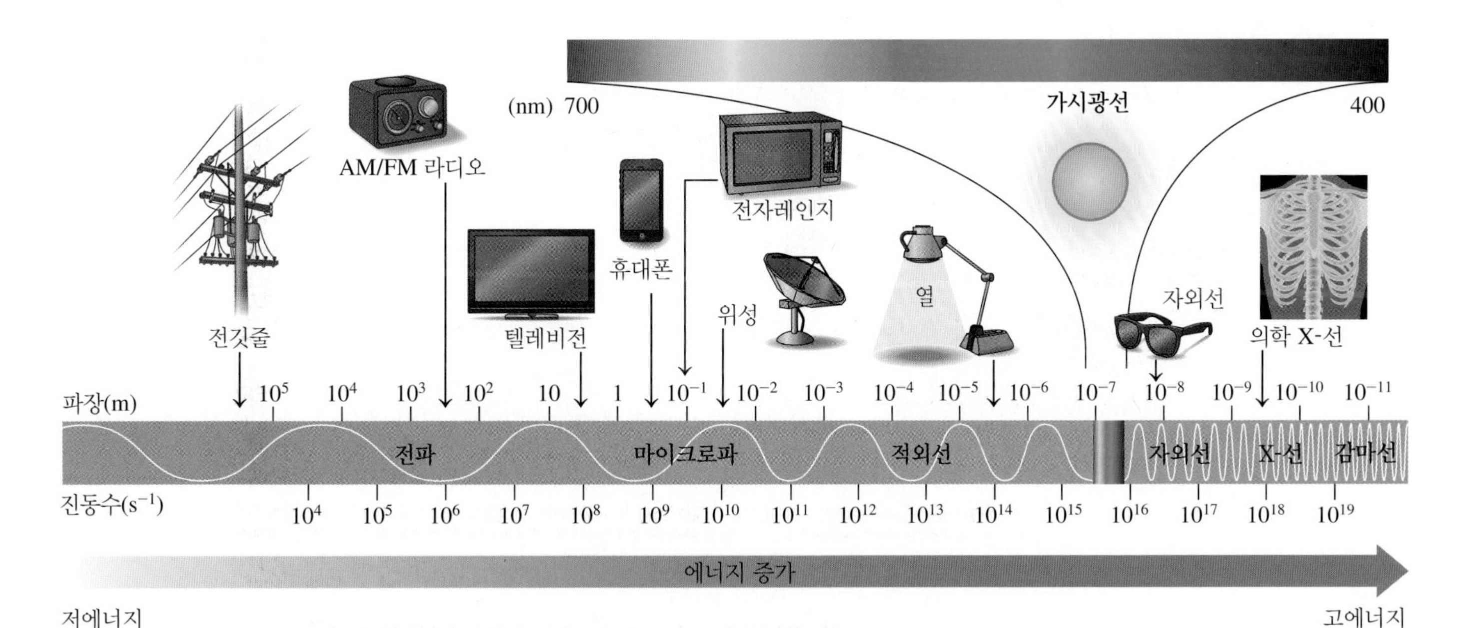

그림 4.10 전자기 스펙트럼은 전자기 복사의 파장 배열을 보여준다. 가시 부분은 700 nm에서 400 nm까지 파장으로 구성된다.

Q 자외선 빛의 에너지와 파장은 마이크로파의 에너지와 파장과 어떻게 비교되는가?

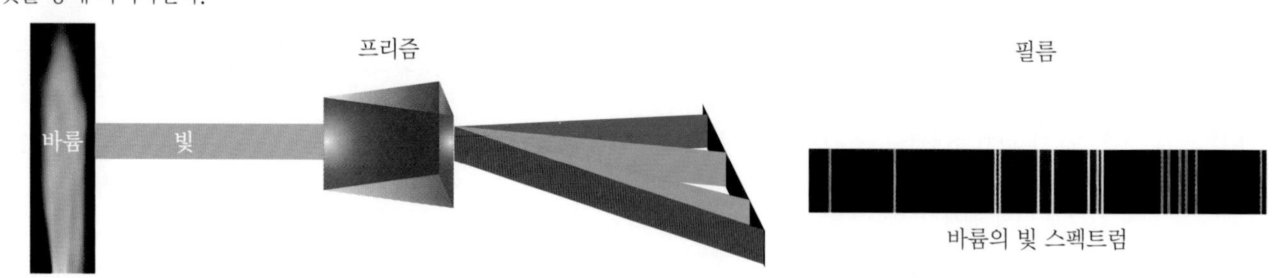

원자 스펙트럼에서 가열된 원소로부터의 빛은 확연한 선들로 분리된다.

태양의 빛이 프리즘을 통과하면, 빛은 우리가 무지개에서 보는 색으로 구성된 연속적인 색 스펙트럼으로 분리된다. 이와 대조적으로 가열된 원소의 빛이 프리즘을 통과하면, **원자 스펙트럼**(atomic spectrum)이라고 하는 어두운 영역으로 분리된 확연한 색의 선으로 분리된다. 각 원소는 고유하고 독특한 원자 스펙트럼을 가진다.

전자 에너지 준위

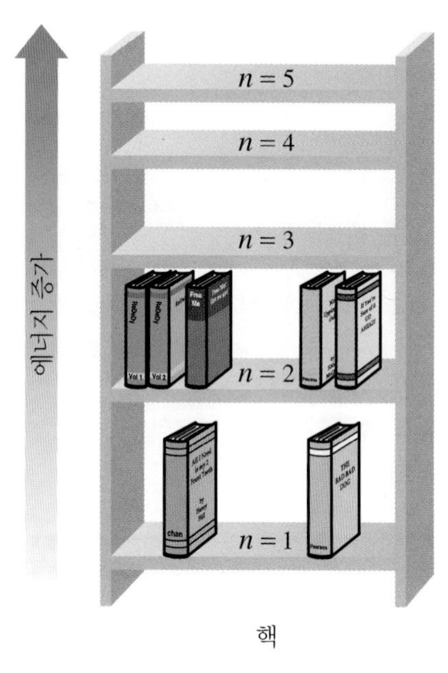

전자는 원자 내 에너지 준위 중 하나의 에너지만을 가질 수 있다.

과학자들은 원소의 원자 스펙트럼들의 선이 전자의 에너지 변화와 관련이 있다는 것을 알아내었다. 원자의 각 전자는 **에너지 준위**(energy level)로 알려진 특정한 에너지를 가지며, 여기에는 **주양자수**(principal quantum number, n)(n = 1, 2, ⋯)라고 하는 값이 할당된다. 일반적으로 낮은 에너지 준위의 전자는 핵에 더 가까운 반면, 더 높은 에너지 준위의 전자는 핵에서 더 멀리 떨어져 있다. 전자의 에너지는 **양자화**(quantized)되어 있는데, 이는 전자의 에너지는 오직 특정한 에너지 값만을 가지며, 이 사이의 값은 가질 수 없음을 의미한다.

주양자수(n)

$1 < 2 < 3 < 4 < 5 < 6 < 7$

최저 에너지 ⟶ 최고 에너지

같은 에너지를 가진 모든 전자들은 같은 에너지 준위의 집단으로 묶을 수 있다. 비유하자면 원자의 에너지 준위는 책장의 선반이라고 생각할 수 있다. 첫 번째 선반은 최저 에너지 준위, 두 번째 선반은 두 번째 에너지 준위, 이런 식으로 계속되는 것이다. 만약 선반에 책을 배열한다면, 바닥의 선반을 먼저 채우고, 두 번째 선반 등으로 이어지는 것이 더 적은 에너지가 필요할 것이다. 그러나 책들을 어떠한 선반 사이의 공간에 머무르게 할 수는 없다. 이와 유사하게 전자의 에너지는 특정한 에너지 준위에 있어야 하며, 그 사이에 있을 수는 없다.

그러나 표준적인 책장과 다르게 첫 번째와 두 번째 준위의 에너지 사이에는 큰 차이가 있지만 더 높은 에너지 준위는 보다 가깝게 붙어 있다. 또 다른 차이는 낮은 에너지 준위는 높은 에너지 준위보다 더 적은 전자를 가지고 있다는 것이다.

전자 에너지 준위의 변화

전자는 에너지 준위의 차이와 동일한 에너지를 흡수하는 경우에만 한 에너지 준위에서 더 높은 준위로 변화할 수 있다. 전자가 더 낮은 에너지 준위로 변화할 때는 두 준

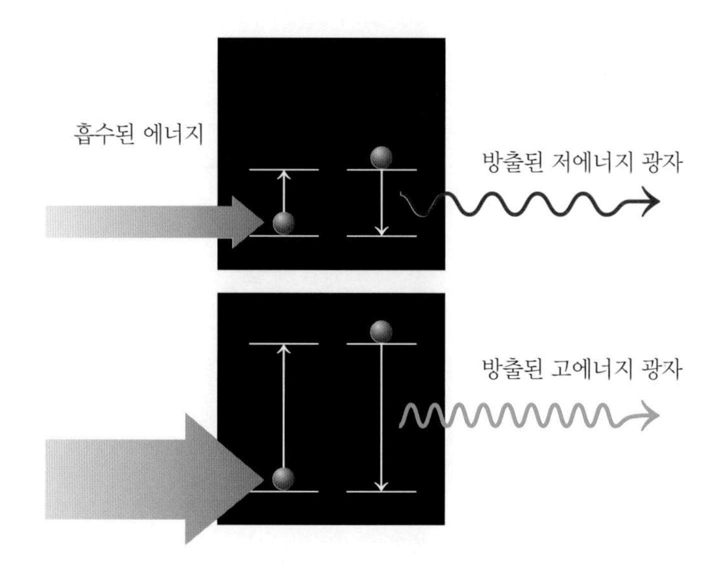

그림 4.11 전자는 높은 에너지 준위로 이동하기 위해 특정한 양의 에너지를 흡수한다. 전자가 에너지를 잃으면, 특정한 양의 에너지가 방출된다.

Q 전자가 더 높은 에너지 준위로 이동하게 하는 원인은 무엇인가?

확인하기

연습 문제 4.23과 4.24를 풀어보기

위 사이의 차이와 동일한 에너지를 방출한다(그림 4.11). 만약 방출된 에너지가 가시 영역에 있으면, 가시광선의 색을 볼 수 있다. 소듐 가로등의 노란색과 네온등의 붉은 색은 가시색 범위의 에너지를 방출하는 전자의 예이다.

처음 20개 원소의 전자 배열

핵심 화학 기법

전자 배열 쓰기

원자의 **전자 배열**(electron arrangement)은 각 에너지 준위의 전자 수를 제공한다. 가장 낮은 에너지 준위부터 시작하여 전자를 배치함으로써 처음 20개 원소에 대한 전자 배열을 쓸 수 있다. 각 에너지 준위에 허용되는 전자의 수는 제한되어 있다. 몇 개의 전자만이 낮은 에너지 준위를 차지하는 반면, 더 높은 에너지 준위에서는 보다 많은 전자를 수용할 수 있다. 표 4.9에 도시한 바와 같이 처음 20개 원소에 대하여 처음 4개 에너지 준위의 전자 수를 살펴볼 수 있다.

1주기

수소의 전자 1개는 에너지 준위 1로 들어가고, 헬륨의 전자 2개는 에너지 준위 1을 채운다. 따라서 에너지 준위 1은 2개의 전자만을 가질 수 있다. H와 He의 전자 배열은 여백에 도시된 바와 같다.

수소 1
헬륨 2

2주기

2주기의 원소들(리튬(Li)에서 네온(Ne)까지)에 대하여, 첫 번째 에너지 준위를 2개의 전자로 채우고 나머지 전자를 두 번째 에너지 준위에 넣는다. 예를 들어, 리튬은 3개의 전자를 가진다. 이 중 2개의 전자는 에너지 준위 1에, 나머지 전자는 두 번째 에너지 준위로 들어가게 된다. 이러한 전자 배열은 2,1로 쓸 수 있다. 2주기를 거치면서 보다 많은 전자가 두 번째 에너지 준위에 추가된다. 예를 들어, 6개의 전자를 가지는 탄소 원자는 에너지 준위 1을 채우고 나머지 4개의 전자를 두 번째 에너지 준위에 넣는다. 탄소의 전자 배열은 2,4로 쓸 수 있다. 2주기의 마지막 원소인 네온은 첫 번째와 두 번째 에너지 준위가 채워져 2,8의 전자 배열을 가진다.

리튬 2,1
탄소 2,4
네온 2,8

생각해보기

질소의 $n = 2$ 에너지 준위에는 몇 개의 전자가 있는가?

표 4.9 처음 20개 원소들의 전자 배열

			에너지 준위 내 전자의 수			
원소	기호	원자 번호	1	2	3	4
수소	H	1	1			
헬륨	He	2	2			
리튬	Li	3	2	1		
베릴륨	Be	4	2	2		
붕소	B	5	2	3		
탄소	C	6	2	4		
질소	N	7	2	5		
산소	O	8	2	6		
플루오린	F	9	2	7		
네온	Ne	10	2	8		
소듐	Na	11	2	8	1	
마그네슘	Mg	12	2	8	2	
알루미늄	Al	13	2	8	3	
규소	Si	14	2	8	4	
인	P	15	2	8	5	
황	S	16	2	8	6	
염소	Cl	17	2	8	7	
아르곤	Ar	18	2	8	8	
포타슘	K	19	2	8	8	1
칼슘	Ca	20	2	8	8	2

3주기

소듐 2,8,1
황 2,8,6
아르곤 2,8,8

3주기 첫 번째 원소인 소듐의 경우, 10개의 전자는 첫 번째와 두 번째 에너지 준위를 채우고, 나머지 전자는 세 번째 에너지 준위로 들어가야 한다. 소듐의 전자 배열은 2,8,1로 쓸 수 있다. 소듐의 뒤를 잇는 3주기 원소들은 세 번째 준위가 완전히 채워질 때까지 한 번에 전자 하나씩을 추가한다. 예를 들어, 16개의 전자를 가진 황 원자는 첫 번째와 두 번째 에너지 준위를 채우고 세 번째 에너지 준위에는 6개의 전자를 남긴다. 따라서 황의 전자 배열은 2,8,6으로 쓸 수 있다. 3주기의 마지막 원소인 아르곤은 세 번째 준위에 8개의 전자를 채운다.

4주기

포타슘 2,8,8,1
칼슘 2,8,8,2

4주기 첫 번째 원소인 포타슘의 경우, 전자는 첫 번째와 두 번째 에너지 준위를 채우고, 세 번째 에너지 준위에 8개의 전자가 있다. 포타슘의 나머지 전자는 에너지 준위 4에 들어가면서 전자 배열 2,8,8,1을 가진다. 칼슘의 경우, 과정은 비슷하지만 네 번째 에너지 준위에 2개의 전자를 가진다는 것만 다르다. 칼슘의 전자 배열은 2,8,8,2로 쓸 수 있다.

20개 이후의 원소들

칼슘 이후에 다음 10개의 전자(스칸듐에서 아연까지)가 이미 8개의 전자를 가진 세 번째 에너지 준위를 18개의 전자로 완성될 때까지 채운다. 더 높은 에너지 준위인 5, 6, 7은 이론적으로 50, 72, 98개까지 전자를 수용할 수 있지만 이들은 완전히 채워지지 않는다. 처음 20개 이후의 원소들의 경우 전자 배열은 보다 복잡해지고, 이 교재에서는 다루지 않을 것이다.

에너지 준위(n)	1	2	3	4	5	6	7
전자 수	2	8	18	32	32	18	8

예제 4.6 전자 배열 쓰기

문제

다음 각각의 전자 배열을 써라.

a. 산소 **b.** 염소

풀이

a. 원자 번호가 8인 산소는 8개의 전자를 가진다. 따라서 에너지 준위 1에 2개의 전자가, 에너지 준위 2에 6개의 전자가 배열된다.

2,6

b. 원자 번호가 17인 염소는 17개의 전자를 가진다. 따라서 에너지 준위 1에 2개의 전자가, 에너지 준위 2에 8개의 전자가, 에너지 준위 3에 7개의 전자가 배열된다.

2,8,7

유제 4.6

전자 배열 2,8,5를 가지는 원소는 무엇인가?

해답

인

확인하기

연습 문제 4.25와 4.26을 풀어보기

화학과 보건

자외선 빛에 대한 생물학적 반응

우리는 일상생활에서 햇빛에 의존하고 있지만, 햇빛에 노출되는 것은 살아 있는 세포를 손상시킬 수 있고, 너무 많이 노출될 경우에는 세포가 죽을 수도 있다. 빛 에너지, 특히 자외선(UV)은 전자를 들뜨게 하여 원하지 않는 화학 반응을 일으킬 수도 있다. 햇빛의 손상 영향 목록에는 일광화상, 주름, 피부의 조기 노화, 피부암으로 발전할 수 있는 세포 DNA의 변화, 눈의 염증과 백내장 등이 포함된다. 여드름 치료제인 아큐탄(Accutane)과 레틴A(Retin-A)와 같은 일부 의약품과 더불어 항생제, 이뇨제, 설폰아마이드와 에스트로젠 등도 피부를 빛에 극도로 민감하게 만든다.

계절성 우울증(seasonal affective disorder) 또는 SAD라 불리는 장애로 인해 사람들은 겨울철에 기분 변화와 우울증을 경험한다. 일부 연구에 따르면 SAD는 햇빛을 적게 보았을 때 세로토닌(serotonin)의 저하 또는 멜라토닌(melatonin)의 증가로 인한 결과라고 한다. SAD의 치료 중 하나는 빛 상자라 불리는 램프를 통해 제공되는 밝은 빛을 이용하는 치료이다. 청색 빛(460 nm)에 매일 30분~60분씩 노출되면 SAD의 증상이 감소하는 것으로 보인다.

광치료(phototherapy)는 빛을 사용하여 건선(psoriasis)과 습진(eczema), 피부염(dermatitis)을 포함한 특정 피부 상태를 치료한다. 예를 들어, 건선을 치료할 때 경구용 약으로 피부를 보다 민감하게 한다. 그런 다음 UV 복사에 노출시킨다. 390~470 nm 파장의 저에너지 방사(푸른색 빛)는 신생아 황달(neonatal jaundice)이 있는 어린아이를 치료하는 데 사용되며, 이것은 담즙 색소 중 하나인 빌리루빈(bilirubin)을 높은 수준으로 신체에서 배출할 수 있는 수용성 화합물로 전환시킨다. 햇빛은 또한 면역계를 자극하는 요소이기도 하다.

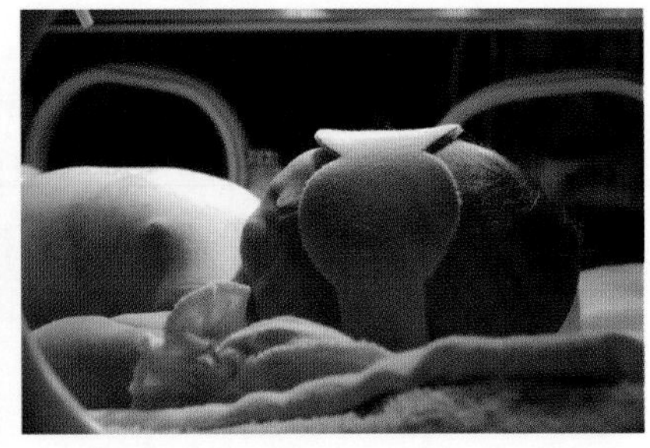

(위) 신생아 황달이 있는 어린아이가 자외선으로 치료받고 있다.

(왼쪽) 빛 상자는 빛을 제공하는 데 사용되며, 이는 SAD 증상을 감소시킨다.

연습 문제

4.6 전자 에너지 준위

학습 목표 주기율표에서 처음 20개 원소 중 하나의 이름과 기호가 주어지면, 전자 배열을 쓴다.

4.23 전자는 에너지를 _______ (흡수/방출)할 때 더 높은 에너지 준위로 이동할 수 있다.

4.24 다음 중에서 보다 큰 에너지를 가진 전자기 복사의 형태를 확인하라.
a. 녹색 빛 또는 노란색 빛
b. 마이크로파 또는 푸른색 빛

4.25 다음 원소의 전자 배열을 써라. (예: 소듐 2,8,1)
a. 산소 **b.** 크립톤 **c.** 칼슘
d. 염소 **e.** 붕소 **f.** 질소

4.26 다음 전자 배열을 가지는 원소를 확인하라.

	에너지 준위			
	1	2	3	4
a.	2	1		
b.	2	8	2	
c.	1			
d.	2	8	7	
e.	2	6		

4.7 주기적 성질의 경향

학습 목표 원소들의 전자 배열을 이용하여 주기적 성질의 경향을 설명한다.

계절에 따른 기온의 변화는 주기적 성질이다.

원자의 전자 배열은 원소의 물리적, 화학적 성질의 중요한 요소이다. 지금부터 원자의 **원자가 전자**(valence electron), **원자 크기**(atomic size), **이온화 에너지**(ionization energy) 및 **금속 특성**(metallic character)의 경향을 살펴보자. **주기적 성질**(periodic property)로 알려진 각 성질은 주기를 가로질러 증가 또는 감소하며, 이 경향은 연속된 주기에서 되풀이된다. 주기적 성질과 비슷한 것으로 기온의 계절별 변화를 사용할 수 있다. 겨울에는 기온이 낮고, 봄이 되면서 점차 따뜻해진다. 또 여름이 다가오면 실외 기온은 덥지만, 가을에는 서늘해지기 시작한다. 겨울이 되면 다시 찬 기온을 겪게 되면서, 기온이 낮아지고 높아지는 또 다른 한 해가 되풀이된다.

족 번호와 원자가 전자

1A(1)족에서 8A(18)족의 전형 원소들의 화학적 성질은 주로 가장 외곽의 에너지 준위의 전자인 **원자가 전자**(valence electron)로 인한 것이다. 족 번호는 전형 원소들의 각 족에 대한 원자가 전자의 수를 알려준다. 예를 들어, 1A(1)족의 모든 원소들은 1개의 원자가 전자를 가지며, 2A(2)족의 모든 원소들은 2개의 원자가 전자를 가진다. 7A(17)족의 할로젠은 모두 7개의 원자가 전자를 가진다. 표 4.10은 흔한 전형 원소들의 원자가 전자의 수가 족 번호와 어떻게 일치하는지 보여주고 있다.

핵심 화학 기법
주기적 성질의 경향을 확인하기

표 4.10 일부 전형 원소들의 족별 전자 배열의 비교

			에너지 준위의 전자 수			
족 번호	원소	기호	1	2	3	4
1A(1)	리튬	Li	2	**1**		
	소듐	Na	2	8	**1**	
	포타슘	K	2	8	8	**1**
2A(2)	베릴륨	Be	2	**2**		
	마그네슘	Mg	2	8	**2**	
	칼슘	Ca	2	8	8	**2**
3A(13)	붕소	B	2	**3**		
	알루미늄	Al	2	8	**3**	
	갈륨	Ga	2	8	18	**3**
4A(14)	탄소	C	2	**4**		
	규소	Si	2	8	**4**	
	저마늄	Ge	2	8	18	**4**
5A(15)	질소	N	2	**5**		
	인	P	2	8	**5**	
	비소	As	2	8	18	**5**
6A(16)	산소	O	2	**6**		
	황	S	2	8	**6**	
	셀레늄	Se	2	8	18	**6**
7A(17)	플루오린	F	2	**7**		
	염소	Cl	2	8	**7**	
	브로민	Br	2	8	18	**7**
8A(18)	헬륨	He	**2**			
	네온	Ne	2	**8**		
	아르곤	Ar	2	8	**8**	
	크립톤	Kr	2	8	18	**8**

예제 4.7 족 번호 이용

문제

주기율표를 이용하여 다음 원소들의 족 번호와 원자가 전자의 수를 써라.

a. 세슘 **b.** 아이오딘

풀이

a. 세슘(Cs)은 1A(1)족이다. 따라서 세슘은 1개의 원자가 전자를 가진다.
b. 아이오딘(I)은 7A(17)족이다. 따라서 아이오딘은 7개의 원자가 전자를 가진다.

유제 4.7

5개의 원자가 전자를 가지는 원자가 포함되어 있는 원소의 족 번호는 무엇인가?

해답

5A(15)족

확인하기

연습 문제 4.27을 풀어보기

Lewis 기호

핵심 화학 기법

Lewis 기호 그리기

Lewis 기호(Lewis symbol)는 원자가 전자를 점으로 나타내는 편리한 방법으로, 점들을 원소 기호의 옆면, 위, 아래에 표시한다. 1개에서 4개의 원자가 전자는 하나의 점으로 배열된다. 원자가 5~8개의 원자가 전자를 가질 때에는, 1개 이상의 전자들이 쌍을 이룬다. 다음은 모두 2개의 원자가 전자를 가지는 마그네슘의 허용되는 Lewis 기호이다.

마그네슘에 대한 Lewis 기호

$\dot{\mathrm{Mg}}\cdot$ $\quad \dot{\underset{\cdot}{\mathrm{Mg}}}$ $\quad \cdot\dot{\mathrm{Mg}}$ $\quad \cdot\mathrm{Mg}\cdot$ $\quad \underset{\cdot}{\mathrm{Mg}}\cdot$ $\quad \cdot\underset{\cdot}{\mathrm{Mg}}$

선택된 원소들에 대한 Lewis 기호는 표 4.11에 주어져 있다.

표 4.11 1주기부터 4주기까지의 선택된 원소들에 대한 Lewis 기호

	족 번호							
	1A (1)	2A (2)	3A (13)	4A (14)	5A (15)	6A (16)	7A (17)	8A (18)
원자가 전자 수	1	2	3	4	5	6	7	8
	원자가 전자 수 증가 →							
Lewis 기호	H·							He:*
	Li·	Be·	·B·	·C·	·N·	·O:	·F:	:Ne:
	Na·	Mg·	·Al·	·Si·	·P·	·S:	·Cl:	:Ar:
	K·	Ca·	·Ga·	·Ge·	·As·	·Se:	·Br:	:Kr:

* 헬륨(He)은 2개의 원자가 전자로 인해 안정하다.

예제 4.8 Lewis 기호 그리기

문제

다음 각각의 Lewis 기호를 그려라.

a. 브로민 **b.** 알루미늄

풀이

a. 브로민은 족 번호가 7A(17)이므로, 7개의 원자가 전자를 가진다. 따라서 7개의 점으로 그리며, 기호 Br 주위에 3쌍의 점과 1개의 점으로 표시한다.

·Br:

b. 3A(13)족인 알루미늄은 3개의 원자가 전자를 가지며, 기호 Al 주위에 3개의 점으로 표시한다.

·Al·

유제 4.8

인의 Lewis 기호는 무엇인가?

해답

·P·

확인하기

연습 문제 4.28을 풀어보기

원자 크기

원자 크기는 원자의 핵으로부터 원자가 전자와의 거리로 결정된다. 전형 원소의 각 족에 대하여, 원자 크기는 각 에너지 준위의 최외각 전자들이 핵으로부터 더 멀리 있기 때문에 위에서 아래로 갈수록 **증가**한다. 예를 들어, 1A(1)족에서 리튬은 에너지 준위 2에 원자가 전자 1개를 가지며, Na는 에너지 준위 3에 원자가 전자 1개, K는 에너지 준위 4에 전자 1개를 가진다. 이는 K 원자는 Na 원자보다 크며, Na 원자는 Li 원자보다 크다는 것을 의미한다(그림 4.12).

같은 주기의 원소에서 핵의 양성자 수가 증가하면 최외각 전자에 대한 인력이 증가한다. 결과적으로 최외각 전자는 핵에 가깝게 끌리고, 이는 전형 원소들의 크기가 주기의 왼쪽에서 오른쪽으로 갈수록 **감소**하는 것을 의미한다.

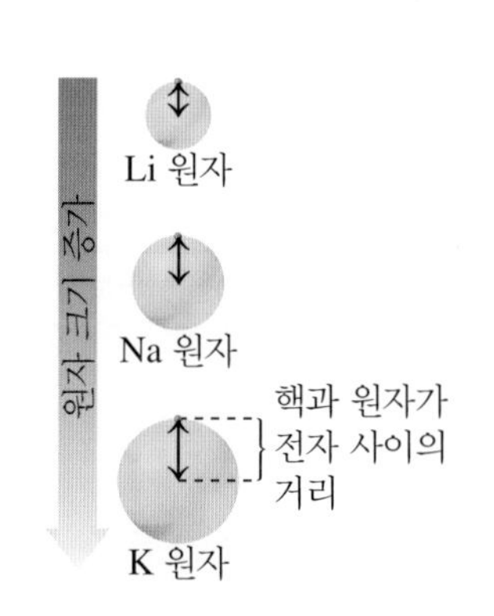

같은 족에서는 핵으로부터 원자가 전자까지의 거리가 증가하므로, 아래로 갈수록 원자 크기가 증가한다.

예제 4.9 원자의 크기

문제

다음의 각 두 원자 중 더 작은 원자를 확인하고, 선택한 이유를 설명하라.

a. N 또는 F **b.** K 또는 Kr **c.** Ca 또는 Sr

풀이

a. F 원자는 핵이 더 큰 양전하를 가지며, 이는 전자를 더 가깝게 끌어당기므로 F 원자가 N 원자보다 더 작다. 원자 크기는 같은 주기에서 왼쪽에서 오른쪽으로

생각해보기

인 원자가 질소 원자보다는 크지만, 알루미늄 원자보다는 작은 이유는 무엇인가?

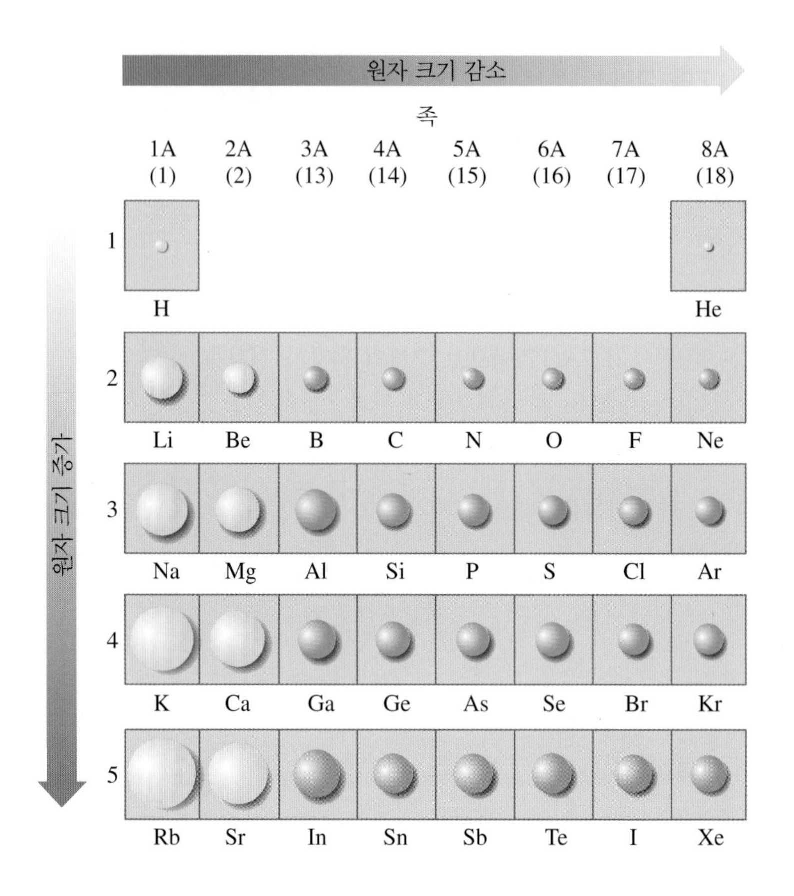

그림 4.12 전형 원소에서 원자 크기는 같은 족에서는 아래로 갈수록 증가하고, 같은 주기에서는 왼쪽에서 오른쪽으로 갈수록 감소한다.

Q 전형 원소들이 같은 족에서 아래로 갈수록 원자 크기가 커지는 이유는 무엇인가?

갈수록 감소한다.

b. Kr 원자는 핵이 더 큰 양전하를 가지며, 이는 전자를 더 가깝게 끌어당기므로, Kr 원자가 K 원자보다 더 작다. 원자 크기는 같은 주기에서 왼쪽에서 오른쪽으로 갈수록 감소한다.

c. Ca 원자의 최외각 전자들은 Sr 원자보다 핵에 더 가까우므로, Ca 원자가 Sr 원자보다 더 작다. 원자 크기는 같은 족에서 아래로 갈수록 증가한다.

유제 4.9

다음 Mg, Ca, Cl 중 원자 크기가 가장 큰 것은 무엇인가?

해답

Ca

확인하기

연습 문제 4.29와 4.30을 풀어보기

이온화 에너지

원자에서 음으로 하전된 전자는 핵의 양성자의 양전하에 의하여 끌린다. 따라서 최외각 전자 중 하나를 제거하기 위해서는 **이온화 에너지**(ionization energy)로 알려진 일정한 양의 에너지가 필요하다. 중성 원자에서 하나의 전자를 제거할 때, **양이온**(cation)이라 부르는 1+ 전하를 가진 양의 입자가 생성된다.

$$Na(g) + 에너지(이온화) \longrightarrow Na^{+}(g) + e^{-}$$

이온화 에너지는 같은 족에서 아래로 갈수록 **감소**한다. 전자가 핵으로부터 멀어지

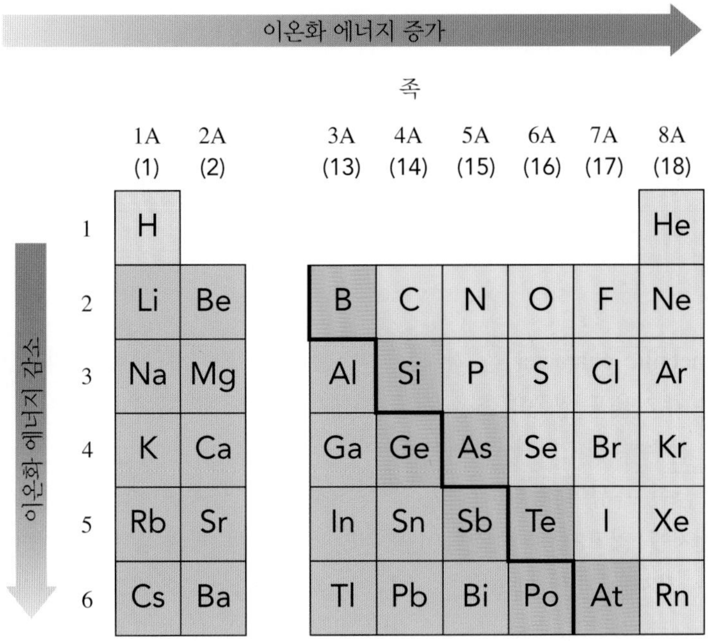

이온화 에너지 증가

족

	1A (1)	2A (2)	3A (13)	4A (14)	5A (15)	6A (16)	7A (17)	8A (18)
1	H							He
2	Li	Be	B	C	N	O	F	Ne
3	Na	Mg	Al	Si	P	S	Cl	Ar
4	K	Ca	Ga	Ge	As	Se	Br	Kr
5	Rb	Sr	In	Sn	Sb	Te	I	Xe
6	Cs	Ba	Tl	Pb	Bi	Po	At	Rn

이온화 에너지 감소

그림 4.13 전형 원소의 이온화 에너지는 같은 족에서는 아래로 갈수록 감소하고, 같은 주기에서는 오른쪽으로 갈수록 증가한다.

Q F의 이온화 에너지가 Cl보다 큰 이유는 무엇인가?

면 핵의 인력이 감소하여 전자를 제거하는 데 더 적은 에너지가 필요하기 때문이다. 같은 주기에서는 왼쪽에서 오른쪽으로 갈수록 이온화 에너지가 **증가**한다. 핵의 양전하가 증가할수록 전자를 제거하기 위해 더 많은 에너지가 필요하기 때문이다.

1주기에서 원자가 전자는 핵에 가깝고 강하게 붙들려 있다. H와 He은 전자를 제거하는 데 많은 양의 에너지가 필요하기 때문에 높은 이온화 에너지를 가진다. He은 채워져 있고 안정한 에너지 준위를 가지고 있지만, 전자를 제거함으로써 불안정해지기 때문에, He의 이온화 에너지는 원소들 중에서 가장 크다. 0족 기체의 높은 이온화 에너지는 전자 배열이 특히 안정하다는 것을 의미한다. 일반적으로 금속은 이온화 에너지가 낮고, 비금속은 이온화 에너지가 높다(그림 4.13).

예제 4.10 이온화 에너지

문제

다음의 각 두 원소 중 더 높은 이온화 에너지를 가지는 원소를 확인하고, 선택한 이유를 설명하라.

a. K 또는 Na **b.** Mg 또는 Cl **c.** F, N 또는 C

풀이

a. Na. Na가 더 핵에 가까운 에너지 준위에서 전자가 제거되므로 K와 비교할 때 Na가 더 높은 이온화 에너지가 필요하다.

b. Cl. Cl에서 증가된 핵 전하는 원자가 전자에 대한 인력을 증가시키며, 이는 Mg와 비교할 때 Cl이 더 높은 이온화 에너지가 필요하다.

c. F. F에서 증가된 핵 전하는 원자가 전자에 대한 인력을 증가시키며, 이는 C 또는 N과 비교할 때 F가 더 높은 이온화 에너지가 필요하다.

유제 4.10

Sn, Sr, I를 이온화 에너지가 증가하는 순서대로 배열하라.

해답

이온화 에너지는 같은 주기에서 왼쪽에서 오른쪽으로 갈수록 증가한다. Sr, Sn, I.

확인하기

연습 문제 4.31과 4.32를 풀어보기

금속 특성

금속 특성(metallic character)을 가지는 원소는 원자가 전자를 쉽게 잃는 원소이다. 금속 특성은 주기율표 왼쪽의 원소들(금속)에서 더 흔하고, 같은 주기에서 왼쪽에서 오른쪽으로 갈수록 감소한다. 주기율표 오른쪽의 원소(비금속)는 전자를 쉽게 잃지 않고, 이는 금속 특성이 가장 작다는 것을 의미한다. 금속과 비금속 사이의 준금속 대부분은 전자를 잃고자 하는 경향이 있지만 금속처럼 쉽게 잃지는 않는다. 따라서 3주기에서는 전자를 가장 쉽게 잃는 소듐이 금속 특성이 가장 크다. 3주기에서 왼쪽에서 오른쪽으로 갈수록, 금속 특성은 감소하여 금속 특성이 가장 작은 아르곤에 이르게 된다.

전형 원소의 같은 족에 있는 원소는 위에서 아래로 갈수록 금속 특성이 증가한다. 어떤 족의 아래에 위치한 원자는 더 많은 에너지 준위를 가지므로 보다 전자를 쉽게 잃는다. 따라서 주기율표의 같은 족에서 아래에 위치하는 원소들은 위에 있는 원소들과 비교하여 이온화 에너지는 더 낮으며, 금속 특성은 더 크다(**그림 4.14**).

생각해보기

마그네슘 원자가 이온화되어 마그네슘 이온 Mg^{2+}를 생성할 때, 어떤 전자를 잃는가?

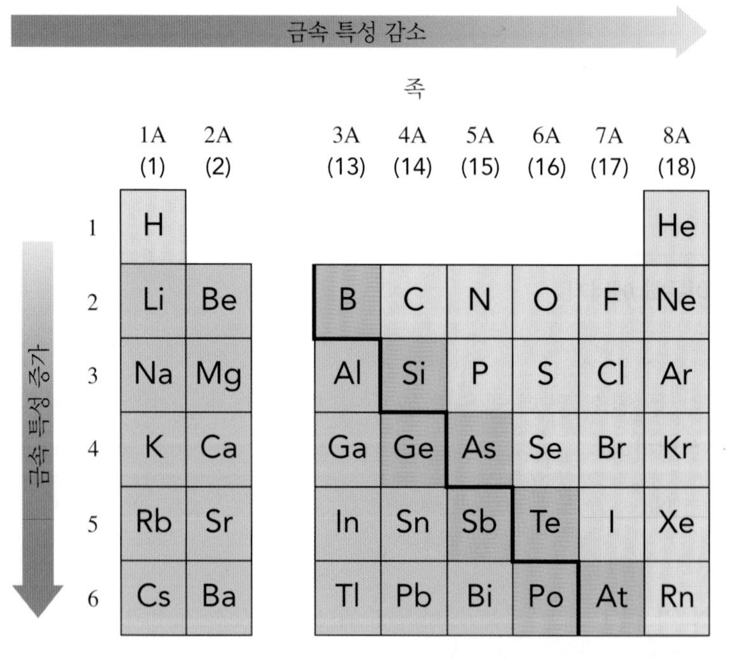

그림 4.14 전형 원소의 금속 특성은 같은 족에서는 아래로 갈수록 증가하고, 같은 주기에서는 왼쪽에서 오른쪽으로 갈수록 감소한다.

Q Rb이 Li보다 금속 특성이 큰 이유는 무엇인가?

지금까지 논의한 주기적 성질의 경향에 대한 요약이 **표 4.12**에 주어져 있다.

표 4.12 **전형 원소의 주기적 성질의 경향에 대한 요약**

주기적 성질	같은 족일 때 위에서 아래로	같은 주기일 때 왼쪽에서 오른쪽으로
원자가 전자	같은 상태로 유지	증가
원자 크기	에너지 준위 수 증가로 인해 증가	전자를 보다 가깝게 끌어당기는 핵의 양성자 증가 때문에 감소
이온화 에너지	원자가 전자가 핵으로부터 멀어질수록 제거하기 쉽기 때문에 감소	최외각 전자에 대한 양성자의 인력이 전자를 제거하는 데 더 많은 에너지를 필요로 하기 때문에 증가
금속 특성	원자가 전자가 핵으로부터 멀어질수록 제거하기 쉽기 때문에 증가	최외각 전자에 대한 양성자의 인력으로 전자를 제거하기가 더 어렵기 때문에 감소

예제 4.11 **주기적 성질**

문제

Na, P, S, Cl, F 중에서 다음에 대한 원소 기호를 써라.

a. 5개의 원자가 전자를 가진다.

b. 6A(16)족에 속한다.

c. 가장 작은 원자 크기를 가진다.

d. 가장 낮은 이온화 에너지를 가진다.

e. 가장 큰 금속 특성을 가진다.

풀이

a. P **b.** S **c.** F

d. Na **e.** Na

유제 4.11

Na, K, S 중에서 가장 금속 특성이 큰 것은 어느 것인가?

해답

K

확인하기

연습 문제 4.33에서 4.37을 풀어보기

연습 문제

4.7 주기적 성질의 경향

학습 목표 원소들의 전자 배열을 이용하여 주기적 성질의 경향을 설명한다.

4.27 다음 원소의 족 번호와 원자가 전자의 수는 무엇인가?

a. 마그네슘 **b.** 아이오딘
c. 산소 **d.** 인
e. 주석 **f.** 붕소

4.28 다음 원소의 족 번호를 쓰고, Lewis 기호를 그려라.

a. 황 **b.** 질소
c. 칼슘 **d.** 소듐
e. 갈륨

4.29 다음 각 항목의 원자 중 더 큰 원자를 고르라.

a. Na 또는 Cl **b.** Na 또는 Rb
c. Na 또는 Mg **d.** Rb 또는 I

4.30 다음 각 항목의 원소들을 원자 크기가 증가하는 순으로 나열하라.

a. C, Si, Ge **b.** K, Na, Cs

c. F, Cl, I　　d. As, N, P

4.31 다음 각 항목의 원소 중 이온화 에너지가 높은 것을 고르라.

a. Br 또는 I　　**b.** Mg 또는 Sr

c. Si 또는 P　　**d.** I 또는 Xe

4.32 다음 각 항목의 원소들을 이온화 에너지가 증가하는 순으로 나열하라.

a. F, Cl, Br　　**b.** Na, Cl, Al

c. Na, K, Cs　　**d.** As, Ca, Br

4.33 다음 빈칸을 **더 큰** 또는 **더 작은**, **더 큰 금속 특성을** 또는 **더 작은 금속 특성**을 이용하여 채워라.

Na는 P보다 _________ 원자 크기를 가지고, _________ 가진다.

4.34 다음을 금속 특성이 감소하는 순으로 나열하라.
Br, Ge, Ca, Ga

4.35 다음 빈칸을 **더 높은** 또는 **더 낮은**, **더 큰** 또는 **더 작은**을 이용하여 채워라.
Sr은 Sb보다 _________ 이온화 에너지와 _________ 금속 특성을 가진다.

4.36 다음 **a**에서 **d**까지의 문장을 **1**, **2**, **3**을 이용하여 완성하라.

1. 감소한다　　**2.** 증가한다

3. 동일하게 유지된다

6A(16)족에서 아래로 갈수록

a. 이온화 에너지는 _________.

b. 원자 크기는 _________.

c. 금속 특성은 _________.

d. 원자가 전자의 수는 _________.

4.37 **a**에서 **e**로 완성한 문장 중 어떤 것이 **참**이고, 어떤 것이 **거짓**인가?

N 원자는 Li 원자와 비교하였을 때 더 큰(많은) ______을(를) 가진다.

a. 원자 크기　　**b.** 이온화 에너지

c. 양성자 수　　**d.** 금속 특성

e. 원자가 전자 수

의학 최신 정보　농작물 생산 향상

식물은 식물 성장 조절을 포함한 대사 과정에 포타슘(K)이 필요하다. 포타슘은 식물의 단백질 합성, 광합성, 효소와 이온 균형을 위해 필요하다. 포타슘이 결핍된 감자는 잎에 자주색 또는 갈색 반점이 나타나고, 식물, 뿌리 및 배아 성장이 감소한다. John은 최근에 수확한 감자 작물의 잎에 갈색 반점이 있다는 것과 감자의 크기가 작고 작물 수확률이 낮다는 점에 주목하였다.

토양 시료의 시험에서 포타슘 수준은 100 ppm 미만이었으며, 이는 포타슘을 보충할 필요가 있음을 의미한다. John은 염화 포타슘(KCl)이 함유된 비료를 시비하였다. 정확한 양의 포타슘을 시비하려면, John은 헥타르당 170 kg을 시비할 필요가 있다.

의학 응용

4.38 **a.** 포타슘이 포함된 족의 번호와 족 이름은 무엇인가?

b. 포타슘은 금속, 비금속 또는 준금속 중 무엇인가?

c. 포타슘의 원자에는 몇 개의 양성자가 있는가?

d. 포타슘은 자연적으로 발생하는 동위원소가 3개 있으며, 각각은 K-39와 K-40, K-41이다. 포타슘의 원자 질량을 이용하여 포타슘의 어떤 동위원소가 가장 풍부한지를 결정하라.

무기물인 포타슘 결핍은 감자 잎의 갈색 반점이 생기게 한다.

개념도

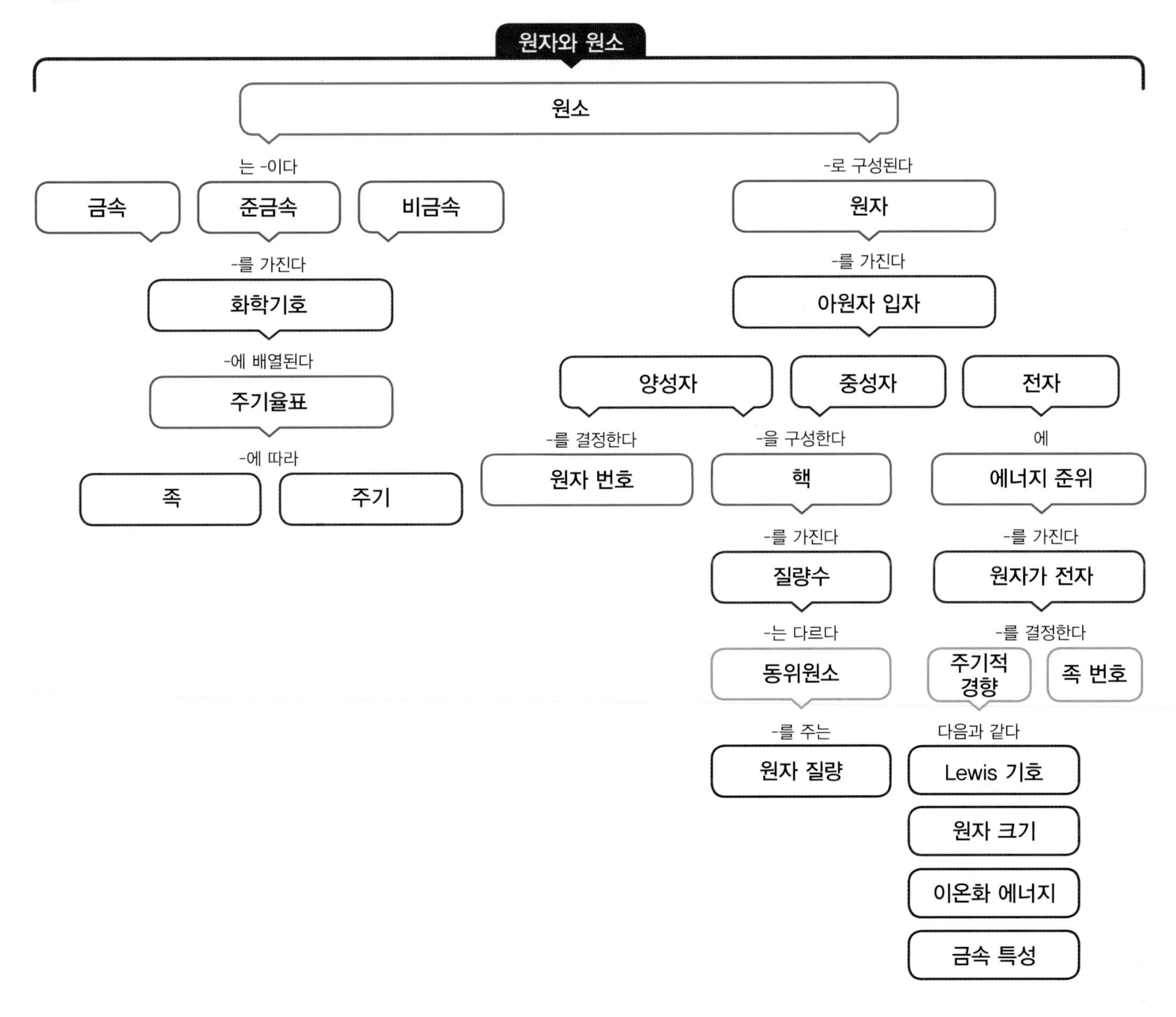

장 복습

4.1 원소와 기호

학습 목표 원소의 이름이 주어지면 정확한 기호를 쓰고, 기호로부터 정확한 이름을 쓴다.

- 원소는 물질(matter)의 기본적 순물질(primary substance)이다.
- 화학 기호는 원소 이름의 한 글자 또는 두 글자로 된 약어이다.

4.2 주기율표

학습 목표 주기율표를 이용하여 원소의 족과 주기를 확인하고, 원소를 금속, 비금속 또는 준금속으로 확인한다.

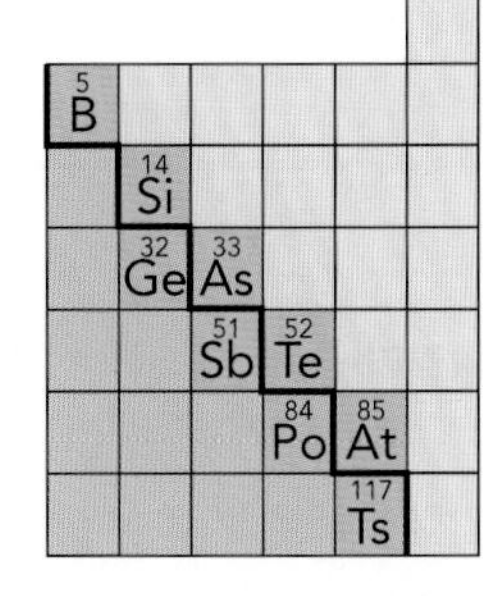

- 주기율표는 원자 번호가 증가하는 순서대로 원소를 배열한 것이다.
- 가로 행을 **주기**(period)라 한다.
- 주기율표에서 같은 성질을 가진 원소를 포함하는 세로 열을 **족**(group)이라 한다.
- 1A(1)족의 원소들을 **알칼리 금속**(al-

kali metal), 2A(2)족을 **알칼리 토금속**(alkaline earth metal), 7A(17)족을 **할로젠**(halogen), 8A(18)족을 **0족 기체**(noble gas)라 한다.

- 주기율표에서 **금속**(metal)은 굵은 지그재그 선의 왼쪽에 위치하고, **비금속**(nonmetal)은 굵은 지그재그 선의 오른쪽에 있다.
- 알루미늄을 제외하고 굵은 지그재그 선을 따라 위치하는 원소들을 **준금속**(metalloid)라 한다.

4.3 원자

학습 목표 양성자, 중성자, 전자의 전하와 원자 내 위치를 기술한다.

전자(−)
핵(+)

- 원자는 원소의 특성을 유지하는 가장 작은 입자이다.
- 원자는 세 가지 종류의 아원자 입자들로 구성되어 있다.
- 양성자는 양전하(+)를 가지고, 전자는 음전하(−)를 운반하며, 중성자는 전기적으로 중성이다.
- 양성자와 중성자는 작고 밀도가 높은 핵에서 발견된다. 전자는 핵의 외부에 위치한다.

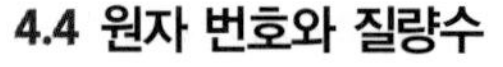

4.4 원자 번호와 질량수

학습 목표 원자의 원자 번호와 질량수가 주어질 때 양성자 수와 중성자 수, 전자 수를 말한다.

양성자
중성자
3 Li
리튬 양성자 3개
전자

- 원자 번호는 같은 원소의 모든 원자에 있는 양성자 수를 제시한다.
- 중성 원자에서 양성자 수와 전자 수는 동일하다.
- 질량수는 원자의 양성자 수와 중성자 수를 합한 수이다.

4.5 동위원소와 원자 질량

학습 목표 원소의 하나 이상의 동위원소에 있는 양성자 수와 중성자 수, 전자 수를 결정한다. 원소의 가장 풍부한 동위원소를 확인한다.

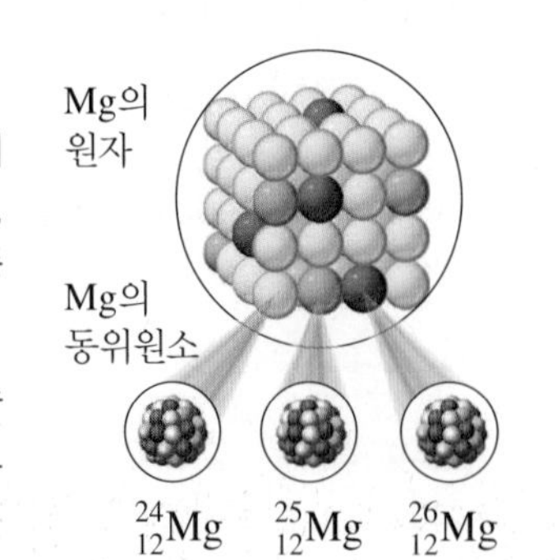

- 양성자 수는 같지만 중성자 수가 다른 원자를 **동위원소**(isotope)라 한다.
- 원소의 원자 질량은 원소의 자연에서 발생하는 모든 동위원소의 평균 질량이다.

4.6 전자 에너지 준위

학습 목표 주기율표에서 처음 20개 원소 중 하나의 이름과 기호가 주어지면, 전자 배열을 쓴다.

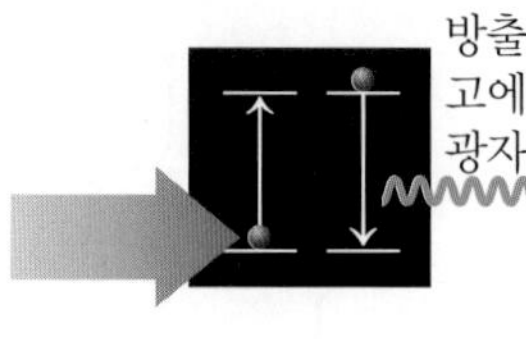

- 모든 전자는 특정한 양의 에너지를 가지고 있다.
- 원자에서 비슷한 에너지의 전자들은 특정 에너지 준위에서 군집을 이룬다.
- 핵과 가장 가까운 첫 번째 준위는 2개의 전자를 가지고, 두 번째 준위는 8개의 전자를, 세 번째 준위는 18개의 전자까지 가질 수 있다.
- 전자 배열은 가장 낮은 에너지 준위부터 차례로 더 높은 준위를 채우도록 원자 내 전자를 배치하여 쓴다.

4.7 주기적 성질의 경향

학습 목표 원소들의 전자 배열을 이용하여 주기적 성질의 경향을 설명한다.

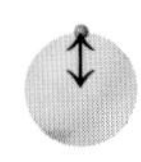
Li 원자

Na 원자

핵과 원자가 전자 사이의 거리

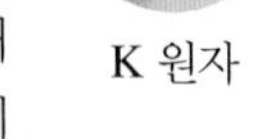
K 원자

- 원소들의 성질은 원자의 원자가 전자와 관련이 있다.
- 몇 가지 예외를 제외하고, 각 원소의 족은 에너지 준위만 다르고 동일한 원자가 전자의 전자 배열을 가진다.
- 원자가 전자는 원소 기호 주위에 점으로 나타낸다.
- 원자의 크기는 같은 족에서는 아래로 갈수록 증가하고, 같은 주기에서는 왼쪽에서 오른쪽으로 갈수록 감소한다.
- 원자가 전자를 제거하는 데 필요한 에너지는 이온화 에너지이며, 같은 족에서는 아래로 갈수록 감소하고, 같은 주기에서는 왼쪽에서 오른쪽으로 갈수록 증가한다.
- 원소의 금속 특성은 같은 족에서는 아래로 갈수록 증가하고, 같은 주기에서는 왼쪽에서 오른쪽으로 갈수록 감소한다.

주요 용어

알칼리 금속 수소를 제외한 1A(1)족 원소들로, 원자가 전자 1개를 가진 부드럽고 빛나는 금속이다.

알칼리 토금속 2개의 원자가 전자를 가진 2A(2)족 원소들

원자 원소의 특성을 유지하는 원소의 가장 작은 입자

원자 질량 원소의 자연적으로 발생하는 모든 동위원소들의 평균 질량

원자 질량 단위(amu) 원자와 아원자 입자와 같이 매우 작은 입자의 질량을 기술할 때 사용하는 작은 질량 단위로, 1 amu는 $^{12}_{6}C$ 원자 질량의 1/12과 같다.

원자 번호 원자의 양성자 수와 동일한 수

원자 크기 핵과 최외각 전자 사이의 거리

원자 기호 동위원소의 질량수와 원자 번호를 나타내는 데 사용하는 약어

화학 기호 원소의 이름을 나타내는 약어

전자 계산에서 보통 무시되는 매우 작은 질량을 가진 음으로 하전된 아원자 입자로, 기호는 e^-이다.

전자 배열 에너지 준위가 증가하는 순서대로 배열한 각 에너지 준위의 전자 수 목록

에너지 준위 비슷한 에너지를 가진 전자의 집단

족 물리적, 화학적 성질이 비슷한 원소를 포함하는 주기율표의 세로 열

족 번호 주기율표에서 각 세로 열(족) 위에 나타나는 수로 최외각 에너지 준위에 있는 전자의 수를 의미한다.

할로젠 7개의 원자가 전자를 가지는 7A(17)족 원소들

이온화 에너지 원자의 최외각 에너지 준위에서 전자를 제거하는 데 필요한 에너지

동위원소 같은 원소의 다른 원자와 질량수만 다른 원자로, 동위원소는 원자 번호(양성자 수)는 같지만, 중성자 수는 다르다.

Lewis 기호 원소 기호 주위에 점으로 원자가 전자를 나타내는 원자의 표현

질량수 원자의 핵에 있는 양성자와 중성자의 총수

금속 빛나고 전성과 연성을 가지며, 열과 전기의 좋은 전도체인 원소이다. 금속은 주기율표에서 굵은 지그재그 선의 왼쪽에 위치한다.

금속 특성 원소가 원자가 전자를 얼마나 쉽게 잃는가를 나타내는 척도

준금속 금속과 비금속의 성질을 가지며, 주기율표의 굵은 지그재그 선을 따라 위치하는 원소들

중성자 약 1 amu의 질량을 가지는 중성 아원자 입자로, 원자의 핵에서 발견된다. 기호는 n 또는 n^0이다.

0족 기체 주기율표에서 8A(18)족의 원소

비금속 열과 전기의 나쁜 전도체로 광택이 거의 없거나 없는 원소이다. 비금속은 주기율표에서 굵은 지그재그 선의 오른쪽에 위치한다.

핵 원자의 양성자와 중성자를 포함하는 작고 밀도가 매우 높은 원자의 중심

주기 주기율표에서 원소의 가로 행

주기율표 비슷한 화학적 거동을 가지는 원소들을 세로 열에 집단화하여 원자 번호가 증가하는 순서대로 원소들을 배열한 것

양성자 약 1 amu의 질량을 가지며, 원자의 핵에서 발견되는 양으로 하전된 아원자 입자이다. 기호는 p 또는 p^+이다.

전형 원소 주기율표에서 B족(3−12)을 제외하고 1A(1)족에서 8A(18)족까지 발견되는 원소들

아원자 입자 원자 내 입자로, 양성자, 중성자, 전자가 있다.

전이 원소 주기율표에서 2A(2)족과 3A(13)족 사이에 위치하는 원소

원자가 전자 원자의 최외각 에너지 준위에 있는 전자

핵심 화학 기법

각 핵심 화학 기법을 포함하는 장의 절은 각 주제 끝의 괄호 안에 표시하였다.

양성자와 중성자 세기(4.4)

- 원소의 원자 번호는 해당 원소의 모든 원자에 있는 양성자 수와 동일하다. 원자 번호는 주기율표에서 각 원소 기호 위에 있는 자연수이다.

  원자 번호 = 원자의 양성자 수

- 원자는 중성이므로, 전자 수는 양성자 수와 같다. 따라서 원자 번호는 전자 수도 제공한다.
- 질량수는 원자의 핵 내에 있는 양성자와 중성자 수를 합한 수이다.

  질량수 = 양성자 수 + 중성자 수

- 중성자 수는 질량수와 원자 번호로 계산할 수 있다.

  중성자 수 = 질량수 − 양성자 수

예: 질량수가 80인 크립톤 원자의 양성자 수와 중성자 수, 전자 수를 계산하라.

해답:

원소	원자 번호	질량수	양성자 수	중성자 수	전자 수
Kr	36	80	원자 번호와 동일 36	질량수 − 양성자 수와 동일 80 − 36 = 44	양성자 수와 동일 36

동위원소의 원자 기호 쓰기(4.5)

- 동위원소는 원자 번호는 같지만, 중성자 수는 다른 동일한 원소의 원자이다.
- 원자 기호는 특정 동위원소에 대하여 질량수(양성자와 중성자)는 좌측 상단에, 원자 번호(양성자)는 좌측 하단에 쓴다.

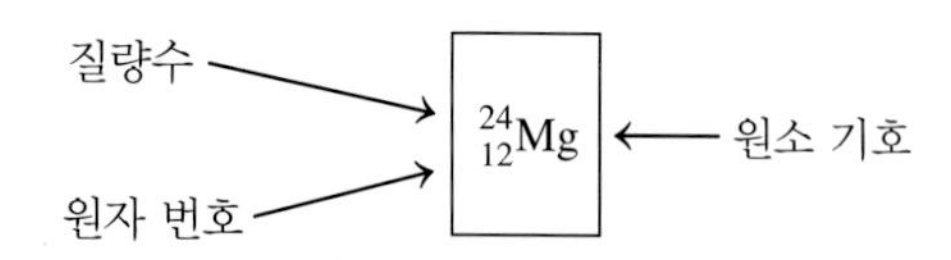

예: 카드뮴의 동위원소 $^{112}_{48}Cd$의 양성자 수와 중성자 수를 계산하라.

해답:

원자 기호	원자 번호	질량수	양성자 수	중성자 수
$^{112}_{48}Cd$	왼쪽 하단의 수 48	왼쪽 상단의 수 112	원자 번호와 동일 48	질량수−양성자 수와 동일 112 − 48 = 64

전자 배열 쓰기(4.6)

- 원자의 전자 배열은 원자의 전자가 차지하는 에너지 준위를 특정한다.
- 전자 배열은 가장 낮은 에너지 준위부터 시작하여 다음으로 가장 낮은 에너지 준위를 따른다.

예: 인의 전자 배열을 써라.

해답: 인은 원자 번호가 15이며, 이는 15개의 양성자와 15개의 전자를 가진다는 것을 의미한다.

2,8,5

주기적 성질의 경향을 확인하기(4.7)

- 원자가 전자의 수는 같은 족에서 아래로 내려가도 동일하게 유지되며, 같은 주기에서는 왼쪽에서 오른쪽으로 갈수록 증가한다.
- 원자의 크기는 같은 족에서는 아래로 갈수록 증가하고, 같은 주기에서는 왼쪽에서 오른쪽으로 갈수록 감소한다.
- 이온화 에너지는 같은 족에서는 아래로 갈수록 감소하고, 같은 주기에서는 왼쪽에서 오른쪽으로 갈수록 증가한다.
- 원소의 금속 특성은 같은 족에서는 아래로 갈수록 증가하고, 같은 주기에서는 왼쪽에서 오른쪽으로 갈수록 감소한다.

예: Mg, P, Cl 중에서 다음의 성질을 가지는 것을 확인하라.

a. 가장 큰 원자 크기
b. 가장 높은 이온화 에너지
c. 가장 큰 금속 특성

해답: **a.** Mg **b.** Cl **c.** Mg

Lewis 기호 그리기(4.7)

- 원자가 전자는 최외각 에너지 준위의 전자이다.
- 원자가 전자의 수는 전형 원소에서 족 번호와 동일하다.
- Lewis 기호는 원소의 기호 주위에 점으로 표시한 원자가 전자의 수를 나타낸다.

예: 족 번호와 원자가 전자의 수를 제공하고, 각각에 대한 Lewis 기호를 그려라.

a. Rb **b.** Se **c.** Xe

해답: **a.** 1A(1)족, 1개의 원자가 전자, Rb•
b. 6A(16)족, 6개의 원자가 전자, •Se:
c. 8A(18)족, 8개의 원자가 전자, :Xe:

개념 이해 문제

복습할 장의 절은 각 문제 끝의 괄호 안에 나타내었다.

4.39 Dalton의 원자론에 따르면, 다음 중 참 또는 거짓은 무엇인가? 만약 거짓이면, 문장을 참이 되도록 수정하라. (4.3)
a. 원소의 원자는 다른 원소의 원자들과 동일하다.
b. 모든 원소는 원자로 이루어져 있다.
c. 서로 다른 원소의 원자가 결합하여 화합물을 형성한다.
d. 화학 반응에서 일부 원자들은 없어지고, 새로운 원자들이 생긴다.

4.40 아원자 입자들(**1**에서 **3**)을 아래의 문장과 연결하라. (4.4)
1. 양성자 **2.** 중성자 **3.** 전자
a. 원자 질량
b. 원자 번호
c. 양전하
d. 음전하
e. 질량수 − 원자 번호

4.41 원소의 화학 기호를 X로 나타낸 다음 원자들을 고려하라. (4.4, 4.5)
$^{42}_{19}X$, $^{18}_{9}X$, $^{18}_{8}X$, $^{42}_{20}X$, $^{43}_{20}X$
a. 같은 수의 양성자를 가지는 원자들은 무엇인가?
b. 동위원소인 원자들은 무엇인가? 또 어떤 원소의 동위원소인가?
c. 동일한 질량수를 가지는 원자들은 무엇인가?

4.42 다음의 원자들이 같은 수의 양성자, 중성자, 전자를 가지는지를 표시하라. (4.4, 4.5)
a. $^{37}_{17}Cl$, $^{38}_{18}Ar$ **b.** $^{36}_{16}S$, $^{34}_{16}S$ **c.** $^{40}_{18}Ar$, $^{39}_{17}Cl$

4.43 핵 **A**부터 **E**까지 나타낸 각 그림에 대한 원자 기호를 쓰고, 어느 것이 동위원소인지를 표시하라. (4.4, 4.5)
양성자 ●
중성자 ●

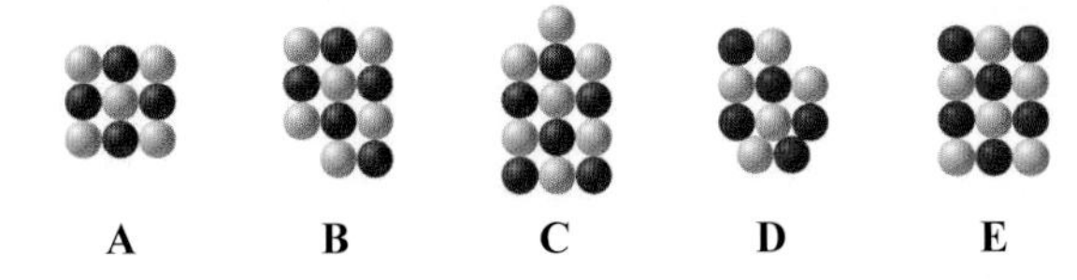

4.44 구 **A**부터 **D**를 B, Al, Ga 및 In의 원자와 연결하라. (4.7)

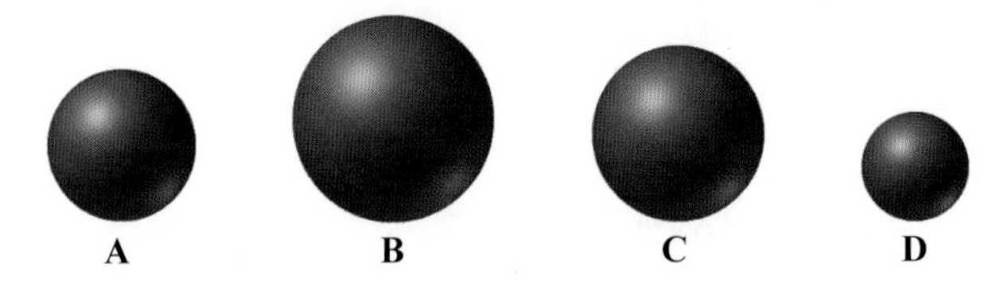

4.45 Si, F, Sb, Sn, Ar, He, I 원소 중에서 다음 항목에 해당하는 원소를 하나 이상 확인하라. (4.2, 4.6, 4.7)

a. 할로젠
b. 4A족
c. 준금속
d. 기체(분자)
e. 3주기

추가 연습 문제

4.46 다음 원소의 족과 주기 수를 제시하라. (4.2)

a. 크립톤 **b.** 비스무트
c. 갈륨 **d.** 세슘

4.47 다음의 문장이 참인지, 거짓인지를 확인하라. (4.3)

a. 양성자는 음으로 하전된 입자이다.
b. 중성자는 양성자보다 2000배 무겁다.
c. 원자 질량 단위는 6개의 양성자와 6개의 중성자를 가진 탄소 원자를 기반으로 한다.
d. 핵은 원자의 가장 큰 부분이다.
e. 전자는 핵의 외부에 위치한다.

4.48 다음 문장을 완성하라. (4.2, 4.3)

a. 원자 번호는 핵의 _________ 수를 제시한다.
b. 원자의 전자 수는 _________ 수와 동일하다.
c. 소듐과 포타슘은 _________이라 부르는 원소의 예이다.

4.49 다음의 양성자 수를 가지는 원소의 기호와 이름을 써라. (4.4)

a. 27 **b.** 32 **c.** 11
d. 48 **e.** 62 **f.** 73

4.50 다음 원자에 대한 양성자 수와 중성자 수, 전자 수를 결정하라. (4.4, 4.5)

a. $^{114}_{48}Cd$ **b.** $^{98}_{43}Tc$ **c.** $^{199}_{79}Au$
d. $^{222}_{86}Rn$ **e.** $^{136}_{54}Xe$

4.51 다음 표를 완성하라. (4.4, 4.5)

이름	원자 기호	양성자 수	중성자 수	전자 수
	$^{34}_{16}S$			
		28	34	
마그네슘			14	
	$^{220}_{86}Rn$			

4.52 다음의 원자 기호를 써라. (4.5)

a. 오직 하나의 양성자를 가지는 원자
b. 80개의 양성자와 120개의 중성자를 가지는 원자
c. 질량수가 189인 오스뮴 원자
d. 24개의 전자와 28개의 중성자를 가지는 원자

4.53 니켈의 가장 풍부한 동위원소는 $^{58}_{28}Ni$이다. (4.4)

a. $^{58}_{28}Ni$의 양성자 수, 중성자 수, 전자 수는 각각 얼마인가?
b. 35개의 중성자를 가진 니켈의 또 다른 동위원소의 원자 기호는 무엇인가?
c. **b**와 동일한 질량수와 34개의 중성자를 가진 원자 기호와 이름은 무엇인가?

4.54 다음에 대한 주기 수를 쓰고, 금속, 비금속 또는 준금속인지를 말하라.

a. P **b.** Ge **c.** F
d. W **e.** Cs

4.55 Ca의 이온화 에너지가 K보다 높지만, Mg보다 낮은 이유는 무엇인가? (4.7)

4.56 Li, Be, N, F 원소 중에서 다음에 해당하는 것은 무엇인가? (4.7)

a. 알칼리 토금속은 무엇인가?
b. 가장 큰 원자 크기를 가지는 것은 무엇인가?
c. 가장 높은 이온화 에너지를 가지는 것은 무엇인가?
d. 5A(15)족에서 발견되는 것은 무엇인가?
e. 가장 많은 금속 특성을 가지는 것은 무엇인가?

도전 문제

다음 문제들은 이 장의 주제와 연관되어 있다. 그러나 장의 순서를 따르지 않으며, 여러 절의 개념과 기법을 종합할 것을 요구한다. 이러한 문제들은 여러분의 비판적 사고 능력을 향상시키고 다음 시험을 준비하는 것을 도와줄 것이다.

4.57 스트론튬의 자연에서 발생하는 동위원소에는 4개가 있으며, 각각은 $^{84}_{38}Sr$, $^{86}_{38}Sr$, $^{87}_{38}Sr$, $^{88}_{38}Sr$이다. (4.4, 4.5)

a. Sr-87의 양성자 수와 중성자 수, 전자 수는 각각 몇 개인가?

b. 스트론튬 시료에서 가장 풍부한 동위원소는 무엇인가?

c. Sr-84의 중성자 수는 몇 개인가?

d. 스트론튬의 동위원소 중 어느 것도 주기율표에 게재된 87.62 amu의 원자 질량을 가지지 않는 이유는 무엇인가?

4.58 다음을 가지는 원소의 기호를 제시하라. (4.7)

a. 6A(16)족에서 가장 원자 크기가 작은 원소

b. 3주기에서 가장 원자 크기가 작은 원소

c. 5A(15)족에서 가장 이온화 에너지가 높은 원소

d. 3주기에서 가장 이온화 에너지가 낮은 원소

e. 2A(2)족에서 가장 금속 특성이 큰 원소

연습 문제 해답

4.1 **a.** Na **b.** K **c.** Ni **d.** Ag **e.** N **f.** Pd **g.** V **h.** Zn

4.2 **a.** 황 **b.** 플루오린 **c.** 네온 **d.** 금 **e.** 알루미늄 **f.** 구리 **g.** 팔라듐 **h.** 마그네슘

4.3 **a.** 소듐, 염소 **b.** 칼슘, 황, 산소 **c.** 탄소, 수소, 염소, 질소, 산소 **d.** 리튬, 탄소, 산소

4.4 **a.** 2주기 **b.** 4주기 **c.** 알칼리 금속은 2A(2)족 원소들이다. **d.** 5A(5)족

4.5 **a.** N **b.** Ar **c.** Ca **d.** S **e.** Br

4.6 **a.** 금속 **b.** 비금속 **c.** 금속 **d.** 준금속 **e.** 준금속 **f.** 비금속 **g.** 알칼리 금속 **h.** 알칼리 금속

4.7 **a.** K: 알칼리 금속, 근육 수축과 신경 자극에 필요

b. Mn: 전이 금속, 뼈의 성장, 혈액 응고와 대사 반응에 필요

c. Co: 전이 금속, 비타민 B_{12}와 적혈구 세포의 성분

d. I: 할로젠, 적절한 갑상샘 기능에 필요

4.8 **a.** 다량무기질은 건강에 필수적인 원소이며, 인체에 5~1000 g 존재한다.

b. 황은 단백질, 간, 비타민 B_1과 인슐린의 성분이다.

c. 86 g

4.9 **a.** 전자 **b.** 양성자 **c.** 전자 **d.** 중성자

4.10 Rutherford는 양으로 하전된 작고 압축된 핵을 가진 원자를 확인하였다.

4.11 **a.** 거짓 **b.** 거짓 **c.** 참 **d.** 거짓

4.12 머리카락을 빗질하는 과정에서 머리카락은 서로 밀어내는 같은 전하를 가진다.

4.13 **a.** 원자 번호 **b.** 둘 모두 **c.** 질량수 **d.** 원자 번호

4.14 **a.** 붕소, B **b.** 구리, Cu **c.** 크로뮴, Cr **d.** 루비듐, Rb **e.** 알루미늄, Al **f.** 루테늄, Ru **g.** 세슘, Cs **h.** 탄소, C

4.15 **a.** 양성자 18개, 전자 18개 **b.** 양성자 25개, 전자 25개 **c.** 양성자 53개, 전자 53개 **d.** 양성자 48개, 전자 48개

4.16

원소 이름	기호	원자 번호	질량수	양성자 수	중성자 수	전자 수
아연	Zn	30	66	30	36	30
마그네슘	Mg	12	24	12	12	12
포타슘	K	19	39	19	20	19
황	S	16	31	16	15	16
철	Fe	26	56	26	30	26

4.17 **a.** 양성자 2개, 중성자 2개, 전자 2개

b. 양성자 6개, 중성자 8개, 전자 6개

c. 양성자 92개, 중성자 143개, 전자 92개

d. 양성자 17개, 중성자 18개, 전자 17개

4.18 **a.** $^{15}_{7}N$ **b.** $^{65}_{29}Cu$ **c.** $^{137}_{56}Ba$ **d.** $^{42}_{20}Ca$ **e.** $^{107}_{47}Ag$

4.19 **a.** $^{36}_{18}Ar$ $^{38}_{18}Ar$ $^{40}_{18}Ar$

b. 이들은 모두 같은 수의 양성자와 전자를 가진다.

c. 이들은 다른 수의 중성자를 가지며, 따라서 다른 질량수

를 가진다.

d. 주기율표에 기재된 Ar의 원자 질량은 자연에서 발생하는 모든 동위원소의 평균 원자 질량이다.

e. 동위원소 Ar-40이 주기율표에서 Ar의 원자 질량에 가장 가깝기 때문에 가장 풍부하다.

4.20 Ga-69

4.21 구리의 원자 질량이 63 amu에 가깝기 때문에 $^{63}_{29}Cu$ 원자가 더 많다.

4.22 탈륨의 원자 질량이 204.4 amu이기 때문에 가장 풍부한 동위원소는 $^{205}_{81}Tl$이다.

4.23 흡수

4.24 **a.** 녹색 빛 **b.** 푸른색 빛

4.25 **a.** 2,6 **b.** 2,8,8,18 **c.** 2,8,8,2 **d.** 2,8,7 **e.** 2,3 **f.** 2,5

4.26 **a.** Li **b.** Mg **c.** H **d.** Cl **e.** O

4.27 **a.** 2A(2)족, 2 e^- **b.** 7A(17)족, 7 e^- **c.** 6A(16)족, 6 e^- **d.** 5A(15)족, 5 e^- **e.** 4A(14)족, 4 e^- **f.** 3A(13)족, 3 e^-

4.28 **a.** 6A(16)족, ·S: (6개의 점)

b. 5A(15)족, ·N· (5개의 점)

c. 2A(2)족, Ca· (2개의 점)

d. 1A(1)족, Na·

e. 3A(13)족, ·Ga· (3개의 점)

4.29 **a.** Na **b.** Rb **c.** Na **d.** Rb

4.30 **a.** C, Si, Ge **b.** Na, K, Cs **c.** F, Cl, I **d.** N, P, As

4.31 **a.** Br **b.** Mg **c.** P **d.** Xe

4.32 **a.** Br, Cl, F **b.** Na, Al, Cl **c.** Cs, K, Na **d.** Ca, As, Br

4.33 더 큰, 더 큰 금속 특성을

4.34 Ca, Ga, Ge, Br

4.35 더 낮은, 더 큰

4.36 **a.** 감소한다 **b.** 증가한다 **c.** 증가한다 **d.** 동일하게 유지된다

4.37 **b**, **c**, **e**는 참, **a**와 **d**는 거짓

4.38 **a.** 1A(1)족, 알칼리 금속 **b.** 금속 **c.** 양성자 19개 **d.** K−39

4.39 **a.** 거짓, 주어진 원소의 모든 원자는 다른 원소의 원자들과 다르다.

b. 참

c. 참

d. 거짓, 화학 반응에서 원자는 결코 새로 생기지도 소멸되지도 않는다.

4.40 **a.** 1 + 2 **b.** 1 **c.** 1 **d.** 3 **e.** 2

4.41 **a.** $^{42}_{20}X$와 $^{43}_{20}X$ 모두 20개의 양성자를 가진다.

b. $^{42}_{20}X$와 $^{43}_{20}X$ 모두 칼슘의 동위원소이다.

c. $^{18}_{9}X$와 $^{18}_{8}X$는 질량수 18을 가지며, $^{42}_{19}X$와 $^{42}_{20}X$는 모두 질량수 42를 가진다.

4.42 **a.** 모두 20개의 중성자를 가진다.

b. 모두 16개의 양성자와 16개의 전자를 가진다.

c. 모두 22개의 중성자를 가진다.

4.43 **a.** $^{9}_{4}Be$ **b.** $^{11}_{5}B$ **c.** $^{13}_{6}C$ **d.** $^{10}_{5}B$ **e.** $^{12}_{6}C$

B와 **D**는 붕소의 동위원소이고, **C**와 **E**는 탄소의 동위원소이다.

4.44 B(붕소)는 **D**, Al은 **A**, Ga은 **C**, In은 **B**이다.

4.45 **a.** F, I **b.** Sn **c.** Si, Sb **d.** He, Ar **e.** Si

4.46 **a.** 18(8A)족, 4주기 **b.** 5A(15)족, 6주기 **c.** 3A(13)족, 4주기 **d.** 1(1A)족, 6주기

4.47 **a.** 거짓 **b.** 거짓 **c.** 참 **d.** 거짓 **e.** 참

4.48 **a.** 양성자 **b.** 양성자 **c.** 알칼리 금속

4.49 **a.** 코발트, Co **b.** 게르마늄, Ge **c.** 소듐, Na **d.** 카드뮴, Cd **e.** 사마륨, Sm **f.** 탄탈럼, Ta

4.50 **a.** 양성자 48개, 중성자 66개, 전자 48개

b. 양성자 43개, 중성자 55개, 전자 43개

c. 양성자 79개, 중성자 120개, 전자 79개

d. 양성자 86개, 중성자 136개, 전자 86개

e. 양성자 54개, 중성자 82개, 전자 54개

4.51

이름	원자 기호	양성자 수	중성자 수	전자 수
황	$^{34}_{16}S$	16	18	16
니켈	$^{62}_{28}Ni$	28	34	28
마그네슘	$^{26}_{12}Mg$	12	14	12
라돈	$^{220}_{86}Rn$	86	134	86

4.52 **a.** $^{1}_{1}H$ **b.** $^{200}_{80}Hg$ **c.** $^{189}_{76}Os$ **d.** $^{52}_{24}Cr$

4.53 **a.** 양성자 28개, 중성자 30개, 전자 28개

b. $^{63}_{28}Ni$
c. $^{63}_{29}Cu$

4.54 **a.** 3주기, 비금속 **b.** 4주기, 준금속
c. 2주기, 비금속 **d.** 6주기, 금속
e. 6주기, 금속

4.55 칼슘은 K보다 양성자 수가 많다. 양전하의 증가는 전자에 대한 인력을 증가시키며, 이는 원자가 전자를 제거하는 데 더 많은 에너지가 필요함을 의미한다. 원자가 전자는 Mg보다 Ca가 핵으로부터 더 멀리 떨어져 있어 제거하는 데 더 적은 에너지가 필요하다.

4.56 **a.** Be **b.** Li **c.** F
d. N **e.** Li

4.57 **a.** 양성자 38개, 중성자 49개, 전자 38개
b. $^{88}_{38}Sr$
c. 중성자 46개
d. 주기율표에서의 원자 질량은 자연에서 발생하는 모든 동위원소의 평균이다.

4.58 **a.** O **b.** Ar **c.** N
d. Na **e.** Ra

5 핵화학

Simone의 의사는 관상 동맥 심장 질환과 심장 마비를 유발할 수 있는 그녀의 높은 콜레스테롤 수치에 대해 우려하며, 그녀를 핵의학 센터로 보내 심장 스트레스 시험을 실시하였다. 방사선 기사인 Pauline은 Simone에게 스트레스 시험은 휴지기와 스트레스를 가하는 동안에 심장 근육으로 흐르는 혈류를 측정한다고 설명한다. 이 시험은 일상적인 운동 스트레스 시험과 비슷하게 시행되지만 심장을 통과하는 혈류량이 낮은 영역과 손상된 심장 근육 영역을 보여주는 영상을 생성한다. 이것은 심장이 휴지기일 때와 러닝머신에서 걷고 있을 때의 2세트의 심장 영상을 촬영하는 것을 포함한다.

Pauline은 Simone에게 탈륨-201를 혈류에 주사할 것이라고 말하며, Tl-201은 반감기가 3.0일인 방사성 동위원소라고 설명한다. Simone가 '반감기'라는 용어에 관심을 표하자, Pauline은 방사선 시료가 절반으로 분해되는 데 걸리는 시간이 반감기라고 설명한다. 그녀는 Simone에게 4번의 반감기 후, 방출되는 방사선은 거의 0이 될 것이라고 확신시킨다. Pauline은 Simone에게 Tl-201은 붕괴되어 Hg-201이 되고 X-선과 비슷한 에너지를 방출한다고 이야기한다. Tl-201이 그녀 심장 내의 혈액 공급이 제한된 영역에 도달하면, 적은 양의 방사선 동위원소가 축적될 것이다.

관련 직업 방사선 기사

방사선 기사는 핵 의약품을 사용하여 다양한 의학 상태를 진단하고 치료하는 병원이나 영상 센터에서 근무한다. 진단 시험에서 방사선 기사는 방사선을 영상으로 변환하는 주사 장치(scanner)를 사용하며, 영상을 평가하여 신체의 이상 여부를 판단한다. 방사선 기사는 컴퓨터 단층 촬영(computed tomography, CT), 자기공명 영상 촬영(magnetic resonance imaging, MRI), 양전자 방출 단층 촬영(positron emission tomography, PET)과 같은 핵의학과 연관된 기기와 컴퓨터를 작동한다. 방사선 기사는 방사성 동위원소를 안전하게 다루는 방법을 알아야 하고, 적절한 종류의 차폐 수단을 사용하며, 방사성 동위원소를 환자에게 투여하는 방법을 알아야 한다. 추가로 그들은 영상촬영을 위해 환자가 신체적으로, 정신적으로 준비되도록 하여야 한다. 환자에게 테크네튬-99m, 아이오딘-131, 갈륨-67, 감마선을 방출하는 탈륨-201과 같은 방사성 추적자를 주기도 하며, 이는 신장이나 갑상샘의 영상을 검출하고 생성하는 데 사용하거나 심장 근육의 혈류를 추적하기도 한다.

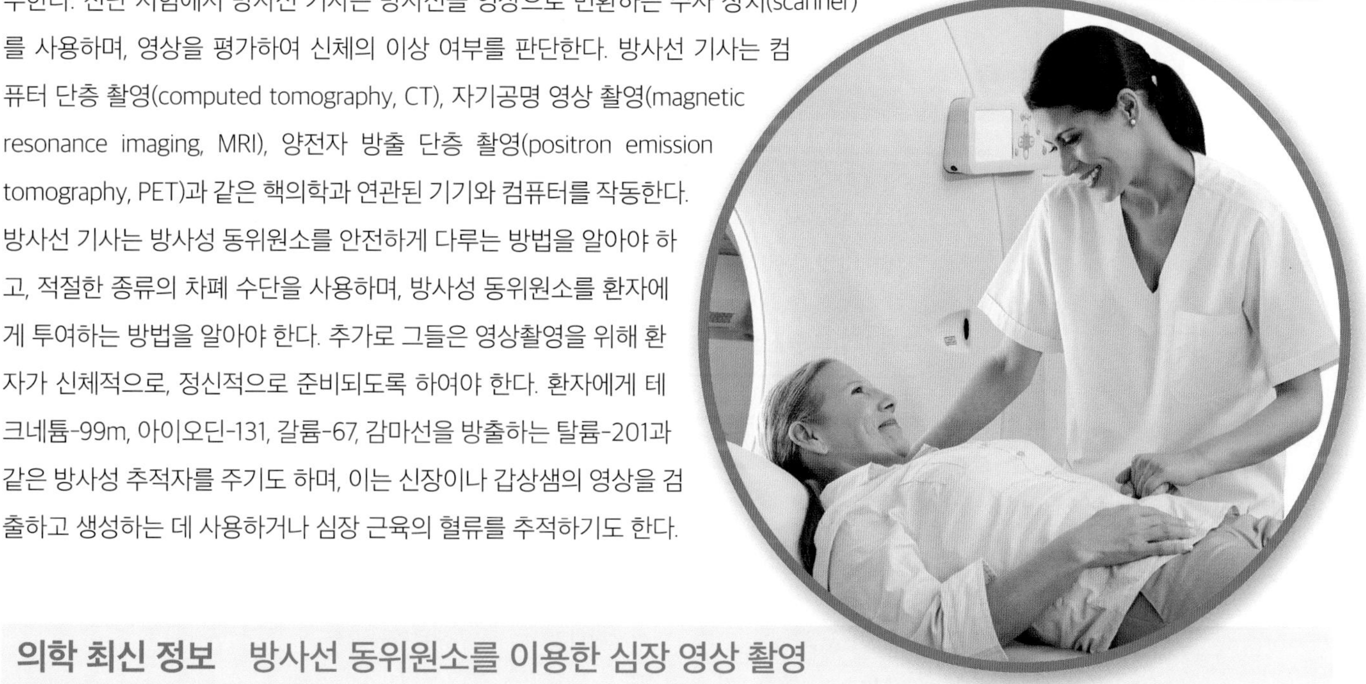

의학 최신 정보 방사선 동위원소를 이용한 심장 영상 촬영

Simone가 핵 스트레스 시험을 위해 병원에 도착하면, 방사성 염료를 주사하여 심장 근육의 영상이 보이게 할 것이다. 여러분은 Simone의 주사와 스트레스 시험의 결과를 177쪽의 **의학 최신 정보** 방사성 동위원소를 이용한 심장 영상 촬영에서 찾을 수 있다.

차례

5.1 천연 방사성

학습 목표 알파, 베타, 양전자와 감마 방사선을 기술한다.

원자 번호 19까지의 원소 중 자연에서 발생하는 대부분의 동위원소들은 안정한 핵을 가진다. 원자 번호 20 이상인 원소들은 보통 핵력이 양성자들 사이의 반발력을 상쇄하지 못하는 불안정한 핵을 가지는 1개 이상의 동위원소를 가지고 있다. 불안정한 핵은 **방사성**(radioactive)이며, 이는 보다 안정화되기 위하여 **방사선**(radiation)이라 부르는 작은 에너지 입자를 자발적으로 방출하는 것을 의미한다. 방사선은 알파(α) 및 베타(β) 입자, 양전자(β^+) 또는 감마(γ)선과 같은 순수 에너지의 형태로 취할 수 있다. 방사선을 방출하는 원소의 동위원소를 **방사성 동위원소**(radioisotope)라 한다. 대부분의 방사선 종류는 핵의 양성자 수에 변화가 있으며, 이는 원자가 다른 원소의 원자로 변환되었음을 의미한다. 이러한 종류의 핵 변화는 원자에 대하여 예상을 하였던 Dalton에게는 명확하지 않았다. 원자 번호 93 이상의 원소들은 핵 실험실에서 인공적으로 생성되었고, 방사성 동위원소들로 구성되어 있다.

복습
동위원소의 원자 기호 쓰기(4.5)

방사성 동위원소의 기호

다른 동위원소의 원자 기호는 질량수를 좌측 상단에, 원자 번호를 좌측 하단에 적는다. 질량수는 핵의 양성자 수와 중성자 수의 합이고, 원자 번호는 양성자 수와 동일하다. 예를 들어, 고고학적 연대 측정을 위한 탄소의 방사성 동위원소는 질량수 14와 원자 번호 6을 가진다.

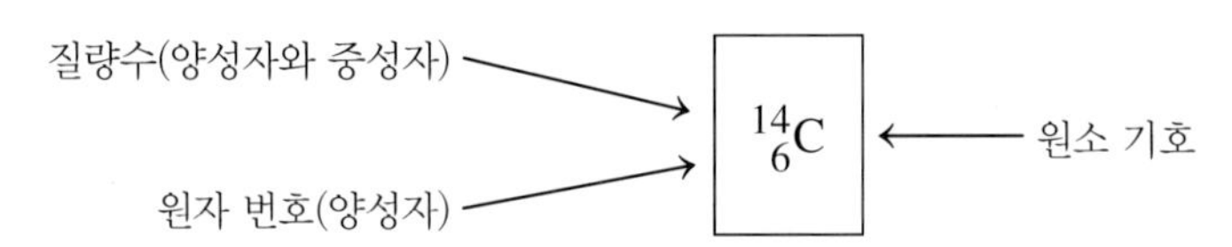

$^{14}_{6}C$ 탄소-14
양성자 6개(붉은색)
중성자 8개(흰색)

방사성 동위원소는 원소의 이름 또는 기호 뒤에 질량수를 적음으로써 확인할 수 있다. 따라서 이 예에서 동위원소는 탄소-14 또는 C-14라 부른다. 표 5.1은 일부 안정한 비방사성 동위원소를 일부 방사성 동위원소와 비교하고 있다.

표 5.1 일부 원소들의 안정한 방사성 동위원소

마그네슘	아이오딘	우라늄
안정한 동위원소		
$^{24}_{12}Mg$ 마그네슘-24	$^{127}_{53}I$ 아이오딘-127	없음
방사성 동위원소		
$^{23}_{12}Mg$ 마그네슘-23	$^{125}_{53}I$ 아이오딘-125	$^{235}_{92}U$ 우라늄-235
$^{27}_{12}Mg$ 마그네슘-27	$^{131}_{53}I$ 아이오딘-131	$^{238}_{92}U$ 우라늄-238

방사선의 종류

방사선을 방출함으로써 불안정한 핵은 보다 안정하고 낮은 에너지의 핵을 생성한다.

방사선의 한 종류는 **알파 입자**(alpha particle)로 구성된다. **알파 입자**는 2개의 양성자와 2개의 중성자를 가진 헬륨(He) 핵과 동일하다. 알파 입자는 질량수 4, 원자 번호 2와 전하 2+를 가진다. 알파 입자의 기호는 그리스 문자의 알파(α) 또는 2+ 전하가 생략된 것을 제외한 헬륨 핵의 기호이다.

알파 입자 $^{4}_{2}\text{He}$ 또는 α

또 다른 방사선의 종류는 방사성 동위원소가 **베타 입자**(beta particle)를 방출할 때 발생한다. 고에너지 전자인 **베타 입자**는 1−의 전하를 가지며, 질량은 양성자의 질량보다 매우 작기 때문에 질량수는 0을 가진다. 이것은 그리스 문자 베타(β) 또는 질량수와 전하를 가지는 전자 기호($^{0}_{-1}e$)로 나타낸다.

베타 입자 $^{0}_{-1}e$ 또는 β

베타 입자와 비슷한 **양전자**(positron)는 질량수 0과 양(1+)의 전하를 가진다. 이것은 1+ 전하를 가진 그리스 문자 베타 β^{+} 또는 질량수와 전하를 포함하는 전자 기호($^{0}_{+1}e$)로 나타낸다. 양전자는 물리학자들이 입자의 반대인 또 다른 입자를 기술할 때 사용하는 용어인 **반물질**(antimatter)의 예이며, 이 경우에는 전자이다.

양전자 $^{0}_{+1}e$ 또는 β^{+}

감마선(gamma ray)은 고에너지 방사선으로, 불안정한 핵이 입자를 재배열하여 보다 안정하고, 보다 낮은 에너지의 핵을 제공할 때 방출한다. 감마선은 다른 종류의 방사선과 함께 방출되기도 한다. 감마선은 그리스 문자 감마(γ)로 적는다. 감마선은 단지 에너지일 뿐이기 때문에, 0을 사용하여 감마선은 질량과 전하가 없음($^{0}_{0}\gamma$)을 보여준다.

감마선 $^{0}_{0}\gamma$ 또는 γ

표 5.2는 우리가 핵방응식에서 사용하는 방사선의 종류를 요약하고 있다.

표 5.2 방사선의 일부 형태

방사선의 종류	기호		질량수	전하
알파 입자	$^{4}_{2}\text{He}$	α	4	2+
베타 입자	$^{0}_{-1}e$	β	0	1−
양전자	$^{0}_{+1}e$	β^{+}	0	1+
감마선	$^{0}_{0}\gamma$	γ	0	0
양성자	$^{1}_{1}\text{H}$	p	1	1+
중성자	$^{1}_{0}n$	n	1	0

생각해보기

방사성 원자에 의하여 방출되는 알파 입자의 전하와 질량수는 얼마인가?

예제 5.1 방사선 입자

문제

다음 방사선의 종류에 대하여 기호를 확인하고 써라.

a. 2개의 양성자와 2개의 중성자를 포함한다.

b. 질량수가 0이고 1− 전하를 가진다.

풀이

a. 알파 입자, $^{4}_{2}\text{He}$ 또는 α는 2개의 양성자와 2개의 중성자를 가진다.

b. 베타 입자, $^{0}_{-1}e$ 또는 β는 질량수 0과 1− 전하를 가진다.

확인하기

연습 문제 5.1에서 5.5를 풀어보기

유제 5.1

질량수 0과 1+의 전하를 가지는 방사선 종류의 기호를 확인하고 써라.

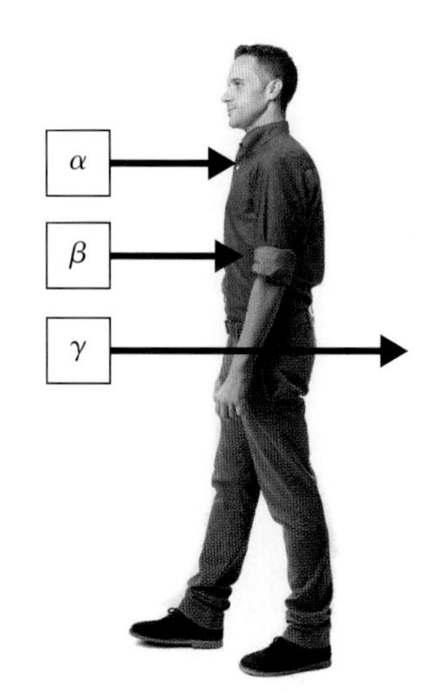

다른 종류의 방사선은 다른 깊이로 신체를 통과한다.

해답

양전자, ${}_{+1}^{0}e$ 또는 β^{+}는 질량수 0과 1+ 전하를 가진다.

방사선의 생물학적 영향

방사선이 경로상의 입자와 충돌하면, 전자가 빠져나와 불안정한 이온을 형성할 수 있다. 이러한 **이온화 방사선**(ionizing radiation)이 인체를 통과한다면, 물 분자와 상호작용하여 전자를 제거하고, 원하지 않는 화학 반응을 일으키는 H_2O^+를 생성할 수 있다.

방사선에 가장 민감한 세포는 골수, 피부, 생식 기관과 장의 내벽뿐 아니라 성장기 어린이의 세포와 같은 급속한 분할을 수행하는 세포이다. 손상된 세포는 필요한 물질을 생성하는 능력을 잃는다. 예를 들어, 골수 세포가 방사선에 의해 손상되면 적혈구가 더 이상 생성되지 못한다. 또한 정자 세포, 난자 또는 배아 세포가 손상되면, 선천성 결함이 발생한다. 반면에 신경, 근육, 간과 성인 뼈의 세포는 세포 분열이 거의 또는 전혀 일어나지 않으므로 방사선에 훨씬 덜 민감하다.

암 세포는 급속히 분열하는 세포의 또 다른 예이다. 암 세포는 방사선에 매우 민감하기 때문에 이를 파괴하기 위하여 많은 방사선량이 사용된다. 암 세포를 둘러싼 정상 조직은 보다 느린 속도로 분열되어 방사선으로부터 손상을 적게 받는다. 그러나 방사선은 악성 종양, 백혈병 및 유전 돌연변이를 일으킬 수 있다.

방사선 보호

방사성 동위원소를 다루는 핵의학 기사, 화학자, 의사와 간호사는 반드시 적절한 방사선 보호를 사용하여야 한다. 노출을 차단하는 데에는 적절한 **차폐**(shielding)가 필요하다. 방사선 입자 중 가장 큰 질량과 전하를 가지는 알파 입자는 공기 입자와 충돌하여, 전자를 얻고 헬륨 원자가 되기까지 몇 cm밖에 움직이지 못한다. 종이 한 장, 옷, 피부는 알파 입자로부터 보호해준다. 실험복과 장갑도 충분한 차폐를 제공할 것이다. 그러나 알파 방출원을 먹거나 흡입하면, 그들이 방출하는 알파 입자가 심각한 내부 손상을 일으킬 수 있다.

매우 작은 질량을 가지고 있는 베타 입자는 알파 입자보다 매우 빠르고 멀리 움직이며, 대기를 수 미터까지 통과한다. 이들은 종이도 통과하고, 신체 조직을 4~5 mm 정도 투과한다. 베타 입자에 외부 노출이 되면 피부 표면에 화상을 입을 수 있으나, 내부 장기에 다다를 만큼 멀리 이동하지 못한다. 베타 입자로부터 피부를 보호하기 위해서는 실험복과 장갑 같은 두꺼운 옷이 필요하다.

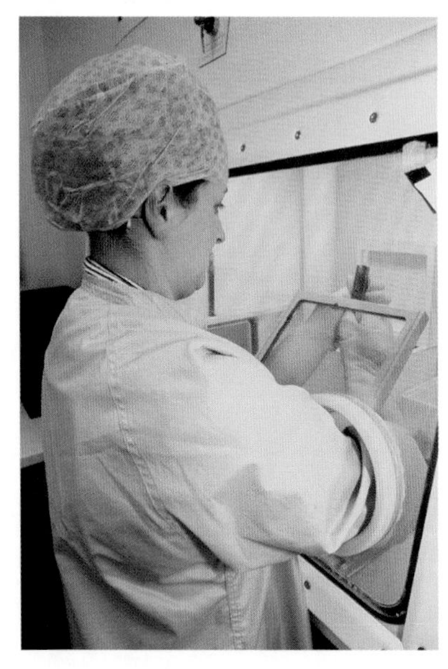

그림 5.1 핵 약학에서 방사성 동위원소를 다루는 사람은 보호복과 장갑을 착용하고 주사기에 납유리 차폐를 이용한다.

Q 납 차폐가 막는 방사선의 종류는 무엇인가?

감마선은 공기를 통해 매우 먼 거리를 이동할 수 있고, 신체 조직을 포함하여 많은 물질을 통과한다. 감마선은 매우 깊게 투과하기 때문에 감마선에 노출되는 것은 매우 위험할 수 있다. 납이나 콘크리트와 같은 매우 밀도가 높은 차폐만이 이들을 차단할 수 있다. 방사성 물질을 주사할 때 사용하는 주사기는 납 또는 텅스텐과 플라스틱 복합체와 같은 무거운 물질로 만들어진 차폐를 사용한다.

방사성 물질을 다루는 일을 할 때, 의료진은 보호복과 장갑을 착용하고 차폐물 뒤에 서 있어야 한다(그림 5.1). 긴 집게를 이용하여 방사성 물질의 바이알을 집어 손과 몸에서 멀리 떨어뜨릴 수 있다. 표 5.3은 다양한 종류의 방사선에 필요한 차폐 물질을 요약한 것이다.

표 5.3 방사선의 성질과 필요한 차폐

성질	알파(α) 입자	베타(β) 입자	감마(γ) 선
공기 중 움직이는 거리	2~4 cm	200~300 cm	500 m
조직 깊이	0.05 mm	4~5 mm	50 cm 이상
차폐	종이, 의복	두꺼운 의복, 실험복, 장갑	납, 두꺼운 콘크리트
특정 원천	라듐-226	탄소-14	테크네튬-99m

만약 핵의학 시설과 같은 방사성 물질이 존재하는 환경에서 일한다면, 방사성 지역에서 보내는 시간을 최소화하도록 노력하라. 방사성 지역에서 2배 더 머무르는 것은 2배 더 많이 방사선에 노출되는 것이다.

거리를 유지하는 것이 중요하다. 방사성 선원으로부터 거리가 멀어질수록 받게 되는 방사선의 강도는 낮아진다. 방사성 선원의 거리를 2배로 늘리면 방사선 강도는 $(\frac{1}{2})^2$ 또는 이전 값의 4분의 1로 떨어진다.

확인하기

연습 문제 5.6을 풀어보기

연습 문제

5.1 천연 방사성

학습 목표 알파, 베타, 양전자와 감마 방사선을 기술한다.

5.1 다음에 대하여 입자 또는 방사선의 종류를 확인하라.

a. ${}^{4}_{2}\mathrm{He}$ **b.** ${}^{0}_{+1}e$ **c.** ${}^{0}_{0}\gamma$

5.2 자연에서 발생하는 포타슘은 포타슘-39, 포타슘-40, 포타슘-41의 3개의 동위원소로 구성된다.

a. 각 동위원소의 원자 기호를 써라.

b. 동위원소는 어떤 면에서 비슷하고, 어떤 면에서 다른가?

5.3 다음을 확인하라.

a. ${}^{13}_{7}\mathrm{X}$ **b.** ${}^{18}_{9}\mathrm{X}$ **c.** ${}^{0}_{+1}\mathrm{X}$ **d.** ${}^{123}_{53}\mathrm{X}$

의학 응용

5.4 핵의학에서 사용하는 다음 동위원소의 기호를 써라.

a. 아이오딘-131 **b.** 코발트-60

c. 스트론튬-89 **d.** 루테늄-106

5.5 다음 표에서 빈칸의 정보를 추가하라.

의학 용도	원자 기호	질량수	양성자 수	중성자 수
심장 영상 촬영	${}^{201}_{81}\mathrm{Tl}$			
방사선 치료		60	27	
복부 주사(scan)			31	36
갑상샘 항진증	${}^{131}_{53}\mathrm{I}$			
백혈병 치료		32		17

5.6 방사선의 종류(**1**에서 **3**)를 다음 문장과 연결하라.

1. 알파 입자

2. 베타 입자

3. 감마 방사선

a. 피부를 투과하지 않음

b. 차폐 보호는 납 또는 두꺼운 콘크리트를 포함함

c. 먹을 경우, 매우 해로울 수 있음

5.2 핵반응

복습

계산에서 양수와 음수 사용하기(1.4)
방정식 풀기(1.4)
양성자와 중성자 세기(4.4)

학습 목표 질량수와 원자 번호를 나타내는 방사성 붕괴에 대한 완결된 핵 반응식을 쓴다.

방사성 붕괴(radioactive decay)라는 과정에서 핵은 방사선을 방출하면서 자발적으로 분해된다. 이 과정은 원래 방사성 핵의 원자 기호를 화살표 왼쪽에, 새로운 핵과 방출된 방사선의 종류를 오른쪽에 적은 **핵 반응식**(nuclear equation)을 써서 나타낸다.

$$\text{방사성 핵} \longrightarrow \text{새로운 핵} + \text{방사선}(\alpha, \beta, \beta^{+}, \gamma)$$

핵심 화학 기법

핵 반응식 쓰기

핵 반응식에서 화살표 한 변의 질량수의 합과 원자 번호의 합은 다른 변의 질량수의 합과 원자 번호의 합과 동일하여야 한다.

알파 붕괴

불안정한 핵은 2개의 양성자와 2개의 중성자로 구성된 알파 입자를 방출할 수 있다. 따라서 방사성 핵의 질량수는 4만큼 감소하며, 원자 번호는 2만큼 감소한다. 예를 들어, 우라늄-238이 알파 입자를 방출할 때 생성되는 새로운 핵의 질량수는 234이다. 92개의 양성자를 가진 우라늄과 비교할 때, 새 핵은 90개 양성자를 가지고 있으며, 이는 토륨이다.

생각해보기

알파 입자가 방출될 때, U-238 핵에서 어떤 일이 일어나는가?

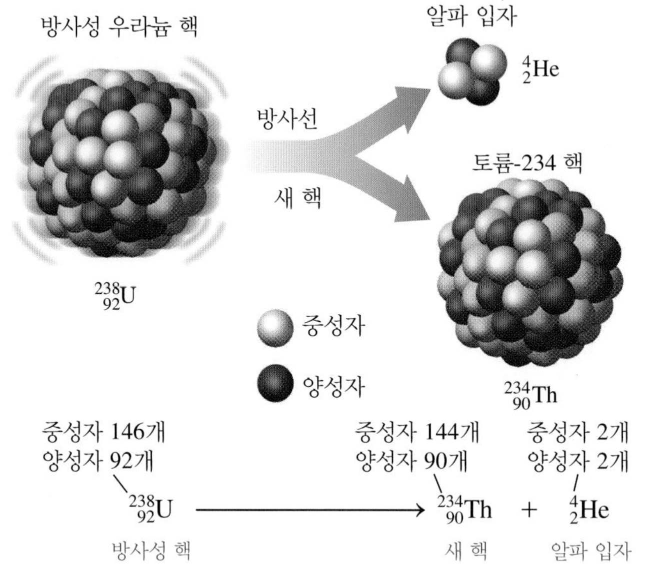

알파 붕괴의 핵 반응식에서, 새 핵의 질량수는 4만큼 감소하고 원자 번호는 2만큼 감소한다.

예제 5.2에 보인 바와 같이 알파 붕괴를 수행하는 아메리슘-241의 완결된 핵 반응식을 쓰는 것을 살펴볼 수 있다.

예제 5.2 알파 붕괴의 핵 반응식 쓰기

문제

가정과 아파트에서 사용하는 연기 감지기에는 아메리슘-241이 포함되어 있으며, 이것은 알파 붕괴를 수행한다. 알파 입자가 공기 분자와 충돌하면, 하전된 입자들이 생성되어 전류가 발생한다. 만약 연기 입자가 감지기에 들어오면, 이들은 공기 중의 하전된 입자 생성을 방해하면서 전류가 차단된다. 이때 경보 소리가 나고, 거주자들에게 화재의 위험을 경고한다. 아메리슘-241의 알파 붕괴의 완결된 핵 반응식을 써라.

연기 감지기는 연기가 이온화 상자에 들어갈 때 경보 소리를 낸다.

풀이 지침

	주어진 조건	필요한 사항	연계
문제 분석	Am-241, 알파 붕괴	완결된 핵 반응식	새 핵의 질량수, 원자 번호

1단계 **완결되지 않은 핵 반응식을 써라.**

$$^{241}_{95}\text{Am} \longrightarrow ? + ^{4}_{2}\text{He}$$

2단계 **제공되지 않은 질량수를 결정하라.**

반응식에서 질량수 241은 새 핵과 알파 입자의 질량수 합과 동일하다.

$241 = ? + 4$

$241 - 4 = ?$

$241 - 4 = 237$ (새 핵의 질량수)

3단계 **제공되지 않은 원자 번호를 결정하라.**

원자 번호 95는 새 핵과 알파 입자의 원자 번호 합과 동일해야 한다.

$95 = ? + 2$

$95 - 2 = ?$

$95 - 2 = 93$ (새 핵의 원자 번호)

4단계 **새 핵의 기호를 결정하라.**

주기율표에서 원자 번호가 93인 원소는 넵투늄, Np이다. Np 동위원소의 원자 기호는 $^{237}_{93}\text{Np}$로 쓴다.

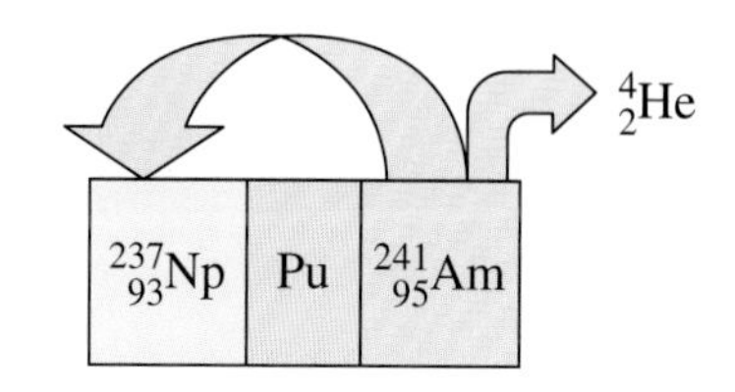

5단계 **핵 반응식을 완결하라.**

$$^{241}_{95}\text{Am} \longrightarrow ^{237}_{93}\text{Np} + ^{4}_{2}\text{He}$$

유제 5.2

Po-214의 알파 붕괴에 대하여 완결된 핵 반응식을 써라.

해답

$$^{214}_{84}\text{Po} \longrightarrow ^{210}_{82}\text{Pb} + ^{4}_{2}\text{He}$$

확인하기

연습 문제 5.7을 풀어보기

화학과 보건

가정의 라돈

라돈 기체의 존재는 방사선의 위험이 제기되었기 때문에 환경과 보건 문제로 많이 공론화되었다. 라듐-226과 같은 방사성 동위원소는 많은 종류의 바위와 토양에 자연적으로 존재한다. 라듐-226은 알파 입자를 방출하고 라돈 기체로 변환되어 바위와 토양을 빠져나와 확산된다.

$$^{226}_{88}\text{Ra} \longrightarrow ^{222}_{86}\text{Rn} + ^{4}_{2}\text{He}$$

실외에서 라돈 기체는 대기 중으로 퍼지기 때문에 거의 위험하지 않다. 그러나 방사성 원천이 집이나 건물 아래에 있다면, 라돈 기체는 기초 균열이나 다른 구멍을 통하여 실내로 들어올 수 있어 이곳에서 거주하거나 일하는 사람들은 라돈을 흡입할 수 있다. 폐에서 라돈-222는 알파 입자를 방출하여 폐암을 유발하는 것으로 알려진 폴로늄-218을 형성한다.

$$^{222}_{86}\text{Rn} \longrightarrow ^{218}_{84}\text{Po} + ^{4}_{2}\text{He}$$

미국 환경보호청(US Environmental Protection Agency, EPA)은 라돈으로 인해 1년에 약 20 000명이 폐암으로 사망하는 것으로 추정하고 있다. EPA는 가정에서의 라돈 최대 수치를 공기 리터당 4피코큐리(pCi)를 초과하지 않도록 권고하고 있다. 1피코큐리(pCi)는 10^{-12}큐리(Ci)와 동일하며, 큐리에 대해서는 5.3절에서 기술할 것이다. EPA는 600만 이상의 가구가 라돈 최대 수치를 초과하고 있는 것으로 추정하고 있다.

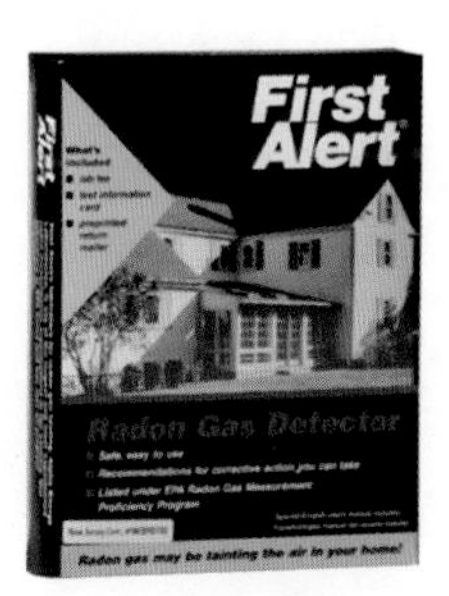

라돈 기체 감지기는 건물에서 라돈 수치를 확인하는 데 사용된다.

베타 붕괴

베타 입자의 생성은 중성자가 양성자와 전자(베타 입자)로 분해된 결과이다. 양성자는 핵에 남아 있기 때문에, 양성자의 수는 1만큼 증가하지만 중성자의 수는 1만큼 감소한다. 따라서 베타 붕괴의 핵 반응식에서 방사성 핵의 질량수와 새 핵의 질량수는 동일하다. 그러나 새로운 핵의 원자 번호가 1만큼 증가하므로, 다른 원소의 핵이 된다(변성 돌연변이, transmutation). 예를 들어, 탄소-14 핵의 베타 붕괴는 질소-14 핵을 생성한다.

생각해보기

베타 입자가 방출될 때 C-14 핵에 무슨 일이 일어나는가?

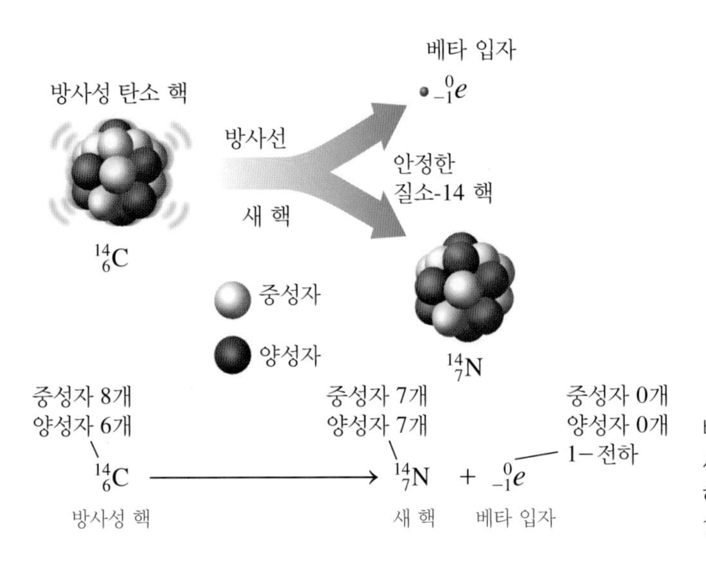

베타 붕괴의 핵 반응식에서 새로운 핵의 질량수는 동일하게 유지되고 원자 번호는 1만큼 증가한다.

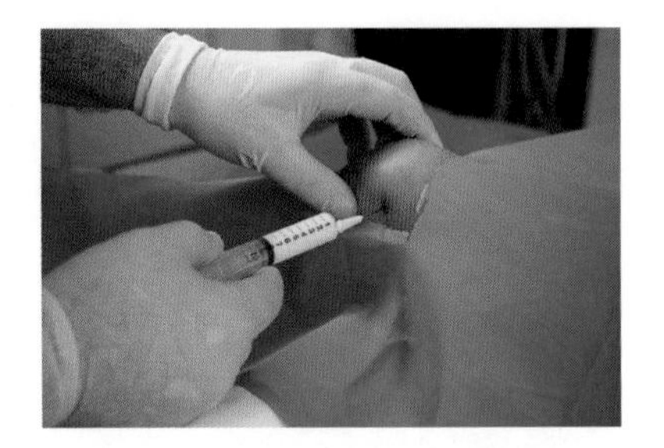

관절염으로 인해 발생하는 통증을 완화시키기 위하여 관절에 방사성 동위원소를 주사한다.

예제 5.3 베타 붕괴의 핵 반응식 쓰기

문제

베타 방출원인 방사성 동위원소 이트륨-90은 암 치료와 관절염(arthritis)으로 인한 통증을 완화시키기 위하여 관절에 콜로이드성 주사로 사용된다. 이트륨-90의 베타 붕괴에 대한 완결된 핵 반응식을 써라.

풀이 지침

	주어진 조건	필요한 사항	연계
문제 분석	Y−90, 베타 붕괴	완결된 핵 반응식	새 핵의 질량수, 원자 번호

1단계 완결되지 않은 핵 반응식을 써라.

$$^{90}_{39}Y \longrightarrow ? + ^{0}_{-1}e$$

2단계 제공되지 않은 질량수를 결정하라.

이 반응식에서 질량수 90은 새로운 핵과 베타 입자의 질량수의 합과 동일하다.

$$90 = ? + 0$$

$$90 - 0 = ?$$

$$90 - 0 = 90(\text{새 핵의 질량수})$$

3단계 제공되지 않은 원자 번호를 결정하라.

원자 번호 39는 새 핵과 베타 입자의 원자 번호 합과 동일하다.

$39 \quad = ? - 1$

$39 + 1 = ?$

$39 + 1 = 40$(새 핵의 원자 번호)

4단계 새 핵의 기호를 결정하라.

주기율표에서 원자 번호가 40인 원소는 지르코늄, Zr이다. Zr 동위원소의 원자 기호는 ${}^{90}_{40}\mathrm{Zr}$으로 쓴다.

5단계 핵 반응식을 완결하라.

$${}^{90}_{39}\mathrm{Y} \longrightarrow {}^{90}_{40}\mathrm{Zr} + {}^{0}_{-1}e$$

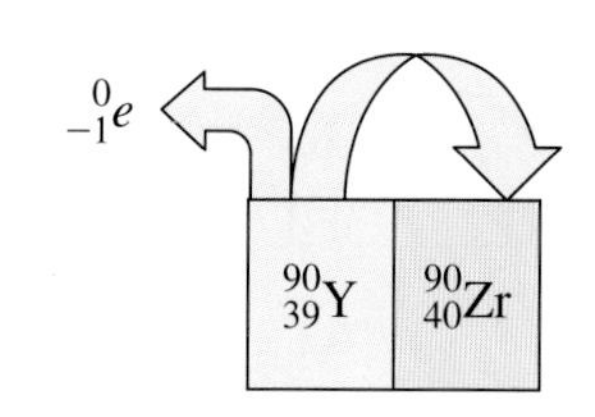

유제 5.3

크로뮴-51의 베타 붕괴에 대한 완결된 핵 반응식을 써라.

$${}^{51}_{24}\mathrm{Cr} \longrightarrow {}^{51}_{25}\mathrm{Mn} + {}^{0}_{-1}e$$

양전자 방출

양전자 방출에서는 불안정한 핵의 양성자가 중성자와 양전자로 변환된다. 중성자는 핵에 남아 있지만 양전자는 핵에서 방출된다. 양전자 방출에 대한 핵 반응식에서 방사성 핵의 질량수는 새로운 핵의 질량수와 동일하다. 그러나 새로운 핵의 원자 번호는 1만큼 감소하며, 이는 한 원소에서 다른 원소로 변화함을 의미한다. 예를 들어, 알루미늄-24 핵은 양전자 방출을 수행하여 마그네슘-24 핵을 생성한다. 마그네슘의 원자 번호(12)와 양전자의 전하(1+)는 알루미늄의 원자 번호를 제공한다(13).

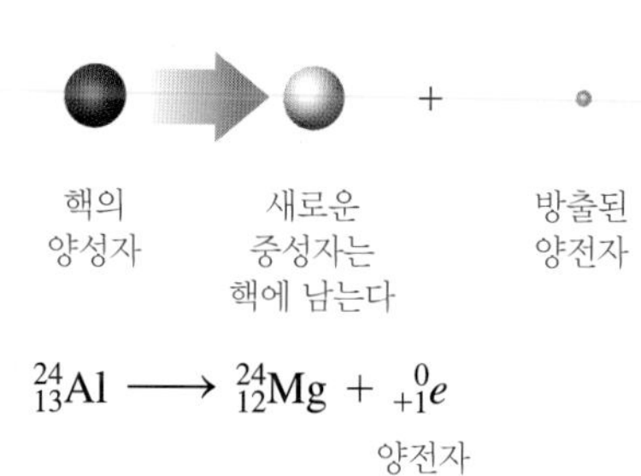

예제 5.4 양전자 방출에 대한 핵 반응식 쓰기

문제

양전자 방출로 붕괴하는 망가니즈-49의 완결된 핵 반응식을 써라.

생각해보기

양전자 방출에서 질량수가 아닌 원자 번호가 변하는 이유는 무엇인가?

풀이 지침

	주어진 조건	필요한 사항	연계
문제 해석	Mn-49, 양전자 방출	완결된 핵 반응식	새 핵의 질량수, 원자 번호

1단계 완결되지 않은 핵 반응식을 써라.

$${}^{49}_{25}\mathrm{Mn} \longrightarrow ? + {}^{0}_{+1}e$$

2단계 제공되지 않은 질량수를 결정하라.

이 반응식에서 질량수 49는 새로운 핵과 양전자의 질량수의 합과 동일하다.

$49 \quad\quad = ? + 0$

$49 - 0 = ?$

$49 - 0 = 49$(새 핵의 질량수)

3단계 **제공되지 않은 원자 번호를 결정하라.**

원자 번호 25는 새 핵과 양전자의 원자 번호 합과 동일하다.

$25 \quad\quad = ? + 1$

$25 - 1 = ?$

$25 - 1 = 24$(새 핵의 원자 번호)

$^{0}_{+1}e$

$^{49}_{24}Cr$ $^{49}_{25}Mn$

4단계 **새 핵의 기호를 결정하라.**

주기율표에서 원자 번호가 24인 원소는 크로뮴, Cr이다. Cr 동위원소의 원자 기호는 $^{49}_{24}Cr$으로 쓴다.

5단계 **핵 반응식을 완결하라.**

$$^{49}_{25}Mn \longrightarrow {}^{49}_{24}Cr + {}^{0}_{+1}e$$

유제 5.4

양전자 방출을 수행하는 제논-118의 완결된 핵 반응식을 써라.

해답

$$^{118}_{54}Xe \longrightarrow {}^{118}_{53}I + {}^{0}_{+1}e$$

확인하기

연습 문제 5.8과 5.9를 풀어보기

감마선 방출

감마 방사선은 대부분 알파와 베타 방사선을 동반하지만 순수한 감마선 방출원은 드물다. 방사선학에서 가장 흔히 사용되는 감마선 방출원 중 하나는 테크네튬(Tc)이다. 불안정한 테크네튬의 동위원소는 **준안정한**(metastable, 기호 m) 동위원소인 테크네튬-99m, Tc-99m 또는 $^{99m}_{43}Tc$로 적는다. 감마선의 형태로 에너지를 방출함으로써 핵은 보다 안정해진다.

$$^{99m}_{43}Tc \longrightarrow {}^{99}_{43}Tc + {}^{0}_{0}\gamma$$

그림 5.2는 알파, 베타, 양전자와 감마 방사선에 대하여 핵에서의 변화를 요약한 것이다.

방사성 동위원소 생산

오늘날 많은 방사성 동위원소는 안정한 비방사성의 동위원소를 알파 입자, 양성자, 중성자 및 작은 핵과 같은 고속 입자와 충돌시킴으로써 소량 생산한다. 이러한 입자 중 하나를 흡수하면, 안정한 핵은 방사성 동위원소와 방사선 입자의 일부 종류로 변환된다.

원자 번호가 92보다 큰 모든 원소는 충돌에 의하여 생성되었다. 대부분은 소량으로 생성되고 짧은 시간 동안만 존재하기 때문에 그 성질을 연구하기가 어렵다. 예를 들어, 캘리포늄-249를 질소-15로 충돌시키면 방사성 원소인 더브늄-260과 4개의 중성자가 생성된다.

양방향 비디오

충돌에 의하여 생성된 동위원소의 반응식 쓰기

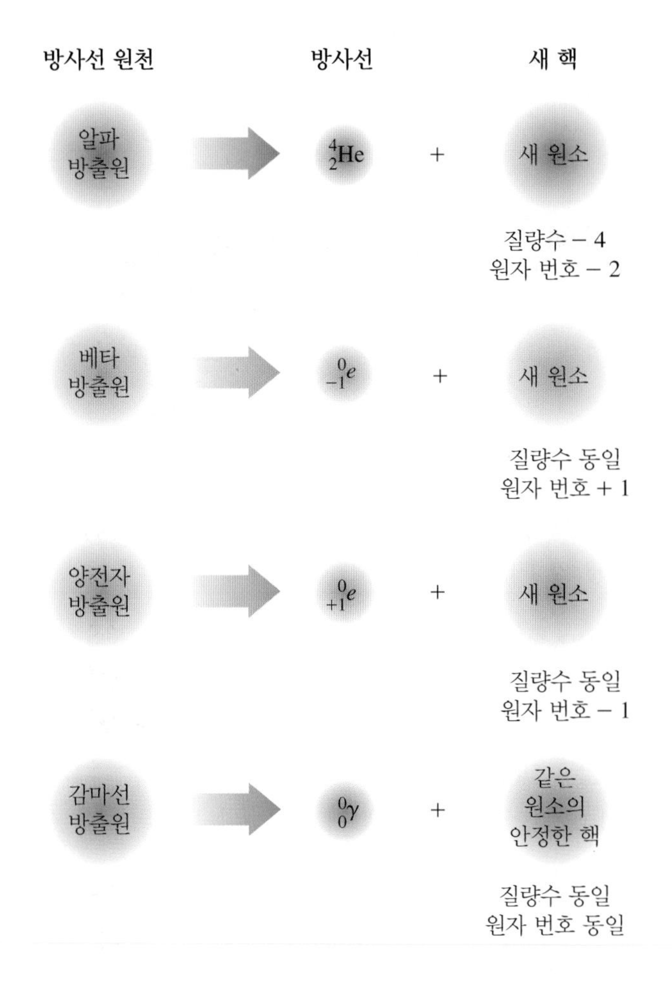

그림 5.2 알파, 베타, 양전자와 감마선 방출원의 핵이 방사선을 방출할 때, 더 안정적인 새로운 핵이 생성된다.

Q 알파 방출원이 방사선을 방출할 때, 양성자 수와 중성자의 수에는 어떤 변화가 일어나는가?

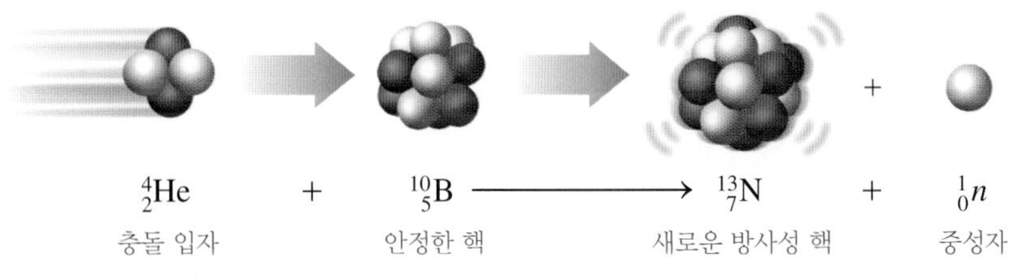

비방사성 B-10을 알파 입자로 충돌시켰을 때의 생성물은 방사성 N-13과 중성자이다.

$$^{15}_7N + ^{249}_{98}Cf \longrightarrow ^{260}_{105}Db + 4^1_0n$$

테크네튬-99m은 핵의학에서 뇌종양의 검출과 간과 비장(spleen)의 검사를 포함한 몇 가지 진단 과정을 위하여 사용되는 방사성 동위원소이다. 테크네튬-99m의 원천은 몰리브데넘-99이며, 이는 원자로에서 몰리브데넘-98을 중성자로 충돌시킴으로써 생성된다.

$$^1_0n + ^{98}_{42}Mo \longrightarrow ^{99}_{42}Mo$$

많은 방사학 실험실에는 테크네튬-99m 방사성 동위원소로 붕괴되는 몰리브데넘-99를 가진 작은 발생기가 있다.

$$^{99}_{42}Mo \longrightarrow ^{99m}_{43}Tc + ^{0}_{-1}e$$

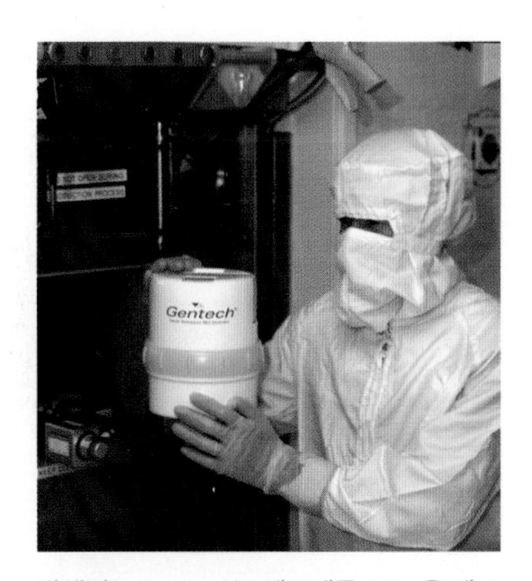

발생기(generator)는 테크네튬-99m을 제조하기 위하여 사용된다.

테크네튬-99m 방사성 동위원소는 감마선을 방출함으로써 붕괴한다. 감마선 방출은 신체를 통과하여 검출 기기로 전달되기 때문에 진단 업무에 바람직하다.

$$^{99m}_{43}Tc \longrightarrow\ ^{99}_{43}Tc +\ ^{0}_{0}\gamma$$

예제 5.5 충돌에 의하여 생성된 동위원소의 핵 반응식 쓰기

문제

니켈-58을 양성자, $^{1}_{1}H$로 충돌시켜 방사성 동위원소와 알파 입자를 생성하는 완결된 핵 반응식을 써라.

풀이 지침

	주어진 조건	필요한 사항	연계
문제 해석	Ni−58, 양성자 충돌	완결된 핵 반응식	새 핵의 질량수, 원자 번호

1단계 완결되지 않은 핵 반응식을 써라.

$$^{1}_{1}H +\ ^{58}_{28}Ni \longrightarrow\ ? +\ ^{4}_{2}He$$

2단계 제공되지 않은 질량수를 결정하라.

이 반응식에서 양성자의 질량수 1과 니켈의 질량수 58의 합은 새로운 핵과 알파 입자의 질량수의 합과 동일하다.

$1 + 58 = ? + 4$

$59 - 4 = ?$

$59 - 0 = 55$(새 핵의 질량수)

생각해보기

만약 N-14를 알파 입자로 충돌시켜 양성자가 생성되었다면, 다른 생성물이 O-17임을 어떻게 알 수 있는가?

3단계 제공되지 않은 원자 번호를 결정하라.

양성자의 원자 번호 1과 니켈의 원자 번호 28의 합은 새 핵과 알파 입자의 원자 번호 합과 동일하다.

$1 + 28 = ? + 2$

$29 - 2 = ?$

$29 - 2 = 27$(새 핵의 원자 번호)

4단계 새 핵의 기호를 결정하라.

주기율표에서 원자 번호가 27인 원소는 코발트(Co)이다. Co 동위원소의 원자 기호는 $^{55}_{27}Co$로 쓴다.

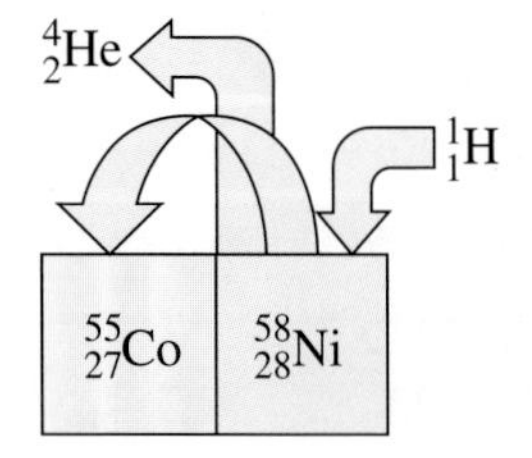

5단계 핵 반응식을 완결하라.

$$^{1}_{1}H +\ ^{58}_{28}Ni \longrightarrow\ ^{55}_{27}Co +\ ^{4}_{2}He$$

유제 5.5

1934년에 알루미늄-27에 알파 입자를 충돌시켜 방사성 동위원소와 1개의 중성자가 생성됨으로써 최초의 방사성 동위원소가 생성되었다. 이 충돌에 대한 완결된 핵 반응식을 써라.

해답

$^{4}_{2}He + ^{27}_{13}Al \longrightarrow ^{30}_{15}P + ^{1}_{0}n$

확인하기

연습 문제 5.10과 5.11을 풀어보기

연습 문제

5.2 핵반응

학습 목표 질량수와 원자 번호를 나타내는 방사성 붕괴에 대한 완결된 핵 반응식을 쓴다.

5.7 다음 방사성 동위원소의 알파 붕괴에 대한 완결된 핵 반응식을 써라.

a. $^{238}_{92}U$ **b.** $^{240}_{94}Pu$ **c.** $^{60}_{27}Co$ **d.** $^{226}_{88}Ra$

5.8 다음 방사성 동위원소의 베타 붕괴에 대한 완결된 핵 반응식을 써라.

a. $^{14}_{6}C$ **b.** $^{18}_{9}F$

c. $^{12}_{5}B$ **d.** $^{137}_{55}Cs$

5.9 다음 방사성 동위원소의 양전자 붕괴에 대한 완결된 핵 반응식을 써라.

a. $^{10}_{6}C$ **b.** $^{18}_{9}F$ **c.** $^{22}_{11}Na$ **d.** $^{19}_{10}Ne$

5.10 다음 핵 반응식을 완성하고 방사선의 종류를 기술한다.

a. $^{28}_{13}Al \longrightarrow ? + ^{0}_{-1}e$

b. $^{180m}_{73}Ta \longrightarrow ^{180}_{73}Ta + ?$

c. $^{66}_{29}Cu \longrightarrow ^{66}_{30}Zn + ?$

d. $? \longrightarrow ^{234}_{90}Th + ^{4}_{2}He$

e. $^{188}_{80}Hg \longrightarrow ? + ^{0}_{+1}e$

5.11 다음 충돌 반응을 완성하라.

a. $^{1}_{0}n + ^{12}_{5}B \longrightarrow ?$

b. $^{1}_{0}n + ^{19}_{9}F \longrightarrow ? + ^{0}_{+1}e$

c. $^{1}_{0}n + ? \longrightarrow ^{231}_{89}Ac + ^{4}_{2}He$

d. $^{4}_{2}He + ^{40}_{19}K \longrightarrow ? + ^{1}_{1}H$

5.3 방사선 측정

학습 목표 방사선의 검출과 측정을 기술한다.

베타와 감마 방사선을 검출하는 일반적인 기기 중 하나는 Geiger 계수기로, 아르곤과 같은 기체로 채워진 금속관으로 구성되어 있다. 방사선이 관의 끝에 있는 창에 들어가면, 기체에 전하를 띤 입자가 형성되어 전류가 생성된다. 전류의 각 파열은 증폭되어 계기에 딸깍하는 소리 및 측정값을 나타낸다.

$$Ar + 방사선 \longrightarrow Ar^{+} + e^{-}$$

방사선 측정

방사선은 몇 가지 다른 방법으로 측정된다. 방사선학 실험실이 방사성 동위원소를 얻으면, 시료의 **활성**(activity)은 초당 핵붕괴 수의 형태로 측정된다. 기존의 활성 단위인 **퀴리**(curie, Ci)는 1 g의 라듐이 1초 동안 붕괴되는 수로 정의되었으며, 이는 3.7×10^{10}붕괴/초와 같다. 이 단위는 폴란드의 과학자 Marie Curie의 이름을 기린 것으로, 그녀는 그녀의 남편 Pierre와 함께 방사성 원소 라듐과 폴로늄을 발견하였다. 방사선 활성의 SI 단위는 **베크렐**(becquerel, Bq)로, 이는 1붕괴/초이다.

라드(rad, radiation adsorbed dose, 방사선 흡수선량)는 신체 조직과 같은 물질 1 g에 흡수된 방사선량을 측정하는 단위이다. 흡수선량의 SI 단위는 **그레이**(gray, Gy)이며, 이는 신체 조직 1 kg이 흡수한 줄 단위의 에너지로 정의된다. 그레이는 100라

후쿠시마 제1 원자력 발전소 근로자의 방사선 수치를 확인하기 위하여 방사선 계수기가 사용된다.

생각해보기

베크렐과 렘 사이의 차이는 무엇인가?

드와 동일하다.

렘(rem, radiation equivalent in humans, 인체 방사선 동등량)은 다른 종류의 방사선의 생물학적 효과를 측정하는 단위이다. 알파 입자는 피부를 투과하지 않지만 다른 경로를 통해 신체로 들어갈 경우, 조직의 짧은 거리 내에 상당한 손상을 유발한다. 조직에서 움직이는 베타 입자, 고에너지 양성자 및 중성자와 같은 고에너지 방사선은 더 큰 손상을 유발할 수 있다. 감마선도 신체 조직을 통하여 먼 거리를 이동할 수 있기 때문에 손상을 준다.

동등선량(equivalent dose) 또는 렘 선량을 구하기 위하여, 흡수선량(라드)에 특정 형태의 방사선에 의하여 유발되는 생물학적 손상을 보정한 계수를 곱한다. 베타와 감마 방사선의 계수는 1이므로, 렘 단위의 생물학적 손상은 흡수된 방사선(라드)과 동일하다. 고에너지 양성자와 중성자의 계수는 약 10이고, 알파 입자는 20이다.

생물학적 손상(렘) = 흡수선량(라드) × 계수

동등선량에 대한 측정은 종종 밀리렘(mrem) 단위를 사용하며, 1렘은 1000 mrem과 같다. SI 단위는 **시버트**(sievert, Sv)이며, 1시버트는 100렘과 같다. 표 5.4는 방사선을 측정하는 데 사용하는 단위를 요약한 것이다.

방사선학 실험실에서 일하는 사람은 X-선, 감마선 또는 베타 입자와 같은 방사선에 노출되었는지를 확인하기 위하여 의복에 부착된 선량계(dosimeter)를 단다. 선량계는 열발광 선량계(thermoluminescent, TLD), 광학 자극 발광계(optically stimulated luminescence, OSL) 또는 개인 전자식 선량계(electronic personal, EPD)일 수 있다. 선량계는 사업장의 모니터로 측정한 실시간 방사선 수치를 제공한다.

선량계는 방사선 노출량을 측정한다.

표 5.4 방사선 측정 단위

측정	관용 단위	SI 단위	관계
활성	퀴리(Ci) 1 Ci = 3.7×10^{10}붕괴/초	베크렐(Bq) 1 Bq = 1붕괴/초	1 Ci = 3.7×10^{10} Bq
흡수선량	라드	그레이(Gy) 1 Gy = 1 J/kg 조직	1 Gy = 100 rad
생물학적 손상	렘	시버트(Sv)	1 Sv = 100 rem

화학과 보건
방사선과 식품

살모넬라(Salmonella), **리스테리아**(Listeria) 및 **대장균**(Escherichia coli)과 같은 병원성 박테리아에 의한 식품 매개성 질병(foodborne illness)은 미국에서 주요 보건 문제가 되었다. **대장균**(E. coli)은 오염된 다진 소고기, 과일 주스, 상추, 알팔파 새싹에 의한 질병 발생의 원인이 되고 있다.

미국 식품의약국(U.S. Food and Drug Administration(FDA))은 식품 처리를 위해 코발트-60 또는 세슘-137로부터 생성되는 0.3~1 kGy의 방사선 사용을 승인하였다. 방사선 조사 기술은 의료 용품을 멸균하는 데 사용하는 것과 비슷하다. 스테인리스 강철 튜브 안에 코발트 펠릿을 넣어 받침대에 정렬하는데, 식품이 일련의 받침대를 통과할 때 감마선이 식품을 투과하여 박테리아를 죽인다.

소비자는 식품이 방사선에 조사될 때 방사선 원천과 접촉하지 않는다는 점을 이해하는 것이 중요하다. 감마선은 박테리아를 죽이기 위하여 식품을 투과하지만 식품을 방사성으로 만들지는 않는다. 방사선은 박테리아의 분열과 성장 능력을 정지시키기 때문에 박테리아를 죽인다. 같은 목적으로 우리는 식품을 속까지 요리하고 가열한다. 열과 같이 방사선은 식품의 세포가 더 이상 분열하거나 성장하지 않기 때문에 식품 자체에는 거의 영향을 주지 않는다. 따라서 조사된 식품은 소량의 비타민 B_1과 C가 손실되지만 해롭지는 않다.

현재 토마토, 블루베리, 딸기와 버섯은 완전히 익었을 때 수확하고, 유통 기한을 연장할 수 있도록 조사하고 있다(그림 5.3). FDA는 잠재적인 감염을 감소시켜 유통 기한을 연장하기 위하여 돼지고기, 가금류 및 소고기를 조사하는 것을 승인하였다. 현재 조사된 채소와 육류 산물은 40개국 이상의 소매 시장에서 가용되고 있다. 미국에서는 열대 과일, 시금치 및 갈은 고기와 같은 조사 식품을 일부 가게에서 발견할 수 있다. 아폴로 17호의 우주인들은 달에서 조사된 식품을 먹었고, 미국의 일부 병원과 요양원에서는 거주민 사이에 살모넬라 감염 가능성을 줄이기 위하여 조사된 가금류를 사용한다. 조사된 식품의 연장된 유통 기한은 캠핑하는 사람들과 군인들에게도 유용하다. 식품 안전을 우려하는 소비자는 곧 시장에서 조사된 육류, 과일 및 채소를 선택할 수 있게 될 것이다.

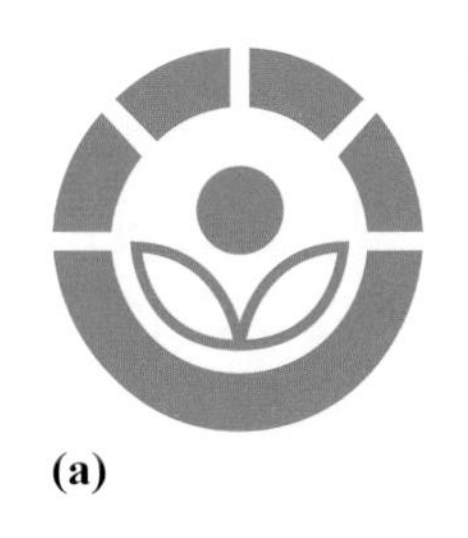
(a)

(b)

그림 5.3 **(a)** FDA는 조사된 소매 식품에 이러한 표시를 나타낼 것을 요구한다. **(b)** 2주 후, 오른쪽의 조사된 딸기는 상하지 않았다. 왼쪽의 조사되지 않은 딸기 위에 곰팡이가 자라고 있다.

Q 우주선과 요양원에서 조사된 식품이 사용되는 이유는 무엇인가?

예제 5.6 **방사선 측정**

문제

뼈의 통증을 치료하는 방법 중 하나는 방사성 동위원소인 인-32를 정맥주사하는 것으로, 동위원소는 뼈 속에 포함된다. 전형적인 7 mCi의 선량은 뼈에서 450 rad까지 생성할 수 있다. mGi와 rad 단위 사이의 차이는 무엇인가?

풀이

밀리퀴리(mCi)는 1초에 붕괴되는 핵으로 P-32의 활성을 나타낸다. 흡수 방사선량(rad)은 뼈에 의하여 흡수되는 방사선량의 척도이다.

확인하기

연습 문제 5.12에서 5.14까지 풀어보기

유제 5.6

예제 5.6에서 흡수 방사선량은 그레이(Gy)로 얼마인가?

해답

4.5 Gy

표 5.5 미국인이 받는 평균 연간 방사선량

원천	방사선량(mSv)
천연	
지면	0.2
공기, 물, 식품	0.3
우주선	0.4
나무, 콘크리트, 벽돌	0.5
의학	
흉부 X-선	0.2
치아 X-선	0.2
유방 X-선	0.4
엉덩이 X-선	0.6
요추 X-선	0.7
상부 위장관 X-선	2
기타	
핵발전소	0.001
텔레비전	0.2
비행 여행	0.1
라돈	2*

* 광범위하게 변화

표 5.6 생명체에 대한 방사선 반치사량 값 (lethal dose)

생명체	LD_{50}(Sv)
곤충	1000
박테리아	500
쥐	8
인간	5
개	3

방사선 노출

매일 우리는 거주하고 일하는 건물, 식품과 물, 우리가 호흡하는 공기에서 자연적으로 발생하는 방사성 동위원소로부터 낮은 수준의 방사선에 노출되어 있다. 예를 들어, 천연 방사성 동위원소인 포타슘-40은 포타슘이 들어 있는 모든 식품에 존재한다. 공기와 식품에 포함되어 있는 다른 천연 방사성 동위원소로는 탄소-14, 라돈-222, 스트론튬-90, 아이오딘-131 등이 있다. 미국의 보통 사람은 매년 약 3.6 mSv의 방사선에 노출된다. 치아, 엉덩이, 척추와 흉부 X-선과 유방 X-선 검사를 포함한 의료 방사선 원천은 방사선에 대한 노출을 더 증가시킨다. 표 5.5는 일부 흔한 방사선 원천을 게재하고 있다.

또 다른 배경 방사선 원천은 태양에 의하여 우주에서 생성되는 우주 방사선이다. 높은 고도에서 살거나 비행기로 여행하는 사람은 방사선을 흡수할 대기 중의 분자가 더 적기 때문에 더 많은 양의 우주 방사선을 받게 된다. 예를 들어, 덴버에 사는 사람은 로스엔젤레스에 사는 사람보다 약 2배의 우주 방사선을 받는다. 핵발전소 근처에 살고 있는 사람은 1년에 0.001 mSv 정도 이하의 추가 방사선을 받는다. 그러나 1986년 우크라이나의 체르노빌 원자력 발전소 사고에서 주변의 도시에 살던 사람들은 0.01 Sv/h까지 피폭된 것으로 추산되고 있다.

방사선 질환

한 번 피폭되는 방사선의 양이 많을수록, 신체에 미치는 영향은 더 크다. 0.25 Sv 이하의 방사선에 노출되면 보통은 거의 검출되지 않는다. 전신에 1 Sv가 노출되면 백혈구 세포 수가 일시적으로 감소하며, 1 Sv 이상의 방사선에 노출될 경우 사람은 어지러움, 구토, 피로감과 백혈구 수 감소와 같은 방사선 질환의 징후가 나타난다. 전신에 피폭되는 양이 3 Sv 이상이면 백혈구 수가 0까지 감소할 수 있으며, 사람은 설사, 탈모와 감염을 보인다. 5 Sv 이상의 방사선에 노출되어 피폭된 사람들은 50%가 사망할 것으로 예상된다. 이 전신에 대한 방사선량을 **집단 인원의 절반에 해당하는 치사량**(lethal dose for one-half the population) 또는 LD_{50}라 부른다. 표 5.6이 보여주는 바와 같이 다른 생명체에 대한 LD_{50}는 다양하다. 6 Sv 이상의 전신 방사선은 몇 주 내에 모든 사람이 사망할 것이다.

연습 문제

5.3 방사선 측정

학습 목표 방사선의 검출과 측정을 기술한다.

5.12 각 성질(**1**에서 **3**)을 해당 측정 단위와 연결하라.

1. 활성
2. 흡수선량
3. 생물학적 손상

a. rad　　**b.** mrem
c. mCi　　**d.** Gy

의학 응용

5.13 핵 실험실에서 2명의 환자가 우연히 방사선에 노출되었다. 한 사람은 12 mGy, 다른 사람은 9 rad에 노출되었다고 할 때, 어느 환자가 더 많은 방사선에 노출되었는가?

5.14 **a.** 갑상샘 항진증 치료를 위한 아이오딘-131의 권장량은 체질량에 대하여 4.20 mCi/kg이다. 75.0 kg인 사람은 아이오딘-131 몇 mCi가 필요한가?

b. 한 사람이 50 rad의 감마 방사선을 받았다. 이 양은 gray로 얼마인가?

5.4 방사성 동위원소의 반감기

학습 목표 방사성 동위원소의 반감기가 주어지면, 1번 이상의 반감기 후에 남아 있는 방사성 동위원소의 양을 계산한다.

복습

그래프 해석(1.4)
환산 인자 사용(2.6)

방사성 동위원소의 **반감기**(half-life)는 시료의 절반이 붕괴하는 데 걸리는 시간의 양이다. 예를 들어, $^{131}_{53}I$는 8.0일의 반감기를 가진다. $^{131}_{53}I$는 붕괴하면서 비방사성 동위원소 $^{131}_{54}Xe$과 베타 입자를 생성한다.

$$^{131}_{53}I \longrightarrow {}^{131}_{54}Xe + {}^{0}_{-1}e$$

처음에 20. mg의 $^{131}_{53}I$를 가진 시료가 있다고 가정하자. 8.0일 후, 시료 내의 모든 I-131 핵의 절반(10. mg)이 붕괴하고 10. mg의 I-131이 남는다. 16일(2번의 반감기) 후, 남아 있는 I-131 5.0 mg이 붕괴하고 5.0 mg의 I-131이 남는다. 24일(3번의 반감기) 후, 남아 있는 I-131 2.5 mg이 붕괴하고, 방사선을 생성할 수 있는 I-131 핵 2.5 mg이 남는다.

생각해보기

24 mg의 Tc-99m 시료의 반감기가 6.0 h라고 할 때, 18 h 후에 3 mg의 Tc-99m만이 방사선 활성을 가지는 이유는 무엇인가?

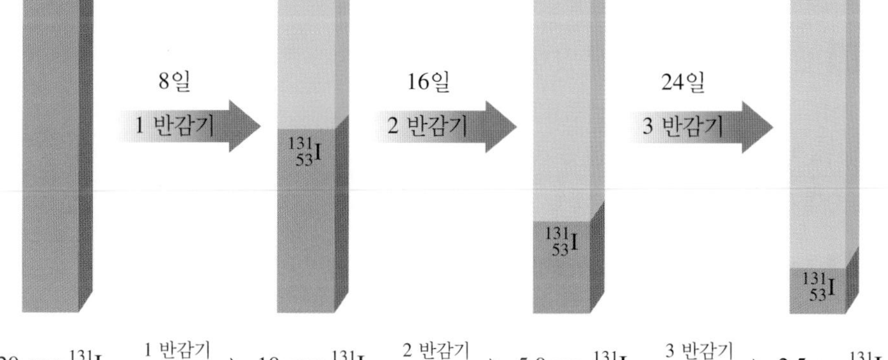

$20.\ mg\ ^{131}_{53}I \xrightarrow{1\ 반감기} 10.\ mg\ ^{131}_{53}I \xrightarrow{2\ 반감기} 5.0\ mg\ ^{131}_{53}I \xrightarrow{3\ 반감기} 2.5\ mg\ ^{131}_{53}I$

한 반감기 안에 동위원소의 활성은 절반으로 감소한다.

붕괴 곡선(decay curve)은 방사성 동위원소 붕괴의 도표이다. 그림 5.4는 지금까지 논의하였던 $^{131}_{53}I$에 대한 곡선을 보여준다.

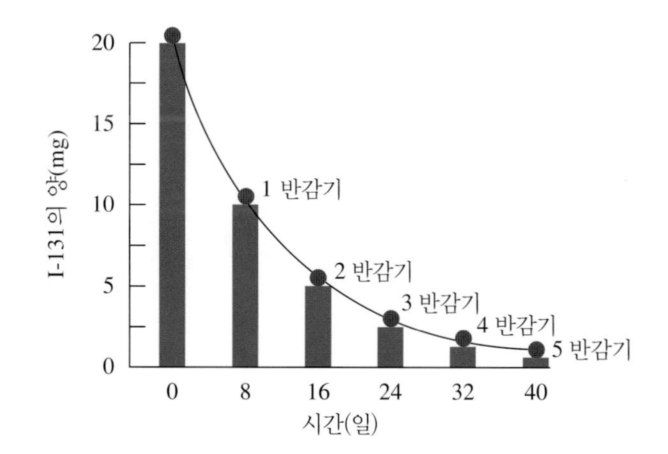

그림 5.4 아이오딘-131에 대한 붕괴 곡선은 8.0일의 각 반감기 후에 방사성 동위원소의 절반이 붕괴하고, 절반이 방사선 활성을 가진다.

Q 2번의 반감기 후, 20. mg 시료 중 몇 mg이 방사선 활성을 가지고 남아 있는가?

핵심 화학 기법
반감기 이용

예제 5.7 방사성 동위원소의 반감기 이용

문제

백혈병 치료에 사용하는 방사성 동위원소인 인-32의 반감기는 14.3일이다. 만약 8.0 mg의 인-32를 가진 시료가 있다면, 42.9일 후에는 몇 mg의 인-32가 남아 있겠는가?

풀이 지침

1단계 주어진 양과 필요한 양을 말하라.

	주어진 조건	필요한 사항	연계
문제 분석	8.0 mg P-32, 42.9일 경과, 반감기 = 14.3일	남아 있는 P-32의 mg	반감기 수

2단계 미지의 양을 계산하기 위한 계획을 써라.

일 → (반감기) → 반감기 수

$^{32}_{15}$P mg → (반감기 수) → 남아 있는 $^{32}_{15}$P mg

3단계 반감기 동등량과 환산 인자를 써라.

$$1 \text{ 반감기} = 14.3\text{일}$$
$$\frac{14.3\text{일}}{1 \text{ 반감기}} \quad \text{그리고} \quad \frac{1 \text{ 반감기}}{14.3\text{일}}$$

4단계 필요한 양을 계산하기 위하여 문제를 설정하라.

먼저 경과한 시간의 양에서 반감기의 수를 결정한다.

$$\text{반감기 수} = 42.9\cancel{\text{일}} \times \frac{1 \text{ 반감기}}{14.3\cancel{\text{일}}} = 3.00 \text{ 반감기}$$

이제 3 반감기 후에 얼마나 많은 시료가 붕괴하였는지와 남아 있는 인의 mg 수를 결정할 수 있다.

$$8.0 \text{ mg } ^{32}_{15}\text{P} \xrightarrow{1 \text{ 반감기}} 4.0 \text{ mg } ^{32}_{15}\text{P} \xrightarrow{2 \text{ 반감기}} 2.0 \text{ mg } ^{32}_{15}\text{P} \xrightarrow{3 \text{ 반감기}} 1.0 \text{ mg } ^{32}_{15}\text{P}$$

유제 5.7

철-59의 반감기는 44일이다. 핵 실험실이 8.0 μg의 철-59 시료를 받았다면, 176일 후에는 몇 μg의 철-59가 여전히 활성을 가지겠는가?

해답

0.50 μg의 철-59

양방향 비디오
반감기

원소의 천연 동위원소는 표 5.7에 나타난 것처럼 보통 긴 반감기를 가진다. 이것들은 느리게 분열되어 오랜 기간 동안, 심지어 수백 년 또는 수백만 년 동안 방사선을

표 5.7 일부 방사성 동위원소의 반감기

원소	방사성 동위원소	반감기	방사선 종류
천연 방사성 동위원소			
탄소-14	$^{14}_{6}C$	5730년	베타
포타슘-40	$^{40}_{19}K$	1.3×10^9년	베타, 감마
라듐-226	$^{226}_{88}Ra$	1600년	알파
스트론튬-90	$^{90}_{38}Sr$	38.1년	알파
우라늄-238	$^{238}_{92}U$	4.5×10^9년	알파
일부 의학용 방사성 동위원소			
탄소-11	$^{11}_{6}C$	20.분	양전자
크로뮴-51	$^{51}_{24}Cr$	28일	감마
아이오딘-131	$^{131}_{53}I$	8.0일	감마
산소-15	$^{15}_{8}O$	2.0분	양전자
철-59	$^{59}_{26}Fe$	44일	베타, 감마
라돈-222	$^{222}_{86}Rn$	3.8일	알파
테크네튬-99m	$^{99m}_{43}Tc$	6.0시간	베타, 감마

확인하기

연습 문제 5.15에서 5.17까지 풀어보기

생성한다. 반면에 핵의학에서 사용하는 방사성 동위원소는 훨씬 짧은 반감기를 가진다. 이것들은 빠르게 분열하여 매우 짧은 기간 동안 거의 모든 방사선을 생성한다. 예를 들어, 테크네튬-99m은 처음 6시간 동안에 방사선의 절반을 방출한다. 이는 환자에게 투여한 소량의 방사성 동위원소가 이틀 내에 완전히 없어진다는 것을 의미한다. 테크네튬-99m의 붕괴 산물은 신체에 의하여 완전히 제거된다.

생각해보기

핵의학에서 사용하는 방사성 동위원소가 천연 방사성 동위원소보다 짧은 반감기를 가지는 이유는 무엇인가?

화학과 환경
고대 물체의 연대 측정

방사선학적 연대 측정은 지질학자와 고고학자, 역사학자가 고대 물체의 연대를 결정하는 데 사용하는 기술이다. 식물이나 동물(나무, 섬유, 천연 안료, 뼈와 면 또는 양털 의류와 같은)로부터 얻은 물체의 연대는 탄소의 천연 방사성 형태인 탄소-14의 양을 측정하여 결정한다. 1960년에 Willard Libby는 1940년대에 탄소-14 연대 측정 기술을 개발한 공로로 노벨상을 수상하였다. 탄소-14는 우주선(cosmic ray)으로부터의 고에너지 중성자에 의한 $^{14}_{7}N$의 충돌에 의해 대기의 상층에서 생성된다.

$$\underset{\text{우주선으로부터의 중성자}}{^{1}_{0}n} + \underset{\text{대기의 질소}}{^{14}_{7}N} \longrightarrow \underset{\text{방사성 탄소-14}}{^{14}_{6}C} + \underset{\text{양성자}}{^{1}_{1}H}$$

탄소-14는 산소와 반응하여 방사성 이산화 탄소, $^{14}_{6}CO_2$를 형성한다. 살아 있는 식물은 지속적으로 이산화 탄소를 흡수하며, 이로 인해 탄소-14가 식물 구조물질에 포함된다. 탄소-14의 흡수는 식물이 죽으면 중지된다.

$$^{14}_{6}C \longrightarrow {^{14}_{7}N} + {^{0}_{-1}e}$$

탄소-14가 붕괴하면서, 식물의 구조물질 중 방사성 탄소-14의 양은 지속적으로 감소한다. **탄소 연대 측정**(carbon dating)이라고 하는 과정에서, 과학자들은 탄소-14의 반감기(5730년)를 이용하여 식물이 죽은 후의 시간을 계산한다. 예를 들어, 고대 거주지에서 발견된 목재 대들보에는 오늘날에 살아 있는 식물에서 발견되는 탄소-14의 절반이 포함되어 있을 수 있다. 탄소-14의 1 반감기는 5730년이므로, 거주지는 약 5730년 전에 축조된 것이다. 탄소-14 연

사해 문서의 연대는 탄소-14를 이용하여 결정되었다.

대 측정은 사해 문서(Dead Sea Scroll)가 약 2000년 되었음을 결정하는 데 사용되었다.

훨씬 오래된 물품의 연대를 결정하는 데 사용하는 방사선학적 연대 측정 방법은 일련의 반응을 통하여 붕괴하면서 납-206이 되는 방사성 동위원소 우라늄-238에 기초하고 있다. 우라늄-238 동위원소는 믿을 수 없을 만큼 긴 반감기인 약 4×10^9(40억)년을 가진다. 우라늄-238과 납-206의 양을 측정함으로써 지질학자들은 암석 시료의 연대를 결정할 수 있다. 더 오래된 암석은 더 많은 우라늄-238이 붕괴되었기 때문에 납-206의 비율이 더 높을 것이다. 예를 들어, 아폴로 임무에 의하여 달에서 가져온 암석의 연대는 우라늄-238을 이용하여 결정되었다. 약 4×10^9년 정도 된 것으로 확인되었으며, 이는 지구에서 측정된 것과 거의 동일한 연대이다.

골격의 뼈 시료의 연대는 탄소 연대 측정으로 결정할 수 있다.

예제 5.8 반감기를 이용한 연대 측정

문제

인간과 동물의 뼈는 죽을 때까지 탄소를 흡수한다. 방사성 탄소 연대 측정을 이용하면 뼈 시료의 탄소-14 반감기 수가 뼈의 연대를 결정한다. 선사시대의 동물로부터 한 시료를 얻어, 방사성 탄소 연대 측정에 사용한다고 해보자. 탄소-14의 반감기인 5730년을 이용하여 뼈의 연대 또는 동물이 죽은 후 경과된 연도를 계산할 수 있다. 선사시대 동물의 골격에서 얻은 뼈 시료는 살아 있는 동물에게서 발견되는 C-14 활성의 25%를 가진다. 선사시대 동물은 몇 년 전에 죽은 것인가?

풀이 지침

1단계 주어진 양과 필요한 양을 말하라.

	주어진 조건	필요한 사항	연계
문제 분석	C−14의 1 반감기 = 5730년, 초기 C-14 활성의 25%	지난 연도	반감기 수

2단계 미지의 양을 계산할 계획을 써라.

활성: 100% (초기) $\xrightarrow{\text{1.0 반감기}}$ 50% $\xrightarrow{\text{2.0 반감기}}$ 25%

3단계 반감기 동등량과 환산 인자를 써라.

1 반감기 = 5730년

$$\frac{5730\text{년}}{1\ \text{반감기}} \quad \text{그리고} \quad \frac{1\ \text{반감기}}{5730\text{년}}$$

4단계 필요한 양을 계산하기 위하여 문제를 설정하라.

$$\text{경과한 연도} = 2.0\ \cancel{\text{반감기}} \times \frac{5730\text{년}}{1\ \cancel{\text{반감기}}} = 11\,000\text{년}$$

동물은 약 11 000년 전에 죽은 것으로 추산된다.

유제 5.8

동굴에서 발견된 나무 조각이 원래 탄소-14 활성의 1/8을 가진다고 가정하자. 목재가 살아 있는 나무의 일부였던 것은 약 몇 년 전이겠는가?

해답

17 000년

연습 문제

5.4 방사성 동위원소의 반감기

학습 목표 방사성 동위원소의 반감기가 주어지면, 1번 이상의 반감기 후에 남아 있는 방사성 동위원소의 양을 계산한다.

5.15 다음에 대하여 경과한 반감기의 수가 어떠한지를 나타내어라.

1. 1 반감기 **2.** 2 반감기

3. 3 반감기

a. 반감기가 17일인 Pd-103 시료의 34일 후

b. 반감기가 20분인 C-11 시료의 20분 후

c. 반감기가 7시간인 At-211 시료의 21시간 후

의학 응용

5.16 테크네튬-99m은 반감기가 6.0 h이고, 순수 감마선 방출원이기 때문에 기관을 주사하는 데 이상적인 방사성 동위원소이다. 오늘 아침에 테크네튬 발생기에서 80.0 mg이 제조되었다고 가정하자. 다음 간격 후에 남아 있는 테크네튬은 몇 mg이겠는가?

a. 1 반감기 **b.** 2 반감기

c. 18 h **d.** 1.5일

5.17 뼈를 주사하는 데 사용되는 스트론튬-85의 반감기는 65일이다.

a. 스트론튬-85의 선 수치가 처음 수치의 1/4로 떨어지는 데 얼마나 걸리는가?

b. 스트론튬-85의 선 수치가 처음 수치의 1/8로 떨어지는 데 얼마나 걸리는가?

5.5 방사성을 이용한 의학 응용

학습 목표 의학에서 방사성 동위원소의 이용을 기술한다.

최초의 방사성 동위원소는 캘리포니아대학교 버클리 캠퍼스에서 백혈병 환자를 치료하기 위하여 사용되었다. 1946년에 방사성 아이오딘이 갑상샘 기능을 진단하고, 갑상샘 항진증과 갑상샘 암을 치료하는 데 성공적으로 사용되었다. 방사성 동위원소들은 오늘날 간, 척추, 갑상샘, 신장, 뇌, 심장을 포함하는 기관의 영상을 생성하기 위하여 사용되고 있다.

신체 기관의 상태를 확인하기 위하여, 핵의학 기사들은 기관에 농축되는 방사성 동위원소를 이용한다. 신체 세포는 비방사성 원자와 방사성 원자를 구별하지 않으므로, 이러한 방사성 동위원소들은 쉽게 포함된다. 그리고 방사성 원자들은 방사선을 방출하기 때문에 검출된다. 핵의학에 사용되는 일부 방사성 동위원소가 **표 5.8**에 게재되어 있다.

표 5.8 방사성 동위원소들의 의학 응용

동위원소	반감기	방사선	의학 응용
Au-198	2.7일	베타	간 영상 촬영, 복부 악성종양의 치료
Ce-141	32.5일	베타	위장관 진단, 심장까지 가는 혈류 측정
Cs-131	9.7일	감마	전립선 근접 방사선 치료
F-18	110분	양전자	양전자 방출 단층 촬영(PET)

(계속)

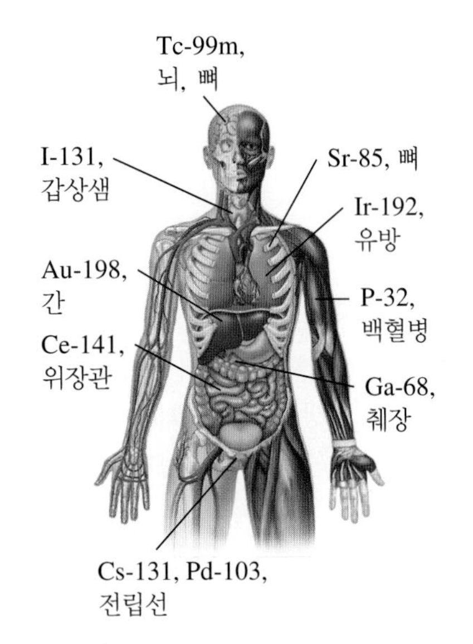

다양한 방사성 동위원소가 많은 질병을 진단하고 치료하는 데 사용된다.

동위원소	반감기	방사선	의학 응용
Ga-67	78 h	감마	복부 영상 촬영, 종양 검출
Ga-68	68분	감마	췌장암 검출
I-123	13.2 h	감마	갑상샘과 뇌 및 전립선암의 치료
I-131	8.0일	베타	그레이브스병, 갑상샘종, 갑상샘 항진증, 갑상샘 및 전립선암 치료
Ir-192	74일	감마	유방암과 전립선암 치료
P-32	14.3일	베타	백혈병, 과다 적혈구 및 췌장암 치료
Pd-103	17일	감마	전립선 근접 방사선 치료
Sm-153	46 h	베타	뼈암 치료
Sr-85	65일	감마	골 병변(lesion) 검출, 뇌 주사(scan)
Tc-99m	6.0 h	감마	골격과 심장 근육, 뇌, 간, 심장, 폐, 뼈, 척추, 신장 및 갑상샘의 영상 촬영 핵의학에서 가장 널리 사용되는 방사성 동위원소
Xe-133	5.2일	베타	폐 기능 진단
Y-90	2.7일	베타	간암 치료

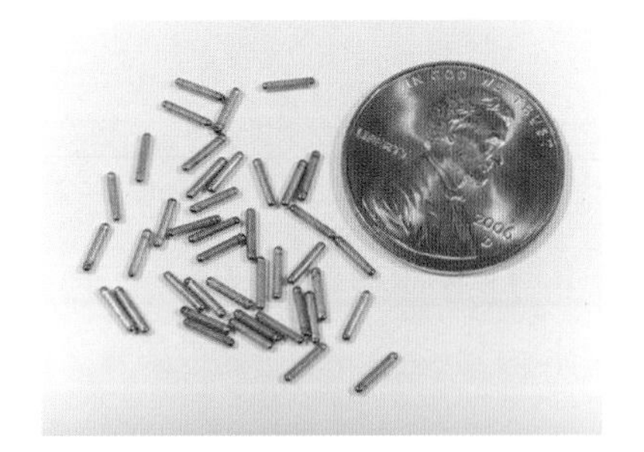

암을 치료하기 위하여 방사성 동위원소로 채워진 타이타늄 '씨앗'을 신체에 심는다.

예제 5.9 의학에서 반감기 이용

문제

복부 악성종양을 치료할 때는 베타 방출원인 Au-198 '씨앗(seed)'으로 치료한다. Au-198의 베타 붕괴의 완결된 핵 반응식을 써라.

풀이 지침

문제 분석	주어진 조건	필요한 사항	연계
	Au-198, 베타 붕괴	완결된 핵 반응식	새 핵의 질량수, 원자 번호

1단계 완결되지 않은 핵 반응식을 써라.

$$^{198}_{79}\text{Au} \longrightarrow ? + ^{0}_{-1}e$$

2단계 미지의 질량수를 결정하라.

반응식에서 질량수 198은 새 핵의 질량수와 베타 입자의 질량수 합과 동일하다.

$198 = ? + 0$

$198 - 0 = ?$

$198 - 0 = 198$(새 핵의 질량수)

3단계 미지의 원자 번호를 결정하라.

원자 번호 79는 새 핵의 원자 번호와 베타 입자의 원자 번호 합과 동일하다.

$79 = ? - 1$

$79 + 1 = ?$

$79 + 1 = 80$(새 핵의 원자 번호)

생각해보기

베타 방출원인 Y-90이 간암을 치료하기 위하여 사용된다면, 생성물이 Zr-90이 되는 이유는 무엇인가?

4단계 **새 핵의 기호를 결정하라.**

주기율표에서 원자 번호가 80인 원소는 수은인 Hg이다. Hg 동위원소의 원자 기호는 $^{198}_{80}Hg$로 쓴다.

5단계 **핵 반응식을 완결하라.**

$$^{198}_{79}Au \longrightarrow ^{198}_{80}Hg + ^{0}_{-1}e$$

유제 5.9

실험적인 치료에서 악성 종양 때문에 복용하는 B-10이 환자에게 주어진다. 중성자와 충돌할 때, B-10은 주위 종양 세포를 파괴하는 알파 입자를 방출하면서 붕괴한다. 이 실험적인 과정의 반응에 대한 완결된 핵 반응식을 써라.

해답

$$^{1}_{0}n + ^{10}_{5}B \longrightarrow ^{7}_{3}Li + ^{4}_{2}He$$

확인하기

연습 문제 5.18에서 5.20까지 풀어보기

방사성 동위원소의 주사

환자가 방사성 동위원소를 받은 후, 방사선 기사는 방사성 동위원소에서 방출되는 방사성의 위치와 수준을 결정한다. **주사 장치**(scanner)라 부르는 장치는 기관의 영상을 생성하는 데 사용된다. 주사 장치는 방사성 동위원소를 함유하고 있는 기관이 위치하는 영역 위의 인체를 서서히 움직인다. 기관의 방사성 동위원소로부터 방출되는 감마선은 사진 건판에 노출하는 데 사용하여 기관의 **주사**(scan) 영상을 생성할 수 있다. 주사하면서 감소 또는 증가된 방사선 영역은 기관의 질병, 종양, 혈전 또는 부종(edema)과 같은 상태를 의미할 수 있다.

갑상샘 기능을 결정하는 일반적인 방법은 **방사성 아이오딘 복용**(radioactive iodine uptake)이다. 경구 복용하면, 방사성 동위원소 아이오딘-131은 갑상샘에 이미 존재하던 아이오딘과 섞인다. 24시간 후, 갑상샘이 흡수한 아이오딘의 양이 결정된다. 갑상샘 영역에 매달려 있는 검출관은 그곳에 위치한 아이오딘-131로부터 나오는 방사선을 감지한다(그림 5.5).

갑상샘 항진증이 있는 환자는 정상 수준보다 방사성 아이오딘의 수치가 높게 나오지만, 갑상샘 저하증 환자는 더 낮은 수치를 보인다. 갑상샘 항진증이 있다면 갑상샘의 활성을 낮추기 위한 치료가 시작된다. 치료 방법 중 하나는 진단량보다 방사선 수치가 높은 방사성 아이오딘의 치료용량을 제공하는 것을 포함한다. 방사성 아이오딘은 갑상샘으로 이동하여 방사선이 일부 갑상샘 세포를 파괴한다. 갑상샘은 보다 적은 갑상샘 호르몬을 생성하여 항진증 상태를 제어할 수 있는 수준으로 오게 한다.

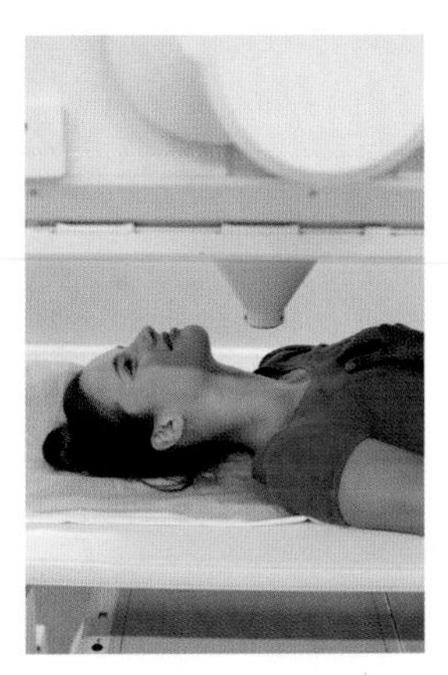

(a)

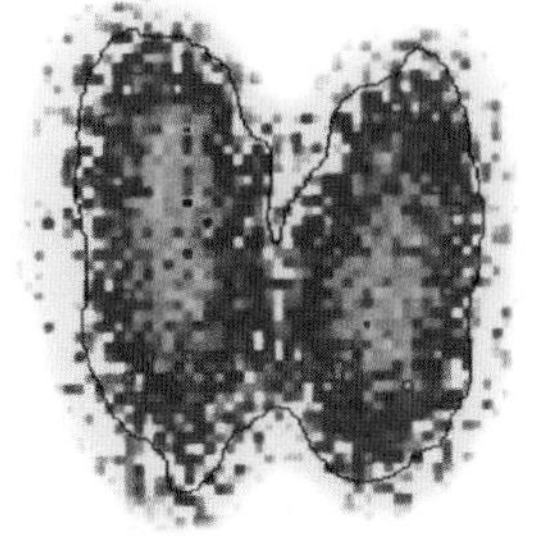

(b)

그림 5.5 (a) 주사 장치는 기관의 방사성 동위원소에서 나오는 방사선을 검출한다. (b) 주사한 결과는 갑상샘에서의 방사성 아이오딘-131을 보여준다.

Q 주사를 하기 위하여 신체를 통하는 방사선의 종류는 무엇인가?

양전자 방출 단층 촬영

탄소-11, 산소-15, 질소-13 및 플루오린-18과 같은 짧은 반감기를 가진 양전자 방출원은 **양전자 방출 단층 촬영**(positron emission tomography, PET)이라 부르는 영상 촬영 방법에 사용된다. 플루오린-18과 같은 양전자 방출 동위원소는 글루코스와 같은 신체 내 물질과 결합하여 뇌 기능, 대사 및 혈류를 조사하는 데 사용된다.

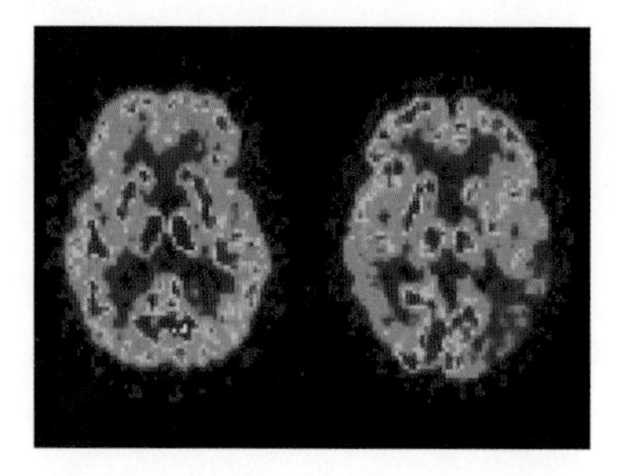

그림 5.6 뇌의 PET 주사가 왼쪽의 정상 뇌와 오른쪽의 알츠하이머병에 걸린 뇌를 보여주고 있다.

Q 양전자가 전자와 충돌할 때, 기관의 영상을 제공하는 어떤 종류의 방사선이 생성되는가?

$$^{18}_{9}F \longrightarrow {}^{18}_{8}O + {}^{0}_{+1}e$$

양전자가 방출되면서 이들은 전자와 결합하여 감마선을 생성하고 컴퓨터 장치에 의하여 검출되어 기관의 3차원 영상을 만들어낸다(그림 5.6).

비방사성 영상 촬영

컴퓨터 단층 촬영

뇌, 폐, 심장과 같은 기관을 주사하는 데 사용하는 또 다른 방법은 **컴퓨터 단층 촬영**(computed tomography, CT)이다. 컴퓨터는 표적 기관의 연속적인 층으로 향하는 30 000개의 X-선 빔의 흡수를 추적 관찰한다. 조직과 기관의 체액의 밀도에 따라 X-선 흡수의 차이는 기관에 대한 일련의 영상을 제공한다. 이 기술은 출혈, 종양과 위축을 확인하는 데 성공적이었다.

자기 공명 영상

자기 공명 영상(magnetic resonance imaging, MRI)은 X-선 방사선을 하지 않는 강력한 영상 기술이다. 이것은 가용한 가장 비외과적인 영상 방법이다. MRI는 수소 원자의 양성자가 강력한 자기장에 의하여 들뜰 때의 에너지 흡수를 기반으로 한다. 두 상태 사이의 에너지 차이가 방출되며, 이는 주사 장치가 검출하는 전자기 신호를 생성한다. 이 신호는 컴퓨터 시스템에 전송되고, 그곳에서 신체의 천연색 영상이 생성된다. MRI는 특히 물의 형태로 많은 양의 수소를 포함하는 부드러운 조직의 영상을 얻는 데 유용하다.

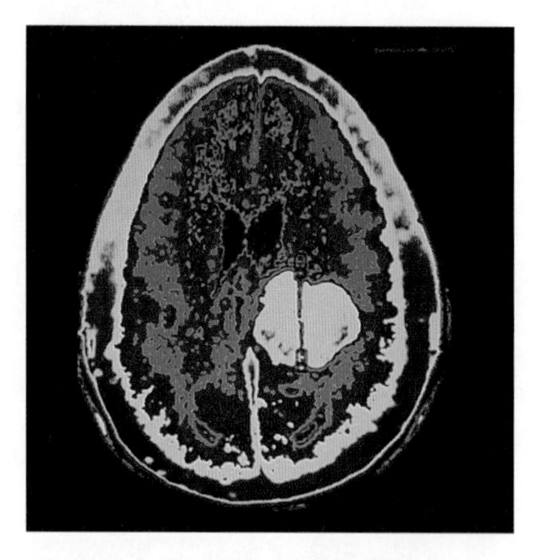

CT 주사는 뇌의 종양(노란색)을 보여준다.

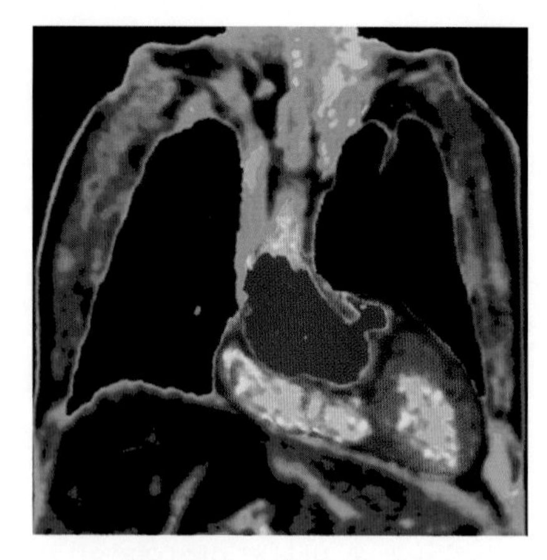

MRI 주사는 심장과 폐의 영상을 제공한다.

화학과 보건
근접치료

근접치료(brachytherapy) 또는 씨앗 식재(seed implantation)라 불리는 과정은 내부 형태의 방사선 치료이다. 내부 방사선으로 고준위 방사선이 악성 종양 영역에 전달되며, 정상 세포들은 최소한의 손상을 입는다. 더 높은 조사량이 사용되므로, 짧은 기간의 더 적은 수의 치료가 필요하다. 기존의 외부 치료는 치료 1회당 낮은 방사선량을 전달하지만 치료에 6~8주가 필요하다.

영구 근접치료

남성에게 가장 흔한 형태의 암 중 하나는 전립선암이다. 수술과 화학 요법 외에 또 하나의 치료 방법은 40개 이상의 타이타늄 캡슐 또는 씨앗을 악성 부위에 심어두는 것이다. 쌀알 크기의 각 씨앗에는 방사성 아이오딘-125, 팔라듐-103 또는 세슘-131을 포함하고 있으며, 이것들은 감마선을 방출하며 붕괴한다. 씨앗에서 나오는 방사선은 인접한 정상 조직에 최소한의 손상을 주면서, 암 세포의 재생을 방해하여 암을 파괴한다. 이들은 짧은 반감기를 가지기 때문에 몇 달 안에 90%의 방사성 동위원소가 붕괴된다.

동위원소	I-125	Pd-103	Cs-131
방사선	감마	감마	감마
반감기	60일	17일	10일
90% 방사선을 제공하는 데 필요한 시간	7달	2달	1달

방사선은 거의 환자의 신체 밖으로 나오지 않는다. 식구들이 받게 되는 방사선의 양은 긴 비행으로 받게 되는 양보다 많지 않다. 방사성 동위원소는 방사성이 아닌 생성물을 생성하며 붕괴하기 때문에 불활성 타이타늄 캡슐은 체내에 남아 있을 수 있다.

일시적 근접치료

전립선암 치료의 또 다른 종류는 이리듐-192를 포함하고 있는 긴 바늘을 종양에 넣는 것이다. 그러나 바늘은 이리듐 동위원소의 활성에 따라 5~10분 후에 제거된다. 영구적 근접치료에 비해 일시적 근접치료는 보다 짧은 시간에 걸쳐 보다 높은 조사량을 제공한다. 이 과정은 며칠 안에 반복될 수 있다.

근접치료는 유방암 절제수술 후에도 사용할 수 있다. 종양 제거 후 남은 공간에 심은 가는 관(catheter)에 이리듐-192 동위원소를 넣는다. 방사선은 주로 종양을 포함하고, 암이 재발할 가능성이 가장 높은 공간 주위 조직에 제공된다. 이 과정은 34 Gy(3400 rad) 흡수선량을 주며, 5일 동안 하루에 두 번 반복된다. 가는 관은 제거되고, 방사성 물질은 체내에 남아 있지 않는다.

기존의 유방암 외부 빔 치료는 6~7주 동안 하루에 한 번 2 Gy가 환자에게 제공되며, 이는 총 흡수선량이 약 80 Gy 또는 8000 rad에 달한다. 외부 빔 치료는 종양 공간을 포함하여 전체 유방을 조사하게 된다.

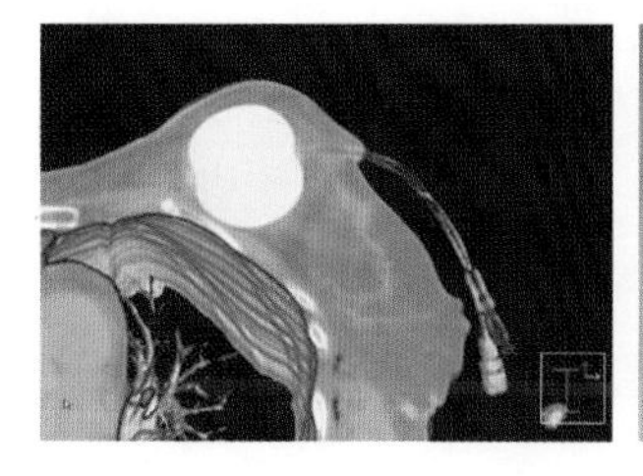
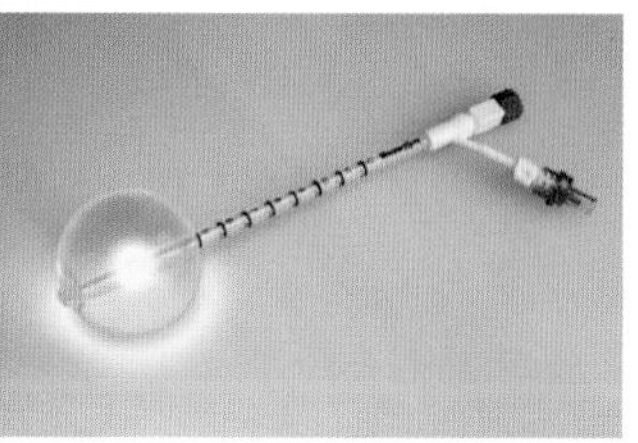
Ir-192로부터의 방사선을 위해 가는 관을 유방에 일시적으로 삽입한다.

연습 문제

5.5 방사성을 이용한 의학 응용

학습 목표 의학에서 방사성 동위원소의 이용을 기술한다.

의학 응용

5.18 뼈와 골 구조에는 칼슘과 인이 포함되어 있다.

a. 방사성 동위원소 칼슘-47과 인-32가 뼈 질환의 진단과 치료에 사용되는 이유는 무엇인가?

b. 핵 실험 동안, 과학자들은 방사성 생성물인 스트론튬-85가 어린이의 뼈 성장에 해로울 것이라고 염려하였다. 그 이유를 설명하라.

5.19 백혈병 진단 실험에서, 환자는 셀레늄-75를 함유한 4.4 mL 용액을 제공받는다. 셀레늄-75의 활성이 45 mCi/mL라면, 환자가 받게 될 방사선량은 mCi로 얼마인가?

5.20 종양은 갈륨-68을 흡수한다. 양전자의 방출로 종양의 위치를 확인할 수 있다.

a. Ga-68의 양전자 방출에 대한 반응식을 써라.

b. 반감기가 68분이라면, 136분 후에는 64 mcg의 시료 중 얼마나 활성을 가지는가?

5.6 핵분열과 핵융합

학습 목표 핵분열과 핵융합의 과정을 기술한다.

1930년대에 과학자들은 우라늄-235를 중성자로 충돌시켜 U-235 핵이 2개의 더 작은 핵으로 분열되고 엄청난 양의 에너지를 생성한다는 것을 발견하였다. 이것이 **핵분열**(nuclear fission)의 발견이었다. 원자가 분열하여 생성되는 에너지를 **원자 에너지**(atomic energy)라 한다. 핵분열의 전형적인 반응식은 다음과 같다.

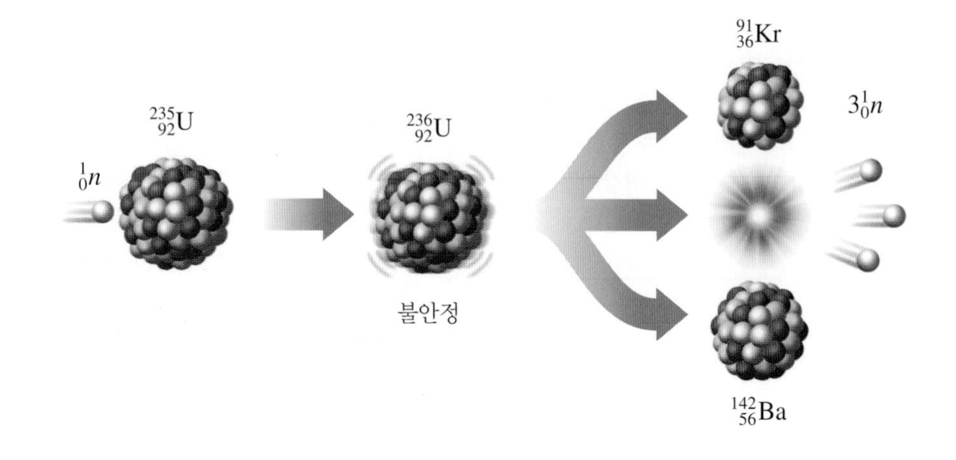

$$^{1}_{0}n + ^{235}_{92}U \longrightarrow ^{236}_{92}U \longrightarrow ^{91}_{36}Kr + ^{142}_{56}Ba + 3^{1}_{0}n + \text{에너지}$$

생성물인 크립톤, 바륨, 3개의 중성자의 질량을 매우 높은 정밀도로 결정하면, 이들의 총 질량이 출발 물질의 질량보다 약간 작다는 것을 알 수 있다. 손실된 질량은 엄청난 양의 에너지로 변환되며, 이는 Albert Einstein이 유도한 유명한 방정식과 일치한다.

$$E = mc^2$$

여기서 E는 방출된 에너지, m은 결손 질량, c는 빛의 속도 3×10^8 m/s이다. 비록 결손 질량은 매우 작지만 빛의 속도의 제곱으로 곱하면, 결과적으로 엄청난 에너지 값이 방출된다. 우라늄-235 1 g의 핵분열은 3톤의 석탄을 연소시킬 때와 거의 같은 양의 에너지를 생성한다.

연쇄 반응

핵분열은 중성자가 우라늄 원자의 핵과 충돌할 때 시작된다. 그 결과 생성된 핵은 불안정하여 더 작은 핵으로 분열된다. 이 분열 과정은 몇 개의 중성자, 많은 양의 감마선 및 에너지를 방출한다. 방출된 중성자는 고에너지를 가지고 다른 우라늄-235 핵과 충돌한다. **연쇄 반응**(chain reaction)에서는 더 많은 우라늄과 반응할 수 있는 고에너지 중성자의 수가 급격히 증가한다. 핵 연쇄 반응을 유지하기 위해서는 거의 모든 중성자가 즉시 더 많은 우라늄-235 핵과 충돌할 수 있는 **임계 질량**(critical mass)을 제공할 수 있는 충분한 양의 우라늄-235가 제공되어야 한다. 매우 많은 열과 에너지가 축적되면 원자 폭발이 발생할 수 있다(그림 5.7).

생각해보기

핵 연쇄 반응을 유지하기 위해 우라늄-235의 임계 질량이 필요한 이유는 무엇인가?

확인하기

연습 문제 5.21과 5.22를 풀어보기

핵융합

핵융합(nuclear fusion)에서는 2개의 작은 핵이 결합하여 더 큰 핵을 형성한다. 질량을 잃고, 핵분열에서 방출되는 에너지보다 훨씬 큰 엄청난 양의 에너지가 방출된다. 그러나 핵융합 반응에는 수소 핵의 반발력을 극복하고 융합을 일으키기 위해 100 000 000°C의 온도가 필요하다. 핵융합 반응은 태양과 다른 별에서 연속적으로 일어나 열과 빛을 제공한다. 태양에 의해 생성되는 엄청난 양의 에너지는 매초 6 ×

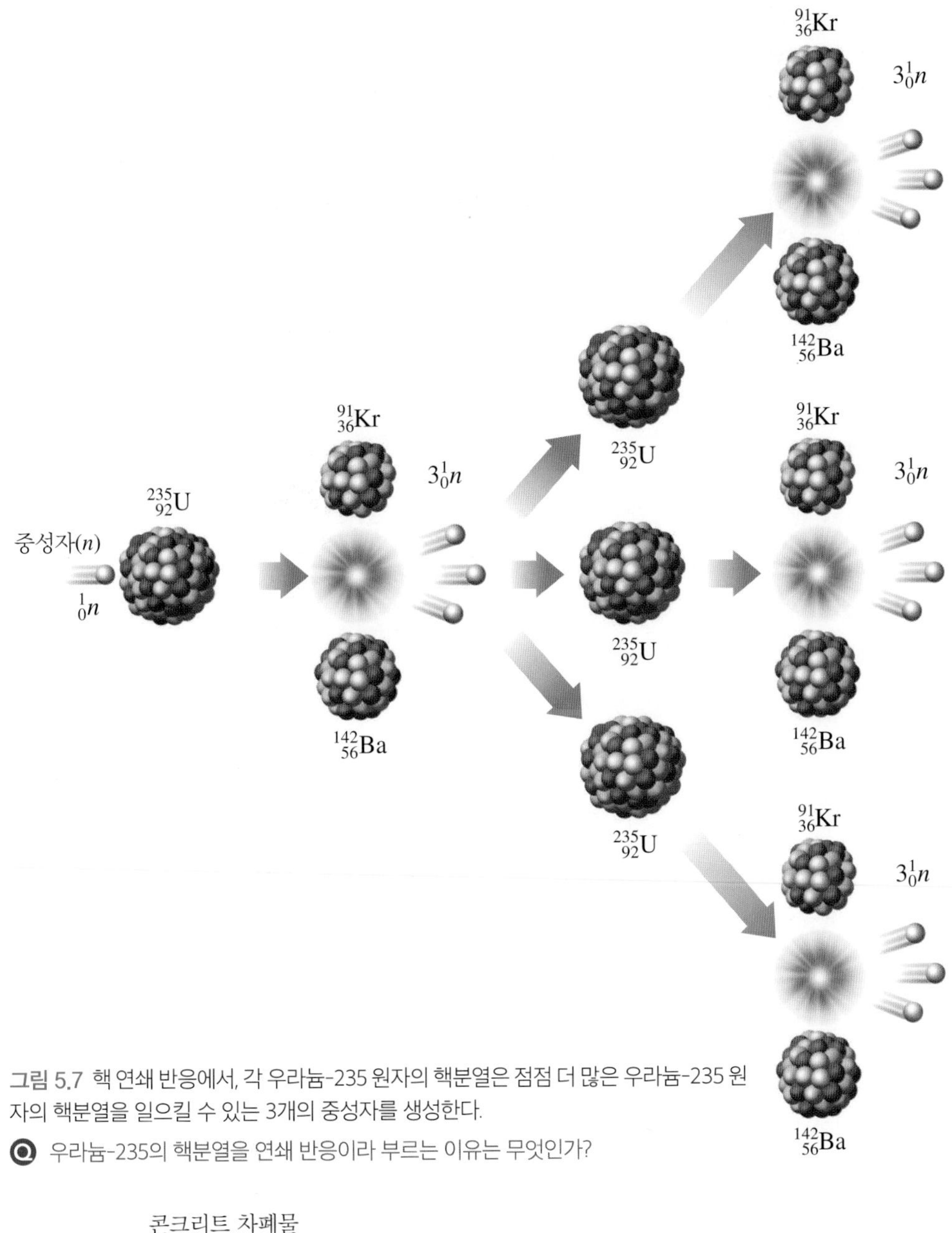

그림 5.7 핵 연쇄 반응에서, 각 우라늄-235 원자의 핵분열은 점점 더 많은 우라늄-235 원자의 핵분열을 일으킬 수 있는 3개의 중성자를 생성한다.

Q 우라늄-235의 핵분열을 연쇄 반응이라 부르는 이유는 무엇인가?

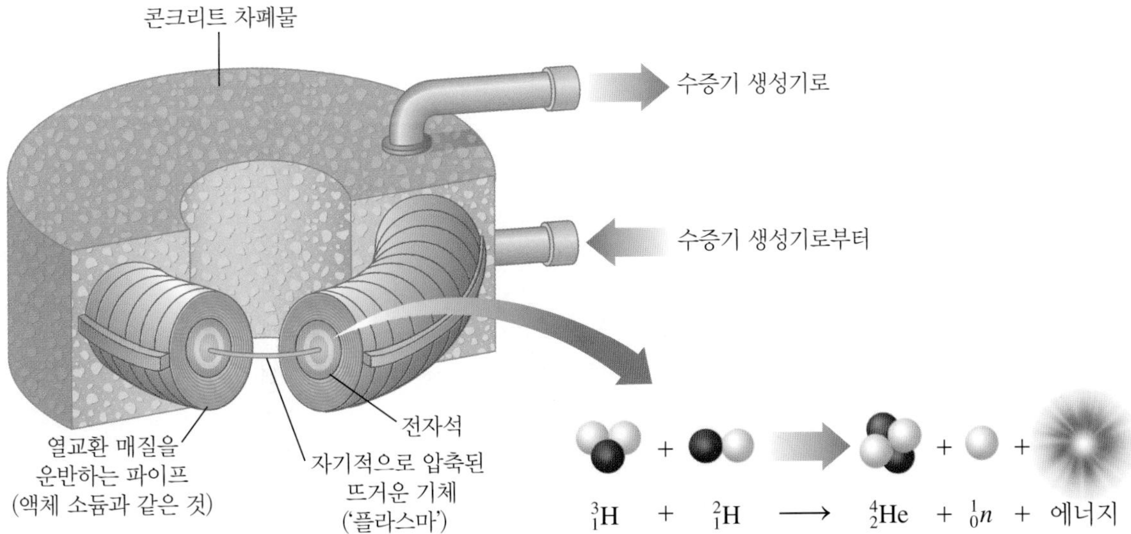

핵융합로에서 수소 원자들을 결합하기 위해서는 고온이 필요하다.

10^{11} kg의 수소가 융합하면서 발생하는 것이다. 핵융합 반응에서는 수소의 동위원소가 결합하여 헬륨과 많은 양의 에너지를 생성한다.

과학자들은 핵융합로로부터 반감기가 더 짧은 더 적은 양의 방사성 폐기물을 기대하고 있다. 그러나 핵융합에 필요한 극도로 높은 온도는 도달하기 어렵고, 유지하기는 더 어렵기 때문에 아직 실험 단계에 머무르고 있다. 세계 각국의 연구 집단들은 에너지 발생에 대한 핵융합 반응의 활용을 우리 삶에서 실현하기 위하여 필요한 기술을 개발하기 위해 시도하고 있다.

예제 5.10 핵분열과 핵융합 확인

문제

다음 문장이 핵분열, 핵융합 또는 2개 모두를 포함하는지를 분류하라.

a. 큰 핵이 더 작은 핵을 생성하기 위하여 쪼개진다.

b. 많은 양의 에너지가 방출된다.

c. 반응을 위해 극도로 높은 온도가 필요하다.

풀이

a. 큰 핵이 더 작은 핵을 생성하기 위하여 쪼개지는 과정은 핵분열이다.

b. 핵분열과 핵융합 과정 모두 많은 양의 에너지가 발생한다.

c. 핵융합에는 극도로 높은 온도가 필요하다.

유제 5.10

다음 핵 반응식이 핵분열, 핵융합 또는 2개 모두를 포함하는지를 분류하라.

$^{3}_{1}\text{H} + ^{2}_{1}\text{–H} \longrightarrow ^{4}_{2}\text{He} + ^{1}_{0}n$ + 에너지

해답

에너지를 방출하기 위하여 작은 핵이 결합하는 과정은 핵융합이다.

확인하기

연습 문제 5.23을 풀어보기

연습 문제

5.6 핵분열과 핵융합

학습 목표 핵분열과 핵융합의 과정을 기술한다.

5.21 핵분열은 무엇인가?

5.22 다음 핵분열 반응을 완결하라.

$$^{1}_{0}n + ^{235}_{92}\text{U} \longrightarrow ^{94}_{38}\text{Sr} + ^{140}_{54}\text{Xe} + ?^{1}_{0}n$$

5.23 다음 문장이 핵분열, 핵융합 과정 또는 2개 모두의 특성인지를 확인하라.

a. 중성자가 핵과 충돌한다.

b. 태양에서 핵 과정이 일어난다.

c. 큰 핵이 더 작은 핵으로 분열된다.

d. 작은 핵이 결합하여 더 큰 핵을 형성한다.

화학과 환경
핵 발전소

핵 발전소에서는 우라늄-235의 양이 임계 질량 이하로 유지되어 연쇄 반응을 유지할 수 없다. 분열 반응은 우라늄 시료들 사이에 고속으로 움직이는 중성자 일부를 흡수하는 통제봉을 배치하여 느리게 한다. 이러한 방법으로 더 적은 분열이 일어나고, 보다 느리고 통제된 에너지 생성이 일어난다. 통제된 분열로부터의 열은 수증기를 생성하는 데 사용된다. 수증기는 발전기를 가동하고, 전기를 생성한다. 미국에서 생산되는 전기 에너지의 약 20%가 핵 발전소에서 발전된다.

핵 발전소가 우리의 에너지 수요 일부를 충족시키는 데 도움을 주긴 하지만, 핵력에 관련된 몇 가지 문제가 있다. 가장 심각한 문제 중 하나는 24 000년의 반감기를 가진 플루토늄-239와 같은 매우 긴 반감기를 가진 방사성 부산물의 생성이다. 이러한 폐기물은 환경을 오염시키지 않는 지역에서 안전하게 보관하는 것이 필수적이다.

미국에서 핵 발전소는 약 20%의 전기를 공급한다.

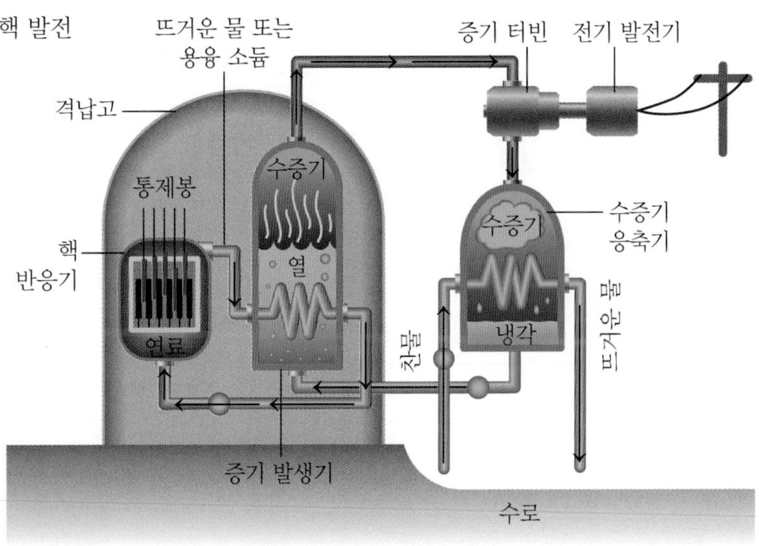

핵분열로부터의 열은 전기를 발전하는 데 사용된다.

의학 최신 정보 방사성 동위원소를 이용한 심장 영상 촬영

핵 스트레스 시험의 일환으로 Simone은 러닝머신 위를 걷기 시작하였다. 최대 수준에 도달하였을 때, Pauline은 74 MBq의 활성을 가지는 Tl-201이 함유된 방사성 염료를 주사하였다. 심장 영역에서 방출되는 방사선은 주사 장치(scanner)에 의하여 검출되어 심장 근육의 영상을 생성한다. 탈륨 스트레스 시험은 관상 동맥이 얼마나 효과적으로 심장에 혈액을 공급하는지를 확인할 수 있다. 만약 Simone이 관상 동맥에 어떠한 손상을 입었다면, 스트레스를 받는 동안에 혈류가 감소하면 동맥이 좁아지거나 막히는 것을 보여줄 것이다. Simone이 3시간 동안 휴식을 취한 후, Pauline은 Tl-201이 포함된 염료를 추가로 주사하였고, 그녀는 다시 주사 장치 아래에 놓였다.

휴식 기간의 심장 근육의 두 번째 영상이 촬영되었다. Simone의 의사는 그녀의 영상을 살펴보면서, 그녀에게 휴식을 취할 때와 스트레스를 받을 때 모두 심장 근육에 정상적인 혈류가 흐른다고 확인시켜주었다.

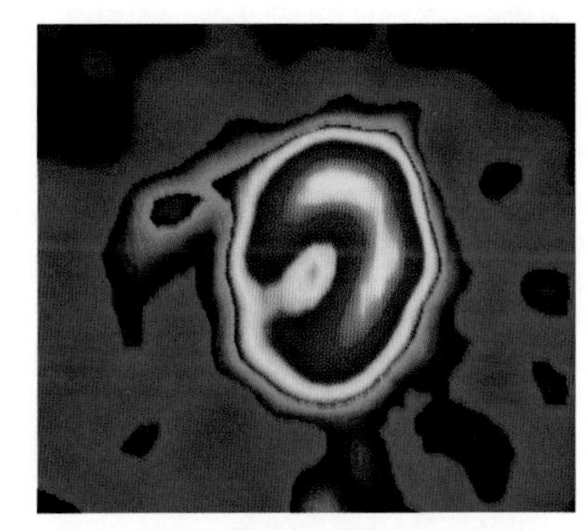

탈륨 스트레스 시험은 스트레스 동안 동맥이 좁아지는 것을 보여줄 수 있다.

의학 응용

5.24 Simone에 주사한 방사성 염료 주사의 활성은 얼마인가?
a. 퀴리로는 얼마인가? **b.** 밀리퀴리로는 얼마인가?

5.25 Simone의 신체에서 Tl−201의 활성이 초기 활성의 1/8이 될 때까지는 며칠이 걸리는가?

개념도

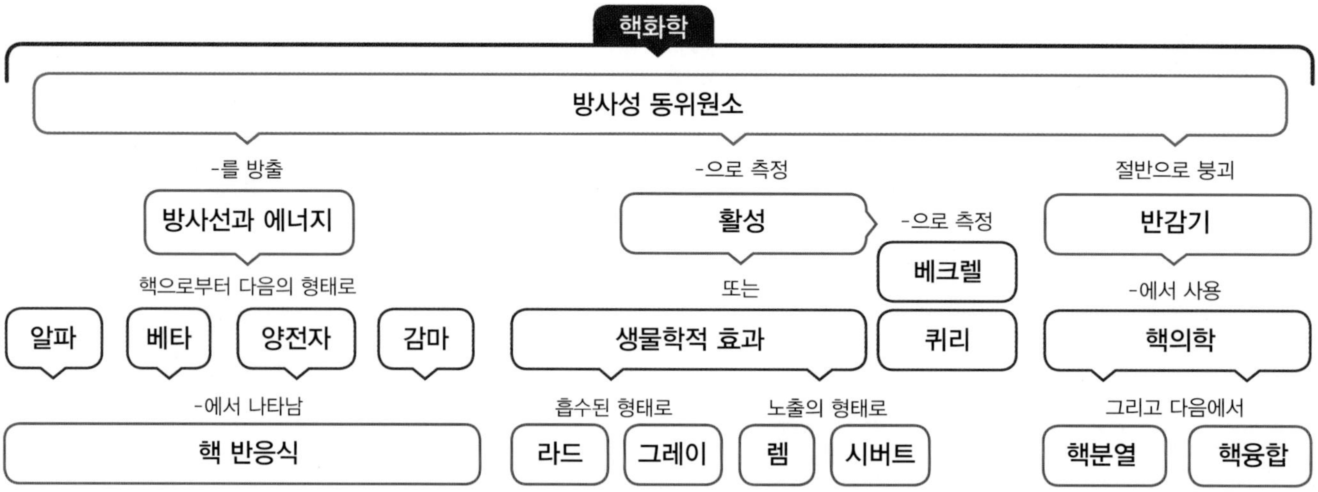

장 복습

5.1 천연 방사성

$^{4}_{2}He$ 또는 α
알파 입자

학습 목표 알파, 베타, 양전자와 감마 방사선을 기술한다.

- 방사성 동위원소는 알파(α), 베타(β), 양전자(β^+), 감마(γ) 방사선을 방출하면서 자발적으로 분열(붕괴)하는 불안정한 핵을 가진다.
- 방사선은 신체의 세포를 손상시킬 수 있기 때문에 차폐, 노출 시간 제한 및 거리 유지 등 적절한 방호를 반드시 사용하여야 한다.

5.2 핵반응

학습 목표 질량수와 원자 번호를 나타내는 방사성 붕괴에 대한 완결된 핵 반응식을 쓴다.

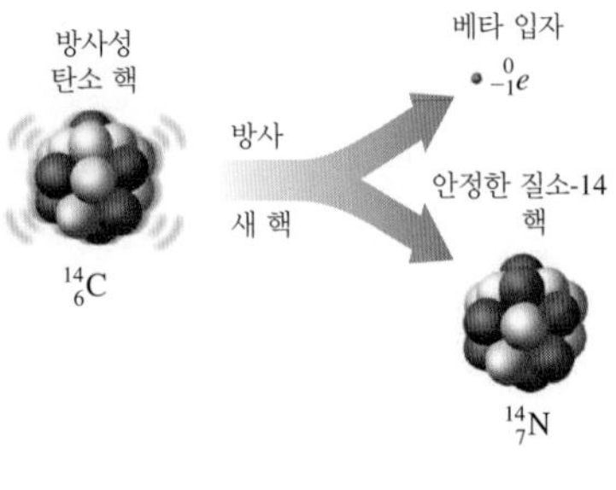

- 완결된 핵 반응식은 반응물과 생성물의 핵에서 일어나는 변화를 나타내는 데 사용한다.
- 새로운 동위원소와 방출하는 방사선 종류는 핵 반응식의 동위원소의 질량수와 원자 번호를 나타내는 기호로부터 결정할 수 있다.
- 비방사성 동위원소가 작은 입자들과 충돌할 때, 방사성 동위원소는 인공적으로 생산된다.

5.3 방사선 측정

학습 목표 방사선의 검출과 측정을 기술한다.

- Geiger 계수기에서 방사선은 관에 들어 있는 기체에 전하 입자를 생성하여 전류가 생성된다.
- 퀴리(Ci)와 베크렐(Bq)은 초당 핵 변환 수인 활성을 측정한다.
- 물질이 흡수하는 방사선의 양은 라드(rad) 또는 그레이(Gy)로 측정된다.
- 렘(rem)과 시버트(Sv)는 다른 종류의 방사선으로 인한 생물학적 손상을 결정하는 데 사용하는 단위이다.

5.4 방사성 동위원소의 반감기

학습 목표 방사성 동위원소의 반감기가 주어지면, 1번 이상의 반감기 후에 남아 있는 방사성 동위원소의 양을 계산한다.

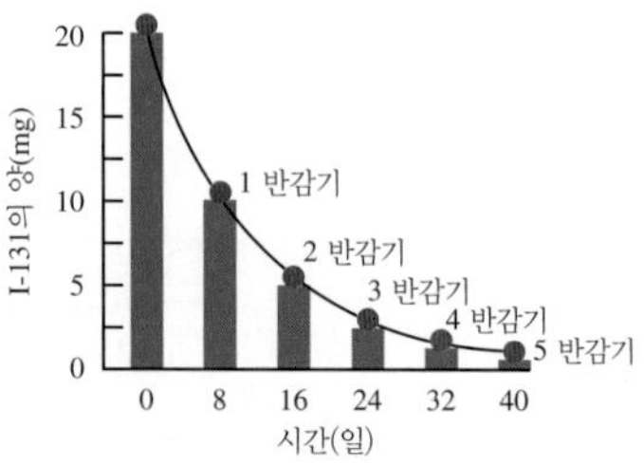

- 모든 방사성 동위원소는 방사선을 방출하는 고유의 속도를 가진다.
- 방사성 시료의 절반이 붕괴하는 데 걸리는 시간을 반감기라 한다.

- Tc-99m 및 I-131과 같은 많은 의학용 방사성 동위원소는 반감기가 짧다.
- C-14, Ra-226, U-238과 같은 다른 천연 동위원소는 반감기가 매우 길다.

5.5 방사성을 이용한 의학 응용

학습 목표 의학에서 방사성 동위원소의 이용을 기술한다.

- 핵의학에서는 신체의 특정 부위로 가는 방사성 동위원소를 환자에게 투여한다.
- 이들이 방출하는 방사선을 검출하여 부상, 질병, 종양의 위치와 정도 또는 특정 기관의 기능 수준에 대한 평가를 할 수 있다.

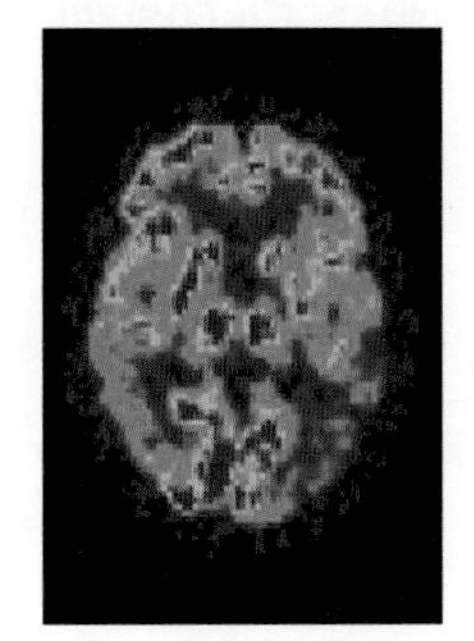

- 종양을 치료하거나 파괴하는 데에는 더 높은 수준의 방사선이 사용된다.

5.6 핵분열과 핵융합

학습 목표 핵분열과 핵융합의 과정을 기술한다.

- 핵분열에서는 큰 핵의 충돌로 더 작은 핵으로 분열되면서 하나 이상의 종류의 방사선과 많은 양의 에너지를 방출한다.

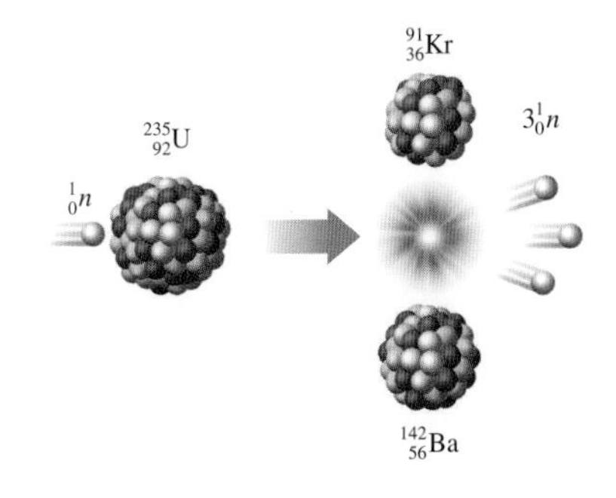

- 핵융합에서는 작은 핵이 결합하여 더 큰 핵을 형성하며 많은 양의 에너지가 방출된다.

주요 용어

알파 입자 헬륨 핵과 동일한 핵입자로, 기호는 α 또는 $^{4}_{2}He$이다.

베크렐(Bq) 초당 1번의 분해와 같은 방사성 시료의 활성 단위

베타 입자 전자와 동일한 입자로, 기호는 $^{0}_{-1}e$ 또는 β이다. 중성자가 양성자와 전자로 변화할 때 핵에서 생성된다.

연쇄 반응 고에너지 중성자가 우라늄-235와 같은 무거운 핵에 충돌함으로써 일단 시작되면 계속되는 분열 반응

퀴리(Ci) 방사성 시료의 활성 단위로 3.7×10^{10} 붕괴/초와 같다.

붕괴 곡선 방사성 원소의 붕괴 도표

동등선량 방사선 종류에 따라 보정한 흡수량으로부터 생물학적 손상의 척도

핵분열 큰 핵이 더 작은 조각으로 분열되며 많은 양의 에너지를 방출하는 과정

핵융합 작은 핵이 결합하여 더 큰 핵을 형성할 때 많은 양의 에너지가 방출되는 반응

감마선 불안정한 핵에 의하여 방출되는 고에너지 방사선으로, 기호는 $^{0}_{0}\gamma$이다.

그레이(Gy) 100라드(rad)와 같은 흡수선량 단위

반감기 방사성 시료의 절반이 붕괴하는 데 걸리는 시간

양전자 양성자가 중성자와 양전자로 변환할 때 생성되는 질량이 없고 양전하를 가진 방사선 입자이다. 기호는 β^{+} 또는 $^{0}_{+1}e$이다.

라드(방사선 흡수선량) 신체가 흡수한 방사선량의 척도

방사선 방사성 원자에 의해 방출되는 에너지 또는 입자들

방사성 붕괴 불안정한 핵이 고에너지 방사선의 방출과 더불어 붕괴되는 과정

방사성 동위원소 원소의 방사성 원자

렘(인체 방사선 동등량) 다양한 종류의 방사선에 의한 생물학적 손상의 척도(rad × 방사선 생물학적 계수)

시버트(Sv) 100렘(rem)과 동일한 생물학적 손상(동등량)의 단위

핵심 화학 기법

각 핵심 화학 기법을 포함하는 장의 절은 각 주제 끝의 괄호 안에 표시하였다.

핵 반응식 쓰기(5.2)

- 핵 반응식은 좌변에 출발 방사성 핵의 원자 기호, 화살표, 우변에 방출한 방사선의 종류와 새로운 핵을 쓴다.
- 화살표 한 변의 질량수 합과 원자 번호 합은 다른 변의 질량수 합과 원자 번호 합과 같아야 한다.
- 알파 입자가 방출될 때, 새 핵의 질량수는 4만큼 감소하고, 원자 번호는 2만큼 감소한다.
- 베타 입자가 방출될 때, 새 핵의 질량수는 변함이 없고, 원자 번호는 1만큼 증가한다.
- 양전자 방출의 경우, 새 핵의 질량수는 변함이 없지만 원자 번호는 1만큼 감소한다.
- 감마선 방출에서 새 핵의 질량수 또는 원자 번호는 변함이 없다.

예: **a.** Po-210의 알파 붕괴에 대한 완결된 핵 반응식을 써라.
b. Co-60의 베타 붕괴에 대한 완결된 핵 반응식을 써라.

해답: **a.** 알파 입자가 방출될 때, 폴로늄의 질량수(210)는 4 감소하고, 원자 번호는 2 감소한 것으로 계산한다.

$$^{210}_{84}Po \longrightarrow ^{206}_{82}? + ^{4}_{2}He$$

납의 원자 번호가 82이므로, 새 핵은 납의 동위원소가 되어야 한다.

$$^{210}_{84}\text{Po} \longrightarrow ^{206}_{82}\text{Pb} + ^{4}_{2}\text{He}$$

b. 베타 입자가 방출될 때, 코발트의 질량수(60)는 변함이 없지만 원자 번호는 1 증가한다.

$$^{60}_{27}\text{Co} \longrightarrow ^{60}_{28}? + ^{0}_{-1}e$$

니켈의 원자 번호가 28이므로 새 핵은 니켈의 동위원소가 되어야 한다.

$$^{60}_{27}\text{Co} \longrightarrow ^{60}_{28}\text{Ni} + ^{0}_{-1}e$$

반감기 이용(5.4)

- 방사성 동위원소의 반감기는 시료의 절반이 붕괴하는 데 걸리는 시간이다.
- 방사성 동위원소의 남아 있는 양은 각 반감기가 경과함에 따라 양 또는 활성을 반으로 나누어 계산한다.

예: Co-60의 반감기는 5.3년이다. 만약 Co-60 초기 시료가 1200 Ci 활성을 가진다면 15.9년 후 활성은 얼마인가?

해답: 반감기 수 = $15.9\cancel{년} \times \dfrac{1 \text{ 반감기}}{5.3\cancel{년}} = 3.0$ 반감기

15.9년에 3번의 반감기가 경과하였다. 따라서 활성은 1200 Ci에서 150 Ci로 감소하였다.

$$1200 \text{ Ci} \xrightarrow{1 \text{ 반감기}} 600 \text{ Ci} \xrightarrow{2 \text{ 반감기}} 300 \text{ Ci} \xrightarrow{3 \text{ 반감기}} 150 \text{ Ci}$$

개념 이해 문제

복습할 장의 절은 각 문제 끝의 괄호 안에 나타내었다.

5.26과 5.27에서 핵은 다음과 같이 표시된 양성자와 중성자로 나타내었다.

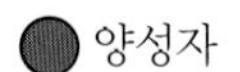 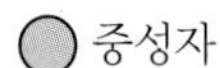

5.26 아래 동위원소가 양전자를 방출할 때 다음을 완성하기 위한 새로운 핵을 그려라. (5.2)

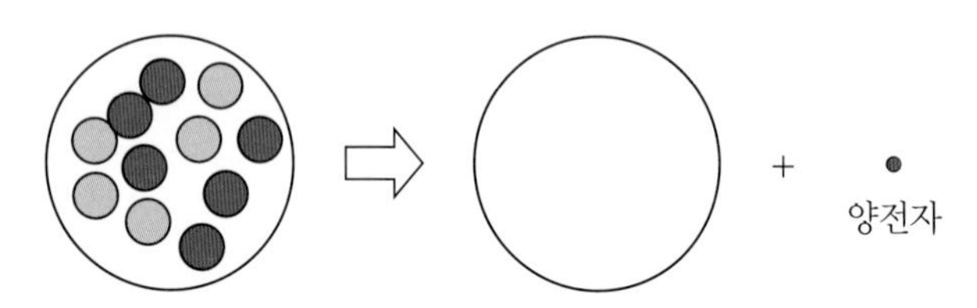

5.27 다음과 같이 충돌하는 동위원소의 핵을 그려라. (5.2)

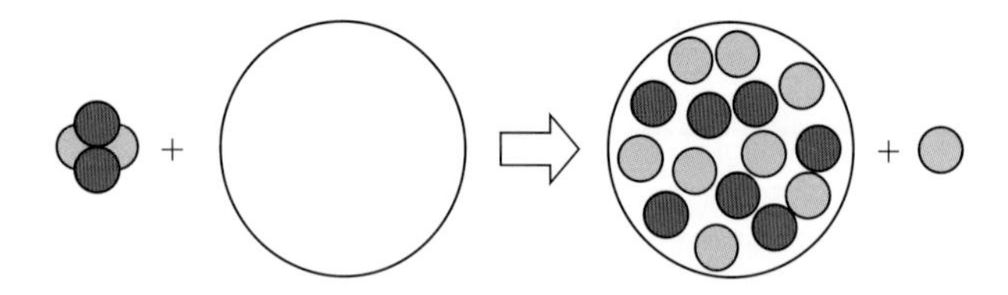

5.28 동굴 그림에 사용된 소량의 식물 염료의 탄소 연대가 그림의 연대를 알아내기 위하여 사용되었다. 전문가는 그림의 탄소-12와 탄소-14의 비율을 비교하여 연대를 추정하였다. 그림은 살아 있는 식물 시료와 비교하여 6.25% 탄소-14를 가지고 있음이 발견되었다. 탄소-14의 반감기가 5730년이라면, 그림의 연대는 얼마인가? (5.4)

탄소 연대 측정 기술은 고대 동굴 그림의 연대를 알아내는 데 사용된다.

추가 연습 문제

5.29 다음의 핵에서 양성자와 중성자 수를 결정하라.

a. 산소-18 **b.** 포타슘-42
c. 질소-15 **d.** 사마륨-153

5.30 다음을 알파 붕괴, 베타 붕괴, 양전자 붕괴 또는 감마 붕괴로 확인하라.

a. $^{131}_{53}\text{I} \longrightarrow ^{131}_{53}\text{I} + ^{0}_{0}\gamma$

b. $^{42}_{19}\text{K} \longrightarrow ^{42}_{20}\text{Ca} + ^{0}_{-1}e$

c. $^{236}_{92}\text{U} \longrightarrow ^{232}_{90}\text{Th} + ^{4}_{2}\text{He}$

5.31 다음에 대하여 완결된 핵 반응식을 써라. (5.1, 5.2)

a. Th-225 (α 붕괴) **b.** Bi-210 (α 붕괴)
c. 세슘-137 (β 붕괴) **d.** 주석-126 (β 붕괴)
e. F-18 (β^+ 방출)

5.32 다음 핵 반응식을 완결하라. (5.2)

a. ${}^{1}_{0}n + {}^{19}_{9}\text{F} \longrightarrow ? + {}^{0}_{+1}e$

b. ${}^{4}_{2}\text{He} + {}^{40}_{19}\text{K} \longrightarrow ? + {}^{1}_{1}\text{H}$

c. ${}^{1}_{0}n + ? \longrightarrow {}^{231}_{89}\text{Ac} + {}^{4}_{2}\text{He}$

d. ${}^{137}_{35}\text{Cs} \longrightarrow ? + {}^{0}_{0}\gamma$

5.33 다음에 대한 완결된 핵 반응식을 써라. (5.2)

a. 2개의 산소-16 원자가 충돌할 때, 생성물 중 하나는 알파 입자이다.

b. 캘리포늄-249가 산소-18과 충돌하면, 새로운 원소 시보귬-263과 4개의 중성자가 생성된다.

c. 라돈-222는 알파 붕괴가 일어난다.

d. 스트론튬-80의 원자는 양전자를 방출한다.

5.34 테크네튬-99m 시료 120 mg이 진단 시험에 사용되었다. 테크네튬-99m의 반감기가 6.0 h이라면, 시험 후 24 h에는 테크네튬-99m 시료 몇 mg이 활성이 있는 채로 남아 있는가? (5.4)

5.35 핵분열과 핵융합의 차이는 무엇인가? (5.6)

5.36 핵융합은 어디에서 자연적으로 발생하는가? (5.6)

의학 응용

5.37 50 kg인 인체에서 K-40의 활성은 110 nCi로 추산되었다. 활성은 베크렐로 얼마인가? (5.3)

5.38 백혈병 치료를 위해 사용한 방사성 인-32 시료의 양이 28.6일에 1.2 mg에서 0.30 mg으로 감소하였다면, 인-32의 반감기는 얼마인가? (5.4)

5.39 뼈 대사를 평가하기 위하여 사용하는 칼슘-47의 반감기는 4.5일이다. (5.2, 5.4)

a. 칼슘-47의 베타 붕괴에 대한 완결된 핵 반응식을 써라.

b. 18일 후에는 16 mg의 칼슘-47 시료 중 몇 mg이 남아 있는가?

c. 4.8 mg의 칼슘-47이 베타 붕괴하여 1.2 mg의 칼슘-47이 되는 데 며칠이 경과하겠는가?

도전 문제

다음 문제들은 이 장의 주제와 연관되어 있다. 그러나 장의 순서를 따르지 않으며, 여러 절의 개념과 기법을 종합할 것을 요구한다. 이러한 문제들은 여러분의 비판적 사고 능력을 향상시키고 다음 시험을 준비하는 것을 도와줄 것이다.

5.40 다음 각 방사성 방출에 대하여 완결된 핵 반응식을 써라. (5.2)

a. Ag-111로부터 알파 입자

b. Mn-55로부터 베타 입자

c. Ca-43로부터 양전자

5.41 우라늄 이후의 모든 원소인 초우라늄 원소는 충돌에 의하여 만들어졌으며 천연 원소가 아니다. 최초의 초우라늄 원소인 넵튜늄 Np는 U-238에 중성자를 충돌시켜 넵튜늄 원자와 베타 입자가 생성됨으로써 만들어졌다. 다음 반응식을 완결하라. (5.2)

$${}^{1}_{0}n + {}^{238}_{92}\text{U} \longrightarrow ? + ?$$

5.42 Tl−201 시료 64 μCi가 12일에 4.0 μCi로 붕괴되었다. Tl−201의 반감기는 며칠인가? (5.3, 5.4)

5.43 칼슘-47의 방사성 붕괴 반감기는 4.5일이다. 만약 27일 후 시료가 1.0 μCi의 활성을 가진다면, 시료의 초기 활성은 μCi로 얼마인가? (5.3, 5.4)

5.44 과학자들은 새로운 합성 원소인 캘리포늄 Cf-246을 U-238에 C-14를 충돌시켜 만들었다. 이 반응에서 Cf-246 이외에 4개의 중성자가 생성되었다. 캘리포늄 합성에 대한 완결된 핵 반응식을 써라. (5.2)

의학 응용

5.45 핵 기사는 종양 가능성 때문에 뇌를 주사하는 동안 우연히 포타슘-42에 노출되었다. 이 실수는 포타슘-42 시료의 활성이 2.0 μCi가 된 36 h 동안 발견되지 않았다. 포타슘-42의 반감기가 12 h라면, 기사가 노출되었을 때의 시료의 활성은 얼마인가? (5.3, 5.4)

연습 문제 해답

5.1 **a.** 알파 입자 **b.** 양전자
c. 감마 방사선

5.2 **a.** ${}^{39}_{19}\text{K}$, ${}^{40}_{19}\text{K}$, ${}^{41}_{19}\text{K}$

b. 이들은 모두 19개의 양성자와 19개의 전자를 가지지만, 중성자 수는 다르다.

5.3 **a.** 질소-13(${}^{13}_{7}\text{N}$) **b.** 플루오린-18(${}^{18}_{9}\text{F}$)
c. 양전자(β^{+}, ${}^{0}_{+1}e$) **d.** 아이오딘-123(${}^{123}_{53}\text{I}$)

5.4 **a.** ${}^{131}_{53}\text{I}$ **b.** ${}^{60}_{27}\text{Co}$
c. ${}^{89}_{38}\text{Sr}$ **d.** ${}^{106}_{44}\text{I}$

5.5

의학 용도	원자 기호	질량수	양성자 수	중성자 수
심장 영상처리	$^{201}_{81}Tl$	201	81	120
방사선 치료	$^{60}_{27}Co$	60	27	33
복부 조사	$^{67}_{31}Ga$	67	31	36
갑상샘 항진증	$^{131}_{53}I$	131	53	78
백혈병 치료	$^{32}_{15}P$	32	15	17

5.6 **a.** 1, 알파 입자 **b.** 3, 감마 방사선
c. 1, 알파 입자

5.7 **a.** $^{238}_{92}U \longrightarrow ^{234}_{90}Th + ^{4}_{2}He$
b. $^{240}_{94}Pu \longrightarrow ^{236}_{92}U + ^{4}_{2}He$
c. $^{60}_{27}Co \longrightarrow ^{56}_{25}Mn + ^{4}_{2}He$
d. $^{226}_{88}Ra \longrightarrow ^{222}_{86}Rn + ^{4}_{2}He$

5.8 **a.** $^{14}_{6}C \longrightarrow ^{14}_{7}N + ^{0}_{-1}e$
b. $^{18}_{9}F \longrightarrow ^{18}_{10}Ne + ^{0}_{-1}e$
c. $^{12}_{5}B \longrightarrow ^{12}_{6}C + ^{0}_{-1}e$
d. $^{137}_{55}Cs \longrightarrow ^{137}_{56}Ba + ^{0}_{-1}e$

5.9 **a.** $^{10}_{6}C \longrightarrow ^{10}_{5}B + ^{0}_{+1}e$
b. $^{18}_{9}F \longrightarrow ^{18}_{8}O + ^{0}_{+1}e$
c. $^{22}_{11}Na \longrightarrow ^{22}_{10}Ne + ^{0}_{+1}e$
d. $^{19}_{10}Ne \longrightarrow ^{19}_{9}F + ^{0}_{+1}e$

5.10 **a.** $^{28}_{14}Si$, 베타 붕괴
b. $^{0}_{0}\gamma$, 감마선 방출
c. $^{0}_{-1}e$, 베타 붕괴
d. $^{238}_{92}U$, 알파 붕괴
e. $^{188}_{79}Au$, 양전자 방출

5.11 **a.** $^{13}_{5}B$ **b.** $^{20}_{8}O$
c. $^{234}_{91}Pa$ **d.** $^{43}_{20}Ca$

5.12 **a.** 2, 흡수선량 **b.** 3, 생물학적 손상
c. 1, 활성 **d.** 2, 흡수선량

5.13 9 rad 방사선량에 노출된 환자

5.14 **a.** 315 mCi **b.** 0.5 Gy

5.15 **a.** 2번의 반감기 **b.** 1번의 반감기
c. 3번의 반감기

5.16 **a.** 40.0 mg **b.** 20.0 mg
c. 10.0 mg **d.** 1.25 mg

5.17 **a.** 130일 **b.** 195일

5.18 **a.** 원소 Ca와 P는 뼈의 부분이므로, Ca와 P의 방사성 동위원소는 신체 골격 구조의 부분이 되며, 그곳에서 이들의 방사선은 뼈 질환을 진단하거나 치료하는 데 이용할 수 있다.
b. 스트론튬(Sr)은 2A(2)족 원소이기 때문에 칼슘(Ca)과 같이 행동한다. 신체는 칼슘을 포함하는 동일한 방법으로 뼈에 방사성 스트론튬을 축적할 것이다. 방사성 스트론튬이 생성하는 방사선은 빠르게 분할하는 세포에 더 많은 손상을 주기 때문에 어린이에게 해롭다.

5.19 셀레늄-75 $1.98 \times 10^5\ \mu Ci$

5.20 **a.** $^{68}_{31}Ga \longrightarrow ^{68}_{30}Mn + ^{0}_{+1}e$ **b.** 16 mcg

5.21 핵분열은 막대한 양의 에너지를 방출하면서 큰 원자가 더 작은 파편으로 분열되는 것이다.

5.22 $2^{1}_{0}n$

5.23 **a.** 핵분열 **b.** 핵융합
c. 핵분열 **d.** 핵융합

5.24 **a.** 2.0×10^{-3} Ci **b.** 2.0 mCi

5.25 9.0일

5.26

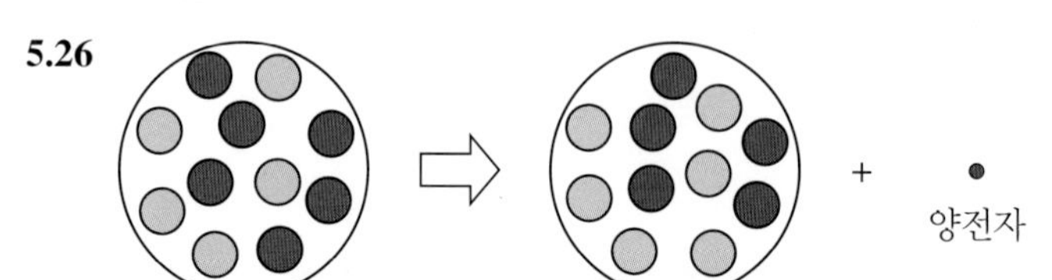

5.27

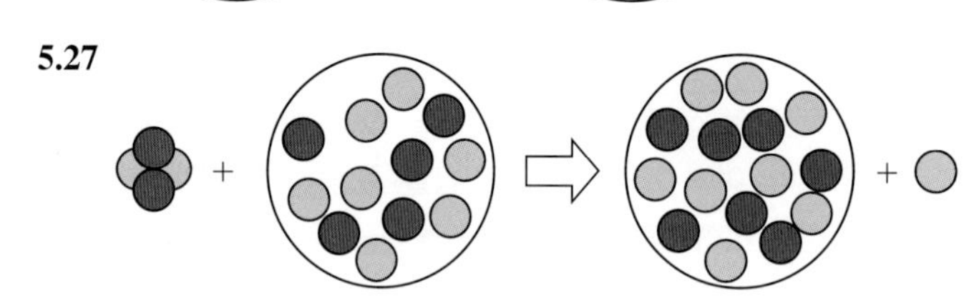

5.28 22 920년

5.29 **a.** 양성자 8개, 중성자 10개
b. 양성자 19개, 중성자 23개
c. 양성자 7개, 중성자 8개
d. 양성자 62개, 중성자 91개

5.30 **a.** 감마 방출 **b.** 베타 붕괴
c. 알파 붕괴

5.31 **a.** $^{225}_{90}Th \longrightarrow ^{221}_{88}Ra + ^{4}_{2}He$
b. $^{210}_{83}Bi \longrightarrow ^{206}_{81}Tl + ^{4}_{2}He$
c. $^{137}_{55}Cs \longrightarrow ^{137}_{56}Ba + ^{0}_{-1}e$
d. $^{126}_{50}Sn \longrightarrow ^{126}_{51}Sb + ^{0}_{-1}e$
e. $^{18}_{9}F \longrightarrow ^{18}_{8}O + ^{0}_{+1}e$

5.32 **a.** $^{20}_{8}O$ **b.** $^{43}_{20}Ca$
c. $^{234}_{91}Pa$ **d.** $^{137}_{55}Cs$

5.33 **a.** $^{16}_{8}O + ^{16}_{8}O \longrightarrow ^{28}_{14}Si + ^{4}_{2}He$
b. $^{18}_{8}O + ^{249}_{98}Cf \longrightarrow ^{263}_{106}Sg + 4^{1}_{0}n$
c. $^{222}_{86}Rn \longrightarrow ^{218}_{84}Po + ^{4}_{2}He$
d. $^{80}_{38}Sr \longrightarrow ^{80}_{37}Rb + ^{0}_{+1}e$

5.34 Tc-99m 7.5 mg

5.35 핵분열 과정에서 원자는 더 작은 핵으로 분리된다. 핵융합에서 작은 핵이 결합(융합)하여 더 큰 핵이 형성된다.

5.36 융합은 태양과 다른 별에서 자연적으로 일어난다.

5.37 4.07×10^3 Bq

5.38 14.3일

5.39 **a.** ${}^{47}_{20}\text{Ca} \longrightarrow {}^{47}_{21}\text{Sc} + {}^{0}_{-1}e$

b. Ca-47 1.0 mg

c. 9.0일

5.40 **a.** ${}^{111}_{47}\text{Ag} \longrightarrow {}^{107}_{45}\text{Rh} + {}^{4}_{2}\text{He}$

b. ${}^{55}_{25}\text{Mn} \longrightarrow {}^{55}_{26}\text{Fe} + {}^{0}_{-1}e$

c. ${}^{43}_{20}\text{Ca} \longrightarrow {}^{43}_{19}\text{K} + {}^{0}_{+1}e$

5.41 ${}^{1}_{0}n + {}^{238}_{92}\text{U} \longrightarrow {}^{239}_{93}\text{Np} + {}^{0}_{-1}e$

5.42 3.0일

5.43 64 μCi

5.44 ${}^{12}_{6}\text{C} + {}^{238}_{92}\text{U} \longrightarrow {}^{246}_{98}\text{Cf} + 4{}^{1}_{0}n$

5.45 16 μCi

6 이온과 분자 화합물

Richard의 의사는 심장 마비나 뇌졸중을 예방하기 위하여 저용량 아스피린(81 mg)을 매일 복용할 것을 권장하였다. Richard는 아스피린 복용에 대해 염려되어, 지역 약국에서 근무하는 약사인 Sarah에게 아스피린의 효능에 대하여 문의하였다. Sarah는 Richard에게 아스피린은 아세틸살리실산이며, 화학식은 $C_9H_8O_4$라고 설명한다. 아스피린은 비금속 수소(H) 및 산소(O)와 결합하는 비금속 탄소(C)를 함유하기 때문에 종종 유기 분자로 언급되는 분자 화합물이다. Sarah는 Richard에게 아스피린은 심하지 않은 통증을 완화시키고, 염증과 열을 낮추며, 혈액 응고를 느리게 하는 데 사용된다고 설명한다. 아스피린은 여러 비스테로이드계 소염제(nonsteroidal anti-inflammatory drug, NSAID) 중 하나로, 통증 신호를 뇌로 전달하고 열이 나게 하는 화학 전달자인 프로스타글란딘(prostaglandin)의 생성을 방해함으로써 통증과 열을 감소시킨다. 아스피린의 일부 잠재적 부작용에는 속쓰림, 배탈, 메스꺼움과 위궤양의 위험성 증가가 있다.

관련 직업 약제 기사

약제 기사(pharmacy technician)는 병원, 약국, 의원과 장기 요양 기관에서 일하며, 의사의 처방에 근거하여 약제의 제조와 배분을 책임지고 있다. 이들은 적절한 약제를 구입하고, 환자의 약제 계산, 측정, 라벨을 기입한다. 약제 기사는 고객과 의료 종사자에게 처방약과 비처방약의 선택, 적절한 복용량, 노인이 주의할 사항, 가능한 부작용과 상호작용에 대하여 조언한다. 이들은 살균 정맥 용액을 제조하는 등 예방주사를 시행하기도 한다. 고객에게 건강, 식사와 가정용 의료 장비에 대하여 조언하며, 또한 보험 청구를 작성하고 환자 신상을 만들고 유지하기도 한다.

의학 최신 정보 약국에서의 화합물

2주 후, Richard는 약국을 다시 방문하였다. Sarah의 추천에 따라 그는 아픈 발가락을 치료하기 위해 사리염(Epsom salt), 속쓰림을 위한 제산제, 그리고 철분 보충제를 구입한다. 225쪽의 **의학 최신 정보 약국에서의 화합물**에서 이들 약제의 화학식을 볼 수 있을 것이다.

차례

6.1 이온: 전자의 이동

학습 목표 전형 원소들의 간단한 이온에 대한 기호를 쓴다.

0족 기체를 제외한 대부분의 원소들은 자연에서 화합물로 결합되어 발견된다. 0족 기체들은 매우 안정하여 극한적인 상황에서만 화합물을 형성한다. 0족 기체의 안정성에 대한 설명 중 하나는 이것들이 채워진 원자가 전자 에너지 준위를 가지고 있다는 것이다.

화합물은 전자가 이동하거나 원자들 사이에 공유되어 안정한 전자 배열이 될 때 형성된다. **이온 결합**(ionic bond)이나 **공유 결합**(covalent bond)을 형성할 때, 원자는 8개의 원자가 전자인 **8 전자**(octet)를 형성하기 위하여 원자가 전자를 잃거나 얻고, 또는 공유한다. 원자들이 안정한 전자 배열을 이루려는 원자의 경향성은 **8 전자 규칙**(octet rule)으로 알려져 있으며, 원자들이 결합하여 화합물을 형성하는 방식을 이해하는 데 핵심이 된다. 몇 개의 원소들은 2개의 원자가 전자로 헬륨의 안정성을 달성한다. 그러나 8 전자 규칙은 전이 원소에서는 사용되지 않는다.

이온 결합은 금속 원자의 원자가 전자들이 비금속 원자로 이동할 때 형성된다. 예를 들어, 소듐 원자는 전자를 잃고, 염소 원자는 전자를 얻어 이온 화합물 NaCl을 형성한다. **공유 결합**은 비금속 원자들이 원자가 전자를 공유할 때 형성된다. 분자 화합물 H_2O와 C_3H_8의 원자들은 전자를 공유하고 있다(표 6.1).

복습
계산에서 양수와 음수의 이용(1.4)
전자 배열 쓰기(4.6)

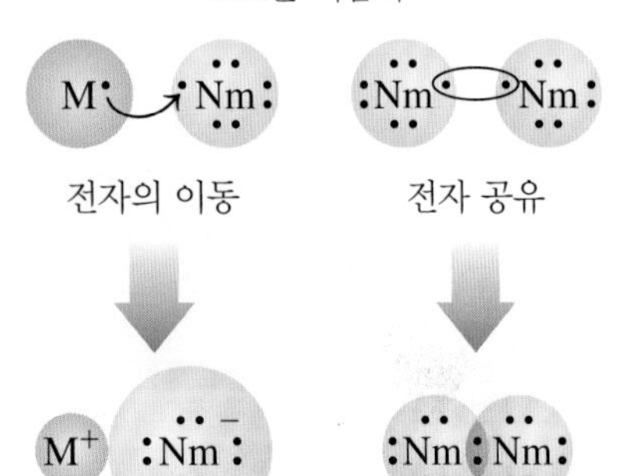

표 6.1 화합물에서 입자의 종류와 결합

종류	이온 화합물	분자 화합물	
입자	이온	분자	
결합	이온	공유	
예	Na^+ Cl^- 이온	H_2O 분자	C_3H_8 분자

양이온: 전자를 잃음

이온 결합에서 전하를 가진 **이온**(ion)은 원자가 안정한 전자 배열을 형성하기 위하여 전자를 잃거나 얻을 때 형성된다. 1A(1), 2A(2), 3A(13)족 금속의 이온화 에너지는 낮기 때문에 금속 원자는 쉽게 원자가 전자를 잃고, 따라서 양전하를 가진 이온을 형성한다. 금속 원자는 가장 가까운 0족 기체(보통 8개의 원자가 전자)와 동일한 전자 배열을 얻는다. 예를 들어, 소듐 원자는 하나의 원자가 전자를 잃으면, 남은 전자는 안정한 배열을 이룬다. 하나의 전자를 잃음으로써 소듐은 11개가 아닌 10개의 음으로 하전된 전자를 가진다. 핵에는 여전히 11개의 양으로 하전된 양성자를 가지고 있으므로, 원자는 더 이상 중성이 아니다. 이것은 1+의 **이온 전하**(ionic charge)라고 하

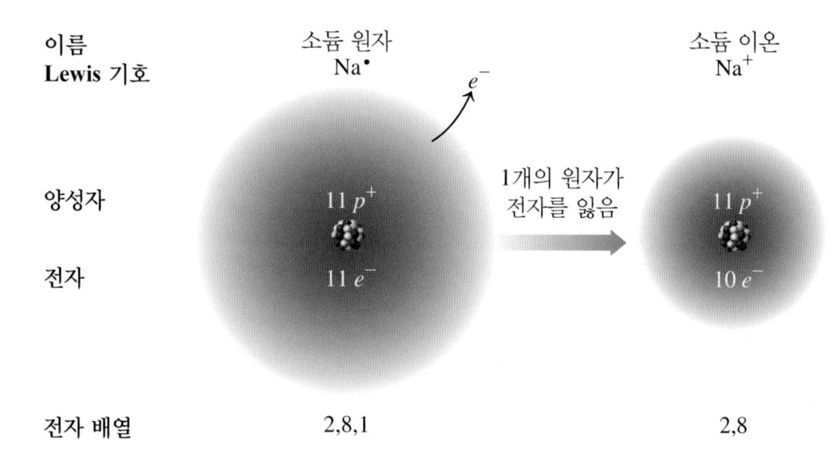

는 양의 전하를 가진 소듐 이온이 된다. 소듐 이온에 대한 Lewis 기호에서 1+의 이온 전하를 오른쪽 상단에 Na^+로 적는데, 여기서 1은 생략한다. 소듐 이온은 세 번째 에너지 준위의 최외각 전자를 잃었기 때문에 소듐 원자보다 작다. 금속의 양으로 하전된 이온을 **양이온**(cation)이라 하며, 원소의 이름을 사용한다.

이온 전하 = 양성자의 전하 + 전자의 전하

1 + = (11+) + (10−)

2A(2)족의 금속인 마그네슘은 2개의 원자가 전자를 잃고, 2+ 이온 전하를 가진 마그네슘 이온인 Mg^{2+}를 형성하여 안정한 전자 배열을 얻는다. 마그네슘 이온은 세 번째 에너지 준위의 최외각 전자가 제거되었기 때문에 마그네슘 원자보다 작다. 마그네슘 이온의 8 전자는 두 번째 에너지 준위를 채우는 전자들로 구성된다.

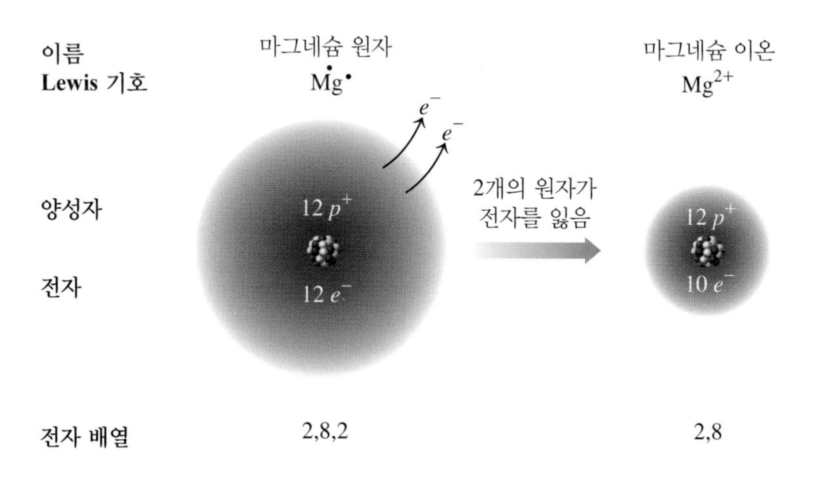

생각해보기

세슘 원자는 55개의 양성자와 55개의 전자를 가지고, 세슘 이온은 55개의 양성자와 54개의 전자를 가진다. 세슘 이온이 1+의 전하를 가지는 이유는 무엇인가?

음이온: 전자를 얻음

5A(15), 6A(16) 또는 7A(17)족의 비금속 원자의 이온화 에너지는 높다. 이온 화합물에서 비금속 원자는 안정한 전자 배열을 얻기 위하여 1개 이상의 원자가 전자를 얻는다. 그리고 전자를 얻음으로써 비금속 원자들은 음으로 하전된 이온을 형성한다. 예를 들어, 7개의 원자가 전자를 가진 염소 원자는 1개의 전자를 얻어 8 전자를 형성한다. 따라서 18개의 전자를 가지며, 핵에는 17개의 양성자가 있기 때문에, 염소 원자는 더 이상 중성이 아니다. 이것은 이온 전하 1−를 가진 **염화 이온**(chloride ion)이고,

핵심 화학 기법

양이온과 음이온 쓰기

생각해보기

Li은 양이온 Li^{+}를 형성하는 반면, Br은 음이온 Br^{-}을 형성하는 이유는 무엇인가?

Cl^{-}로 적으며, 1은 생략한다. **음이온**(anion)이라고 하는 음으로 하전된 이온은 원소 이름의 첫 어간에 -**화**(-ide)를 붙여 명명한다. 이온은 전자가 추가되어 최외각 에너지 준위를 완성하기 때문에 염화 이온은 염소 원자보다 크다.

이온 전하 = 양성자의 전하 + 전자의 전하

1 + = (17+) + (18−)

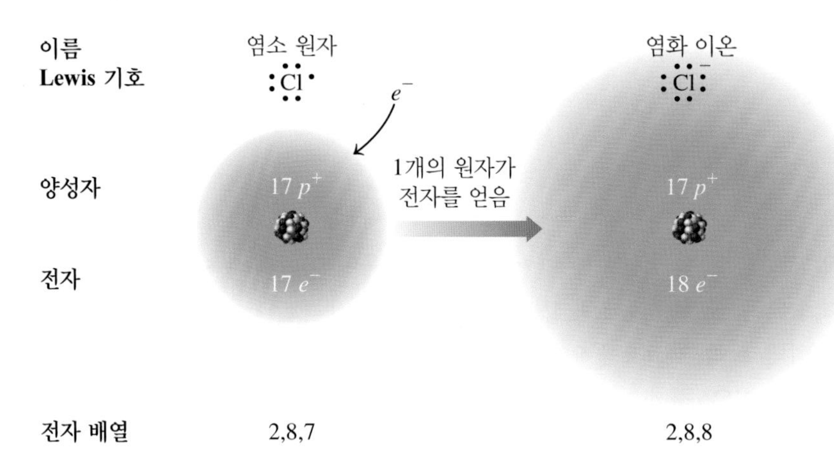

표 6.2는 일부 주요한 금속 이온과 비금속 이온의 이름을 게재한 것이다.

표 6.2 일부 흔한 이온의 화학식과 이름

금속			비금속		
족 번호	양이온	양이온의 이름	족 번호	음이온	음이온의 이름
1A(1)	Li^{+}	리튬	5A(15)	N^{3-}	질화
	Na^{+}	소듐		P^{3-}	인화
	K^{+}	포타슘	6A(16)	O^{2-}	산화
2A(2)	Mg^{2+}	마그네슘		S^{2-}	황화
	Ca^{2+}	칼슘	7A(17)	F^{-}	플루오린화
	Ba^{2+}	바륨		Cl^{-}	염화
3A(3)	Al^{3+}	알루미늄		Br^{-}	브로민화
				I^{-}	아이오딘화

예제 6.1 이온

문제

a. 7개의 양성자와 10개의 전자를 가진 이온의 기호와 이름을 써라.

b. 20개의 양성자와 18개의 전자를 가진 이온의 기호와 이름을 써라.

풀이

a. 7개의 양성자를 가진 원소는 질소이다. 10개의 전자를 가진 질소 이온의 이온 전하는 3−가 될 것이다[(7+) + (10−) = 3−]. N^{3-}로 적는 이온은 **질화**(nitride) 이온이다.

b. 20개의 양성자를 가진 원소는 칼슘이다. 18개의 전자를 가진 칼슘 이온의 이온 전하는 2+가 될 것이다[(20+) + (18−) = 2+]. Ca^{2+}로 적는 이온은 **칼슘(calcium) 이온**이다.

유제 6.1

다음 이온의 양성자와 전자는 몇 개인가?

a. Sr^{2+} **b.** Cl^-

해답

a. 양성자 38개, 전자 36개 **b.** 양성자 17개, 전자 18개

확인하기

연습 문제 6.1에서 6.4까지 풀어보기

족 번호로부터의 이온 전하

이온 화합물에서 전형 원소는 보통 전자를 잃거나 얻어 가장 가까운 0족 기체와 동일한 8개의 원자가 전자(또는 헬륨의 경우 2개)를 얻는다. 전형 원소 이온의 전하를 결정하는 데에는 주기율표의 족 번호를 이용할 수 있다. 1A(1)족의 원소들은 1개의 전자를 잃어 1+ 전하를 가진 이온을 형성하며, 2A(2)족의 원소들은 2개의 전자를 잃어 2+ 전하를 가진 이온을 형성하고, 3A(13)족의 원소들은 3개의 전자를 잃어 3+ 전하를 가진 이온을 형성한다. 이 교재에서는 이온 전하를 결정하기 위하여 전이 원소의 족 번호를 사용하지 않는다.

생각해보기

2A(2)족의 모든 원자가 2+의 전하를 가지는 이유는 무엇인가?

이온 화합물에서 7A(17)족의 원소는 1개의 전자를 얻어 1− 전하를 가진 이온을 형성한다. 그리고 6A(16)족의 원소는 2개의 전자를 얻어 2− 전하를 가진 이온을 형성하고, 5A(15)족의 원소는 3개의 전자를 얻어 3− 전하를 가진 이온을 형성한다.

4A(14)족의 비금속은 전형적으로 이온을 형성하지 않는다. 그러나 4A(14)족에 있는 금속 Sn과 Pb는 전자를 잃어 양이온을 형성한다. 표 6.3은 전형 원소의 흔한 단원자 이온의 이온 전하를 게재하고 있다.

표 6.3 **단원자 이온과 가장 가까이 위치한 0족 기체들의 예**

	금속은 원자가 전자를 잃음			비금속은 원자가 전자를 얻음		
0족 기체	1A (1)	2A (2)	3A (13)	5A (15)	6A (16)	7A (17)
He	Li^+					
Ne	Na^+	Mg^{2+}	Al^{3+}	N^{3-}	O^{2-}	F^-
Ar	K^+	Ca^{2+}		P^{3-}	S^{2-}	Cl^-
Kr	Rb^+	Sr^{2+}			Se^{2-}	Br^-
Xe	Cs^+	Ba^{2+}				I^-

예제 6.2 이온의 기호 쓰기

문제

원소 알루미늄과 산소를 고려하라.

a. 각각을 금속 또는 비금속으로 확인하라.

b. 각각의 원자가 전자의 수를 말하라.

c. 8 전자를 이루기 위하여 각각 잃거나 얻어야 하는 전자의 수를 말하라.

d. 이온 전하를 포함하는 기호를 쓰고, 결과적으로 얻은 이온의 이름을 써라.

풀이

알루미늄	산소
a. 금속	비금속
b. 원자가 전자 3개	원자가 전자 6개
c. e^- 3개 잃음	e^- 2개 얻음
d. Al^{3+}, [(13+)+(10−)=3+], 알루미늄 이온	O^{2-}, [(8+) + (10−) = 2−], 산화 이온

유제 6.2

포타슘과 황에 의하여 형성된 이온의 기호를 써라.

해답

K^+, S^{2-}

확인하기

연습 문제 6.5에서 6.7을 풀어보기

화학과 보건
신체에서 중요한 일부 이온들

체액의 몇 가지 이온은 주요한 생리학적 작용 및 대사 작용을 한다. 그중 일부가 **표 6.4**에 게재되어 있다.

바나나, 우유, 치즈, 감자와 같은 식품은 신체 작용을 조절하는 데 중요한 이온을 신체에 제공한다.

우유, 치즈, 바나나, 시리얼 및 감자는 신체에 이온을 제공한다.

표 6.4 신체의 이온들

이온	존재 영역	기능	원천	부족할 경우의 결과	과다할 경우의 결과
Na^+	세포 밖의 주요 양이온	체액 조절과 통제	소금, 치즈, 피클	저나트륨혈증, 불안, 설사, 순환부전, 체액 감소	고나트륨혈증, 소변량 감소, 갈증, 부종
K^+	세포 밖의 주요 양이온	체액과 세포 기능 조절	바나나, 오렌지 주스, 우유, 자두, 감자	저포타슘혈증, 무기력증, 근육 약화, 신경자극 장애	고포타슘혈증, 과민성, 메스꺼움, 소변량 감소, 심장마비

Ca^{2+}	세포 밖의 양이온; 체내 칼슘의 90%는 뼈에 존재함	뼈의 주요 양이온; 근육 수축에 필요	우유, 요구르트, 치즈, 채소, 시금치	저칼슘혈증, 손끝 저림, 근육 경련, 골다공증	고칼슘혈증, 근육 이완, 신장 결석, 뼈 통증
Mg^{2+}	세포 밖의 양이온; 체내 마그네슘의 50%는 뼈에 존재함	특정 효소, 근육, 신경 조절에 필수	광범위하게 분포(모든 녹색 식물의 엽록소 부분), 견과류, 통밀	방향 감각 상실, 고혈압, 떨림, 서맥	졸음
Cl^-	세포 밖의 주요 음이온	위액, 체액 조절	소금	Na^+와 동일	Na^+와 동일

연습 문제

6.1 이온: 전자의 이동

학습 목표 전형 원소들의 간단한 이온에 대한 기호를 쓴다.

6.1 0족 기체의 전자 배치가 되기 위하여 다음의 원자가 잃어야 하는 전자의 수를 말하라.

a. Na **b.** Mg **c.** Al
d. Sr **e.** K

6.2 다음 원소들이 이온을 형성할 때 잃거나 얻어야 하는 전자의 수를 말하라.

a. Be **b.** Sb **c.** Cl
d. Ba **e.** I

6.3 다음의 양성자 수와 전자 수를 가진 이온의 기호를 써라.

a. 양성자 3개, 전자 3개 **b.** 양성자 17개, 전자 18개
c. 양성자 22개, 전자 18개 **d.** 양성자 44개, 전자 41개

6.4 다음의 양성자 수와 전자 수를 말하라.

a. Cu^{2+} **b.** Se^{2-}
c. Br^- **d.** Fe^{3+}

6.5 다음 이온의 기호를 써라.

a. 브로민 **b.** 리튬
c. 셀레늄 **d.** 인듐

6.6 다음 이온의 이름을 써라.

a. Li^+ **b.** Ca^{2+}
c. Ga^{3+} **d.** P^{3-}

의학 응용

6.7 다음 이온의 양성자 수와 전자 수를 말하라.

a. O^{2-}, 생체 분자와 물을 구축하는 데 사용
b. K^+, 세포에서 가장 압도적인 양이온; 근육 수축, 신경 자극에 필요
c. I^-, 갑상샘 기능에 필요
d. Na^+, 세포외액의 가장 압도적인 양이온

6.2 이온 화합물

학습 목표 전하 균형을 이용하여 이온 화합물의 정확한 화학식을 쓴다.

우리는 소금(NaCl), 베이킹 소다($NaHCO_3$)와 같은 이온 화합물을 매일 사용한다. 위산 과다를 진정시키기 위하여 마그네시아 유제($Mg(OH)_2$) 또는 탄산 칼슘($CaCO_3$)을 복용할 수 있다. 무기질 보충제에는 철이 황산 철(II)($FeSO_4$)의 형태로, 아이오딘은 아이오딘화 포타슘(KI)의 형태로, 망가니즈는 황산 망가니즈(II)($MnSO_4$)의 형태로 존재할 수 있다. 일부 자외선 차단제는 산화 아연(ZnO)을 함유하고 있으며, 치약의 플루오린화 주석(II)(SnF_2)은 치아 충치를 예방하는 데 도움이 되는 플루오린화 이온을 제공하는 이온 화합물이다. 보석 원석은 자르고 광을 내서 보석을 만드는 이온 화합물이다. 예를 들어, 사파이어와 루비는 산화 알루미늄(Al_2O_3)이다. 크로뮴 이온 불순물은 루비를 붉게, 철과 타이타늄 이온은 사파이어를 푸르게 만든다.

루비와 사파이어는 이온 화합물인 산화 알루미늄이며, 루비에는 크로뮴 이온, 사파이어에는 타이타늄과 철 이온이 있다.

이온 화합물의 성질

이온 화합물(ionic compound)은 1개 이상의 전자가 금속에서 비금속으로 이동하여 양이온과 음이온을 형성한다. 이들 이온 사이의 인력을 **이온 결합**(ionic bond)이라 한다.

NaCl과 같은 이온 화합물의 물리적, 화학적 성질은 원래 원소들과는 매우 다르다. 예를 들어, NaCl의 원래 원소는 무르고 빛나는 금속인 소듐과 녹황색 유독 기체인 염소이다. 그러나 이들이 반응하면 양이온과 음이온을 형성하여 우리 식생활에 중요한 단단하고 하얀 결정성 물질인 평범한 식탁염, NaCl을 생성한다.

NaCl 결정에서 보다 큰 Cl^- 이온은 3차원적 구조로 배열되고, 보다 작은 Na^+ 이온은 Cl^- 이온 사이의 공간을 채운다(그림 6.1). 이 결정에서 모든 Na^+ 이온은 6개의 Cl^- 이온들로 둘러싸여 있고, 모든 Cl^- 이온은 6개의 Na^+ 이온으로 둘러싸여 있다. 따라서 양이온과 음이온 사이에는 많은 강한 인력이 존재하며, 이는 이온 화합물의 높은 녹는점을 설명한다. 예를 들어, NaCl의 녹는점은 801°C이다. 실온에서 이온 화합물은 고체이다.

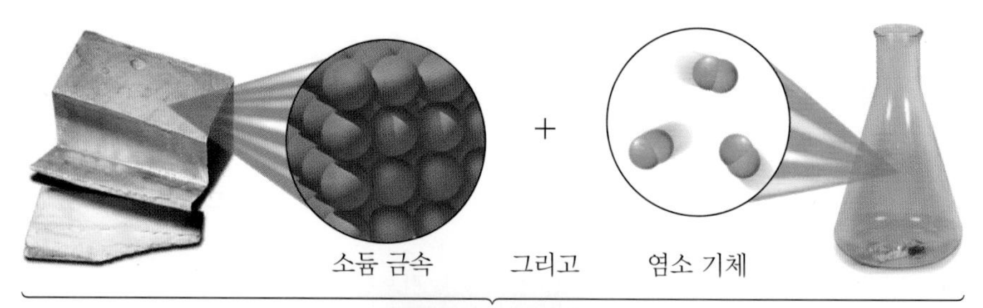

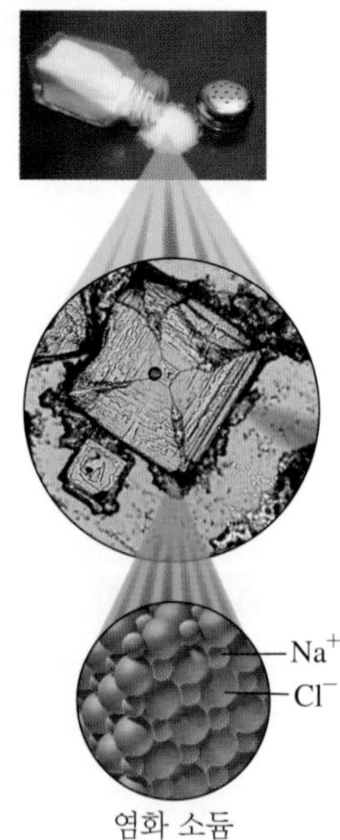

그림 6.1 소듐 원소와 염소 원소가 반응하여 식탁염을 구성하는 이온 화합물인 염화 소듐을 형성한다. NaCl 결정을 확대하면 Na^+ 이온과 Cl^- 이온의 배열을 보여준다.

Q NaCl에서 Na^+ 이온과 Cl^- 이온 사이의 결합 유형은 무엇인가?

이온 화합물의 화학식

화합물의 **화학식**(chemical formula)은 기호와 아래 첨자로 원자 또는 이온의 가장 작은 정수비를 나타낸다. 이온 화합물의 화학식에서, 화학식의 이온 전하의 합은 항상 0이다. **따라서 양전하의 총량은 음전하의 총량과 같다**. 예를 들어, 안정한 전자 배열을 이루기 위하여 하나의 Na 원자(금속)는 원자가 전자 1개를 잃어 Na^+를 형성하고, 하나의 Cl 원자(비금속)는 전자 1개를 얻어 Cl^- 이온을 형성한다. 화학식 NaCl은 하나의 염화 이온, Cl^-에 대하여 하나의 소듐 이온, Na^+가 있기 때문에 화합물이 전하 균형을 이루고 있음을 의미한다. 비록 이온은 양 또는 음으로 하전되어 있지만, 화합물의 화학식에는 표시되지 않는다.

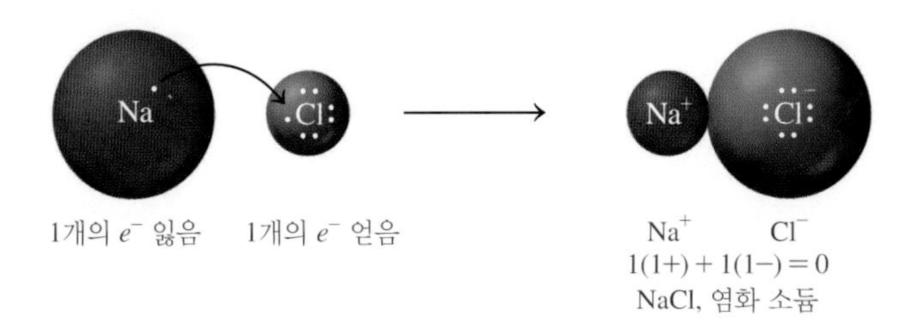

화학식의 아래 첨자

마그네슘과 염소의 화합물을 고려해보자. 안정한 전자 배열을 이루기 위하여, 하나의 Mg 원자(금속)는 2개의 원자가 전자를 잃어 Mg^{2+}를 형성한다. 2개의 Cl 원자(비금속)는 각각 1개의 전자를 얻어 2개의 Cl^- 이온을 형성한다. Mg^{2+}의 양전하와 균형을 이루기 위해서는 2개의 Cl^- 이온이 필요하다. 이것은 화학식 $MgCl_2$인 염화 마그네슘을 만들어내며, 아래 첨자 2는 전하 균형을 위해 2개의 Cl^-가 필요함을 보여준다.

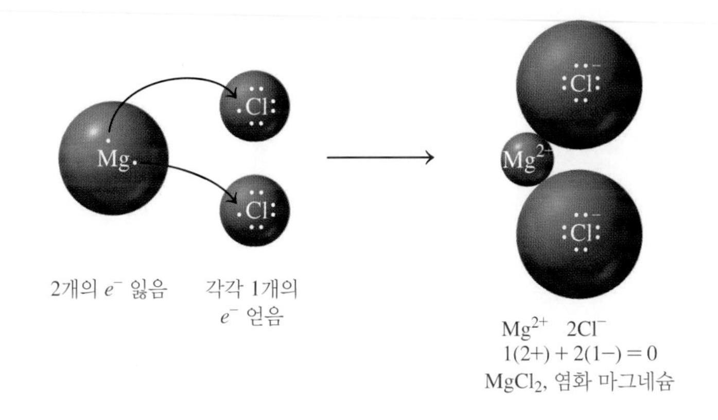

이온 전하로부터 이온 화학식 쓰기

이온 화합물 화학식의 아래 첨자는 전체 전하가 0이 되는 양이온과 음이온의 수를 나타낸다. 따라서 양이온과 음이온의 이온 전하로부터 화학식을 직접 작성할 수 있다. Na^+와 S^{2-} 이온을 가진 이온 화합물의 화학식을 작성한다고 가정해보자. S^{2-} 이온의 이온 전하의 균형을 맞추기 위해서는 화학식에 2개의 Na^+ 이온이 필요할 것이다. 이것은 화학식 Na_2S이 되며, 전체 전하는 0이다. 이온 화합물의 화학식은 양이온을 먼저 쓰고 그 뒤에 음이온을 쓴다. 그리고 각 이온의 수를 나타내기 위하여 적절한 아래 첨자가 사용된다. 이 화학식은 이온 화합물에서 이온의 가장 작은 비를 나타낸다. 이온 화합물은 분자로 존재하지 않기 때문에, 이러한 이온의 가장 작은 비를 **화학식 단위**(formula unit)라 부른다.

핵심 화학 기법

이온 화학식 쓰기

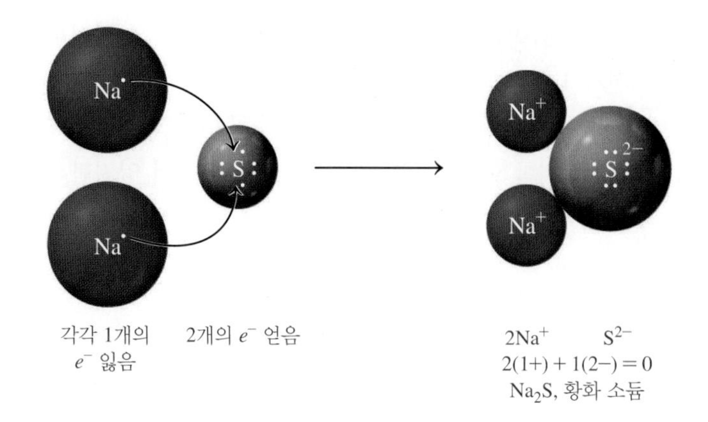

생각해보기

이온 화학식을 쓰기 위하여 이온의 전하를 어떻게 사용하는가?

예제 6.3 이온 전하로부터 화학식 쓰기

문제

리튬과 질소가 반응할 때, 이온의 기호와 생성된 이온 화합물의 정확한 화학식을 써라.

풀이

1A(1)족 금속인 리튬은 Li^+를 형성하고, 5A(15)족 비금속인 질소는 N^{3-}를 형성한다. 전하 3-는 3개의 Li^+ 이온으로 균형을 맞춘다.

$$3(1+) + 1(3-) = 0$$

양이온을 먼저 쓰고 음이온을 그 뒤에 쓰면 화학식 Li_3N이 된다.

유제 6.3

칼슘과 산소가 반응할 때, 이온의 기호와 생성된 이온 화합물의 정확한 화학식을 써라.

해답

Ca^{2+}, O^{2-}, CaO

확인하기

연습 문제 6.8에서 6.10을 풀어보기

연습 문제

6.2 이온 화합물

학습 목표 전하 균형을 이용하여 이온 화합물의 정확한 화학식을 쓴다.

6.8 다음의 두 원소 중 이온 화합물을 형성할 가능성이 높은 것은 무엇인가?

a. 소듐과 염소 **b.** 질소와 플루오린
c. 리튬과 산소 **d.** 바륨과 소듐
e. 인과 황 **f.** 포타슘과 브로민

6.9 다음 두 이온들 사이에서 생성될 화합물의 올바른 이온 화학식을 써라.

a. Li^+와 O^{2-} **b.** Ca^{2+}와 Cl^- **c.** Be^{2+}와 F^-
d. B^{3+}와 N^{3-} **e.** Al^{3+}와 F^-

6.10 다음에 의하여 형성될 이온 화합물의 올바른 화학식과 이온의 기호를 써라.

a. 포타슘과 황 **b.** 마그네슘과 염소
c. 알루미늄과 염소 **d.** 소듐과 산소

6.3 이온식의 명명과 쓰기

학습 목표 이온 화합물의 화학식이 주어지면, 정확한 이름을 쓴다. 이온 화합물의 이름이 주어지면, 정확한 화학식을 쓴다.

복습

방정식 풀기(1.4)

2개의 원소로 구성된 이온 화합물의 이름에서 먼저 적는 비금속 이온의 이름은 원소 이름의 첫 어간에 **'-화'**를 붙이고, 그 뒤에 쓰는 금속 이온의 이름은 원소의 이름과 같다(영문명에서는 양이온의 이름을 먼저 적고, 비금속 이온 이름의 어간 뒤에 -ide를 붙여 나타낸다). 이온 화합물의 이름은 양이온의 이름과 음이온의 이름 사이에 한 칸을 띄어 쓰며, 아래 첨자는 사용하지 않는다. 화합물에서 이온 사이의 전하 균형 때문에 이것은 생략된다(표 6.5).

핵심 화학 기법

이온 화합물 명명

표 6.5 **일부 이온 화합물의 이름**

화합물	금속 이온	비금속 이온	이름
KI	K^+ 포타슘	I^- 아이오딘화	아이오딘화 포타슘
$MgBr_2$	Mg^{2+} 마그네슘	Br^- 브로민화	브로민화 마그네슘
Al_2O_3	Al^{3+} 알루미늄	O^{2-} 산화	산화 알루미늄

아이오딘화 소금은 아이오딘 결핍을 방지하기 위하여 KI를 함유하고 있다.

예제 6.4 이온 화합물의 명명

문제

이온 화합물 Mg_3N_2의 이름을 써라.

풀이 지침

문제 분석	주어진 조건	필요한 사항	연계
	Mg_3N_2	이름	양이온, 음이온

1단계 양이온과 음이온을 확인하라. 양이온은 Mg^{2+}이고, 음이온은 N^{3-}이다.

2단계 양이온은 원소의 이름으로 명명한다. 양이온 Mg^{2+}는 마그네슘이다.

3단계 음이온은 원소의 첫 어간 뒤에 '-화'를 붙여 명명한다. 음이온 N^{3-}는 질화이다.

4단계 음이온의 이름을 먼저 쓰고, 그 뒤에 양이온의 이름을 쓴다. 질화 마그네슘

유제 6.4

화합물 Ga_2S_3을 명명하라.

해답

황화 갈륨

확인하기

연습 문제 6.11을 풀어보기

가변 전하를 가지는 금속

전형 원소 이온의 전하는 족 번호에서 얻을 수 있음을 보았다. 그러나 전이 원소는 일반적으로 2개 이상의 양이온을 형성하기 때문에 이들의 전하를 결정할 수 없다. 전이 원소도 전자를 잃지만, 이들은 가장 높은 에너지 준위에서, 때로는 보다 낮은 에너지 준위에서도 전자를 잃는다. 이러한 경향은 Pb, Sn, Bi와 같은 4A(14)족과 5A(15)족 전형 원소의 금속에서도 마찬가지이다.

일부 이온 화합물에서 철은 Fe^{2+} 형태이지만, 다른 화합물에서는 Fe^{3+} 형태일 때도 있다. 또한 구리도 두 가지 다른 이온, Cu^{+}와 Cu^{2+}를 형성한다. 금속이 2개 이상의 다른 종류의 이온을 형성할 수 있을 때, 이들은 **가변 전하**(variable charge)를 가진다. 그러면 족 번호로부터 이온 전하를 예측할 수 없다.

2개 이상의 이온을 형성하는 금속에 대하여, 명명법은 특정 양이온을 확인하기 위하여 사용한다. 이를 위해 금속의 이름 바로 뒤에 이온 전하와 동일한 로마 숫자를 괄호 안에 넣는다. 예를 들어, Fe^{2+}는 철(II)이고, Fe^{3+}는 철(III)이다. 표 6.6은 2개 이상의 이온을 생성하는 일부 금속 이온을 게재한 것이다.

생각해보기

대부분 전이 원소의 양이온 이름 뒤에 로마 숫자를 넣는 이유는 무엇인가?

표 6.6 **2개 이상의 양이온을 형성하는 일부 금속**

원소	가능한 이온	이온의 이름
비스무트	Bi^{3+}	비스무트(III)
	Bi^{5+}	비스무트(V)
크로뮴	Cr^{2+}	크로뮴(II)
	Cr^{3+}	크로뮴(III)
코발트	Co^{2+}	코발트(II)
	Co^{3+}	코발트(III)
구리	Cu^{+}	구리(I)
	Cu^{2+}	구리(II)
금	Au^{+}	금(I)
	Au^{3+}	금(III)
철	Fe^{2+}	철(II)
	Fe^{3+}	철(III)
납	Pb^{2+}	납(II)
	Pb^{4+}	납(IV)
망가니즈	Mn^{2+}	망가니즈(II)
	Mn^{3+}	망가니즈(III)
수은	Hg_2^{2+}	수은(I)*
	Hg^{2+}	수은(II)
니켈	Ni^{2+}	니켈(II)
	Ni^{3+}	니켈(III)
주석	Sn^{2+}	주석(II)
	Sn^{4+}	주석(IV)

* 수은(I) 이온은 2+ 전하를 가진 이온 쌍을 형성한다.

전이 원소들은 아연(Zn^{2+}), 카드뮴(Cd^{2+}), 은(Ag^{+})과 같이 오직 하나의 이온을 형성하는 것을 제외하고는 2개 이상의 양이온을 형성한다. 따라서 아연, 카드뮴, 은은 이온 화합물에서 양이온을 명명할 때, 로마 숫자를 사용하지 않는다. 4A(14)족과 5A(15)족 금속도 2개 이상의 양이온을 형성한다. 예를 들어, 4A(14)족의 납과 주석은 2+와 4+ 전하를 가진 양이온을 형성하고, 5A(15)족의 비스무트는 3+와 5+의 전하를 가진 양이온을 형성한다.

가변 전하의 결정

이온 화합물을 명명하고자 할 때는 금속이 전형 원소인지, 전이 원소인지를 결정할 필요가 있다. 만약 아연, 카드뮴, 또는 은을 제외한 전이 원소라면, 이름의 일부로 이온 전하를 로마 숫자로 표기할 필요가 있다. 이온 전하의 계산은 화학식에서 음이온의 음전하에 달려 있다. 예를 들어, 이온 화합물 $CuCl_2$에서 구리 양이온의 전하를 결정하기 위하여 전하 균형을 이용한다. 각각 1− 전하를 가진 2개의 염화 이온이 있기 때문에 총 음전하는 2−이다. 이 2− 전하에 대한 균형을 맞추기 위하여, 구리 이온은 2+의 전하 또는 Cu^{2+}를 가져야 한다.

$$\mathbf{CuCl_2}$$

$$\begin{array}{lll} Cu^{?} & Cl^{-} & \\ & Cl^{-} & \\ \hline 1(?) + 2(1-) & = & 0 \\ ? & = & 2+ \end{array}$$

구리 이온 Cu^{2+}의 2+ 전하를 표시하기 위하여, 화합물을 명명할 때 염화 구리(II)와 같이 구리 바로 뒤에 로마 숫자(II)를 놓는다. 일부 이온과 주기율표상의 위치는 그림 6.2에서 볼 수 있다.

표 6.7은 전이 원소와 4A(14)족 및 5A(15)족의 금속들이 2개 이상의 양이온을 가진 일부 이온 화합물의 이름을 게재하고 있다.

1족 1A	2족 2A	3 3B	4 4B	5 5B	6 6B	7 7B	8 8B	9 8B	10 8B	11 1B	12 2B	13족 3A	14족 4A	15족 5A	16족 6A	17족 7A	18족 8A
H^+																	
Li^+														N^{3-}	O^{2-}	F^-	
Na^+	Mg^{2+}											Al^{3+}		P^{3-}	S^{2-}	Cl^-	
K^+	Ca^{2+}				Cr^{2+} Cr^{3+}	Mn^{2+} Mn^{3+}	Fe^{2+} Fe^{3+}	Co^{2+} Co^{3+}	Ni^{2+} Ni^{3+}	Cu^+ Cu^{2+}	Zn^{2+}					Br^-	
Rb^+	Sr^{2+}									Ag^+	Cd^{2+}		Sn^{2+} Sn^{4+}			I^-	
Cs^+	Ba^{2+}									Au^+ Au^{3+}	Hg_2^{2+} Hg^{2+}		Pb^{2+} Pb^{4+}	Bi^{3+} Bi^{5+}			

금속 준금속 비금속

그림 6.2 이온 화합물에서 금속은 양이온을, 비금속은 음이온을 형성한다.

Q 이온 화합물에서 칼슘, 구리, 산소의 전형적인 이온은 무엇인가?

표 6.7 2개 화합물을 형성하는 금속의 일부 이온 화합물

화합물	계통명
$FeCl_2$	염화 철(II)
Fe_2O_3	산화 철(III)
Cu_3P	인화 구리(I)
$CrBr_2$	브로민화 크로뮴(II)
$SnCl_2$	염화 주석(II)
PbS_2	황화 납(IV)
BiF_3	플루오린화 비스무트(III)

배의 바닥에 Cu_2O가 함유된 페인트를 칠하여 따개비가 성장하는 것을 방지할 수 있다.

예제 6.5 가변 전하 금속 이온을 가진 이온 화합물의 명명

문제

오염 방지 페인트에는 배의 바닥에 따개비와 해조류가 성장하는 것을 방해하는 Cu_2O가 함유되어 있다. Cu_2O의 이름은 무엇인가?

풀이 지침

	주어진 조건	필요한 사항	연계
문제 분석	Cu_2O	이름	양이온, 음이온, 전하 균형

1단계 음이온으로부터 양이온의 전하를 결정하라.

	금속	비금속
원소	구리(Cu)	산소(O)
족	전이 원소	6A(16)
이온	$Cu^?$	O^{2-}
전하 균형	$2Cu^? +$	$2- = 0$
	$\frac{\cancel{2}Cu^?}{\cancel{2}} = \frac{\cancel{2}+}{\cancel{2}} = 1+$	
이온	Cu^+	O^{2-}

2단계 원소 이름과 전하를 나타내는 괄호 안 로마 숫자로 양이온을 명명하라. 구리(I)

3단계 원소의 첫 어간과 '-화'를 붙여 음이온을 명명하라. 산화

4단계 **음이온을 먼저 쓰고 양이온을 그 뒤에 써라.** 산화 구리(I)

유제 6.5

화학식 Mn_2S_3을 가진 화합물의 이름을 써라.

해답

황화 망가니즈(III)

확인하기

연습 문제 6.12에서 6.14까지 풀어보기

이온 화합물의 이름으로부터 화학식 쓰기

이온 화합물의 화학식은 전하를 포함한 금속 이온을 기술하는 이름의 두 번째 부분과 비금속 이온을 특정하는 첫 번째 부분으로부터 작성된다. 필요하면 전하 균형을 맞추기 위하여 아래 첨자를 추가한다. 이온 화합물의 이름에서 화학식을 작성하는 단계는 예제 6.6에서 보여주고 있다.

예제 6.6 **이온 화합물의 화학식 쓰기**

문제

염화 철(III)의 정확한 화학식을 써라.

풀이 지침

	주어진 조건	필요한 사항	연계
문제 분석	염화 철(III)	화학식	양이온, 음이온, 전하 균형

1단계 **양이온과 음이온을 확인하라.**

이온의 종류	양이온	음이온
이름	철(III)	염화
족	전이 원소	7A(17)
이온 기호	Fe^{3+}	Cl^-

녹색 안료 산화 크로뮴은 산화 크로뮴(III)을 함유한다.

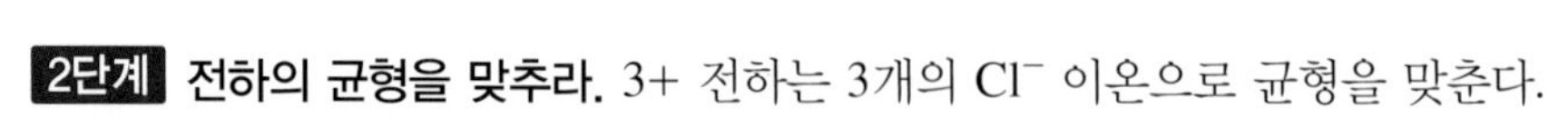

2단계 **전하의 균형을 맞추라.** 3+ 전하는 3개의 Cl^- 이온으로 균형을 맞춘다.

$$\mathbf{1}(3+) + \mathbf{3}(1-) = 0$$

3단계 **양이온을 먼저 쓰고 전하 균형으로부터 아래 첨자를 이용하여 화학식을 써라.**

$FeCl_3$

유제 6.6

녹색의 산화 크로뮴 안료에 사용되는 산화 크로뮴(III)의 정확한 화학식을 써라.

해답

Cr_2O_3

확인하기

연습 문제 6.15에서 6.17까지 풀어보기

연습 문제

6.3 이온식의 명명과 쓰기

학습 목표 이온 화합물의 화학식이 주어지면, 정확한 이름을 쓴다. 이온 화합물의 이름이 주어지면, 정확한 화학식을 쓴다.

6.11 다음 이온 화합물의 이름을 써라.
a. K_2O **b.** $BeCl_2$ **c.** $AlBr_3$
d. CsCl **e.** CaO **f.** Ca_3P_2

6.12 다음 이온의 이름을 써라(필요할 경우, 로마 숫자를 포함하라).
a. Fe^{3+} **b.** Ti^{2+} **c.** Co^{3+}
d. Mn^{2+} **e.** Hg^{2+} **f.** Cu^{2+}

6.13 다음 이온 화합물의 이름을 써라.
a. Fe_2O_3 **b.** FeO **c.** Cu_2S
d. CuS **e.** $CdBr_2$ **f.** $PdBr_2$

6.14 다음 이온 화합물에서 양이온의 기호를 써라.
a. AgCl **b.** HgI_2
c. MnO **d.** $ZnCl_2$

6.15 다음 이온 화합물의 화학식을 써라.
a. 염화 마그네슘 **b.** 황화 소듐
c. 산화 구리(I) **d.** 인화 아연
e. 질화 금(III) **f.** 플루오린화 코발트(III)

6.16 다음 이온 화합물의 화학식을 써라.
a. 염화 코발트(III) **b.** 산화 납(IV)
c. 아이오딘화 은 **d.** 질화 칼슘
e. 인화 구리(I) **f.** 염화 크로뮴(II)

의학 응용

6.17 다음 화합물은 신체에 소량으로 필요한 이온을 포함하고 있다. 각각의 화학식을 써라.
a. 인화 포타슘 **b.** 염화 구리(II)
c. 브로민화 철(III) **d.**산화 마그네슘

6.4 다원자 이온

학습 목표 다원자 이온을 포함하는 이온 화합물의 이름과 화학식을 쓴다.

이온 화합물은 양이온이나 음이온 중 하나로 **다원자 이온**을 가질 수 있다. **다원자 이온**(polyatomic ion)은 전체 이온 전하를 가지는 공유 결합된 원자의 집단이다. 대부분의 다원자 이온은 산소 원자와 공유 결합된 인, 황, 탄소 또는 질소와 같은 비금속으로 구성되어 있다.

거의 모든 다원자 이온은 전하가 1−, 2− 또는 3−인 음이온이다. 오직 하나의 흔한 다원자 이온인 NH_4^+만 양전하를 가진다. 흔한 다원자 이온의 일부 모형은 그림 6.3에서 볼 수 있다.

다원자 이온의 이름

산(-ate)으로 끝나는 가장 흔한 다원자 이온의 이름은 표 6.8에 굵은 글씨로 표시되어 있다. 관련된 이온에서 O 원자가 하나 적으면 **아-산**(-ite)으로 나타낸다. 동일한 비금속에서 **산** 이온과 **아-산** 이온은 같은 전하를 가진다. 예를 들어, 황산 이온은 SO_4^{2-}이고, 산소 원자가 1개 적은 아황산 이온은 SO_3^{2-}이다.

화학식	전하	이름
SO_4^{2-}	2−	**황산**
SO_3^{2-}	2−	**아황산**

인산과 아인산 이온은 각각 3− 전하를 가진다.

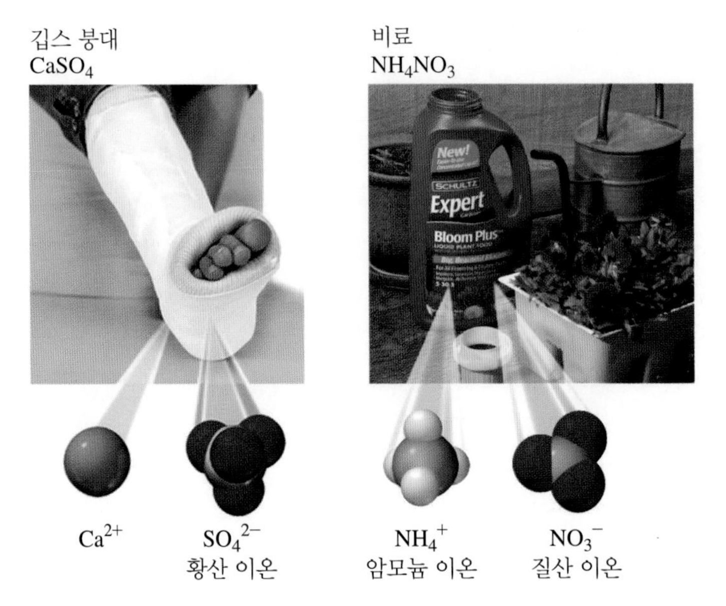

그림 6.3 많은 제품에는 이온 전하를 가지는 원자의 집단인 다원자 이온이 포함되어 있다.
Q 황산 이온의 전하는 얼마인가?

화학식	전하	이름
PO_4^{3-}	3−	인**산**
PO_3^{3-}	3−	**아**인**산**

탄산수소 또는 **중탄산**(bicarbonate)의 화학식은 탄산(CO_3^{2-})의 다원자 이온 화학식 앞에 수소를 놓고, 전하는 2−에서 1−로 감소하여 HCO_3^-가 된다.

화학식	전하	이름
CO_3^{2-}	2−	탄**산**
HCO_3^-	1−	탄**산**수소

할로젠은 산소와 4개의 다른 다원자 이온을 형성한다. 산 이온보다 O가 1개 많을 경우에는 접두사 **과-**(per-)가 사용되고, **아-산**보다 O가 1개 적은 경우에는 접두사 **하이포아-**(hypo-)가 사용된다.

화학식	전하	이름
ClO_4^-	1−	**과**염소**산**
ClO_3^-	1−	염소**산**
ClO_2^-	1−	**아**염소**산**
ClO^-	1−	**하이포아**염소**산**

이러한 접두사와 접미사는 화합물의 이름에서 다원자 이온을 확인하는 데 도움을 준다. 수산화 이온(OH^-)과 사이안화 이온(CN^-)은 이러한 명명 패턴에서 예외이다.

다원자 이온을 포함하는 화합물의 화학식 쓰기

자체로 존재하는 다원자 이온은 없다. 다른 이온과 마찬가지로 다원자 이온은 반대 전하의 이온과 결합되어야만 한다. 다원자 이온과 다른 이온 사이의 결합은 일종의

표 6.8 일부 흔한 다원자 이온의 이름과 화학식

비금속	이온의 화학식*	이온의 이름
수소	OH^-	수산화
질소	NH_4^+	암모늄
	NO_3^-	**질산**
	NO_2^-	아질산
염소	ClO_4^-	과염소산
	ClO_3^-	**염소산**
	ClO_2^-	아염소산
	ClO^-	하이포아염소산
탄소	**CO_3^{2-}**	**탄산**
	HCO_3^-	탄산수소
	CN^-	사이안화
	$C_2H_3O_2^-$	아세트산
황	**SO_4^{2-}**	**황산**
	HSO_4^-	황산수소(또는 중황산)
	SO_3^{2-}	아황산
	HSO_3^-	아황산수소(또는 중아황산)
인	**PO_4^{3-}**	**인산**
	HPO_4^{2-}	인산수소
	$H_2PO_4^-$	인산이수소
	PO_3^{3-}	아인산

* 굵은 글씨의 화학식과 이름은 해당 원소의 가장 흔한 다원자 이온임을 의미한다.

확인하기

연습 문제 6.18에서 6.19를 풀어보기

전기적 인력이다. 예를 들어, 아염소산 소듐 화합물은 이온 결합으로 결합된 소듐 이온(Na^+)과 아염소산 이온(ClO_2^-)으로 구성된다.

다원자 이온을 포함한 화합물의 정확한 화학식을 쓰기 위해서는 단순한 이온 화합물의 화학식을 쓸 때 사용하였던 전하 균형과 동일한 규칙을 따른다. 음전하와 양전하의 총합은 0이 되어야 한다. 예를 들어, 소듐 이온과 아염소산 이온을 포함하는 화합물의 화학식을 고려해보자. 이온은 다음과 같이 쓴다.

Na^+	ClO_2^-	
소듐 이온	아염소산 이온	
(1+) +	(1−)	= 0

각 이온 하나는 전하의 균형이 맞으므로, 화학식은 다음과 같이 쓴다.

$NaClO_2$
아염소산 소듐

아염소산 소듐은 목재 섬유의 펄프와 재활용된 판지를 처리하고 표백하는 데 사용된다.

전하 균형을 위해 2개 이상의 다원자 이온이 필요할 때, 이온의 화학식을 괄호로 묶는다. 다원자 이온의 괄호 오른쪽 밖에 있는 아래 첨자는 전하 균형에 필요한 숫자를 의미한다. 질산 마그네슘의 화학식을 고려해보자. 이 화합물의 이온은 마그네슘 이온과 다원자 이온인 질산 이온이다.

Mg^{2+}	NO_3^-
마그네슘 이온	질산 이온

마그네슘 이온의 양전하 2+의 균형을 맞추기 위해서는 2개의 질산 이온이 필요하다. 화합물의 화학식에서 괄호는 질산 이온 주위에 놓고 괄호 오른쪽 밖에 아래 첨자 2를 쓴다.

생각해보기
질산 마그네슘의 화학식에 2개의 NO_3^- 이온이 포함되는 이유는 무엇인가?

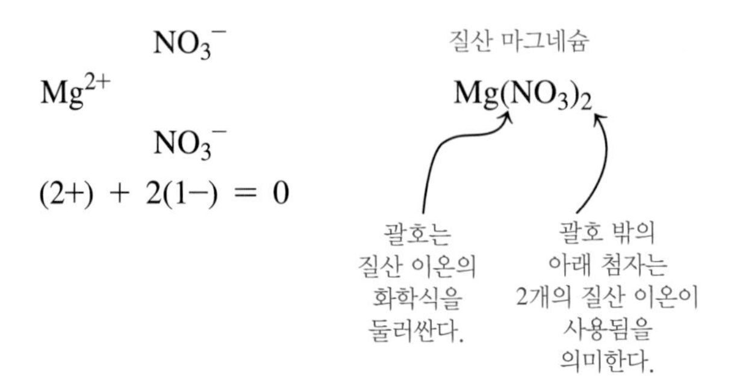

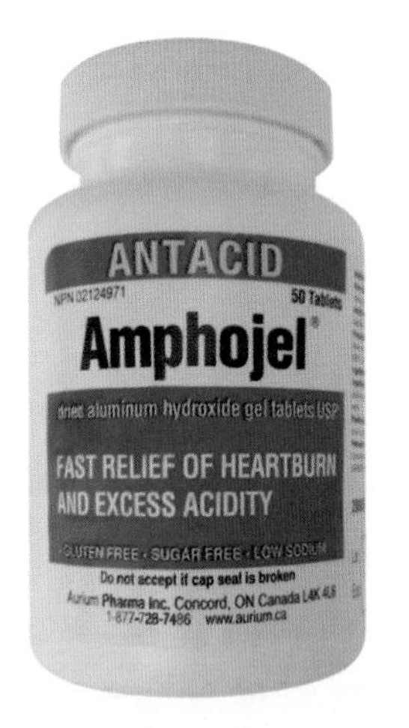

수산화 알루미늄은 산에 의한 소화불량을 치료하는 데 사용되는 제산제이다.

예제 6.7 다원자 이온을 포함하는 화학식 쓰기

문제

암포젤(Amphojel)이라는 제산제는 수산화 알루미늄을 함유하고 있어 산에 의한 소화불량과 속쓰림을 치료한다. 수산화 알루미늄의 화학식을 써라.

풀이 지침

	주어진 조건	필요한 사항	연계
문제 분석	수산화 알루미늄	화학식	양이온, 다원자 이온, 전하 균형

1단계 **양이온과 다원자 이온(음이온)을 확인하라.**

양이온	다원자 이온(음이온)
알루미늄	수산화
Al^{3+}	OH^-

2단계 **전하의 균형을 맞추라.** 3+ 전하는 3개의 OH^-로 균형을 맞춘다.

$\mathbf{1}(3+) + \mathbf{3}(1-) = 0$

3단계 **양이온을 먼저 적고, 전하 균형을 위하여 아래 첨자를 이용하여 화학식을 써라.** 화합물의 화학식은 수산화 이온의 화학식 OH^-를 괄호로 묶고, 오른쪽 괄호 밖에 아래 첨자 3을 이용하여 쓴다.

$Al(OH)_3$

유제 6.7

암모늄 이온과 인산 이온을 포함하는 화합물의 화학식을 써라.

해답

$(NH_4)_3PO_4$

다원자 이온을 포함하는 이온 화합물의 명명

다원자 이온을 포함하는 이온 화합물을 명명할 때, 보통 처음에 다원자 이온의 이름을 쓰고, 금속인 양이온을 그 뒤에 쓴다. 화학식에서 다원자 이온을 인지하고 정확히 명명하는 것은 중요하다. 다른 이온 화합물과 마찬가지로 접두사는 사용하지 않는다.

Na_2SO_4	$FePO_4$	$Al_2(CO_3)_3$
$Na_2\boxed{SO_4}$	$Fe\boxed{PO_4}$	$Al_2(\boxed{CO_3})_3$
황산 소듐	인산 철(III)	탄산 알루미늄

표 6.9는 다원자 이온을 포함하는 일부 이온 화합물의 화학식과 이름을 게재하고 있으며, 의학과 산업에서의 용도 또한 제시하고 있다.

표 6.9 다원자 이온을 포함하는 일부 이온 화합물

화학식	이름	의학 용도
$AlPO_4$	인산 알루미늄	제산제
$Al_2(SO_4)_3$	황산 알루미늄	땀 억제제, 소독제
$BaSO_4$	황산 바륨	X-ray 조영제
$CaCO_3$	탄산 칼슘	제산제, 칼슘 보충제
$Ca_3(PO_4)_2$	인산 칼슘	칼슘 음식 보충제
$CaSO_4$	황산 칼슘	깁스 붕대
$MgSO_4$	황산 마그네슘	설사약, 사리염(Epsom salt)
K_2CO_3	탄산 포타슘	알칼리화제, 이뇨제
$AgNO_3$	질산 은	국소 소독제
$NaHCO_3$	중탄산 소듐 또는 탄산수소 소듐	제산제
$Zn_3(PO_4)_2$	인산 아연	치아용 접착제

황산 마그네슘($MgSO_4$)인 사리염 용액은 근육통을 완화하는 데 사용할 수 있다.

예제 6.8 다원자 이온을 포함하는 화합물의 명명

문제

다음 이온 화합물을 명명하라.

a. $Cu(NO_2)_2$ **b.** $KClO_3$

풀이

문제 분석	주어진 조건	필요한 사항	연계
	화학식	이름	양이온, 다원자 이온

화학식	양이온	음이온	양이온의 이름	음이온의 이름	화합물의 이름
a. $Cu(NO_2)_2$	Cu^{2+}	NO_2^-	구리(II) 이온	아질산 이온	아질산 구리(II)
b. $KClO_3$	K^+	ClO_3^-	포타슘 이온	염소산 이온	염소산 포타슘

유제 6.8

$Co_3(PO_4)_2$의 이름은 무엇인가?

해답

인산 코발트(II)

확인하기

연습 문제 6.20에서 6.23까지 풀어보기

연습 문제

6.4 다원자 이온

학습 목표 다원자 이온을 포함하는 이온 화합물의 이름과 화학식을 쓴다.

6.18 다음 다원자 이온의 전하를 포함하는 화학식을 써라.

a. 탄산수소(중탄산) **b.** 암모늄
c. 아인산 **d.** 염소산

6.19 다음 다원자 이온을 명명하라.

a. NO_3^- **b.** ClO_4^-
c. HSO_4^- **d.** PO_3^{3-}

6.20 두 이온 사이에서 형성되는 화합물의 화학식과 이름으로 다음 표를 완성하라.

	NO_2^-	CO_3^{2-}	HSO_4^-	PO_4^{3-}
Li^+				
Cu^{2+}				
Ba^{2+}				

6.21 다음 이온 화합물의 정확한 화학식을 써라.

a. 수산화 바륨 **b.** 황산수소 소듐
c. 아질산 철(II) **d.** 인산 아연
e. 탄산 철(III)

6.22 다원자 이온의 화학식을 쓰고, 다음 화합물의 이름을 말하라.

a. Na_2CO_3 **b.** $(NH_4)_2S$
c. $Ca(OH)_2$ **d.** $Sn(NO_2)_2$

의학 응용

6.23 다음 이온 화합물을 명명하라.

a. $Zn(C_2H_3O_2)_2$, 감기약
b. $Mg_3(PO_4)_2$, 제산제
c. NH_4Cl, 거담제
d. $NaHCO_3$, pH 불균형 교정
e. $NaNO_2$, 육류 보존제

6.5 분자 화합물: 전자 공유

학습 목표 분자 화합물의 화학식이 주어지면, 정확한 이름을 쓴다. 분자 화합물의 이름이 주어지면, 화학식을 쓴다.

분자 화합물(molecular compound)은 1개 이상의 원자가 전자를 공유하는 2개 이상의 비금속 원자들로 구성되어 있다. 공유된 원자들은 **분자**(molecule)를 형성하는 **공유 결합**(covalent bond)으로 결합되어 있으며, 이온 화합물보다 분자 화합물이 훨씬 더 많다. 예를 들어, 물(H_2O)과 이산화 탄소(CO_2)는 모두 분자 화합물이다. 분자 화합물은 일정한 비율의 원자들의 별도 집합인 분자로 구성되어 있다. 물(H_2O) 분자는 2개의 수소 원자와 1개의 산소 원자로 구성되어 있다. 냉차를 마실 때는 분자 화합물인 설탕($C_{12}H_{22}O_{11}$) 분자를 첨가할 수 있다. 다른 친숙한 분자 화합물에는 프로페인(C_3H_8), 알코올(C_2H_6O), 항생제 아목시실린($C_{16}H_{19}N_3O_5S$)과 항우울제 프로작($C_{17}H_{18}F_3NO$)이 있다.

분자 화합물의 이름과 화학식

분자 화합물을 명명할 때, 먼저 화학식의 두 번째 비금속 원소 이름의 첫 어간 뒤에 '**-화**'를 붙이고, 첫 번째 비금속 원소의 이름으로 명명한다(영문명에서는 화학식의 첫 번째 비금속은 원소 이름으로, 그 뒤에 두 번째 비금속 원소 이름의 어간 뒤에 -ide를 붙여 명명한다). 아래 첨자가 원소의 2개 이상의 원자를 의미할 때, 수를 나타내는 접두사를 이름의 앞에 붙인다. 표 6.10은 분자 화합물의 명명에서 사용되는 수를 나타내는 접두사를 게재하고 있다.

분자 화합물의 이름은 같은 2개의 비금속으로부터 여러 개의 다른 화합물이 형성될 수 있기 때문에 수를 나타내는 접두사가 필요하다. 예를 들어, 탄소와 산소는 2개의 다른 화합물, 일산화 탄소(CO)와 이산화 탄소(CO_2)를 형성하며, 각 화합물의 산소 원자의 개수는 이름의 접두사 **일**(mono) 또는 **이**(di)로 나타낸다.

영문명에서는 모음 o와 o, 또는 a와 o가 인접하여 나올 경우, carbon monoxide와 같이 첫 번째 모음은 생략한다. 분자 화합물의 이름에서는 NO처럼 접두사 mono는 nitrogen oxide와 같이 보통 생략한다. 그러나 관습적으로 CO는 carbon monoxide로 명명한다. 표 6.11은 분자 화합물의 화학식과 이름, 그리고 상업적 용도를 게재하고 있다.

핵심 화학 기법

분자 화합물의 이름과 화학식 쓰기

표 6.10 분자 화합물의 명명에 사용하는 접두사

1 일(mono)	6 육(hexa)
2 이(di)	7 칠(hepta)
3 삼(tri)	8 팔(octa)
4 사(tetra)	9 구(nona)
5 오(penta)	10 십(deca)

표 6.11 일부 흔한 분자 화합물

화학식	이름	상업적 용도
CO_2	이산화 탄소	소화제, 드라이아이스, 에어로졸의 추진제, 음료수의 탄산화
CS_2	이황화 탄소	레이온의 제조
N_2O	산화 이질소	흡입 마취제, '웃음 가스'
NO	산화 질소	안정제, 세포의 생화학적 전달자
SO_2	이산화 황	과일과 채소의 보존제, 발효에서 살균제, 직물의 표백제
SF_6	육플루오린화 황	전기 회로
SO_3	삼산화 황	폭발물 제조

예제 6.9 분자 화합물의 명명

문제

분자 화합물 NCl_3를 명명하라.

풀이 지침

문제 분석	주어진 조건	필요한 사항	연계
	NCl_3	이름	접두사

1단계 **첫 번째 비금속을 원소 이름으로 명명하라.** NCl_3에서 첫 번째 비금속(N)은 질소이다.

2단계 **두 번째 비금속을 원소 이름의 첫 번째 어간에 -화를 붙여 명명하라.** 두 번째 비금속(Cl)은 염화로 명명된다.

생각해보기

분자 화합물을 명명할 때 접두사를 사용하는 이유는 무엇인가?

3단계 접두사를 붙여 원자의 수를 나타내라(아래 첨자). 1개의 질소만 있으므로, 접두사는 필요하지 않다. Cl 원자의 아래 첨자 3은 접두사 삼(tri)으로 나타낸다. 명명할 때는 화학식 순서와 반대이다. NCl_3의 이름은 삼염화 질소이다.

유제 6.9

다음 분자 화합물을 명명하라.

a. $SiBr_4$ **b.** Br_2O

해답

a. 사브로민화 규소(silicon tetrabromide)

b. 산화 이브로민(dibromine oxide)

확인하기

연습 문제 6.24와 6.25를 풀어보기

분자 화합물의 이름으로부터 화학식 쓰기

분자 화합물의 이름에서 두 비금속의 이름에는 각 원자의 수를 나타내는 접두사가 함께 주어진다. 이름으로부터 화학식을 쓰려면, 각 원소의 기호와 접두사가 2개 이상의 원자를 의미하는 경우에 아래 첨자를 사용한다.

예제 6.10 분자 화합물의 화학식 쓰기

문제

분자 화합물 삼산화 이붕소(diboron trioxide)의 화학식을 써라.

풀이 지침

	주어진 조건	필요한 사항	연계
문제 분석	삼산화 이붕소	화학식	접두사로부터 아래 첨자

1단계 이름에서 원소의 순서에 따른 기호를 써라.

원소 이름	붕소	산소
원소 기호	B	O
아래 첨자	2(이)	3(삼)

2단계 접두사를 아래 첨자로 쓰라. 이붕소의 접두사 이는 2개의 붕소 원자가 있음을 의미하고, 화학식에서 아래 첨자 2로 나타낸다. 삼산화의 접두사 삼은 3개의 산소 원자가 있음을 의미하고, 화학식에서 아래 첨자 3으로 나타낸다.

B_2O_3

유제 6.10

분자 화합물 오플루오린화 아이오딘(iodine pentafluoride)의 화학식을 써라.

해답

IF_5

확인하기

연습 문제 6.26과 6.27을 풀어보기

이온 화합물과 분자 화합물의 명명 요약

이온 화합물과 분자 화합물의 명명에 있어 전략을 살펴보았다. 일반적으로 2개의 원소를 가진 화합물은 두 번째 원소 이름에 **-화**를 붙여 앞에 먼저 쓰고, 첫 번째 원소의 이름을 그 뒤에 쓴다(영문명에서는 첫 번째 원소의 이름 뒤에 두 번째 원소가 -ide로 끝나는 방식으로 명명된다). 첫 번째 원소가 금속일 경우에 화합물은 보통 이온 화합물이며, 첫 번째 원소가 비금속일 경우에 화합물은 보통 분자 화합물이다. 이온 화합물에서는 금속이 두 종류 이상의 양이온을 형성할 수 있는지 여부를 확인할 필요가 있다. 그럴 경우, 금속 이름 뒤에 오는 로마 숫자는 특정 이온의 전하를 의미한다. 암모늄 이온인 NH_4^+는 예외이지만, 이 또한 양으로 하전된 다원자 이온으로 나중에 쓴다. 3개 이상의 원소를 가지는 이온 화합물은 일부 종류의 다원자 이온을 포함한다. 이들은 이온 규칙에 따라 명명하지만, 다원자 이온이 음전하를 가질 때에는 **-산**(-ate) 또는 **아-산**(-ite)으로 나타낸다.

2개의 원소를 가지는 분자 화합물의 명명에서 접두사는 특정 화학식에서 나타나는 각 비금속의 2개 이상의 원자를 나타내기 위해 필요하다(그림 6.4).

예제 6.11 **이온 화합물과 분자 화합물의 명명**

문제

다음 화합물이 이온 또는 분자 화합물인지 확인하고, 이름을 제시하라.

a. K_3P **b.** $NiSO_4$ **c.** SO_3

풀이

a. K_3P는 금속과 비금속으로 구성된 이온 화합물이다. 1A(1)족 전형 원소로서 K는 포타슘 이온, K^+를 형성한다. 5A(15)족의 전형 원소인 인은 인화 이온, P^{3-}를 형성한다. 음이온 이름 뒤에 양이온의 이름을 쓰면 인화 포타슘이 된다.

b. $NiSO_4$는 전이 원소 양이온과 다원자 이온 SO_4^{2-}로 구성된 이온 화합물이다. Ni은 전이 원소로, 2개 이상의 이온을 형성한다. 이 화학식에서 SO_4^{2-}의 2- 전하는 1개의 니켈 이온, Ni^{2+}로 균형을 이룬다. 이름에서 금속 이름 뒤에 쓴 로마 숫자, 니켈(II)는 2+ 전하를 명시한다. 음이온 SO_4^{2-}는 다원자 이온으로, 황산으로 명명된다. 따라서 화합물은 황산 니켈(II)로 명명된다.

c. SO_3는 2개의 비금속으로 구성되며, 이는 분자 화합물을 의미한다. 첫 번째 원소 S는 황(접두사 불필요)이다. 두 번째 원소는 O, 산화이며 아래 첨자 3을 가지고 있어 이름에 접두사 **삼**(tri)이 요구된다. 따라서 화합물은 삼산화 황으로 명명된다.

생각해보기

인산 소듐은 이온 화합물이고, 오산화 이인은 분자 화합물인 이유는 무엇인가?

유제 6.11

$Fe(NO_3)_3$의 이름은 무엇인가?

해답

질산 철(III)

확인하기

연습 문제 6.28을 풀어보기

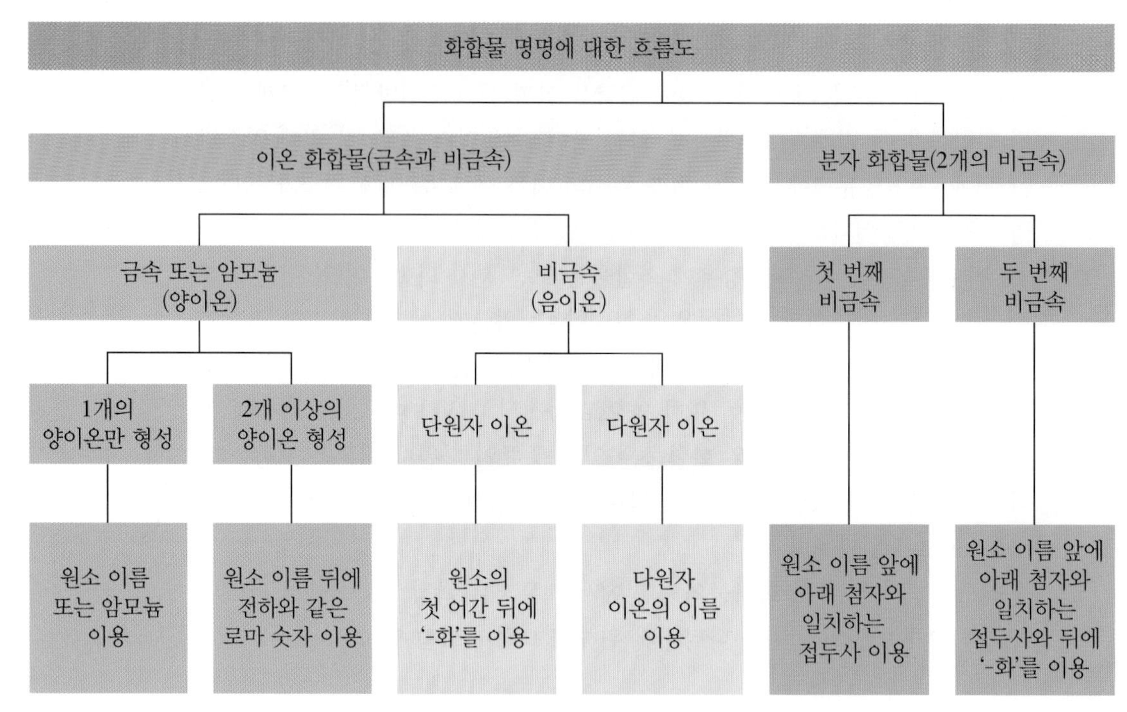

그림 6.4 이온과 분자 화합물의 명명을 나타내는 흐름도.

Q 화합물의 이름에서 일부 금속 이온 이름 뒤에 로마 숫자가 나오는 이유는 무엇인가?

연습 문제

6.5 분자 화합물: 전자 공유

학습 목표 분자 화합물의 화학식이 주어지면, 정확한 이름을 쓴다. 분자 화합물의 이름이 주어지면, 화학식을 쓴다.

6.24 다음 분자 화합물을 명명하라.
a. PBr_3 **b.** Cl_2O **c.** CBr_4
d. HF **e.** NF_3

6.25 다음 분자 화합물을 명명하라.
a. N_2 **b.** Si_2Br_6 **c.** TiO_2
d. PCl_5 **e.** SeF_6

6.26 다음 분자 화합물의 화학식을 써라.
a. 사염화 탄소 **b.** 일산화 탄소
c. 삼플루오린화 인 **d.** 사산화 이질소

6.27 다음 분자 화합물의 화학식을 써라.
a. 이플루오린화 산소 **b.** 삼염화 붕소
c. 삼산화 이질소 **d.** 육플루오린화 황

의학 응용

6.28 다음 이온 또는 분자 화합물을 명명하라.
a. $Al_2(SO_4)_3$, 땀 억제제
b. $CaCO_3$, 제산제
c. N_2O, '웃음 가스', 흡입 마취제
d. $Mg(OH)_2$, 설사제

복습
Lewis 기호 그리기(4.7)

6.6 분자의 Lewis 구조

학습 목표 단일 결합과 다중 결합을 가진 분자 화합물의 Lewis 구조를 그린다.

이제 보다 복잡한 화학 결합과 이들이 분자 구조에 어떻게 기여하는지를 조사할 수 있다. **Lewis 구조**(Lewis structure)는 Lewis 기호를 이용하여 분자 내 단일 결합과 다중 결합에 대한 원자가 전자의 공유를 도식화한 것이다.

수소 분자의 Lewis 구조

가장 간단한 분자는 수소 분자(H_2)이다. 2개의 H 원자가 멀리 떨어져 있으면, 이들 사이에는 인력이 없다. 그러나 H 원자들이 더 가까이 이동하면, 각 핵의 양전하는 다른 원자의 전자를 끌어당긴다. 원자가 전자 사이의 반발력보다 더 큰 인력은 원자가 전자쌍을 공유할 때까지 H 원자를 더 가까이 끌어당긴다(그림 6.5). 그 결과를 **공유 결합**이라 하며, 공유된 전자들은 **각각**의 H 원자에 He의 안정한 전자 배열을 제공한다. H 원자들이 H_2를 형성하면 각각의 두 H 원자보다 더 안정해진다.

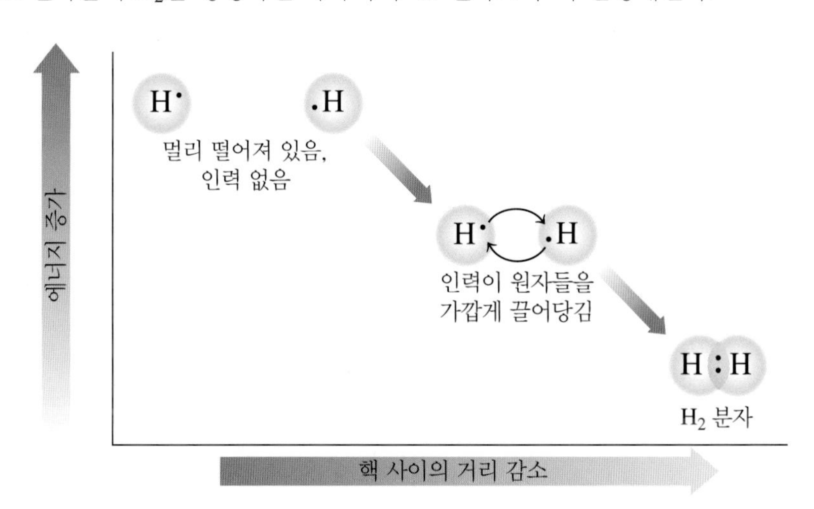

그림 6.5 H 원자들이 전자를 공유하기 위하여 가까이 이동하면 공유 결합이 형성된다.

Q 2개의 H 원자들 사이의 인력을 결정하는 것은 무엇인가?

분자 화합물의 Lewis 구조

분자는 2개의 전자를 가지는 수소를 제외한 모든 원자들의 원자가 전자가 8 전자를 제공하도록 배열된 **Lewis 구조**로 나타낸다. 공유 전자, 또는 **결합 전자쌍**(bonding pair)은 원자 사이에 2개의 점 또는 단일 선으로 나타낸다. 전자의 비결합 전자쌍 또는 **고립 전자쌍**(lone pair)은 외곽에 놓는다. 예를 들어, 플루오린 분자, F_2는 각각 7개의 원자가 전자를 가진 7A(17)족 플루오린 원자 2개로 구성된다. F_2 분자의 Lewis 구조에서, 각각의 F 원자는 원자가 홀전자를 공유함으로써 8 전자를 달성한다.

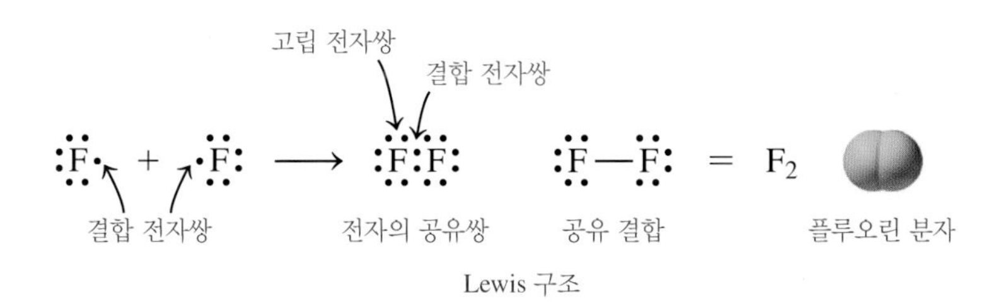

수소(H_2)와 플루오린(F_2)은 천연 상태가 이원자인 비금속 원소의 예이다. 말하자면 이들은 2개의 비슷한 원자를 포함한다. 이원자 분자로 존재하는 원소들은 표 6.12에 게재되어 있다.

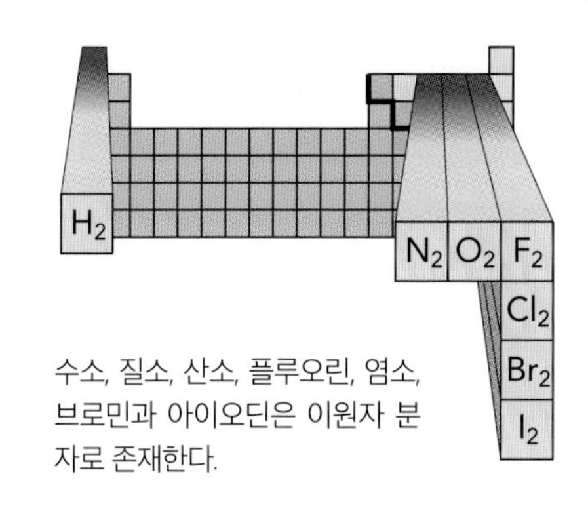

수소, 질소, 산소, 플루오린, 염소, 브로민과 아이오딘은 이원자 분자로 존재한다.

표 6.12 이원자 분자로 존재하는 원소들

이원자 분자	이름
H_2	수소
N_2	질소
O_2	산소
F_2	플루오린
Cl_2	염소
Br_2	브로민
I_2	아이오딘

Lewis 구조 그리기

비금속 원자가 공유하는 전자의 수와 이들이 형성하는 공유 결합의 수는 보통 안정한 전자 배열을 달성하기 위해 필요한 전자의 수와 동일하다.

CH_4의 Lewis 구조를 그리려면, 먼저 탄소와 수소의 Lewis 기호를 그려야 한다.

·C· ·H

그런 다음 탄소와 수소에 필요한 원자가 전자의 수를 결정하여야 한다. 탄소 원자가 4개의 수소 원자와 4개의 전자를 공유하면 탄소는 8 전자를 가지게 되고, 각 수소 원자는 2개의 공유 전자를 완성하게 된다. Lewis 구조는 탄소 원자를 중심 원자로, 수소 원자는 주변의 각 방면에 그리게 된다. 단일 공유 결합인 전자들의 결합 전자쌍은 탄소와 수소 원자 사이에 각각 단일 선으로 그릴 수 있다.

H:C:H (위아래 H)   H—C—H (위아래 H)

표 6.13은 일부 분자의 Lewis 구조와 분자 모형의 예를 제공하고 있다.

표 6.13 일부 분자 화합물의 Lewis 구조

	CH_4	NH_3	H_2O
Lewis 구조	H:C:H (위아래 H)	H:N̈:H (아래 H)	:Ö:H (아래 H)
	H—C—H (위아래 H)	H—N̈—H (아래 H)	:Ö—H (아래 H)
분자 모형	메테인 분자	암모니아 분자	물 분자

핵심 화학 기법

Lewis 구조 그리기

예제 6.12 Lewis 구조 그리기

문제

상업적으로 살충제와 난연제를 제조하는 데 사용되는 삼염화인(PCl_3)의 Lewis 구조를 그려라.

풀이 지침

	주어진 조건	필요한 사항	연계
문제 분석	PCl_3	Lewis 구조	총 원자가 전자

1단계 원자의 배열을 결정하라. PCl_3에서 P 원자가 하나만 있기 때문에 중심 원자는 P이다.

Cl P Cl
Cl

2단계 원자가 전자의 총수를 결정하라. 분자 내의 각 원자에 대하여 원자가 전자의 수를 결정하기 위하여 족 번호를 이용한다.

원소	족	원자		원자가 전자		총수
P	5A(15)	1 P	×	$5\,e^-$	=	$5\,e^-$
Cl	7A(17)	3 Cl	×	$7\,e^-$	=	$21\,e^-$
				PCl_3의 총 원자가 전자 = $26\,e^-$	=	$26\,e^-$

3단계 중심 원자에 각 결합 원자를 한 쌍의 전자로 연결하라.
각 결합 전자쌍은 결합 선으로 나타낼 수 있다.

Cl:P:Cl 또는 Cl—P—Cl (아래에 Cl)

6개의 전자($3 \times 2\ e^-$)가 중심 P 원자와 3개의 Cl 원자를 결합시키는 데 사용되며, 20개의 원자가 전자가 남아 있다.

26 원자가 e^- − 6 결합 e^- = 20 남는 e^-

4단계 남은 전자를 이용하여 8 전자를 완성하라. 나머지 20개의 전자를 고립 전자쌍으로 사용한다. 이들을 모든 원자가 8 전자를 가지도록 외각의 Cl 원자 주위와 P 원자에 놓는다.

:C̤̈l:P̤:C̤̈l: 또는 :C̤̈l—P̈—C̤̈l: (아래에 :C̤̈l:)

유제 6.12
Cl_2O의 Lewis 구조를 그려라.

해답
:C̤̈l:Ö̤:C̤̈l: 또는 :C̤̈l—Ö̤—C̤̈l:

확인하기
연습 문제 6.29를 풀어보기

이중 결합과 삼중 결합

지금까지는 단일 결합만 가지는 분자의 결합에 대해 살펴보았다. 많은 분자 화합물에서 원자는 8 전자를 완성하기 위하여 2쌍 또는 3쌍의 전자를 공유한다. 원자가 전자의 수가 분자 내 모든 원자가 8 전자를 완성하기에 충분하지 않을 때, 이중 또는 삼중 결합을 형성한다. 그리고 중심 원자에 연결된 원자로부터 1개 이상의 고립 전자쌍이 중심 원자와 공유한다. **이중 결합**(double bond)은 2쌍의 전자가 공유되며, **삼중 결합**(triple bond)은 3쌍의 전자가 공유된다. 탄소, 산소, 질소, 황의 원자는 다중 결합을 형성할 가능성이 높다.

수소와 할로젠 원자는 이중 결합이나 삼중 결합을 형성하지 않는다. 다중 결합을 가지는 Lewis 구조를 그리는 과정은 예제 6.13에서 확인할 수 있다.

예제 6.13 다중 결합을 가진 Lewis 구조 그리기

문제

중심 원자가 C인 이산화 탄소, CO_2의 Lewis 구조를 그려라.

풀이 지침

	주어진 조건	필요한 사항	연계
문제 분석	CO_2	Lewis 구조	총 원자가 전자

1단계 원자들의 배열을 결정하라. O C O

2단계 원자가 전자의 총수를 결정하라. 분자 내 원자 각각에 대하여 원자가 전자의 수를 결정하기 위하여 족 번호를 이용한다.

원소	족	원자		원자가 전자		총수
C	4A(14)	1 C	×	$4\ e^-$	=	$4\ e^-$
O	6A(16)	2 O	×	$6\ e^-$	=	$12\ e^-$
		CO_2의 총 원자가 전자 수 = $16\ e^-$			=	$16\ e^-$

3단계 중심 원자에 각 결합 원자를 한 쌍의 전자로 연결하라.

O:C:O 또는 O—C—O

4개의 원자가 전자를 이용하여 중심 C 원자를 2개의 O 원자에 연결한다.

4단계 8 전자를 완성하기 위하여 남은 전자를 이용하되, 필요하면 다중 결합을 사용하라.

12개의 남은 전자를 O 원자 외각에 6쌍의 고립 전자쌍으로 놓는다. 그러나 이것은 C 원자의 8 전자를 완성하지 못한다.

:Ö:C:Ö: 또는 :Ö—C—Ö:

8 전자를 얻기 위하여, C 원자는 각각의 O 원자로부터 한 쌍의 전자를 더 공유하여야 한다. 원자 사이에 2개의 결합 전자쌍이 나타날 때, 이것은 이중 결합으로 알려져 있다.

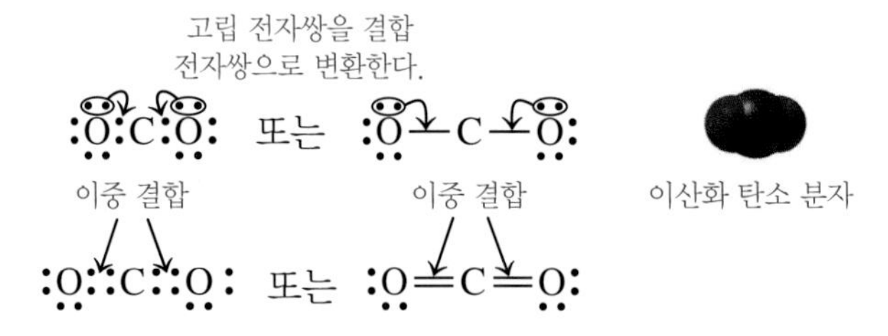

생각해보기

Lewis 구조를 완성하기 위하여 1개 이상의 다중 결합을 추가할 필요가 있을 때, 이를 어떻게 알 수 있는가?

유제 6.13

삼중 결합을 가진 HCN의 Lewis 구조를 그려라.

해답

H:C⋮⋮N: 또는 H—C≡N:

확인하기

연습 문제 6.30을 풀어보기

8 전자 규칙의 예외

8 전자 규칙이 많은 화합물의 결합에 유용하지만, 예외인 경우도 있다. 우리는 이미 수소(H_2) 분자는 2개의 전자 또는 단일 결합만을 필요로 한다는 것을 보았다. 보통 비금속은 8 전자를 형성한다. 그러나 BCl_3에서 B 원자는 공유할 수 있는 전자가 3개뿐이다. 붕소 화합물은 전형적으로 중심 원자 B에 6개의 원자가 전자를 가지고, 단 3개의 결합만을 형성한다. 일반적으로 P, S, Cl, Br 및 I의 화합물은 8 전자를 만족하

지만, 더 많은 원자가 전자를 공유하는 분자를 형성할 수도 있다. 이것은 원자가 전자를 10, 12, 심지어 14개까지 확장시킨다. 예를 들어, PCl_3의 P 원자는 8 전자를 가지지만, PCl_5의 P 원자는 10개의 원자가 전자로 5개의 결합을 이룬다. 또한 H_2S에서 S 원자는 8 전자를 가지지만, SF_6에서는 12개 원자가 전자로 황과 6개의 결합을 이루고 있다.

연습 문제

6.6 분자의 Lewis 구조

학습 목표 단일 결합과 다중 결합을 가진 분자 화합물의 Lewis 구조를 그린다.

6.29 다음에 대하여 원자가 전자의 총수를 결정하라.
a. H_2S **b.** I_2 **c.** CCl_4

6.30 다음 분자의 Lewis 구조를 그려라.
a. HF **b.** SF_2
c. NBr_3 **d.** $ClNO_2$(N은 중심 원자)

6.7 전기음성도와 결합 극성

학습 목표 결합의 극성을 결정하기 위하여 전기음성도를 이용한다.

원자 사이에 결합 전자가 어떻게 공유되는지를 살펴보기만 하여도 화합물의 화학에 대하여 많은 것을 알 수 있다. 결합 전자는 동일한 비금속 원자 사이의 결합에서는 동등하게 공유된다. 그러나 서로 다른 원소 사이에 결합이 있을 때에는, 전자쌍은 보통 불균등하게 공유된다. 그리고 공유 전자쌍은 결합 내에서 다른 원자에 비하여 한 원자에 더 많이 끌린다.

한 원자의 **전기음성도**(electronegativity)는 화학 결합에서 공유 전자를 끌어당기는 능력이다. 비금속은 금속보다 전자에 대한 인력이 더 크기 때문에 금속보다 전기음성도가 높다. 전기음성도 척도에서 주기율표의 우측 상단에 위치한 비금속 플루오린에 가장 높은 값인 4.0로 정하고 다른 모든 원소에 대한 전기음성도는 공유 전자에 대한 플루오린 인력의 상대적 크기에 따라 결정된다. 주기율표에서 좌측 하단에 위치한 금속인 세슘은 전기음성도가 0.7로 가장 낮다. 전형 원소의 전기음성도는 그림 6.6에 나타내었다. 0족 기체는 전형적으로 결합을 형성하지 않기 때문에 전기음성도 값은 없다는 것에 주목하라. 전이 원소의 전기음성도 값 역시 낮지만 논의에는 포함하지 않았다.

핵심 화학 기법
전기음성도 이용

생각해보기
염소 원자의 전기음성도가 아이오딘 원자보다 큰 이유는 무엇인가?

확인하기
연습 문제 6.31과 6.32를 풀어보기

결합의 극성

두 원자의 전기음성도 값의 차이는 형성되는 화학 결합의 종류, 즉 이온 또는 공유 결합인지를 예측하는 데 사용할 수 있다. H—H 결합에서 전기음성도의 차이는 0(2.1 − 2.1 = 0)이며, 이는 결합 전자가 균등하게 공유되고 있음을 의미한다. 이러한 상태는 H 원자 주위에 대칭적인 전자구름을 그림으로써 나타내었다. 동일하거나 매우 유사한 전기음성도 값을 가진 원자 사이의 결합은 **비극성 공유 결합**(nonpolar covalent bond)이다. 그러나 다른 전기음성도 값을 가진 원자 사이에 공유 결합이 있

그림 6.6 공유 전자를 끌어당기는 원자의 능력을 의미하는 1A(1)족에서 7A(17)족의 전형 원소들의 전기음성도 값은 주기의 왼쪽에서 오른쪽으로 갈수록 증가하고 족을 따라 아래로 갈수록 감소한다.

Q 주기율표에서 공유 전자에 대해 가장 강한 인력을 보여주는 원소는 무엇인가?

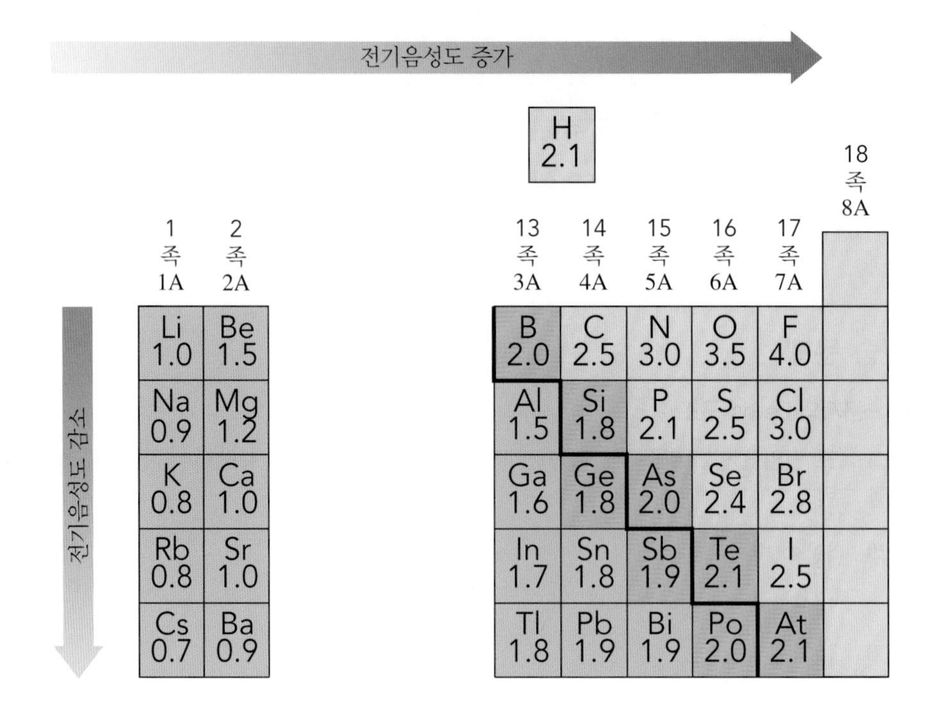

을 경우, 전자는 불균등하게 공유되며, 이러한 결합은 **극성 공유 결합**(polar covalent bond)이다. 극성 공유 결합의 전자구름은 비대칭적이다. H—Cl 결합에서 전기음성도의 차이는 3.0(Cl) − 2.1(H) = 0.9이며, 이는 H—Cl 결합이 극성 공유 결합임을 의미한다(그림 6.7). 전기음성도 차이를 확인할 때, 전기음성도가 작은 값을 항상 큰 값에서 빼기 때문에 그 차이는 항상 양수이다.

결합의 **극성**(polarity)은 원자의 전기음성도 값의 차이에 의존한다. 극성 공유 결합에서 공유 전자는 전기음성도가 더 큰 원자 쪽으로 끌리게 되고, 이는 해당 원자 주위에 음으로 하전된 전자로 인해 부분적으로 음이 된다. 결합의 다른 쪽에서 전기음성도가 낮은 원자는 그 원자에 전자가 부족하기 때문에 부분적으로 양이 된다.

결합은 전기음성도 차이가 증가할수록 더 **극성**(polar)을 띤다. 전하의 분리가 있는 극성 공유 결합을 **쌍극자**(dipole)라 부른다. 쌍극자의 양과 음의 끝은 그리스 문자 델타의 소문자에 양 또는 음의 기호가 있는, 즉 δ^+, δ^-로 표시한다. 때때로 양전하에서 음전하로 향하는 화살표, $\longmapsto$를 쌍극자를 나타내기 위하여 사용한다.

극성 공유 결합에서 쌍극자의 예

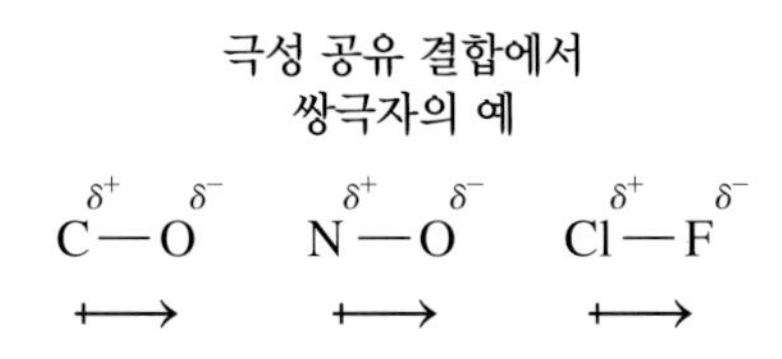

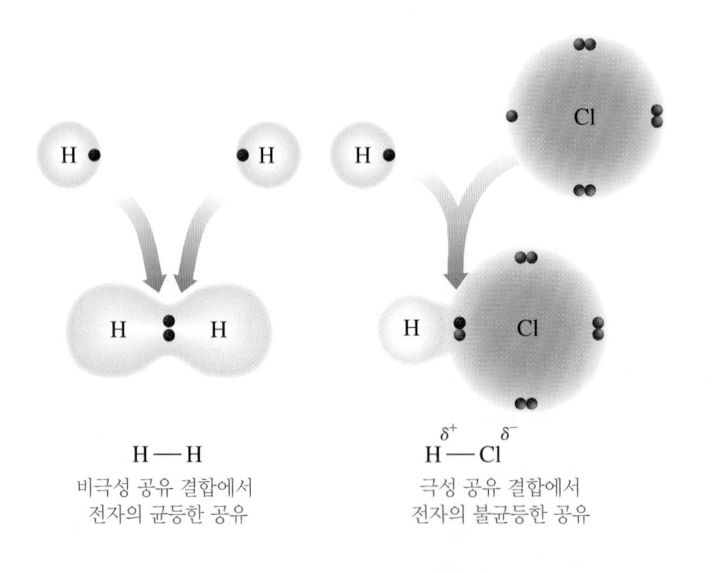

그림 6.7 H_2의 비극성 공유 결합에서 전자는 균등하게 공유된다. HCl의 극성 공유 결합에서 전자는 불균등하게 공유된다.

Q H_2는 비극성 공유 결합을 가지지만 HCl은 극성 공유 결합을 가진다. 설명하라.

결합에서의 변이

결합에서의 변이는 연속적이다. 한 종류의 결합이 멈추고 다른 결합이 시작되는 명확한 상태가 존재하지 않는다. 전기음성도의 차이가 0.0과 0.4 사이일 때, 전자는 **비극성 공유 결합**에서 균등하게 공유되는 것으로 간주한다. 예를 들어, C — C 결합(2.5 − 2.5 = 0.0)과 C — H 결합(2.5 − 2.1 = 0.4)은 비극성 공유 결합으로 분류된다.

전기음성도 차이가 증가함에 따라 공유 전자는 전기음성도가 더 큰 원자 쪽으로 더 강하게 끌리고, 결합의 극성이 증가한다. 전기음성도 차이가 0.5와 1.8 사이이면, 그 결합은 **극성 공유 결합**이다. 예를 들어, O — H 결합(3.5 − 2.1 = 1.4)은 극성 공유 결합으로 분류된다(표 6.14).

생각해보기

전기음성도 차이를 이용하여 Si — S 결합은 극성 공유 결합이고, Si — P 결합은 비극성 공유 결합이 되는 이유를 설명하라.

표 6.14 전기음성도 차이와 결합의 종류

전기음성도 차이	0.0~0.4	0.5~1.8	1.9~3.3
결합 종류	비극성 공유 결합	극성 공유 결합	이온 결합
전자 결합	균등하게 전자 공유	불균등하게 전자 공유	전자 이동
		δ^+ δ^-	+ −

전기음성도 차이가 1.8 이상이면, 전자는 한 원자에서 다른 원자로 이동하고, 그 결과 **이온 결합**(ionic bond)이 된다. 예를 들면, 이온 화합물 NaCl의 전기음성도 차이는 3.0 − 0.9 = 2.1이다. 따라서 큰 전기음성도 차이로 이온 결합을 예측할 수 있다(표 6.15).

표 6.15 전기음성도 차이로부터 결합의 종류 예측

분자	결합	전자 공유 종류	전기음성도 차이*	결합 종류	이유
H_2	H — H	균등하게 공유	2.1 − 2.1 = 0.0	비극성 공유 결합	0.0~0.4
BrCl	Br — Cl	거의 균등하게 공유	3.0 − 2.8 = 0.2	비극성 공유 결합	0.0~0.4
HBr	$H^{\delta+}$ — $Br^{\delta-}$	불균등하게 공유	2.8 − 2.1 = 0.7	극성 공유 결합	0.5~1.8
HCl	$H^{\delta+}$ — $Cl^{\delta-}$	불균등하게 공유	3.0 − 2.1 = 0.9	극성 공유 결합	0.5~1.8
NaCl	Na^+Cl^-	전자 이동	3.0 − 0.9 = 2.1	이온 결합	1.9~3.3
MgO	$Mg^{2+}O^{2-}$	전자 이동	3.5 − 1.2 = 2.3	이온 결합	1.9~3.3

* 값은 그림 6.6에서 가져온 것이다.

예제 6.14 결합 극성

문제

전기음성도 값을 이용하여 다음 결합을 비극성 공유 결합, 극성 공유 결합 또는 이온 결합으로 분류하라. 극성 공유 결합은 δ^+와 δ^-로 표기하고, 쌍극자의 방향을 보여라.

a. K와 O **b.** As와 Cl **c.** N과 N **d.** P와 Br

풀이 지침

문제 분석	주어진 조건	필요한 사항	연계
	결합	결합의 종류	전기음성도 값

각 결합의 전기음성도 값을 찾고, 전기음성도 차이를 계산하라.

결합	전기음성도 차이	결합의 종류	쌍극자
a. K와 O	3.5 − 0.8 = 2.7	이온 결합	
b. As와 Cl	3.0 − 2.0 = 1.0	극성 공유 결합	$\underset{\longleftrightarrow}{As^{\delta+}—Cl^{\delta-}}$
c. N과 N	3.0 − 3.0 = 0.0	비극성 공유 결합	
d. P와 Br	2.8 − 2.1 = 0.7	극성 공유 결합	$\underset{\longleftrightarrow}{P^{\delta+}—Br^{\delta-}}$

유제 6.14

전기음성도 값을 이용하여 다음 결합을 비극성 공유 결합, 극성 공유 결합 또는 이온 결합으로 분류하라. 극성 공유 결합은 δ^+와 δ^-로 표기하고, 쌍극자의 방향을 보여라.

a. P와 Cl **b.** Br과 Br **c.** Na와 O

해답

a. 극성 공유 결합(0.9) $\underset{\longleftrightarrow}{P^{\delta+}—Cl^{\delta-}}$ **b.** 비극성 공유 결합(0.0)

c. 이온 결합(2.6)

확인하기

연습 문제 6.33에서 6.35를 풀어보기

연습 문제

6.7 전기음성도와 결합 극성

학습 목표 결합의 극성을 결정하기 위하여 전기음성도를 이용한다.

6.31 다음에 대하여 전기음성도 추세를 증가 또는 감소로 기술하라.

a. B에서 F까지 **b.** Mg에서 Ba까지

c. F에서 I까지

6.32 주기율표를 이용하여, 다음 각 항목에서 원자를 전기음성도가 증가하는 순으로 배열하라.

a. Li, Na, K **b.** Na, Cl, P

c. Se, Ca, O

6.33 비극성 공유 결합에 대하여 어떤 전기음성도 차이(**a**, **b**, 또는 **c**)가 예상되는가?

a. 0.0~0.4 **b.** 0.5~1.8 **c.** 1.9~3.3

6.34 다음 결합이 비극성 공유 결합, 극성 공유 결합, 또는 이온 결합인지를 예상하라.

a. Si와 Br **b.** Li와 F

c. Br과 F **d.** I와 I

e. N과 P **f.** C와 P

6.35 다음 결합에 대하여 양극 끝은 δ^+, 음극 끝은 δ^-로 표시하라. 그리고 각각에 대하여 쌍극자를 나타내는 화살표를 그려라.

a. N과 F **b.** Si와 Br

c. C와 O **d.** P와 Br

e. N과 P

6.8 분자의 모양

학습 목표 분자의 3차원 구조를 예상한다.

Lewis 구조를 이용하면 많은 분자의 3차원 모양을 예상할 수 있다. 분자의 모양은 분자가 효소 또는 특정한 항생제와 어떻게 상호작용을 하는지, 그리고 미각과 후각을 어떻게 생성하는지 이해하는 데 중요하다. 분자의 3차원 모양은 Lewis 구조를 그리고 중심 원자 주위의 전자 수를 세어서 결정한다. 고립 전자쌍, 단일 결합, 이중 결합, 또는 삼중 결합은 각각 하나의 전자 집단으로 세어진다. **'원자가 껍질 전자쌍 반발** (valence shell electron-pair repulsion, VSEPR) **이론'**에서 전자 집단은 음전하 사이의 반발력을 최소화하기 위하여 중심 원자 주위에 가능한 멀리 떨어져 배열된다. 일단 중심 원자 주위의 전자 집단을 세고 나면, 중심 원자와 결합한 원자의 수로부터 특정한 모양을 결정할 수 있다.

2개의 전자 집단을 가진 중심 원자

핵심 화학 기법
모양 예측

CO_2의 Lewis 구조에는 중심 원자와 결합된 2개의 전자 집단(2개의 이중 결합)이 있다. VSEPR 이론에 따르면, 2개의 전자 집단이 중심 C 원자의 반대쪽에 있을 때 최소 반발력이 나타난다. 이는 CO_2 분자를 **선형**(linear) 전자-집단 형태를 주며, 결합각이 180°인 선형 모양이 된다.

180°

:Ö=C=Ö:

선형 전자-집단 형태 선형 모양

3개의 전자 집단을 가진 중심 원자

폼알데하이드, H_2CO의 Lewis 구조에서 중심 원자 C는 2개의 H 원자와는 단일 결합으로, O 원자와는 1개의 이중 결합으로 결합되어 있다. 3개의 전자 집단이 중심 C 원자 주위에 가능한 최대로 떨어져 결합각이 120°가 될 때, 최소 반발력이 나타난다. 이러한 전자-집단 형태의 종류는 **평면 삼각형**(trigonal planar)이고, H_2CO에 대해 **평면 삼각형**이라는 모양을 준다. 중심 원자가 결합된 원자와 같은 수의 전자 집단을 가질 때, 모양과 전자-집단 형태는 같은 이름을 가진다.

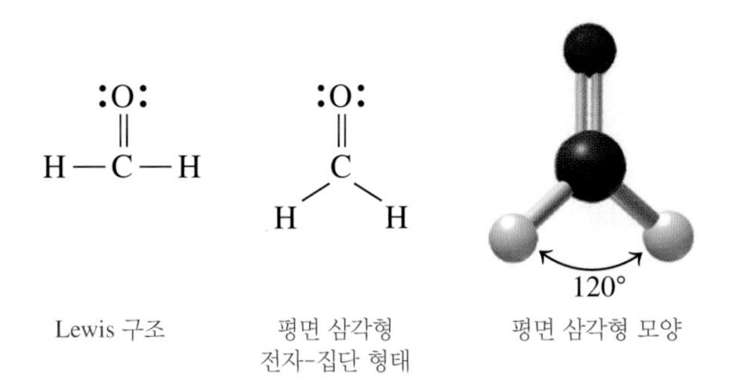

120°

평면 삼각형 모양

SO_2의 Lewis 구조에서 중심 S 원자 주위에도 3개의 전자 집단, 즉 O 원자와 결합된 단일 결합, 다른 O 원자와 결합된 이중 결합과 고립 전자쌍이 있다. H_2CO와 마찬가지로 3개의 전자 집단은 평면 삼각형 전자-집단 형태를 형성할 때 최소의 반발력을 가진다. 그러나 SO_2에서 전자 집단 중 하나는 고립 전자쌍이다. 따라서 SO_2 분자의 모양은 중심 S 원자와 결합된 2개의 O 원자들에 의하여 결정되고, 결합각이 120°인 **굽은**(bent) 형의 SO_2 분자 모양이 된다. 중심 원자가 결합된 원자보다 더 많은 전자 집단을 가질 때, 모양과 전자 집단 형태는 다른 이름을 가지게 된다.

120°

Lewis 구조 　 삼각형 전자-집단 형태 　 굽은 모양

4개의 전자 집단을 가진 중심 원자

메테인 분자, CH_4에서 중심 C 원자는 4개의 H 원자와 결합되어 있다. Lewis 구조에서 CH_4는 결합각이 90°인 평면 형태를 가질 것으로 생각할 수도 있다. 그러나 최소 반발력의 최적 형태는 결합각이 109°인 **사면체**(tetrahedral)이다. 4개의 원자가 4개의 전자 집단에 결합되어 있을 때, 분자의 모양은 **사면체**이다.

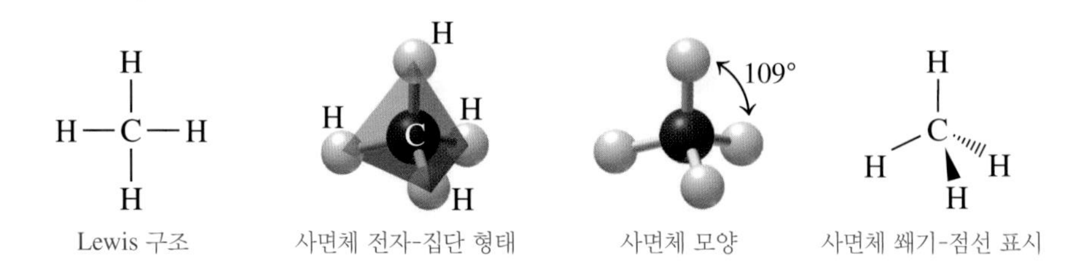

Lewis 구조 　 사면체 전자-집단 형태 　 사면체 모양 　 사면체 쐐기-점선 표시

메테인의 3차원 모양을 나타내는 한 가지 방법은 **쐐기-점선 표시**(wedge-dash notation)를 이용하는 것이다. 이 표시에서 실선으로 탄소와 수소를 연결한 2개의 결합은 지면 평면상에 있다. 쐐기는 지면에서 독자 쪽으로 나오는 탄소-수소 결합을 나타내는 반면, 점선은 지면에서 독자로부터 멀어지는 쪽의 탄소-수소 결합을 나타낸다.

이제 4개의 전자 집단을 가졌지만, 그중 1개 이상의 고립 전자쌍을 가진 분자를 살펴볼 수 있다. 중심 원자는 2개 내지 3개의 원자에만 붙어 있다. 예를 들어, 암모니아 NH_3의 Lewis 구조에서 4개의 전자 집단은 사면체 전자-집단 형태를 가진다. 그러나 NH_3에서 전자 집단 중 하나는 고립 전자쌍이다. 따라서 NH_3의 모양은 중심 N 원자와 결합된 3개의 H 원자에 의하여 결정된다. 따라서 NH_3 분자의 모양은 결합각이 109°인 **삼각뿔**(trigonal pyramidal)이다. 쐐기-점선 표시는 1개의 N—H 결합은 평면상에, 1개의 N—H 결합은 독자 쪽으로 나오며, 1개의 N—H 결합은 독자로부터 멀어지는, 암모니아 3차원 구조를 나타낼 수 있다.

생각해보기

PH_3 분자의 4개의 전자 집단이 사면체 형태를 가진다면, PH_3 분자가 사면체 모양이 아닌 삼각뿔 형태를 가지는 이유는 무엇인가?

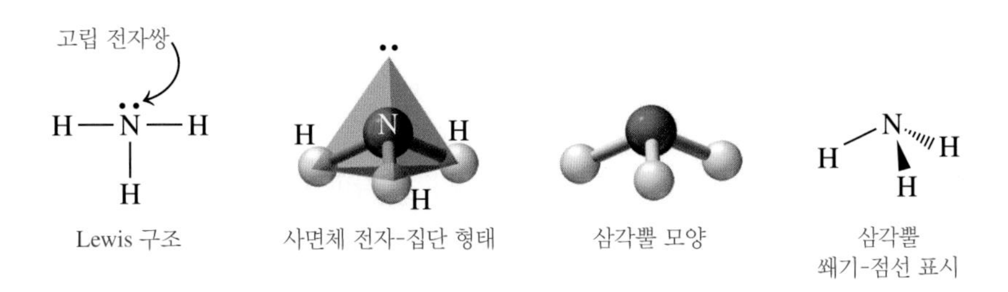

물(H_2O)의 Lewis 구조 역시 4개의 전자 집단이 있고, 전자 집단 형태가 사면체일 때 최소의 반발력을 가진다. 그러나 H_2O에서 2개의 전자 집단은 고립 전자쌍이다. H_2O의 모양은 중심 O 원자와 결합된 2개의 H 원자에 의하여 결정되기 때문에 H_2O 분자의 모양은 결합각이 109°인 **굽은** 형이다. 표 6.16은 2개, 3개, 4개의 결합 원자를 가지는 분자의 모양을 제시한다.

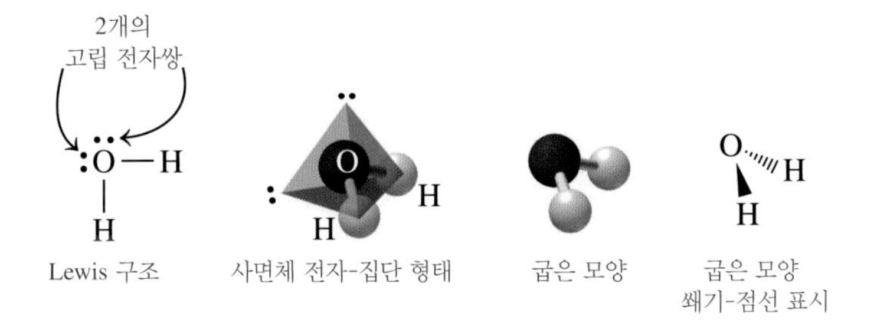

표 6.16 2개, 3개, 4개의 결합 원자를 가지는 중심 원자의 분자 모양

전자 집단	전자-집단 형태	결합 원자	고립 전자쌍	결합각*	분자 모양	예	3차원 모형
2	선형	2	0	180°	선형	CO_2	
3	평면 삼각형	3	0	120°	평면 삼각형	H_2CO	
3	평면 삼각형	2	1	120°	굽은 형	SO_2	
4	사면체	4	0	109°	사면체	CH_4	
4	사면체	3	1	109°	삼각뿔	NH_3	
4	사면체	2	2	109°	굽은 형	H_2O	

* 실제 분자의 결합각은 약간 다를 수 있다.

예제 6.15 분자의 모양 예측

문제

VSEPR 이론을 이용하여 $SiCl_4$ 분자의 모양을 예측하라.

풀이 지침

문제 분석	주어진 조건	필요한 사항	연계
	$SiCl_4$	모양	Lewis 구조, 전자 집단, 결합된 원자

1단계 Lewis 구조를 그려라.

원소의 이름	규소		염소
원소의 기호	Si		Cl
원소의 원자	1		4
원자가 전자	$4\ e^-$		$7\ e^-$
총 전자	$1(4\ e^-)$	+	$4(7\ e^-) = 32\ e^-$

$32\ e^-$를 이용하여 $SiCl_4$의 Lewis 구조의 결합과 고립 전자쌍을 그려라.

```
      ..
     :Cl:
  ..  ..  ..
 :Cl:Si:Cl:
  ..  ..  ..
     :Cl:
      ..
```

2단계 중심 원자 주위에 반발력이 최소가 되도록 전자 집단을 배열하라.

규소 주위의 각 단일 결합은 하나의 전자 집단으로 간주한다. 중심 원자 주위에 배열된 4개의 전자 집단은 사면체 형태를 가진다.

3단계 모양을 결정하기 위하여 중심 원자와 결합된 원자를 이용하라.

중심 Si 원자는 4개의 원자와 결합하였기 때문에, $SiCl_4$ 분자는 사면체 모양을 가진다.

유제 6.15

VSEPR 이론을 이용하여 SCl_2의 모양을 예측하라.

해답

중심 원자 S는 4개의 전자 집단, 즉 2개의 결합 원자와 2개의 고립 전자쌍을 가진다. SCl_2의 모양은 굽은 형으로, 결합각은 109°이다.

확인하기

연습 문제 6.36에서 6.39를 풀어보기

연습 문제

6.8 분자의 모양

학습 목표 분자의 3차원 구조를 예상한다.

6.36 다음의 문장(**a**에서 **c**)과 일치하는 모양(**1**에서 **6**)을 선택하라.

1. 선형 **2.** 굽은 형(109°) **3.** 평면 삼각형 **4.** 굽은 형(120°) **5.** 삼각뿔 **6.** 사면체

a. 중심 원자가 4개의 전자 집단과 4개의 결합된 원자를 가진 분자

b. 중심 원자가 4개의 전자 집단과 3개의 결합된 원자를

가진 분자

c. 중심 원자가 3개의 전자 집단과 3개의 결합된 원자를 가진 분자

6.37 다음 화합물의 3차원 구조를 예측하라.

a. $Ni(Co)_4$ **b.** CS_2

c. NEt_3(트라이에틸아민) **d.** SeO_3

6.38 CF_4와 NF_3의 Lewis 구조를 비교하라. 이 분자들이 다른 모양을 가지는 이유는 무엇인가?

6.39 VSEPR 이론을 이용하여 다음의 모양을 예측하라.

a. GaH_3 **b.** OF_2

c. HCN **d.** CCl_4

6.9 분자의 극성과 분자간 힘

학습 목표 극성과 비극성으로 분류하기 위하여 3차원 분자 구조를 사용한다. 이온, 극성 공유 분자, 비극성 공유 분자 사이의 분자간 힘을 기술한다.

지금까지 분자 내 공유 결합이 극성 또는 비극성이 될 수 있음을 보았다. 이제 분자 내 결합과 그 모양이 어떻게 분자가 극성 또는 비극성으로 분류되는 것을 결정할 수 있는지를 살펴볼 것이다.

핵심 화학 기법

분자의 극성과 분자간 힘 확인하기

비극성 분자

비극성 분자(nonpolar molecule)에서 모든 결합은 비극성이거나 극성 결합이 서로 상쇄된다. H_2, Cl_2, CH_4와 같은 분자는 비극성 공유 결합만을 가지고 있으므로 비극성이다. 또한 **비극성 분자**는 대칭적인 배열을 가지고 있어 극성 결합(쌍극자)이 상쇄될 때도 나타난다. 예를 들어, 선형 분자인 CO_2는 쌍극자가 반대 방향을 가리키는 동일한 극성 공유 결합을 가진다. 결과적으로 쌍극자는 상쇄되어 CO_2 분자를 비극성으로 만든다.

O=C=O

2개의 C—O 쌍극자가 상쇄되어 CO_2는 비극성이다.

비극성 분자의 또 다른 예는 CCl_4 분자로, 중심 C 원자 주위에 4개의 극성 결합이 대칭적으로 배열되어 있다. 각각의 C—Cl 결합은 같은 극성을 가지지만 사면체의 배열을 가지기 때문에 반대 쌍극자가 상쇄된다. 결과적으로 CCl_4 분자는 비극성이다.

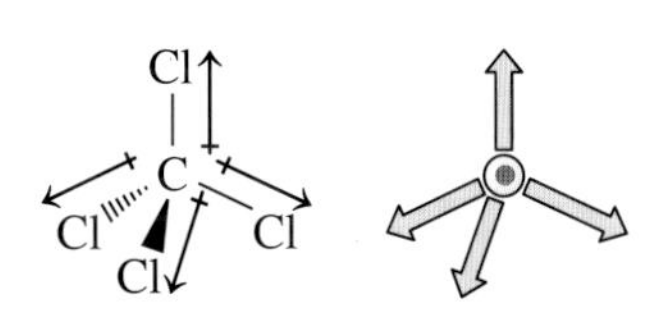

4개의 C—Cl 쌍극자가 상쇄되어 CCl_4는 비극성이다.

극성 분자

극성 분자(polar molecule)에서 분자의 한쪽 끝은 다른 쪽 끝보다 더 음으로 하전되어 있다. 분자의 극성은 개별적인 극성 결합의 쌍극자가 서로 상쇄되지 않을 때 나타난다. 예를 들어, HCl은 극성인 하나의 공유 결합을 가지고 있기 때문에 극성 분자이다.

단일 쌍극자는 상쇄되지 않으므로 HCl은 극성이다.

2개 이상의 전자 집단을 가진 분자에서 굽은 형이거나 삼각뿔과 같은 모양은 쌍극자가 상쇄되는지를 결정한다. 예를 들어, H_2O는 굽은 형이다. 따라서 물 분자는 개별적인 쌍극자가 상쇄되지 않기 때문에 극성이다.

분자의 더 음성인 끝

분자의 더 양성인 끝

쌍극자가 상쇄되지 않으므로 H_2O는 극성이다.

NH_3 분자는 3개의 결합된 원자를 가진 사면체 전자-집단 형태로, 삼각뿔 모양을

가진다. 따라서 NH_3 분자는 개별적인 N—H 쌍극자가 상쇄되지 않기 때문에 극성이다.

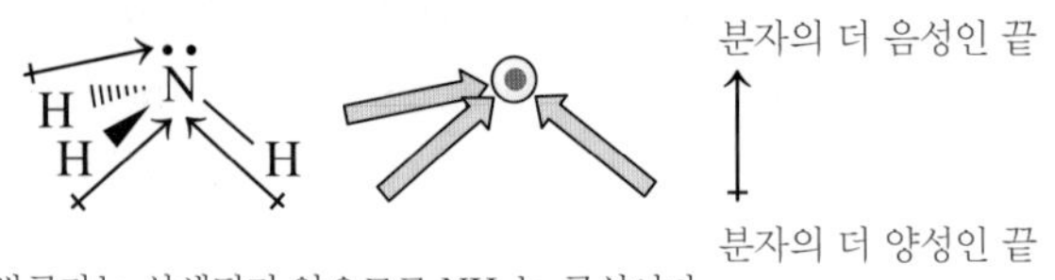

쌍극자는 상쇄되지 않으므로 NH_3는 극성이다.

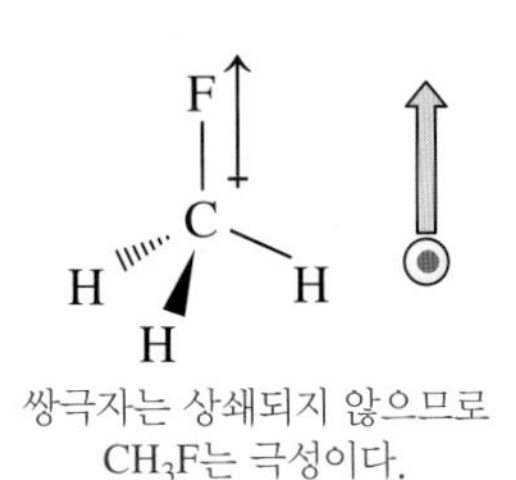
쌍극자는 상쇄되지 않으므로 CH_3F는 극성이다.

CH_3F 분자에서 C—F 결합은 극성 공유 결합이지만, C—H 결합은 비극성 공유 결합이다. CH_3F에는 오직 하나의 쌍극자만 있기 때문에, CH_3F는 극성 분자이다.

예제 6.16 분자의 극성

문제

OF_2 분자가 극성 또는 비극성인지를 결정하라.

풀이 지침

	주어진 조건	필요한 사항	연계
문제 분석	OF_2	극성	Lewis 구조, 결합 극성

1단계 **결합이 극성 또는 비극성 공유 결합인지를 결정하라.** 그림 6.6에서 F와 O는 전기음성도 차이가 0.5(4.0 − 3.5 = 0.5)로, 각각의 O—F 결합은 극성 공유 결합이다.

2단계 **결합이 극성 공유 결합이면, Lewis 구조를 그려 쌍극자가 상쇄되는지를 결정하라.** OF_2의 Lewis 구조는 4개의 전자 집단을 가지고 2개의 결합된 원자를 가진다. 분자는 굽은 형 모양이며, O—F 결합의 쌍극자는 상쇄되지 않는다. OF_2 분자는 극성이다.

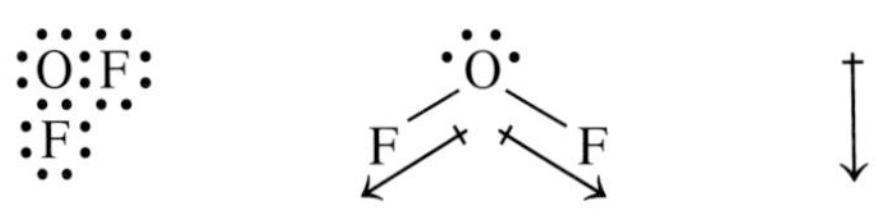
쌍극자는 상쇄되지 않으므로 OF_2는 극성이다.

유제 6.16

PCl_3 분자는 극성인가, 비극성인가?

해답

극성

확인하기

연습 문제 6.40에서 6.42를 풀어보기

분자간 힘

기체에서는 입자 사이의 상호작용이 최소화되어 기체 분자가 서로 멀리 떨어져 이동할 수 있다. 고체와 액체에서는 입자 사이에 충분한 상호작용이 있어 입자들을 서로 가깝게 붙잡는다. 이러한 성질의 차이는 **쌍극자-쌍극자 인력**, **수소 결합**, **분산력**, **이**

온 결합을 포함한 입자 사이의 다양한 종류의 **분자간** 힘을 살펴봄으로써 설명할 수 있다.

이온 결합

이온 결합은 화합물에서 발견되는 가장 강한 인력이다. 따라서 대부분의 이온 화합물은 실온에서 고체이다. 이온 화합물인 염화 소듐, NaCl은 801°C에서 녹는다. 양이온과 음이온 사이의 강한 인력을 극복하여 고체 염화 소듐을 액체로 변화시키기 위해서는 많은 양의 에너지가 필요하다.

쌍극자-쌍극자 인력

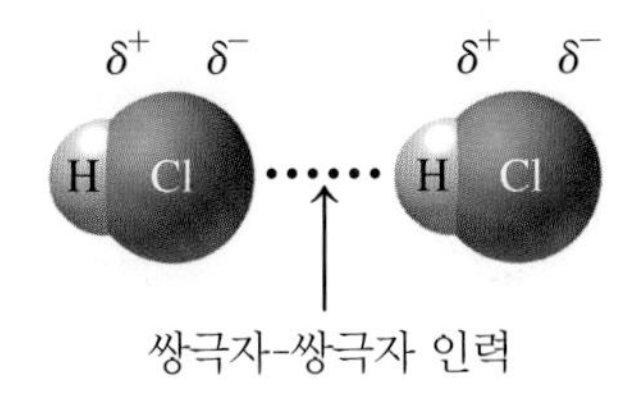

모든 극성 분자는 **쌍극자-쌍극자 인력**(dipole-dipole attraction)에 의하여 서로 끌어당긴다. 극성 분자는 쌍극자를 가지기 때문에 한 분자의 양으로 하전된 쌍극자 끝은 다른 분자의 음으로 하전된 쌍극자 끝으로 끌린다.

수소 결합

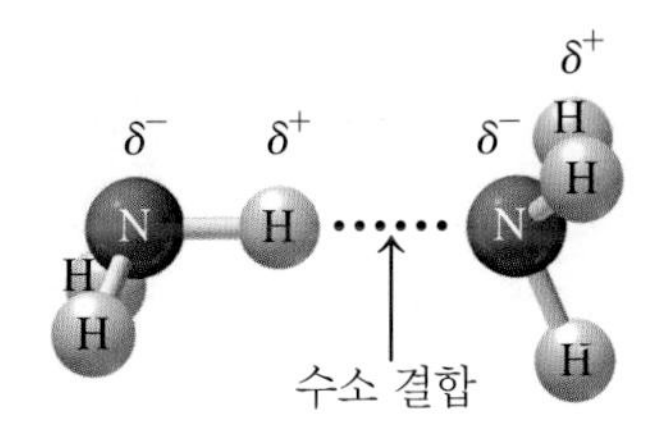

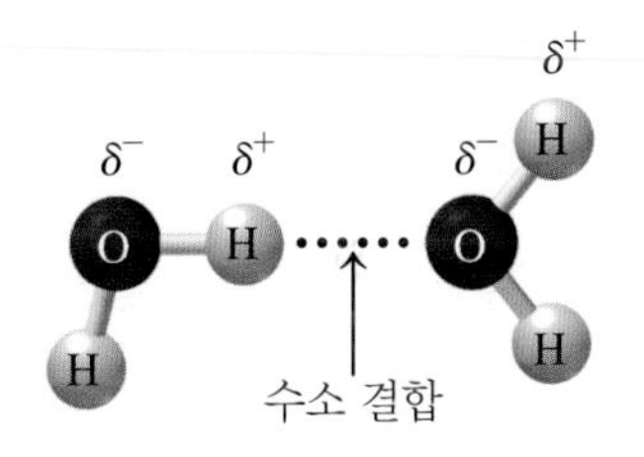

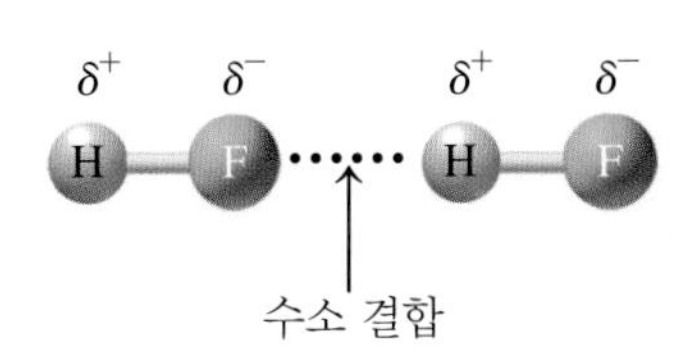

질소, 산소 또는 플루오린과 같은 전기음성도가 높은 원자와 결합한 수소 원자를 포함하는 극성 분자는 특히 강한 쌍극자-쌍극자 인력을 형성한다. **수소 결합**(hydrogen bond)라 불리는 이러한 종류의 인력은 한 분자에서 부분적으로 양인 수소 원자와 또 다른 분자의 부분적으로 음인 질소, 산소 또는 플루오린 원자 사이에서 나타난다. 수소 결합은 극성 공유 분자 사이의 인력 중 가장 강한 종류이다. 이것은 극성 분자 사이의 인력이며, 분자를 함께 붙잡는 결합은 아니다.

분산력

분산력(dispersion force)이라 불리는 매우 약한 인력은 비극성 분자 사이에서 일어나는 유일한 분자간 힘이다. 보통 비극성 공유 분자의 전자들은 대칭적으로 분포되어 있다. 그러나 전자의 움직임은 다른 부분보다 분자의 한 부분에 더 많은 전자가 놓이게 되고, 이는 **순간 쌍극자**(temporary dipole)를 형성한다. 이러한 순간적인 쌍극자는 한 분자의 양의 끝이 다른 분자의 음의 끝으로 끌리게 분자를 배열한다. 분산력은 매우 약하지만, 비극성 분자가 액체와 고체를 형성하는 것을 가능하게 한다.

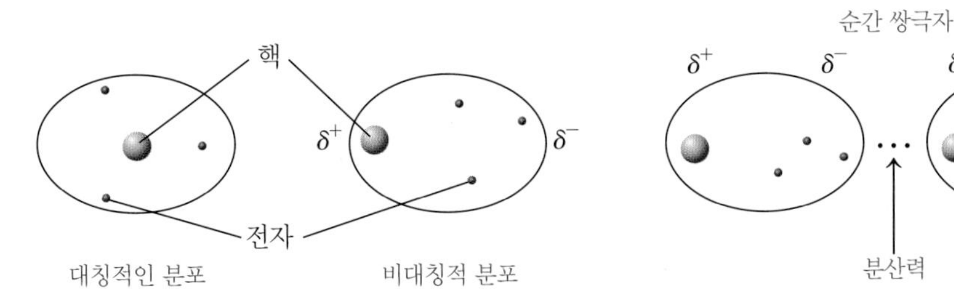

비극성 공유 분자는 순간 쌍극자를 형성할 때 약한 인력을 가진다.

표 6.17 **선택된 물질의 녹는점**

물질	녹는점(°C)
이온 결합	
MgF_2	1248
NaCl	801
수소 결합	
H_2O	0
NH_3	−78
쌍극자-쌍극자 인력	
HI	−51
HBr	−89
HCl	−115
분산력	
Br_2	−7
Cl_2	−101
F_2	−220

인력과 녹는점

물질의 녹는점은 입자 사이의 인력의 세기와 관련이 있다. 분산력과 같이 인력이 약한 화합물은 분자를 분리하여 액체를 형성하는 데 적은 양의 에너지만 필요하기 때문에 녹는점이 낮다. 쌍극자-쌍극자 인력을 가진 화합물은 분자 사이의 인력을 끊기 위하여 더 많은 에너지가 필요하다. 수소 결합을 형성할 수 있는 화합물은 분자 사이의 강한 인력을 극복하기 위하여 훨씬 더 많은 에너지가 필요하다. 양이온과 음이온 사이의 강한 인력을 극복하고 이온 고체를 녹이기 위해서는 더 많은 양의 에너지가 필요하다. 예를 들어, 이온 고체 MgF_2는 1248°C에서 녹는다. 표 6.17은 다양한 종류의 인력을 가진 일부 물질의 녹는점을 비교하고 있다. 고체와 액체에서 입자들 사이의 다양한 종류의 인력은 표 6.18에 요약하였다.

표 6.18 **결합과 인력의 비교**

힘의 종류	입자 배열	예	세기
원자 또는 이온 사이			강
이온 결합	(+ − + / − + −)	Na^+Cl^-	
공유 결합 (X = 비금속)	X:X	Cl—Cl	
분자 사이			
수소 결합 (X = N, O, 또는 F)	δ^+ δ^- H X ··· δ^+ δ^- H X	$H^{\delta+}—F^{\delta-} \cdots H^{\delta+}—F^{\delta-}$	
쌍극자-쌍극자 인력 (X와 Y = 비금속)	δ^+ δ^- Y X ··· δ^+ δ^- Y X	$H^{\delta+}—Cl^{\delta-} \cdots H^{\delta+}—Cl^{\delta-}$	
분산력(비극성 결합에서 전자의 일시적인 이동)	δ^+ δ^- X:X ··· δ^+ δ^- X:X (순간 쌍극자)	$F^{\delta+}—F^{\delta-} \cdots F^{\delta+}—F^{\delta-}$	약

예제 6.17 **입자 사이의 분자간 힘**

문제

다음에서 예상되는 분자간 힘의 종류(쌍극자-쌍극자 인력, 수소 결합 또는 분산력)를 나타내라.

a. HF **b.** Br_2 **c.** PCl_3

풀이

a. HF는 높은 전기음성도의 플루오린 원자가 수소와 결합한 극성 분자이다. 수소 결합은 HF 분자 사이의 분자간 힘의 주요 종류이다.

b. Br_2는 비극성이고, 분산력이 Br_2 분자 사이의 분자간 힘의 주요 종류이다.
c. PCl_3는 극성 분자이다. 쌍극자-쌍극자 인력은 PCl_3 분자 사이의 분자간 힘의 주요 종류이다.

유제 6.17

H_2S와 H_2O의 주요 분자간 힘의 종류를 확인하라.

해답

H_2S 분자 사이의 분자간 힘은 쌍극자-쌍극자 인력인 반면, H_2O 분자 사이의 분자간 힘은 수소 결합이다.

확인하기

연습문제 6.43과 6.44를 풀어보기

연습 문제

6.9 분자의 극성과 분자간 힘

학습 목표 극성과 비극성으로 분류하기 위하여 3차원 분자 구조를 사용한다. 이온, 극성 공유 분자, 비극성 공유 분자 사이의 분자간 힘을 기술한다.

6.40 F_2는 비극성 분자이지만 HF는 극성 분자인 이유는 무엇인가?

6.41 다음 분자를 극성 또는 비극성으로 확인하라.
a. CS_2 **b.** NF_3 **c.** CHF_3 **d.** SO_3

6.42 CO_2 분자는 비극성이지만 CO는 극성 분자이다. 설명하라.

6.43 다음 입자 사이의 주요 분자간 힘의 종류를 확인하라.
a. BrF **b.** KCl **c.** NF_3 **d.** Cl_2

6.44 다음 입자 사이의 가장 강한 분자간 힘을 확인하라.
a. CH_3OH **b.** CO **c.** CF_4 **d.** CH_3CH_3

의학 최신 정보 약국에서의 화합물

며칠 전, Richard는 아스피린($C_9H_8O_4$)과 아세트아미노펜($C_8H_9NO_2$)을 구입하기 위하여 약국을 다시 방문하였다. 또한 그는 아픈 발가락을 치료하기 위한 방법에 대하여 Sarah와 상의하고 싶었다. Sarah는 그의 발을 황산염인 사리염 용액에 담그는 것을 추천하였다. Richard는 Sarah에게 소화불량에 대한 제산제와 철분 보충제를 추천하여 줄 것을 요청하였다. Sarah는 탄산 칼슘과 수산화 알루미늄을 함유한 제산제와 철분 보충제로 황산 철(II)을 제안하였다. Richard는 플루오린화 주석(II)을 함유한 치약과 이산화 탄소를 함유한 탄산수도 구입하였다.

의학 응용

6.45 다음에 대한 화학식을 써라.
a. 황산 마그네슘
b. 플루오린화 주석(II)
c. 수산화 알루미늄

6.46 6.45의 화합물을 이온 또는 분자 화합물로 확인하라.

개념도

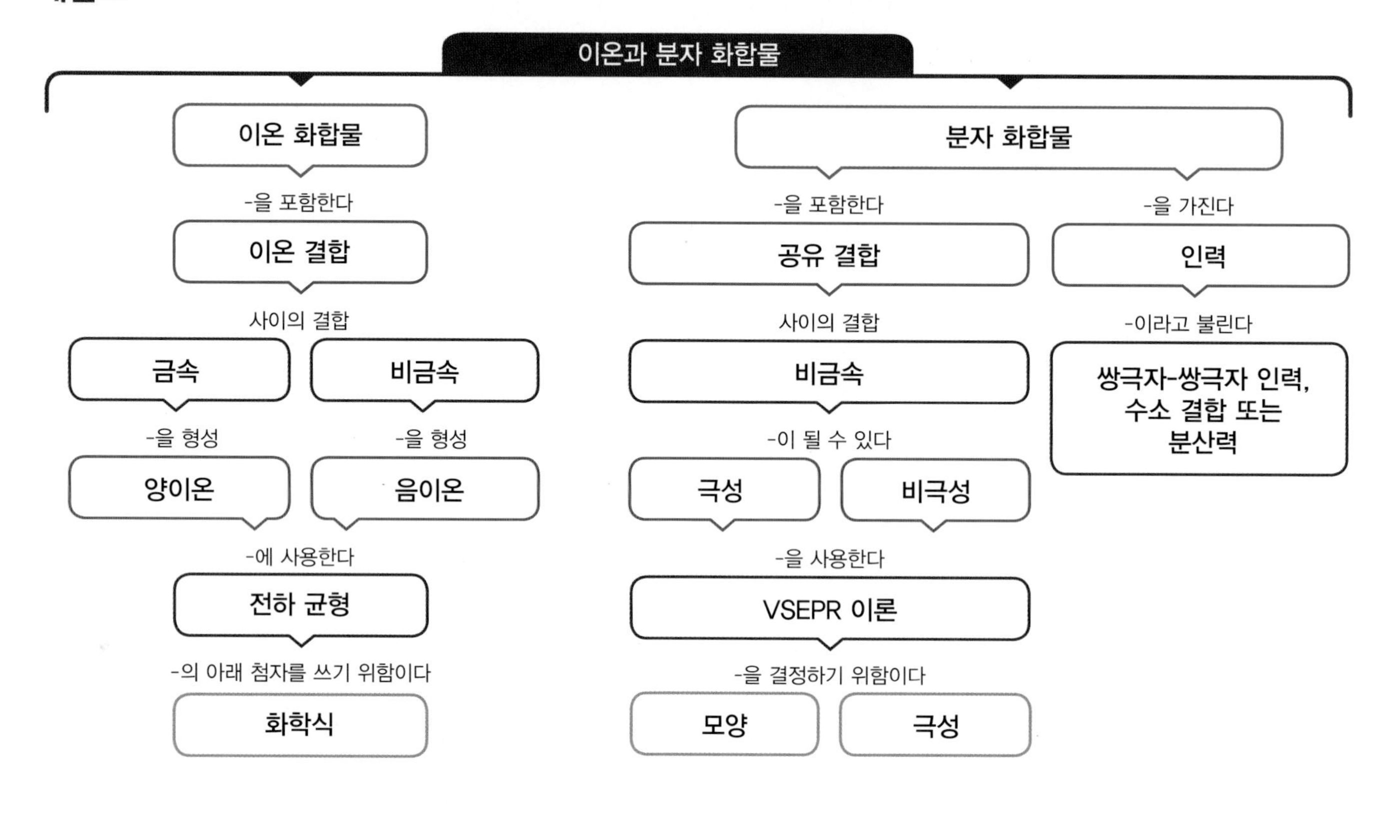

장 복습

6.1 이온: 전자의 이동

학습 목표 전형 원소들의 간단한 이온에 대한 기호를 쓴다.

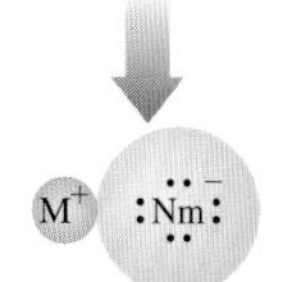

전자의 이동

이온 결합

- 0족 기체의 안정성은 최외각 에너지 준위의 안정한 전자 배열과 관련이 있다.
- 2개의 전자를 가지는 헬륨을 제외하고, 0족 기체는 8개의 원자가 전자를 가지며, 이는 8 전자이다.
- 1A에서 7A(1, 2, 13~17)족 원소의 원자는 화합물을 형성할 때, 원자가 전자를 잃거나, 얻거나 공유함으로써 안정성을 얻는다.
- 전형 원소의 금속은 원자가 전자를 잃어 양으로 하전된 이온(양이온)을 형성한다. 1A(1)족은 1+, 2A(2)족은 2+, 3A(13)족은 3+을 형성한다.
- 금속과 반응할 때, 비금속은 전자를 얻어 8 전자를 형성하고, 음으로 하전된 이온(음이온)을 형성한다. 5A(15)족은 3−, 6A(16)족은 2−, 7A(17)족은 1−을 형성한다.

6.2 이온 화합물

학습 목표 전하 균형을 이용하여 이온 화합물의 정확한 화학식을 쓴다.

- 이온 화합물의 화학식에서 양이온과 음이온의 전하의 합은 균형을 이루어야 한다.
- 화학식에서 각 기호 뒤의 아래 첨자를 이용하여 전하 균형을 달성하여 전체 전하가 0이 되도록 한다.

Na+
Cl−
염화 소듐

6.3 이온식의 명명과 쓰기

학습 목표 이온 화합물의 화학식이 주어지면, 정확한 이름을 쓴다. 이온 화합물의 이름이 주어지면, 정확한 화학식을 쓴다.

- 이온 화합물의 명명에서 음이온을 먼저 쓰고 양이온의 이름을 그 뒤에 쓴다(영문명에서는 양이온을 먼저 쓰고 음이온의 이름을 그 뒤에 쓴다).
- 2개의 원소를 포함하는 이온 화합물의 이름은 -화(-ide)로 끝나는 음이온 명의 이름을 사용한다.
- Ag, Cd, Zn을 제외하고, 전이 원소는 2개 이상의 이온 전하를

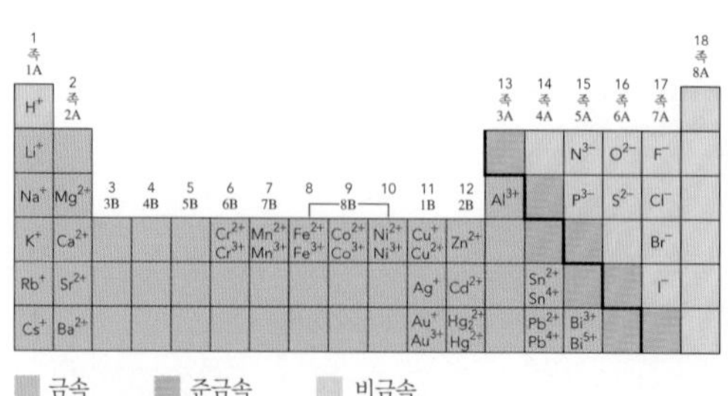

가진 양이온을 형성한다.
- 양이온의 전하는 화학식의 총 음전하에 의해 결정되고, 가변 전하를 가지는 금속 이름 바로 뒤에 로마 숫자로 포함된다.

6.4 다원자 이온

학습 목표 다원자 이온을 포함하는 이온 화합물의 이름과 화학식을 쓴다.

- 다원자 이온은 전하를 띠는 공유 결합된 원자 집단이다. 예를 들어, 탄산 이온은 화학식이 CO_3^{2-}이다.
- 대부분의 다원자 이온은 -산(-ate) 또는 아-산(-ite)으로 끝나는 이름을 가진다.
- 대부분의 다원자 이온은 비금속과 1개 이상의 산소 원자를 가진다.
- 암모늄 이온, NH_4^+는 양이온의 다원자 이온이다.
- 1개 이상의 다원자 이온이 전하 균형에 사용될 때, 다원자 이온의 화학식을 괄호로 묶는다.

Ca^{2+} SO_4^{2-}
황산 이온

6.5 분자 화합물: 전자 공유

학습 목표 분자 화합물의 화학식이 주어지면, 정확한 이름을 쓴다. 분자 화합물의 이름이 주어지면, 화학식을 쓴다.

1	일(mono)
2	이(di)
3	삼(tri)
4	사(tetra)
5	오(penta)

- 공유 결합에서 비금속 원자는 각각의 원자가 안정한 전자 배열을 가지도록 원자가 전자를 공유한다.
- 분자 화합물에서 첫 번째 비금속은 원소의 이름을 사용하고 두 번째 비금속은 원소의 이름 첫 어간에 -화를 붙여 사용한다.
- 2개의 다른 원자를 가진 분자 화합물의 이름은 화학식의 아래 첨자를 나타내기 위하여 접두사를 사용한다.

6.6 분자의 Lewis 구조

학습 목표 단일 결합과 다중 결합을 가진 분자 화합물의 Lewis 구조를 그린다.

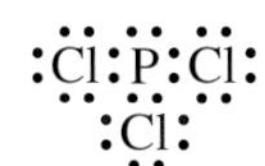

- 원자가 전자의 총수는 분자 내 모든 원자들에 의하여 결정된다.
- Lewis 구조에서 결합 전자쌍은 중심 원자와 연결된 원자 사이에 각각 놓인다.
- 남아 있는 원자가 전자는 중심 원자와 주위 원자가 8 전자를 완성하기 위하여 사용된다.
- 8 전자가 완성되지 않을 경우, 1개 이상의 고립 전자쌍은 이중 또는 삼중 결합을 형성하는 결합 전자쌍으로 놓는다.

6.7 전기음성도와 결합 극성

학습 목표 결합의 극성을 결정하기 위하여 전기음성도를 이용한다.

- 전기음성도는 다른 원자와 공유하는 전자를 끌어당기는 원자의 능력이다. 일반적으로 금속의 전기음성도는 낮은 반면, 비금속의 전기음성도는 높다.
- 비극성 공유 결합에서 원자는 전자를 균등하게 공유한다.
- 극성 공유 결합에서 공유 전자는 전기음성도가 더 큰 원자에 끌리기 때문에 불균등하게 공유된다.
- 극성 결합에서 전기음성도가 낮은 원자는 부분적으로 양(δ^+)이고, 전기음성도가 더 높은 원자는 부분적으로 음(δ^-)이다.
- 이온 결합을 형성하는 원자는 전기음성도에서 큰 차이가 나타난다.

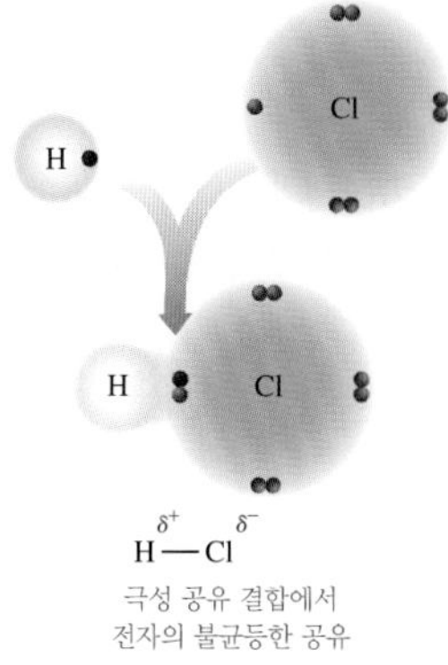

극성 공유 결합에서 전자의 불균등한 공유

6.8 분자의 모양

학습 목표 분자의 3차원 구조를 예상한다.

- 분자의 모양은 Lewis 구조, 전자-집단 형태와 결합된 원자의 수로부터 결정된다.
- 2개의 전자 집단을 가진 중심 원자 주위의 전자-집단 형태는 선형이고, 3개의 전자 집단을 가진 형태는 평면 삼각형이며, 4개의 전자 집단을 가진 형태는 사면체이다.
- 모든 전자 집단이 원자와 결합할 때, 모양은 전자 배열과 같은 이름을 가진다.
- 3개의 전자 집단과 2개의 결합 원자를 가진 중심 원자는 결합각이 120°이다.
- 4개의 전자 집단과 3개의 결합 원자를 가진 중심 원자는 삼각뿔 모양을 가진다.
- 4개의 전자 집단과 2개의 결합 원자를 가진 중심 원자는 결합각이 109°이다.

사면체

6.9 분자의 극성과 분자간 힘

학습 목표 극성과 비극성으로 분류하기 위하여 3차원 분자 구조를 사용한다. 이온, 극성 공유 분자, 비극성 공유 분자 사이의 분자간 힘을 기술한다.

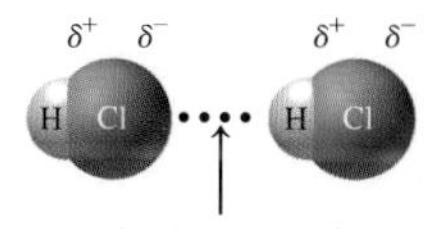

쌍극자-쌍극자 인력

- 비극성 분자는 비극성 공유 결합을 가지거나 쌍극자가 상쇄되는 결합 원자의 배열을 가진다.
- 극성 분자에서 쌍극자는 상쇄되지 않는다.
- 이온성 고체에서 반대로 하전된 이온은 이온 결합에 의해 단단한 구조 내에 붙잡혀 있다.
- 쌍극자-쌍극자 인력 및 수소 결합으로 불리는 분자간 힘은 고체와 액체 상태의 극성 분자 화합물을 함께 붙잡고 있다.
- 비극성 화합물은 분산력이라 불리는 순간 쌍극자 사이의 인력에 의해 고체와 액체를 형성한다.

주요 용어

음이온 Cl^-, O^{2-} 또는 SO_4^{2-}와 같이 음으로 하전된 이온

굽은 형 2개의 결합 원자와 1개의 고립 전자쌍 또는 2개의 고립 전자쌍을 가진 분자의 모양

양이온 Na^+, Mg^{2+}, Al^{3+} 또는 NH_4^+와 같이 양으로 하전된 이온

화학식 화합물에서 원자 또는 이온을 나타내는 기호와 아래 첨자의 집단

공유 결합 원자에 의하여 원자가 전자를 공유하는 것

쌍극자 보다 양성인 원자에서 보다 음성인 원자로 그려진 화살표로 나타낸, 극성 결합에서 양전하와 음전하의 분리

쌍극자-쌍극자 인력 극성 분자의 반대로 하전된 끝 사이의 인력

분산력 비극성 분자의 순간적인 분극화로 인해 발생하는 약한 쌍극자 결합

이중 결합 2개의 원자가 2쌍의 전자를 공유하는 것

전기음성도 결합에서 전자를 끌어당기는 한 원소의 상대적인 능력

수소 결합 부분적으로 양인 H 원자와 높은 전기음성도를 가진 원자인 N, O, F 사이의 인력

이온 전자를 잃거나 얻어 전하를 띠는 원자 또는 원자단

이온 전하 원소 또는 다원자 이온의 기호 우측 상단에 쓰인 양성자의 수(양전하)와 전자의 수(음전하) 사이의 차이

이온 화합물 이온 결합에 의해 결합되어 있는 양이온과 음이온의 화합물

Lewis 구조 수소에 대한 2개의 전자를 제외하고, 모든 원자의 원자가 전자가 8 전자를 제공하도록 배열된 구조

선형 2개의 결합된 원자와 고립 전자쌍이 없는 분자의 모양

분자 화합물 전자를 공유함으로써 안정한 전자 배열을 얻는 원자들의 결합

분자 공유 결합으로 함께 묶여 있는 2개 이상의 원자들의 가장 작은 단위

비극성 공유 결합 원자들 사이에 전자들이 균등하게 공유되는 공유 결합

비극성 분자 비극성 결합만을 가지거나 결합 쌍극자가 상쇄되는 분자

8 전자 8개 원자가 전자 세트

8 전자 규칙 1A족에서 7A(1, 2, 13~17)족의 원소는 다른 원소와 반응하여 이온 또는 공유 결합을 형성함으로써 최외각 껍질에 8개의 전자로 안정한 전자 배열을 생성한다.

극성 공유 결합 원자들 사이에서 전자가 불균등하게 공유되는 공유 결합

극성 분자 쌍극자가 상쇄되지 않는 결합을 가진 분자

극성 전기음성도 차이로 나타내는 전자의 불균등한 공유의 척도

다원자 이온 전체 전하를 가진 공유 결합된 비금속 원자들의 집단

사면체 4개의 결합된 원자를 가진 분자의 모양

평면 삼각형 3개의 결합된 원자와 고립 전자쌍이 없는 분자의 모양

삼각뿔 3개의 결합된 원자와 1개의 고립 전자쌍을 가진 분자의 모양

삼중 결합 2개의 원자가 3쌍의 전자를 공유하는 것

원자가 껍질 전자쌍 반발(VSEPR) 이론 중심 원자 주위의 전자들이 반발력을 최소화하기 위하여 가능한 최대로 멀리 이동함으로써 분자의 모양을 예측하는 이론

핵심 화학 기법

각 핵심 화학 기법을 포함하는 장의 절은 각 주제 끝의 괄호 안에 표시하였다.

양이온과 음이온 쓰기(6.1)

- 이온 결합을 형성할 때 금속 원자는 원자가 전자를 잃고, 비금속 원자는 원자가 전자를 얻어 보통 8개의 원자가 전자인 안정한 전자 배열을 얻는다.
- 안정한 전자 배열을 이루는 원자의 경향은 8 전자 규칙으로 알려져 있다.

예: 안정한 전자 배열을 얻기 위하여 다음의 원자는 몇 개의 전자를 얻거나 잃어야 하는지, 그리고 형성된 이온은 무엇인지 말하라.

a. Br **b.** Ca **c.** S

해답: **a.** Br 원자는 1개의 전자를 얻어 안정한 전자 배열을 이룬다. Br^-.

b. Ca 원자는 2개의 전자를 잃어 안정한 전자 배열을 이룬다. Ca^{2+}.

c. S 원자는 2개의 전자를 얻어 안정한 전자 배열을 이룬다. S^{2-}.

이온 화학식 쓰기(6.2)

- 화합물의 화학식은 원자 또는 이온의 최소 정수비를 나타낸다.
- 이온 화합물의 화학식에서 양전하와 음전하의 합은 항상 0이다.
- 따라서 이온 화합물의 화학식에서 총 양전하는 총 음전하와 같다.

예: 인화 마그네슘의 화학식을 써라.

해답: 인화 마그네슘은 Mg^{2+}와 P^{3-}를 가진 이온 화합물이다. 전하 균형을 이용하여 각 종류의 이온의 수를 결정한다.

$$3(2+) + 2(3-) = 0$$

$3Mg^{2+}$와 $2P^{3-}$는 화학식 Mg_3P_2를 제시한다.

이온 화합물 명명(6.3)

- 2개 원소로 구성된 이온 화합물의 이름에서 두 번째로 쓰인 금속 이온의 이름은 원소 이름과 동일하다.
- 2개 이상의 이온을 형성하는 금속에서 이온 전하와 같은 로마 숫자는 금속 이름 바로 뒤 괄호 안에 넣는다.
- 비금속 이온의 이름은 원소의 첫 어간에 -화(-ide)를 붙여 얻는다.

예: PbS의 이름은 무엇인가?

해답: 화합물은 2−의 전하를 가진 S^{2-} 이온을 포함한다.

전하 균형을 위하여 양이온은 2+ 전하를 가져야 한다.

$$Pb? + (2-) = 0, \quad Pb = 2+$$

납은 2개의 다른 양이온을 형성할 수 있기 때문에, 로마 숫자(II)가 화합물의 이름에 사용된다. 따라서 황화 납(II)이다.

분자 화합물의 이름과 화학식 쓰기(6.5)

- 분자 화합물을 명명할 때 화학식의 첫 번째 비금속은 원소 이름으로 명명하고, 두 번째 비금속은 원소 이름의 어간에 -화(-ide)를 붙여 명명한다.
- 아래 첨자가 원소의 2개 이상의 원자를 의미하는 경우, 접두사가 이름 앞에 표시된다.

예: 분자 화합물 BrF_5를 명명하라.

해답: 2개의 비금속은 전자를 공유하여 분자 화합물을 형성한다. Br(첫 번째 비금속)은 브로민, F(두 번째 비금속)은 플루오린화이다. 분자 화합물의 이름에서 접두사는 화학식의 아래 첨자를 의미한다. Br의 아래 첨자 1은 생략하고 플루오린화의 아래 첨자 5는 접두사 오(penta)로 쓴다. 따라서 이름은 오플루오린화 브로민이다.

Lewis 구조 그리기(6.6)

- 분자의 Lewis 구조는 원자의 순서, 원자 사이에 공유되는 결합 전자쌍과 비결합 또는 **고립 전자쌍**(lone pair)을 보여준다.
- 이중 또는 삼중 결합은 8 전자를 완성하기 위하여 같은 원자들 사이에 두 번째 또는 세 번째 전자쌍이 공유되면서 얻는다.

예: CS_2의 Lewis 구조를 그려라.

해답: 중심 원자는 C이다.

S C S

원자가 전자의 총수를 결정하라.

$$\begin{aligned} 2\,S \times 6\,e^- &= 12\,e^- \\ 1\,C \times 4\,e^- &= 4\,e^- \\ \text{총} &= 16\,e^- \end{aligned}$$

한 쌍의 전자를 이용하여 중심 원자와 결합된 각각의 원자를 연결하라. 2개의 결합 전자쌍은 4개의 전자를 사용한다.

S:C:S

12개의 남은 전자를 S 원자 주위에 고립 전자로 놓는다.

:S̤̈:C:S̤̈:

C에 대하여 8 전자를 완성하기 위하여, 각각의 S 원자로부터 고립 전자쌍을 C와 공유하여 2개의 이중 결합을 형성한다.

:S̈::C::S̈: 또는 :S̈=C=S̈:

전기음성도 이용(6.7)

- 전기음성도 값은 공유 전자를 끌어당기는 원자의 능력을 의미한다.
- 전기음성도 값은 같은 주기에서는 왼쪽에서 오른쪽으로 갈수록 증가하고, 같은 족에서는 아래로 갈수록 감소한다.
- 비극성 공유 결합은 동일한 또는 매우 비슷한 전기음성도 값, 즉 전기음성도 차이가 0.0~0.4인 원자 사이에서 일어난다.
- 극성 공유 결합은 전기음성도 차이가 0.5~1.8인 원자 사이에서 전자를 공유할 때 일반적으로 일어난다.
- 이온 결합은 두 원자의 전기음성도 차이가 1.8보다 클 때 일반적으로 일어난다.

예: 전기음성도 값을 이용하여 다음 결합을 비극성 공유 결합, 극성 공유 결합 또는 이온 결합으로 분류하라.

a. Sr과 Cl **b.** C와 S **c.** O와 Br

해답: **a.** 전기음성도 차이 2.0(Cl 3.0 − Sr 1.0)은 이온 결합을 만든다.

b. 전기음성도 차이 0.0(C 2.5 − S 2.5)은 비극성 공유 결합을 만든다.

c. 전기음성도 차이 0.7(O 3.5 − Br 2.8)은 극성 공유 결합을 만든다.

모양 예측(6.8)

- 분자의 3차원 모양은 Lewis 구조를 그리고 중심 원자 주위의 전자 집단(1개 이상의 전자쌍)의 수와 결합된 원자의 수를 확인함으로써 결정된다.
- 원자가 껍질 전자쌍 반발(VSEPR) 이론에서 전자 집단은 반발력을 최소화하기 위하여 중심 원자 주위에 가능한 멀리 떨어져 배열한다.
- 2개의 전자 집단이 2개의 원자와 결합된 중심 원자는 선형이다. 3개의 전자 집단이 3개 원자와 결합된 중심 원자는 평면 삼각형이고, 2개 원자와 결합하면 굽은 형(120°)이다. 4개의 전자 집단이 4개의 원자와 결합된 중심 원자는 사면체, 3개의 원자와 결합하면 삼각뿔, 2개의 원자와 결합하면 굽은 형(109°)이다.

예: $AsCl_3$의 모양을 예측하라.

해답: Lewis 구조에서 $AsCl_3$는 3개의 결합 원자를 가진 4개의 전자 집단을 가지고 있다.

$$:\ddot{\underset{\cdot\cdot}{Cl}}:\ddot{As}:\ddot{\underset{\cdot\cdot}{Cl}}:$$
$$:\underset{\cdot\cdot}{\ddot{Cl}}:$$

전자 집단 형태는 사면체이지만 3개의 Cl 원자와 결합한 중심 원자를 가지고 있어, 모양은 삼각뿔이다.

분자의 극성과 분자간 힘 확인하기(6.9)

- 모든 결합이 비극성이거나 극성 결합이 상쇄되는 분자는 비극성이다. CCl_4는 상쇄되는 4개의 극성 결합으로 구성되어 있다.

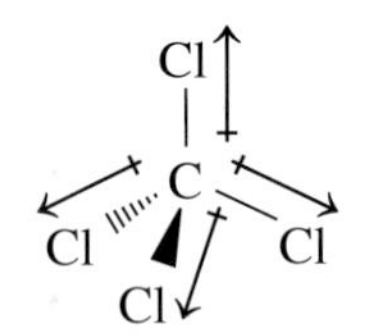

- 극성 결합이 상쇄되지 않는 분자는 극성이다. H_2O는 상쇄되지 않는 극성 결합으로 구성된 극성 분자이다.

$$H \quad \ddot{\underset{\cdot\cdot}{O}} \quad H$$

예: $AsCl_3$가 극성인지 비극성인지 예측하라.

해답: Lewis 구조에서 $AsCl_3$는 3개의 결합 원자를 가진 4개의 전자 집단을 가진다.

$$:\ddot{\underset{\cdot\cdot}{Cl}}:\ddot{As}:\ddot{\underset{\cdot\cdot}{Cl}}:$$
$$:\underset{\cdot\cdot}{\ddot{Cl}}:$$

$AsCl_3$ 분자의 모양은 상쇄되지 않는 3개의 극성 결합 (As — Cl = 3.0 − 2.0 = 1.0)을 가진 삼각뿔이다. 따라서 극성 분자이다.

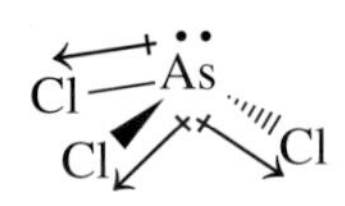

- 쌍극자–쌍극자 인력은 한 분자의 양으로 하전된 끝이 다른 분자의 음으로 하전된 끝으로 끌리기 때문에 공유 화합물의 쌍극자 사이에서 일어난다.

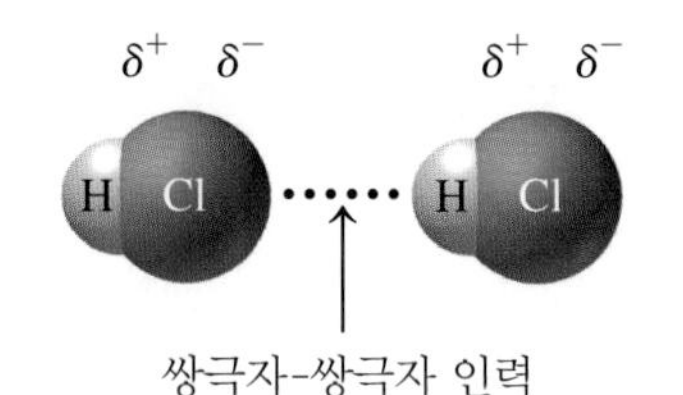

- 수소 결합이라 불리는 강한 쌍극자–쌍극자 인력은 H가 N, O, F와 결합된 화합물에서 일어난다. 한 분자의 부분 양전하 H 원자는 다른 분자의 부분 음전하 N, O, F에 강하게 끌린다.
- 분산력은 전자가 비대칭적으로 분포되면서 **순간 쌍극자**가 형성될 때 일어나는 비극성 분자 사이의 매우 약한 인력이다.

예: 다음에서 가장 강한 분자간 힘을 확인하라.

a. HF **b.** F_2 **c.** NF_3

해답: **a.** H가 F와 결합된 극성인 HF 분자는 수소 결합을 가진다.

b. 비극성 F_2 분자는 분산력만을 가진다.

c. 극성인 NF_3 분자는 쌍극자–쌍극자 인력을 가진다.

개념 이해 문제

복습할 장의 절은 각 문제 끝의 괄호 안에 나타내었다.

6.47 **a.** 칼슘이 Ca^+ 이온 대신 Ca^{2+} 이온을 형성하는 이유는 무엇인가? (6.1)

b. Ca^{2+}의 전자 배치는 무엇인가?

c. Ca^{2+}와 동일한 전자 배치를 가지는 원소는 무엇인가?

6.48 다음의 원자 또는 이온을 확인하라. (6.1)

	A	B	C	D
전자	$18\ e^-$	$8\ e^-$	$28\ e^-$	$23\ e^-$
양성자	$15\ p^+$	$8\ p^+$	$30\ p^+$	$26\ p^+$
중성자	$16\ n$	$8\ n$	$35\ n$	$28\ n$

6.49 원소 X와 Y의 Lewis 기호를 고려하라. (6.1, 6.2, 6.5)

$$X\cdot \qquad \cdot\ddot{\underset{\cdot\cdot}{Y}}\cdot$$

a. X와 Y의 족 번호는 무엇인가?

b. X와 Y의 화합물은 이온 화합물인가, 분자 화합물인가?

c. X와 Y가 형성하는 이온은 무엇인가?

d. X와 Y의 화합물의 화학식은 무엇인가?

e. X와 황의 화합물의 화학식은 무엇인가?

f. Y와 염소의 화합물의 화학식은 무엇인가?

g. **f**의 화합물은 이온 화합물인가, 분자 화합물인가?

6.50 다음 전자 배열을 이용하여 형성되는 양이온과 음이온의 화학식, 그리고 이들이 형성하는 화합물의 화학식과 이름을 제시하라. (6.2, 6.3)

전자 배열		양이온	음이온	화합물의 화학식	화합물의 이름
2,8,2	2,5				
2,8,8,1	2,6				
2,8,3	2,8,7				

6.51 다음 Lewis 구조의 원자가 전자, 결합 전자쌍, 고립 전자쌍의 수를 말하라. (6.5)

a. :C̤̈l..Be..C̤̈l: **b.** :O::O: **c.** Ca::Ö:

6.52 각 Lewis 구조(**a**에서 **c**)를 올바른 모양의 그림(**1**에서 **3**)과 연결하고, 모양의 이름을 말하라. 또 각 분자가 극성 또는 비극성인지를 표시하라. X와 Y는 비금속이고, 모든 결합은 극성 공유 결합이라고 가정한다. (6.6, 6.8, 6.9)

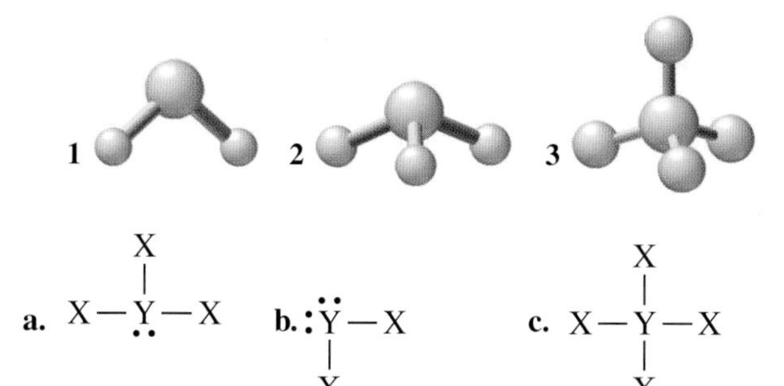

6.53 다음 Ca와 O, C와 O, K와 O, O와 O, N과 O에 대한 결합을 고려하라. (6.7)

a. 어떤 결합이 극성 공유 결합인가?

b. 어떤 결합이 비극성 공유 결합인가?

c. 어떤 결합이 이온 결합인가?

d. 극성이 감소하는 순서대로 공유 결합을 배열하라.

6.54 다음의 원자 또는 분자 사이의 주요 분자간 힘을 확인하라. (6.9)

a. PH_3 **b.** NO_2

c. CH_3NH_2 **d.** Ar

추가 연습 문제

6.55 다음의 이름을 써라. (6.1)

a. N^{3-} **b.** Mg^{2+} **c.** O^{2-} **d.** Al^{3+}

6.56 일반식이 AX_3인 삼각뿔 분자의 집합을 고려하라.

a. X가 속한 족에서 아래로 갈수록 A-X 결합의 극성은 어떻게 변하는가?

b. X가 커질 때 X-A-X의 결합각은 어떻게 변하는가?

c. X가 커질 때 분자의 극성은 어떻게 변하는가?

6.57 녹은 산화 철(III)과 약간의 수산화 철(III)로 구성된다. (6.1, 6.2, 6.3, 6.4)

a. 철(III) 이온의 기호는 무엇인가?

b. 이 이온의 양성자와 전자의 수는 몇 개인가?

c. 산화 철(III)의 화학식은 무엇인가?

d. 수산화 철(III)의 화학식은 무엇인가?

6.58 다음 이온 화합물의 화학식을 써라. (6.2, 6.3)

a. 브로민화 은 **b.** 플루오린화 칼슘

c. 황화 알루미늄 **d.** 인산 칼슘

e. 염화 철(II) **f.** 질화 마그네슘

6.59 다음 분자 화합물을 명명하라. (6.5)

a. SF_4 **b.** PH_3 **c.** BBr_3

d. PF_5 **e.** Cl_2O_7 **f.** P_2O_5

6.60 다음 분자 화합물의 화학식을 써라. (6.5)

a. 일산화 탄소 **b.** 오브로민화 인

c. 칠플루오린화 아이오딘 **d.** 삼산화 황

6.61 다음을 이온 또는 분자 화합물로 분류하고 이름을 제시하라. (6.3, 6.5)

a. Na_2CO_3 **b.** NH_3 **c.** $AlBr_3$

d. CS_2 **e.** BN **f.** Ca_3P_2

6.62 다음의 화학식을 써라. (6.3, 6.4, 6.5)

a. 탄산 주석(II) **b.** 인화 리튬

c. 사염화 규소 **d.** 산화 망가니즈(III)

e. 삼셀레늄화 사인 **f.** 브로민화 칼슘

6.63 다음에서 원자가 전자의 총수를 결정하라. (6.6)

a. HNO_2 **b.** CH_3CHO **c.** CH_3NH_2

6.64 다음의 Lewis 구조를 그려라. (6.6)

a. Cl_2O **b.** H_2NOH(N은 중심 원자)

c. H_2CCCl_2

6.65 주기율표를 이용하여 다음 원자들을 전기음성도가 증가하는 순서대로 배열하라. (6.7)

a. I, F, Cl **b.** Li, K, S, Cl **c.** Mg, Sr, Ba, Be

6.66 다음의 두 결합 중에서 더 극성인 결합을 고르라. (6.7)

a. C—N 또는 C—O **b.** N—F 또는 N—Br

c. Br—Cl 또는 S—Cl **d.** Br—Cl 또는 Br—I

e. N—F 또는 N—O

6.67 다음 결합에서 쌍극자 화살표를 표시하라. (6.7)

a. Si—Cl **b.** C—N **c.** F—Cl

d. C—F **e.** N—O

6.68 전기음성도 차이를 계산하고 다음 결합을 비극성 공유 결합, 극성 공유 결합 또는 이온 결합으로 분류하라. (6.7)

a. Si와 Cl **b.** C와 C **c.** Na와 Cl
d. C와 H **e.** F와 F

6.69 다음에 대하여 Lewis 구조를 그리고, 모양을 결정하라. (6.6, 6.8)
a. NF_3 **b.** $SiBr_4$ **c.** CSe_2

6.70 Lewis 구조를 이용하여 다음 모양을 결정하라. (6.6, 6.8)
a. CBr_4 **b.** H_2O

6.71 극성 공유 결합을 가진 다음 분자의 모양과 극성을 예측하라. (6.8, 6.9)
a. 3개의 동일한 결합 원자와 1개의 고립 전자쌍을 가진 중심 원자
b. 2개의 결합 원자와 2개의 고립 전자쌍을 가진 중심 원자

6.72 다음 분자를 극성 또는 비극성으로 분류하라. (6.8)
a. ClF_3 **b.** CO_2 **c.** HBr

6.73 다음 입자 사이에서 일어나는 분자간 힘의 주요 종류를 표시하라. (1) 이온 결합, (2) 쌍극자-쌍극자 인력, (3) 수소 결합, (4) 분산력 (6.9)
a. NF_3 **b.** ClF **c.** Br_2
d. Cs_2O **e.** C_4H_{10} **f.** CH_3OH

도전 문제

다음 문제들은 이 장의 주제와 연관되어 있다. 그러나 장의 순서를 따르지 않으며, 여러 절의 개념과 기법을 종합할 것을 요구한다. 이러한 문제들은 여러분의 비판적 사고 능력을 향상시키고 다음 시험을 준비하는 것을 도와줄 것이다.

6.74 원자 또는 이온에 대한 다음 표를 완성하라. (6.1)

원자 또는 이온	양성자 수	전자 수	얻거나 잃은 전자
K^+			
	$12\ p^+$	$10\ e^-$	
	$8\ p^+$		2개의 e^- 얻음
		$10\ e^-$	3개의 e^- 잃음

6.75 다음 이온 화합물에서 전형 원소 X의 주기율표에서의 족 번호를 확인하라. (6.2)
a. XCl_2 **b.** X_2CO_3 **c.** XBr_4

6.76 다음을 이온 또는 분자 화합물로 분류하고 각각을 명명하라. (6.2, 6.3, 6.4, 6.5)
a. Na_2O **b.** WO_2 **c.** $BaCO_3$
d. NF_3 **e.** CS_2 **f.** Cs_3PO_4
g. $K(AuCl_4)$ **h.** Cl_2

6.77 다음에 대한 Lewis 구조를 완성하라. (6.6)

```
a.      H   O
        |   |
     H— N — C — H

b.      H
        |
    Cl— C — C — N
        |
        H

c.   H— N — N — H

d.      O       H
        |       |
    Cl— C — O — C — H
                |
                H
```

6.78 다음 분자의 모양을 예측하라. (6.8)
a. NH_2Cl (N이 중심 원자) **b.** TeO_2

연습 문제 해답

6.1 **a.** 1 **b.** 2 **c.** 3 **d.** 2 **e.** 1

6.2 **a.** $2e^-$ 잃음 **b.** $3e^-$ 얻음 **c.** $1e^-$ 얻음
d. $2e^-$ 잃음 **e.** $1e^-$ 잃음

6.3 **a.** Li **b.** Cl^- **c.** Ti^{4+} **d.** Ru^{3+}

6.4 **a.** 양성자 29개, 전자 27개 **b.** 양성자 34개, 전자 36개
c. 양성자 35개, 전자 36개 **d.** 양성자 26개, 전자 23개

6.5 **a.** Br^- **b.** Li^+ **c.** Se^{2-} **d.** In^{3+}

6.6 **a.** 리튬 이온 **b.** 칼슘 이온 **c.** 갈륨 이온
d. 인화 이온

6.7 **a.** 양성자 8개, 전자 10개 **b.** 양성자 19개, 전자 18개
c. 양성자 53개, 전자 54개 **d.** 양성자 11개, 전자 10개

6.8 **a**, **c**, **f**

6.9 **a.** Li_2O **b.** $CaCl_2$ **c.** BeF_2
d. BN **e.** AlF_3

6.10 **a.** K^+, S^{2-}, K_2S **b.** Mg^{2+}, Cl^-, $MgCl_2$
c. Al^{3+}, Cl^-, $AlCl_3$ **d.** Na^+, O^{2-}, Na_2O

6.11 **a.** 산화 포타슘 **b.** 염화 베릴륨 **c.** 브로민화 알루미늄 **d.** 염화 세슘 **e.** 산화 칼슘 **f.** 인화 칼슘

6.12 **a.** 철(III) **b.** 타이타늄(II) **c.** 코발트(III) **d.** 망가니즈(II) **e.** 수은(II) **f.** 구리(II)

6.13 **a.** 산화 철(III) **b.** 산화 철(II) **c.** 황화 구리(I) **d.** 황화 구리(II) **e.** 브로민화 카드뮴(II) **f.** 브로민화 팔라듐(II)

6.14 **a.** Ag^+ **b.** Hg^{2+} **c.** Mn^{2+} **d.** Zn^{2+}

6.15 **a.** $MgCl_2$ **b.** Na_2S **c.** Cu_2O **d.** Zn_3P_2 **e.** AuN **f.** CoF_3

6.16 **a.** $CoCl_3$ **b.** PbO_2 **c.** AgI **d.** Ca_3N_2 **e.** Cu_3P **f.** $CrCl_2$

6.17 **a.** K_3P **b.** $CuCl_2$ **c.** $FeBr_3$ **d.** MgO

6.18 **a.** HCO_3^- **b.** NH_4^+ **c.** PO_3^{3-} **d.** ClO_3^-

6.19 **a.** 질산 이온 **b.** 과염소산 이온 **c.** 황산수소 이온 **d.** 아인산 이온

6.20

	NO_2^-	CO_3^{2-}	HSO_4^-	PO_4^{3-}
Li^+	$LiNO_2$ 아질산 리튬	Li_2CO_3 탄산 리튬	$LiHSO_4$ 황산수소 리튬	Li_3PO_4 인산 리튬
Cu^{2+}	$Cu(NO_3)_2$ 아질산 구리(II)	$CuCO_3$ 탄산 구리 (II)	$Cu(HSO_4)_2$ 황산수소 구리(II)	$Cu_3(PO_4)_2$ 인산 구리 (II)
Ba^{2+}	$Ba(NO_3)_2$ 아질산 바륨	$BaCO_3$ 탄산 바륨	$Ba(HSO_4)_2$ 황산수소 바륨	$Ba_3(PO_4)_2$ 인산 바륨

6.21 **a.** $Ba(OH)_2$ **b.** $NaHSO_4$ **c.** $Fe(NO_2)_2$ **d.** $Zn_3(PO_4)_2$ **e.** $Fe_2(CO_3)_3$

6.22 **a.** CO_3^{2-}, 탄산 소듐 **b.** NH_4^+, 황화 암모늄 **c.** OH^-, 수산화 칼슘 **d.** NO_2^-, 아질산 주석(II)

6.23 **a.** 아세트산 아연 **b.** 인산 마그네슘 **c.** 염화 암모늄 **d.** 중탄산 소듐 또는 탄산수소 소듐 **e.** 아질산 소듐

6.24 **a.** 삼브로민화 인 **b.** 산화 이염소 **c.** 사브로민화 탄소 **d.** 플루오린화 수소 **e.** 삼플루오린화 질소

6.25 **a.** 질소 분자 **b.** 육브로민화 이규소 **c.** 이산화 타이타늄 **d.** 오염화 인 **e.** 육플루오린화 셀레늄

6.26 **a.** CCl_4 **b.** CO **c.** PF_3 **d.** N_2O_4

6.27 **a.** OF_2 **b.** BCl_3 **c.** N_2O_3 **d.** SF_6

6.28 **a.** 황산 알루미늄 **b.** 탄산 칼슘 **c.** 산화 이질소 **d.** 수산화 마그네슘

6.29 **a.** 8 원자가 전자 **b.** 14 원자가 전자 **c.** 32 원자가 전자

6.30 **a.** HF ($8\,e^-$) H:F: 또는 H—F:

b. SF_2 ($20\,e^-$) :F:S:F: 또는 :F—S—F:

c. NBr_3 ($26\,e^-$) :Br:N:Br: (N 위에 :Br:) 또는 :Br—N—Br: (N 위에 —:Br:)

d. $ClNO_2$ ($24\,e^-$) :Cl:N::O: (N 위에 :O:) 또는 :Cl—N=O: (N 위에 —:O:)

6.31 **a.** 증가 **b.** 감소 **c.** 감소

6.32 **a.** K, Na, Li **b.** Na, P, Cl **c.** Ca, Se, O

6.33 **a.** 0.0~0.4

6.34 **a.** 극성 공유 **b.** 이온 **c.** 극성 공유 **d.** 비극성 공유 **e.** 극성 공유 **f.** 비극성 공유

6.35 **a.** $\overset{\delta+}{N}—\overset{\delta-}{F}$ ($\longmapsto$) **b.** $\overset{\delta+}{Si}—\overset{\delta-}{Br}$ ($\longmapsto$) **c.** $\overset{\delta+}{C}—\overset{\delta-}{O}$ ($\longmapsto$) **d.** $\overset{\delta+}{P}—\overset{\delta-}{Br}$ ($\longmapsto$) **e.** $\overset{\delta-}{N}—\overset{\delta+}{P}$ ($\longleftarrow\!\!+$)

6.36 **a.** 6, 사면체 **b.** 5, 삼각뿔 **c.** 3, 평면 삼각형

6.37 **a.** 사면체 **b.** 선형 **c.** 삼각뿔 **d.** 평면 삼각형

6.38 CF_4에서 중심 원자 C는 4개의 결합된 원자를 가지며 고립 전자쌍은 없으므로 사면체 모양이 된다. NF_3에서 중심 원자 N은 3개의 결합된 원자를 가지며 1개의 고립 전자쌍을 가지므로 NF_3는 삼각뿔 모양이 된다.

6.39 **a.** 평면 삼각형 **b.** 굽은 형(109°) **c.** 선형 **d.** 사면체

6.40 2개의 동일한 원자 사이에는 전자가 균등하게 공유되고, 동일하지 않은 원자 사이에는 전자가 불균등하게 공유된다.

6.41 **a.** 비극성 **b.** 극성 **c.** 극성 **d.** 비극성

6.42 분자 CO_2에서 2개의 C—O 쌍극자는 서로 상쇄된다. CO에는 오직 하나의 쌍극자만 있다.

6.43 **a.** 쌍극자-쌍극자 인력 **b.** 이온 결합 **c.** 쌍극자-쌍극자 인력 **d.** 분산력

6.44 **a.** 수소 결합 **b.** 쌍극자-쌍극자 인력

c. 분산력 d. 분산력

6.45 a. $MgSO_4$ b. SnF_2 c. $Al(OH)_3$

6.46 a. 이온 b. 이온 c. 이온

6.47 a. 칼슘은 가장 가까운 0족 기체와 동일한 전자 배열을 가지도록 전자를 잃어 이온을 형성한다. 칼슘은 2A(2)족에 있기 때문에 2개의 전자를 잃어 Ca^{2+} 이온이 된다.
b. 2,8,8
c. Ar은 Ca^{2+}의 전자 배열(2,8,8)을 가진다.

6.48 a. P^{3-} 이온 b. O 원자
c. Zn^{2+} 이온 d. Fe^{3+} 이온

6.49 a. X = 1A(1)족, Y = 6A(16)족
b. 이온 c. X^+와 Y^{2-} d. X_2Y
e. X_2S f. YCl_2 g. 분자

6.50

전자 배열		양이온	음이온	화합물의 화학식	화합물의 이름
2,8,2	2,5	Mg^{2+}	N^{3-}	Mg_3N_2	질화 마그네슘
2,8,8,1	2,6	K^+	O^{2-}	K_2O	산화 포타슘
2,8,3	2,8,7	Al^{3+}	Cl^-	$AlCl_3$	염화 알루미늄

6.51 a. 16 원자가 전자, 2개의 결합 전자쌍, 6개의 고립 전자쌍
b. 12 원자가 전자, 2개의 결합 전자쌍, 4개의 고립 전자쌍
c. 8 원자가 전자, 2개의 결합 전자쌍, 2개의 고립 전자쌍

6.52 a. 2, 삼각뿔, 극성
b. 1, 굽은 형(109°), 극성
c. 3, 사면체, 비극성

6.53 a. C—O와 N—O b. O—O
c. Ca—O와 K—O d. C—O, N—O, O—O

6.54 a. 분산력 b. 쌍극자-쌍극자 인력
c. 수소 결합 d. 분산력

6.55 a. 질화 이온 b. 마그네슘 이온
c. 산화 이온 d. 알루미늄 이온

6.56 a. 감소 b. 증가 c. 감소

6.57 a. Fe^{3+} b. 양성자 26개, 전자 23개
c. Fe_2O_3 d. $Fe(OH)_3$

6.58 a. AgBr b. CaF_2 c. Al_2S_3
d. $Ca_3(PO_4)_2$ e. $FeCl_2$ f. Mg_3N_2

6.59 a. 사플루오린화 황 b. 삼수소화 인
c. 삼브로민화 붕소 d. 오플루오린화 인
e. 칠산화 이염소 f. 오산화 인

6.60 a. CO b. PBr_5 c. IF_7 d. SO_3

6.61 a. 이온, 탄산 소듐 b. 분자, 암모니아
c. 이온, 브로민화 알루미늄 d. 분자, 이황화 탄소
e. 분자, 질화 붕소 f. 이온, 인화 칼슘

6.62 a. $SnCO_3$ b. Li_3P c. $SiCl_4$
d. Mn_2O_3 e. P_4Se_3 f. $CaBr_2$

6.63 a. 1 + 5 + 2(6) = 18 원자가 전자
b. 2(4) + 4(1) + 6 = 18 원자가 전자
c. 4 + 5(1) + 5 = 14 원자가 전자

6.64 a. Cl_2O (20 e^-) 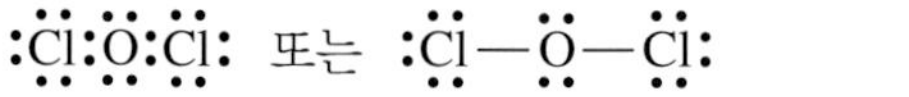
b. H_2NOH (14 e^-) 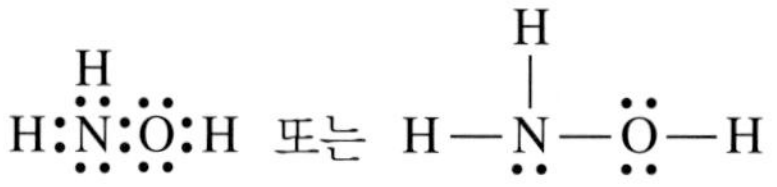
c. H_2CCCl_2 (24 e^-) 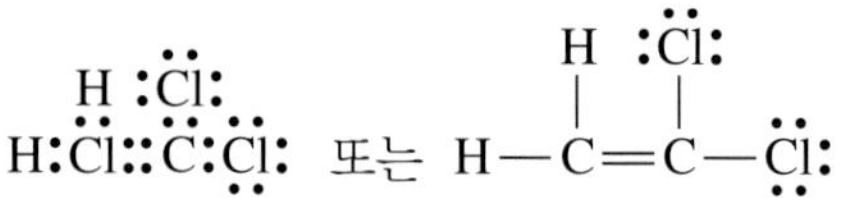

6.65 a. I, Cl, F b. K, Li, S, Cl c. Ba, Sr, Mg, Be

6.66 a. C—O b. N—F c. S—Cl
d. Br—I e. N—F

6.67 a. Si—Cl (⟼) b. C—N (⟼)
c. F—Cl (⟻) d. C—F (⟼)
e. N—O (⟼)

6.68 a. 극성 공유 b. 비극성 공유 c. 이온
d. 비극성 공유 e. 비극성 공유

6.69 a. NF_3 (26 e^-) 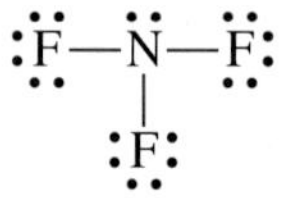 삼각뿔
b. $SiBr_4$ (32 e^-) 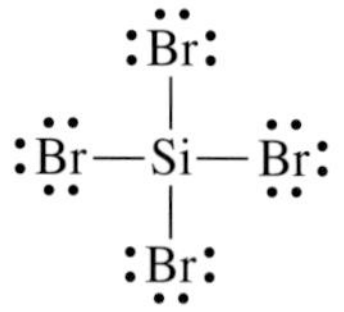 사면체
c. CSe_2 (16 e^-) 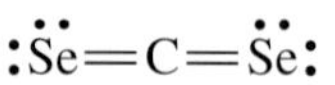 선형

6.70 a. 사면체 b. 굽은 형(109°)

6.71 a. 삼각뿔, 극성 b. 굽은 형(109°), 극성

6.72 a. 극성 b. 비극성 c. 극성

6.73 a. (2) 쌍극자-쌍극자 인력
b. (2) 쌍극자-쌍극자 인력
c. (4) 분산력
d. (1) 이온 결합
e. (4) 분산력
f. (3) 수소 결합

6.74

원자 또는 이온	양성자 수	전자 수	잃거나 얻은 전자
K^+	19 p^+	18 e^-	1개의 e^- 잃음
Mg^{2+}	12 p^+	10 e^-	2개의 e^- 잃음
O^{2-}	8 p^+	10 e^-	2개의 e^- 얻음
Al^{3+}	13 p^+	10 e^-	3개의 e^- 잃음

6.75 **a.** 2A(2)족 **b.** 1A(1)족
c. 4A(14)족

6.76 금속과 비금속의 화합물은 이온성으로 분류된다. 2개의 비금속의 화합물은 분자성이다.
a. 이온, 산화 소듐 **b.** 이온, 산화 텅스텐(IV)
c. 이온, 탄산 바륨 **d.** 분자, 삼플루오린화 질소
e. 분자, 이황화 탄소 **f.** 이온, 인산 세슘
g. 이온, 사염화금(III)산 포타슘
h. 분자, 염소 분자

6.77 **a.** (18 e^-)
$$\begin{array}{ccccc} & & H & & :\ddot{O}: \\ & & | & & \| \\ H & - & \underset{\cdot\cdot}{N} & - & C & - & H \end{array}$$

b. (22 e^-)
$$\begin{array}{ccccccc} & & H & & \\ & & | & & \\ :\ddot{\underset{\cdot\cdot}{Cl}} & - & C & - & C\equiv N: \\ & & | & & \\ & & H & & \end{array}$$

c. (12 e^-) $H-\ddot{N}=\ddot{N}-H$

d. (30 e^-)
$$\begin{array}{ccccccccc} & & :O: & & & & H & & \\ & & \| & & & & | & & \\ :\ddot{\underset{\cdot\cdot}{Cl}} & - & C & - & \ddot{\underset{\cdot\cdot}{O}} & - & C & - & H \\ & & & & & & | & & \\ & & & & & & H & & \end{array}$$

6.78 **a.** 삼각뿔 **b.** 굽은 형, 120°

CI.4 X는 2A(2)족, 3주기에 있고, Y는 7A(17)족, 3주기에 있다면, **a**에서 **f**까지에 대하여 원소 X의 원자에 의한 전자의 잃음과 원소 Y의 원자에 의한 전자의 얻음을 고려하라. (4.6, 6.1, 6.2, 6.3, 6.8)

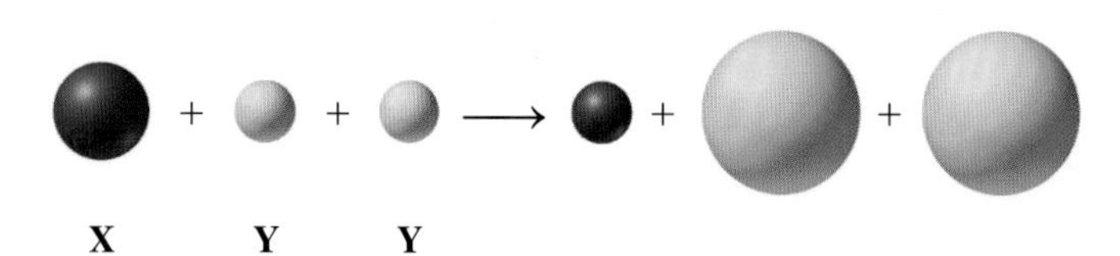

a. 어떤 반응물이 더 높은 전기음성도를 가지는가?

b. 생성물에서 **X**와 **Y**의 이온 전하는 무엇인가?

c. **X**와 **Y** 원자의 전자 배열을 써라.

d. **X**와 **Y** 이온의 전자 배열을 써라.

e. 이 이온들과 같은 전자 배열을 가지는 0족 기체의 이름을 제시하라.

f. **X**와 **Y** 이온에 의해 형성된 이온 화합물의 화학식과 이름을 써라.

CI.5 규소의 천연 동위원소가 다음 표에 게재되어 있다. (4.5, 4.6, 5.2, 5.4, 6.6, 6.7)

a. 게재된 각 동위원소에 대하여 양성자 수, 중성자 수, 전자 수로 표를 완성하라.

동위원소	양성자 수	중성자 수	전자 수
$^{28}_{14}Si$			
$^{29}_{14}Si$			
$^{30}_{14}Si$			

b. 규소의 전자 배열은 무엇인가?

c. Si의 원자 질량이 28.09이면 가장 풍부한 동위원소는 무엇인가?

d. 방사성 동위원소 Si-31의 베타 붕괴에 대한 완결된 핵 반응식을 써라.

e. Lewis 구조를 그리고 $SiCl_4$의 모양을 예측하라.

f. 16 μCi의 활성을 가지는 Si-31의 시료가 2.0 μCi로 붕괴하는 데 몇 시간이 필요한가?

CI.6 K^+는 인체에 필요한 전해질이며, 소금 대체물을 비롯하여 많은 식품에서 발견된다. 포타슘-40은 포타슘 동위원소 중의 하나로, 천연산출도는 0.012%이고, 반감기는 1.30×10^9년이다. 동위원소 포타슘-40은 칼슘-40 또는 아르곤-40으로 붕괴한다. 포타슘-40의 전형적인 활성은 7.0 μCi/g이다. (5.2, 5.3, 5.4)

염화 포타슘은 소금 대체물로 사용된다.

a. 각 붕괴 종류에 대한 완결된 핵 반응식을 쓰고, 방출되는 입자를 확인하라.

b. 소금 대체물의 셰이커는 1.6 oz의 K를 함유한다. 셰이커에 함유된 포타슘의 활성은 밀리퀴리와 베크렐 단위로 얼마인가?

해답

CI.4 **a.** Y는 더 큰 전기음성도를 가진다.

b. X^{2+}, Y^-

c. X = 2,8,2   Y = 2,8,7

d. X^{2+} = 2,8 Y^- = 2,8,8

e. X^{2+}는 Ne과 같은 전자 배열을 가진다.
Y^-는 Ar과 같은 전자 배열을 가진다.

f. $MgCl_2$, 염화 마그네슘

CI.5 **a.**

동위원소	양성자 수	중성자 수	전자 수
$^{28}_{14}Si$	14	14	14
$^{29}_{14}Si$	14	15	14
$^{30}_{14}Si$	14	16	14

b. 2,8,4

c. Si-28

d. $^{31}_{14}Si \rightarrow ^{31}_{15}P + ^{0}_{-1}e$

e. $SiCl_4$ (Si 중심에 Cl 4개가 단일 결합, 각 Cl에 비공유 전자쌍 3개) 사면체

f. 7.8 h

CI.6 **a.** ${}^{40}_{19}K \longrightarrow {}^{40}_{20}Ca + {}^{0}_{-1}e$ 베타 입자

${}^{40}_{19}K \longrightarrow {}^{40}_{18}Ar + {}^{0}_{+1}e$ 양전자

b. 3.8×10^{-5} mCi, 1.4×10^{3} Bq

7 화학량과 반응

Natalie는 최근에 간접흡연 때문에 가벼운 폐기종을 진단받았다. 그녀는 운동 생리학자인 Angela에게 의뢰되었고, Angela는 Natalie를 심전도(electrocardiogram, ECG 또는 EKG), 말초 산소포화도 측정기(pulse oximeter), 혈압 측정기에 연결하여 상태를 평가하기 시작하였다. ECG는 Natalie 심장의 전기적 활성을 기록하여 그녀의 심장 박동 속도와 리듬을 측정하고, 심장 손상의 가능성을 검출하는 데 사용된다. 말초 산소포화도 측정기는 맥박과 동맥혈의 산소 포화도(O_2로 포화된 헤모글로빈의 백분율)를 측정한다. 또한 혈압 측정기는 혈액을 펌프질할 때 심장이 가하는 압력을 확인한다.

심장 질환의 가능성을 판단하기 위하여 Natalie는 러닝머신의 경사가 증가할수록 더 빠르게 걸음으로써 심장 박동수와 혈압이 운동에 어떻게 반응하는지를 측정하기 위하여 러닝머신에서 운동 스트레스 시험을 받았다. 전기 단자를 부착하여 먼저 휴식기에서의 심장 박동수와 혈압을 측정한 다음, 러닝머신에서 측정한다. 안면 마스크를 이용한 추가 장치로 배출된 공기를 수집하여 Natalie의 최대 산소섭취량, V_{O_2max}을 측정하였다.

관련 직업 운동 생리학자

운동 생리학자는 운동선수뿐만 아니라 당뇨, 심장 질환, 폐질환 또는 다른 만성 장애나 질병을 진단받은 환자들과도 일을 한다. 이러한 질병 중 하나를 진단받은 환자는 치료의 한 형태로 운동을 처방받고, 운동 생리학자에게 의뢰된다. 운동 생리학자는 환자의 전체적인 건강을 평가하고 개인에게 특화된 운동 프로그램을 만든다. 운동선수를 위한 프로그램은 부상의 수를 줄이는 데 초점을 맞추는 반면, 심장병 환자를 위한 프로그램은 심장 근육을 강화하는 데 초점을 맞춘다. 또한 운동 생리학자는 환자의 호전 여부를 추적 관찰하여 운동이 질병의 진행을 감소시키거나 역전하는 데 도움이 되는지 결정한다.

의학 최신 정보 Natalie의 전반적인 체력 향상

Natalie의 시험 결과는 그녀의 혈중 산소량이 정상보다 낮다고 나타났다. Natalie의 시험 결과와 폐 기능에 대한 진단은 275쪽의 **의학 최신 정보 Natalie의 전반적인 체력 향상**에서 볼 수 있다. 시험 결과를 살펴본 후, Angela는 Natalie에게 호흡과 전반적인 체력을 향상시키는 법을 가르친다.

차례

7.1 몰

학습 목표 Avogadro 수를 이용하여 주어진 몰수에서 입자의 수를 결정한다.

청과물 가게에서 달걀을 다스로 사거나 청량음료를 케이스로 사고, 사무용품점에서 연필은 그로스(144개) 단위로, 종이는 연(500장) 단위로 주문한다. 일반적인 용어인 **다스**(dozen), **케이스**(case), **연**(ream)은 존재하는 물품의 수를 세는 데 사용된다. 예를 들어, 한 다스의 달걀을 사면, 박스에 12개의 달걀이 들어 있다는 것을 알고 있다.

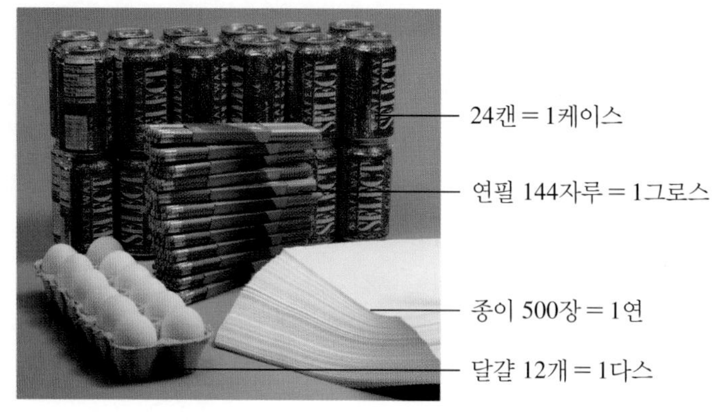

물품의 집합에는 다스, 그로스, 연, 몰이 포함된다.

복습

과학적 표기법으로 숫자 쓰기(1.5)
유효숫자 세기(2.2)
동등량으로부터 환산 인자 쓰기(2.5)
환산 인자 이용(2.6)

핵심 화학 기법

입자를 몰로 변환

Avogadro 수

화학에서 원자, 분자, 이온과 같은 입자는 6.02×10^{23}개를 포함하는 **몰**(mole)로 센다. **Avogadro 수**(Avogadro's number)로 알려진 이 값은 원자가 매우 작아서 무게를 재거나 화학 반응에서 사용하기 위해 충분한 양을 제공하기 위해서는 극도로 많은 수의 원자가 필요하므로 매우 큰 수이다. Avogadro 수는 이탈리아 물리학자인 Amedeo Avogadro(1776~1856)을 기려 명명되었다.

Avogadro 수

$$6.02 \times 10^{23} = 602\ 000\ 000\ 000\ 000\ 000\ 000\ 000$$

모든 원소 1몰은 항상 Avogadro 수의 원자를 포함한다. 예를 들어, 탄소 1몰에는 6.02×10^{23}개의 탄소 원자가 있고, 1몰의 알루미늄에는 6.02×10^{23}개의 알루미늄 원자가 있으며, 1몰의 황에는 6.02×10^{23}개의 황 원자가 있다.

1몰의 원소 = 6.02×10^{23}개의 원소 원자

황 1몰에는 6.02×10^{23}개의 황 원자가 포함되어 있다.

분자 화합물 1몰에는 Avogadro 수의 분자가 포함되어 있다. 예를 들어, 1몰의 CO_2는 6.02×10^{23}개의 CO_2 분자를 가진다. 1몰의 이온 화합물에는 Avogadro 수의 **화학식 단위**(formula unit)가 있으며, 이는 이온 화합물 화학식에 의해 나타나는 이온의 집단이다. NaCl 1몰에는 6.02×10^{23}개의 NaCl(Na^+, Cl^-) 화학식 단위가 있다. 표 7.1은 일부 1몰 양에 있는 입자 수의 예를 제시한 것이다.

Avogadro 수를 환산 인자로 사용하여 물질의 몰수와 해당 물질에 포함된 입자의 수 사이를 변환한다.

표 7.1 1몰의 양에 있는 입자의 수

물질	수와 입자의 종류
Al 1몰	6.02×10^{23}개의 Al 원자
S 1몰	6.02×10^{23}개의 S 원자
물(H_2O) 1몰	6.02×10^{23}개의 H_2O 분자
비타민 C($C_6H_8O_6$) 1몰	6.02×10^{23}개의 비타민 C 분자
NaCl 1몰	6.02×10^{23}개의 NaCl 화학식 단위

$$\frac{6.02 \times 10^{23} \text{ 입자}}{1 \text{ mol}} \quad \text{그리고} \quad \frac{1 \text{ mol}}{6.02 \times 10^{23} \text{ 입자}}$$

예를 들어, Avogadro 수를 이용하여 황 4.00몰을 황 원자로 변환한다.

$$4.00 \cancel{\text{mol S}} \times \frac{6.02 \times 10^{23} \text{ 원자 S}}{1 \cancel{\text{mol S}}} = 2.41 \times 10^{24} \text{ 원자 S}$$

환산 인자로서의 Avogadro 수

마찬가지로 Avogadro 수를 이용하여 3.01×10^{24}개의 분자 CO_2를 CO_2의 몰수로 변환한다.

$$3.01 \times 10^{24} \cancel{\text{분자 } CO_2} \times \frac{1 \text{ mol } CO_2}{6.02 \times 10^{23} \cancel{\text{분자 } CO_2}} = 5.00 \text{ mol } CO_2$$

환산 인자로서의 Avogadro 수

몰과 입자 사이를 변환하는 계산에서, 몰수는 예제 7.1에서 보여주는 것처럼 큰 원자 또는 분자 수에 비하여 작은 수가 될 것이다.

생각해보기

알루미늄 0.20몰은 작은 수이지만 0.20몰에 든 1.2×10^{23}개의 알루미늄 원자라는 수는 큰 수가 되는 이유는 무엇인가?

예제 7.1 몰수의 계산

문제

1.75몰의 이산화 탄소, CO_2에 존재하는 분자는 몇 개인가?

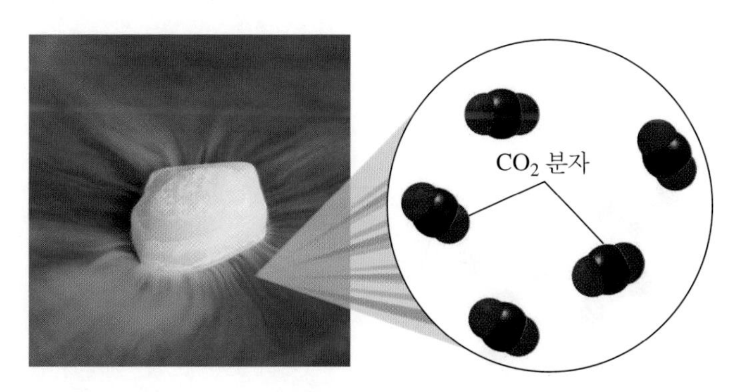

이산화 탄소의 고체 형태는 '드라이 아이스'로 알려져 있다.

풀이 지침

1단계 주어진 양과 필요한 양을 말하라.

문제 분석	주어진 조건	필요한 사항	연계
	1.75몰의 CO_2	CO_2 분자	Avogadro 수

2단계 **몰을 원자 또는 분자로 변환하기 위한 계획을 써라.**

CO_2의 몰 → Avogadro 수 → CO_2 분자

3단계 **Avogadro 수를 이용하여 환산 인자를 써라.**

$$1 \text{ mol } CO_2 = 6.02 \times 10^{23}\text{개의 } CO_2 \text{ 분자}$$

$$\frac{6.02 \times 10^{23} \ CO_2 \text{ 분자}}{1 \text{ mol } CO_2} \quad \text{그리고} \quad \frac{1 \text{ mol } CO_2}{6.02 \times 10^{23} \ CO_2 \text{ 분자}}$$

4단계 **입자의 수를 계산하기 위해 문제를 설정하라.**

$$1.75 \cancel{\text{mol } CO_2} \times \frac{6.02 \times 10^{23} \ CO_2 \text{ 분자}}{1 \cancel{\text{mol } CO_2}} = 1.05 \times 10^{24} \ CO_2 \text{ 분자}$$

유제 7.1

2.60×10^{23}개의 물 분자를 가지는 물(H_2O)의 몰수는 얼마인가?

해답

0.432몰 H_2O

확인하기

연습 문제 7.1과 7.2를 풀어보기

화합물에서 원소의 몰

화합물의 화학식에서 아래 첨자는 화합물의 각 종류의 원소가 갖는 원자의 수를 나타낸다. 예를 들어, 아스피린($C_9H_8O_4$)은 신체의 통증과 염증을 줄이는 데 사용되는 약제이다. 아스피린 화학식의 아래 첨자는 아스피린의 각 분자에 9개의 탄소 원자, 8개의 수소 원자, 4개의 산소 원자가 있음을 보여준다. 또한 아래 첨자는 1몰의 아스피린에 있는 각 원소의 몰수, 즉 C 원자는 9몰, H 원자는 8몰, O 원자는 4몰이라는 것을 알려준다.

생각해보기

1몰의 식품 보충제인 $Zn(C_2H_3O_2)_2$가 1몰의 Zn, 4몰의 C, 6몰의 H, 4몰의 O를 가지는 이유는 무엇인가?

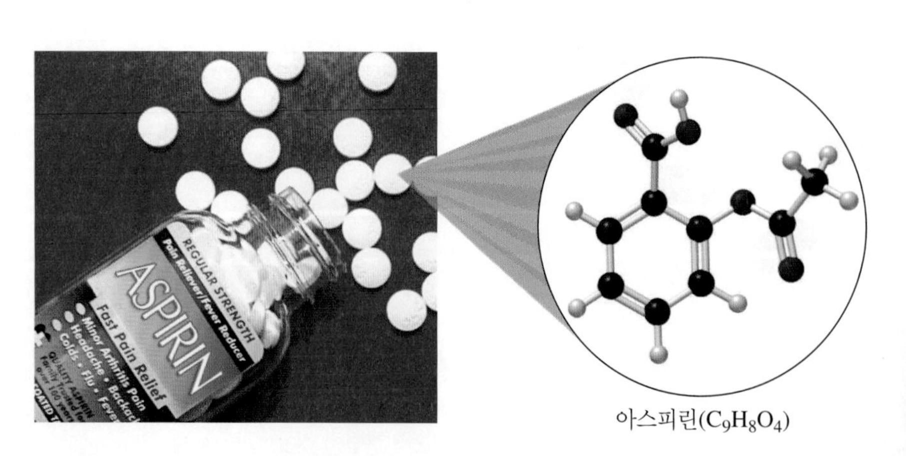

아스피린($C_9H_8O_4$)

1개의 분자에 있는 원자의 수

탄소(C)

수소(H)

산소(O)

화학식의 아래 첨자는 다음을 명시한다.

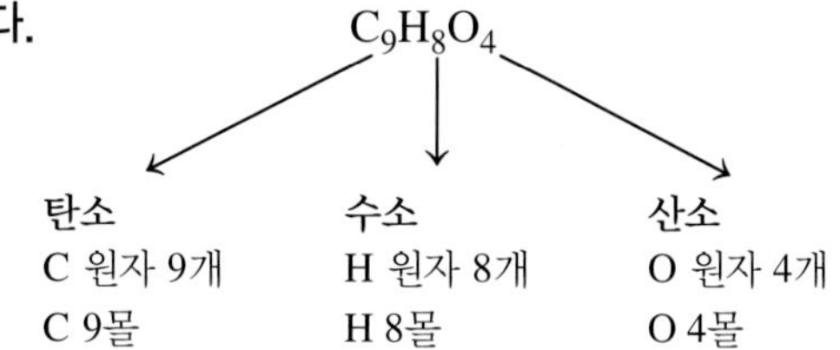

	탄소	수소	산소
1개의 분자 내에 있는 원자	C 원자 9개	H 원자 8개	O 원자 4개
1몰에 있는 각 원소의 몰	C 9몰	H 8몰	O 4몰

화학식을 이용하여 환산 인자를 쓰기

화학식 $C_9H_8O_4$의 아래 첨자를 이용하여, 1몰의 아스피린에 있는 각 원소에 대한 환산 인자를 쓸 수 있다.

$$\frac{9\text{ mol C}}{1\text{ mol }C_9H_8O_4} \quad \frac{8\text{ mol H}}{1\text{ mol }C_9H_8O_4} \quad \frac{4\text{ mol O}}{1\text{ mol }C_9H_8O_4}$$

$$\frac{1\text{ mol }C_9H_8O_4}{9\text{ mol C}} \quad \frac{1\text{ mol }C_9H_8O_4}{8\text{ mol H}} \quad \frac{1\text{ mol }C_9H_8O_4}{4\text{ mol O}}$$

예제 7.2 화합물에서 원소의 몰수 계산하기

문제

1.50몰의 아스피린($C_9H_8O_4$)에 존재하는 탄소의 몰수는 얼마인가?

풀이 지침

1단계 주어진 양과 필요한 양을 말하라.

문제 분석	주어진 조건	필요한 사항	연계
	1.50몰의 아스피린($C_9H_8O_4$)	C의 몰수	화학식의 아래 첨자

2단계 화합물의 몰수를 원소의 몰로 변환하는 계획을 써라.

$C_9H_8O_4$의 몰수 → 아래 첨자 → C의 몰수

3단계 아래 첨자를 이용하여 동등량과 환산 인자를 써라.

$$1\text{ mol }C_9H_8O_4 = 9\text{ mol C}$$

$$\frac{9\text{ mol C}}{1\text{ mol }C_9H_8O_4} \quad \text{그리고} \quad \frac{1\text{ mol }C_9H_8O_4}{9\text{ mol C}}$$

4단계 원소의 몰수를 계산하기 위해 문제를 설정하라.

$$1.50\ \cancel{\text{mol }C_9H_8O_4} \times \frac{9\text{ mol C}}{1\ \cancel{\text{mol }C_9H_8O_4}} = 13.5\text{ mol C}$$

유제 7.2

0.480몰의 O를 가진 아스피린($C_9H_8O_4$)의 몰수는 얼마인가?

해답

0.120몰 아스피린

확인하기

연습 문제 7.3에서 7.5까지 풀어보기

연습 문제

7.1 몰

학습 목표 Avogadro 수를 이용하여 주어진 몰수에서 입자의 수를 결정한다.

7.1 몰은 무엇인가?

7.2 다음을 계산하라.

a. 0.700몰의 N_2에 있는 원자 N의 수

b. 2.36몰의 CO에 있는 분자 CO의 수

c. 7.84×10^{22}개의 원자 Co에 있는 Co의 몰수

d. 5.62×10^{24}개의 분자 CH_4에 있는 CH_4의 몰수

7.3 5.00몰의 H_2SO_4에 있는 다음의 양을 계산하라.

a. H의 몰 **b.** O의 몰

c. S의 원자 **d.** O의 원자

의학 응용

7.4 옥세핀($C_6H_{12}O$)은 7개의 원자 고리 옥사사이클이다.

a. 옥세핀 1.0밀리몰에 존재하는 탄소는 몇 몰인가?

b. 옥세핀 1몰에 존재하는 H는 몇 몰인가?

c. 옥세핀 5몰에 존재하는 O는 몇 몰인가?

7.5 알리브에서 발견되는 나프록센은 관절염으로 인한 통증과 염증을 치료하는 데 사용된다. 나프록센의 화학식은 $C_{14}H_{14}O_3$이다.

a. 2.30몰의 나프록센에 존재하는 C의 몰수는 얼마인가?

b. 0.444몰의 나프록센에 존재하는 H의 몰수는 얼마인가?

c. 0.0765몰의 나프록센에 존재하는 O의 몰수는 얼마인가?

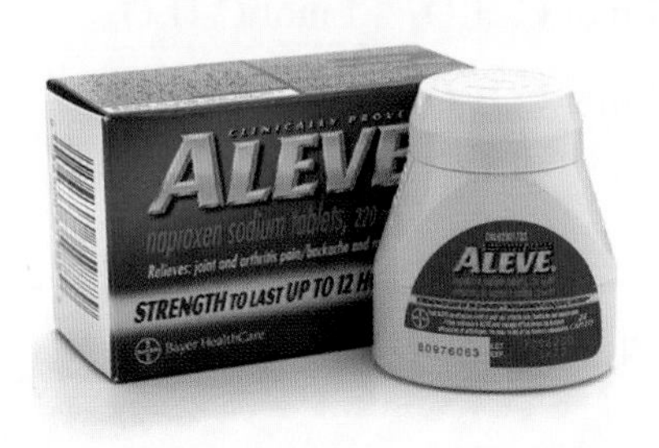

나프록센은 관절염으로 인한 통증과 염증을 치료하는 데 사용된다.

7.2 몰 질량

학습 목표 물질의 화학식이 주어지면 몰 질량을 계산한다.

하나의 원자 또는 분자는 너무 작아서 아무리 가장 정확한 저울로도 무게를 잴 수 없다. 실제로 충분히 볼 수 있는 양을 만들려면 엄청난 양의 원자 또는 분자가 필요하

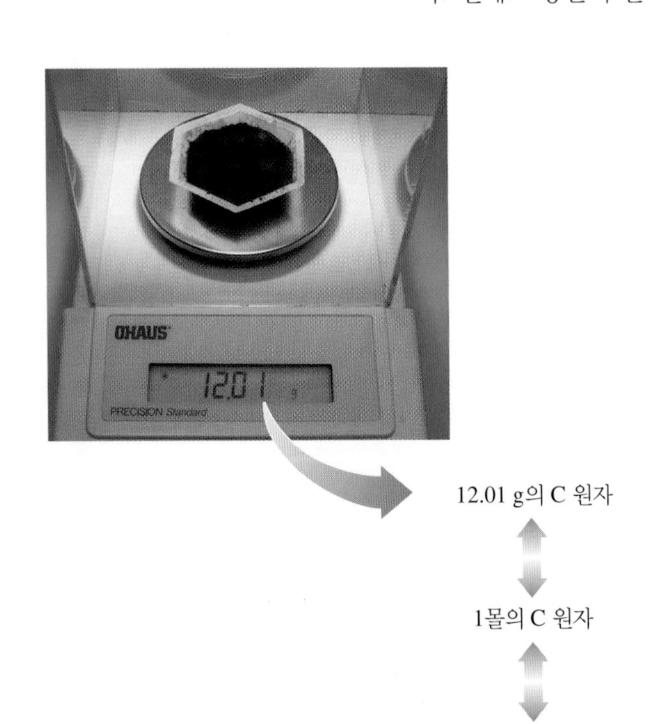

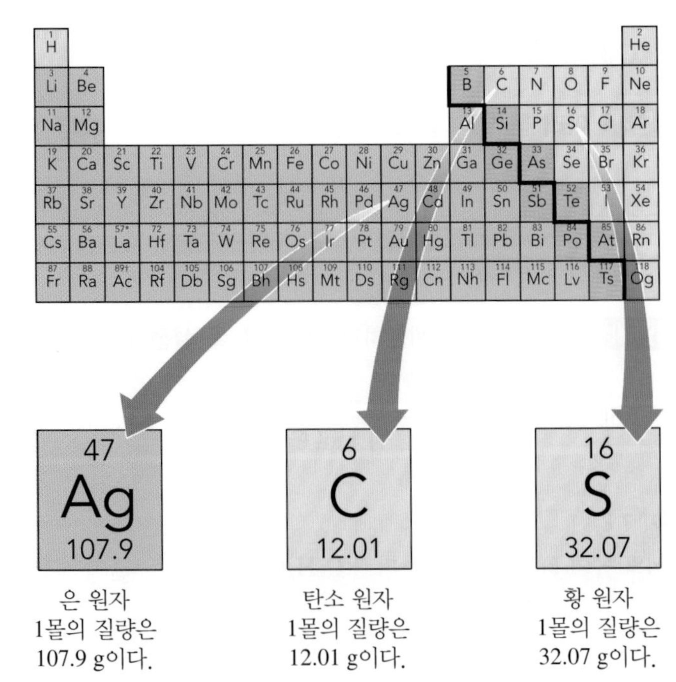

다. Avogadro 수의 물 분자를 포함하고 있는 물의 양은 몇 모금에 지나지 않는다. 그러나 실험실에서는 저울을 사용하여 1몰의 물질에 대한 Avogadro 수의 입자의 무게를 측정할 수 있다.

모든 원소에서 **몰 질량**(molar mass)이라 부르는 양은 해당 원소의 원자 질량과 동일한 g 단위의 양이다. 몰 질량과 같은 g 수를 측정할 때에는 6.02×10^{23}개의 원소의 원자를 세어야 한다. 예를 들어, 주기율표에서 탄소의 원자 질량은 12.01이다. 이는 탄소 원자 1몰의 질량은 12.01 g이라는 것을 의미한다. 따라서 1몰의 탄소 원자를 얻기 위해서는 탄소 12.01 g의 무게를 재어야 한다. 탄소의 몰 질량은 주기율표에서 원자 질량을 찾아보면 알 수 있다.

화합물의 몰 질량

핵심 화학 기법

몰 질량 계산

화합물의 몰 질량을 구하려면, 각 원소의 몰 질량에 화학식의 아래 첨자를 곱하고, 예제 7.3에서 보인 것과 같이 결과를 모두 더한다. 이 교재에서 원소의 몰 질량은 소수점 아래 둘째 자리(0.01)까지 반올림하거나 계산에서 최소 4개의 유효숫자를 사용한다.

그림 7.1은 일부 물질의 1-몰 양을 보여주고 있다.

1-몰 양

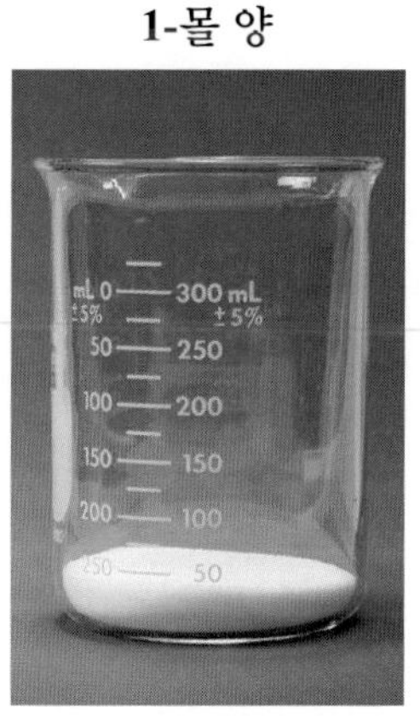

S　Fe　NaCl　$K_2Cr_2O_7$　$C_{12}H_{22}O_{11}$

그림 7.1 1-몰 시료: 황 S(32.07 g), 철 Fe(55.85 g), 소금 NaCl(58.44 g), 중크로뮴산 포타슘 $K_2Cr_2O_7$(294.2 g), 수크로스 $C_{12}H_{22}O_{11}$(342.3 g)

Q $K_2Cr_2O_7$의 몰 질량은 어떻게 얻는가?

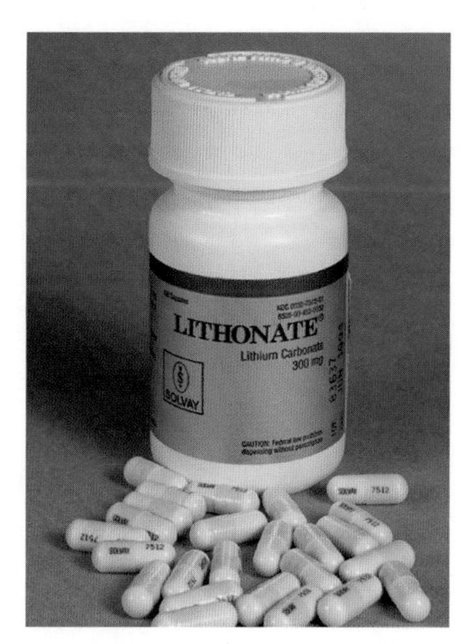

탄산 리튬은 조울증(bipolar disorder)을 치료하는 데 사용된다.

예제 7.3 몰 질량 계산

문제

조울증을 치료하는 데 사용하는 탄산 리튬(Li_2CO_3)의 몰 질량을 계산하라.

풀이 지침

	주어진 조건	필요한 사항	연계
문제 분석	Li_2CO_3의 화학식	Li_2CO_3의 몰 질량	주기율표

1단계 각 원소의 몰 질량을 구하라.

$$\frac{6.941\ \text{g Li}}{1\ \text{mol Li}} \qquad \frac{12.01\ \text{g C}}{1\ \text{mol C}} \qquad \frac{16.00\ \text{g O}}{1\ \text{mol O}}$$

2단계 각각의 몰 질량에 화학식의 몰수(아래 첨자)를 곱하라.

Li 2몰로부터의 g

$$2\ \cancel{\text{mol Li}} \times \frac{6.941\ \text{g Li}}{1\ \cancel{\text{mol Li}}} = 13.88\ \text{g Li}$$

C 1몰로부터의 g

$$1\ \cancel{\text{mol C}} \times \frac{12.01\ \text{g C}}{1\ \cancel{\text{mol C}}} = 12.01\ \text{g C}$$

O 3몰로부터의 g

$$3\ \cancel{\text{mol O}} \times \frac{16.00\ \text{g O}}{1\ \cancel{\text{mol O}}} = 48.00\ \text{g O}$$

3단계 원소들의 질량을 더함으로써 몰 질량을 계산하라.

2몰 Li	= 13.88 g Li
1몰 C	= 12.01 g C
3몰 O	= 48.00 g O
Li_2CO_3의 몰 질량	= 73.89 g

유제 7.3

여드름, 건선, 비듬과 같은 피부 상태를 치료하는 데 사용되는 살리실산($C_7H_6O_3$)의 몰 질량을 계산하라.

해답

138.12 g

확인하기

연습 문제 7.6에서 7.10까지 풀어보기

연습 문제

7.2 몰 질량

학습 목표 물질의 화학식이 주어지면 몰 질량을 계산한다.

7.6 다음의 몰 질량을 계산하라.

a. Cl_2 **b.** $C_3H_6O_3$ **c.** $Mg_3(PO_4)_2$

7.7 다음의 몰 질량을 계산하라.

a. Br_2 **b.** C_3H_8O **c.** $CuSO_4$
d. BF_3 **e.** C_6H_5Cl

의학 응용

7.8 다음의 g 수를 계산하라.

a. 2.0몰의 $MgCl_2$ **b.** 3.5몰의 벤젠(C_6H_6)
c. 5.00몰의 NaOMe **d.** 0.5몰의 $C_6H_{12}O_6$

7.9 다음의 몰 질량을 계산하라.

a. $Al_2(SO_4)_3$, 땀 억제제
b. $KC_4H_5O_6$, 타르타르 크림
c. $C_{16}H_{19}N_3O_5S$, 아목시실린, 항생제

7.10 다음의 몰 질량을 계산하라.

a. $C_8H_9NO_2$, 타이레놀에 사용되는 아세트아미노펜(acetaminophen)
b. $Ca_3(C_6H_5O_7)_2$, 칼슘 보충제
c. $C_{17}H_{18}FN_3O_3$, 시프로(Cipro), 광범위한 박테리아 감염증 치료에 사용

7.3 몰 질량을 이용한 계산

학습 목표 그램과 몰 사이의 변환에 몰 질량을 이용한다.

원소의 몰 질량은 물질의 몰을 g으로 변환하거나 g을 몰로 변환하기 때문에 화학에서 가장 유용한 환산 인자 중의 하나이다. 예를 들어, 은 1몰의 질량은 107.9 g이다. 동등량으로 Ag의 몰 질량을 표현하기 위하여 다음과 같이 쓴다.

$$1 \text{ mol Ag} = 107.9 \text{ g Ag}$$

몰 질량에 대한 이 동등량으로부터 2개의 환산 인자는 다음과 같이 쓸 수 있다.

$$\frac{107.9 \text{ g Ag}}{1 \text{ mol Ag}} \quad \text{그리고} \quad \frac{1 \text{ mol Ag}}{107.9 \text{ g Ag}}$$

예제 7.4는 은의 몰 질량을 환산 인자로 사용하는 법을 보여주고 있다.

핵심 화학 기법

몰 질량을 환산 인자로 이용

예제 7.4 몰을 g으로 변환

문제

금속 은은 식기구, 거울, 보석, 치과용 합금 제조에 사용된다. 만약 보석 한 점을 디자인하는 데 0.750몰의 은이 필요하다면, 몇 g의 은이 필요한가?

금속 은은 보석을 만드는 데 사용된다.

풀이 지침

1단계 주어진 양과 필요한 양을 말하라.

	주어진 조건	필요한 사항	연계
문제 분석	Ag 0.750몰	Ag의 g	몰 질량

2단계 몰을 g으로 변환하는 계획을 써라.

Ag의 몰 → 몰 질량 → Ag의 g

3단계 몰 질량을 결정하고 환산 인자를 써라.

$$1 \text{ mol Ag} = 107.9 \text{ g Ag}$$

$$\frac{107.9 \text{ g Ag}}{1 \text{ mol Ag}} \quad \text{그리고} \quad \frac{1 \text{ mol Ag}}{107.9 \text{ g Ag}}$$

4단계 몰을 g으로 변환하기 위하여 문제를 설정하라.

$$0.750 \cancel{\text{mol Ag}} \times \frac{107.9 \text{ g Ag}}{1 \cancel{\text{mol Ag}}} = 80.9 \text{ g Ag}$$

유제 7.4

치과의사는 치과용 크라운과 충전물을 만들기 위하여 금(Au) 24.4 g을 주문하였다. 주문한 금의 몰수를 계산하라.

해답

0.124몰 Au

화합물의 몰 질량에 대한 환산 인자 쓰기

화합물에 대한 환산 인자는 또한 몰 질량으로부터도 쓸 수 있다. 예를 들어, 화합물 H_2O의 몰 질량은 다음과 같이 쓸 수 있다.

$$1\ \text{mol}\ H_2O = 18.02\ \text{g}\ H_2O$$

이 동등량으로부터 H_2O의 몰 질량에 대한 환산 인자는 다음과 같이 쓸 수 있다.

$$\frac{18.02\ \text{g}\ H_2O}{1\ \text{mol}\ H_2O} \quad \text{그리고} \quad \frac{1\ \text{mol}\ H_2O}{18.02\ \text{g}\ H_2O}$$

이제 예제 7.5에서 보인 바와 같이 화합물의 몰 질량으로부터 유도된 환산 인자를 이용하여 몰에서 g으로 변환하거나 g에서 몰로 변환할 수 있다. (먼저 몰 질량을 결정하여야 한다는 것을 기억하라.)

식탁염은 염화 소듐, NaCl이다.

예제 7.5 화합물의 질량을 몰로 변환

문제

소금 상자에 737 g의 NaCl이 들어 있다. 상자에는 몇 몰의 NaCl이 존재하는가?

풀이 지침

1단계 주어진 양과 필요한 양을 말하라.

	주어진 조건	필요한 사항	연계
문제 분석	NaCl 737 g	NaCl의 몰	몰 질량

2단계 g을 몰로 변환하는 계획을 써라.

NaCl의 g → 몰 질량 → NaCl의 몰

3단계 몰 질량을 결정하고 환산 인자를 써라.

$$(1 \times 22.99) + (1 \times 35.45) = 58.44\ \text{g/몰}$$

$$1\ \text{mol NaCl} = 58.44\ \text{g NaCl}$$

$$\frac{58.44\ \text{g NaCl}}{1\ \text{mol NaCl}} \quad \text{그리고} \quad \frac{1\ \text{mol NaCl}}{58.44\ \text{g NaCl}}$$

4단계 g을 몰로 변환하기 위하여 문제를 설정하라.

$$737\ \cancel{\text{g NaCl}} \times \frac{1\ \text{mol NaCl}}{58.44\ \cancel{\text{g NaCl}}} = 12.6\ \text{mol NaCl}$$

유제 7.5

제산제 한 정에는 680. mg의 $CaCO_3$이 함유되어 있다. 몇 몰의 $CaCO_3$가 존재하는가?

해답

0.006 79몰 또는 6.79×10^{-3}몰 $CaCO_3$

확인하기

연습 문제 7.11에서 7.17까지 풀어보기

그림 7.2는 화합물의 몰과 g 단위의 질량, 분자의 수(또는 이온 화합물이면 화학식 단위) 사이의 연계와 화합물 내 각 원소들의 몰과 원자 사이 연계를 보여준다.

생각해보기

1몰의 프레온-12(CCl_2F_2)에서 염소의 g 수가 플루오린의 g 수보다 많은 이유는 무엇인가?

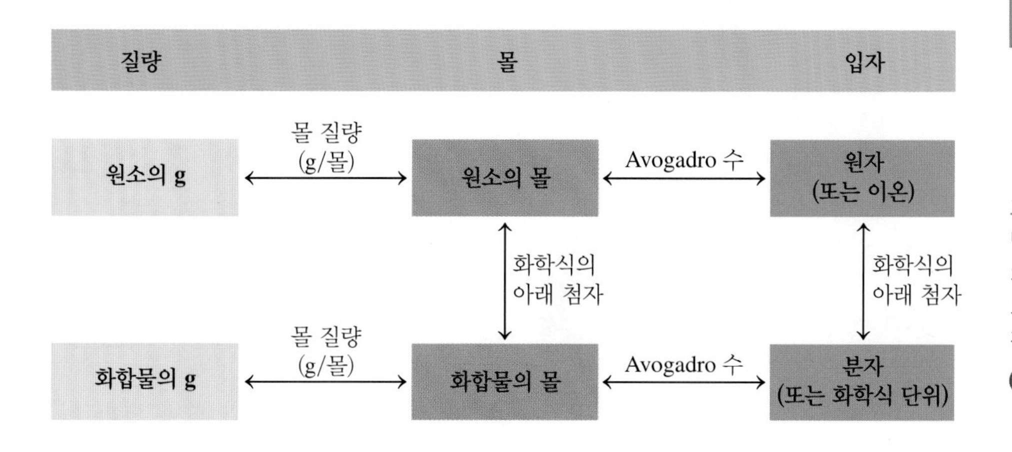

그림 7.2 화합물의 몰은 몰 질량에 의하여 g 단위 질량과 관련되어 있고, Avogadro 수에 의하여 분자의 수(또는 화학식 단위)와 관련되어 있으며, 화학식의 아래 첨자에 의하여 각 원소의 몰과 관련되어 있다.

Q 5.00 g의 CH_4에서 H의 원자 수를 계산하는 데에는 몇 단계가 필요한가?

연습 문제

7.3 몰 질량을 이용한 계산

학습 목표 그램과 몰 사이의 변환에 몰 질량을 이용한다.

7.11 다음에 대하여 g 단위의 질량을 계산하라.
- **a.** 1.50몰의 Na
- **b.** 2.80몰의 Ca
- **c.** 0.125몰의 CO_2
- **d.** 0.0485몰의 Na_2CO_3
- **e.** 7.14×10^2몰의 PCl_3

7.12 다음의 양에 존재하는 O는 몇 몰인가?
- **a.** O 23 g
- **b.** CO_2 110 g
- **c.** Al_2O_3 4.0몰

7.13 다음에는 몇 몰이 들어 있는가?
- **a.** Cu 25.0 g
- **b.** P 0.600 g
- **c.** CO 12.0 g
- **d.** CH_4 60.5 g

7.14 다음이 15.0 g일 때의 몰수를 계산하라.
- **a.** Ar
- **b.** N_2
- **c.** Fe_2O_3
- **d.** $CaCl_2$

의학 응용

7.15 클로로에테인(C_2H_5Cl)은 죽은 치아 신경을 진단하는 데 사용된다.
- **a.** 34.0 g의 클로로에테인은 몇 몰인가?
- **b.** 1.50몰의 클로로에테인은 몇 g인가?

7.16
- **a.** 화합물 $MgSO_4$인 사리염은 아픈 다리와 근육을 완화하는 데 사용된다. 5.00몰의 사리염이 포함되어 있는 욕조를 만들려면 몇 g이 필요한가?
- **b.** 아이오딘화 포타슘(KI)은 거담제로 사용된다. 0.450몰의 아이오딘화 포타슘은 몇 g인가?

7.17 메틸 살리실레이트(methyl salicylate) 또는 노루발풀(C_8H_8O)의 향유는 식품과 음료 또는 바르는 약의 향료로 광범위하게 사용되는 유기 에스터이다.
- **a.** 1.75몰의 메틸 살리실레이트에는 몇 g의 화합물이 있는가?
- **b.** 42.0 g의 메틸 살리실레이트에는 몇 몰의 화합물이 있는가?
- **c.** 42.0 g의 메틸 살리실레이트에는 몇 g의 O가 존재하는가?

7.4 화학 반응에 대한 반응식

학습 목표 반응의 반응물과 생성물의 화학식으로부터 완결된 화학 반응식을 쓴다. 반응물과 생성물의 원자 수를 결정한다.

복습

이온 화학식 쓰기(6.2)
이온 화합물 명명(6.3)
분자 화합물의 이름과 화학식 쓰기(6.5)

화학 반응은 어디에서나 일어난다. 자동차의 연료는 산소와 연소하여 자동차를 움직이게 하고 에어컨을 작동시킨다. 음식을 조리하거나 머리를 탈색할 때에도 화학 반

화학 변화: 은의 변색

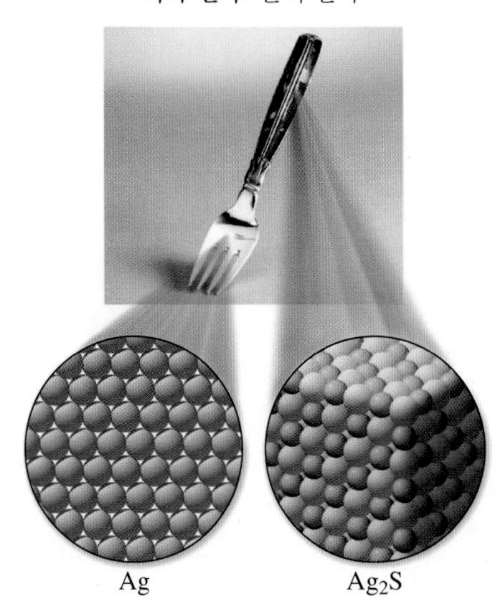

그림 7.3 화학 변화는 새로운 성질을 가진 새로운 물질을 생성한다.

Q 변색되는 부분이 생성되는 것이 화학적 변화인 이유는 무엇인가?

응이 일어난다. 신체에서는 화학 반응이 음식을 분자로 만들고, 이는 근육을 증강시키고 움직이게 한다. 나무와 식물의 잎에서는 이산화 탄소와 물이 탄수화물로 변환된다. 화학 반응식은 화학자들이 화학 반응을 기술하는 데 사용한다. 모든 화학 반응식에서 **반응물**(reactant)이라고 하는 반응하는 물질의 원자는 재배열되어 **생성물**(product)이라고 하는 새로운 물질을 생성한다.

화학 변화(chemical change)는 한 물질이 다른 화학식과 다른 성질을 가진 하나 이상의 새로운 물질로 변환될 때 일어난다. 예를 들어, 은이 변색되면 빛나는 금속 은(Ag)은 황(S)과 반응하여 변색(tarnish, Ag_2S)이라 하는 칙칙하고 검은 물질이 된다(그림 7.3).

화학 반응(chemical reaction)은 반응 물질의 원자들이 새로운 성질을 가진 새로운 조합을 형성하기 때문에 항상 화학 변화를 수반한다. 예를 들어, 철(Fe) 한 조각이 공기 중의 산소(O_2)와 결합하면 적갈색을 띠는 새로운 물질인 녹(Fe_2O_3)을 생성한다. 화학 변화가 진행되는 동안, 새로운 성질이 가시화되며 이는 화학 반응이 일어난다는 징후이다(표 7.2).

화학 반응식 쓰기

모형 비행기를 만들거나, 새로운 조리법으로 조리하거나 또는 약제를 섞을 때, 일련의 지시에 따른다. 이러한 지시는 어떤 물질을 사용할지와 얻게 될 생성물이 무엇인지를 알려준다. 화학에서 **화학 반응식**(chemical equation)은 필요한 물질과 형성될 생성물을 알려준다.

자전거 가게에서 바퀴와 프레임을 조립하여 자전거를 만드는 일을 한다고 가정해 보자. 간단한 반응식으로 이 과정을 나타낼 수 있을 것이다.

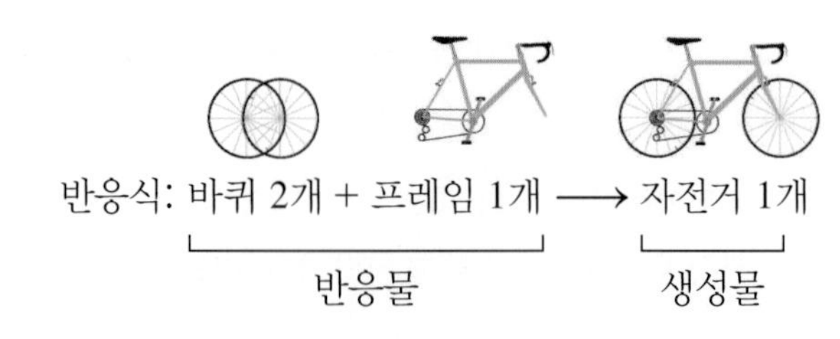

표 7.2 화학 반응의 증거에 대한 종류

1. 색의 변화

Fe $\qquad$ Fe_2O_3

철 못은 산소와 반응하여 녹이 형성될 때 색이 변한다.

2. 기체의 형성(기포)

$CaCO_3$가 산과 반응할 때 기포 (기체)가 형성된다.

3. 고체의 생성(침전)

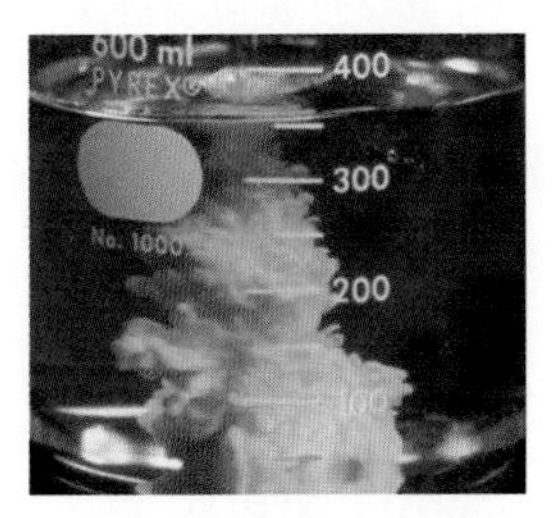

질산 납에 아이오딘화 포타슘이 첨가되면 노란색 고체가 형성된다.

4. 열(또는 불꽃) 생성 또는 열 흡수

메테인 기체는 공기 중에서 뜨거운 불꽃을 내며 연소한다.

화로에서 숯을 태울 때, 숯의 탄소는 산소와 결합하여 이산화 탄소를 형성한다. 이러한 반응을 화학 반응식으로 나타낼 수 있다.

생각해보기

이산화 탄소를 형성하는 탄소와 산소의 반응에서 화학 변화의 증거는 무엇인가?

반응물 $\qquad$ 생성물

반응식: $C(s) + O_2(g) \xrightarrow{\Delta} CO_2(g)$

화학 반응식에서 **반응물**의 화학식은 화살표의 왼쪽에, **생성물**의 화학식은 오른쪽에 적는다. 2개 이상의 화학식이 같은 쪽에 있을 때, 이들은 플러스(+) 기호로 분리한

표 7.3 **반응식을 쓰는 데 사용하는 일부 기호**

기호	의미
+	2개 이상의 화학식을 분리
$\longrightarrow$	반응물에서 생성물 형성
(*s*)	고체
(*l*)	액체
(*g*)	기체
(*aq*)	수용액
$\xrightarrow{\Delta}$	반응물이 가열됨

다. 연소하는 탄소에 대한 화학 반응식은 반응물과 생성물에 1개의 탄소 원자와 2개의 산소 원자가 있기 때문에 **완결**(balance)되었다.

일반적으로 반응식의 각 화학식 뒤에는 괄호 안에 물질의 물리적 상태를 제시하는 약어, 즉 고체(*s*), 액체(*l*), 기체(*g*)가 온다. 물질이 물에 녹아 있으면 수용액(*aq*)으로 나타낸다. 델타 기호(Δ)는 반응이 시작되는 데 열이 사용되었음을 의미한다. 표 7.3은 반응식에서 사용되는 기호 일부를 요약한 것이다.

완결된 화학 반응식 확인하기

화학 반응이 일어날 때, 반응물의 원자 사이의 결합이 끊어지고 새로운 결합이 형성되어 생성물이 만들어진다. 이때 모든 원자는 보존된다. 이는 화학 반응이 일어나는 동안 원자를 얻거나 잃고, 또는 다른 종류의 원자로 변할 수 없다는 것을 의미한다. 모든 화학 반응은 **완결된 반응식**(balanced equation)으로 써야 하며, 이는 반응물의 모든 원소의 원자 수는 생성물과 같다는 것을 보여준다.

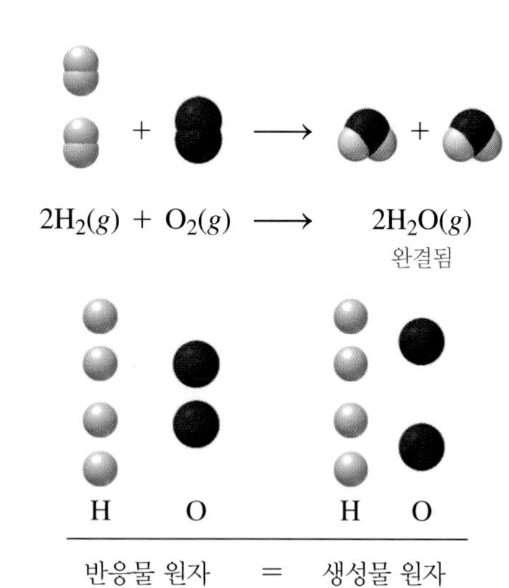

이제 수소가 산소와 반응하여 물을 형성하는 반응을 아래와 같이 쓰는 것을 고려하자.

$$H_2(g) + O_2(g) \longrightarrow H_2O(g) \quad \text{완결되지 않음}$$

완결된(balanced) 반응식에서 화학식 앞에는 **계수**(coefficient)라 불리는 정수가 있다. 반응물 쪽의 화학식 H_2 앞의 계수 2는 2개의 수소 분자, 즉 4개의 H 원자를 나타낸다. O_2의 계수 1은 생략하며, 따라서 O 원자는 2개이다. 생성물 쪽의 화학식 H_2O 앞의 계수 2는 2개의 물 분자를 나타낸다. 계수 2는 H_2O의 모든 원자를 곱하므로, 생성물에는 4개의 수소 원자와 2개의 산소 원자가 있다. 반응물의 수소 원자와 산소 원자의 수가 생성물의 수와 동일하므로 이 반응식은 **완결되었음**을 알 수 있다. 이는 **물질 보존의 법칙**(law of conservation of matter)을 나타내는 것으로, 화학 반응 중에 물질이 생성되거나 파괴될 수 없다고 말하고 있다.

예제 7.6 완결된 화학 반응식에서 원자의 수

문제

다음 완결된 화학 반응식에서 모든 종류의 원자의 수를 확인하라.

$$Fe_2S_3(s) + 6HCl(aq) \longrightarrow 2FeCl_3(aq) + 3H_2S(g)$$

	반응물	생성물
Fe		
S		
H		
Cl		

풀이

각 화학식에서 원자의 총수는 계수를 화학식의 각 아래 첨자에 곱하여 얻을 수 있다.

	반응물	생성물
Fe	2(1 × 2)	2(2 × 1)
S	3(1 × 3)	3(3 × 1)
H	6(6 × 1)	6(3 × 2)
Cl	6(6 × 1)	6(2 × 3)

유제 7.6

에테인(C_2H_6)이 산소 중에서 연소할 때, 생성물은 이산화 탄소와 물이다. 완결된 화학 반응식은 다음과 같다.

$$2C_2H_6(g) + 7O_2(g) \xrightarrow{\Delta} 4CO_2(g) + 6H_2O(g)$$

반응물과 생성물에 있는 각 종류의 원자의 수를 계산하라.

해답

반응물과 생성물 모두 4개의 C 원자, 12개의 H 원자, 14개의 O 원자가 있다.

확인하기
연습 문제 7.18을 풀어보기

화학 반응식 완결

실험실에서 사용하는 가스버너 또는 가스 조리대의 불꽃에서 일어나는 화학 반응은 메테인 기체(CH_4)와 산소가 이산화 탄소와 물을 생성하는 반응이다. 이제 예제 7.7에서 화학 반응식을 완결하는 과정을 보여주고자 한다.

핵심 화학 기법
화학 반응식 완결

예제 7.7 **화학 반응식 쓰기와 완결**

문제

메테인 기체(CH_4)와 산소 기체(O_2)의 화학 반응은 이산화 탄소(CO_2) 기체와 물(H_2O)을 생성한다. 이 반응의 완결된 반응식을 써라.

풀이 지침

	주어진 조건	필요한 사항	연계
문제 분석	반응물, 생성물	완결된 반응식	반응물과 생성물의 동일한 원자 수

1단계 반응물과 생성물의 정확한 화학식을 이용하여 반응식을 써라.

$$CH_4(g) + O_2(g) \xrightarrow{\Delta} CO_2(g) + H_2O(g)$$

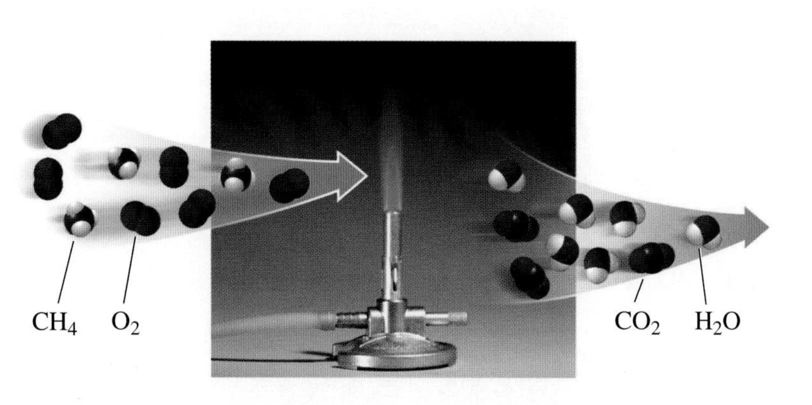

2단계 반응물과 생성물의 각 원소의 원자를 세라.

반응물 쪽의 원자와 생성물 쪽의 원자를 세어보면, 반응물에는 H 원자가 더 많고, 생성물에는 O 원자가 더 많다는 것을 알 수 있다.

$CH_4(g) + O_2(g) \xrightarrow{\Delta} CO_2(g) + H_2O(g)$

반응물	생성물	
C 원자 1개	C 원자 1개	완결
H 원자 4개	H 원자 2개	완결되지 않음
O 원자 2개	O 원자 3개	완결되지 않음

3단계 각 원소의 균형을 맞추기 위하여 계수를 사용하라. 가장 많은 원자는 H이므로 CH_4의 H 원자의 균형을 맞추는 것부터 시작하자. H_2O 앞에 계수 2를 넣으면 생성물에서 총 4개의 H 원자를 얻는다. **반응식에서 균형을 맞추는 데에는 오직 계수만을 사용하라. 아래 첨자를 변경해서는 안 된다. 이것은 반응물 또는 생성물의 화학식을 변화시키는 것이다.**

$CH_4(g) + O_2(g) \xrightarrow{\Delta} CO_2(g) + 2H_2O(g)$

반응물	생성물	
C 원자 1개	C 원자 1개	완결
H 원자 4개	H 원자 4개	완결
O 원자 2개	O 원자 4개	완결되지 않음

반응물의 O 원자는 화학식 O_2 앞에 계수 2를 놓으면 균형을 맞출 수 있다. 이제 반응물과 생성물에는 모두 4개의 O 원자가 있다.

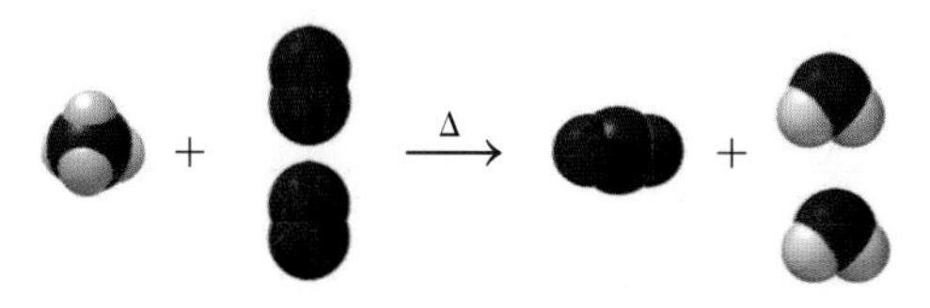

$CH_4(g) + 2O_2(g) \xrightarrow{\Delta} CO_2(g) + 2H_2O(g)$ 완결

4단계 최종 반응식이 완결되었는지를 확인하라.

$CH_4(g) + 2O_2(g) \xrightarrow{\Delta} CO_2(g) + 2H_2O(g)$ 반응식은 완결되었다.

반응물	생성물	
C 원자 1개	C 원자 1개	완결
H 원자 4개	H 원자 4개	완결
O 원자 4개	O 원자 4개	완결

생각해보기

화학 반응식이 완결되었는지를 어떻게 확인할 수 있는가?

완결된 화학 반응식에서 계수는 **가장 작은 정수**여야 한다. 완결된 반응식으로 다음을 얻었다고 가정해보자.

$2CH_4(g) + 4O_2(g) \xrightarrow{\Delta} 2CO_2(g) + 4H_2O(g)$ 올바르지 않음

반응식의 양쪽에는 같은 수의 원자가 있지만 이것은 올바르게 쓰인 것이 아니다. 가장 작은 정수인 계수를 얻으려면, 모든 계수를 2로 나누어야 한다.

유제 7.7

다음 화학 반응식을 완결하라.

$Al(s) + Cl_2(g) \longrightarrow AlCl_3(s)$

해답

$2Al(s) + 3Cl_2(g) \longrightarrow 2AlCl_3(s)$

다원자 이온을 가진 반응식

종종 반응식에는 반응물과 생성물 모두 동일한 다원자 이온이 포함되기도 한다. 그러면 예제 7.8에서 보인 것처럼 반응식의 양쪽에 집단으로 다원자 이온의 균형을 맞출 수 있다.

예제 7.8 **다원자 이온을 가진 화학 반응식 완결**

문제

다음 화학 반응식을 완결하라.

$Na_3PO_4(aq) + MgCl_2(aq) \longrightarrow Mg_3(PO_4)_2(s) + NaCl(aq)$

풀이 지침

	주어진 조건	필요한 사항	연계
문제 분석	반응물, 생성물	완결된 반응식	반응물과 생성물의 동일한 원자 수

1단계 **반응물과 생성물의 정확한 화학식을 이용하여 반응식을 써라.**

$Na_3PO_4(aq) + MgCl_2(aq) \longrightarrow Mg_3(PO_4)_2(s) + NaCl(aq)$ 완결되지 않음

2단계 **반응물과 생성물의 각 원소의 원자를 세라.** 반응물과 생성물의 이온의 수를 비교하면, 반응식이 완결되지 않았음을 알 수 있다. 이 반응식에서는 반응식 양쪽에 인산 이온이 있기 때문에 원자의 집단으로 균형을 맞출 수 있다.

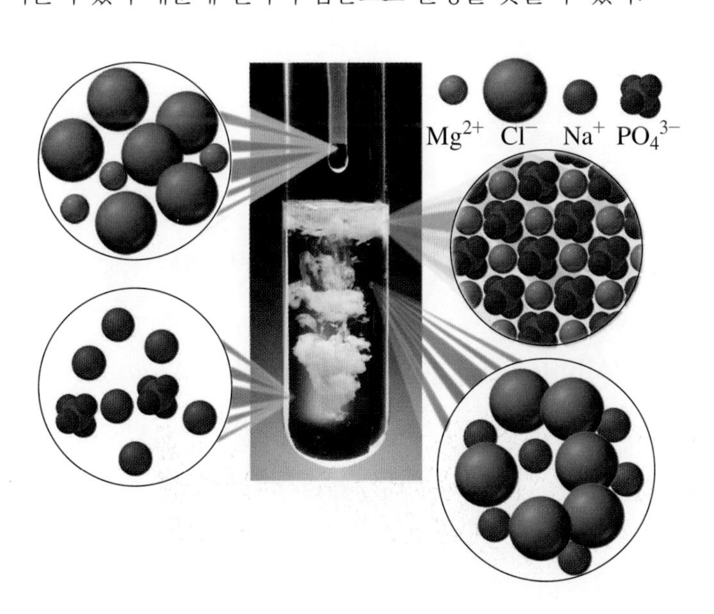

생각해보기

$Na_3PO_4(aq)$와 $MgCl_2(aq)$를 섞을 때 화학 반응에 대한 증거는 무엇인가?

$$Na_3PO_4(aq) + MgCl_2(aq) \longrightarrow Mg_3(PO_4)_2(s) + NaCl(aq)$$

반응물	생성물	
3 Na^+	1 Na^+	완결되지 않음
1 $\mathbf{PO_4^{3-}}$	2 $\mathbf{PO_4^{3-}}$	완결되지 않음
1 Mg^{2+}	3 Mg^{2+}	완결되지 않음
2 Cl^-	1 Cl^-	완결되지 않음

3단계 각 원소의 균형을 맞추기 위하여 계수를 사용하라. 가장 큰 아래 첨자 값을 가진 화학식, 이 반응식에서는 $Mg_3(PO_4)_2$부터 시작한다. 마그네슘의 균형을 맞추기 위하여 $Mg_3(PO_4)_2$의 아래 첨자 3를 $MgCl_2$의 계수로 사용한다. 인산 이온의 균형을 맞추기 위하여 $Mg_3(PO_4)_2$의 아래 첨자 2를 Na_3PO_4의 계수로 사용한다.

$$2Na_3PO_4(aq) + 3MgCl_2(aq) \longrightarrow Mg_3(PO_4)_2(s) + NaCl(aq)$$

반응물	생성물	
6 Na^+	1 Na^+	완결되지 않음
2 $\mathbf{PO_4^{3-}}$	2 $\mathbf{PO_4^{3-}}$	완결
3 Mg^{2+}	3 Mg^{2+}	완결
6 Cl^-	1 Cl^-	완결되지 않음

반응물과 생성물에서 소듐 이온과 염화 이온은 아직 균형이 맞지 않았음을 볼 수 있다. 반응식을 완결하기 위하여 NaCl 앞에 계수 6을 놓는다.

$$2Na_3PO_4(aq) + 3MgCl_2(aq) \longrightarrow Mg_3(PO_4)_2(s) + 6NaCl(aq)$$

4단계 최종 반응식이 완결되었는지를 확인하라.

$$2Na_3PO_4(aq) + 3MgCl_2(aq) \longrightarrow Mg_3(PO_4)_2(s) + 6NaCl(aq) \quad \text{완결}$$

반응물	생성물	
6 Na^+	6 Na^+	완결
2 $\mathbf{PO_4^{3-}}$	2 $\mathbf{PO_4^{3-}}$	완결
3 Mg^{2+}	3 Mg^{2+}	완결
6 Cl^-	6 Cl^-	완결

유제 7.8

다음 화학 반응식을 완결하라.

$$Pb(NO_3)_2(aq) + AlBr_3(aq) \longrightarrow PbBr_2(s) + Al(NO_3)_3(aq)$$

해답

$$3Pb(NO_3)_2(aq) + 2AlBr_3(aq) \longrightarrow 3PbBr_2(s) + 2Al(NO_3)_3(aq)$$

확인하기

연습 문제 7.19와 7.20을 풀어보기

연습 문제

7.4 화학 반응에 대한 반응식

학습 목표 반응의 반응물과 생성물의 화학식으로부터 완결된 화학 반응식을 쓴다. 반응물과 생성물의 원자 수를 결정한다.

7.18 다음 화학 반응식이 완결되었는지, 완결되지 않았는지를 결정하라.

a. $S(s) + O_2(g) \longrightarrow SO_3(g)$

b. $2Ga(s) + 3Cl_2(g) \longrightarrow 2GaCl_3(s)$

c. $H_2(g) + O_2(g) \longrightarrow H_2O(g)$

d. $C_3H_8(g) + 5O_2(g) \xrightarrow{\Delta} 3CO_2(g) + 4H_2O(g)$

7.19 다음 화학 반응식을 완결하라.

a. $N_2(g) + O_2(g) \longrightarrow NO(g)$

b. $HgO(s) \xrightarrow{\Delta} Hg(l) + O_2(g)$

c. $Fe(s) + O_2(g) \longrightarrow Fe_2O_3(s)$

d. $Na(s) + Cl_2(g) \longrightarrow NaCl(s)$

7.20 다음 화학 반응식을 완결하라.

a. $Mg(s) + AgNO_3(aq) \longrightarrow Mg(NO_3)_2(aq) + Ag(s)$

b. $Al(s) + CuSO_4(aq) \longrightarrow Al_2(SO_4)_3(aq) + Cu(s)$

c. $Pb(NO_3)_2(aq) + NaCl(aq) \longrightarrow PbCl_2(s) + NaNO_3(aq)$

d. $Al(s) + HCl(aq) \longrightarrow H_2(g) + AlCl_3(aq)$

7.5 화학 반응의 종류

학습 목표 결합, 분해, 단일 치환, 이중 치환 또는 연소와 같은 화학 반응을 확인한다.

많은 화학 반응이 자연, 생물계 및 실험실 내에서 일어난다. 그러나 대부분의 반응을 다섯 가지의 일반적인 종류로 분류하도록 도와주는 몇 가지 일반적인 패턴이 있다.

핵심 화학 기법
화학 반응의 종류 분류

결합 반응

결합 반응(combination reaction)은 2개 이상의 원소 또는 화합물이 결합하여 하나의 생성물을 형성하는 것이다. 예를 들어, 황과 산소가 결합하여 생성물인 이산화 황을 형성한다.

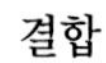

결합

2개 이상의 반응물 — 결합하여 생성 — 단일 생성물

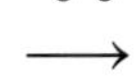

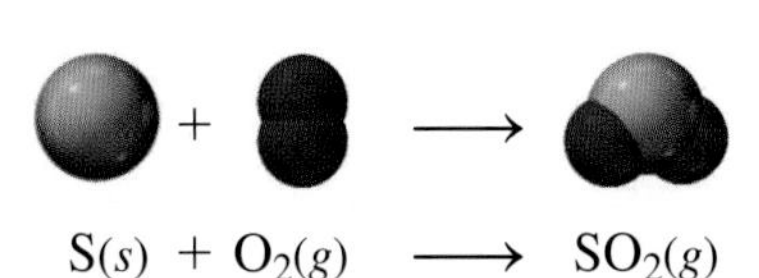

$$S(s) + O_2(g) \longrightarrow SO_2(g)$$

그림 7.4에서 마그네슘과 산소 원소가 결합하여 단일 생성물을 형성하며, 이는 Mg^{2+}와 O^{2-} 이온으로부터 형성된 이온 화합물인 산화 마그네슘이다.

$$2Mg(s) + O_2(g) \longrightarrow 2MgO(s)$$

결합 반응의 다른 예에서, 원소 또는 화합물이 결합하여 단일 생성물을 형성한다.

$$N_2(g) + 3H_2(g) \longrightarrow 2NH_3(g)$$
$$Cu(s) + S(s) \longrightarrow CuS(s)$$
$$MgO(s) + CO_2(g) \longrightarrow MgCO_3(s)$$

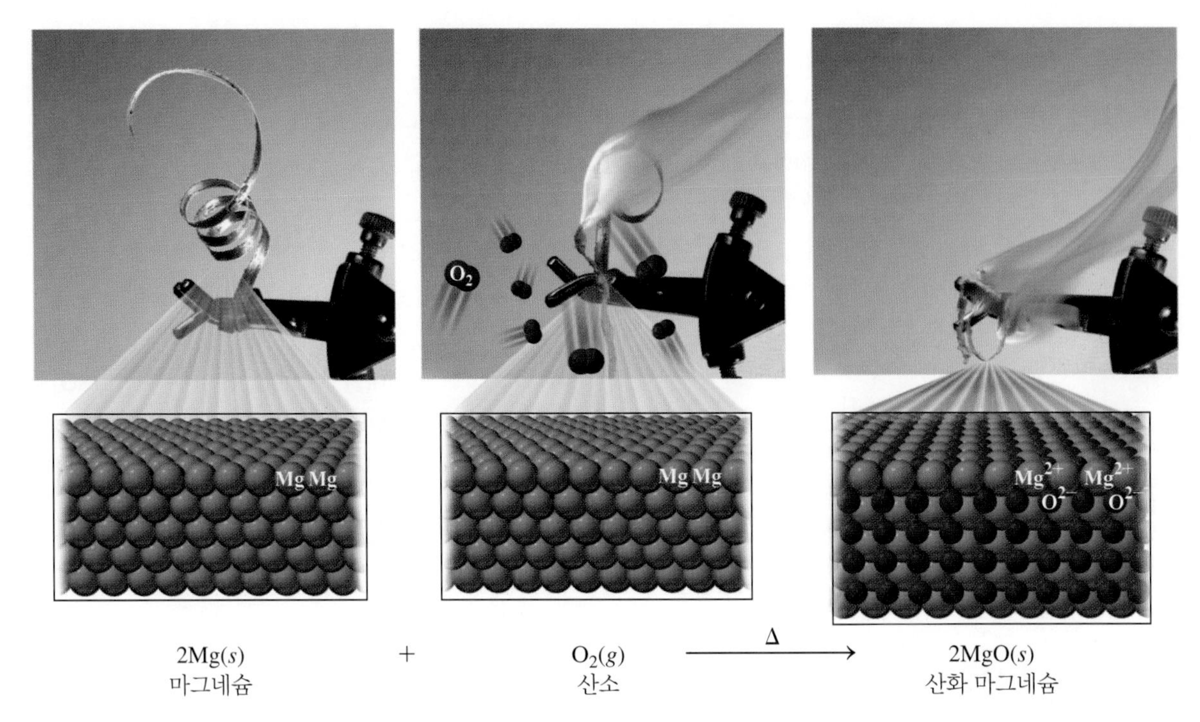

그림 7.4 결합 반응에서는 2개 이상의 물질이 결합하여 단일 물질인 생성물을 형성한다.

Q 결합 반응에서 반응물의 원자에 무슨 일이 생기는가?

분해 반응

분해

반응물 AB 분리된다 ⟶ 2개 이상의 생성물 A + B

분해 반응(decomposition reaction)에서 반응물은 2개 이상의 보다 단순한 생성물로 분리된다. 예를 들어, 산화 수은(II)을 가열하면 화합물은 수은 원자와 산소로 분해된다(그림 7.5).

$$2HgO(s) \xrightarrow{\Delta} 2Hg(l) + O_2(g)$$

분해 반응의 또 다른 예에서, 탄산 칼슘을 가열하면 보다 단순한 화합물인 산화 칼슘과 이산화 탄소로 분리된다.

$$CaCO_3(s) \xrightarrow{\Delta} CaO(s) + CO_2(g)$$

치환 반응

단일 치환

한 원소가 A + BC 치환한다 ⟶ 다른 원소를 AC + B

치환 반응에서는 한 화합물의 원소가 다른 원소로 치환된다. **단일 치환 반응**(single replacement reaction)에서 반응 원소는 다른 반응 화합물의 원소와 자리를 바꾼다.

그림 7.6에 보여주는 단일 치환 반응에서, 아연은 염산($HCl(aq)$)의 수소를 치환한다.

$$Zn(s) + 2HCl(aq) \longrightarrow H_2(g) + ZnCl_2(aq)$$

또 다른 단일 치환 반응에서, 염소는 화합물 브로민화 포타슘에서 브로민을 치환한다.

$$Cl_2(g) + 2KBr(s) \longrightarrow 2KCl(s) + Br_2(l)$$

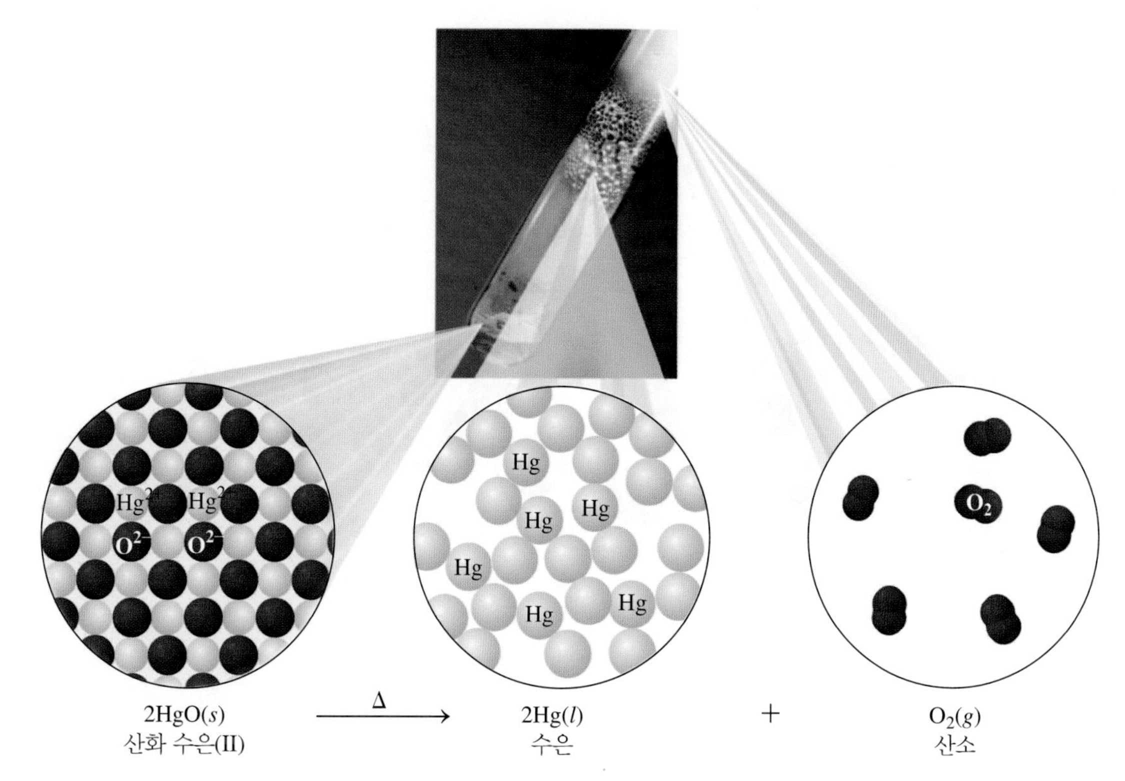

그림 7.5 분해 반응에서 하나의 반응물이 2개 이상의 생성물로 분해된다.

Q 반응물과 생성물의 차이가 어떻게 이것을 분해 반응으로 분류하게 하는가?

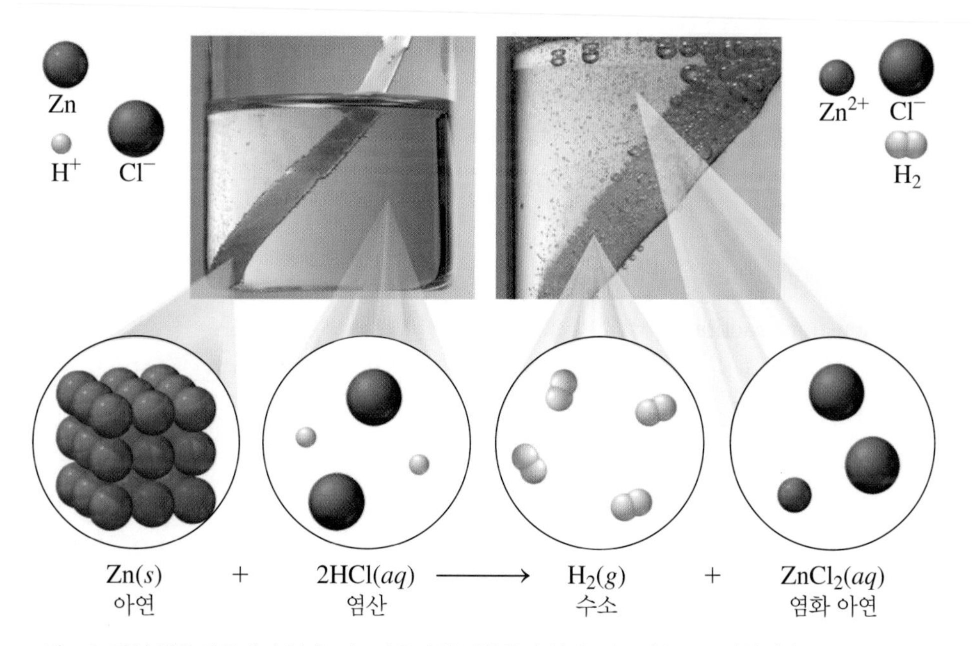

그림 7.6 단일 치환 반응에서 원자 또는 이온이 한 화합물의 원자 또는 이온으로 치환된다.

Q 반응물 화학식의 어떠한 변화가 이 반응식을 단일 치환 반응으로 확인하게 하는가?

이중 치환 반응(double replacement reaction)에서 반응 화합물의 양이온은 자리를 바꾼다.

그림 7.7이 보여주는 반응에서 바륨 이온은 반응물에서 소듐 이온과 자리를 바꾸어 염화 소듐과 황산 바륨의 흰색 고체 침전물을 형성한다. 생성물의 화학식은 이온

이중 치환

두 원소가 치환한다 서로를

AB + CD ⟶ AD + CB

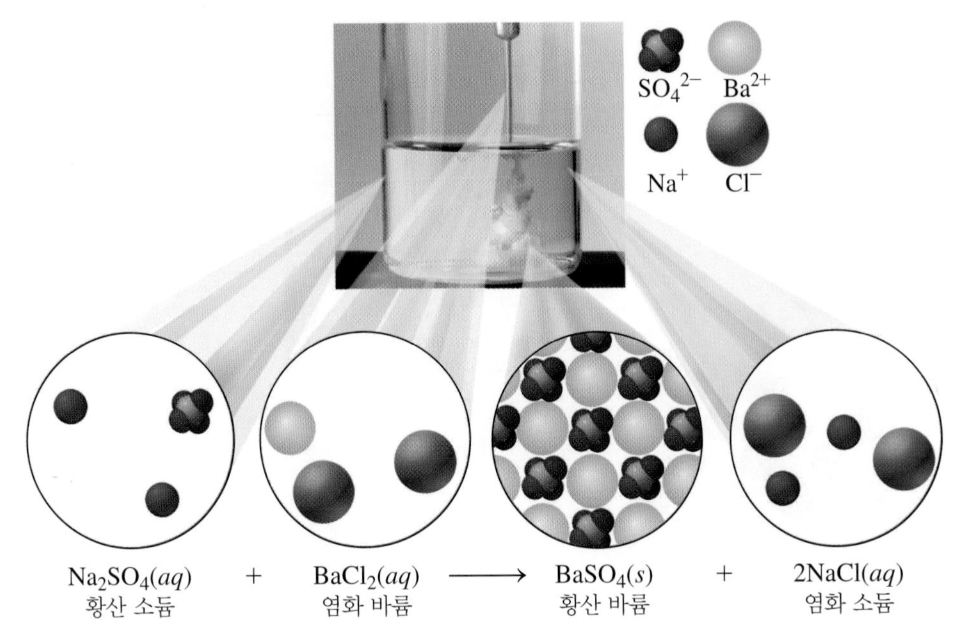

그림 7.7 이중 치환 반응에서는 반응물의 양이온이 서로 치환된다.

Q 반응물의 화학식에서 어떠한 변화가 이 반응식을 이중 치환 반응으로 확인하는가?

의 전하에 따라 달라진다.

$$BaCl_2(aq) + Na_2SO_4(aq) \longrightarrow BaSO_4(s) + 2NaCl(aq)$$

단일 치환 반응과 이중 치환 반응을 어떻게 구별하는가?

수산화 소듐과 염산(HCl)이 반응하면 소듐 이온과 수소 이온은 자리를 바꾸어 물과 염화 소듐을 형성한다.

$$NaOH(aq) + HCl(aq) \longrightarrow H_2O(l) + NaCl(aq)$$

연소 반응

초가 타는 것과 자동차 엔진에서 연료가 연소하는 것은 연소 반응의 예이다. **연소 반응**(combustion reaction)에서 일반적으로 연료인 탄소-함유 화합물은 산소 기체와 타서 기체 이산화 탄소(CO_2), 물(H_2O), 그리고 열 또는 불꽃의 형태로 에너지를 생성한다. 예를 들어, 가스 조리대에서 음식을 조리할 때와 집을 난방할 때 메테인(CH_4) 기체가 연소한다. 메테인 연소의 반응식에서 연료(CH_4)의 각 원소는 산소와 화합물을 형성한다.

$$\underset{\text{메테인}}{CH_4(g)} + 2O_2(g) \xrightarrow{\Delta} CO_2(g) + 2H_2O(g) + \text{에너지}$$

연소 반응에서 초는 공기 중의 산소를 이용하여 탄다.

프로페인(C_3H_8) 연소의 완결된 반응식은 다음과 같다.

$$C_3H_8(g) + 5O_2(g) \xrightarrow{\Delta} 3CO_2(g) + 4H_2O(g) + \text{에너지}$$

프로페인은 휴대용 히터와 가스 바비큐에 사용되는 연료이다. 액체 탄화수소 혼합물인 휘발유는 자동차, 잔디 제초기와 제설기를 구동하는 연료이다.

표 7.4는 반응의 종류를 요약하고 예를 제시하고 있다.

표 7.4 반응 종류의 요약

반응 종류	예
결합	
A + B $\longrightarrow$ AB	$Ca(s) + Cl_2(g) \longrightarrow CaCl_2(s)$
분해	
AB $\longrightarrow$ A + B	$Fe_2S_3(s) \longrightarrow 2Fe(s) + 3S(s)$
단일 치환	
A + BC $\longrightarrow$ AC + B	$Cu(s) + 2AgNO_3(aq) \longrightarrow 2Ag(s) + Cu(NO_3)_2(aq)$
이중 치환	
AB + CD $\longrightarrow$ AD + CB	$BaCl_2(aq) + K_2SO_4(aq) \longrightarrow BaSO_4(s) + 2KCl(aq)$
연소	
$C_XH_Y + ZO_2(g) \xrightarrow{\Delta} XCO_2(g) + \frac{Y}{2}H_2O(g) +$ 에너지	$CH_4(g) + 2O_2(g) \xrightarrow{\Delta} CO_2(g) + 2H_2O(g) +$ 에너지

예제 7.9 반응 확인

문제

다음을 결합, 분해, 단일 치환, 이중 치환 또는 연소 반응으로 분류하라.

a. $2Fe_2O_3(s) + 3C(s) \longrightarrow 3CO_2(g) + 4Fe(s)$

b. $2KClO_3(s) \xrightarrow{\Delta} 2KCl(s) + 3O_2(g)$

c. $C_2H_4(g) + 3O_2(g) \xrightarrow{\Delta} 2CO_2(g) + 2H_2O(g) +$ 에너지

풀이

a. 이 단일 치환 반응에서 C 원자는 Fe_2O_3의 Fe를 치환하여 화합물 CO_2와 Fe 원자를 형성한다.

b. 한 반응물이 분해되어 2개의 생성물을 형성하는 반응은 분해 반응이다.

c. 탄소 화합물이 산소와 반응하여 이산화 탄소, 물, 에너지를 생성하는 반응은 연소 반응이다.

유제 7.9

질소 기체(N_2)와 산소 기체(O_2)는 반응하여 이산화 질소 기체를 형성한다. 반응물과 생성물의 정확한 화학식을 이용하여 완결된 화학 반응식을 쓰고, 반응의 종류를 확인하라.

해답

$N_2(g) + 2O_2(g) \longrightarrow 2NO_2(g)$ 연소

확인하기

연습 문제 7.21과 7.22를 풀어보기

연습 문제

7.5 화학 반응의 종류

학습 목표 결합, 분해, 단일 치환, 이중 치환 또는 연소와 같은 화학 반응을 확인한다.

7.21 다음을 결합, 분해, 단일 치환, 이중 치환 또는 연소 반응으로 분류하라.

a. $2Al_2O_3(s) \xrightarrow{\Delta} 4Al(s) + 3O_2(g)$

b. $Br_2(l) + BaI_2(s) \longrightarrow BaBr_2(s) + I_2(s)$

c. $2C_2H_2(g) + 5O_2(g) \xrightarrow{\Delta} 4CO_2(g) + 2H_2O(g)$

d. $BaCl_2(aq) + K_2CO_3(aq) \longrightarrow BaCO_3(s) + 2KCl(aq)$

e. $Pb(s) + O_2(g) \longrightarrow PbO_2(s)$

7.22 다음을 결합, 분해, 단일 치환, 이중 치환 또는 연소 반응으로 분류하라.

a. $4Fe(s) + 3O_2(g) \longrightarrow 2Fe_2O_3(s)$

b. $Mg(s) + 2AgNO_3(aq) \longrightarrow 2Ag(s) + Mg(NO_3)_2(aq)$

c. $CuCO_3(s) \xrightarrow{\Delta} CuO(s) + CO_2(g)$

d. $Al_2(SO_4)_3(aq) + 6KOH(aq) \longrightarrow 2Al(OH)_3(s) + 3K_2SO_4(aq)$

e. $C_4H_8(g) + 6O_2(g) \xrightarrow{\Delta} 4CO_2(g) + 4H_2O(g)$

화학과 보건
불완전 연소: 일산화 탄소의 독성

밀폐된 방에서 프로페인 히터, 벽난로, 목재 난로를 사용할 때는 적절한 환기가 필요하다. 만약 산소의 공급이 제한되면 연소 기체, 기름 또는 목재의 불완전 연소로 인해 일산화 탄소가 생성된다. 천연가스에서 메테인의 불완전 연소는 다음과 같이 쓸 수 있다.

$$2CH_4(g) + 3O_2(g) \xrightarrow{\Delta} 2CO(g) + 4H_2O(g) + \text{에너지}$$

제한된 산소 공급 (아래: $3O_2(g)$), 일산화 탄소 (아래: $2CO(g)$)

일산화 탄소(CO)는 무색무취인 독성 가스이다. 흡입할 경우 CO는 혈류로 들어가 헤모글로빈에 붙어 세포에 도달하는 산소(O_2)의 양을 감소시킨다. 결과적으로 사람은 운동 능력, 시각적 지각, 손의 기민성 감소를 겪게 된다.

헤모글로빈은 혈액에서 O_2를 운반하는 단백질이다. CO와 결합한 헤모글로빈(COHb)의 양이 약 10%가 되면, 사람은 호흡 곤란과 경미한 두통, 졸음을 겪는다. 심한 애연가는 혈중 COHb 수치가 9%까지 높아질 수 있다. CO와 결합한 헤모글로빈이 30%가 되면, 사람은 어지럼증, 정신 혼동, 심한 두통, 메스꺼움 등의 심각한 증상을 겪을 수 있다. CO와 결합한 헤모글로빈이 50% 이상일 경우, 즉시 산소로 치료하지 않는다면 사람은 의식을 잃고 사망할 것이다.

7.6 산화-환원 반응

학습 목표 용어 산화와 환원을 정의한다. 산화와 환원된 반응물을 확인한다.

공기 중의 산소가 철과 반응할 때 녹이 형성된다.

산화와 환원 반응에 대해 들어보지 못하였겠지만, 이러한 종류의 반응은 일상생활에서 많은 중요한 응용이 되고 있다. 녹슨 못, 은수저의 변색 또는 금속의 부식 등을 보는 것은 산화를 관찰하는 것이다.

$$4Fe(s) + 3O_2(g) \longrightarrow 2Fe_2O_3(s) \quad \text{Fe는 산화되었다.}$$

녹 (아래: $2Fe_2O_3(s)$)

자동차의 등을 켤 때는 자동차 배터리 내부의 산화-환원 반응으로 전기를 공급한다. 추운 겨울에는 불을 피울 수 있다. 나무가 타면서 산소는 탄소 및 수소와 결합하여 이산화 탄소와 물, 열을 생성한다. 앞 절에서는 이를 연소 반응이라 불렀지만, **산화-환원 반응**이기도 하다. 녹말이 든 음식을 먹으면 녹말은 분해되어 글루코스가

되고, 이는 세포 내에서 산화되어 이산화 탄소, 물과 함께 에너지를 제공한다. 우리가 숨 쉬는 매 호흡마다 세포에서 산화를 수행할 산소를 공급한다.

$$\underset{\text{글루코스}}{C_6H_{12}O_6(aq)} + 6O_2(g) \longrightarrow 6CO_2(g) + 6H_2O(l) + \text{에너지}$$

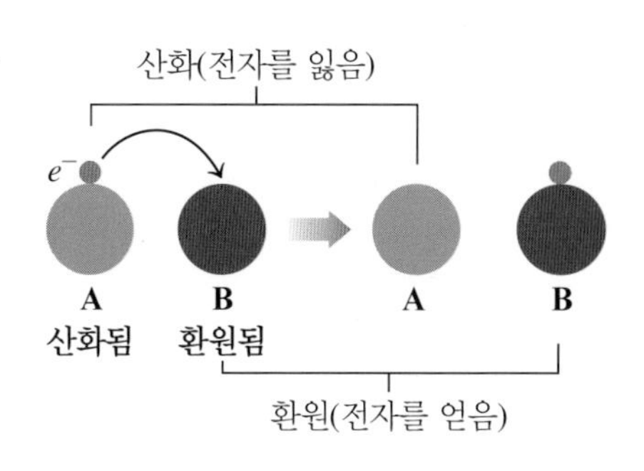

산화-환원 반응

산화-환원 반응(oxidation-reduction reaction, redox)에서 전자는 한 물질에서 다른 물질로 이동한다. 한 물질이 전자를 잃으면, 다른 물질은 전자를 얻어야 한다. **산화**(oxidation)는 전자를 **잃는**(loss) 것으로, **환원**(reduction)은 전자를 **얻는**(gain) 것으로 정의한다.

정의를 기억하는 한 가지 방법은 다음과 같은 축약어를 이용하는 것이다.

OIL RIG
Oxidation **I**s **L**oss of electrons
Reduction **I**s **G**ain of electrons

일반적으로 금속의 원자는 전자를 잃어 양이온을 형성하는 반면, 비금속은 전자를 얻어 음이온을 형성한다. 이제 금속은 산화되고 비금속은 환원되었다고 말할 수 있다.

구리의 녹색 녹청은 산화로 인해 생긴다.

녹청(patina)으로 알려진 구리 표면에 녹이 슬면서 나타나는 녹색 물질은 $CuCO_3$와 CuO의 혼합물이다. 이제 구리 금속이 공기 중의 산소와 반응하여 산화 구리(II)를 생성할 때 일어나는 산화와 환원 반응을 살펴보고자 한다.

$$2Cu(s) + O_2(g) \longrightarrow 2CuO(s)$$

반응물에서 원소 Cu의 전하는 0이지만 생성물 CuO에서는 2+ 전하를 가지는 Cu^{2+}로 존재한다. Cu 원자는 2개의 전자를 잃었기 때문에, 전하는 더 양이 된다. 이는 Cu가 반응에서 산화되었음을 의미한다.

$$Cu^0(s) \longrightarrow Cu^{2+}(s) + 2e^- \quad \text{산화: Cu에 의하여 전자를 잃음}$$

동시에 반응물에서 원소 O는 전하가 0이지만 생성물 CuO에서는 2− 전하를 가지는 O^{2-}로 존재한다. O 원자는 2개의 전자를 얻었기 때문에 전하는 더 음이 된다. 이는 O가 반응에서 환원되었음을 의미한다.

$$O_2{}^0(g) + 4e^- \longrightarrow 2O^{2-}(s) \quad \text{환원: O에 의하여 전자를 얻음}$$

핵심 화학 기법
산화와 환원된 물질을 확인하기

따라서 CuO 형성에 대한 전체 반응은 동시에 일어나는 산화와 환원을 포함하고 있다. 모든 산화와 환원에서 잃은 전자의 수는 얻은 전자의 수와 같아야 한다. 따라서 Cu의 산화 반응에 2를 곱한다. 각 변의 $4\,e^-$를 상쇄하면 CuO 형성에 대한 전체 산화-환원 반응식을 얻을 수 있다.

$$2Cu(s) \longrightarrow 2Cu^{2+}(s) + \cancel{4e^-} \quad \text{산화}$$
$$O_2(g) + \cancel{4e^-} \longrightarrow 2O^{2-}(s) \quad \text{환원}$$
$$2Cu(s) + O_2(g) \longrightarrow 2CuO(s) \quad \text{산화-환원 반응식}$$

그림 7.8 이 단일 치환 반응에서 Zn(*s*)가 산화되어 $Zn^{2+}(aq)$가 될 때 2개의 전자를 제공하여 $Cu^{2+}(aq)$를 Cu(*s*)로 환원시킨다.

$Zn(s) + CuSO_4(aq) \longrightarrow ZnSO_4(aq) + Cu(s)$

Q 산화에서 Zn(*s*)는 전자를 잃는가, 아니면 얻는가?

생각해보기

이 반응에서 Cu^{2+}가 환원된 것을 어떻게 확인할 수 있는가?

아연과 황산 구리(II) 사이의 다음 반응에서 볼 수 있듯이, 모든 환원에는 항상 산화가 있다(그림 7.8). 원자와 이온을 나타내는 반응식은 다음과 같이 쓸 수 있다.

$$\mathbf{Zn}(s) + \mathbf{Cu^{2+}}(aq) + SO_4^{2-}(aq) \longrightarrow \mathbf{Zn^{2+}}(aq) + SO_4^{2-}(aq) + \mathbf{Cu}(s)$$

이 반응에서 Zn 원자는 2개의 전자를 잃어 Zn^{2+}를 형성하며, 이러한 양전하의 증가는 Zn이 산화되었음을 의미한다. 동시에 Cu^{2+}는 2개의 전자를 얻고, 이러한 전하의 감소는 Cu가 환원되었음을 의미한다. SO_4^{2-} 이온은 **구경꾼 이온**(spectator ion)으로, 반응물과 생성물에 모두 존재하며 변하지 않는다.

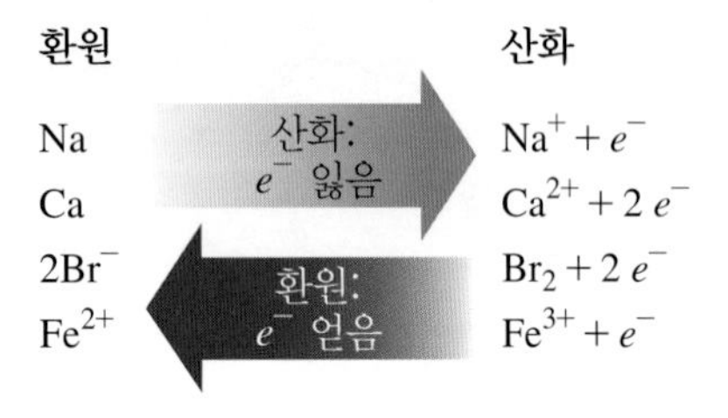

산화는 전자를 잃고, 환원은 전자를 얻는다.

$$Zn(s) \longrightarrow Zn^{2+}(aq) + 2e^- \quad \text{Zn의 산화}$$
$$Cu^{2+}(aq) + 2e^- \longrightarrow Cu(s) \quad \text{Cu의 환원}$$

이 단일 치환 반응에서 아연은 산화되고 구리(II)는 환원된다.

생물계에서의 산화와 환원

산소를 얻거나 수소를 잃는 것 또한 산화에 포함되며, 산소를 잃거나 수소를 얻는 것은 환원에 포함된다. 신체 세포에서 유기(탄소) 화합물의 산화는 전자와 양성자로 구성된 수소 원자(H)의 이동을 포함한다. 예를 들어, 전형적인 생화학 분자의 산화는 2개의 수소 원자(또는 $2H^+$와 $2e^-$)를 조효소 FAD(flavin adenine dinucleotide)와 같은 수소 이온 수용체로 전달하는 것을 포함한다. 조효소는 $FADH_2$로 환원된다.

많은 생화학적 산화–환원 반응에서, 수소 원자의 이동은 세포 내 에너지 생성에 필요하다. 예를 들어, 유독 물질인 메틸 알코올(CH_4O)은 체내에서 다음과 같은 반응으로 대사된다.

$$\underset{\text{메틸 알코올}}{CH_4O} \longrightarrow \underset{\text{폼알데하이드}}{CH_2O} + 2H \quad \text{산화: H 원자 잃음}$$

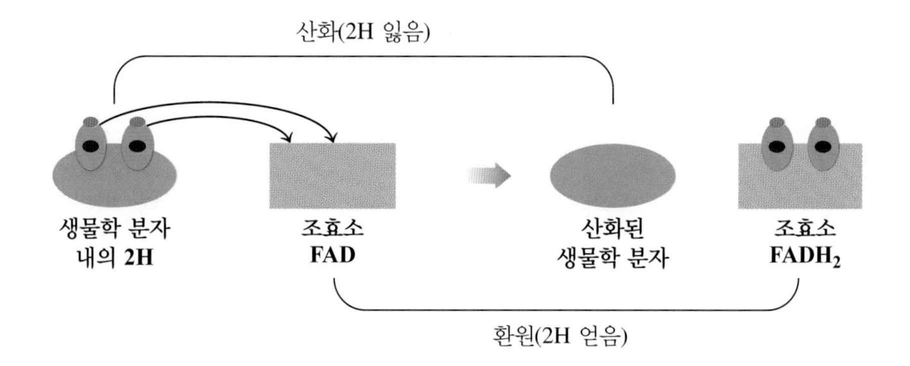

폼알데하이드는 더 산화될 수 있으며, 이번에는 산소가 첨가되어 폼산을 생성한다.

$$\underset{\text{폼알데하이드}}{2CH_2O} + O_2 \longrightarrow \underset{\text{폼산}}{2CH_2O_2} \quad \text{산화: O 원자의 첨가}$$

마지막으로 폼산은 이산화 탄소와 물로 산화된다.

$$\underset{\text{폼산}}{2CH_2O_2} + O_2 \longrightarrow 2CO_2 + 2H_2O \quad \text{산화: O 원자의 첨가}$$

메틸 알코올 산화의 중간 생성물은 매우 유독하여 눈이 멀게 하고, 신체 세포의 주요 반응을 방해함으로써 사망에 이르게 할 수도 있다.

요약하면 우리가 사용하는 산화와 환원의 특별한 정의는 반응에서 생기는 과정에 의존한다. 이러한 모든 정의는 표 7.5에 요약하였다. 산화는 항상 전자를 잃는 것을 포함하지만 산소가 추가되거나 수소를 잃는 것으로도 볼 수 있다. 또한 환원은 항상 전자를 얻는 것을 포함하지만 산소를 잃거나 수소를 얻는 것으로도 볼 수 있다.

표 7.5 산화와 환원의 특성

항상 포함	포함할 수도 있음
산화	
전자 잃음	산소 첨가 수소 잃음
환원	
전자 얻음	산소 잃음 수소 얻음

확인하기

연습 문제 7.23에서 7.26까지 풀어보기

연습 문제

7.6 산화-환원 반응

학습 목표 용어 산화와 환원을 정의한다. 산화와 환원된 반응물을 확인한다.

7.23 다음을 산화 또는 환원으로 확인하라.

a. $Na^+(aq) + e^- \longrightarrow Na(s)$

b. $Ni(s) \longrightarrow Ni^{2+}(aq) + 2e^-$

c. $Cr^{3+}(aq) + 3e^- \longrightarrow Cr(s)$

d. $2H^+(aq) + 2e^- \longrightarrow H_2(g)$

7.24 다음에서 산화된 반응물과 환원된 반응물을 확인하라.

a. $Zn(s) + Cl_2(g) \longrightarrow ZnCl_2(s)$

b. $Cl_2(g) + 2NaBr(aq) \longrightarrow 2NaCl(aq) + Br_2(l)$

c. $2PbO(s) \longrightarrow 2Pb(s) + O_2(g)$

d. $2Fe^{3+}(aq) + Sn^{2+}(aq) \longrightarrow 2Fe^{2+}(aq) + Sn^{4+}(aq)$

의학 응용

7.25 인간 세포의 미토콘드리아에서 에너지는 전자 이동에 있어 사이토크롬(cytochrome)에 있는 철 이온의 산화 환원 반응에 의하여 공급된다. 다음을 산화 또는 환원으로 확인하라.

a. $Fe^{3+} + e^- \longrightarrow Fe^{2+}$

b. $Fe^{2+} \longrightarrow Fe^{3+} + e^-$

7.26 불포화 탄화수소인 올레핀은 수소와 반응할 때, 포화 탄화수소를 형성한다. 수소화 반응에서 올레핀은 산화된 것인가, 환원된 것인가?

$$C_8H_{16} + H_2 \longrightarrow C_8H_{18}$$

7.7 화학 반응식의 몰 관계

학습 목표 완결된 화학 반응식으로부터 몰-몰 계수를 이용하여 반응의 다른 물질의 몰수를 계산한다.

모든 화학 반응에서 반응물의 총 물질량은 생성물의 총 물질량과 같다. 따라서 모든 반응물의 총 질량은 모든 생성물의 총 질량과 같아야 한다. 이는 화학 반응에서 반응하는 물질의 총량에는 변화가 없다는 **질량 보존의 법칙**(law of conservation of mass)으로 알려져 있다. 따라서 원래의 물질이 새로운 물질로 변하면서 잃거나 얻은 물질은 없다.

예를 들어, 변색물(Ag_2S)은 은이 황과 반응하여 황화 은이 형성될 때 만들어진다.

$$2Ag(s) + S(s) \longrightarrow Ag_2S(s)$$

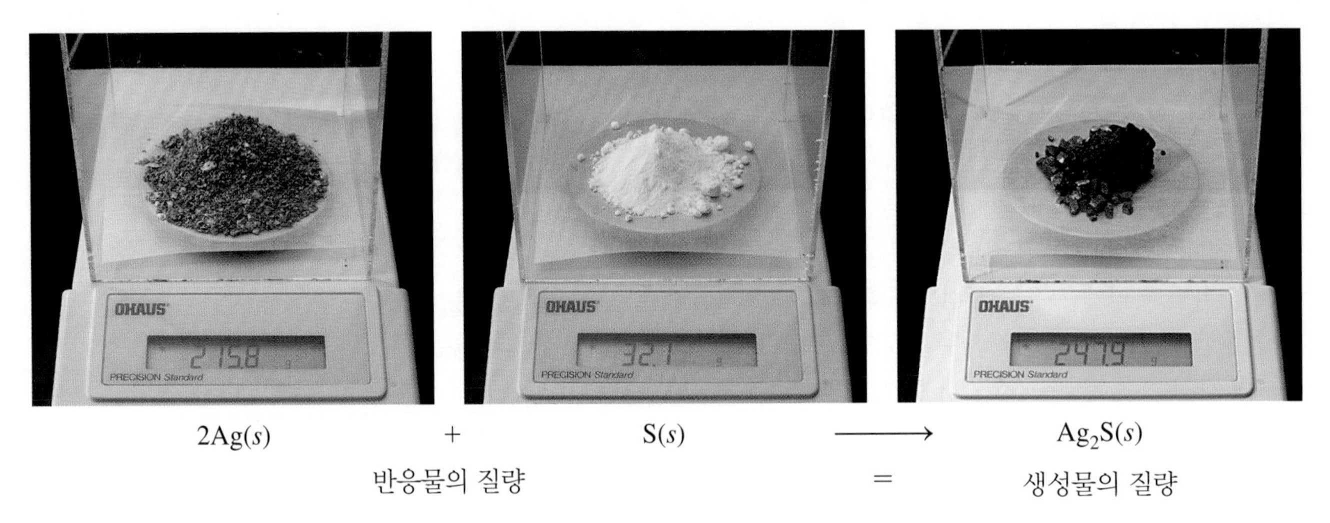

Ag와 S의 화학 반응에서, 반응물의 질량은 생성물 Ag_2S의 질량과 같다.

이 반응에서 반응하는 은 원자의 수는 황 원자 수의 2배이다. 200개의 은 원자가 반응할 때, 100개의 황 원자가 필요하다. 그러나 실제 화학 반응에서는 훨씬 많은 은과 황 원자가 반응한다. 은과 황의 몰수를 취급한다면, 반응식의 계수는 몰의 형태로 해석될 수 있다. 따라서 2몰의 은은 1몰의 황과 반응하여 1몰의 Ag_2S를 형성한다. 각 물질의 몰 질량을 결정할 수 있기 때문에 Ag, S, Ag_2S의 몰수도 각각 g으로 표시된 질량의 형태로 말할 수 있다. 따라서 215.8 g의 Ag와 32.1 g의 S가 반응하여 247.9 g의 Ag_2S를 형성한다. 반응물의 총 질량(247.9 g)은 생성물의 질량(247.9 g)과 동일하다. 화학 반응을 해석하는 다양한 방법은 표 7.6에서 볼 수 있다.

완결된 반응식으로부터 몰-몰 계수

철이 황과 반응할 때, 생성물은 황화 철(III)이다.

$$2Fe(s) + 3S(s) \longrightarrow Fe_2S_3(s)$$

완결된 화학 반응식에서, 2몰의 철은 3몰의 황과 반응하여 1몰의 황화 철(III)을 형성한다. 실제로 철 또는 황을 어떠한 양으로도 사용할 수 있지만, 황과 반응하는 철

표 7.6 완결된 반응식으로부터 가용할 수 있는 정보

	반응물		생성물
반응식	2 Ag(s)	+ S(s)	⟶ Ag_2S(s)
원자	2 Ag 원자	+ 1 S 원자	⟶ 1 Ag_2S 화학식 단위
	200 Ag 원자	+ 100 S 원자	⟶ 100 Ag_2S 화학식 단위
원자의 Avogadro 수	$2(6.02 \times 10^{23})$ Ag 원자	+ $1(6.02 \times 10^{23})$ S 원자	⟶ $1(6.02 \times 10^{23})$ Ag_2S 화학식 단위
몰	2몰 Ag	+ 1몰 S	⟶ 1몰 Ag_2S
질량(g)	2(107.9 g) Ag	+ 1(32.07 g) S	⟶ 1(247.9 g) Ag_2S
총 질량(g)	247.9 g		⟶ 247.9 g

Fe와 S의 화학 반응에서, 반응물의 질량은 생성물 Fe_2S_3의 질량과 같다.

의 **비율**은 항상 같다. 계수로부터 반응물과 생성물 사이, 그리고 반응물 사이의 **몰-몰 계수**(mole-mole factor)를 쓸 수 있다. 몰-몰 계수에서 사용하는 계수는 **정확한** 수로 유효숫자의 수가 한정되지 않는다.

Fe와 S: $\frac{2\text{ mol Fe}}{3\text{ mol S}}$ 그리고 $\frac{3\text{ mol S}}{2\text{ mol Fe}}$

Fe와 Fe_2S_3: $\frac{2\text{ mol Fe}}{1\text{ mol Fe}_2\text{S}_3}$ 그리고 $\frac{1\text{ mol Fe}_2\text{S}_3}{2\text{ mol Fe}}$

S와 Fe_2S_3: $\frac{3\text{ mol S}}{1\text{ mol Fe}_2\text{S}_3}$ 그리고 $\frac{1\text{ mol Fe}_2\text{S}_3}{3\text{ mol S}}$

확인하기

연습 문제 7.27을 풀어보기

계산에서 몰-몰 계수 이용하기

핵심 화학 기법

몰-몰 계수 이용하기

처방전을 만들거나 적절한 연료와 공기의 혼합물로 엔진을 조정하거나 제약 실험실에서 약을 조제할 때마다, 사용할 적절한 반응물의 양과 얼마나 많은 생성물이 형성될지를 알 필요가 있다. 이제 완결된 반응식 2Fe(s) + 3S(s) ⟶ Fe_2S_3(s)에 대하여 모든 가능한 환산 인자를 썼으므로, 예제 7.10의 화학 계산에서는 몰-몰 계수를 사용할 것이다.

예제 7.10 반응물의 몰 계산

문제

철과 황의 화학 반응에서, 1.42몰의 철과 반응하는 데에는 몇 몰의 황이 필요한가?

$$2Fe(s) + 3S(s) \longrightarrow Fe_2S_3(s)$$

풀이 지침

1단계 주어진 양(몰)과 필요한 양(몰)을 말하라.

	주어진 조건	필요한 사항	연계
문제 분석	Fe 1.42몰	S의 몰	몰-몰 계수
	반응식		
	$2Fe(s) + 3S(s) \longrightarrow Fe_2S_3(s)$		

2단계 주어진 양을 필요한 양(몰)으로 변환할 계획을 써라.

Fe의 몰 → 몰-몰 계수 → S의 몰

3단계 계수를 이용하여 몰-몰 계수를 써라.

$$2 \text{ mol Fe} = 3 \text{ mol S}$$

$$\frac{2 \text{ mol Fe}}{3 \text{ mol S}} \quad \text{그리고} \quad \frac{3 \text{ mol S}}{2 \text{ mol Fe}}$$

4단계 필요한 양(몰)을 제공하도록 문제를 설정하라.

$$1.42 \text{ mol Fe} \times \frac{3 \text{ mol S}}{2 \text{ mol Fe}} = 2.13 \text{ mol S}$$

유효숫자 3개 / 정확한 수 / 유효숫자 3개

유제 7.10

예제 7.10의 반응식을 이용하여, 2.75몰의 황과 반응하는 데 필요한 철의 몰수를 계산하라.

해답

1.83몰 철

확인하기

연습 문제 7.28과 7.29를 풀어보기

연습 문제

7.7 화학 반응식의 몰 관계

학습 목표 완결된 화학 반응식으로부터 몰–몰 계수를 이용하여 반응의 다른 물질의 몰수를 계산한다.

7.27 다음 화학 반응식에 대하여 모든 몰-몰 계수를 써라.

a. $2SO_2(g) + O_2(g) \longrightarrow 2SO_3(g)$

b. $4P(s) + 5O_2(g) \longrightarrow 2P_2O_5(s)$

7.28 수소와 산소의 화학 반응으로 물이 생성된다.

$$2H_2(g) + O_2(g) \longrightarrow 2H_2O(g)$$

a. 2.6몰의 H_2와 반응하는 데 필요한 O_2의 몰수는 얼마인가?
b. 5.0몰의 O_2와 반응하는 데 필요한 H_2의 몰수는 얼마인가?
c. 2.5몰의 O_2가 반응하였을 때, 몇 몰의 H_2O가 생성되는가?

7.29 탄소를 이산화 황과 함께 가열하면 이황화 탄소와 일산화 탄소가 생성된다.

$$5C(s) + 2SO_2(g) \xrightarrow{\Delta} CS_2(l) + 4CO(g)$$

a. 0.500몰의 SO_2와 반응하는 데 필요한 C의 몰수는 얼마인가?
b. 1.2몰의 C가 반응할 때 생성되는 CO의 몰수는 얼마인가?
c. 0.50몰의 CS_2를 생성하는 데 필요한 SO_2의 몰수는 얼마인가?
d. 2.5몰의 C가 반응할 때, 생성되는 CS_2의 몰수는 얼마인가?

7.8 화학 반응의 질량 계산

학습 목표 반응에서 물질의 질량이 그램 단위로 주어지면, 반응의 다른 물질의 질량을 그램 단위로 계산한다.

복습
계산에서 유효숫자를 이용하기(2.3)

반응에 대하여 완결된 화학 반응식이 있으면, 반응의 한 물질(A)의 질량을 이용하여 반응의 다른 물질(B)의 질량을 계산할 수 있다. 그러나 계산에는 A의 몰 질량을 이용하여 A의 질량을 A의 몰수로 바꾸는 것이 필요하다. 그런 다음 완결된 반응식의 계수로부터 물질 A와 물질 B를 연결하는 몰-몰 계수를 이용한다. 몰-몰 계수(B/A)는 A의 몰을 B의 몰로 변환해줄 것이다. 그리고 나서 B의 몰 질량을 이용하여 물질 B의 g을 계산한다.

핵심 화학 기법
그램을 그램으로 환산

물질 A / **물질 B**

A의 g → A의 몰 질량 → A의 몰 → 몰-몰 계수 B/A → B의 몰 → B의 몰 질량 → B의 g

예제 7.11 생성물의 질량 계산

문제

아세틸렌(C_2H_2)이 산소와 연소할 때 생성되는 고온은 금속을 용접할 때 사용된다.

$$2C_2H_2(g) + 5O_2(g) \xrightarrow{\Delta} 4CO_2(g) + 2H_2O(g)$$

54.6 g의 C_2H_2가 연소할 때 몇 g의 CO_2가 생성되는가?

아세틸렌과 산소의 혼합물은 금속 용접 중에 연소된다.

풀이 지침

1단계 주어진 양과 필요한 양(g)을 말하라.

	주어진 조건	필요한 사항	연계
문제 분석	C_2H_2 54.6 g	CO_2의 g	몰 질량, 몰-몰 계수
	반응식		
	$2C_2H_2(g) + 5O_2(g) \xrightarrow{\Delta} 4CO_2(g) + 2H_2O(g)$		

2단계 주어진 양을 필요한 양(g)으로 변환하는 계획을 써라.

C_2H_2의 g → 몰 질량 → C_2H_2의 몰 → 몰–몰 계수 → CO_2의 몰 → 몰 질량 → CO_2의 g

3단계 계수를 이용하여 몰-몰 계수를 써라.

$$1\text{ mol } C_2H_2 = 26.04\text{ g } C_2H_2$$
$$\frac{26.04\text{ g } C_2H_2}{1\text{ mol } C_2H_2} \quad \text{그리고} \quad \frac{1\text{ mol } C_2H_2}{26.04\text{ g } C_2H_2}$$

$$2\text{ mol } C_2H_2 = 4\text{ mol } CO_2$$
$$\frac{2\text{ mol } C_2H_2}{4\text{ mol } CO_2} \quad \text{그리고} \quad \frac{4\text{ mol } CO_2}{2\text{ mol } C_2H_2}$$

$$1\text{ mol } CO_2 = 44.01\text{ g } CO_2$$
$$\frac{44.01\text{ g } CO_2}{1\text{ mol } CO_2} \quad \text{그리고} \quad \frac{1\text{ mol } CO_2}{44.01\text{ g } CO_2}$$

4단계 필요한 양(g)을 제공하도록 문제를 설정하라.

$$54.6\text{ g } \cancel{C_2H_2} \times \frac{1\text{ } \cancel{\text{mol } C_2H_2}}{26.04\text{ } \cancel{\text{g } C_2H_2}} \times \frac{4\text{ } \cancel{\text{mol } CO_2}}{2\text{ } \cancel{\text{mol } C_2H_2}} \times \frac{44.01\text{ g } CO_2}{1\text{ } \cancel{\text{mol } CO_2}} = 185\text{ g } CO_2$$

(유효숫자 3개; 정확한 수 / 유효숫자 4개; 정확한 수 / 정확한 수; 유효숫자 4개 / 정확한 수; 유효숫자 3개)

확인하기
연습 문제 7.30에서 7.33까지 풀어보기

유제 7.11

예제 7.11의 반응식을 이용하여 25.0 g의 O_2가 반응할 때 몇 g의 CO_2가 생성되는지 계산하라.

양방향 비디오
문제 7.33

해답

27.5 g CO_2

연습 문제

7.8 화학 반응의 질량 계산

학습 목표 반응에서 물질의 질량이 그램 단위로 주어지면, 반응의 다른 물질의 질량을 그램 단위로 계산한다.

7.30 소듐은 산소와 반응하여 산화 소듐을 생성한다.

$$4Na(s) + O_2(g) \longrightarrow 2Na_2O(s)$$

a. 57.5 g의 Na가 반응할 때 몇 g의 Na_2O가 생성되는가?
b. 18.0 g의 Na가 있다면, 반응하는 데 몇 g의 O_2가 필요한가?
c. 75.0 g의 Na_2O를 생성하는 반응에서 몇 g의 O_2가 필요한가?

7.31 암모니아와 산소가 반응하여 질소와 물을 형성한다.

$$4NH_3(g) + 3O_2(g) \longrightarrow 2N_2(g) + 6H_2O(g)$$

a. 13.6 g의 NH_3와 반응하는 데 몇 g의 O_2가 필요한가?
b. 6.50 g의 O_2가 반응할 때, 몇 g의 N_2가 생성되는가?
c. 34.0 g의 NH_3의 반응에서 몇 g의 H_2O가 형성되는가?

7.32 이산화 질소와 물이 반응하여 질산(HNO_3)과 산화 질소를 생성한다.

$$3NO_2(g) + H_2O(l) \longrightarrow 2HNO_3(aq) + NO(g)$$

a. 28.0 g의 NO_2와 반응하는 데 몇 g의 H_2O가 필요한가?
b. 15.8 g의 H_2O에서 몇 g의 NO가 생성되는가?
c. 8.25 g의 NO_2에서 몇 g의 HNO_3가 생성되는가?

7.33 고체 황화 납(II)이 산소 기체와 반응할 때, 생성물은 고체 산화 납(II)과 기체 이산화 황이다.

a. 이 반응의 완결된 반응식을 써라.
b. 29.9 g의 황화 납(II)과 반응하는 데 몇 g의 산소가 필요한가?

c. 65.0 g의 황화 납(II)이 반응할 때, 몇 g의 이산화 황이 생성되는가?

d. 128 g의 산화 납(II)을 생성하는 데 몇 g의 황화 납(II)이 사용되는가?

7.9 화학 반응의 에너지

에너지 단위 이용(3.4)

학습 목표 발열 반응과 흡열 반응, 반응 속도에 영향을 주는 요인들을 기술한다.

화학 반응이 일어나기 위해서는 반응물의 분자가 서로 충돌하여야 하고, 적절한 배향과 에너지를 가져야 한다. 충돌의 배향이 적절하더라도 반응물의 결합을 끊을 수 있는 충분한 에너지가 있어야 한다. **활성화 에너지**(activation energy)는 반응물의 원자 사이의 결합을 끊는 데 필요한 에너지의 양이다. 충돌 에너지가 활성화 에너지보다 작을 경우, 분자는 반응하지 않고 튕겨 나간다. 많은 충돌이 일어나지만 실제로 생성물의 생성에 이르는 경우는 소수에 불과하다.

활성화 에너지의 개념은 언덕을 오르는 것과 비슷하다. 다른 쪽의 목적지에 도달하기 위해서는 언덕의 꼭대기를 오를 에너지를 소비하여야만 한다. 일단 꼭대기에 오르면, 다른 쪽으로 쉽게 뛰어 내려갈 수 있다. 출발점에서 언덕의 꼭대기까지 가는 데 필요한 에너지가 활성화 에너지이다.

반응이 일어나는 데 필요한 세 가지 조건

1. **충돌** 반응물은 충돌하여야 한다.
2. **배향** 반응물은 결합을 끊고 형성하기 위하여 적절하게 배열되어야 한다.
3. **에너지** 충돌은 활성화 에너지를 공급하여야 한다.

발열 반응

모든 화학 반응에서 반응물이 생성물로 변환될 때 열을 흡수하거나 방출한다. **반응열**(heat of reaction)은 반응물의 에너지와 생성물의 에너지 차이이다. **발열 반응**(exothermic reaction; exo는 바깥을 의미)은 생성물의 에너지가 반응물의 에너지보다 낮다. 따라서 발열 반응에서는 열을 방출한다. 예를 들어, 테르밋(thermite) 반응에서 알루미늄과 산화 철(III)의 반응은 많은 열을 생성하여 2500°C의 온도에 도달할 수 있다. 테르밋 반응은 철로를 자르거나 용접하는 데 사용되어 왔다. 발열 반응의 반응식에서 반응열은 생성물과 같은 쪽에 쓴다.

테르밋 반응의 고온은 철로를 자르거나 용접하는 데 사용되었다.

발열, 열 방출

$$2Al(s) + Fe_2O_3(s) \longrightarrow 2Fe(s) + Al_2O_3(s) + 850\ kJ$$ 열은 생성물이다.

흡열 반응

흡열 반응(endothermic reaction; endo는 내부를 의미)은 생성물의 에너지가 반응물의 에너지보다 높다. 따라서 흡열 반응에서는 열을 흡수한다. 예를 들어, 수소와 아이오딘이 반응하여 아이오딘화 수소를 형성할 때, 열은 흡수되어야 한다. 흡열 반응의 반응식에서 반응열은 반응물과 같은 쪽에 쓴다.

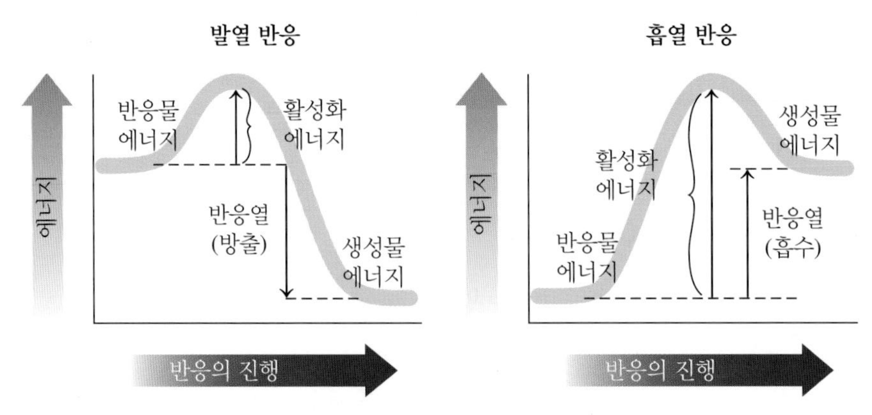

활성화 에너지는 반응 분자를 생성물로 변환하는 데 필요한 에너지이다.

흡열, 열 흡수

$H_2(g) + I_2(g) + 55\text{ kJ} \longrightarrow 2HI(g)$ 열은 반응물이다.

반응	에너지 변화	반응식에서 열
발열	열 방출	생성물 쪽
흡열	열 흡수	반응물 쪽

확인하기

연습 문제 7.34에서 7.36까지 풀어보기

화학과 보건

냉각팩과 온열팩

병원, 응급실 또는 운동 경기장에서 즉석 **냉각팩**(cold pack)은 부상으로 인한 부기를 완화시키고, 염증의 열을 제거하거나 모세관의 크기를 줄여 출혈의 효과를 감소시키는 데 사용된다. 냉각팩의 플라스틱 봉지 안에는 고체 질산 암모늄(NH_4NO_3)이 포함된 구획이 있고, 이것은 물이 포함된 구획과 분리되어 있다. 이 팩은 치거나 강하게 쥐어짜서 구획 사이의 벽을 깨뜨려 질산 암모늄이 물과 섞이면(반응 화살표 위에 H_2O로 표시) 활성화된다. 흡열 반응에서 용해된 1몰의 NH_4NO_3는 26 kJ의 열을 흡수한다. 온도가 약 4~5°C 낮아지면 냉각팩을 사용할 준비가 된 것이다.

냉각팩의 흡열 반응

$$NH_4NO_3(s) + 26\text{ kJ} \xrightarrow{H_2O} NH_4NO_3(aq)$$

온열팩(hot pack)은 근육을 이완하거나 통증과 경련을 줄이고, 모세관의 크기를 확장시켜 순환을 증가시키는 데 사용된다. 냉각팩과 같은 방법으로 만들어졌으며, 온열팩은 $CaCl_2$와 같은 염이 포함되어 있다. 1몰의 $CaCl_2$가 물에 녹을 때, 82 kJ의 열이 방출된다. 66°C까지 온도가 증가하면 사용할 준비가 된 것이다.

온열팩의 발열 반응

$$CaCl_2 \xrightarrow{H_2O} CaCl_2(aq) + 82\text{ kJ}$$

냉각팩은 흡열 반응을 이용한다.

반응 속도

반응 속도(rate(또는 speed) of reaction)는 일정 시간 동안 사용된 반응물의 양 또는 생성된 생성물의 양을 측정하여 결정한다. 활성화 에너지가 낮은 반응은 활성화 에너지가 높은 반응보다 빠르게 진행된다. 일부 반응은 매우 빠르게 진행되는 반면, 다른 반응은 매우 느리게 진행된다. 어떤 반응이라도 속도는 온도 변화, 반응물 농도의 변화, 촉매의 첨가에 의하여 영향을 받는다.

온도

더 높은 온도에서 반응물의 운동 에너지 증가는 반응물을 빠르게 움직이게 하고 더 자주 충돌하게 하며, 요구되는 활성화 에너지보다 많은 충돌을 제공한다. 반응은 거의 항상 더 높은 온도에서 더 빠르게 진행된다. 온도가 10℃ 증가할 때마다, 대부분의 반응 속도는 거의 2배가 된다. 만약 음식을 더 빠르게 조리하고 싶다면 온도를 높이면 된다. 체온이 높아지면 맥박수, 호흡 속도 및 대사 속도도 증가한다. 반면, 온도를 낮춤으로써 반응을 늦추기도 한다. 예를 들어, 더 오래 보존하기 위하여 부패하기 쉬운 음식을 냉장 보관한다. 일부 심장 수술에서는 체온을 28℃까지 낮추어 심장이 멈추도록 하고, 따라서 뇌에 필요한 산소의 양을 줄인다. 이는 일부 사람이 얼음으로 덮인 호수에 오랫동안 잠겨 있어도 생존한 이유이기도 하다.

반응물의 농도

반응 속도는 반응물이 첨가될 때도 증가한다. 그러면 반응물 사이에 더 많은 충돌이 생기고, 반응이 더 빠르게 진행된다(표 7.7). 예를 들어, 호흡이 어려운 환자에게는 대기보다 산소 함량이 높은 호흡 혼합물을 제공한다. 폐에 산소 분자의 수가 증가하면 산소가 헤모글로빈과 결합하는 속도가 증가한다. 혈액의 산화 속도가 증가한다는 것은 환자가 더 쉽게 호흡할 수 있음을 의미한다.

$$\underset{\text{헤모글로빈}}{Hb(aq)} + \underset{\text{산소}}{O_2(g)} \longrightarrow \underset{\text{산소헤모글로빈}}{HbO_2(aq)}$$

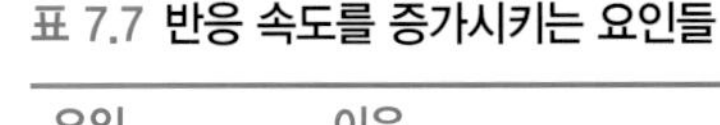
표 7.7 반응 속도를 증가시키는 요인들

요인	이유
온도 증가	더 많은 충돌, 활성화 에너지를 가진 더 많은 충돌
반응물의 농도 증가	더 많은 충돌
촉매 첨가	활성화 에너지 감소

촉매

반응을 촉진시키는 또 다른 방법은 활성화 에너지를 낮추는 것이다. 활성화 에너지를 낮추기 위해 **촉매**(catalyst)를 첨가할 수 있다. 앞에서 언덕을 오르는 데 필요한 에너지에 대해 논의하였다. 만약 언덕을 통과하는 터널을 발견한다면, 다른 쪽에 도달하는 데 많은 에너지가 필요하지 않을 것이다. 촉매는 에너지 요구량이 낮은 대체 경로를 제공하는 작용을 한다. 결과적으로 더 많은 충돌이 생성물을 성공적으로 생성할 것이다. 촉매는 산업에서 많은 용도를 가진다. 마가린 생산에서 수소와 식물성 기름

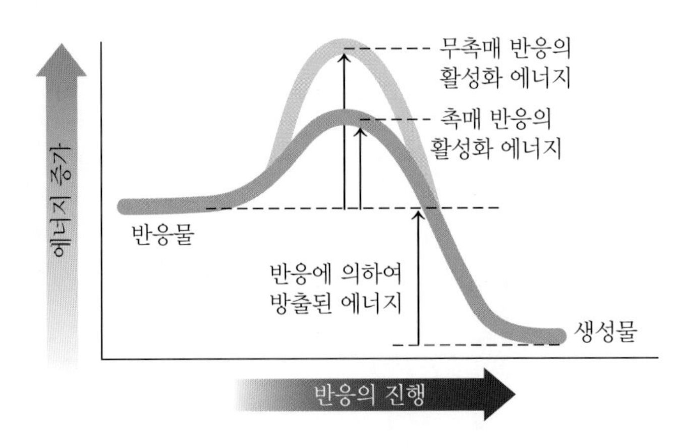

촉매가 활성화 에너지를 낮출 때, 반응은 더 빠른 속도로 일어난다.

과의 반응은 보통 매우 느리다. 그러나 잘게 나눈 백금이 촉매로 존재하면, 반응은 매우 빠르게 일어난다. 체내에서 효소라 불리는 생체 촉매는 대부분의 대사 반응을 적절한 세포 활성을 위해 필요한 속도로 진행하도록 만든다.

예제 7.12 반응과 속도

문제

1몰의 고체 탄소와 기체 산소와의 반응에서, 생성된 기체 이산화 탄소의 에너지는 반응물의 에너지보다 393 kJ 낮다.

a. 이 반응은 발열인가, 흡열인가?

b. 반응열을 포함하여 반응에 대한 완결된 반응식을 써라.

c. O_2 분자가 증가하면 반응 속도를 어떻게 변화시킬지 나타내라.

풀이

a. 생성물의 에너지가 반응물보다 낮으면, 발열 반응이다.

b. $C(s) + O_2(g) \longrightarrow CO_2(g) + 393\text{ kJ}$

c. O_2의 분자 수가 증가하면 반응 속도도 증가한다.

유제 7.12

온도 감소는 반응 속도에 어떤 영향을 주는가?

해답

반응 입자 사이의 충돌수가 적어지고, 충분한 활성화 에너지를 가지는 충돌수가 적어지기 때문에 반응 속도는 감소한다.

확인하기

연습 문제 7.37과 7.38을 풀어보기

연습 문제

7.9 화학 반응의 에너지

학습 목표 발열 반응과 흡열 반응, 반응 속도에 영향을 주는 요인들을 기술한다.

7.34 **a.** 화학 반응이 활성화 에너지를 필요로 하는 이유는 무엇인가?

b. 발열 반응에서 생성물의 에너지는 반응물의 에너지보다 높은가, 아니면 낮은가?

c. 발열 반응의 에너지 도표를 그려라.

7.35 다음을 발열 또는 흡열 반응으로 분류하라.

a. 반응은 550 kJ을 방출한다.

b. 생성물의 에너지 준위는 반응물의 에너지 준위보다 높다.

c. 체내 글루코스의 대사는 에너지를 제공한다.

7.36 다음을 발열 또는 흡열로 분류하라.

a. $CH_4(g) + 2O_2(g) \xrightarrow{\Delta} CO_2(g) + 2H_2O(g) + 802\text{ kJ}$

b. $Ca(OH)_2(s) + 65.3\text{ kJ} \longrightarrow CaO(s) + H_2O(l)$

c. $2Al(s) + Fe_2O_3(s) \longrightarrow Al_2O_3(s) + 2Fe(s) + 850\text{ kJ}$

7.37 **a.** 반응 속도는 무엇을 의미하는가?

b. 빵의 곰팡이가 냉장고보다 실온에서 더 빨리 자라는 이유는 무엇인가?

7.38 다음은 아래의 반응 속도를 어떻게 변화시키는가?

$$2SO_2(g) + O_2(g) \longrightarrow 2SO_3(g)$$

a. 약간의 $SO_2(g)$ 첨가 **b.** 온도 증가

c. 촉매 첨가 **d.** 일부 $O_2(g)$ 제거

의학 최신 정보 Natalie의 전반적인 체력 향상

Natalie의 시험 결과에서 혈중 산소량은 89%로 나타났다. 말초 산소포화도 측정기의 정상 값은 95%~100%로, 이는 Natalie의 O_2 포화도가 낮다는 것을 의미한다. 따라서 Natalie는 혈액에 적절한 양의 O_2를 가지지 못하여 저산소증(hypoxic)일 수 있다. 이것이 그녀가 호흡이 가쁘고 마른기침을 느꼈던 이유일 수 있다. 의사는 폐 조직의 흉터인 간질성 폐질환(interstitial lung disease)으로 진단하였다.

Natalie의 운동 프로그램 초기에는 저강도 운동이 사용되었다.

Angela는 Natalie에게 더 많은 공기, 더 많은 산소로 폐를 채울 수 있도록 더 느리고 깊게 호흡하는 방법을 가르친다. 또한 Angela는 Natalie의 전반적인 체력 수준 향상을 위한 운동 프로그램을 개발하였다. 운동하는 동안 Angela는 산소 부족으로 인한 근육 손상 없이 더 강해질 수 있는 수준으로 운동하는지 확인할 수 있도록 Natalie의 심장 박동수, 혈중 O_2 수치 및 혈압을 계속하여 추적 관찰하였다.

의학 응용

7.39 **a.** 세포 호흡 동안, 세포의 $C_6H_{12}O_6$(글루코스) 수용액은 기체 산소와 반응하여 기체 이산화 탄소와 액체 물을 형성하는 반응을 시행한다. 체내 글루코스의 반응에 대한 화학 반응식을 쓰고 완결하라.

b. 식물에서 이산화 탄소 기체와 액체 물은 글루코스($C_6H_{12}O_6$) 수용액과 산소 기체로 변환된다. 식물에서 글루코스 생성에 대한 화학 반응식을 쓰고 완결하라.

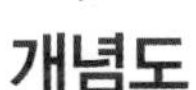

개념도

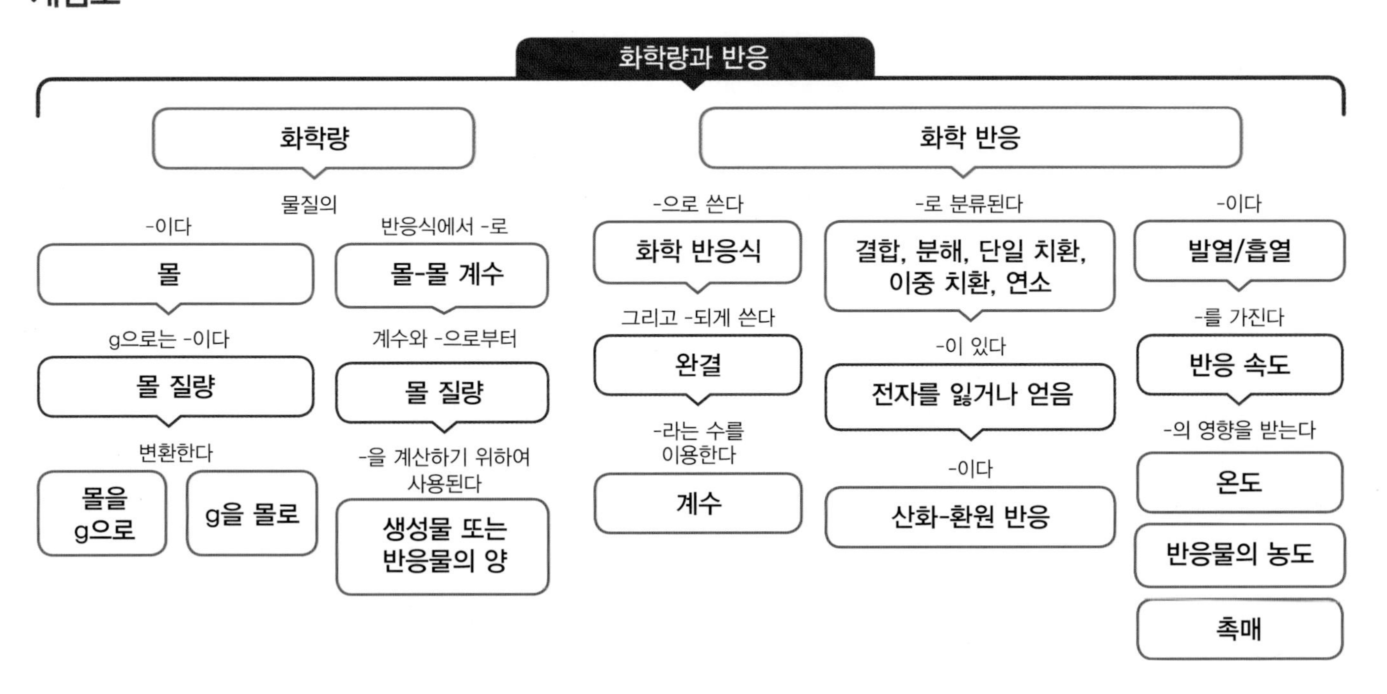

장 복습

7.1 몰

학습 목표 Avogadro 수를 이용하여 주어진 몰수에서 입자의 수를 결정한다.

- 원소 1몰은 6.02×10^{23}개의 원자를 포함하며, 화합물 1몰은 6.02×10^{23}개의 분자 또는 화학식 단위를 포함한다.

7.2 몰 질량

학습 목표 물질의 화학식이 주어지면 몰 질량을 계산한다.

- 임의의 물질의 몰 질량(g/몰)은 원자 질량과 수치적으로 동일한 g 단위로 표시한 질량, 또는 화학식의 아래 첨자를 곱한 원자 질량의 합과 같다.

7.3 몰 질량을 이용한 계산

학습 목표 그램과 몰 사이의 변환에 몰 질량을 이용한다.

- 몰 질량은 g 단위로 표시된 양을 몰로, 또는 주어진 몰수를 g으로 변환시키는 환산 인자로 사용된다.

7.4 화학 반응에 대한 반응식

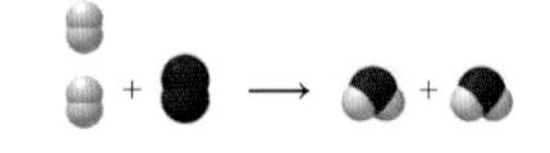

$2H_2(g) + O_2(g) \longrightarrow 2H_2O(g)$
완결됨

학습 목표 반응의 반응물과 생성물의 화학식으로부터 완결된 화학 반응식을 쓴다. 반응물과 생성물의 원자 수를 결정한다.

- 화학 반응은 처음 물질의 원자가 재배열하여 새로운 물질을 형성할 때 일어난다.
- 화학 반응식은 반응 화살표 왼쪽에는 반응하는 물질을 보여주고, 반응 화살표 오른쪽에는 형성되는 생성물의 화학식을 보여준다.
- 화학 반응식은 반응물과 생성물의 각 원소의 원자를 같게 하기 위하여 화학식 앞에 가장 작은 정수인 계수를 적어 완결한다.

7.5 화학 반응의 종류

단일 치환

한 원소가 치환한다 다른 원소를

A + BC ⟶ AC + B

학습 목표 결합, 분해, 단일 치환, 이중 치환 또는 연소와 같은 화학 반응을 확인한다.

- 많은 화학 반응은 반응의 종류로 조직화할 수 있으며, 반응의 종류는 결합, 분해, 단일 치환, 이중 치환 또는 연소이다.

7.6 산화-환원 반응

학습 목표 용어 산화와 환원을 정의한다. 산화와 환원된 반응물을 확인한다.

- 반응에서 전자가 이동할 때, 이것은 산화–환원 반응이다.
- 한 반응물은 전자를 잃고, 다른 반응물은 전자를 얻는다.
- 전체적으로 잃거나 얻은 전자의 수는 동일하다.

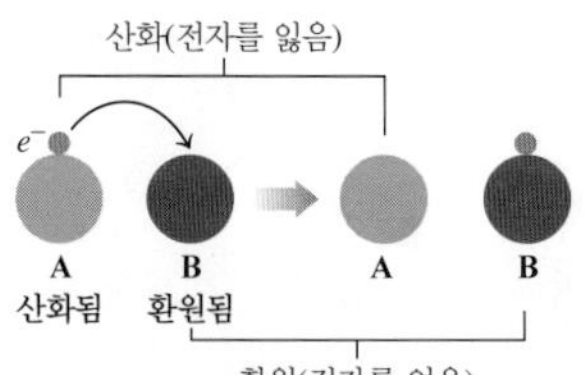

7.7 화학 반응식의 몰 관계

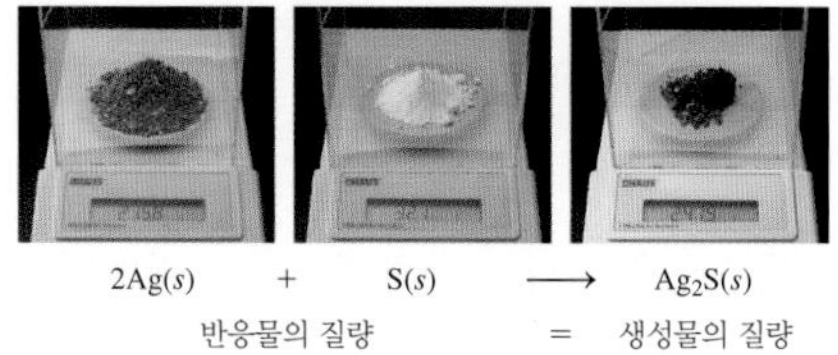

$2Ag(s) + S(s) \longrightarrow Ag_2S(s)$

반응물의 질량 = 생성물의 질량

학습 목표 완결된 화학 반응식으로부터 몰–몰 계수를 이용하여 반응의 다른 물질의 몰수를 계산한다.

- 완결된 반응식에서 반응물의 총 질량은 생성물의 총 질량과 같다.
- 임의의 두 성분의 몰수 사이의 관계를 기술하는 반응식의 계수는 몰–몰 계수를 쓰는 데 사용된다.
- 한 물질의 몰수를 알고 있으면, 반응의 다른 물질의 몰수를 찾기 위하여 몰–몰 계수가 사용된다.

7.8 화학 반응의 질량 계산

학습 목표 반응에서 물질의 질량이 그램 단위로 주어지면, 반응의 다른 물질의 질량을 그램 단위로 계산한다.

- 반응식을 이용한 계산에서, 물질의 몰 질량과 몰–몰 계수는 한 물질의 g 수를 다른 물질의 대응하는 g 수로 변환하는 데 사용된다.

7.9 화학 반응의 에너지

학습 목표 발열 반응과 흡열 반응, 반응 속도에 영향을 주는 요인들을 기술한다.

무촉매 반응의 활성화 에너지

촉매 반응의 활성화 에너지

에너지 증가

반응물

반응에 의하여 방출된 에너지

생성물

반응의 진행

- 화학 반응에서 반응열은 반응물과 생성물 사이의 에너지 차이이다.
- 발열 반응에서는 생성물의 에너지가 반응물의 에너지보다 낮기 때문에 열을 방출한다.
- 흡열 반응에서는 생성물의 에너지가 반응물의 에너지보다 높기 때문에 열을 흡수한다.
- 반응 속도는 반응물이 생성물로 변환되는 속도이다.
- 반응물의 농도 증가, 온도 상승 또는 촉매의 첨가는 반응 속도를 증가시킬 수 있다.

주요 용어

활성화 에너지 충돌 시 반응 분자의 결합을 끊는 데 필요한 에너지

Avogadro 수 몰에 들어 있는 입자의 수로, 6.02×10^{23}과 같다.

완결된 반응식 반응물과 생성물에 있는 각 원소의 원자가 동일한 수를 보여주는 화학 반응식의 최종 형태

촉매 활성화 에너지를 낮춤으로써 반응 속도를 증가시키는 물질

화학 반응식 반응물과 생성물의 화학식과 반응 비를 나타내는 계수를 사용하여 화학 반응을 나타내는 축약된 방법

계수 반응식 양쪽에 있는 각 원소의 원자 수 또는 원자의 몰수를 균형 맞추기 위하여 화학식 앞에 놓는 정수

결합 반응 반응물이 결합하여 하나의 생성물을 형성하는 화학 반응

연소 반응 탄소와 수소를 포함하는 연료가 산소와 반응하여 CO_2와 H_2O, 그리고 에너지를 생성하는 화학 반응

분해 반응 하나의 반응물이 분리되어 2개 이상의 더 단순한 물질로 되는 반응

이중 치환 반응 반응물의 양이온들이 자리를 교환하는 반응

흡열 반응 열이 필요한 반응으로, 생성물의 에너지가 반응물의 에너지보다 높다.

발열 반응 열을 방출하는 반응으로, 생성물의 에너지가 반응물의 에너지보다 낮다.

화학식 단위 이온 화합물의 화학식에 의하여 나타내는 이온 집단

몰 질량 원소 1몰의 g 표시 질량으로, 원자 질량과 수치적으로 동일하다. 화합물의 몰 질량은 화학식의 원소들 질량의 합과 동일하다.

몰 6.02×10^{23}개의 입자를 가지는 원자, 분자 또는 화학식 단위의 집단

몰-몰 계수 반응식에서 두 화합물의 몰수를 연계하는 환산 인자로, 계수로부터 유도한다.

산화 물질에 의하여 전자를 잃는 것으로, 생물학적 산화는 산소가 첨가되거나 수소를 잃는 것을 포함한다.

산화-환원 반응 한 반응물의 산화가 항상 다른 반응물의 환원을 동반하는 반응

생성물 화학 반응의 결과로 형성되는 물질

반응물 화학 반응에서 변화를 수행하는 처음 물질

환원 물질에 의하여 전자를 얻는 것으로, 생물학적 환원은 산소를 잃거나 수소를 얻는 것을 포함할 수 있다.

단일 치환 반응 한 원소가 화합물 내의 다른 원소를 치환하는 반응

핵심 화학 기법

각 핵심 화학 기법을 포함하는 장의 절은 각 주제 끝의 괄호 안에 표시하였다.

입자를 몰로 변환(7.1)

- 화학에서 원자, 분자 또는 이온은 Avogadro 수인 6.02×10^{23}개 입자를 가진 단위인 몰로 센다.
- 예를 들면, 탄소 1몰은 6.02×10^{23}개의 탄소 원자를 가지고 있고, H_2O 1몰은 6.02×10^{23}개의 H_2O 분자를 가진다.
- Avogadro 수는 입자와 몰 사이의 변환에 사용한다.

예: 몇 몰의 니켈이 2.45×10^{24}개의 Ni 원자를 가지는가?

해답:

$$2.45 \times 10^{24}\ \cancel{\text{Ni 원자}} \times \frac{1\ \text{mol Ni}}{6.02 \times 10^{23}\ \cancel{\text{Ni 원자}}} = 4.07\ \text{mol Ni}$$

(정확한 수: 1 mol Ni; 유효숫자 3개: 2.45×10^{24}; 유효숫자 3개: 6.02×10^{23}; 유효숫자 3개: 4.07 mol Ni)

몰 질량 계산(7.2)

- 원소의 몰 질량은 원자 질량과 수치적으로 동일한 g으로 표시된 질량이다.
- 화합물의 몰 질량은 화학식의 각 원소의 몰 질량에 화학식의 아래 첨자를 곱한 합이다.

피넨은 소나무 수액의 한 성분이다.

예: 소나무 수액과 정유에서 발견되는 피넨, $C_{10}H_{16}$은 소염제 성질을 가지고 있다. 피넨의 몰 질량을 계산하라.

해답:

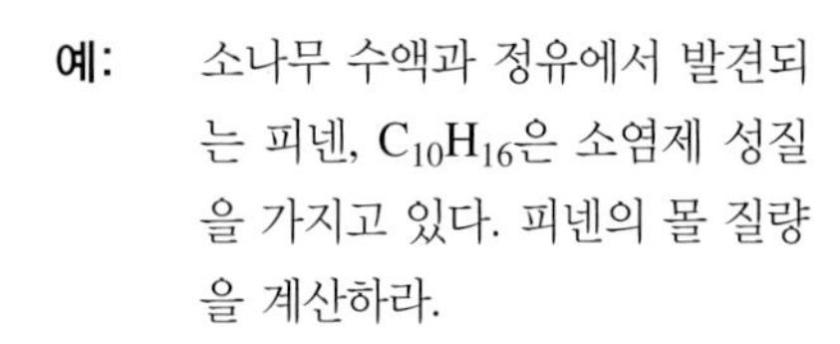

$$10\ \cancel{\text{mol C}} \times \frac{12.01\ \text{g C}}{1\ \cancel{\text{mol C}}} = 120.1\ \text{g C}$$

$$16\ \cancel{\text{mol H}} \times \frac{1.008\ \text{g H}}{1\ \cancel{\text{mol H}}} = 16.13\ \text{g H}$$

$C_{10}H_{16}$의 몰 질량 $= 136.2$ g

몰 질량을 환산 인자로 이용(7.3)

- 몰 질량은 물질의 몰과 g 사이의 변환을 위해 환산 인자로 사용된다.

알루미늄 프레임을 가진 자전거

예: 자전거의 프레임은 6500 g의 알루미늄이 포함되어 있다. 자

전거 프레임에 알루미늄은 몇 몰이 있는가?

동등량: 1 mol Al = 26.98 g Al

환산 인자: $\frac{26.98 \text{ g Al}}{1 \text{ mol Al}}$ 그리고 $\frac{1 \text{ mol Al}}{26.98 \text{ g Al}}$

해답: $6500 \cancel{\text{g Al}} \times \frac{1 \text{ mol Al}}{26.98 \cancel{\text{g Al}}} = 240 \text{ mol Al}$

(정확한 수: 1 mol Al) 유효숫자 2개 / 유효숫자 4개 / 유효숫자 2개

화학 반응식 완결(7.4)

- **완결된** 화학 반응식에서 계수라고 불리는 정수는 화학식의 각 원자에 곱해서 반응물의 모든 종류의 원자 수가 생성물의 모든 종류의 원자 수와 같도록 한다.

예: 다음 화학 반응식을 완결하라.

$SnCl_4(s) + H_2O(l) \longrightarrow Sn(OH)_4(s) + HCl(aq)$ 완결되지 않음

해답: 반응물 쪽과 생성물 쪽의 원자를 비교해보면, 반응물에 Cl 원자가 많고 생성물에는 O와 H 원자가 많다.

반응식을 완결하기 위하여 Cl과 H 및 O 원자를 포함하는 화학식 앞의 계수를 이용할 필요가 있다.

- 화학식 HCl 앞에 4를 놓아 생성물에 8 H 원자와 4 O 원자를 만든다.

$$SnCl_4(s) + H_2O(l) \longrightarrow Sn(OH)_4(s) + 4HCl(aq)$$

- 화학식 H_2O 앞에 4를 놓아 반응물에 8 H 원자와 4 O 원자를 만든다.

$$SnCl_4(s) + 4H_2O(l) \longrightarrow Sn(OH)_4(s) + 4HCl(aq)$$

- Sn(1), Cl(4), H(8), O(4) 원자의 총수는 이제 반응식 양쪽이 동일하다. 따라서 이 반응식은 완결되었다.

화학 반응의 종류 분류(7.5)

- 화학 반응은 반응식에서 일반적인 패턴을 확인하여 분류한다.
- 결합 반응에서는 2개 이상의 원소 또는 화합물이 결합하여 하나의 생성물을 형성한다.
- 분해 반응에서는 하나의 반응물이 2개 이상의 생성물로 분리된다.
- 단일 치환 반응에서는 결합되지 않은 원소가 화합물의 원소 자리를 차지한다.
- 이중 치환 반응에서는 반응 화합물의 양이온이 자리를 바꾼다.
- 연소 반응에서는 연료인 탄소 함유 화합물이 산소 내에서 연소하여 이산화 탄소(CO_2)와 물(H_2O), 에너지를 생성한다.

예: 다음 반응의 종류를 분류하라.

$$2Al(s) + Fe_2O_3(s) \xrightarrow{\Delta} Al_2O_3(s) + 2Fe(s)$$

해답: 산화 철(III)의 철은 알루미늄으로 치환되며, 이는 이 반응을 단일 치환 반응으로 만든다.

산화와 환원된 물질을 확인하기(7.6)

- 산화-환원 반응에서, 한 반응물은 전자를 잃어 산화되고, 다른 반응물은 전자를 얻어 환원된다.
- 산화는 전자를 **잃고**, 환원은 전자를 **얻는다**.

예: 다음 산화환원 반응에 대하여, 산화되는 반응물과 환원되는 반응물을 확인하라.

$$Fe(s) + Cu^{2+}(aq) \longrightarrow Fe^{2+}(aq) + Cu(s)$$

해답: $Fe^0(s) \longrightarrow Fe^{2+}(aq) + 2e^-$

Fe는 전자를 잃어 산화되었다.

$Cu^{2+}(aq) + 2e^- \longrightarrow Cu^0(s)$

Cu^{2+}는 전자를 얻어 환원되었다.

몰-몰 계수 이용하기(7.7)

완결된 화학 반응식을 고려하라.

$$4Na(s) + O_2(g) \longrightarrow 2Na_2O(s)$$

- 완결된 화학 반응식의 계수는 반응물과 생성물의 몰수를 나타낸다. 따라서 4몰의 Na는 1몰의 O_2와 반응하여 2몰의 Na_2O를 형성한다.
- 계수로부터 몰-몰 계수는 임의의 2개 물질에 대하여 다음과 같이 쓸 수 있다.

Na와 O_2: $\frac{4 \text{ mol Na}}{1 \text{ mol } O_2}$ 그리고 $\frac{1 \text{ mol } O_2}{4 \text{ mol Na}}$

Na와 Na_2O: $\frac{4 \text{ mol Na}}{2 \text{ mol } Na_2O}$ 그리고 $\frac{2 \text{ mol } Na_2O}{4 \text{ mol Na}}$

O_2와 Na_2O: $\frac{2 \text{ mol } Na_2O}{1 \text{ mol } O_2}$ 그리고 $\frac{1 \text{ mol } O_2}{2 \text{ mol } Na_2O}$

- 몰-몰 계수는 반응에서 한 물질의 몰수를 반응의 다른 물질의 몰수로 변환하는 데 사용한다.

예: 3.5몰의 산화 소듐을 생성하는 데 몇 몰의 소듐이 필요한가?

해답:

주어진 조건	필요한 사항	연계
Na_2O 3.5몰	Na의 몰	몰-몰 계수

$$3.5 \cancel{\text{mol } Na_2O} \times \frac{4 \text{ mol Na}}{2 \cancel{\text{mol } Na_2O}} = 7.0 \text{ mol Na}$$

유효숫자 2개 / 정확한 수 / 유효숫자 2개

그램을 그램으로 환산(7.8)

- 반응에 대한 완결된 화학 반응식을 가질 때, 물질 A의 질량을 사용하여 물질 B의 질량을 계산한다. 과정은 다음과 같다.
  - A의 몰 질량을 사용하여 g으로 표시된 A의 질량을 A의 몰로 변환한다.
  - 몰-몰 계수를 이용하여 A의 몰을 B의 몰로 변환한다.

• B의 몰 질량을 사용하여 g으로 표시된 B의 질량을 계산한다.

$$\text{A의 g} \xrightarrow[\text{A}]{\text{몰 질량}} \text{A의 몰} \xrightarrow[\text{계수}]{\text{몰-몰}} \text{B의 몰} \xrightarrow[\text{B}]{\text{몰질량}} \text{B의 g}$$

예: 14.6 g의 Na와 완전히 반응하는 데 몇 g의 O_2가 필요한가?

$4Na(s) + O_2(g) \longrightarrow 2Na_2O(s)$

해답:

$$\underset{\text{유효숫자 3개}}{14.6\ \cancel{\text{g Na}}} \times \underset{\text{유효숫자 4개}}{\overset{\text{정확한 수}}{\frac{1\ \cancel{\text{mol Na}}}{22.99\ \cancel{\text{g Na}}}}} \times \underset{\text{정확한 수}}{\overset{\text{정확한 수}}{\frac{1\ \cancel{\text{mol } O_2}}{4\ \cancel{\text{mol Na}}}}} \times \underset{\text{정확한 수}}{\overset{\text{유효숫자 4개}}{\frac{32.00\ \text{g } O_2}{1\ \cancel{\text{mol } O_2}}}} = \underset{\text{유효숫자 3개}}{5.08\ \text{g } O_2}$$

개념 이해 문제

복습할 장의 절은 각 문제 끝의 괄호 안에 나타내었다.

7.40 다음 분자 모형(검은색 = C, 흰색 = H, 노란색 = S, 녹색 = Cl)을 이용하여 화합물 **1**과 **2** 모형에 대하여 다음을 결정하라. (7.1, 7.2, 7.3)

1.

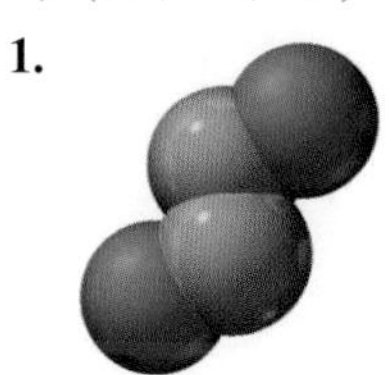

2.

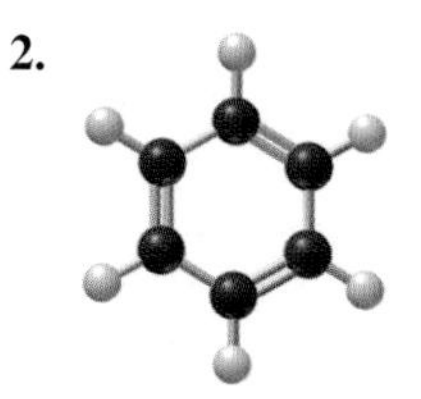

a. 분자식 **b.** 몰 질량 **c.** 10.0 g의 몰수

7.41 비듬 샴푸는 실험식이 C_5H_4NOS인 항균 및 항진균제인 디피리티온(dipyrithione)을 함유하고 있다. (7.1, 7.2, 7.3, 7.4, 7.5)

a. 디피리티온의 실험식 질량은 얼마인가?

b. 디피리티온의 몰 질량이 252.31 g이면, 분자식은 무엇인가?

c. 디피리티온에서 S의 질량 백분율은 얼마인가?

d. 디피리티온 10.0 g에는 몇 g의 H가 있는가?

e. 디피리티온 1.5×10^{-3}몰의 질량은 얼마인가?

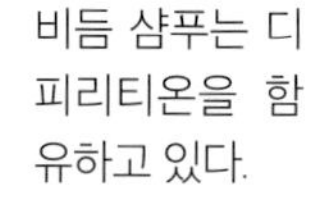

비듬 샴푸는 디피리티온을 함유하고 있다.

7.42 다음을 계수를 추가하여 완결하고, 각 반응에 대하여 반응의 종류를 확인하라. (7.1, 7.2)

a.

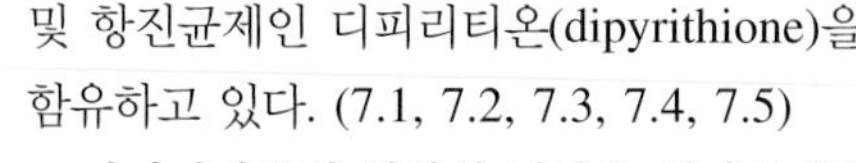

b.

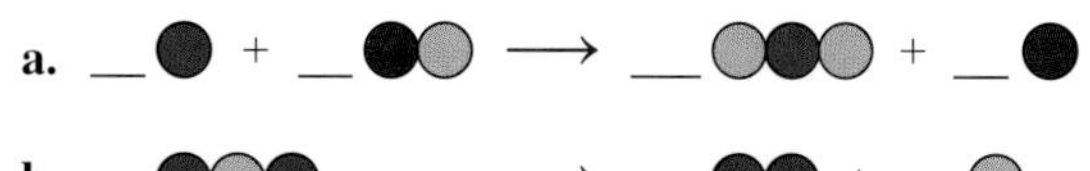

7.43 붉은색 공은 산소 원자, 푸른색 공은 황 원자를 나타내며, 모든 분자는 기체라 가정한다. (7.1, 7.2)

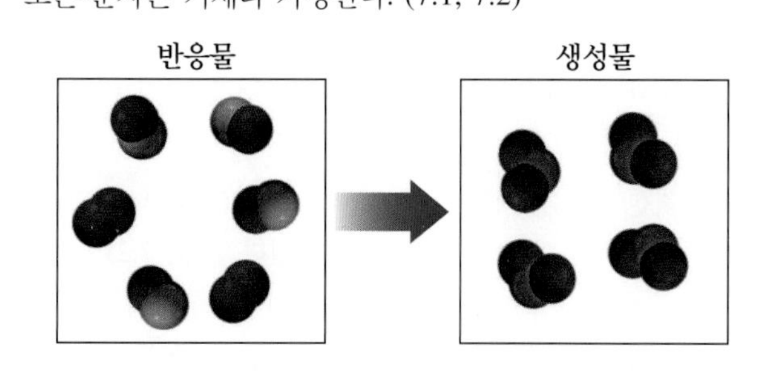

a. 반응물과 생성물의 화학식을 써라.

b. 반응에 대하여 완결된 반응식을 써라.

c. 반응의 종류를 결합, 분해, 단일 치환 반응, 이중 치환 반응 또는 연소 반응으로 표시하라.

7.44 푸른색 공은 질소 원자, 보라색 공은 브로민 원자를 나타내며, 모든 분자는 기체라 가정한다. (7.1, 7.2)

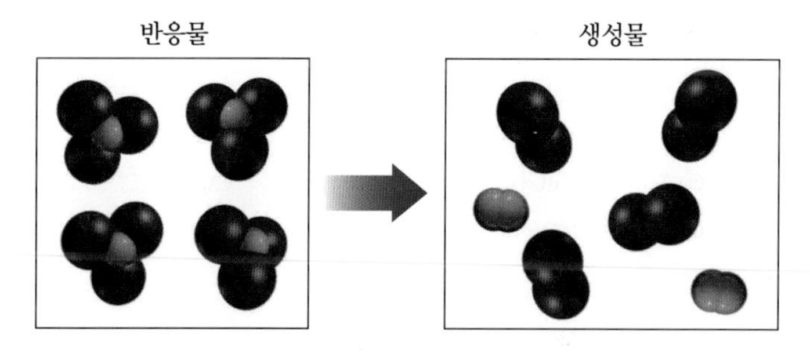

a. 반응물과 생성물의 화학식을 써라.

b. 반응에 대하여 완결된 반응식을 써라.

c. 반응의 종류를 결합, 분해, 단일 치환 반응, 이중 치환 반응 또는 연소 반응으로 표시하라.

7.45 초록색 공은 염소 원자, 붉은색 공은 산소 원자를 나타내며, 모든 분자는 기체라 가정한다. (7.4, 7.5)

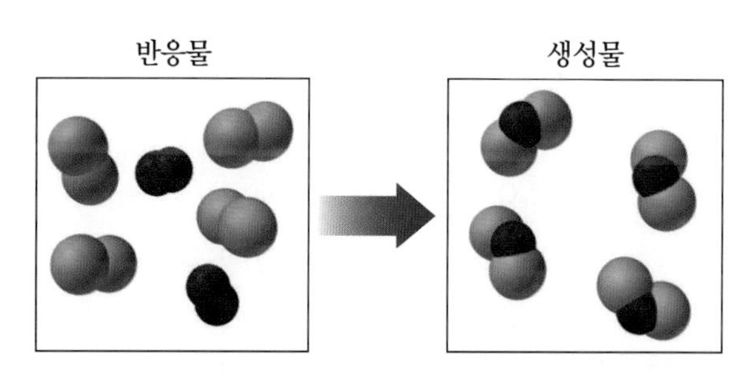

a. 반응물과 생성물의 화학식을 써라.

b. 반응에 대하여 완결된 반응식을 써라.

c. 반응의 종류를 결합, 분해, 단일 치환 반응, 이중 치환 반응 또는 연소 반응으로 표시하라.

추가 연습 문제

7.46 다음의 몰 질량을 계산하라. (7.2)

a. $CaSO_4$ **b.** H_2SO_4 **c.** NaCl **d.** C_6H_6O

7.47 다음이 0.250몰이라고 할 때, 각각은 몇 g인가? (7.5)

a. Ca **b.** O_2 **c.** NaCl

7.48 다음 화합물이 25.0 g이면 몇 몰의 O가 있는가? (7.2)

a. CO_2 **b.** Al_2O_3 **c.** $NiCl_2 \cdot 6H_2O$

7.49 반응의 종류를 결합, 분해, 단일 치환 반응, 이중 치환 반응 또는 연소 반응으로 표시하라. (7.3)

a. 포타슘은 염소 기체와 반응하여 염화 포타슘을 형성한다.

b. 포타슘 금속과 염소 기체는 용융 염화 포타슘의 전기분해로 얻을 수 있다.

c. 산소 내에서 녹말을 가열하면 이산화 탄소와 물이 생성된다.

7.50 다음의 화학 반응식을 완결하고, 반응의 종류를 확인하라. (7.4, 7.5)

a. $MgCO_3(s) \longrightarrow MgO(s) + CO_2(g)$

b. $C_6H_{12}O_6(s) + O_2(g) \longrightarrow CO_2(g) + H_2O(l)$

c. $Al(s) + CuCl_2(aq) \longrightarrow AlCl_3(aq) + Cu(s)$

d. $AgNO_3(aq) + MgCl_2(aq) \longrightarrow AgCl_2(s) + Mg(NO_3)_2(aq)$

7.51 다음을 산화 또는 환원으로 확인하라. (7.6)

a. $Zn^{2+}(aq) + 2e^- \longrightarrow Zn(s)$

b. $Al(s) \longrightarrow Al^{3+}(aq) + 3e^-$

c. $Pb(s) \longrightarrow Pb^{2+}(aq) + 2e^-$

d. $Cl_2(g) + 2e^- \longrightarrow 2Cl^-(aq)$

7.52 암모니아(NH_3) 기체가 플루오린 기체와 반응할 때, 기체 생성물은 사플루오린화 이질소(N_2F_4)와 플루오린화 수소(HF)이다. (7.4, 7.7, 7.8)

a. 완결된 화학 반응식을 써라.

b. 4.00몰의 HF를 생성하기 위하여 필요한 각 반응물의 몰수는 얼마인가?

c. 25.5 g의 NH_3와 반응하는 데 필요한 F_2는 몇 g인가?

d. 3.40 g의 NH_3와 반응할 때 몇 g의 N_2F_4가 생성되는가?

7.53 펜테인 기체, C_5H_{12}는 산소 기체와 연소 반응하여 기체 이산화 탄소와 물을 생성한다. (7.4, 7.8)

a. 완결된 화학 반응식을 써라.

b. 72 g의 물을 생성하는 데 필요한 C_5H_{12}는 몇 g인가?

c. 32.0 g의 O_2로부터 생성되는 CO_2는 몇 g인가?

7.54 규소와 염소로부터 사염화 규소를 형성하는 반응식은 다음과 같다. (7.9)

$$Si(s) + 2Cl_2(g) \longrightarrow SiCl_4(g) + 157\text{ kcal}$$

a. $SiCl_4$ 형성은 흡열 반응인가, 발열 반응인가?

b. 생성물의 에너지는 반응물의 에너지보다 높은가, 낮은가?

도전 문제

다음 문제들은 이 장의 주제와 연관되어 있다. 그러나 장의 순서를 따르지 않으며, 여러 절의 개념과 기법을 종합할 것을 요구한다. 이러한 문제들은 여러분의 비판적 사고 능력을 향상시키고 다음 시험을 준비하는 것을 도와줄 것이다.

7.55 포도 농장에서 포도 안의 글루코스($C_6H_{12}O_6$)는 발효하여 에탄올(C_2H_6O)과 이산화 탄소(CO_2)를 생성한다. (7.8)

$$\underset{\text{글루코스}}{C_6H_{12}O_6(aq)} \longrightarrow \underset{\text{에탄올}}{2C_2H_6O(aq)} + 2CO_2(g)$$

포도 안의 글루코스는 발효하여 에탄올을 생성한다.

a. 124 g의 에탄올을 형성하는 데 필요한 글루코스는 몇 g인가?

b. 0.240 kg의 글루코스의 반응으로 형성되는 에탄올은 몇 g인가?

7.56 발효조에서 글루코스($C_6H_{12}O_6$)는 이스트 존재하에서 발효하여 에탄올(C_2H_5OH)과 이산화 탄소(CO_2)를 생성한다. (7.6, 7.7)

$$\underset{\text{글루코스}}{C_6H_{12}O_6(aq)} \longrightarrow \underset{\text{에탄올}}{2C_2H_5OH(aq)} + \underset{\text{이산화 탄소}}{2CO_2(g)}$$

a. 200 g의 에탄올을 형성하는 데 필요한 글루코스는 몇 g인가?

b. 0.320 kg의 글루코스가 반응하면 몇 g의 에탄올이 형성될 것인가?

7.57 격한 운동을 하는 동안에는 락트산, $C_3H_6O_3$이 근육에 축적되어 통증과 아픔을 유발할 수 있다. (7.1, 7.2)

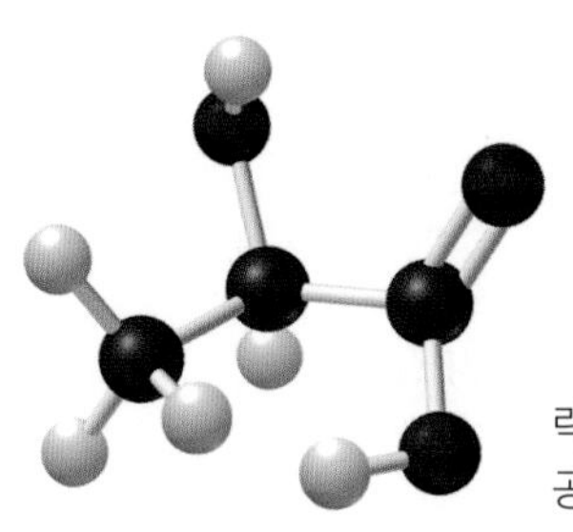

락트산의 공-막대 모형으로, 검은 공 = C, 흰 공 = H, 붉은 공 = O이다.

a. 0.500몰의 락트산에는 몇 개의 분자가 있는가?
b. 1.50몰의 락트산에 몇 개의 C 원자가 있는가?
c. 4.5×10^{24}개의 O 원자를 가진 락트산은 몇 몰인가?
d. 락트산의 몰 질량은 얼마인가?

7.58 용접공의 토치에서 사용되는 아세틸렌 기체, C_2H_2는 1몰이 연소할 때, 1300 kJ의 열을 방출한다. (7.4, 7.7, 7.8, 7.9)
a. 반응열을 포함하여 반응에 대한 완결된 반응식을 써라.
b. 이 반응은 흡열 반응인가, 발열 반응인가?
c. 2.00몰의 O_2가 반응할 때 몇 몰의 H_2O가 생성되는가?
d. 9.80 g의 C_2H_2와 반응하는 데 필요한 O_2는 몇 g인가?

연습 문제 해답

7.1 1몰은 6.02×10^{23}개의 원소의 원자, 분자성 순물질의 분자, 이온성 물질의 화학식 단위를 포함한다.

7.2 **a.** 4.22×10^{23}개의 N 원자
b. 14.2×10^{23}개의 CO 분자
c. 0.13몰 Co
d. 9.33몰 CH_4

7.3 **a.** 10.0몰 H **b.** 20.0몰 O
c. 3.01×10^{24}개의 S 원자 **d.** 1.20×10^{25}개의 O 원자

7.4 아래 첨자는 화합물 1몰에 있는 각 원소의 몰을 의미한다.
a. 0.006몰 C **b.** 12몰 H **c.** 5.0몰 O

7.5 **a.** 32.2몰 C **b.** 6.22몰 H **c.** 0.230몰 O

7.6 **a.** 70.90 g **b.** 90.08 g **c.** 262.9 g

7.7 **a.** 159.8 g **b.** 60.094 g **c.** 159.6 g
d. 67.805 g **e.** 112.553 g

7.8 **a.** 190.4 g **b.** 273.35 g
c. 270.1 g **d.** 90.08 g

7.9 **a.** 342.2 g **b.** 188.18 g **c.** 365.5 g

7.10 **a.** 151.16 g **b.** 489.4 g **c.** 331.4 g

7.11 **a.** 34.5 g **b.** 112 g **c.** 5.50 g
d. 5.14 g **e.** 9.80×10^4 g

7.12 **a.** 1.437몰 **b.** 5.0몰 **c.** 12.0몰

7.13 **a.** 0.39몰 Cu **b.** 0.019몰 P
c. 0.428몰 CO **d.** 3.77몰 CH_4

7.14 **a.** 0.375몰 **b.** 0.536몰
c. 0.094몰 **d.** 0.135몰

7.15 **a.** 0.527몰 **b.** 96.8 g

7.16 **a.** 602 g **b.** 74.7 g

7.17 **a.** 266.25 g **b.** 0.276몰 **c.** 13.3 g

7.18 **a.** 완결되지 않음 **b.** 완결
c. 완결되지 않음 **d.** 완결

7.19 **a.** $N_2(g) + O_2(g) \longrightarrow 2NO(g)$
b. $2HgO(s) \longrightarrow 2Hg(l) + O_2(g)$
c. $4Fe(s) + 3O_2(g) \longrightarrow 2Fe_2O_3(s)$
d. $2Na(s) + Cl_2(g) \longrightarrow 2NaCl(s)$

7.20 **a.** $Mg(s) + 2AgNO_3(aq) \longrightarrow Mg(NO_3)_2(aq) + 2Ag(s)$
b. $2Al(s) + 3CuSO_4(aq) \longrightarrow 3Cu(s) + Al_2(SO_4)_3(aq)$
c. $Pb(NO_3)_2(aq) + 2NaCl(aq) \longrightarrow PbCl_2(s) + NaNO_3(aq)$
d. $2Al(s) + 6HCl(aq) \longrightarrow 3H_2(g) + 2AlCl_3(aq)$

7.21 **a.** 분해 **b.** 단일 치환 **c.** 연소
d. 이중 치환 **e.** 결합

7.22 **a.** 결합 **b.** 단일 치환 **c.** 분해
d. 이중 치환 **e.** 연소

7.23 **a.** 환원 **b.** 산화
c. 환원 **d.** 환원

7.24 **a.** Zn은 산화, Cl_2는 환원
b. NaBr의 Br^-는 산화, Cl_2는 환원
c. PbO의 O^{2-}는 산화, PbO의 Pb^{2+}는 환원
d. Sn^{2+}는 산화, Fe^{3+}는 환원

7.25 **a.** 환원 **b.** 산화

7.26 올레핀은 수소 원자를 얻고 환원되었다.

7.27 **a.** $\frac{2\text{ mol } SO_2}{1\text{ mol } O_2}$ 그리고 $\frac{1\text{ mol } O_2}{2\text{ mol } SO_2}$
$\frac{2\text{ mol } SO_2}{2\text{ mol } SO_3}$ 그리고 $\frac{2\text{ mol } SO_3}{2\text{ mol } SO_2}$
$\frac{2\text{ mol } SO_3}{1\text{ mol } O_2}$ 그리고 $\frac{1\text{ mol } O_2}{2\text{ mol } SO_3}$
b. $\frac{4\text{ mol P}}{5\text{ mol } O_2}$ 그리고 $\frac{5\text{ mol } O_2}{4\text{ mol P}}$
$\frac{4\text{ mol P}}{2\text{ mol } P_2O_5}$ 그리고 $\frac{2\text{ mol } P_2O_5}{4\text{ mol P}}$

$\frac{5 \text{ mol } O_2}{2 \text{ mol } P_2O_5}$ 그리고 $\frac{2 \text{ mol } P_2O_5}{5 \text{ mol } O_2}$

7.28 **a.** 1.3몰 O_2 **b.** 10.몰 H_2
c. 5.0몰 H_2O

7.29 **a.** 1.25몰 C **b.** 0.96몰 CO
c. 1.0몰 SO_2 **d.** 0.50몰 CS_2

7.30 **a.** 77.5 g Na_2O **b.** 6.26 g O_2 **c.** 19.4 g O_2

7.31 **a.** 19.2 g O_2 **b.** 3.79 g N_2 **c.** 54.0 g H_2O

7.32 **a.** 3.66 g H_2O **b.** 26.3 g NO **c.** 7.53 g HNO_3

7.33 **a.** $2PbS(s) + 3O_2(g) \longrightarrow 2PbO(s) + 2SO_2(g)$
b. 6.00 g O_2 **c.** 17.4 g SO_2 **d.** 137 g PbS

7.34 **a.** 활성화 에너지는 반응하는 분자의 결합을 끊는 데 필요한 에너지이다.
b. 발열 반응에서 생성물의 에너지는 반응물의 에너지보다 낮다.
c.

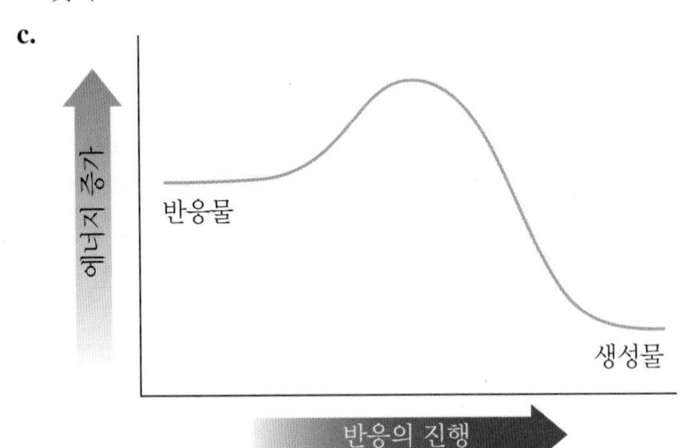

7.35 **a.** 발열 **b.** 흡열 **c.** 발열

7.36 **a.** 발열 **b.** 흡열 **c.** 발열

7.37 **a.** 반응 속도는 생성물이 얼마나 빨리 생성되는지 또는 반응물이 얼마나 빨리 소모되는지를 말한다.
b. 반응은 더 높은 온도에서 더 빠르게 진행된다.

7.38 **a.** 증가 **b.** 증가 **c.** 증가 **d.** 감소

7.39 **a.** $C_6H_{12}O_6(aq) + 6O_2(g) \longrightarrow 6CO_2(g) + 6H_2O(l)$
b. $6CO_2(g) + 6H_2O(l) \longrightarrow C_6H_{12}O_6(aq) + 6O_2(g)$

7.40 **a.** S_2Cl_2 **b.** 135.04 g/몰 **c.** 0.0741몰
a. C_6H_6 **b.** 78.11 g/몰 **c.** 0.128몰

7.41 **a.** 126 g **b.** $C_{10}H_8N_2O_2S_2$ **c.** 25.42% S
d. 0.32 g H **e.** 0.38 g

7.42 **a.** 1, 2, 1, 2 단일 치환 **b.** 1, 1, 1 분해

7.43 **a.** 반응물 SO와 O_2, 생성물 SO_2
b. $2SO(g) + O_2(g) \longrightarrow 2SO_2(g)$
c. 결합

7.44 **a.** 반응물 NBr_3, 생성물 N_2와 Br_2
b. $2NBr_3(g) \longrightarrow N_2(g) + 3Br_2(g)$
c. 분해

7.45 **a.** 반응물 Cl_2와 O_2, 생성물 OCl_2
b. $2Cl_2(g) + O_2(g) \longrightarrow 2OCl_2(g)$
c. 결합

7.46 **a.** 136.14 g **b.** 98.08 g
c. 58.44 g **d.** 94.108 g

7.47 **a.** 10.02 g **b.** 8.00 g **c.** 14.61 g

7.48 **a.** 1.136몰 O **b.** 0.736몰 O **c.** 0.631몰 O

7.49 **a.** 결합 **b.** 분해 **c.** 연소

7.50 **a.** 이미 완결, 분해
b. $C_6H_{12}O_6 + 6O_2 \longrightarrow 6CO_2 + 6H_2O$, 결합
c. $2Al + 3CuCl_2 \longrightarrow 2AlCl_3 + 3Cu$, 단일 치환
d. $2AgNO_3(aq) + MgCl_2(aq) \longrightarrow 2AgCl(s) + Mg(NO_3)_2(aq)$, 이중 치환

7.51 **a.** 환원 **b.** 산화 **c.** 산화 **d.** 환원

7.52 **a.** $2NH_3(g) + 5F_2(g) \longrightarrow N_2F_4(g) + 6HF(g)$
b. 1.33몰의 NH_3와 3.33몰의 F_2
c. 142 g F_2
d. 10.4 g N_2F_4

7.53 **a.** $C_5H_{12}(g) + 8O_2(g) \xrightarrow{\Delta} 5CO_2(g) + 6H_2O(g) +$ 에너지
b. 48 g 펜테인
c. 27.5 g CO_2

7.54 **a.** 발열 **b.** 낮다

7.55 **a.** 242 g 글루코스 **b.** 123 g 에탄올

7.56 **a.** 391 g 글루코스 **b.** 164 g 에탄올

7.57 **a.** 3.01×10^{23} 분자 **b.** 2.71×10^{24} C 원자
c. 2.5몰 락트산 **d.** 90.08 g

7.58 **a.** $2C_2H_2(g) + 5O_2(g) \xrightarrow{\Delta} 4CO_2(g) + 2H_2O(g) + 2600\text{ kJ}$
b. 발열
c. 0.800몰 H_2O
d. 30.1 g O_2

8 기체

축구 연습 후, Whitney는 호흡하는 데 어려움이 있음을 호소하였다. 그녀의 아버지는 그녀를 응급실로 데려갔고, 그곳에서 호흡 치료사인 Sam을 만났다. 그는 Whitney의 가슴을 진찰하고 폐활량계를 이용하여 호흡 능력을 시험하였다. 그녀의 제한된 호흡 능력과 가슴에서 나는 쌕쌕거리는 소음에 근거하여, Whitney는 천식을 진단받았다.

Sam은 Whitney에게 기도를 열어 더 많은 공기가 폐로 들어가도록 해주는 기관지 확장제를 함유한 분무기를 주었다. 호흡 치료를 하는 동안 그는 그녀의 혈액 내 산소(O_2)의 양을 측정하고, Whitney와 그녀의 아버지에게 공기는 78%의 질소(N_2) 기체와 21%의 O_2 기체가 포함되어 있는 혼합물이라고 설명하였다. Whitney는 충분한 산소를 얻는 데 어려움을 겪었기 때문에, Sam은 산소마스크를 통하여 보조 산소를 공급하였다. 짧은 시간 안에 Whitney의 호흡은 정상으로 돌아왔고, 치료사는 Boyle의 법칙에 따라 폐가 작동한다고 설명하였다. 흡입할 때 폐의 부피는 증가하고 압력은 감소하여 공기가 안으로 흘러들어온다. 그러나 천식이 일어나는 동안에는 기도가 제한되어 폐의 부피가 팽창하는 것이 더 어려워진다.

관련 직업 호흡 치료사

호흡 치료사는 폐가 발달하지 않은 미숙아, 천식 환자 또는 폐기종이나 낭포성 섬유증 환자를 포함한 다양한 범위의 환자를 평가하고 치료한다. 환자를 평가할 때에는 호흡 능력과 환자의 혈액 내 산소와 이산화 탄소의 농도, 혈액 pH를 포함한 다양한 진단 시험을 수행한다. 환자를 치료하기 위하여 치료사는 산소 또는 에어로졸 약제를 제공하며, 폐로부터 점액을 제거하기 위하여 물리치료도 이루어진다. 또한 호흡 치료사는 환자에게 호흡기를 올바르게 사용하는 방법을 교육하기도 한다.

의학 최신 정보 운동으로 유발된 천식

Whitney의 의사는 그녀가 운동을 시작하기 전, 기도를 열어주는 흡입 약제를 처방하였다. 305쪽의 **의학 최신 정보** 운동으로 유발된 천식에서 운동으로 유발된 천식을 예방하는 데 도움이 되는 Whitney의 약제와 다른 치료 효과를 볼 수 있다.

차례

8.1 기체의 성질

학습 목표 기체의 분자 운동 이론과 기체에서 사용되는 측정 단위를 기술한다.

우리는 모두 대기라 불리는 기체의 심해 바닥에서 살고 있다. 이 기체 중 가장 중요한 것은 대기의 약 21%를 구성하는 산소이다. 산소가 없다면 이 행성에서 생명체가 살아가기는 불가능할 것이다. 산소는 식물과 동물, 모든 생명 과정에서 필수적이다. 상층 대기에서 산소와 자외선의 상호작용에 의하여 형성된 오존(O_3)은 유해한 방사선 일부가 지구 표면에 도달하기 전에 흡수한다. 대기의 다른 기체에는 질소(78%), 아르곤, 이산화 탄소(CO_2) 및 수증기가 있다. 연소와 대사의 생성물인 이산화 탄소 기체는 식물에 의해 광합성에서 사용되어, 인간과 동물에 필수적인 산소를 생성한다.

기체의 거동은 액체 및 고체와는 매우 다르다. 기체 입자는 멀리 떨어져 있는 반면, 액체와 고체의 입자는 가깝게 묶여 있다. 기체는 일정한 모양이나 부피를 가지고 있지 않고, 어떠한 용기라도 완전히 채운다. 기체 입자 사이가 매우 멀리 있기 때문에, 기체는 고체나 액체보다 밀도가 훨씬 작고, 쉽게 압축된다. **기체의 분자 운동 이론**(kinetic molecular theory of gases)이라고 하는 기체의 거동에 대한 모형은 기체 거동을 이해하는 데 도움이 된다.

복습
계산에서 유효숫자를 이용하기(2.3)
동등량으로부터 환산 인자 쓰기(2.5)
환산 인자 이용(2.6)

기체의 분자 운동 이론

1. **기체는 고속으로 무작위로 움직이는 작은 입자(원자 또는 분자)로 구성된다.** 고속으로 임의의 방향으로 움식이는 기체 분자는 기체가 용기의 전체 부피를 채우도록 한다.
2. **기체 입자 사이의 인력은 보통 매우 작다.** 기체 입자들은 매우 멀리 떨어져 있고 어떠한 크기와 모양의 용기도 채운다.
3. **기체 분자가 차지하는 실제 부피는 기체가 차지하는 부피와 비교할 때 극도로 작다.** 기체의 부피는 용기의 부피와 같은 것으로 간주된다. 기체의 부피 대부분은 비어 있는 공간이고, 따라서 기체는 쉽게 압축된다.
4. **기체 입자는 직선으로 매우 빠르게 움직이는 일정한 운동을 한다.** 기체 입자가 충돌하면 이들은 튀어나와 새로운 방향으로 움직인다. 용기의 벽에 부딪힐 때마다 압력이 가해지며, 용기의 벽에 대한 충돌의 수 또는 힘의 증가는 기체의 압력을 증가시킨다.
5. **기체 분자의 평균 운동 에너지는 Kelvin 온도에 비례한다.** 기체 입자는 온도가 증가할수록 더 빠르게 움직인다. 고온에서 기체 입자는 용기의 벽을 훨씬 자주 그리고 더 큰 힘으로 부딪혀 더 큰 압력을 생성한다.

양방향 비디오
분자 운동 이론

생각해보기
분자 운동 이론을 이용하여 기체가 어떠한 크기와 모양의 용기도 완전히 채울 수 있는 이유를 설명하라.

분자 운동 이론은 기체의 일부 특성을 설명하는 데 도움이 된다. 예를 들어, 입자들이 모든 방향으로 매우 빠르게 움직이기 때문에 방의 다른 쪽에서 향수병을 열면 향수 냄새를 맡을 수 있다. 실온에서 대기 중의 분자는 약 450 m/s 또는 1000 mi/h로 움직인다. 이들은 높은 온도에서 더 빠르게 움직이고, 낮은 온도에서는 더 느리게 움직인다. 종종 타이어와 기체로 채워진 용기가 매우 높은 온도에서 폭발한다. 분자 운동 이론으로부터 기체 입자들은 가열하면 더 빨리 움직이고, 용기의 벽에 더 큰 힘으

확인하기
연습 문제 8.1을 풀어보기

로 부딪히며, 용기 내부에 압력이 증가한다는 것을 알고 있다.

기체에 대하여 이야기할 때에는 네 가지 성질인 압력, 부피, 온도 및 기체의 양으로 기술한다.

압력(P)

기체 입자들은 극도로 작고 매우 빠르게 움직이며, 입자가 용기의 벽에 부딪힐 때 **압력**(pressure)이 가해진다(**그림 8.1**). 용기를 가열하면, 분자는 더 빠르게 움직이고 용기의 벽을 더 자주 그리고 증가된 힘으로 부딪히면서 압력을 증가시킨다. 대부분이 산소와 질소인 대기의 기체 입자들은 우리에게 **대기압**(atmospheric pressure)이라는 압력을 가한다(**그림 8.2**). 고도가 높아질수록 대기 중의 입자가 더 적기 때문에 대기압은 낮아진다. 기체의 압력을 측정하는 데 사용되는 가장 일반적인 단위는 **기압**(atmosphere, atm)과 **수은주 밀리미터**(mmHg)이다. TV 기상 리포트에서 수은주 인치(inHg) 또는 미국 이외의 다른 나라에서는 킬로파스칼(kPa)로 주어지는 대기압을 듣거나 볼 수 있을 것이다. 병원에서는 토르 또는 제곱인치당 파운드(psi)가 사용되기도 한다.

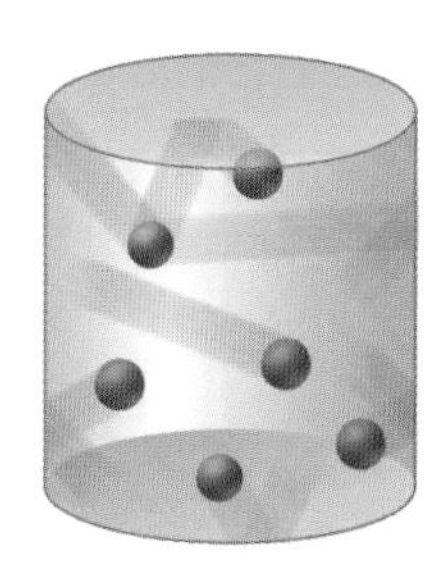

그림 8.1 용기 내에서 직선으로 움직이는 기체 입자는 용기의 벽에 충돌할 때 압력을 가하게 된다.

Q 용기를 가열하면 용기 안의 기체 압력이 증가하는 이유는 무엇인가?

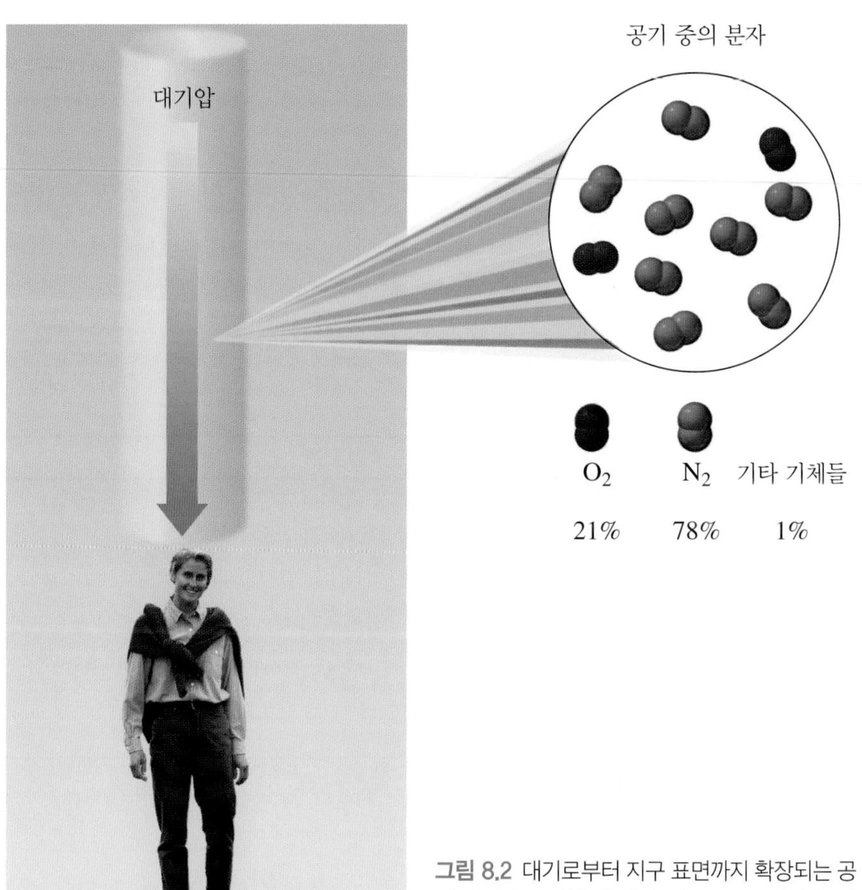

그림 8.2 대기로부터 지구 표면까지 확장되는 공기 기둥은 우리에게 각각 약 1 atm의 압력을 가한다.

Q 더 높은 고도에서 대기압이 낮아지는 이유는 무엇인가?

부피(*V*)

기체의 부피는 기체가 담겨 있는 용기의 크기와 같다. 타이어 또는 농구공에 공기를 주입하는 것은 더 많은 기체 입자를 첨가하는 것이다. 타이어 또는 농구공의 벽에 부딪히는 입자 수의 증가는 부피를 증가시킨다. 때때로 추운 아침에는 종종 타이어에 바람이 빠진 것처럼 보인다. 낮은 온도는 분자의 속도를 감소시키고, 이는 타이어 벽에 대한 충격을 가하는 힘을 감소시키기 때문에 타이어의 부피가 감소한다. 부피 측정의 가장 일반적인 단위는 리터(L)와 밀리리터(mL)이다.

온도(*T*)

기체의 온도는 입자의 운동 에너지와 관련이 있다. 예를 들어, 200 K의 기체를 400 K까지 가열한다면, 기체 입자는 200 K에서의 운동 에너지보다 2배의 운동 에너지를 가질 것이다. 또한 이것은 부피와 기체의 양이 변하지 않는다면, 400 K에서의 기체는 200 K일 때의 기체 압력의 2배의 압력을 가한다는 것을 의미한다. 기체의 온도는 섭씨온도계로 측정하지만 기체 거동의 모든 비교 및 온도와 관련된 모든 계산은 켈빈 온도 척도를 이용하여야 한다. 아무도 절대 0도(0 K)의 조건을 만들어낼 수 없지만, 과학자들은 절대 0도에서의 입자는 0의 운동 에너지를 가지고 0의 압력을 가질 것으로 예측하고 있다.

기체의 양(*n*)

공기를 자전거 타이어에 넣으면, 기체의 양이 증가하여 타이어의 압력이 더 높아진다. 보통 기체의 양을 g 단위의 질량으로 측정한다. 기체의 법칙 계산에서 기체 g 수를 몰로 변화시키는 것이 필요하다.

기체의 네 가지 성질에 대한 요약은 **표 8.1**에 주어져 있다.

표 8.1 **기체를 기술하는 성질**

성질	기술	측정 단위
압력(*P*)	기체가 용기 벽에 대하여 가하는 힘	압력(atm), 수은주 밀리미터(mmHg), 토르(Torr), 파스칼(Pa)
부피(*V*)	기체가 차지하는 공간	리터(L), 밀리리터(mL)
온도(*T*)	기체 입자의 운동 에너지 결정 인자	섭씨온도(℃), 켈빈(K)이 계산에서 요구된다.
양(*n*)	용기 안에 존재하는 기체의 양	그램(g), 몰(*n*)이 계산에서 요구된다.

예제 8.1 **기체의 성질**

문제

다음이 기술하는 기체의 성질을 확인하라.

a. 기체 입자의 운동 에너지를 증가시킨다.

b. 용기의 벽에 부딪히는 기체 입자의 힘

c. 기체가 차지하는 공간

풀이

a. 온도

b. 압력

c. 부피

유제 8.1

헬륨을 풍선에 넣으면 헬륨의 g 수는 증가한다. 어떠한 기체의 성질이 기술된 것인가?

해답

g으로 표시된 질량은 기체의 양을 제공한다.

확인하기

연습 문제 8.2를 풀어보기

화학과 보건
혈압 측정

혈압은 의사나 간호사가 신체검사를 하는 동안 확인하는 주요한 수치 중 하나이다. 혈압은 2개의 분리된 측정으로 구성된다. 펌프와 같이 작동하면서 심장은 수축하여 혈액을 순환계를 통하여 밀어내는 압력을 만든다. 수축하는 동안에 혈압은 최대가 되며, 이는 **수축기 혈압**(systolic pressure)이다. 심장 근육이 이완되면 혈압은 떨어지며, 이는 **확장기 혈압**(diastolic pressure)이다. 수축기 혈압의 정상 범위는 100~200 mmHg이고, 확장기 혈압은 60~80 mmHg이다. 이 두 측정값은 보통 100/80과 같이 비율로 표현한다. 이 값은 노인에게는 약간 높다. 140/90과 같이 혈압이 상승하면 뇌졸중과 심장마비, 신장 손상의 위험성이 증가한다. 낮은 혈압은 뇌가 적절한 산소를 받는 것을 방해하여 어지럼증과 실신을 유발한다.

혈압은 혈압계(sphygmomanometer)로 측정하는데, 혈압계는 청진기와 압력계라 부르는 수은관에 연결된 부풀어 오르는 커프(cuff)로 구성된 장치이다. 팔 윗부분을 커프로 감싼 후, 팔을 통한 혈액의 흐름이 차단될 때까지 압력을 가한다. 동맥 위에 청진기를 댄 상태에서 공기가 서서히 커프에서 빠져나가고 동맥 위에 가해지는 압력을 감소시킨다. 동맥에서 혈류가 다시 처음 흐를 때, 청진기를 통해 소음을 들을 수 있으며, 수축기 혈압을 압력계 위에 보이는 압력으로 표시한다. 공기가 지속적으로 방출되면서, 커프는 동맥에서 아무 소리도 들리지 않을 때까지 공기가 빠진다. 두 번째 압력 수치는 아무 소리도 들리지 않을 때 얻을 수 있으며, 이는 심장이 수축하지 않을 때의 압력인 확장기 혈압으로 표시된다.

디지털 혈압 추적기의 사용이 점점 보편화되고 있다. 그러나 모든 상황에서 사용이 유효하지는 않고, 가끔 부정확한 값을 제공하기도 한다.

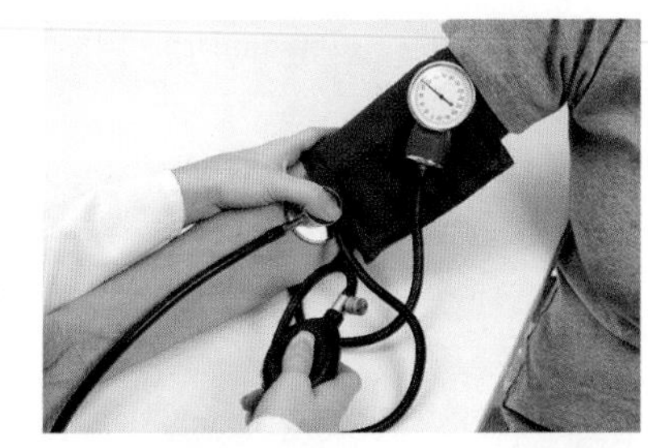

혈압 측정은 일상적인 신체검사의 일부이다.

기체 압력의 측정

많은 수의 기체 입자가 용기의 벽에 부딪히면 특정 면적에 작용하는 힘인 압력을 가한다.

$$압력(P) = \frac{힘}{면적}$$

대기압은 기압계를 이용하여 측정할 수 있다(**그림 8.3**). **정확히** 1기압(atm)의 압력일 때 뒤집힌 관의 수은 기둥은 **정확히** 높이가 760 mm이다. 1**기압**(atm)은 **정확히** 760 mmHg(수은주 밀리미터)로 정의된다. 1기압은 760 Torr이며, 이 압력 단위는 기압계의 발명자인 Evangelista Torricelli를 기리기 위하여 명명되었다. Torr와 mmHg 단위는 동일하기 때문에, 서로 바꾸어서 사용되기도 한다. 1기압은 29.9 inHg와 같다.

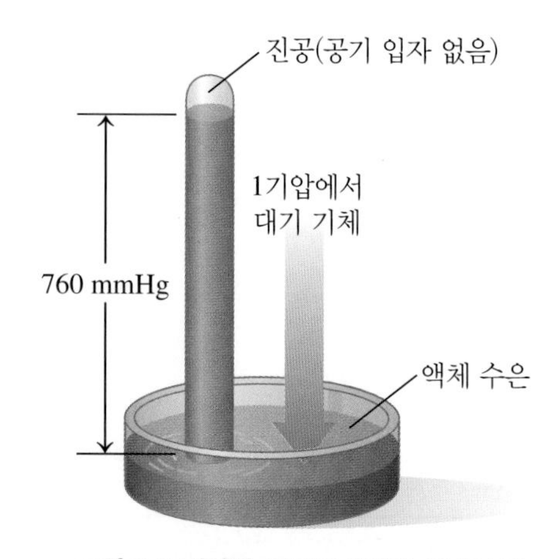

그림 8.3 기압계: 대기의 기체에 의하여 가해지는 압력은 폐쇄된 유리관 내의 수은 기둥이 누르는 압력과 동일하다. mmHg로 측정된 수은 기둥의 높이는 대기압이라 부른다.

Q 수은 기둥의 높이가 매일 변화하는 이유는 무엇인가?

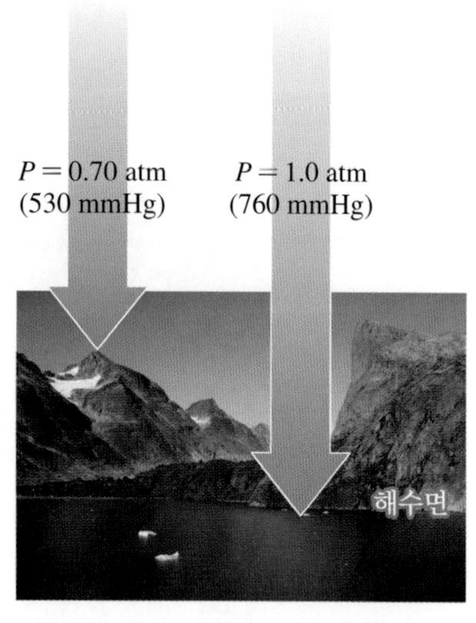

대기압은 고도가 높아질수록 감소한다.

1 atm = 760 mmHg = 760 Torr (정확한 수)
1 atm = 29.9 inHg
1 mmHg = 1 Torr (정확한 수)

SI 단위에서 압력은 파스칼(Pa)로 측정된다. 1 atm은 101 325 Pa와 같다. 1파스칼은 매우 작은 단위이기 때문에, 압력은 보통 킬로파스칼로 보고된다.

1 atm = 101 325 Pa = 101.325 kPa

미국에서 1 atm과 같은 것은 14.7 lb/in.^{2}(psi)이다. 자동차 타이어의 공기 압력을 확인하기 위하여 압력 게이지를 사용할 때, 30~35 psi로 나타난다. 이 측정은 실제로 타이어 외부에 가해지는 대기의 압력보다 30~35 psi 더 높다.

1 atm = 14.7 lb/in.^{2}

표 8.2는 압력의 측정에 사용되는 다양한 단위를 요약하고 있다.

표 8.2 압력 측정 단위

단위	약어	1 atm과 같은 단위
기압	atm	1 atm(정확한 수)
수은주 밀리미터	mmHg	760 mmHg(정확한 수)
토르	Torr	760 Torr(정확한 수)
수은주 인치	inHg	29.9 inHg
제곱인치당 파운드	lb/in.^{2}(psi)	14.7 lb/in.^{2}
파스칼	Pa	101 325 Pa
킬로파스칼	kPa	101.325 kPa

대기압은 기후와 고도의 변화에 따라 변화한다. 뜨겁고 맑은 날에는 수은 기둥이 상승하여 높은 대기압을 나타낸다. 비가 오는 날에는 대기압이 낮아져 수은 기둥의 높이가 낮아진다. 일기 예보에서는 이러한 종류의 날씨를 저기압계(low-pressure system)라 부른다. 해수면 위에서는 대기 중 기체의 밀도가 감소하여 대기압이 낮아진다. 사해(Dead Sea)는 해수면보다 낮기 때문에 대기압이 760 mmHg보다 크다(**표 8.3**).

표 8.3 고도와 대기압

위치	고도(km)	대기압(mmHg)
사해	−0.40	800
해수면	0.00	760
로스앤젤레스	0.09	752
라스베이거스	0.70	700
덴버	1.60	630
휘트니산	4.50	440
에베레스트산	8.90	253

잠수부는 해수면 아래로 잠수할 때 귀와 폐에 가해지는 압력의 증가에 대해 염려하여야 한다. 물은 공기보다 밀도가 크기 때문에 잠수부에 미치는 압력은 잠수부가 하강함에 따라 급격히 증가한다. 해수면 아래 33 ft 깊이에서는 1 atm의 압력이 추가되어 잠수부에게 총 2 atm의 압력이 가해진다. 100 ft에서 잠수부는 총 4 atm의 압력을 받는다. 잠수부가 사용하는 압력 조절기는 압력 증가에 맞추기 위해 지속적으로 호흡 혼합물의 압력을 조절한다.

예제 8.2 압력의 단위

문제

병원 호흡기 동의 탱크 내 산소의 압력이 4820 mmHg이다. 산소 기체의 압력을 기압으로 계산하라.

풀이

1 atm = 760 mmHg라는 동등량은 2개의 환산 인자로 쓸 수 있다.

$$\frac{760\ \text{mmHg}}{1\ \text{atm}} \quad \text{그리고} \quad \frac{1\ \text{atm}}{760\ \text{mmHg}}$$

mmHg를 상쇄할 수 있는 환산 인자를 사용하여 다음과 같이 문제를 설정할 수 있다.

$$4820\ \cancel{\text{mmHg}} \times \frac{1\ \text{atm}}{760\ \cancel{\text{mmHg}}} = 6.34\ \text{atm}$$

중증 COPD 환자는 산소 탱크에서 산소를 얻는다.

유제 8.2

마취제로 사용하는 산화 이질소(N_2O)의 탱크 압력은 48 psi이다. 이 압력은 기압으로 얼마인가?

해답

3.3 atm

확인하기

연습 문제 8.3과 8.4를 풀어보기

연습 문제

8.1 기체의 성질

학습 목표 기체의 분자 운동 이론과 기체에서 사용되는 측정 단위를 기술한다.

8.1 기체의 분자 운동 이론을 이용하여 다음을 설명하라.
 a. 기체는 더 높은 온도에서 더 빠르게 움직인다.
 b. 기체는 액체 또는 고체보다 훨씬 쉽게 압축할 수 있다.
 c. 기체는 낮은 밀도를 가진다.

8.2 다음으로 측정된 기체의 성질을 확인하라.
 a. 350 K **b.** 125 mL
 c. 2.00 g O_2 **d.** 755 mmHg

8.3 다음 문장 중 기체의 압력을 기술하는 것은 무엇인가?
 a. 용기 벽에 대한 기체 입자의 힘
 b. 용기 내 기체 입자의 수 **c.** 헬륨 기체 4.5 L
 d. 750 Torr **e.** 28.8 lb/in.^{2}

의학 응용

8.4 산소(O_2)가 담겨 있는 탱크의 압력은 2.00 atm이다. 탱크의 압력은 다음 단위로 얼마인가?
 a. torr **b.** lb/in.^{2} **c.** mmHg **d.** kPa

복습
방정식 풀기(1.4)

8.2 압력과 부피(Boyle의 법칙)

학습 목표 온도와 기체의 양이 변하지 않을 때 압력-부피 관계(Boyle의 법칙)를 이용하여 미지의 압력 또는 부피를 계산한다.

자전거 펌프 안의 벽과 부딪히는 공기 입자를 볼 수 있다고 상상해보라. 손잡이를 눌렀을 때 펌프 안의 압력에는 무슨 일이 일어나는가? 부피가 감소함에 따라 용기의 표면 면적은 감소한다. 공기 입자는 더 혼잡해지고, 보다 많은 충돌이 일어나며 용기 안의 압력은 증가한다.

한 성질(이 경우에는 부피)에서의 변화가 다른 성질(이 경우에는 압력)의 변화를 일으킬 때, 성질들은 서로 연관되어 있다. 만약 변화가 반대 방향으로 일어나면, 성질은 **반비례 관계**(inverse relationship)를 가지고 있다. 기체의 압력과 부피 사이의 반비례 관계는 **Boyle의 법칙**(Boyle's law)으로 알려져 있다. 이 법칙은 **그림 8.4**에 도시한 바와 같이, 기체 시료의 부피(V)는 온도(T)와 기체의 양(n)이 변하지 않는 한, 기체의 압력(P)에 반비례한다.

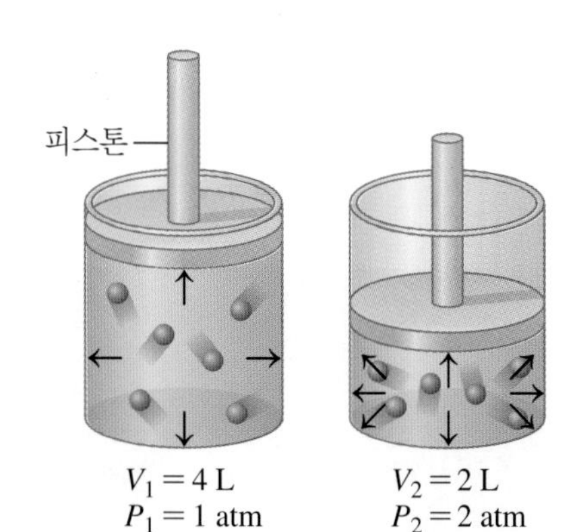

그림 8.4 Boyle의 법칙: 부피가 감소함에 따라 기체 분자는 보다 혼잡해지면서 압력이 증가한다. 압력과 부피는 반비례한다.

Q 기체의 부피가 증가한다면 압력에는 어떤 변화가 일어나겠는가?

기체의 부피나 압력이 온도와 기체의 양이 어떠한 변화도 일어나지 않고 변한다면, 나중 압력과 부피는 처음 압력과 부피와 같은 PV 곱을 가질 것이다. 따라서 처음과 나중의 PV 곱은 서로 같을 것이다. Boyle의 법칙의 방정식에서 처음 압력과 부피는 P_1과 V_1으로, 나중 압력과 부피는 P_2, V_2로 적는다.

Boyle의 법칙

$$P_1V_1 = P_2V_2 \quad \text{온도와 기체의 양은 변화 없음}$$

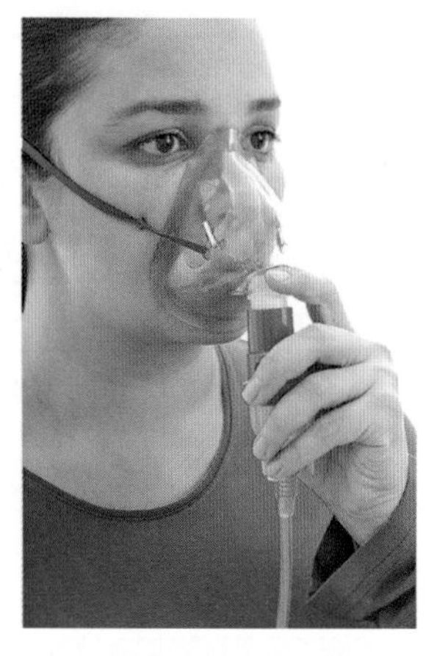

산소 치료는 신체 조직이 가용할 수 있는 산소를 증가시킨다.

예제 8.3 압력이 변할 때의 부피 계산

문제

Whitney가 천식이 발생하였을 때, 그녀는 안면 마스크를 통하여 산소를 공급받았다. 12 L 탱크의 압축 산소의 압력 게이지는 3800 mmHg였다. 온도와 기체의 양이 변하지 않을 때, 나중 압력 570 mmHg에서 같은 기체가 차지하는 부피는 L로 얼마인가?

풀이 지침

1단계 **주어진 양과 필요한 양을 말하라.** 처음 압력과 부피를 P_1, V_1으로, 나중 압력과 부피를 P_2, V_2로 적어 기체 자료를 제시한다. 압력은 3800 mmHg에서 570 mmHg로 감소하였다. Boyle의 법칙을 이용하여 부피가 증가할 것으로 예측할 수 있다.

	주어진 조건	필요한 사항	연계
문제 분석	$P_1 = 3800$ mmHg, $P_2 = 570$ mmHg $V_1 = 12$ L **변하지 않는 인자:** T와 n	V_2	Boyle의 법칙 $P_1V_1 = P_2V_2$ **예상:** P 감소, V 증가

생각해보기
밀폐된 용기의 기체 압력이 용기의 부피가 증가할 때 감소하는 이유는 무엇인가?

2단계 **미지의 양에 대하여 풀기 위하여 기체 법칙 방정식을 재배열하라.** PV 관계에서는 Boyle의 법칙을 이용하고 양쪽을 P_2로 나누어 V_2에 대하여 푼다. Boyle의 법칙에 따르면, T와 n이 변하지 않을 때 압력이 감소하면 부피는 증가한다.

핵심 화학 기법

기체 법칙 이용

$$P_1V_1 = P_2V_2$$

$$\frac{P_1V_1}{P_2} = \frac{\cancel{P_2}V_2}{\cancel{P_2}}$$

$$V_2 = V_1 \times \frac{P_1}{P_2}$$

3단계 **기체 법칙 방정식에 값을 대입하고 계산하라.** mmHg 단위의 압력으로 값을 대입하면 압력의 비(압력 인자)는 1보다 크므로, 예상한 대로 부피는 증가한다.

$$V_2 = 12\ \text{L} \times \frac{3800\ \cancel{\text{mmHg}}}{570\ \cancel{\text{mmHg}}} = 80.\ \text{L}$$

압력 인자는 부피를 증가

유제 8.3

지하 기체 저장소에서 메테인 기체(CH_4) 기포는 1.60 atm 압력에서 45.0 mL 부피를 가진다. 온도와 기체의 양에 변화가 없다면 대기압이 744 mmHg인 표면에 도달하였을 때, 기체의 기포가 차지할 부피는 mL로 얼마인가?

해답

73.5 mL

확인하기

연습 문제 8.5에서 8.12까지 풀어보기

화학과 보건
호흡에서의 압력-부피 관계

Boyle의 법칙의 중요성은 호흡의 메커니즘을 고려할 때 명백해진다. 우리의 폐는 흉강(thoracic cavity)이라 부르는 밀폐된 공간 내에 들어 있는 탄성이 있는 풍선과 같은 구조이다. 근육인 횡격막은 공간의 유연한 바닥을 형성한다.

들숨

공기를 들이마시는 과정은 횡격막이 수축하고 흉곽이 확장되어 흉강의 부피가 증가할 때 시작된다. 폐의 탄성 때문에 흉강이 넓어질 때 폐가 팽창한다. Boyle의 법칙에 따르면, 폐의 부피가 증가하여 폐 내부의 압력이 대기압 이하로 떨어질 때, 폐 내부의 압력은 감소한다. 압력의 차이는 폐와 대기 사이에 **압력 기울기**(pressure gradient)를 생성한다. 압력 기울기에서 분자는 압력이 높은 곳에서 압력이 낮은 곳으로 흐른다.

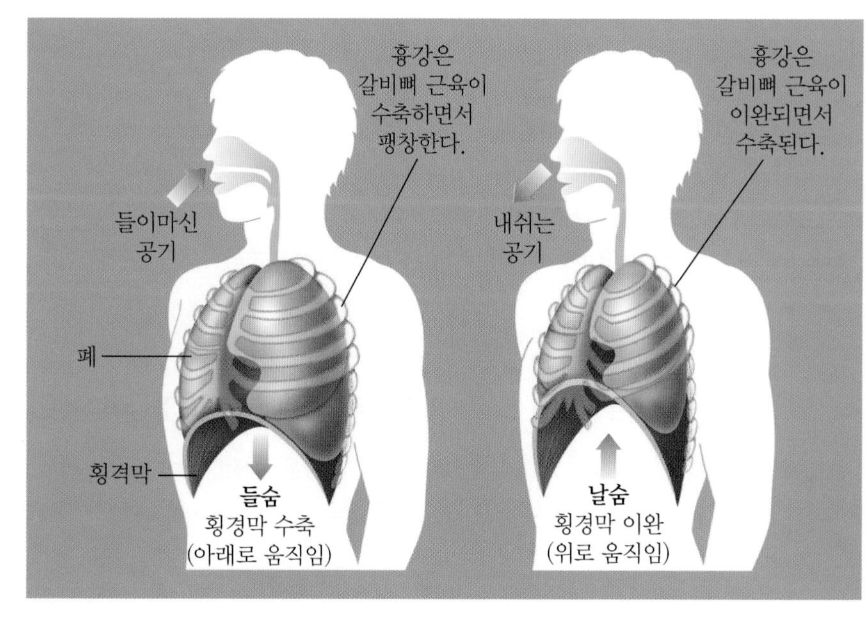

호흡의 들이마시는 단계, 즉 들숨(inspiration)에서 공기는 폐 내부의 압력이 대기압과 같아질 때까지 폐로 흘러간다.

날숨

날숨(expiration) 또는 호흡을 내쉬는 단계는 횡격막이 이완되어 흉강이 휴지 위치로 돌아갈 때 일어난다. 흉강의 부피는 감소하고, 이는 폐를 눌러 부피를 감소시킨다. 이제 폐 내부의 압력은 대기압보다 높아지므로 공기는 폐 밖으로 흐르게 된다. 따라서 호흡은 압력 기울기가 폐와 환경 사이에서 압력과 부피의 변화 때문에 계속하여 형성되는 과정이다.

연습 문제

8.2 압력과 부피(Boyle의 법칙)

학습 목표 온도와 기체의 양이 변하지 않을 때 압력–부피 관계(Boyle의 법칙)를 이용하여 미지의 압력 또는 부피를 계산한다.

8.5 스쿠버 다이버가 수면으로 올라올 때 숨을 내쉬어야 하는 이유는 무엇인가?

8.6 피스톤을 가진 실린더의 부피는 220 mL이고, 압력은 650 mmHg이다.

a. 온도와 기체의 양이 변하지 않을 때, 실린더 내부의 압력을 더 높이기 위한 실린더의 변화는 **A** 또는 **B** 중 무엇인가? 선택에 대해 설명하라.

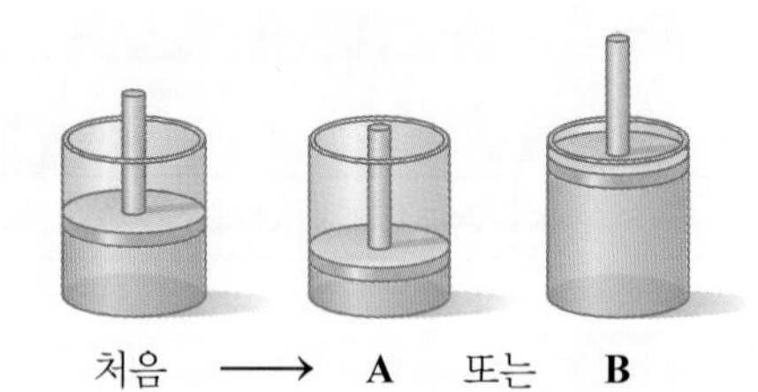

b. 실린더 내의 압력이 1.2 atm으로 증가한다면, 실린더의 나중 부피는 mL로 얼마인가?

8.7 밀폐된 용기에 부피가 4.0 L인 기체가 있다. 온도와 기체의 양은 동일하고 부피가 다음과 같이 변할 때 압력의 변화(증가, 감소, 변화 없음)를 표시하라.

a. 부피가 2.0 L로 압축되었다.
b. 부피가 12 L로 팽창하였다.
c. 부피가 0.40 L로 압축되었다.

8.8 25.0 L 풍선에 570 mmHg 압력의 수소 기체가 있다. 온도와 기체의 양이 변하지 않는다면 다음 부피에서 수소 기체의 나중 압력은 수은주 밀리미터 단위로 얼마인가?

a. 10.0 L **b.** 5.60 L
c. 16 400 mL **d.** 1580 mL

8.9 산소(O_2) 시료가 760. mmHg 압력에서 부피가 30.0 L이다. 온도와 기체의 양이 변하지 않는다면 다음 압력에서 기체의 나중 부피는 L로 얼마인가?

a. 625 mmHg **b.** 3.0 atm
c. 0.800 atm **d.** 350 Torr

8.10 압력을 알지 못하는 Ar 기체 시료의 부피는 5.40 L이다. 온도와 기체의 양이 변하지 않을 때, 압력이 3.62 atm이면 기체의 부피는 9.73 L이다. 기체의 처음 압력은 atm으로 얼마인가?

의학 응용

8.11 사이클로프로페인, C_3H_6는 전신 마취제이다. 5.0 L 시료의 압력은 5.0 atm이다. 온도와 기체의 양이 변하지 않을 때, 1.0 atm 압력으로 환자에 제공되는 이 기체의 나중 부피는 L로 얼마인가?

8.12 들숨과 날숨 단어를 사용하여 다음의 결과로 일어나는 호흡 순환의 부분을 기술하라.

a. 횡격막이 수축한다.
b. 폐의 부피가 감소한다.
c. 폐 내부의 압력이 대기압보다 작다.

8.3 온도와 부피(Charles의 법칙)

학습 목표 압력과 기체의 양이 변하지 않을 때, 온도-부피 관계(Charles의 법칙)를 이용하여 미지의 온도 또는 부피를 계산한다.

열기구를 타려 한다고 가정해보자. 선장은 열기구 안의 공기를 가열하기 위하여 프로페인 버너를 켠다. 공기가 가열되면서 팽창하고, 외부의 공기보다 밀도가 작아지면서 열기구와 승객을 공중에 띄울 수 있다. 1787년 물리학자이자 열기구 운전자인 Jacques Charles은 기체의 부피는 온도와 관련되어 있다고 제안하였다. 이러한 제안은 압력(P) 또는 기체의 양(n)이 변하지 않을 때, 기체의 부피(V)는 온도(T)에 정비례한다는 **Charles의 법칙**(Charles's law)이 되었다. **정비례**(direct relationship)는 관련된 성질이 함께 증가하거나 감소하는 것이다. 처음과 나중의 두 조건에 대하여 Charles의 법칙은 다음과 같이 쓸 수 있다.

열기구의 기체가 가열될수록 팽창한다.

Charles의 법칙

$$\frac{V_1}{T_1} = \frac{V_2}{T_2}$$ 압력과 기체의 양은 변화 없음

기체 법칙 계산에서 사용하는 모든 온도는 대응되는 켈빈(K) 온도로 변환하여야 한다.

온도 변화가 기체의 부피에 미치는 영향을 확인하려면 압력과 기체의 양은 변하지 않아야 한다. 기체 시료의 온도를 증가시키면, 용기의 부피는 증가하여야 한다(그림 8.5). 기체의 온도가 감소하면, 압력과 기체의 양이 변하지 않을 때 용기의 부피도 감소해야 한다.

생각해보기

압력과 기체의 양이 변하지 않는다면, 온도가 증가할 때 기체의 부피가 증가하는 이유는 무엇인가?

그림 8.5 Charles의 법칙: 압력과 기체의 양이 변하지 않을 때, 기체의 켈빈 온도는 기체의 부피에 정비례한다.

Q 기체의 온도가 감소한다면, 압력과 기체의 양이 변하지 않을 때 기체의 부피는 어떻게 변하는가?

예제 8.4 온도가 변할 때의 부피 계산

문제

헬륨 기체는 복강경 수술을 하는 동안 복부를 팽창시키는 데 사용된다. 헬륨 기체 시료의 부피는 5.40 L이고, 온도는 15°C이다. 기체의 압력과 양이 변하지 않을 때, 온도가 42°C까지 증가한 후, 나중 부피는 L로 얼마인가?

풀이 지침

1단계 주어진 양과 필요한 양을 말하라. 처음 온도와 부피를 T_1, V_1으로, 나중 온도와 부피를 T_2, V_2로 적어 기체 자료를 제시한다. 온도는 15°C에서 42°C로 높아진다. Charles의 법칙을 이용하면 부피가 증가할 것으로 예상할 수 있다.

$T_1 = 15°\text{C} + 273 = 288\text{ K}$

$T_2 = 42°\text{C} + 273 = 315\text{ K}$

	주어진 조건	필요한 사항	연계
문제 분석	$T_1 = 288$ K, $T_2 = 315$ K $V_1 = 5.40$ L 변하지 않는 인자: P와 n	V_2	Charles의 법칙 $\frac{V_1}{T_1} = \frac{V_2}{T_2}$ 예상: T 증가, V 증가

2단계 미지의 양에 대하여 풀기 위하여 기체 법칙 방정식을 재배열하라. 이 문제에서 알고 싶은 것은 온도가 증가할 때의 나중 부피(V_2)이다. Charles의 법칙을 이용하여 양쪽에 T_2를 곱함으로써 V_2에 대하여 푼다.

$$\frac{V_1}{T_1} = \frac{V_2}{T_2}$$

$$\frac{V_1}{T_1} \times T_2 = \frac{V_2}{\cancel{T_2}} \times \cancel{T_2}$$

$$V_2 = V_1 \times \frac{T_2}{T_1}$$

3단계 기체 법칙 방정식에 값을 대입하고 계산하라. 표로부터 온도가 증가했음을 알 수 있다. 온도는 부피와 정비례하기 때문에 부피는 증가하여야 한다. 값을 대입하면 온도 비(온도 인자)는 1보다 크므로, 예상한 바대로 부피를 증가시킨다.

$$V_2 = 5.40 \text{ L} \times \frac{315 \cancel{\text{K}}}{288 \cancel{\text{K}}} = 5.91 \text{ L}$$

온도 인자는 부피를 증가

유제 8.4

등산가가 −8°C의 공기를 들이마신다. 체온인 37°C에서 폐 속 공기의 나중 부피가 569 mL이면, 압력과 기체의 양이 변하지 않을 때 등산가가 들이마신 공기의 처음 부피는 mL로 얼마인가?

해답

486 mL

확인하기

연습 문제 8.13에서 8.16까지 풀어보기

연습 문제

8.3 온도와 부피(Charles의 법칙)

학습 목표 압력과 기체의 양이 변하지 않을 때, 온도-부피 관계(Charles의 법칙)를 이용하여 미지의 온도 또는 부피를 계산한다.

8.13 압력과 기체의 양이 변하지 않는다면, 다음 변화가 진행될 때 풍선의 나중 부피를 보여주는 그림을 선택하라.

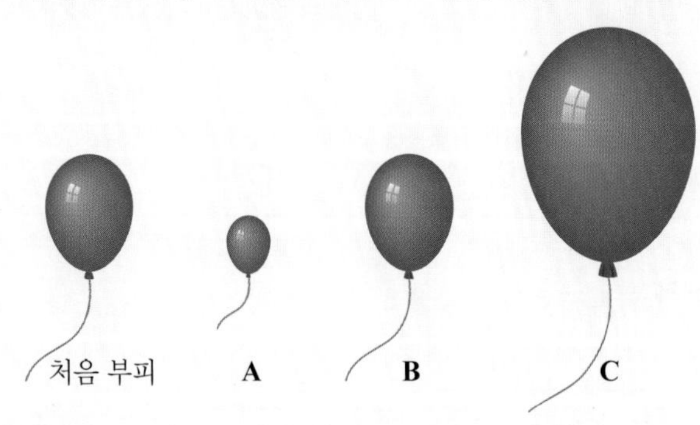

a. 온도가 100 K에서 300 K로 변한다.
b. 풍선을 냉동고에 넣었다.
c. 풍선을 먼저 따뜻하게 한 다음, 처음 온도로 되돌려놓았다.

8.14 아르곤 시료의 처음 부피는 25°C에서 3.80 L이었다. n과 P가 변하지 않는다면, 기체의 부피를 다음으로 변화시키는 데 필요한 나중 온도는 °C로 얼마인가?

a. 6.00 L **b.** 2100 mL **c.** 8.50 L **d.** 4250 mL

8.15 풍선에는 45°C에서 4300 mL인 네온 기체가 들어 있다. n과 P가 변하지 않는다면, 기체의 온도를 다음으로 변화시킬 때 기체의 나중 부피는 mL로 얼마인가?

a. 35°C **b.** 560. K **c.** −15°C **d.** 640. K

8.16 미지의 온도에서 기체 시료의 부피는 0.256 L이다. 압력과 기체의 양이 변하지 않을 때, 동일한 기체의 부피는 32°C에서 0.198 L이었다. 기체의 처음 온도는 °C로 얼마인가?

8.4 온도와 압력(Gay-Lussac의 법칙)

학습 목표 부피와 기체의 양이 변하지 않을 때, 온도-압력 관계(Gay-Lussac의 법칙)를 이용하여 미지의 온도 또는 압력을 계산한다.

온도를 상승시키면서 기체 분자를 관찰하면, 분자는 더 빠르게 움직이며 용기의 벽을 더 자주 그리고 더 큰 힘으로 부딪힌다는 것에 주목하게 된다. 부피와 기체의 양이 변하지 않는다면, 압력은 증가할 것이다. **Gay-Lussac의 법칙**(Gay-Lussac's law)으로 알려진 온도-압력 관계에서, 기체의 압력은 켈빈 온도에 정비례한다. 이것은 부피와 기체의 양이 변하지 않는 한, 온도가 증가하면 기체의 압력이 증가하고, 온도가 감소하면 압력이 감소한다는 것을 의미한다(**그림 8.6**).

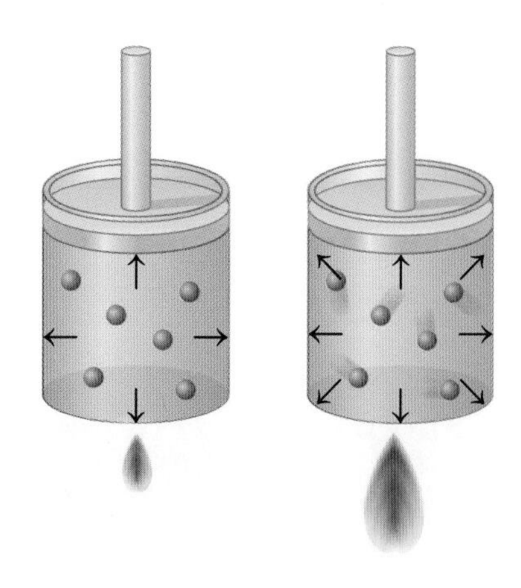

$T_1 = 200$ K $\quad$ $T_2 = 400$ K
$P_1 = 1$ atm $\quad$ $P_2 = 2$ atm

그림 8.6 Gay-Lussac의 법칙: 기체의 켈빈 온도가 2배가 되고, 부피와 기체의 양이 변하지 않을 때, 압력 또한 2배가 된다.

Q 부피와 기체의 양이 변하지 않을 때, 기체의 온도가 감소하면 압력에 어떠한 영향을 주는가?

$$\frac{P_1}{T_1} = \frac{P_2}{T_2} \quad \text{부피와 기체의 양은 변화 없음}$$

기체 법칙 계산에서 사용하는 모든 온도는 대응되는 켈빈(K) 온도로 변환하여야 한다.

예제 8.5 온도가 변할 때의 압력 계산

문제

가열하면 폭발 가능성이 있기 때문에 가정용 산소 탱크는 위험할 수 있다. 산소 탱크가 실온인 25°C에서 120 atm 압력을 가진다고 가정해보자. 방의 화재로 인해 산소 탱크 내의 기체 온도가 402°C에 이른다면, 부피와 기체의 양이 변하지 않을 때 산소의 압력은 atm으로 얼마인가? 산소 탱크는 내부 압력이 180 atm을 초과하면 폭발할 수 있다. 폭발할 것으로 예상되는가?

생각해보기

부피와 기체의 양이 변하지 않는다면, 온도가 감소할 때 기체의 압력이 감소하는 이유는 무엇인가?

풀이 지침

1단계 주어진 양과 필요한 양을 말하라. 처음 온도와 압력을 T_1, P_1으로, 나중 온도와 압력을 T_2, P_2로 적어 기체 자료를 제시한다. 온도는 25°C에서 402°C로 증가한다. Gay-Lussac의 법칙을 이용하면 압력이 증가할 것으로 예상할 수 있다.

$$T_1 = 25°\text{C} + 273 = 298 \text{ K}$$
$$T_2 = 402°\text{C} + 273 = 675 \text{ K}$$

	주어진 조건	필요한 사항	연계
문제 분석	$P_1 = 120$ atm, $T_1 = 298$ K, $T_2 = 675$ K **변하지 않는 인자:** V와 n	P_2	Gay-Lussac의 법칙 $\frac{P_1}{T_1} = \frac{P_2}{T_2}$ **예상:** T 증가, P 증가

2단계 미지의 양에 대하여 풀기 위하여 기체 법칙 방정식을 재배열하라. Gay-Lussac의 법칙을 이용하여, 양쪽에 T_2를 곱하여 P_2에 대하여 푼다.

$$\frac{P_1}{T_1} = \frac{P_2}{T_2}$$

$$\frac{P_1}{T_1} \times T_2 = \frac{P_2}{\cancel{T_2}} \times \cancel{T_2}$$

$$P_2 = P_1 \times \frac{T_2}{T_1}$$

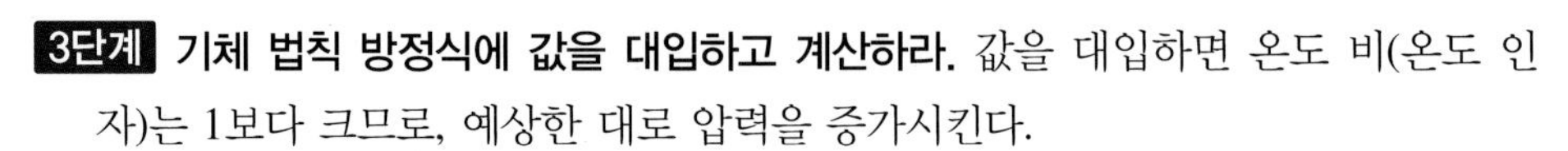

3단계 기체 법칙 방정식에 값을 대입하고 계산하라. 값을 대입하면 온도 비(온도 인자)는 1보다 크므로, 예상한 대로 압력을 증가시킨다.

$$P_2 = 120 \text{ atm} \times \frac{675 \cancel{\text{K}}}{298 \cancel{\text{K}}} = 270 \text{ atm}$$

온도 인자는
압력을 증가

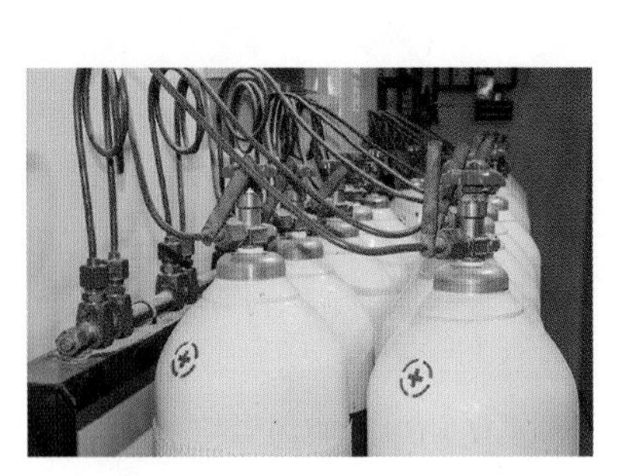

산소 기체 실린더가 병원 저장실에 놓여 있다.

계산된 압력 270 atm은 180 atm의 한계를 벗어나기 때문에 산소 탱크가 폭발할 것으로 예상된다.

유제 8.5

온도가 55°C에 이르는 병원의 저장실에서 15.0 L 강철 실린더의 산소 기체 압력은 965 Torr이다. 부피와 기체의 양이 변하지 않을 때, 압력을 850 Torr로 감소시키려면 몇 °C까지 냉각시켜야 하는가?

해답

16°C

확인하기

연습 문제 8.17에서 8.20까지 풀어보기

연습 문제

8.4 온도와 압력(Gay-Lussac의 법칙)

학습 목표 부피와 기체의 양이 변하지 않을 때, 온도-압력 관계(Gay-Lussac의 법칙)를 이용하여 미지의 온도 또는 압력을 계산한다.

8.17 n과 V가 일정하다고 할 때, 다음에 대하여 나중 압력을 Torr로 계산하라.

a. 175°C에서 처음 압력이 1500 Torr인 기체를 20°C로 냉각하였다.

b. 24°C에서 처음 압력이 3.10 atm인 에어로졸 캔에 있는 기체를 45°C까지 가열하였다.

8.18 n과 V가 일정하다고 할 때, 다음에 대하여 나중 온도를 °C로 계산하라.

a. 55°C에서 780. mmHg인 헬륨 기체 시료를 냉각하여 520. mmHg 압력을 가지도록 한다.

b. −12°C에서 압력이 0.730 atm인 네온 탱크를 가열하여 1650 Torr 압력을 가지도록 한다.

8.19 온도가 22°C일 때 기체 시료의 압력은 744 mmHg이다. 부피와 기체의 양이 변하지 않는다면, 압력이 766 mmHg일 때의 나중 온도는 °C로 얼마인가?

의학 응용

8.20 탱크에는 흡입 마취제인 아이소플루레인(isoflurane)이 1.8 atm의 압력 및 5°C로 들어 있다. 만약 V와 n이 변하지 않는다면, 22°C로 데울 때 기체의 압력은 atm으로 얼마인가?

8.5 결합 기체 법칙

학습 목표 기체 성질 중 2개의 변화가 주어지고 기체의 양이 변하지 않을 때, 결합 기체 법칙을 이용하여 기체의 미지의 압력, 부피 또는 온도를 계산한다.

학습하였던 기체에 대한 압력-부피-온도의 관계는 모두 **결합 기체 법칙**(combined gas law)이라는 단일 관계로 결합할 수 있다. 이 관계식은 기체의 양(몰수)이 변하지 않는 한 이 두 변수의 변화가 세 번째 변수에 미치는 효과를 학습하는 데 유용하다.

결합 기체 법칙

$$\frac{P_1V_1}{T_1} = \frac{P_2V_2}{T_2}$$ 기체의 몰수는 변화 없음

결합 기체 법칙을 이용함으로써, **표 8.4**에서 볼 수 있듯이 변하지 않는 성질을 생략하여 어떠한 기체 법칙도 유도할 수 있다.

표 8.4 기체 법칙의 요약

결합 기체 법칙	변하지 않는 성질	관계	기체 법칙의 이름
$\frac{P_1V_1}{\cancel{T_1}} = \frac{P_2V_2}{\cancel{T_2}}$	T, n	$P_1V_1 = P_2V_2$	Boyle의 법칙
$\frac{\cancel{P_1}V_1}{T_1} = \frac{\cancel{P_2}V_2}{T_2}$	P, n	$\frac{V_1}{T_1} = \frac{V_2}{T_2}$	Charles의 법칙
$\frac{P_1\cancel{V_1}}{T_1} = \frac{P_2\cancel{V_2}}{T_2}$	V, n	$\frac{P_1}{T_1} = \frac{P_2}{T_2}$	Gay-Lussac의 법칙

생각해보기

기체의 양이 변하지 않는다고 할 때, 기체의 부피는 2배가 되고 캘빈 온도는 절반으로 감소할 때, 기체의 압력이 처음 압력의 1/4이 되는 이유는 무엇인가?

예제 8.6 결합 기체 법칙의 이용

문제

4.00 atm의 압력과 11°C의 온도에서 25.0 mL 기포가 다이버의 공기탱크에서 방출되었다. 압력이 1.00 atm이고, 온도가 18°C인 해수면에 도달하였을 때, 기포의 부피는 mL로 얼마인가? (기포의 기체 양은 변하지 않는다고 가정한다.)

수중에서 다이버에 대한 압력은 대기압보다 더 크다.

풀이 지침

1단계 주어진 양과 필요한 양을 말하라. 압력, 부피, 온도와 같이 변하는 성질들을 목록화한다. 변하지 않는 성질인 기체의 양은 아래 표에서 보여주고 있다. °C 단위인 온도는 켈빈으로 변환하여야 한다.

$T_1 = 11°\text{C} + 273 = 284\text{ K}$

$T_2 = 18°\text{C} + 273 = 291\text{ K}$

	주어진 조건	필요한 사항	연계
문제 분석	$P_1 = 4.00\text{ atm}$, $P_2 = 1.00\text{ atm}$, $V_1 = 25.0\text{ mL}$, $T_1 = 284\text{ K}$, $T_2 = 291\text{ K}$ **변하지 않는 인자:** n	V_2	결합 기체 법칙 $\frac{P_1V_1}{T_1} = \frac{P_2V_2}{T_2}$

2단계 **미지의 양에 대하여 풀기 위하여 기체 법칙 방정식을 재배열하라.** 결합 기체 법칙을 이용하여 양쪽에 T_2를 곱하고, P_2로 나누어 V_2에 대하여 푼다.

$$\frac{P_1V_1}{T_1} = \frac{P_2V_2}{T_2}$$

$$\frac{P_1V_1}{T_1} \times \frac{T_2}{P_2} = \frac{\cancel{P_2}V_2}{\cancel{T_2}} \times \frac{\cancel{T_2}}{\cancel{P_2}}$$

$$V_2 = V_1 \times \frac{P_1}{P_2} \times \frac{T_2}{T_1}$$

3단계 **기체 법칙 방정식에 값을 대입하고 계산하라.** 자료 표로부터 압력이 감소하고 온도가 증가하면 부피는 증가할 것이다.

$$V_2 = 25.0\ \text{mL} \times \frac{4.00\ \cancel{\text{atm}}}{1.00\ \cancel{\text{atm}}} \times \frac{291\ \cancel{\text{K}}}{284\ \cancel{\text{K}}} = 102\ \text{mL}$$

압력 인자는 부피를 증가 온도 인자는 부피를 증가

그러나 미지의 값이 하나의 변화에 의하여 감소하지만 두 번째 변화에 의하여 증가하는 상황에서는 미지의 전체적인 변화를 예상하기가 어렵다.

유제 8.6

기상 관측 기구는 25°C의 온도와 685 mmHg의 압력에서 15.0 L의 헬륨으로 채워져 있다. He의 양이 변하지 않는다면 나중 온도가 −35°C이고, 나중 부피가 34.0 L일 때, 상층 대기의 풍선의 압력은 mmHg로 얼마인가?

해답

241 mmHg

확인하기

연습 문제 8.21에서 8.23까지 풀어보기

연습 문제

8.5 결합 기체 법칙

학습 목표 기체 성질 중 2개의 변화가 주어지고 기체의 양이 변하지 않을 때, 결합 기체 법칙을 이용하여 기체의 미지의 압력, 부피 또는 온도를 계산한다.

8.21 T_2에 대하여 풀기 위하여 결합 기체 법칙의 변수를 재배열하라.

8.22 Xe 기체 시료의 부피는 675 mmHg의 압력과 35°C의 온도에서 7.50 L이다. 기체의 양이 변하지 않는다면, 기체 시료의 부피와 온도가 다음과 같이 변할 때 기체의 나중 압력은 atm으로 얼마인가?

a. 1560 mL와 373 K

b. 4.35 L와 20°C

c. 18.5 L와 53°C

의학 응용

8.23 처음에 212°C와 1.80 atm의 뜨거운 기체 거품 124 mL가 활화산으로부터 방출되었다. 기체의 양이 변하지 않는다면, 거품의 나중 부피가 138 mL, 나중 압력이 0.800 atm일 때 화산 밖 거품에서의 기체의 나중 온도는 °C로 얼마인가?

8.6 부피와 몰(Avogadro의 법칙)

학습 목표 압력과 온도가 변하지 않을 때, Avogadro의 법칙을 이용하여 미지의 기체의 양 또는 부피를 계산한다.

복습

몰 질량을 환산 인자로 이용(7.3)

기체 법칙의 학습에서 특정한 양(n)의 기체에 대하여 성질들의 변화를 살펴보았다. 이제 기체의 몰수 또는 그램이 변할 때, 기체의 성질이 어떻게 변하는지를 고려할 것이다.

풍선을 불면 더 많은 공기 분자가 추가되었기 때문에 풍선의 부피는 증가한다. 그러나 풍선에 작은 구멍이 있어 공기가 새어나간다면 부피는 감소한다. 1811년에 Amedeo Avogadro는 온도와 압력이 변하지 않으면, 기체의 부피는 기체의 몰수에 정비례한다는 **Avogadro의 법칙**(Avogadro's law)을 만들었다. 예를 들어, 압력과 부피가 변하지 않을 경우, 기체의 몰수가 2배가 되면 부피도 2배가 된다(그림 8.7). 압력과 온도가 변하지 않을 때, Avogadro의 법칙은 다음과 같이 쓸 수 있다.

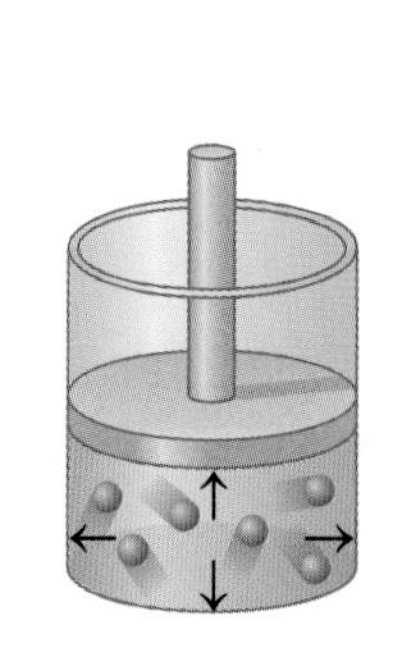

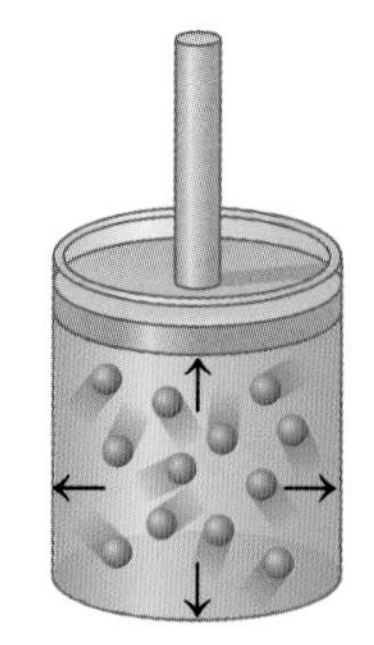

그림 8.7 Avogadro의 법칙: 기체의 부피는 기체의 몰수에 정비례한다. 온도와 압력이 변하지 않을 때, 몰수가 2배가 되면 부피도 2배가 되어야 한다.

Q 풍선에 누출이 있다면, 부피는 어떻게 되겠는가?

Avogadro의 법칙

$$\frac{V_1}{n_1} = \frac{V_2}{n_2} \quad \text{압력과 온도는 변화 없음}$$

예제 8.7 몰의 변화에 대한 부피 계산

문제

44 L의 부피를 가진 기상 관측 기구가 2.0몰의 헬륨으로 채워져 있다. 압력과 온도가 변하지 않는다고 할 때, 헬륨 3.0몰을 추가하여 총 5.0몰의 헬륨을 만들면 나중 부피는 L로 얼마인가?

풀이 지침

1단계 주어진 양과 필요한 양을 말하라. 변하는 성질인 부피와 양(몰)을 목록화한다. 변하지 않는 성질인 압력과 온도는 아래 표에서 보여주고 있다. 기체의 몰수가 증가하였기 때문에 부피는 증가할 것으로 예상된다.

	주어진 조건	필요한 사항	연계
문제 분석	$V_1 = 44$ L, $n_1 = 2.0$몰, $n_2 = 5.0$몰	V_2	Avogadro의 법칙 $\frac{V_1}{n_1} = \frac{V_2}{n_2}$
	변하지 않는 요인: P와 T		**예상:** n 증가, V 증가

생각해보기

기체 혼합물의 압력과 온도가 변하지 않는다면, 2.0몰의 헬륨 기체를 추가할 때 2.0몰의 네온의 부피가 2배가 되는 이유는 무엇인가?

2단계 미지의 양에 대하여 풀기 위하여 기체 법칙 방정식을 재배열하라. Avogadro의 법칙을 이용하여, 방정식의 양쪽에 n_2를 곱하여 V_2에 대하여 풀 수 있다.

$$\frac{V_1}{n_1} = \frac{V_2}{n_2}$$

$$\frac{V_1}{n_1} \times n_2 = \frac{V_2}{\cancel{n_2}} \times \cancel{n_2}$$

$$V_2 = V_1 \times \frac{n_2}{n_1}$$

3단계 기체 법칙 방정식에 값을 대입하고 계산하라. 값을 대입하면 몰 비(몰 인자)는 1보다 크므로, 예상한 대로 부피가 증가함을 알 수 있다.

$$V_2 = 44\ \text{L} \times \frac{5.0\ \cancel{\text{mol}}}{2.0\ \cancel{\text{mol}}} = 110\ \text{L}$$

몰 인자는
부피를 증가

유제 8.7

8.00 g의 산소 기체 시료의 부피는 5.00 L이다. 온도와 압력이 변하지 않는다면, 풍선에 있는 8.00 g의 산소에 4.00 g의 산소 기체를 추가한 후의 부피는 L로 얼마인가?

해답

7.50 L

확인하기

연습 문제 8.24와 8.25를 풀어보기

STP와 몰 부피

Avogadro의 법칙을 이용하면, 같은 온도와 압력에서 같은 몰수의 기체를 포함하고 있다면 어떠한 두 기체라도 부피가 같다고 말할 수 있다. 서로 다른 기체를 비교하는 데 도움이 되도록 과학자들은 **표준 온도**(273 K)와 **표준 압력**(1 atm)을 함께 **STP**로 축약하여 부르는 임의의 조건을 선택하였다.

STP에서 기체의 몰 부피는 농구공 3개의 부피와 거의 같다.

STP 조건

표준 온도는 **정확히** 0°C(273 K)이다.

표준 압력은 **정확히** 1 atm(760 mmHg)이다.

STP에서는 어느 기체라도 1몰은 농구공 3개의 부피와 거의 같은 22.4 L의 부피를 가진다. 22.4 L라는 임의의 기체의 부피를 **몰 부피**(molar volume)라 한다(**그림 8.8**).

기체가 STP 조건(0°C와 1 atm)에 있을 때, 몰 부피는 기체의 몰수와 L로 표시된 부피 사이의 환산 인자로 쓸 수 있다.

생각해보기

만약 압력이 1 atm이고 온도가 100°C이면, 기체의 몰 부피가 22.4 L보다 큰 이유는 무엇인가?

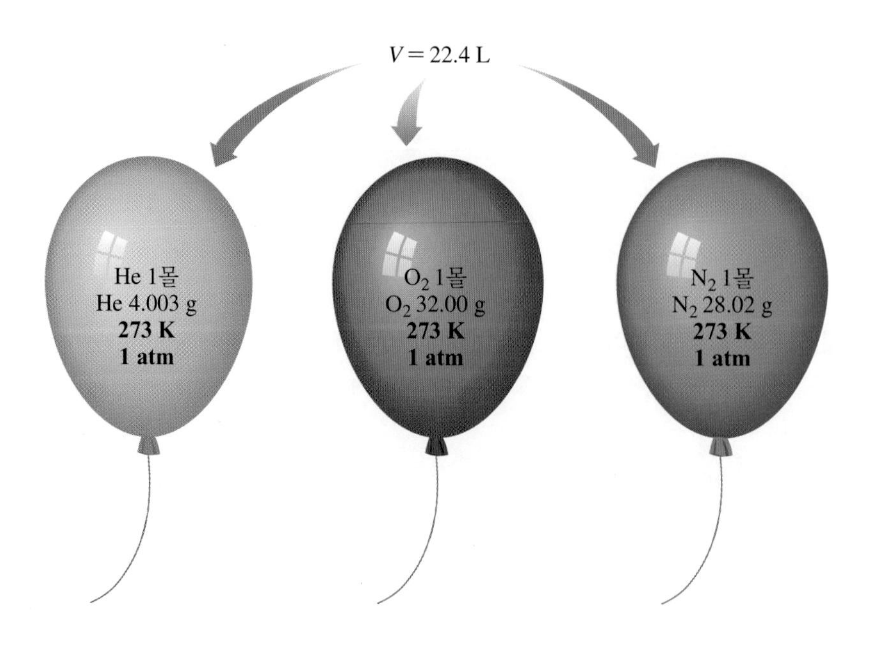

그림 8.8 Avogadro의 법칙에 의하면 STP에서 임의의 기체 1몰의 부피는 22.4 L이다.

Q STP에서 16.0 g의 메테인 기체, CH_4가 차지하는 부피는 얼마인가?

몰 부피 환산 인자

1 mol의 기체 = 22.4 L(STP)

$$\frac{22.4\ \text{L(STP)}}{1\ \text{mol 기체}} \quad \text{그리고} \quad \frac{1\ \text{mol 기체}}{22.4\ \text{L(STP)}}$$

예제 8.8 몰 부피 이용

문제

STP에서 64.0 g의 O_2 기체의 부피는 L로 얼마인가?

풀이 지침

1단계 주어진 양과 필요한 양을 말하라.

문제 분석	주어진 조건	필요한 사항	연계
	STP에서 64.0 g의 $O_2(g)$	STP에서 O_2 기체의 부피	몰 질량, 몰 부피(STP)

2단계 필요한 양을 계산하기 위한 계획을 써라.

O_2의 g → 몰 질량 → O_2의 몰 → 몰 부피 → O_2의 L

3단계 동등량과 STP에서 22.4 L/몰을 포함하는 환산 인자를 써라.

$$1\ \text{mol}\ O_2 = 32.00\ \text{g}\ O_2$$
$$\frac{32.00\ \text{g}\ O_2}{1\ \text{mol}\ O_2} \quad \text{그리고} \quad \frac{1\ \text{mol}\ O_2}{32.00\ \text{g}\ O_2}$$

$$1\ \text{mol}\ O_2 = 22.4\ \text{L}\ O_2\ \text{(STP)}$$
$$\frac{22.4\ \text{L}\ O_2\ \text{(STP)}}{1\ \text{mol}\ O_2} \quad \text{그리고} \quad \frac{1\ \text{mol}\ O_2}{22.4\ \text{L}\ O_2\ \text{(STP)}}$$

4단계 단위를 상쇄하기 위하여 문제를 설정하라.

$$64.0\ \cancel{\text{g}\ O_2} \times \frac{1\ \cancel{\text{mol}\ O_2}}{32.00\ \cancel{\text{g}\ O_2}} \times \frac{22.4\ \text{L}\ O_2\ \text{(STP)}}{1\ \cancel{\text{mol}\ O_2}} = 44.8\ \text{L}\ O_2\ \text{(STP)}$$

유제 8.8

STP에서 5.00 L $Cl_2(g)$에 들어 있는 $Cl_2(g)$의 g 수는 얼마인가?

해답

15.8 g $Cl_2(g)$

확인하기

연습 문제 8.26을 풀어보기

연습 문제

8.6 부피와 몰(Avogadro의 법칙)

학습 목표 압력과 온도가 변하지 않을 때, Avogadro의 법칙을 이용하여 미지의 기체의 양 또는 부피를 계산한다.

8.24 STP에서 1몰의 CO_2와 1몰의 H_2 사이에서 부피의 차이는 무엇인가?

8.25 1.50몰의 Ne 기체를 포함한 시료의 처음 부피는 8.00 L이다. 온도와 압력이 변하지 않을 때, 다음이 일어나면 나중 부피는 L로 얼마인가?

a. 누출이 일어나서 Ne 원자의 절반이 빠져나갔다.

b. 용기의 1.50몰 Ne 기체에 더하여 3.50몰의 Ne 시료가 추가되었다.

c. 용기의 1.50몰 Ne 기체에 더하여 25.0 g의 Ne 시료가 추가되었다.

8.26 STP에서 몰 부피를 이용하여 다음을 계산하라.

a. 44.8 L O_2 기체에서 O_2의 몰수

b. 2.50몰 N_2 기체가 차지하는 리터로서의 부피

c. 50.0 g Ar 기체가 차지하는 리터로서의 부피

d. 1620 mL H_2 기체에서 H_2의 g 수

8.7 부분압(Dalton의 법칙)

학습 목표 Dalton의 부분압 법칙을 이용하여 기체 혼합물의 전체 압력을 계산한다.

많은 기체 시료는 기체 혼합물이다. 예를 들어, 호흡하는 공기는 대부분 산소와 질소 기체의 혼합물이다. 과학자들은 이상 기체 혼합물에서 모든 기체 입자들이 같은 방법으로 거동한다는 것을 관찰하였다. 그러므로 혼합물에서 기체의 전체 압력은 기체의 종류에 관계없이 기체 입자들의 충돌 결과이다.

기체 혼합물에서 각 기체는 용기에 있는 유일한 기체일 경우에 나타내는 압력인 **부분압**(partial pressure)을 나타낸다. **Dalton의 법칙**(Dalton's law)은 기체 혼합물의 전체 압력은 혼합물에 있는 기체의 부분압의 합이라고 말한다.

핵심 화학 기법

부분압 계산

Dalton의 법칙

$$P_{\text{전체}} = P_1 + P_2 + P_3 + \cdots$$

기체 혼합물의 전체 압력 = 기체 혼합물의 부분압의 합

생각해보기

2.0 atm 압력의 헬륨과 4.0 atm 압력의 아르곤이 결합하면 전체 압력이 6.0 atm인 기체 혼합물을 생성하는 이유는 무엇인가?

2개의 분리된 탱크 중 하나는 2.0 atm 압력의 헬륨으로 채워져 있고, 다른 하나는 4.0 atm 압력의 아르곤으로 채워져 있다고 가정해보자. 같은 부피와 온도에서 하나의 탱크로 합해질 때, 용기의 압력을 결정하라. 기체 혼합물의 압력은 각각의 압력 또는 부분압의 합인 6.0 atm일 것이다.

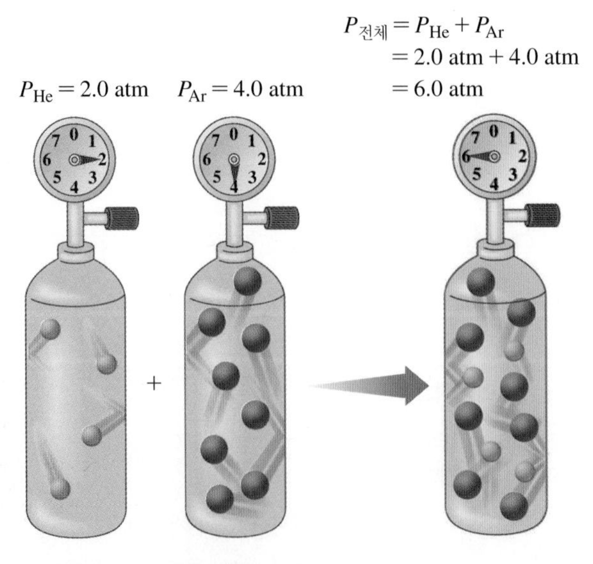

두 기체의 전체 압력은 이들의 부분압의 합이다.

공기는 기체 혼합물

여러분이 호흡하는 공기는 기체의 혼합물이다. **대기압**이라고 부르는 것은 실제로 공기 중 기체의 부분압의 합이다. **표 8.5**는 전형적인 날의 공기 중에 있는 기체에 대한 부분압을 기재한 것이다.

표 8.5 전형적인 공기의 조성

기체	부분압 (mmHg)	백분율 (%)
질소, N_2	594	78.2
산소, O_2	160.	21.0
이산화 탄소, CO_2 / 아르곤, Ar / 수증기, H_2O	6	0.8
전체 공기	760.	100

예제 8.9 혼합물 내 기체의 부분압 계산

문제

산소와 헬륨의 호흡 혼합물인 헬리옥스(heliox)는 **만성 폐쇄성 폐질환**(chronic obstructive pulmonary disease, COPD) 환자를 위해서 제조된다. 기체 혼합물의 전체 압력은 7.00 atm이다. 탱크 안 산소의 부분압이 1140 mmHg이라면, 호흡 혼합물의 헬륨의 부분압은 atm으로 얼마인가?

풀이 지침

	주어진 조건	필요한 사항	연계
문제 분석	$P_{전체} = 7.00$ atm, $P_{O_2} = 1140$ mmHg	He의 부분압	Dalton의 법칙

1단계 **부분압의 합에 대한 방정식을 써라.**

$P_{전체} = P_{O_2} + P_{He}$ Dalton의 법칙

2단계 **미지의 압력에 대하여 풀기 위하여 방정식을 재배열하라.** 방정식을 다음과 같이 재배열하여 헬륨의 부분압(P_{He})을 풀 수 있다.

$P_{He} = P_{전체} - P_{O_2}$

단위를 맞추기 위하여 변환하라.

$$P_{O_2} = 1140\ \cancel{\text{mmHg}} \times \frac{1\ \text{atm}}{760\ \cancel{\text{mmHg}}} = 1.50\ \text{atm}$$

3단계 **아는 압력을 방정식에 대입하고 미지의 압력을 계산하라.**

$P_{He} = P_{전체} - P_{O_2}$

$P_{He} = 7.00\ \text{atm} - 1.50\ \text{atm} = 5.50\ \text{atm}$

유제 8.9

마취제는 사이클로프로페인 기체, C_3H_6와 산소 기체, O_2의 혼합물로 구성되어 있다. 혼합물의 전체 압력이 1.09 atm이고 사이클로프로페인의 부분압이 73 mmHg이라면, 마취제의 산소의 부분압은 mmHg로 얼마인가?

해답

755 mmHg

확인하기

연습 문제 8.27에서 8.30을 풀어보기

화학과 보건
고압실

화상 환자는 대기압보다 2~3배 더 높은 압력을 얻을 수 있는 장치인 **고압실**(hyperbaric chamber)에서 화상과 감염 치료를 받을 수 있다. 보다 큰 산소 압력은 박테리아 감염과 싸우는 혈액과 조직에 녹아 있는 산소의 농도를 증가시킨다. 높은 농도의 산소는 많은 종류의 박테리아에게 독성을 나타낸다. 또한 고압실은 수술 중 일산화 탄소(CO) 중독에 대응하고 일부 암을 치료하는 데 이용할 수 있다.

혈액은 정상적으로는 산소를 95%까지 녹일 수 있다. 따라서 고압실의 산소의 부분압이 2280 mmHg(3 atm)이면, 혈액에 약 2170 mmHg의 산소가 녹을 수 있어 조직을 포화시킬 수 있다. 일산화 탄소 중독을 치료할 때 고압의 산소는 1 atm에서 순수한 산소로 호흡하는 것보다 훨씬 빠르게 헤모글로빈으로부터 CO를 대체하는 데 사용된다.

고압실에서 치료를 받는 환자는 혈액에 녹아 있는 산소의 농도를 서서히 줄이는 속도로 감압(압력을 줄임)하여야 한다. 감압이 너무 빠를 경우, 혈액에 녹아 있는 산소가 순환계에서 기포를 형성할 수 있다.

이와 유사하게 만약 스쿠버 다이버가 서서히 감압하지 않으면, '잠수병'이라고 하는 상황이 일어날 수 있다. 해수면 아래에 있는 동안, 다이버는 고압의 호흡 혼합물을 사용한다. 혼합물에 질소가 있다면, 많은 양의 질소가 혈액에 녹을 것이다. 만약 다이버가 너무 빨리 수면으로 올라오면, 용해된 질소가 기포를 형성하여 혈관을 막아 신체의 관절과 조직에 흐르는 혈액의 흐름을 차단시켜 상당히 고통스러울 수 있다. 잠수병으로 고통을 받는 다이버는 즉시 처음 압력을 높이고 다음에 천천히 감소하는 고압실에 들어가게 된다. 용해된 질소는 대기압에 도달할 때까지 폐를 통하여 확산될 수 있다.

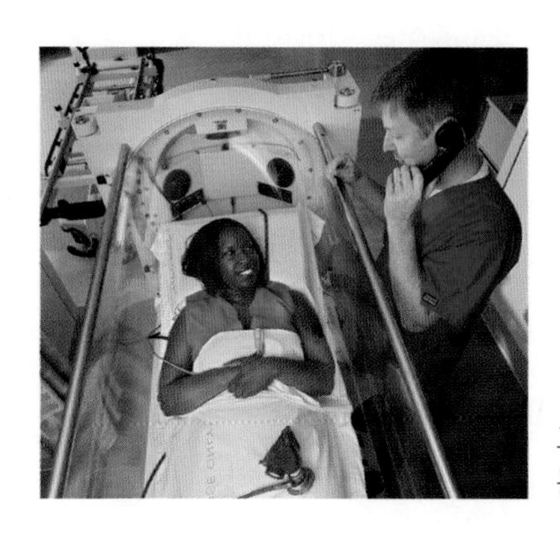

고압실은 특정 질병을 치료하는 데 사용된다.

연습 문제

8.7 부분압(Dalton의 법칙)

학습 목표 Dalton의 부분압 법칙을 이용하여 기체 혼합물의 전체 압력을 계산한다.

8.27 폐의 전형적인 공기 시료에는 산소 100 mmHg, 질소 573 mmHg, 이산화 탄소 40 mmHg, 수증기 47 mmHg가 포함되어 있다. 이러한 압력을 부분압이라고 부르는 이유는 무엇인가?

8.28 기체 혼합물의 부분압은 질소 425 Torr, 산소 115 Torr, 헬륨 225 Torr이다. 기체 혼합물이 나타내는 전체 압력은 Torr로 얼마인가?

8.29 산소, 질소, 헬륨을 함유하고 있는 기체 혼합물의 전체 압력은 925 Torr이다. 부분압이 산소는 425 Torr이고 헬륨은 75 Torr라면, 혼합물 내 질소의 부분압은 Torr로 얼마인가?

의학 응용

8.30 폐기종과 같은 어떤 폐 질환에서는 산소가 혈액에서 확산되는 능력이 감소한다.

a. 혈액 내 산소의 부분압은 어떻게 변하는가?

b. 심한 폐기종을 가진 사람이 종종 휴대용 산소 탱크를 사용하는 이유는 무엇인가?

의학 최신 정보 운동으로 유발된 천식

격렬한 운동은 특히 어린이에게 천식을 유발할 수 있다. Whitney에게 천식이 일어나자 그녀의 호흡은 점차 빨라졌고, 기도 내 온도는 상승하였으며, 기관지 주위의 근육이 수축하여 기도가 좁아졌다. 격렬한 운동을 시작한 지 5~20분 이내에 일어나는 Whitney의 증상에는 호흡이 가빠지고, 쌕쌕거리며, 기침 등이 포함된다.

Whitney는 운동이 유발하는 천식을 방지하기 위하여 몇 가지를 하고 있다. 그녀는 운동을 시작하기 전에 운동 전 흡입 약제를 사용한다. 약제는 기도를 둘러 싼 근육을 이완시키고 기도를 연다. 그러고 나서 몸을 풀기 위한 일련의 운동을 한다. 만약 꽃가루 수치가 높으면, 그녀는 야외 운동을 피한다.

의학 응용

8.31 Whitney의 폐 용량은 체온 37°C, 압력 745 mmHg일 때 3.2 L로 측정되었다. STP에서 그녀의 폐 용량은 L로 얼마인가?

개념도

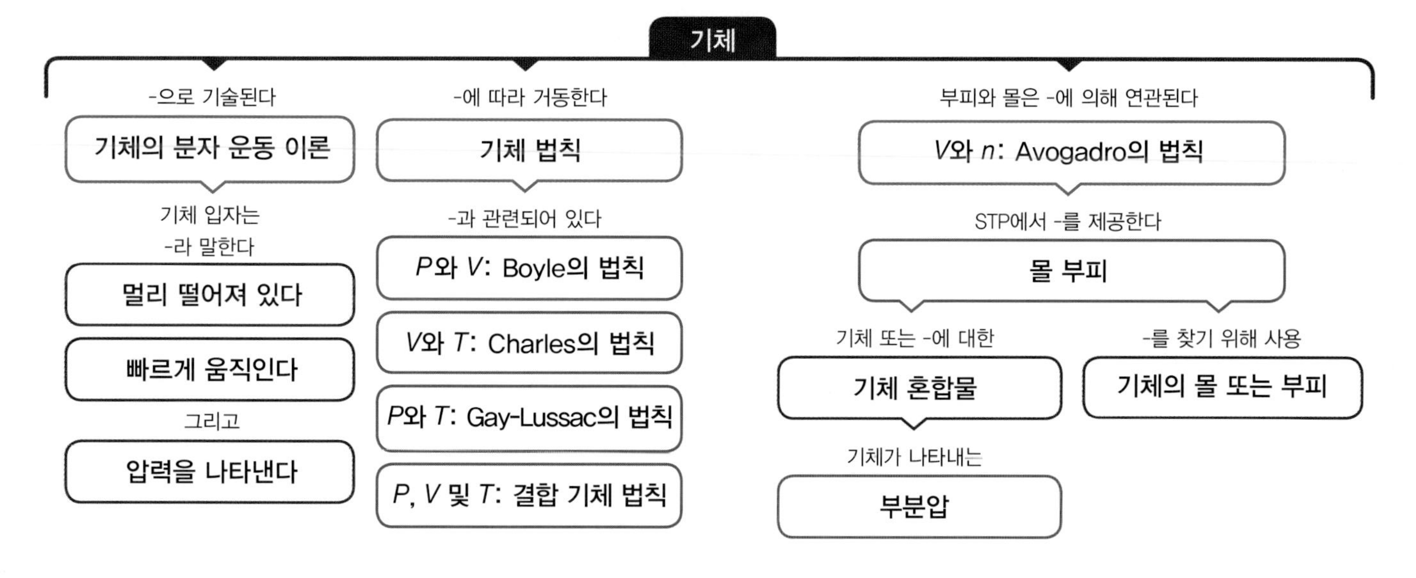

장 복습

8.1 기체의 성질

학습 목표 기체의 분자 운동 이론과 기체에서 사용되는 측정 단위를 기술한다.

- 기체의 입자들은 서로 멀리 떨어져 있고 매우 빠르게 움직여 인력을 무시할 수 있다.
- 기체는 압력(P), 부피(V), 온도(T), 몰의 양(n)이라는 물리적 성질로 기술한다.
- 기체는 기체 입자가 용기의 표면에 부딪히는 힘인 압력을 나타낸다.
- 기체 압력은 torr, mmHg, atm 및 Pa과 같은 단위로 측정한다.

8.2 압력과 부피(Boyle의 법칙)

학습 목표 온도와 기체의 양이 변하지 않을 때 압력–부피 관계(Boyle의 법칙)를 이용하여 미지의 압력 또는 부피를 계산한다.

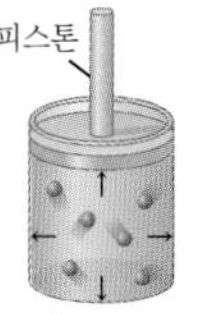

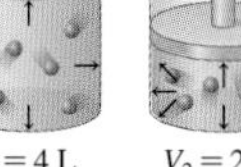

- 온도와 기체의 양이 변하지 않는다면, 기체의 부피(V)는 압력(P)에 반비례한다.

$$P_1V_1 = P_2V_2$$

- 부피가 감소하면 압력은 증가하고, 부피가 증가하면 압력은 감소한다.

8.3 온도와 부피(Charles의 법칙)

학습 목표 압력과 기체의 양이 변하지 않을 때, 온도–부피 관계(Charles의 법칙)를 이용하여 미지의 온도 또는 부피를 계산한다.

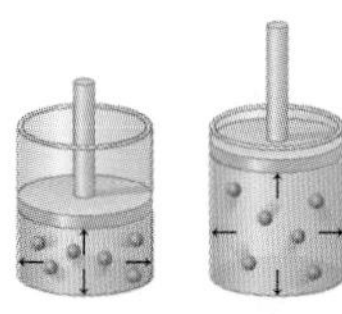

- 압력과 기체의 양이 변하지 않을 때, 기체의 부피(V)는 켈빈 온도(T)에 정비례한다.

$$\frac{V_1}{T_1} = \frac{V_2}{T_2}$$

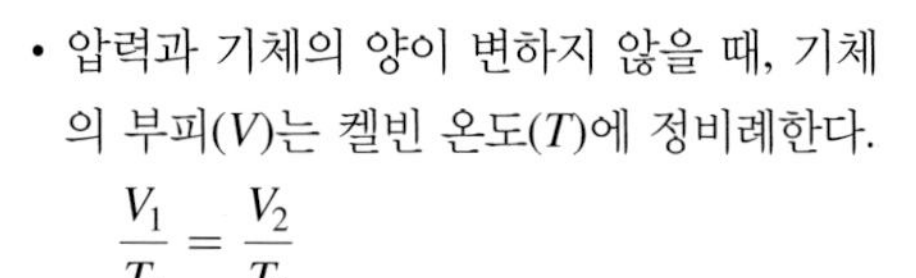

- 기체의 온도가 높아지면 부피는 증가하고, 온도가 낮아지면 부피는 감소한다.

8.4 온도와 압력(Gay-Lussac의 법칙)

학습 목표 부피와 기체의 양이 변하지 않을 때, 온도-압력 관계(Gay-Lussac의 법칙)를 이용하여 미지의 온도 또는 압력을 계산한다.

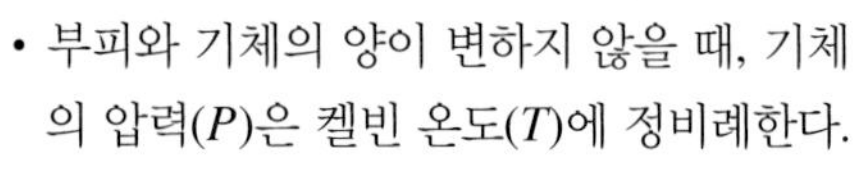

- 부피와 기체의 양이 변하지 않을 때, 기체의 압력(P)은 켈빈 온도(T)에 정비례한다.

$$\frac{P_1}{T_1} - \frac{P_2}{T_2}$$

- 기체의 온도가 높아지면 압력은 증가하고, 온도가 낮아지면 압력은 감소한다.

8.5 결합 기체 법칙

학습 목표 기체 성질 중 2개의 변화가 주어지고 기체의 양이 변하지 않을 때, 결합 기체 법칙을 이용하여 기체의 미지의 압력, 부피 또는 온도를 계산한다.

- 결합 기체 법칙은 기체의 양이 변하지 않을 때, 압력(P)과 부피(V), 온도(T)의 관계이다.

$$\frac{P_1V_1}{T_1} = \frac{P_2V_2}{T_2}$$

- 결합 기체 법칙은 두 변수의 변화가 세 번째 변수에 미치는 영향을 결정하는 데 사용된다.

8.6 부피와 몰(Avogadro의 법칙)

학습 목표 압력과 온도가 변하지 않을 때, Avogadro의 법칙을 이용하여 미지의 기체의 양 또는 부피를 계산한다.

- 압력과 온도가 변하지 않을 때, 기체의 부피(V)는 기체의 몰수(n)에 정비례한다.

$$\frac{V_1}{n_1} = \frac{V_2}{n_2}$$

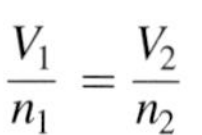

- 기체의 몰수가 증가하면 부피는 증가하여야 하고, 기체의 몰수가 감소하면 부피는 감소하여야 한다.
- 표준 온도(273 K)와 표준 압력(1 atm), 즉 약칭 STP에서 임의의 기체 1몰의 부피는 22.4 L이다.

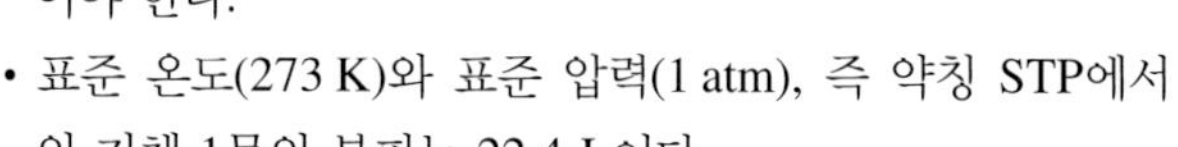

8.7 부분압(Dalton의 법칙)

학습 목표 Dalton의 부분압 법칙을 이용하여 기체 혼합물의 전체 압력을 계산한다.

- 2개 이상의 기체의 혼합물에서 전체 압력은 각 기체의 부분압의 합이다.

$$P_{전체} = P_1 + P_2 + P_3 + \cdots$$

- 혼합물에서 한 기체의 부분압은 용기에서 유일한 기체일 때 가하는 압력이다.

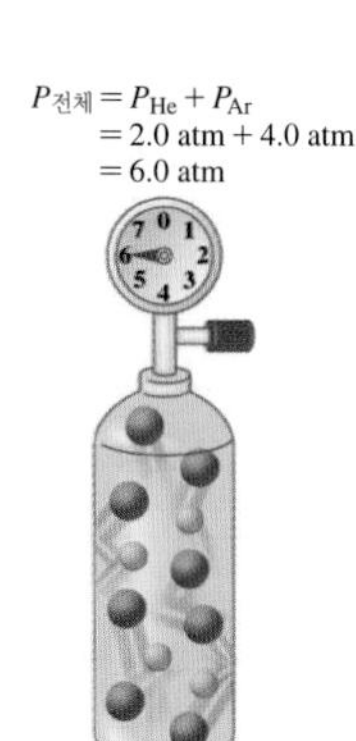

주요 용어

기압(atm) 760 mm 높이의 수은 기둥이 가하는 압력과 동일한 단위

대기압 대기가 나타내는 압력

Avogadro의 법칙 압력과 온도가 변하지 않을 때, 기체의 부피는 기체의 몰수에 정비례한다는 기체 법칙

Boyle의 법칙 온도와 기체의 몰이 변하지 않을 때, 기체의 압력은 기체의 부피에 반비례한다는 기체 법칙

Charles의 법칙 압력과 기체의 몰이 변하지 않을 때, 기체의 부피는 켈빈 온도에 정비례한다는 기체 법칙

결합 기체 법칙 기체의 양이 변하지 않을 때, 압력과 부피, 온도를 연계하는 여러 가지 기체 법칙을 결합한 관계

$$\frac{P_1V_1}{T_1} = \frac{P_2V_2}{T_2}$$

Dalton의 법칙 용기 내 기체 혼합물에 의한 전체 압력은 각 기체가 단독으로 나타내는 부분압의 합이라는 기체 법칙

정비례 관계 두 성질이 같이 증가하거나 감소하는 관계

Gay-Lussac의 법칙 기체의 몰수와 부피가 변하지 않을 때, 기체의 압력은 켈빈 온도에 정비례한다는 기체 법칙

반비례 관계 두 성질이 반대 방향으로 변하는 관계

기체의 분자 운동 이론 기체의 거동을 설명하는 데 이용하는 모형

몰 부피 0°C(273 K)와 1 atm의 STP 조건에서 1몰의 기체가 차지하는 22.4 L의 부피

부분압 기체 혼합물에서 단일 기체가 나타내는 압력

압력 용기의 벽에 부딪히는 기체 입자가 나타내는 힘

STP 기체의 비교를 위하여 사용되는 정확히 0°C(273 K) 온도 및 1 atm 압력의 표준 조건

핵심 화학 기법

각 핵심 화학 기법을 포함하는 장의 절은 각 주제 끝의 괄호 안에 표시하였다.

기체 법칙 이용(8.2)

- Boyle의 법칙은 기체의 두 성질 사이의 관계를 보여주는 기체 법칙 중의 하나이다.

  $P_1V_1 = P_2V_2$ Boyle의 법칙

- 기체의 네 가지 성질(P, V, T, n) 중 2개가 변하고 다른 2개는 변하지 않을 때, 각 성질의 처음과 나중 조건을 제시한다.

예: 헬륨(He) 기체의 시료는 부피가 6.8 L이고 압력이 2.5 atm이다. 온도와 기체의 양이 변하지 않는 경우, 나중 압력이 1.2 atm이면 나중 부피는 L로 얼마인가?

해답: Boyle의 법칙을 이용하여 V_2에 대하여 관계를 쓸 수 있고, 증가할 것으로 예상할 수 있다.

$P_1 = 2.5$ atm $\quad P_2 = 1.2$ atm $\quad V_2$ 필요한 양

$V_1 = 6.8$ L

$$V_2 = V_1 \times \frac{P_1}{P_2}$$

$$V_2 = 6.8\text{ L} \times \frac{2.5\ \cancel{\text{atm}}}{1.2\ \cancel{\text{atm}}} = 14\text{ L}$$

부분압 계산(8.7)

- 기체 혼합물에서 각 기체는 용기에 유일한 기체로 있을 때 가하는 압력인 부분압을 나타낸다.
- Dalton의 법칙은 기체 혼합물의 전체 압력은 혼합물 내 기체의 부분압의 합이라는 것이다.

  $P_{전체} = P_1 + P_2 + P_3 + \cdots$

예: 전체 압력이 1.18 atm인 기체 혼합물은 부분압이 465 mmHg인 헬륨 기체와 질소 기체가 포함되어 있다. 질소 기체의 부분압은 atm으로 얼마인가?

해답: 먼저 헬륨 기체의 부분압을 mmHg에서 atm으로 변환한다.

$$465\ \cancel{\text{mmHg}} \times \frac{1\text{ atm}}{760\ \cancel{\text{mmHg}}} = 0.612\text{ atm He}$$

Dalton의 법칙을 이용하여 필요한 양인 atm 단위의 P_{N_2}에 대하여 푼다.

$P_{전체} = P_{N_2} + P_{He}$

$P_{N_2} = P_{전체} - P_{He}$

$P_{N_2} = 1.18\text{ atm} - 0.612\text{ atm} = 0.57\text{ atm}$

개념 이해 문제

복습할 장의 절은 각 문제 끝의 괄호 안에 나타내었다.

8.32 열기구는 22°C에서 압력이 755 mmHg이고 부피가 31 000 L이다. 1000 m에서 압력은 658 mmHg이고, 온도는 −8°C이다. 수소의 양이 동일하게 유지된다면, 이 조건에서 기구의 부피는 L로 얼마인가? (8.5)

8.33 온도가 20°C에서 80°C로 증가하면, 다음 설명을 나타내는 그림은 무엇인가? (8.1)

a. 가장 작은 부피를 가진 기체 시료를 나타내는 것은 무엇인가?

b. 가장 큰 부피를 가진 기체 시료를 나타내는 것은 무엇인가?

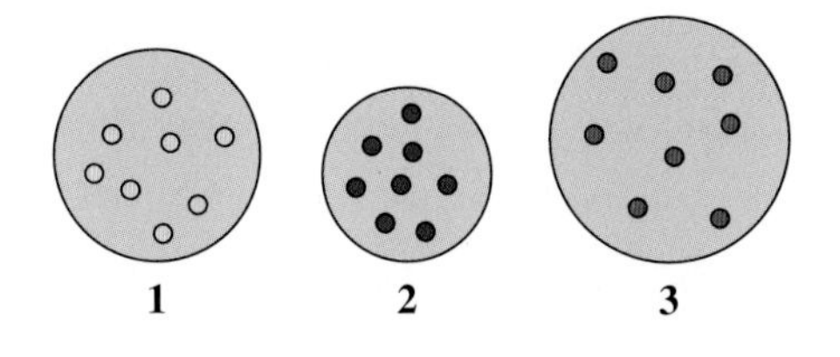

8.34 풍선 안에는 부분압이 1.00 atm인 헬륨 기체와 부분압이 0.50 atm인 네온 기체가 채워져 있다. 처음 풍선의 다음 변화(**a**에서 **e**)에 대하여 풍선의 나중 부피를 보여주는 도표(**A**, **B**, **C**)를 선택하라. (8.2, 8.3, 8.6)

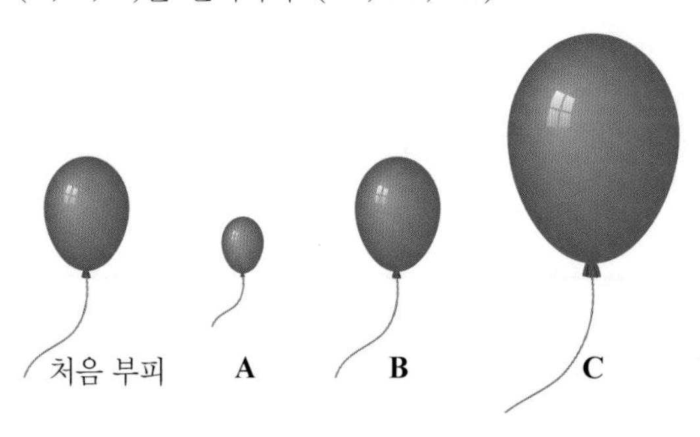

a. 풍선을 냉장 보관실에 넣었다. (P와 n은 변하지 않았다.)

b. 풍선이 압력이 낮은 더 높은 고도로 올라갔다. (n과 T는 변하지 않았다.)

c. 모든 네온 기체를 제거하였다. (T와 P는 변하지 않았다.)

d. 켈빈 온도는 2배가 되었고, 기체 원자의 절반이 누출되었다. (P는 변하지 않았다.)

e. O_2 기체 2.0몰이 추가되었다. (T와 P는 변하지 않았다.)

8.35 레스토랑에서 한 고객이 음식 조각으로 인해 숨이 막혔다. 그 사람의 허리를 팔로 감싸고 주먹을 사용하여 그 사람의 복부를 밀어 올리는 행동을 하임리히법(Heimlich maneuver)이라 한다. (8.2)

a. 이 행동은 어떻게 가슴과 폐의 부피를 변화시키는가?

b. 이러한 행동이 기도에서 음식물을 뱉어내게 하는 이유는 무엇인가?

추가 연습 문제

8.36 1783년, Jacques Charles는 공기보다 가볍기 때문에 선택한 수소 기체로 채운 첫 기구를 올렸다. 기구의 부피가 31 000 L라면, STP에서 기구를 채우는 데 필요한 수소는 몇 kg인가? (8.6)

Jacques Charles는 수소를 이용하여 1783년에 기구를 올렸다.

8.37 127°C에서 수소 기체(H_2) 시료의 압력은 2.00 atm이다. V와 n이 변하지 않는다면, H_2의 압력이 0.25 atm이 될 때 나중 온도는 °C로 얼마인가? (8.4)

8.38 기상 관측 기구는 8°C, 380 Torr에서 헬륨으로 채웠을 때, 부피가 750 L이다. n이 변하지 않는다면, 압력이 0.20 atm, 온도가 −45°C일 때 기구의 나중 부피는 L로 얼마인가? (8.5)

8.39 기상 관측 기구는 높은 고도에서 팽창할 수 있도록 부분적으로 헬륨을 채운다. STP에서 기상 관측 기구는 충분한 헬륨으로 채워져 부피가 25.0 L가 되었다. 고도 30.0 km와 −35°C에서 기구는 2460 L로 팽창하였다. 부피의 증가로 터지게 되었고, 작은 낙하산이 기구를 지구로 복귀시킨다. (8.5, 8.6)

a. 기구에 몇 g의 헬륨을 추가해야 하는가?

b. 기구가 터졌을 때, 기구 내부의 헬륨의 나중 압력은 mmHg로 얼마인가?

8.40 부피가 X로 동일한 2개의 기체 용기를 밸브로 분할하였다. 하나는 압력 1 atm의 H_2를 포함하고 있고, 다른 하나는 2 atm 압력의 O_2를 포함하고 있다. 분할을 제거하면 기체의 나중 압력은 얼마인가?

도전 문제

다음 문제들은 이 장의 주제와 연관되어 있다. 그러나 장의 순서를 따르지 않으며, 여러 절의 개념과 기법을 종합할 것을 요구한다. 이러한 문제들은 여러분의 비판적 사고 능력을 향상시키고 다음 시험을 준비하는 것을 도와줄 것이다.

8.41 우주선이 화성 위의 우주 정거장과 결합하였다. 우주 정거장 내부의 온도는 745 mmHg에서 24°C로 신중하게 조절된다. 425 mL 부피의 풍선이 온도가 −95°C, 압력이 0.115 atm인 기밀실에서 떠다니고 있다. n이 변하지 않고 풍선의 탄성이 매우 좋다면, 풍선의 나중 부피는 mL로 얼마인가? (8.5)

8.42 제논 기체 시료는 35°C, 675 mmHg에서 부피가 7.50 L이다. 기체의 양이 변하지 않는다면, 기체 시료의 부피와 온도가 18.5 L, 53°C로 변할 때 기체의 나중 압력은 atm으로 얼마인가? (8.5)

연습 문제 해답

8.1 **a.** 고온에서 기체 입자는 더 큰 운동 에너지를 가지며, 더 빠르게 움직인다.

b. 기체 입자 사이는 거리가 멀기 때문에, 이들은 기체 상태로 유지되면서도 서로 더 가깝게 밀 수 있다.

c. 기체 입자는 매우 멀리 떨어져 있으며, 이는 특정 부피의 기체 질량이 매우 작다는 것을 의미하며, 따라서 밀도가 작다.

8.2 **a.** 온도 **b.** 부피 **c.** 양 **d.** 압력

8.3 문장 **a**, **d**, **e**는 기체의 압력을 기술한다.

8.4 **a.** 1520 Torr **b.** 29.4 lb/in.^{2} **c.** 1520 mmHg **d.** 203 kPa

8.5 잠수부가 수면으로 올라오면서 외부 압력은 감소한다. 만약 폐 안의 공기가 배출되지 않으면, 부피가 팽창하여 폐를 심각하게 손상시킬 것이다. 폐 안의 압력은 외부 압력의 변화에 따라 조절되어야 한다.

8.6 **a.** 압력은 실린더 A에서 크다. Boyle의 법칙에 따르면, 부피의 감소는 기체 입자를 서로 가깝게 밀어내며, 이는 압력을 증가시킨다.
b. 160 mL

8.7 **a.** 증가 **b.** 감소 **c.** 증가

8.8 **a.** 1425 mmHg **b.** 2545 mmHg **c.** 869 mmHg **d.** 9019 mmHg

8.9 **a.** 36.5 L **b.** 10.0 L **c.** 37.5 L **d.** 65.1 L

8.10 6.52 atm

8.11 25 L 사이클로프로페인

8.12 **a.** 들숨 **b.** 날숨 **c.** 들숨

8.13 **a.** C **b.** A **c.** B

8.14 **a.** 198°C **b.** 8°C **c.** 394°C **d.** 60°C

8.15 **a.** 4165 mL **b.** 7572 mL **c.** 3489 mL **d.** 8654 mL

8.16 121°C

8.17 **a.** 981 Torr **b.** 2521 Torr

8.18 **a.** −54°C **b.** 503°C

8.19 31°C

8.20 1.9 atm

8.21 $T_2 = T_1 \times \dfrac{P_2}{P_1} \times \dfrac{V_2}{V_1}$

8.22 **a.** 5.17 atm **b.** 1.46 atm **c.** 0.381 atm

8.23 −33°C

8.24 모두 22.4 L의 부피를 가진다.

8.25 **a.** 4.00 L **b.** 26.7 L **c.** 14.6 L

8.26 **a.** 2.00몰 O_2 **b.** 56.0 L **c.** 28.0 L **d.** 0.146 g H_2

8.27 기체 혼합물에서 각 기체의 압력은 전체 압력의 부분처럼 나타나고, 이를 이 기체의 부분압이라 부른다. 공기 시료는 기체의 혼합물이기 때문에, 전체 압력은 시료 내 각 기체의 부분압의 합이다.

8.28 765 Torr

8.29 425 Torr

8.30 **a.** 산소의 부분 압력은 정상보다 낮을 것이다.
b. 더 높은 농도의 산소를 호흡하는 것은 폐와 혈액에서 산소 공급을 증가시키고, 혈액에서 산소의 부분압을 증가시키는 데 도움을 줄 것이다.

8.31 2.8 L

8.32 32 000 L

8.33 **a.** 2 **b.** 3

8.34 **a.** A **b.** C **c.** A **d.** B **e.** C

8.35 **a.** 가슴과 폐의 부피는 감소한다.
b. 부피의 감소는 압력을 증가시켜 기관의 음식물을 제거할 수 있다.

8.36 2.8 kg H_2

8.37 −223°C

8.38 1500 L He

8.39 **a.** 4.47 g 헬륨 **b.** 6.73 mmHg

8.40 1.5 atm

8.41 2170 mL

8.42 0.383 mL

9 용액

신장은 신체에서 과잉의 체액과 노폐물을 운반하는 소변을 생성하며, 포타슘과 같은 전해질을 재흡수하고 혈압과 혈중 칼슘 수치를 조절하는 호르몬을 생성하기도 한다. 당뇨 및 고혈압과 같은 질환은 신장 기능을 저하시킬 수 있다. 신장 기능 이상의 증상으로는 소변 내 단백질, 혈중 비정상적인 요소 수치, 잦은 배뇨와 부은 다리 등이 있다. 신장 이상이 발생하면, 투석과 이식으로 치료할 수 있다.

Michelle은 어린 시절 걸렸던 심한 패혈성 인두염(strep throat) 때문에 신장 질환으로 고생하고 있다. 그녀의 신장이 기능을 멈추었을 때, Michelle은 일주일에 세 번 투석을 받았다. 그녀가 투석실에 들어가자, 그녀의 투석 간호사 Amanda는 Michelle에게 안부를 묻는다. Michelle은 오늘 약간 피곤함을 느끼고, 발목 주위가 상당히 부었다고 이야기한다. Amanda는 그녀에게 이러한 부작용이 그녀의 몸이 세포 내 물의 양을 조절하지 못하기 때문에 일어난 것이라고 알려준다. 또 물의 양은 그녀 체액의 전해질 농도와 노폐물이 몸에서 제거되는 속도에 의하여 조절된다고 설명한다. 이어 신체에서 일어나는 많은 화학 반응에 물이 필수적이지만, 다양한 질병과 조건 때문에 물의 양이 너무 많거나 너무 적을 수도 있음을 설명한다. Michelle의 신장은 더 이상 투석을 할 수 없기 때문에 그녀는 체액의 전해질이나 노폐물의 양을 조절할 수 없다. 결과적으로 전해질 불균형과 노폐물이 축적되어, 그녀의 몸은 수분이 유지된다. Amanda는 투석기가 높은 수준의 전해질과 노폐물을 낮추는 신장의 기능을 한다고 설명한다.

관련 직업 투석 간호사

투석 간호사는 투석을 받는 신장 질환 환자를 돕는 일을 전문으로 한다. 이를 위해서는 환자를 투석 전, 투석 동안, 투석 후에 계속 관찰하여 혈압의 강하 또는 경련과 같은 증상 여부를 살펴볼 것이 요구된다. 투석 간호사는 목이나 가슴에 삽입하는 투석 도관(catheter)을 통해 환자를 투석기에 연결하며, 투석 도관은 감염을 예방하기 위하여 청결하게 유지되어야만 한다. 투석 간호사는 투석기가 항상 올바르게 작동하도록 투석기가 어떻게 기능하는지에 대한 상당한 지식을 가져야 한다.

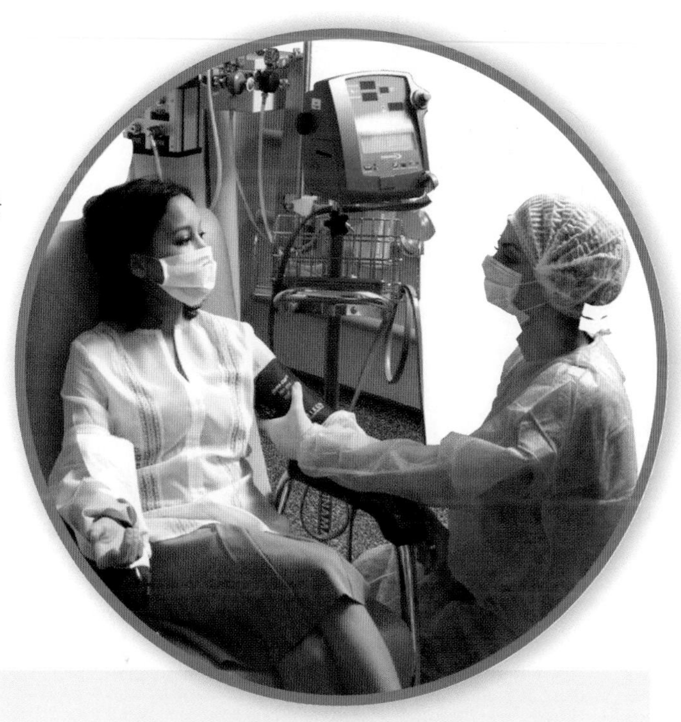

의학 최신 정보 신장 이상에 따른 투석 이용

Michelle은 일주일에 세 번 투석 치료를 계속 받았다. 343쪽의 **의학 최신 정보 신장 이상에 따른 투석 이용**에서 Michelle의 투석에 대하여 보다 자세히 볼 수 있고, 투석에는 Michelle의 혈액 수준을 정상 혈청 수준으로 맞추기 위하여 전해질을 함유하는 120 L의 유체(fluid)가 필요함을 발견할 것이다.

차례

복습

분자의 극성 및 분자간 힘 확인하기(6.9)

9.1 용액

학습 목표 용액에서 용질과 용매를 확인하고, 용액의 형성을 기술한다.

용액은 우리 주위 어디에나 있다. 우리가 보는 대부분의 기체, 액체, 고체는 적어도 한 가지 물질이 다른 물질에 용해된 혼합물이다. 용액에는 다양한 종류가 있다. 우리가 호흡하는 공기는 주로 산소와 질소 기체의 용액이다. 물에 용해된 이산화 탄소는 탄산음료가 된다. 커피 또는 차의 용액을 만들 때, 커피콩 또는 찻잎으로부터 물질을 용해시키기 위하여 뜨거운 물을 이용한다. 대양 또한 물에 녹은 염화 소듐과 같은 많은 이온 화합물로 구성된 용액이다. 약장에 있는 아이오딘의 소독제 팅크(tincture)는 에탄올에 용해된 아이오딘 용액이다.

용액(solution)은 **용질**(solute)이라 불리는 한 물질이 **용매**(solvent)라 불리는 다른 물질에 균일하게 분산된다. 용질과 용매는 서로 반응하지 않기 때문에, 이들은 다양한 비율로 혼합할 수 있다. 적은 양의 소금이 물에 용해된 용액은 약간 짜다. 그러나 많은 양의 소금이 물에 용해되면 용액은 매우 짜다. 보통 용질(이 경우, 소금)은 더 적은 양으로 존재하는 물질이고, 용매(이 경우, 물)는 더 많은 양으로 존재하는 물질이다. 예를 들어, 5.0 g의 소금과 50. g의 물로 구성된 용액의 경우, 소금은 용질이고 물은 용매이다. 용액에서 용질의 입자는 용매 안의 분자 사이에 균등하게 퍼져 있다(그림 9.1).

용액은 적어도 하나의 용질이 용매에 퍼져 있다.

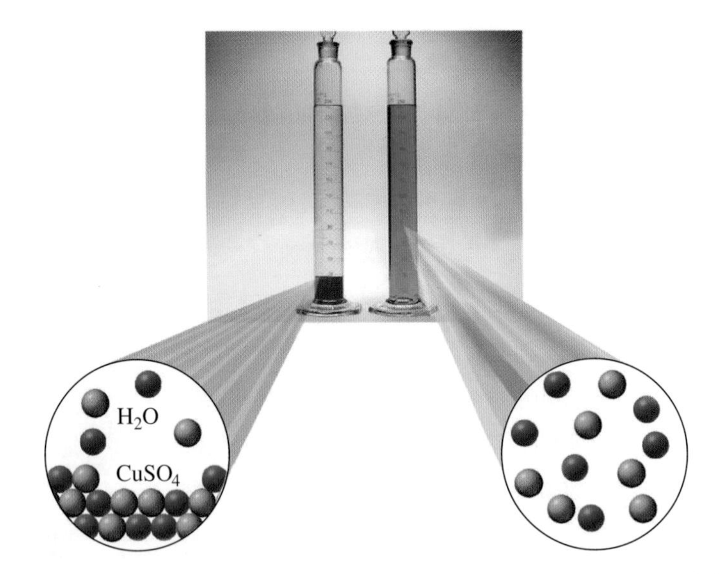

그림 9.1 용질의 입자가 용해되어 결정에서 멀리 이동하고, 용매(물) 분자 사이에 균등하게 퍼지면, 황산 구리(II)($CuSO_4$) 용액이 형성된다.

Q 오른쪽의 눈금 실린더 안의 균등한 푸른색은 무엇을 의미하는가?

용질의 종류와 용액

용질과 용매는 고체, 액체 또는 기체일 수 있다. 형성되는 용액은 용매와 동일한 물리적 상태를 가진다. 설탕 결정이 물에 용해되어 생성된 설탕 용액은 액체이다. 설탕은 용질이고, 물은 용매이다. 탄산수와 청량음료는 이산화 탄소 기체를 물에 용해시

표 9.1 일부 용액의 예

종류	예	주요 용질	용매
기체 용액			
기체 내 기체	공기	$O_2(g)$	$N_2(g)$
액체 용액			
액체 내 기체	탄산수	$CO_2(g)$	$H_2O(l)$
	가정용 암모니아	$NH_3(g)$	$H_2O(l)$
액체 내 액체	식초	$HC_2H_3O_2(l)$	$H_2O(l)$
액체 내 고체	바닷물	$NaCl(s)$	$H_2O(l)$
	아이오딘 소독제	$I_2(s)$	$C_2H_6O(l)$
고체 용액			
고체 내 고체	황동	$Zn(s)$	$Cu(s)$
	강철	$C(s)$	$Fe(s)$

확인하기

연습 문제 9.1을 풀어보기

켜 제조한다. 이산화 탄소 기체는 용질이고, 물은 용매이다. **표 9.1**은 용액을 구성하는 용질과 용매를 나타낸 것이다.

용매로서의 물

물은 자연에서 가장 흔한 용매이다. H_2O 분자의 산소 원자는 다른 2개의 수소 원자와 전자를 공유한다. 산소는 수소보다 전기음성도가 훨씬 크기 때문에, O—H 결합은 극성이다. 각 극성 결합에서 산소 원자는 부분적으로 음(δ^-) 전하를 가지고, 수소 원자는 부분적으로 양(δ^+) 전하를 가진다. 물 분자는 선형이 아닌 굽은 형 모양이기 때문에 쌍극자는 상쇄되지 않는다. 따라서 물은 극성이고, **극성 용매**(polar solvent)이다.

수소 결합으로 알려진 인력은 부분적으로 양인 수소 원자가 부분적으로 음인 N, O, F 원자 쪽으로 끌리는 분자 사이에 일어난다. 도표에서 볼 수 있듯이, 수소 결합은 일련의 점으로 표시된다. 수소 결합은 공유 또는 이온 결합보다 훨씬 약하지만, 물 분자를 서로 연결하는 결합이 많이 있다. 수소 결합은 단백질, 탄수화물, DNA와 같은 생물학적 화합물의 성질에 중요하다.

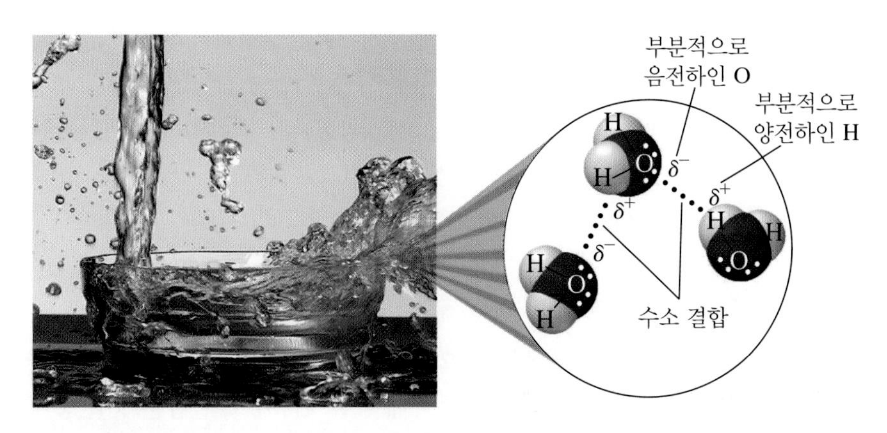

물에서는 한 물 분자의 산소 원자와 다른 물 분자의 수소 원자 사이에 수소 결합이 형성된다.

화학과 보건
체내의 물

평균 성인은 질량의 약 60%가 물이고, 평균 어린이는 약 75%가 물이다. 체내의 물은 약 60%가 세포내액으로서 세포 내에 있다. 나머지 40%는 조직 내 간질액과 혈액의 혈장을 포함하는 세포외액으로 구성된다. 이러한 외부 체액은 세포와 순환계 사이의 영양분과 노폐물을 운반한다.

24시간 동안 전형적인 수분 획득 및 손실

수분 획득		수분 손실	
		소변	1500 mL
액체	1000 mL	땀	300 mL
음식	1200 mL	호흡	600 mL
대사	300 mL	배설물	100 mL
총	2500 mL	총	2500 mL

신체에서 손실된 수분은 유체(fluid)의 유입으로 대체된다.

매일 여러분은 1500~3000 mL의 물을 신장에서 소변으로, 피부에서 땀으로, 폐에서 날숨으로, 소화관에서 배설물의 형태로 잃는다. 전체 체액의 순 손실이 10%일 때 성인의 경우 심각한 탈수가 일어나고, 20%의 체액 손실이 일어날 경우 치명적일 수 있다. 어린이는 체액의 5~10%만 잃어도 심각한 탈수를 일으키게 된다.

수분 손실은 지속적으로 섭취하는 액체와 음식, 그리고 신체의 세포에서 물을 생성하는 대사과정으로부터 대체된다. **표 9.2**는 일부 음식에 함유된 물의 질량 백분율을 게재한 것이다.

표 9.2 일부 음식의 물 백분율

식품	물(질량 %)	식품	물(질량 %)
채소		**고기/생선**	
당근	88	닭고기, 요리된 것	71
셀러리	94	햄버거, 구운 것	60
오이	96	연어	71
토마토	94		
과일		**유제품**	
사과	85	치즈	78
캔털루프	91	우유(전유)	87
오렌지	86	요구르트	88
딸기	90		
수박	93		

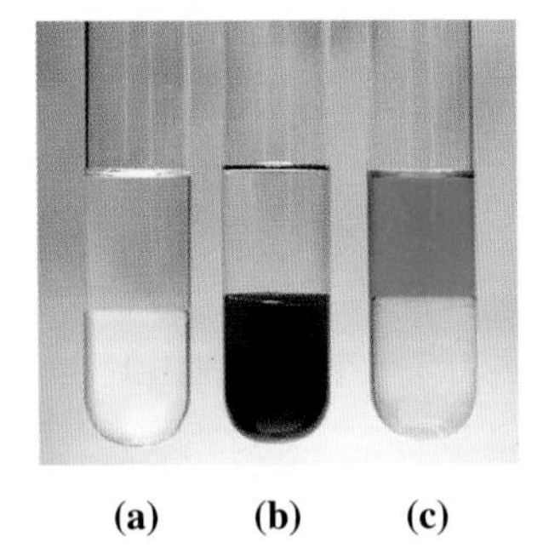

(a) (b) (c)

그림 9.2 같은 것은 같은 것을 녹인다. 각 시험관의 아래층은 CH_2Cl_2(밀도가 크다)이고, 위층은 물(보다 밀도가 작다)이다. **(a)** CH_2Cl_2는 비극성, 물은 극성이며, 두 층은 섞이지 않는다. **(b)** 비극성 용질 I_2(자주색)는 비극성 용매 CH_2Cl_2에 녹는다. **(c)** 이온성 용질 $Ni(NO_3)_2$(녹색)은 극성 용매 물에 녹는다.

Q 극성 분자인 수크로스($C_{12}H_{22}O_{11}$)는 어느 층에 녹는가?

용액의 형성

용질과 용매 사이의 상호 작용은 용액이 형성될지 여부를 결정한다. 처음에는 용질 입자와 용매 입자를 분리하기 위한 에너지가 필요하다. 그런 다음 용질 입자들이 용매 입자 사이로 들어가 용액을 형성하면서 에너지가 방출된다. 그러나 처음 분리를 위한 에너지를 제공하기 위해서는 용질과 용매 입자 사이에 인력이 있어야만 한다. 이러한 인력은 용매와 용질이 비슷한 성질을 가질 때 일어난다. "같은 것은 같은 것을 녹인다(like dissolves like)."라는 표현은 용액을 형성하기 위하여 용질과 용매의 극성이 비슷하여야만 한다는 것을 말하는 한 방법이다(**그림 9.2**). 용매와 용질 사이의 인력이 없으면, 용액을 형성하기 위한 충분한 에너지가 없다(**표 9.3**).

이온과 극성 용질을 가진 용액

염화 소듐(NaCl)과 같은 이온 용질에는 양으로 하전된 Na^+ 이온과 음으로 하전된 Cl^- 이온 사이에 강한 이온 결합이 있다. 극성 용매인 물에서 수소 결합은 강한 용매-용매 인력을 제공한다. NaCl 결정을 물에 넣으면 물 분자에서 부분적으로 음인 산소

표 9.3 용질과 용매의 가능한 조합

용액 형성		용액이 형성되지 않음	
용질	**용매**	**용질**	**용매**
극성	극성	극성	비극성
비극성	비극성	비극성	극성

원자는 양의 Na^+ 이온을 끌어당기고, 다른 물 분자의 부분적으로 양인 수소 원자는 음의 Cl^- 이온을 끌어당긴다(**그림 9.3**). Na^+ 이온과 Cl^- 이온이 용액을 형성하자마자, 이들은 물 분자가 각 이온을 둘러싸면서 **수화**(hydration)된다. 이온의 수화는 다른 이온과의 인력을 줄이고 이들을 용액 상태로 유지시킨다.

NaCl 용액 형성의 반응식에서 고체와 수용액 상태의 NaCl은 화살표 위에 화학식 H_2O를 나타내며, 이는 해리 과정에서 물이 필요하지만 반응물이 아니라는 것을 의미한다.

$$NaCl(s) \xrightarrow[\text{해리}]{H_2O} Na^+(aq) + Cl^-(aq)$$

또 다른 예에서, 메탄올(CH_3OH)과 같은 극성 분자 화합물은 물과 수소 결합을 형성할 수 있는 극성 —OH 작용기를 가지고 있기 때문에 물에 용해된다는 것을 알고 있다(**그림 9.4**). 극성 용질이 용액을 형성하기 위해서는 극성 용매가 필요하다.

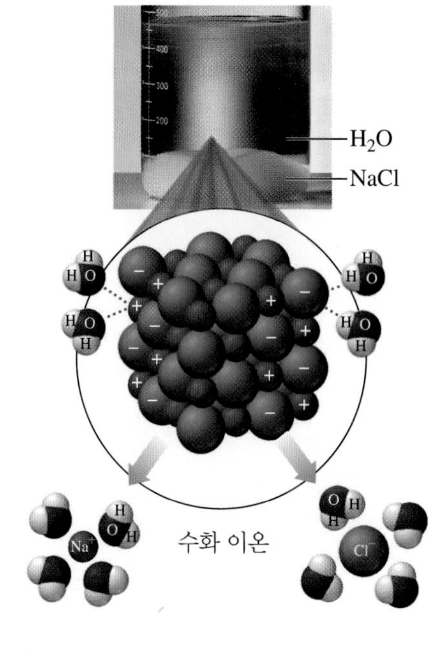

그림 9.3 NaCl 결정 표면에 있는 이온은 이들을 용액으로 끌어당기고 둘러싸는 극성 물 분자에 끌리면서 물에 용해된다.

Q Na^+와 Cl^- 이온을 용액에 있도록 도와주는 것은 무엇인가?

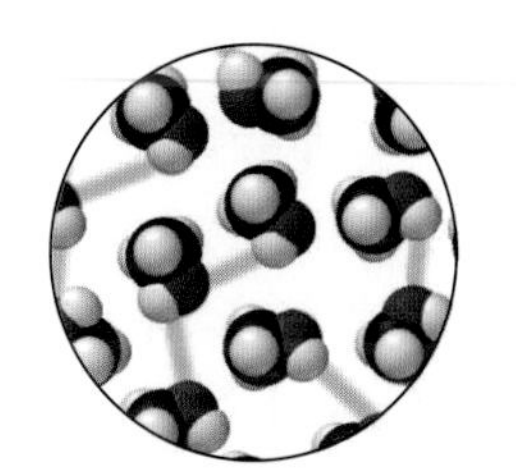

메탄올(CH_3OH) 용질

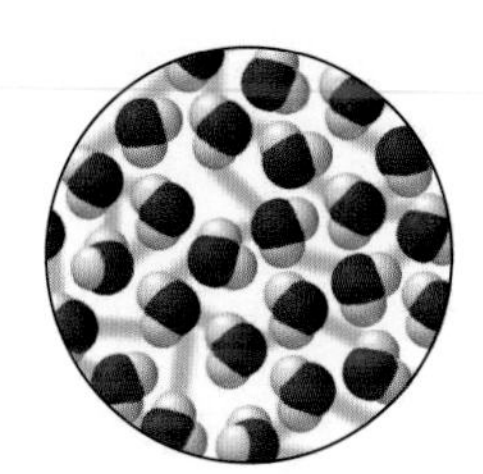

물 용매

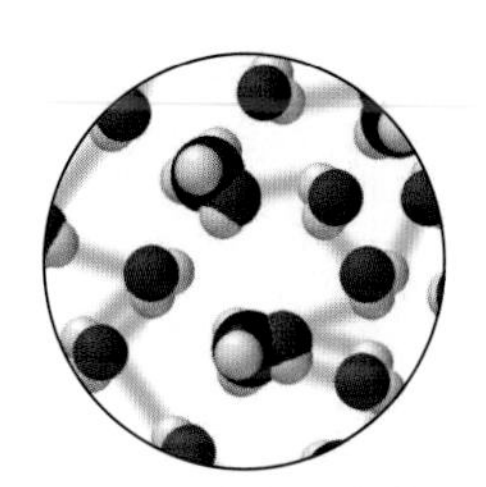

수소 결합을 가진 메탄올–물 용액

그림 9.4 극성 메탄올 분자(CH_3OH)는 극성 물 분자와 수소 결합을 형성하여 메탄올-물 용액을 형성한다.

Q 용질 메탄올과 용매 물 사이에 인력이 존재하는 이유는 무엇인가?

생각해보기

KCl은 물과 용액을 형성하지만, 비극성인 헥세인(C_6H_{14})은 물과 용액을 형성하지 않는 이유는 무엇인가?

비극성 용질을 가진 용액

아이오딘(I_2), 기름 또는 그리스와 같은 비극성 분자를 가지는 화합물은 비극성 용질 입자와 극성 용매 입자 사이에 인력이 없기 때문에 물에 용해되지 않는다. 비극성 용질이 용액을 형성하기 위해서는 비극성 용매가 필요하다.

확인하기

연습 문제 9.2와 9.3을 풀어보기

연습 문제

9.1 용액

학습 목표 용액에서 용질과 용매를 확인하고, 용액의 형성을 기술한다.

9.1 다음과 같이 구성된 각 용액의 용질과 용매를 확인하라.

a. 20.0 g의 KCl과 200.0 g의 H_2O

b. 60.0 mL의 메탄올(CH_3OH)과 20.0 mL의 H_2O

c. 1.5 g의 C와 50 g의 Fe

9.2 고체 KI가 물에 녹을 때, KI 수용액의 형성을 기술하라.

의학 응용

9.3 물은 극성 용매이고 벤젠은 비극성 용매이다. 다음의 각 용질은 어떤 용매에 더 잘 녹겠는가?
a. 헥세인
b. 휘발유
c. KCl
d. $Ni(NO_3)_2$

복습
동등량으로부터 환산 인자 쓰기(2.5)
환산 인자 쓰기(2.6)
양이온과 음이온 쓰기(6.1)

9.2 전해질과 비전해질

학습 목표 용질을 전해질과 비전해질로 확인한다.

용질은 전류를 전도하는 능력에 의해 분류할 수 있다. **전해질**(electrolyte)이 물에 용해되면, **해리**(dissociation) 과정은 이들을 이온으로 분리하여 전기를 전도하는 용액을 형성한다. **비전해질**(nonelectrolyte)이 물에 용해되면, 이온으로 분리되지 않아 용액은 전기를 전도하지 않는다.

용액에 이온의 존재 여부를 조사하기 위하여, 배터리와 한 쌍의 전극이 도선으로 전구와 연결되어 구성된 장치를 사용할 수 있다. 전기가 흐를 때 전구는 빛나며, 이는 전해질이 회로를 완성하기 위하여 전극 사이를 이동하는 이온을 제공할 때만 일어난다.

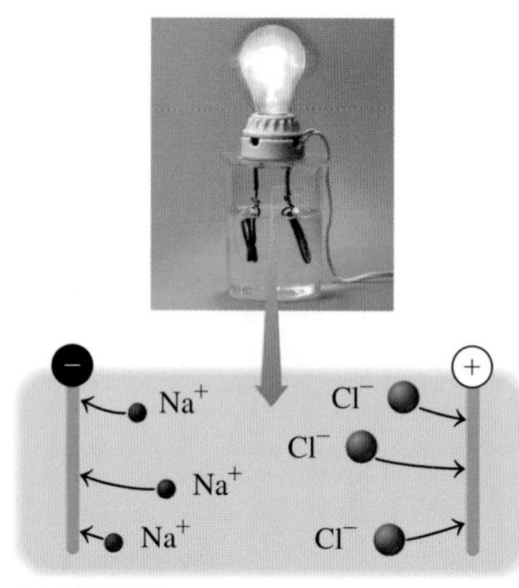

(a) 강전해질

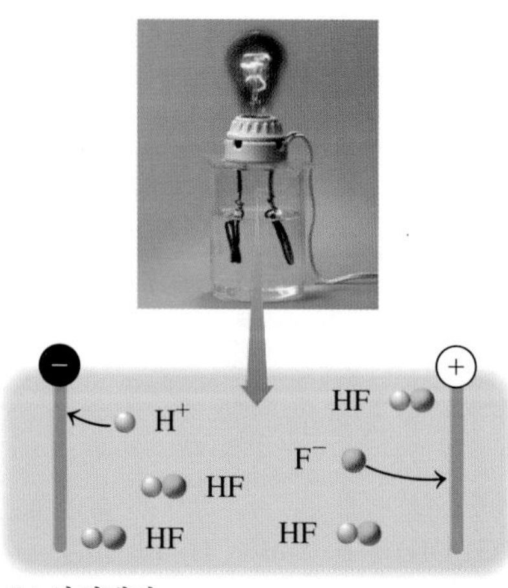

(b) 약전해질

전해질의 종류

전해질은 **강전해질**(strong electrolyte) 또는 **약전해질**(weak electrolyte)로 더 분류할 수 있다. 염화 소듐(NaCl)과 같은 **강전해질**은 용질이 100% 이온으로 해리된다. 전구 장치로부터 전극을 NaCl 용액에 넣으면, 전구는 매우 밝게 빛난다.

물에서 화합물의 해리 반응식에서, 전하는 반드시 균형을 이루어야 한다. 예를 들어, 질산 마그네슘은 해리되어 1개의 마그네슘 이온에 대하여 2개의 질산 이온이 나온다. 그러나 Mg^{2+}와 NO_3^- 사이의 이온 결합만 끊어지고, 다원자 이온 내의 공유 결합이 끊어지지는 않는다. $Mg(NO_3)_2$의 해리에 대한 반응식은 다음과 같이 쓴다.

$$Mg(NO_3)_2(s) \xrightarrow[\text{해리}]{H_2O} Mg^{2+}(aq) + 2NO_3^-(aq)$$

약전해질은 물에 대부분이 분자로 용해되는 화합물이다. 용해된 매우 소량의 용질 분자만이 **해리**되어 용액에서 적은 수의 이온을 생성한다. 따라서 약전해질의 용액은 강전해질 용액처럼 전류를 잘 전도하지 않는다. 전극을 약전해질 용액에 넣으면, 전구는 희미하게 빛난다. 약전해질 HF의 수용액에서 매우 적은 수의 HF 분자가 해리되어 H^+와 F^- 이온을 생성한다. 더 많은 H^+와 F^- 이온이 형성되면, 일부는 재결합하여 HF 분자를 제공한다. 이러한 분자에서 이온으로 오가는 정반응과 역반응은 반응물과 생성물 사이의 반대 방향을 표시하는 2개의 화살표로 나타낸다.

$$HF(aq) \underset{\text{재결합}}{\overset{\text{해리}}{\rightleftharpoons}} H^+(aq) + F^-(aq)$$

메탄올(CH_3OH)과 같은 비전해질은 물에 오직 분자로만 용해되며, 해리되지 않는다. 전구 장치의 전극을 비전해질 용액에 넣으면, 용액은 이온이 없어 전기를 전도할 수 없기 때문에 전구에는 불이 들어오지 않는다.

$$CH_3OH(l) \xrightarrow{H_2O} CH_3OH(aq)$$

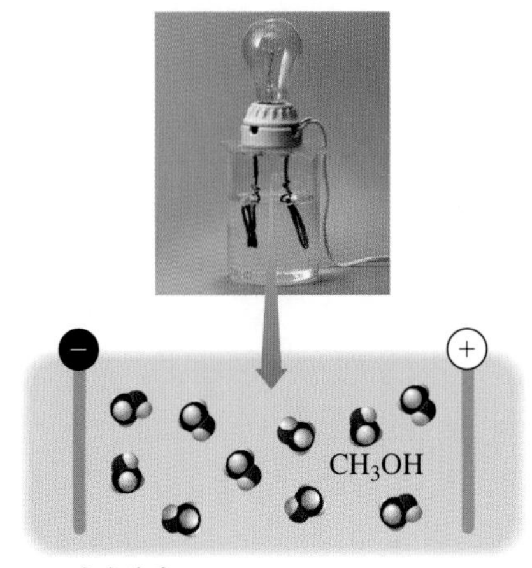

(c) 비전해질

예제 9.1 전해질과 비전해질 용액

문제

다음의 용액이 이온으로만, 분자로만, 또는 대부분 분자와 약간의 이온만 포함하고 있는지를 표시하라. 다음에 대하여 용액 형성에 대한 반응식을 써라.

a. 강전해질인 $Na_2SO_4(s)$

b. 비전해질인 수크로스, $C_{12}H_{22}O_{11}(s)$

c. 약전해질인 아세트산, $HC_2H_3O_2(l)$

표 9.4는 수용액에서 용질의 분류를 요약한 것이다.

표 9.4 수용액의 용질 분류

용질의 종류	용액에서	용액 내 입자의 종류	전기 전도?	예
강전해질	완전 해리	오직 이온만	예	NaCl, KBr, $MgCl_2$, $NaNO_3$와 같은 이온 화합물; NaOH, KOH와 같은 염기; HCl, HBr, HI, HNO_3, $HClO_4$, H_2SO_4와 같은 산
약전해질	부분 해리	대부분 분자와 약간의 이온	약하게	HF, H_2O, NH_3, $HC_2H_3O_2$(아세트산)
비전해질	해리 없음	오직 분자만	안함	CH_3OH(메탄올), C_2H_5OH(에탄올), $C_{12}H_{22}O_{11}$(수크로스), CH_4N_2O(우레아)와 같은 탄소 화합물

풀이

a. $Na_2SO_4(s)$의 수용액에는 이온 Na^+와 SO_4^{2-}만 있다.

$$Na_2SO_4(s) \xrightarrow{H_2O} 2Na^+(aq) + SO_4^{2-}(aq)$$

b. 수크로스, $C_{12}H_{22}O_{11}(s)$와 같은 비전해질은 물에 용해될 때 분자만을 생성한다.

$$C_{12}H_{22}O_{11}(s) \xrightarrow{H_2O} C_{12}H_{22}O_{11}(aq)$$

c. $HC_2H_3O_2(l)$와 같은 약전해질은 물에 용해될 때, 대부분 분자와 적은 양의 이온을 생성한다.

$$HC_2H_3O_2(l) \overset{H_2O}{\rightleftharpoons} H^+(aq) + C_2H_3O_2^-(aq)$$

생각해보기

강전해질인 $LiNO_3$ 용액은 이온만 포함하고 있는 반면, 비전해질인 우레아 CH_4N_2O는 분자만 포함하고 있는 이유는 무엇인가?

유제 9.1

붕산 $H_3BO_3(s)$은 약전해질이다. 붕산 용액이 이온만, 분자만 또는 대부분 분자와 적은 양의 이온 중 어느 것을 가질 것으로 예상하는가?

해답

약전해질 용액은 대부분 분자와 적은 양의 이온을 가질 것이다.

확인하기

연습 문제 9.4에서 9.7을 풀어보기

당량

체액에는 Na^+, Cl^-, K^+ 및 Ca^{2+}와 같은 전해질 혼합물이 함유되어 있다. 각 개별적 이온을 1몰의 양이온 또는 음전하와 같은 양의 이온인 **당량**(equivalent, Eq)으로 측정한다. 예를 들어, 1몰의 Na^+ 이온과 1몰의 Cl^- 이온은 각각 1몰의 전하를 가지고 있기 때문에 각각 1당량이다. 2+ 또는 2− 전하를 가지는 이온에 대하여는 각 1몰이 2당량이다. 이온과 당량의 일부 예는 **표 9.5**에 나타내었다.

표 9.5 의학 정맥주사(IV) 용액의 전해질 당량

이온	이온 전하	1몰에서 당량의 수
Na^+, K^+, Li^+, NH_4^+	1+	1 Eq
Ca^{2+}, Mg^{2+}	2+	2 Eq
Fe^{3+}	3+	3 Eq
Cl^-, $C_2H_3O_2^-$(아세테이트), $H_2PO_4^-$, $C_3H_5O_3^-$(락테이트)	1−	1 Eq
CO_3^{2-}, HPO_4^{2-}	2−	2 Eq
PO_4^{3-}, $C_6H_5O_7^{3-}$(시트레이트)	3−	3 Eq

어떠한 용액이든 양이온의 전하는 항상 음이온의 전하에 의하여 균형을 이룬다. 정맥주사 용액의 전해질 농도는 리터당 밀리당량(mEq/L)으로 표현되며, 1 Eq = 1000 mEq이다. 예를 들어, 25 mEq/L의 Na^+와 4 mEq/L의 K^+를 포함하고 있는 용액은 총 양전하가 29 mEq/L이다. Cl^-가 유일한 음이온이라면, 그 농도는 29 mEq/L가 되어야 한다.

예제 9.2 전해질 농도

문제

Michelle의 실험실 검사에서 그녀의 혈중 칼슘 농도는 8.8 mEq/L로 고칼슘혈증(hypercalcemia)이 있는 것으로 나타났다. 그녀의 혈액 0.50 L에는 칼슘 이온이 몇 몰 있는가?

풀이 지침

1단계 주어진 양과 필요한 양을 말하라.

	주어진 조건	필요한 사항	연계
문제 분석	0.50 L, 8.8 mEq Ca^{2+}/L	Ca^{2+}의 몰	1 Eq = 1000 mEq, 1 mol Ca^{2+} = 2 Eq Ca^{2+}

2단계 몰을 계산하기 위한 계획을 써라.

용액의 L → 전해질 농도 → Ca^{2+}의 mEq → 미터법 인자 → Ca^{2+}의 당량수 → Eq/몰 → Ca^{2+}의 몰수

3단계 동등량과 환산 인자를 말하라.

$$1\ \text{L 용액} = 8.8\ \text{mEq Ca}^{2+}$$
$$\frac{8.8\ \text{mEq Ca}^{2+}}{1\ \text{L 용액}} \quad \text{그리고} \quad \frac{1\ \text{L 용액}}{8.8\ \text{mEq Ca}^{2+}}$$

$$1\ \text{Eq} = 1000\ \text{mEq}$$
$$\frac{1000\ \text{mEq Ca}^{2+}}{1\ \text{Eq Ca}^{2+}} \quad \text{그리고} \quad \frac{1\ \text{Eq Ca}^{2+}}{1000\ \text{mEq Ca}^{2+}}$$

$$1\ \text{mol Ca}^{2+} = 2\ \text{Eq Ca}^{2+}$$
$$\frac{2\ \text{Eq Ca}^{2+}}{1\ \text{mol Ca}^{2+}} \quad \text{그리고} \quad \frac{1\ \text{mol Ca}^{2+}}{2\ \text{Eq Ca}^{2+}}$$

4단계 몰수를 계산하기 위하여 문제를 설정하라.

$$\underset{\text{유효숫자 2개}}{0.50\ \cancel{\text{L}}} \times \underset{\text{정확한 수}}{\overset{\text{유효숫자 2개}}{\frac{8.8\ \cancel{\text{mEq Ca}^{2+}}}{1\ \cancel{\text{L}}}}} \times \underset{\text{정확한 수}}{\overset{\text{정확한 수}}{\frac{1\ \cancel{\text{Eq Ca}^{2+}}}{1000\ \cancel{\text{mEq Ca}^{2+}}}}} \times \underset{\text{정확한 수}}{\overset{\text{정확한 수}}{\frac{1\ \text{mol Ca}^{2+}}{2\ \cancel{\text{Eq Ca}^{2+}}}}} = \underset{\text{유효숫자 2개}}{0.0022\ \text{mol Ca}^{2+}}$$

유제 9.2

정맥주사 용액 대체물인 락트산 링거 용액은 109 mEq Cl^-/L을 함유한다. 환자에게 1250 mL의 링거 용액을 주입하였다면, 염화 이온 몇 몰을 주입한 것인가?

해답

0.136몰 Cl^-

확인하기

연습 문제 9.8에서 9.11까지 풀어보기

화학과 보건
체액의 전해질

신체에서 전해질은 신체의 세포와 기관의 적절한 기능을 유지하는 데 중요한 역할을 한다. 전형적으로 전해질인 소듐 이온, 포타슘 이온, 염화 이온 및 탄산수소 이온은 혈액 검사에서 측정된다. 소듐 이온은 신체의 수분 함량을 조절하고 신경계를 통하여 전기 자극을 전달하는 데 중요하다. 포타슘 이온 또한 전기 자극을 전달하는 데 관여하고 정상적인 심장 박동을 유지하는 역할을 한다. 염화 이온은 양이온 전하의 균형을 맞추고, 체액의 균형도 조절한다. 탄산수소 이온은 혈액의 적절한 pH를 유지하는 데 중요하다. 가끔 구토나 설사, 과도한 땀을 흘릴 때, 특정 전해질의 농도가 감소할 수 있다. 그러면 페디아라이트(Pedialyte)와 같은 전해질 음료를 주어서 전해질 농도를 정상으로 되돌릴 수 있다.

체액과 환자에게 투여하는 정맥주사 수액에 존재하는 전해질의 농도는 용액에서 mEq/L로 표현된다. 예를 들어, 페디아라이트 1 L에는 Na^+ 45 mEq, Cl^- 35 mEq, K^+ 20 mEq와 시트레이트$^{3-}$($C_6H_5O_7^{3-}$) 30 mEq의 전해질이 들어 있다.

표 9.6은 혈장과 여러 종류의 용액에 있는 일부 전형적인 전해질 농도를 제공한다. 양전하의 총수는 음전하 총수와 같아야 하기 때문에 전하 균형을 이룬다. 특정 정맥주사 수액의 이용은 환자 각각의 영양, 전해질 및 수분 필요량에 따라 다르다.

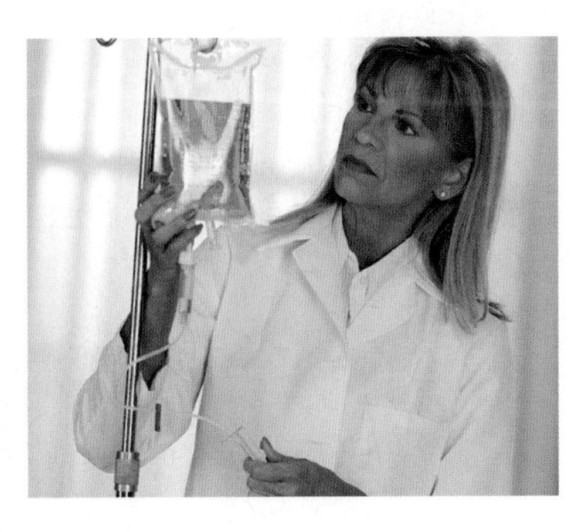

정맥주사 수액은 신체의 전해질을 대체하는 데 사용된다.

표 9.6 혈장과 선택된 정맥주사 수액의 전해질

	이온의 정상 농도(mEq/L)				
	혈장	생리 식염수 0.9% NaCl	락트산 링거 용액	유지 용액	대체 용액(세포외)
목적		액체 손실 보충	수화	전해질과 액체 유지	전해질 대체
양이온					
Na^+	135~145	154	130	40	140
K^+	3.5~5.5		4	35	10
Ca^{2+}	4.5~5.5		3		5
Mg^{2+}	1.5~3.0				3
합계		154	137	75	158
음이온					
아세테이트$^-$					47
Cl^-	95~105	154	109	40	103
HCO_3^-	22~28				
락테이트$^-$			28	20	
HPO_4^{2-}	1.8~2.3			15	
시트레이트$^{3-}$					8
합계		154	137	75	158

연습 문제

9.2 전해질과 비전해질

학습 목표 용질을 전해질과 비전해질로 확인한다.

9.4 KF는 강전해질이고, HF는 약전해질이다. KF 용액은 HF 용액과 어떻게 다른가?

9.5 다음 전해질이 물에서 해리되는 완결된 반응식을 써라.

a. NaCl　**b.** $MgCl_2$

c. HF　**d.** CH_3COOH

9.6 화합물의 본질은 물에서 존재하는 형태를 결정한다. 다음 용질을 물에서 이온화의 정도에 따라 강전해질, 약전해질, 비전해질로 평가하라.

a. 식초　**b.** K_2CO_3　**c.** 셀룰로스

9.7 다음 반응식으로 나타낸 용질을 강전해질, 약전해질 또는 비전해질로 분류하라.

a. $K_2SO_4(s) \xrightarrow{H_2O} 2K^+(aq) + SO_4^{2-}(aq)$

b. $NH_3(g) + H_2O(l) \rightleftharpoons NH_4^+(aq) + OH^-(aq)$

c. $C_6H_{12}O_6(s) \xrightarrow{H_2O} C_6H_{12}O_6(aq)$

9.8 다음의 당량수를 나타내라.

a. 2몰 Li^+　**b.** 1몰 Br^-

c. 2몰 Mg^{2+}　**d.** 3몰 Co^{3+}

의학 응용

9.9 정상의 KCl 용액은 K^+와 Cl^-이 각각 175 mEq/L이다. 2.00 L의 KCl 용액에는 K^+와 Cl^-이 각각 몇 몰 있는가?

9.10 정맥주사 수액에는 40. mEq/L Cl^-와 15 mEq/L HPO_4^{2-}가 있다. Na^+가 용액에서 유일한 양이온이라면, Na^+의 농도는 몇 mEq/L인가?

9.11 Michelle의 혈액을 검사하였을 때, 염화 이온의 농도는 0.45 g/dL이었다.

a. 이 값을 mEq/L로 하면 얼마인가?

b. 표 9.6에 따르면 이 값은 정상 범위보다 높은가, 낮은가 또는 정상 범위 이내인가?

9.3 용해도

학습 목표 용해도를 정의하여, 불포화와 포화 용액 사이를 구별한다. 이온 화합물을 가용성 또는 불용성으로 확인한다.

복습

그래프 해석(1.4)

용해도(solubility)라는 용어는 주어진 양의 용매에 녹을 수 있는 용질의 양을 기술하는 데 사용된다. 용질의 종류와 용매의 종류, 그리고 온도와 같은 많은 요인들이 용질의 용해도에 영향을 미친다. 보통 100. g의 용매에 녹은 용질의 g 수로 표현되는 **용해도**는 특정 온도에서 용질이 최대로 녹을 수 있는 양이다. 용질을 용매에 첨가했을 때 쉽게 녹는다면, 용액은 최대량의 용질을 포함하고 있지 않다. 이러한 용액을 **불포화 용액**(unsaturated solution)이라 부른다.

녹을 수 있는 모든 용질을 포함하는 용액은 **포화 용액**(saturated solution)이다. 용액이 포화되면, 용질이 녹는 속도는 **결정화**(crystallization)로 알려져 있는 과정인 고체가 형성되는 속도와 같아진다. 그러면 용액에 용해된 용질의 양은 더 이상 변하지 않는다.

$$\text{용질} + \text{용매} \underset{\text{용질 결정화}}{\overset{\text{용질 용해}}{\rightleftarrows}} \text{포화 용액}$$

용질을 추가할 경우, 불포화 용액에서는 녹지만 포화 용액에서는 녹지 않는다.

용해도에 도달하는 데 필요한 양보다 더 많은 양의 용질을 첨가하여 포화 용액을 제조할 수 있다. 용액을 교반하면 최대량의 용질이 용해되고, 과잉의 양이 용기 바닥에 남는다. 일단 포화 용액이 되었다면, 더 많은 용질을 첨가할 경우 녹지 않은 용질의 양만 증가할 것이다.

예제 9.3 포화 용액

문제

20°C에서 KCl의 용해도는 34 g/100. g H_2O이다. 실험실에서 한 학생이 20°C에서 75 g의 KCl을 200. g의 H_2O에 섞었다.

a. 얼마나 많은 KCl이 녹는가?

b. 이 용액은 포화 용액인가, 불포화 용액인가?

c. 용기 바닥에 녹지 않고 남아 있는 고체 KCl의 질량은 몇 g인가?

풀이

a. 20°C에서 KCl은 100. g의 물에 34 g KCl의 용해도를 갖는다. 용해도를 환산 인자로 사용하여 200. g의 물에 녹을 수 있는 KCl 최대량을 다음과 같이 계산할 수 있다.

$$200.\ \text{g}\ \cancel{H_2O} \times \frac{34\ \text{g KCl}}{100.\ \text{g}\ \cancel{H_2O}} = 68\ \text{g KCl}$$

b. 75 g의 KCl은 200. g의 물에 녹을 수 있는 최대량(68 g)을 초과하기 때문에, KCl 용액은 포화 용액이다.

c. 200. g의 물에 75 g의 KCl을 넣으면 68 g만이 녹을 수 있으므로, 7 g(75 g − 68 g)

의 고체(녹지 않은) KCl이 용기 바닥에 있을 것이다.

유제 9.3

40°C에서 KNO_3의 용해도는 65 g/100. g H_2O이다. 40°C에서 120 g의 H_2O에 얼마나 많은 g의 KNO_3가 녹는가?

해답

78 g KNO_3

확인하기

연습 문제 9.12에서 9.14까지 풀어보기

화학과 보건

통풍과 신장 결석: 체액의 포화 문제

통풍과 신장 결석의 조건은 용해도 수준을 초과하여 고체 생성물을 형성하는 체내의 화합물을 포함한다. 통풍은 40세 이상의 성인, 주로 남성에게 영향을 미친다. 통풍은 혈장 내 요산(uric acid) 농도가 37°C에서 7 mg/혈장 100 mL인 용해도를 초과할 때 발생한다. 바늘과 같은 요산 결정의 불용성 침전물은 연골(cartilage), 힘줄(tendon)과 연조직에서 형성될 수 있고, 여기서 통증을 일으키는 통풍이 발생한다. 이들은 신장 조직에도 형성될 수 있어 신장 손상을 일으킬 수 있다. 체내의 높은 수치의 요산은 요산 생산의 증가, 요산을 제거하는 신장 기능의 저하 또는 체내에서 대사되어 요산이 생성되는 퓨린(purine)을 함유한 음식이 과다하게 포함된 식단에 의하여 일어날 수 있다. 높은 요산 수치에 기여하는 식단의 식품으로는 고기, 정어리, 버섯, 아스파라거스와 콩이 포함된다. 알코올음료를 마시는 것 또한 요산 수치를 상당히 증가시켜 통풍을 발생시킨다.

통풍 치료에는 식단 변경과 약물이 포함된다. 신장에서 요산을 제거하는 것을 돕는 프로베네시드(probenecid)나 신체에서 요산의 생산을 막는 알로푸리놀(allopurinol)과 같은 의약품이 유용할 수 있다.

신장 결석은 요도에서 형성되는 고체 물질이다. 신장 결석은 고체 요산일 수도 있지만 대부분은 인산 칼슘과 옥살산 칼슘으로 구성된다. 불충분한 수분 섭취와 소변에 칼슘, 옥살산 및 인산의 수치가 높으면 신장 결석의 형성으로 연결될 수 있다. 신장 결석이 요도를 통과할 때는 상당한 고통과 불편함을 일으킬 수 있어 진통제 사용과 수술이 필요하다. 때로 초음파가 신장 결석을 부수기 위하여 사용된다. 신장 결석이 생기기 쉬운 사람은 소변에 무기질의 포화 수준을 방지하기 위하여 매일 물을 6~8잔씩 마실 것을 권고 받는다.

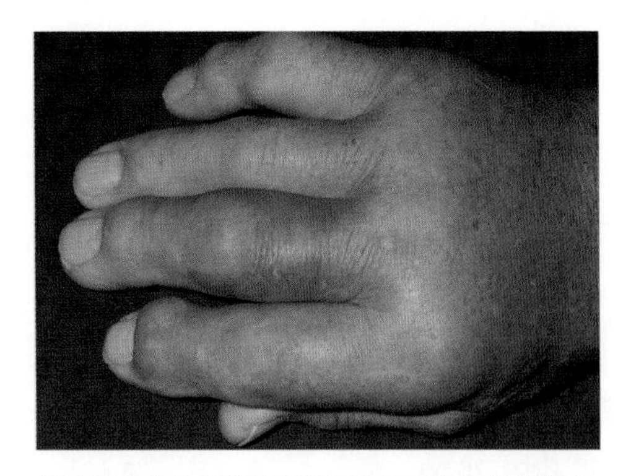

통풍은 요산이 혈장의 용해도를 초과할 때 발생한다.

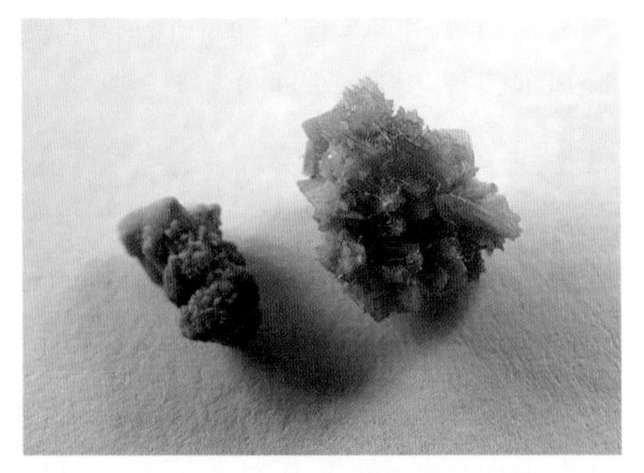

신장 결석은 인산 칼슘이 용해도를 초과할 때 형성된다.

용해도에 대한 온도의 영향

대부분 고체의 용해도는 온도가 높아질수록 증가하며, 이는 용액이 보통 더 높은 온도에서 더 많이 용해된 용질을 포함할 수 있다는 것을 의미한다. 일부 물질은 고온에서 용해도의 변화가 거의 없고, 일부 물질은 덜 녹는다(**그림 9.5**). 예를 들어, 냉차에 설탕을 넣을 때, 일부 녹지 않은 설탕이 유리잔 바닥에 형성될 수 있다. 그러나 설탕을 뜨거운 차에 넣는다면, 냉차보다 더 많은 설탕을 녹일 수 있다. 설탕의 용해도는 고온에서 훨씬 높기 때문에, 뜨거운 차가 냉차보다 더 많은 설탕을 녹인다.

포화 용액을 조심스럽게 냉각시키면, 용해도가 허용하는 것보다 더 많은 용질을 포함하고 있기 때문에 용액은 **과포화 용액**(supersaturated solution)이 될 수 있다. 이러한 용액은 불안정하기 때문에, 용액을 교반하거나 용질 결정을 첨가할 경우, 과잉의 용질이 결정화되어 다시 포화 용액이 된다.

반대로 물에서 기체의 용해도는 온도가 높아질수록 감소한다. 고온에서는 더 많은 기체 분자가 용액으로부터 벗어날 수 있는 에너지를 가지게 된다. 아마도 온도가 증가할 때, 차가운 탄산음료에서 빠져나가는 기포를 본 적이 있을 것이다. 고온에서는 더 많은 기체 분자가 용액을 벗어나게 되고, 병 안의 기체 압력이 증가하면서 탄산 용액이 담긴 병이 터지게 된다. 생물학자는 강과 호수의 온도가 상승하면 용존 산소량이 감소하여 결국 데워진 물이 생물계를 더 이상 유지시키지 못한다는 사실을 발견하였다. 전기를 발전하는 발전소는 주위 수로에 열 공해의 위협을 줄이기 위하여 냉각탑과 함께 사용할 냉각조가 있어야 한다.

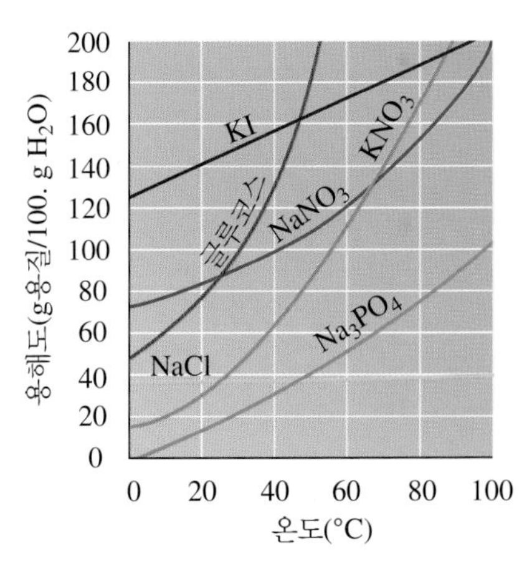

그림 9.5 물에서 대부분의 일반적인 고체는 온도가 상승하면 용해도가 더 증가한다.

Q 20°C와 60°C에서의 $NaNO_3$의 용해도를 비교하라.

Henry의 법칙

Henry의 법칙(Henry's law)은 액체에서 기체의 용해도는 액체 위 기체의 압력에 정비례한다고 말한다. 고압에서는 액체로 들어와 녹을 수 있는 더 많은 기체 분자가 있다. 청량음료 캔은 음료의 CO_2 용해도를 증가시키기 위하여 고압의 CO_2 기체를 이용하여 탄산화된다. 대기압에서 캔을 열면 CO_2의 압력이 감소하여 CO_2의 용해도가 감소한다. 결과적으로 CO_2 기포가 용액에서 재빨리 빠져나간다. 따뜻한 음료수 캔을 열었을 때, 기포가 터지는 것은 더욱 눈에 띈다.

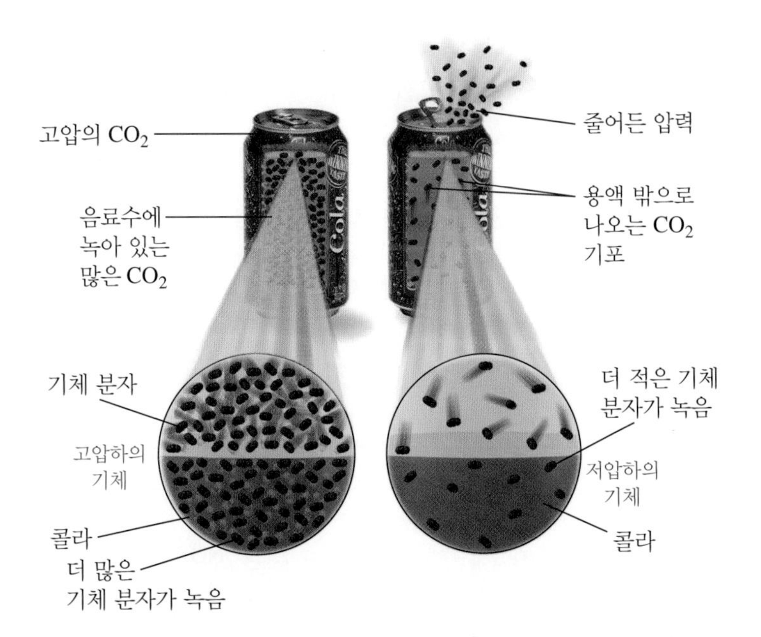

용액 위 기체의 압력이 감소하면 용액에서 그 기체의 용해도도 감소한다.

확인하기

연습 문제 9.15를 풀어보기

가용성 및 불용성 이온 화합물

지금까지의 논의에서는 물에 용해되는 이온 화합물을 고려하였다. 그러나 일부 이온 화합물은 이온으로 해리되지 않고, 물과 접촉하여도 고체로 남아 있다. **용해도 규칙**(solubility rule)은 물에서 이온 화합물의 용해도에 대한 몇 가지 지침을 제공한다.

물에 녹는 이온 화합물은 일반적으로 **표 9.7**에 있는 이온 중 적어도 하나를 가진다. **가용성 양이온 또는 음이온을 포함하는 이온 화합물만 물에 녹을 수 있다.** 대부분 Cl^-를 가진 이온 화합물은 가용성이지만, AgCl, $PbCl_2$, Hg_2Cl_2는 불용성이다. 이와 유사하게 대부분 SO_4^{2-}를 가진 이온 화합물은 가용성이지만, 일부는 불용성이다. 대부분 다른 이온 화합물은 불용성이다(**그림 9.6**). 불용성 이온 화합물은 양이온과 음이온 사이의 이온 결합이 너무 강하여 극성 물 분자가 끊을 수 없다. 고체 이온 화합물이 용해되는지 아닌지 예상하는 데 용해도 규칙을 사용할 수 있다. **표 9.8**은 이 규칙의 사용을 보여준다.

표 9.7 물에서 이온 화합물에 대한 용해도 규칙

다음 중 하나가 포함되어 있다면 이온 화합물은 물에서 가용성이다.	
양이온:	Li^+, Na^+, K^+, Rb^+, Cs^+, NH_4^+
음이온:	NO_3^-, $C_2H_3O_2^-$
	Cl^-, Br^-, I^- (단, Ag^+, Pb^{2+} 또는 Hg_2^{2+}와 결합된 것은 제외)
	SO_4^{2-}(단, Ba^{2+}, Pb^{2+}, Ca^{2+}, Sr^{2+} 또는 Hg_2^{2+}와 결합된 것은 제외)
이 이온 중 적어도 하나를 포함하고 있지 않은 이온 화합물은 보통 불용성이다.	

CdS

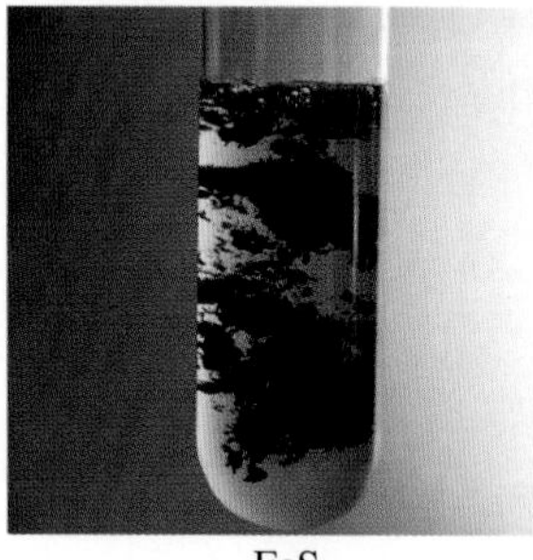
FeS

PbI_2

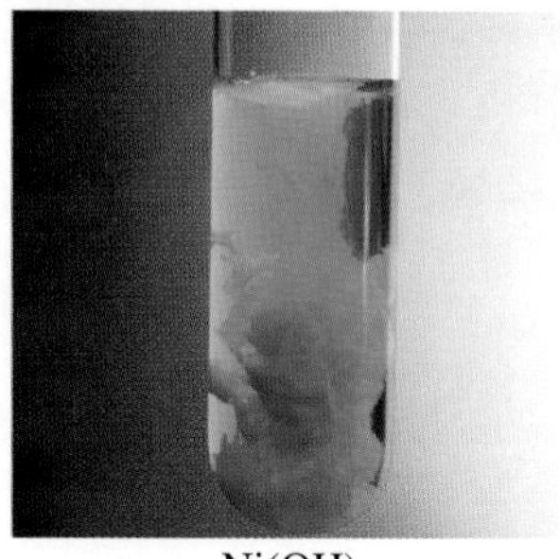
$Ni(OH)_2$

그림 9.6 이온 화합물이 용해되지 않는 양이온과 음이온의 조합을 가진다면, 그 이온 화합물은 불용성이다. 예를 들어, 카드뮴과 황화 이온, 철과 황화 이온, 납과 아이오딘화 이온, 니켈과 수산화 이온과의 결합은 어떠한 가용성 이온도 포함하고 있지 않다. 따라서 이들은 불용성 이온 화합물을 형성한다.

Q 이러한 각각의 이온 화합물이 물에서 불용성인 이유는 무엇인가?

핵심 화학 기법

용해도 규칙 이용

생각해보기

K_2S는 물에 녹는 반면, $PbCl_2$는 녹지 않는 이유는 무엇인가?

표 9.8 용해도 규칙 이용

이온 화합물	물에 대한 용해도	이유
K_2S	가용성	K^+ 함유
$Ca(NO_3)_2$	가용성	NO_3^- 함유
$PbCl_2$	불용성	불용성 염화 이온 화합물
NaOH	가용성	Na^+ 함유
$AlPO_4$	불용성	가용성 이온이 없음

의학에서 불용성 $BaSO_4$는 위장관의 X-선 결과를 향상시키는 불투명 물질로 사용된다(그림 9.7). $BaSO_4$는 매우 불용성이어서 위액에도 녹지 않는다. 다른 바륨 화합물은 물에 녹아 유독한 Ba^{2+}를 방출하기 때문에 사용할 수 없다.

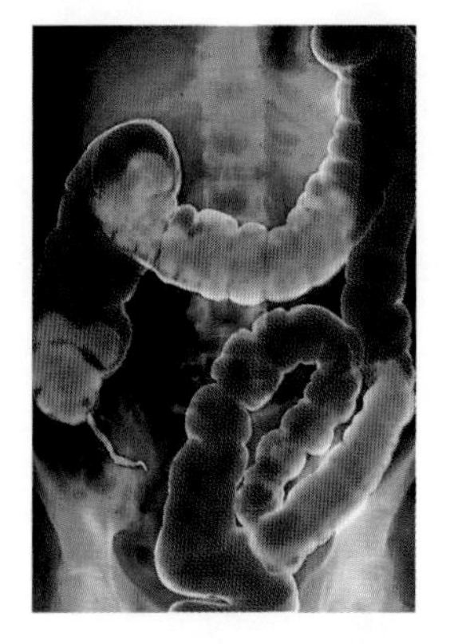

그림 9.7 복부의 X-선을 향상시키는 황산바륨은 하부 위장관(GI)을 보여준다.

Q $BaSO_4$는 가용성 물질인가, 불용성 물질인가?

예제 9.4 가용성과 불용성 이온 화합물

문제

다음의 이온 화합물이 물에 녹는지를 예상하고, 이유를 설명하라.

a. Na_3PO_4 **b.** $CaCO_3$

풀이

a. Na^+를 가지는 모든 화합물은 녹기 때문에 이온 화합물 Na_3PO_4은 물에 녹는다.

b. 이온 화합물 $CaCO_3$은 불용성이다. 화합물은 가용성 양이온을 가지고 있지 않으며, 이는 Ca^{2+}와 CO_3^{2-}를 포함하는 이온 화합물은 불용성임을 의미한다.

유제 9.4

일부 전해질 음료수는 마그네슘을 제공하기 위하여 $MgCl_2$를 첨가한다. $MgCl_2$가 물에 녹을 것으로 예상되는 이유는 무엇인가?

해답

Ag^+, Pb^{2+} 또는 Hg_2^{2+}를 가지지 않는 한, 염화 이온을 가지는 이온 화합물은 녹기 때문에 $MgCl_2$는 물에 녹는다.

확인하기

연습 문제 9.16을 풀어보기

연습 문제

9.3 용해도

학습 목표 용해도를 정의하여, 불포화와 포화 용액 사이를 구별한다. 이온 화합물을 가용성 또는 불용성으로 확인한다.

9.12 다음이 포화 용액을 언급하는지, 불포화 용액을 언급하는지를 말하라.

a. 용액에 결정을 넣어도 크기가 변하지 않는다.

b. 각설탕을 커피에 넣으면 완전히 녹는다.

c. 신장의 요산 농도가 4.6 mg/100 mL이면 통풍을 일으키지 않는다.

문제 9.13과 9.14를 풀 때, 다음 자료를 이용하라.

	용해도(g/100. g H_2O)	
물질	20°C	50°C
KCl	34	43
$NaNO_3$	88	110
$C_{12}H_{22}O_{11}$(설탕)	204	260

9.13 다음의 용액이 20°C에서 포화되는지, 불포화되는지를 결정하라.

a. 100. g의 H_2O에 37 g의 $NaNO_3$

b. 80 g의 H_2O에 50 g의 KCl

c. 150 g의 H_2O에 250 g의 설탕

9.14 50°C에서 200 g의 H_2O에 430 g의 설탕($C_{12}H_{22}O_{11}$)을 포함하는 용액을 20°C로 냉각하였다.

a. 20°C에서 용액에 남아 있는 설탕의 g 수는 얼마인가?

b. 냉각 후 결정화된 고체 설탕의 g 수는 얼마인가?

9.15 다음의 관찰을 설명하라.

a. 냉차보다 뜨거운 차에 더 많은 설탕이 녹는다.

b. 따뜻한 방의 샴페인은 금방 기체가 날아간다.

c. 따뜻한 음료수 캔을 개봉할 때 차가운 캔보다 더 많은 거품이 난다.

9.16 다음의 이온 화합물이 물에 녹는지 여부를 예상하라.

a. NaCl **b.** $PbCl_2$ **c.** $Mg(OH)_2$ **d.** NH_4NO_3 **e.** KBr

복습

동등량으로부터 환산 인자 쓰기(2.5)
환산 인자 이용(2.6)
몰 질량을 환산 인자로 이용(7.3)

9.4 용액 농도

학습 목표 용액에서 용질의 농도를 계산한다. 농도를 환산 인자로 사용하여 용질 또는 용액의 양을 계산한다.

핵심 화학 기법

농도 계산

체액은 물과 글루코스, 요소, 그리고 K^+, Na^+, Cl^-, Mg^{2+}, HCO_3^-, HPO_4^{2-}와 같은 전해질을 포함하는 용해된 물질을 함유한다. 용해된 각 물질과 적절한 물의 양은 체액에서 유지되어야 한다. 전해질 수준의 작은 변화는 세포 과정을 심각하게 혼란시키고 건강을 위험에 빠트린다. 용액은 **표 9.9**에 보인 바와 같이 특정 용액의 양에 있는 용질의 양인 **농도**(concentration)로 기술할 수 있다. 용질의 양은 g, mL 또는 몰 단위로 표현할 수 있다. 용액의 양은 g, mL 또는 L로 표현할 수 있다.

$$\text{용액의 농도} = \frac{\text{용질의 양}}{\text{용액의 양}}$$

표 9.9 농도 표현식의 종류와 단위 요약

농도 단위	질량 백분율(m/m)	부피 백분율(v/v)	질량/부피 백분율(m/v)	몰 농도(M)
용질	g	mL	g	mol
용액	g	mL	mL	L

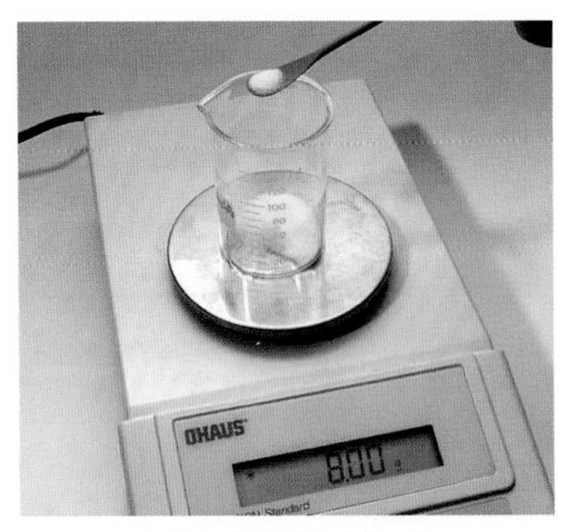

8.00 g의 KCl을 넣는다.

용액의 질량이 50.00 g이 될 때까지 물을 첨가한다.

8.00 g의 KCl에 물을 첨가하여 50.00 g KCl 용액을 형성할 때, 질량 백분율 농도는 16.0%(m/m)이다.

질량 백분율(m/m) 농도

질량 백분율(m/m)(mass percent(m/m))은 용액 100. g에서 g으로 나타낸 용질의 질량을 기술한다. 질량 백분율은 용질의 질량을 용액의 질량으로 나눈 후, 100%를 곱하면 백분율이 된다. 질량 백분율(m/m)을 계산할 때, 용질과 용액의 질량 단위는 같아야 한다. 용질의 질량이 g으로 주어졌다면, 용액의 질량도 g이어야 한다. 용액의 질량은 용질의 질량과 용매의 질량의 합이다.

$$\text{질량 백분율(m/m)} = \frac{\text{용질의 질량(g)}}{\text{용질의 질량(g)} + \text{용매의 질량(g)}} \times 100\%$$

$$= \frac{\text{용질의 질량(g)}}{\text{용액의 질량(g)}} \times 100\%$$

8.00 g의 KCl(용질)을 42.00 g의 물(용매)과 섞어 용액을 만들었다고 가정해보자. 용질의 질량과 용매의 질량을 합하면 용액의 질량이 된다(8.00 g + 42.00 g = 50.00 g). 질량 백분율은 용질의 질량과 용액의 질량을 질량 백분율 표현식에 대입하여 계산한다.

$$\frac{8.00\text{ g KCl}}{\underbrace{50.00\text{ g 용액}}_{\substack{8.00\text{ g KCl} + 42.00\text{ g } H_2O \\ \text{용질} \quad + \quad \text{용매}}}} \times 100\% = 16.0\%\text{(m/m) KCl 용액}$$

예제 9.5 **질량 백분율(m/m) 농도 계산**

문제

30.0 g의 NaOH를 120.0 g의 H_2O에 녹여 제조한 용액에서 NaOH의 질량 백분율은 얼마인가?

풀이 지침

1단계 주어진 양과 필요한 양을 말하라.

	주어진 조건	필요한 사항	연계
문제 분석	30.0 g NaOH, 120.0 g H_2O	질량 백분율(m/m)	$\frac{\text{용질의 질량}}{\text{용액의 질량}} \times 100\%$

2단계 농도 표현식을 써라.

$$\text{질량 백분율(m/m)} = \frac{\text{용질의 g}}{\text{용액의 g}} \times 100\%$$

3단계 용질과 용액의 양을 표현식에 대입하고 계산하라. 용액의 질량은 용질의 질량과 용매의 질량을 더하여 얻는다.

$$\text{용액의 질량} = 30.0\text{ g NaOH} + 120.0\text{ g } H_2O = 150.0\text{ g NaOH 용액}$$

$$\text{질량 백분율(m/m)} = \frac{\overset{\text{유효숫자 3개}}{30.0\text{ g NaOH}}}{\underset{\text{유효숫자 4개}}{150.0\text{ g 용액}}} \times 100\%$$

$$= \underset{\text{유효숫자 3개}}{20.0\%\text{(m/m) NaOH 용액}}$$

유제 9.5

2.0 g의 NaCl을 56.0 g의 H_2O에 녹여 만든 용액에서 NaCl의 질량 백분율(m/m)은 얼마인가?

해답

3.4%(m/m) NaCl 용액

확인하기

연습 문제 9.17을 풀어보기

환산 인자로서의 질량 백분율 농도 이용

핵심 화학 기법

환산 인자로서 농도를 이용

용액을 제조할 때, 종종 용질이나 용액의 양을 계산할 필요가 있다. 그럴 경우 용액의 농도는 예제 9.6에서 보인 바와 같이 환산 인자로 유용하다.

예제 9.6 **용질의 질량을 계산하기 위하여 질량 백분율 이용**

문제

국소 항생제 연고 네오스포린(Neosporin)은 3.5%(m/m)의 네오마이신 용액이다. 64 g의 연고가 들어 있는 튜브에는 몇 g의 네오마이신이 있는가?

풀이 지침

1단계 주어진 양과 필요한 양을 말하라.

	주어진 조건	필요한 사항	연계
문제 분석	3.5%(m/m)의 네오마이신 용액 64 g	네오마이신의 g	질량 백분율 인자 $\frac{\text{용질 g}}{\text{용액 100. g}} \times 100\%$

2단계 질량을 계산하기 위한 계획을 써라.

연고의 g → %(m/m) 인자 → 네오마이신의 g

3단계 동등량과 환산 인자를 써라. 질량 백분율(m/m)은 용액 100. g당 용질의 g을 의미한다. 질량 백분율(3.5% m/m)은 2개의 환산 인자로 쓸 수 있다.

$$3.5\text{ g 네오마이신} = 100.\text{ g 연고}$$

$$\frac{3.5\text{ g 네오마이신}}{100.\text{ g 연고}} \quad \text{그리고} \quad \frac{100.\text{ g 연고}}{3.5\text{ g 네오마이신}}$$

4단계 질량을 계산하기 위하여 문제를 설정하라.

$$64\text{ g }\cancel{\text{연고}} \times \frac{3.5\text{ g 네오마이신}}{100.\text{ g }\cancel{\text{연고}}} = 2.2\text{ g 네오마이신}$$

유효숫자 2개 / 유효숫자 2개 / 정확한 수 / 유효숫자 2개

생각해보기

용액의 질량에서 용질의 g으로 변환하는 데 용액의 질량 백분율(m/m)이 어떻게 사용되는가?

유제 9.6

8.00%(m/m)의 KCl 용액 225 g에서 KCl의 g을 계산하라.

해답

18.0 g KCl

부피 백분율(v/v) 농도

액체 또는 기체의 부피는 쉽게 측정되기 때문에, 용액의 농도는 종종 **부피 백분율(v/v)**(volume percent(v/v))로 표현된다. 이 비율에 사용되는 부피의 단위는 같아야 한다. 예를 들면, 모두 mL이거나 L이어야 한다.

$$\text{부피 백분율(v/v)} = \frac{\text{용질의 부피}}{\text{용액의 부피}} \times 100\%$$

부피 백분율은 100. mL의 용액에 있는 용질의 부피로 해석된다. 바닐라 추출물 병 위 라벨에 알코올 35%(v/v)라고 쓰여 있는 것은 100. mL의 바닐라 용액에 35 mL의 에탄올 용질을 의미한다.

라벨은 바닐라 추출물이 35%(v/v)의 알코올을 함유하고 있음을 나타내고 있다.

예제 9.7 부피 백분율(v/v) 농도 계산

문제

병에 59 mL의 레몬 추출물 용액이 들어 있다. 추출물이 49 mL의 알코올을 함유하고 있다면 용액에 있는 알코올의 부피 백분율(v/v)은 얼마인가?

풀이 지침

1단계 **주어진 양과 필요한 양을 말하라.**

	주어진 조건	필요한 사항	연계
문제 분석	알코올 49 mL, 용액 59 mL	부피 백분율(v/v)	$\frac{\text{용질의 부피}}{\text{용액의 부피}} \times 100\%$

2단계 **농도 표현식을 써라.**

$$\text{부피 백분율(v/v)} = \frac{\text{용질의 부피}}{\text{용액의 부피}} \times 100\%$$

3단계 **용질과 용액의 양을 표현식에 대입하고 계산하라.**

$$\text{부피 백분율(v/v)} = \frac{\overset{\text{유효숫자 2개}}{49\ \text{mL 알코올}}}{\underset{\text{유효숫자 2개}}{59\ \text{mL 용액}}} \times 100\% = \underset{\text{유효숫자 2개}}{83\%\text{(v/v)}} \text{ 알코올 용액}$$

유제 9.7

12 mL의 액체 브로민(Br_2)을 사염화 탄소(CCl_4) 용매에 녹여 제조한 250 mL의 용액에서 Br_2의 부피 백분율(v/v)은 얼마인가?

해답

CCl_4에서 4.8%(v/v) Br_2

레몬 추출물은 레몬 향료와 알코올의 용액이다.

확인하기

연습 문제 9.18을 풀어보기

질량/부피 백분율(m/v) 농도

질량/부피 백분율(m/v)(mass/volume percent(m/v))은 정확히 100. mL인 용액에 대한 g으로 표시된 용질의 질량을 기술한다. 질량/부피 백분율 계산에서 용질의 질량 단위는 g이고, 용액의 부피 단위는 mL이다.

$$\text{질량/부피 백분율(m/v)} = \frac{\text{용질의 g}}{\text{용액의 mL}} \times 100\%$$

질량/부피 백분율은 병원과 약국에서 정맥주사 용액과 의약품을 제조하는 데 널리 사용된다. 예를 들어, 5%(m/v) 글루코스 용액은 100. mL의 용액에 5 g의 글루코스가 들어 있다. 이 용액의 부피는 글루코스와 H_2O를 합한 부피를 나타낸다.

예제 9.8 질량/부피 백분율(m/v) 농도 계산

문제

아이오딘화 포타슘 용액은 아이오딘 함량이 낮은 식단에 사용될 수 있다. KI 용액은 5.0 g의 KI를 충분한 물에 넣어 나중 부피가 250 mL가 되도록 녹여 제조한다. KI 용액의 질량/부피 백분율(m/v)는 얼마인가?

풀이 지침

1단계 주어진 양과 필요한 양을 말하라.

	주어진 조건	필요한 사항	연계
문제 분석	5.0 g KI 용질, 250 mL KI 용액	질량/부피 백분율(m/v)	$\frac{\text{용질의 질량}}{\text{용액의 부피}} \times 100\%$

2단계 농도 표현식을 써라.

$$\text{질량/부피 백분율(m/v)} = \frac{\text{용질의 질량}}{\text{용액의 부피}} \times 100\%$$

3단계 용질과 용액의 양을 표현식에 대입하고 계산하라.

$$\text{질량/부피 백분율(m/v)} = \frac{\overset{\text{유효숫자 2개}}{5.0\text{ g KI}}}{\underset{\text{유효숫자 2개}}{250\text{ mL 용액}}} \times 100\% = \underset{\text{유효숫자 2개}}{2.0\%\text{(m/v) KI 용액}}$$

유제 9.8

12 g의 NaOH를 충분한 물에 녹여 220 mL 용액이 되도록 제조하면 NaOH의 질량/부피 백분율(m/v)은 얼마인가?

해답

5.5%(m/v) NaOH 용액

확인하기

연습 문제 9.19를 풀어보기

예제 9.9 용질의 질량을 계산하기 위하여 질량/부피 백분율 이용

문제

국소 항생제는 1.0%(m/v)의 클린다마이신(clindamycin)이다. 1.0%(m/v) 용액 60. mL에는 몇 g의 클린다마이신이 있는가?

풀이 지침

1단계 주어진 양과 필요한 양을 말하라.

	주어진 조건	필요한 사항	연계
문제 분석	1.0%(m/v)의 클린다마이신 용액 60. mL	클린다마이신의 g	%(m/v) 인자

2단계 질량을 계산하기 위한 계획을 써라.

용액의 mL → %(m/v) 인자 → 클린다마이신의 g

3단계 동등량과 환산 인자를 써라. 백분율(m/v)은 용액 100. mL당 용질의 g을 의미한다. 1.0%(m/v)은 2개의 환산 인자로 쓸 수 있다.

$$1.0\text{ g 클린다마이신} = 100.\text{ mL 용액}$$
$$\frac{1.0\text{ g 클린다마이신}}{100.\text{ mL 용액}} \quad \text{그리고} \quad \frac{100.\text{ mL 용액}}{1.0\text{ g 클린다마이신}}$$

4단계 질량을 계산하기 위하여 문제를 설정하라. 용액의 부피는 mL를 상쇄할 환산 인자를 이용하여 용질의 질량으로 변환한다.

$$60.\ \cancel{\text{mL 용액}} \times \frac{1.0\text{ g 클린다마이신}}{100.\ \cancel{\text{mL 용액}}} = 0.60\text{ g 클린다마이신}$$

유효숫자 2개 (60.) · 정확한 수 (환산 인자, 분자: 유효숫자 2개) · 유효숫자 2개 (0.60)

유제 9.9

2010년에 FDA는 중증 또는 만성 통증 치료를 위해 2.0%(m/v) 모르핀(morphine) 경구 용액을 승인하였다. 2.0%(m/v)의 모르핀 용액 0.60 mL가 처방되었다면 환자가 받게 되는 모르핀의 g은 얼마인가?

해답

0.012 g 모르핀

확인하기

연습 문제 9.20에서 9.22, 9.26과 9.27을 풀어보기

몰(M) 농도

화학자는 용액으로 작업할 때, 그들은 정확히 1 L 용액에 들어 있는 용질의 몰수를 나타내는 농도인 **몰 농도**(molarity, M)를 이용한다.

$$\text{몰 농도(M)} = \frac{\text{용질의 몰수}}{\text{용액의 L}}$$

용액의 몰 농도는 용질의 몰과 L 단위의 용액의 부피를 알고 있을 때 계산할 수 있다. 예를 들어, 1.0몰의 NaCl을 충분한 물에 녹여 1.0 L 용액을 만들었다면, 결과적으로 얻은 NaCl 용액의 몰 농도는 1.0 M이다. 약자 M은 L당 몰(몰/L) 단위를 의미한다.

$$\text{M} = \frac{\text{용질의 몰수}}{\text{용액의 L}} = \frac{1.0\text{ mol NaCl}}{1\text{ L 용액}} = 1.0\text{ M NaCl 용액}$$

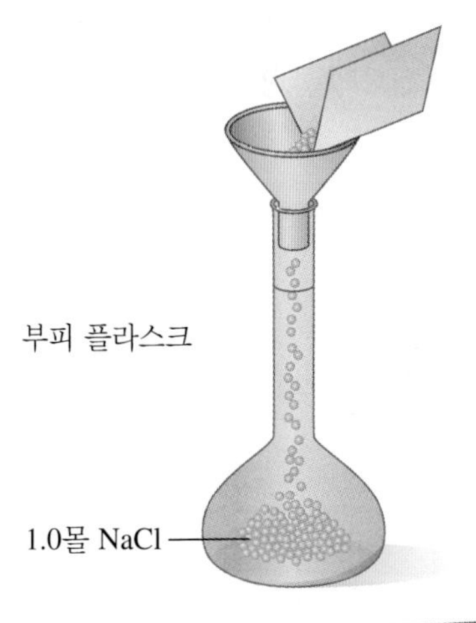

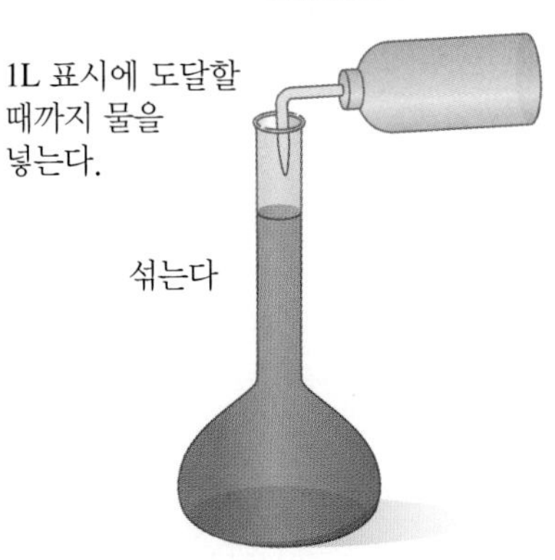

1.0몰(M) NaCl 용액

예제 9.10 몰 농도 계산

문제

0.250 L NaOH 용액에서 60.0 g NaOH의 몰 농도(M)는 얼마인가?

풀이 지침

1단계 주어진 양과 필요한 양을 말하라.

	주어진 조건	필요한 사항	연계
문제 분석	NaOH 60.0 g, NaOH 용액 0.250 L	몰 농도(몰/L)	NaOH의 몰 질량 $\frac{\text{용질의 몰수}}{\text{용액의 L}} \times 100\%$

NaOH의 몰수를 계산하기 위하여 NaOH 몰 질량에 대한 동등량과 환산 인자를 쓸 필요가 있다. 그러면 60.0 g NaOH의 몰수를 구할 수 있다.

$$1 \text{ mol NaOH} = 40.00 \text{ g NaOH}$$
$$\frac{40.00 \text{ g NaOH}}{1 \text{ mol NaOH}} \quad \text{그리고} \quad \frac{1 \text{ mol NaOH}}{40.00 \text{ g NaOH}}$$

$$\text{NaOH의 몰수} = 60.0 \text{ g NaOH} \times \frac{1 \text{ mol NaOH}}{40.00 \text{ g NaOH}}$$
$$= 1.50 \text{ mol NaOH}$$
$$\text{용액의 부피} = 0.250 \text{ L NaOH 용액}$$

2단계 농도 표현식을 써라.

$$\text{몰 농도(M)} = \frac{\text{용질의 몰수}}{\text{용액의 L}}$$

3단계 용질과 용액의 양을 표현식에 대입하고 계산하라.

$$\text{M} = \frac{\overset{\text{유효숫자 3개}}{1.50 \text{ mol NaOH}}}{\underset{\text{유효숫자 3개}}{0.250 \text{ L 용액}}} = \frac{\overset{\text{유효숫자 3개}}{6.00 \text{ mol NaOH}}}{\underset{\text{정확한 수}}{1 \text{ L 용액}}} = \underset{\text{유효숫자 3개}}{6.00 \text{ M NaOH 용액}}$$

유제 9.10

0.350 L의 용액에 75.0 g의 KNO_3가 녹아 있는 용액의 몰 농도는 얼마인가?

해답

2.12 M KNO_3 용액

확인하기

연습 문제 9.23을 풀어보기

예제 9.11 **용액의 부피를 계산하기 위하여 몰 농도 이용**

문제

67.3 g의 NaCl을 제공하기 위하여 필요한 2.00 M NaCl 용액은 몇 L인가?

풀이 지침

1단계 주어진 양과 필요한 양을 말하라.

	주어진 조건	필요한 사항	연계
문제 분석	NaCl 67.3 g, 2.00 M의 NaCl 용액	NaCl 용액의 L	NaCl의 몰 질량, 몰 농도

2단계 **부피를 계산하기 위한 계획을 써라.**

NaCl의 g → 몰 질량 → NaCl의 몰수 → 몰 농도 → NaCl 용액의 L

3단계 **동등량과 환산 인자를 써라.**

$$1 \text{ mol NaCl} = 58.44 \text{ g NaCl}$$
$$\frac{58.44 \text{ g NaCl}}{1 \text{ mol NaCl}} \text{ 그리고 } \frac{1 \text{ mol NaCl}}{58.44 \text{ g NaCl}}$$

$$1 \text{ L NaCl 용액} = 2.00 \text{ mol NaCl}$$
$$\frac{2.00 \text{ mol NaCl}}{1 \text{ L NaCl 용액}} \text{ 그리고 } \frac{1 \text{ L NaCl 용액}}{2.00 \text{ mol NaCl}}$$

4단계 **부피를 계산하기 위하여 문제를 설정하라.**

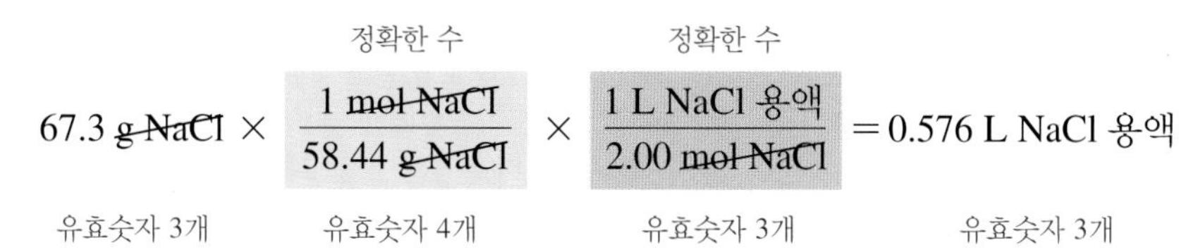

유제 9.11

164 g의 HCl을 제공하기 위해서는 6.0 M의 HCl 용액이 몇 mL가 필요한가?

해답

750 mL HCl 용액

확인하기

연습 문제 9.24와 9.25를 풀어보기

백분율 농도와 몰 농도의 의미와 환산 인자에 대한 요약은 **표 9.10**에 제시되어 있다.

표 9.10 농도로부터 환산 인자

백분율 농도	의미	환산 인자
10%(m/m) KCl 용액	100. g KCl 용액 내의 10 g KCl	$\frac{10 \text{ g KCl}}{100. \text{ g 용액}}$ 그리고 $\frac{100. \text{ g 용액}}{10 \text{ g KCl}}$
12%(v/v) 에탄올 용액	100. mL 에탄올 용액 내의 12 mL 에탄올	$\frac{12 \text{ mL 에탄올}}{100. \text{ mL 용액}}$ 그리고 $\frac{100. \text{ mL 용액}}{12 \text{ mL 에탄올}}$
5%(m/v) 글루코스 용액	100. mL 글루코스 용액 내의 5 g 글루코스	$\frac{5 \text{ g 글루코스}}{100. \text{ mL 용액}}$ 그리고 $\frac{100. \text{ mL 용액}}{5 \text{ g 글루코스}}$
몰 농도	**의미**	**환산 인자**
6.0 M HCl 용액	1 L HCl 용액 내의 6.0 몰 HCl	$\frac{6.0 \text{ mol HCl}}{1 \text{ L 용액}}$ 그리고 $\frac{1 \text{ L 용액}}{6.0 \text{ mol HCl}}$

양방향 비디오

용액

연습 문제

9.4 용액 농도

학습 목표 용액에서 용질의 농도를 계산한다. 농도를 환산 인자로 사용하여 용질 또는 용액의 양을 계산한다.

9.17 다음 용질의 질량 백분율(m/m)을 계산하라.

a. 40 g LiCl과 150 g H_2O

b. 200 g 설탕 용액 내의 25 g 설탕

c. 50.0 g $MgCl_2$ 용액 내의 6.0 g $MgCl_2$

9.18 구강 청결제(mouthwash)에는 22.5%(v/v) 알코올이 포함되어 있다. 구강 청결제 한 병이 355 mL라면, 알코올의 부피는 몇 mL인가?

9.19 5.00%(m/m) 글루코스 용액과 5.00%(m/v) 글루코스 용액 사이의 차이는 무엇인가?

9.20 다음의 용질에 대한 질량/부피 백분율(m/v)을 계산하라.
a. 200 mL 커피 내의 0.02 kg 카페인
b. 250 mL KCl 용액 내의 17 g KCl

9.21 다음을 제조하는 데 필요한 용질의 g 또는 mL를 계산하라.
a. 50. g의 5.0%(m/m) KCl 용액
b. 1250 mL의 4.0%(m/v) NH_4Cl 용액
c. 250. mL의 10.0%(v/v) 아세트산 용액

9.22 25°C에서 폼산의 밀도가 1.22 g/mL로 주어졌을 때, 다음 용액에 대하여 폼산의 양을 계산하라.
a. 10 mL 폼산 용액 내의 10% 폼산(m/v)
b. 10 mL 폼산 용액 내의 10% 폼산(v/v)

9.23 다음의 몰 농도를 계산하라.
a. 10.00 L NaCl 용액 내의 1.00몰 NaCl
b. 10.00 L 글루코스 용액 내의 7.00 g 글루코스
c. 700. mL KOH 용액 내의 2.95 g KOH

9.24 다음을 제조하는 데 필요한 용질의 g을 계산하라.
a. 1.50 M NaOH 용액 2.00 L
b. 0.200 M KCl 용액 4.00 L
c. 6.00 M HCl 용액 25.0 mL

9.25 다음의 각 용액에 대하여 다음을 계산하라.
a. 3.00몰의 KBr을 얻기 위한 2.00 M KBr 용액의 L
b. 15.0몰의 NaCl을 얻기 위한 1.50 M NaCl 용액의 L
c. 0.0500몰의 $Ca(NO_3)_2$를 얻기 위한 0.800 M $Ca(NO_3)_2$ 용액의 mL

의학 응용

9.26 환자는 매시간마다 20.%(m/v) 만니톨(mannitol) 용액 100. mL를 투여받는다.
a. 1시간에 만니톨 몇 g을 투여받는가?
b. 12시간 동안 환자가 투여받는 만니톨은 몇 g인가?

9.27 한 환자는 다음 12시간 동안 100. g의 글루코스가 필요하다. 5%(m/v) 글루코스 용액 몇 L를 받아야 하는가?

복습
방정식 풀기(1.4)

9.5 용액의 묽힘

학습 목표 용액의 묽힘을 기술한다. 용액을 묽힐 때, 미지의 농도 또는 부피를 계산한다.

화학과 생물학에서는 종종 더 진한 용액에서 묽은 용액을 제조한다. **묽힘**(dilution)이라는 과정은 보통 물인 용매가 용액에 첨가되어 부피가 증가한다. 결과적으로 용액의 농도는 감소한다. 일상적인 예로, 진한 오렌지주스 1캔에 3캔의 물을 더하면 묽히고 있는 것이다.

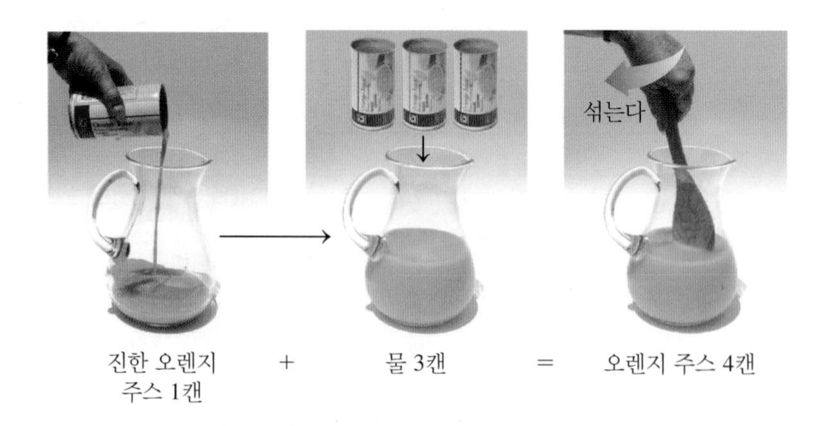

용매의 첨가로 부피는 증가하지만, 용질의 양은 변하지 않는다. 용질의 양은 진한 용액과 묽힌 용액에서 동일하다(**그림 9.8**).

$$\underset{\text{진한 용액}}{\text{용질의 g 또는 mol}} = \underset{\text{묽은 용액}}{\text{용질의 g 또는 mol}}$$

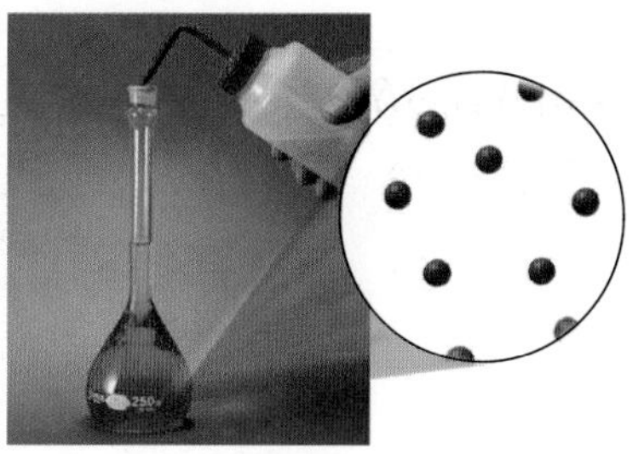

그림 9.8 진한 용액에 물이 첨가되면, 용질 입자의 수는 변하지 않는다. 그러나 묽은 용액의 부피가 증가할수록 용질 입자는 분산된다.

Q 6 M의 HCl 용액 시료에 같은 부피의 물이 첨가된 후 묽은 용액의 농도는 얼마인가?

농도 C와 부피 V를 이용하여 동등량을 쓸 수 있다. 농도 C는 백분율 농도 또는 몰 농도이다.

$$\underset{\text{진한 용액}}{C_1V_1} = \underset{\text{묽은 용액}}{C_2V_2}$$

4개의 변수(C_1, C_2, V_1, V_2) 중 3개가 주어지면, 예제 9.12와 9.13에서 볼 수 있듯이 미지의 양을 풀기 위하여 묽힘 표현식을 재배열할 수 있다.

예제 9.12 묽은 용액의 몰 농도

문제

4.00 M의 KCl 용액 75.0 mL를 500. mL 부피로 묽힐 때, 용액의 몰 농도는 얼마인가?

풀이 지침

1단계 용액의 농도와 부피 표를 만들라.

	주어진 조건	필요한 사항	연계
문제 분석	$C_1 = 4.00$ M, $V_1 = 75.0$ mL, $V_2 = 500.$ mL	C_2	$C_1V_1 = C_2V_2$ V_2 증가, C_2 감소

2단계 미지의 양을 풀기 위하여 묽힘 표현식을 재배열하라.

$$C_1V_1 = C_2V_2$$

$$\frac{C_1V_1}{V_2} = \frac{C_2\cancel{V_2}}{\cancel{V_2}} \quad \text{양쪽을 } V_2\text{로 나눈다.}$$

$$C_2 = C_1 \times \frac{V_1}{V_2}$$

3단계 묽힘 표현식에 알고 있는 양을 대입하고 계산하라.

$$C_2 = \underset{\text{유효숫자 3개}}{4.00\ \text{M}} \times \frac{\overset{\text{유효숫자 3개}}{75.0\ \cancel{\text{mL}}}}{\underset{\text{유효숫자 3개}}{500.\ \cancel{\text{mL}}}} = \underset{\text{유효숫자 3개}}{0.600\ \text{M}}(\text{묽힌 KCl 용액})$$

부피 인자는 농도를 감소

처음 몰 농도(C_1)를 1보다 작은 부피 비(부피 인자)로 곱하면, 묽힌 용액의 몰 농도(C_2)는 1단계에서 예상한 대로 감소한다.

유제 9.12

4.00 M KOH 용액 50.0 mL를 묽혀서 200. mL가 될 때, 용액의 몰 농도는 얼마인가?

해답

1.00 M KOH 용액

확인하기

연습 문제 9.28을 풀어보기

예제 9.13 용액의 묽힘

문제

의사가 35.0%(m/v) 덱스트로스 용액 1000. mL를 처방하였다. 여러분이 50.0% (m/v)의 덱스트로스 용액을 가지고 있다면, 35.0%(m/v)의 덱스트로스 용액 1000. mL를 제조하기 위하여 몇 mL를 사용하여야 하는가?

풀이 지침

1단계 용액의 농도와 부피 표를 만들라. 문제 분석을 위하여, 용액의 자료를 표로 조직화하여 농도와 부피의 단위가 동일하도록 확인한다.

	주어진 조건		필요한 사항	연계
문제 분석	$C_1 = 50.0\%(m/v)$	$C_2 = 35.0\%(m/v)$ $V_2 = 1000.\ mL$	V_1	$C_1V_1 = C_2V_2$ C_1 증가, V_1 감소

2단계 미지의 양을 풀기 위하여 묽힘 표현식을 재배열하라.

$$C_1V_1 = C_2V_2$$

$$\frac{\cancel{C_1}V_1}{\cancel{C_1}} = \frac{C_2V_2}{C_1} \quad \text{양쪽을 } C_1\text{으로 나눈다.}$$

$$V_1 = V_2 \times \frac{C_2}{C_1}$$

3단계 알고 있는 양을 묽힘 표현식에 대입하고 계산하라.

$$V_1 = 1000.\ mL \times \frac{35.0\%}{50.0\%} = 700.\ mL \text{ 덱스트로스 용액}$$

(1000. mL: 유효숫자 4개; 35.0%: 유효숫자 3개; 50.0%: 유효숫자 3개; 농도 인자는 부피를 감소; 700. mL: 유효숫자 3개)

나중 부피(V_2)를 1보다 작은 백분율 농도 비(농도 인자)로 곱하면, 처음 부피(V_1)는 1단계에서 예상한 바와 같이 나중 부피(V_2)보다 작다.

유제 9.13

3.0%(m/v) 마노스(mannose) 용액 125 mL를 제조하는 데 필요한 15%(m/v) 마노스 용액의 처음 부피는 얼마인가?

해답

15%(m/v) 마노스 용액 25 mL

확인하기

연습 문제 9.29에서 9.31을 풀어보기

연습 문제

9.5 용액의 묽힘

학습 목표 용액의 묽힘을 기술한다. 용액을 묽힐 때, 미지의 농도 또는 부피를 계산한다.

9.28 다음의 나중 농도를 계산하라.

a. 나중 부피가 6.0 L가 되도록 6.0 M의 HCl 용액 2.0 L를 물에 첨가하였다.

b. 묽은 NaOH 용액 3.0 L를 만들기 위해 12 M의 NaOH 용액 0.50 L에 물을 첨가하였다.

c. 나중 부피가 100.0 mL가 되도록 25%(m/v) KOH 용액 10.0 mL 시료를 물로 묽혔다.

d. 나중 부피가 250 mL가 되도록 15%(m/v) H_2SO_4 용액 50.0 mL 시료를 물에 첨가하였다.

9.29 다음의 나중 부피를 mL로 결정하라.

a. 6.0 M의 HCl 용액 20.0 mL로부터 만들어진 1.5 M HCl 용액

b. 10.0%(m/v) LiCl 용액 50.0 mL로부터 만들어진 2.0% (m/v) LiCl 용액

c. 6.00 M H_3PO_4 용액 50.0 mL로부터 만들어진 0.500 M H_3PO_4 용액

d. 12%(m/v) 글루코스 용액 75 mL로부터 만들어진 5.0% (m/v) 글루코스 용액

9.30 다음을 만들기 위해 필요한 처음 부피를 mL로 결정하라.

a. 4.00 M의 HNO_3 용액을 이용하여 0.200 M HNO_3 용액 255 mL

b. 6.00 M의 $MgCl_2$ 용액을 이용하여 0.100 M $MgCl_2$ 용액 715 mL

c. 8.00 M의 KCl 용액을 이용하여 0.150 M KCl 용액 0.100 L

의학 응용

9.31 5.0%(m/v)의 글루코스 용액이 500. mL가 필요하다. 25%(m/v)의 글루코스 용액을 가지고 있다면, 몇 mL가 필요한가?

9.6 용액의 성질

학습 목표 혼합물을 용액, 콜로이드 또는 현탁액으로 확인한다. 용액에서 입자의 수가 어떻게 삼투압에 영향을 주는지 기술한다.

다른 종류의 혼합물에서 용질 입자의 크기와 수는 혼합물의 성질을 결정하는 데 중요한 역할을 한다.

용액

지금까지 논의한 용액에서, 용질은 용매 전체에 균등하게 퍼져 있는 작은 입자로 용해되어 균일한 용액이 된다. 소금물과 같은 용액을 관찰하면, 육안으로는 용질을 용매와 구별할 수 없다. 용액은 비록 색을 가질 수 있지만 투명한 것처럼 보인다. 입자들은 매우 작아서 필터와 **반투막**(semipermeable membrane)을 통과할 수 있다. 반투막은 물과 같은 용매 분자와 매우 작은 용질 입자는 통과시키지만, 큰 용질 분자는 통과시키지 못한다.

콜로이드

콜로이드(colloid) 내의 입자는 용액 내의 용질 입자보다 매우 크다. 콜로이드 입자는 단백질이나 분자 또는 이온의 집단과 같은 커다란 분자이다. 콜로이드는 용액과 같이 균등하게 퍼져 있고, 필터로 분리할 수 없지만 반투막으로 분리할 수 있다. **표 9.11**은 콜로이드의 몇 가지 예를 게재하고 있다.

표 9.11 콜로이드의 예

콜로이드	분산질	분산매
안개, 구름, 헤어스프레이	액체	기체
먼지, 연기	고체	기체
면도 크림, 휘프드 크림, 비누 거품	기체	액체
스티로폼, 마시멜로	기체	고체
마요네즈, 균질 우유	액체	액체
치즈, 버터	액체	고체
혈장, 페인트(라텍스), 젤라틴	고체	액체

현탁액

현탁액(suspension)은 용액 또는 콜로이드와 매우 다른 불균등한, 불균일 혼합물이다. 현탁액의 입자는 매우 커서 맨눈으로도 볼 수 있다. 또한 이들은 필터와 반투막으로도 걸러진다.

현탁된 용질 입자의 무게로 인해 섞이자마자 곧 침전된다. 진흙탕 물을 저으면, 섞이지만 현탁된 입자들이 바닥에 침전되고 위에 맑은 액체를 남기면서 곧 분리된다. 병원 또는 의료함의 의약품에서도 현탁액을 발견할 수 있다. 여기에는 카오펙테이트(Kaopectate), 칼라민 로션(calamine lotion), 제산 혼합물과 액체 페니실린 등이 있다. 입자가 현탁액을 형성할 수 있도록 "사용하기 전에 잘 흔들어 주십시오."라고 적힌 라벨의 지시를 잘 따르는 것이 중요하다.

수처리 시설은 물을 정화하기 위하여 현탁액의 성질을 이용한다. 처리되지 않은 물에 황산 알루미늄 또는 황산 철(III)과 같은 화학물질을 첨가하면, 이들은 불순물과 반응하여 **응집체**(floc)라고 하는 커다란 현탁된 입자를 형성한다. 수처리 시설에서 여과 시스템은 현탁된 입자를 거르지만 깨끗한 물은 통과시킨다.

확인하기
연습 문제 9.32를 풀어보기

표 9.12는 다양한 종류의 혼합물을 비교하고 있으며, **그림 9.9**는 용액, 콜로이드, 현탁액의 성질을 보여주고 있다.

표 9.12 용액, 콜로이드, 현탁액의 비교

혼합물의 종류	입자의 종류	침전	분리
용액	원자, 이온 또는 작은 분자와 같은 작은 입자	입자는 침전되지 않는다.	필터나 반투막으로 입자를 분리할 수 없다.
콜로이드	더 큰 분자나 분자 또는 이온의 집단	입자는 침전되지 않는다.	반투막으로 입자를 분리할 수 있지만, 필터로는 분리할 수 없다.
현탁액	보일 정도의 매우 큰 입자	입자는 빠르게 침전된다.	필터로 입자를 분리할 수 있다.

삼투압

우리 신체의 세포뿐 아니라 식물의 세포에서 들어가고 나가는 물의 이동은 용질의 농도에 의존하는 중요한 생물학적 과정이다. **삼투**(osmosis)라 부르는 과정에서, 물 분

그림 9.9 다양한 유형의 혼합물의 특성: (a) 현탁액은 침전된다. (b) 현탁액은 필터에 의해 분리된다. (c) 용액 입자는 반투막을 통과하지만 콜로이드와 현탁액 입자는 통과하지 못한다.

Q 현탁된 입자를 용액과 분리하는 데에는 필터가 사용될 수 있지만, 콜로이드를 용액과 분리하는 데에는 반투막이 필요하다. 설명하라.

자는 반투막을 통하여 용질 농도가 낮은 용액으로부터 용질 농도가 높은 용액으로 이동한다. 삼투 장치에서 반투막의 한쪽에는 물을 놓고, 다른 쪽에는 수크로스(설탕) 용액을 놓는다. 반투막은 물 분자가 좌우로 이동할 수 있게 하지만 수크로스 분자는 막을 통과할 수 없기 때문에 이동을 막는다. 수크로스 용액은 높은 용질 농도를 가지고 있기 때문에, 더 많은 물 분자가 수크로스 용액에서 나오기보다는 수크로스 용액 쪽으로 흘러 들어간다. 따라서 물 쪽의 부피는 높이가 낮아지면서, 수크로스 용액의 부피는 높이가 높아진다. 물의 증가는 수크로스 용액을 묽게 하여 막 양쪽의 농도가 같아진다(또는 같아지도록 시도한다).

물의 흐름이 양방향에서 동일해질 때까지 물은 용질 농도가 더 높은 용액으로 흘러 들어간다.

결국 수크로스 용액의 높이는 두 구역 사이의 물의 흐름을 같아지게 할 만큼 충분한 압력을 만든다. **삼투압**(osmotic pressure)이라 부르는 이 압력은 더 진한 용액 쪽으로 들어가는 추가적인 물의 흐름을 막는다. 그러면 두 용액의 부피는 더 이상 변하지 않는다. 삼투압은 용액의 용질 입자의 농도에 의존한다. 이 예에서, 수크로스 용액은 삼투압이 0인 순수한 물보다 더 높은 삼투압을 가진다.

역삼투(reverse osmosis)라고 하는 과정은 삼투압보다 더 큰 압력이 용액에 가해져 강제로 정제 막을 통과하도록 한다. 물의 농도가 낮은 영역에서 더 높은 영역으로 물이 흐르기 때문에, 물의 흐름은 역전된다. 용액 내 분자와 이온은 막에 의해 막혀 뒤에 남지만, 물은 막을 통과한다. 역삼투 과정은 탈염 시설에서 해수(염수)로부터 순수한 물을 얻기 위하여 사용된다. 그러나 압력을 가하는 데에는 많은 에너지가 필요하기 때문에 역삼투는 아직 세계 대부분 지역에서 순수한 물을 얻기 위한 경제적인 방법이 되지 못하고 있다.

등장액

생물계에서 세포막은 반투막이기 때문에, 삼투는 진행 중인 과정이다. 혈액, 조직액, 림프 및 혈장과 같은 신체 용액의 용질은 모두 삼투압을 가한다. 병원에서 사용하는 대부분의 정맥주사(IV) 용액은 혈액과 같은 체액과 동일한 삼투압을 가하는 **등장액**(isotonic solution)이다. IV 용액에서 전형적으로 사용하는 백분율 농도는 이미 논의하였던 종류의 백분율 농도인 질량/부피 백분율(m/v)이다. 가장 전형적인 등장액 용

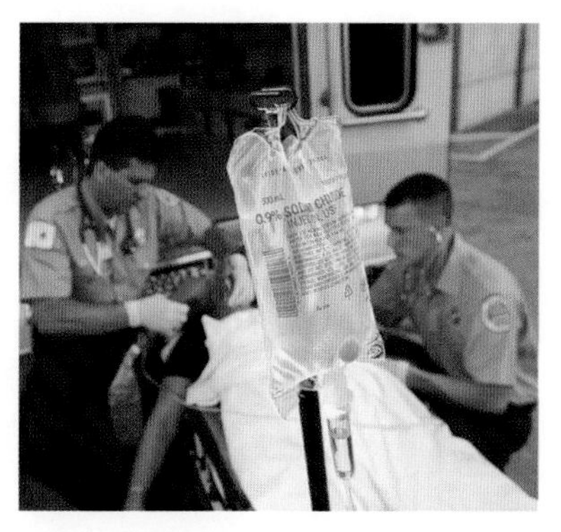

0.9% NaCl 용액은 체내 혈액 세포의 용질 농도와 등장이다.

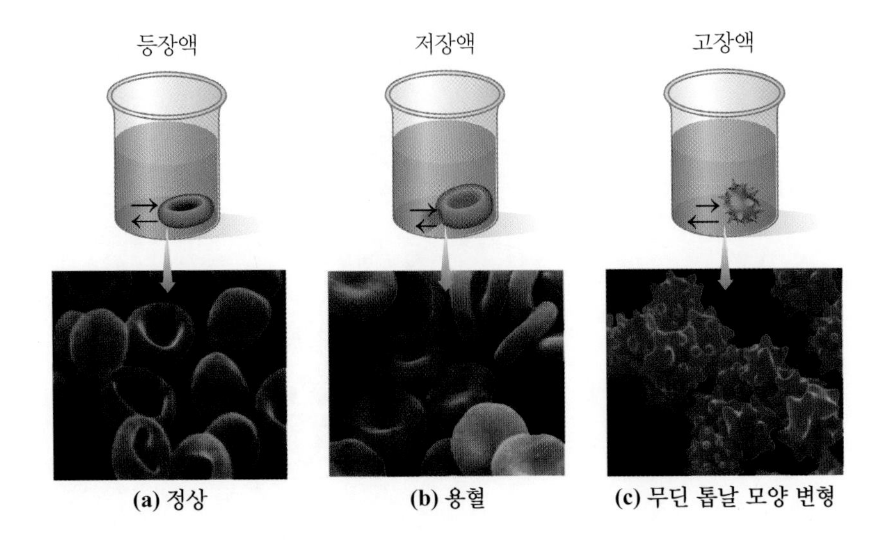

그림 9.10 (a) 등장액에서 적혈구 세포는 정상 부피를 유지한다. (b) 용혈: 저장액에서 물이 적혈구 세포로 흘러들어가 부풀어 터진다. (c) 무딘 톱날 모양 변형: 고장액에서 물이 적혈구 세포에서 나와 줄어든다.

Q 4% NaCl 용액에 넣은 적혈구 세포에는 무슨 일이 일어나는가?

액은 0.9%(m/v) NaCl 용액 또는 0.9 g NaCl/100. mL 용액, 5%(m/v) 글루코스 또는 5 g 글루코스/100. mL 용액이다. 이들이 같은 종류의 입자를 가지고 있는 것은 아니지만, 0.9%(m/v) NaCl 용액과 5%(m/v) 글루코스 용액의 삼투압은 모두 동일하다. 등장액에 넣은 적혈구 세포는 세포 안과 밖으로 향하는 물의 흐름이 동일하기 때문에 부피를 유지한다(**그림 9.10a**).

저장액과 고장액

적혈구 세포를 등장액이 아닌 용액에 넣었을 때, 세포 내부와 외부의 삼투압 차이는 세포의 부피를 변화시킬 수 있다. 적혈구 세포를 더 낮은 용질 농도를 가지는 **저장액**(hypotonic solution)에 넣으면(hypo는 '-보다 낮은'을 의미), 물은 삼투에 의하여 세포로 흘러 들어간다. 체액의 증가로 세포는 부풀게 되고 결국에는 터진다. 이러한 과정을 **용혈**(hemolysis)이라고 한다(**그림 9.10b**). 이와 유사한 과정이 말린 포도 또는 말린 과일과 같은 탈수 식품을 물에 넣을 때 일어난다. 물이 세포로 들어가면서 음식이 통통해지고 매끈해진다.

적혈구 세포를 더 높은 용질 농도를 가지는 **고장액**(hypertonic solution)에 넣으면(hyper는 '-보다 많은'을 의미), 삼투로 인해 물은 세포에서 고장액으로 흐른다. 적혈구 세포를 10%(m/v) NaCl 용액에 넣었다고 가정해보자. 적혈구 세포 내의 삼투압은 0.9%(m/v) NaCl 용액과 같기 때문에, 10%(m/v) NaCl 용액은 훨씬 큰 삼투압을 가진다. 물이 세포에서 나오면서 세포가 수축되는데, 이러한 과정을 **무딘 톱날 모양 변형**(crenation)이라 한다(**그림 9.10c**). 피클을 만들 때 이와 유사한 과정이 일어난다. 고장액의 소금 용액을 사용하면, 오이가 물을 잃으면서 쭈글쭈글해진다.

예제 9.14 **등장액, 저장액, 고장액**

문제

다음 용액을 등장액, 저장액 또는 고장액으로 기술하라. 각 용액에 넣은 적혈구 세포가 용혈, 무딘 톱날 모양 변형 또는 변화가 없는지를 나타내라.

a. 5%(m/v) 글루코스 용액
b. 0.2%(m/v) NaCl 용액

풀이

a. 5%(m/v) 글루코스 용액은 등장액이다. 적혈구 세포는 아무런 변화가 일어나지 않을 것이다.
b. 0.2%(m/v) NaCl 용액은 저장액이다. 적혈구 세포는 용혈이 일어날 것이다.

유제 9.14

10%(m/v) 글루코스 용액에 넣은 적혈구 세포에는 어떤 일이 일어나는가?

해답

적혈구 세포는 수축할 것이다(무딘 톱날 모양 변형).

확인하기

연습 문제 9.33에서 9.36까지 풀어보기

투석

투석(dialysis)은 삼투와 비슷한 과정이다. 투석에서 투석막이라 부르는 반투막은 용매 물 분자와 함께 작은 용질 분자와 이온은 통과시키지만, 콜로이드와 같은 큰 입자는 그대로 유지시킨다. 투석은 용액 입자를 콜로이드와 분리하는 방법이다.

셀로판 주머니를 NaCl, 글루코스, 녹말, 단백질이 포함된 용액으로 채우고, 순수한 물에 넣었다고 가정해보자. 셀로판은 투석막이고, 소듐 이온, 염화 이온 및 글루코스 분자는 막을 통과하여 주위의 물로 들어간다. 그러나 녹말 및 단백질과 같은 커다란 콜로이드 입자는 안에 그대로 남아 있다. 따라서 물 분자는 셀로판 주머니 안으로 흘러 들어갈 것이다. 결국 소듐 이온, 염화 이온과 글루코스 분자의 농도는 투석막 안과 밖이 같아진다. 더 많은 NaCl 또는 글루코스를 제거하려면, 셀로판 주머니를 순수한 물의 새로운 시료에 넣어야 한다.

용액 입자는 투석막을 통과하지만 콜로이드 입자들은 그대로 남아 있다.

화학과 보건
신장과 인공 신장에 의한 투석

신체의 체액은 신장의 막을 이용하여 투석을 시행하며, 이를 통해 노폐물, 과도한 염과 수분을 제거한다. 성인의 경우, 각 신장에는 약 2백만 개의 네프론(nephron)이 있다. 그리고 각 네프론 위에는 **사구체**(glomerulus)라 불리는 동맥모세혈관(arterial capillary)의 망(network)이 있다.

혈액이 사구체로 흘러 들어오면, 아미노산, 글루코스, 요소, 물 및 특정 이온들과 같은 작은 입자들이 모세관을 통하여 이동하여 네프론으로 들어간다. 이 용액이 네프론을 통하여 이동하면서, 신체에 아직 필요한 물질(아미노산, 글루코스, 특정 이온 및 99%의 물)은 재흡수된다. 주요 노폐물인 요소는 소변으로 배설된다.

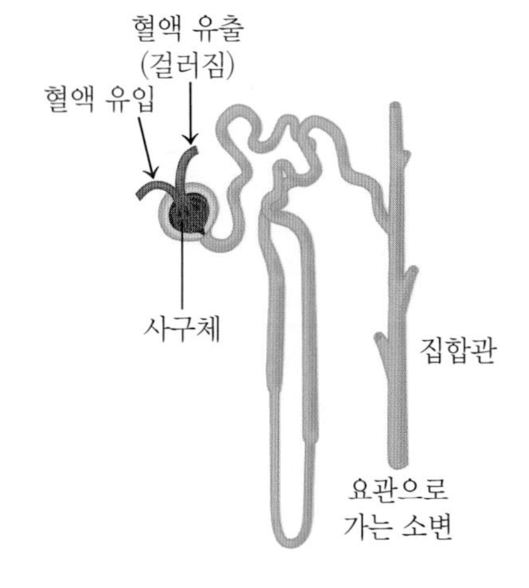

신장의 각 네프론은 요소와 노폐물이 제거되어 소변을 형성하는 사구체를 가지고 있다.

혈액 투석(hemodialysis)

신장이 노폐물을 투석하지 못하면, 요소 수치가 높아져 비교적 짧은 시간 내에 생명을 위협한다. 신부전이 있는 사람은 혈액 투석을 통해 혈액을 깨끗하게 하는 인공 신장을 이용하여야 한다.

전형적인 인공 신장 기계에는 선택된 전해질이 포함된 물로 채워진 커다란 탱크가 있다. 이 투석조(투석물(dialysate))의 중앙에는 투석 코일 또는 셀룰로스 관으로 만들어진 막이 있다. 환자의 혈액이 투석 코일을 통하여 흐르면, 매우 진한 노폐물은 혈액 밖으로 투석되어 나간다. 막은 적혈구 세포와 같이 큰 입자는 통과하지 않기 때문에 혈액은 손실되지 않는다.

투석 환자는 많은 소변을 생성하지 않는다. 따라서 이들은 투석 치료 사이에 많은 양의 수분이 유지되어 심장에 부담을 준다. 투석 환자에게 액체의 유입은 하루에 몇 티스푼 정도의 적은 양의 물로 제한된다. 투석 과정에서 혈액이 투석 코일을 순환하면서 물을 혈액으로부터 짜낼 수 있도록 혈액의 압력은 증가한다. 일부 투석 환자의 경우에는 치료 중에 2~10 L의 물이 제거된다. 투석 환자는 일주일에 2~3회 치료를 받으며, 1회 치료에 약 5~7시간이 소요된다. 새로운 치료법 중 일부는 더 적은 시간이 소요된다. 많은 환자의 경우, 가정에서 가정용 투석기로 투석을 시행한다.

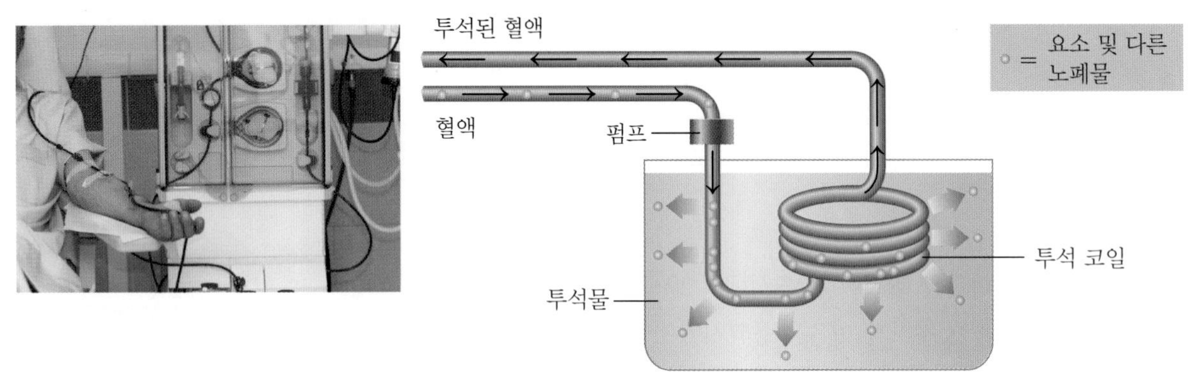

투석하는 동안, 노폐물과 과도한 수분이 혈액에서 제거된다.

연습 문제

9.6 용액의 성질

학습 목표 혼합물을 용액, 콜로이드 또는 현탁액으로 확인한다. 용액에서 입자의 수가 어떻게 삼투압에 영향을 주는지 기술한다.

9.32 다음을 용액, 콜로이드 또는 현탁액으로 확인하라.
a. 반투막으로 분리할 수 없는 혼합물
b. 가만히 세워두면 침전되는 혼합물

9.33 20%(m/v) 녹말 용액을 반투막으로 1%(m/v) 녹말 용액과 분리하였다. (녹말은 콜로이드이다.)
a. 어느 구역이 더 낮은 삼투압을 가지는가?
b. 처음에 어느 방향으로 물이 흐르는가?
c. 어느 구역에 부피 수준이 상승할 것인가?

9.34 반투막으로 분리된 다음 두 용액 중 부피가 증가하는 구역(A 또는 B)을 나타내라.

A	B
a. 5%(m/v) 수크로스	10%(m/v) 수크로스
b. 8%(m/v) 알부민	4%(m/v) 알부민
c. 0.1%(m/v) 녹말	10%(m/v) 녹말

의학 응용

9.35 다음 용액은 적혈구 세포와 비교할 때 등장액, 저장액, 또는 고장액 중 무엇인가?
a. 증류수
b. 1%(m/v) 글루코스
c. 0.9%(m/v) NaCl
d. 15%(m/v) 글루코스

9.36 다음 혼합물을 투석백에 넣고 증류수에 담갔다. 증류수에서 백 외부에 발견되는 물질은 무엇인가?
a. NaCl 용액
b. 녹말 용액(콜로이드)과 알라닌(아미노산) 용액
c. NaCl 용액과 녹말 용액(콜로이드)
d. 요소 용액

의학 최신 정보 신장 이상에 따른 투석 이용

투석 환자인 Michelle은 일주일에 세 번 4시간의 투석 치료를 받는다. 그녀가 투석 병원에 도착하면 체중과 체온, 혈압을 측정하고, 혈액 검사를 통해 혈액 내 전해질과 요소 수치를 확인한다. 투석 센터에서 투석기에 연결된 관은 그녀에게 삽입된 투석 도관과 연결된다. 혈액은 그녀의 몸에서 펌프로 밖으로 내보내져 투석기를 통해 여과되고 다시 몸으로 돌아온다. Michelle의 혈액이 투석기를 흐르면서, 투석물의 전해질은 그녀의 혈액으로 들어가고, 혈액의 노폐물은 투석물로 이동하며, 이를 지속적으로 재개한다. 정상 혈청 전해질 수준에 도달하기 위하여, 투석물 액체에는 혈청 농도와 동일한 수준의 소듐, 마그네슘, 염화 이온이 포함되어 있다. 이러한 전해질은 농도가 정상보다 높을 때에만 혈액에서 제거된다. 일반적으로 투석 환자의 포타슘 이온 수준은 정상보다 높다. 그러므로 초기 투석은 투석물의 포타슘 이온 농도를 낮게 하여 시작한다. 투석하는 동안 과잉의 액체는 삼투에 의해 제거된다. 4시간의 투석 과정에는 최소한 120 L의 투석액이 필요하다. 투석하는 동안 투석물의 전해질은 전해질이 정상 혈청과 같은 수준을 가질 때까지 조절된다. Michelle을 위해 제조된 처음 투석물 용액에는 HCO_3^-, K^+, Na^+, Ca^{2+}, Mg^{2+}, Cl^-, 글루코스가 포함되어 있다.

의학 응용

9.37 최근의 투석 치료 후, Michelle은 현기증과 메스꺼움을 겪었다. Michelle의 의사는 메스꺼움을 치료하는 데 사용하는 클로르프로마진(chlorpromazine) 0.075 g을 지시하였다. 재고 용액이 2.5%(m/v)이라면, 몇 mL를 처방하여야 하는가?

9.38 혈액 내 칼슘의 수준을 증가시키기 위하여 $CaCl_2$ 용액이 주어졌다. 환자가 10.%(m/v) $CaCl_2$ 용액 5.0 mL를 받았다면, 몇 g의 $CaCl_2$가 주어진 것인가?

개념도

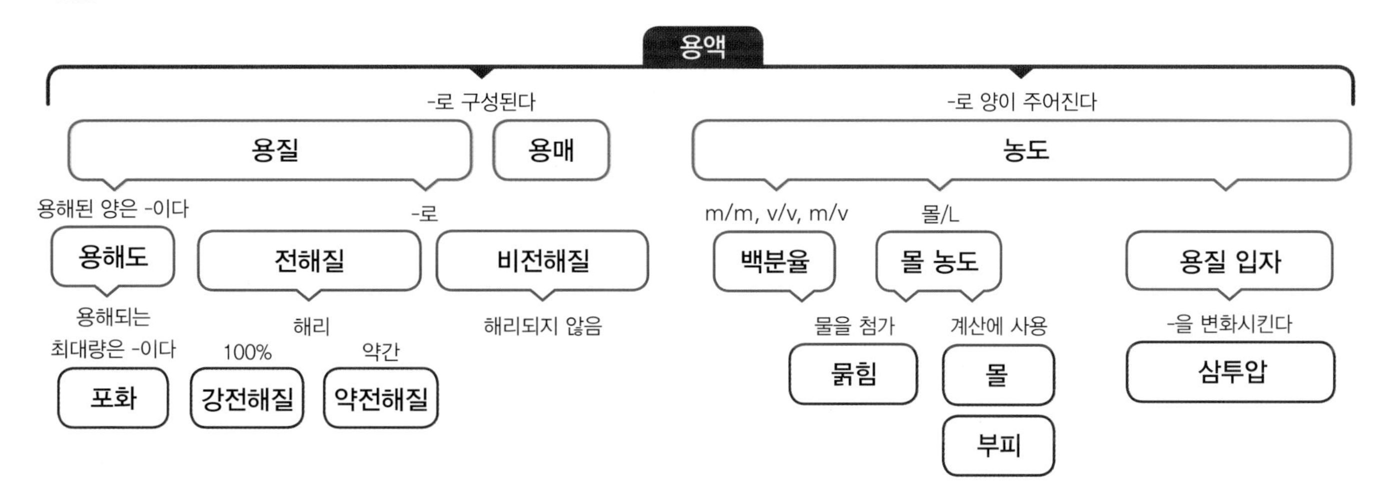

장 복습

9.1 용액

학습 목표 용액에서 용질과 용매를 확인하고, 용액의 형성을 기술한다.

- 용질이 용매에 용해될 때 용액이 형성된다.
- 용액에서 용질의 입자는 용매에 균등하게 퍼져 있다.
- 용질과 용매는 고체, 액체 또는 기체일 수 있다.
- 극성 O—H 결합은 물 분자 사이의 수소 결합으로 될 수 있다.

- 극성 물 분자가 이온을 용액으로 끌어당겨 수화되기 때문에, 이온성 용질은 극성 용매인 물에 녹는다.
- **같은 것은 같은 것을 녹인다**라는 표현은 극성 또는 이온성 용질은 극성 용매에 녹는 반면, 비극성 용질은 비극성 용매에 녹는다는 것을 의미한다.

9.2 전해질과 비전해질

학습 목표 용질을 전해질과 비전해질로 확인한다.

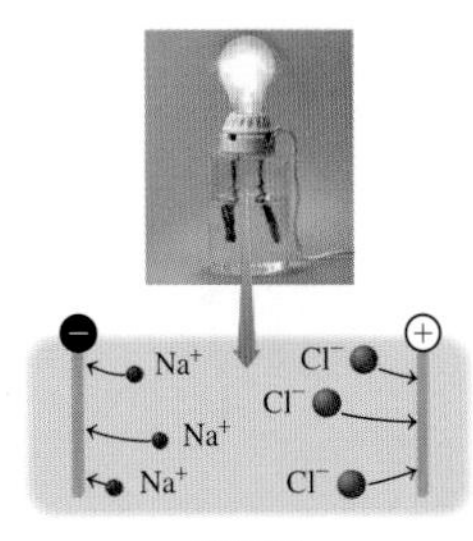

강전해질

- 물에서 이온을 생성하는 물질은 용액이 전류를 전도하기 때문에 전해질이라 부른다.
- 강전해질은 완전히 해리되는 반면, 약전해질은 부분적으로만 해리된다.
- 비전해질은 물에 녹아 분자만을 생성하고, 전류를 전도할 수 없는 물질이다.

9.3 용해도

학습 목표 용해도를 정의하여, 불포화와 포화 용액 사이를 구별한다. 이온 화합물을 가용성 또는 불용성으로 확인한다.

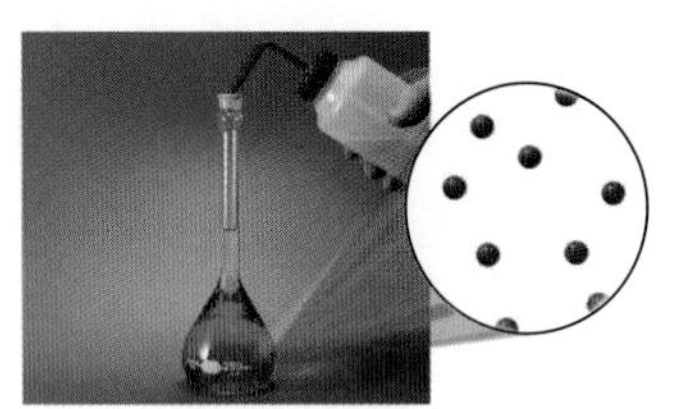

포화 용액

- 용질의 용해도는 100. g 용매에 녹을 수 있는 최대 용질의 양이다.
- 용해된 용질의 최대량을 포함하는 용액은 포화 용액이다.
- 용해된 용질의 최대량보다 적은 양을 포함하는 용액은 불포화 용액이다.
- 온도가 증가하면 물에서 대부분 고체의 용해도는 증가하지만, 물에서 기체의 용해도는 감소한다.
- 물에 녹는 이온 화합물은 보통 Li^+, Na^+, K^+, NH_4^+, NO_3^- 또는 $C_2H_3O_2^-$(아세테이트)을 가진다.

9.4 용액 농도

학습 목표 용액에서 용질의 농도를 계산한다. 농도를 환산 인자로 사용하여 용질 또는 용액의 양을 계산한다.

- 질량 백분율은 용질 질량 대 용액 질량의 질량/질량(m/m) 비에 100%를 곱한 것을 표현한다.
- 백분율 농도는 부피/부피(v/v) 비와 질량/부피(m/v) 비로 표현할 수 있다.
- 몰 농도는 용액 L당 용질의 몰수이다.
- 용질 또는 용액의 g 또는 mL를 계산할 때, 농도가 환산 인자로 사용된다.
- 몰 농도(또는 몰/L)는 용질의 몰수 또는 용액의 부피에 대하여 풀기 위한 환산 인자로 쓴다.

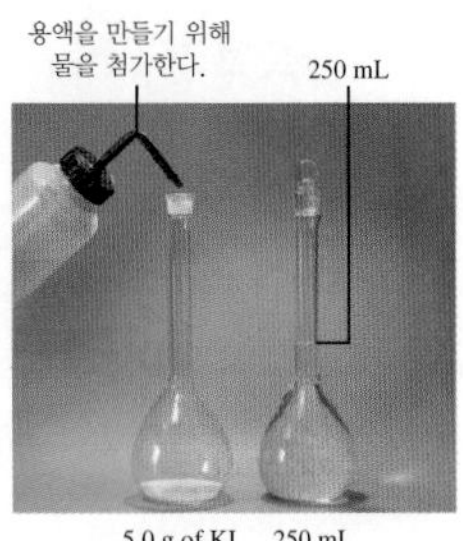

9.5 용액의 묽힘

학습 목표 용액의 묽힘을 기술한다. 용액을 묽힐 때, 미지의 농도 또는 부피를 계산한다.

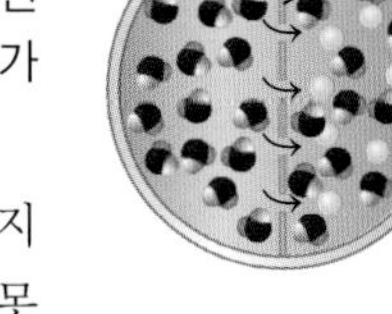

- 묽힘에서 물과 같은 용매가 용액에 첨가되면 부피는 증가하고 농도는 감소한다.

9.6 용액의 성질

학습 목표 혼합물을 용액, 콜로이드 또는 현탁액으로 확인한다. 용액에서 입자의 수가 어떻게 삼투압에 영향을 주는지 기술한다.

반투막

- 콜로이드는 대부분 필터를 통과하지만, 침전되거나 반투막을 통과하지 못하는 입자도 있다.
- 현탁액은 침전되는 매우 큰 입자가 있다.
- 용액의 입자는 삼투압을 증가시킨다.
- 삼투에서 용매(물)는 삼투압이 낮은 용액(낮은 용질 농도)으로부터 삼투압이 높은 용액(높은 용질 농도)으로 반투막을 통과한다.
- 등장액은 체액의 삼투압과 동일한 삼투압을 가진다.
- 적혈구 세포는 등장액에서는 부피를 유지하지만, 저장액에서는 팽창하고, 고장액에서는 수축한다.
- 투석에서 물과 작은 용질 입자는 투석 막을 통과하는 반면, 큰 입자들은 그대로 남아 있다.

주요 용어

콜로이드 적당히 큰 입자를 가진 혼합물이다. 콜로이드는 필터를 통과하지만 반투막은 통과하지 못한다.

농도 특정한 양의 용액에 녹아 있는 용질의 양에 대한 척도

투석 물과 작은 용질 입자가 반투막을 통과하는 과정

묽힘 물(용매)을 용액에 첨가하여 부피를 증가시키고 용질 농도를 감소시키는(묽히는) 과정

전해질 물에 녹았을 때 이온을 생성할 수 있는 물질로, 그 용액은 전기를 전도한다.

당량(Eq) 1몰의 전기 전하를 공급할 수 있는 양이온 또는 음이온의 양

Henry의 법칙 액체에서 기체의 용해도는 액체 위 기체의 압력에 정비례한다.

수화 용해된 이온 또는 분자를 물 분자로 둘러싸는 과정

질량 백분율(m/m) 용액 100. g 내에 있는 용질의 g

질량/부피 백분율(m/v) 용액 100. mL 내에 있는 용질의 g

몰 농도(M) 정확히 1 L 용액 내에 있는 용질의 몰수

비전해질 물에 분자로 녹는 물질로, 그 용액은 전류를 전도하지 않는다.

삼투 반투막을 통하여 용질 농도가 더 높은 용액으로 흐르는 용매(보통은 물)의 흐름

삼투압 더 진한 용액으로 흐르는 물의 흐름을 막을 수 있는 압력

포화 용액 주어진 온도에서 녹을 수 있는 용질의 최대량을 포함하는 용액으로, 추가된 용질은 용기에서 녹지 않은 채로 남는다.

용해도 주어진 온도에서 100. g의 용매(보통은 물)에 녹을 수 있는 용질의 최대량

용해도 규칙 이온 화합물이 물에 녹는지, 녹지 않는지 명시하는 일련의 지침

용질 더 적은 양으로 존재하는 용액의 성분

용액 용질이 필터와 반투막을 통과할 수 있는 작은 입자(이온 또는 분자)로 구성된 균일 혼합물

용매 용질이 녹는 물질로, 보통 더 많은 양으로 존재하는 성분이다.

강전해질 물에 녹았을 때 완전히 해리되는 화합물로, 그 용액은 전기의 양도체이다.

현탁액 용질 입자가 충분히 크고 무거워 침전되고, 필터와 반투막에 모두 남아 있는 혼합물

불포화 용액 녹을 수 있는 것보다 더 적은 양의 용질이 포함되어 있는 용액

부피 백분율(v/v) 용액 100. mL 내에 있는 용질의 mL

약전해질 물에 녹을 때 많은 분자와 함께 소수의 이온만을 생성하는 물질로, 용액은 약한 전기 전도체이다.

핵심 화학 기법

각 핵심 화학 기법을 포함하는 장의 절은 각 주제 끝의 괄호 안에 표시하였다.

용해도 규칙 이용(9.3)

- 물에 녹는 이온 화합물에는 Li^+, Na^+, K^+, NH_4^+, NO_3^- 또는 $C_2H_3O_2^-$(아세테이트)이 있다.
- Cl^-, Br^- 또는 I^-를 포함하는 대부분의 이온 화합물은 녹지만, 이 화합물에 Ag^+, Pb^{2+} 또는 Hg_2^{2+}가 포함되어 있으면 녹지 않는다.
- SO_4^{2-}를 포함하는 대부분의 이온 화합물은 녹지만, 이 화합물에 Ba^{2+}, Pb^{2+}, Ca^{2+}, Sr^{2+} 또는 Hg_2^{2+}가 포함되어 있으면 녹지 않는다.
- 음이온 CO_3^{2-}, S^{2-}, PO_4^{3-} 또는 OH^-를 포함하는 대부분 이온 화합물은 녹지 않는다.

예: 이온 화합물 Ag_3PO_4와 K_2CO_3가 물에 녹는지를 결정하라.

해답: 녹게 하는 이온을 가지고 있지 않기 때문에 Ag_3PO_4는 물에 녹지 않는다. 반면, K_2CO_3는 녹게 하는 K^+를 가지고 있기 때문에 물에 녹는다.

농도 계산(9.4)

- $\text{질량 백분율(m/m)} = \dfrac{\text{용질의 질량}}{\text{용액의 질량}} \times 100\%$
- $\text{부피 백분율(v/v)} = \dfrac{\text{용질의 부피}}{\text{용액의 부피}} \times 100\%$
- $\text{질량/부피 백분율(m/v)} = \dfrac{\text{용질의 g}}{\text{용액의 mL}} \times 100\%$
- $\text{몰 농도(M)} = \dfrac{\text{용질의 몰수}}{\text{용액의 L}}$

예: 17.1 g의 LiCl이 포함된 LiCl 용액 225 mL의 질량/부피 백분율(m/v)과 몰 농도(M)는 얼마인가?

해답:
$$\text{질량/부피 \%(m/v)} = \frac{\text{용질의 g}}{\text{용액의 mL}} \times 100\% = \frac{17.1 \text{ g LiCl}}{225 \text{ mL 용액}} \times 100\% = 7.60\%\text{(m/v) LiCl 용액}$$

$$\text{몰 LiCl} = 17.1 \, \cancel{\text{g LiCl}} \times \frac{1 \text{ mol LiCl}}{42.39 \, \cancel{\text{g LiCl}}} = 0.403\text{몰 LiCl}$$

$$\text{몰 농도(M)} = \frac{\text{용질의 몰수}}{\text{용액의 L}} = \frac{0.403 \text{ mol LiCl}}{0.225 \text{ L 용액}} = 1.79 \text{ M LiCl 용액}$$

환산 인자로서 농도를 이용(9.4)

- 용질이나 용액의 양을 계산해야 할 때, 농도를 환산 인자로 이용한다.
- 예를 들어, 4.50 M HCl 용액의 농도는 1 L의 HCl 용액에 4.50 몰의 HCl이 있다는 것을 의미하며, 다음과 같이 쓸 수 있는 2개의 환산 인자를 제공한다.

$$\frac{4.50 \text{ mol HCl}}{1 \text{ L 용액}} \quad \text{그리고} \quad \frac{1 \text{ L 용액}}{4.50 \text{ mol HCl}}$$

예: 4.50 M HCl 용액 몇 mL가 1.13몰 HCl을 제공하겠는가?

해답:
$$1.13 \, \cancel{\text{mol HCl}} \times \frac{1 \, \cancel{\text{L 용액}}}{4.50 \, \cancel{\text{mol HCl}}} \times \frac{1000 \text{ mL 용액}}{1 \, \cancel{\text{L 용액}}} = 251 \text{ mL HCl 용액}$$

개념 이해 문제

복습할 장의 절은 각 문제 끝의 괄호 안에 나타내었다.

9.39 다음을 그림과 맞추어라. (9.1)

a. 극성 용질과 극성 용매

b. 비극성 용질과 극성 용매

c. 비극성 용질과 비극성 용매

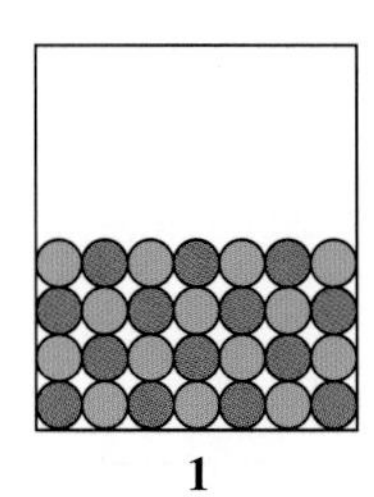
1

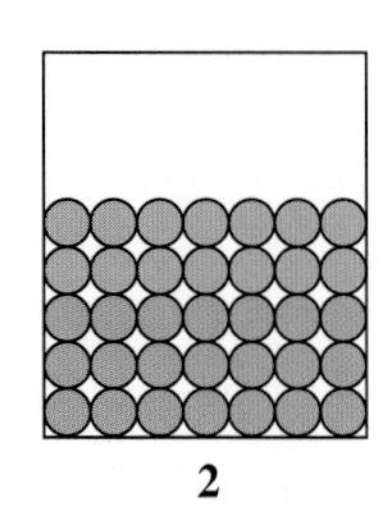
2

9.40 다음과 같은 용질 ●●에 의하여 형성된 용액을 나타내는 그림을 선택하라. (9.2)

a. 비전해질 **b.** 약전해질

c. 강전해질

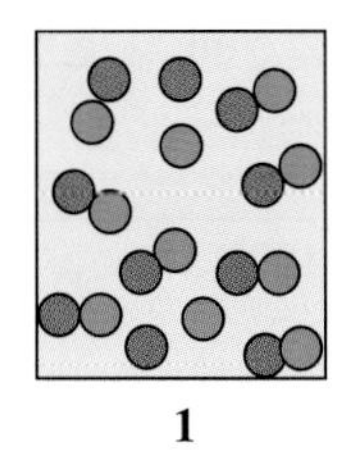
1

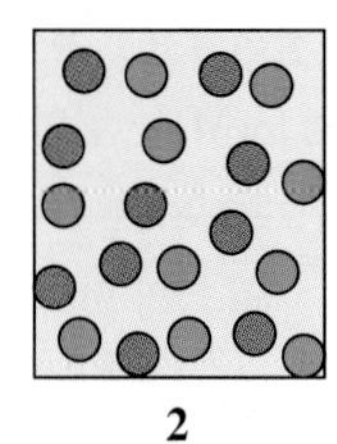
2

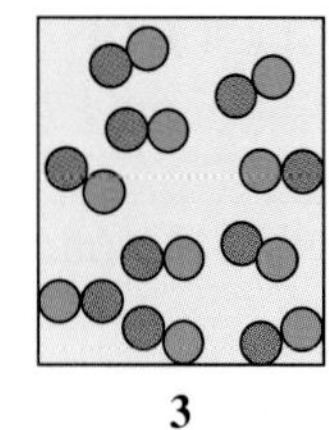
3

9.41 마른 건포도를 설탕-물 용액에 담그면, 통통해지고 매끈해진다. 이유는 무엇인가? (9.6)

9.42 반투막은 두 구역, **A**와 **B**를 분리한다. 처음에 **A**와 **B**의 수준이 동일하면, **a**~**d**의 나중 수준을 나타내는 그림을 선택하라. (9.6)

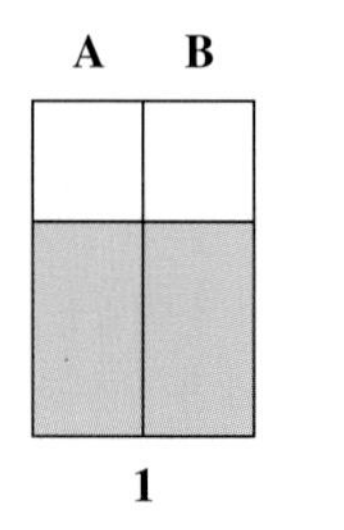

1

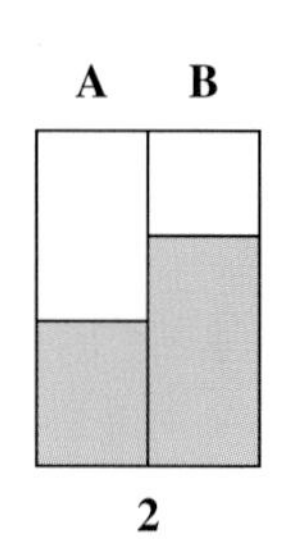

2

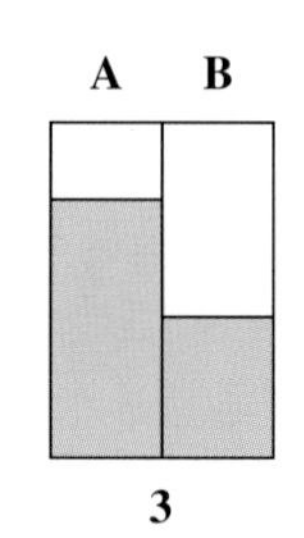

3

A의 용액	B의 용액
a. 2%(m/v) 녹말	8%(m/v) 녹말
b. 1%(m/v) 녹말	1%(m/v) 녹말
c. 5%(m/v) 수크로스	1%(m/v) 수크로스
d. 0.1%(m/v) 수크로스	1%(m/v) 수크로스

추가 연습 문제

9.43 염소는 물에 녹지만, 헥세인에는 녹지 않는 이유는 무엇인가? (9.1)

9.44 20°C에서 질산 소듐은 물 100. g에 $NaNO_3$ 88 g의 용해도를 가진다. 20°C에서 다음 용액이 포화 용액인지, 불포화 용액인지를 결정하라. (9.3)

a. 100. g의 H_2O에 24 g의 $NaNO_3$를 첨가

b. 80. g의 H_2O에 75 g의 $NaNO_3$를 첨가

c. 150. g의 H_2O에 34 g의 $NaNO_3$를 첨가

9.45 다음 이온 화합물이 물에 녹는지, 녹지 않는지를 나타내라. (9.3)

a. $CaCO_3$ **b.** K_2SO_4 **c.** $Ba(OH)_2$

d. $NaNO_3$ **e.** $CuSO_4$

9.46 20°C에서 NaCl의 용해도가 H_2O 100. g에 36.0 g이라면, 80.0 g의 NaCl을 포함하는 포화 용액을 제조하는 데 몇 g의 물이 필요한가? (9.3)

9.47 15.5 g 또는 20.0 g KBr과 75.5 g의 H_2O를 포함하는 용액의 질량 백분율(m/m)을 계산하라. (9.4)

9.48 4.5 mL의 프로필 알코올을 얻는 데 필요한 12%(v/v) 프로필 알코올 용액은 몇 mL인가? (9.4)

9.49 86.0 g의 KOH를 얻는 데 필요한 12%(m/v) KOH 용액은 몇 L인가? (9.4)

9.50 8.0 g의 KOH를 포함하고 있는 500 mL KOH 용액의 몰 농도는 얼마인가? (9.4)

9.51 소금 함량이 높은 용액을 식품 보존제로 사용하는 이유는 무엇인가? (9.6)

9.52 증발로 3.0 g의 NaCl을 얻기 위해서는 2.50 M NaCl 용액 몇 mL가 필요한가? (9.4)

9.53 다음 용액에는 몇 g의 용질이 있는가? (9.4)

a. 3.0 M $Al(NO_3)_3$ 용액 2.5 L

b. 0.50 M $C_6H_{12}O_6$ 용액 75 mL

c. 1.80 M LiCl 용액 235 mL

9.54 다음을 제조하기 위하여 물이 첨가될 때, 나중 용액의 농도를 계산하라. (9.5)

a. 0.200 M NaBr 용액 25.0 mL를 50.0 mL로 묽힌다.

b. 12.0%(m/v) K_2SO_4 용액 15.0 mL를 40.0 mL로 묽힌다.

c. 6.00 M NaOH 용액 75.0 mL를 255 mL로 묽힌다.

9.55 다음의 묽힌 용액을 제조하는 데 필요한 처음 부피는 몇 mL인가? (9.5)

a. 10.0%(m/v) HCl에서 3.0%(m/v) HCl 250 mL

b. 5.0%(m/v) NaCl에서 0.90%(m/v) NaCl 500. mL

c. 6.00 M NaOH에서 2.00 M NaOH 350. mL

9.56 주어진 농도를 제공하기 위하여 다음의 각 용액 25.0 mL를 묽힐 때, 나중 부피는 몇 mL인가? (9.5)

a. 2.50%(m/v) HCl 용액을 제공하기 위한 10.0%(m/v) HCl 용액

b. 1.00 M HCl 용액을 제공하기 위한 5.00 M HCl 용액

c. 0.500 M HCl 용액을 제공하기 위한 6.00 M HCl 용액

도전 문제

다음 문제들은 이 장의 주제와 연관되어 있다. 그러나 장의 순서를 따르지 않으며, 여러 절의 개념과 기법을 종합할 것을 요구한다. 이러한 문제들은 여러분의 비판적 사고 능력을 향상시키고 다음 시험을 준비하는 것을 도와줄 것이다.

9.57 실험실 실험에서 NaCl 용액 10.0 mL 시료를 질량이 24.10 g인 증발 접시에 쏟아 놓았다. 증발 접시와 NaCl 용액을 합한 질량은 36.15 g이다. 가열 후, 증발 접시와 건조된 NaCl을 합한 질량은 25.50 g이다. (9.4)

a. NaCl 용액의 질량 백분율(m/m)은 얼마인가?

b. NaCl 용액의 몰 농도(M)는 얼마인가?

c. 10.0 mL의 처음 NaCl 용액에 물을 첨가하여 나중 부피가 60.0 mL가 되었다면, 묽힌 NaCl 용액의 몰 농도는 얼마인가?

9.58 플루오린화 포타슘은 18°C에서 H_2O 100. g에 KF 92 g의 용해도를 가진다. 다음의 혼합물이 18°C에서 불포화 또는 포화 용액을 형성하는지를 결정하라. (9.3)

a. 25 g의 H_2O에 35 g의 KF를 첨가함

b. 50. g의 H_2O에 42 g의 KF를 첨가함

c. 150. g의 H_2O에 145 g의 KF를 첨가함

9.59 5.0 g의 HCl과 195.0 g의 H_2O로 용액을 제조하였다. HCl 용액의 밀도는 1.49 g/mL이다. (9.4)

a. HCl 용액의 질량 백분율(m/m)은 얼마인가?

b. 용액의 총 부피는 몇 mL인가?

c. 용액의 질량/부피 백분율(m/v)은 얼마인가?

d. 용액의 몰 농도는 얼마인가?

연습 문제 해답

9.1 **a.** KCl: 용질, 물: 용매 **b.** 물: 용질, 메탄올: 용매 **c.** 탄소: 용질, 철: 용매

9.2 극성 물 분자는 K^+와 I^- 이온을 고체에서 분리하여 용액에 들어가 수화된다.

9.3 **a.** 벤젠 **b.** 벤젠 **c.** 물 **d.** 물

9.4 KF 용액의 용매에는 K^+와 F^- 이온만이 존재한다. HF 용액에는 소량의 H^+와 F^-가 존재하지만 대부분은 용해된 HF 분자이다.

9.5 **a.** $NaCl(s) \xrightarrow{H_2O} Na^+(aq) + Cl^-(aq)$

b. $MgCl_2(s) \xrightarrow{H_2O} Mg^{2+}(aq) + 2Cl^-(aq)$

c. $HF(aq) \xrightarrow{H_2O} H^+(aq) + F^-(aq)$

d. $CH_3COOH(aq) \xrightarrow{H_2O} CH_3COO^-(aq) + H^+(aq)$

9.6 **a.** 약전해질 **b.** 강전해질 **c.** 비전해질

9.7 **a.** 강전해질 **b.** 약전해질 **c.** 비전해질

9.8 **a.** 2 Eq **b.** 1 Eq **c.** 4 Eq **d.** 9 Eq

9.9 0.35몰 K^+, 0.35몰 Cl^-

9.10 55 mEq/L

9.11 **a.** 130 mEq/L **b.** 정상 범위 위

9.12 **a.** 포화 **b.** 불포화 **c.** 불포화

9.13 **a.** 불포화 **b.** 포화 **c.** 불포화

9.14 **a.** 408 g **b.** 22 g

9.15 **a.** 고체 용질의 용해도는 일반적으로 온도가 상승하면 증가한다.

b. 고온에서 기체의 용해도는 작다.

c. 기체의 용해도는 고온에서 작고, 캔에서의 CO_2 압력은

증가한다.

9.16 **a.** 가용성 **b.** 불용성 **c.** 불용성 **d.** 가용성 **e.** 가용성

9.17 **a.** 21% **b.** 12.5% **c.** 12%

9.18 79.9 mL 알코올

9.19 5.00%(m/m) 글루코스 용액은 5.00 g의 글루코스를 95.00 g의 물에 첨가하여 만들 수 있다. 반면에 5.00%(m/v) 글루코스 용액은 5.00 g의 글루코스를 충분한 물에 첨가하여 100.0 mL의 용액을 만들어서 얻을 수 있다.

9.20 **a.** 10% **b.** 6.8%

9.21 **a.** 2.5 g KCl **b.** 50. g NH_4Cl **c.** 25.0 mL 아세트산

9.22 **a.** 1.0 g 폼산 **b.** 1.22 g 폼산

9.23 **a.** 0.1 M **b.** 0.0039 M **c.** 0.075 M

9.24 **a.** 120. g NaOH **b.** 59.6 g KCl **c.** 5.47 g HCl

9.25 **a.** 1.50 L KBr 용액 **b.** 10.0 L NaCl 용액 **c.** 62.5 mL $Ca(NO_3)_2$ 용액

9.26 **a.** 20. g 만니톨 **b.** 240 g 만니톨

9.27 2 L 글루코스 용액

9.28 **a.** 2.0 M HCl 용액 **b.** 2.0 M NaOH 용액 **c.** 2.5%(m/v) KOH 용액 **d.** 3.0%(m/v) H_2SO_4 용액

9.29 **a.** 80. mL HCl 용액 **b.** 250 mL LiCl 용액 **c.** 600. mL H_3PO_4 용액 **d.** 180 mL 글루코스 용액

9.30 **a.** 4.00 M HNO_3 용액 12.8 mL
b. 6.00 M $MgCl_2$ 용액 11.9 mL
c. 8.00 M KCl 용액 1.88 mL

9.31 1.0×10^2 mL

9.32 **a.** 용액 **b.** 현탁액

9.33 **a.** 1%(m/v) 용액
b. 20%(m/v) 녹말 용액 쪽으로
c. 20%(m/v) 용액 구역

9.34 **a.** B 10%(m/v) 수크로스 용액
b. A 8%(m/v) 알부민 용액
c. B 10%(m/v) 녹말 용액

9.35 **a.** 저장액 **b.** 저장액 **c.** 등장액 **d.** 고장액

9.36 **a.** Na^+, Cl^- **b.** 알라닌 **c.** Na^+, Cl^- **d.** 요소

9.37 3.0 mL 클로르프로마진 용액

9.38 0.50 g $CaCl_2$

9.39 **a.** 1 **b.** 2 **c.** 1

9.40 **a.** 3 **b.** 1 **c.** 2

9.41 건포도를 용질 농도가 더 낮은 설탕 용액에 넣으면, 물은 삼투에 의해 반투막을 통하여 세포 내로 흘러 들어간다. 유체의 증가는 건포도를 팽창시킨다.

9.42 **a.** 2 **b.** 1 **c.** 3 **d.** 2

9.43 극성 Cl 결합은 물 분자와 수소 결합을 하게 하며, 이는 물에 녹게 한다. 헥세인은 비극성 용매이기 때문에 염소는 헥세인에 녹지 않는다.

9.44 **a.** 불포화 용액 **b.** 포화 용액 **c.** 불포화 용액

9.45 **a.** 불용성 **b.** 가용성 **c.** 불용성 **d.** 가용성 **e.** 가용성

9.46 222 g 물

9.47 20.94%(m/m) KBr 용액

9.48 38 mL 프로필 알코올 용액

9.49 0.72 L KOH 용액

9.50 0.285 M

9.51 염(용질) 농도가 높은 용액은 식품 재료에 고장성이다. 물(용매)은 식품 재료에서 흘러 나와 고장성 염 용액으로 들어가고, 결과적으로 식품이 '건조'되어 식품이 상하는 것을 막고 미생물의 성장을 방해한다.

9.52 20.5 mL NaCl 용액

9.53 **a.** 1600 g $Al(NO_3)_3$ **b.** 6.8 g $C_6H_{12}O_6$ **c.** 17.9 g LiCl

9.54 **a.** 0.100 M NaBr 용액 **b.** 4.50%(m/v) K_2SO_4 용액 **c.** 1.76 M NaOH 용액

9.55 **a.** 10.0%(m/v) HCl 용액의 75 mL
b. 5.0%(m/v) NaCl 용액의 90. mL
c. 6.00 M NaOH 용액의 117 mL

9.56 **a.** 100. mL **b.** 125 mL **c.** 300. mL

9.57 **a.** 11.6%(m/m) NaCl 용액
b. 2.40 M NaCl 용액
c. 0.400 M NaCl 용액

9.58 **a.** 포화 **b.** 불포화 **c.** 포화

9.59 **a.** 0.025%(m/m) HCl 용액
b. 134.22 mL 용액
c. 3.73%(m/v) HCl 용액
d. 10.2 M HCl 용액

CI.7 다음 그림에서 푸른 공은 원소 **A**, 노란 공은 원소 **B**를 나타낸다. (6.5, 7.4, 7.5)

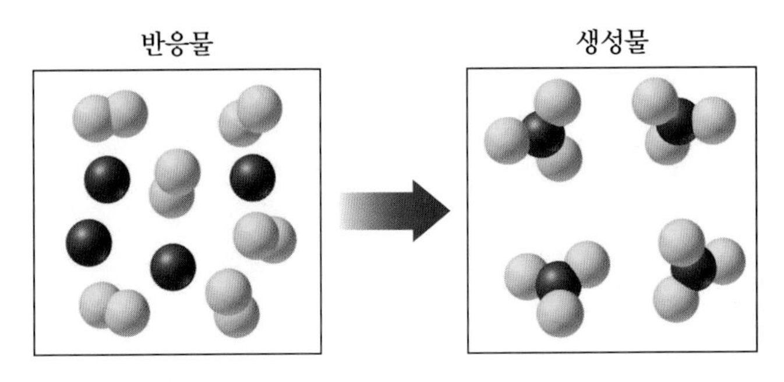

a. 반응물과 생성물 각각의 화학식을 써라.

b. 반응에 대한 완결된 화학식을 써라.

c. 반응의 종류를 결합, 분해, 단일 치환, 이중 치환 또는 연소 반응으로 나타내라.

CI.8 표백제는 의복의 얼룩을 제거하기 위하여 종종 세탁물에 첨가된다. 표백제의 활성 성분은 하이포아염소산 소듐(NaClO)이다. 표백제 용액은 염소 기체를 수산화 소듐 용액에 거품을 내어 액체 물과 하이포아염소산 소듐 및 염화 소듐 수용액을 생성하는 과정을 통해 제조된다. 전형적인 표백제 병은 부피가 1.42 gal이고, 밀도는 1.08 g/mL이며, 282 g의 NaClO를 함유하고 있다. (6.2, 6.3, 7.4, 7.8, 8.6, 9.4)

표백제의 활성 성분은 하이포아염소산 소듐이다.

a. 하이포아염소산 소듐은 이온 화합물인가, 분자 화합물인가?

b. 표백제 용액에서 하이포아염소산 소듐의 질량/부피 백분율(m/v)은 얼마인가?

c. 표백제 용액을 제조하는 완결된 화학 반응식을 써라.

d. 1병의 표백제를 생성하기 위하여 필요한 염소 기체는 STP에서 몇 L인가?

CI.9 메테인은 난방과 조리에 사용하는 정제된 천연 가스의 주요 성분이다. 메테인 1.0몰이 산소와 연소하여 이산화 탄소와 물을 생성할 때, 883 kJ이 생성된다. 메테인의 밀도는 STP에서 0.715 g/L이다. 수송을 위하여 천연 가스는 −163°C로 냉각되어 밀도가 0.45 g/mL인 액화 천연 가스(LNG)를 형성한다. 선박의 탱크는 7.0백만 갤런을 담을 수 있다. (2.1, 2.7, 3.4, 6.7, 6.9, 7.7, 7.8, 7.9, 8.6)

LNG 운반선은 액화 천연 가스를 운반한다.

a. 화학식이 CH_4인 메테인의 Lewis 구조를 그려라.

b. 운반선의 탱크에서 운반되는 LNG(LNG는 모두 메테인이라고 가정함)의 질량은 몇 kg인가?

c. LNG가 STP에서 기체로 변화할 때, 한 탱크에서 나오는 LNG(메테인)의 부피는 몇 L인가?

d. 반응열을 포함하여 가스버너에서 메테인의 연소에 대한 완결된 화학 반응식을 써라.

메테인은 가스 조리대에서 연소되는 연료이다.

e. LNG 한 탱크에서 공급되는 모든 메테인과 반응하는 데 필요한 산소는 몇 kg인가?

f. LNG 한 탱크의 메테인이 모두 연소하였을 때 방출되는 열은 몇 kJ인가?

의학 응용

CI.10 타미플루(oseltamivir) $C_{16}H_{28}N_2O_4$는 인플루엔자를 치료하기 위해 사용되는 항바이러스제이다. 타미플루의 제조는 팔각(star anise)의 꼬투리(seedpod)에서 얻은 시킴산(shikimic acid)을 추출하는 것으로 시작된다. 2.6 g의 팔각에서 0.13 g의 시킴산을 얻을 수 있고, 이는 75 mg의 타미플루가 포함된 캡슐 하나를 생산하는 데 사용한다. 인플루엔자를 치료하기 위한 일반적인 성인의 복용량은 5일 간 하루 2캡슐이다. (7.1, 7.2)

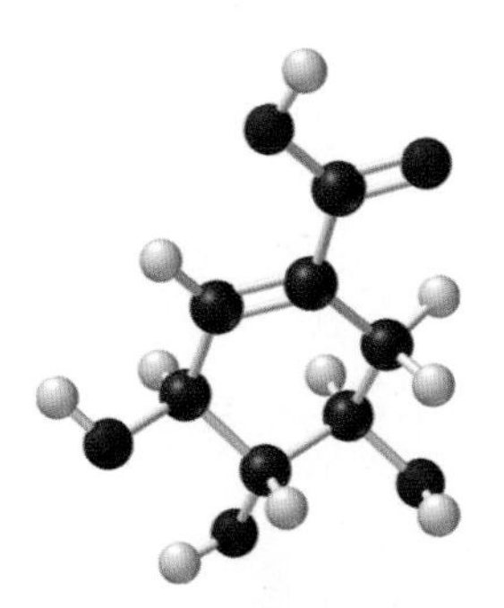

시킴산은 타미플루에서 항바이러스제의 근간이다.

팔각이라 부르는 향료는 시킴산의 식물 원천이다.

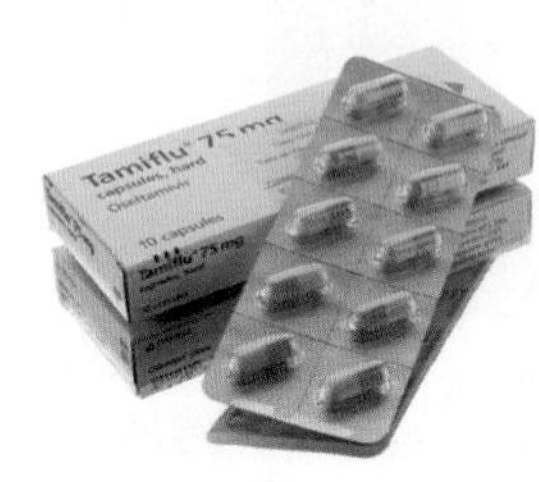

개별 캡슐에는 75 mg의 타미플루가 들어 있다.

a. 검은색 공이 탄소 원자, 흰색 공이 수소 원자, 붉은색 공이 산소 원자라고 할 때, 시킴산의 화학식은 무엇인가?

b. 시킴산의 몰 질량은 얼마인가?

c. 130 g의 시킴산에 들어 있는 시킴산의 몰수는 얼마인가?

d. 155 g의 팔각에서 75 mg의 타미플루가 들어 있는 캡슐을 몇 개 생산할 수 있는가?

e. 타미플루의 몰 질량은 얼마인가?

f. 한 사람이 5일 간 하루에 타미플루 캡슐 2개를 소비한다면, 인구가 500 000명인 도시의 모든 사람을 치료하는 데 몇 kg의 타미플루가 필요한가?

해답

CI.7 **a.** 반응물: A와 B_2, 생성물: AB_3

b. $2A + 3B_2 \longrightarrow 2AB_3$

c. 결합

CI.8 **a.** 이온

b. 5.25%(m/v)

c. $2NaOH(aq) + Cl_2(g) \longrightarrow NaClO(aq) + NaCl(aq) + H_2O(l)$

d. 84.9 L 염소 기체

CI.9 **a.** $\mathrm{H:\underset{\cdot\cdot}{\overset{\cdot\cdot}{C}}:H}$ (위아래 H) 또는 H—C—H (위아래 H 결합)

b. 1.2×10^7 kg LNG(메테인)

c. STP에서 1.7×10^{10} L LNG(메테인)

d. $CH_4(g) + 2O_2(g) \xrightarrow{\Delta} CO_2(g) + 2H_2O(g) + 883\ kJ$

e. 4.8×10^7 kg O_2

f. 6.6×10^{11} kJ

CI.10 **a.** $C_7H_{10}O_5$

b. 174.15 g/mol

c. 0.75 mol

d. 59캡슐

e. 312.4 g/mol

f. 400 kg(4×10^2 kg)

10 산과 염기와 평형

30세 남성이 자동차 사고 후, 응급실로 실려 왔다. 응급실 간호사는 반응이 없는 환자 Larry를 돌보고 있다. 간호사 중 한 명은 혈액 시료를 채취하여 임상 병리사인 Brianna에게 보냈고, 그녀는 pH, O_2, CO_2의 부분압 및 글루코스와 전해질 농도를 분석하는 과정을 시작하였다.

몇 분 안에 Brianna는 Larry의 혈액 pH는 7.30이고, CO_2의 부분압은 원하는 수준 이상이라고 확인하였다. 혈액 pH는 일반적으로 7.35~7.45 범위이고, 7.35 이하의 값은 산증(acidosis)의 상태임을 나타낸다. 호흡성 산증(respiratory acidosis)은 혈류의 CO_2 기체의 부분압이 증가하여 혈액의 생화학적 완충용액이 pH 변화가 일어나는 것을 방지하기 때문에 일어난다.

Brianna는 이러한 징후를 인식하였고, 즉시 응급실에 연락하여 Larry의 기도가 막혔을 것이라고 알려주었다. 응급실에서 그들은 Larry에게 혈액 pH를 증가시키기 위하여 탄산수소화물을 함유한 정맥주사를 투여하였고, 기도를 여는 과정을 시작하였다. 잠시 후, Larry의 기도가 확보되었고, 혈액 pH와 CO_2 기체의 부분압이 정상으로 돌아왔다.

관련 직업 임상 병리사

의학 실험실 기사로도 알려진 임상 병리사는 환자를 진단하고 치료하는 데 도움이 되는 체액과 세포에 대한 광범위한 검사를 수행한다. 이러한 검사는 글루코스와 콜레스테롤의 혈액 농도를 결정하는 것부터 이식 환자나 치료 중인 환자를 위한 혈액 내 약제의 수준을 결정하는 것까지 다양하다. 임상 병리사는 악성 종양을 검출하는 시편을 준비하고 수혈을 위한 혈액 시료의 종류를 결정하기도 한다. 임상 병리사는 검사 결과를 해석하고 분석하여 의사에게 전달해야 한다.

의학 최신 정보 위산 역류증

Larry는 병원에서 퇴원한 후, 목이 아프고 마른기침을 한다고 호소하였으며, 의사는 이를 위산 역류로 진단하였다. 위산 역류증의 증상을 385쪽에 있는 **의학 최신 정보** 위산 역류증에서 볼 수 있으며, 위의 pH 변화와 이러한 상황을 어떻게 치료하는지에 대하여 배울 수 있다.

차례

10.1 산과 염기

학습 목표 산과 염기를 기술하고 명명한다.

산과 염기는 보건, 산업, 환경에서 중요하다. 산의 가장 흔한 특성 중 하나는 신맛이다. 레몬과 자몽에는 시트르산 및 아스코르브산(비타민 C)과 같은 산이 있기 때문에 신맛이 나며, 식초는 아세트산을 포함하고 있기 때문에 신맛이 난다. 운동을 할 때 근육에서는 락트산이 생성된다. 박테리아로부터의 산은 요구르트와 코티지치즈를 생산할 때 우유를 시게 만든다. 위에는 염산이 있어 음식을 소화하는 데 도움을 주며, 때때로 과다한 위산의 효과를 중화시키기 위해 탄산수소 소듐 또는 마그네시아 유제와 같은 염기인 제산제를 복용한다.

산을 의미하는 acid라는 용어는 '시다'는 의미의 라틴어 *acidus*에서 유래되었다. 식초와 레몬의 신맛에는 이미 익숙할 것이다.

복습
이온 화학식 쓰기(6.2)

1887년에 스웨덴의 화학자 Svante Arrhenius는 최초로 **산**(acid)을 물에 녹을 때 수소 이온(H^+)을 생성하는 물질로 기술하였다. 산은 물에서 이온을 생성하기 때문에 전해질이다. 예를 들어, 염화 수소는 물에서 해리되어 수소 이온(H^+)과 염화 이온(Cl^-)을 제공한다. 수소 이온은 산이 신맛이 나게 하며, 푸른색 리트머스 지시약을 붉은색으로 변하게 하고, 일부 금속을 부식시킨다.

$$\underset{\text{극성 분자 화합물}}{HCl(g)} \xrightarrow[\text{해리}]{H_2O} \underset{\text{수소 이온}}{H^+(aq)} + Cl^-(aq)$$

산의 명명

감귤류는 산이 존재하기 때문에 신맛이 난다.

산은 물에 녹아 단순한 비금속 음이온 또는 다원자 음이온과 더불어 수소 이온을 생성한다. 산이 물에 녹아 수소 이온과 단순한 비금속 음이온을 생성할 때, 비금속 이름 뒤에 -**산**이라는 어미를 붙인다(영문명에서는 비금속의 이름 앞에 접두사 hydro-를 사용하고, 어미 -ide는 -ic acid로 바꾼다). 예를 들어, 염화 수소(HCl)는 물에 녹아 HCl(*aq*)을 형성하고, 이름은 염산(hydrochloric acid)이라 한다. 예외는 사이안화 수소(HCN)이며, 산으로서의 이름은 사이안화 수소산(hydrocyanic acid)이다. (HBr과 HI는 산소산과 이름이 같아질 수 있어 브로민화 수소산, 아이오딘화 수소산으로 명명한다.)

산이 산소를 가지고 있을 때, 이것은 물에 녹아 수소 이온과 산소를 함유한 다원자 이온을 생성한다. 산소를 함유한 산의 가장 흔한 형태는 원소(또는 부분) 이름에 **산**을 붙인다(영문명은 -ic acid로 끝난다). 이것의 다원자 음이온의 이름은 **-이온**(영문명은 -ate로 끝남)으로 끝난다. 만약 산이 **아-산 이온**(영문명은 -ite로 끝남)으로 끝나는 다원자 이온를 포함하고 있다면, 이름은 **아-산**(영문명은 -ous acid으로 끝남)이 된다. 일부 흔한 산과 음이온 이름이 **표 10.1**에 게재되어 있다.

생각해보기
HBr은 브로민화 수소산(hydrobromic acid)으로 명명하지만, $HBrO_3$는 브로민산(bromic acid)으로 명명하는 이유는 무엇인가?

7A(17)족의 할로젠은 2개 이상의 산소를 함유하는 산을 형성할 수 있다. 염소의 경우, 가장 흔한 형태가 염소산($HClO_3$)으로, 염소산 다원자 이온(ClO_3^-)을 가진다. 흔한 형태보다 1개 더 많은 산소 원자를 가진 산의 경우, 접두사 **과**-(영문명은 per-)가 사용된다. 따라서 $HClO_4$는 **과염소산**(perchloric acid)으로 명명된다. 산의 다원자

표 10.1 흔한 산과 음이온의 이름

산	산의 이름	음이온	음이온의 이름
HCl	염산 (**Hydro**chlor**ic acid**)	Cl^-	염화 이온(chlor**ide**)
HBr	브로민화 수소산(**Hydro**brom**ic acid**)	Br^-	브로민화 이온(brom**ide**)
HI	아이오딘화 수소산(**Hydro**iod**ic acid**)	I^-	아이오딘화 이온(iod**ide**)
HCN	사이안화 수소산(**Hydro**cyan**ic acid**)	CN^-	사이안화 이온(cyan**ide**)
HNO_3	질산(nitr**ic acid**)	NO_3^-	질산 이온(nitr**ate**)
HNO_2	아질산(nitr**ous acid**)	NO_2^-	아질산 이온(nitr**ite**)
H_2SO_4	황산(sulfur**ic acid**)	SO_4^{2-}	황산 이온(sulf**ate**)
H_2SO_3	아황산(sulfur**ous acid**)	SO_3^{2-}	아황산 이온(sulf**ite**)
H_2CO_3	탄산(carbon**ic acid**)	CO_3^{2-}	탄산 이온(carbon**ate**)
$HC_2H_3O_2$	아세트산(acet**ic acid**)	$C_2H_3O_2^-$	아세테이트 이온(acet**ate**)
H_3PO_4	인산(phosphor**ic acid**)	PO_4^{3-}	인산 이온(phosph**ate**)
H_3PO_3	아인산(phosphor**ous acid**)	PO_3^{3-}	아인산 이온(phosph**ite**)
$HClO_3$	염소산(chlor**ic acid**)	ClO_3^-	염소산 이온(chlor**ate**)
$HClO_2$	아염소산(chlor**ous acid**)	ClO_2^-	아염소산 이온(chlor**ite**)

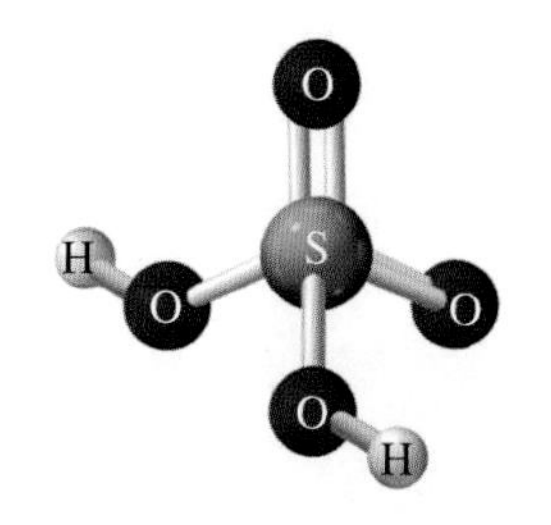

황산은 물에 녹아 하나 또는 2개의 H^+와 음이온을 생성한다.

음이온이 흔한 형태보다 1개 더 적은 산소 원자를 가질 때는 접두사 **아-**(영문명은 접미사 -ous)가 사용된다. 따라서 $HClO_2$는 **아염소산**(chlorous acid)으로 명명된다. 접두사 **하이포아-**(영문명은 hypo-)는 흔한 형태보다 2개 더 적은 산소 원자를 가진 산에 대하여 사용된다. HClO는 **하이포아염소산**(hypochlorous acid)으로 명명된다.

염기

제산제, 하수구 세정제, 오븐 세정제와 같은 일부 가정용 염기에 익숙할 것이다. Arrhenius 이론에 따르면, **염기**(base)는 물에 녹을 때 해리되어 양이온과 수산화 이온(OH^-)으로 되는 이온 화합물이다. 이들은 강전해질의 또 다른 예이다. 예를 들어, 수산화 소듐은 물에서 완전히 해리되어 소듐 이온(Na^+)과 수산화 이온(OH^-)을 제공하는 Arrhenius 염기이다.

대부분의 Arrhenius 염기는 NaOH, KOH, LiOH, $Ca(OH)_2$와 같이 1A(1)족과 2A(2)족 금속으로부터 생성된다. 수산화 이온(OH^-)은 Arrhenius 염기의 쓴맛과 미끈거리는 촉감과 같은 일반적인 특성을 준다. 염기는 리트머스 지시약을 푸른색으로, 페놀프탈레인 지시약을 분홍색으로 변하게 한다. **표 10.2**는 산과 염기의 일부 특성을 비교한 것이다.

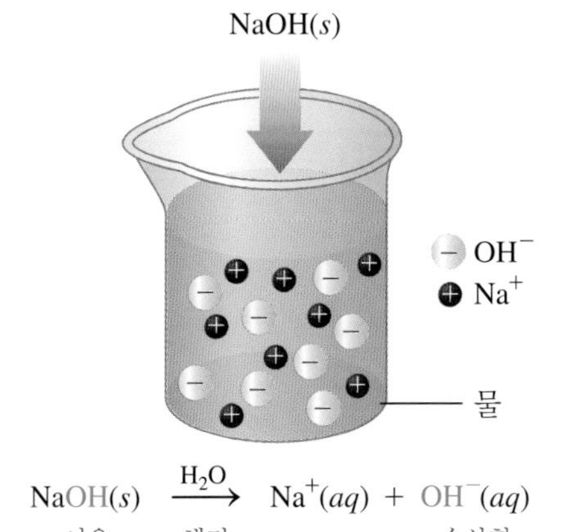

Arrhenius 염기는 수용액에서 양이온과 OH^- 음이온을 생성한다.

표 10.2 산과 염기의 일부 특성

특성	산	염기
Arrhenius	H^+ 생성	OH^- 생성
전해질	예	예
맛	신맛	쓴맛
촉감	따가울 수 있음	미끈거림

(계속)

확인하기

연습 문제 10.1을 풀어보기

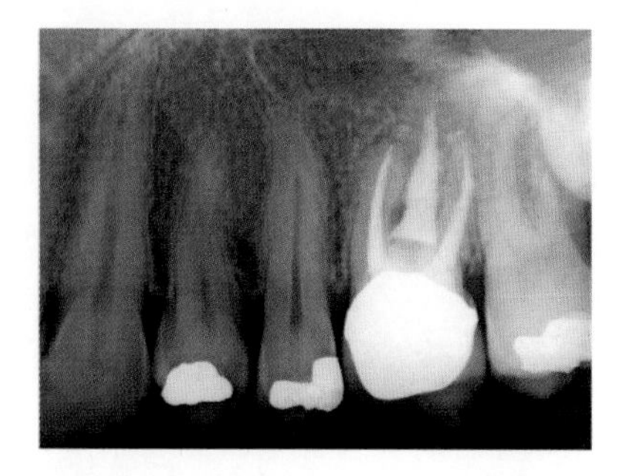

수산화 칼슘 $Ca(OH)_2$는 치의학에서 치아 뿌리관(root canal)의 충전제(filler)로 사용된다.

특성	산	염기
리트머스	붉은색	푸른색
페놀프탈레인	무색	분홍색
중화	염기 중화	산 중화

염기의 명명

전형적인 Arrhenius 염기는 **수산화물**(hydroxide)로 명명된다.

염기	이름
LiOH	**수산화** 리튬(lithium **hydroxide**)
NaOH	**수산화** 소듐(sodium **hydroxide**)
KOH	**수산화** 포타슘(potassium **hydroxide**)
$Ca(OH)_2$	**수산화** 칼슘(calcium **hydroxide**)
$Al(OH)_3$	**수산화** 알루미늄(aluminum **hydroxide**)

청량음료는 H_3PO_4와 H_2CO_3를 함유하고 있다.

예제 10.1 **산과 염기의 이름과 화학식**

문제

a. 다음을 산 또는 염기로 확인하고, 이름을 제시하라.

1. H_3PO_4, 청량음료의 성분

2. NaOH, 오븐 청소제의 성분

b. 다음의 화학식을 써라.

1. 수산화 마그네슘, 제산제의 성분

2. 브로민화 수소산(hydrobromic acid), 산업적으로 브로민화 화합물을 제조하는 데 사용

풀이

a. 1. 산, 인산

2. 염기, 수산화 소듐

b. 1. $Mg(OH)_2$

2. HBr

유제 10.1

a. H_2CO_3에 대하여 산 또는 염기로 확인하고, 이름을 제시하라.

b. 수산화 철(III)의 화학식을 써라.

해답

a. 산, 탄산

b. $Fe(OH)_3$

확인하기

연습 문제 10.2와 10.3을 풀어보기

연습 문제

10.1 산과 염기

학습 목표 산과 염기를 기술하고 명명한다.

10.1 다음의 문장이 산, 염기 또는 둘 다의 특성인지를 확인하라.

a. 신맛이 있다.
b. 염기를 중화한다.
c. 물에서 H^+를 생성한다.
d. 수산화 바륨으로 명명된다.
e. 전해질이다.

10.2 다음 산 또는 염기를 명명하라.

a. H_3PO_4　**b.** LiOH　**c.** HI
d. HCN　**e.** $HClO_2$　**f.** $Ca(OH)_2$

10.3 다음의 무기산과 염기의 화학식을 써라.

a. 수산화 세륨　**b.** 탄산
c. 아인산　**d.** 브로민화 수소산
e. 아황산　**f.** 아질산

10.2 Brønsted-Lowry 산과 염기

학습 목표 Brønsted-Lowry 산과 염기에 대하여 짝산-염기쌍을 확인한다.

1923년에 덴마크의 J. N. Brønsted와 영국의 T. M. Lowry는 OH^- 이온을 가지지 않은 염기를 포함하기 위하여 산과 염기의 정의를 확장하였다. **Brønsted-Lowry 산**(Brønsted-Lowry acid)은 수소 이온 H^+를 제공할 수 있고, **Brønsted-Lowry 염기**(Brønsted-Lowry base)는 수소 이온을 받을 수 있다.

Brønsted–Lowry 산은 H^+를 제공하는 물질이다.
Brønsted–Lowry 염기는 H^+를 받는 물질이다.

유리 수소 이온은 실제로 물에 존재하지 않는다. H^+는 극성 물 분자에 대한 인력이 매우 강하여 물 분자와 결합하여 **하이드로늄 이온**(hydronium ion), H_3O^+를 형성한다.

$$\mathrm{H{-}\ddot{O}{:}\,(-H)} + \mathrm{H^+} \longrightarrow \left[\mathrm{H{-}\ddot{O}{-}H\,(-H)}\right]^+$$

물　　수소 이온　　　하이드로늄 이온

염산 용액의 형성을 H^+가 염화 수소에서 물로 이동하는 것으로 쓸 수 있다. 반응에서 H^+를 받음으로써, 물은 Brønsted-Lowry 개념에 따라 염기로 작용한다.

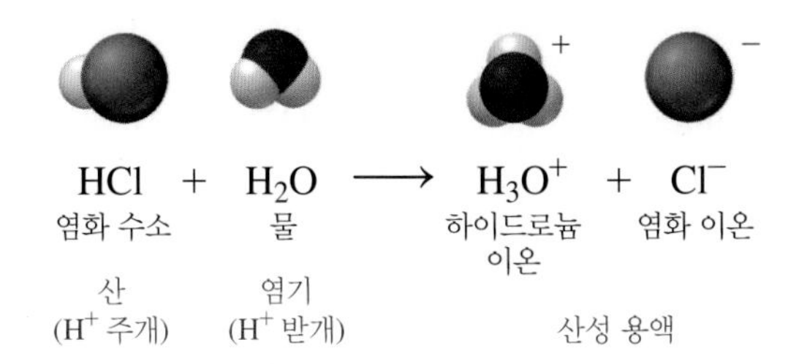

또 다른 반응에서 암모니아(NH_3)는 물과 반응할 때, H^+를 받음으로써 염기로 작

용한다. NH_3의 질소 원자는 산소보다 H^+에 대한 인력이 더 강하기 때문에, 물은 H^+를 줌으로써 산으로 작용한다.

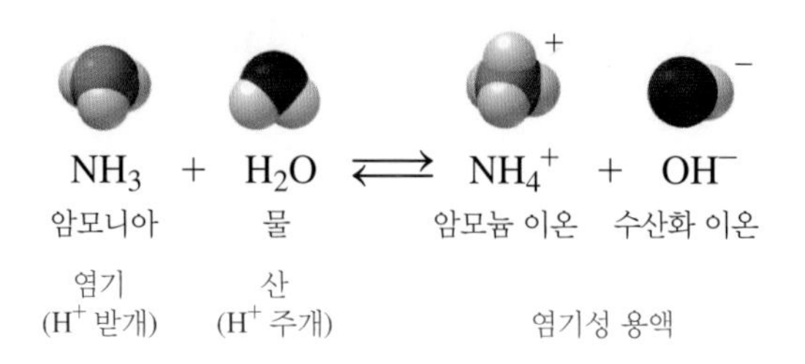

예제 10.2 **산과 염기**

문제

다음의 각 반응식에서 Brønsted-Lowry 산인 반응물과 Brønsted-Lowry 염기인 반응물을 확인하라.

a. $HBr(aq) + H_2O(l) \longrightarrow H_3O^+(aq) + Br^-(aq)$

b. $CN^-(aq) + H_2O(l) \rightleftharpoons HCN(aq) + OH^-(aq)$

풀이

a. HBr: Brønsted-Lowry 산, H_2O: Brønsted-Lowry 염기

b. H_2O: Brønsted-Lowry 산, CN^-: Brønsted-Lowry 염기

유제 10.2

HNO_3가 물과 반응할 때, 물은 Brønsted-Lowry 염기로 작용한다. 이 반응에 대한 반응식을 써라.

해답

$HNO_3(aq) + H_2O(l) \longrightarrow H_3O^+(aq) + NO_3^-(aq)$

확인하기

연습 문제 10.4에서 10.6까지 풀어보기

핵심 화학 기법

짝산-염기쌍 확인하기

짝산-염기쌍

Brønsted-Lowry 이론에 따르면, **짝산-염기쌍**(conjugate acid-base pair)은 산에 의한 하나의 H^+ 잃음과 염기에 의한 하나의 H^+ 얻음에 의하여 관계된 분자 또는 이온으로 구성된다. 모든 산-염기 반응은 하나의 H^+가 정방향과 역방향 모두 이동하기 때문에, 2개의 짝산-염기쌍을 가진다. HF와 같은 산이 하나의 H^+를 잃을 때, 짝염기 F^-가 형성된다. 염기 H_2O가 H^+를 얻으면, 짝산인 H_3O^+가 형성된다.

HF 전체 반응은 **가역적**(reversible)이기 때문에, 짝산 H_3O^+는 H^+를 짝염기 F^-에 제공할 수 있어 산 HF와 염기 H_2O를 다시 형성한다. 하나의 H^+를 잃고 얻음의 관계를 이용하여, 짝산-염기쌍을 HF/F^-와 H_3O^+/H_2O로 확인할 수 있다.

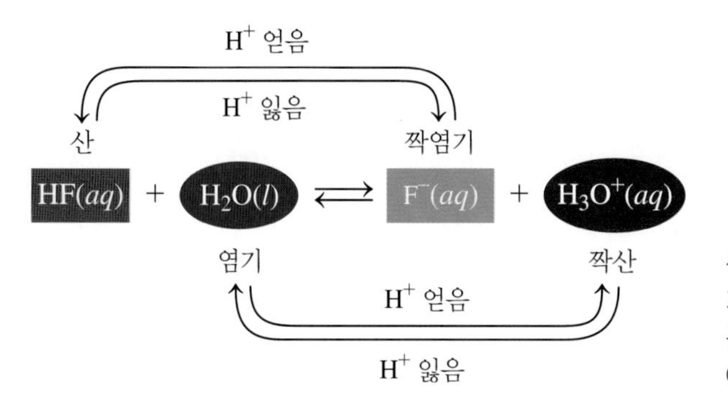

산인 HF은 하나의 H^+를 잃어 짝염기 F^-를 형성한다. 물은 하나의 H^+를 얻음으로써 짝산 H_3O^+를 형성하여 염기로 작용한다.

짝산-염기쌍

H^+ 제공

HF → F^-

짝산-염기쌍

H^+ 받음

H_2O → H_3O^+

다른 반응에서 암모니아(NH_3)는 H_2O로부터 H^+를 받아 짝산 NH_4^+와 짝염기 OH^-를 형성한다. 이 짝산-염기쌍, NH_4^+/NH_3와 H_2O/OH^- 각각은 하나의 H^+를 얻고 잃음에 의해 연관되어 있다.

생각해보기

$HBrO_2$가 BrO_2^-의 짝산인 이유는 무엇인가?

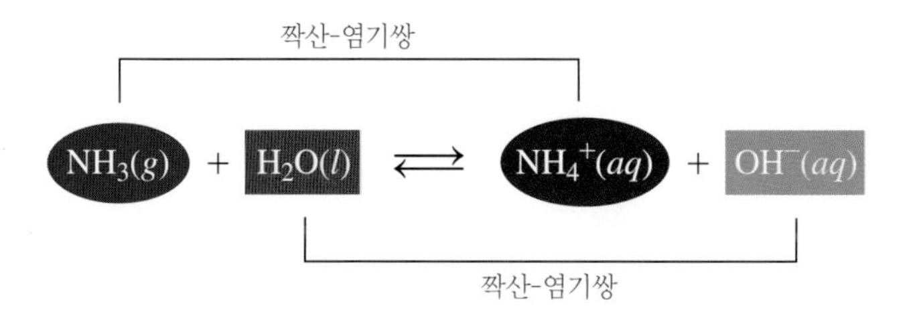

암모니아(NH_3)는 하나의 H^+를 얻어 짝산 NH_4^+를 형성할 때, 염기로 작용한다. 물은 하나의 H^+를 잃어 짝염기 OH^-를 형성할 때, 산으로 작용한다.

이 2개의 예에서 물은 H^+를 제공할 때 산으로 작용하거나 H^+를 받을 때 염기로 작용할 수 있음을 볼 수 있다. 산과 염기로 모두 작용할 수 있는 물질은 **양쪽성**(amphoteric 또는 amphiprotic)이다. 가장 흔한 양쪽성 물질인 물의 경우, 산성 또는 염기성으로 거동하는 것은 다른 반응물에 달려 있다. 물은 더 강한 염기와 반응할 때는 H^+를 제공하고, 더 강한 산과 반응할 때는 H^+를 받는다. 양쪽성 물질의 또 다른 예는 탄산수소(HCO_3^-) 이온이다. 염기와 반응할 때, HCO_3^-는 산으로 작용하여 하나의 H^+를 제공하고 CO_3^{2-}가 된다. 그러나 HCO_3^-가 산과 반응할 때, 이것은 염기로 작용하여 하나의 H^+를 받아 H_2CO_3를 형성한다.

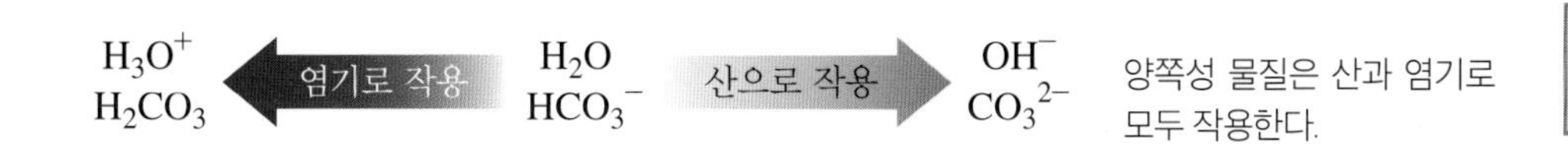

양쪽성 물질은 산과 염기로 모두 작용한다.

생각해보기

H_2O가 H_3O^+의 짝염기와 OH^-의 짝산이 모두 될 수 있는 이유는 무엇인가?

예제 10.3 **짝산-염기쌍 확인**

문제

다음 반응에서 짝산-염기쌍을 확인하라.

$$HBr(aq) + NH_3(aq) \longrightarrow Br^-(aq) + NH_4^+(aq)$$

풀이 지침

	주어진 조건		필요한 사항	연계
문제 분석	HBr NH_3	Br^- NH_4^+	짝산-염기쌍	하나의 H^+ 잃음/얻음

1단계 H^+를 잃는 반응물을 산으로 확인하라. 반응에서 HBr은 H^+를 제공하여 생성물 Br^-을 형성한다. 따라서 HBr은 산이고 Br^-는 짝염기이다.

2단계 H^+를 얻는 반응물을 염기로 확인하라. 반응에서 NH_3는 H^+를 얻어 생성물 NH_4^+를 형성한다. 따라서 NH_3는 염기이고 NH_4^+는 짝산이다.

3단계 짝산-염기쌍을 써라.

HBr/Br^- 그리고 NH_4^+/NH_3

유제 10.3

다음 반응에서 짝산-염기쌍을 확인하라.

$$HCN(aq) + SO_4^{2-}(aq) \rightleftharpoons CN^-(aq) + HSO_4^-(aq)$$

해답

짝산-염기쌍은 HCN/CN^-와 HSO_4^-/SO_4^{2-}이다.

확인하기

연습 문제 10.7을 풀어보기

연습 문제

10.2 Brønsted-Lowry 산과 염기

학습 목표 Brønsted-Lowry 산과 염기에 대하여 짝산-염기쌍을 확인한다.

10.4 다음에서 Brønsted-Lowry 산과 Brønsted-Lowry 염기인 반응물을 확인하라.

a. $HI(aq) + H_2O(l) \longrightarrow I^-(aq) + H_3O^+(aq)$

b. $F^-(aq) + H_2O(l) \rightleftharpoons HF(aq) + OH^-(aq)$

10.5 다음 산에 대하여 짝염기의 화학식을 써라.

a. HCl **b.** HI

c. HNO_3 **d.** $HClO_3$

10.6 다음 염기에 대하여 짝산의 화학식을 써라.

a. SO_3^{2-} **b.** $C_2H_3O_2^-$

c. HPO_4^{2-} **d.** Br^-

10.7 다음 반응식에서 Brønsted-Lowry 산-염기쌍을 확인하라.

a. $H_2CO_3(aq) + H_2O(l) \rightleftharpoons HCO_3^-(aq) + H_3O^+(aq)$

b. $NH_4^+(aq) + H_2O(l) \rightleftharpoons NH_3(aq) + H_3O^+(aq)$

c. $HCN(aq) + NO_2^-(aq) \rightleftharpoons CN^-(aq) + HNO_2(aq)$

10.3 산과 염기의 세기

학습 목표 강산과 약산, 강염기와 약염기의 해리에 대한 반응식을 쓴다.

해리(dissociation)라 부르는 과정에서 산이나 염기는 물에서 이온으로 분리된다. 산의 **세기**(strength)는 녹은 산의 각 몰마다 생성되는 H_3O^+의 몰수에 의하여 결정된다. 염기의 **세기**는 녹은 염기의 각 몰마다 생성되는 OH^-의 몰수에 의하여 결정된다. 강산과 강염기는 물에서 완전히 해리되는 반면, 약산과 약염기는 약간만 해리되고 처음의 산 또는 염기 대부분이 해리되지 않은 채로 남아 있다.

강산과 약산

강산(strong acid)은 H^+를 매우 쉽게 제공하여 물에서의 해리는 근본적으로 완결되기 때문에 강전해질의 예이다. 예를 들어, 강산인 HCl이 물에서 해리될 때, H^+는 H_2O로 이동하고, 결과적으로 생성된 용액은 근본적으로 H_3O^+와 Cl^- 이온들만 가지게 된다. H_2O에서 HCl의 반응은 100% 생성물로 가는 것으로 간주한다. 따라서 1몰의 강산이 물에서 해리되어 1몰의 H_3O^+과 1몰의 짝염기를 생성한다. HCl과 같은 강산에 대하여 생성물로 가는 단일 화살표로 반응식을 쓴다.

$$HCl(g) + H_2O(l) \longrightarrow H_3O^+(aq) + Cl^-(aq)$$

H_3O^+보다 강한 산으로는 일반적으로 6개뿐이며, 다른 모든 산은 약하다. **표 10.3**은 산과 염기의 상대적 세기를 나타낸 것이다. **약산**(weak acid)은 물에서 일부만 해리되어 아주 적은 양의 H_3O^+ 이온을 형성하기 때문에 약전해질이다. 약산은 강한 짝염기를 가지며, 이것이 역반응이 보다 지배적인 이유이다. 높은 농도에서도 약산은 낮은 농도의 H_3O^+ 이온을 생성한다(**그림 10.1**).

가정에서 사용하는 많은 제품은 약산을 가진다. 시트르산은 레몬, 오렌지, 자몽과 같은 과일과 과일 주스에서 발견되는 약산이다. 샐러드드레싱에서 사용되는 식초는 일반적으로 5%(m/v)의 아세트산($HC_2H_3O_2$) 용액이다. 물에서 적은 양의 $HC_2H_3O_2$

표 10.3 산과 염기의 상대적 세기

산		짝염기	
강산			
아이오딘화 수소산	HI	I^-	아이오딘화 이온
브로민화 수소산	HBr	Br^-	브로민화 이온
과염소산	$HClO_4$	ClO_4^-	과염소산 이온
염산	HCl	Cl^-	염화 이온
황산	H_2SO_4	HSO_4^-	황산수소 이온
질산	HNO_3	NO_3^-	질산 이온
하이드로늄 이온	H_3O^+	H_2O	물
약산			
황산수소 이온	HSO_4^-	SO_4^{2-}	황산 이온
인산	H_3PO_4	$H_2PO_4^-$	인산이수소 이온
아질산	HNO_2	NO_2^-	아질산 이온
플루오린산	HF	F^-	플루오린화 이온
아세트산	$HC_2H_3O_2$	$C_2H_3O_2^-$	아세테이트 이온
탄산	H_2CO_3	HCO_3^-	탄산수소 이온
황화수소산	H_2S	HS^-	황화수소 이온
인산이수소 이온	$H_2PO_4^-$	HPO_4^{2-}	인산수소 이온
암모늄 이온	NH_4^+	NH_3	암모니아
사이안화 수소산	HCN	CN^-	사이안화 이온
탄산수소 이온	HCO_3^-	CO_3^{2-}	탄산 이온
메틸암모늄 이온	$CH_3NH_3^+$	CH_3NH_2	메틸아민
인산 수소 이온	HPO_4^{2-}	PO_4^{3-}	인산 이온
물	H_2O	OH^-	수산화 이온

산의 세기 증가 ↑

염기의 세기 증가 ↓

생각해보기

H_2SO_4 또는 H_2S 중 더 약한 산은 무엇인가?

그림 10.1 HCl과 같은 강산은 완전히 해리되는 반면, $HC_2H_3O_2$와 같은 약산은 대부분 분자와 적은 양의 이온을 가진다.

Q 강산과 약산의 차이는 무엇인가?

약산은 식품과 가정용품에서 발견된다.

분자는 H_2O에 H^+를 제공하여 H_3O^+와 아세테이트 이온($C_2H_3O_2^-$)을 형성한다. 역반응도 일어나 H_3O^+ 이온과 아세테이트 이온($C_2H_3O_2^-$)은 반응물로 다시 변환된다. 식초에서 하이드로늄 이온이 형성되는 것이 식초의 신맛을 느낄 수 있는 이유이다. 수용액에서 약산의 반응식은 정반응과 역반응이 평형에 있음을 나타내기 위하여 이중 화살표로 쓴다.

$$\underset{\text{아세트산}}{HC_2H_3O_2(aq)} + H_2O(l) \rightleftharpoons \underset{\text{아세테이트 이온}}{C_2H_3O_2^-(aq)} + H_3O^+(aq)$$

이양성자산

탄산과 같은 일부 약산은 2개의 H^+를 가지고 한 번에 하나씩 해리하는 **이양성자산**(diprotic acid)이다. 예를 들어, 탄산 청량음료는 CO_2를 물에 녹여 탄산(H_2CO_3)을 형성함으로써 제조된다. H_2CO_3 같은 약산은 대부분이 해리되지 않은 분자와 H_3O^+ 및 HCO_3^- 이온들 사이에서 평형에 도달한다.

$$\underset{\text{탄산}}{H_2CO_3(aq)} + H_2O(l) \rightleftharpoons H_3O^+(aq) + \underset{\text{탄산수소 이온}}{HCO_3^-(aq)}$$

HCO_3^-도 약산이므로, 2차 해리가 일어나 또 다른 하이드로늄 이온과 탄산 이온(CO_3^{2-})을 생성한다.

$$\underset{\text{탄산수소 이온}}{HCO_3^-(aq)} + H_2O(l) \rightleftharpoons H_3O^+(aq) + \underset{\text{탄산 이온}}{CO_3^{2-}(aq)}$$

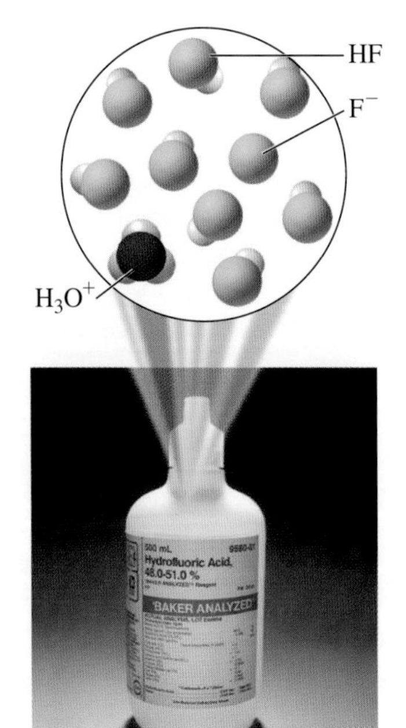

플루오린화 수소산은 약산인 유일한 할로젠 산이다.

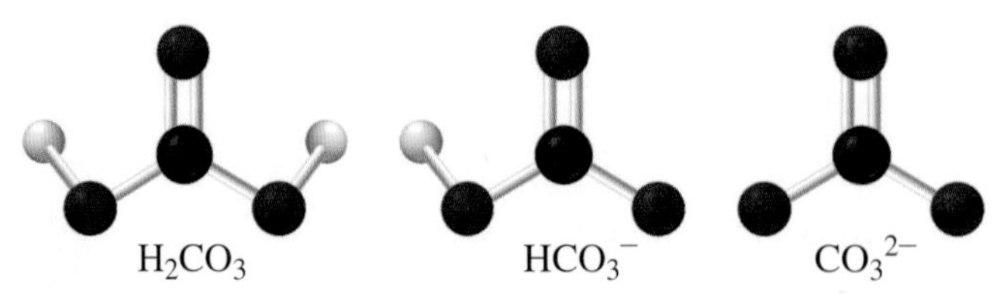

약산인 탄산은 하나의 H^+를 잃어 탄산수소 이온을 형성하며, 이것은 다시 두 번째 H^+를 잃고 탄산 이온을 형성한다.

요약하면, HI와 같은 강산은 물에서 완전 해리하여 H_3O^+와 I^- 이온의 수용액을 형성한다. HF와 같은 약산은 물에서 약간 해리하여 대부분 HF 분자와 약간의 H_3O^+

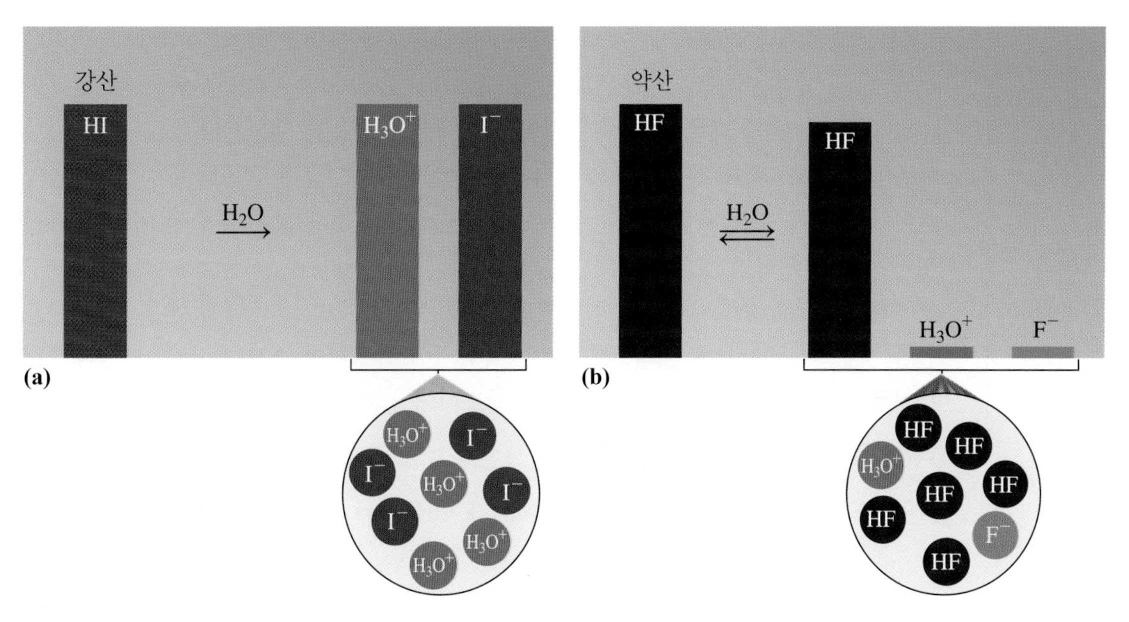

그림 10.2 물에서 해리한 후, (a) 강산 HI는 높은 농도의 H_3O^+와 I^-를 가지고, (b) 약산 HF는 높은 농도의 HF와 낮은 농도의 H_3O^+와 F^-을 가진다.

Q HF의 막대 도표에서 약산 HF의 높이와 비교하여 H_3O^+의 높이는 얼마나 되는가?

및 F^- 이온들로 구성된 수용액을 형성한다(**그림 10.2**).

강산: $HI(aq) + H_2O(l) \longrightarrow H_3O^+(aq) + I^-(aq)$ 완전 해리

약산: $HF(aq) + H_2O(l) \rightleftharpoons H_3O^+(aq) + F^-(aq)$ 약간 해리

강염기와 약염기

강전해질로서 **강염기**(strong base)는 물에서 완전히 해리된다. 이러한 강염기는 이온화합물이기 때문에, 이들은 물에서 해리되어 금속 이온과 수산화 이온의 수용액을 형성한다. 1A(1)족 수산화물은 물에 매우 잘 녹아서, 높은 농도의 OH^- 이온을 줄 수 있다. 예를 들어, KOH가 KOH 용액을 형성할 때, 이들은 K^+와 OH^- 이온만을 가진다. 몇 가지 강염기는 물에 잘 녹지 않지만, 녹은 것은 이온으로 완전히 해리된다.

가정용품에서의 염기는 기름을 제거하고 하수구를 뚫는 데 사용된다.

$$KOH(s) \xrightarrow{H_2O} K^+(aq) + OH^-(aq)$$

강염기

수산화 리튬 LiOH

수산화 소듐 NaOH

수산화 포타슘 KOH

수산화 루비듐 RbOH

수산화 세슘 CsOH

수산화 칼슘 $Ca(OH)_2$*

수산화 스트론튬 $Sr(OH)_2$*

수산화 바륨 $Ba(OH)_2$*

* 용해도는 낮지만 완전 해리된다.

확인하기

연습 문제 10.8과 10.9를 풀어보기

가정용품에서의 염기

약염기
창문 세정제, 암모니아, NH_3
표백제, NaClO
세탁세제, Na_2CO_3, Na_3PO_4
치약과 베이킹 소다, $NaHCO_3$
베이킹파우더, 청소 가루, Na_2CO_3
잔디와 농업용 석회석, $CaCO_3$
완하제, 제산제, $Mg(OH)_2$, $Al(OH)_3$

강염기
하수구 세정제, 오븐 세정제, NaOH

수산화 소듐, NaOH(가성소다라고도 알려짐)는 오븐의 기름기를 제거하고, 하수구를 뚫는 가정용품으로 사용된다. 높은 농도의 수산화 이온은 피부와 눈에 심각한 손상을 줄 수 있기 때문에 가정에서 이러한 제품을 사용할 때는 사용법을 주의 깊게 따라야만 하고, 화학 실험실에서 사용할 경우에는 주의 깊게 감독하여야 한다. 만약 산이나 염기를 피부에 쏟았거나 눈에 들어갔을 경우, 즉시 많은 물로 적어도 10분간 씻어야 하고 의학적 처치를 받아야 함을 명심하여야 한다.

약염기(weak base)는 수소 이온의 좋지 않은 받개이며, 용액에서 매우 적은 이온만을 생성하는 약전해질이다. 전형적인 약염기인 암모니아, NH_3는 창문 세정제에서 찾아볼 수 있다. 수용액에서 적은 양의 암모니아 분자만이 H^+를 받아 NH_4^+와 OH^-를 형성한다.

$$\underset{\text{암모니아}}{NH_3(g)} + H_2O(l) \rightleftharpoons \underset{\text{수산화 암모늄}}{NH_4^+(aq) + OH^-(aq)}$$

연습 문제

10.3 산과 염기의 세기

학습 목표 강산과 약산, 강염기와 약염기의 해리에 대한 반응식을 쓴다.

10.8 표 10.3을 이용하여 각각의 다음 두 물질에 대해 더 강한 산을 확인하라.
a. HI 또는 NH_4^+ **b.** $HClO_4$ 또는 H_2S
c. HNO_3 또는 H_3O^+

10.9 표 10.3을 이용하여, 각각의 다음 두 물질에 대해 더 약한 산을 확인하라.
a. HCN 또는 HF
b. HBr 또는 HCO_3^-
c. H_2SO_4 또는 H_3PO_4

10.4 산-염기 평형

학습 목표 가역 반응의 개념을 이용하여 산-염기 평형을 설명한다. Le Châtelier의 원리를 이용하여 반응 조건이 변할 때 평형 농도에 대한 효과를 결정한다.

산-염기 반응의 반응물은 생성물이 반응물을 형성하는 역반응이 일어나기 때문에 항상 완전히 생성물로 변환되는 것은 아니다. **가역 반응**(reversible reaction)은 정방향과 역방향 모두 진행되며, 이는 2개의 반응이 일어나는 것을 의미한다. 하나는 정방향의 반응이고, 다른 것은 역방향의 반응이다. 분자가 반응하기 시작할 때, 정반응은 역반응보다 더 빠른 속도로 일어난다. 반응물이 소모되고 생성물이 축적됨에 따라 정반응 속도는 감소하고 역반응 속도는 증가한다.

평형

결국 정반응과 역반응 속도는 같아질 것이다. 이것은 반응물이 생성물을 생성하는 것과 동일한 속도로 생성물이 반응물을 생성한다는 것을 의미한다. 두 반응이 동일한 속도로 서로 반대 방향으로 진행하더라도, 반응물과 생성물의 농도에 더 이상의 변화가 일어나지 않을 때 **평형**(equilibrium)에 도달한 것이다.

평형까지 진행될 때 약산 HF와 H_2O의 반응을 살펴보자. 처음에는 반응물 HF와 H_2O만이 존재한다.

$$\text{정반응: } HF(aq) + H_2O(l) \longrightarrow F^-(aq) + H_3O^+(aq)$$

F^-와 H_3O^+ 생성물이 축적됨에 따라 역반응 속도는 증가하는 반면에 정반응 속도는 감소한다.

$$\text{역반응: } F^-(aq) + H_3O^+(aq) \longrightarrow HF(aq) + H_2O(l)$$

결국 정반응과 역반응 속도가 같아지고, 이는 평형에 도달했음을 의미한다. 그러면 정반응과 역반응은 계속되지만 반응물과 생성물의 농도는 일정하게 유지된다. 정반응과 역반응은 보통 단일 반응식에 이중 화살표를 이용하여 나타낸다.

$$HF(aq) + H_2O(l) \underset{\text{역반응}}{\overset{\text{정반응}}{\rightleftharpoons}} F^-(aq) + H_3O^+(aq)$$

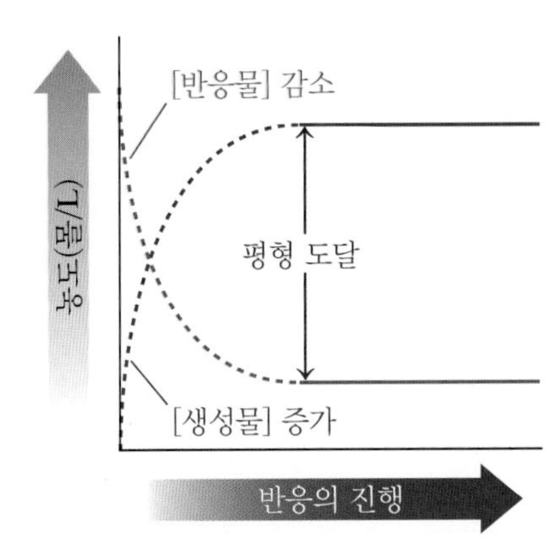

반응물과 생성물의 농도에 더 이상의 변화가 없을 때 평형에 도달한 것이다.

생각해보기

평형에 도달하기 전에 반응물의 농도가 감소하는 이유는 무엇인가?

예제 10.4 **가역 반응과 평형**

문제

다음을 **변한다** 또는 **변하지 않는다**, **더 빠른** 또는 **더 느린**, **동일하다** 또는 **동일하지 않다**로 완성하라.

a. 평형에 도달하기 전에, 반응물과 생성물의 농도는 ____________.

b. 처음에는 생성물의 반응 속도보다 반응물이 _________ 반응 속도를 가진다.

c. 평형에서 정반응 속도는 역반응 속도와 _________.

풀이

a. 평형에 도달하기 전, 반응물과 생성물의 농도는 **변한다**.

b. 처음에는 생성물의 반응 속도보다 반응물이 **더 빠른** 반응 속도를 가진다.

c. 평형에서 정반응 속도는 역반응 속도와 **동일하다**.

유제 10.4

다음 문장을 **변한다** 또는 **변하지 않는다**로 완성하라.

평형에서 반응물과 생성물의 농도는 _________.

해답

평형에서 반응물과 생성물의 농도는 **변하지 않는다**.

확인하기

연습 문제 10.10과 10.11을 풀어보기

Le Châtelier의 원리

핵심 화학 기법

Le Châtelier의 원리 이용

평형에 있는 계의 반응물 또는 생성물의 농도를 변화시키면, 정반응과 역반응의 속도는 더 이상 같지 않다. 이를 평형에 **교란**(stress)이 가해졌다고 말한다. **Le Châtelier의 원리**(Le Châtelier's principle)는 평형이 교란되었을 때, 정반응과 역반응의 속도는 교란을 완화하도록 변하여 다시 평형을 이룬다는 것이다.

2개의 물탱크가 파이프로 연결되었다고 가정해보자. 탱크의 수위가 동일할 때, 물은 정방향인 탱크 A에서 탱크 B로의 흐름이 역방향인 탱크 B에서 탱크 A로의 흐름과 같은 속도로 흐른다. 탱크 A에 더 많은 물을 첨가하면, 탱크 A에서 탱크 B로 흐르는 속도가 증가하고, 이는 보다 긴 화살표로 표시한다. 두 탱크의 수위가 일치할 때 평형은 다시 이루어진다. 수위는 전보다 높아졌지만, 탱크 A와 탱크 B 사이에 물은 동일하게 흐른다.

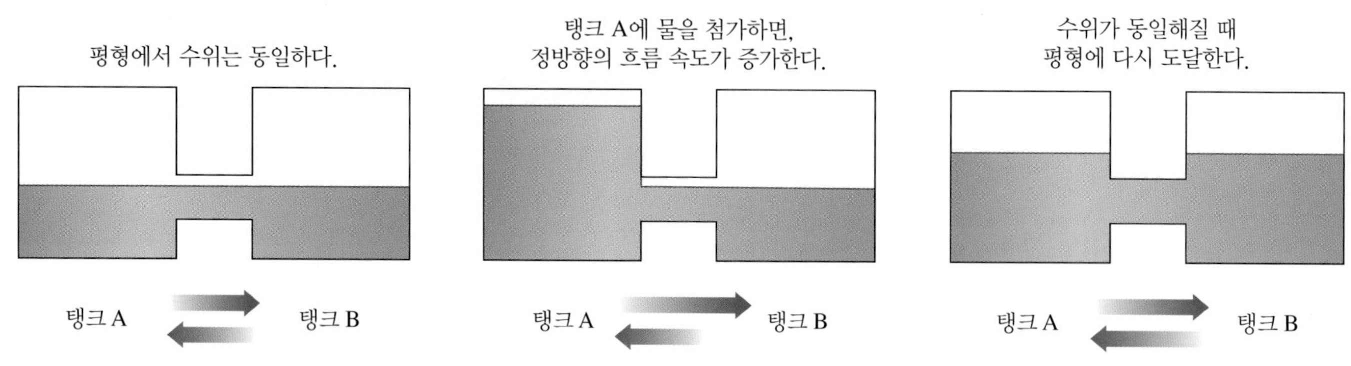
평형에서 수위는 동일하다.
탱크 A에 물을 첨가하면,
정방향의 흐름 속도가 증가한다.
수위가 동일해질 때
평형에 다시 도달한다.
탱크 A
탱크 B
탱크 A
탱크 B
탱크 A
탱크 B
탱크 A에 물을 첨가하는 교란은 정방향 흐름 속도를 증가시켜 동일한 수위와 평형을 다시 이루게 된다.

평형에 대한 농도 변화의 효과

농도의 변화가 어떻게 평형에 있는 반응을 교란하고, 계는 이러한 교란에 어떻게 대응하는지를 보여주기 위하여 HF와 H_2O의 반응을 이용할 것이다.

$$HF(aq) + H_2O(l) \rightleftharpoons F^-(aq) + H_3O^+(aq)$$

더 많은 HF가 평형 혼합물에 첨가되어, HF 농도를 증가시켰다고 가정해보자. 계는 이러한 교란을 정반응 속도를 증가시켜 완화한다. Le Châtelier의 원리에 따르면, 더 많은 반응물을 첨가하면 평형이 다시 이루어질 때까지 생성물의 방향으로 계가 **이동**(shift)하게 된다.

HF 첨가

$$HF(aq) + H_2O(l) \rightleftharpoons F^-(aq) + H_3O^+(aq)$$

다른 예에서, 평형에 있는 반응 혼합물에서 일부 HF를 제거한다고 가정해보자. HF 농도의 감소는 정반응 속도를 느리게 한다. Le Châtelier의 원리에 따르면, 일부 반응물을 제거하는 교란은 평형이 다시 이루어질 때까지 반응물의 방향으로 계가 **이동**하게 한다.

HF 제거

$$HF(aq) + H_2O(l) \rightleftharpoons F^-(aq) + H_3O^+(aq)$$

생성물의 농도를 변화시킴으로써 평형에 있는 계에 교란을 줄 수 있다. 예를 들어, 더 많은 F^-를 평형 혼합물에 첨가하면, 평형이 다시 이루어질 때까지 생성물이 반응물로 변환되면서 역반응 속도가 증가한다. Le Châtelier의 원리에 따르면, 더 많은 생성물의 첨가는 계가 반응물의 방향으로 **이동**하게 한다.

F⁻ 첨가

$$HF(aq) + H_2O(l) \rightleftharpoons F^-(aq) + H_3O^+(aq)$$

또 다른 예에서, 일부 F^-를 평형의 반응 혼합물로부터 제거한다고 가정해보자. F^- 농도의 감소는 역반응의 속도를 느리게 한다. Le Châtelier의 원리에 따르면, 생성물 일부를 제거하는 교란은 평형이 다시 이루어질 때까지 계가 생성물의 방향으로 **이동**하게 한다.

F⁻ 제거

$$HF(aq) + H_2O(l) \rightleftharpoons F^-(aq) + H_3O^+(aq)$$

요약하면, Le Châtelier의 원리는 평형에 있을 때 물질의 첨가에 의하여 일어나는 교란은 그 물질을 없애는 쪽으로 반응이 이동할 때 완화된다는 것을 나타낸다. 물질 일부가 제거될 때, 평형 계는 그 물질이 생성되는 쪽으로 이동한다. Le Châtelier의 원리의 이러한 특성을 **표 10.4**에 요약하였다.

표 10.4 평형에 대한 농도 변화의 효과

교란	변화	이동하는 방향
반응물 첨가	정반응 속도 증가	생성물
반응물 제거	정반응 속도 감소	반응물
생성물 첨가	역반응 속도 증가	반응물
생성물 제거	역반응 속도 감소	생성물

화학과 보건

산소-헤모글로빈 평형과 저산소증

산소의 이동은 헤모글로빈(Hb), 산소, 산소헤모글로빈(HbO_2) 사이의 평형을 포함한다.

$$Hb(aq) + O_2(g) \rightleftharpoons HbO_2(aq)$$

폐의 폐포(alveoli)에 O_2 농도가 높을 때, 반응은 생성물 HbO_2 쪽으로 이동한다. O_2 농도가 낮은 조직에서 역반응은 헤모글로빈에서 산소를 방출한다.

정상 기압에서는 폐포 안의 산소 부분압이 혈액보다 높기 때문에 산소는 혈액으로 확산되어 들어간다. 8000 ft 이상의 고도에서 대기압의 저하는 산소의 부분압이 상당히 감소하여 혈액과 신체 조직에 가용할 수 있는 산소의 양이 적다는 것을 의미한다. 높은 고도에서 대기압의 저하는 흡입하는 산소의 부분압을 감소시킨다. 18 000 ft 고도에서 사람은 29%의 적은 산소를 얻는다. 산소 농도가 낮아질 때 사람은 **저산소증**(hypoxia)을 겪게 되며, 호흡수 증가, 두통, 정신적 예민성 저하, 피로, 신체 조정 능력 감소, 어지럼증, 구토 및 청색증(cyanosis) 등의 특징이 나타난다. 비슷한 문제가 폐포에서의 기체 확산이 악화된 폐질환의 병력을 가진 사람 또는 흡연자와 같이 적혈구 세포의 수가 감소된 사람에게서 나타난다.

Le Châtelier의 원리에 따르면, 산소의 감소는 평형을 다시 이

저산소증은 산소 농도가 낮은 높은 고도에서 일어난다.

루기 위하여 반응물 방향으로 계를 이동시킬 것이다. 이러한 이동은 HbO_2의 농도를 감소시키고 저산소증을 일으킨다.

$$Hb(aq) + O_2(g) \longleftarrow HbO_2(aq)$$

고산병의 즉각적인 치료에는 수분 공급과 휴식, 그리고 필요하다면 낮은 고도로 내려가는 것이 포함된다. 낮아진 산소 농도에 적응하는 데에는 약 10일 정도가 필요하다. 이 시간 동안 골수는 적혈구 생성을 증가시켜 더 많은 적혈구와 헤모글로빈을 제공한다. 높은 고도에서 사는 사람은 해수면에서 사는 사람에 비하여 적혈구가 50% 더 많다. 헤모글로빈의 증가는 평형에서 HbO_2 생성물 방향으로 이동하게 한다.

결국 HbO_2의 농도가 높을수록 조직에 더 많은 산소를 제공하고, 저산소증 증상을 줄일 것이다.

$$Hb(aq) + O_2(g) \longrightarrow HbO_2(aq)$$

높은 산을 등산하는 사람에게는 고도가 증가함에 따라 며칠에 걸쳐 머무르면서 익숙해지는 것이 중요하다. 매우 높은 고도에서는 산소 탱크를 사용하는 것이 필요할 수도 있다.

예제 10.5 **평형에서 농도 변화의 효과**

문제

체액의 주요한 반응 중 하나는 다음과 같다.

$$H_2CO_3(aq) + H_2O(l) \rightleftharpoons HCO_3^-(aq) + H_3O^+(aq)$$

Le Châtelier의 원리를 이용하여 다음의 경우 계가 생성물 방향으로 이동할지, 반응물 방향으로 이동할지 여부를 예측하라.

a. 더 많은 $H_2CO_3(aq)$ 첨가
b. 일부 $HCO_3^-(aq)$ 제거
c. 더 많은 $H_3O^+(aq)$ 첨가

풀이

Le Châtelier의 원리에 따르면, 교란이 평형에 있는 반응에 적용될 때 계는 교란을 완화시키기 위하여 이동한다.

a. 반응물 $H_2CO_3(aq)$ 농도가 증가하면, 평형은 생성물 방향으로 이동한다.
b. 생성물 $HCO_3^-(aq)$ 농도가 감소하면, 평형은 생성물 방향으로 이동한다.
c. 생성물 $H_3O^+(aq)$ 농도가 증가하면, 평형은 반응물 방향으로 이동한다.

유제 10.5

예제 10.5의 반응을 이용하여, 일부 $H_2CO_3(aq)$를 제거하면 계가 생성물 방향으로 이동하는지, 반응물 방향으로 이동하는지 여부를 예상하라.

해답

일부 $H_2CO_3(aq)$를 제거하면, 평형은 반응물 방향으로 이동한다.

확인하기

연습 문제 10.12를 풀어보기

연습 문제

10.4 산-염기 평형

학습 목표 가역 반응의 개념을 이용하여 산-염기 평형을 설명한다. Le Châtelier의 원리를 이용하여 반응 조건이 변할 때 평형 농도에 대한 효과를 결정한다.

10.10 가역 반응이라는 용어는 무엇을 의미하는가?

10.11 다음 중 평형에 있는 것은 무엇인가?

a. 정반응 속도는 역반응 속도의 2배이다.
b. 반응물과 생성물이 농도는 변하지 않는다.
c. 역반응 속도는 변하지 않는다.

10.12 Le Châtelier의 원리를 이용하여 다음의 변화로 인해 계가 생성물 방향으로 이동할지, 반응물 방향으로 이동할지를 예상하라.

$$HCHO_2(aq) + H_2O(l) \rightleftharpoons CHO_2^-(aq) + H_3O^+(aq)$$

a. 더 많은 $CHO_2^-(aq)$ 첨가
b. 일부 $HCHO_2(aq)$ 제거
c. 일부 $H_3O^+(aq)$ 제거
d. 더 많은 $HCHO_2(aq)$ 첨가

10.5 물의 해리

복습
방정식 풀기(1.4)

학습 목표 물의 해리 표현식을 이용하여 수용액에서 $[H_3O^+]$와 $[OH^-]$를 계산한다.

많은 산-염기 반응에서 물은 산 또는 염기로 작용할 수 있다는 것을 의미하는 **양쪽성**이다. 순수한 물에서는 2개의 물 분자 사이에, 한 물 분자로부터 다른 물 분자로 H^+를 이동시키는 정반응이 있다. 한 분자는 H^+를 잃어 산으로 작용하고 다른 분자는 H^+를 얻어 염기로 작용한다. 2개의 물 분자 사이에서 H^+가 이동할 때마다, 생성물은 하나의 H_3O^+와 하나의 OH^-이며, 이들은 역반응으로 반응하여 2개의 물 분자를 다시 형성한다. 따라서 물의 짝산-염기쌍 사이에서 평형이 이루어진다.

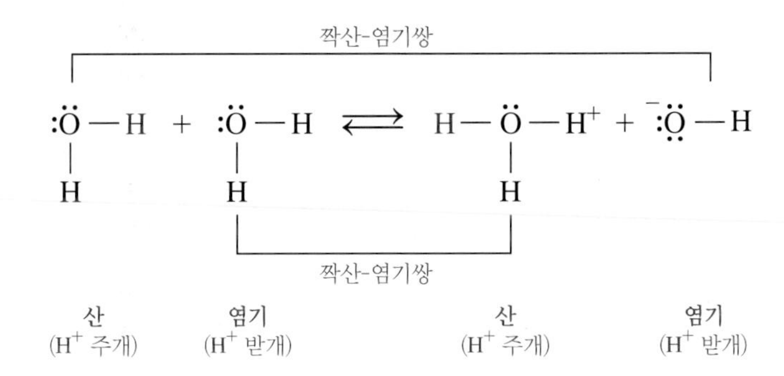

물의 해리 표현식, K_w 쓰기

물의 해리 반응식에는 정반응과 역반응이 있다.

$$\underset{\text{염기}}{H_2O(l)} + \underset{\text{산}}{H_2O(l)} \rightleftharpoons \underset{\text{짝산}}{H_3O^+(aq)} + \underset{\text{짝염기}}{OH^-(aq)}$$

실험에 의하여 25°C에서 순수한 물의 H_3O^+와 OH^-의 농도는 각각 1.0×10^{-7} M임이 확인되었다. 사각 괄호는 몰수/L(M)로 나타낸 농도를 의미하는 데 사용된다.

순수한 물 $[H_3O^+] = [OH^-] = 1.0 \times 10^{-7}$ M

이 농도를 곱할 때 **물의 해리 표현식**(water dissociation expression), $\boldsymbol{K_w}$이라 부르는 식과 값을 얻는다. K_w 값에서 농도 단위는 생략한다.

$$K_w = [H_3O^+][OH^-]$$
$$= (1.0 \times 10^{-7})(1.0 \times 10^{-7}) = 1.0 \times 10^{-14}$$

확인하기
연습 문제 10.13을 풀어보기

중성, 산성, 염기성 용액

모든 수용액에는 H_3O^+와 OH^-가 있기 때문에 K_w 값(1.0×10^{-14})은 25℃의 모든 수용액에 적용된다(**그림 10.3**). 용액의 $[H_3O^+]$와 $[OH^-]$가 동일할 때, 그 용액은 **중성**(neutral)이다. 그러나 대부분의 용액은 중성이 아니다. 즉, H_3O^+와 OH^- 농도가 서로 다르다. 물에 산을 첨가하면, $[H_3O^+]$는 증가하고 $[OH^-]$는 감소하여 산성 용액이 된다. 반면 염기를 첨가하면, $[OH^-]$가 증가하고 $[H_3O^+]$는 감소하여 염기성 용액이 된다. 그러나 중성, 산성 또는 염기성인 어떠한 수용액이라도 곱 $[H_3O^+][OH^-]$은 K_w(25℃에서 1.0×10^{-14})와 같다(**표 10.5**).

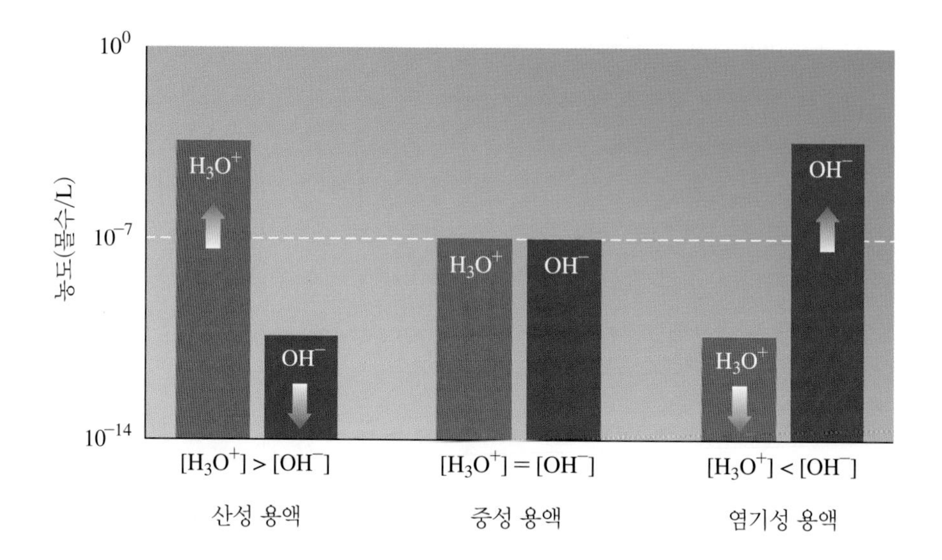

그림 10.3 중성 용액에서 $[H_3O^+]$와 $[OH^-]$는 동일하다. 산성 용액은 $[H_3O^+]$이 $[OH^-]$보다 크고, 염기성 용액은 $[OH^-]$가 $[H_3O^+]$보다 크다.

Q $[H_3O^+]$가 1.0×10^{-3} M인 용액은 산성, 염기성 또는 중성 중 무엇인가?

표 10.5 중성, 산성, 염기성 용액에서 $[H_3O^+]$와 $[OH^-]$의 예

용액의 종류	$[H_3O^+]$	$[OH^-]$	K_w(25℃)
중성	1.0×10^{-7} M	1.0×10^{-7} M	1.0×10^{-14}
산성	1.0×10^{-2} M	1.0×10^{-12} M	1.0×10^{-14}
산성	2.5×10^{-5} M	4.0×10^{-10} M	1.0×10^{-14}
염기성	1.0×10^{-8} M	1.0×10^{-6} M	1.0×10^{-14}
염기성	5.0×10^{-11} M	2.0×10^{-4} M	1.0×10^{-14}

확인하기

연습 문제 10.14와 10.15를 풀어보기

생각해보기

용액의 $[H_3O^+]$를 알고 있다면, $[OH^-]$를 계산하기 위하여 K_w를 어떻게 이용할 수 있는가?

K_w 를 이용하여 용액의 $[H_3O^+]$ 및 $[OH^-]$ 계산

용액의 $[H_3O^+]$를 알고 있다면, K_w를 이용하여 $[OH^-]$를 계산할 수 있다. 만약 용액의 $[OH^-]$를 알고 있다면, 예제 10.6에서 보인 것처럼 K_w의 관계로부터 $[H_3O^+]$를 계산할 수 있다.

$$K_w = [H_3O^+][OH^-]$$

$$[OH^-] = \frac{K_w}{[H_3O^+]} \qquad [H_3O^+] = \frac{K_w}{[OH^-]}$$

핵심 화학 기법

용액에서 $[H_3O^+]$와 $[OH^-]$ 계산

예제 10.6 용액의 $[H_3O^+]$ 계산

문제

식초 용액은 25°C에서 $[OH^-] = 5.0 \times 10^{-12}$ M이다. 식초 용액의 $[H_3O^+]$은 얼마인가? 이 용액은 산성, 염기성 또는 중성 중 무엇인가?

풀이 지침

1단계 주어진 양과 필요한 양을 말하라.

	주어진 조건	필요한 사항	연계
문제 분석	$[OH^-] = 5.0 \times 10^{-12}$ M	$[H_3O^+]$	$K_w = [H_3O^+][OH^-]$

2단계 물의 K_w를 쓰고 미지의 $[H_3O^+]$에 대하여 풀라.

$$K_w = [H_3O^+][OH^-] = 1.0 \times 10^{-14}$$

양쪽을 $[OH^-]$로 나누어 $[H_3O^+]$에 대하여 풀라.

$$\frac{K_w}{[OH^-]} = \frac{[H_3O^+][\cancel{OH^-}]}{[\cancel{OH^-}]}$$

$$[H_3O^+] = \frac{1.0 \times 10^{-14}}{[OH^-]}$$

3단계 방정식에 알고 있는 $[OH^-]$를 대입하고 계산하라.

$$[H_3O^+] = \frac{1.0 \times 10^{-14}}{[5.0 \times 10^{-12}]} = 2.0 \times 10^{-3}\ \text{M}$$

$[H_3O^+]$는 2.0×10^{-3} M로, 5.0×10^{-12} M인 $[OH^-]$보다 크기 때문에 용액은 산성이다.

생각해보기

$[OH^-]$가 감소하면, 수용액의 $[H_3O^+]$가 증가하는 이유는 무엇인가?

유제 10.6

$[OH^-] = 4.0 \times 10^{-4}$ M인 암모니아 세척액의 $[H_3O^+]$는 얼마인가? 이 용액은 산성, 염기성 또는 중성 중 무엇인가?

해답

$[H_3O^+] = 2.5 \times 10^{-11}$ M, 염기성

확인하기

연습 문제 10.16과 10.17을 풀어보기

연습 문제

10.5 물의 해리

학습 목표 물의 해리 표현식을 이용하여 수용액에서 $[H_3O^+]$와 $[OH^-]$를 계산한다.

10.13 순수한 물에서 H_3O^+와 OH^-의 농도가 동일한 이유는 무엇인가?

10.14 산성 용액에서 $[H_3O^+]$는 $[OH^-]$와 어떻게 비교되는가?

10.15 다음 용액이 산성, 염기성 또는 중성인지를 표시하라.

a. $[H_3O^+] = 3.4 \times 10^{-2}$ M

b. $[H_3O^+] = 1.9 \times 10^{-7}$ M

c. $[OH^-] = 6.3 \times 10^{-4}$ M

d. $[OH^-] = 2.5 \times 10^{-10}$ M

의학 응용

10.16 다음 $[H_3O^+]$를 가진 수용액의 $[OH^-]$를 계산하라.

a. 차, 2.0×10^{-4} M

b. 세제, 4.0×10^{-9} M

c. 세안제, 6.0×10^{-11} M

d. 스위트라임 주스, 3.5×10^{-3} M

10.17 다음 $[OH^-]$를 가진 수용액의 $[H_3O^+]$를 계산하라.

a. 위산, 2.5×10^{-13} M

b. 소변, 2.0×10^{-9} M

c. 오렌지 주스, 5.0×10^{-11} M

d. 담즙(bile), 2.5×10^{-6} M

10.6 pH 척도

학습 목표 $[H_3O^+]$으로부터 용액의 pH를 계산한다. pH가 주어지면 $[H_3O^+]$를 계산한다.

적절한 산성도 수준은 폐와 신장의 기능을 평가하고, 식품의 박테리아 성장을 통제하며, 식품 농산물의 해충의 성장을 막는 데 필요하다. 환경에서 비와 물, 토양의 산성도 또는 pH는 상당한 영향을 미친다. 비가 너무 산성화되면 대리석 조각을 녹일 수 있고, 금속의 부식을 촉진시킬 수 있다. 호수와 연못에서 물의 산성도는 식물 및 물고기의 생존 능력에 영향을 줄 수 있으며, 식물 주위 토양의 산성도는 식물의 성장에 영향을 미친다. 토양의 pH가 너무 산성이거나 염기성일 경우, 식물의 뿌리는 일부 영양분을 흡수할 수 없다. 난초, 동백나무, 블루베리와 같은 특정 식물은 보다 산성인 토양을 필요로 하지만, 대부분의 식물은 거의 pH가 중성인 토양에서 생존할 수 있다.

H_3O^+와 OH^-를 몰 농도로 표현하긴 하지만, 용액의 산성도를 **pH 척도**(pH scale)를 이용하여 표현하는 것이 보다 편리하다. 이 척도에서 0에서 14 사이의 수는 일반적인 용액의 H_3O^+ 농도를 나타낸다. 중성 용액은 25°C에서 pH가 7.0이다. 산성 용액의 pH는 7.0보다 작으며, 염기성 용액의 pH는 7.0보다 크다(**그림 10.4**).

산성 용액	$pH < 7.0$	$[H_3O^+] > 1 \times 10^{-7}$ M
중성 용액	$pH = 7.0$	$[H_3O^+] = 1 \times 10^{-7}$ M
염기성 용액	$pH > 7.0$	$[H_3O^+] < 1 \times 10^{-7}$ M

산성도와 pH를 관련지을 때는 한 성분이 증가하면 다른 성분은 감소하는 **역관계**(reverse relationship)를 이용한다. 순수한 물에 산이 첨가되면, 용액의 $[H_3O^+]$(산성도)는 증가하지만 pH는 감소한다. 반면 순수한 물에 염기가 첨가되면 용액은 더 염기성이 되며, 이는 용액의 산성도는 감소하지만 pH는 증가함을 의미한다.

실험실에서 pH 측정기는 용액의 pH를 확인하는 데 흔히 사용된다. pH 값이 다른 용액에 넣었을 때 특정한 색으로 변하는 지시약과 pH 종이도 있다. pH는 색상을 차트와 비교함으로써 찾을 수 있다(**그림 10.5**).

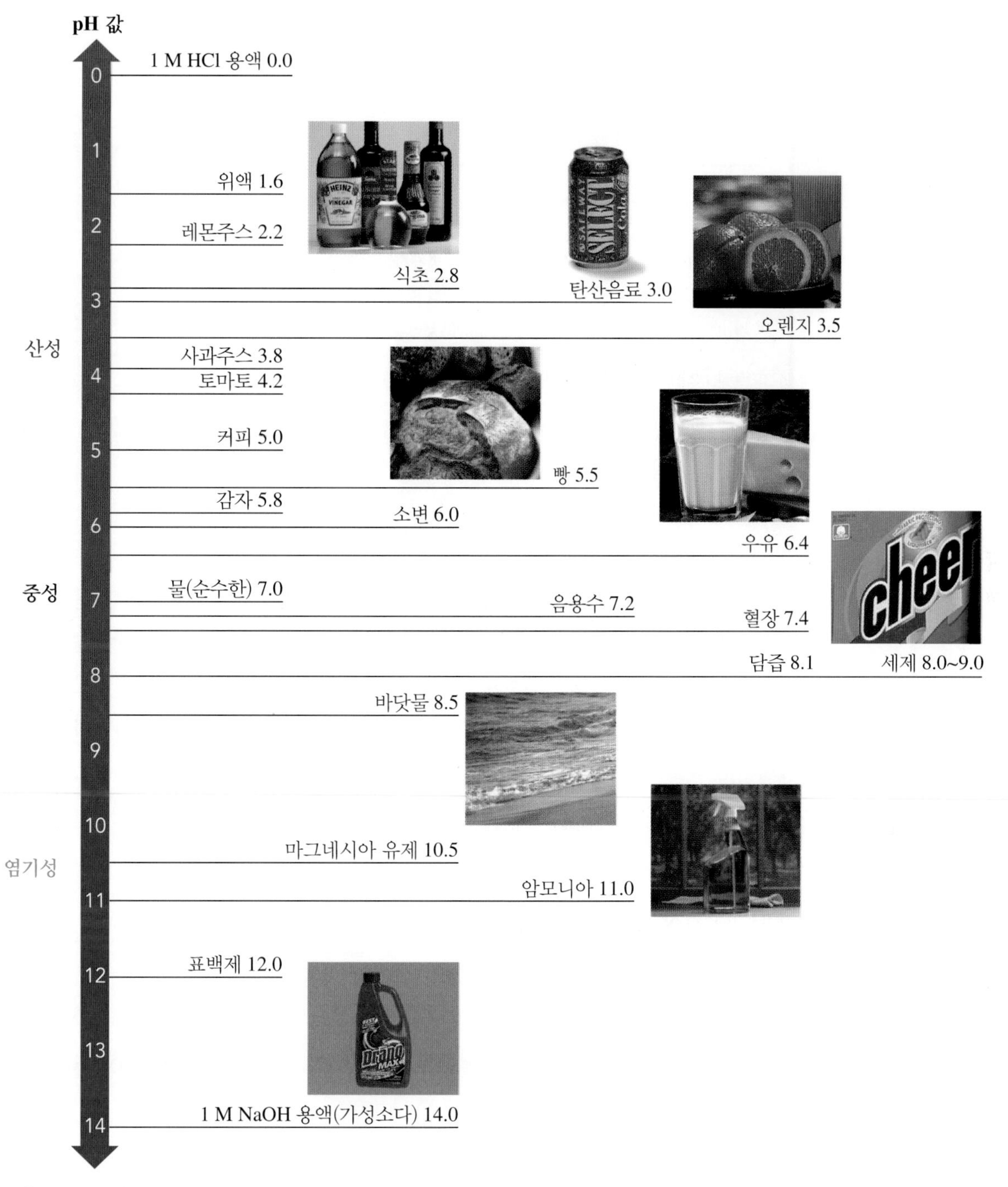

그림 10.4 pH 척도에서 7.0 이하인 값은 산성이고, 7.0인 값은 중성, 7.0 이상인 값은 염기성이다.

Q 사과 주스는 산성, 염기성 또는 중성 용액 중 무엇인가?

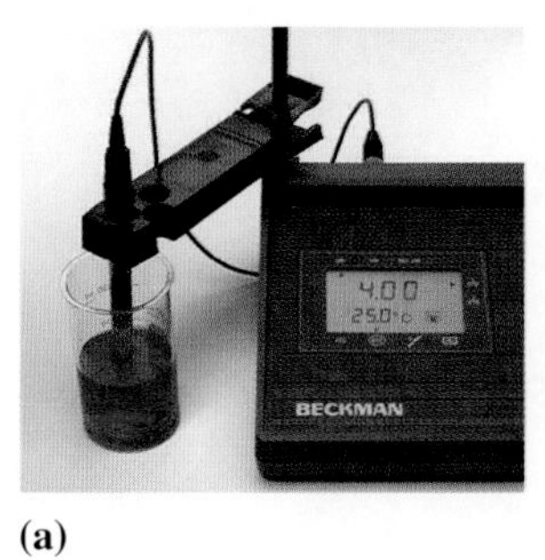
(a)

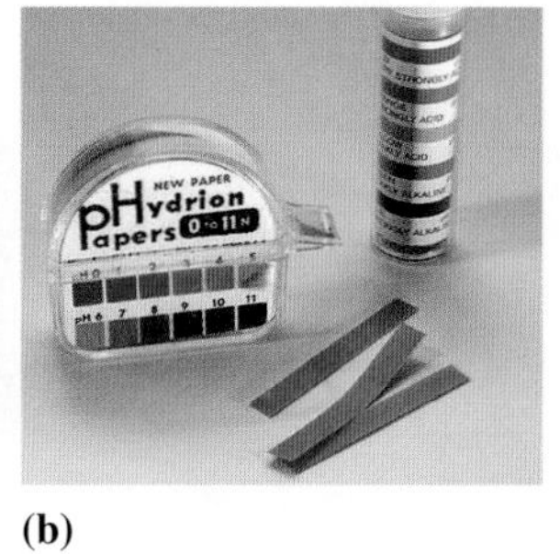
(b)

(c)

그림 10.5 용액의 pH는 **(a)** pH 측정기, **(b)** pH 종이, **(c)** 다른 pH 값에 따라 다른 색으로 변하는 지시약을 이용하여 결정할 수 있다.

Q pH 측정기가 4.00을 나타낸다면 용액은 산성, 염기성 또는 중성 중 무엇인가?

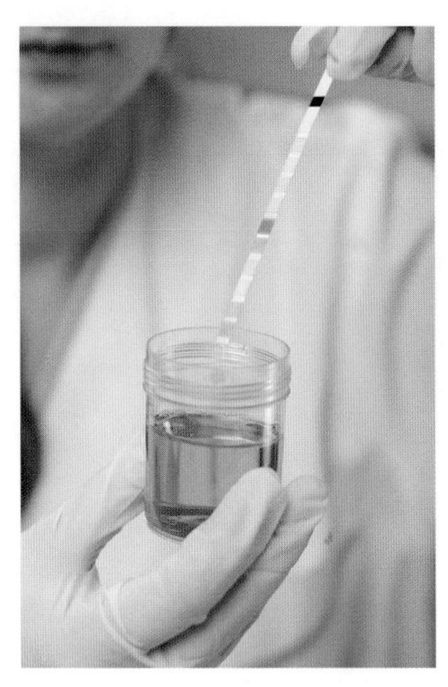

요 시험지는 소변 시료의 pH를 측정하는 데 사용한다.

예제 10.7 **용액의 pH**

문제

다음 체액의 pH를 고려하라.

체액	pH
위산	1.4
이자액(pancreatic juice)	8.4
땀	4.8
소변	5.3
뇌척수액(cerebrospinal fluid)	7.3

a. 목록에 있는 체액의 pH 값을 산성이 가장 높은 것부터 염기성이 가장 높은 순으로 기재하라.

b. 어떤 체액이 $[H_3O^+]$가 가장 높은가?

풀이

a. 산성이 가장 높은 체액은 pH가 가장 낮은 것이며, 가장 염기성이 높은 체액은 pH가 가장 높은 것이다. 위산(1.4), 땀(4.8), 소변(5.3), 뇌척수액(7.3), 이자액(8.4).

b. $[H_3O^+]$가 가장 높은 체액은 pH 값이 가장 낮을 것이고, 이것은 위산이다.

유제 10.7

예제 10.7의 체액 중 $[OH^-]$가 가장 높은 것은 무엇인가?

해답

$[OH^-]$가 가장 높은 체액은 pH 값이 가장 높을 것이며, 이것은 이자액이다.

확인하기

연습 문제 10.18을 풀어보기

주요 수학 기법

$[H_3O^+]$으로부터 pH 계산

용액의 pH 계산

pH 척도는 수용액의 $[H_3O^+]$에 대응하는 로그 척도이다. 수학적으로 **pH**는 $[H_3O^+]$의 음의 로그(밑이 10)이다.

$$pH = -\log[H_3O^+]$$

근본적으로 몰 농도에 대한 10의 음의 거듭제곱은 양수로 변환된다. 예를 들어, $[H_3O^+] = 1.0 \times 10^{-2}$ M인 레몬주스 용액은 pH가 2.00이다. 이것은 pH 방정식을 이용하여 계산할 수 있다.

$$pH = -\log[1.0 \times 10^{-2}]$$
$$pH = -(-2.00)$$
$$= 2.00$$

pH 값에서 **소수점 밑**의 수는 $[H_3O^+]$의 유효숫자 수와 같다. pH 값의 소수점 왼쪽의 수는 10의 거듭제곱 수이다.

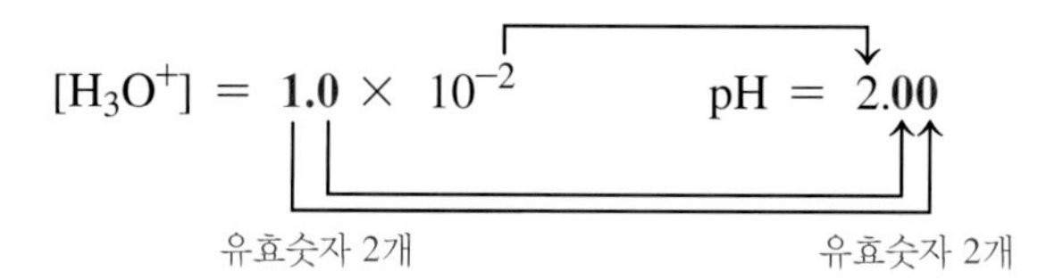

생각해보기

6.00이 아닌 6.00이 $[H_3O^+] = 1.0 \times 10^{-6}$ M일 때의 정확한 pH가 되는 이유를 설명하라.

pH는 로그 척도이기 때문에, 1 pH 단위 변화는 $[H_3O^+]$에서 10배의 변화에 해당한다. $[H_3O^+]$가 증가함에 따라 pH가 감소하는 것에 주목하는 것이 중요하다. 예를 들어, pH 2.00인 용액의 $[H_3O^+]$는 pH 3.00인 용액보다 10배 크고 pH가 4.00인 용액보다 100배 더 크다. 용액의 pH는 예제 10.8에서 보인 것처럼 로그 키를 이용하고 부호를 변경하면 $[H_3O^+]$로부터 계산할 수 있다.

예제 10.8 $[H_3O^+]$으로부터 pH 계산

문제

아세틸살리실산(acetylsalicylic acid)인 아스피린은 통증과 열을 완화시키는 비스테로이드성 항염제(nonsteroidal anti-inflammatory drug, NSAID)이다. 아스피린 용액이 $[H_3O^+] = 1.7 \times 10^{-3}$ M이라면, 용액의 pH는 얼마인가?

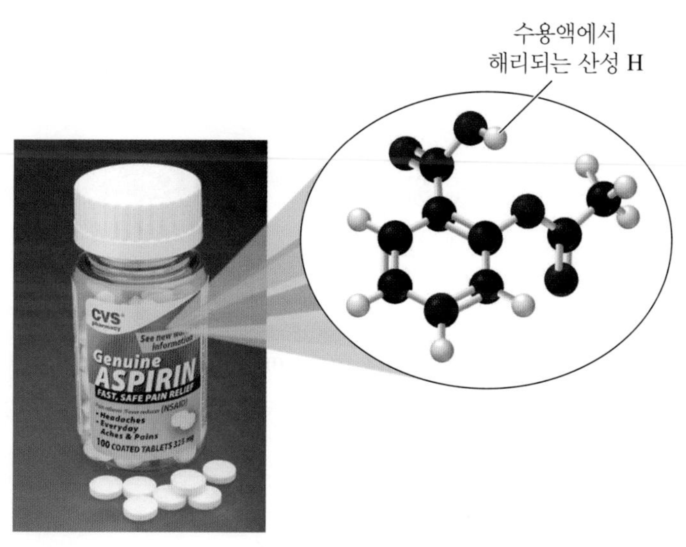

아세틸살리실산인 아스피린은 약산이다.

풀이 지침

1단계 주어진 양과 필요한 양을 말하라.

문제 분석	주어진 조건	필요한 사항	연계
	$[H_3O^+] = 1.7 \times 10^{-3}$ M	pH	pH 방정식

2단계 $[H_3O^+]$를 pH 방정식에 넣고 계산하라.

$$pH = -\log[H_3O^+] = -\log[1.7 \times 10^{-3}]$$

계산기 순서 | 계산기 표시 창

1.7 [EE or EXP] [+/−] 3 [log] [+/−] [=] 또는 [+/−] [log] 1.7 [EE or EXP] [+/−] 3 [=] 2.769551079

계산기의 작동법을 확인하라. 다른 계산기는 pH 계산 방법이 다를 수 있다.

3단계 **소수점 오른쪽의 유효숫자 수를 맞추어라.** pH 값에서 소수점의 **왼쪽** 수는 10의 거듭제곱에서 유도된 **정확한** 수이다. 따라서 계수의 두 유효숫자는 pH 값의 소수점 뒤에 2개의 유효숫자가 있는 것으로 결정할 수 있다.

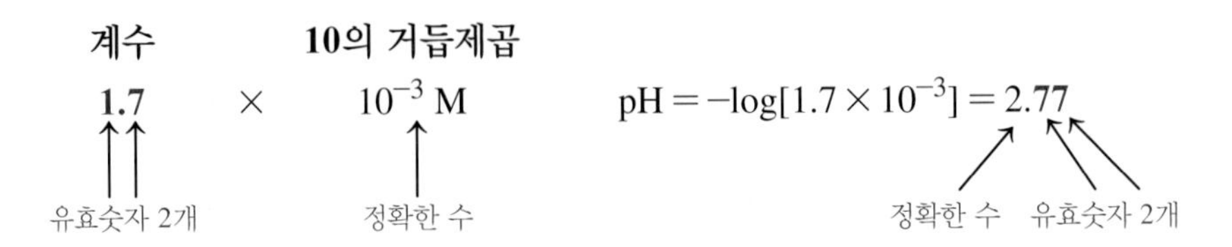

유제 10.8

$[H_3O^+] = 4.2 \times 10^{-12}$ M인 표백제의 pH는 얼마인가?

해답

pH = 11.38

주요 수학 기법

pH로부터 $[H_3O^+]$ 계산

pH로부터 $[H_3O^+]$ 계산

용액의 pH가 주어지고 $[H_3O^+]$를 결정하라고 하면, pH 계산의 역순을 따를 필요가 있다.

$$[H_3O^+] = 10^{-pH}$$

예를 들어, 용액의 pH가 3.0이면 이를 위의 방정식에 대입할 수 있다. $[H_3O^+]$에서 유효숫자의 수는 pH 값의 소수점 아래의 수와 같다.

$$[H_3O^+] = 10^{-pH} = 10^{-3.0} = 1 \times 10^{-3}\text{ M}$$

정수가 아닌 pH 값의 경우, 계산은 보통 **2nd function** 키인 10^x 키의 사용을 요구한다. 일부 계산기에서 이러한 연산은 예제 10.9에서 보인 바와 같이 역로그 방정식을 이용하여 수행된다.

예제 10.9 **pH에서 $[H_3O^+]$ 계산**

문제

pH 7.5인 소변 시료의 $[H_3O^+]$를 계산하라.

풀이 지침

1단계 **주어진 양과 필요한 양을 말하라.**

	주어진 조건	필요한 사항	연계
문제 분석	pH = 7.5	$[H_3O^+]$	$[H_3O^+] = 10^{-pH}$

2단계 **pH 값을 역로그 방정식에 넣어 계산하라.**

$$[H_3O^+] = 10^{-pH} = 10^{-7.5}$$

계산기 순서

2nd log +/− 7.5 = 또는 7.5 +/− 2nd log =

계산기 표시 창

3.16227766E−08

계산기의 작동법을 확인하라. 다른 계산기는 이 계산 방법이 다를 수 있다.

3단계 계수의 유효숫자를 맞추어라.

pH 값 7.5는 소수점 오른쪽에 한 자리만 가지고 있기 때문에 $[H_3O^+]$의 계수는 1개의 유효숫자를 가지도록 적는다.

$[H_3O^+] = 3 \times 10^{-8}$ M

유효숫자 1개

유제 10.9

pH가 3.17인 다이어트 코크의 $[H_3O^+]$와 $[OH^-]$는 얼마인가?

해답

$[H_3O^+] = 6.8 \times 10^{-4}$ M, $[OH^-] = 1.5 \times 10^{-11}$ M

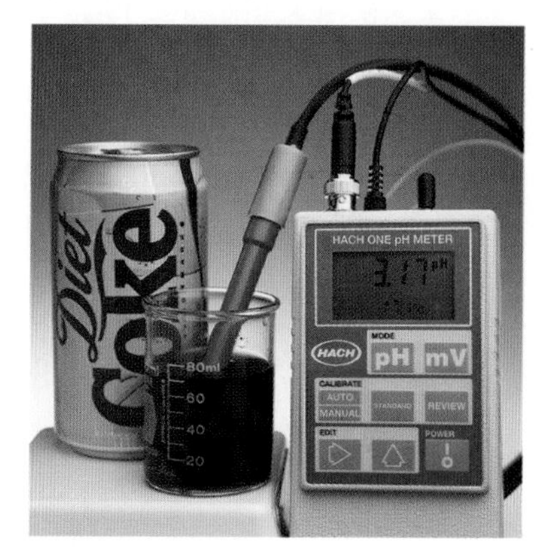

다이어트 코크의 pH는 3.17이다.

$[H_3O^+]$, $[OH^-]$와 그에 해당하는 pH 값에 대한 비교가 **표 10.6**에 주어져 있다.

표 10.6 $[H_3O^+]$, $[OH^-]$와 해당하는 pH 값의 비교

$[H_3O^+]$	pH	$[OH^-]$	
10^0	0	10^{-14}	
10^{-1}	1	10^{-13}	
10^{-2}	2	10^{-12}	
10^{-3}	3	10^{-11}	
10^{-4}	4	10^{-10}	산성
10^{-5}	5	10^{-9}	
10^{-6}	6	10^{-8}	
10^{-7}	7	10^{-7}	중성
10^{-8}	8	10^{-6}	
10^{-9}	9	10^{-5}	
10^{-10}	10	10^{-4}	염기성
10^{-11}	11	10^{-3}	
10^{-12}	12	10^{-2}	
10^{-13}	13	10^{-1}	
10^{-14}	14	10^0	

확인하기

연습문제 10.19에서 10.22까지 풀어보기

화학과 보건

위산, HCl

HCl을 가진 위산은 위 내벽의 벽세포에 의하여 생성된다. 음식을 섭취하여 위가 팽창할 때, 위샘(gastric gland)은 강한 산성의 HCl 용액을 분비한다. 사람은 하루 동안 2000 mL의 위액(gastric juice)을 분비하며, 위액에는 염산과 뮤신(mucin) 및 펩신과 리파아제 효

소가 포함되어 있다.

위액의 HCl은 **펩시노젠**(pepsinogen)이라 불리는 주요 세포의 소화 효소를 활성화시켜 **펩신**(pepsin)을 형성하며, 펩신은 위에 들어오는 음식물의 단백질을 분해한다. HCl의 분비는 위의 pH가 1.5가 될 때까지 계속된다. 이 pH는 위 내벽에 궤양을 만들지 않고 소화 효소를 활성화시키는 최적의 조건이다. 게다가 낮은 pH는 위에 도달한 박테리아를 박멸한다. 보통 위 안에서 상당한 양의 점성이 있는 점액이 위 내벽을 산과 효소에 의한 손상으로부터 보호하기 위하여 분비된다. 위산은 신경계가 HCl 생성을 활성화시키는 압박(stress)의 조건 하에서도 형성될 수 있다. 위의 내용물이 작은창자로 이동하면서 세포는 pH가 약 5가 될 때까지 위산을 중화하기 위하여 탄산수소화물을 생성한다.

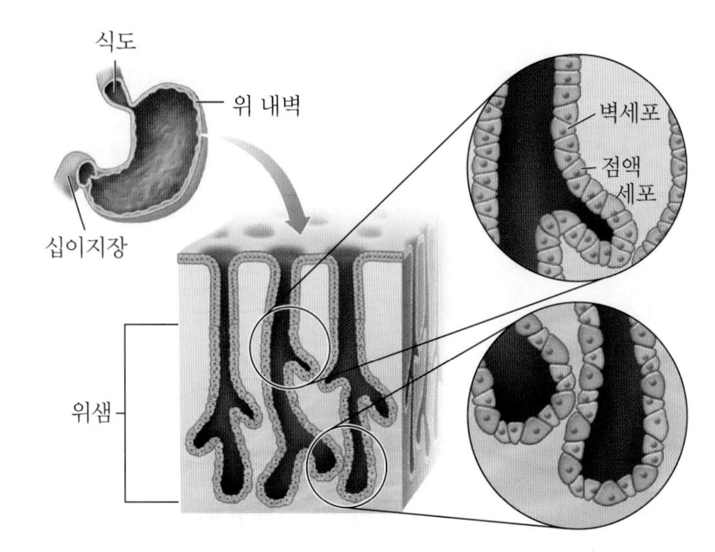

위 내벽의 벽세포는 위산 HCl을 분비한다.

연습 문제

10.6 pH 척도

학습 목표 [H_3O^+]으로부터 용액의 pH를 계산한다. pH가 주어지면 [H_3O^+]를 계산한다.

10.18 다음이 산성, 염기성 또는 중성인지 여부를 말하라.

a. 혈장, pH 7.38 **b.** 식초, pH 2.8
c. 하수구 세정제, pH 11.2 **d.** 커피, pH 5.52
e. 토마토, pH 4.2 **f.** 초콜릿 케이크, pH 7.6

10.19 다음이 산성, 염기성 또는 중성인지 여부를 말하라.

a. 라임주스, pH 2.2 **b.** 감자, pH 5.8
c. 음용수, pH 7.2 **d.** 청량음료, pH 3.5
e. 마그네시아 유제, pH 10.5
f. 표백제, pH 12.0

10.20 다음과 같이 주어진 각 용액의 pH를 계산하라.

a. $[H_3O^+] = 1 \times 10^{-4}$ M **b.** $[H_3O^+] = 3 \times 10^{-9}$ M
c. $[OH^-] = 1 \times 10^{-5}$ M **d.** $[OH^-] = 2.5 \times 10^{-11}$ M
e. $[H_3O^+] = 6.7 \times 10^{-8}$ M **f.** $[OH^-] = 8.2 \times 10^{-4}$ M

10.21 다음 표를 완성하라.

[H_3O^+]	[OH^-]	pH	산성, 염기성 또는 중성
	1.0×10^{-6} M		
		3.49	
2.8×10^{-5} M			

의학 응용

10.22 중증 대사성 산증(metabolic acidosis) 환자의 혈장 pH는 6.92이다. 혈장의 [H_3O^+]은 얼마인가?

복습
화학 반응식 완결(7.4)
환산 인자로서 농도를 이용(9.4)

10.7 산과 염기의 반응

학습 목표 금속, 탄산화물, 탄산수소화물, 염기와 산의 반응에 대한 완결된 반응식을 쓴다. 적정 정보로부터 산의 몰 농도 또는 부피를 계산한다.

산과 염기의 전형적인 반응은 금속, 탄산화물, 탄산수소화물 이온, 염기와 산의 반응을 포함한다. 예를 들어, 제산제 정제를 물에 떨어뜨리면, 정제 안의 탄산수소 이온과 시트르산이 반응하여 이산화 탄소 거품, 물, 염이 생성된다. **염**(salt)은 H^+를 양이온으로, 또는 OH^-를 음이온으로 가지지 않는 이온 화합물이다.

산과 금속

산은 특정 금속과 반응하여 수소 기체(H_2)와 염을 생성한다. 산과 반응하는 금속에는 포타슘, 소듐, 칼슘, 마그네슘, 알루미늄, 아연, 철과 주석 등이 있다. 이 치환반응에서 금속 이온은 산의 수소를 치환한다.

$$\underset{\text{금속}}{Mg(s)} + \underset{\text{산}}{2HCl(aq)} \longrightarrow \underset{\text{수소}}{H_2(g)} + \underset{\text{염}}{MgCl_2(aq)}$$

$$\underset{\text{금속}}{Zn(s)} + \underset{\text{산}}{2HNO_3(aq)} \longrightarrow \underset{\text{수소}}{H_2(g)} + \underset{\text{염}}{Zn(NO_3)_2(aq)}$$

핵심 화학 기법

산과 염기 반응에 대한 반응식 쓰기

마그네슘은 산과 빠르게 반응하여 H_2 기체와 마그네슘 염을 형성한다.

예제 10.10 금속과 산에 대한 반응식

문제

$Al(s)$과 $HCl(aq)$의 반응에 대한 완결된 반응식을 써라.

	주어진 조건	필요한 사항	연계
문제 분석	Al, HCl	완결된 반응식	생성물: H_2와 염

풀이 지침

1단계 반응물과 생성물을 써라. 금속이 산과 반응할 때, 생성물은 수소 기체와 염이다. 완결되지 않은 반응식은 다음과 같이 쓴다.

$$Al(s) + HCl(aq) \longrightarrow H_2(g) + \text{염}(aq)$$

2단계 염의 화학식을 써라. $Al(s)$가 반응할 때, Al^{3+}가 형성되고 이것은 HCl로부터 $3Cl^-$와 균형을 이룬다.

$$Al(s) + HCl(aq) \longrightarrow H_2(g) + AlCl_3(aq)$$

3단계 반응식을 완결하라.

$$2Al(s) + 6HCl(aq) \longrightarrow 3H_2(g) + 2AlCl_3(aq)$$

유제 10.10

$Ca(s)$가 $HBr(aq)$과 반응할 때, 완결된 반응식을 써라.

해답

$$Ca(s) + 2HBr(aq) \longrightarrow H_2(g) + CaBr_2(aq)$$

산의 탄산화물 및 탄산수소화물과의 반응

산을 탄산화물 또는 탄산수소화물에 가하면 그 생성물은 이산화 탄소 기체, 물, 염이다. 산은 CO_3^{2-} 또는 HCO_3^-와 반응하여 탄산(H_2CO_3)를 생성하며, 이것은 빠르게 CO_2와 H_2O로 분해된다.

$$\underset{\text{산}}{2HCl(aq)} + \underset{\text{탄산화물}}{Na_2CO_3(aq)} \longrightarrow \underset{\text{이산화 탄소}}{CO_2(g)} + \underset{\text{물}}{H_2O(l)} + \underset{\text{염}}{2NaCl(aq)}$$

탄산수소 소듐(베이킹 소다)이 산(식초)과 반응할 때, 생성물은 이산화 탄소 기체, 물, 염이다.

$$\underset{\text{산}}{HBr(aq)} + \underset{\text{탄산수소화물}}{NaHCO_3(aq)} \longrightarrow \underset{\text{이산화 탄소}}{CO_2(g)} + \underset{\text{물}}{H_2O(l)} + \underset{\text{염}}{NaBr(aq)}$$

산과 수산화물: 중화

중화(neutralization)는 강산 또는 약산이 강염기와 반응하여 물과 염을 생성하는 반응이다. 산의 H^+와 염기의 OH^-는 결합하여 물을 형성한다. 염은 염기의 양이온과 산의 음이온과의 조합이다. HCl과 NaOH 사이의 중화 반응에 대한 반응식을 다음과 같이 쓸 수 있다.

$$\underset{\text{산}}{HCl(aq)} + \underset{\text{염기}}{NaOH(aq)} \longrightarrow \underset{\text{물}}{H_2O(l)} + \underset{\text{염}}{NaCl(aq)}$$

만약 강산 HCl과 강염기 NaOH를 이온으로 쓰면, H^+가 OH^-와 반응하여 물을 형성하고 Na^+와 Cl^- 이온이 용액에 남아 있는 것을 알 수 있다.

$$H^+(aq) + Cl^-(aq) + Na^+(aq) + OH^-(aq) \longrightarrow H_2O(l) + Na^+(aq) + Cl^-(aq)$$

반응하는 동안 변하지 않는 **구경꾼 이온**(Na^+와 Cl^-)을 삭제하면, 알짜 이온 반응식을 얻는다.

$$H^+(aq) + \cancel{Cl^-(aq)} + \cancel{Na^+(aq)} + OH^-(aq) \longrightarrow H_2O(l) + \cancel{Na^+(aq)} + \cancel{Cl^-(aq)}$$

H^+와 OH^-가 중화하여 H_2O를 형성하는 알짜 이온 반응식은 다음과 같다.

$$H^+(aq) + OH^-(aq) \longrightarrow H_2O(l) \quad \text{알짜 이온 반응식}$$

중화 반응식 완결

중화 반응에서 하나의 H^+는 항상 하나의 OH^-와 반응한다. 따라서 중화 반응식은 예제 10.11에서 보인 것처럼 산의 H^+와 염기의 OH^-가 균형을 이루도록 하는 계수가 필요하다.

예제 10.11 **산과 염기의 반응에 대한 반응식 완결**

문제

$HCl(aq)$과 $Ba(OH)_2(s)$의 중화에 대한 완결된 반응식을 써라.

문제 분석	주어진 조건	필요한 사항	연계
	HCl, $Ba(OH)_2$	완결된 반응식	중화 생성물

풀이 지침

1단계 **반응물과 생성물을 써라.**

$$HCl(aq) + Ba(OH)_2(s) \longrightarrow H_2O(l) + \text{염}$$

2단계 **산의 H^+와 염기의 OH^-의 균형을 맞추어라.** HCl 앞에 계수 2를 놓으면 $2H^+$가 되어 $Ba(OH)_2$의 $2OH^-$와 균형을 이룬다.

$2HCl(aq) + Ba(OH)_2(s) \longrightarrow H_2O(l) +$ 염

3단계 **H^+와 OH^-로 H_2O의 균형을 맞추어라.** H_2O 앞에 계수 2를 이용하여 $2H^+$와 $2OH^-$의 균형을 맞춘다.

$2HCl(aq) + Ba(OH)_2(s) \longrightarrow 2H_2O(l) +$ 염

4단계 **나머지 이온으로부터 염의 화학식을 써라.** Ba^{2+}와 $2Cl^-$ 이온을 이용하여 염의 화학식을 $BaCl_2$로 쓴다.

$2HCl(aq) + Ba(OH)_2(s) \longrightarrow 2H_2O(l) + BaCl_2(aq)$

유제 10.11

$H_2SO_4(aq)$와 $NaHCO_3(s)$ 사이의 반응에 대한 완결된 반응식을 써라.

해답

$H_2SO_4(aq) + 2NaHCO_3(s) \longrightarrow 2CO_2(g) + 2H_2O(l) + Na_2SO_4(aq)$

확인하기

연습 문제 10.23에서 10.25를 풀어보기

산-염기 적정

핵심 화학 기법

적정에서 산 또는 염기의 몰 농도 또는 부피를 계산

농도가 알려지지 않은 HCl 용액의 몰 농도를 확인할 필요가 있다고 가정해보자. 알고 있는 양의 염기로 산 시료를 중화하는 **적정**(titration)이라는 실험실 과정으로 농도를 구할 수 있다. 적정에서 부피가 측정된 산을 플라스크에 넣고, 페놀프탈레인과 같은 **지시약**(indicator) 몇 방울을 첨가한다. 지시약은 용액의 pH가 변할 때 색이 극적으로 변하는 화합물로, 산성 용액에서 페놀프탈레인은 무색이다. 그리고 뷰렛에 몰 농도를 알고 있는 NaOH 용액으로 채우고, 플라스크의 산을 중화하기 위하여 주의하면서 NaOH 용액을 첨가한다(**그림 10.6**). 용액의 페놀프탈레인이 무색에서 분홍색으로 변할 때 중화가 일어난다는 것을 알고 있다. 이것을 중화 **종말점**(endpoint)라 부른다. 측정된 NaOH 용액의 부피와 몰 농도로부터 NaOH의 몰수, 산의 몰과 측정된 산의 부피를 이용하여 농도를 계산한다.

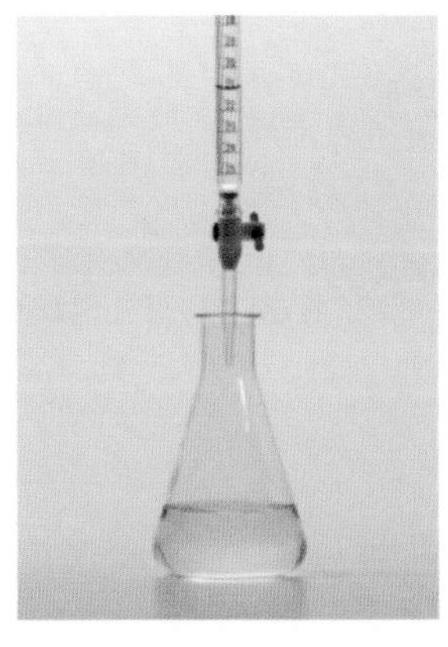

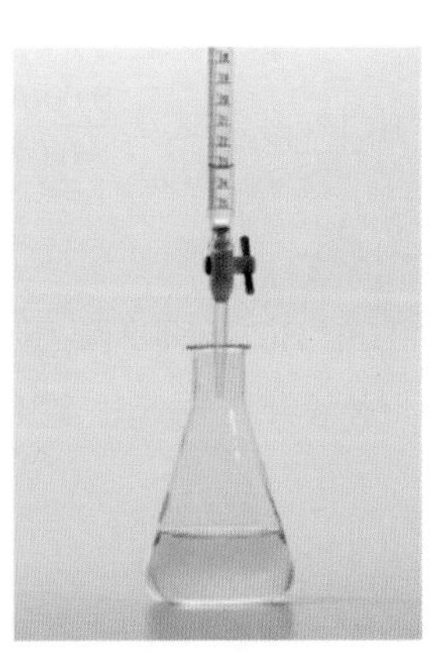

그림 10.6 산의 적정. 부피를 알고 있는 산을 지시약과 함께 플라스크에 넣고, NaOH와 같은 염기성 용액으로 적정하여 중화 종말점까지의 부피를 측정한다.

Q 플라스크에 있는 산의 몰 농도를 결정하는 데 필요한 자료는 무엇인가?

예제 10.12 산의 적정

문제

25.0 mL(0.0250 L)의 HCl 용액 시료를 몇 방울의 페놀프탈레인(지시약)과 함께 플라스크에 넣었다. 종말점에 도달하는 데 0.185 M의 NaOH 용액이 32.6 mL가 필요하다면, HCl 용액의 몰 농도는 얼마인가?

$$NaOH(aq) + HCl(aq) \longrightarrow H_2O(l) + NaCl(aq)$$

풀이 지침

1단계 주어진 양과 필요한 양, 농도를 말하라.

	주어진 조건	필요한 사항	연계
문제 분석	0.0250 L HCl 용액, 32.6 mL 0.185M NaOH 용액	HCl 용액의 몰 농도	몰 농도, 몰-몰 인자
	중화 반응식		
	$NaOH(aq) + HCl(aq) \longrightarrow H_2O(l) + NaCl(aq)$		

2단계 몰 농도를 계산할 계획을 써라.

NaOH 용액의 L → 몰 농도 → NaOH의 몰수 → 몰-몰 인자 → HCl의 몰수 → L로 나눔 → HCl 용액의 몰 농도

3단계 동등량과 농도를 포함한 환산 인자를 말하라.

1 L NaOH 용액 = 0.185 mol NaOH

$$\frac{0.185\ \text{mol NaOH}}{1\ \text{L NaOH 용액}} \quad \text{그리고} \quad \frac{1\ \text{L NaOH 용액}}{0.185\ \text{mol NaOH}}$$

1 mol HCl = 1 mol NaOH

$$\frac{1\ \text{mol HCl}}{1\ \text{mol NaOH}} \quad \text{그리고} \quad \frac{1\ \text{mol NaOH}}{1\ \text{mol HCl}}$$

4단계 필요한 양을 계산하기 위하여 문제를 설정하라.

$$0.0326\ \cancel{\text{L NaOH 용액}} \times \frac{0.185\ \cancel{\text{mol NaOH}}}{1\ \cancel{\text{L NaOH 용액}}} \times \frac{1\ \text{mol HCl}}{1\ \cancel{\text{mol NaOH}}} = 0.006\ 03\ \text{mol HCl}$$

$$\text{HCl의 몰 농도} = \frac{0.006\ 03\ \text{mol HCl}}{0.0250\ \text{L 용액}} = 0.241\ \text{M HCl 용액}$$

유제 10.12

25.0 mL HCl 용액 시료를 중화하는 데 0.175 M NaOH 용액 28.6 mL가 필요하다면, HCl 용액의 몰 농도는 얼마인가?

해답

0.200 M HCl 용액

확인하기

연습 문제 10.26과 10.27을 풀어보기

양방향 비디오

산의 적정

화학과 보건
제산제

제산제는 과잉의 위산(HCl)을 중화시키는 데 사용하는 물질이다. 일부 제산제는 수산화 알루미늄과 수산화 마그네슘의 혼합물이다. 이 수산화물은 물에 매우 잘 녹지 않기 때문에, 가용한 OH^-의 수준은 내장에 손상을 주지 않는다. 그러나 수산화 알루미늄은 변비(constipation)를 일으키고, 내장에서 인산화물과 결합하는 부작용이 있어 쇠약과 식욕 부진을 유발할 수 있다. 수산화 마그네슘은 완하제(laxative) 효과가 있다. 이러한 부작용은 제산제를 조합하여 사용하면 발생 가능성이 적다.

$$Al(OH)_3(s) + 3HCl(aq) \longrightarrow 3H_2O(l) + AlCl_3(aq)$$
$$Mg(OH)_2(s) + 2HCl(aq) \longrightarrow 2H_2O(l) + MgCl_2(aq)$$

일부 제산제는 탄산 칼슘을 이용하여 과잉의 위산을 중화한다. 약 10%의 칼슘이 혈류에 흡수되어 혈청 칼슘의 수치를 높인다. 탄산 칼슘은 소화성궤양(peptic ulcer)이 있거나 전형적으로 불용성 칼슘염으로 구성된 신장 결석을 형성할 경향이 있는 환자에게는 권장되지 않는다.

$$CaCO_3(s) + 2HCl(aq) \longrightarrow CO_2(g) + H_2O(l) + CaCl_2(aq)$$

다른 제산제는 탄산수소 소듐을 함유하고 있다. 이러한 종류의 제산제는 과잉의 위산을 중화하고 혈액의 pH를 높이지만, 체액의 소듐 수치 또한 높이게 된다. 이것 또한 소화성궤양을 치료하는 중에는 권장되지 않는다.

$$NaHCO_3(s) + HCl(aq) \longrightarrow CO_2(g) + H_2O(l) + NaCl(aq)$$

일부 제산제의 중화 물질이 **표 10.7**에 제시되어 있다.

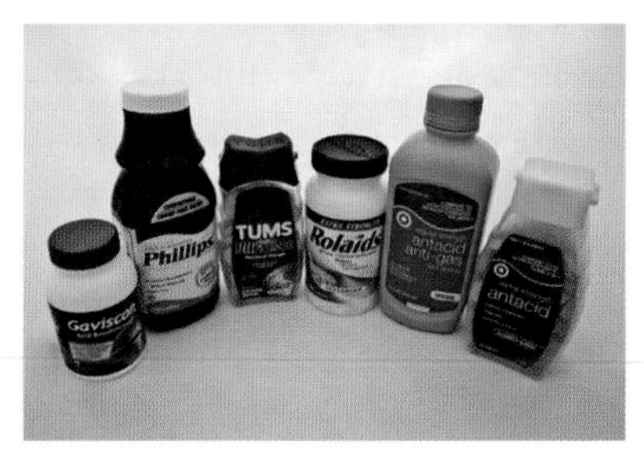

제산제는 과잉의 위산을 중화한다.

표 10.7 일부 제산제에서의 염기 화합물

제산제	염기
암포젤	$Al(OH)_3$
마그네시아 유제(milk of magnesia)	$Mg(OH)_2$
미란타, 말록스, 다이젤, 겔루실, 리오펜	$Mg(OH)_2$, $Al(OH)_3$
비소돌, 롤레이드	$CaCO_3$, $Mg(OH)_2$
타이트라락, 텀스, 펩토-비스몰	$CaCO_3$
알카-셀처	$NaHCO_3$, $KHCO_3$

연습 문제

10.7 산과 염기의 반응

학습 목표 금속, 탄산화물, 탄산수소화물, 염기와 산의 반응에 대한 완결된 반응식을 쓴다. 적정 정보로부터 산의 몰 농도 또는 부피를 계산한다.

10.23 다음 반응에 대한 반응식을 완성하고 완결하라.

a. $ZnCO_3(s) + HBr(aq) \longrightarrow$

b. $Zn(s) + HCl(aq) \longrightarrow$

c. $HCl(aq) + NaHCO_3(s) \longrightarrow$

d. $H_2SO_4(aq) + Mg(OH)_2(s) \longrightarrow$

10.24 다음 중화 반응식을 완결하라.

a. $HCl(aq) + Mg(OH)_2(s) \longrightarrow H_2O(l) + MgCl_2(aq)$

b. $H_3PO_4(aq) + LiOH(aq) \longrightarrow H_2O(l) + Li_3PO_4(aq)$

10.25 다음의 중화에 대한 완결된 반응식을 써라.

a. $H_2SO_4(aq)$와 $NaOH(aq)$

b. $HCl(aq)$와 $Fe(OH)_3(s)$

c. $H_2CO_3(aq)$와 $Mg(OH)_2(s)$

10.26 10.00 mL를 적정하는 데 0.5 M의 NaOH 용액 40.2 mL가 필요하다면, HCl 용액의 몰 농도는 얼마인가?

10.27 25.0 mL의 H_2SO_4 용액을 적정하는 데 0.162 M의 KOH 용액 32.8 mL가 필요하다면, H_2SO_4 용액의 몰 농도는 얼마인가?

$$H_2SO_4(aq) + 2KOH(aq) \longrightarrow 2H_2O(l) + K_2SO_4(aq)$$

10.8 완충 용액

학습 목표 용액의 pH를 유지하는 완충 용액의 역할을 기술한다.

혈장

백혈구와
혈소판

적혈구

전체 혈액은 혈장, 백혈구와 혈소판, 적혈구로 구성된다.

폐와 신장은 혈액과 소변을 포함한 체액의 pH를 조절하는 주요 기관이다. 체액의 pH에 큰 변화가 생기면 세포 내에서 생물학적 활동에 심각한 영향을 끼칠 수 있다. **완충 용액**은 pH의 큰 변동을 막기 위하여 존재한다.

물과 대부분 용액은 소량의 산이나 염기가 첨가되면 pH가 급격하게 변한다. 그러나 산이나 염기가 완충 용액에 첨가되면 pH의 변화가 거의 없다. **완충 용액**(buffer solution)은 첨가된 소량의 산 또는 염기를 중화시켜 용액의 pH를 유지한다. 인체 내에서 전체 혈액에는 혈장, 백혈구, 혈소판(platelet) 및 적혈구가 있다. 혈장은 약 7.4의 일정한 pH를 유지하는 완충 용액을 가진다. 만약 혈장의 pH가 7.4보다 약간 크거나 작으면, 산소 수준과 대사 과정이 급격히 변해 사망에 이를 수도 있다. 비록 산과 염기를 식품과 세포 반응으로부터 얻긴 하지만, 신체의 완충 용액은 이 화합물들을 매우 효과적으로 흡수하여 혈장의 pH가 근본적으로 변하지 않도록 유지할 수 있다(**그림 10.7**).

완충 용액에는 첨가된 어떠한 OH^-와도 반응하기 위하여 산이 존재하여야 하고, 첨가된 어떠한 H_3O^+와 반응하기 위하여 염기가 존재하여야 한다. 그러나 산과 염기는 서로 중화시키지 않아야 한다. 그러므로 산-염기 짝 쌍의 조합이 완충 용액에서 사용된다. 대부분의 완충 용액은 거의 동일한 농도의 약산과 짝염기를 가진 염으로 구성된다. 완충 용액은 약염기와 짝산을 가진 약염기의 염이 포함되어 있을 수도 있다.

생각해보기

완충 용액이 약산 또는 약염기와 약산의 염 또는 약염기의 염의 존재가 필요한 이유는 무엇인가?

예를 들어, 전형적인 완충 용액은 약산인 아세트산($HC_2H_3O_2$)과 그 염인 소듐 아세테이트($NaC_2H_3O_2$)로 만들 수 있다. 약산으로서 아세트산은 물에서 약간 해리하여 매우 적은 양의 H_3O^+와 $C_2H_3O_2^-$를 형성한다. 염인 소듐 아세테이트를 첨가하면, 완

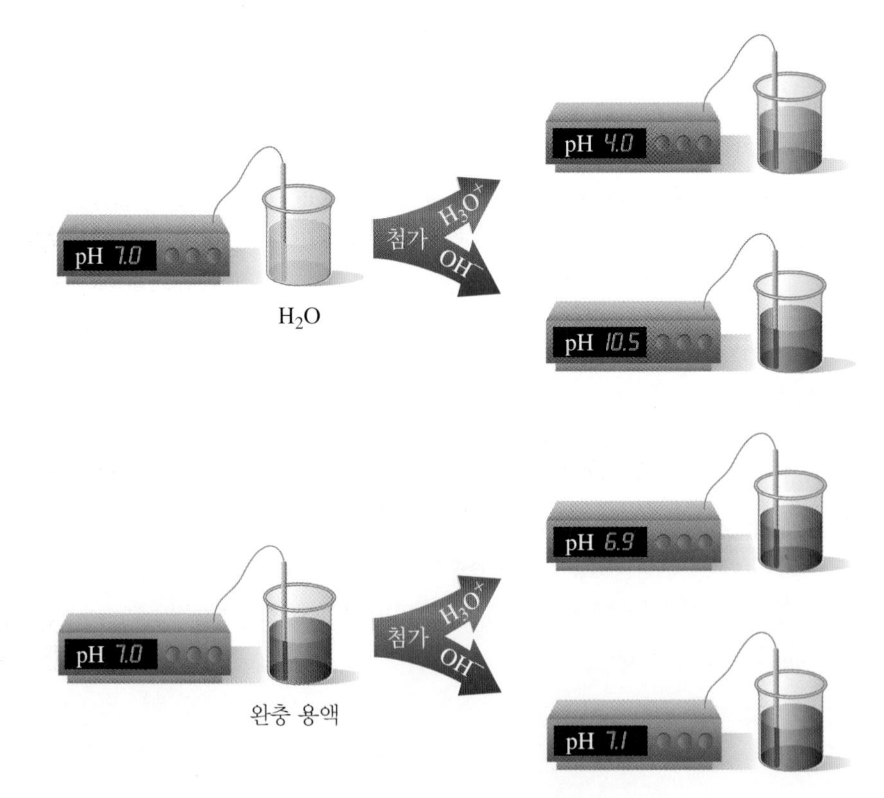

그림 10.7 물에 산이나 염기를 첨가하면 pH가 급격하게 변하지만, 완충 용액은 소량의 산이나 염기가 첨가될 때 pH 변화에 저항한다.

Q 물에 산을 첨가할 때 pH 변화는 여러 pH 단위로 변하지만, 산을 완충 용액에 첨가하였을 때는 그렇지 않은 이유는 무엇인가?

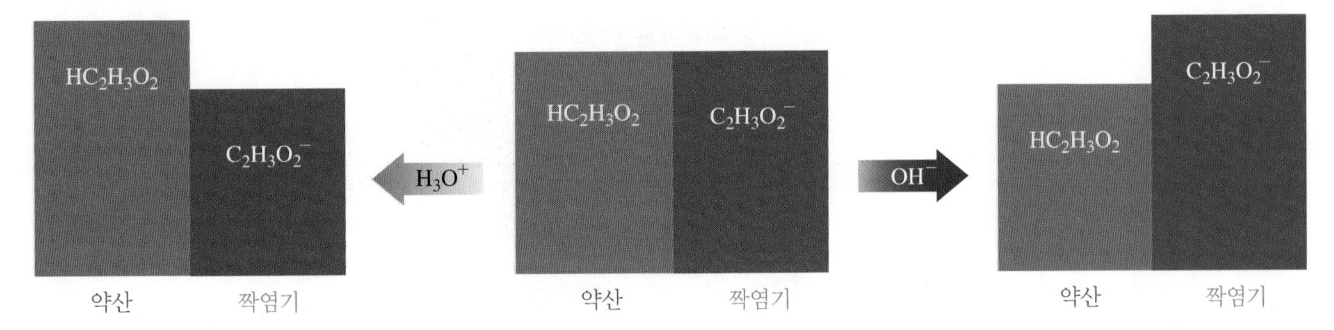

그림 10.8 여기에 기술된 완충 용액은 거의 같은 농도의 아세트산($HC_2H_3O_2$)과 그 짝염기인 아세테이트 이온($C_2H_3O_2^-$)으로 구성되어 있다. 완충 용액에 첨가된 소량의 H_3O^+는 $C_2H_3O_2^-$와 반응하는 반면, 완충 용액에 첨가된 소량의 OH^-는 $HC_2H_3O_2$를 중화한다. 용액의 pH는 첨가된 산이나 염기의 양이 완충 용액 성분의 농도와 비교할 때 작은 한 용액의 pH는 유지된다.

Q 아세트산-아세테이트 완충 용액은 어떻게 pH를 유지하는가?

충 능력에 필요한 매우 높은 농도의 아세테이트 이온($C_2H_3O_2^-$)을 제공한다.

$$\underset{\text{많은 양}}{HC_2H_3O_2(aq)} + H_2O(l) \rightleftharpoons H_3O^+(aq) + \underset{\text{많은 양}}{C_2H_3O_2^-(aq)}$$

이제 완충 용액이 $[H_3O^+]$를 어떻게 유지하는지 기술할 수 있다. 소량의 산이 첨가되면, 추가된 H_3O^+은 아세테이트 이온, $C_2H_3O_2^-$과 결합하여 반응물인 아세트산과 물의 방향으로 평형이 이동한다. $[C_2H_3O_2^-]$는 약간 감소하고, $[HC_2H_3O_2]$는 약간 증가하지만, $[H_3O^+]$와 pH는 모두 유지된다(**그림 10.8**).

> **생각해보기**
> 완충 용액의 어떤 부분이 첨가된 H_3O^+를 중화하는가?

$$\underset{\text{평형은 반응물 방향으로 이동한다.}}{HC_2H_3O_2(aq) + H_2O(l)} \longleftarrow H_3O^+(aq) + C_2H_3O_2^-(aq)$$

만약 소량의 염기가 동일한 완충 용액에 첨가되면, 아세트산($HC_2H_3O_2$)에 의하여 중화되고, 이것은 물과 아세테이트 이온의 생성물 방향으로 평형이 이동한다. $[HC_2H_3O_2]$은 약간 감소하고 $[C_2H_3O_2^-]$은 약간 증가하지만, 다시 $[H_3O^+]$과 용액의 pH는 유지된다.

$$HC_2H_3O_2(aq) + OH^-(aq) \longrightarrow \underset{\text{평형은 생성물 방향으로 이동한다.}}{H_2O(l) + C_2H_3O_2^-(aq)}$$

예제 10.13 완충 용액의 확인

문제

다음이 완충 용액을 만들 수 있는지 여부를 나타내라.

a. 강산인 HCl, NaCl

b. 약산인 H_3PO_4

c. 약산인 HF, NaF

풀이

a. 아니다. 완충 용액은 약산과 그 짝염기를 가진 염을 요구한다.

b. 아니다. 약산은 완충 용액의 부분이지만 그 약산의 짝염기를 가진 염도 필요하다.

c. 예. 약산과 그 짝염기를 가진 염을 포함하고 있기 때문에 이 혼합물은 완충 용액이 될 것이다.

유제 10.13

완충 용액이 약산 $HCHO_2$와 그 염인 $KCHO_2$로부터 만들어졌다. H_3O^+가 첨가될 때, 이것은 **(1)** 염, **(2)** H_2O, **(3)** OH^- 또는 **(4)** 산 중 무엇으로 중화되는가?

해답

(1) 염

확인하기

연습 문제 10.28에서 10.31을 풀어보기

화학과 보건
혈장 내의 완충 용액

동맥혈 혈장의 정상 pH는 7.35~7.45이다. H_3O^+의 변화가 pH를 6.8 이하로 낮추거나 8.0 이상으로 높이면, 세포는 적절하게 기능하지 못하여 죽을 수도 있다. 세포에서 CO_2는 세포 대사의 최종 산물로 지속적으로 생산된다. 일부 CO_2는 제거되기 위해 폐로 전달되고, 나머지는 혈장 및 침과 같은 체액에 녹아 탄산을 형성한다. 약산인 탄산은 해리되어 탄산수소 이온인 HCO_3^-과 H_3O^+를 형성한다. 더 많은 음이온 HCO_3^-는 신장에 의해 공급되어 체액에서 중요한 완충계, 즉 H_2CO_3/HCO_3^- 완충 용액을 제공한다.

$$CO_2(g) + H_2O(l) \rightleftharpoons H_2CO_3(aq) \rightleftharpoons H_3O^+(aq) + HCO_3^-(aq)$$

체액에 들어가는 과잉의 H_3O^+는 HCO_3^-와 반응하고, 과잉의 OH^-는 탄산과 반응한다.

$$H_2CO_3(aq) + H_2O(l) \longleftarrow H_3O^+(aq) + HCO_3^-(aq)$$

평형은 반응물의 방향으로 이동한다.

$$H_2CO_3(aq) + OH^-(aq) \longrightarrow H_2O(l) + HCO_3^-(aq)$$

평형은 생성물의 방향으로 이동한다.

체내에서 탄산의 농도는 CO_2의 부분압, P_{CO_2}과 밀접하게 연관되어 있다. **표 10.8**은 동맥혈의 정상 값을 게재하고 있다. 만약 CO_2 수준이 증가하여 $[H_2CO_3]$를 증가시키면, 평형은 더 많은 H_3O^+를 생성하도록 이동하고, 이는 pH를 낮추게 된다. 이러한 상태를 **산증**(acidosis)이라고 한다. 환기나 기체 확산이 어려우면, 폐기종(emphysema)이나 사고 또는 우울증 약물이 뇌의 연수에 영향을 미칠 때 일어날 수 있는 호흡성 산증으로 이어질 수 있다.

표 10.8 동맥 혈액에서 혈액 완충 용액의 정상 값

P_{CO_2}	40 mmHg
H_2CO_3	2.4 mmol/L 혈장
HCO_3^-	2.4 mmol/L 혈장
pH	7.35~7.45

CO_2 수준이 낮아지면 혈액의 pH가 높아지며, 이러한 상태를 **알칼리증**(alkalosis)이라고 한다. 흥분, 정신적 외상(trauma) 또는 고온은 사람으로 하여금 많은 양의 CO_2를 배출하는 과호흡(hyperventilate)을 일으킬 수 있다. 혈중 CO_2의 부분압이 정상보다 아래로 떨어지면, 평형은 H_2CO_3에서 CO_2와 H_2O로 이동한다. 이 이동은 $[H_3O^+]$를 감소시키고, pH를 높인다. 신장도 H_3O^+와 HCO_3^-를 조절하지만 폐가 배출을 통하여 수행하는 것보다 훨씬 느리게 조절한다.

표 10.9는 혈중 pH 변화를 일으키는 조건과 일부 가능한 치료를 게재하고 있다.

표 10.9 산증과 알칼리증: 증상, 원인과 치료

호흡성 산증: CO_2↑ pH↓	
증상	배출 실패, 호흡 억제, 방향감각 상실, 허약, 혼수
원인	폐 질환이 기체 확산을 차단(예: 폐기종, 결핵, 기관지염, 천식); 약물, 심폐정지(cardiopulmonary arrest), 뇌졸중(stroke), 소아마비(poliomyelitis) 또는 신경계 장애에 의한 호흡 중추 기능 저하
치료	장애 교정, 탄산수소화물 주입
대사성 산증: H^+↑ pH↓	
증상	늘어난 배출, 피로, 혼미

(계속)

원인	간염(hepatitis)과 간경변(cirrhosis)을 포함한 신장 질환; 소아당뇨병(diabetes mellitus), 갑상샘 항진증(hyperthyroidism), 알코올중독 및 기아로 인한 산 생성 증가; 설사에 의한 알칼리 손실; 신장 기능 이상으로 산 유지
치료	탄산수소 소듐 경구 투여, 신장 기능 이상에 대한 투석, 당뇨병성 케톤산증에 대한 인슐린 치료
호흡성 알칼리증: CO_2↓ pH↑	
증상	호흡의 증가된 속도와 깊이, 무감각, 약간 어지러움, 근육 강직성 경련
원인	불안, 히스테리, 열과 운동에 의한 과배출; 살리실산화물, 큐닌 및 항히스타민과 같은 약제에 대한 반응; 저산소증을 유발하는 조건(예: 폐렴, 폐부종, 심장질환)
치료	불안 유발 상태의 제거, 종이봉투로 재호흡
대사성 알칼리증: H^+↓ pH↑	
증상	저하된 호흡, 무관심, 혼미
원인	구토, 부신(adrenal gland)의 질환, 과잉의 알칼리 섭취
치료	식염수 용액 주입, 기저 질환의 치료

연습 문제

10.8 완충 용액

학습 목표 용액의 pH를 유지하는 완충 용액의 역할을 기술한다.

10.28 다음 중 어느 것이 완충계를 나타내는가? 설명하라.

a. NaOH와 NaCl **b.** H_2CO_3와 $NaHCO_3$

c. HF와 KF **d.** KCl과 NaCl

10.29 플루오린화산 HF와 그 염 NaF의 완충계를 고려하라.

$$HF(aq) + H_2O(l) \rightleftharpoons H_3O^+(aq) + F^-(aq)$$

a. 이 완충계의 목적은 무엇인가?

1. [HF] 유지 **2.** [F^-] 유지

3. pH 유지

b. 약산의 염이 필요한 이유는 무엇인가?

1. 짝염기 제공 **2.** 첨가된 H_3O^+ 중화

3. 짝산 제공

c. 만약 OH^-를 첨가하면, 이것은 무엇으로 중화되는가?

1. 염 **2.** H_2O **3.** H_3O^+

d. H_3O^+가 첨가되면, 평형은 어느 방향으로 이동하는가?

1. 반응물 **2.** 생성물

3. 변하지 않는다.

의학 응용

10.30 호흡을 빨리 하면 혈장의 pH가 증가하는 이유는 무엇인가?

10.31 신장 기능에 이상이 있는 사람은 많은 양의 HCO_3^-가 포함된 소변을 배출한다. 이러한 HCO_3^- 손실은 혈장의 pH에 어떠한 영향을 미치는가?

의학 최신 정보 위산 역류증

Larry는 최근에 몸이 좋지 않았다. 그는 그의 의사에게 가슴이 불편하고 타는 듯한 느낌이 있으며, 목과 입에서 신맛이 난다고 말하였다. Larry는 종종 과식 후 속이 더부룩하고, 마른기침을 하며, 목이 쉬고, 가끔 목이 아프기까지 한다고 말한다. 그는 제산제도 복용하였지만 증상이 완화되지 않았다.

의사는 Larry에게 위산 역류인 것으로 생각된다고 말한다. 위의 상부에는 하부 식도 괄약근(lower esophageal sphincter)이라는 판막이 있어, 평상시에는 음식물이 통과한 후에 닫힌다. 그러나 만약 판막이 완전히 닫히지 않으면, 음식을 소화하기 위하여 위에서 생성된 산이 식도까지 이동할 수 있으며, 이러한 상태를 위산 역류(acid reflux)라 부른다. 염산인 HCl은 위에서 생성되어 박테리아와 미생물을 죽이고, 음식물을 분해하는 데 필요한 효소를 활성화한다.

위산 역류가 일어나면 강산인 HCl이 식도의 내벽에 접촉하여, 가슴에서 따가움과 타는 듯한 느낌을 만들게 된다. 때로 가슴에서의 통증을 속쓰림(heartburn)이라 부른다. HCl이 목에 도달할 정도로 높이 올라오면, 입 안에서 확연하게 신맛이 느껴질 것이다. 만약 Larry의 증상이 일주일에 세 번 이상 일어나면, 그는 위산 역류증(acid reflux disease) 또는 위식도 역류증(gastroesophageal reflux disease(GERD))으로 알려진 만성 질환이 있을 수 있다.

Larry의 의사는 위에서 식도로 들어가는 산의 양을 24시간 측정하는 식도 pH 검사를 지시하였다. pH를 측정하는 탐침(probe)을 식도 괄약근 위의 하부 식도까지 삽입한다. pH 측정에 의하면 역류가 일어날 때마다 pH는 4 이하로 떨어짐을 나타내고 있다.

위산 역류증은 하부 식도 괄약근이 열려 위의 산성 액체가 식도로 들어갈 수 있다.

24시간 동안 Larry는 몇 번의 역류가 있었고, 의사는 그가 만성 GERD가 있다고 판단하였다. 그와 Larry는 GERD 치료에 대하여 논의하였다. 여기에는 소식을 하고, 식사 후 3시간 동안은 눕지 말 것, 식생활 변화를 통한 체중 감량이 포함된다. 제산제는 위에서 올라오는 산을 중화하기 위하여 사용할 수 있다. 프릴로섹(Prilosec) 및 넥시움(Nexium)과 같은 양성자 펌프 억제제(proton pump inhibitor(PPI))는 위(위의 벽세포)에서 생산되는 HCl을 억제하여 위의 pH를 4~5 사이로 높이고 식도가 치료될 시간을 주기 위하여 사용될 수 있다. 심각한 GERD 경우에는 인공 판막을 위의 상부에 설치하여 하부 식도 괄약근을 강화할 수도 있다.

의학 응용

10.32 휴식을 취할 때, 위액의 $[H_3O^+]$는 2.0×10^{-4} M이다. 위액의 pH는 얼마인가?

10.33 Larry의 식도 pH 검사에서 식도의 pH 값은 3.60으로 기록되었다. 식도의 $[H_3O^+]$은 얼마인가?

10.34 위산 HCl과 일부 제산제 성분인 $CaCO_3$의 중화 반응에 대한 완결된 화학 반응식을 써라.

10.35 0.0400 M의 HCl과 동일한 100. mL의 위산을 중화하는 데 몇 g의 $CaCO_3$이 필요한가?

개념도

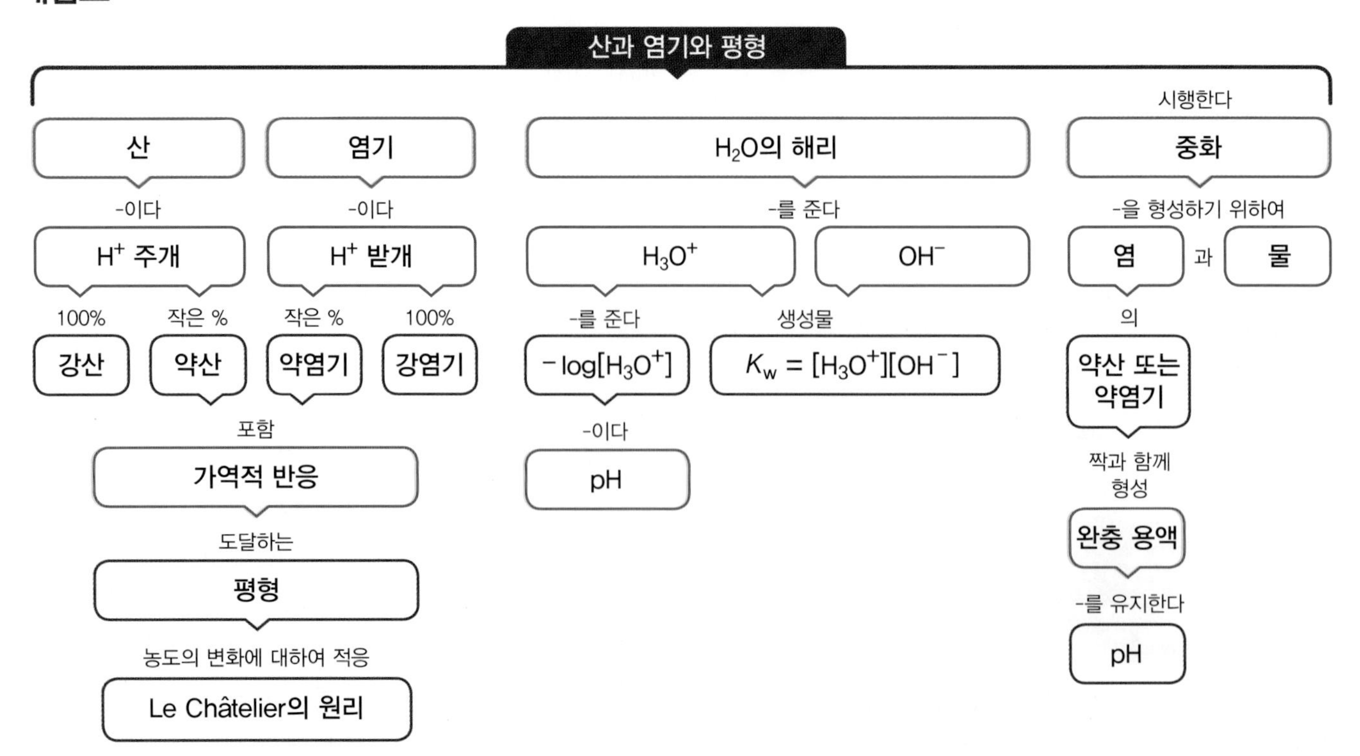

장 복습

10.1 산과 염기

학습 목표 산과 염기를 기술하고 명명한다.

NaOH(s)

OH^- Na^+ 물

$NaOH(s) \xrightarrow{H_2O} Na^+(aq) + OH^-(aq)$

이온 화합물 해리 수산화 이온

- 수용액에서 Arrhenius 산은 H^+를 생성하고, Arrhenius 염기는 OH^-를 생성한다.
- 산은 신맛이고, 따가우며, 염기를 중화한다.
- 염기는 쓴맛이고, 미끈거리며, 산을 중화한다.
- 간단한 음이온을 포함하는 산은 -산이라는 어미(영문명은 접두사 hydro-)를 사용하는 반면, 산소를 포함하는 다원자 음이온을 가진 산은 -산 또는 아-산(영문명은 접미사 -ic acid 또는 -ous acid)으로 명명된다.

10.2 Brønsted-Lowry 산과 염기

학습 목표 Brønsted-Lowry 산과 염기에 대하여 짝산-염기쌍을 확인한다.

$HCl + H_2O \longrightarrow H_3O^+ + Cl^-$

염화 수소 물 하이드로늄 이온 염화 이온

산 (H^+ 주개) 염기 (H^+ 받개) 산성 용액

- Brønsted-Lowry 이론에 따르면, 산은 H^+ 주개이고 염기는 H^+ 받개이다.
- 짝산-염기쌍은 하나의 H^+를 잃거나 얻는 것에 연관되어 있다.
- 예를 들어, 산 HF가 H^+를 제공할 때, F^-는 그 짝염기이다. 다른 산-염기쌍은 H_3O^+/H_2O이다.

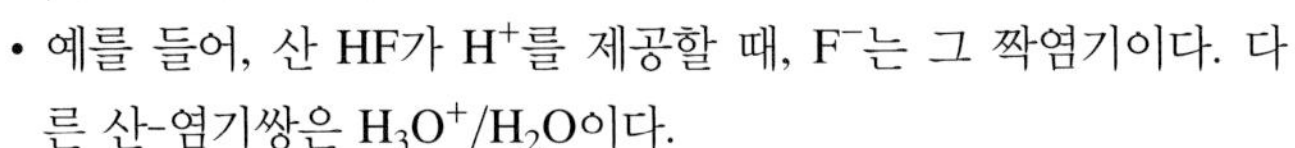

$$HF(aq) + H_2O(l) \rightleftharpoons H_3O^+(aq) + F^-(aq)$$

10.3 산과 염기의 세기

학습 목표 강산과 약산, 강염기와 약염기의 해리에 대한 반응식을 쓴다.

$HC_2H_3O_2$ 1 M

- 강산은 물에서 완전히 해리되고, H^+는 염기로 작용하는 H_2O가 받는다.
- 약산은 물에서 약간 해리되어 적은 비율의 H_3O^+만을 생성한다.
- 강염기는 물에서 완전히 해리되는 1A(1)족과 2A(2)족 수산화물이다.
- 중요한 약염기는 암모니아, NH_3이다.

10.4 산-염기 평형

학습 목표 가역 반응의 개념을 이용하여 산-염기 평형을 설명한다. Le Châtelier의 원리를 이용하여 반응 조건이 변할 때 평형 농도에 대한 효과를 결정한다.

- 가역 반응에서 정반응 속도가 역반응 속도와 같아질 때 화학 평형이 일어난다.
- 평형에서는 정반응과 역반응이 계속되지만, 반응물과 생성물의 농도는 더 이상 변화하지 않는다.

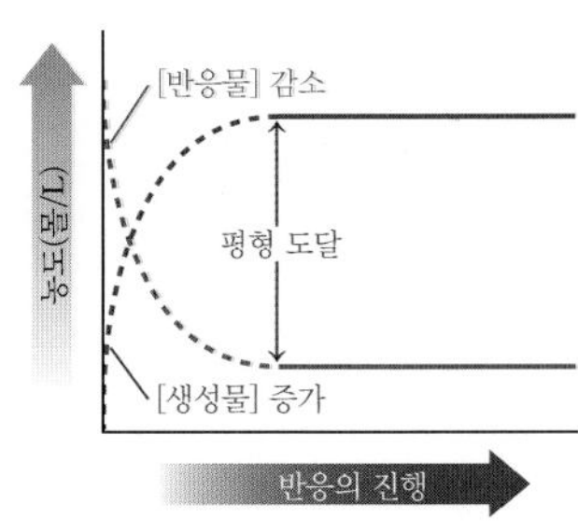

- 평형 혼합물에서 반응물을 제거하거나 생성물을 첨가할 때, 계는 평형을 다시 이루기 위하여 반응물 방향으로 이동한다.
- 평형 혼합물에서 반응물을 첨가하거나 생성물을 제거할 때, 계는 평형을 다시 이루기 위하여 생성물 방향으로 이동한다.

10.5 물의 해리

학습 목표 물의 해리 표현식을 이용하여 수용액에서 $[H_3O^+]$와 $[OH^-]$를 계산한다.

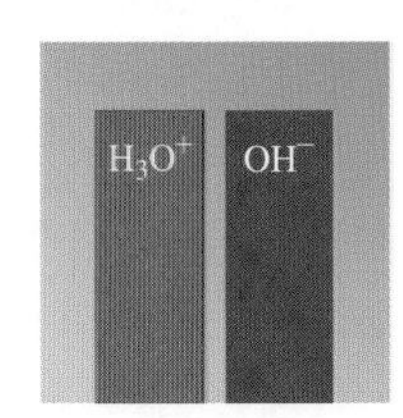

$[H_3O^+] = [OH^-]$

- 순수한 물에서 소수의 물 분자는 다른 물 분자로 H^+를 이동시켜 적지만 동일한 양의 H_3O^+와 OH^-를 생성한다.
- 순수한 물의 H_3O^+와 OH^-의 몰 농도는 각각 1.0×10^{-7} M이다.
- 물의 해리 표현식은 다음과 같다.

$$25°C에서\ K_w = [H_3O^+][OH^-] = 1.0 \times 10^{-14}$$

- 산성 용액에서 $[H_3O^+]$는 $[OH^-]$보다 크다.
- 염기성 용액에서 $[OH^-]$는 $[H_3O^+]$보다 크다.

10.6 pH 척도

학습 목표 $[H_3O^+]$으로부터 용액의 pH를 계산한다. pH가 주어지면 $[H_3O^+]$를 계산한다.

- pH 척도는 용액의 $[H_3O^+]$를 나타내는 0~14까지의 수의 범위이다.

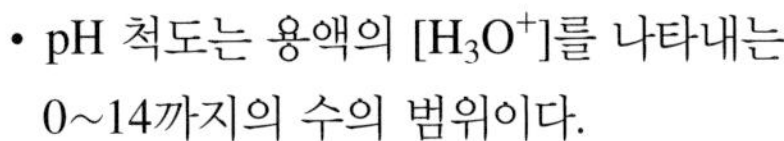

- 중성 용액의 pH는 7.0이다. 산성 용액의 pH는 7.0 미만이며, 염기성 용액의 pH는 7.0보다 크다.

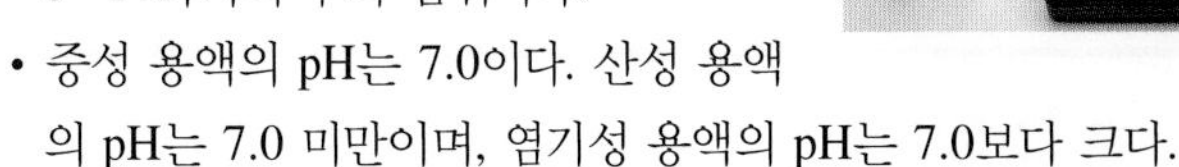

- 수학적으로 pH는 하이드로늄 이온 농도의 음의 로그이다.

$$pH = -\log[H_3O^+]$$

10.7 산과 염기의 반응

학습 목표 금속, 탄산화물, 탄산수소화물, 염기와 산의 반응에 대한 완결된 반응식을 쓴다. 적정 정보로부터 산의 몰 농도 또는 부피를 계산한다.

- 산은 금속과 반응하여 수소 기체와 염을 생성한다.
- 산과 탄산화물 또는 탄산수소화물과의 반응은 이산화 탄소와 물, 염을 생성한다.

- 중화에서 산은 염기와 반응하여 물과 염을 생성한다.
- 적정에서 산 시료는 알고 있는 양의 염기로 중화한다.
- 염기의 부피와 몰 농도로부터 산의 농도를 계산한다.

10.8 완충 용액

학습 목표 용액의 pH를 유지하는 완충 용액의 역할을 기술한다.

- 완충 용액은 소량의 산이나 염기가 첨가될 때 pH 변화가 거의 없다.
- 완충 용액은 약산과 그 염 또는 약염기와 그 염을 가진다.
- 완충 용액에서 약산은 첨가된 OH^-와 반응하고, 염의 음이온은 첨가된 H_3O^+와 반응한다.

주요 용어

산 Arrhenius 이론에 따라 물에 녹아 수소 이온을 생성하는 물질이다. Brønsted-Lowry 이론에 따르면 모든 산은 수소 이온 주개이다.

산증 혈액의 pH가 7.35보다 작은 생리학적 조건

알칼리증 혈액의 pH가 7.45보다 큰 생리학적 조건

양쪽성 물에서 산 또는 염기로도 작용할 수 있는 물질

염기 Arrhenius 이론에 따라 물에 녹아 수산화 이온(OH^-)을 생성하는 물질이다. Brønsted-Lowry 이론에 따르면 모든 염기는 수소 이온(H^+) 받개이다.

Brønsted-Lowry 산과 염기 산은 수소 이온 주개이고 염기는 수소 이온 받개이다.

완충 용액 첨가된 산이나 염기를 중화하여 pH를 유지하는 약산과 그 짝염기 또는 약염기와 그 짝산의 용액

짝산-염기쌍 하나의 H^+만큼 다른 산과 염기. 산이 수소 이온(H^+)을 제공할 때, 그 생성물은 짝염기이며, 이것은 역반응에서 수소 이온을 받을 수 있다.

해리 물에서 산 또는 염기가 이온으로 분리되는 것

평형 정반응과 역반응 속도가 동일해져 반응물과 생성물의 농도가 더 이상 변화하지 않는 지점

하이드로늄 이온, H_3O^+ 물 분자에 H^+가 끌려 형성된 이온

Le Châtelier의 원리 평형인 계에 교란이 가해졌을 때, 계는 교란을 완화하기 위하여 이동한다.

중성 H_3O^+와 OH^-의 농도가 동일한 용액을 기술하는 용어

중화 물과 염을 생성하는 산과 염기 사이의 반응

pH 용액에서 $[H_3O^+]$의 척도로, $pH = -\log[H_3O^+]$이다.

가역 반응 정반응이 반응물에서 생성물로 일어나고, 역반응이 생성물에서 반응물로 일어나는 반응

강산 물에서 완전히 해리하는 산

강염기 물에서 완전히 해리하는 염기

적정 산의 농도를 결정하기 위하여 산 시료에 염기를 첨가하는 것

물의 해리 표현식, K_w 용액에서 $[H_3O^+]$와 $[OH^-]$의 곱, $K_w = [H_3O^+][OH^-]$

약산 H^+의 좋지 않은 주개로 물에서 약간만 해리되는 산

약염기 H^+의 좋지 않은 받개인 염기

주요 수학 기법

각 주요 수학 기법을 포함하는 장의 절은 각 주제 끝의 괄호 안에 표시하였다.

$[H_3O^+]$으로부터 pH 계산(10.6)

- 용액의 pH는 $[H_3O^+]$의 음의 로그로부터 계산할 수 있다.

$$pH = -\log[H_3O^+]$$

예: $[H_3O^+] = 2.4 \times 10^{-11}$ M인 용액의 pH는 얼마인가?

해답: 주어진 $[H_3O^+]$를 pH 방정식에 대입하고 pH를 계산하라.

$$pH = -\log[H_3O^+]$$
$$= -\log(2.4 \times 10^{-11})$$
$$= -(-10.62) = 10.62$$

소수점 아래 두 자리는 $[H_3O^+]$ 계수의 2개의 유효숫자와 같다.

pH로부터 $[H_3O^+]$ 계산(10.6)

- pH에서 $[H_3O^+]$의 계산은 −pH를 이용하여 pH 계산의 역으로 한다.

$$[H_3O^+] = 10^{-pH}$$

예: pH가 4.80인 용액의 $[H_3O^+]$은 얼마인가?

해답:

$$[H_3O^+] = 10^{-pH}$$
$$= 10^{-4.80}$$
$$= 1.6 \times 10^{-5}\ M$$

$[H_3O^+]$의 계수에서 2개의 유효숫자는 pH에서 소수점 아래 두 자리와 같다.

핵심 화학 기법

각 핵심 화학 기법을 포함하는 장의 절은 각 주제 끝의 괄호 안에 표시하였다.

짝산-염기쌍 확인하기(10.2)

- Brønsted-Lowry 이론에 따르면, 짝산-염기쌍은 산에 의해 H^+를 잃거나 염기에 의해 H^+를 얻는 것과 연계된 분자 또는 이온으로 구성된다.
- 하나의 H^+가 정방향과 역방향 모두 이동하기 때문에 모든 산-염기 반응은 2개의 짝산-염기쌍을 가지고 있다.
- HF와 같은 산이 하나의 H^+를 잃을 때, 짝염기 F^-가 형성된다. H_2O가 염기로 작용할 때, 하나의 H^+를 얻으며, 짝산 H_3O^+를 형성한다.

예: 다음 반응에서 짝산-염기쌍을 확인하라.

$$HSO_4^-(aq) + H_2O(l) \rightleftharpoons SO_4^{2-}(aq) + H_3O^+(aq)$$

해답: $$\underset{\text{산}}{HSO_4^-(aq)} + \underset{\text{염기}}{H_2O(l)} \rightleftharpoons \underset{\text{짝염기}}{SO_4^{2-}(aq)} + \underset{\text{짝산}}{H_3O^+(aq)}$$

짝산-염기쌍: HSO_4^-/SO_4^{2-}, H_3O^+/H_2O

Le Châtelier의 원리 이용(10.4)

Le Châtelier의 원리는 평형인 계가 농도의 변화에 의하여 교란될 때, 계는 교란을 줄이는 방향으로 이동한다는 것이다.

$$H_2S(aq) + H_2O(l) \rightleftharpoons H_3O^+(aq) + HS^-(aq)$$

예: 평형에서 다음 변화에 대하여 계가 생성물 방향 또는 반응물 방향으로 이동할지를 나타내라.

a. 일부 $H_2S(aq)$ 제거

b. 더 많은 $H_3O^+(aq)$ 첨가

해답: **a.** 반응물을 제거하면 계는 반응물의 방향으로 이동한다.

b. 생성물을 첨가하면 계는 반응물의 방향으로 이동한다.

용액에서 $[H_3O^+]$와 $[OH^-]$ 계산(10.5)

- 모든 수용액에서 $[H_3O^+]$와 $[OH^-]$의 곱은 물의 해리 표현식인 K_w와 같다.

$$K_w = [H_3O^+][OH^-]$$

- 순수한 물은 몰 농도가 각각 1.0×10^{-7} M인 같은 수의 OH^- 이온과 H_3O^+ 이온을 포함하고 있기 때문에, K_w의 값은 25°C에서 1.0×10^{-14}이다.

$$K_w = [H_3O^+][OH^-] = [1.0 \times 10^{-7}][1.0 \times 10^{-7}] = 1.0 \times 10^{-14}$$

- 용액의 $[H_3O^+]$을 알고 있다면, K_w 표현식을 이용하여 $[OH^-]$을 계산할 수 있다. 또한 용액의 $[OH^-]$을 알고 있다면, K_w 표현식을 이용하여 $[H_3O^+]$을 계산할 수 있다.

$$[OH^-] = \frac{K_w}{[H_3O^+]} \quad [H_3O^+] = \frac{K_w}{[OH^-]}$$

예: $[H_3O^+] = 2.4 \times 10^{-11}$ M인 용액의 $[OH^-]$는 얼마인가? 이 용액은 산성인가, 염기성인가?

해답: K_w 표현식을 $[OH^-]$에 대하여 풀고, 알고 있는 K_w와 $[H_3O^+]$의 값을 대입한다.

$$[OH^-] = \frac{K_w}{[H_3O^+]} = \frac{1.0 \times 10^{-14}}{[2.4 \times 10^{-11}]} = 4.2 \times 10^{-4}\ \text{M}$$

$[OH^-]$가 $[H_3O^+]$보다 크기 때문에 염기성 용액이다.

산과 염기 반응에 대한 반응식 쓰기(10.7)

- 산은 특정한 금속과 반응하여 수소 기체(H_2)와 염을 생성한다.

$$\underset{\text{금속}}{Mg(s)} + \underset{\text{산}}{2HCl(aq)} \longrightarrow \underset{\text{수소}}{H_2(g)} + \underset{\text{염}}{MgCl_2(aq)}$$

- 산을 탄산화물 또는 탄산수소화물에 넣을 때, 생성물은 이산화탄소와 물, 염이다.

$$\underset{\text{산}}{2HCl(aq)} + \underset{\text{탄산화물}}{Na_2CO_3(aq)} \longrightarrow \underset{\text{이산화 탄소}}{CO_2(g)} + \underset{\text{물}}{H_2O(l)} + \underset{\text{염}}{2NaCl(aq)}$$

- 중화는 강산 또는 약산과 강염기 사이에서 반응하여 물과 염을 생성하는 반응이다.

$$\underset{\text{산}}{HCl(aq)} + \underset{\text{염기}}{NaOH(aq)} \longrightarrow \underset{\text{물}}{H_2O(l)} + \underset{\text{염}}{NaCl(aq)}$$

예: $ZnCO_3(s)$과 브로민화 수소산 $HBr(aq)$의 반응에 대한 완결된 화학 반응식을 써라.

해답: $ZnCO_3(s) + 2HBr(aq) \longrightarrow CO_2(g) + H_2O(l) + ZnBr_2(aq)$

적정에서 산 또는 염기의 몰 농도 또는 부피 계산(10.7)

- 적정에서 산의 측정된 부피는 몰 농도를 알고 있는 염기 용액으로 중화된다.
- 적정에서 요구되는 강염기 용액의 측정된 부피와 몰 농도로부터 염기의 몰수와 산의 몰수 및 산의 몰 농도를 계산한다.

예: 0.0150 L의 H_2SO_4 용액을 0.245 M의 NaOH 용액 24.0 mL로 적정하였다. H_2SO_4 용액의 몰 농도는 얼마인가?

$$H_2SO_4(aq) + 2NaOH(aq) \longrightarrow 2H_2O(l) + Na_2SO_4(aq)$$

해답: $$24.0\ \cancel{\text{mL NaOH 용액}} \times \frac{1\ \cancel{\text{L NaOH 용액}}}{1000\ \cancel{\text{mL NaOH 용액}}} \times \frac{0.245\ \cancel{\text{mol NaOH}}}{1\ \cancel{\text{L NaOH 용액}}} \times \frac{1\ \text{mol } H_2SO_4}{2\ \cancel{\text{mol NaOH}}} = 0.002\ 94\text{몰 } H_2SO_4$$

$$\text{몰 농도(M)} = \frac{0.002\ 94\ \text{mol } H_2SO_4}{0.0150\ \text{L } H_2SO_4\ \text{용액}} = 0.196\ \text{M } H_2SO_4\ \text{용액}$$

개념 이해 문제

복습할 장의 절은 각 문제 끝의 괄호 안에 나타내었다.

10.36 다음을 산 또는 염기로 확인하라. (10.1)

a. KOH **b.** HBr **c.** H_3PO_4 **d.** NaOH

10.37 다음 표를 완성하라. (10.2)

산	짝염기
H_2SO_3	
	$CH_3CH_2COO^-$
	$N(CH_3)_3$
CCl_3COOH	

10.38 다음이 산성, 염기성 또는 중성인지를 말하라. (10.5)

a. 라임주스, pH 2.2 **b.** 감자, pH 5.8
c. 순수한 물, pH 7.0 **d.** 표백제, pH 12.0

10.39 다음 그림이 강산 또는 약산을 나타내는지를 결정하라. 산의 화학식은 HX이다. (10.3)

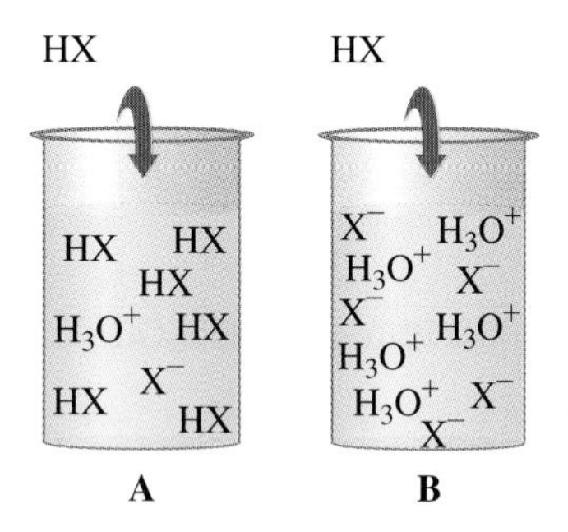

10.40 때로는 스트레스나 트라우마가 있는 중에 사람은 과호흡을 시작할 수 있다. 그러면 사람은 정신을 잃는 것을 피하기 위하여 종이봉투에 호흡할 수 있다. (10.8)

a. 과호흡 동안 혈액의 pH에는 어떠한 변화가 나타나는가?

b. 종이봉투 안으로 호흡하는 것이 혈액의 pH를 정상으로 돌아가도록 어떻게 도와주는가?

종이봉투 안으로 호흡하는 것은 과호흡을 하는 사람에게 도움이 된다.

추가 연습 문제

10.41 다음을 산, 염기 또는 염으로 확인하고, 이름을 제시하라. (10.1)

a. LiOH **b.** $Ca(NO_3)_2$ **c.** HBr
d. $Ba(OH)_2$ **e.** H_2CO_3

10.42 표 10.3을 이용하여 다음의 두 항목 중에서 더 강한 산을 확인하라. (10.3)

a. HF 또는 HCN **b.** H_3O^+ 또는 H_2S
c. HNO_2 또는 $HC_2H_3O_2$ **d.** H_2O 또는 HCO_3^-

10.43 Le Châtelier의 원리를 이용하여 다음의 변화로 인해 계가 생성물 또는 반응물 방향으로 이동할지를 예상하라. (10.4)

$$H_2S(aq) + H_2O(l) \rightleftharpoons H_3O^+(aq) + HS^-(aq)$$

a. 더 많은 $H_2S(aq)$ 첨가 **b.** 일부 $HS^-(aq)$ 제거
c. 더 많은 $H_3O^+(aq)$ 첨가 **d.** 일부 $H_2S(aq)$ 제거

10.44 다음 용액의 pH를 결정하라. (10.6)

a. $[H_3O^+] = 2.0 \times 10^{-11}$ M
b. $[H_3O^+] = 4.0 \times 10^{-9}$ M
c. $[OH^-] = 7.8 \times 10^{-4}$ M
d. $[OH^-] = 4.5 \times 10^{-3}$ M

10.45 문제 10.44의 용액을 산성, 염기성 또는 중성으로 확인하라. (10.6)

10.46 다음 pH 값을 가지는 용액의 $[H_3O^+]$와 $[OH^-]$를 계산하라. (10.6)

a. 4.5 **b.** 6.9 **c.** 8.1 **d.** 5.8

10.47 용액 A는 pH가 4.0이고, 용액 B는 pH가 6.0이다. (10.6)

a. 어느 용액이 보다 산성인가?

b. 각 용액의 $[H_3O^+]$는 얼마인가?

c. 각 용액의 $[OH^-]$는 얼마인가?

10.48 H_2SO_4 용액 20.0 mL를 적정하는 데 0.205 M의 NaOH 용액이 사용되었다. 종말점에 도달하는 데 45.6 mL의 NaOH 용액이 필요하다면, H_2SO_4 용액의 몰 농도는 얼마인가? (10.7)

$$H_2SO_4(aq) + 2NaOH(aq) \longrightarrow 2H_2O(l) + Na_2SO_4(aq)$$

10.49 다음을 완전히 중화시킬 수 있는 0.150 M NaOH 용액의 부피를 mL로 계산하라. (10.7)

a. 0.288 M HCl 용액 25.0 mL

b. 0.560 M H_2SO_4 용액 10.0 mL

c. 0.618 M HBr 용액 5.00 mL

10.50 완충 용액을 H_3PO_4와 NaH_2PO_4를 물에 녹여 만들었다. (10.8)

a. 이 완충 용액이 첨가된 산을 어떻게 중화하는지를 보여주는 반응식을 써라.

b. 이 완충 용액이 첨가된 염기를 어떻게 중화하는지를 보여주는 반응식을 써라.

도전 문제

다음 문제들은 이 장의 주제와 연관되어 있다. 그러나 장의 순서를 따르지 않으며, 여러 절의 개념과 기법을 종합할 것을 요구한다. 이러한 문제들은 여러분의 비판적 사고 능력을 향상시키고 다음 시험을 준비하는 것을 도와줄 것이다.

10.51 다음에 대하여 답하라. (10.2, 10.3)

1. HNO_3　　**2.** HF

a. 짝염기의 화학식을 써라.

b. K_a의 표현식을 써라.

c. 어느 것이 더 약한 산인가?

10.52 다음의 반응식에 대하여 짝산-염기쌍을 확인하라. (10.2)

a. $NH_3(aq) + HNO_3(aq) \longrightarrow NH_4^+(aq) + NO_3^-(aq)$

b. $H_2O(l) + HBr(aq) \longrightarrow H_3O^+(aq) + Br^-(aq)$

10.53 다음 반응식을 완성하고 완결하라. (10.7)

a. $HCl(aq) + LiOH(s) \longrightarrow$

b. $MgCO_3(s) + H_2SO_4(aq) \longrightarrow$

10.54 0.050 M의 KOH 용액에 대하여 다음을 결정하라. (10.5, 10.6, 10.7)

a. $[H_3O^+]$

b. pH

c. H_2SO_4와의 반응에 대한 완결된 화학 반응식

d. 0.035 M의 H_2SO_4 용액 40.0 mL를 중화하는 데 필요한 KOH 용액의 mL

10.55 H_3PO_4 용액 50.0 mL를 적정하는 데 0.204 M의 NaOH 용액이 사용되었다. (10.7)

a. 완결된 화학 반응식을 써라.

b. NaOH 용액 16.4 mL가 필요하다면, H_3PO_4 용액의 몰 농도는 얼마인가?

10.56 미국에서 가장 산성인 호수 중 하나는 뉴욕주 애디론댁의 리틀 에코 연못(Little Echo Pond)이다. 최근에 이 호수의 pH는 4.2로 권장되는 pH 6.5보다 훨씬 낮았다. (10.6, 10.7)

pH를 높이기 위하여 헬리콥터가 탄산 칼슘을 산성 호수에 투하하고 있다.

a. 리틀 에코 연못의 $[H_3O^+]$와 $[OH^-]$는 얼마인가?

b. pH가 6.5인 호수의 $[H_3O^+]$와 $[OH^-]$는 얼마인가?

c. pH를 높이는(그리고 수생 생물을 복원하는) 한 가지 방법은 석회석($CaCO_3$)을 첨가하는 것이다. 산이 황산이라고 할 때, 리틀 에코 연못의 산성수 1.0 kL를 중화하는 데 $CaCO_3$ 몇 g이 필요한가?

연습 문제 해답

10.1 **a.** 산 **b.** 산 **c.** 산 **d.** 염기 **e.** 모두

10.2 **a.** 인산 **b.** 수산화 리튬 **c.** 아이오딘화 수소산 **d.** 사이안화 수소산 **e.** 아염소산 **f.** 수산화 칼슘

10.3 **a.** $Cs(OH)_2$ **b.** H_2CO_3 **c.** H_3PO_3 **d.** HBr **e.** H_2SO_3 **f.** HNO_2

10.4 **a.** HI는 산(H^+ 주개)이고, H_2O는 염기(H^+ 받개)이다.
b. H_2O는 산(H^+ 주개)이고, F^-는 염기(H^+ 받개)이다.

10.5 **a.** Cl^- **b.** I^- **c.** NO_3^- **d.** ClO_3^-

10.6 **a.** H_2SO_3 **b.** $HC_2H_3O_2$ **c.** H_2PO_4 **d.** HBr

10.7 **a.** 짝산-염기쌍은 H_2CO_3/HCO_3^-와 H_3O^+/H_2O이다.
b. 짝산-염기쌍은 NH_4^+/NH_3와 H_3O^+/H_2O이다.
c. 짝산-염기쌍은 HCN/CN^-와 HNO_2/NO_2^-이다.

10.8 **a.** HI **b.** $HClO_4$ **c.** HNO_3

10.9 **a.** HCN **b.** HCO_3^- **c.** H_3PO_4

10.10 가역 반응이란 정반응은 반응물을 생성물로 전환하는 반면, 역반응은 생성물을 반응물로 전환하는 반응이다.

10.11 **a.** 평형 아님 **b.** 평형 **c.** 평형

10.12 **a.** 계는 반응물 쪽으로 이동한다.
b. 계는 반응물 쪽으로 이동한다.
c. 계는 생성물 쪽으로 이동한다.
d. 계는 생성물 쪽으로 이동한다.

10.13 순수한 물은 하나의 물 분자에서 다른 분자로 H^+가 이동할 때마다 각각의 물질이 하나씩 생성되기 때문에 $[H_3O^+] = [OH^-]$이다.

10.14 산성 용액에서 $[H_3O^+]$는 $[OH^-]$보다 크다.

10.15 **a.** 산성 **b.** 산성 **c.** 염기성 **d.** 산성

10.16 **a.** 5.0×10^{-11} M **b.** 2.5×10^{-6} M **c.** 1.7×10^{-4} M **d.** 2.9×10^{-12} M

10.17 **a.** 4.0×10^{-2} M **b.** 5.0×10^{-6} M **c.** 2.0×10^{-4} M **d.** 4.0×10^{-9} M

10.18 **a.** 염기성 **b.** 산성 **c.** 염기성 **d.** 산성 **e.** 산성 **f.** 염기성

10.19 **a.** 산성 **b.** 산성 **c.** 염기성 **d.** 산성 **e.** 염기성 **f.** 염기성

10.20 **a.** 4.0 **b.** 8.5 **c.** 9.0 **d.** 3.40 **e.** 7.17 **f.** 10.92

10.21

$[H_3O^+]$	$[OH^-]$	pH	산성, 염기성 또는 중성
1.0×10^{-8} M	1.0×10^{-6} M	8.00	염기성
3.2×10^{-4} M	3.1×10^{-11} M	3.49	산성
2.8×10^{-5} M	3.6×10^{-10} M	4.55	산성

10.22 1.2×10^{-7} M

10.23 **a.** $ZnCO_3(s) + 2HBr(aq) \longrightarrow CO_2(g) + H_2O(l) + ZnBr_2(aq)$
b. $Zn(s) + 2HCl(aq) \longrightarrow H_2(g) + ZnCl_2(aq)$
c. $HCl(aq) + NaHCO_3(s) \longrightarrow CO_2(g) + H_2O(l) + NaCl(aq)$
d. $H_2SO_4(aq) + Mg(OH)_2(s) \longrightarrow 2H_2O(l) + MgSO_4(aq)$

10.24 **a.** $2HCl(aq) + Mg(OH)_2(s) \longrightarrow 2H_2O(l) + MgCl_2(aq)$
b. $H_3PO_4(aq) + 3LiOH(aq) \longrightarrow 3H_2O(l) + Li_3PO_4(aq)$

10.25 **a.** $H_2SO_4(aq) + 2NaOH(aq) \longrightarrow 2H_2O(l) + Na_2SO_4(aq)$
b. $3HCl(aq) + Fe(OH)_3(s) \longrightarrow 3H_2O(l) + FeCl_3(aq)$
c. $H_2CO_3(aq) + Mg(OH)_2(s) \longrightarrow 2H_2O(l) + MgCO_3(s)$

10.26 2.0 M HCl 용액

10.27 0.106 M H_2SO_4 용액

10.28 **b**와 **c**는 완충계이다, **b**는 약산 H_2CO_3와 그 염인 $NaHCO_3$를 가진다, **c**는 약산인 HF와 그 염인 KF를 가진다.

10.29 **a.** 3 **b.** 1과 2 **c.** 3 **d.** 1

10.30 빠르게 숨을 쉬면, CO_2가 배출된다. 따라서 평형은 낮은 $[H_3O^+]$로 이동하며, pH가 증가한다.

10.31 많은 양의 HCO_3^-를 잃으면, 평형은 높은 $[H_3O^+]$로 이동하며, pH가 낮아진다.

10.32 pH = 3.70

10.33 2.5×10^{-4} M

10.34 $CaCO_3(s) + 2HCl(aq) \longrightarrow CO_2(g) + H_2O(l) + CaCl_2(aq)$

10.35 0.200 g $CaCO_3$

10.36 **a.** 염기 **b.** 산 **c.** 산 **d.** 염기

10.37

산	짝염기
H_2SO_3	HSO_3^-
CH_3CH_2COOH	$CH_3CH_2COO^-$
$NH(CH_3)_3^+$	$N(CH_3)_3$
CCl_3COOH	CCl_3COO^-

10.38 **a.** 산성 **b.** 산성 **c.** 중성 **d.** 염기성

10.39 **a.** 약산 **b.** 강산

10.40 **a.** 과호흡은 혈중 CO_2 수준을 낮추고, 이는 $[H_2CO_3]$를 낮추며, $[H_3O^+]$를 낮추고 혈액의 pH를 높인다.
b. 봉투 안에서 호흡을 하면, CO_2 수준을 높이고, 이는 $[H_2CO_3]$를 높이며, $[H_3O^+]$를 높이고 혈액의 pH를 낮춘다.

10.41 **a.** 염기, 수산화 리튬 **b.** 염, 질산 칼슘
c. 산, 브로민화 수소산 **d.** 염기, 수산화 바륨
e. 산, 탄산

10.42 **a.** HF **b.** H_3O^+ **c.** HNO_2 **d.** HCO_3^-

10.43 **a.** 계는 생성물 쪽으로 이동한다.
b. 계는 생성물 쪽으로 이동한다.
c. 계는 반응물 쪽으로 이동한다.
d. 계는 반응물 쪽으로 이동한다.

10.44 **a.** 11.00 **b.** 1.30 **c.** 10.54 **d.** 11.7

10.45 **a.** 염기성 **b.** 산성 **c.** 염기성 **d.** 염기성

10.46 **a.** $[H_3O^+] = 3 \times 10^{-5}$ M, $[OH^-] = 3 \times 10^{-10}$ M
b. $[H_3O^+] = 1 \times 10^{-7}$ M, $[OH^-] = 8 \times 10^{-8}$ M
c. $[H_3O^+] = 8 \times 10^{-9}$ M, $[OH^-] = 1 \times 10^{-6}$ M
d. $[H_3O^+] = 2 \times 10^{-6}$ M, $[OH^-] = 8 \times 10^{-9}$ M

10.47 **a.** 용액 A는 용액 B보다 산성이다.
b. 용액 A: $[H_3O^+] = 1 \times 10^{-4}$ M
용액 B: $[H_3O^+] = 1 \times 10^{-6}$ M
c. 용액 A: $[OH^-] = 1 \times 10^{-10}$ M
용액 B: $[OH^-] = 1 \times 10^{-8}$ M

10.48 0.234 M H_2SO_4 용액

10.49 **a.** 48.0 mL **b.** 74.7 mL **c.** 20.6 mL

10.50 **a.** 산 첨가:
$H_2PO_4^-(aq) + H_3O^+(aq) \longrightarrow H_2O(l) + H_3PO_4(aq)$
b. 염기 첨가:
$H_3PO_4(aq) + OH^-(aq) \longrightarrow H_2O(l) + H_2PO_4^-(aq)$

10.51 **a.** **1.** NO_3^- **2.** F^-
b. **1.** $\dfrac{[H_3O^+][NO_3^-]}{[HNO_3]}$ **2.** $\dfrac{[H_3O^+][F^-]}{[HF]}$
c. HF는 약산이다.

10.52 **a.** NH_4^+/NH_3와 HNO_3/NO_3^-
b. H_3O^+/H_2O와 HBr/Br^-

10.53 **a.** $HCl(aq) + LiOH(s) \longrightarrow LiCl(aq) + H_2O(l)$
b. $MgCO_3(s) + H_2SO_4(aq) \longrightarrow MgSO_4(aq) + CO_2(g) + H_2O(l)$

10.54 **a.** 2.0×10^{-13} M
b. 12.70
c. $H_2SO_4(aq) + 2KOH(aq) \longrightarrow 2H_2O(l) + K_2SO_4(aq)$
d. 56 mL

10.55 **a.** $H_3PO_4(aq) + 3NaOH(aq) \longrightarrow 3H_2O(l) + Na_3PO_4(aq)$
b. 0.0224 M H_3PO_4 용액

10.56 **a.** $[H_3O^+] = 6 \times 10^{-5}$ M, $[OH^-] = 2 \times 10^{-10}$ M
b. $[H_3O^+] = 3 \times 10^{-7}$ M, $[OH^-] = 3 \times 10^{-8}$ M
c. 3 g $CaCO_3$

11 유기화학 서론: 탄화수소

오전 4시 35분, 구조요원들은 가정에 화재가 발생했다는 전화를 받았다. 현장에서 소방관이자 응급의료기사(EMT)인 Jack은 집 앞뜰에 쓰러져 있는 62세 여성 노인 Diane을 발견하였다. Jack은 평가에서 Diane이 다리가 부러졌을 뿐 아니라 신체의 40% 이상에 2도 및 3도 화상을 입었다고 보고하였다. 그는 Diane에게 높은 농도의 산소를 공급하기 위하여 산소 재호흡 마스크를 씌웠다. 또 다른 소방관이자 응급의료기사인 Nancy는 멸균수와 폴리염화비닐로 만들어진 응급 물품으로, 피부에는 붙지 않고 보호하는 부착(cling) 필름으로 화상 부위를 드레싱하기 시작하였다. Jack과 그의 동료는 추가 치료를 위하여 Diane을 화상 센터로 이송하였다.

화재 현장에서 방화 조사관은 훈련된 개를 이용하여 촉진제와 연료인 휘발유의 흔적을 찾고자 하였다. 방화 현장에서 흔히 발견되는 휘발유는 알케인이라 불리는 유기 분자의 혼합물이다. 휘발유에 들어 있는 알케인은 사슬에 탄소 원자가 5~8개 있는 화합물들의 혼합물로 구성된다. 알케인은 인화성이 상당히 높다. 이들은 산소와 반응하여 이산화 탄소와 물, 그리고 많은 양의 열을 생성한다. 알케인은 연소 반응을 일으키기 때문에, 방화를 일으키는 데 사용될 수 있다.

관련 직업 소방관/응급의료기사

소방관/응급의료기사는 화재, 사고 및 다른 응급 상황에 최초로 대응하는 사람이다. 그들은 심각한 부상을 입은 사람들을 치료할 수 있도록 응급의료 자격증이 요구된다. 소방관과 응급의료기사의 기술을 결합함으로써 이들은 부상자의 생존율을 증가시켰다. 무거운 방호복을 입은 채 불과 싸우고 진화하며, 화재를 예방하여야 하기 때문에 소방관의 신체적 요구 정도는 매우 높다. 이들은 또한 진화 연습에 참여하고, 진화 장비가 항상 작동하고 준비되어 있도록 장비를 유지하여야 한다. 소방관은 화재 등급, 방화, 위험물 취급 및 폐기에 관한 지식도 갖추어야 한다. 소방관은 아프거나 부상당한 사람에게 응급 처치를 제공하여야 하므로, 응급의료 및 구조 절차와 함께 전염병의 확산을 통제하기 위한 적절한 방법도 알아야 한다.

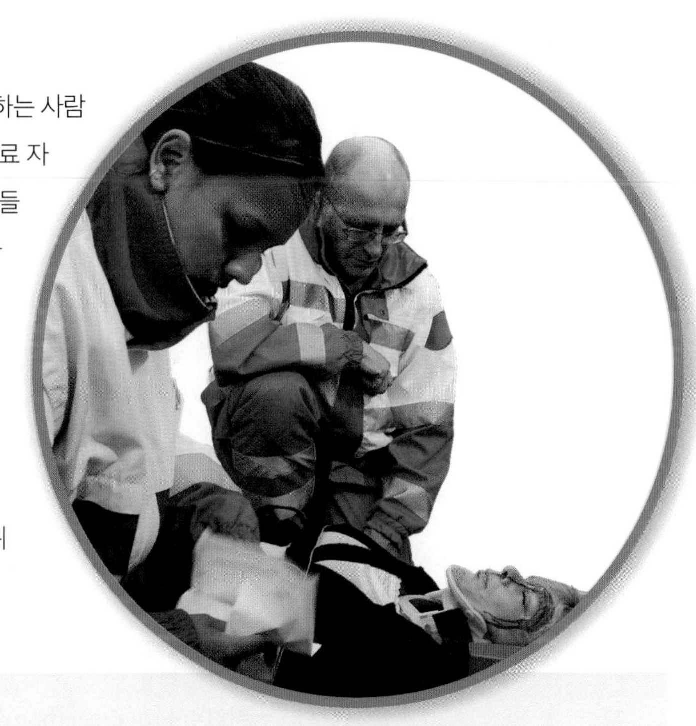

의학 최신 정보 화상 병동에서 Diane의 치료

병원에 도착한 Diane은 2도 및 3도 화상을 진단받았다. 424쪽에 있는 **의학 최신 정보 화상 병동에서 Diane의 치료**에서 Diane의 치료를 볼 수 있고, 가정 화재에 대한 방화 수사 결과도 볼 수 있다.

차례

복습

Lewis 구조 그리기(6.6)
모양 예측(6.8)

유기 화합물의 혼합물인 식물성 기름은 물에 용해되지 않는다.

11.1 유기 화합물

학습 목표 유기 또는 무기 화합물의 특징적인 성질을 확인한다.

19세기 초, 과학자들은 화합물을 무기 또는 유기로 분류하였다. 무기 화합물은 무기물로 구성된 물질이고, 유기 화합물은 유기체에서 얻어진 물질이어서 **유기**(organic)이라는 단어를 사용하였다. 초기 과학자들은 살아 있는 세포에서만 발견할 수 있는 일종의 '생명 유지와 관련된 힘(vital force)'이 유기 화합물을 합성하는 데 필수적이라고 생각하였다. 이러한 생각은 1828년, 독일의 화학자 Friedrich Wöhler가 단백질 대사의 산물인 요소를 무기 화합물인 사이안산 암모늄을 가열하여 합성함으로써 잘못되었음을 보여주었다.

$$\underset{\text{사이안산 암모늄 (무기)}}{NH_4CNO} \xrightarrow{\text{열}} \underset{\text{요소(유기)}}{H_2N-\overset{\overset{\displaystyle O}{\|}}{C}-NH_2}$$

유기 화학은 탄소 화합물에 대한 학문이다. 원소 탄소는 많은 탄소 원자들이 함께 결합하여 광범위한 분자 화합물을 생성하기 때문에 특별한 역할을 한다. **유기 화합물**(organic compound)은 항상 탄소와 수소를 포함하고, 때로는 산소, 황, 질소, 인 또는 할로젠과 같은 다른 비금속을 포함한다. 매일 사용하는 휘발유, 의약품, 샴푸, 플라스틱, 향수와 같은 많은 흔한 제품에서 유기 화합물을 발견할 수 있다. 우리가 먹는 음식 또한 우리에게 에너지를 제공하는 연료와 우리 몸의 세포를 만들고 수선하는 데 필요한 탄소 원자를 공급하는 탄수화물, 지방, 단백질과 같은 유기 화합물로 구성되어 있다.

유기 화합물의 화학식은 탄소를 먼저 쓰고, 그 다음에 수소, 그 뒤에 다른 원소를 쓴다. 유기 화합물은 전형적으로 녹는점과 끓는점이 낮고, 물에 녹지 않으며, 물보다 밀도가 작다. 예를 들어, 유기 화합물의 혼합물인 식물성 기름은 물에 녹지 않고 물 위에 뜬다. 많은 유기 화합물은 연소되고 공기 중에서 격렬히 탄다. 반면에 많은 무기 화합물은 녹는점과 끓는점이 높다. 이온성인 무기 화합물은 물에 보통 녹으며, 대부분은 공기 중에서 타지 않는다. 표 11.1은 프로페인(C_3H_8) 및 염화 소듐(NaCl)과 같은 유기와 무기 화합물과 관련된 일부 성질을 대비하여 제공하고 있다.

탄소 화합물의 표기

탄화수소(hydrocarbon)는 탄소와 수소만으로 구성된 유기 화합물이다. 유기 분자에서 모든 탄소 원자는 4개의 결합을 가진다. 가장 간단한 탄화수소인 메테인(CH_4)에서 탄소 원자는 4개의 수소 원자와 4개의 원자가 전자를 공유하여 8 전자를 형성한다.

$$\cdot\dot{\underset{\cdot}{C}}\cdot + 4H\cdot \longrightarrow H{:}\overset{H}{\underset{H}{\ddot{\underset{..}{C}}}}{:}H = H-\overset{\overset{\displaystyle H}{|}}{\underset{\underset{\displaystyle H}{|}}{C}}-H$$

메테인

표 11.1 유기와 무기 화합물의 일부 성질

성질	유기	예: C_3H_8	무기	예: NaCl
존재하는 원소	C와 H, 종종 O, S, N, P, 또는 Cl(F, Br, I)	C와 H	대부분 금속과 비금속	Na와 Cl
입자	분자	C_3H_8	대부분 이온	Na^+와 Cl^-
결합	대부분 공유	공유	대부분 이온, 일부 공유	이온
결합의 극성	전기음성도가 강한 원자가 존재하지 않으면 비극성	비극성	대부분 이온성 또는 극성 공유, 소수는 비극성 공유	이온성
녹는점	보통 낮음	−188°C	보통 높음	801°C
끓는점	보통 낮음	−42°C	보통 높음	1413°C
인화성	높음	공기 중에서 연소	낮음	연소하지 않음
물에 대한 용해도	극성 작용기가 존재하지 않으면 불용성	아니오	비극성이지 않으면 대부분 용해	예

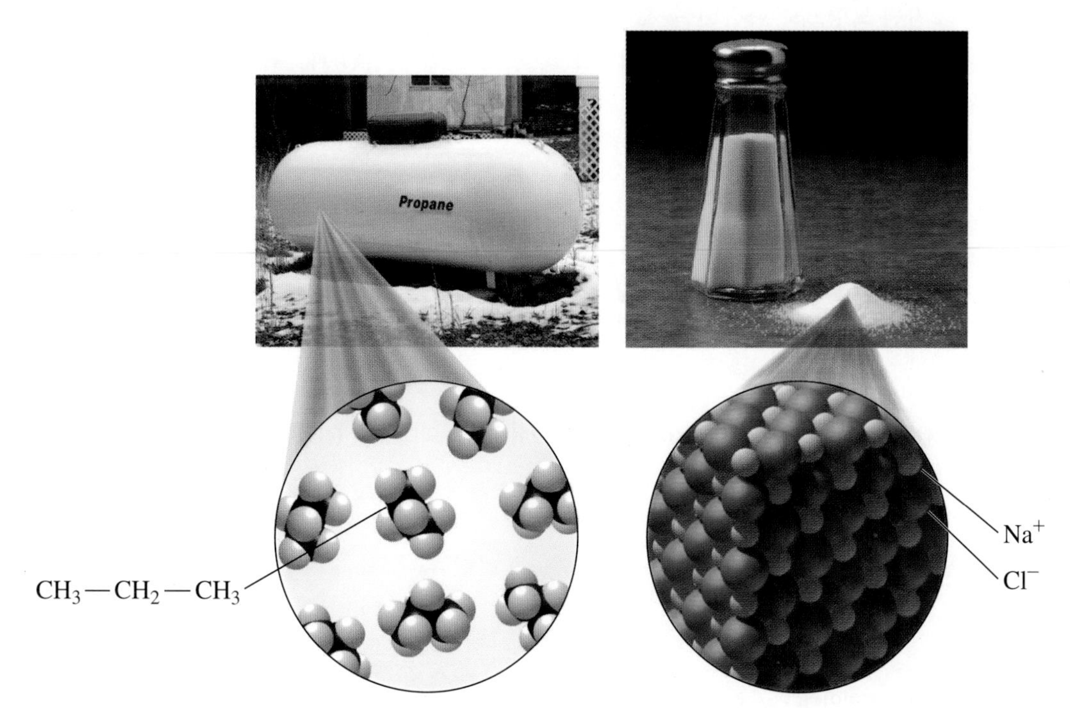

그림 11.1 프로페인(C_3H_8)은 유기 화합물인 반면, 염화 소듐(NaCl)은 무기 화합물이다.

Q 프로페인이 연료로 사용되는 이유는 무엇인가?

메테인의 가장 정확한 표기는 3차원 **(a) 공간 채움 모형**(space-filling model)으로, 공은 모든 원자의 상대적 크기와 모양을 보여준다. 또 다른 종류의 3차원 표기는 **(b) 공-막대 모형**(ball-and-stick model)으로, 원자는 공으로 표시하고 원자 사이의 결합은 막대로 표시한다. 메테인(CH_4)의 공-막대 모형에서, 탄소 원자에서 각 수소 원자로 향하는 공유 결합은 결합각이 109°인 정사면체의 꼭짓점을 향한다. **(c) 쐐기-점선 모형**(wedge-dash model)에서 3차원 모양은 지면상의 결합을 선으로, 지면 앞으로 나오는 결합을 쐐기로, 지면 뒤로 향하는 결합을 점선으로 표시한 원자로 나타낸다.

생각해보기

메테인이 정사면체 모양을 가지는 이유는 무엇인가?

그러나 3차원 모형은 더 복잡한 분자의 경우에는 그리거나 관찰하기가 쉽지 않다. 따라서 이들에 해당하는 2차원 화학식을 사용하는 것이 보다 실용적이다. **(d) 확장 구조식**(expanded structural formula)은 모든 원자와 각 원자에 연결된 결합을 보여준다. **(e) 축약 구조식**(condensed structural formula)은 각 탄소 원자를 결합되어 있는 수소 원자의 수와 집단으로 나타낸다.

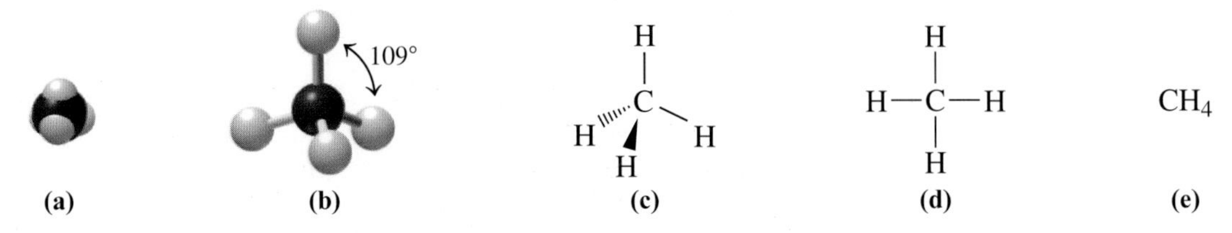

메테인의 3차원과 2차원 표기: **(a)** 공간 채움 모형, **(b)** 공-막대 모형, **(c)** 쐐기-점선 모형, **(d)** 확장 구조식, **(e)** 축약 구조식

2개의 탄소 원자와 6개의 수소 원자를 가지는 탄화수소인 에테인은 각 탄소 원자가 또 다른 탄소 원자와 3개의 수소 원자와 결합되어 있는 비슷한 집단의 3차원과 2차원 모형으로 나타낼 수 있다. 메테인과 같이, 에테인의 탄소 원자는 사면체 모양을 유지한다. 탄화수소는 분자 내 모든 결합이 단일 결합일 때, **포화 탄화수소**(saturated hydrocarbon)라 말한다.

확인하기

연습 문제 11.1에서 11.3까지 풀어보기

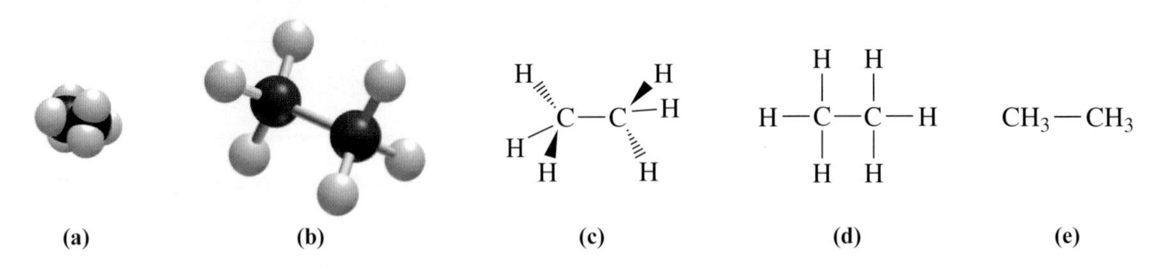

에테인의 3차원과 2차원 표기: **(a)** 공간 채움 모형, **(b)** 공-막대 모형, **(c)** 쐐기-점선 모형, **(d)** 확장 구조식, **(e)** 축약 구조식

연습 문제

11.1 유기 화합물

학습 목표 유기 또는 무기 화합물의 특징적인 성질을 확인한다.

11.1 다음을 유기 또는 무기 화합물로 확인하라.

a. $MgCl_2$ **b.** C_3H_8
c. CH_4O **d.** H_3PO_4
e. C_6H_6 **f.** NaCl

11.2 다음의 성질이 유기 또는 무기 화합물 중 어느 것이 더 전형적인지를 확인하라.

a. 탄소를 가지고 있지 않다.
b. 산소 원자를 가진다.
c. 연소하면 이산화 탄소와 일산화 탄소를 제공한다.
d. 많은 양의 금속 이온을 가진다.

11.3 다음의 각 물리적, 화학적 성질을 프로페인(C_3H_8) 또는 브로민화 포타슘(KBr)과 연결하라.

a. 물에 녹는다.
b. 실온에서 액체이다.
c. 734°C에서 녹는다.
d. 탄소와 수소를 포함하고 있다.

11.2 알케인

학습 목표 알케인과 사이클로알케인의 IUPAC 이름을 쓰고, 축약 구조식 또는 선-각 구조식을 그린다.

세상의 화합물 중 90% 이상이 유기 화합물이다. 탄소 원자 사이(C—C)의 공유 결합이 매우 강하여 탄소 원자들이 길고 안정한 사슬을 형성하기 때문에, 많은 수의 탄소 화합물이 가능하다.

알케인(alkane)은 탄소 원자들이 단일 결합으로만 연결된 탄화수소의 한 종류이다. 알케인의 가장 흔한 용도 중 하나는 연료이다. 가스난로와 가스 조리대에 사용되는 메테인은 탄소 원자가 1개인 알케인이다. 알케인인 에테인, 프로페인 및 뷰테인은 각각 2개, 3개 및 4개의 탄소 원자를 가지며, 일렬로 연결되거나 **연속된 사슬**(continuous chain)로 연결되어 있다. 보이는 바와 같이 알케인의 이름은 **-에인**(-ane)으로 끝난다. 이러한 이름은 유기 화합물을 명명하기 위하여 화학자들이 사용하는 IUPAC(International Union of Pure and Applied Chemistry, 국제 순수 및 응용화학연합) **체계**의 일부이다. 사슬에 5개 이상의 탄소 원자를 가지는 알케인의 이름은 **펜트**(pent, 5), **헥스**(hex, 6), **헵트**(hept, 7), **옥트**(oct, 8), **노느**(non, 9) 및 **데크**(dec, 10)와 같은 그리스 접두사를 이용하여 명명된다(표 11.2).

표 11.2 처음 10개 알케인의 IUPAC 이름과 화학식

탄소 원자 수	IUPAC 이름	분자식	축약 구조식	선-각 화학식
1	메테인	CH_4	CH_4	
2	에테인	C_2H_6	CH_3-CH_3	
3	프로페인	C_3H_8	$CH_3-CH_2-CH_3$	
4	뷰테인	C_4H_{10}	$CH_3-CH_2-CH_2-CH_3$	
5	펜테인	C_5H_{12}	$CH_3-CH_2-CH_2-CH_2-CH_3$	
6	헥세인	C_6H_{14}	$CH_3-CH_2-CH_2-CH_2-CH_2-CH_3$	
7	헵테인	C_7H_{16}	$CH_3-CH_2-CH_2-CH_2-CH_2-CH_2-CH_3$	
8	옥테인	C_8H_{18}	$CH_3-CH_2-CH_2-CH_2-CH_2-CH_2-CH_2-CH_3$	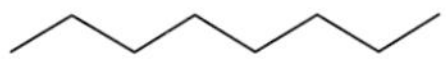
9	노네인	C_9H_{20}	$CH_3-CH_2-CH_2-CH_2-CH_2-CH_2-CH_2-CH_2-CH_3$	
10	데케인	$C_{10}H_{22}$	$CH_3-CH_2-CH_2-CH_2-CH_2-CH_2-CH_2-CH_2-CH_2-CH_3$	

축약 구조식과 선-각 화학식

핵심 화학 기법
알케인의 명명과 그리기

축약 구조식에서 각각의 탄소 원자와 여기에 붙어 있는 수소 원자는 집단으로 쓴다. 아래 첨자는 각 탄소 원자와 결합된 수소 원자의 수를 나타낸다.

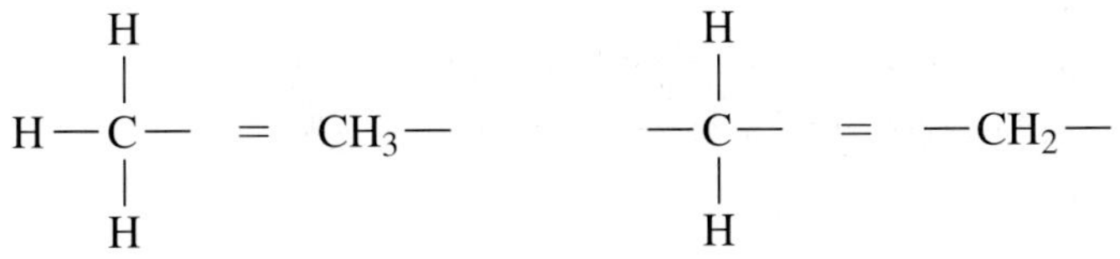

$$\underset{\text{확장}}{H-\overset{\displaystyle H}{\underset{\displaystyle H}{\overset{|}{\underset{|}{C}}}}-} = \underset{\text{축약}}{CH_3-} \qquad \underset{\text{확장}}{-\overset{\displaystyle H}{\underset{\displaystyle H}{\overset{|}{\underset{|}{C}}}}-} = \underset{\text{축약}}{-CH_2-}$$

> **생각해보기**
> 선-각 구조식은 어떻게 단일 결합의 탄소와 수소의 유기 화합물을 나타내는가?

유기 분자가 3개 이상의 탄소 원자 사슬로 구성되어 있는 경우, 탄소 원자는 직선으로 놓여 있지 않다. 오히려 이들은 지그재그 형태로 배열된다.

선-(결합)각 구조식(line-angle formula)이라고 하는 단순화된 구조식은 탄소 원자들을 각 선의 끝과 꺾인 부분으로 나타낸 지그재그 선으로 보여준다. 예를 들어, 펜테인의 선-각 구조식에서, 지그재그 그림의 각 선은 단일 결합을 나타낸다. 끝에 있는 탄소 원자는 3개의 수소 원자와 결합되어 있다. 그러나 예제 11.1에서 보인 것처럼 탄소 사슬 중간에 있는 탄소 원자는 각각 2개의 탄소와 2개의 수소 원자와 결합되어 있다.

예제 11.1 **알케인의 화학식 그리기**

문제

펜테인의 확장, 축약 구조식 및 선-각 구조식을 그려라.

풀이 지침

문제 분석	주어진 조건	필요한 사항	연계
	펜테인	확장, 축약 구조식 및 선-각 구조식	탄소 사슬, 지그재그 선

1단계 탄소 사슬을 그려라. 펜테인 분자는 연속된 사슬에 5개의 탄소 원자가 있다.

$$\mathrm{C-C-C-C-C}$$

2단계 각 탄소 원자와 단일 결합을 이용하여 수소 원자를 첨가함으로써 확장 구조식을 그려라.

$$\begin{array}{ccccccccccc} & & \mathrm{H} & & \mathrm{H} & & \mathrm{H} & & \mathrm{H} & & \mathrm{H} \\ & & | & & | & & | & & | & & | \\ \mathrm{H} & - & \mathrm{C} & - & \mathrm{C} & - & \mathrm{C} & - & \mathrm{C} & - & \mathrm{C} & - & \mathrm{H} \\ & & | & & | & & | & & | & & | \\ & & \mathrm{H} & & \mathrm{H} & & \mathrm{H} & & \mathrm{H} & & \mathrm{H} \end{array}$$

3단계 H 원자를 각 C 원자와 결합하여 축약 구조식을 그려라.

$$\begin{array}{ccccccccccccc} & & \mathrm{H} & & \mathrm{H} & & \mathrm{H} & & \mathrm{H} & & \mathrm{H} & & \\ & & | & & | & & | & & | & & | & & \\ \mathrm{H} & - & \mathrm{C} & - & \mathrm{C} & - & \mathrm{C} & - & \mathrm{C} & - & \mathrm{C} & - & \mathrm{H} \\ & & | & & | & & | & & | & & | & & \\ & & \mathrm{H} & & \mathrm{H} & & \mathrm{H} & & \mathrm{H} & & \mathrm{H} & & \end{array}$$

확장 구조식

$$\mathrm{CH_3-CH_2-CH_2-CH_2-CH_3}$$

축약 구조식

4단계 끝과 꺾인 부분이 C 원자를 나타내는 지그재그 선으로 선-각 구조식을 그려라.

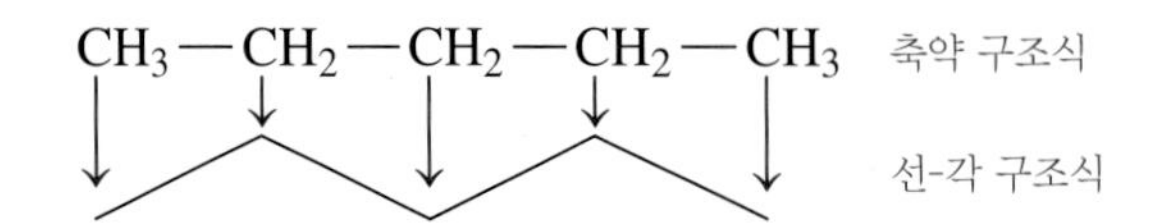

유제 11.1

다음 선-각 구조식의 이름을 쓰고, 축약 구조식을 그려라.

해답

$CH_3-CH_2-CH_2-CH_2-CH_2-CH_2-CH_3$, 헵테인

알케인은 탄소-탄소 단일 결합만을 가지기 때문에, 각 C 원자에 붙어 있는 집단은 고정된 위치에 있지 않다. 탄소 원자를 연결하는 결합 주위로 자유롭게 회전할 수 있다. 예를 들면, 뷰테인은 **표 11.3**에 보인 것처럼 다양한 구조식을 이용하여 그릴 수 있다. 이 화학식은 모두 4개의 탄소 원자를 가진 동일한 화합물을 나타낸다.

사이클로알케인

탄화수소는 해당 알케인보다 수소 원자가 2개 적은 **사이클로알케인**(cycloalkane)이라 부르는 고리 또는 링 구조를 형성할 수 있다. 가장 간단한 사이클로알케인인 사이클로프로페인(C_3H_6)은 6개의 수소 원자와 결합된 3개의 탄소 고리를 가진다. 사이클로알케인은 대부분 간단한 기하학적 그림으로 표시하는 선-각 구조식을 이용하여 그린다. 알케인에서 본 것처럼, 사이클로알케인의 선-각 구조식의 꺾인 부분은 탄소 원자를 나타낸다. 몇 가지 사이클로알케인의 공-막대 모형과 축약 구조식 및 선-각 구조식을 **표 11.4**에 나타내었다. 사이클로알케인은 같은 수의 탄소 원자를 가진 알케인의 이름에 접두사 **사이클로**(cyclo)를 첨가하여 명명한다.

표 11.3 뷰테인(C_4H_{10})의 일부 구조식

확장 구조식

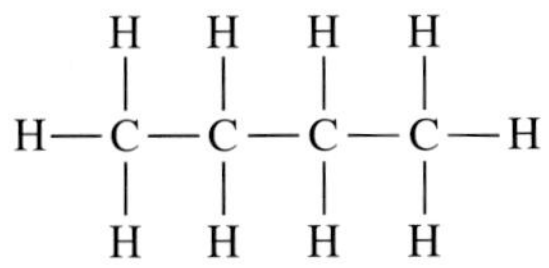

```
    H   H   H   H
    |   |   |   |
H — C — C — C — C — H
    |   |   |   |
    H   H   H   H
```

축약 구조식

$CH_3-CH_2-CH_2-CH_3$

```
CH2 — CH2
|      |
CH3    CH3

CH3
|
CH2 — CH2
       |
       CH3

CH3
|
CH2
|
CH2
|
CH3

CH3 — CH2
      |
      CH2 — CH3

CH3
|
CH2 — CH2 — CH3

CH3    CH2
   \  /   \
   CH2     CH3
```

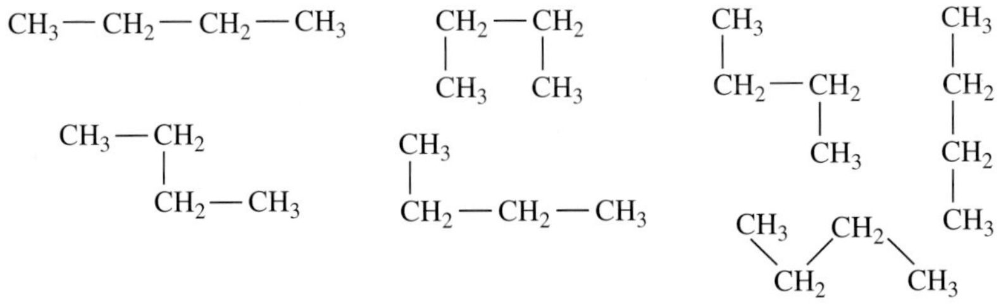

선-각 구조식

표 11.4 **일부 흔한 사이클로알케인의 구조식**

이름			
사이클로프로페인	사이클로뷰테인	사이클로펜테인	사이클로헥세인
공-막대 모형			
축약 구조식			
CH_2 / H_2C—CH_2	H_2C—CH_2 / H_2C—CH_2	CH_2 / H_2C CH_2 / H_2C—CH_2	CH_2 / H_2C CH_2 / H_2C CH_2 / CH_2
선-각 구조식			
△	□	⬠	⬡

예제 11.2 **알케인과 사이클로알케인의 명명**

문제

다음에 대한 IUPAC 이름을 제시하라.

a. **b.**

풀이

a. 8개의 탄소 원자를 가진 사슬은 옥테인이다.

b. 6개의 탄소 원자로 된 고리는 사이클로헥세인으로 명명한다.

유제 11.2

다음 화합물의 IUPAC 이름은 무엇인가?

해답

사이클로뷰테인

확인하기

연습 문제 11.4와 11.5를 풀어보기

연습 문제

11.2 알케인

학습 목표 알케인과 사이클로알케인의 IUPAC 이름을 쓰고, 축약 구조식 또는 선-각 구조식을 그린다.

11.4 다음 알케인과 사이클로알케인에 대한 각 IUPAC 이름을 제시하라.

a. $H_3C-\overset{H_2}{C}-\underset{H_2}{C}-\overset{H_2}{C}-CH_3$ **b.**

c. $H_3C-\overset{H_2}{C}-CH_3$ **d.**

11.5 다음 알케인에 대한 축약 구조식 또는 사이클로알케인에 대한 골격 구조식(skeletal formula, 선-각 구조식)을 그려라.

a. 뷰테인 **b.** 사이클로헥세인

c. 노네인 **d.** 에테인

11.3 치환기를 가진 알케인

학습 목표 치환기를 가진 알케인의 IUPAC 이름을 쓰고, 축약 구조식 또는 선-각 구조식을 그린다.

알케인이 4개 이상의 탄소 원자를 가질 때, **가지**(branch) 또는 **치환기**(substituent)라 부르는 곁원자단(side group)이 탄소 사슬에 붙도록 원자들이 배열될 수 있다. 예를 들어, **그림 11.2**는 분자식이 C_4H_{10}으로 동일한 두 화합물에 대한 2개의 다른 공-막대 모형을 보여준다. 하나의 모형은 4개의 탄소 원자 사슬로, 다른 모형에서는 3개 원자 사슬 중 한 탄소에 가지 또는 치환기로서 하나의 탄소가 붙어 있다. 적어도 하나의 가지를 가진 알케인을 **가지 달린 알케인**(branched alkane)이라 부른다. 두 화합물이 분자식은 같지만 다른 원자 배열을 가질 때, 이들은 서로 **구조 이성질체**(structural isomer) 관계이다.

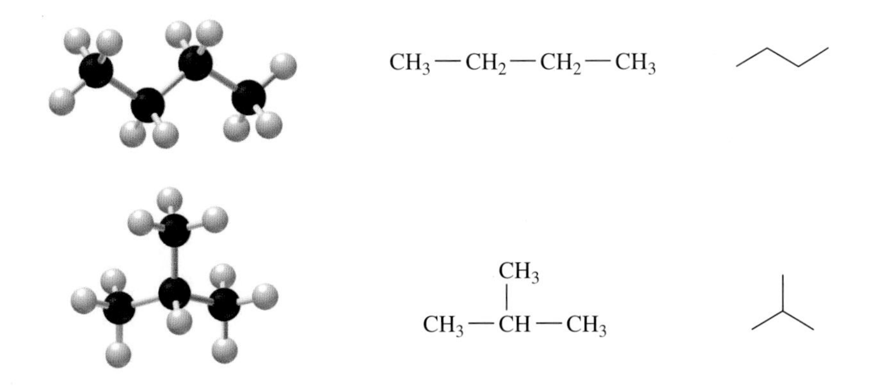

생각해보기

2개 이상의 구조 이성질체는 어떻게 같은 분자식을 가지는가?

그림 11.2 C_4H_{10}의 구조 이성질체는 원자의 수와 종류는 동일하지만 결합 순서가 다르다.

Q 이 분자들이 구조 이성질체가 되는 이유는 무엇인가?

또 다른 예에서, 분자식이 C_5H_{12}인 3개의 다른 이성질체에 대한 축약 구조식과 선-각 구조식을 다음과 같이 그릴 수 있다.

C_5H_{12}의 이성질체			
축약 구조식	$CH_3-CH_2-CH_2-CH_2-CH_3$	$CH_3-\underset{}{\overset{CH_3}{\overset{\vert}{CH}}}-CH_2-CH_3$	$CH_3-\overset{CH_3}{\overset{\vert}{\underset{\underset{CH_3}{\vert}}{C}}}-CH_3$
선-각 구조식			

예제 11.3 **구조 이성질체**

문제

다음의 두 화학식이 구조 이성질체 또는 같은 분자인지 확인하라.

a.
```
CH3   CH3
|     |
CH2 — CH2   그리고   CH2 — CH2 — CH3
                     |
                     CH3
```

b. (선-각 구조식) 그리고 (선-각 구조식)

풀이

a. C 원자와 H 원자의 수를 세면, 이들은 분자식 C_4H_{10}으로 동일하다. 두 구조는 모두 1개 이상의 $—CH_3$ 끝이 사슬의 평평한 부분의 위 또는 아래로 그려졌지만, 연속된 4개의 탄소 사슬이다. 따라서 두 축약 구조식은 같은 분자를 나타낸다.

b. C 원자와 H 원자의 수를 세면, 이들은 분자식 C_6H_{14}로 동일하다. 왼쪽의 선-각 구조식은 사슬의 두 번째 탄소에 $—CH_3$ 치환기를 가진 5개의 탄소 사슬을 가진다. 반면 오른쪽의 선-각 구조식은 2개의 $—CH_3$ 치환기를 가지는 4개의 탄소 사슬을 가진다. 따라서 원자 결합의 순서가 다르므로, 이는 구조 이성질체를 나타낸다.

유제 11.3

다음의 선-각 구조식이 예제 11.3의 **b** 분자의 다른 구조 이성질체를 나타내는 이유는 무엇인가?

해답

선-각 구조식은 동일한 분자식을 가지지만, 5개 탄소 사슬의 세 번째 탄소에 $—CH_3$ 치환기가 있어 탄소 원자 배열이 다르기 때문에, C_6H_{14}의 다른 구조 이성질체를 나타낸다.

확인하기

연습 문제 11.6을 풀어보기

알케인의 치환기

알케인의 IUPAC 이름에서, 탄소 가지는 하나의 수소 원자가 없는 알케인인 **알킬기**(alkyl group)로 명명된다. 알킬기는 해당 알케인 이름의 끝에 있는 -**에인**(-ane)을 -**일**(-yl)로 대체하여 명명한다. 알킬기 자체로는 존재할 수 없고, 탄소 사슬에 붙어야만 한다. 할로젠 원자가 탄소 사슬에 붙어 있을 때, 이들은 **할로기**(halo group)라 명명되며, **플루오로**(fluoro), **클로로**(chloro), **브로모**(bromo) 또는 **아이오도**(iodo)가 있다. 탄소 사슬에 붙어 있는 흔한 일부 기가 **표 11.5**에 도시되어 있다.

표 11.5 일부 흔한 치환기의 화학식과 이름

화학식	CH_3-		CH_3-CH_2-	
이름	메틸		에틸	
화학식	$CH_3-CH_2-CH_2-$		$CH_3-\overset{\vert}{C}H-CH_3$	
이름	프로필		아이소프로필	
화학식	$CH_3-CH_2-CH_2-CH_2-$		$CH_3-\overset{\overset{CH_3}{\vert}}{C}H-CH_2-$	
이름	뷰틸		아이소뷰틸	
화학식	$F-$	$Cl-$	$Br-$	$I-$
이름	플루오로	클로로	브로모	아이오도

치환기를 가진 알케인의 명명

IUPAC 명명 체계에서, 탄소 사슬은 치환기의 위치를 제공할 수 있도록 번호를 부여한다. 예제 11.4에 보인 것처럼 알케인을 명명하고자 할 때, IUPAC 체계를 어떻게 이용하는지 살펴보자.

양방향 비디오

알케인 명명

생각해보기

IUPAC 이름의 어떤 부분이 (a) 탄소 사슬의 탄소 원자의 수와 (b) 탄소 사슬의 치환기를 제공하는가?

예제 11.4 치환기를 가진 알케인의 IUPAC 이름 쓰기

문제

다음 알케인의 IUPAC 이름을 써라.

$$CH_3-\overset{\overset{CH_3}{\vert}}{C}H-CH_2-\underset{\underset{CH_3}{\vert}}{\overset{\overset{Br}{\vert}}{C}}-CH_2-CH_3$$

풀이 지침

	주어진 조건	필요한 사항	연계
문제 분석	탄소 사슬 6개, 메틸기 2개, 브로모기 1개	IUPAC 이름	탄소 사슬의 치환기 위치

1단계 **탄소 원자의 가장 긴 사슬의 이름을 써라.**

$$CH_3-\overset{\overset{CH_3}{\vert}}{C}H-CH_2-\underset{\underset{CH_3}{\vert}}{\overset{\overset{Br}{\vert}}{C}}-CH_2-CH_3 \qquad \text{헥세인}$$

2단계 치환기가 더 가까운 끝에서부터 탄소 원자에 번호를 부여하라.

$$\begin{array}{ccccccccccc} & & CH_3 & & & & Br & & & & \\ & & | & & & & | & & & & \\ CH_3 & - & CH & - & CH_2 & - & C & - & CH_2 & - & CH_3 \\ & & & & & & | & & & & \\ & & & & & & CH_3 & & & & \\ 1 & & 2 & & 3 & & 4 & & 5 & & 6 \end{array}$$

헥세인

3단계 각 치환기의 이름(알파벳 순서)과 위치를 주사슬의 이름에 접두사로 제공하라.

치환기는 알파벳 순서로 나열한다(브로모(bromo)가 먼저 오고, 메틸(methyl)이 뒤에 온다). 숫자와 치환기 이름 사이에는 하이픈을 넣는다. 2개 이상의 같은 치환기가 있을 경우에는, 접두사(**다이**(di), **트라이**(tri), **테트라**(tetra))를 사용하고, 쉼표로 숫자를 구분한다. 그러나 접두사는 치환기의 알파벳 순서를 결정할 때 사용하지 않는다.

$$\begin{array}{ccccccccccc} & & CH_3 & & & & Br & & & & \\ & & | & & & & | & & & & \\ CH_3 & - & CH & - & CH_2 & - & C & - & CH_2 & - & CH_3 \\ & & & & & & | & & & & \\ & & & & & & CH_3 & & & & \\ 1 & & 2 & & 3 & & 4 & & 5 & & 6 \end{array}$$

4-브로모-2,4-다이메틸헥세인

유제 11.4

다음 화합물의 IUPAC 이름을 써라.

해답

4-에틸헵테인

확인하기

연습 문제 11.7을 풀어보기

치환기를 가진 알케인의 구조 화학식 그리기

IUPAC 이름은 알케인에 대한 축약 구조식을 그리는 데 필요한 모든 정보를 제공한다. 2,3-다이메틸뷰테인의 축약 구조식을 그려야 한다고 가정해보자. 알케인의 이름은 가장 긴 사슬의 탄소 원자 수를 제공한다. 다른 이름은 치환기와 치환기가 붙어 있는 위치를 나타낸다. 이름은 다음과 같은 방법으로 분해할 수 있다.

2,3-다이메틸뷰테인				
2,3-	다이	메틸	뷰트	에인
치환기가 2번, 3번 탄소에 있음	동일한 2개의 기	$-CH_3$ 알킬기	주사슬에 C 원자 4개	단일(C—C) 결합

예제 11.5 IUPAC 이름으로부터 축약 구조식과 선-각 구조식 그리기

문제

2,3-다이메틸뷰테인의 축약 구조식과 선-각 구조식을 그려라.

풀이 지침

	주어진 조건	필요한 사항	연계
문제 분석	2,3-다이메틸뷰테인	축약 구조식과 선-각 구조식	탄소 사슬 4개, 메틸기 2개

1단계 **탄소 원자의 주사슬을 그려라.** 뷰테인의 경우, 4개의 탄소 원자 사슬과 지그재그 선을 그린다.

C—C—C—C

2단계 **사슬에 번호를 부여하고 수로 표시된 탄소에 치환기를 놓아라.** 이름의 첫 부분은 2개의 메틸기 $—CH_3$를 나타낸다. 하나는 2번 탄소, 다른 하나는 3번 탄소에 있다.

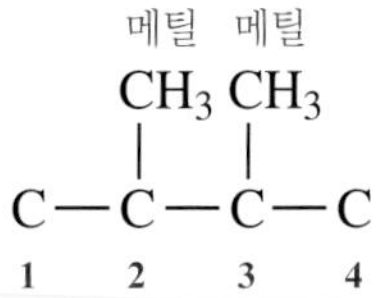

메틸 메틸

CH_3 CH_3

C—C—C—C

1 2 3 4

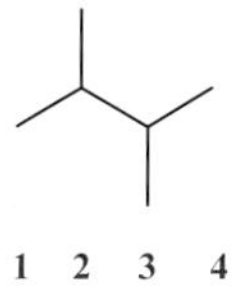

1 2 3 4

3단계 **축약 구조식에 대하여, 정확한 수의 수소 원자를 첨가하여 각 C 원자에 4개의 결합을 제공하라.**

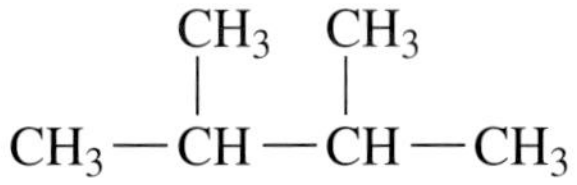

CH_3 CH_3

$CH_3—CH—CH—CH_3$

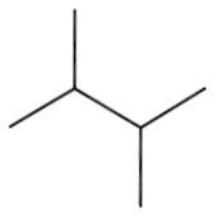

유제 11.5

2-브로모-4-메틸펜테인에 대한 축약 구조식과 선-각 구조식을 그려라.

해답

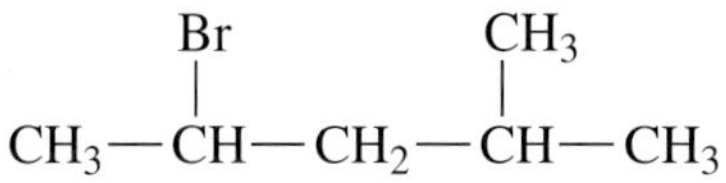

Br CH_3

$CH_3—CH—CH_2—CH—CH_3$

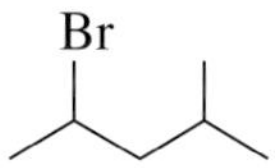

Br

확인하기

연습 문제 11.8과 11.9를 풀어보기

연습 문제

11.3 치환기를 가진 알케인

학습 목표 치환기를 가진 알케인의 IUPAC 이름을 쓰고, 축약 구조식 또는 선-각 구조식을 그린다.

11.6 다음의 두 화합물이 구조 이성질체 또는 같은 분자를 나타내는지를 확인하라.

a. 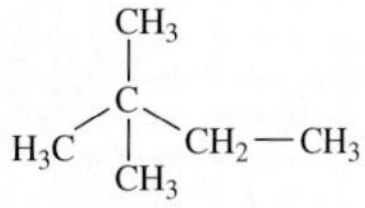 $H_3C—C(CH_3)_2—CH_2—CH_3$ 그리고 $H_3C—CH(CH_3)—CH_2—CH_2—CH_3$

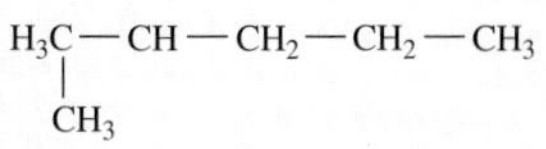

b. $H_3C-CH(CH_3)-CH(CH_3)-CH_2-CH_2-CH_3$ 그리고 $H_3C-CH_2-CH_2-CH(CH_3)-CH(CH_3)$

c. 그리고

11.7 다음에 대하여 IUPAC 이름을 제시하라.

a. $H_3C-C(CH_3)_2-CH_2-CH_2-CH_3$

b.

c. $H_3C-CH(CH_2-CH_3)-CH_2-C(CH_3)_2-CH_2-CH_3$

d.

11.8 다음 알케인에 대하여 축약 구조식을 그려라.

a. 2,3-다이메틸뷰테인

b. 2,2-다이메틸프로페인

c. 4-에틸-2,3-다이메틸헥세인

d. 2-브로모-4-클로로펜테인

11.9 다음에 대한 골격 구조식(선-각 구조식)을 그려라.

a. 3-메틸헥세인 **b.** 1-클로로-3-메틸뷰테인

c. 에틸사이클로프로페인 **d.** 3-클로로헵테인

11.4 알케인의 성질

학습 목표 알케인의 성질을 확인하고 연소의 완결된 화학 반응식을 쓴다.

많은 종류의 알케인은 자동차를 추진시키는 연료의 성분이고, 가정을 난방하는 기름의 성분이다. 광물유와 같은 탄화수소 혼합물은 설사약이나 피부를 부드럽게 하기 위한 바셀린으로도 사용할 수 있다. 많은 알케인의 용도 차이는 용해도와 밀도를 포함하여 물리적 성질로부터 기인한다.

과일과 채소의 매끈한(waxy) 코팅을 만드는 고체 알케인은 수분을 유지하고, 곰팡이 생성을 방해하며, 외관을 향상시키는 것을 도와준다.

알케인의 일부 용도

처음 4개의 알케인인 메테인, 에테인, 프로페인 및 뷰테인은 실온에서 기체이며, 난방 연료로 널리 사용된다.

5~8개의 탄소 원자를 가진 알케인(펜테인, 헥세인, 헵테인, 옥테인)은 실온에서 액체이다. 이들은 매우 휘발성이 크기 때문에 휘발유와 같은 연료에 유용하다.

9~17개의 탄소 원자를 가진 액체 알케인은 끓는점이 더 높으며, 등유, 디젤 및 제트 연료에서 발견된다. 윤활유는 큰 분자량의 액체 탄화수소 혼합물이며, 엔진의 내부 부품을 윤활시키는 데 사용한다. 광물유는 액체 탄화수소 혼합물로 설사약과 윤활제로 사용된다. 18개 이상의 탄소 원자를 가진 알케인은 실온에서 왁스 형태의 고체이다. 파라핀으로 알려진 이들은 과일과 채소에 수분을 유지하고 곰팡이를 방지하며, 외관을 돋보이게 하기 위하여 첨가되는 왁스 코팅에 사용한다. 페트롤레이텀(Petrolatum) 또는 바셀린은 연고와 화장품, 윤활유로 사용되는 25개 이상의 탄소 원자를 가진 탄화수소의 반고체 혼합물이다.

용해도와 밀도

알케인은 비극성이므로 물에 불용성이이다. 그러나 다른 알케인과 같은 비극성 용매에는 녹는다. 알케인의 밀도는 0.62~0.79 g/mL이며, 이는 물의 밀도(1.0 g/mL)보다 작다.

바다에 기름이 유출되면, 기름의 알케인이 물과 섞이지 않고 넓은 지역으로 퍼져 표면에 얇은 층을 형성한다. 2010년 4월, 멕시코만 석유시추선의 폭발로 미국 역사상 가장 큰 기름 유출 사고가 발생하여 매일 최대 1000만 리터로 추산되는 기름이 유출되었다(**그림 11.3**). 원유가 육지에 닿으면 해변, 어패류, 조류 및 야생 동물 서식지에 상당한 피해가 발생할 수 있다. 새와 같은 동물이 기름으로 뒤덮여 스스로 깨끗하게 하려고 할 때 탄화수소를 먹는다면 치명적이기 때문에 이들은 빠르게 깨끗하게 씻어야 한다.

그림 11.3 기름 유출이 발생하면 많은 양의 기름이 퍼져 바다 표면에 얇은 층을 형성한다.

Q 기름이 물 표면에 남아 있게 하는 물리적 성질은 무엇인가?

알케인의 연소

알케인은 탄소-탄소 단일 결합을 끊기 어렵기 때문에 유기 화합물의 종류 중 가장 반응성이 작다. 그러나 알케인은 산소하에서 쉽게 연소하여 이산화 탄소와 물, 에너지를 생성한다. 예를 들어, 메테인은 가스 조리대에서 음식을 조리하고 가정을 난방하는 데 사용하는 천연 가스이다.

$$CH_4 + 2O_2 \xrightarrow{\Delta} CO_2 + 2H_2O + \text{에너지}$$

뷰테인은 조리, 캠핑 및 토치에 사용된다.

$$2C_4H_{10} + 13O_2 \xrightarrow{\Delta} 8CO_2 + 10H_2O + \text{에너지}$$

휴대용 버너의 뷰테인은 연소를 수행한다.

확인하기

연습 문제 11.10과 11.11을 풀어보기

연습 문제

11.4 알케인의 성질

학습 목표 알케인의 성질을 확인하고 연소의 완결된 화학 반응식을 쓴다.

11.10 고무 시멘트용 용매로 사용되는 헵테인은 밀도가 0.68 g/mL이고, 98°C에서 끓는다.

a. 헵테인의 축약 구조식과 선-각 구조식을 그려라.

b. 헵테인은 실온에서 고체인가, 액체인가, 또는 기체인가?

c. 헵테인은 물에 녹는가?

d. 헵테인은 물 위에 뜨는가, 아니면 가라앉는가?

e. 헵테인의 완전 연소에 대한 완결된 화학 반응식을 써라.

11.11 다음 화합물의 완전 연소에 대한 완결된 화학 반응식을 써라.

a. 에테인 **b.** 사이클로프로페인

c. 2,3-다이메틸헥세인

11.5 알켄과 알카인

학습 목표 알켄과 알카인의 IUPAC 이름을 쓰고, 축약 구조식 또는 선-각 구조식을 그린다.

유기 화합물은 특정한 원자들의 집단인 **작용기**(functional group)에 의하여 **급**(class) 또는 **족**(family)으로 조직화된다. 동일한 작용기를 가진 화합물은 유사한 물리적, 화학적 성질을 가진다. 작용기를 확인하면 구조에 따라 유기 화합물을 분류하고, 각 족

내의 화합물을 명명하며, 화학 반응을 예측하고 그 생성물의 구조를 그릴 수 있다.

알켄과 **알카인**은 이중과 삼중 결합을 작용기로 가지는 탄화수소의 족들이다. 이들은 알케인과 마찬가지로 최대수의 수소 원자를 가지지 않기 때문에 **불포화 탄화수소**(unsaturated hydrocarbon)라 불린다. 이들은 수소 기체와 반응하여 수소 원자의 수를 증가시켜 **포화 탄화수소**(saturated hydrocarbon)인 알케인이 된다.

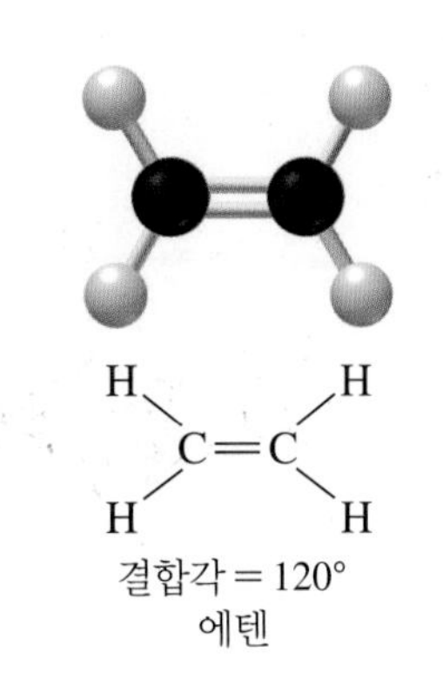

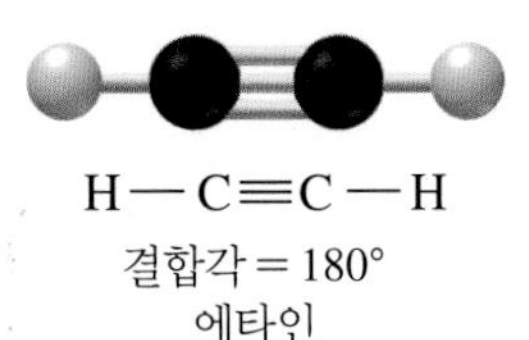

그림 11.4 에텐과 에타인의 공-막대 모형은 이중 또는 삼중 결합의 작용기와 결합각을 보여준다.

Q 이 화합물을 불포화 탄화수소라고 부르는 이유는 무엇인가?

알켄과 알카인의 확인

알켄(alkene)은 인접한 탄소 원자들이 2쌍의 원자가 전자를 공유할 때 형성되는 1개 이상의 탄소-탄소 이중 결합을 가진다. **탄소 원자는 항상 4개의 공유 결합을 형성한다는 것**을 기억하라. 가장 간단한 알켄인 에텐(C_2H_4)은 2개의 탄소 원자는 이중 결합으로 연결되어 있고, 각각의 탄소는 2개의 H 원자와 붙어 있다. 그 결과, 이중 결합의 각 탄소 원자는 결합각이 120°인 평면 삼각형 배열을 가진다. 결과적으로, 에텐 분자는 탄소와 수소 원자가 모두 같은 평면상에 있기 때문에 평평하다(**그림 11.4**).

알카인(alkyne)은 2개의 탄소 원자들이 3쌍의 원자가 전자를 공유할 때, 삼중 결합을 형성한다. 가장 간단한 알카인인 에타인(C_2H_2)에서 삼중 결합의 2개의 탄소 원자는 각각 하나의 수소 원자와 붙어 있어 선형 구조의 삼중 결합을 가진다.

흔히 에틸렌이라고 불리는 에텐은 과일의 숙성을 촉진하는 데 관여하는 중요한 식물 호르몬이다. 아보카도, 바나나, 토마토와 같은 상업적으로 재배되는 과일은 익기 전에 수확한다. 그리고 과일이 시장에 출하되기 전, 에틸렌에 노출시켜 숙성 과정을 촉진시킨다. 에틸렌은 또한 식물의 셀룰로스 분해를 촉진하여 꽃이 시들고 잎이 나무에서 떨어지게 한다. 흔히 아세틸렌이라 불리는 에타인은 산소와 반응하여 3300°C가 넘는 온도의 불꽃을 생성하여 용접에서 사용된다.

과일은 식물 호르몬인 에텐으로 익어간다.

아세틸렌과 산소의 혼합물은 금속을 용접하는 동안 연소 반응을 수행한다.

확인하기

연습 문제 11.12를 풀어보기

알켄과 알카인의 명명

알켄과 알카인의 IUPAC 이름은 알케인과 비슷하다. 같은 수의 탄소 원자를 가지는 알케인 이름을 이용하고, **-에인**(-ane)으로 끝나는 어미는 알켄은 **-엔**(-ene), 알카인은 **-아인**(-yne)으로 대체한다(**표 11.6**). 고리를 가진 알켄은 **사이클로알켄**(cycloalkene)으로 명명한다.

알켄의 명명에 대한 예는 예제 11.6에서 볼 수 있다.

표 11.6 알케인, 알켄과 알카인의 이름 비교

알케인	알켄	알카인
CH_3-CH_3	$H_2C=CH_2$	$HC\equiv CH$
에테인	에텐(에틸렌)	에타인(아세틸렌)
$CH_3-CH_2-CH_2$	$CH_3-CH=CH_2$	$CH_3-C\equiv CH$
프로페인	프로펜	프로파인

예제 11.6 알켄과 알카인의 명명

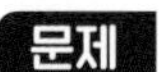

다음 화합물의 IUPAC 이름을 써라.

$$CH_3-\underset{}{\overset{CH_3}{\overset{|}{CH}}}-CH=CH-CH_3$$

풀이 지침

	주어진 조건	필요한 사항	연계
문제 분석	탄소 사슬 5개, 이중 결합, 메틸기	IUPAC 이름	알케인 이름의 -에인을 -엔으로 대체

1단계 이중 결합을 포함하는 가장 긴 탄소 사슬을 명명하라. 이중 결합을 포함하는 가장 긴 탄소 사슬에는 5개의 탄소가 있다. 해당하는 알케인 이름의 **-에인**을 **-엔**으로 대체하면 펜텐이 된다.

$$CH_3-\overset{CH_3}{\overset{|}{CH}}-CH=CH-CH_3 \qquad \text{펜텐}$$

2단계 이중 결합과 가까운 끝에서부터 시작하여 탄소 사슬에 번호를 부여하라. 알켄 이름의 앞에 이중 결합의 첫 번째 탄소 번호를 놓는다.

$$\underset{5}{CH_3}-\underset{4}{\overset{CH_3}{\overset{|}{CH}}}-\underset{3}{CH}=\underset{2}{CH}-\underset{1}{CH_3} \qquad \text{2-펜텐}$$

탄소가 2개 또는 3개인 알켄은 숫자가 필요하지 않다.

3단계 각 치환기의 위치와 이름(알파벳 순서)을 알켄 이름의 접두사로 제공하라.

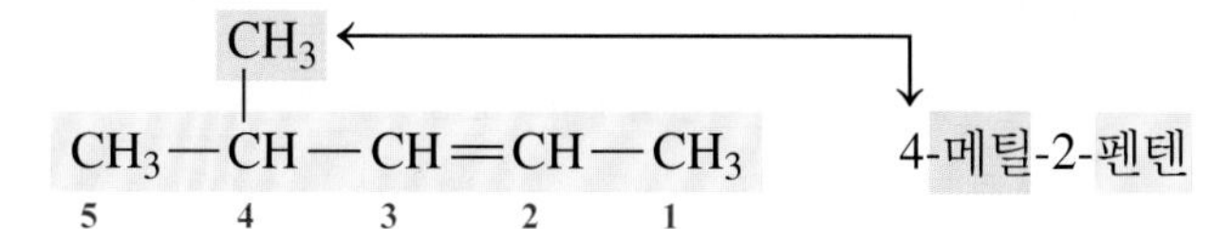

생각해보기

2-메틸-3-펜텐이라는 이름이 이 화합물에 정확하지 않은 이유는 무엇인가?

유제 11.6

1-클로로-3-헥사인의 축약 구조식을 그려라.

확인하기

연습 문제 11.13과 11.14를 풀어보기

해답

$Cl—CH_2—CH_2—C≡C—CH_2—CH_3$

사이클로알켄의 명명

사이클로알켄이라 불리는 일부 알켄은 고리 구조 안에 이중 결합이 있다. 치환기가 없다면, 이중 결합은 번호가 필요하지 않다. 그러나 치환기가 있다면, 이중 결합의 탄소는 1과 2로 번호를 부여하고, 고리는 치환기에 더 작은 수를 부여하는 방향으로 번호를 부여한다.

3 2 1

사이클로뷰텐 3-메틸사이클로펜텐

연습 문제

11.5 알켄과 알카인

학습 목표 알켄과 알카인의 IUPAC 이름을 쓰고, 축약 구조식 또는 선-각 구조식을 그린다.

11.12 다음 화합물을 알케인, 알켄, 사이클로알켄 또는 알카인으로 확인하라.

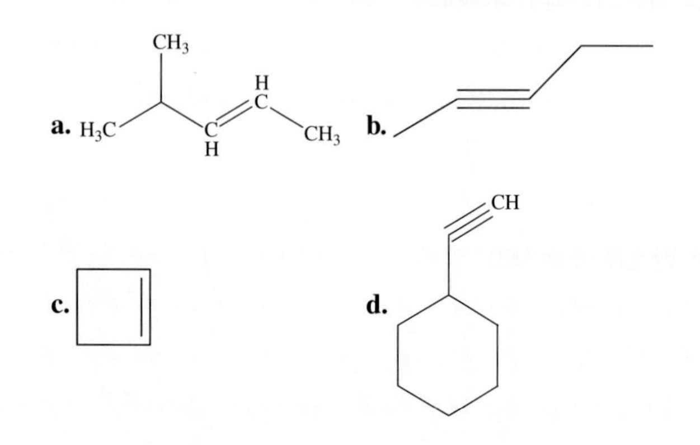

11.13 다음의 IUPAC 이름을 제시하라.

a. $HC≡C—CH_3$

b. $H_3C—C(CH_3)_2—CH=CH_2$

c.

d.

11.14 다음에 대하여 축약 구조식 또는 골격 구조식(선-각 구조식)을 그려라.

a. 헥스-1-엔(hex-1-ene)

b. 4-메틸펜트-2-아인(4-methylpent-2-yne)

c. 4-브로모뷰트-1-엔(4-bromobut-1-ene)

d. 사이클로헵트-1-엔(cyclohept-1-ene)

11.6 시스-트랜스 이성질체

학습 목표 축약 구조식을 그리고 알켄의 시스-트랜스 이성질체의 이름을 제시한다.

모든 알켄은 이중 결합이 고정되어 있어 이중 결합 주위로 회전을 할 수 없다. 결과적으로, 이중 결합의 탄소 원자에 붙어 있는 원자 또는 원자단은 한쪽 또는 다른 쪽에 있고, 이는 **기하 이성질체**(geometric isomer) 또는 **시스-트랜스 이성질체**(cis-trans isomer)라 불리는 2개의 다른 구조를 제시한다.

예를 들어, 2-뷰텐의 화학식은 시스-트랜스 이성질체인 2개의 다른 분자로 그릴 수 있다. 공-막대 모형에서, 이중 결합의 탄소 원자와 결합한 원자는 120°의 결합각을 가진다(**그림 11.5**). 이중 결합에 결합한 원자가 같은 쪽 또는 반대쪽에 있는지를 표시하기 위하여 **시스** 또는 **트랜스**라는 접두사를 추가한다. **시스 이성질체**(cis isomer)에서, CH_3 — 기는 이중 결합의 같은 쪽에 있다. **트랜스 이성질체**(trans isomer)에서는 CH_3 — 기가 반대쪽에 있다. **트랜스**(trans)는 대륙 횡단(transcontinental)에서와 같이 '건너는(across)'을 의미하며, **시스**(cis)는 '같은 쪽'을 의미한다.

시스-트랜스 이성질체의 어떠한 쌍에서와 같이, 시스-2-뷰텐과 트랜스-2-뷰텐은 서로 다른 물리적, 화학적 성질을 가진 다른 화합물이다.

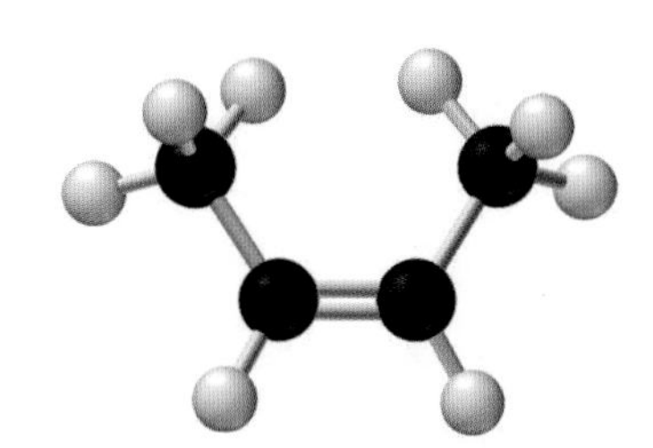

시스-2-뷰텐

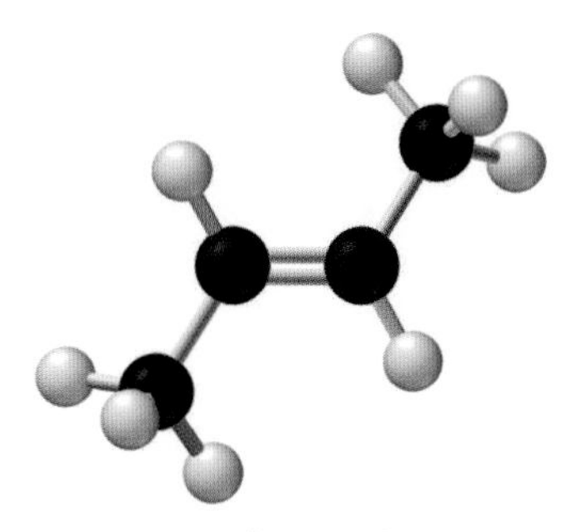

트랜스-2-뷰텐

그림 11.5 2-뷰텐의 시스와 트랜스 이성질체의 공-막대 모형

Q 2-뷰텐의 어떤 특성이 시스와 트랜스 이성질체를 설명하는가?

$CH_3-CH{=}CH-CH_3$

2-뷰텐

메틸기는 이중 결합의 같은 쪽에 있다.

메틸기는 이중 결합의 반대쪽에 있다.

시스-2-뷰텐 (mp −139°C; bp 3.7°C)

트랜스-2-뷰텐 (mp −106°C; bp 0.3°C)

이중 결합의 탄소 원자들이 2개의 다른 원자 또는 원자단과 붙어 있을 때, 알켄은 시스-트랜스 이성질체를 가질 수 있다. 예를 들어, 1,2-다이클로로에텐은 이중 결합의 각 탄소 원자에 붙어 있는 하나의 H 원자와 Cl 원자가 있기 때문에 시스와 트랜스 이성질체로 그릴 수 있다. 알켄의 화학식을 그릴 때에는 시스와 트랜스 이성질체의 가능성을 고려하는 것이 중요하다.

생각해보기

알켄이 어떻게 2개의 기하 이성질체를 가질 수 있는지를 설명하라.

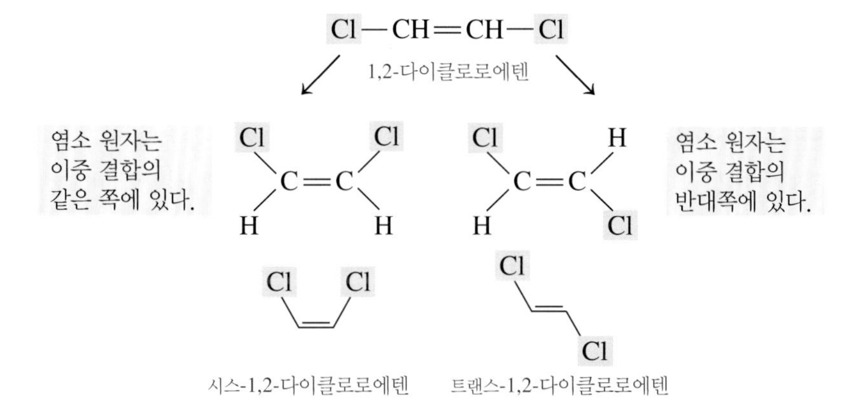

알켄이 이중 결합의 같은 탄소 원자에 동일한 기를 가지고 있을 때, 시스와 트랜스 이성질체는 그릴 수 없다. 예를 들어, 1,1-다이클로로프로펜은 시스와 트랜스 이성질체 없이 오직 하나의 축약 구조식만을 가진다.

$Cl_2C{=}CH(CH_3)$

1,1-다이클로로프로펜

예제 11.7 시스-트랜스 이성질체 확인

문제

다음을 시스 또는 트랜스 이성질체로 확인하고 이름을 제시하라.

a. (Br, H)C=C(Cl, H) — Br과 Cl이 같은 쪽

b. (CH_3, H)C=C(H, CH_2-CH_3) — CH_3와 CH_2-CH_3가 반대쪽

풀이

a. 이중 결합의 탄소 원자에 붙어 있는 2개의 할로젠 원자가 같은 쪽에 있으므로, 시스 이성질체이다. 2개 탄소 알켄의 이름은 1번 탄소의 브로모기로 시작하여 시스-1-브로모-2-클로로에텐이다.

b. 이중 결합의 탄소 원자에 붙어 있는 2개의 알킬기가 반대쪽에 있으므로, 이것은 트랜스 이성질체이다. 5개 탄소 알켄의 이 이성질체는 트랜스-2-펜텐이라 명명한다.

유제 11.7

다음 화합물의 이름을 시스 또는 트랜스를 포함하여 명명하라.

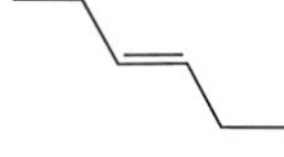

해답

트랜스-3-헥센

확인하기

연습 문제 11.15와 11.16을 풀어보기

시스-트랜스 이성질체의 모형화

시스-트랜스 이성질 현상은 시각화하기 쉽지 않다. 때문에 이중 결합에 비교하여 단일 결합 주위를 회전하는 것의 차이와 이중 결합의 탄소 원자에 붙어 있는 기에 어떻게 영향을 미치는지를 이해할 수 있는 몇 가지가 있다.

집게손가락 끝을 서로 맞대어보라. 이것은 단일 결합의 모형이다. 맞댄 집게손가락을 탄소 원자 쌍으로 고려하고, 엄지와 다른 손가락은 탄소 사슬의 다른 부분으로 생각하라. 집게손가락을 맞댄 채로, 손을 비틀어 엄지손가락의 위치를 서로에 대하여 변화시킨다. 다른 손가락의 관계가 어떻게 변하였는지 주목하라.

시스-손(시스-엄지/손가락)

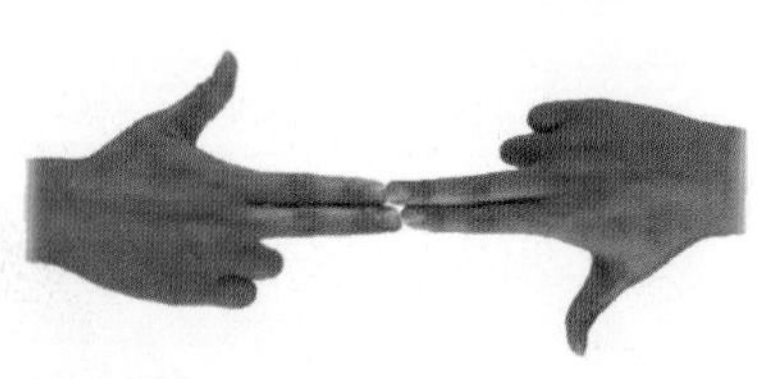

트랜스-손(트랜스-엄지/손가락)

이제 이중 결합의 모형으로 집게손가락과 가운데 손가락의 끝을 맞대어보라. 이전과 마찬가지로, 손을 비틀어 엄지손가락이 서로 멀어지도록 움직여보라. 무슨 일이 일어났는가? 이중 결합을 끊지 않고 엄지의 위치를 각각의 위치에 대하여 변화시킬 수 있는가? 2개의 손가락이 맞닿은 채로 손을 움직이기가 어렵다는 것은 이중 결합에서 회전할 수 없다는 것을 나타낸다. 두 엄지손가락이 같은 방향을 가리킬 때, 시스

이성질체 모형을 만든 것이다. 만약 한 손을 뒤집어 한 엄지손가락은 아래를, 다른 엄지손가락은 위를 가리킨다면, 트랜스 이성질체 모형을 만든 것이다.

젤리과자와 이쑤시개를 이용하여 시스-트랜스 이성질체 모형 만들기

이쑤시개 몇 개와 노란색, 녹색 및 검은색 젤리과자를 준비하라. 검은색 젤리과자는 C 원자를, 노란색 젤리과자는 H 원자를, 녹색 젤리과자는 Cl 원자를 나타낸다고 하자. 2개의 검은색 젤리과자 사이에 하나의 이쑤시개를 놓는다. 이쑤시개 3개를 추가로 더 사용하여, 2개의 노란색 젤리과자와 1개의 녹색 젤리과자를 각각의 검은색 젤리과자, 즉 탄소 원자에 연결한다. 검은색 젤리과자 하나를 움직이면서 붙어 있는 H와 Cl 원자의 회전이 어떻게 되는지를 보아라.

이쑤시개와 각 검은색 젤리과자에서 노란색 젤리과자를 제거하라. 그리고 탄소 원자 사이에 두 번째 이쑤시개를 놓아 이중 결합을 만들고, 이쑤시개로 만든 이중 결합을 뒤틀어 보려고 노력해보라. 가능한가? 녹색 젤리과자의 위치를 관찰할 때, 만든 모형은 시스 또는 트랜스 이성질체 중 어느 것을 나타내는가? 이유는 무엇인가? 모형이 시스 이성질체라면, 이것을 어떻게 트랜스 이성질체로 변화시킬 수 있는가? 또 모형이 트랜스 이성질체라면, 이것을 어떻게 시스 이성질체로 변화시킬 수 있는가?

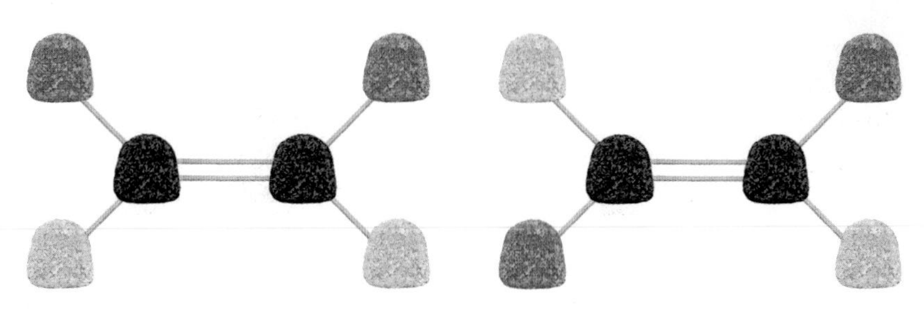

젤리과자로 만든 모형은 시스와 트랜스 이성질체를 나타낸다.

연습 문제

11.6 시스-트랜스 이성질체

학습 목표 축약 구조식을 그리고 알켄의 시스-트랜스 이성질체의 이름을 제시한다.

11.15 다음을 필요하다면 시스 또는 트랜스 접두사를 이용하여 IUPAC 이름을 제시하라.

a. (골격 구조식)

b. $CH_3-CH_2(H)C=C(H)CH_2-CH_2-CH_2-CH_3$

```
CH3—CH2        H
       \      /
b.      C==C
       /      \
      H        CH2—CH2—CH2—CH3
```

c.

```
   H       CH3
    \     /
c.   C==C
    /     \
   H       H
```

11.16 다음에 대하여 축약 구조식을 그려라.

a. 트랜스-2-브로모-3-클로로뷰트-2-엔(*trans*-2-bromo-3-chlorobut-2-ene)

b. 트랜스-헵트-3-엔(*trans*-hept-3-ene)

c. 시스-펜트-2-엔(*cis*-pent-3-ene)

화학과 환경
곤충 소통의 페로몬

많은 곤충들은 페로몬(pheromone)이라 불리는 미량의 화학물질을 방출하여 같은 종의 개체에게 정보를 전달한다. 일부 페로몬은 위험을 경고하고, 다른 페로몬은 방어를 요청하며, 경로를 표시하거나 이성을 유인하기도 한다. 가장 많이 연구된 것 중의 하나는 암컷 누에나방(silkworm moth)이 생성하는 성 페로몬인 봄비콜(bombykol)이다. 봄비콜 분자는 하나의 시스 이중 결합과 하나의 트랜스 이중 결합을 가지고 있으며, 몇 나노그램의 봄비콜로도 1 km가 넘는 거리에 있는 수컷 누에나방을 끌어들인다. 이러한 높은 페로몬의 효율성은 분자 내 이중 결합의 시스 또는 트랜스 구성에 따라 달라진다. 특정 종은 한 이성질체에 반응하지만 다른 이성질체에는 반응하지 않는다.

페로몬은 곤충이 멀리 떨어진 이성을 유인하도록 한다.

과학자들은 살충제에 대한 무독성 대안으로 사용할 페로몬을 합성하는 데 관심을 두고 있다. 봄비콜을 포집기에 놓으면, 봄비콜을 사용하여 수컷 누에나방을 포획할 수 있다. 합성 페로몬이 야외에서 방출되면, 수컷은 암컷의 위치를 확인할 수 없어 생식 순환이 교란된다. 이러한 기술은 복숭아순나방(oriental fruit moth), 포도덩굴 나방(grapevine moth), 분홍 솜벌레(pink bollworm)를 방제하는 데 성공적이었다.

트랜스 이중 결합 시스 이중 결합
HO

누에나방을 성적으로 유혹하는 봄비콜

화학과 보건
야간 시야를 위한 시스-트랜스 이성질체

눈의 망막(retina)은 막대세포와 원뿔세포, 두 종류의 세포로 구성되어 있다. 망막의 끝에 있는 막대세포는 희미한 빛을 볼 수 있게 하고, 중앙의 원뿔세포는 밝은 빛에서 시각을 생성한다. 막대세포에는 빛을 흡수하는 **로돕신**(rhodopsin)이라 불리는 물질이 있다. 로돕신은 단백질에 붙어 있는 불포화 화합물인 시스-11-레티날(*cis*-11-retinal)로 구성되어 있다. 로돕신이 빛을 흡수하면, 시스-11-레티날 이성질체는 트랜스 이성질체로 변환되면서 모양이 변화하고, 트랜스 형태는 더 이상 단백질에 맞지 않기 때문에 단백질에서 분리된다. 시스에서 트랜스 이성질체로의 변화, 단백질에서의 분리는 뇌가 영상으로 변환하는 전기 신호를 발생시킨다.

효소(이성화효소, isomerase)는 트랜스 이성질체를 시스-11-레티날 이성질체로 다시 변환하고 로돕신을 다시 생성한다. 망막의 막대세포에 로돕신이 결핍되면, 야맹증(night blindness)이 발생할 수 있다. 한 가지 흔한 원인은 식생활에서 비타민 A의 결핍이다. 우리는 식생활에서 당근, 호박, 시금치와 같은 음식물에서 발견되는 β-카로틴(β-carotene)을 함유한 식물성 색소에서 비타민 A를 얻는다. 작은창자에서 β-카로틴은 비타민 A로 변환되고, 비타민 A는 시스-11-레티날로 변환되거나 추후 사용을 위해 간에 저장될 수 있다. 충분한 양의 레티날이 없으면, 희미한 빛에서 적절하게 볼 수 있도록 해주는 충분한 로돕신이 생성되지 않는다.

레티날의 시스-트랜스 이성질체

시스 이중 결합 트랜스 이중 결합
H H
빛
O O
이성화효소

시스-11-레티날 트랜스-11-레티날

11.7 알켄에 대한 첨가 반응

학습 목표 알켄 첨가 반응의 유기 생성물의 축약 구조식과 선-각 구조식을 그리고, 이름을 제시한다.

이중 결합의 탄소 원자에 원자 또는 원자단의 **첨가**(addition)는 알켄의 가장 특징적인 반응이다. 첨가는 이중 결합이 쉽게 끊어져 새로운 단일 결합을 형성할 수 있는 전자를 제공하기 때문에 일어난다.

첨가 반응은 표 11.7에서 볼 수 있듯이 알켄에 첨가하고자 하는 반응물의 종류에 따라 다른 이름을 가진다.

표 11.7 첨가 반응의 요약

첨가 반응의 이름	반응물	촉매	생성물
수소화 반응	알켄 + H_2	Pt, Ni, 또는 Pd	알케인
수화 반응	알켄 + H_2O	H^+(강산)	알코올

수소화 반응

핵심 화학 기법
수소화 및 수화 반응에 대한 반응식 쓰기

수소화 반응(hydrogenation)이라 부르는 반응에서, H 원자는 알켄의 이중 결합에 있는 각 탄소 원자에 첨가된다. 수소화 반응 동안, 이중 결합은 알케인의 단일 결합으로 변환된다. 잘게 나눈 백금(Pt), 니켈(Ni), 또는 팔라듐(Pd) 같은 촉매가 반응을 촉진하기 위하여 사용된다. 수소화 반응의 일반 반응식은 다음과 같이 쓴다.

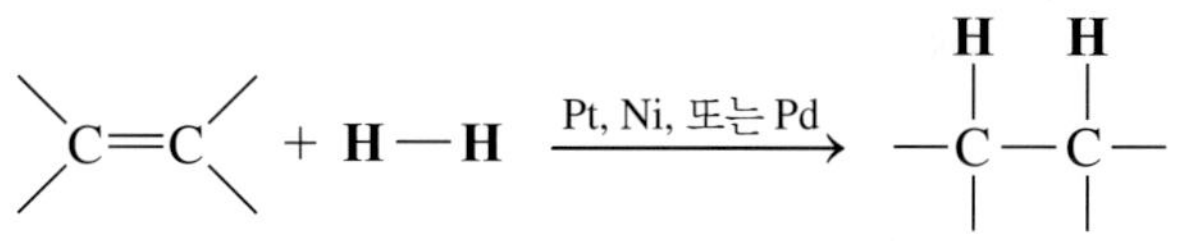

$$\text{C=C} + \text{H—H} \xrightarrow{\text{Pt, Ni, 또는 Pd}} \text{—}\overset{\text{H}}{\underset{|}{\overset{|}{\text{C}}}}\text{—}\overset{\text{H}}{\underset{|}{\overset{|}{\text{C}}}}\text{—}$$

이중 결합(알켄) 단일 결합(알케인)

알켄의 수소화 반응의 일부 예는 다음과 같다.

$$CH_3—CH=CH—CH_3 + H_2 \xrightarrow{Pt} CH_3—CH_2—CH_2—CH_3$$

2-뷰텐 뷰테인

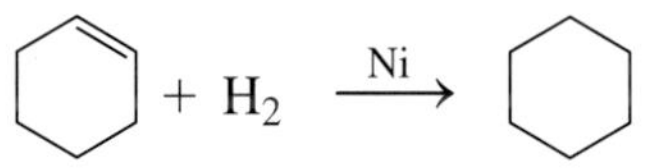

$$\text{(사이클로헥센)} + H_2 \xrightarrow{Ni} \text{(사이클로헥세인)}$$

사이클로헥센 사이클로헥세인

예제 11.8 수소화 반응의 반응식 쓰기

문제

다음 수소화 반응의 생성물에 대한 선-각 구조식을 그려라.

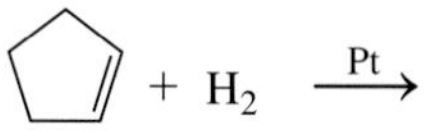

$$\text{(사이클로펜텐)} + H_2 \xrightarrow{Pt}$$

풀이

첨가 반응에서 수소는 이중 결합에 첨가되어 알케인이 된다.

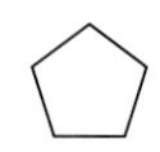

유제 11.8

백금 촉매를 이용하여 2-메틸-1-뷰텐의 수소화 반응 생성물의 축약 구조식을 그려라.

해답

$$\begin{array}{c} \quad\;\; CH_3 \\ \quad\;\; | \\ CH_3-CH-CH_2-CH_3 \end{array}$$

화학과 보건
불포화 지방의 수소화 반응

옥수수기름 또는 홍화유(safflower oil)와 같은 식물성 기름은 이중 결합을 포함하는 지방산으로 구성된 불포화 지방을 함유하고 있다. 수소화 반응 과정은 상업적으로 식물성 기름에 있는 불포화 지방의 이중 결합을 보다 고체인 마가린(margarine)과 같은 포화 지방으로 변환시킨다. 첨가되는 수소의 양을 조절하면 요리에 사용하는 더 부드러운 마가린, 고체 막대 마가린, 쇼트닝과 같은 부분적으로 수소화된 지방을 생성한다. 예를 들어, 올레산(oleic acid)은 올리브기름의 전형적인 불포화 지방산으로, 9번 탄소에 시스 이중 결합을 가진다. 올레산은 수소화되면, 포화 지방산인 스테아르산(stearic acid)으로 변환된다.

식물성 기름의 불포화 지방은 포화 지방으로 변환되어 더 고체 상태의 생산품을 만들어낸다.

시스 이중 결합 — 올레산(올리브기름과 다른 불포화 지방에서 발견) (O, OH)

단일 결합 — 스테아르산 (포화 지방에서 발견) (O, OH)

수화 반응

수화 반응(hydration)에서, 알켄은 물(H—OH)과 반응한다. 물의 수소 원자(H—)는 이중 결합의 탄소 하나와 결합을 형성하고, —OH의 산소 원자는 다른 탄소와 결합을 형성한다. 이 반응은 H^+로 쓴 H_2SO_4와 같은 강산에 의해 촉진된다. 수화 반응은 하이드록실(—OH) 작용기를 가진 알코올을 만드는 데 사용된다. 에텐과 같은 대칭적인 알켄에 물(H—OH)을 첨가하면, 단일 생성물이 형성된다.

$$\text{C}{=}\text{C} + \mathbf{H{-}OH} \xrightarrow{H^+} -\overset{\mathbf{H}}{\underset{|}{\overset{|}{\text{C}}}}-\overset{\mathbf{OH}}{\underset{|}{\overset{|}{\text{C}}}}-$$

알켄 → 알코올 (OH ← 알코올의 작용기)

$$H_2C{=}CH_2 + \mathbf{H_2O} \xrightarrow{H^+} CH_3{-}CH_2{-}OH$$

에텐 　　　　　　　　에탄올(에틸 알코올)

그러나 비대칭 알켄에 H_2O을 첨가하면, 2개의 생성물이 가능하다. 우세한 생성물은 H_2O의 H—가 더 **많은** 수의 H 원자를 가진 탄소에 붙고, H_2O의—OH가 이중 결합의 다른 탄소 원자에 붙는 것이다. 다음의 예에서, H_2O의 H—는 더 많은 수소 원자를 가진 이중 결합의 끝에 있는 탄소에 붙고, —OH는 가운데에 있는 탄소 원자에 첨가된다.

생각해보기

알켄의 이중 결합이 대칭 또는 비대칭인지를 결정하여야 하는 이유는 무엇인가?

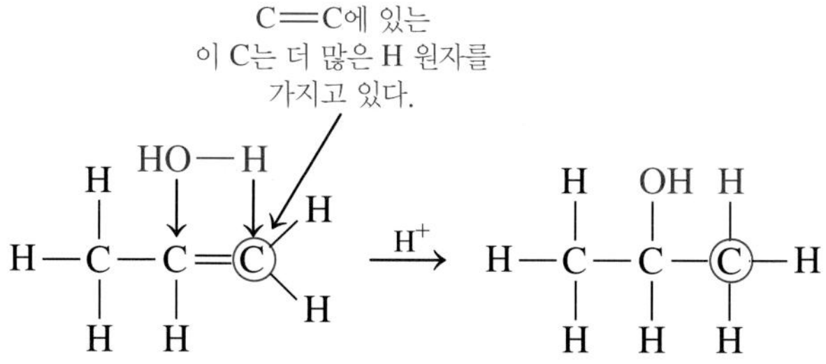

C=C에 있는 이 C는 더 많은 H 원자를 가지고 있다.

$$H{-}\underset{H}{\overset{H}{C}}{-}\underset{H}{C}{=}C\begin{matrix}H\\H\end{matrix} \quad (HO{-}H) \xrightarrow{H^+} H{-}\underset{H}{\overset{H}{C}}{-}\underset{H}{\overset{OH}{C}}{-}\underset{H}{\overset{H}{C}}{-}H$$

프로펜 　　　　　　　　2-프로판올

예제 11.9 수화 반응

문제

다음 수화 반응에서 형성되는 생성물의 축약 구조식을 그려라.

$$CH_3{-}CH_2{-}CH_2{-}CH{=}CH_2 + H_2O \xrightarrow{H^+}$$

풀이

물의 H—와 —OH는 이중 결합의 탄소 원자에 각각 첨가된다. H—는 더 많은 수의 수소 원자를 가지는 탄소에 첨가되고, —OH는 더 적은 H 원자를 가지는 탄소와 결합한다.

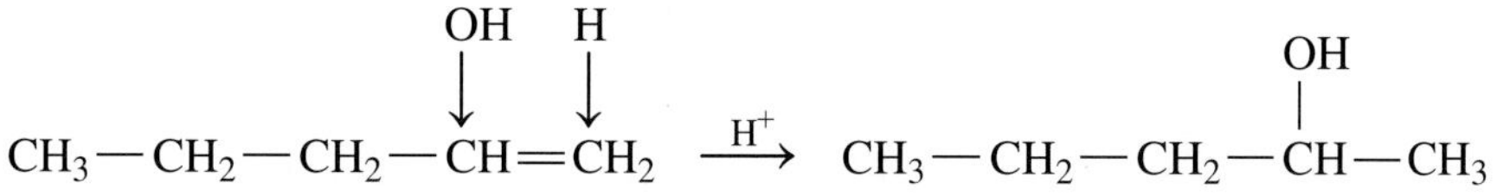

$$CH_3{-}CH_2{-}CH_2{-}\overset{OH\downarrow}{CH}{=}\overset{H\downarrow}{CH_2} \xrightarrow{H^+} CH_3{-}CH_2{-}CH_2{-}\overset{OH}{\overset{|}{CH}}{-}CH_3$$

유제 11.9

2-메틸-2-펜텐의 수화 반응에 의하여 얻어진 생성물의 축약 구조식을 그려라.

해답

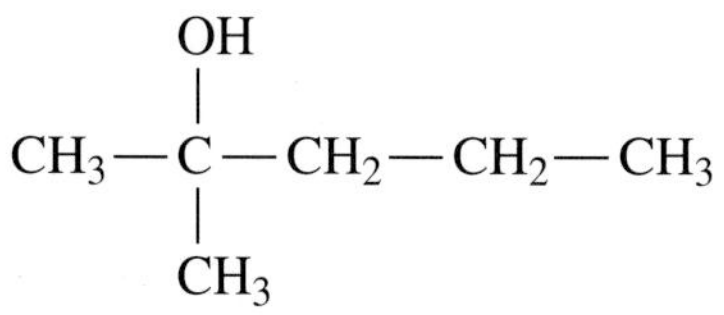

$$CH_3{-}\underset{CH_3}{\overset{OH}{C}}{-}CH_2{-}CH_2{-}CH_3$$

양방향 비디오

비대칭 결합에 첨가

확인하기

연습문제 11.17을 풀어보기

연습 문제

11.7 알켄에 대한 첨가 반응

학습 목표 알켄 첨가 반응의 유기 생성물의 축약 구조식과 선-각 구조식을 그리고, 이름을 제시한다.

11.17 다음 반응의 생성물에 대한 구조식을 그려라.

a. $CH_3-CH_2-CH_2-CH=CH_2 + H_2 \xrightarrow{Pt}$

b. $H_2C=C(CH_3)-CH_2-CH_3 + H_2O \xrightarrow{H^+}$

c. (선-각 구조식) $+ H_2 \xrightarrow{Pt}$

d. (선-각 구조식) $+ H_2O \xrightarrow{H^+}$

11.8 방향족 화합물

학습 목표 벤젠의 결합을 기술하고, 방향족의 명명 및 선-각 구조식을 그린다.

1825년, Michael Faraday는 **벤젠**(benzene)이라고 하는 탄화수소를 분리하였다. 벤젠은 각 탄소에 하나의 수소 원자가 붙어 있는 6개의 탄소 고리로 구성되어 있다. 벤젠을 함유한 많은 화합물이 향기로운 냄새를 가졌기 때문에, 벤젠 족 화합물은 **방향족 화합물**(aromatic compound)로 알려지게 되었다. 향신료로 사용되는 일부 흔한 방향족 화합물의 예는 아니스(anise)의 아니솔(anisole), 타라곤(tarragon)의 에스트라골(estragole), 타임(thyme)의 티몰(thymol)이 있다.

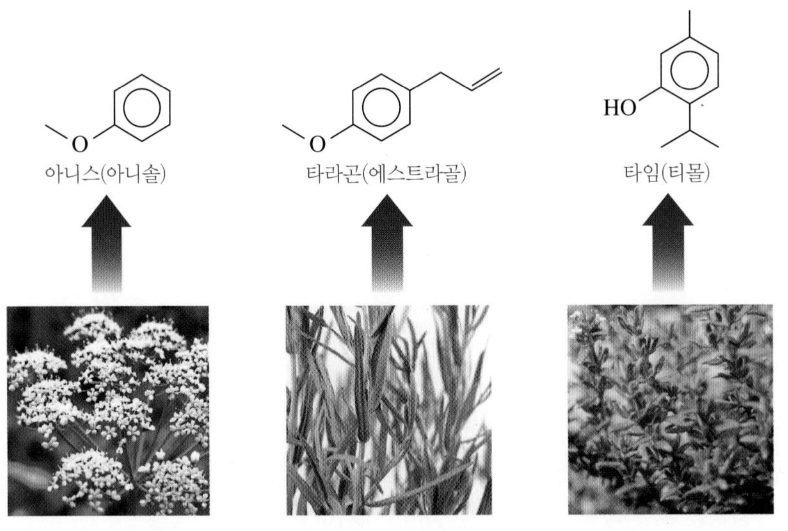

허브인 아니스, 타라곤, 타임의 향과 풍미는 방향족 화합물 때문이다.

벤젠에서 각 탄소 원자는 3개의 원자가 전자를 이용하여 수소와 인접한 2개의 탄소와 결합한다. 그럴 경우 하나의 원자가 전자가 남게 되고, 때문에 처음에 과학자는 인접한 탄소와 이중 결합으로 공유된 것으로 생각하였다. 1865년, August Kekulé는 벤젠의 탄소 원자가 인접한 탄소 원자 사이에 단일 결합과 이중 결합이 반복되는 평평한 고리로 배열되어 있다고 제안하였다. 2개의 다른 탄소 원자 사이에 이중 결합이 형성될 수 있는 벤젠의 두 가지 구조적 표현이 가능하다. 알켄과 같이 이중 결합이 있다면, 벤젠은 현재 상태보다 훨씬 반응성이 커야 한다.

그러나 알켄 및 알카인과는 다르게 방향족 탄화수소는 쉽게 첨가 반응이 일어나지 않는다. 반응 거동이 매우 다르다면, 구조에서 결합되는 방식이 달라야만 한다. 오늘날에는 6개의 전자가 6개의 탄소 원자 사이에 균등하게 공유되고 있음을 알고 있다. 이러한 벤젠의 독특한 특성은 벤젠을 매우 안정적으로 만든다. 벤젠은 선-각 구조식으로 가장 자주 표현되며, 가운데에 원이 있는 육각형으로 나타낸다. 벤젠을 나타내는 방법 중 일부는 아래와 같이 나타낸다.

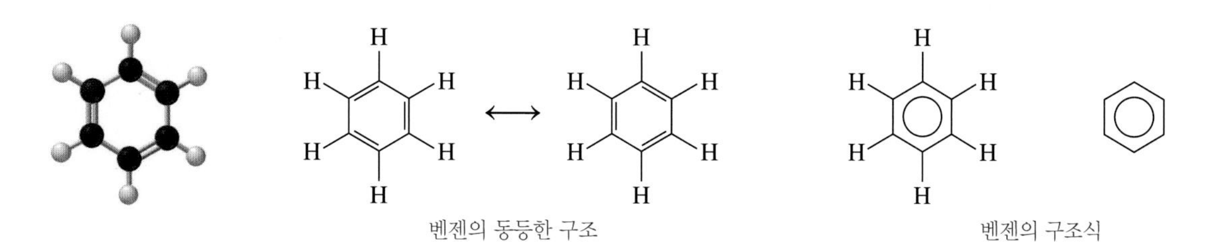

벤젠의 동등한 구조 벤젠의 구조식

방향족 화합물의 명명

벤젠을 포함하는 많은 화합물은 화학에서 오랫동안 중요하였고, 이들의 관용명이 아직도 사용되고 있다. 톨루엔은 메틸기가 있는 벤젠으로 구성되며, 아닐린은 아미노기($-NH_2$)가 있는 벤젠, 페놀은 하이드록실기($-OH$)가 있는 벤젠이다. 톨루엔, 아닐린, 페놀이라는 이름은 IUPAC 규칙에서 허용되고 있다.

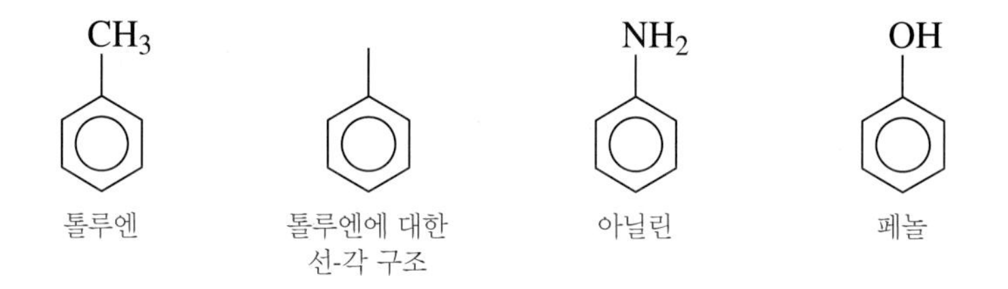

톨루엔 톨루엔에 대한 선-각 구조 아닐린 페놀

생각해보기
톨루엔의 화학식은 페놀의 화학식과 어떻게 비슷하고, 어떻게 다른가?

벤젠이 하나의 치환기만을 가질 경우에는 고리에 번호를 부여하지 않는다. 그러나 2개 이상의 치환기가 있을 경우, 벤젠 고리는 치환기가 가장 낮은 번호를 가지도록 번호가 부여된다.

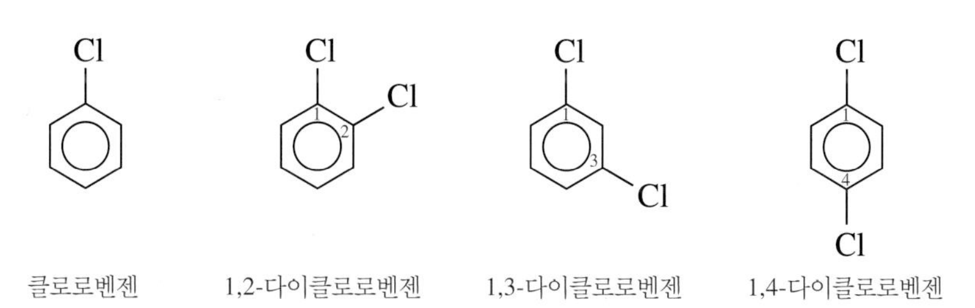

클로로벤젠 1,2-다이클로로벤젠 1,3-다이클로로벤젠 1,4-다이클로로벤젠

아닐린, 페놀 또는 톨루엔이 치환기를 가질 경우, 아민, 하이드록실 또는 메틸기가 붙어 있는 탄소 원자를 1번 탄소로 하고, 치환기는 알파벳 순서대로 명명한다.

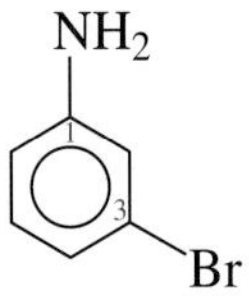

NH_2 / Br — 3-브로모아닐린

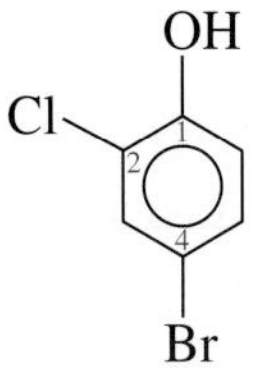

OH / Cl / Br — 4-브로모-2-클로로페놀

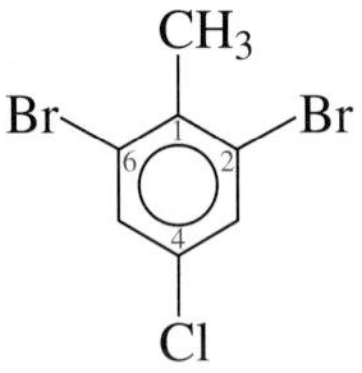

CH_3 / Br / Br / Cl — 2,6-다이브로모-4-클로로톨루엔

예제 11.10 **방향족 화합물의 명명**

문제

다음 화합물의 IUPAC 이름을 제시하라.

Cl
Br

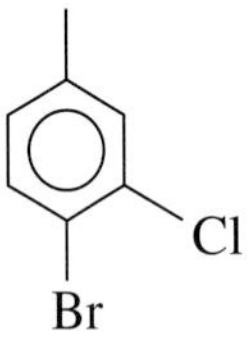

문제 분석	주어진 조건	필요한 사항	연계
	구조식	IUPAC 이름	방향족 화합물 이름, 번호와 치환기 게재

풀이 지침

1단계 방향족 화합물의 이름을 써라. 메틸기를 가진 벤젠 고리는 톨루엔으로 명명한다.

2단계 2개 이상의 치환기가 있다면, 치환기로부터 시작하여 방향족 고리에 번호를 부여하라. 톨루엔의 메틸기는 1번 탄소에 붙어 있고, 고리는 더 낮은 번호를 갖도록 부여한다.

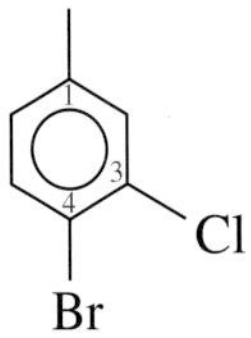

Cl
Br

3단계 각 치환기를 접두사로 명명하라. 치환기를 알파벳 순서대로 명명하면, 이 방향족 화합물은 4-브로모-3-클로로톨루엔이다.

유제 11.10

다음 화합물의 IUPAC 이름을 제시하라.

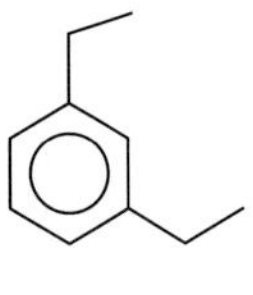

해답

1,3-다이에틸벤젠

확인하기

연습 문제 11.18과 11.19를 풀어보기

화학과 보건
일부 흔한 방향족 화합물

방향족 화합물은 자연과 의약품에 흔히 볼 수 있다. 톨루엔은 약물, 염료, TNT(트라이나이트로톨루엔)와 같은 폭발물을 만드는 반응물로 사용한다. 벤젠 고리는 아스피린 및 아세트아미노펜과 같은 진통제와 바닐린과 같은 향료에서도 발견된다.

TNT(2,4,6-트라이나이트로톨루엔)

아스피린

아세트아미노펜

바닐린

연습 문제

11.8 방향족 화합물

학습 목표 벤젠의 결합을 기술하고, 방향족의 명명 및 선-각 구조식을 그린다.

11.18 다음 화합물에 대한 IUPAC 이름을 제시하라.

a.

b.

c.

11.19 다음 화합물에 대한 선-각 구조식을 그려라.

a. 페놀

b. 1,3-다이클로로벤젠

c. 4-에틸톨루엔

화학과 보건
여러 고리 방향족 탄화수소(PAH)

여러 고리 방향족 탄화수소(polycyclic aromatic hydrocarbon, PAH)로 알려진 큰 방향족 화합물은 2개 이상의 벤젠 고리가 가장자리끼리 접합되어 형성된다. 접합 고리 화합물에서, 인접한 벤젠 고리는 2개의 탄소 원자를 공유한다. 2개의 벤젠 고리를 가진 나프탈렌은 좀약으로 사용되는 것으로 잘 알려져 있다. 3개의 고리를 가진 안트라센은 염료를 생산하는 데 사용된다.

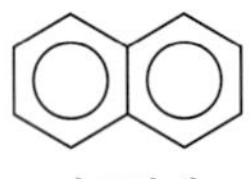

나프탈렌

안트라센

페난트렌

벤조[*a*]피렌

여러 고리 화합물에 페난트렌이 포함되어 있으면, 암을 유발하는 것으로 알려진 발암물질(carcinogen)로 작용한다.

벤조[*a*]피렌과 같은 5개 이상의 벤젠 고리를 가진 화합물도 잠재적인 발암물질이다. 분자는 세포의 DNA와 상호작용하여, 비정상적인 세포 성장과 암을 유발한다. 발암물질에 대한 노출이 증가하면 세포의 DNA의 변이 가능성이 높아진다. 연소 생성물인 벤조[*a*]피렌은 콜타르, 담배 연기, 바비큐 고기와 자동차 배기가스에서 발견된다.

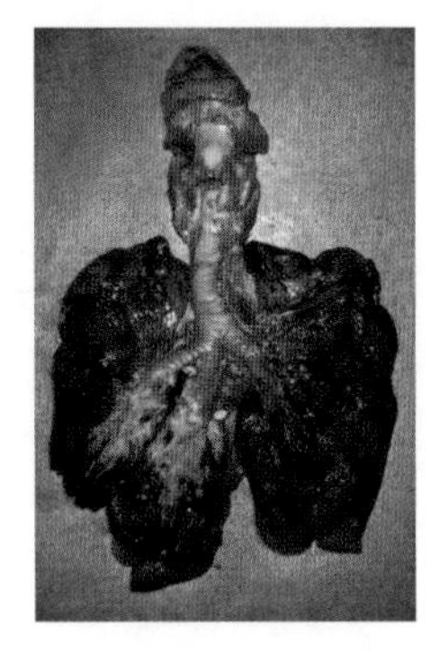

벤조[*a*]피렌과 같은 방향족 화합물은 폐암과 강하게 연관되어 있다.

의학 최신 정보 화상 병동에서 Diane의 치료

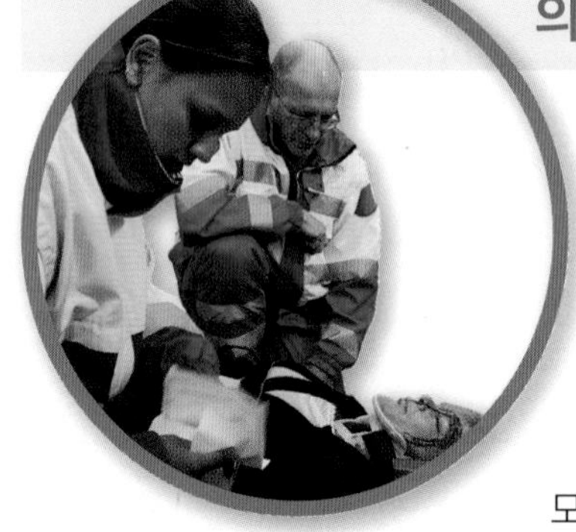

병원에 도착한 Diane은 ICU(집중치료병동) 화상 병동으로 이송되었다. 그녀는 피부 밑의 층에 손상을 주는 2도 화상과 피부의 모든 층에 손상을 주는 3도 화상을 입었다. 심한 화상을 입으면 체액이 손실되기 때문에, 락트산 링거 용액이 처방되었다. 화상의 가장 흔한 합병증은 감염과 관련이 있다. 감염을 예방하기 위하여, 그녀의 피부는 국소 항생제로 도포되었다. 다음날 Diane은 드레싱(붕대), 연고와 손상된 조직을 제거하기 위하여 화상 치료 탱크에 들어갔다. 드레싱과 연고는 8시간마다 교체되었다. 3개월 동안, Diane의 화상을 입지 않은 피부의 이식 조직이 화상 부위를 덮기 위하여 사용될 것이다.

방화 조사관은 휘발유가 Diane의 집에서 화재를 일으키는 데 사용된 주요 촉진제라고 판단하였다. 그 지역에는 많은 양의 종이와 마른 나무가 있었기 때문에 불은 빠르게 번졌다. 휘발유에서 발견되는 일부 탄화수소에는 헥세인, 헵테인, 옥테인, 노네인, 데케인과 사이클로헥세인이 포함된다. 휘발유의 일부 다른 탄화수소는 3-에틸톨루엔, 아이소펜테인과 톨루엔이다.

의학 응용

11.20 휘발유에서 발견된 다음 탄화수소의 완전 연소에 대한 완결된 화학 반응식을 써라.

a. 옥테인
b. 아이소펜테인(2-메틸뷰테인)
c. 3-에틸톨루엔

개념도

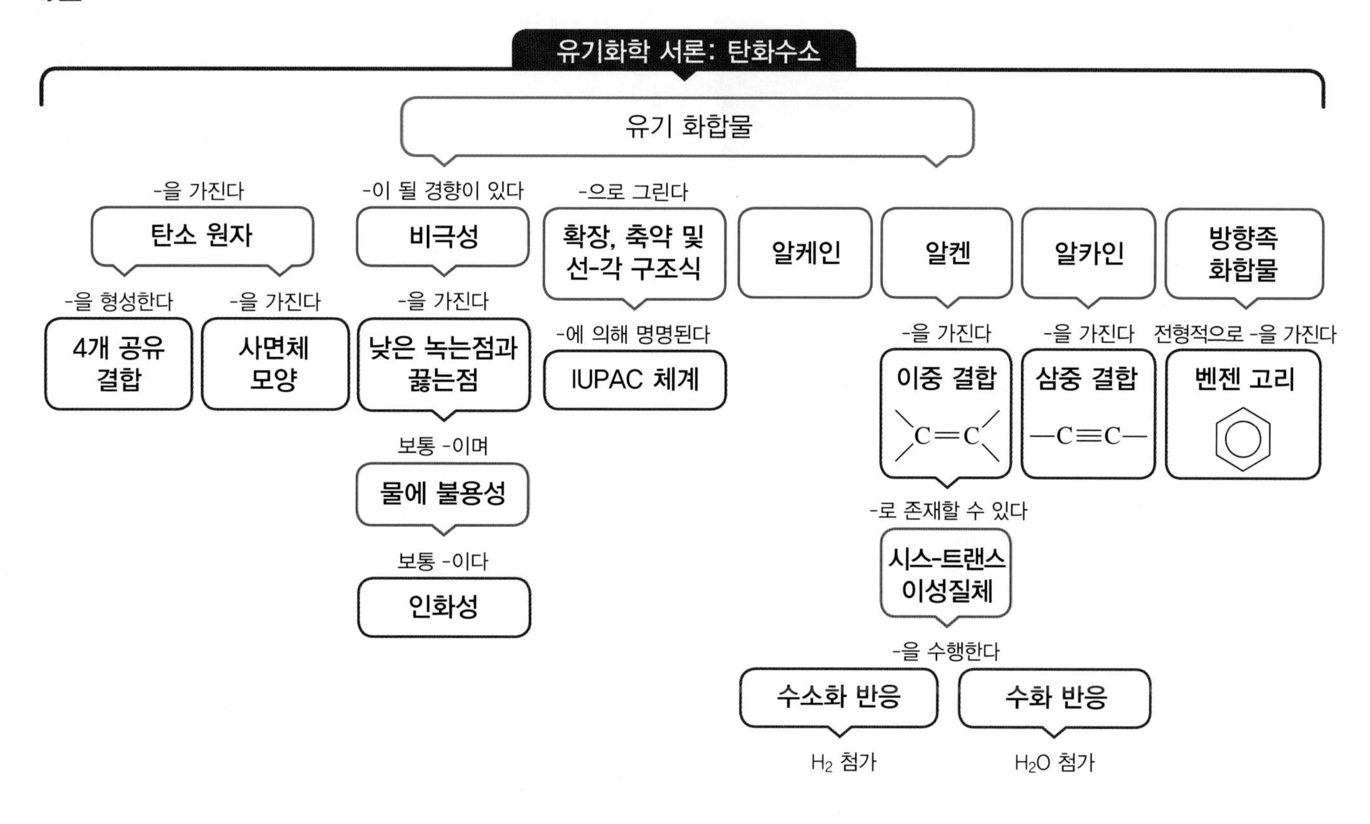

장 복습

11.1 유기 화합물

학습 목표 유기 또는 무기 화합물의 특징적인 성질을 확인한다.

- 유기 화합물은 공유 결합을 가지고, 대부분 비극성 분자를 형성한다. 녹는점과 끓는점이 낮고, 물에 잘 녹지 않으며, 용액에 분자 상태로 녹고, 공기 중에서 격렬히 연소한다.
- 무기 화합물은 종종 이온성이거나 극성 공유 결합을 가지고, 극성 분자를 형성한다. 녹는점과 끓는점이 높고, 보통 물에 잘 녹으며, 물에서 이온을 생성하고, 공기 중에서 연소하지 않는다.
- 가장 간단한 유기 화합물인 메테인(CH_4)에서 탄소 원자에 4개의 수소 원자가 붙어 있는 C—H 결합은 결합각이 109°인 사면체의 꼭짓점을 향한다.
- 확장 구조식에서 분리된 선은 모든 결합에 대하여 그린다.

11.2 알케인

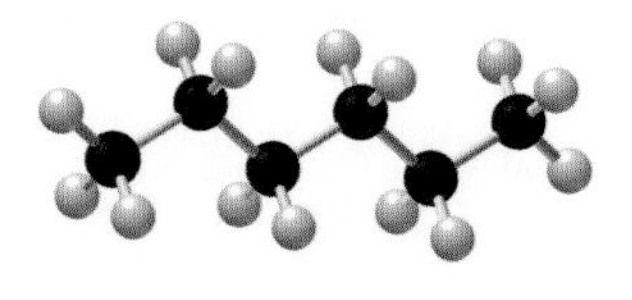

학습 목표 알케인과 사이클로알케인의 IUPAC 이름을 쓰고, 축약 구조식 또는 선-각 구조식을 그린다.

- 알케인은 C—C 단일 결합만을 가지는 탄화수소이다.
- 축약 구조식은 각 탄소 원자와 그 탄소 원자에 붙어 있는 수소 원자로 구성된 기(group)를 기술한다.
- 선-각 구조식은 탄소 골격을 기하학적 그림 또는 지그재그 선의 끝과 꺾인 부분으로 나타낸다.
- IUPAC 체계는 탄소 원자의 수를 표시하여 유기 화합물을 명명하는 데 사용된다.
- 사이클로알케인의 이름은 동일한 수의 탄소 원자를 가진 알케인의 이름 앞에 접두사 **사이클로**-(cyclo-)를 붙여 쓴다.

11.3 치환기를 가진 알케인

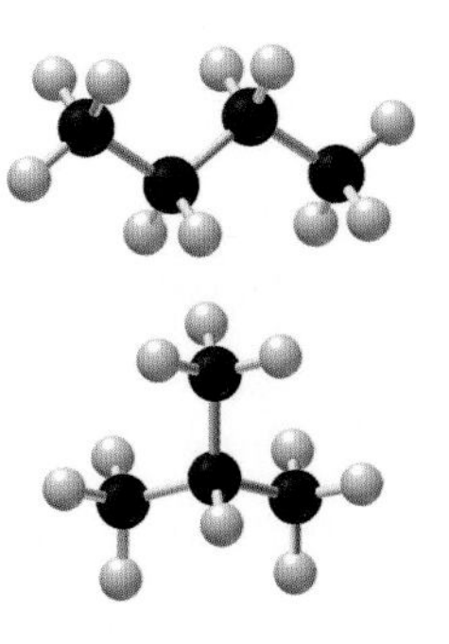

학습 목표 치환기를 가진 알케인의 IUPAC 이름을 쓰고, 축약 구조식 또는 선-각 구조식을 그린다.

- 구조 이성질체는 분자식은 같지만 원자들이 결합된 순서가 다른 화합물이다.
- 알케인 사슬에 붙어 있는 치환기는 알킬기와 할로젠 원자(F, Cl, Br, 또는 I)들을 포함한다.
- IUPAC 체계에서 알킬 치환기는 메틸, 에틸, 프로필 및 아이소프로필과 같은 이름을 가진다. 할로젠 원자들은 플루오로, 클로

로, 브로모 또는 아이오도로 명명된다.

11.4 알케인의 성질

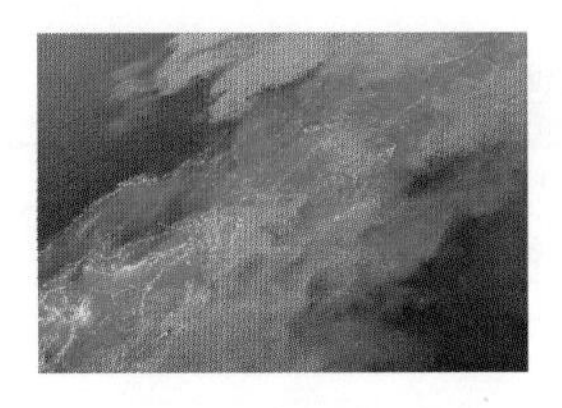

학습 목표 알케인의 성질을 확인하고 연소의 완결된 화학 반응식을 쓴다.

- 비극성 분자인 알케인은 물에 녹지 않고, 보통 물보다 밀도가 작다.
- 알케인은 산소와 반응하여 이산화 탄소와 물, 에너지를 생성하는 연소 반응을 수행한다.

11.5 알켄과 알카인

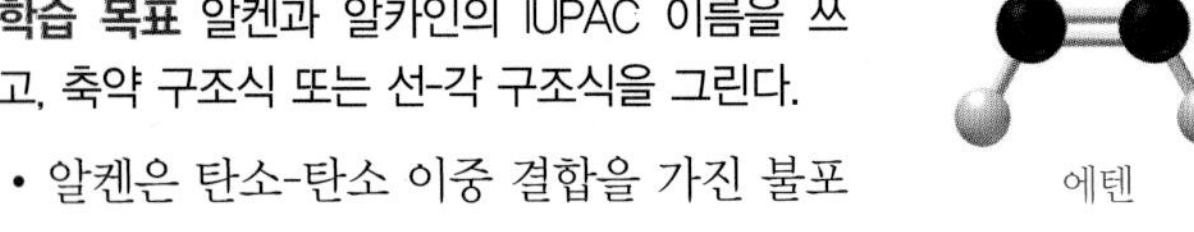

에텐

학습 목표 알켄과 알카인의 IUPAC 이름을 쓰고, 축약 구조식 또는 선-각 구조식을 그린다.

- 알켄은 탄소-탄소 이중 결합을 가진 불포화 탄화수소이다.
- 알카인은 탄소-탄소 삼중 결합을 가진다.
- 알켄의 IUPAC 이름은 **-엔**(-ene)으로 끝나는 반면, 알카인의 이름은 **-아인**(-yne)으로 끝난다. 주사슬은 이중 또는 삼중 결합과 가까운 끝에서부터 번호가 부여된다.

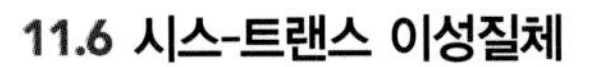

11.6 시스-트랜스 이성질체

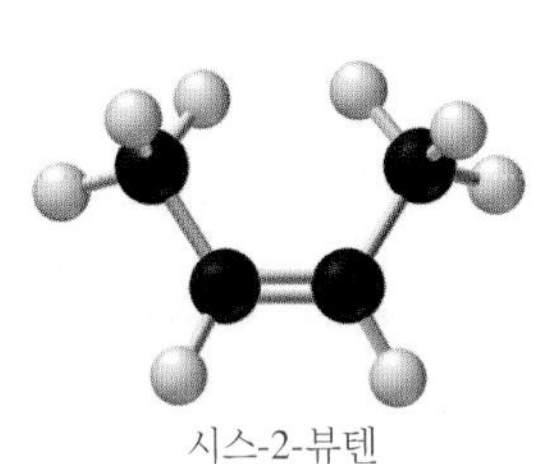

시스-2-뷰텐

학습 목표 축약 구조식을 그리고 알켄의 시스-트랜스 이성질체의 이름을 제시한다.

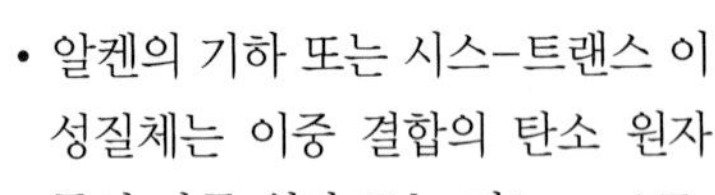

- 알켄의 기하 또는 시스-트랜스 이성질체는 이중 결합의 탄소 원자들이 다른 원자 또는 기(group)로 연결될 때 나타난다.

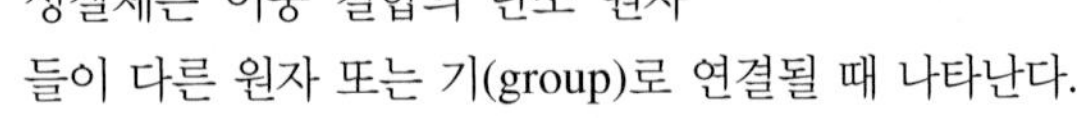

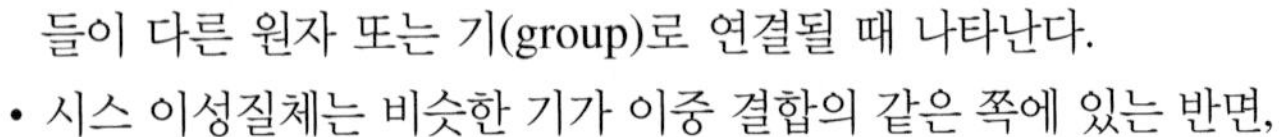

- 시스 이성질체는 비슷한 기가 이중 결합의 같은 쪽에 있는 반면, 트랜스 이성질체에서는 이중 결합의 반대쪽에 연결되어 있다.

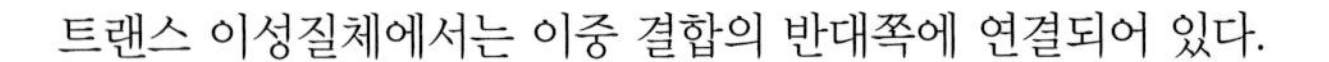

11.7 알켄에 대한 첨가 반응

학습 목표 알켄 첨가 반응의 유기 생성물의 축약 구조식과 선-각 구조식을 그리고, 이름을 제시한다.

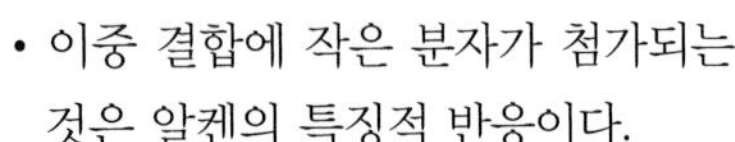

- 이중 결합에 작은 분자가 첨가되는 것은 알켄의 특징적 반응이다.

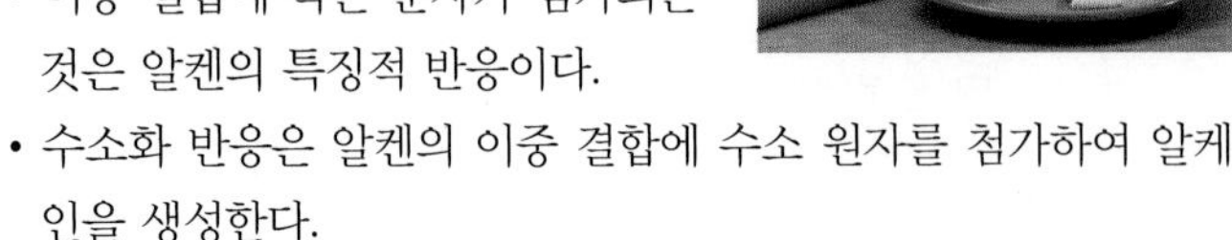

- 수소화 반응은 알켄의 이중 결합에 수소 원자를 첨가하여 알케인을 생성한다.
- 수화 반응은 알켄의 이중 결합에 물을 첨가하여 알코올을 생성한다.
- 이중 결합의 탄소에 붙어 있는 수소의 수가 다를 때, 물의 H는 이중 결합의 두 탄소 중 H 원자의 수가 더 많은 탄소에 첨가된다.

11.8 방향족 화합물

$$CH_3-\underset{}{CH}(CH_3)-CH_2-C_6H_4-CH(CH_3)-C(=O)-OH$$

이부프로펜

학습 목표 벤젠의 결합을 기술하고, 방향족의 명명 및 선-각 구조식을 그린다.

- 대부분의 방향족 화합물은 6개의 탄소와 6개의 수소 원자를 가진 고리 구조의 벤젠(C_6H_6)을 가진다.
- 벤젠의 구조는 중앙에 원이 있는 육각형으로 나타낸다.
- 방향족 화합물은 톨루엔, 아닐린, 페놀과 같은 이름은 유지하지만, IUPAC 이름인 벤젠을 이용하여 명명된다.

명명법 요약

족	구조	IUPAC 이름	관용명
알케인	$CH_3-CH_2-CH_3$	프로페인	
	$CH_3-CH(CH_3)-CH_2-CH_3$	2-메틸뷰테인	
할로알케인	$CH_3-CH_2-CH_2-Cl$	1-클로로프로페인	
사이클로알케인	(육각형 고리)	사이클로헥세인	
알켄	$CH_3-CH=CH_2$	프로펜	프로필렌
사이클로알켄	(삼각형 고리, 이중 결합)	사이클로프로펜	
알카인	$CH_3-C\equiv CH$	프로파인	
방향족	(메틸기가 붙은 벤젠 고리)	톨루엔	

반응의 요약

복습할 장의 절은 각 반응의 이름 뒤에 나타내었다.

연소 반응(11.4)

$$\underset{\text{프로페인}}{CH_3-CH_2-CH_3} + 5O_2 \xrightarrow{\Delta} 3CO_2 + 4H_2O + \text{에너지}$$

수소화 반응(11.7)

$$\underset{\text{프로펜}}{H_2C=CH-CH_3} + H_2 \xrightarrow{Pt} \underset{\text{프로페인}}{CH_3-CH_2-CH_3}$$

수화 반응(11.7)

$$\underset{\text{프로펜}}{H_2C=CH-CH_3} + H_2O \xrightarrow{H^+} \underset{\text{2-프로판올}}{CH_3-\overset{OH}{\overset{|}{C}H}-CH_3}$$

주요 용어

첨가 반응 원자 또는 원자단이 탄소–탄소 이중 결합에 결합하는 반응으로, 첨가 반응은 수소(수소화 반응)와 물(수화 반응)의 첨가를 포함한다.

알케인 탄소 원자들 사이에 단일 결합만을 가진 탄화수소

알켄 1개 이상의 탄소–탄소 이중 결합(C=C)을 가진 탄화수소

알킬기 하나의 수소 원자가 빠진 알케인. 알킬기는 어미를 -에인(-ane)에서 -일(-yl)로 대체하는 것을 제외하고 알케인과 동일하게 명명한다.

알카인 1개 이상의 탄소–탄소 삼중 결합(C≡C)을 가진 탄화수소

방향족 화합물 벤젠의 고리 구조를 가진 화합물

벤젠 각 탄소 원자가 1개의 수소 원자와 붙어 있는 6개의 탄소 원자 고리로 C_6H_6이다.

시스 이성질체 이중 결합의 비슷한 기가 같은 쪽에 있는 알켄의 이성질체

축약 구조식 분자 내 탄소 원자들의 배열을 보여주지만 $-CH_3$, $-CH_2-$, 또는 $-\overset{|}{C}H-$와 같이 각 탄소 원자를 결합된 수소 원자들과 집단으로 보여주는 구조식

사이클로알케인 고리 구조를 가진 알케인

확장 구조식 탄화수소의 개별적인 결합을 그림으로써 원자들의 배열을 보여주는 구조식의 한 종류

수화 반응 물의 성분인 H—와 —OH가 탄소–탄소 이중 결합에 결합하여 알코올을 형성하는 첨가 반응

탄화수소 탄소와 수소만을 가진 유기 화합물

수소화 반응 수소(H_2)가 알켄의 이중 결합에 첨가되어 알케인을 생성하는 첨가 반응

IUPAC 체계 국제 순수 및 응용화학연합에 의해 고안된 유기 화합물 명명 체계

선-각 구조식 탄소 원자를 각 선의 끝과 꺾인 부분으로 나타낸 지그재그 선

유기 화합물 전형적으로 공유 결합을 가지는 탄소로 만들어진 화합물이다. 비극성이고, 녹는점과 끓는점이 낮으며, 물에 불용성이고, 인화성이 있다.

구조 이성질체 분자식은 같지만 원자의 배열이 다른 유기 화합물

치환기 주 탄소 사슬 또는 탄소 원자의 고리에 결합된 알킬기 또는 할로젠과 같은 원자의 집단

트랜스 이성질체 이중 결합의 비슷한 기가 반대쪽에 있는 알켄의 이성질체

핵심 화학 기법

각 핵심 화학 기법을 포함하는 장의 절은 각 주제 끝의 괄호 안에 표시하였다.

알케인의 명명과 그리기(11.2)

- 알케인인 에테인, 프로페인 및 뷰테인은 각각 2개, 3개 및 4개의 탄소 원자를 가지며, 일렬로 또는 **연속적인**(continuous) 사슬로 연결되어 있다.
- 사슬에 5개 이상의 탄소를 가진 알케인은 **펜트**(5), **헥스**(6), **헵트**(7), **옥트**(8), **노느**(9) 및 **데크**(10)의 접두사를 이용하여 명명한다.
- 축약 구조식에서 끝에 있는 탄소와 수소 원자는 $-CH_3$로, 중앙에 있는 탄소와 수소 원자는 $-CH_2-$로 쓴다.

예: **a.** $CH_3-CH_2-CH_2-CH_3$의 이름은 무엇인가?
b. 펜테인의 축약 구조식을 그려라.

해답: **a.** 4개의 탄소 사슬을 가진 알케인은 접두사 **뷰트**(but)와 **에인**(ane)이 따라와서 뷰테인이 된다.
b. 펜테인은 5개의 탄소 사슬을 가진 알케인이다. 끝에 있는 탄소 원자는 3개의 H 원자와 각각 붙어 있고, 중앙에 있는 탄소 원자는 2개의 H와 각각 붙어 있다.

$$CH_3-CH_2-CH_2-CH_2-CH_3$$

수소화 및 수화 반응에 대한 반응식 쓰기(11.7)

- 이중 결합에 작은 분자의 첨가는 알켄의 특징적인 반응이다.
- 수소화 반응은 알켄의 이중 결합에 수소 원자를 첨가하여 알케인을 형성하는 것이다.
- 수화 반응은 알켄의 이중 결합에 물을 첨가하여 알코올을 형성하는 것이다.
- 이중 결합의 탄소에 붙어 있는 수소 원자의 수가 다를 때, H_2O로부터 H—는 H 원자의 수가 많은 탄소 원자에 첨가되고, —OH는 이중 결합의 다른 탄소 원자에 첨가된다.

예: **a.** 2-메틸-2-뷰텐의 축약 구조식을 그려라.
b. 2-메틸-2-뷰텐의 수소화 반응 생성물에 대한 축약 구조식을 그려라.
c. 2-메틸-2-뷰텐의 수화 반응 생성물에 대한 축약 구조식을 그려라.

해답: **a.**

$$CH_3-\overset{\displaystyle CH_3}{\overset{|}{C}}=CH-CH_3$$

b. H_2가 이중 결합에 첨가되면, 생성물은 알케인이다.

$$CH_3-\overset{\displaystyle CH_3}{\overset{|}{CH}}-CH_2-CH_3$$

c. H_2O가 이중 결합에 첨가되면, 생성물은 —OH기를 가진 알코올이다. H_2O로부터 H—는 이중 결합의 더 많은 H 원자를 가지는 탄소 원자에 첨가된다.

$$CH_3-\underset{\displaystyle OH}{\underset{|}{\overset{\displaystyle CH_3}{\overset{|}{C}}}}-CH_2-CH_3$$

개념 이해 문제

복습할 장의 절은 각 문제 끝의 괄호 안에 나타내었다.

11.21 다음 물리적, 화학적 성질을 소금 대체물로 사용하는 염화 포타슘(KCl) 또는 점화기에서 사용되는 뷰테인(C_4H_{10})과 연결하라. (11.1)

a. −138°C에서 녹는다.
b. 공기 중에서 격렬하게 연소한다.
c. 770°C에서 녹는다.
d. 이온 결합을 가진다.
e. 실온에서 기체이다.

11.22 다음의 각 두 화합물이 구조 이성질체인지, 구조 이성질체가 아닌지 확인하라. (11.3)

a. [메틸사이클로펜테인 구조] 그리고 [사이클로헥세인 구조]

b. [선-각 구조] 그리고 [선-각 구조]

11.23 다음 선-각 구조식을 축약 구조식으로 변환하고, IUPAC 이름을 제시하라. (11.3)

a. [선-각 구조]

b. [선-각 구조, Cl, Cl]

추가 연습 문제

11.24 다음에 대하여 IUPAC 이름을 제시하라. (11.3)

a. $H_3C-CH_2-CH_2-OH$

b. $H_3C-CH_2-\underset{\displaystyle OH}{\underset{|}{CH}}-CH_2-CH_3$

c. 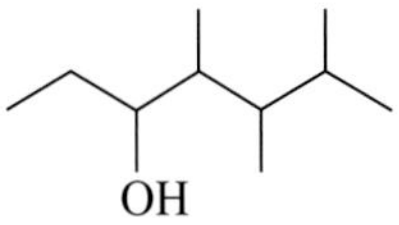 OH

d. 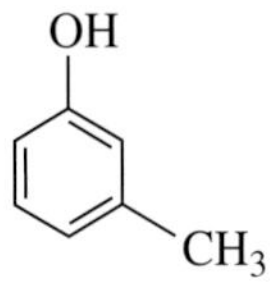 OH CH_3

11.25 다음에 대하여 IUPAC 이름(필요할 경우, 시스 또는 트랜스 포함)을 제시하라. (11.5, 11.6)

a. 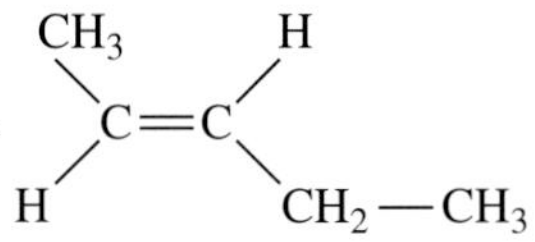 CH_3, H, C=C, H, $CH_2—CH_3$

b. 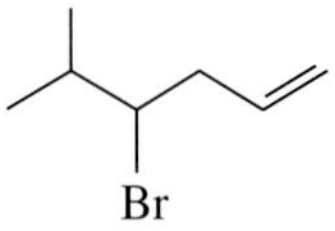 Br

c.

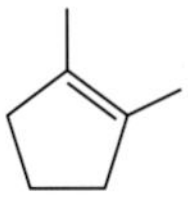

11.26 다음 두 구조에 대하여 구조 이성질체, 시스-트랜스 이성질체 또는 같은 분자인지를 확인하라. (11.5, 11.6)

a. 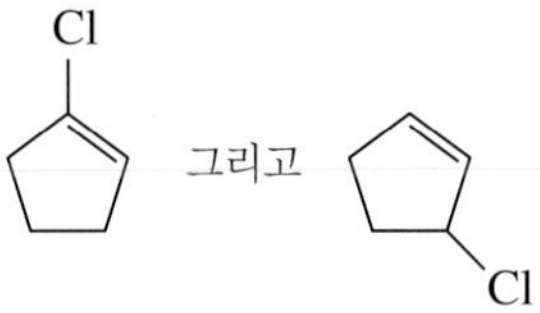 Cl 그리고 Cl

b. 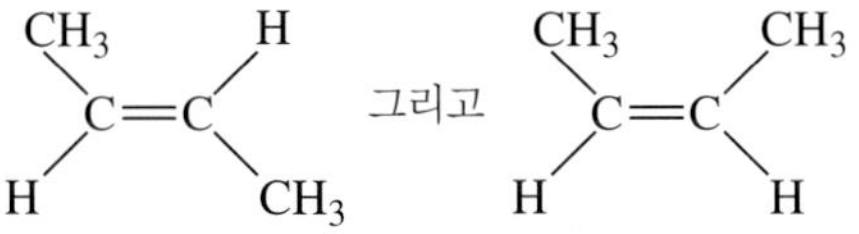 CH_3, H, C=C, H, CH_3 그리고 CH_3, CH_3, C=C, H, H

11.27 다음 방향족 화합물을 명명하라. (11.8)

a. 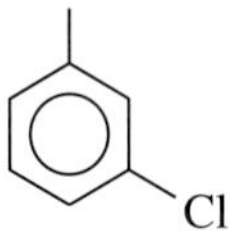 Cl

b.  NH_2 Br

11.28 다음에 대하여 축약 구조식 또는 고리 화합물일 경우, 선-각 구조식을 그려라. (11.3, 11.5, 11.6)

a. 브로모사이클로프로페인

b. 1,1-다이브로모-2-펜타인

c. 시스-2-헵텐

11.29 다음에 대하여 시스와 트랜스 이성질체를 그려라. (11.6)

a. 2-펜텐 **b.** 3-헥센

11.30 다음에 대하여 선-각 구조식을 그려라. (11.8)

a. 에틸벤젠

b. 2,5-다이브로모페놀

c. 3-클로로아닐린

11.31 다음의 완전 연소 반응에 대한 완결된 화학 반응식을 써라. (11.4)

a. 2,2-다이메틸프로페인

b. 사이클로뷰테인

c. 2-헥센

11.32 다음의 수소화 반응으로부터 생성물의 이름을 제시하라. (11.7)

a. 3-메틸-2-펜텐

b. 사이클로헥센

c. 프로펜

11.33 다음의 생성물에 대하여 축약 구조식 또는 선-각 구조식을 그려라. (11.7)

a. 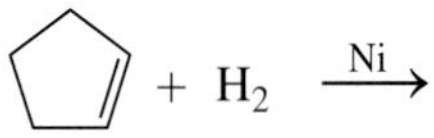 $+ H_2 \xrightarrow{Ni}$

b. 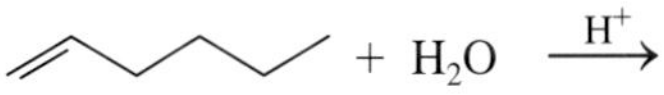 $+ H_2O \xrightarrow{H^+}$

도전 문제

다음 문제들은 이 장의 주제와 연관되어 있다. 그러나 장의 순서를 따르지 않으며, 여러 절의 개념과 기법을 종합할 것을 요구한다. 이러한 문제들은 여러분의 비판적 사고 능력을 향상시키고 다음 시험을 준비하는 것을 도와줄 것이다.

11.34 휘발유의 성분인 펜테인의 밀도는 0.63 g/mL이다. 펜테인의 연소열은 845 kcal/몰이다. (7.2, 7.4, 7.7, 7.8, 8.6, 11.2, 11.4)

a. 펜테인의 완전 연소에 대한 완결된 화학 반응식을 써라. 이 반응은 흡열인가, 발열인가?

b. 1몰의 펜테인 연소로 생성되는 물의 몰수는 얼마인가?

c. 10몰의 펜테인이 연소될 때 생성되는 열은 얼마인가?

d. 10몰의 펜테인의 완전 연소에서 생성되는 CO_2는 몇 몰인가?

11.35 총 6개의 탄소 원자와 4개의 탄소 사슬을 가지는 가능한 모든 알케인 이성질체에 대하여 축약 구조식을 그려라. (11.3)

11.36 프로페인 화합물을 고려하라. (7.4, 7.7, 11.2, 11.4)

a. 프로페인의 축약 구조식을 그려라.

b. 프로페인의 완전 연소에 대한 완결된 화학 반응식을 써라.

c. STP에서 12.0 L의 프로페인과 반응하기 위해 필요한 O_2는 몇 g인가?

d. c에서 생성된 CO_2는 몇 g인가?

11.37 광산에서 사용되는 폭발물은 TNT 혹은 트라이나이트로톨루엔이 포함되어 있다. (11.8)

폭발물의 TNT는 광산에서 사용된다.

a. 작용기인 나이트로가 $—NO_2$라고 할 때, TNT의 이성질체 중 하나인 2,4,6-트라이나이트로톨루엔의 선-각 구조식을 그려라.

b. TNT는 실제로 트라이나이트로톨루엔 이성질체 혼합물이다. 가능한 다른 2개의 이성질체에 대한 선-각 구조식을 그려라.

연습 문제 해답

11.1 **a.** 무기 **b.** 유기 **c.** 유기 **d.** 무기 **e.** 유기 **f.** 무기

11.2 **a.** 무기 **b.** 둘 모두 **c.** 유기 **d.** 무기

11.3 **a.** KBr **b.** 프로페인 **c.** KBr **d.** 프로페인

11.4 **a.** 펜테인 **b.** 사이클로펜테인 **c.** 프로페인 **d.** 옥테인

11.5 **a.** $H_3C—CH_2—CH_2—CH_3$ **b.** (육각형)

c. $H_3C—CH_2—CH_2—CH_2—CH_2—CH_2—CH_2—CH_2—CH_3$

d. $H_3C—CH_3$

11.6 **a.** 구조 이성질체 **b.** 같은 분자 **c.** 구조 이성질체

11.7 **a.** 2,2-다이메틸펜테인

b. 3,4,6-트라이메틸노네인

c. 3,3,5-트라이메틸헵테인

d. 메틸사이클로펜테인

11.8 **a.** $H_3C—HC(CH_3)—CH(CH_3)—CH_3$

b. $H_3C—C(CH_3)_2—CH_3$

c. $H_3C—CH_2—HC(CH_2—CH_3)—CH(CH_3)—CH(CH_3)—CH_3$

d. $H_3C—HC(Cl)—CH_2—CH(Br)—CH_3$

11.9 **a.** $H_3C—CH_2—CH_2—CH(CH_3)—CH_2—CH_3$

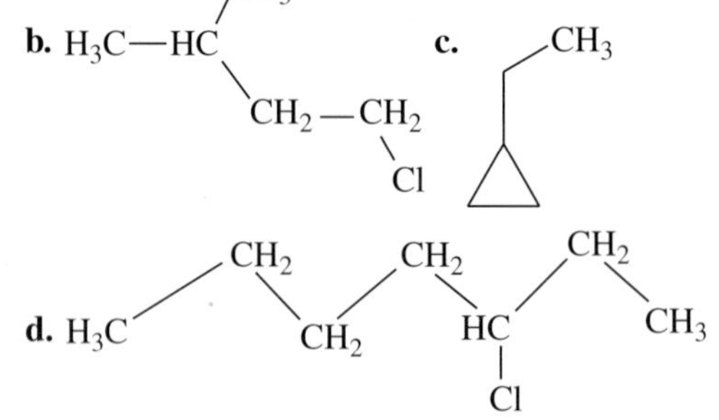

b. $H_3C—HC(CH_3)—CH_2—CH_2—Cl$ **c.** (에틸사이클로프로페인: 사이클로프로페인 고리에 $—CH_2—CH_3$)

d. $H_3C—CH_2—CH_2—CH_2—HC(Cl)—CH_2—CH_3$

11.10 **a.** $CH_3—CH_2—CH_2—CH_2—CH_2—CH_2—CH_3$

b. 액체 **c.** 아니오 **d.** 뜬다

e. $C_7H_{16} + 11O_2 \xrightarrow{\Delta} 7CO_2 + 8H_2O$ + 에너지

11.11 **a.** $2C_2H_6 + 7O_2 \xrightarrow{\Delta} 4CO_2 + 6H_2O$ + 에너지

b. $2C_3H_6 + 9O_2 \xrightarrow{\Delta} 6CO_2 + 6H_2O$ + 에너지

c. $2C_8H_{18} + 25O_2 \xrightarrow{\Delta} 16CO_2 + 18H_2O$ + 에너지

11.12 **a.** 알켄 **b.** 알카인
c. 사이클로알켄 **d.** 알카인

11.13 **a.** 프로파인
b. 3,3-다이메틸뷰트-1-엔
c. 4-에틸사이클로펜트-1-엔
d. 2,5,6-트라이메틸헵트-3-엔

11.14 **a.** $H_3C-CH_2-CH_2-CH_2-CH=CH_2$

b. $H_3C-CH(CH_3)-C\equiv C-CH_3$

c. $Br-H_2C-CH_2-CH=CH_2$

d.

11.15 **a.** 시스-3-헵텐 **b.** 트랜스-3-옥텐 **c.** 프로펜

11.16 **a.** $(H_3C)(Br)C=C(Cl)(CH_3)$

b. $H_3C-CH_2-CH_2-CH=CH-CH_2-CH_3$ (H, H)

c. $H_3C-CH_2-CH=CH-CH_3$ (H, H)

11.17 **a.** $CH_3-CH_2-CH_2-CH_2-CH_3$

b. $CH_3-C(CH_3)(OH)-CH_2-CH_3$

c.

d. OH

11.18 **a.** 3,4-다이클로로톨루엔 **b.** 4-브로모아닐린
c. 3,5-다이메틸페놀

11.19 **a.** OH **b.** Cl, Cl

c.

11.20 **a.** $2C_8H_{18} + 25O_2 \xrightarrow{\Delta} 16CO_2 + 18H_2O +$ 에너지
b. $C_5H_{12} + 8O_2 \xrightarrow{\Delta} 5CO_2 + 6H_2O +$ 에너지
c. $C_9H_{12} + 12O_2 \xrightarrow{\Delta} 9CO_2 + 6H_2O +$ 에너지

11.21 **a.** 뷰테인 **b.** 뷰테인
c. 염화 포타슘 **d.** 염화 포타슘
e. 뷰테인

11.22 **a.** 구조 이성질체 **b.** 구조 이성질체 아님

11.23 **a.** $H_3C-CH(CH_3)-CH_2-CH_2-CH(CH_3)-CH_3$

2,5-다이메틸헥세인

b. $H_3C-CH(Cl)-CH(CH_2Cl)-CH_2-CH_2-CH_3$

2-클로로-3-(클로로메틸)헥세인

11.24 **a.** 1-프로판올
b. 3-펜탄올
c. 4,5,6-트라이메틸-3-헵탄올
d. 3-메틸페놀

11.25 **a.** 트랜스-2-펜텐 **b.** 4-브로모-5-메틸-1-헥센
c. 1-다이메틸사이클로펜텐

11.26 **a.** 구조 이성질체 **b.** 시스-트랜스 이성질체

11.27 **a.** 3-클로로톨루엔 **b.** 4-브로모아닐린

11.28 **a.** Br

b. $Br-CH(Br)-C\equiv C-CH_2-CH_3$

c. $CH_3-CH=CH-CH_2-CH_2-CH_2-CH_3$ (H, H)

11.29 **a.** $CH_3-CH=CH-CH_2-CH_3$ (H, H) 시스-2-펜텐

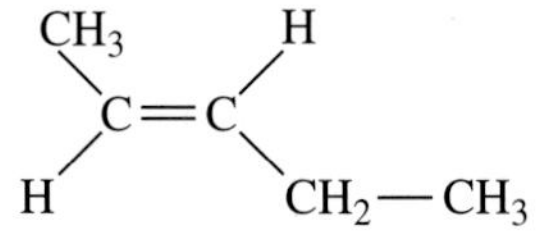

$$\begin{array}{c}CH_3 \quad\quad H \\ C{=}C \\ H \quad\quad CH_2{-}CH_3\end{array}$$ 트랜스-2-펜텐

b. 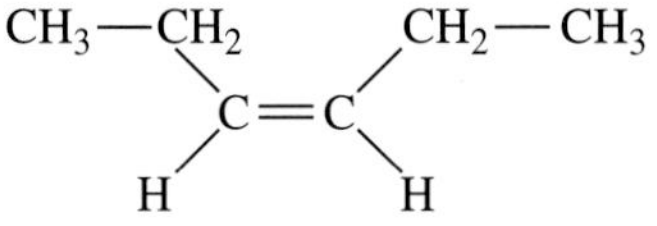 $$\begin{array}{c}CH_3{-}CH_2 \quad\quad CH_2{-}CH_3 \\ C{=}C \\ H \quad\quad H\end{array}$$ 시스-3-헥센

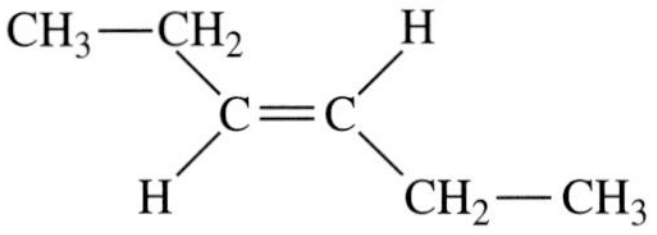

$$\begin{array}{c}CH_3{-}CH_2 \quad\quad H \\ C{=}C \\ H \quad\quad CH_2{-}CH_3\end{array}$$ 트랜스-3-헥센

11.30 **a.** 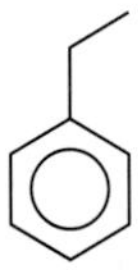 (ethylbenzene structure) **b.** 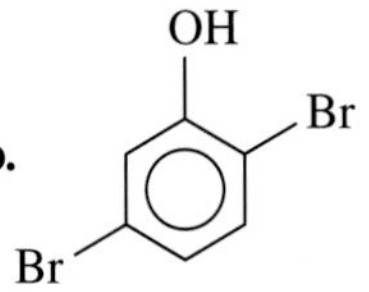 (OH, Br, Br substituted benzene structure) **c.** 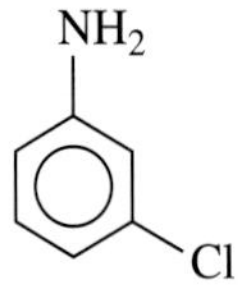 (NH_2, Cl substituted benzene structure)

11.31 **a.** $C_5H_{12} + 8O_2 \xrightarrow{\Delta} 5CO_2 + 6H_2O$ + 에너지
b. $C_4H_8 + 6O_2 \xrightarrow{\Delta} 4CO_2 + 4H_2O$ + 에너지
c. $C_6H_{12} + 9O_2 \xrightarrow{\Delta} 6CO_2 + 6H_2O$ + 에너지

11.32 **a.** 3-메틸펜테인 **b.** 사이클로헥세인
c. 프로페인

11.33 **a.**  (cyclopentane structure) **b.** 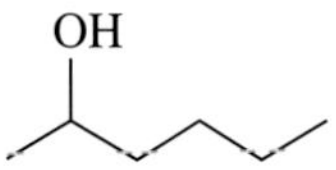 (OH-substituted carbon chain structure)

11.34 **a.** $C_5H_{12}(g) + 8O_2(g) \longrightarrow 5CO_2(g) + 6H_2O(g)$ + 에너지, 발열
b. 6.0몰
c. 8.45×10^3 kcal
d. 50몰 CO_2

11.35 $$CH_3{-}\underset{}{\overset{CH_3}{CH}}{-}\overset{CH_3}{CH}{-}CH_3 \qquad CH_3{-}\underset{CH_3}{\overset{CH_3}{C}}{-}CH_2{-}CH_3$$

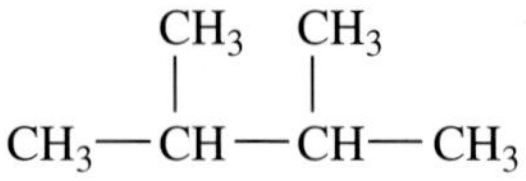

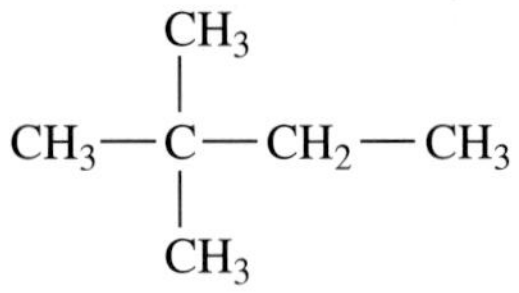

11.36 **a.** $CH_3{-}CH_2{-}CH_3$
b. $C_3H_8 + 5O_2 \xrightarrow{\Delta} 3CO_2 + 4H_2O$ + 에너지
c. 85.7 g O_2
d. 70.7 g CO_2

11.37 **a.** 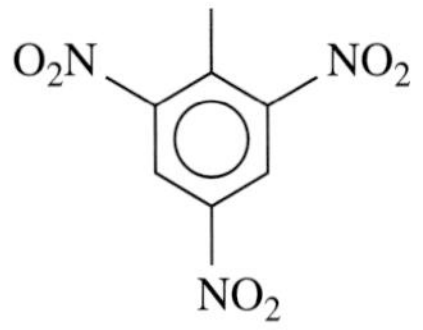 (methyl benzene with O_2N, NO_2, NO_2 substituents)
b. 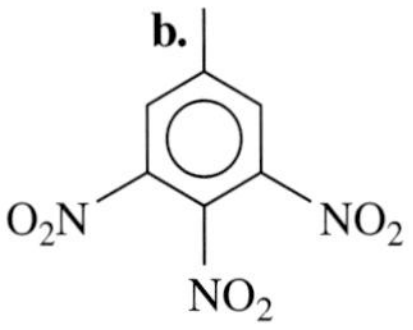 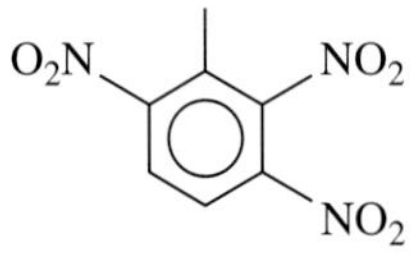 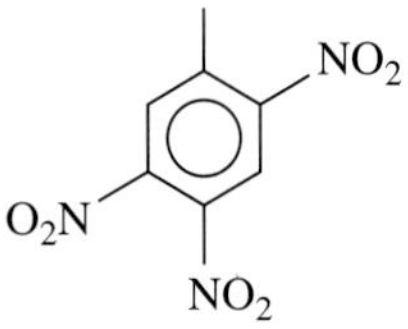 (five trinitrotoluene isomer structures with NO_2 / O_2N substituents)

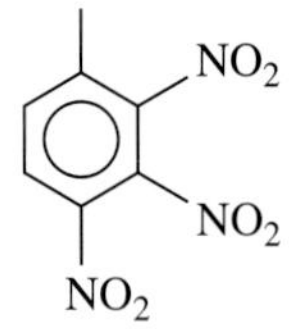

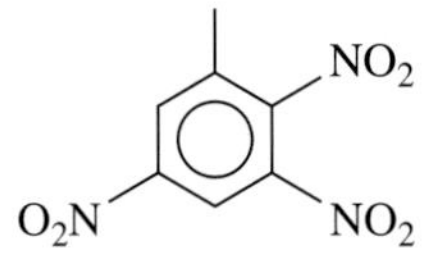

12 알코올, 싸이올, 에터, 알데하이드 및 케톤

최근 Diana는 자신의 팔에 있는 점의 모양이 변한 것에 주목하였다. 오랫동안 점은 밝은 갈색의 평평한 원형 모양이었다. 그러나 지난 몇 주 사이에 점은 불규칙한 경계를 가지고 크기가 커졌고, 색은 어두워졌다. 그녀는 피부과 의사에게 전화로 예약을 하였다. Diana는 피부과 간호사인 Margaret에게 태닝샵을 다니고 있으며, 전년도에 약 20번 정도 태닝을 했었다고 말하였다. 그녀는 야외에 나가는 것을 좋아하지만, 야외나 해안에 있을 때 항상 자외선 차단제를 바르지는 않는다. Diana는 악성 흑색종(malignant melanoma)에 대한 가족력은 없다고 말하였다.

흑색종에 대한 위험 요인에는 햇볕에 자주 노출되는 것, 어린 시절에 심한 햇볕에 의한 화상을 입는 것, 피부의 유형 및 가족력 등이 포함된다. Diana의 피부를 검사하는 동안, Margaret은 경계가 균일하지 않고, 색의 변화가 있으며, 크기의 변화가 있는 다른 의심스러운 점을 찾았다. Diana의 팔에 있는 점을 치료하기 위하여 Margaret은 해당 부위를 마비시키고, 피부 조직 시료를 제거하여 평가하기 위해 실험실로 보냈다. 결과는 악성 흑색종 세포의 존재를 의미하였기 때문에, 의사는 피하 지방을 포함한 점 전체를 절제하였다. 다행히도 점은 매우 크지 않아서 추가 치료는 필요하지 않았다. Margaret은 Diana에게 후속 피부 점검을 위해 6개월 후에 다시 방문할 것을 제안하였다.

다른 종류의 암과는 달리 흑색종의 발생 수가 증가하고 있다. 의사들은 이러한 변화가 보호되지 않은 채 태양에 노출되고, 태닝샵의 이용 증가, 질병에 대한 인식과 검출이 증가하였기 때문일 것으로 생각하고 있다.

관련 직업 피부과 간호사

피부과 간호사는 피부 상태의 치료, 수술 보조, 생체 검사와 절제, 처방전 기재, 피부 병소(lesion) 냉동, 피부암 환자 선별 등 피부과 전문의의 많은 업무들을 수행한다. 피부과 간호사가 되기 위해서는 먼저, 간호사 또는 의사 보조원이 되어야 하고, 그 후 피부학을 전공하여야 한다. 자격을 얻기 위하여, 등록 간호사(RN)는 최소 2000시간의 피부학의 업무 경험과 함께 추가로 2년의 피부과 경력이 있어야 하고, 시험을 통과하여야 한다. 고급 훈련(advanced training)은 대학 또는 대학교, 합동 보건 학교와 의학전문대 등을 통하여 수료할 수 있다.

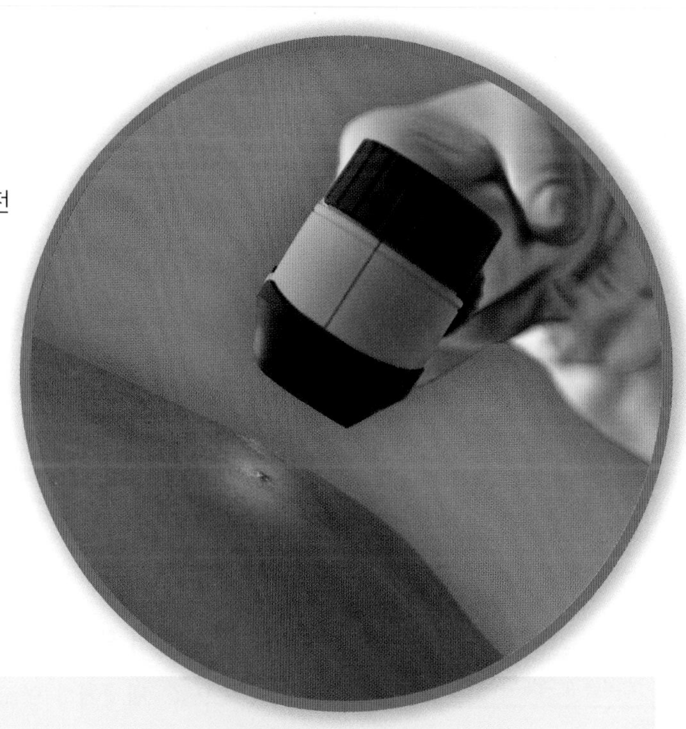

의학 최신 정보 Diana의 피부 보호 계획

이제 Diana는 야외에 있을 때마다, 모자와 긴 소매의 셔츠를 착용하고 자외선 차단제를 사용한다. 458쪽의 **의학 최신 정보** Diana의 피부 보호 계획에서 자외선 차단제의 종류를 볼 수 있고, 각각의 선-각 구조식에서 작용기의 종류도 확인할 수 있다.

차례

복습

알케인의 명명과 그리기(11.2)

핵심 화학 기법

작용기 확인

12.1 알코올, 페놀, 싸이올 및 에터

학습 목표 알코올, 페놀, 싸이올에 대한 IUPAC 이름과 관용명, 에터의 관용명을 쓴다. 축약 구조식 또는 선-각 구조식을 그린다.

하이드록실기(hydroxyl group)(—OH)를 가진 알코올은 자연에서 흔히 발견되며, 산업과 가정에서 사용된다. 수 세기 동안 알코올은 곡식, 채소, 과일을 발효하여 알코올 음료에 존재하는 에탄올을 생산하여 왔다. 하이드록실기는 콜레스테롤 및 에스트라다이올과 같은 스테로이드뿐 아니라 설탕, 녹말과 같은 생분자에도 중요하다. 페놀은 벤젠 고리에 붙어 있는 하이드록실기를 가진다. —SH기를 가진 싸이올은 마늘과 양파에 관련된 강한 냄새가 난다.

알코올(alcohol)에서 하이드록실기(—OH)는 탄화수소에서 수소 원자를 대체한다. 산소(O) 원자는 공-막대 모형에서 붉은색으로 표시된다(**그림** 12.1). **페놀**(phenol)에서 하이드록실기는 벤젠 고리에 붙어 있는 수소 원자를 대체한다. **싸이올**(thiol)은 공-막대 모형에서 연두색으로 표시되는 황 원자를 포함하고 있으며, 이는 —SH가 —OH를 대체하는 것을 제외하고 싸이올을 알코올과 유사하게 만든다. **에터**(ether)에서 작용기는 2개의 탄소 원자에 붙어 있는 산소 원자(—O—)로 구성된다. 알코올, 페놀, 싸이올 및 에터 분자는 산소 또는 황 원자의 주위는 물과 유사한 굽은 형이다.

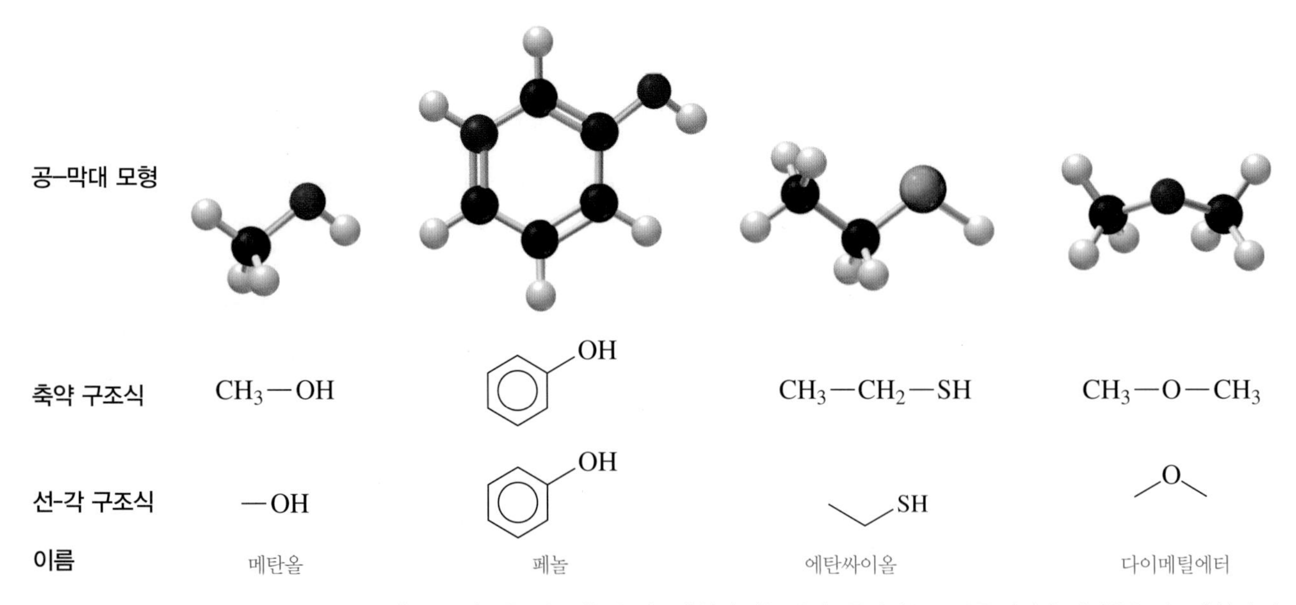

그림 12.1 알코올 또는 페놀은 탄소에 붙어 있는 하이드록실기(—OH)를 가진다. 싸이올은 탄소에 붙어 있는 싸이올기(—SH)를 가지며, 에터는 2개의 탄소기에 결합된 산소 원자(—O—)를 가진다.

Q 알코올은 싸이올과 어떻게 다른가?

핵심 화학 기법

알코올과 페놀의 명명

알코올의 명명

IUPAC 체계에서 알코올은 해당 알케인의 -**에인**(-ane) 대신 -**안올**(-anol)로 대체한다. 간단한 알코올의 관용명은 알킬기의 이름에 **알코올**(alcohol)을 붙인다.

$CH_3—H$	$CH_3—OH$	$CH_3—CH_2—H$	$CH_3—CH_2—OH$
메테인	메탄올 (메틸 알코올)	에테인	에탄올 (에틸 알코올)

1개 또는 2개의 탄소 원자를 가진 알코올은 하이드록실기의 위치를 나타내는 번호가 필요하지 않다. 알코올이 3개 이상의 탄소 원자를 가진 사슬로 구성될 때, 사슬은 —OH기와 사슬의 치환기의 위치를 나타내는 번호를 부여받는다.

$$\underset{3}{CH_3}-\underset{2}{CH_2}-\underset{1}{CH_2}-OH \qquad \underset{1}{CH_3}-\underset{2}{\overset{\overset{OH}{|}}{CH}}-\underset{3}{CH_3}$$

1-프로판올
(프로필 알코올)

2-프로판올
(아이소프로필 알코올)

또한 2-프로판올과 2-뷰탄올에 대하여 나타낸 것처럼 알코올에 대한 선-각 구조식을 그릴 수 있다.

2-프로판올 2-뷰탄올

고리형 알코올은 **사이클로알칸올**(cycloalkanol)과 같이 명명한다. 치환기가 있다면, 고리는 —OH기가 붙어 있는 탄소를 1번 탄소로 하여 번호를 부여한다. 고리에 치환기가 없는 화합물은 하이드록실기에 대한 번호가 필요하지 않다.

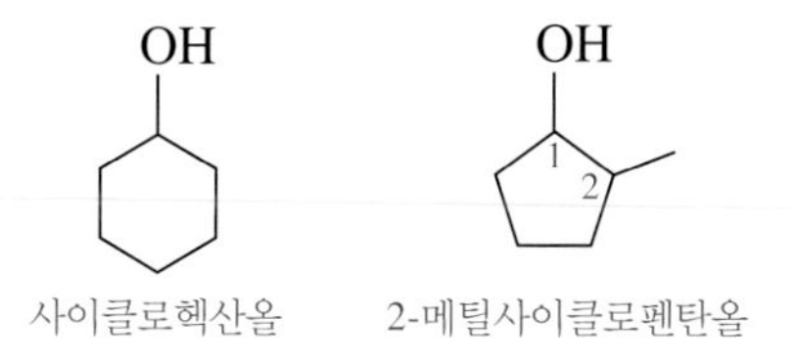

사이클로헥산올 2-메틸사이클로펜탄올

페놀의 명명

페놀(phenol)이라는 용어는 하이드록실기가 벤젠 고리에 결합되어 있을 때의 IUPAC 이름이다. 두 번째 치환기가 있을 때, 벤젠 고리는 —OH기가 결합된 탄소를 1번 탄소로 시작하여 번호를 부여한다.

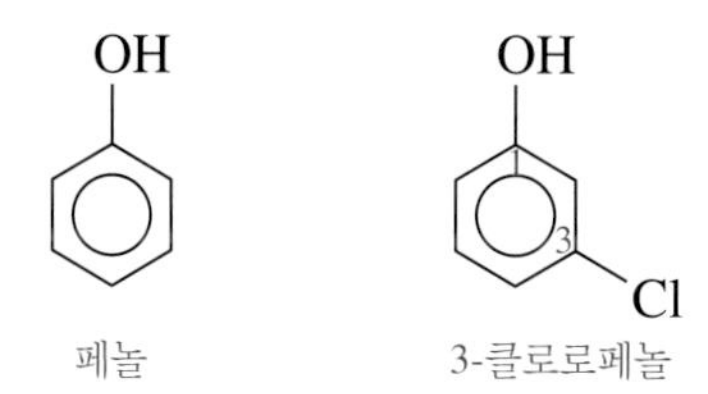

페놀 3-클로로페놀

생각해보기

2-헥산올, 페놀, 사이클로헥산올에 6개의 탄소가 있다면, 이 화합물들의 구조는 어떻게 다른가?

예제 12.1 **알코올의 명명**

문제

다음 화합물의 IUPAC 이름을 제시하라.

$$CH_3-\overset{\overset{CH_3}{|}}{CH}-CH_2-\overset{\overset{OH}{|}}{CH}-CH_3$$

풀이 지침

문제 분석	주어진 조건	필요한 사항	연계
	탄소 사슬 5개, 하이드록실기, 메틸기	IUPAC 이름	메틸과 하이드록실기의 위치, -에인 대신 -안올로 대체

1단계 **—OH기가 붙어 있는 가장 긴 탄소 사슬의 이름을 해당 알케인의 -에인을 -안올로 대체하여 명명하라.**

$$\begin{array}{ccccccccc} & & CH_3 & & & & OH & & \\ & & | & & & & | & & \\ CH_3 & — & CH & — & CH_2 & — & CH & — & CH_3 \end{array}$$ 펜탄올

2단계 **—OH기가 가까이 있는 끝에서 시작하여 사슬에 번호를 부여하라.** 탄소 사슬은 —OH기의 위치가 2번 탄소가 되도록 오른쪽에서 왼쪽으로 번호를 부여하여, 2-펜탄올이라는 이름의 접두사로 나타낸다.

$$\begin{array}{ccccccccc} & & CH_3 & & & & OH & & \\ & & | & & & & | & & \\ CH_3 & — & CH & — & CH_2 & — & CH & — & CH_3 \\ 5 & & 4 & & 3 & & 2 & & 1 \end{array}$$ 2-펜탄올

3단계 **—OH기와 비교하여 각 치환기의 이름과 위치를 제시하라.** 4번 탄소가 메틸기를 가지므로, 화합물은 4-메틸-2-펜탄올로 명명된다.

$$\begin{array}{ccccccccc} & & CH_3 & & & & OH & & \\ & & | & & & & | & & \\ CH_3 & — & CH & — & CH_2 & — & CH & — & CH_3 \\ 5 & & 4 & & 3 & & 2 & & 1 \end{array}$$ 4-메틸-2-펜탄올

유제 12.1

다음 화합물의 IUPAC 이름을 제시하라.

$$\begin{array}{ccccccccc} & & Cl & & & & & & \\ & & | & & & & & & \\ CH_3 & — & CH & — & CH_2 & — & CH_2 & — & OH \end{array}$$

해답

3-클로로-1-뷰탄올

예제 12.2 **페놀의 명명**

문제

다음 화합물의 IUPAC 이름을 제시하라.

(벤젠 고리에 OH와 Br이 이웃한 구조: OH, Br)

풀이 지침

	주어진 조건	필요한 사항	연계
문제 분석	벤젠 고리에 결합된 하이드록실기	IUPAC 이름	1번 탄소에 하이드록실기 위치, 브로모기

1단계 방향족 알코올을 페놀로 명명하라.

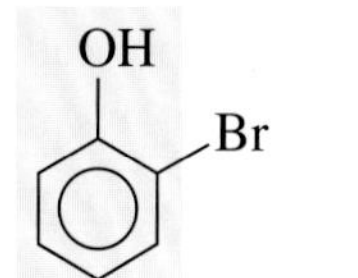

페놀

2단계 —OH기가 가까운 끝에서 시작하여 사슬에 번호를 부여하라. 페놀에서 —OH 기가 붙어 있는 탄소가 1번 탄소이다.

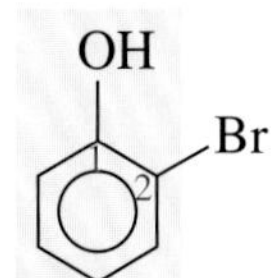

페놀

3단계 —OH기와 비교하여 각 치환기의 위치와 이름을 부여하라.

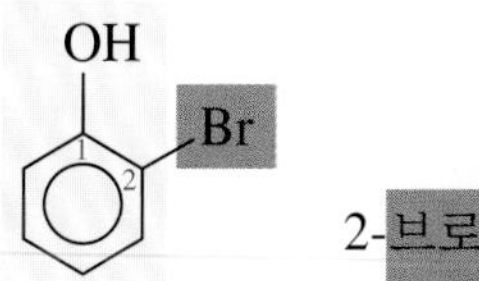

2-브로모페놀

유제 12.2

다음 화합물의 IUPAC 이름을 제시하라.

해답

4-브로모페놀

확인하기

연습 문제 12.1과 12.2를 풀어보기

화학과 보건
일부 중요한 알코올과 페놀

가장 간단한 알코올인 **메탄올**(메틸 알코올)은 많은 용매와 페인트 제거제에서 발견된다. 섭취할 경우, 메탄올이 폼알데하이드로 산화되어 두통, 실명 및 사망에 이를 수 있다. 메탄올은 플라스틱, 의약품, 연료를 만드는 데 사용된다. 자동차 경주에서는 휘발유보다 인화성이 낮고, 옥테인가(octane rating)가 더 높기 때문에 연료로 사용된다.

에탄올(에틸 알코올)은 선사시대 이래로 곡물, 설탕, 녹말의 발효에 의한 취하게 하는 생성물로 알려져 있다.

$$\underset{\text{글루코스}}{C_6H_{12}O_6} \xrightarrow{\text{발효}} \underset{\text{에탄올}}{2CH_3-CH_2-OH} + 2CO_2$$

오늘날 상업용 에탄올은 고온, 고압하에서 에텐과 물을 반응시켜 생산된다. 에탄올은 향수, 바니시 및 아이오딘 팅크(tincture of iodine)와 같은 일부 의약품의 용매로 사용된다. 대체 연료에 대한 최근의 관심 때문에 옥수수, 밀, 쌀과 같은 곡물로부터 설탕 발효에 의한 에탄올 생산이 증가하고 있다. '가스홀(gasohol)'은 연료로 사용되는 에탄올과 휘발유의 혼합물이다.

$$\underset{\text{에텐}}{H_2C{=}CH_2} + H_2O \xrightarrow{300^\circ C,\ 200\ atm,\ H^+} \underset{\text{에탄올}}{CH_3{-}CH_2{-}OH}$$

1,2-에탄다이올(1,2-ethanediol)(에틸렌 글라이콜)은 냉난방 시스템의 부동액으로 사용된다. 또한 페인트, 잉크, 플라스틱의 용매이며, Dacron과 같은 합성 섬유를 생산하는 데 사용된다. 섭취할 경우, 매우 독성이 높다. 체내에서 옥살산으로 산화되어 신장의 불용성 염을 형성하여 신장 손상, 경련, 사망에 이를 수 있다. 달콤한 맛이 애완동물과 어린이들에게 매력적이기 때문에, 에틸렌 글라이콜 용액은 주의 깊게 보관하여야 한다.

$$\underset{\substack{\text{1,2-에탄다이올}\\\text{(에틸렌 글라이콜)}}}{HO{-}CH_2\quad CH_2{-}OH} \xrightarrow{[O]} \underset{\text{옥살산}}{HO{-}\overset{\overset{O}{\|}}{C}{-}\overset{\overset{O}{\|}}{C}{-}OH}$$

3개의 하이드록실기를 가진 알코올인 **1,2,3-프로판트라이올**(글리세롤 또는 글리세린)은 비누를 생산하는 과정에서 기름과 지방으로부터 얻을 수 있는 점도 높은 액체이다. 여러 개의 극성 —OH기가 존재하기 때문에 물에 강하게 끌리며, 이것은 피부 로션, 화장품, 면도 크림, 액체 비누와 같은 제품에서 피부 연화제로 유용하게 하는 특성이다.

$$\underset{\substack{\text{1,2,3-프로판트라이올}\\\text{(글리세롤)}}}{HO{-}CH_2{-}\overset{\overset{OH}{|}}{CH}{-}CH_2{-}OH}$$

비스페놀 A(bisphenol A, BPA)는 젖병을 포함한 음료수 병 생산에 사용되는 투명한 플라스틱인 폴리카보네이트(polycarbonate)를 만드는 데 사용된다. 폴리카보네이트 병을 특정 세제나 고온에서 세척하면 고분자를 교란시켜 소량의 BPA가 병으로부터 침출된다. BPA는 에스트로젠(estrogen)과 유사해, 낮은 수준의 BPA에 의한 유해한 영향에 대한 우려가 있었다. 2008년 캐나다는 폴리카보네이트를 젖병으로 사용하는 것을 금지하였고, 현재는 'BPA 없음'이라는 라벨을 붙이고 있다.

$$HO{-}C_6H_4{-}\overset{\overset{CH_3}{|}}{\underset{\underset{CH_3}{|}}{C}}{-}C_6H_4{-}OH$$

비스페놀 A(BPA)

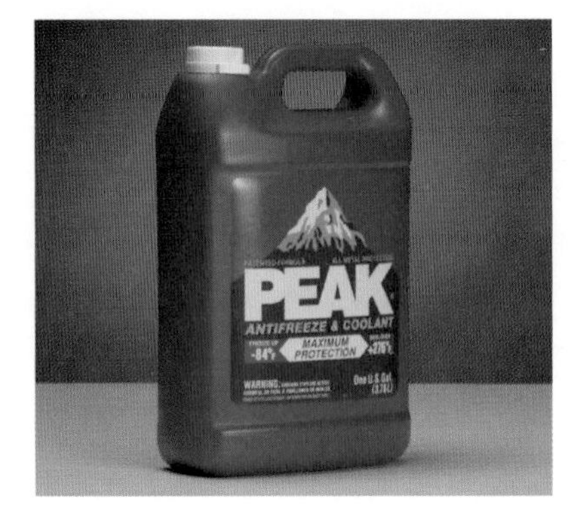

부동액(에틸렌 글라이콜)은 라디에이터 물의 끓는점을 높이고, 어는점을 낮춘다.

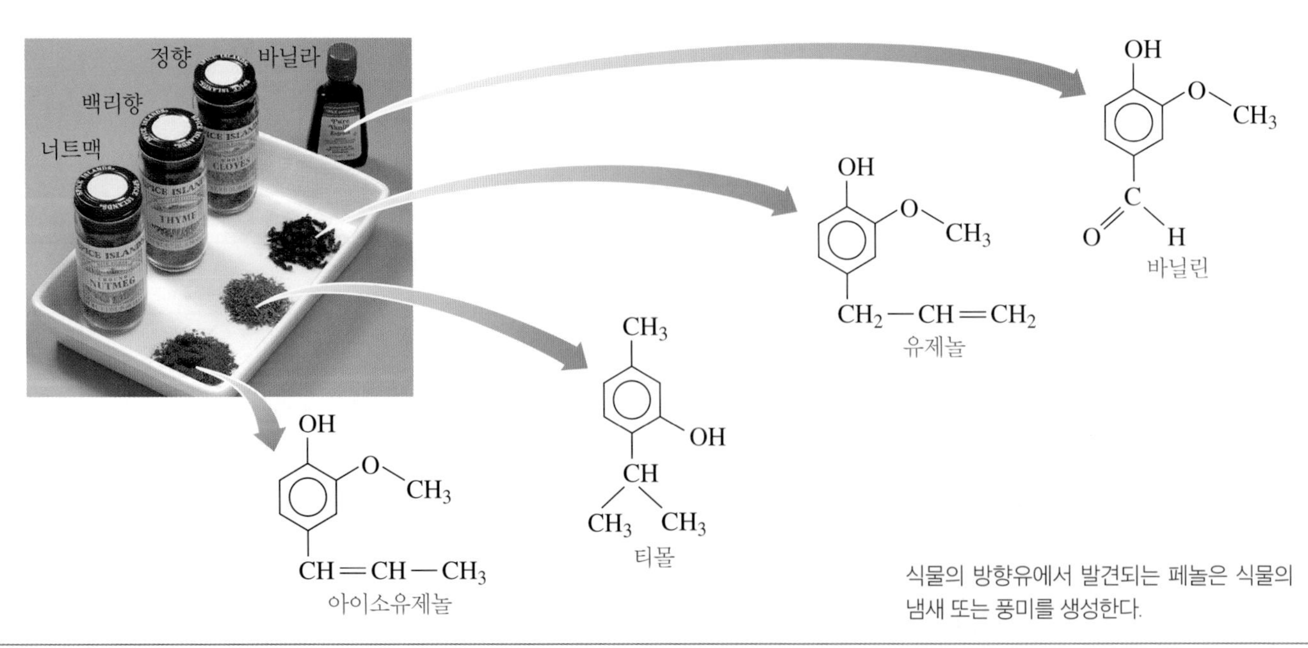

식물의 방향유에서 발견되는 페놀은 식물의 냄새 또는 풍미를 생성한다.

싸이올

싸이올은 **싸이올**기(—SH)를 가진 황-함유 유기 화합물 족이다. IUPAC 체계에서 싸이올은 가장 긴 탄소 사슬의 알케인 이름에 싸이올을 더하여 명명하고, —SH기에 가까운 끝에서부터 탄소 사슬에 번호를 부여한다.

스컹크의 분출물에는 싸이올의 혼합물이 있다.

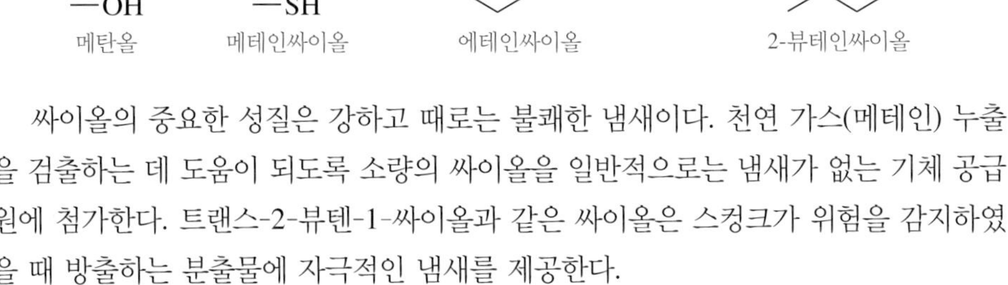

싸이올의 중요한 성질은 강하고 때로는 불쾌한 냄새이다. 천연 가스(메테인) 누출을 검출하는 데 도움이 되도록 소량의 싸이올을 일반적으로는 냄새가 없는 기체 공급원에 첨가한다. 트랜스-2-뷰텐-1-싸이올과 같은 싸이올은 스컹크가 위험을 감지하였을 때 방출하는 분출물에 자극적인 냄새를 제공한다.

$$\begin{array}{ccc} CH_3 & & H \\ & C=C & \\ H & & CH_2—SH \end{array}$$

트랜스-2-뷰텐-1-싸이올
(스컹크 분출물 성분)

메테인싸이올은 굴, 체다 치즈, 양파, 마늘의 특징적인 냄새이다. 마늘은 2-프로펜-1-싸이올도 함유하고 있다. 양파의 냄새는 1-프로페인싸이올 때문인데, 이것은 눈물을 흘리게 하는 물질인 최루 물질이다.

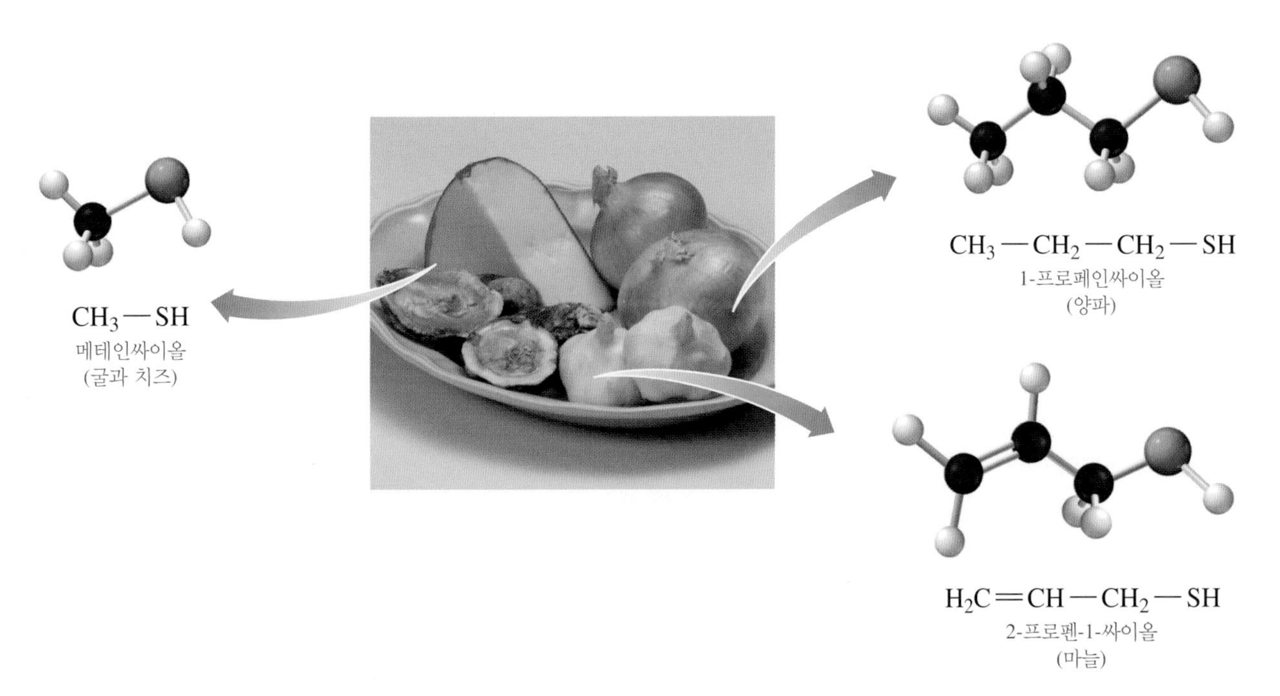

싸이올은 강한 냄새를 가지는 황-함유 화합물이다.

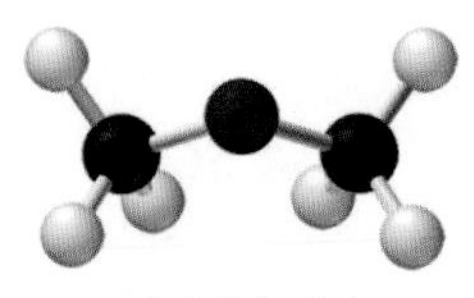

다이메틸 에터

생각해보기

에터의 작용기는 알코올의 작용기와 어떻게 다른가?

확인하기

연습 문제 12.3과 12.4를 풀어보기

에터

에터는 알킬기 또는 방향족기인 2개의 탄소기에 단일 결합으로 붙어 있는 산소 원자를 가지고 있다. 에터는 물, 알코올과 같은 굽은 구조이다.

에터의 명명

대부분의 에터는 관용명을 가진다. 산소 원자에 붙어 있는 각각의 알킬기 또는 방향족기의 이름은 알파벳 순서대로 쓰고, 그 뒤에 **에터**(ether)라는 단어를 붙인다. 이 교재에서는 에터의 관용명만 사용할 것이다.

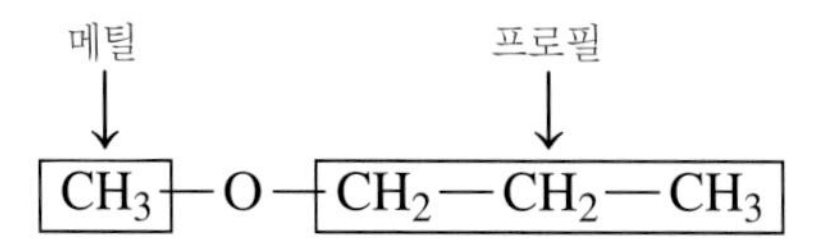

관용명: 메틸 프로필 에터

화학과 보건
마취제로서의 에터

마취(anesthesia)는 감각과 의식을 잃는 것이다. 전신 마취제는 뇌의 인식 중추로 전달되는 신호를 차단하는 물질로, 기억과 통증에 대한 상실과 인위적인 수면을 유도한다. 다이에틸 에터가 백 여 년 이상 동안 마취제로 광범위하게 사용되었기 때문에 **에터**(ether)라는 용어는 마취와 연관이 있다. 에터는 사용하기는 쉬우나, 휘발성과 인화성이 매우 커서 수술실의 조그만 전기 스파크로도 폭발을 일으킬 수 있다. 1950년대 이래로, 인화성이 없는 포란(아이소플루레인), 에트란(엔플루레인), 슈프레인(데스플루레인)과 세보플루레인이 개발되었다. 대부분 이러한 마취제는 에터기를 가지고 있지만 할로젠 원자를 첨가함으로써 에터의 휘발성과 인화성을 줄였다.

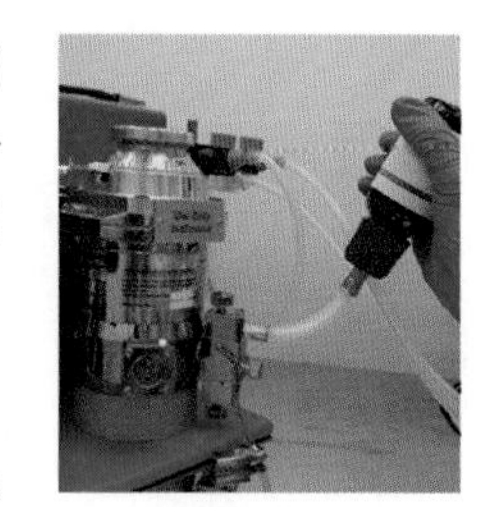

아이소플루레인(포란)은 흡입 마취제이다.

```
    F   Cl      F              F       F   F              F   F       F              F     H        H
    |   |       |              |       |   |              |   |       |              |     |        |
F — C — C — O — C — F      F — C — O — C — C — Cl     F — C — C — O — C — H      F — C ——— C — O — C — F
    |   |       |              |       |   |              |   |       |              |     |        |
    F   H       H              H       F   H              F   H       F              F F — C — F    H
                                                                                           |
                                                                                           F
```

포란 (아이소플루레인) / 에트란 (엔플루레인) / 슈프레인 (데스플루레인) / 세보플루레인

연습 문제

12.1 알코올, 페놀, 싸이올 및 에터

학습 목표 알코올, 페놀, 싸이올에 대한 IUPAC 이름과 관용명, 에터의 관용명을 쓴다. 축약 구조식 또는 선-각 구조식을 그린다.

12.1 다음 화합물의 IUPAC 이름을 말하라.

```
a.        H2
          C       OH
        /   \    /
   H3C        C
              H2
```

```
b.      H2      H2
        C       C
      /   \   /   \
   H3C      |      CH3
            OH
```

c. 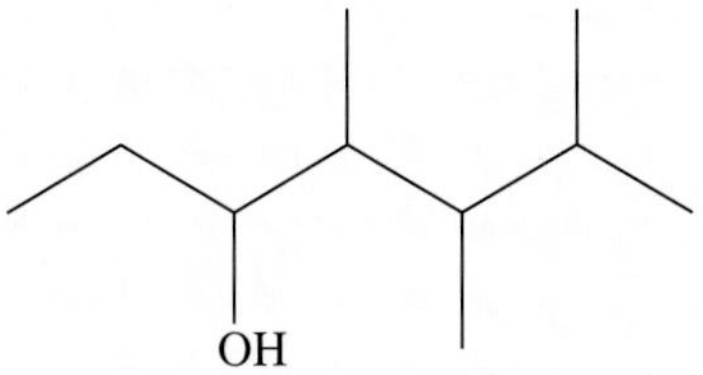 OH

d. 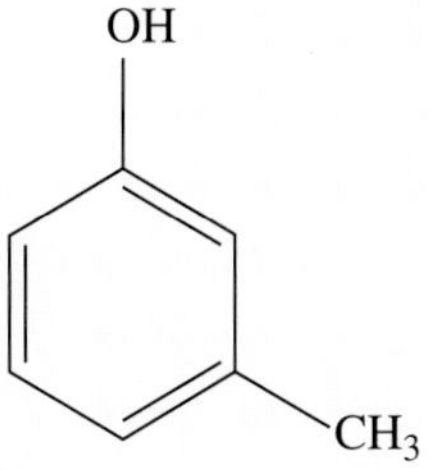 OH, CH_3

12.2 다음의 축약 구조식을 그려라.

a. 뷰틸 알코올 **b.** 3-메틸-1-펜탄올

c. 3-헥산올 **d.** 2-브로모페놀

12.3 다음의 관용명을 제시하라.

a. $H_3C-O-CH_3$

b. 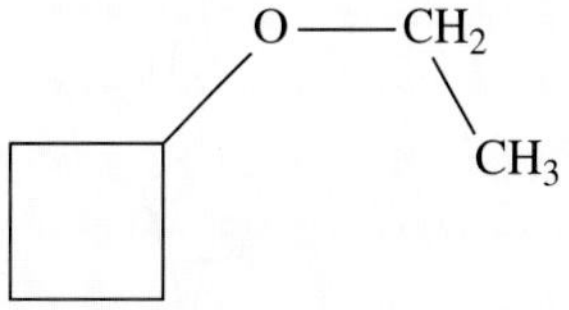 $O-CH_2$, CH_3

12.4 다음에 대하여 골격 구조식을 그려라.

a. 에틸 메틸 싸이오에터

b. 테트라하이드로퓨란(THF)

12.2 알코올의 성질

학습 목표 알코올의 분류를 기술하고, 알코올의 물에 대한 용해도를 기술한다.

알코올은 하이드록실기(—OH)에 결합된 탄소 원자에 붙어 있는 알킬기의 수에 의하여 분류된다. **1차 알코올**(primary(1°) alcohol)은 하이드록실기(—OH)에 결합된 탄소 원자에 1개의 알킬기가 붙어 있고, **2차 알코올**(secondary(2°) alcohol)은 2개의 알킬기가 있으며, **3차 알코올**(tertiary(3°) alcohol)은 3개의 알킬기가 있다.

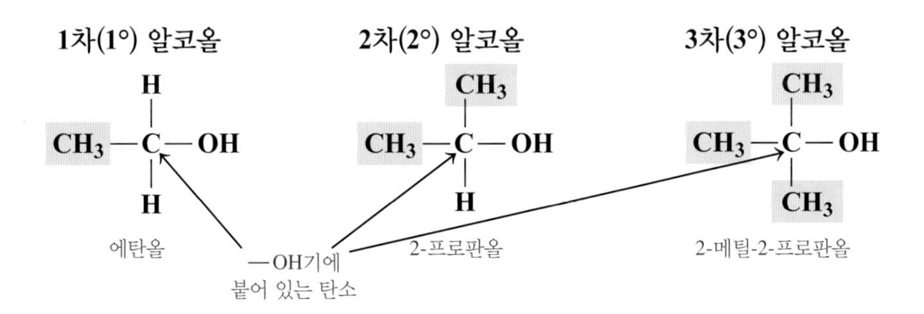

예제 12.3 **알코올의 분류**

문제

다음의 알코올을 1차(1°), 2차(2°) 또는 3차(3°)로 분류하라.

a. $H_3C-CH_2-CH_2-OH$

b. 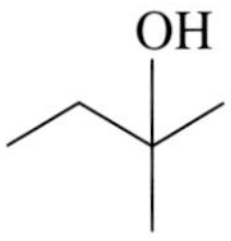 OH

풀이

a. —OH기에 결합된 탄소 원자에 1개의 알킬기가 붙어 있으므로 1차(1°) 알코올

이다.

b. —OH기에 결합된 탄소 원자에 3개의 알킬기가 붙어 있으므로 3차(3°) 알코올이다.

유제 12.3

다음 알코올을 1차(1°), 2차(2°) 또는 3차(3°)로 분류하라.

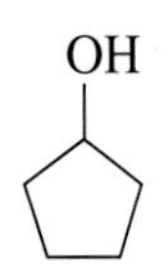

해답

2차(2°)

확인하기

연습 문제 12.5를 풀어보기

알코올의 물에 대한 용해도

탄소와 수소만으로 구성된 탄화수소는 비극성이며, 물에 불용성이다. 그러나 알코올의 극성 —OH기는 물의 H 및 O 원자와 수소 결합을 형성할 수 있어 알코올이 물에 더 잘 녹도록 한다(**그림 12.2**).

1~3개의 탄소 원자를 가진 알코올은 물과 **섞이며**(miscible), 이는 어떠한 양의 알코올도 물에 완전히 용해된다는 것을 의미한다. 그러나 극성 —OH기가 제공할 수 있는 용해도는 탄소 원자의 수가 증가할수록 감소한다. 4개의 탄소 원자를 가진 알코올은 물에 약간 녹으며, 5개 이상의 탄소 원자를 가지는 알코올은 불용성이다. **표 12.1**은 일부 알코올의 용해도를 비교하고 있다.

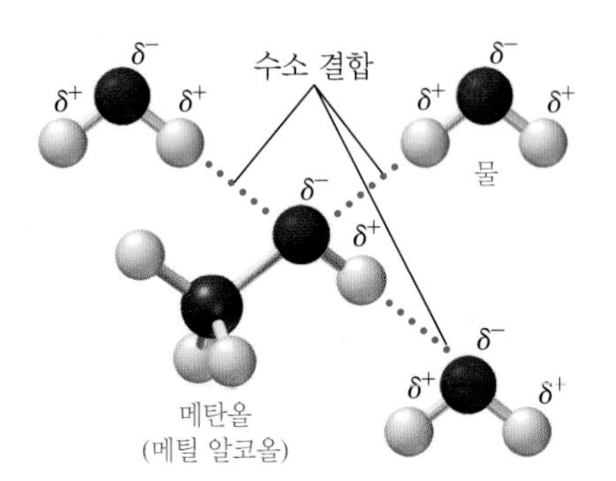

그림 12.2 메탄올은 물 분자와 수소 결합을 형성한다.

Q 메탄올이 1-펜탄올보다 물에 잘 녹는 이유는 무엇인가?

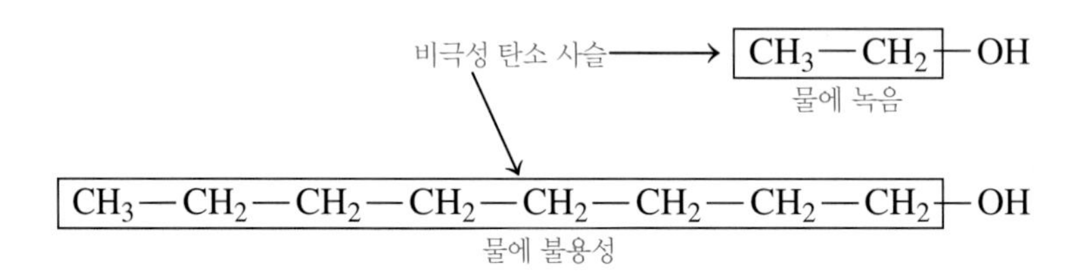

생각해보기

1-헥산올의 어느 부분이 물에 녹지 않게 하는가?

확인하기

연습 문제 12.6과 12.7을 풀어보기

표 12.1 일부 알코올의 용해도

화합물	축약 구조식	탄소 원자의 수	물에 대한 용해도
메탄올	CH_3-OH	1	녹음
에탄올	CH_3-CH_2-OH	2	녹음
1-프로판올	$CH_3-CH_2-CH_2-OH$	3	녹음
1-뷰탄올	$CH_3-CH_2-CH_2-CH_2-OH$	4	약간 녹음
1-펜탄올	$CH_3-CH_2-CH_2-CH_2-CH_2-OH$	5	불용성

페놀의 용해도

페놀은 —OH기가 물 분자와 수소 결합을 형성할 수 있기 때문에 물에 약간 녹는다. 물에서 페놀의 —OH기가 약간 해리하므로 약산이 된다. 실제로 페놀의 초기 이름은 **카볼산**(carbolic acid)이었다.

$$\text{페놀} + H_2O \rightleftharpoons \text{페녹사이드 이온} + H_3O^+$$

페놀　　　　페녹사이드 이온

페놀과 소독제

소독제(antiseptic)는 감염을 일으키는 미생물을 죽이기 위하여 피부에 적용하는 물질이다. 한때는 페놀(카볼산)의 묽은 용액이 병원에서 소독제로 사용되었다. Joseph Lister(1827~1912)는 무균 수술의 선구자로 여겨지며, 페놀로 수술 도구와 드레싱을 멸균한 최초의 사람이다. 페놀은 괴저(gangrene)와 같은 수술 후 감염을 방지하기 위하여 상처 소독에도 사용되었다. 그러나 페놀은 상당한 부식성이 있고 피부에 굉장히 자극적이다. 또한 상당한 화상을 일으키고, 섭취할 경우에는 치명적일 수 있다. 곧 페놀 용액은 다른 소독제로 대체되었다. 4-헥실레조르시놀(4-hexylresorcinol)은 국소 소독제, 목캔디, 구강청결제와 목 스프레이에 사용되는 페놀의 형태이다. 가정이나 병원에서 표면을 소독하는 데 사용하는 리졸(lysol)은 소독제인 2-페닐페놀과 2-벤질-4-클로로페놀이 함유되어 있다.

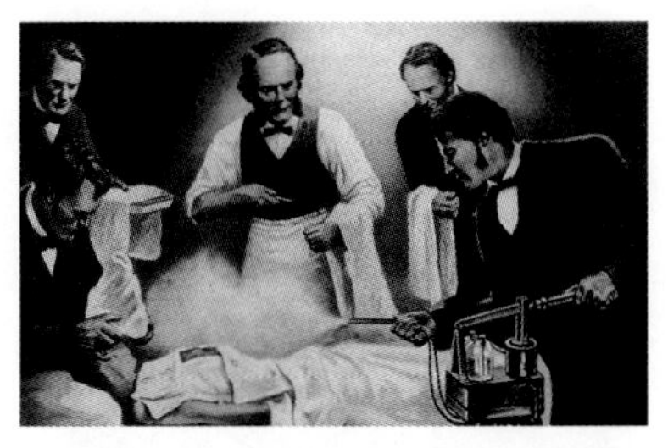
Joseph Lister는 페놀을 외과 수술기구의 멸균용으로 사용한 최초의 사람이다.

소독제로 사용하는 리졸은 페놀 화합물을 함유하고 있다.

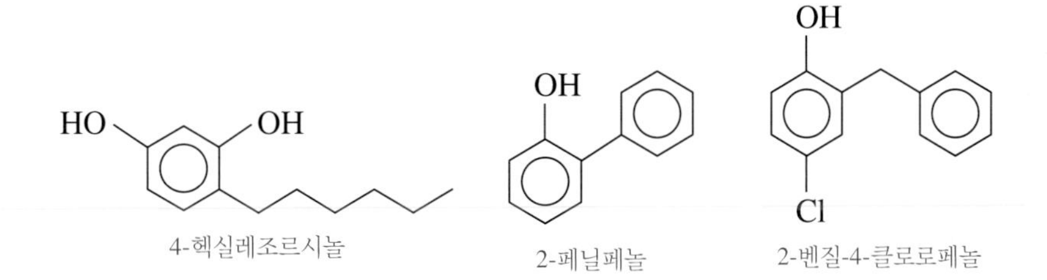

화학과 보건
손 소독제

비누와 물을 사용할 수 없을 때, 손 소독제를 사용하여 감기와 독감을 퍼뜨리는 대부분의 박테리아와 바이러스를 죽일 수 있다. 젤이나 액체 용액으로 많은 손 소독제는 에탄올 또는 프로판올을 활성 성분으로 사용한다. 또한 소독제는 피부가 건조해지는 것을 방지하기 위하여 글리세린과 프로필렌 글라이콜을 함유하고 있다. 어린이가 손 소독제를 사용할 때는 소량이라도 섭취할 경우, 알코올 독성을 일으킬 수 있으므로 주의 깊게 살펴보아야 한다.

알코올을 함유한 소독제는 에탄올의 양이 60%(v/v)가 일반적이지만 85%(v/v)까지 높아질 수도 있다. 에탄올은 매우 인화성이 높기 때문에 이 정도의 양은 가정에서 손 소독제로 인한 화재 위험성을 높일 수 있다. 에탄올은 연소할 때, 투명한 푸른색 불꽃을 생성한다. 에탄올을 함유한 소독제를 사용할 때는 손이 완전히 마를 때까지 손을 비비는 것이 중요하다. 에탄올을 함유한 소독제는 가정의 열원에서 멀리 떨어진 장소에 보관할 것을 권장하고 있다.

일부 소독제는 알코올이 없지만, 활성 성분이 방향족, 에터, 페놀 작용기를 함유한 트라이클로산(triclosan)인 경우도 있다. 미

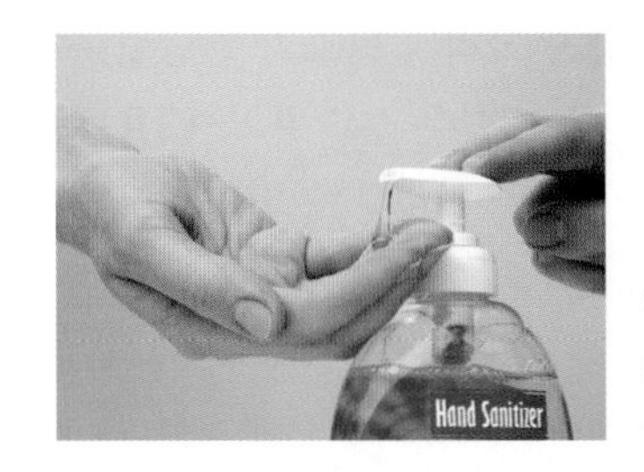

에탄올 또는 프로판올을 함유한 손 소독제는 손의 박테리아를 죽이기 위하여 사용된다.

Cl　OH　O　Cl　Cl

항박테리아 화합물인 트라이클로산은 현재 생활용품에서 사용이 금지되었다.

국 식품의약국은 트라이클로산의 사용은 항생제 내성 박테리아의 성장을 촉진할 수 있기 때문에, 생활용품에 트라이클로산의 사용을 금지하였다. 최근 보고에 따르면 트라이클로산은 내분비(endocrine)계를 교란시키고, 여성 호르몬(estrogen)과 남성 호르몬(androgen), 그리고 갑상샘 호르몬의 기능을 방해할 수 있음을 시사하고 있다.

연습 문제

12.2 알코올의 성질

학습 목표 알코올의 분류를 기술하고, 알코올의 물에 대한 용해도를 기술한다.

12.5 다음의 알코올을 1차(1°), 2차(2°) 또는 3차(3°)로 분류하라.

a. 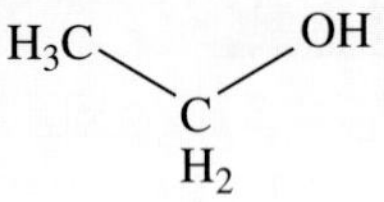 H_3C $\underset{H_2}{C}$ OH

b. 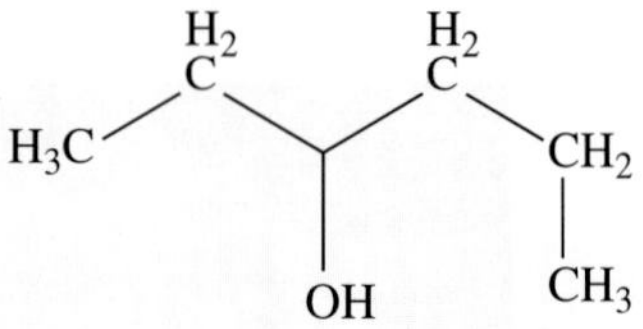 H_3C $\overset{H_2}{C}$ OH $\overset{H_2}{C}$ CH_2 CH_3

c. OH H_3C CH_3 $\underset{H_2}{C}$ $\overset{H_2}{C}$ $\underset{H_2}{C}$ CH_3

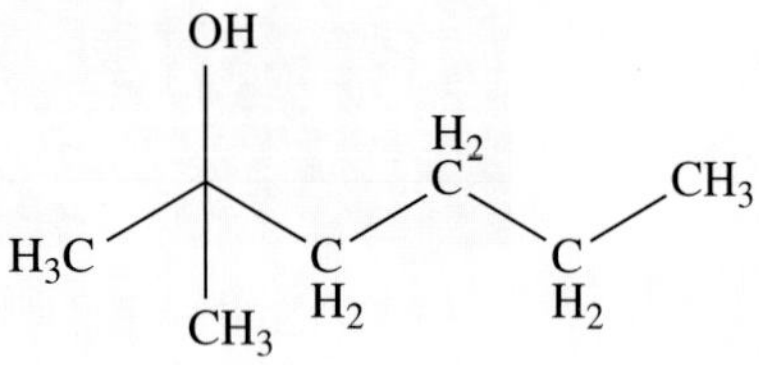

d. 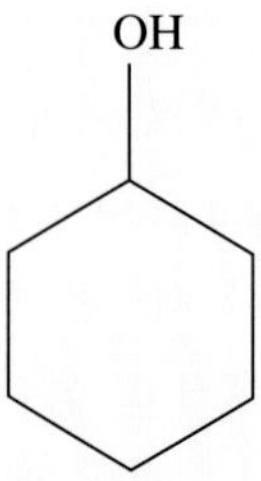 OH

12.6 다음 알코올은 물에 가용성인가, 약간 녹는가, 또는 불용성인가?

a. $CH_3—OH$

b. $CH_3—CH_2—CH_2—CH_2—CH_2—CH_2—CH_2—OH$

12.7 다음 관찰에 대한 설명을 제시하라.

a. 에탄올은 물에 녹지만, 자일렌(xylene)은 그렇지 않다.

b. 1-프로판올은 1-옥탄올보다 물에 더 잘 녹는다.

생각해보기

알데하이드의 구조는 케톤의 구조와 어떻게 다른가?

12.3 알데하이드와 케톤

학습 목표 알데하이드와 케톤의 IUPAC 이름과 관용명을 쓰고, 이들의 축약 구조식 또는 선-각 구조식을 그린다. 알데하이드와 케톤의 물에 대한 용해도를 기술한다.

알데하이드와 케톤은 2개의 원자단이 120°의 각도로 탄소에 붙어 있는 탄소-산소 이중 결합으로 구성된 **카보닐기**(carbonyl group)를 가지고 있다. 2개의 고립 전자쌍을 가진 산소 원자는 탄소 원자보다 전기음성도가 훨씬 크다. 따라서 카보닐기는 산소 원자에 부분적으로 음전하(δ^-), 탄소 원자에 부분적으로 양전하(δ^+)를 가진 강한 쌍극자를 가진다. 카보닐기의 극성은 알데하이드와 케톤의 물리적, 화학적 성질에 큰 영향을 미친다.

알데하이드(aldehyde)에서 카보닐기의 탄소는 적어도 하나의 수소 원자와 결합되어 있다. 그 탄소는 또 다른 수소 원자, 알킬기 또는 방향족 고리의 탄소와 결합될 수 있다(그림 12.3). 알데하이드기는 개별적인 원자 또는 이중 결합은 생략된 —CHO로 쓸 수 있다. **케톤**(ketone)에서 카보닐기는 2개의 알킬기 또는 방향족 고리와 결합되어 있다. 케토기(C=O)는 CO로 쓸 수 있다. 선-각 구조식은 알데하이드 또는 케톤을 나타내는 데 사용할 수 있다.

C_3H_6O의 화학식

알데하이드

$$CH_3-CH_2-\overset{\overset{\displaystyle O}{\|}}{C}-H = CH_3-CH_2-CHO$$

케톤

$$CH_3-\overset{\overset{\displaystyle O}{\|}}{C}-CH_3 = CH_3-CO-CH_3$$

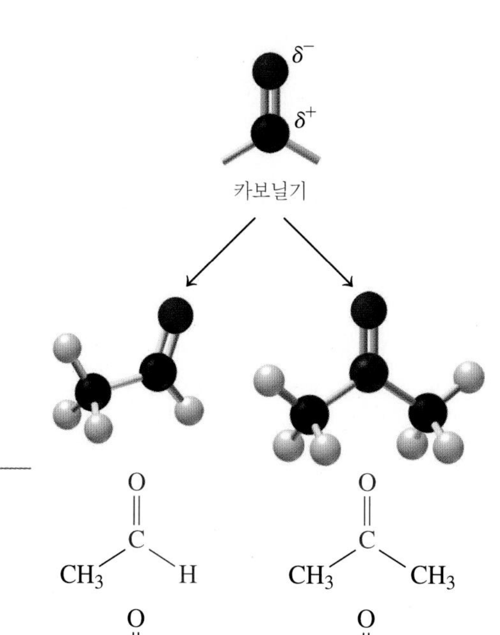

그림 12.3 카보닐기는 알데하이드와 케톤에서 발견할 수 있다.

Q 알데하이드와 케톤이 모두 카보닐기를 가지고 있다면, 어떻게 각 족의 화합물들을 구별할 수 있는가?

예제 12.4 알데하이드와 케톤의 확인

문제

다음을 알데하이드 또는 케톤으로 확인하라.

a. **b.** 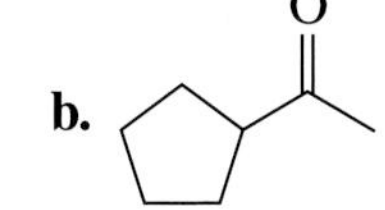 **c.**

풀이

a. 알데하이드 **b.** 케톤 **c.** 알데하이드

유제 12.4

다음을 알데하이드 또는 케톤으로 확인하라.

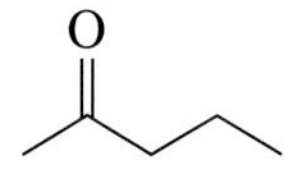

해답

케톤

확인하기

연습 문제 12.8을 풀어보기

알데하이드의 명명

핵심 화학 기법

알데하이드와 케톤의 명명

IUPAC 체계에서 알데하이드는 해당 알케인 이름의 **-에인**(-ane) 대신 **-안알**(-anal)을 붙여 명명한다. 알데하이드기는 사슬의 끝에 항상 나타나기 때문에 번호는 필요하지 않다. 탄소가 1~4개인 탄소 사슬의 알데하이드는 **알데하이드**로 끝나는 관용명으로 언급된다(**그림 12.4**). 관용명의 어근(폼(form), 아세트(acet), 프로피온(propion) 및 뷰티르(butyr))은 라틴어 또는 그리스어에서 유래된 것이다.

IUPAC 체계에서 벤젠의 알데하이드는 벤즈알데하이드로 명명된다.

벤즈알데하이드

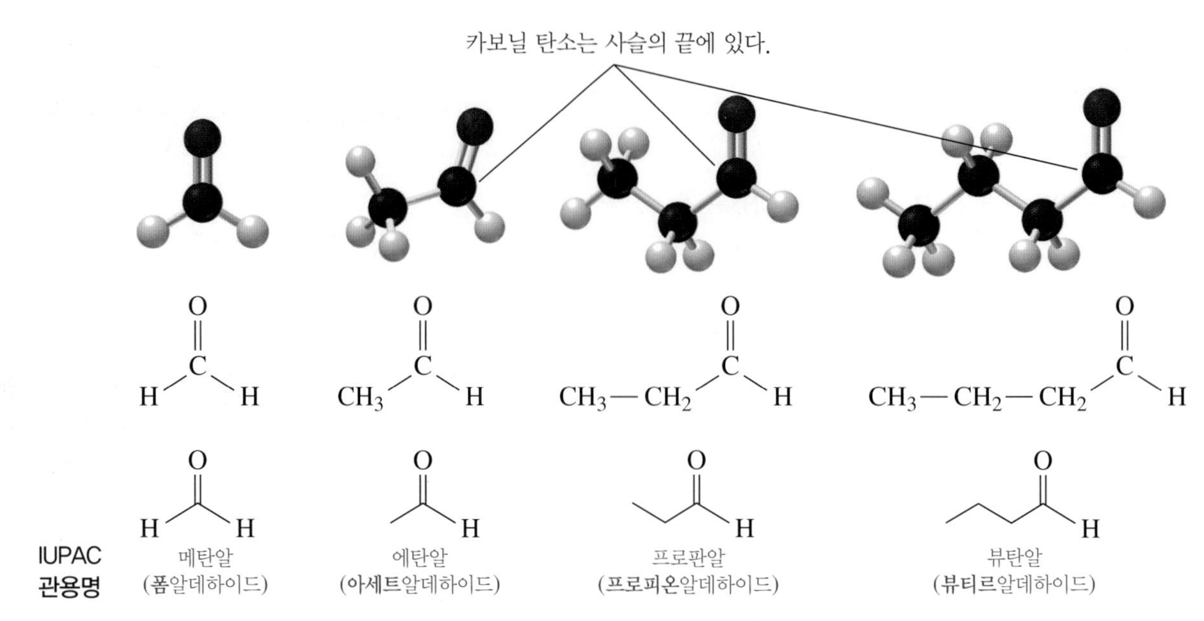

그림 12.4 알데하이드 구조에서 카보닐기는 항상 끝의 탄소에 있다.

Q 알데하이드의 카보닐기의 탄소가 항상 사슬의 끝에 있는 이유는 무엇인가?

예제 12.5 알데하이드의 명명

문제

다음 화합물의 IUPAC 이름을 제시하라.

$$CH_3-\underset{\displaystyle CH_3\,|}{CH}-CH_2-\overset{\displaystyle O\,\|}{C}-H$$

풀이 지침

	주어진 조건	필요한 사항	연계
문제 분석	탄소 사슬 4개, 카보닐기, 메틸 치환기	IUPAC 이름	메틸기의 위치, 알케인 이름의 **-에인** 대신 **-안알**로 대체

1단계 **가장 긴 사슬의 알케인 이름의 -에인 대신 -안알로 대체하여 명명하라.** 카보닐기를 포함한 가장 긴 탄소 사슬은 4개의 탄소를 가지며, 이는 IUPAC 체계에서 뷰탄알로 명명한다.

$$CH_3-\underset{\displaystyle CH_3\,|}{CH}-CH_2-\overset{\displaystyle O\,\|}{C}-H \qquad \text{뷰탄알}$$

2단계 **카보닐기를 1번 탄소로 번호를 부여하여 치환기의 번호와 이름을 명명하라.** 3번 탄소의 $-CH_3$기인 치환기는 메틸기이다. 이 화합물의 IUPAC 이름은 3-메틸뷰탄알이다.

$$\underset{4}{CH_3}-\underset{3}{\underset{\displaystyle CH_3\,|}{CH}}-\underset{2}{CH_2}-\underset{1}{\overset{\displaystyle O\,\|}{C}}-H \qquad \text{3-메틸뷰탄알}$$

유제 12.5

3개의 탄소 원자를 가지는 알데하이드의 IUPAC 이름과 관용명은 무엇인가?

해답

프로판알(프로피온알데하이드)

케톤의 명명

알데하이드와 케톤은 유기 화합물의 가장 중요한 종류 중 하나이다. 100년 이상 유기 화학에서 주요한 역할을 하였기 때문에 가지가 없는 케톤의 관용명은 여전히 사용되고 있다. 관용명에서 카보닐기에 결합된 알킬기는 치환기로 명명되며, 알파벳 순서대로 나열되고 끝에 **케톤**(ketone)을 붙인다. 프로판온의 또 다른 이름인 아세톤은 IUPAC 체계에서도 유지되어 왔다.

IUPAC 체계에서 케톤의 이름은 해당 알케인의 이름 중 **-에인**(-ane)을 **-안온**(-anone)으로 대체하여 얻는다. 5개 이상의 탄소 원자를 가진 탄소 사슬은 카보닐기와 가까운 끝에서부터 번호를 부여한다.

$CH_3-C(=O)-CH_3$ $\quad$ $CH_3-CH_2-C(=O)-CH_3$ $\quad$ $CH_3-CH_2-C(=O)-CH_2-CH_3$

프로판온 (다이메틸 케톤, 아세톤) $\quad$ 뷰탄온 (에틸 메틸 케톤) $\quad$ 3-펜탄온 (다이에틸 케톤)

고리형 케톤에서는 접두사 **사이클로**(cyclo)가 케톤 이름 앞에 사용된다. 모든 치환기는 카보닐 탄소를 1번 탄소로 시작하여 번호를 부여함으로써 위치를 부여한다. 고리는 치환기가 가능한 가장 낮은 수가 되는 방향으로 번호를 부여한다.

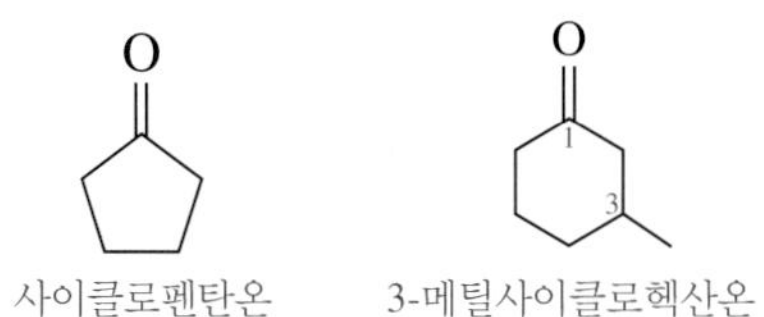

사이클로펜탄온 $\quad$ 3-메틸사이클로헥산온

예제 12.6 케톤의 명명

문제

다음 화합물의 IUPAC 이름을 제시하라.

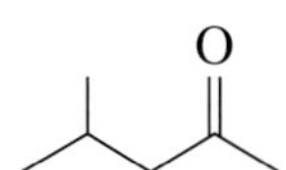

풀이 지침

	주어진 조건	필요한 사항	연계
문제 분석	탄소 사슬 5개, 메틸 치환기	IUPAC 이름	메틸기와 카보닐기의 위치, 알케인 이름의 **−에인** 대신 **−안온**으로 대체

1단계 가장 긴 탄소 사슬을 가지는 알케인의 이름의 -에인 대신 -안온으로 대체하여 명명하라. 가장 긴 사슬은 5개의 탄소 원자를 가지며, 이것은 펜탄온으로 명명된다.

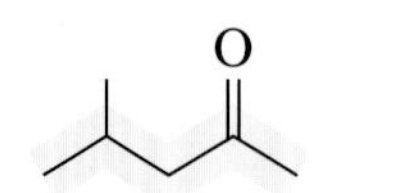

2단계 카보닐기에 가장 가까운 곳에서 시작하여 탄소 사슬에 번호를 부여하고, 위치를 표시하라. 오른쪽에서부터 세면 카보닐기는 2번 탄소에 있다.

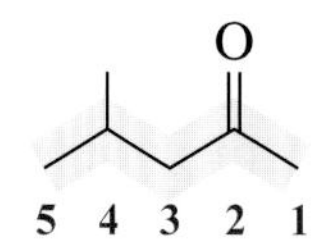

2-펜탄온

3단계 탄소 사슬의 치환기의 이름과 번호를 명명하라. 오른쪽에서부터 세면 메틸기는 4번 탄소에 있다. IUPAC 이름은 4-메틸-2-펜탄온이다.

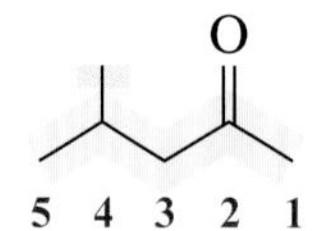

4-메틸-2-펜탄온

유제 12.6

3-헥산온의 관용명은 무엇인가?

해답

에틸 프로필 케톤

확인하기

연습 문제 12.9에서 12.11까지 풀어보기

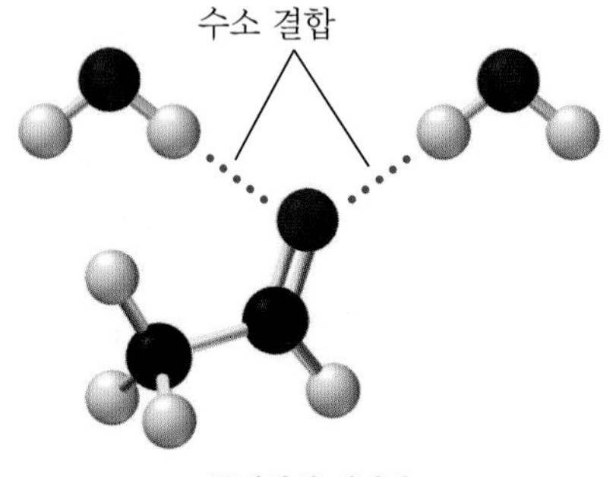

물에서의 에탄알
(아세트알데하이드)

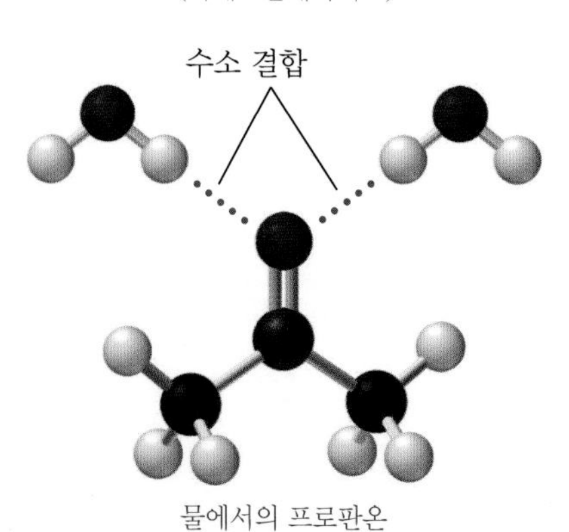

물에서의 프로판온
(아세톤)

알데하이드와 케톤의 물에 대한 용해도

알데하이드와 케톤은 극성 카보닐기(탄소-산소 이중 결합)를 가지며, 이것은 부분적으로 음전하인 산소 원자와 부분적으로 양전하인 탄소 원자를 가진다. 전기음성의 산소 원자는 물 분자와 수소 결합을 형성하기 때문에 1~4개의 탄소를 가진 알데하이드와 케톤은 매우 잘 녹는다. 그러나 5개 이상의 탄소 원자를 가진 알데하이드와 케톤은 비극성인 긴 탄화수소 사슬이 극성 카보닐기의 용해도 효과를 감소시키기 때문에 잘 녹지 않는다. **표 12.2**에서 일부 알데하이드와 케톤의 용해도를 비교하고 있다.

표 12.2 일부 알데하이드와 케톤의 용해도

화합물	탄소 원자의 수	물에 대한 용해도
메탄알(폼알데하이드)	1	녹음
에탄알(아세트알데하이드)	2	녹음
프로판알(프로피온알데하이드)	3	녹음
프로판온(아세톤)	3	녹음
뷰탄알(뷰티르알데하이드)	4	녹음
뷰탄온	4	녹음
펜탄알	5	약간 녹음

(계속)

2-펜탄온	5	약간 녹음
헥산알	6	불용성
2-헥산온	6	불용성

예제 12.7 케톤의 용해도

문제

아세톤은 물에 녹지만 2-헥산온은 녹지 않는 이유는 무엇인가?

풀이

아세톤은 물과 수소 결합을 형성하는 전기음성의 산소 원자를 가진 카보닐기가 있다. 2-헥산온도 카보닐기가 있지만, 긴 비극성 탄화수소 사슬 때문에 물에 녹지 않는다.

유제 12.7

헥산알이 에탄알보다 물에 더 잘 녹을 것으로 예상하는가, 덜 녹을 것으로 예상하는가? 설명하라.

해답

더 긴 탄화수소 사슬을 가진 헥산알은 에탄알보다 덜 녹을 것이다.

확인하기

연습 문제 12.12를 풀어보기

화학과 보건

일부 중요한 알데하이드와 케톤

가장 간단한 알데하이드인 **폼알데하이드**(formaldehyde)는 자극적인 냄새가 나는 무색의 기체이다. 수용액은 **포르말린**(formalin)이라 부르며, 40%의 폼알데하이드를 함유하고, 살균제와 생물 표본을 보존하는 데 사용된다. 산업적으로 섬유, 절연재료, 카펫, 합판과 같은 압축 목재 제품과 주방용품용 플라스틱을 만드는 데 사용하는 고분자 합성에서 반응물로 사용된다. 폼알데하이드 증기에 노출되면 눈, 코와 상기도(upper respiratory tract)에 자극을 받을 수 있다.

아세톤(acetone) 또는 프로판온(다이메틸 케톤)으로 알려진 가장 간단한 케톤은 수정액, 페인트 및 매니큐어 제거제, 고무 시멘트의 용매로 사용되는 자극성이 적은 무색의 액체이다(**그림 12.5**).

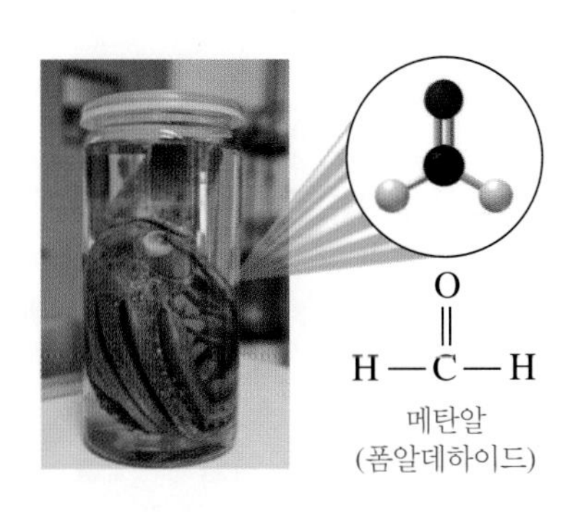

아세톤은 매우 인화성이 크므로, 사용하는 데 주의하여야 한다. 체내에서는 많은 양의 지방이 에너지를 얻기 위해 대사될 때 조절이 어려운 당뇨, 단식, 고단백질 식단으로 아세톤이 생성될 수 있다.

무스콘(muscone)은 사향 향수를 만들 때 사용하는 케톤이고, 스피어민트(spearmint) 오일은 카르본(carvone)을 함유하고 있다.

몇 가지 자연에서 발생되는 방향족 알데하이드는 음식의 향신료와 향수의 향으로 사용된다. 벤즈알데하이드는 아몬드, 바닐린은 바닐라 열매, 그리고 시남알데하이드는 시나몬에서 발견된다.

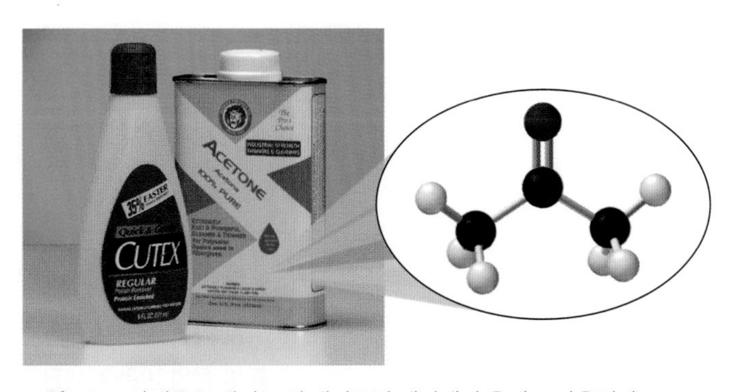

그림 12.5 아세톤은 페인트 및 매니큐어 제거제의 용매로 사용된다.

Q 아세톤의 IUPAC 이름은 무엇인가?

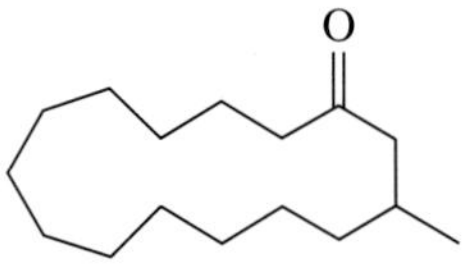

무스콘
(사향)

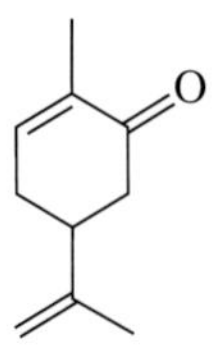

카르본
(스피어민트 오일)

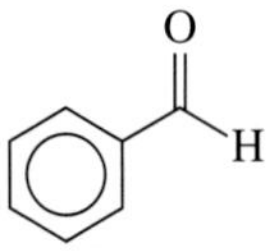

벤즈알데하이드
(아몬드)

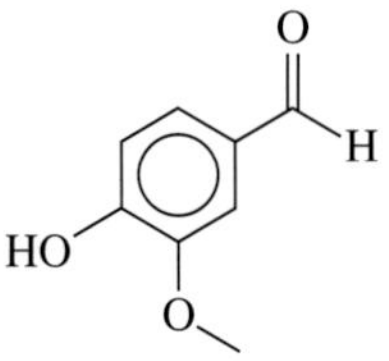

바닐린
(바닐라)

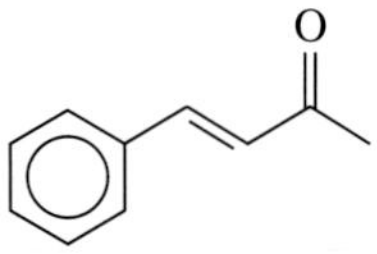

시남알데하이드
(시나몬)

연습 문제

12.3 알데하이드와 케톤

학습 목표 알데하이드와 케톤의 IUPAC 이름과 관용명을 쓰고, 이들의 축약 구조식 또는 선-각 구조식을 그린다. 알데하이드와 케톤의 물에 대한 용해도를 기술한다.

12.8 다음의 화합물을 알데하이드 또는 케톤으로 확인하라.

a. $CH_3-CH_2-\overset{O}{\overset{\|}{C}}-CH_3$

b.

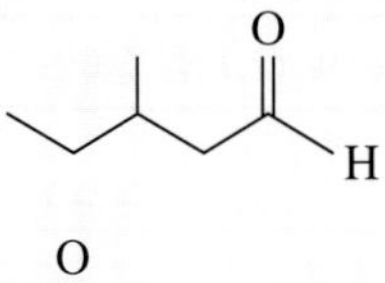

c. 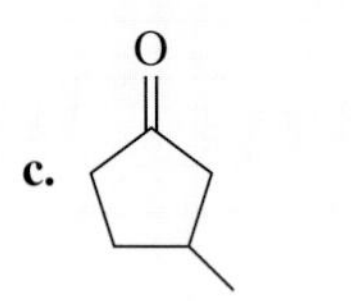

d.

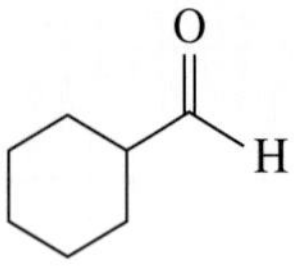

12.9 다음의 관용명을 제시하라.

a. $CH_3-\overset{O}{\overset{\|}{C}}-CH_3$

b. $CH_3-\overset{H_2}{C}-CH_2-\overset{O}{\overset{\|}{C}}-H$

c.

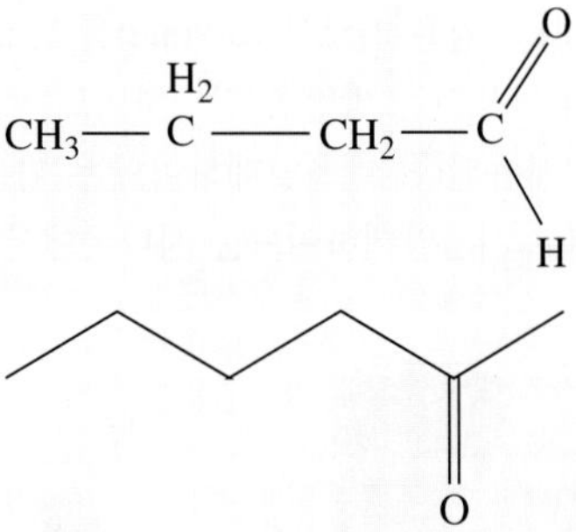

12.10 다음의 IUPAC 이름을 제시하라.

a. $CH_3-CH_2-\overset{O}{\overset{\|}{C}}-H$

b. $CH_3-CH_2-\overset{O}{\overset{\|}{C}}-\overset{CH_3}{\overset{|}{CH}}-CH_3$

c. 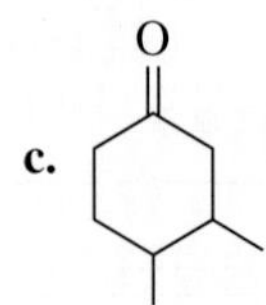

d.

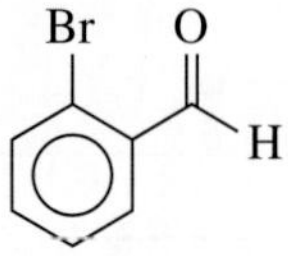

12.11 다음에 대한 축약 구조식을 그려라.

a. 폼알데하이드

b. 3-클로로-2-헥산온

c. 에틸 프로필 케톤

d. 4-메틸펜탄알

12.12 다음의 각 두 화합물 중 어느 화합물이 물에 더 잘 녹겠는가? 설명하라.

a. 에탄올 또는 헥세인

b. 뷰탄알 또는 3-헥산알

c. CH_3-CH_2-CHO 또는
$CH_3-CH_2-CH_2-CH_2-CH_2-CH_2-CH_2-CHO$

12.4 알코올, 싸이올, 알데하이드와 케톤의 반응

학습 목표 알코올의 연소, 탈수와 산화 반응에 대한 완결된 화학 반응식을 쓴다. 알데하이드와 케톤의 환원 반응에 대한 완결된 화학 반응식을 쓴다.

탄화수소와 유사하게 알코올은 산소 존재하에서 연소가 일어난다. 예를 들어, 식당에서 불꽃을 발생하는 디저트는 과일 또는 아이스크림 위에 술을 붓고 불을 붙여 만든다(그림 12.6). 술 속의 에탄올의 연소는 다음과 같이 진행한다.

$$CH_3-CH_2-OH + 3O_2 \xrightarrow{\Delta} 2CO_2 + 3H_2O + \text{에너지}$$

그림 12.6 불꽃이 발생하는 디저트는 연소되는 술을 이용하여 만들어진다.

Q 술 속의 에탄올의 완전 연소에 대한 반응식은 무엇인가?

알켄을 형성하는 알코올의 탈수 반응

탈수(dehydration) 반응에서 알코올은 H_2SO_4와 같은 산 촉매와 함께 고온(180℃)에서 가열될 때 물 분자를 잃는다. 알코올의 탈수 반응 동안, **같은 알코올의 인접한 탄소 원자**로부터 성분 H— 와 —OH가 제거되어 물 분자를 생성한다. 동일한 2개의 탄소 원자 사이에는 이중 결합이 형성되어 알켄 생성물이 만들어진다.

핵심 화학 기법

알코올의 탈수 반응에 대한 반응식 쓰기

$$-\overset{\text{H}}{\underset{|}{\overset{|}{C}}}-\overset{\text{OH}}{\underset{|}{\overset{|}{C}}}- \xrightarrow{H^+,\ \text{열}} \;>C=C< \; + \mathbf{H_2O}$$

알코올 → 알켄 + 물

예

$$H-\overset{\text{H}}{\underset{\text{H}}{C}}-\overset{\text{OH}}{\underset{\text{H}}{C}}-H \xrightarrow{H^+,\ \text{열}} \overset{\text{H}}{\underset{\text{H}}{}}>C=C<\overset{\text{H}}{\underset{\text{H}}{}} + \mathbf{H_2O}$$

에탄올 → 에텐

사이클로펜탄올 (OH, H) $\xrightarrow{H^+,\ \text{열}}$ 사이클로펜텐 + $\mathbf{H_2O}$

생각해보기

2-펜탄올이 탈수된다면, 어떠한 종류의 유기 생성물이 형성되는가?

확인하기

연습 문제 12.13을 풀어보기

예제 12.8 알코올의 탈수 반응

문제

다음 화합물의 탈수 반응에 의하여 생성된 알켄의 축약 구조식을 그려라.

$$CH_3-\overset{\text{OH}}{\overset{|}{CH}}-CH_3 \xrightarrow{H^+,\ \text{열}}$$

풀이

탈수 반응에서 —OH는 2번 탄소에서 제거되고, 하나의 H— 는 인접한 탄소로부터 제거되어 이중 결합을 형성한다.

$$CH_3-CH=CH_2$$

유제 12.8

사이클로헥산올의 탈수 반응에 의하여 생성된 알켄의 이름은 무엇인가?

확인하기

연습 문제 12.14를 풀어보기

해답

사이클로헥센

핵심 화학 기법

알코올의 산화에 대한 반응식 쓰기

1차 알코올의 산화

유기 화학에서 **산화**(oxidation)는 산소 원자를 얻거나 수소 원자를 잃는 것이 포함된다. 1차 알코올의 산화는 탄소와 산소 사이에 이중 결합이 있는 알데하이드를 생성한다. 예를 들어, 메탄올과 에탄올의 산화는 2개의 수소 원자를 제거함으로써 일어나는데, 1개는 —OH기에서, 다른 하나는 —OH기에 결합된 탄소로부터 수소가 제거된다. 이 반응은 $KMnO_4$ 또는 $K_2Cr_2O_7$과 같은 산화제로부터 O를 얻었음을 나타내기 위하여 기호 [O]를 화살표 위에 쓴다.

$$H{-}\underset{H}{\overset{OH}{C}}{-}H \xrightarrow{[O]} H{-}\overset{O}{\overset{\|}{C}}{-}H + H_2O \qquad CH_3{-}\underset{H}{\overset{OH}{C}}{-}H \xrightarrow{[O]} CH_3{-}\overset{O}{\overset{\|}{C}}{-}H + H_2O$$

메탄올 (메틸 알코올) → 메탄알 (폼알데하이드); 에탄올 (에틸 알코올) → 에탄알 (아세트알데하이드)

알데하이드는 또 다른 O의 첨가에 의하여 더 산화되어 3개의 탄소-산소 결합을 가지는 카복실산을 형성한다. 이 반응은 매우 쉽게 일어나 산화 반응 동안 알데하이드 생성물을 분리하기가 어려울 정도이다.

$$CH_3{-}\overset{O}{\overset{\|}{C}}{-}H \xrightarrow{[O]} CH_3{-}\overset{O}{\overset{\|}{C}}{-}OH$$

에탄알 (아세트알데하이드) → 에탄산 (아세트산)

2차 알코올의 산화

2차 알코올의 산화에서 생성물은 케톤이다. 2개의 수소 원자가 제거되는데, 하나는 —OH기에서, 다른 하나는 —OH기에 결합한 탄소로부터 수소가 제거된다. 결과는 양쪽에 알킬기 또는 방향족기가 붙어 있는 탄소-산소 이중 결합을 가진 케톤이다. 케톤기의 탄소에 붙어 있는 수소 원자가 없기 때문에 케톤은 더 이상 산화가 일어나지 않는다.

생각해보기

케톤을 산화하는 것이 알데하이드를 산화하는 것보다 어려운 이유는 무엇인가?

$$CH_3{-}\underset{H}{\overset{OH}{C}}{-}CH_3 \xrightarrow{[O]} CH_3{-}\overset{O}{\overset{\|}{C}}{-}CH_3 + H_2O$$

2-프로판올 (아이소프로필 알코올) → 프로판온 (다이메틸 케톤; 아세톤)

3차 알코올은 —OH기에 결합된 탄소에 수소 원자가 없기 때문에 쉽게 산화되지 않는다. C—C 결합은 보통 너무 강하여 산화되지 않기 때문에, 3차 알코올은 산화가 잘 일어나지 않는다.

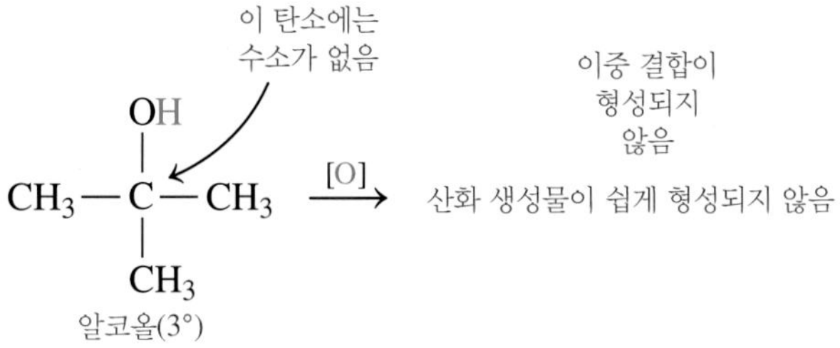

이 탄소에는 수소가 없음

$$CH_3-\underset{\underset{CH_3}{|}}{\overset{\overset{OH}{|}}{C}}-CH_3 \xrightarrow{[O]} \text{산화 생성물이 쉽게 형성되지 않음}$$

알코올(3°)

이중 결합이 형성되지 않음

예제 12.9 **알코올의 산화**

문제

다음의 알코올을 1차(1°), 2차(2°) 또는 3차(3°)로 분류하라. 산화에 의하여 형성된 알데하이드 또는 케톤에 대한 축약 구조식 또는 선-각 구조식을 그려라.

a. 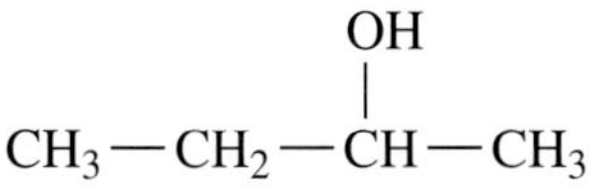 $CH_3-CH_2-\overset{\overset{OH}{|}}{CH}-CH_3$

b. 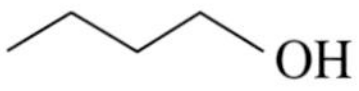 (선-각 구조식) OH

풀이

a. 이것은 2차(2°) 알코올이며, 산화되어 케톤이 될 수 있다.

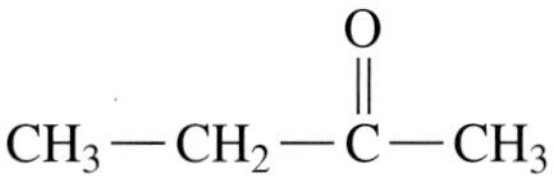

$$CH_3-CH_2-\overset{\overset{O}{\|}}{C}-CH_3$$

b. 이것은 1차(1°) 알코올이며, 산화되어 알데하이드가 될 수 있다.

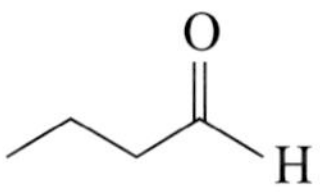

(선-각 구조식) O, H

유제 12.9

2-펜탄올의 산화 생성물에 대한 축약 구조식을 그려라.

해답

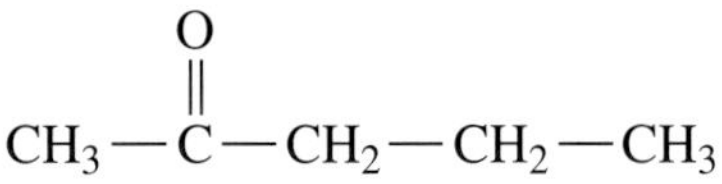

$$CH_3-\overset{\overset{O}{\|}}{C}-CH_2-CH_2-CH_3$$

양방향 비디오

알코올의 산화

확인하기

연습 문제 12.15와 12.16을 풀어보기

싸이올의 산화

싸이올 또한 2개의 —SH기가 각각 수소 원자를 잃음으로써 산화가 일어난다. 산화된 생성물은 **다이설파이드**(이황화) **결합**(disulfide bond), —S—S—를 가진다. 머리카락의 단백질 상당수는 다이설파이드 결합으로 가교결합(cross-link)되어 있고, 이것은 대부분 싸이올기를 가진 아미노산인 시스테인(cysteine)의 곁사슬(side chain) 사이에서 일어난다.

머리카락의 단백질은 다이설파이드 결합이 환원되고 산화될 때, 새로운 모양이 만들어 진다.

$$\text{단백질 사슬} - CH_2 - SH + HS - CH_2 - \text{단백질 사슬} \xrightarrow{[O]}$$

시스테인 곁사슬

$$\text{단백질 사슬} - CH_2 - S - S - CH_2 - \text{단백질 사슬} + H_2O$$

다이설파이드 결합

사람이 머리카락을 영구적으로 구불구불하게 하거나 펴고자 할 때, 다이설파이드 결합을 끊기 위한 환원 물질이 사용된다. 머리카락을 롤러로 말거나 펴는 동안, 산화 물질을 발라 단백질 머리카락 가닥의 서로 다른 부분 사이에 새로운 다이설파이드 결합이 형성되게 하여 머리카락을 새로운 모양으로 만든다.

$$CH_3 - S - H + H - S - CH_3 \xrightarrow{[O]} CH_3 - S - S - CH_3 + H_2O$$

메테인싸이올 → 다이메틸 다이설파이드

화학과 보건
체내에서 알코올의 산화

에탄올은 미국에서 가장 흔히 남용되는 약물이다. 소량을 마시면, 에탄올은 억제제(depressant)라는 사실에도 불구하고 신체에 행복감을 일으킬 수 있다. 간에서 알코올 탈수소효소(alcohol dehydrogenase)와 같은 효소는 에탄올을 산화시켜 정신 및 신체 협응력을 손상시키는 아세트알데하이드를 만든다. 혈중 알코올 농도가 0.4%를 초과할 경우, 혼수상태 또는 사망에 이를 수 있다. **표 12.3**은 다양한 혈중 알코올 농도에서 나타나는 전형적인 행동 일부를 제시하고 있다.

$$CH_3 - CH_2 - OH \xrightarrow{[O]} CH_3 - \overset{\overset{\displaystyle O}{\|}}{C} - H \xrightarrow{[O]} 2CO_2 + H_2O$$

에탄올 (에틸 알코올) → 에탄알 (아세트알데하이드)

간에서 에탄올로부터 생성된 아세트알데하이드는 다시 산화하여 아세트산이 되며, 이것은 시트르산 회로(citric acid cycle)에서 이산화 탄소와 물로 변환된다. 따라서 간의 효소는 결과적으로 에탄올을 분해하지만, 알데하이드와 카복실산 중간체는 간 세포 내에 존재할 때, 상당한 손상을 일으킨다.

체중이 150 lb인 사람은 12온스 맥주의 알코올을 대사하는 데 약 1시간이 걸린다. 그러나 에탄올의 대사 속도는 음주자와 비음주자 사이에서도 다르다. 전형적으로 비음주자와 사교적 음주자는 1시간 동안 혈중 12~15 mg 에탄올/dL를 대사할 수 있지만, 음주자는 1시간 동안 30 mg 에탄올/dL까지 대사할 수 있다. 알코올 대사의 일부 영향으로는 간 지질(지방간) 증가, 위염(gastritis), 췌장염(pancreatitis), 케토산증(ketoacidosis), 알코올성 간염(alcohol hepatitis)과 심리적 장애 등이 포함된다.

표 12.3 알코올을 소비한 150 lb인 사람이 보이는 전형적인 행동

1시간에 소비한 맥주(12온스) 또는 와인 잔의 수(5온스)	혈중 알코올 농도(% m/v)	전형적인 행동
1	0.025	약간 어지럽고, 말이 많아짐
2	0.050	행복감, 시끄럽게 말하고 웃음
4	0.10	억제력 상실, 협응력 상실, 졸음, 대부분 주에서 법적으로 취한 상태
8	0.20	취한 상태, 쉽게 화를 냄, 과장된 감정
12	0.30	무의식
16~20	0.40~0.50	혼수상태 및 사망

알코올이 혈액에 존재하면, 폐를 통하여 증발한다. 따라서 폐에서의 알코올 백분율은 혈중 알코올 농도(blood alcohol concentration, BAC)를 측정하는 데 사용할 수 있다. BAC를 측정하기 위해 몇 가지 기구가 사용된다. 음주측정기(breathalyzer)를 사용하

면, 음주 운전으로 의심되는 운전자는 마우스피스를 통하여 주황색의 Cr^{6+} 이온이 포함된 용액으로 숨을 내쉰다. 날숨의 공기에 존재하는 모든 알코올은 산화되고, 이것은 주황색의 Cr^{6+}를 녹색의 Cr^{3+}로 환원시킨다.

$$\underset{\text{에탄올}}{CH_3-CH_2-OH} + \underset{\text{주황색}}{Cr^{6+}} \xrightarrow{[O]} \underset{\text{에탄산}}{CH_3-\overset{\overset{\displaystyle O}{\|}}{C}-OH} + \underset{\text{녹색}}{Cr^{3+}}$$

음주측정기 검사는 혈중 알코올 농도를 결정하는 데 사용한다.

Alcosensor는 연료 전지 내 알코올의 산화를 이용하여 측정할 전류를 생성한다. Intoxilyzer는 알코올 분자가 흡수하는 빛의 양을 측정한다.

때때로 알코올 중독자는 아세트알데하이드가 아세트산으로 산화되는 것을 방지하는 안타부스(디설피람)라고 하는 약물로 치료한다. 결과적으로 아세트알데하이드가 혈액에 축적되어 메스꺼움, 다량의 땀, 두통, 어지럼증, 구토와 호흡 곤란을 일으킨다. 이러한 불쾌한 부작용 때문에 그 사람은 술을 마실 가능성이 줄어든다.

메탄올 중독

메탄올(메틸 알코올), CH_3OH는 자동차 유리창 세척제, 고체 알코올 연료, 페인트 제거제와 같은 제품에 존재하는 독성이 높은 알코올이다. 메탄올은 위장관(gastrointestinal tract)에서 빠르게 흡수된다. 간에서 폼알데하이드로 산화된 뒤, 메스꺼움, 심한 복통, 시야 흐림을 일으키는 물질인 폼산이 된다. 중간 생성물이 눈의 망막을 파괴하기 때문에 실명을 일으킬 수 있으며, 4 mL의 메탄올만으로도 실명할 수 있다. 체내에서 쉽게 제거할 수 없는 폼산은 혈액의 pH를 심각하게 낮추어 약 30 mL의 메탄올만으로도 혼수상태와 사망에 이를 수 있다.

$$\underset{\substack{\text{메탄올}\\(\text{메틸 알코올})}}{CH_3-OH} \xrightarrow{[O]} \underset{\substack{\text{메탄알}\\(\text{폼알데하이드})}}{H-\overset{\overset{\displaystyle O}{\|}}{C}-H} \xrightarrow{[O]} \underset{\substack{\text{메탄산}\\(\text{폼산})}}{H-\overset{\overset{\displaystyle O}{\|}}{C}-OH}$$

메탄올 중독의 치료에는 탄산수소 소듐을 투여하여 혈액의 폼산을 중화하는 것이 포함된다. 일부 경우에는 에탄올을 환자에게 정맥주사한다. 간의 효소는 메탄올 분자 대신 에탄올 분자를 선택하여 산화시킨다. 이러한 과정은 메탄올이 위험한 산화 생성물을 생성하지 않고, 폐를 통하여 제거될 시간을 제공한다.

Tollens 검사

알데하이드가 쉽게 산화되는 것으로 인해 특정한 약한 산화제로 하여금 다른 작용기를 산화시키지 않고, 알데하이드 작용기를 산화시킬 수 있다. 실험실에서 **Tollens 검사**(Tollens' test)는 알데하이드를 산화시키지만, 케톤은 산화시키지 못하는 $Ag^+(AgNO_3)$와 암모니아 용액을 사용한다. 은 이온은 환원되어 용기 안에 '은거울'을 형성한다. 상업적으로 분무총을 이용하여 유리에 $AgNO_3$, 암모니아, 글루코스 혼합물을 바르는 유사한 과정이 사용되어 거울을 만든다(**그림 12.7**).

$$\underset{\substack{\text{에탄알}\\(\text{아세트알데하이드})}}{CH_3-\overset{\overset{\displaystyle O}{\|}}{C}-H} + \underset{\substack{\text{Tollens}\\\text{시약}}}{2Ag^+} \xrightarrow{[O]} \underset{\text{은거울}}{2Ag(s)} + \underset{\substack{\text{에탄산}\\(\text{아세트산})}}{CH_3-\overset{\overset{\displaystyle O}{\|}}{C}-OH}$$

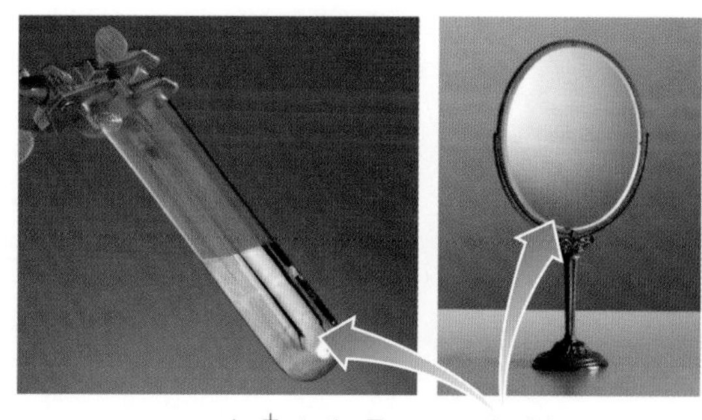

$Ag^+ + 1\,e^- \longrightarrow Ag(s)$

그림 12.7 Tollens 검사에서 알데하이드의 산화가 은 이온을 금속 은으로 환원할 때, 은거울이 형성된다. 거울의 은빛 표면도 비슷한 방법으로 형성된다.

Q 알데하이드의 산화 생성물은 무엇인가?

Benedict 검사(Benedict's test)라고 하는 또 다른 검사는 알데하이드 작용기와 인접한 하이드록실기를 가진 화합물에 양성 결과를 제시한다. $Cu^{2+}(CuSO_4)$를 함유한 Benedict 용액을 이러한 종류의 알데하이드에 첨가하고 가열하면, 적갈색의 고체인 Cu_2O가 형성된다(**그림 12.8**). 이 검사는 간단한 알데하이드와 케톤에는 음성 결과가 나온다.

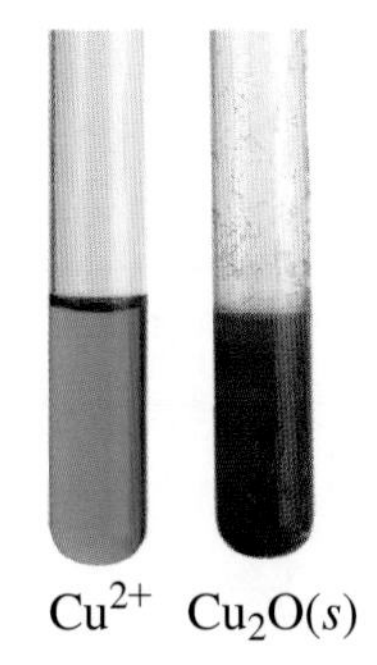

그림 12.8 많은 당과 알데하이드의 양성 검사에서 Benedict 용액의 푸른색 Cu^{2+}는 적갈색의 고체인 Cu_2O를 형성한다.

Q 어느 시험관이 글루코스가 존재함을 나타내는가?

$$CH_3-CH(OH)-C(=O)-H + 2Cu^{2+} \longrightarrow Cu_2O(s) + CH_3-CH(OH)-C(=O)-OH$$

2-하이드록시프로판알, Benedict 시약, 적갈색의 고체, 2-하이드록시프로판산

글루코스는 인접한 하이드록실기와 함께 있는 알데하이드가 있으므로, Benedict 시약은 혈액이나 소변에 글루코스의 존재를 확인하는 데 사용할 수 있다.

$$\text{D-글루코스 } (HC(=O)-CH(OH)-CH(OH)-CH(OH)-CH(OH)-CH_2OH) + 2Cu^{2+} \text{ (Benedict 시약, 푸른색)} \longrightarrow \text{D-글루콘산 } (HOOC-CH(OH)-CH(OH)-CH(OH)-CH(OH)-CH_2OH) + Cu_2O(s) \text{ (적갈색)}$$

알데하이드와 케톤의 환원

알데하이드와 케톤은 수소화붕소 소듐($NaBH_4$) 또는 수소(H_2)에 의해 환원된다. 유기 화합물의 **환원**(reduction)에서는 수소가 첨가되거나 산소를 잃으면 탄소-산소 결합의 수가 감소한다. 알데하이드는 환원되어 1차 알코올이, 케톤은 환원되어 2차 알코올이 된다. 카보닐기에 수소를 첨가하려면 니켈, 백금 또는 팔라듐과 같은 촉매가 필요하다.

알데하이드는 1차 알코올로 환원된다.

$$CH_3-CH_2-C(=O)-H + \mathbf{H_2} \xrightarrow{Pt} CH_3-CH_2-CH(OH)-H$$

프로판알 (프로피온알데하이드) → 1-프로판올(1° 알코올) (프로필 알코올)

케톤은 2차 알코올로 환원된다.

$$CH_3-C(=O)-CH_3 + \mathbf{H_2} \xrightarrow{Ni} CH_3-CH(OH)-CH_3$$

프로판온 (다이메틸 케톤) → 2-프로판올(2° 알코올) (아이소프로필 알코올)

생각해보기

케톤의 환원 생성물은 무엇인가?

예제 12.10 카보닐기의 환원

문제

니켈 촉매의 존재하에서 수소를 이용하여 사이클로펜탄온의 환원에 대한 완결된 반응식을 써라.

풀이

반응 분자는 5개의 탄소 원자를 가진 고리형 케톤이다. 환원하는 동안, 수소 원자는 카보닐기의 탄소와 산소에 첨가되어 케톤을 해당하는 2차 알코올로 환원시킨다.

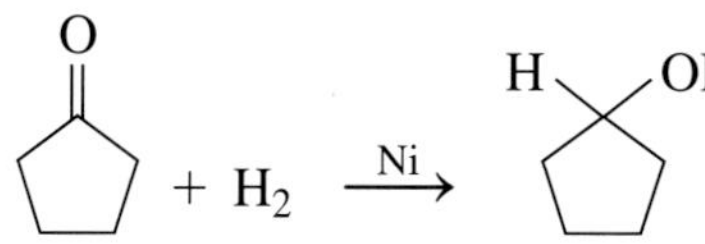

$$\text{사이클로펜탄온} + H_2 \xrightarrow{Ni} \text{사이클로펜탄올}$$

사이클로펜탄온 사이클로펜탄올

유제 12.10

백금 촉매 존재하에서 수소를 이용하여 뷰탄알을 환원하는 것에 대한 완결된 화학 반응식을 써라.

해답

$$CH_3-CH_2-CH_2-\overset{O}{\overset{\|}{C}}-H + H_2 \xrightarrow{Pt} CH_3-CH_2-CH_2-CH_2-OH$$

확인하기

연습 문제 12.17을 풀어보기

연습 문제

12.4 알코올 싸이올, 알데하이드와 케톤의 반응

학습 목표 알코올의 연소, 탈수와 산화 반응에 대한 완결된 화학 반응식을 쓴다. 알데하이드와 케톤의 환원 반응에 대한 완결된 화학 반응식을 쓴다.

12.13 다음 화합물의 완전 연소에 대한 완결된 화학 반응식을 써라.

a. 메탄올 **b.** 2-뷰탄올

12.14 다음의 탈수 반응에 의하여 생성되는 알켄의 축약 구조식, 또는 고리형이라면 골격 구조식을 그려라.

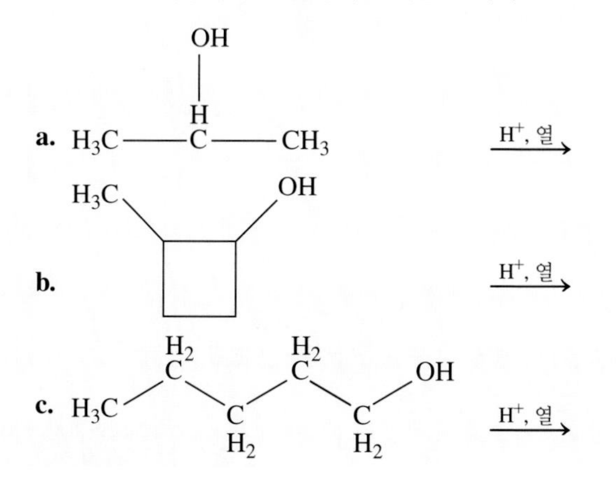

12.15 다음의 알코올이 산화될 때([O]), 생성되는 알데하이드나 케톤의 축약 구조식 또는 선-각 구조식을 그려라. (반응이 일어나지 않을 경우, none이라고 써라.)

a. $CH_3-CH_2-CH_2-OH$

b. $CH_3-\overset{OH}{\overset{|}{CH}}-CH_2-CH_2-CH_2-CH_3$

c. (사이클로헥산올) OH

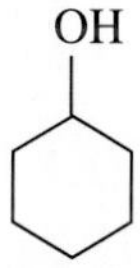

d. (선-각 구조식) OH

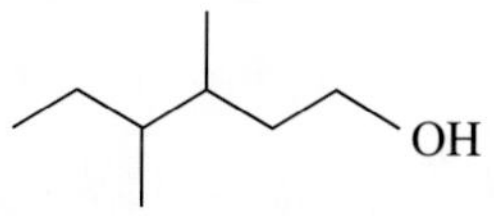

12.16 다음이 산화될 때, 생성되는 알데하이드와 카복실산의 축약 구조식을 그려라.

a. $CH_3-CH_2-CH_2-CH_2-CH_2-OH$

b. $CH_3-\overset{CH_3}{\overset{|}{CH}}-CH_2-CH_2-OH$

c. 1-뷰탄올

12.17 다음이 니켈 촉매하에서 수소에 의해 환원될 때, 생성되는 알코올의 축약 구조식을 그려라.

a. 뷰티르알데하이드

b. 아세톤

c. 헥산알

d. 2-메틸-3-펜탄온

의학 최신 정보 Diana의 피부 보호 계획

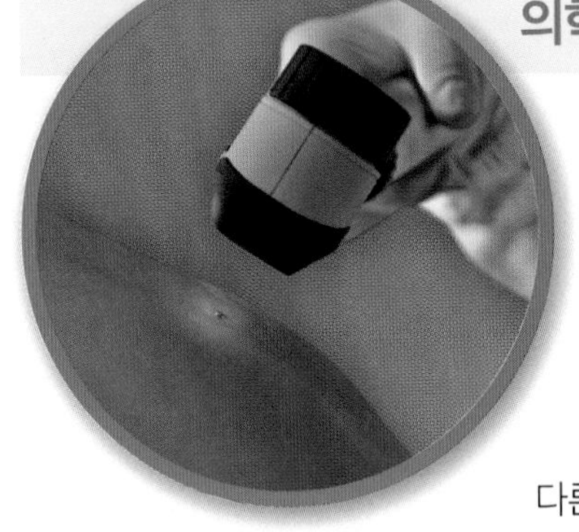

6개월 후, Diana는 후속 피부 검사를 위하여 피부과 사무실에 갔다. 점을 절제한 피부 부위에는 변화가 없었고, 의심스러운 다른 점은 발견되지 않았다. Margaret은 Diana에게 특히 오전 10시에서 오후 3시까지는 햇볕에 대한 노출을 제한하고, 모자와 긴 팔 셔츠, 다리를 가리는 바지를 포함한 방호 의복을 입을 것을 상기시켰다. 또한 노출되는 모든 피부에는 매일 SPF가 15 이상인 광범위 자외선 차단제를 사용하라고 말하였다. 자외선 차단제는 피부가 햇볕에 노출되어 있을 때 자외선 복사를 흡수하여, 화상을 방지하도록 돕는다. 2~100의 범위에 있는 SPF(sun protection factor, 자외선 차단 지수) 수는 보호받지 않은 피부가 화상을 입지 않는 시간에 비교하여 보호한 피부가 화상을 입지 않는 시간의 양을 제시한다. 자외선 차단제의 주요 성분은 주로 옥시벤존(oxybenzone) 및 아보벤존(avobenzone)과 같은 카보닐기를 가진 방향족 분자이다.

자외선 차단제는 자외선을 흡수하여 화상을 방지한다.

의학 응용

12.18 옥시벤존은 구조식이 다음과 같은 효과적인 자외선 차단제이다.

a. 옥시벤존의 작용기는 무엇인가?

b. 옥시벤존의 분자식과 분자 질량은 무엇인가?

c. 178 mL 용량의 자외선 차단제 병에 6.0%(m/v)의 옥시벤존이 있다면, 옥시벤존은 몇 g인가?

OH O

O

옥시벤존

개념도

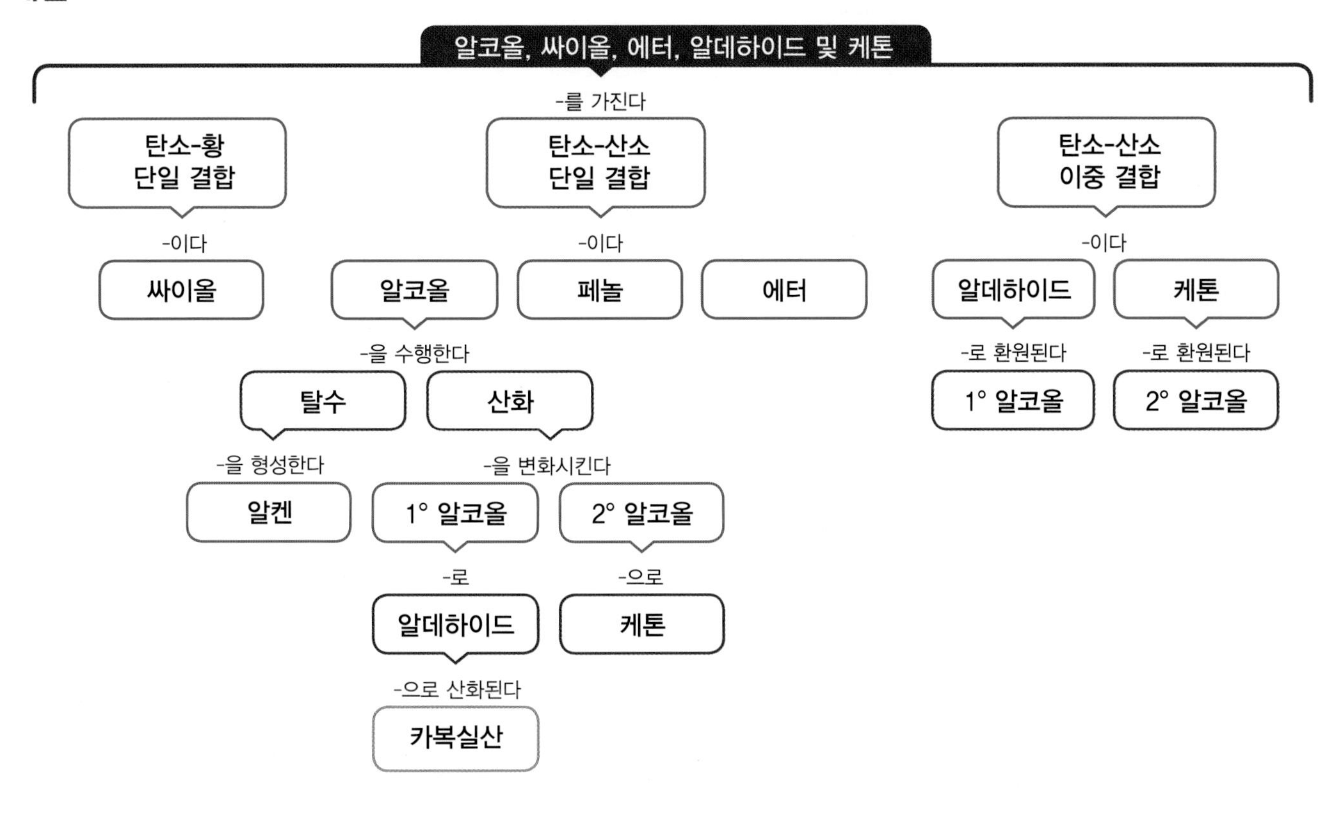

장 복습

12.1 알코올, 페놀, 싸이올 및 에터

학습 목표 알코올, 페놀, 싸이올에 대한 IUPAC 이름과 관용명, 에터의 관용명을 쓴다. 축약 구조식 또는 선-각 구조식을 그린다.

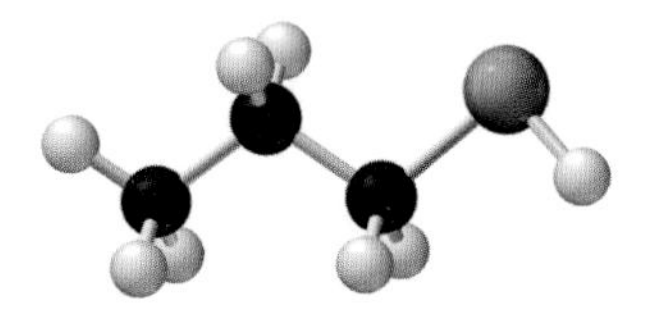

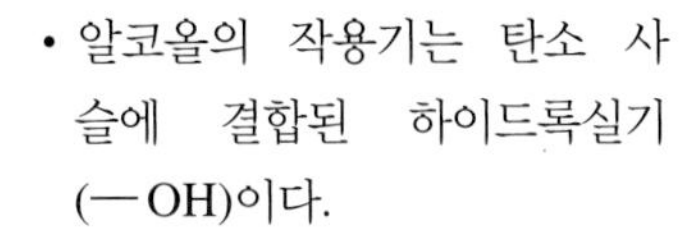

1-프로페인싸이올
(양파)

- 알코올의 작용기는 탄소 사슬에 결합된 하이드록실기(—OH)이다.
- 페놀에서 하이드록실기는 방향족 고리에 결합되어 있다.
- 싸이올에서 작용기는 —SH이며, 알코올의 —OH기와 유사하다.
- IUPAC 체계에서 알코올의 이름은 **-안올**(-anol)로 끝나며, —OH기의 위치는 탄소 사슬에 번호를 부여하여 주어진다.
- 고리형 알코올은 사이클로알칸올과 같이 명명된다.
- 간단한 알코올은 일반적으로 알코올이라는 용어 앞에 알킬 이름을 가지는 관용명으로 명명된다.
- 방향족 알코올은 페놀로 명명된다.
- 에터에서 산소 원자는 2개의 알킬 또는 방향족기에 단일 결합으로 연결된다.
- 에터의 관용명에서 알킬 또는 방향족기는 알파벳 순서대로 나열되고 에터가 뒤에 온다.

12.2 알코올의 성질

학습 목표 알코올의 분류를 기술하고, 알코올의 물에 대한 용해도를 기술한다.

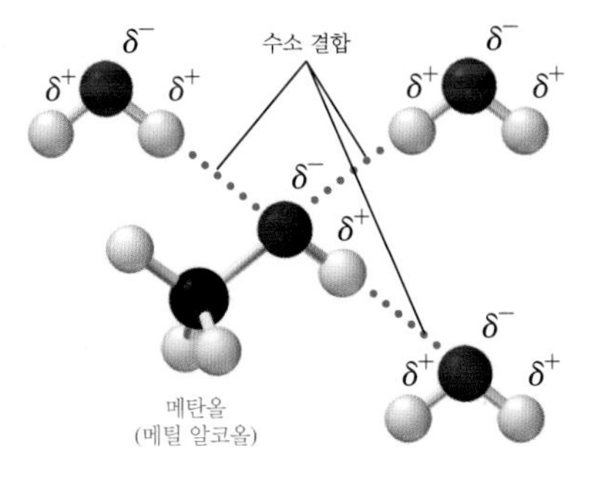

- 알코올은 —OH기를 가진 탄소에 결합된 알킬기의 수에 따라 분류한다.
- 1차(1°) 알코올에는 1개의 기가 하이드록실 탄소에 붙어 있다.
- 2차(2°) 알코올에는 2개의 기가 하이드록실 탄소에 붙어 있다.
- 3차(3°) 알코올에는 3개의 기가 하이드록실 탄소에 붙어 있다.
- 사슬이 짧은 알코올은 물과 수소 결합하여 잘 녹는다.

12.3 알데하이드와 케톤

학습 목표 알데하이드와 케톤의 IUPAC 이름과 관용명을 쓰고, 이들의 축약 구조식 또는 선-각 구조식을 그린다. 알데하이드와 케톤의 물에 대한 용해도를 기술한다.

- 알데하이드와 케톤은 탄소와 산소 원자 사이에 이중 결합을 형성하는 카보닐기(C$=$O)를 가진다.

- 알데하이드에서 카보닐기는 적어도 하나의 수소 원자가 붙어 있는 탄소 사슬의 끝에 있다.
- 케톤에서 카보닐기는 2개의 알킬 또는 방향족기 사이에서 나타난다.
- IUPAC 체계에서 해당 알케인 이름의 **-에인**(-ane)이 알데하이드에서는 **-안알**(-anal)로, 케톤에서는 **-안온**(-anon)으로 대체된다.

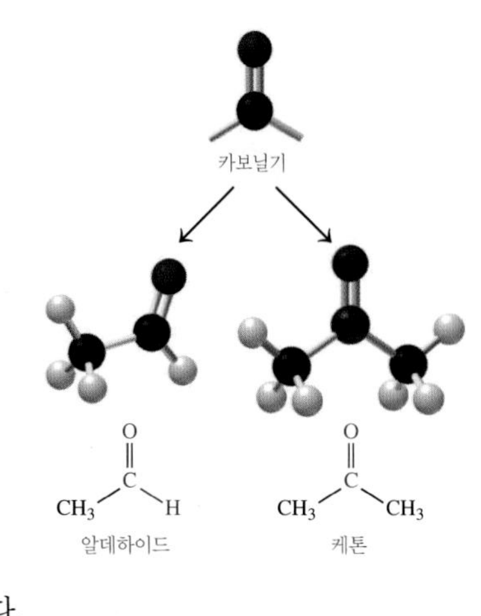

- 주 사슬에서 4개 이상의 탄소 원자를 가지는 케톤은 위치를 나타내기 위하여 카보닐기에 번호를 부여한다.
- 많은 간단한 알데하이드와 케톤은 관용명을 사용한다.
- 알데하이드와 케톤은 극성 카보닐기를 가지기 때문에 물 분자와 수소 결합을 할 수 있고, 이것은 1~4개의 탄소 원자를 가지는 카보닐 화합물이 물에 녹게 한다.

12.4 알코올, 싸이올, 알데하이드와 케톤의 반응

학습 목표 알코올의 연소, 탈수와 산화 반응에 대한 완결된 화학 반응식을 쓴다. 알데하이드와 케톤의 환원 반응에 대한 완결된 화학 반응식을 쓴다.

$$\underset{\text{에탄올 (에틸알코올)}}{CH_3-\overset{\overset{OH}{|}}{C}H_2} \xrightarrow{[O]} \underset{\text{에탄알 (아세트알데하이드)}}{CH_3-\overset{\overset{O}{\|}}{C}-H} + H_2O$$

- 알코올은 O_2와 연소하여 CO_2, H_2O, 에너지를 형성한다.
- 고온에서 알코올은 산 존재하에서 탈수되어 알켄을 생성한다.
- 1차 알코올은 알데하이드로 산화된 뒤, 다시 카복실산으로 산화된다.
- 2차 알코올은 케톤으로 산화된다.
- 3차 알코올은 산화되지 않는다.
- 싸이올은 산화하여 다이설파이드를 형성한다.
- 알데하이드는 카복실산으로 쉽게 산화되지만, 케톤은 더 이상 산화되지 않는다.
- 알데하이드는 Tollens 시약에 의하여 산화되어 은거울을 생성하지만, 케톤은 그렇지 않다.
- Benedict 검사에서 인접한 하이드록실기를 가진 알데하이드는 푸른색의 Cu^{2+}를 환원하여 적갈색의 Cu_2O 고체를 생성한다.
- 알데하이드와 케톤은 촉매 존재하에서 H_2로 환원되어 알코올을 생성한다.

명명법 요약

족	구조	IUPAC 이름	관용명
알코올	$CH_3-\mathbf{OH}$	메탄올	메틸 알코올
페놀	$C_6H_5-\mathbf{OH}$	페놀	페놀
싸이올	$CH_3-\mathbf{SH}$	메탄싸이올	
에터	$CH_3-\mathbf{O}-CH_3$		다이메틸 에터
알데하이드	$\mathbf{H-\overset{\overset{O}{\|}}{C}-H}$	메탄알	폼알데하이드
케톤	$CH_3-\overset{\overset{\mathbf{O}}{\|}}{\mathbf{C}}-CH_3$	프로판온	아세톤(다이메틸 케톤)

반응의 요약

복습할 장의 절은 각 반응 이름 뒤에 제시하였다.

알코올의 연소 반응(12.4)

$$\underset{\text{에탄올}}{CH_3-CH_2-OH} + \underset{\text{산소}}{3O_2} \xrightarrow{\Delta} \underset{\text{이산화 탄소}}{2CO_2} + \underset{\text{물}}{3H_2O} + \text{에너지}$$

알코올의 탈수 반응으로 알켄 형성(12.4)

$$\underset{\text{1-프로판올}}{CH_3-CH_2-CH_2-OH} \xrightarrow{H^+,\ \text{열}} \underset{\text{프로펜}}{CH_3-CH=CH_2} + H_2O$$

1차 알코올의 산화로 알데하이드 형성(12.4)

$$\underset{\text{에탄올}}{CH_3-CH_2(OH)} \xrightarrow{[O]} \underset{\text{에탄알}}{CH_3-C(=O)-H} + H_2O$$

2차 알코올의 산화로 케톤 형성(12.4)

$$\underset{\text{2-프로판올}}{CH_3-CH(OH)-CH_3} \xrightarrow{[O]} \underset{\text{프로판온}}{CH_3-C(=O)-CH_3} + H_2O$$

알데하이드의 산화로 카복실산 형성(12.4)

$$\underset{\text{에탄알}}{CH_3-C(=O)-H} \xrightarrow{[O]} \underset{\text{에탄산}}{CH_3-C(=O)-OH}$$

알데하이드의 환원으로 1차 알코올 형성(12.4)

$$\underset{\text{에탄알}}{CH_3-C(=O)-H} + H_2 \xrightarrow{Pt} \underset{\text{에탄올}}{CH_3-CH_2(OH)}$$

케톤의 환원으로 2차 알코올 형성(12.4)

$$\underset{\text{프로판온}}{CH_3-C(=O)-CH_3} + H_2 \xrightarrow{Ni} \underset{\text{2-프로판올}}{CH_3-CH(OH)-CH_3}$$

주요 용어

알코올 탄소 사슬에 붙어 있는 하이드록실 작용기(—OH)를 가진 유기 화합물

알데하이드 적어도 하나의 수소와 결합된 카보닐 작용기를 가진 유기 화합물

$$-C(=O)-H = -CHO$$

Benedict 검사 인접한 하이드록실기를 가진 알데하이드를 확인하는 검사로, Benedict 시약의 Cu^{2+}($CuSO_4$) 이온이 환원되어 적갈색의 고체 Cu_2O가 생성되는 변화가 나타난다.

카보닐기 탄소-산소 이중 결합(C=O)을 가진 작용기

탈수 반응 고온에서 산 존재하에 알코올로부터 물을 제거하여 알켄을 형성하는 반응

에터 알킬 또는 방향족인 2개의 탄소기와 결합한 산소 원자가 있는 유기 화합물

케톤 2개의 알킬기 또는 방향족기와 결합한 카보닐 작용기가 있는 유기 화합물

$$-C(=O)- = -CO-$$

산화 반응물에서 2개의 수소 원자를 잃어 더 산화된 화합물을 만드는 것으로, 1차 알코올은 알데하이드로 산화되고, 2차 알코올은 케톤으로 산화된다. 산화는 산소 원자의 첨가 또는 탄소-산소 결합 수의 증가가 될 수 있다.

페놀 벤젠 고리에 붙어 있는 하이드록실기(—OH)를 가진 유기 화합물

1차(1°) 알코올 —OH기를 가진 탄소 원자에 1개의 알킬기가 결합된 알코올

환원 케톤이 2° 알코올로 환원되거나 알데하이드가 1° 알코올로 환원될 때, 수소를 얻는다.

2차(2°) 알코올 —OH기를 가진 탄소 원자에 2개의 알킬기가 결합된 알코올

3차(3°) 알코올 —OH기를 가진 탄소 원자에 3개의 알킬기가 결합된 알코올

싸이올 싸이올기(—SH)를 가진 유기 화합물

Tollens 검사 알데하이드를 확인하는 검사로, Tollens 시약의 Ag^+ 이온이 금속 은으로 환원되어 용기 벽에 '은거울'을 형성한다.

핵심 화학 기법

각 핵심 화학 기법을 포함하는 장의 절은 각 주제 끝의 괄호 안에 표시하였다.

작용기 확인(12.1)

- 작용기는 유기 화합물의 특정한 원자단이며, 특징적인 화학 반응을 수행한다.
- 동일한 작용기를 가진 유기 화합물은 유사한 성질과 반응을 가진다.

예: 다음의 작용기를 확인하라.

$CH_3-CH_2-CH_2-CH_2-OH$

해답: 하이드록실기(—OH)는 이 화합물을 알코올이 되게 한다.

알코올과 페놀의 명명(12.1)

- IUPAC 체계에서 알코올은 알케인 이름의 **-에인**(-ane)을 **-안올**(-anol)로 대체하여 명명한다.
- 간단한 알코올은 **알코올**(alcohol) 단어 앞에 알킬 이름을 붙여 명명한다.
- —OH기에 가까운 끝에서부터 탄소 사슬에 번호를 부여하고, —OH의 위치를 이름 앞에 부여한다.
- 고리형 알코올은 사이클로알칸올로 명명한다.
- 방향족 알코올은 페놀로 명명한다.

예: 다음 화합물의 IUPAC 이름을 제시하라.

$$\begin{array}{c} \quad CH_3 \\ \quad | \\ CH_3-CH-CH_2-OH \end{array}$$

해답: 2-메틸-1-프로판올

알데하이드와 케톤의 명명(12.3)

- IUPAC 체계에서 알데하이드는 알케인 이름의 **-에인**(-ane) 대신 **-안알**(-anal)로, 케톤은 **-에인**(-ane) 대신 **-안온**(-anon)으로 대체한다.
- 알데하이드의 치환기 위치는 카보닐기부터 탄소 사슬에 번호를 부여하여 나타내고, 이름 앞에 부여한다.
- 케톤에서 탄소 사슬은 카보닐기에 가까운 끝에서부터 번호를 부여한다.

예: 다음 화합물의 IUPAC 이름을 제시하라.

$$\begin{array}{c} \qquad CH_3 \qquad\qquad O \\ \qquad | \qquad\qquad\quad \| \\ CH_3-CH-CH_2-C-CH_3 \end{array}$$

해답: 4-메틸-2-펜탄온

알코올의 탈수 반응에 대한 반응식 쓰기(12.4)

- 고온에서 알코올은 산 촉매 존재하에서 탈수되어 알켄을 생성한다.

예: 2-메틸-1-뷰탄올의 탈수 반응으로부터 얻어진 유기 생성물에 대한 축약 구조식을 그려라.

해답:
$$\begin{array}{c} \qquad CH_3 \\ \qquad | \\ H_2C=C-CH_2-CH_3 \end{array}$$

알코올의 산화에 대한 반응식 쓰기(12.4)

- 1차 알코올은 알데하이드로 산화되고, 알데하이드는 다시 카복실산으로 산화된다.
- 2차 알코올은 케톤으로 산화된다.
- 3차 알코올은 산화되지 않는다.

예: 2-뷰탄올의 산화 생성물에 대한 축약 구조식을 그려라.

해답:
$$\begin{array}{c} \quad O \\ \quad \| \\ CH_3-C-CH_2-CH_3 \end{array}$$

개념 이해 문제

복습할 장의 절은 각 문제 끝의 괄호 안에 나타내었다.

12.19 진저롤(gingerol)은 생강에서 발견되는 자극적인 화합물이다. 진저롤에서 작용기를 확인하라. (12.1, 12.3)

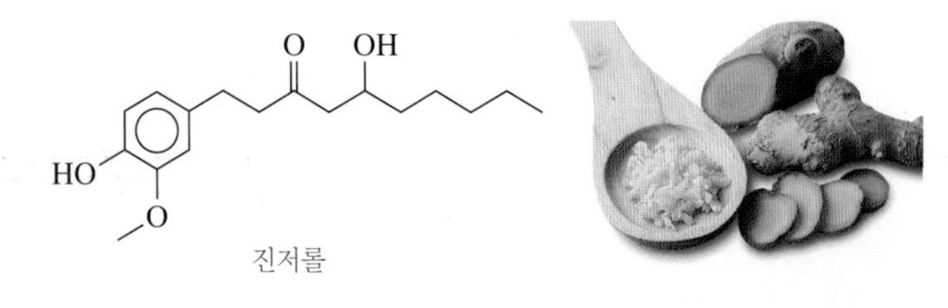

진저롤

12.20 레스베라트롤(resveratrol)이라고 하는 화합물은 포도 껍질에서 발견되는 항산화제이다. 레스베라트롤의 작용기를 확인하라. (12.1, 12.3)

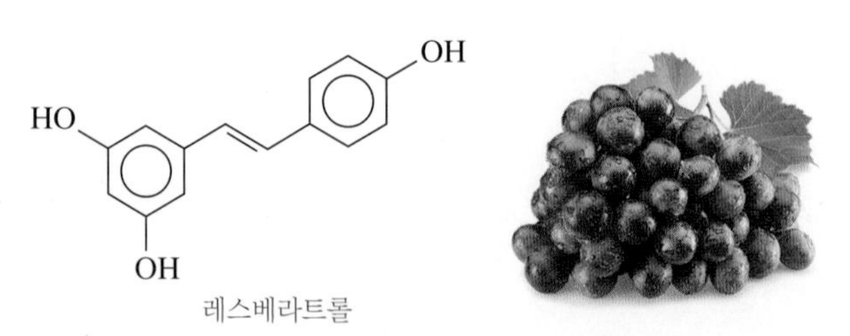

레스베라트롤

12.21 다음 중 Tollens 검사에서 양성을 나타내는 것은 무엇인가? (12.4)

a. 프로판알

b. 에탄올

c. 에틸 메틸 에터

추가 연습 문제

12.22 다음의 알코올을 1차(1°), 2차(2°) 또는 3차(3°)로 분류하라. (12.2)

a. 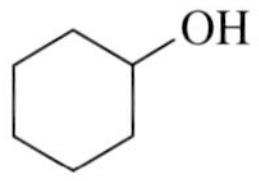 (cyclohexane ring with OH)

b. 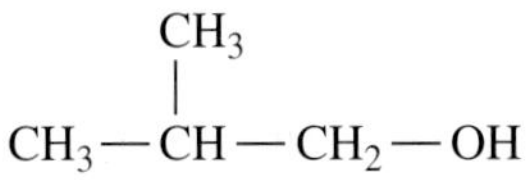 $CH_3-CH(CH_3)-CH_2-OH$

c. 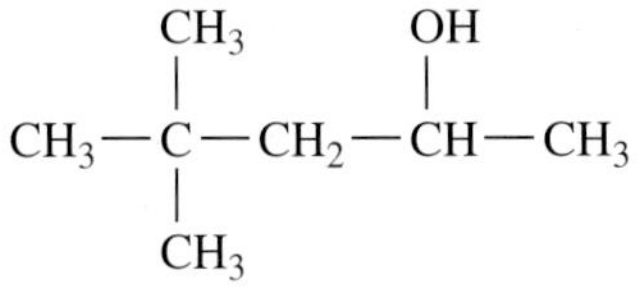 $CH_3-C(CH_3)_2-CH_2-CH(OH)-CH_3$

d. 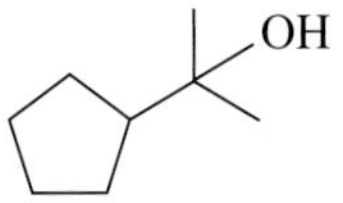 (cyclopentyl–C(CH₃)₂–OH)

12.23 다음의 알코올과 페놀에 대한 IUPAC 이름을 제시하라. (12.1)

a. 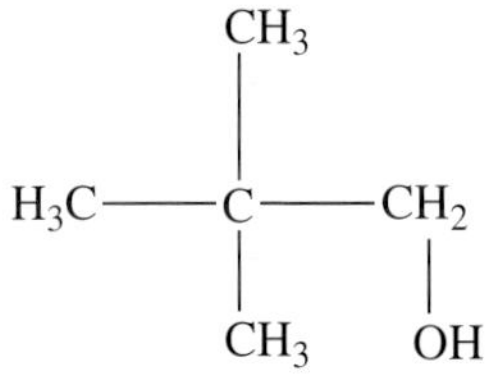 $H_3C-C(CH_3)_2-CH_2-OH$

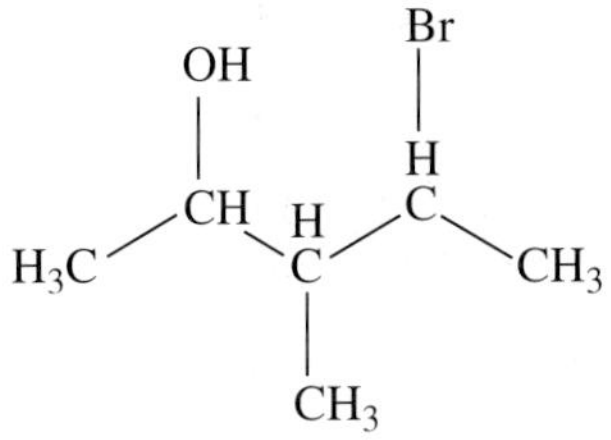

b. $H_3C-CH(OH)-CH(CH_3)-CH(Br)-CH_3$

c. (phenol: OH, 3-CH₃, 4-Br)

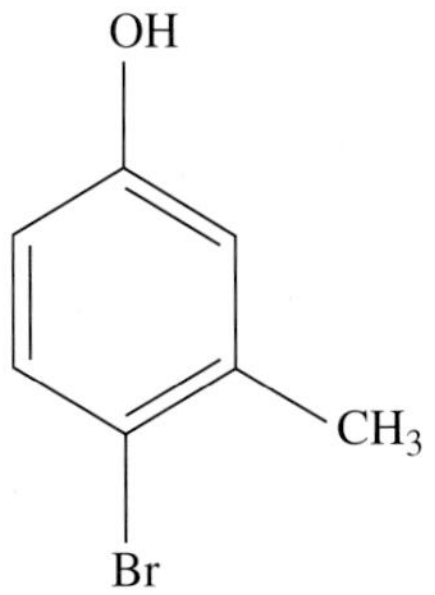

12.24 다음 화합물에 대한 축약 구조식을 그려라. (12.1)

a. 2-클로로페놀 **b.** 4-헵탄올

c. 2,4-다이브로모페놀 **d.** 2-메틸-1-뷰탄올

12.25 다음의 각 두 화합물 중 어느 화합물이 물에 더 잘 녹는가? 설명하라. (12.2)

a. 펜테인 또는 1-프로판올

b. 에탄올 또는 에틸 메틸 에터

c. 메탄올 또는 1-헵탄올

12.26 다음 반응물의 알켄, 알데하이드 또는 케톤 생성물에 대한 축약 구조식 또는 선-각 구조식을 그려라. (12.4)

a. $CH_3-CH_2-CH_2-OH \xrightarrow{H^+,\ 열}$

b. 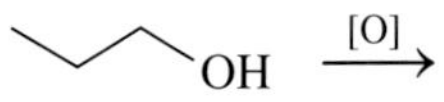 (line-angle 1-propanol, OH) $\xrightarrow{[O]}$

c. 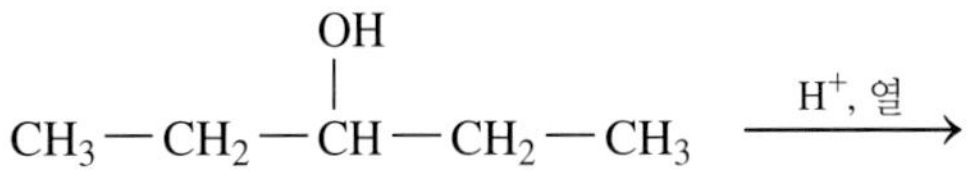 $CH_3-CH_2-CH(OH)-CH_2-CH_3 \xrightarrow{H^+,\ 열}$

d. 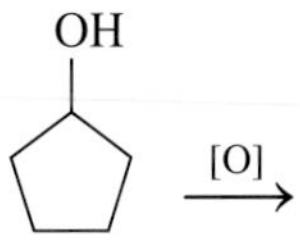 (cyclopentanol, OH) $\xrightarrow{[O]}$

12.27 다음을 수소와 니켈 촉매가 환원할 때 생성되는 알코올에 대한 축약 구조식 또는 선-각 구조식을 그려라. (12.4)

a. 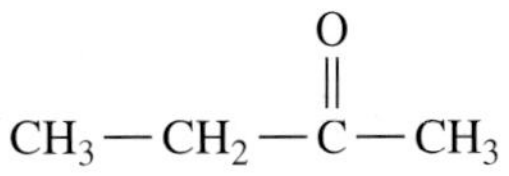 $CH_3-CH_2-C(=O)-CH_3$

b. (benzene–CH₂–C(=O)H)

c. (cyclopropanone, O)

12.28 다음의 IUPAC 이름을 제시하라. (12.3)

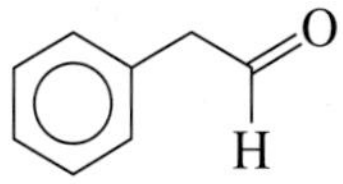

a. 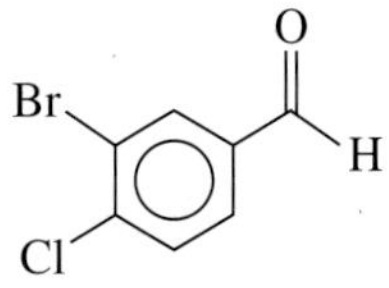 (benzaldehyde with Br at 3, Cl at 4; O, H)

b. 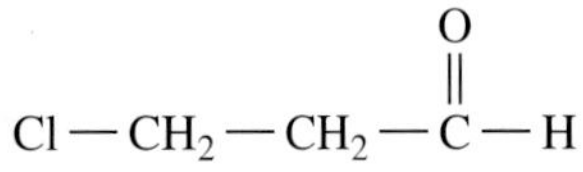 $Cl-CH_2-CH_2-C(=O)-H$

c. 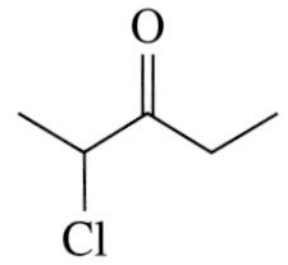 O, Cl

12.29 다음에 대한 축약 구조식 또는 고리형이라면 선-각 구조식을 그려라. (12.3)

a. 4-클로로벤즈알데하이드

b. 3-클로로프로피온알데하이드

c. 에틸 메틸 케톤

d. 3-메틸헥산알

12.30 다음의 알데하이드 또는 케톤 중 어느 것이 물에 녹는가? (12.3)

a. $CH_3-CH_2-\overset{\overset{\displaystyle O}{\|}}{C}-H$

b. $CH_3-\overset{\overset{\displaystyle O}{\|}}{C}-CH_3$

c. $CH_3-CH_2-\overset{\overset{\displaystyle O}{\|}}{C}-CH_2-CH_2-CH_3$

12.31 다음이 산화될 때 생성되는 케톤 또는 카복실산에 대한 축약 구조식 또는 선-각 구조식을 그려라. (12.4)

a. $CH_3-CH_2-CH_2-OH$

b. 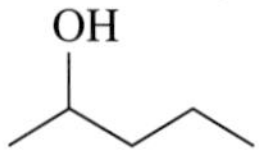 OH

c. $CH_3-CH_2-CH_2-\overset{\overset{\displaystyle O}{\|}}{C}-H$

d. 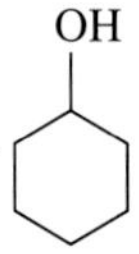 OH

도전 문제

다음 문제들은 이 장의 수제와 연관되어 있다. 그러나 장의 순서를 따르지 않으며, 여러 절의 개념과 기법을 종합할 것을 요구한다. 이러한 문제들은 여러분의 비판적 사고 능력을 향상시키고 다음 시험을 준비하는 것을 도와줄 것이다.

12.32 화학식이 $C_5H_{12}O$인 모든 알코올에 대한 축약 구조식을 그리고, IUPAC 이름을 제시하라. (12.1)

12.33 분자식이 $C_5H_{12}O$인 화합물 (A)가 산화하여 더 이상 산화되지 않는 화합물 (B)를 형성하였다. 화합물 (B)의 축약 구조식을 그려라. (12.4)

12.34 2-뷰탄올을 강산과 함께 가열하면, 탈수되어 화합물 A와 B(C_4H_8)를 형성한다. 2-뷰탄올이 산화되면, 화합물 C(C_4H_8O)를 형성한다. 화합물 A, B, C에 대한 구조식과 IUPAC 이름을 제시하라. (12.3, 12.4)

연습 문제 해답

12.1 **a.** 1-프로판올

b. 3-펜탄올

c. 4,5,6-트라이메틸-3-헵탄올

d. 3-메틸페놀

12.2 **a.** 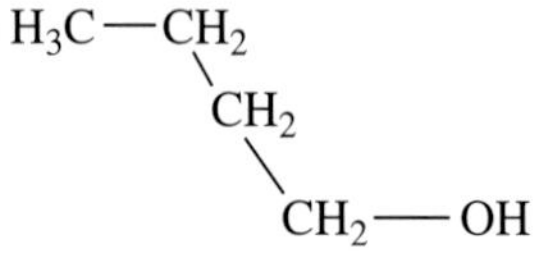 H_3C-CH_2, CH_2, CH_2-OH

b. 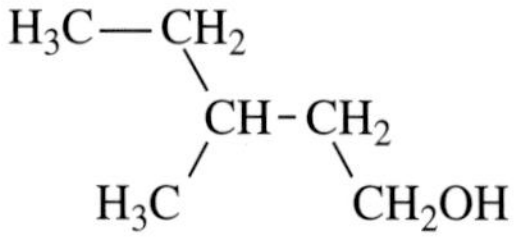 H_3C-CH_2, $CH-CH_2$, H_3C, CH_2OH

c. 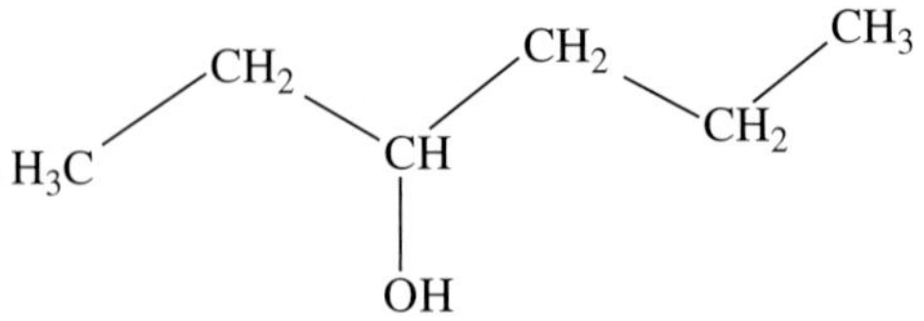 H_3C, CH_2, CH, OH, CH_2, CH_2, CH_3

d. 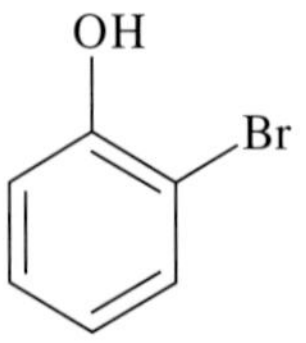 OH, Br

12.3 **a.** 다이메틸 에터 **b.** 사이클로뷰틸 에틸 에터

12.4 **a.** 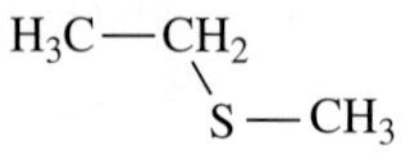 H_3C-CH_2, $S-CH_3$ **b.**  O

12.5 **a.** 1° **b.** 2° **c.** 3° **d.** 2°

12.6 **a.** 가용성 **b.** 불용성

12.7 **a.** 에탄올은 물과 수소 결합을 형성할 수 있는 극성 OH기를 가지고 있지만, 알케인인 자일렌은 그렇지 않다.
b. 1-프로판올은 더 짧은 탄소 사슬을 가진다.

12.8 **a.** 케톤 **b.** 알데하이드
c. 케톤 **d.** 알데하이드

12.9 **a.** 다이메틸 케톤 **b.** 뷰티르알데하이드
c. 메틸 뷰틸 케톤

12.10 **a.** 프로판알
b. 2-메틸-3-펜탄온
c. 3,4-다이메틸사이클로헥산온
d. 2-브로모벤즈알데하이드

12.11 **a.** $H-CH=O$

b. $H_3C-C(=O)-CH(Cl)-CH_2-CH_2-CH_3$

c. $H_3C-CH_2-C(=O)-CH_2-CH_2-CH_3$

d. $H-C(=O)-CH_2-CH_2-CH(CH_3)-CH_3$

12.12 **a.** 에탄올은 물과 수소 결합을 형성할 수 있는 극성 OH기를 가지고 있기 때문에 물에 더 잘 녹는다.
b. 뷰탄알은 3-헥산알보다 적은 탄소 원자를 가지기 때문에 물에 더 잘 녹는다.
c. 프로판알은 옥탄알보다 짧은 탄소 사슬을 가지기 때문에 물에 더 잘 녹는다.

12.13 **a.** $2CH_4O + 3O_2 \longrightarrow 2CO_2 + 4H_2O$ + 에너지
b. $C_4H_{10}O + 6O_2 \longrightarrow 4CO_2 + 5H_2O$ + 에너지

12.14 **a.** $H_2C=CH-CH_3$ **b.** H_3C-(사이클로뷰텐)

c. $H_3C-CH_2-CH_2-CH=CH_2$

12.15 **a.** $CH_3-CH_2-C(=O)-H$

b. $CH_3-C(=O)-CH_2-CH_2-CH_2-CH_3$

c. (사이클로헥산온) O

d. (골격 구조) O, H

12.16 **a.** $CH_3-CH_2-CH_2-CH_2-C(=O)-H$;
$CH_3-CH_2-CH_2-CH_2-C(=O)-OH$

b. $CH_3-CH(CH_3)-CH_2-C(=O)-H$;
$CH_3-CH(CH_3)-CH_2-C(=O)-OH$

c. $CH_3-CH_2-CH_2-C(=O)-H$;
$CH_3-CH_2-CH_2-C(=O)-OH$

12.17 **a.** $CH_3-CH_2-CH_2-CH_2-OH$
b. $CH_3-CH(OH)-CH_3$
c. $CH_3-CH_2-CH_2-CH_2-CH_2-CH_2-OH$
d. $CH_3-CH(CH_3)-CH(OH)-CH_2-CH_3$

12.18 **a.** 에터, 페놀, 케톤, 방향족 **b.** $C_{14}H_{12}O_3$, 228.2 g/mol
c. 11 g 옥시벤존

12.19 페놀, 에터, 케톤, 알코올

12.20 페놀, 알켄

12.21 화합물 **a**는 양성의 Tollens 시험 결과를 줄 것이다.

12.22 **a.** 2° **b.** 1° **c.** 2° **d.** 3°

12.23 **a.** 2,2-다이메틸 프로판-1-올
b. 4-브로모-3-메틸-펜탄-2-올
c. 4-브로모-3-메틸 페놀

12.24 **a.** 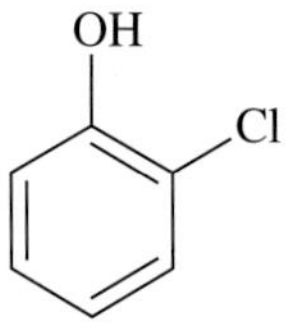 2-chlorophenol structure (benzene ring with OH and Cl)

b. 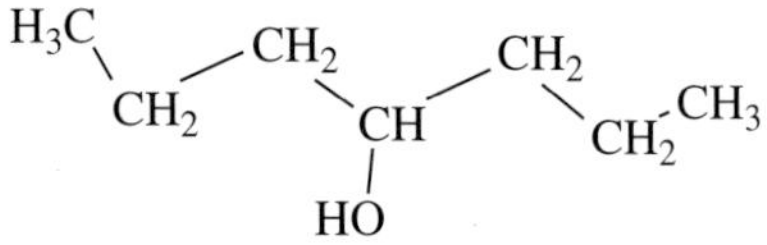 $H_3C-CH_2-CH_2-CH(OH)-CH_2-CH_2-CH_3$

c. 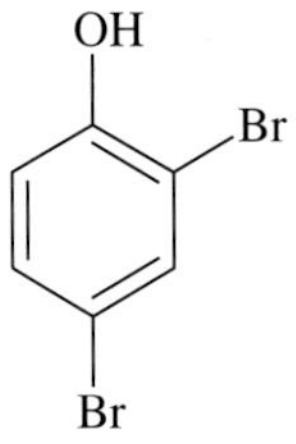 benzene ring with OH, Br (ortho), Br (para)

d. 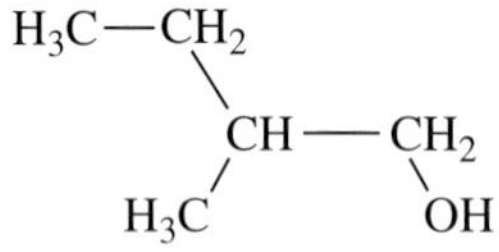 $H_3C-CH_2-CH(CH_3)-CH_2-OH$

12.25 **a.** 1-프로판올은 물과 수소 결합을 형성할 수 있는 극성 OH기를 가지고 있지만, 알케인인 펜테인은 그렇지 않다.

b. 에탄올은 에터보다 물과 수소 결합을 더 많이 형성할 수 있기 때문에 더 잘 녹는다.

c. 에탄올은 더 짧은 탄소 사슬을 가지고 있기 때문에 1-헵탄올보다 물에 더 잘 녹는다.

12.26 **a.** $CH_3-CH=CH_2$

b. 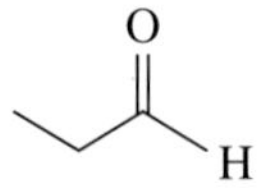 $CH_3-CH_2-C(=O)-H$

c. $CH_3-CH=CH-CH_2-CH_3$

d.  cyclopentanone

12.27 **a.** 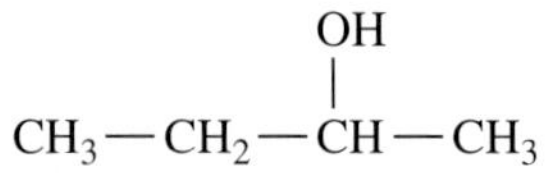 $CH_3-CH_2-CH(OH)-CH_3$

b. $C_6H_5-CH_2-CH_2-OH$

c. cyclopropanol

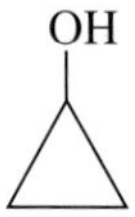

12.28 **a.** 3-브로모-4-클로로벤즈알데하이드

b. 3-클로로프로판알

c. 2-클로로-3-펜탄온

12.29 **a.** 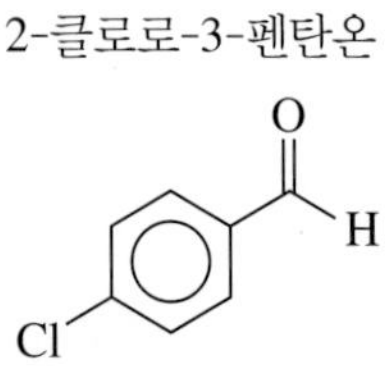 4-Cl-C_6H_4-CHO (benzaldehyde with Cl para)

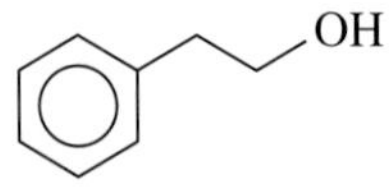

b. $Cl-CH_2-CH_2-C(=O)-H$

c. $CH_3-CH_2-C(=O)-CH_3$

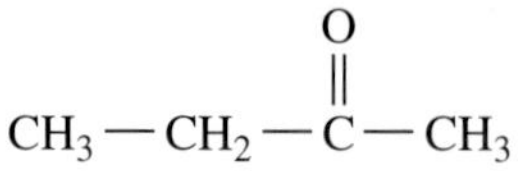

d. 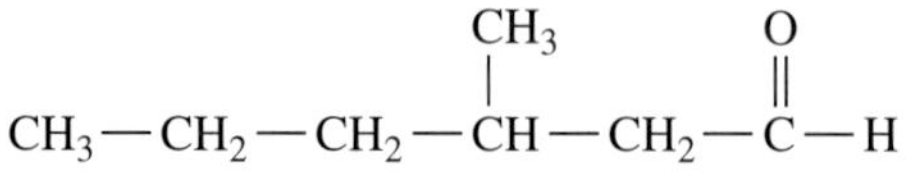 $CH_3-CH_2-CH_2-CH(CH_3)-CH_2-C(=O)-H$

12.30 **a**와 **b**

12.31 **a.** 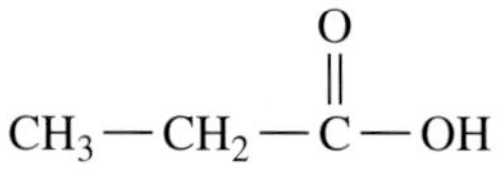 $CH_3-CH_2-C(=O)-OH$

b. 2-butanone (skeletal structure)

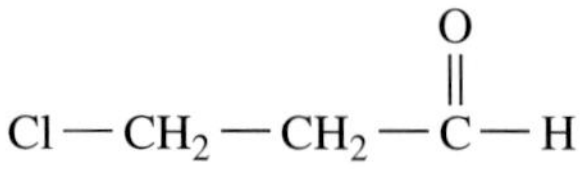

c. $CH_3-CH_2-CH_2-C(=O)-OH$

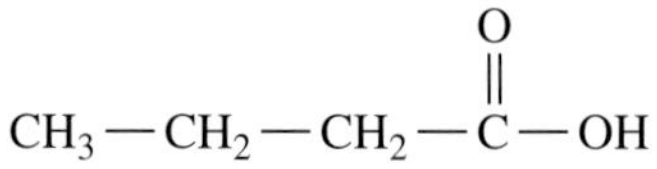

d. 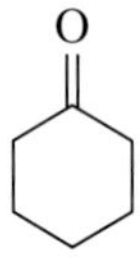 cyclohexanone

12.32

$CH_3-CH_2-CH_2-CH_2-CH_2-OH$ 1-펜탄올

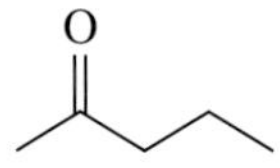

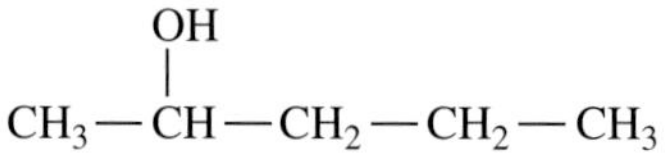

$CH_3-CH(OH)-CH_2-CH_2-CH_3$ 2-펜탄올

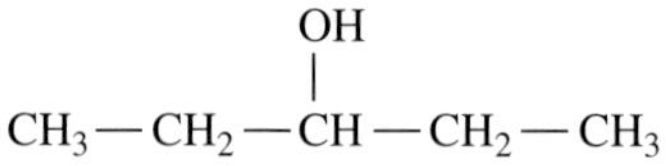

$CH_3-CH_2-CH(OH)-CH_2-CH_3$ 3-펜탄올

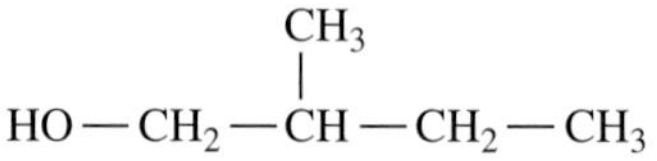

$HO-CH_2-CH(CH_3)-CH_2-CH_3$ 2-메틸-1-뷰탄올

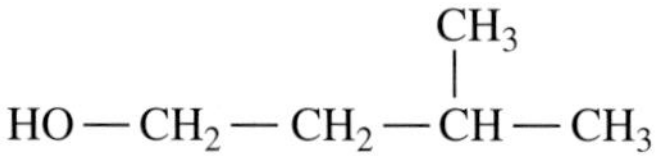

$HO-CH_2-CH_2-CH(CH_3)-CH_3$ 3-메틸-1-뷰탄올

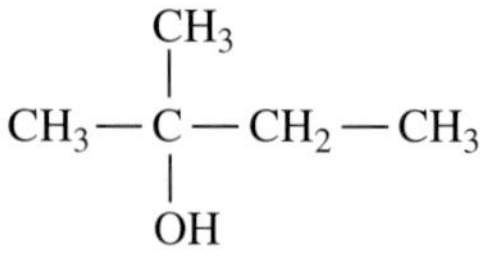

$CH_3-C(CH_3)(OH)-CH_2-CH_3$ 2-메틸-2-뷰탄올

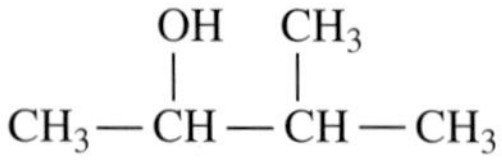

$CH_3-CH(OH)-CH(CH_3)-CH_3$ 3-메틸-2-뷰탄올

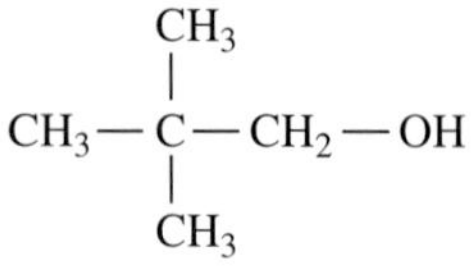

$CH_3-C(CH_3)_2-CH_2-OH$ 2,2-다이메틸-1-프로판올

12.33 $H_3C-C(=O)-CH_2-CH_2-CH_3$

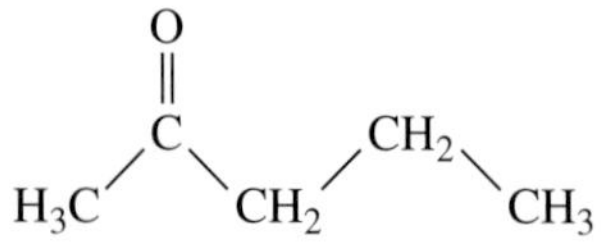

12.34 $H_2C{=}CH{-}CH_2{-}CH_3$

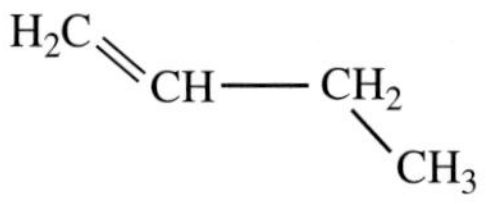

화합물 A
1-뷰텐

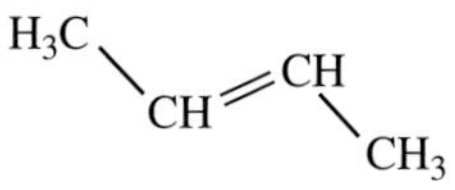

$H_3C{-}CH{=}CH{-}CH_3$

화합물 B
2-뷰텐

$H_3C{-}C({=}O){-}CH_2{-}CH_3$

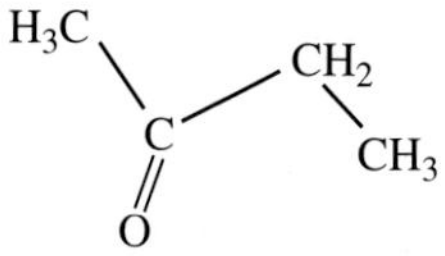

화합물 C
2-뷰탄온

개념 종합 10장에서 12장까지

CI.11 금속(M)이 0.520 M의 HCl 용액 34.8 mL와 완전히 반응하여 $MCl_3(aq)$와 $H_2(g)$를 형성하였다. (4.1, 7.2, 7.4, 7.7, 8.6, 10.7)

금속은 강산과 반응하면 수소 기포를 형성한다.

a. 금속 $M(s)$과 $HCl(aq)$의 반응에 대한 완결된 화학 반응식을 써라.

b. STP에서 생성되는 H_2의 부피는 몇 mL인가?

c. 금속 M은 몇 몰이 반응하는가?

d. 금속의 질량이 0.420 g이라고 할 때, **c**에서 얻은 결과를 이용하여 금속 M의 몰 질량을 결정하라.

e. **d**에서 금속 M의 이름과 기호는 무엇인가?

f. **e**의 금속 기호를 이용하여 완결된 화학 반응식을 써라.

CI.12 톡 쏘는 냄새가 나는 맑은 액체 용매인 아세톤(프로판온)은 매니큐어, 페인트, 수지를 제거하는 데 사용된다. 끓는점이 낮고, 인화성이 매우 크다. 아세톤의 밀도는 0.786 g/mL이다. (6.7, 7.2, 7.4, 7.8, 12.3)

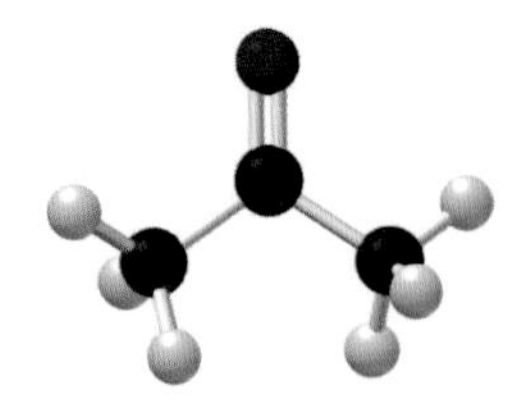

아세톤은 매니큐어 제거제에 사용되는 용매이다.

a. 아세톤의 분자식은 무엇인가?

b. 아세톤의 몰 질량은 얼마인가?

c. 아세톤 분자의 C—C, C—H, C—O 결합이 극성 공유 또는 비극성 공유 결합인지를 확인하라.

d. 아세톤의 연소에 대한 완결된 화학 반응식을 써라.

e. 아세톤 15.0 mL와 반응하는 데 필요한 산소 기체는 몇 g인가?

CI.13 뷰티르알데하이드는 불쾌한 냄새를 가진 맑은 액체 용매이다. 끓는점이 낮고, 인화성이 매우 크다. 뷰티르알데하이드의 밀도는 0.802 g/mL이다. (7.4, 7.8, 8.6, 12.3, 12.4)

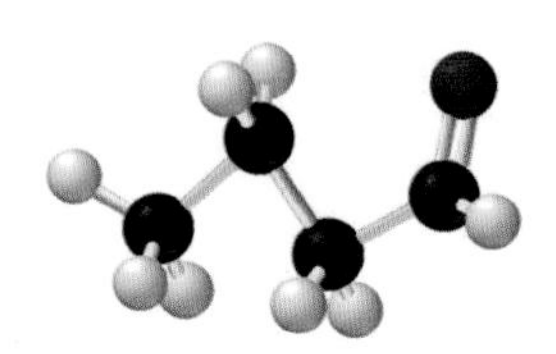

오래된 운동용 양말의 불쾌한 냄새는 뷰티르알데하이드 때문이다.

a. 뷰티르알데하이드의 축약 구조식을 그려라.

b. 뷰티르알데하이드의 선-각 구조식을 그려라.

c. 뷰티르알데하이드의 IUPAC 이름은 무엇인가?

d. 뷰티르알데하이드가 환원될 때 생성되는 알코올의 축약 구조식을 그려라.

e. 뷰티르알데하이드의 완전 연소에 대한 완결된 화학 반응식을 써라.

f. 뷰티르알데하이드 15.0 mL와 완전히 반응하는 데 필요한 산소 기체는 몇 g인가?

g. STP에서 **f**의 반응으로부터 생성되는 이산화 탄소는 몇 L인가?

해답

CI.11 **a.** $2M(s) + 6HCl(aq) \longrightarrow 3H_2(g) + 2MCl_3(aq)$

b. 203 mL H_2

c. 6.03×10^{-3} mol M

d. 69.7 g/mol

e. 갈륨, Ga

f. $2Ga(s) + 6HCl(aq) \longrightarrow 3H_2(g) + 2GaCl_3(aq)$

CI.12 **a.** C_3H_6O

b. 58.08 g/mol

c. 비극성 공유 결합: C—C, C—H,
극성 공유 결합: C—O

d. $C_3H_6O + 4O_2 \xrightarrow{\Delta} 3CO_2 + 3H_2O +$ 에너지

e. 26.0 g O_2

CI.13 **a.** $CH_3-CH_2-CH_2-\overset{\overset{\displaystyle O}{\|}}{C}-H$

b. 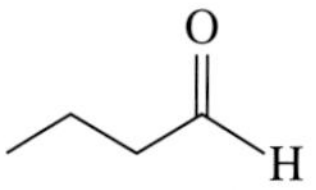 O H

c. 뷰탄알

d. $CH_3-CH_2-CH_2-CH_2-OH$

e. $2C_4H_8O + 11O_2 \xrightarrow{\Delta} 8CO_2 + 8H_2O +$ 에너지

f. 29.4 g O_2

g. 14.9 L CO_2

13 카복실산, 에스터, 아민 및 아마이드

환경 보건 전문사업자인 Lance는 살충제와 약물의 존재 여부를 검사하기 위하여 농장에서 토양과 물 시료를 모은다. 농장에서는 식량 생산을 늘리기 위하여 살충제를 사용하고, 동물 관련 질병을 예방하고 치료하기 위하여 약물을 사용한다. 이러한 화학물질의 흔한 사용으로 인해 토양과 물 공급원으로 흘러들어가 잠재적으로 환경을 오염시켜 보건 문제를 일으킬 수 있다.

최근 농장에서 양들의 위장에 있는 벌레들을 없애기 위하여 양을 펜벤다졸(fenbendazole)로 치료하였다. 펜벤다졸은 방향족기, 에스터, 아마이드 및 아민과 같은 여러 작용기를 가지고 있다.

Lance는 토양에서 소량의 펜벤다졸을 검출하였다. 그는 농장주에게 현재 검출되는 양을 줄이기 위하여 양에 처방되는 복용량을 줄일 것을 조언하고, 토양과 물을 다시 검사하기 위하여 한 달 후 돌아오겠다고 이야기하였다.

펜벤다졸

관련 직업 환경 보건 전문사업자

환경 보건 전문사업자(Environmental health practitioner, EHP)는 대중의 건강을 보호하기 위하여 환경오염을 감시한다. EHP는 전문적인 장치를 사용하여 소음과 방사선 수준을 포함하여 토양, 대기 및 물의 오염 수준을 측정한다. EHP는 대기질이나 위험한 고체 폐기물과 같은 특정 분야를 전문적으로 다룰 수 있다. 예를 들어, 대기질 전문가는 알레르기 원인 물질, 곰팡이와 독성 물질에 대한 실내 공기를 감시하고, 기업, 자동차, 농업에 의하여 생성되는 야외 공기 오염물질을 측정한다. EHP는 잠재적인 위험 물질과 함께 시료를 얻기 때문에, 안전 규약(safety protocol)에 대한 지식이 있어야 하고, 개인 보호 장비를 착용하여야 한다. EHP는 또한 다양한 오염물질을 감소시키는 방법을 권장하고, 정화와 복원 노력을 지원하기도 한다.

의학 최신 정보 화학물질 확인을 위한 토양과 물 시료 검사

Lance가 농상으로 돌아왔을 때, 농장주는 파리와 구더기의 침입을 처치하기 위하여 살충 분무기를 사용하고 있었다. 500쪽의 **의학 최신 정보** **화학물질 확인을 위한 토양과 물 시료 검사**에서 사용한 화학물질을 알 수 있고, 이러한 살충제의 구조와 Lance가 어떻게 환경에서의 수준을 분석하는지 알 수 있다.

차례

13.1 카복실산

학습 목표 카복실산의 IUPAC 이름과 관용명을 쓰고, 이들의 축약 구조식 또는 선-각 구조식을 그린다.

카복실산은 약산이다. 신맛 또는 시큼한 맛이 나고, 물에서 하이드로늄 이온을 생성하며, 염기를 중화한다. 아세트산과 물의 용액인 식초를 함유한 샐러드드레싱을 사용하거나, 자몽 또는 레몬에서 시트르산의 신맛을 경험할 때 카복실산을 만나게 된다.

카복실산(carboxylic acid)에서 카보닐기의 탄소 원자는 하이드록실기와 붙어 **카복실기**(carboxyl group)를 형성한다. 카복실 작용기는 알킬기 또는 방향족기에 붙을 수 있다. 다음은 카복실산의 카복실기를 나타내는 일부 방법을 프로판산에 대하여 나타낸 것이다.

복습
알케인의 명명과 그리기(11.2)

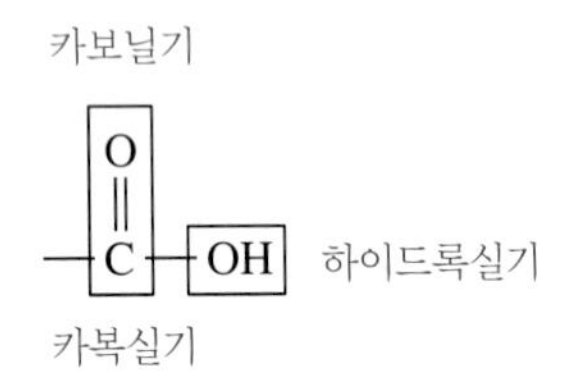

$$CH_3-CH_2-\overset{\overset{\large O}{\|}}{C}-OH \qquad \text{(선-각 구조식)}\ OH \qquad CH_3-CH_2-COOH$$

프로판산
(프로피온산)

카복실산의 IUPAC 이름

카복실산의 IUPAC 이름은 해당 알케인 이름의 **-에인**(-ane) 대신 **-안산**(-oic acid)으로 대체한다. 치환기가 있는 경우, 카복실 탄소부터 시작되도록 탄소 사슬에 번호를 부여한다.

핵심 화학 기법
카복실산의 명명

$$H-\overset{\overset{O}{\|}}{C}-OH \qquad CH_3-CH_2-\overset{\overset{O}{\|}}{C}-OH \qquad CH_3-\overset{\overset{CH_3}{|}}{CH}-\overset{\overset{O}{\|}}{C}-OH$$

메탄산　　　프로판산　　　2-메틸프로판산

붉은 개미 침에는 피부를 따갑게 하는 폼산이 있다.

가장 간단한 방향족 카복실산은 벤조산으로 명명된다. 카복실 탄소가 1번 탄소에 결합되어 있어, 고리는 치환기가 가능한 작은 수가 되도록 번호를 부여한다.

O, OH (벤젠 고리에 결합된 카복실기)　　O, OH, 1, 3, 4, Cl, Cl

벤조산　　　3,4-다이클로로벤조산

식초의 신맛은 에탄산(아세트산) 때문이다.

카복실산의 관용명

많은 카복실산은 여전히 **폼**(form), **아세트**(acet), **프로피온**(propion)과 **뷰티르**(butyr)와 같은 접두사를 사용하는 관용명으로 불린다. 이러한 접두사들은 간단한 카복실산의 천연 공급원과 관련이 있다. 예를 들면, 폼산은 벌이나 붉은 개미 침 또는 다른 곤충에 물릴 때 피부 밑에 주입된다. 아세트산은 술과 사과 사이다의 에탄올의 산화 생

표 13.1 **일부 카복실산의 IUPAC 이름과 관용명**

축약 구조식	선-각 구조식	IUPAC 이름	관용명	공-막대 모형
$H-\overset{\overset{O}{\Vert}}{C}-OH$	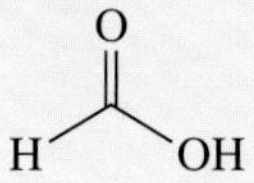 O, H, OH	메탄산	폼산	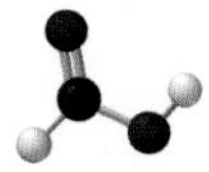
$CH_3-\overset{\overset{O}{\Vert}}{C}-OH$	O, OH	에탄산	아세트산	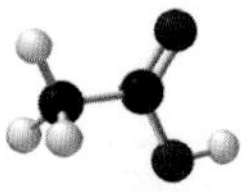
$CH_3-CH_2-\overset{\overset{O}{\Vert}}{C}-OH$	O, OH	프로판산	프로피온산	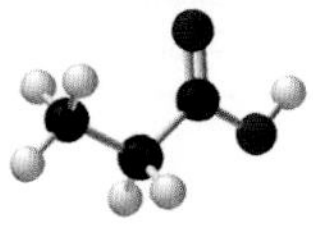
$CH_3-CH_2-CH_2-\overset{\overset{O}{\Vert}}{C}-OH$	O, OH	뷰탄산	뷰티르산	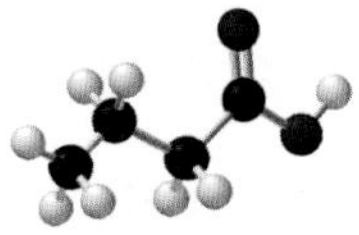

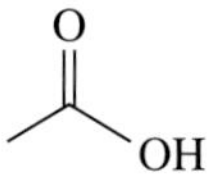

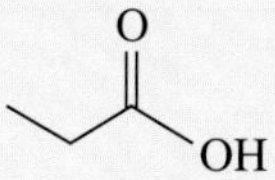

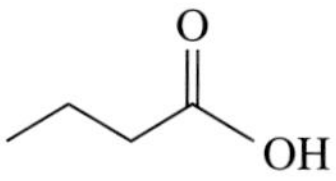

성물이다. 아세트산과 물의 용액은 식초로 알려져 있다. 산패한 버터에서 역겨운 냄새를 내는 것은 뷰티르산이다(표 13.1).

예제 13.1 카복실산의 명명

문제

다음 화합물의 IUPAC 이름을 써라.

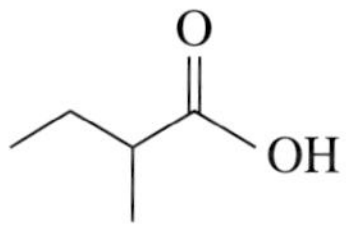

O, OH

풀이 지침

	주어진 조건	필요한 사항	연계
문제 분석	탄소 사슬 4개, 메틸 치환기	IUPAC 이름	메틸기의 위치, 알케인 이름의 -에인 대신 -안산으로 대체

1단계 **가장 긴 탄소 사슬을 확인하고, 해당 알케인의 이름에서 -에인 대신 -안산으로 대체하라.** 가장 긴 탄소 사슬은 4개의 탄소 원자를 가지며, 이것은 뷰탄산이다.

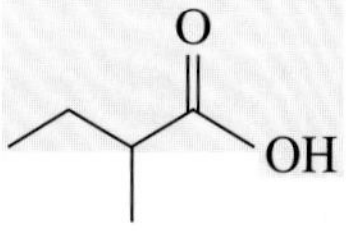

O, OH　　뷰탄산

2단계 **카복실기가 붙은 탄소를 1번으로 하여 치환기의 이름과 위치를 부여하라.** 2번 탄소의 치환기는 메틸이다. 이 화합물의 IUPAC 이름은 2-메틸뷰탄산이다.

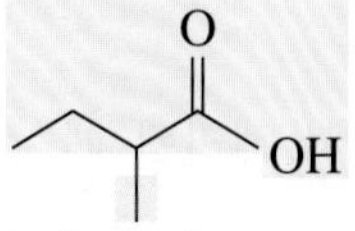

O, OH　　2-메틸뷰탄산

4 3 2 1

유제 13.1

다음 화합물의 IUPAC 이름을 써라.

$$CH_3-\underset{\displaystyle Cl}{CH}-CH_2-\underset{\displaystyle Cl}{CH}-\overset{\displaystyle O}{\overset{\|}{C}}-OH$$

해답

2,4-다이클로로펜탄산

확인하기

연습 문제 13.1에서 13.3까지 풀어보기

연습 문제

13.1 카복실산

학습 목표 카복실산의 IUPAC 이름과 관용명을 쓰고, 이들의 축약 구조식 또는 선-각 구조식을 그린다.

13.1 산패한 버터의 역겨운 냄새를 일으키는 카복실산은 무엇인가?

13.2 다음에 대한 IUPAC 이름과 축약 구조식을 그려라.

a. 치환기가 없는 화학식 $C_4H_8O_2$의 카복실산

b. 하나의 메틸기를 가진 화학식 $C_5H_{10}O_2$의 카복실산

13.3 **a**와 **b**에 대한 축약 구조식과 **c**와 **d**에 대한 선-각 구조식을 그려라.

a. 3,4-다이브로모뷰탄산 **b.** 2-클로로프로판산

c. 벤조산 **d.** 헵탄산

복습

산과 염기 반응에 대한 반응식 쓰기(10.7)

13.2 카복실산의 성질

학습 목표 카복실산의 용해도, 해리와 중화를 기술한다.

카복실산은 작용기가 2개의 극성 기, 하이드록실기(—OH)와 카보닐기(C ═ O)로 구성되어 있기 때문에 가장 극성이 큰 유기 화합물 중의 하나이다. —OH기는 알코올의 작용기와 유사하고, C ═ O 이중 결합은 알데하이드와 케톤의 작용기와 유사하다.

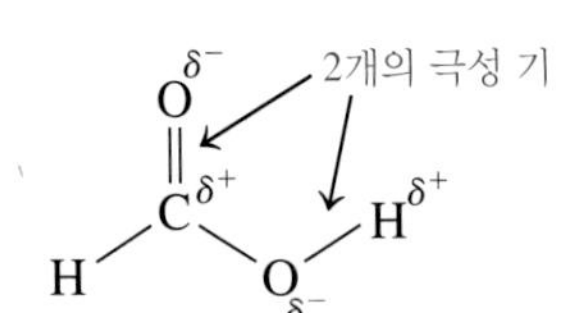

$CH_3-CH_2-C^{\delta+}(=O^{\delta-})-O^{\delta-}-H^{\delta+}$

물에 대한 용해도

1~5개의 탄소를 가진 카복실산은 카복실기가 몇 개의 물 분자와 수소 결합을 형성하기 때문에 물에 녹는다(**그림 13.1**). 그러나 탄화수소 사슬의 길이가 증가할수록, 비극성 부분이 물에 대한 카복실산의 용해도를 감소시킨다. 5개 이상의 탄소를 가진 카복실산은 물에 잘 녹지 않는다. **표 13.2**는 일부 카복실산의 용해도를 게재하고 있다.

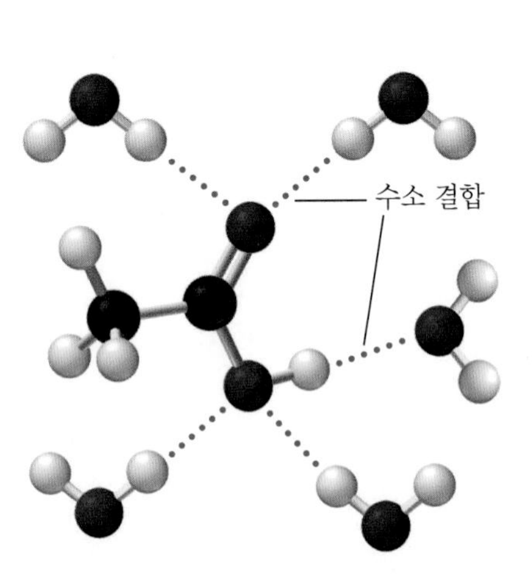

그림 13.1 아세트산은 물 분자와 수소 결합을 형성한다.

Q 카복실기의 원자들이 물 분자와 수소 결합을 형성하는 이유는 무엇인가?

카복실산의 산성도

카복실산의 중요한 성질은 물에서의 해리이다. 카복실산이 물에서 해리될 때, 수소 이온은 물 분자로 이동하여 음으로 하전된 **카복실레이트 이온**(carboxylate ion)과 하

표 13.2 **일부 카복실산의 용해도**

IUPAC 이름	축약 구조식	물에 대한 용해도
메탄산	$H-\overset{O}{\overset{\Vert}{C}}-OH$	녹음
에탄산	$CH_3-\overset{O}{\overset{\Vert}{C}}-OH$	녹음
프로판산	$CH_3-CH_2-\overset{O}{\overset{\Vert}{C}}-OH$	녹음
뷰탄산	$CH_3-CH_2-CH_2-\overset{O}{\overset{\Vert}{C}}-OH$	녹음
펜탄산	$CH_3-CH_2-CH_2-CH_2-\overset{O}{\overset{\Vert}{C}}-OH$	녹음
헥산산	$CH_3-CH_2-CH_2-CH_2-CH_2-\overset{O}{\overset{\Vert}{C}}-OH$	약간 녹음
벤조산	$C_6H_5-\overset{O}{\overset{\Vert}{C}}-OH$	약간 녹음

이드로늄 이온(H_3O^+)을 형성한다. 카복실산은 페놀을 포함한 대부분의 다른 유기 화합물보다 더 산성이다. 그러나 이들은 카복실산 분자의 작은 백분율(< 1%)만 물에서 해리되기 때문에 약산이다. 카복실산은 음으로 하전된 카복실레이트 음이온이 2개의 산소 원자에 의하여 안정화되기 때문에 수소 이온을 잃을 수 있다. 그에 비해 알코올은 하나의 산소 원자에 남게 될 음전하를 안정화시킬 수 없기 때문에 —OH기에서 H를 잃지 못한다.

카복실산 **카복실레이트 이온**

$$\underset{\substack{\text{에탄산} \\ \text{(아세트산)}}}{CH_3-\overset{O}{\overset{\Vert}{C}}-OH} + H_2O \rightleftarrows \underset{\substack{\text{에타노에이트 이온} \\ \text{(아세테이트 이온)}}}{CH_3-\overset{O}{\overset{\Vert}{C}}-O^-} + \underset{\substack{\text{하이드로늄} \\ \text{이온}}}{H_3O^+}$$

확인하기

연습 문제 13.4를 풀어보기

예제 13.2 **카복실산의 물에서의 해리**

문제

프로판산의 물에서의 해리에 대한 완결된 화학 반응식을 써라.

풀이

문제 분석	주어진 조건	필요한 사항	연계
	프로판산, H_2O	해리 반응식	생성물: 프로파노에이트 이온, H_3O^+

프로판산의 해리로 카복실레이트 이온과 하이드로늄 이온이 생성된다.

$$CH_3-CH_2-\overset{\overset{\displaystyle O}{\|}}{C}-OH + H_2O \rightleftarrows CH_3-CH_2-\overset{\overset{\displaystyle O}{\|}}{C}-O^- + H_3O^+$$

프로판산 (프로피온산) → 프로파노에이트 이온 (프로피오네이트 이온)

유제 13.2

물에서 메탄산의 해리에 대한 완결된 화학 반응식을 써라.

해답

$$H-\overset{\overset{\displaystyle O}{\|}}{C}-OH + H_2O \rightleftarrows H-\overset{\overset{\displaystyle O}{\|}}{C}-O^- + H_3O^+$$

확인하기

연습 문제 13.5를 풀어보기

카복실산의 중화

카복실산은 약산이기 때문에, NaOH 및 KOH와 같은 강염기에 의하여 완전히 중화된다. 생성물은 **카복실레이트 염**(carboxylate salt)과 물이다. 카복실레이트 이온은 산의 이름에서 **-산**(-oic acid) 대신 **-에이트**(-ate)로 대체한다.

$$H-\overset{\overset{\displaystyle O}{\|}}{C}-OH + Na\mathbf{OH} \longrightarrow H-\overset{\overset{\displaystyle O}{\|}}{C}-O^-\ Na^+ + \mathbf{H_2O}$$

메탄산(폼산) → 소듐 메타노에이트 (소듐 포메이트)

$$C_6H_5-\overset{\overset{\displaystyle O}{\|}}{C}-OH + K\mathbf{OH} \longrightarrow C_6H_5-\overset{\overset{\displaystyle O}{\|}}{C}-O^-\ K^+ + \mathbf{H_2O}$$

벤조산 → 포타슘 벤조에이트

카복실레이트 염은 종종 수프와 조미료의 보존제 및 향미 증진제로 사용된다.

보존제인 소듐 프로피오네이트는 미생물에 의한 음식물의 부패를 억제하기 위하여 치즈, 빵 및 다른 제과 품목에 첨가한다. 곰팡이와 박테리아의 억제제인 소듐 벤조에이트는 주스, 마가린, 렐리시 소스, 샐러드, 잼에 첨가된다. 모노소듐 글루타메이트(monosodium glutamate, MSG)는 일부 사람에게 두통을 일으키기도 하지만, 풍미를 향상시키기 위하여 고기, 생선, 채소와 제과 제품에 첨가한다.

$$CH_3-CH_2-\overset{\overset{\displaystyle O}{\|}}{C}-O^-\ Na^+$$

소듐 프로파노에이트 (소듐 프로피오네이트)

$$C_6H_5-\overset{\overset{\displaystyle O}{\|}}{C}-O^-\ Na^+$$

소듐 벤조에이트

$$HO-\overset{\overset{\displaystyle O}{\|}}{C}-CH_2-CH_2-\overset{\overset{\displaystyle NH_2}{|}}{CH}-\overset{\overset{\displaystyle O}{\|}}{C}-O^-\ Na^+$$

모노소듐 글루타메이트

카복실산 염은 Li^+, Na^+, K^+와 같은 양으로 하전된 금속 이온과 음으로 하전된 카복실레이트 이온 사이에 강한 인력을 가진 이온 화합물이다. 대부분의 염과 같이 카복실레이트 염은 실온에서 고체이고, 녹는점이 높으며, 보통 물에 녹는다.

예제 13.3 카복실산의 중화

문제

프로판산을 수산화 소듐으로 중화시켰을 때의 완결된 화학 반응식을 써라.

풀이

	주어진 조건	필요한 사항	연계
문제 분석	프로판산, NaOH	중화 반응식	생성물: 소듐 프로파노에이트, H_2O

카복신살의 중화에 대한 화학 반응식은 반응물인 카복실산과 염기, 생성물인 카복실레이트 염과 물을 포함한다.

$$CH_3-CH_2-\overset{\overset{\displaystyle O}{\|}}{C}-OH + NaOH \longrightarrow CH_3-CH_2-\overset{\overset{\displaystyle O}{\|}}{C}-O^- Na^+ + H_2O$$

프로판산 (프로피온산) 수산화 소듐 소듐 프로파노에이트 (소듐 프로피오네이트)

유제 13.3

KOH로 중화할 때, 뷰탄산 포타슘을 생성할 수 있는 카복실산은 무엇인가?

해답

뷰탄산

확인하기

연습 문제 13.6과 13.7을 풀어보기

화학과 보건

대사에 있어서의 카복실산

몇 가지 카복실산은 세포 내 대사 과정의 일부이다. 예를 들어, 해당과정(glycolysis) 동안 글루코스 한 분자는 피루브산(pyruvic acid) 또는 실제적으로 카복실산 이온인 피루브산 이온 두 분자로 분해된다. 산소 수준이 낮은(무산소성, anaerobic) 격렬한 운동 중에, 피루브산은 환원되어 락트산 또는 락테이트 이온을 생성한다.

$$CH_3-\overset{\overset{\displaystyle O}{\|}}{C}-\overset{\overset{\displaystyle O}{\|}}{C}-OH + 2H \xrightarrow{\text{환원}} CH_3-\overset{\overset{\displaystyle OH}{|}}{CH}-\overset{\overset{\displaystyle O}{\|}}{C}-OH$$

피루브산 락트산

Krebs 회로(Krebs cycle)라고도 하는 **시트르산 회로**(citric acid cycle)에서 다이카복실산 및 트라이카복실산이 산화되고 탈탄산되어(CO_2를 잃음) 신체 세포에 대한 에너지를 생성한다. 이러한 카복실산은 보통 관용명으로 언급된다. 시트르산 회로의 시작에서, 6개의 탄소를 가진 시트르산은 5개 탄소의 α-케토글루타르산으로 변환된다. 시트르산은 레몬 및 자몽과 같은 감귤류 과일의 신맛을 제공한다.

운동 중에 피루브산은 근육 내 락트산으로 변환된다.

$$\begin{array}{c} \mathrm{COOH} \\ | \\ \mathrm{CH_2} \\ | \\ \mathrm{HO{-}C{-}COOH} \\ | \\ \mathrm{CH_2} \\ | \\ \mathrm{COOH} \\ \text{시트르산} \end{array} \xrightarrow{[O]} \begin{array}{c} \mathrm{COOH} \\ | \\ \mathrm{CH_2} \\ | \\ \mathrm{CH_2} \\ | \\ \mathrm{C{=}O} \\ | \\ \mathrm{COOH} \\ \alpha\text{-케토글루타르산} \end{array} + \mathrm{CO_2}$$

시트르산 회로는 계속되어 α-케토글루타르산은 CO_2를 잃고 4개 탄소의 석신산이 된다. 그리고 일련의 반응에 의해 석신산은 옥살로아세트산으로 변환된다. 지금까지 살펴보았던 작용기 일부와 더불어 수화 및 산화와 같은 반응이 세포 내에서 일어나는 대사 과정의 일부라는 것을 알 수 있다.

$$\begin{array}{c} \mathrm{COOH} \\ | \\ \mathrm{CH_2} \\ | \\ \mathrm{CH_2} \\ | \\ \mathrm{COOH} \\ \text{석신산} \end{array} \xrightarrow{[O]} \begin{array}{c} \mathrm{COOH} \\ | \\ \mathrm{C{-}H} \\ \| \\ \mathrm{H{-}C} \\ | \\ \mathrm{COOH} \\ \text{푸마르산} \end{array} \xrightarrow{H_2O} \begin{array}{c} \mathrm{COOH} \\ | \\ \mathrm{HO{-}C{-}H} \\ | \\ \mathrm{CH_2} \\ | \\ \mathrm{COOH} \\ \text{말산} \end{array} \xrightarrow{[O]} \begin{array}{c} \mathrm{COOH} \\ | \\ \mathrm{C{=}O} \\ | \\ \mathrm{CH_2} \\ | \\ \mathrm{COOH} \\ \text{옥살로아세트산} \end{array}$$

세포 내 수용액 환경의 pH에서 카복실산은 해리되며, 이는 시트르산 회로의 반응에 참여하는 것이 실제로는 카복실산 이온임을 의미한다. 예를 들어, 물에서 석신산은 석시네이트 이온과 평형을 이룬다.

$$\begin{array}{c} \mathrm{COOH} \\ | \\ \mathrm{CH_2} \\ | \\ \mathrm{CH_2} \\ | \\ \mathrm{COOH} \\ \text{석신산} \end{array} + 2\mathrm{H_2O} \rightleftarrows \begin{array}{c} \mathrm{COO^-} \\ | \\ \mathrm{CH_2} \\ | \\ \mathrm{CH_2} \\ | \\ \mathrm{COO^-} \\ \text{석시네이트 이온} \end{array} + 2\mathrm{H_3O^+}$$

시트르산은 감귤류 과일에 신맛을 제공한다.

연습 문제

13.2 카복실산의 성질

학습 목표 카복실산의 용해도, 해리와 중화를 기술한다.

13.4 각 항목에서 물에 가장 잘 녹는 화합물을 확인하라. 그 이유를 설명하라.

a. 프로판산, 헥산산, 벤조산

b. 펜테인, 1-헥산올, 프로판산

13.5 다음의 카복실산이 물에서 이온화하는 것에 대한 완결된 화학 반응식을 써라.

a. 2-메틸프로판산 **b.** 헥산산

13.6 다음 카복실산에 NaOH의 반응에 대한 완결된 화학 반응식을 써라.

a. 폼산

b. 3-클로로프로판산

c. 벤조산

13.7 13.6에서 생성된 카복실산 염의 IUPAC 이름과 관용명이 있을 경우, 그 관용명도 써라.

13.3 에스터

학습 목표 에스터의 IUPAC 이름과 관용명을 쓰고, 에스터 형성에 대한 완결된 화학 반응식을 쓴다.

카복실산이 알코올과 반응하면, 카복실산의 —H가 알킬기로 치환되어 **에스터**(ester)와 물이 생성된다. 지방과 기름은 긴 사슬의 카복실산인 글리세롤과 지방산의 에스터이다. 에스터는 바나나, 딸기, 오렌지와 같은 많은 과일의 상쾌한 향과 냄새를 생성한다.

카복실산	에스터
$CH_3-\overset{O}{\overset{\|}{C}}-OH$	$CH_3-\overset{O}{\overset{\|}{C}}-O-CH_3$
에탄산 (아세트산)	메틸 에타노에이트 (메틸 아세테이트)

에스터화 반응

에스터화 반응(esterification)이라 불리는 반응은 카복실산과 알코올이 열과 산 촉매(보통 H_2SO_4) 존재하에서 반응하여 에스터가 생성된다. 에스터화 반응에서 카복실산의 —OH기와 알코올의 —H가 제거되고, 결합하여 물을 형성한다. 과잉의 알코올을 사용하여 에스터 생성 방향으로 평형을 이동시킬 수 있다.

$$CH_3-\overset{O}{\overset{\|}{C}}-OH + H-O-CH_3 \overset{H^+,\text{ 열}}{\rightleftarrows} CH_3-\overset{O}{\overset{\|}{C}}-O-CH_3 + H-OH$$

에탄산 (아세트산)   메탄올 (메틸 알코올)   메틸 에타노에이트 (메틸 아세테이트)

예를 들어, 바나나의 향미와 냄새의 원인이 되는 에스터인 펜틸 에타노에이트는 에탄산과 1-펜탄올을 사용하여 제조할 수 있다. 이 에스터화 반응의 반응식은 다음과 같이 쓴다.

$$CH_3-\overset{O}{\overset{\|}{C}}-OH + H-O-CH_2-CH_2-CH_2-CH_2-CH_3 \overset{H^+,\text{ 열}}{\rightleftarrows}$$

에탄산 (아세트산)   1-펜탄올 (펜틸 알코올)

$$CH_3-\overset{O}{\overset{\|}{C}}-O-CH_2-CH_2-CH_2-CH_2-CH_3 + H_2O$$

펜틸 에타노에이트 (펜틸 아세테이트)

펜틸 에타노에이트는 바나나의 향미와 냄새를 제공한다.

예제 13.4 에스터화 반응의 반응식 쓰기

문제

파인애플의 냄새가 나는 에스터는 뷰탄산과 메탄올로부터 합성될 수 있다. 이 에스터 형성에 대한 완결된 화학 반응식을 써라.

풀이

	주어진 조건	필요한 사항	연계
문제 분석	뷰탄산, 메탄올	에스터화 반응 반응식	생성물: 메틸 뷰타노에이트, H_2O

$$CH_3-CH_2-CH_2-\overset{\overset{\displaystyle O}{\|}}{C}-\mathbf{OH} + \mathbf{HO}-CH_3 \underset{}{\overset{H^+, \text{열}}{\rightleftarrows}}$$

뷰탄산 (뷰티르산) / 메탄올 (메틸 알코올)

$$CH_3-CH_2-CH_2-\overset{\overset{\displaystyle O}{\|}}{C}-O-CH_3 + \mathbf{H_2O}$$

메틸 뷰타노에이트 (메틸 뷰티르에이트)

자두의 향미와 냄새는 메탄산과 1-뷰탄올로부터 얻은 에스터가 제공한다.

유제 13.4

자두와 같은 냄새의 에스터는 메탄산과 1-뷰탄올로부터 합성될 수 있다. 이 에스터 형성에 대한 완결된 화학 반응식을 써라.

해답

$$H-\overset{\overset{\displaystyle O}{\|}}{C}-OH + HO-CH_2-CH_2-CH_2-CH_3 \overset{H^+, \text{열}}{\rightleftarrows}$$

$$H-\overset{\overset{\displaystyle O}{\|}}{C}-O-CH_2-CH_2-CH_2-CH_3 + H_2O$$

확인하기

연습 문제 13.8과 13.9를 풀어보기

에스터의 명명법

에스터의 이름은 두 단어로 구성되며, 이것은 에스터 내의 산과 알코올의 이름으로부터 얻은 것이다. 첫 번째 단어는 알코올의 **알킬**(alkyl) 부분을 의미하며, 두 번째 단어는 카복실산의 **카복실레이트**(carboxylate)의 이름이다. 에스터의 IUPAC 이름은 산의 IUPAC 이름을 이용하는 반면, 에스터의 관용명은 산의 관용명을 사용한다. 상쾌하고 과일 향이 나는 다음 에스터를 살펴보자. 먼저 알코올로부터 알킬 부분과 산으로부터 카복실레이트 부분을 확인하기 위하여 에스터 결합을 분리하는 것으로 시작해보자. 그러면 알킬 카복실레이트로 에스터를 명명할 수 있다.

$$CH_3-\overset{\overset{\displaystyle O}{\|}}{C}-O-CH_3$$

카복실산으로부터 (카복실레이트) / 알코올로부터 (알킬)

$$CH_3-\overset{\overset{\displaystyle O}{\|}}{C}-OH + HO-CH_3$$

				에스터 이름
IUPAC	에탄산	+	메탄올	= 메틸 에타노에이트
(관용명)	(아세트산)	+	(메틸 알코올)	= (메틸 아세테이트)

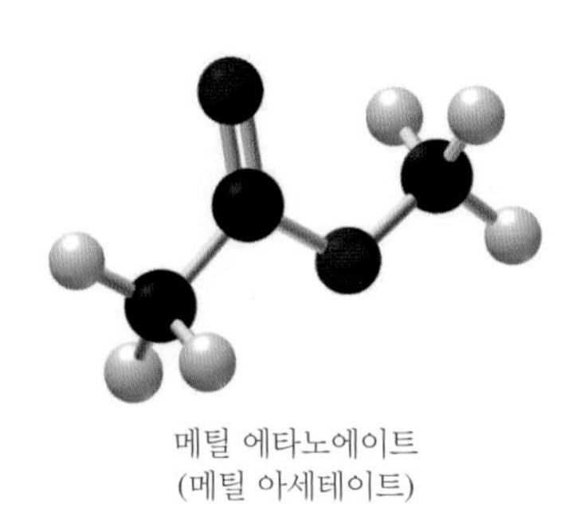

메틸 에타노에이트 (메틸 아세테이트)

일부 전형적인 에스터의 다음 예는 에스터의 IUPAC 이름과 관용명을 함께 보여준다.

$$CH_3-\overset{\overset{\displaystyle O}{\|}}{C}-O-CH_2-CH_3$$

에틸 에타노에이트
(에틸 아세테이트)

$$CH_3-CH_2-\overset{\overset{\displaystyle O}{\|}}{C}-O-CH_3$$

메틸 프로파노에이트
(메틸 프로피오네이트)

에틸 벤조에이트

화학과 보건
버드나무로부터 살리실산

수 세기 동안, 버드나무 잎이나 나무껍질을 씹는 것으로 통증과 열을 완화시켰다. 1800년대에 이르러, 화학자들은 나무껍질에 있는 살리신이 통증 완화의 유효 성분이라는 사실을 발견하였다. 그러나 신체는 살리신을 살리실산으로 변환하고, 이 살리실산은 위 내벽을 자극하는 카복실기와 하이드록실기를 가지고 있다. 1899년, 독일의 화학 회사 Bayer는 아세틸살리실산(아스피린)이라 불리는 살리실산과 아세트산의 에스터를 생산하였다. 일부 아스피린 제조에서는 카복실산기를 중화하기 위하여 완충 용액이 첨가된다. 오늘날 아스피린은 진통제, 해열제, 소염제로 사용된다. 많은 사람들은 낮은 복용량의 아스피린을 매일 복용하는데, 이것은 심장마비와 뇌졸중의 위험성을 낮추는 것으로 밝혀졌다.

버드나무 잎과 껍질에서 살리신이 발견되면서 아스피린이 개발되었다.

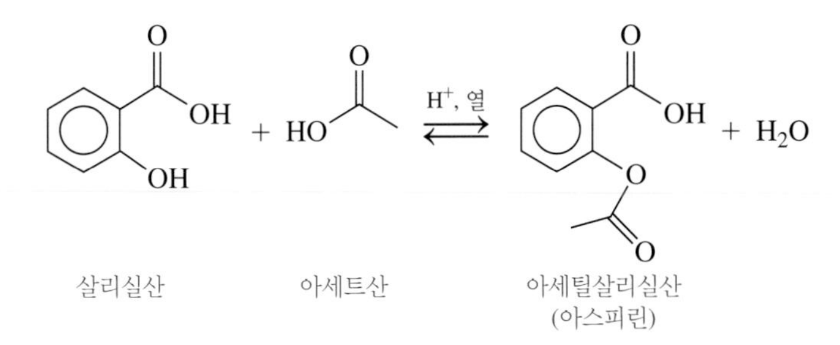

노루발풀 기름 또는 메틸 살리실레이트는 톡 쏘는 박하 향과 냄새를 가진다. 메틸 살리실레이트는 피부를 통과할 수 있기 때문에 피부 연고로 사용되며, 여기서 항자극제로 작용하고, 아픈 근육을 풀어주는 열이 발생한다.

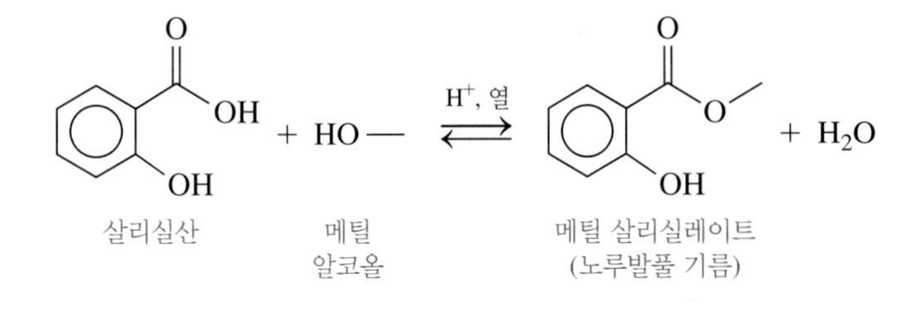

메틸 살리실레이트를 함유한 연고는 아픈 근육을 풀어주는 데 사용된다.

예제 13.5 에스터의 명명

문제

다음 에스터의 IUPAC 이름과 관용명은 무엇인가?

$$CH_3-CH_2-\overset{\overset{\displaystyle O}{\|}}{C}-O-CH_2-CH_2-CH_3$$

풀이 지침

	주어진 조건	필요한 사항	연계
문제 분석	에스터	IUPAC 이름, 관용명	알코올의 알킬 이름을 쓰고 -산(-ic acid)을 -**에이트**(-ate)로 바꾼다.

1단계 알코올에서 탄소 사슬을 알킬기로 하여 이름을 써라.

$$CH_3-CH_2-\overset{\overset{\displaystyle O}{\|}}{C}-O-CH_2-CH_2-CH_3 \qquad \text{프로필}$$

2단계 산의 이름에서 -산을 -에이트로 바꾼다.

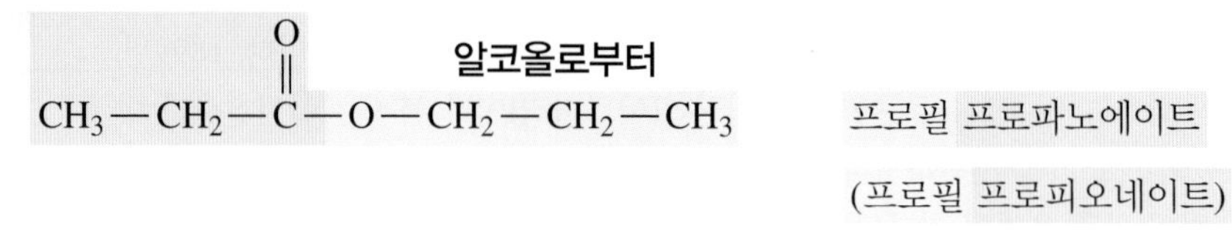

$$CH_3-CH_2-\overset{\overset{\displaystyle O}{\|}}{C}-O-CH_2-CH_2-CH_3$$

프로필 프로파노에이트
(프로필 프로피오네이트)

포도향은 에스터 때문이다.

유제 13.5

포도 냄새와 풍미를 주는 다음 에스터의 IUPAC 이름을 써라.

해답

에틸 헵타노에이트

확인하기
연습 문제 13.10을 풀어보기

화학과 환경
플라스틱

테레프탈산(2개의 카복실기를 가진 방향족 산)은 데이크론(Dacron)과 같은 폴리에스터 제조를 위하여 대량으로 생산된다. 테레프탈산이 에틸렌 글라이콜과 반응하면, 분자의 양끝에 에스터 결합이 형성되어 많은 분자들이 긴 분자를 만들며 결합한다.

테레프탈산 + 에틸렌 글라이콜 $\overset{H^+, \text{열}}{\rightleftarrows}$

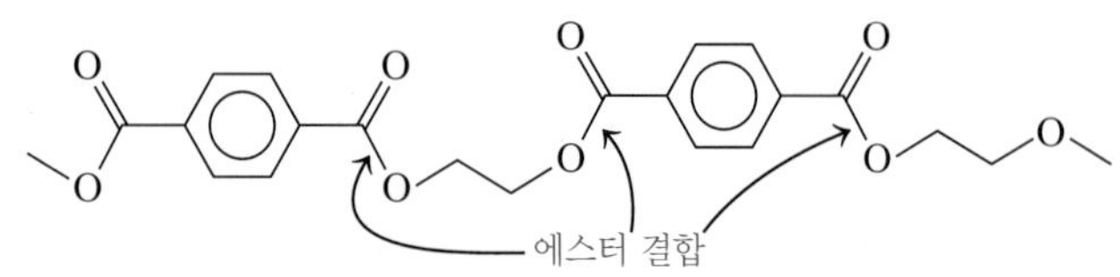

폴리에스터 데이크론의 한 단면

1960년대 듀폰(DuPont)사에서 처음으로 생산한 합성 재료인 데이크론은 퍼머넌트 프레스 가공 섬유, 카펫 및 옷을 만드는 데 사용되었다. 퍼머넌트 프레스(permanent press)는 섬유가 영구적으로 형상을 유지하도록 처리하여 주름이 잘 만들어지지 않는 화학 공정이다. 의학에서는 인공 혈관과 판막이 생물학적으로 반응성이 없고 혈전이 생기지 않는 데이크론으로 만들어진다.

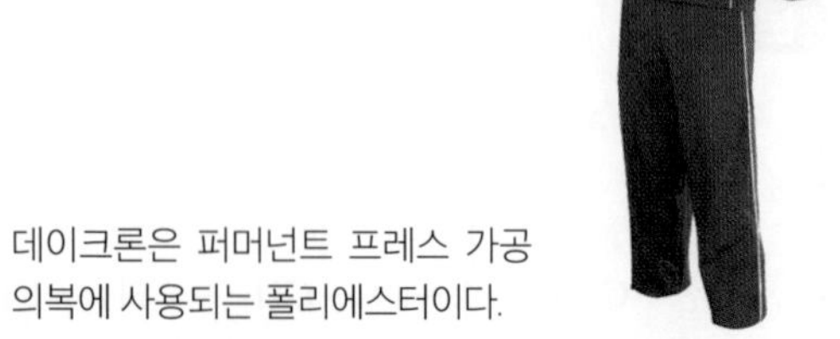
데이크론은 퍼머넌트 프레스 가공 의복에 사용되는 폴리에스터이다.

폴리에스터는 마일라(Mylar)라고 하는 필름과 PETE(polyethylene-terephthalate)로 알려진 플라스틱으로도 만들 수 있다. PETE는 플라스틱 병, 땅콩버터 병, 샐러드드레싱, 샴푸 및 주방세제액의 용기를 만드는 데 사용된다. 오늘날 PETE(재활용 기호 '1')는 모든 플라스틱에서 가장 광범위하게 재활용된다. 매년 1.5×10^9 lb(6.8×10^8 kg) 이상의 PETE가 재활용된다. PETE는 다른 플라스틱으로부터 분리된 후, 티셔츠와 코트를 위한 폴리에스터 섬유, 카펫, 슬리핑백의 충전제, 도어 매트와 테니스 공 용기를 포함한 유용한 제품을 만드는 데 사용된다.

플라스틱 PETE 형태인 폴리에스터는 탄산음료 병을 만드는 데 사용된다.

식물의 에스터

많은 향수와 꽃의 향, 과일의 향은 에스터 때문이다. 작은 에스터는 휘발성이 있어 냄새를 맡을 수 있고, 물에 잘 녹기 때문에 맛을 볼 수도 있다. 이들 중 몇 가지가 풍미 및 냄새와 함께 **표 13.3**에 게재되어 있다.

확인하기

연습 문제 13.11과 13.12를 풀어보기

표 13.3 과일과 향미료 내의 일부 에스터

축약 구조식과 이름	풍미/냄새
$CH_3-\overset{\overset{\large O}{\Vert}}{C}-O-CH_2-CH_2-CH_3$ 프로필 에타노에이트 (프로필 아세테이트)	배
$CH_3-\overset{\overset{\large O}{\Vert}}{C}-O-CH_2-CH_2-CH_2-CH_2-CH_3$ 펜틸 에타노에이트 (펜틸 아세테이트)	바나나
$CH_3-\overset{\overset{\large O}{\Vert}}{C}-O-CH_2-CH_2-CH_2-CH_2-CH_2-CH_2-CH_2-CH_3$ 옥틸 에타노에이트 (옥틸 아세테이트)	오렌지
$CH_3-CH_2-CH_2-\overset{\overset{\large O}{\Vert}}{C}-O-CH_2-CH_3$ 에틸 뷰타노에이트 (에틸 뷰티르에이트)	파인애플
$CH_3-CH_2-CH_2-\overset{\overset{\large O}{\Vert}}{C}-O-CH_2-CH_2-CH_2-CH_2-CH_3$ 펜틸 뷰타노에이트 (펜틸 뷰티르에이트)	살구

에틸 뷰타노에이트와 같은 에스터는 파인애플과 같은 많은 과일 냄새와 풍미를 제공한다.

연습 문제

13.3 에스터

학습 목표 에스터의 IUPAC 이름과 관용명을 쓰고, 에스터 형성에 대한 완결된 화학 반응식을 쓴다.

13.8 다음이 메틸 알코올과 반응할 때 형성되는 에스터에 대한 축약 구조식을 그려라.

a. 펜탄산

b. 4-메틸벤조산

13.9 다음의 반응에서 형성되는 에스터의 축약 구조식 또는 선-각 구조식을 그려라.

a.

$$CH_3-CH_2-CH_2-CH_2-\overset{\overset{\large O}{\|}}{C}-OH + HO-\underset{}{\overset{\overset{\large CH_3}{|}}{CH}}-CH_3 \xrightleftharpoons{H^+,\ 열}$$

b. (선-각 구조식) 뷰탄산 OH + HO (프로판올) $\xrightleftharpoons{H^+,\ 열}$

13.10 다음에 대한 IUPAC 이름과 관용명이 있을 경우 그 관용명을 제시하라.

a.

$$\underset{\underset{\large CH_3}{|}}{H_2C}-\overset{\overset{\large O}{\|}}{C}-O-CH_3$$

b.

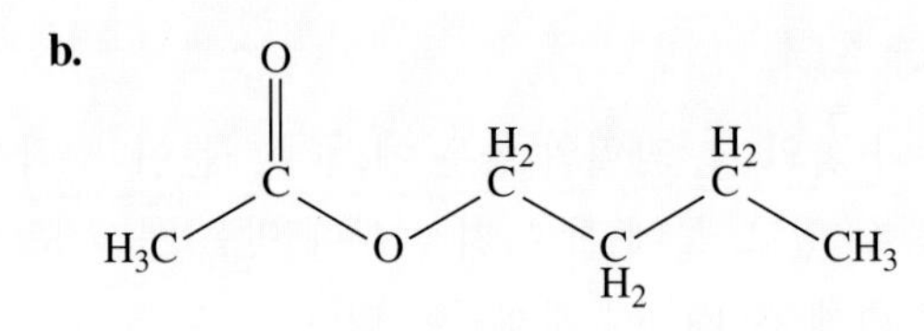

13.11 다음에 대한 축약 구조식을 그려라.

a. 뷰틸 아세테이트 **b.** 에틸 벤조에이트

13.12 다음 과일의 풍미와 냄새의 원인이 되는 에스터는 무엇인가?

a. 배 **b.** 파인애플 **c.** 포도

13.4 에스터의 가수분해

학습 목표 에스터의 산과 염기 가수분해로부터의 생성물에 대한 축약 구조식 또는 선-각 구조식을 그린다.

에스터는 산 또는 염기 존재하에서 물과 반응할 때 **가수분해**(hydrolysis)가 일어난다. 따라서 가수분해는 에스터화 반응의 역이다.

핵심 화학 기법

에스터의 가수분해

에스터의 산 가수분해

산 가수분해(acid hydrolysis)에서, 물은 강산(보통 H_2SO_4 또는 HCl) 존재하에 에스터와 반응하여 카복실산과 알코올을 형성한다. 물 분자는 —OH기를 제공하여 에스터의 카보닐기를 카복실기로 변환한다. 생물학적 에스터의 가수분해가 세포 내에서 일어날 때, 촉매는 효소가 산을 대체한다.

$$CH_3-\overset{\overset{\large O}{\|}}{C}-O-CH_3 + H-OH \xrightleftharpoons{H^+,\ 열} CH_3-\overset{\overset{\large O}{\|}}{C}-OH + HO-CH_3$$

메틸 에타노에이트 (메틸 아세테이트) 물 에탄산 (아세트산) 메탄올 (메틸 알코올)

예제 13.6 **에스터의 산 가수분해**

문제

오랫동안 보관된 아스피린(아세틸살리실산)은 물과 열 존재하에서 산 가수분해가 일어날 수 있다. 아스피린의 산 가수분해에 대한 완결된 화학 반응식을 써라.

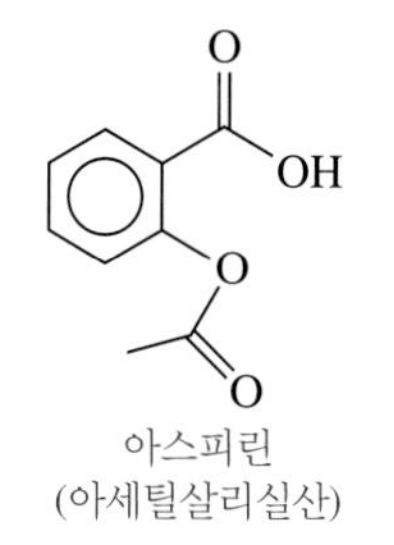

아스피린
(아세틸살리실산)

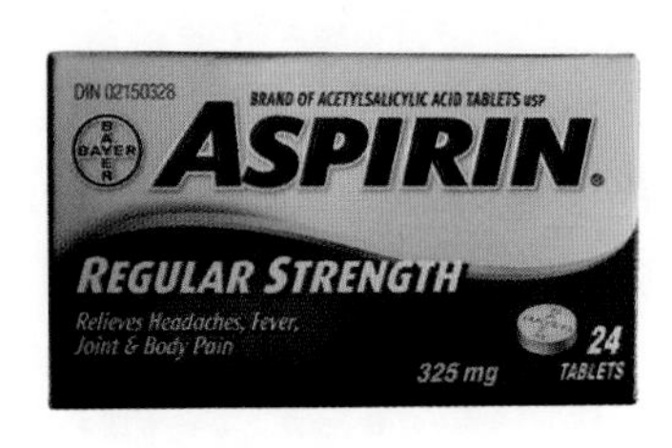

따뜻하고 습한 장소에 보관한 아스피린은 가수분해가 일어날 수 있다.

풀이

문제 분석	주어진 조건	필요한 사항	연계
	아스피린과 물	산 가수분해 반응식	생성물: 카복실산, 알코올

가수분해 생성물로, 카보닐기에 —OH를 첨가하여 카복실산의 화학식을 쓰고 알코올기를 완성하기 위하여 —H를 첨가한다. 생성물의 아세트산은 가수분해된 아스피린에서 식초 냄새가 나게 한다.

아스피린 + H—OH $\xrightleftharpoons{H^+,\ 열}$ 살리실산 + 아세트산 (HO–C(=O)–CH$_3$)

(여기서 분리: 아스피린의 에스터 O–C=O 결합)

아스피린　　　　살리실산　　　　아세트산

유제 13.6

에틸 프로파노에이트(에틸 프로피오네이트)의 가수분해 생성물의 IUPAC 이름과 관용명은 무엇인가?

해답

프로판산과 에탄올(프로피온산과 에틸 알코올)

에스터의 염기 가수분해(비누화)

에스터가 NaOH 또는 KOH와 같은 강염기로 가수분해될 때, 생성물은 카복실레이트 염과 해당되는 알코올이다. 이 염기 가수분해는 **비누화**(saponification)로도 불린다.

에스터 + 강염기 ⟶ 카복실레이트 염 + 알코올

$$\underset{\substack{\text{메틸 에타노에이트}\\(\text{메틸 아세테이트})}}{CH_3-\overset{O}{\overset{\|}{C}}-O-CH_3} + \underset{\substack{\text{수산화}\\\text{소듐}}}{\mathbf{NaOH}} \xrightarrow{\text{열}} \underset{\substack{\text{소듐 에타노에이트}\\(\text{소듐 아세테이트})}}{CH_3-\overset{O}{\overset{\|}{C}}-O^- Na^+} + \underset{\substack{\text{메탄올}\\(\text{메틸 알코올})}}{HO-CH_3}$$

확인하기
연습 문제 13.13을 풀어보기

에틸 아세테이트는 매니큐어의 용매이다.

예제 13.7 **에스터의 염기 가수분해**

문제

에틸 아세테이트는 매니큐어, 플라스틱과 래커(lacquer)에 사용되는 용매이다. NaOH와 에틸 아세테이트의 가수분해에 대한 완결된 화학 반응식을 써라.

풀이

	주어진 조건	필요한 사항	연계
문제 분석	에틸 아세테이트, NaOH	염기 가수분해 반응식	생성물: 카복실레이트 이온, 알코올

NaOH와 에틸 아세테이트의 가수분해로 카복실레이트 염인 소듐 아세테이트와 에틸 알코올이 생성된다.

$$\underset{\substack{\text{에틸 에타노에이트}\\(\text{에틸 아세테이트})}}{CH_3-\overset{O}{\overset{\|}{C}}-O-CH_2-CH_3} + NaOH \xrightarrow{\text{열}} \underset{\substack{\text{소듐 에타노에이트}\\(\text{소듐 아세테이트})}}{CH_3-\overset{O}{\overset{\|}{C}}-O^- Na^+} + \underset{\substack{\text{에탄올}\\(\text{에틸 알코올})}}{HO-CH_2-CH_3}$$

양방향 비디오
유제 13.7

유제 13.7

메틸 벤조에이트와 KOH의 가수분해 생성물의 선-각 구조식을 그려라.

해답

(벤젠 고리)$-\overset{O}{\overset{\|}{C}}-O^- K^+$ + HO—

확인하기
연습 문제 13.14를 풀어보기

연습 문제

13.4 에스터의 가수분해

학습 목표 에스터의 산과 염기 가수분해로부터의 생성물에 대한 축약 구조식 또는 선-각 구조식을 그린다.

13.13 에스터의 산 가수분해 생성물은 무엇인가?

13.14 다음 산-촉매 가수분해 또는 염기-촉매 가수분해 생성물의 축약 구조식 또는 선-각 구조식을 그려라.

a. $CH_3-CH_2-\overset{O}{\overset{\|}{C}}-O-CH_3 + NaOH \xrightarrow{\text{열}}$

b. (선-각 구조식: 프로필 아세테이트) $+ H_2O \underset{}{\overset{H^+,\ \text{열}}{\rightleftarrows}}$

c. $CH_3-CH_2-CH_2-\overset{O}{\overset{\|}{C}}-O-CH_2-CH_3 + H_2O \overset{H^+,\ \text{열}}{\rightleftarrows}$

d. (선-각 구조식: 에틸 벤조에이트) $+ NaOH \xrightarrow{\text{열}}$

13.5 아민

학습 목표 아민의 관용명을 쓰고, 주어진 이름의 축약 구조식 또는 선-각 구조식을 그린다. 아민의 물에 대한 용해도, 해리 및 중화를 기술한다.

아민과 아마이드는 질소를 포함한 유기 화합물이다. 많은 질소-함유 화합물은 아미노산, 단백질, 핵산(DNA와 RNA)의 성분으로 생명체에 중요하다. 많은 아민은 강한 생리학적 활성을 보이며, 충혈제거제(decongestant), 마취제(anesthetic) 및 진정제(sedative)와 같은 의약품에서 사용된다. 그 예로는 도파민, 히스타민, 에피네프린과 암페타민이 있다. 강력한 생리학적 활성을 가진 카페인, 니코틴, 코카인 및 디지털리스와 같은 알칼로이드는 식물에서 얻는 천연 산출 아민이다.

아민의 명명과 분류

아민(amine)은 하나 이상의 수소 원자가 알킬기 또는 방향족기로 대체된 암모니아(NH_3) 유도체이다. 메틸아민의 경우, 메틸기가 암모니아의 수소 원자 하나를 대체한다. 2개의 메틸이 결합하면 다이메틸아민이 되고, 트라이메틸아민의 3개의 메틸기는 암모니아의 모든 수소 원자를 대체한다.

아민의 관용명은 보통 질소 원자에 결합된 알킬기가 가지치지 않았을 때 사용된다. 그리고 알킬기는 알파벳 순서대로 나열된다. 접두사 **다이**(di)와 **트라이**(tri)는 2개와 3개의 동일한 치환기를 의미하는 데 사용한다.

$\boxed{CH_3}-NH_2$ (메틸아민)

$\boxed{CH_3}-N(H)-\boxed{CH_3}$ (다이메틸아민)

$\boxed{CH_3-CH_2-CH_2}-N(\boxed{CH_3})-\boxed{CH_2-CH_3}$ (에틸메틸프로필아민)

아민은 질소 원자에 직접 결합한 탄소 원자의 수를 세어 분류한다. 1차(1°) 아민의 질소 원자는 1개의 알킬기와 결합하고 있다. 2차(2°) 아민의 질소 원자는 2개의 알킬기와 결합하며, 3차(3°) 아민의 질소 원자는 3개의 알킬기와 결합한다(**그림 13.2**).

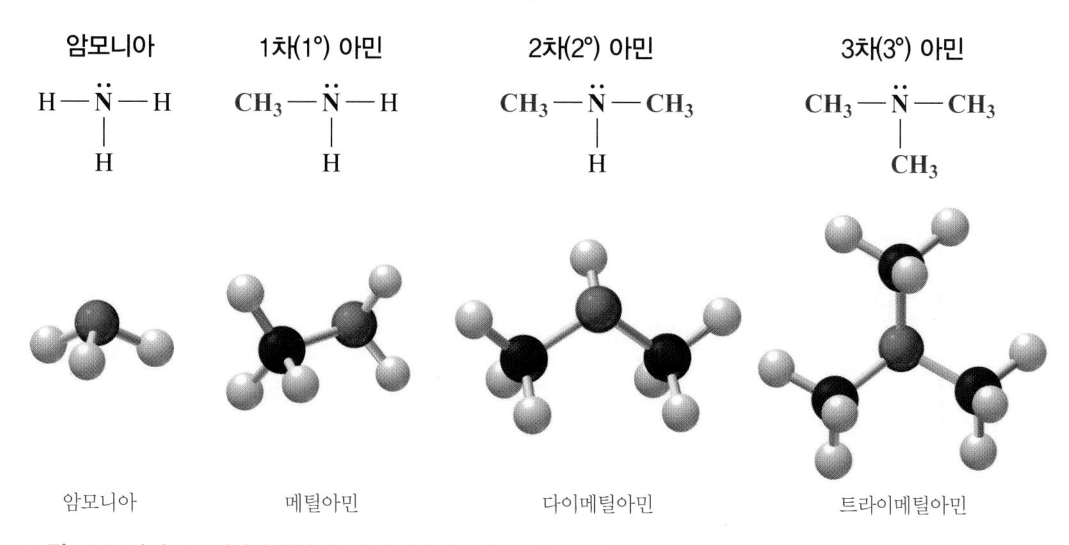

그림 13.2 아민은 N 원자와 결합한 1개 이상의 탄소 원자를 가진다.

Q 다이메틸아민의 질소 원자에는 몇 개의 탄소 원자가 결합하는가?

아민에 대한 선-각 구조식

아민의 선-각 구조식은 다른 유기 화합물에서 그린 것과 같이 그릴 수 있다. 아민의 선-각 구조식은 N 원자에 결합된 수소 원자를 보여준다.

NH_2 N H N

프로필아민
1차(1°) 아민

에틸프로필아민
2차(2°) 아민

다이에틸메틸아민
3차(3°) 아민

방향족 아민

방향족 아민은 **아닐린**(aniline)이라는 이름을 사용하며, 이는 IUPAC에서도 승인되었다. 아닐린의 질소에 붙어 있는 알킬기는 접두사 *N*- 다음에 알킬 이름을 붙여 명명한다.

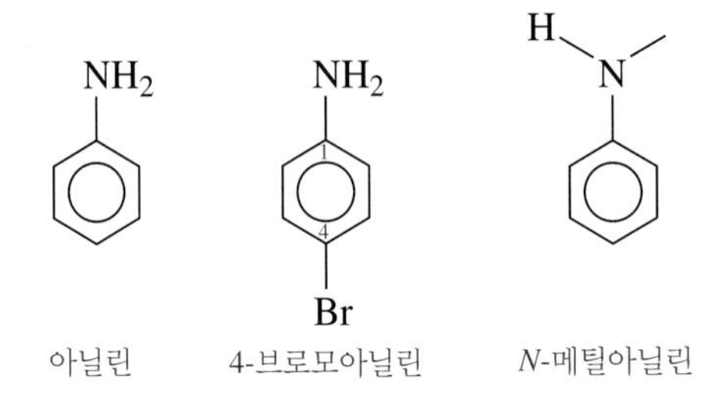

아닐린 4-브로모아닐린 *N*-메틸아닐린

아닐린은 청바지뿐 아니라 모직, 면직, 견직 섬유에 색을 주는 인디고와 같은 많은 염료를 만드는 데 사용된다. 또한 폴리우레탄을 만들고 진통제 아세트아미노펜의 합성에도 사용된다.

푸른 염료에 사용되는 인디고는 인디고페라 틴토리아(Indigofera tinctoria)와 같은 열대 식물로부터 얻을 수 있다.

예제 13.8 아민의 명명과 분류

문제

다음의 아민을 1차(1°), 2차(2°) 또는 3차(3°)로 분류하고, 각각에 대한 관용명을 써라.

a. $CH_3—CH_2—NH_2$

b. $CH_3—N(CH_3)—CH_2—CH_3$

풀이

a. 이 아민은 1개의 에틸기가 질소 원자에 붙어 있다(1°). 따라서 이름은 에틸아

민이다.

b. 이 아민은 2개의 메틸기와 1개의 에틸기가 질소 원자에 붙어 있다(3°). 따라서 이름은 에틸다이메틸아민이다.

유제 13.8

메틸프로필아민의 선-각 구조식을 그리고 1차(1°), 2차(2°) 또는 3차(3°)로 분류하라.

해답

2차(2°)

확인하기

연습 문제 13.15에서 13.17까지 풀어 보기

화학과 보건
보건과 의약에서의 아민

알레르기 반응이나 세포의 손상에 대응하기 위하여 신체는 혈관을 팽창시키고 세포의 투과력을 증가시키는 히스타민의 생성을 증가시킨다. 이로 인해 그 부위에는 홍반(redness)과 부어오름이 나타난다. 다이펜히드라민과 같은 항히스타민제를 처방하면 히스타민의 효과를 방지하는 데 도움이 된다.

체내에서 **생체 아민**(biogenic amine)이라 불리는 호르몬은 중추 신경계와 신경 세포 사이에서 메시지를 전달한다. 투쟁 도피 반응(fight-or-flight) 상황에서 에피네프린(epinephrine, 아드레날린)과 노르에피네프린(norepinephrine, 노르아드레날린)은 부신 수질(adrenal medulla)에서 방출되어 혈당 수치를 높이고 혈액을 근육으로 옮긴다. 감기, 알레르기 비염(hay fever)과 천식 치료에 사용되는 노르에피네프린은 호흡 경로의 점막(mucous membrane)의 모세혈관을 수축시킨다. 약품명의 접두사 **노르**(nor)는 질소 원자에 CH_3— 기가 1개 적다는 것을 의미한다. 파킨슨병은 도파민이라 부르는 또 다른 생체 아민 부족으로 인한 결과이다.

인공적으로 생산되는 암페타민(일명 '어퍼스(uppers)')은 에피네프린과 유사한 중추 신경계의 자극제이지만, 심혈관 활동을 증가시키고 식욕을 떨어뜨린다.

히스타민

다이펜히드라민

이들은 때때로 체중 감량을 위해 사용되지만 화학적 의존성을 유발하기도 한다. 벤제드린과 네오-시네프린(Neo-Synephrine (phenylephrine))은 감기, 알레르기 비염 및 천식에 의한 호흡기 막힘 증세를 줄이기 위한 약품에 사용된다. 종종 벤제드린은 수면욕을 없애기 위하여 복용하기도 하지만 부작용이 있다. 메테드린(methedrine)은 우울증을 치료하는 데 사용되며, 불법적인 형태로는 'speed', 'meth', 또는 'crystal meth'로 알려져 있다. 접두사 **메트**(meth)는 질소 원자에 CH_3— 기가 1개 더 있다는 것을 의미한다.

에피네프린(아드레날린) 노르에피네프린(노르아드레날린) 도파민

벤제드린(암페타민) 네오-시네프린(페닐에프린) 메스암페타민(메테드린)

아민의 물에 대한 용해도

아민은 극성 N—H 결합을 가지기 때문에 물과 수소 결합을 형성한다. 1차(1°) 아민의 $-NH_2$는 2차(2°) 아민보다 더 많은 수소 결합을 형성할 수 있다. 질소 원자에 수소가 없는 3차(3°) 아민은 아민의 N 원자에서 물 분자의 H로의 수소 결합만 형성할 수 있다. 알코올과 마찬가지로 3차 아민을 포함하여 더 작은 아민은 물과 수소 결합을 형성하기 때문에 녹는다. 그러나 탄소 원자가 6개 이상인 가진 아민에서는 수소 결합의 효과가 줄어든다. 그러면 아민의 비극성 탄화수소 사슬은 물에 대한 용해도를 감소시킨다(**그림 13.3**).

가장 많은 수소 결합

가장 적은 수소 결합

수소 결합

수소 결합

수소 결합

그림 13.3 1차, 2차 및 3차 아민은 물 분자와 수소 결합을 형성하지만, 1차 아민이 수소 결합을 가장 많이 형성하고, 3차 아민은 수소 결합을 가장 적게 형성한다.

Q 3차(3°) 아민이 1차 아민보다 적은 수소 결합을 형성하는 이유는 무엇인가?

물에서 염기로 작용하는 아민

암모니아(NH_3)는 물로부터 H^+를 받아 암모늄 이온(NH_4^+)과 수산화 이온(OH^-)을 생성하기 때문에 Brønsted-Lowry 염기로 작용한다.

$$\ddot{N}H_3 + H_2O \rightleftharpoons NH_4^+ + OH^-$$

암모니아 암모늄 이온 수산화 이온

물에서 아민은 질소 원자의 고립 전자쌍이 물로부터 수소 이온을 받아 알킬암모늄과 수산화 이온을 생성하기 때문에 Brønsted-Lowry 염기로 작용한다.

생선의 아민은 레몬즙의 산과 반응하여 '비린' 냄새를 중화한다.

1차 아민의 물과의 반응

$$CH_3-\ddot{N}H_2 + H_2O \rightleftharpoons CH_3-\overset{+}{N}H_3 + OH^-$$

메틸아민 메틸암모늄 이온 수산화 이온

2차 아민의 물과의 반응

$$CH_3-\underset{\displaystyle CH_3}{\underset{|}{\ddot{N}}}H + H_2O \rightleftharpoons CH_3-\underset{\displaystyle CH_3}{\underset{|}{\overset{+}{N}}}H_2 + OH^-$$

다이메틸아민 다이메틸암모늄 이온 수산화 이온

암모늄염

레몬즙을 짜서 생선 위에 뿌리면, 아민이 암모늄염으로 변환되어 '비린' 냄새가 사라진다. **중화 반응**(neutralization reaction)에서 아민은 염기로 작용하고, 산과 반응하여 **암모늄염**(ammonium salt)을 형성한다. 질소 원자의 고립 전자쌍은 산으로부터 H^+를 받아 암모늄염을 생성한다. 다만 물은 생성되지 않는다. 암모늄염은 음이온의 이름을 앞에 두고, 알킬암모늄 이온 이름을 이용하여 명명한다(영문명은 알킬암모늄 이름 뒤에 음이온의 이름이 온다).

아민의 중화

$$CH_3-\ddot{N}H_2 + HCl \longrightarrow CH_3-\overset{+}{N}H_3\ Cl^-$$

메틸아민 → 염화 메틸암모늄

$$CH_3-\ddot{N}H(CH_3) + HCl \longrightarrow CH_3-\overset{+}{N}H_2(CH_3)\ Cl^-$$

다이메틸아민 → 염화 다이메틸암모늄

확인하기

연습 문제 13.18과 13.19를 풀어보기

암모늄염의 성질

암모늄염은 양으로 하전된 암모늄 이온과 음이온(보통 염화 이온) 사이에 강한 인력을 가진 이온 화합물이다. 대부분의 염과 마찬가지로 암모늄염은 실온에서 고체이고, 무취이며, 물과 체액에 녹는다. 이러한 이유로 약물로 사용되는 아민은 보통 그 암모늄염으로 변환된다. 에페드린의 암모늄염은 기관지 확장제(bronchodilator)로 이용되고, 슈다페드(Sudafed)와 같은 충혈 완화제(decongestion) 제품으로 사용된다. 다이펜하이드라민의 암모늄염은 피부 자극 및 발진에 기인한 가려움증과 통증 완화에 사용하는 베나드릴(Benadryl)과 같은 제품에 사용된다(**그림 13.4**). 약학에서 암모늄염의 명명은 아민의 이름 다음에 산의 이름이 뒤따르는 오래된 방법을 따르고 있다.

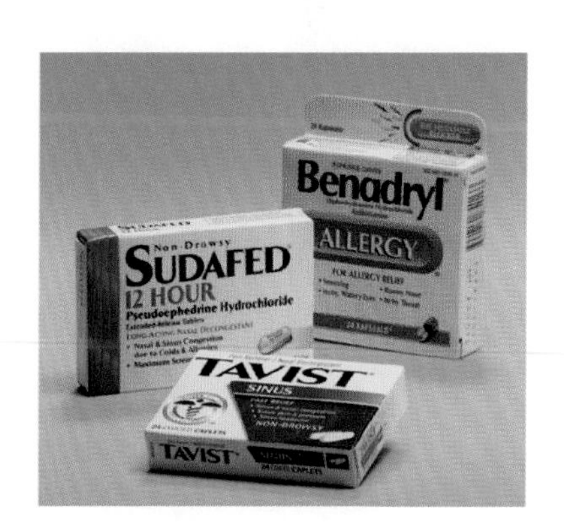

그림 13.4 충혈 완화제와 가려움증 및 피부 자극을 완화시키는 제품에는 암모늄염이 함유되어 있다.

Ⓠ 생물학적으로 활성인 아민보다 암모늄염이 의약품에 사용되는 이유는 무엇인가?

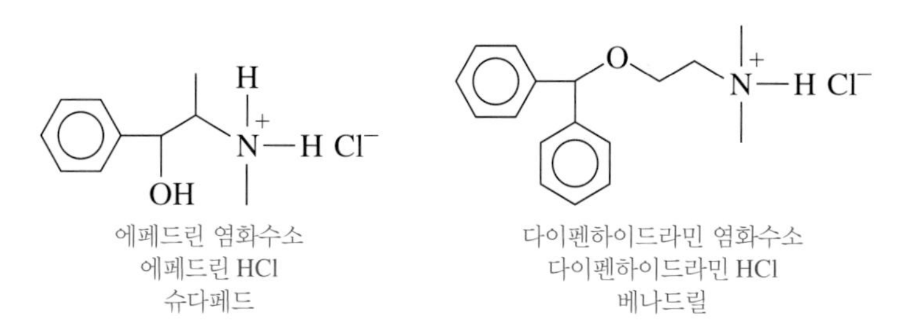

에페드린 염화수소
에페드린 HCl
슈다페드

다이펜하이드라민 염화수소
다이펜하이드라민 HCl
베나드릴

암모늄염은 NaOH와 같은 강염기와 반응할 때 아민으로 다시 변환되며, 이를 유리 아민 또는 유리 염기라 부른다.

$$CH_3-\overset{+}{N}H_3\ Cl^- + NaOH \longrightarrow CH_3-NH_2 + NaCl + H_2O$$

코카인은 전형적으로 산성 HCl 용액을 이용하여 코카 잎으로부터 추출되어 흰색의 고체 암모늄염인 코카인 염화수소를 생성한다. 이것은 코카인의 염(코카인 염화수소)이며, 거리에서 불법적으로 사용된다. '크랙 코카인'은 코카인 염화수소를 '유리-염기화(free basing)'로 알려진 과정인 NaOH와 에터로 처리함으로써 얻은 유리 아

코카 잎은 코카인의 원천이다.

민 또는 아민의 유리 염기이다. 고체 생성물은 가열하면 탁탁 튀는 소리를 만들기 때문에 '크랙 코카인'으로 알려져 있다. 유리 아민은 연기가 되면 쉽게 흡수되고, 코카인 염화수소보다 강한 황홀감을 주기 때문에, 크랙 코카인을 더 중독성 있게 만든다.

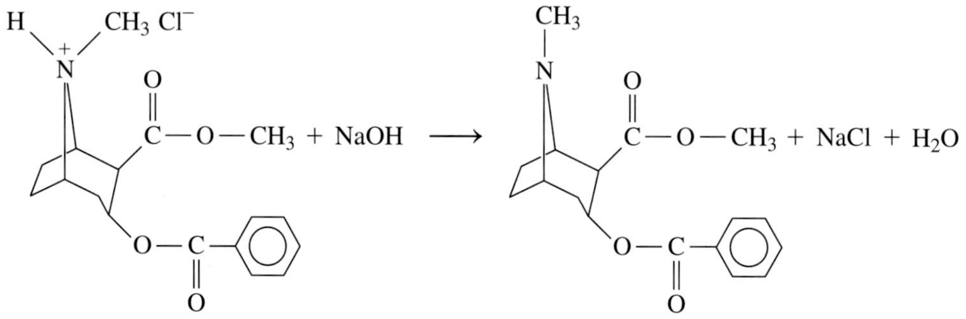

코카인 염화수소 $+ NaOH \longrightarrow$ 코카인('유리 염기'인 크랙 코카인) $+ NaCl + H_2O$

예제 13.9 아민의 반응

문제

에틸아민이 다음을 수행할 때 완결된 화학 반응식을 써라.

a. 물에서 약염기로 작용

b. HCl에 의한 중화

풀이

a. 에틸아민은 물에서 수소 이온을 받아 에틸암모늄과 수산화 이온을 생성함으로써 약염기로 작용한다.

$$CH_3-CH_2-NH_2 + H-OH \rightleftharpoons CH_3-CH_2-\overset{+}{N}H_3 + OH^-$$

b. 산과의 반응에서 에틸아민은 HCl로부터 수소 이온을 받아 염화 에틸암모늄을 생성함으로써 약염기로 작용한다.

$$CH_3-CH_2-NH_2 + HCl \longrightarrow CH_3-CH_2-\overset{+}{N}H_3\,Cl^-$$

유제 13.9

트라이메틸아민과 HCl의 반응에 의하여 생성되는 염에 대한 축약 구조식을 그려라.

해답

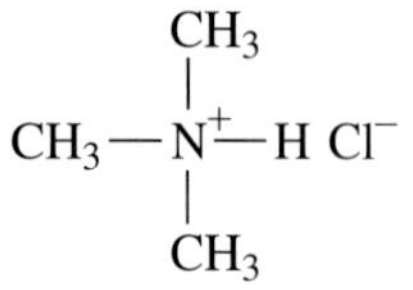

$$CH_3-\overset{\overset{CH_3}{|}}{\underset{\underset{CH_3}{|}}{N^+}}-H\ Cl^-$$

화학과 환경
알칼로이드: 식물의 아민

알칼로이드(alkaloid)는 식물이 생성하는 생리학적으로 활성이 있는 질소-함유 화합물이다. 알칼로이드라는 용어는 염기의 '알칼리와 비슷한' 또는 염기의 특성을 언급한다. 특정 알칼로이드는 마취제, 항우울제와 각성제에 사용되며, 많은 것이 중독성이 있다.

후추와 관계있는 자극적인 냄새와 맛의 일부는 피페리딘 때문이다. 후추 식물의 열매는 말리고 갈아서 음식의 조미료로 사용하는 후추가 된다.

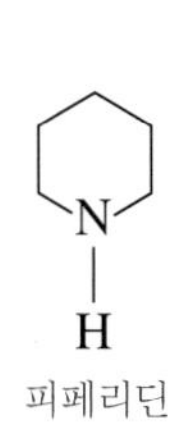
피페리딘

후추의 향은 아민인 피페리딘 때문이다.

각성제로서의 니코틴은 혈액의 아드레날린의 수치를 증가시켜 심장 박동수와 혈압을 증가시킨다. 니코틴은 뇌의 쾌락 중추를 활성화시키기 때문에 중독성이 있다. 독미나리(hemlock, 헴록)에서 얻는 코닌(coniine)은 독성이 매우 크다.

니코틴 코닌

카페인은 중추 신경계 각성제이다. 커피, 차, 청량음료, 에너지 음료, 초콜릿과 코코아에 존재하는 카페인은 각성도를 증가시키지만 불안감과 불면증을 유발하기도 한다. 카페인은 항히스타민제로 인한 졸음에 대항하기 위하여 특정 진통제에도 사용된다.

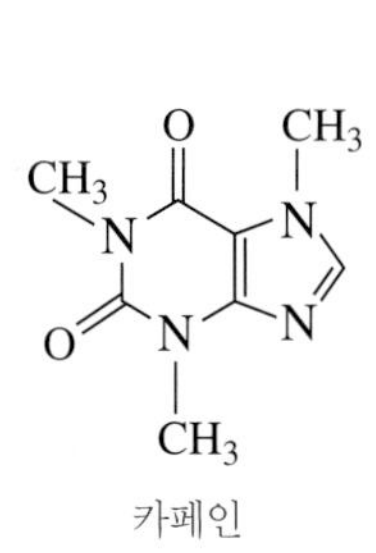
카페인

카페인은 커피, 차, 에너지 음료와 초콜릿에서 발견되는 각성제이다.

몇 가지 알칼로이드는 의약품에 사용된다. 기나나무(cinchona) 껍질에서 얻는 퀴닌(quinine)은 1600년대 이후부터 말라리아 치료에 사용되어 왔다. 가지속 식물(벨라도나)의 아트로핀(atropine)은 낮은 농도로 느린 심장 박동수를 빠르게 하고, 눈 검사를 위한 마취제로 사용된다.

퀴닌 아트로핀

수 세기 동안, 동양의 양귀비에서 발견되는 알칼로이드인 모르핀(morphine)과 코데인(codeine)은 효과적인 진통제로 사용되어 왔다. 구조적으로 모르핀과 유사한 코데인은 일부 처방된 진통제와 감기 시럽에 사용된다. 모르핀을 화학적으로 변형하여 얻은 헤로인은 중독성이 강하며, 의학적으로는 사용되지 않는다. 심한 통증을 완화시키는 처방약 옥시콘틴(OxyContin)(옥시코돈, oxycodon)의 구조는 헤로인과 유사하다. 생리학적 효과 또한 헤로인과 비슷하기 때문에 오늘날에는 옥시콘틴 남용으로 인한 사망자 수가 증가하고 있다.

녹색의 덜 여문 양귀비의 씨방에는 알칼로이드 모르핀과 코데인의 원천인 우유와 같은 수액(아편)이 있다.

모르핀 코데인

헤로인 옥시콘틴

연습 문제

13.5 아민

학습 목표 아민의 관용명을 쓰고, 주어진 이름의 축약 구조식 또는 선-각 구조식을 그린다. 아민의 물에 대한 용해도, 해리 및 중화를 기술한다.

13.15 다음에 대한 관용명을 제시하라.

a. 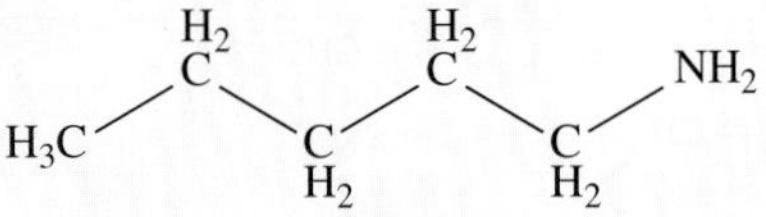 $H_3C-CH_2-CH_2-CH_2-CH_2-NH_2$

b. 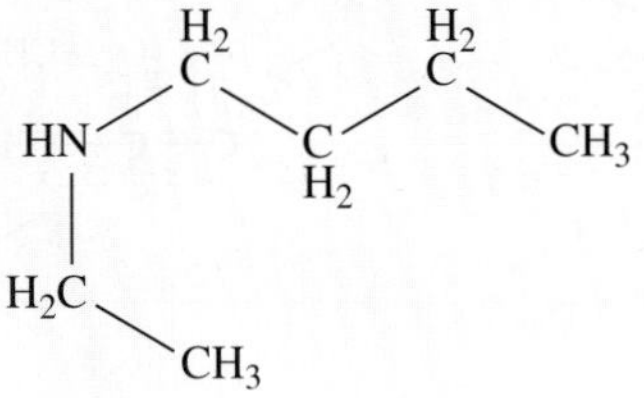 $HN(-CH_2-CH_2-CH_2-CH_3)(-H_2C-CH_3)$

c. 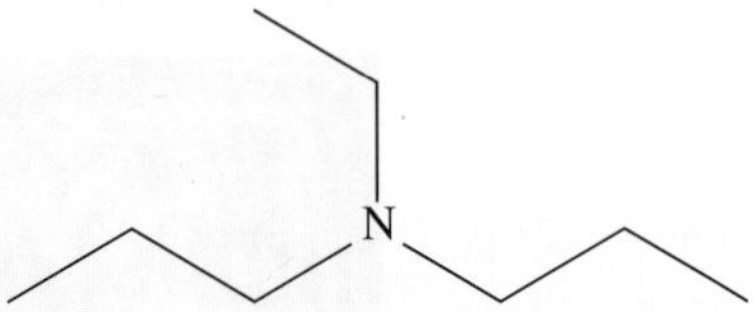 N (선-각 구조식)

13.16 다음 아민의 골격 구조식을 그려라.

a. 피롤리딘 **b.** *N*-메틸아닐린

c. 뷰틸프로필아민

13.17 다음 아민을 1차(1°), 2차(2°) 또는 3차(3°)로 분류하라.

a. 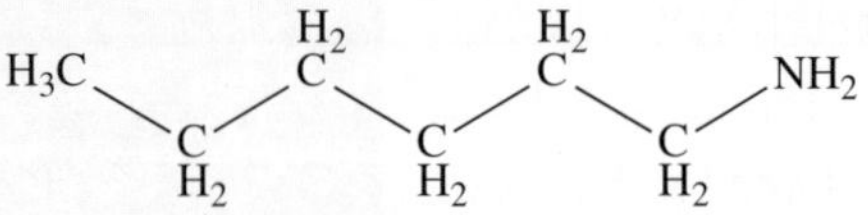 $H_3C-CH_2-CH_2-CH_2-CH_2-CH_2-NH_2$

b. 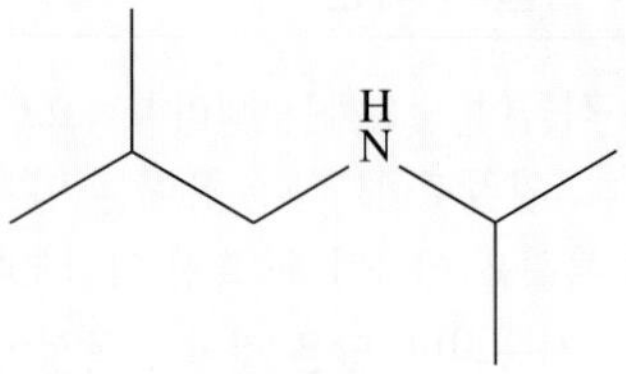 N-H (선-각 구조식)

c. 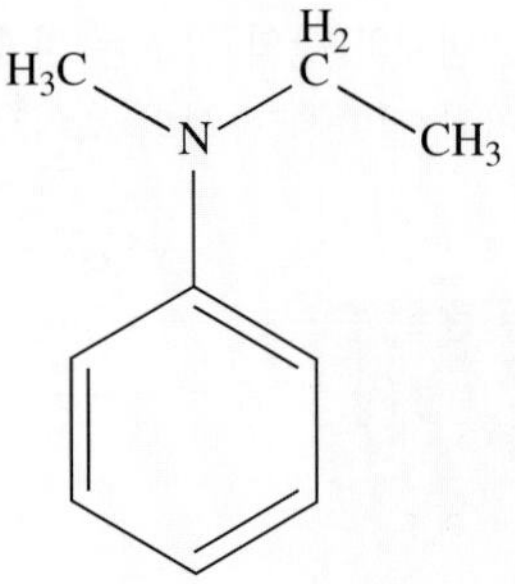 $H_3C-N(-C_6H_5)-CH_2-CH_3$

13.18 다음이 물에 녹는지를 확인하고, 이유를 설명하라.

a. $CH_3-CH_2-NH_2$

b. 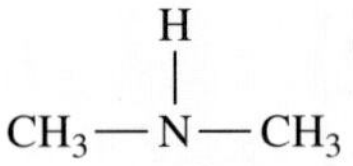 $CH_3-NH-CH_3$

c. 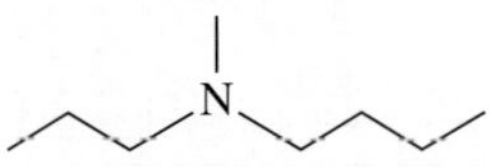 N (선-각 구조식)

d. 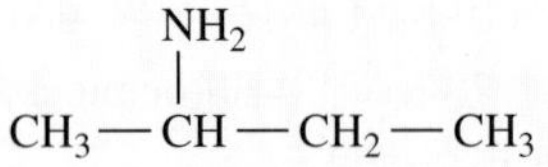 $CH_3-CH(NH_2)-CH_2-CH_3$

13.19 다음의 아민이 (1) 물과 반응할 때와 (2) HCl과 중화할 때의 완결된 화학 반응식을 써라.

a. 메틸아민 **b.** 다이메틸아민

c. 아닐린

13.6 아마이드

학습 목표 아마이드의 IUPAC 이름과 관용명을 쓰고, 생성과 가수분해 생성물의 축약 구조식 또는 선-각 구조식을 그린다.

아마이드(amide)는 질소기가 하이드록실기를 대체한 카복실산의 유도체이다.

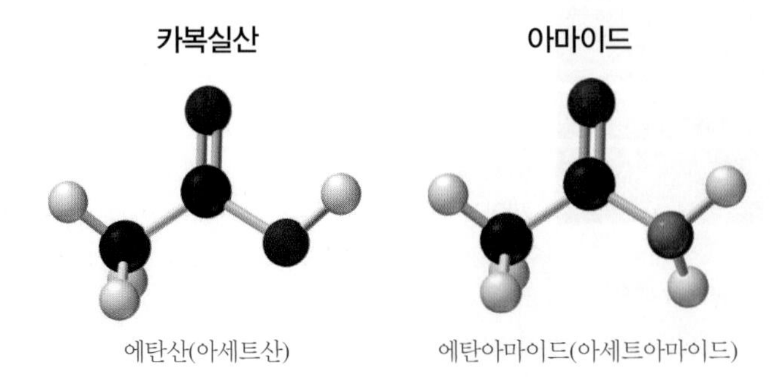

에탄산(아세트산) 에탄아마이드(아세트아마이드)

아마이드의 합성

> **핵심 화학 기법**
> 아마이드의 형성

아마이드는 카복실산이 암모니아나 1차 아민 또는 2차 아민과 반응하는 **아마이드화** (amidation)라고 하는 반응에서 생성된다. 물 분자가 제거되고, 에스터 형성과 거의 유사하게 카복실산의 부분과 아민 분자가 결합하여 아마이드를 형성한다. 3차 아민은 수소 원자를 가지고 있지 않기 때문에, 아마이드화 반응을 수행할 수 없다.

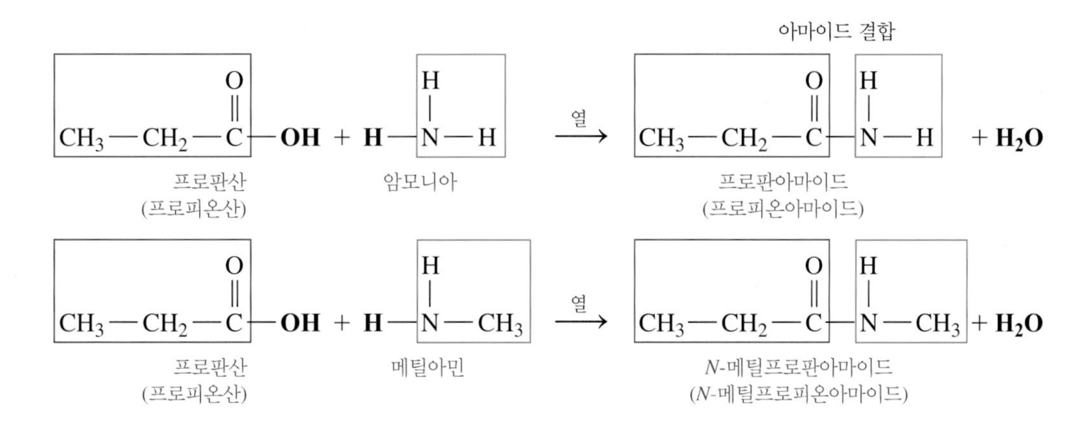

예제 13.10 아마이드의 형성

문제

다음 반응으로부터 생성되는 아마이드에 대한 축약 구조식을 그려라.

$$CH_3-\overset{\overset{\large O}{\|}}{C}-OH + H_2N-CH_2-CH_3 \xrightarrow{\text{열}}$$

풀이

산으로부터 —OH기와 아민으로부터 —H를 제거하여 물을 형성한다. 산의 카보닐기를 아민의 질소 원자에 붙여 아마이드를 그린다.

$$CH_3-\overset{\overset{\large O}{\|}}{C}-\overset{\overset{\large H}{|}}{N}-CH_2-CH_3$$

유제 13.10

다음 아마이드를 제조하는 데 필요한 카복실산과 아민에 대한 축약 구조식을 그려라. (힌트: 아마이드기의 N과 C$=$O를 분리하고, —H와 —OH를 첨가하여 원래 아민과 카복실산을 제시하라.)

$$H-\overset{\overset{\large O}{\|}}{C}-\overset{\overset{\large CH_3}{|}}{N}-CH_3$$

해답

$$H-\overset{\overset{\large O}{\|}}{C}-OH \quad \text{그리고} \quad H-\overset{\overset{\large CH_3}{|}}{N}-CH_3$$

> **확인하기**
> 연습 문제 13.20을 풀어보기

아마이드의 명명

아마이드의 IUPAC 이름과 관용명에서, 해당하는 카복실산 이름의 **-산**(-oic acid 또는 -ic acid)을 **-아마이드**(-amide)로 대체한다. 질소 원자에 알킬기가 붙을 경우, 1개 또는 2개의 기가 있는지에 따라 접두사 *N*- 또는 *N*,*N*-이 아마이드의 이름 앞에 온다. 아마이드의 이름을 다음과 같은 방법으로 그릴 수 있다.

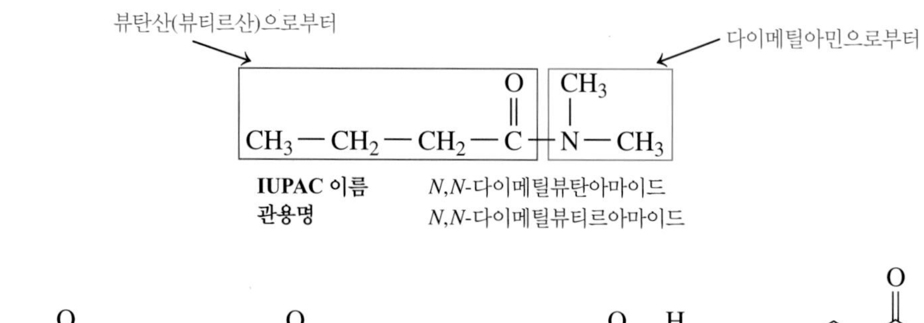

$H-C(=O)-NH_2$
메탄아마이드
(폼아마이드)

$CH_3-C(=O)-NH_2$
에탄아마이드
(아세트아마이드)

$CH_3-CH_2-C(=O)-NH-CH_3$
N-메틸프로판아마이드
(*N*-메틸프로피온아마이드)

$C_6H_5-C(=O)-NH_2$
벤즈아마이드

예제 13.11 아마이드의 명명

문제

다음 아마이드의 IUPAC 이름을 써라.

$CH_3-CH_2-CH_2-C(=O)-NH-CH_2-CH_3$

풀이 지침

	주어진 조건	필요한 사항	연계
문제 분석	아마이드	IUPAC 이름	산 이름의 **-산**을 **-아마이드**로 대체, 알킬 치환기는 접두사 *N*-을 가짐

1단계 **카복실산의 -산을 -아마이드로 대체하라.**

$CH_3-CH_2-CH_2-C(=O)-NH-CH_2-CH_3$ 뷰탄아마이드

2단계 **접두사 *N*-과 알킬 이름을 이용하여 N 원자의 각 치환기를 명명하라.**

$CH_3-CH_2-CH_2-C(=O)-NH-CH_2-CH_3$ *N*-에틸뷰탄아마이드

유제 13.11

N,*N*-다이메틸벤즈아마이드에 대한 선-각 구조식을 그려라.

해답

O N

확인하기

연습 문제 13.21과 13.22를 풀어보기

아마이드의 물에 대한 용해도

아마이드는 아민에서 보았던 염기의 성질을 가지고 있지 않다. 1~5개의 탄소 원자를 가진 아마이드는 물 분자와 수소 결합을 할 수 있기 때문에 물에 녹는다. 그러나 6개 이상의 탄소 원자를 가진 아마이드는 보다 긴 탄소 사슬이 물에 대한 아마이드의 용해도를 감소시켜 수소 결합의 효과가 줄어든다.

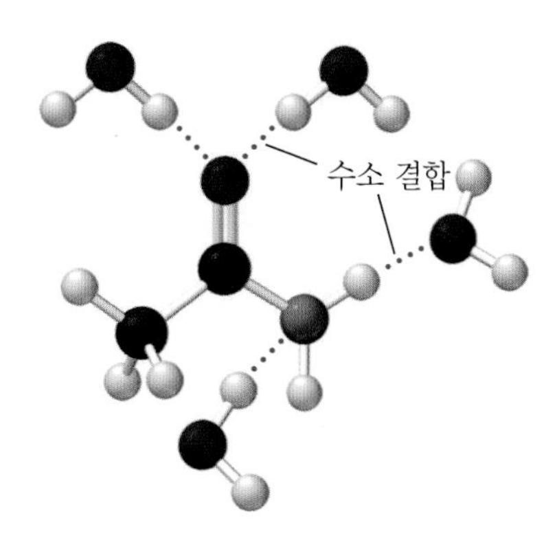

화학과 보건

보건과 의약에서의 아마이드

가장 간단한 천연 아마이드는 체내 단백질 대사의 최종 생성물인 요소이다. 신장은 혈액에서 요소를 제거하고 소변으로 배출한다. 신장이 잘 기능하지 못할 경우, 요소가 제거되지 못하여 **요독증**(uremia)이라고 하는 상태인 독성 수준으로 축적된다. 요소는 토양의 질소를 증가시키기 위하여 비료의 한 성분으로 사용되기도 한다.

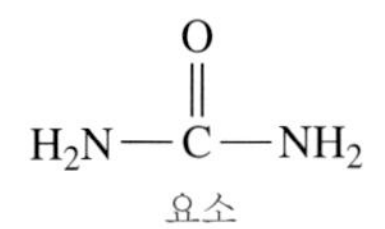

요소

많은 바르비튜레이트(barbiturate)는 바르비투르산의 고리형 아마이드로, 소량을 복용할 시에는 진정제로 작용하고 다량을 복용할 시에는 수면 유도제로 작용한다. 이들은 종종 중독성이 있다. 바르비튜레이트 약물에는 페노바르비탈(루미날)과 펜토바르비탈(넴뷰탈)이 포함된다.

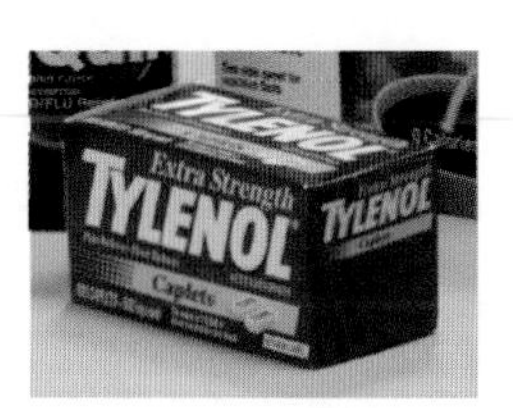

아세트아미노펜을 함유한 타이레놀은 아스피린 대용품이다.

아스피린 대용품은 페나세틴 또는 타이레놀에 사용되는 아세트아미노펜을 가지고 있다. 아스피린과 마찬가지로 아세트아미노펜 또한 열과 통증을 감소시키지만, 소염 효과는 거의 없다.

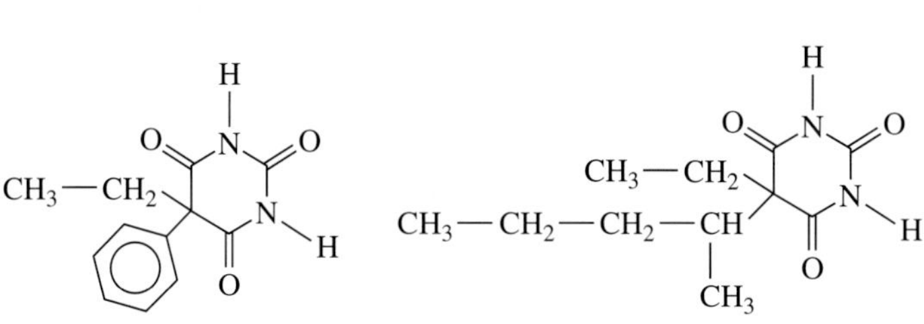

페노바르비탈(루미날) 펜토바르비탈(넴뷰탈)

페나세틴

아세트아미노펜

아마이드의 가수분해

아마이드는 물이 아마이드 결합에 첨가되어 분자를 분리할 때 가수분해가 일어난다. 산이 사용되면, 아마이드의 가수분해 생성물은 카복실산과 암모늄염이다. 염기 가수분해에서, 아마이드는 카복실레이트 염과 암모니아 또는 아민을 생성한다.

아마이드의 산 가수분해

아마이드 / 카복실산 / 암모늄염

$$CH_3-\overset{O}{\overset{\|}{C}}-\overset{H}{\overset{|}{N}}-H + H_2O + HCl \xrightarrow{\text{열}} CH_3-\overset{O}{\overset{\|}{C}}-OH + H-\overset{H}{\overset{|}{\underset{H}{\underset{|}{N^+}}}}-H\ Cl^-$$

에탄아마이드 (아세트아마이드) / 에탄산 (아세트산) / 염화 암모늄

아마이드의 염기 가수분해

아마이드 / 카복실레이트 염 / 아민

$$CH_3-CH_2-\overset{O}{\overset{\|}{C}}-\overset{H}{\overset{|}{N}}-CH_3 + NaOH \xrightarrow{\text{열}} CH_3-CH_2-\overset{O}{\overset{\|}{C}}-O^-\ Na^+ + H-\overset{H}{\overset{|}{N}}-CH_3$$

N-메틸프로판아마이드 (*N*-메틸프로피온아마이드) / 소듐 프로파노에이트, 염 (소듐 프로피오네이트) / 메틸아민

예제 13.12 아마이드의 염기 가수분해

문제

N-메틸펜탄아마이드를 NaOH로 가수분해할 때, 생성물에 대한 축약 구조식을 그려라.

풀이

	주어진 조건	필요한 사항	연계
문제 분석	*N*-메틸펜탄아마이드, NaOH	생성물: 카복실레이트 염, 아민	아마이드의 염기 가수분해

아마이드의 가수분해에서, 카복실 탄소 원자와 질소 원자 사이의 아마이드 결합은 끊어진다. NaOH와 같은 염기가 사용될 때, 생성물은 카복실레이트 염과 아민이다.

$$CH_3-CH_2-CH_2-CH_2-\overset{O}{\overset{\|}{C}}-\overset{H}{\overset{|}{N}}-CH_3 \xrightarrow[\ ]{\text{NaOH, 열}}$$

N-메틸펜탄아마이드

$$CH_3-CH_2-CH_2-CH_2-\overset{O}{\overset{\|}{C}}-O^-\ Na^+ + H-\overset{H}{\overset{|}{N}}-CH_3$$

소듐 펜타노에이트 / 메틸아민

유제 13.12

N-메틸뷰티르아마이드와 HBr의 가수분해 생성물에 대한 축약 구조식을 그려라.

해답

$$CH_3-CH_2-CH_2-\overset{O}{\overset{\|}{C}}-OH + CH_3-\overset{+}{N}H_3\ Br^-$$

확인하기

연습 문제 13.23을 풀어보기

연습 문제

13.6 아마이드

학습 목표 아마이드의 IUPAC 이름과 관용명을 쓰고, 생성과 가수분해 생성물의 축약 구조식 또는 선-각 구조식을 그린다.

13.20 다음의 반응에서 형성된 아마이드의 축약 구조식 또는 선-각 구조식을 그려라.

a. $CH_3-\overset{O}{\overset{\|}{C}}-OH + NH_3 \xrightarrow{열}$

b. $CH_3-\overset{O}{\overset{\|}{C}}-OH + H_2N-CH_2-CH_3 \xrightarrow{열}$

c. 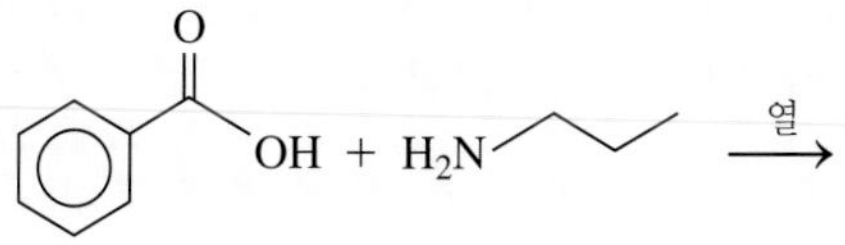 (benzene ring)–C(=O)OH + H_2N–(propyl, line-angle) $\xrightarrow{열}$

13.21 다음의 아마이드에 대하여 IUPAC 이름과 관용명(있을 경우)을 제시하라.

a. 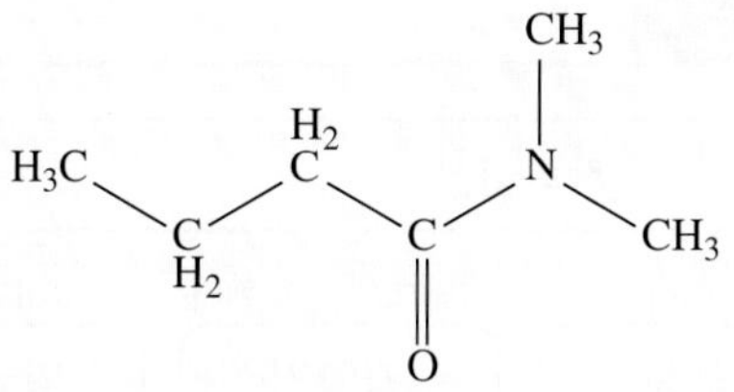 $H_3C-CH_2-CH_2-C(=O)-N(CH_3)-CH_3$

b. 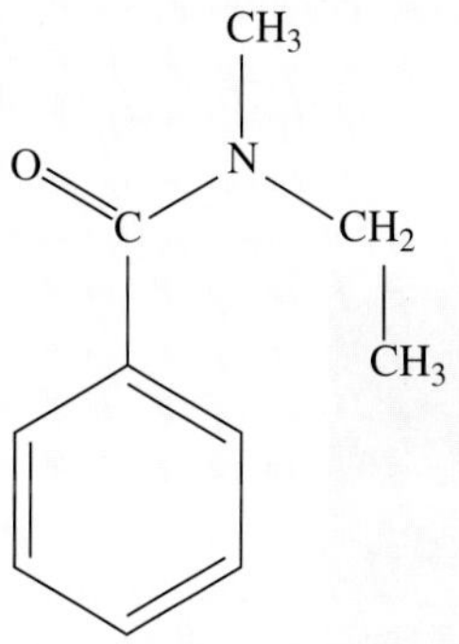 $C_6H_5-C(=O)-N(CH_3)-CH_2-CH_3$

13.22 다음의 아마이드에 대한 축약 구조식을 그려라.

a. 프로피온아마이드 **b.** 2-메틸펜탄아마이드

c. 메탄아마이드 **d.** *N*,*N*-다이메틸에탄아마이드

13.23 다음의 아마이드와 HCl의 가수분해 생성물에 대한 축약 구조식 또는 선-각 구조식을 그려라.

a. 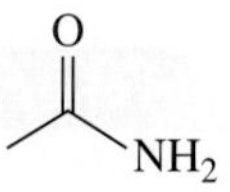 $CH_3-C(=O)-NH_2$ (line-angle)

b. $CH_3-CH_2-\overset{O}{\overset{\|}{C}}-NH_2$

c. $CH_3-CH_2-CH_2-\overset{O}{\overset{\|}{C}}-\overset{H}{\overset{|}{N}}-CH_3$

d. 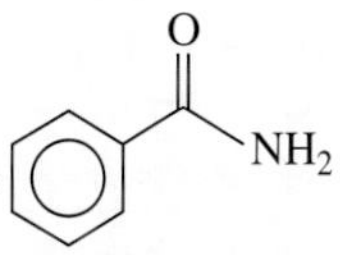 (benzene ring)–C(=O)–NH_2

e. *N*-에틸펜탄아마이드

의학 최신 정보 화학물질 확인을 위한 토양과 물 시료 검사

환경 보건 전문사업자인 Lance는 더 많은 토양과 물 시료를 얻기 위하여 양 목장으로 돌아왔다. 농장에 도착한 그는 농장주가 파리와 구더기가 들끓고 있어 양에게 살충제를 뿌리고 있음을 알아차렸다. Lance는 그들이 양에게 살포하는 살충제가 강력한 곤충 성장 조절제인 다이사이클아닐(dicyclanil)이라고 들었다. 또한 양이 호흡기 감염에 대항하기 위하여 엔로플록사신(enrofloxacin)으로 치료중이라는 정보도 받았다.

이러한 화학물질의 높은 수준은 허용 가능한 환경 기준을 초과할 경우 위험할 수 있기 때문에, Lance는 검사를 위한 토양과 물 시료를 수집하였다. 그는 검사 결과를 농장주에게 송부할 것이고, 그 결과를 이용하여 약물의 수준을 조정하고, 방제 기구를 주문하고 필요하면 청소도 할 것이다.

양에게 다이사이클아닐을 뿌린 지역의 흙으로 토양 봉투를 채운다.

의학 응용

13.24 **a.** 다이사이클아닐의 작용기를 확인하라.

b. 다 자란 양에 대한 다이사이클아닐 권장 살포량은 65 mg/kg 몸무게이다. 다이사이클아닐이 50. mg/mL의 농도로 살포되어 공급된다면, 70 kg의 다 자란 양을 치료하는 데 필요한 살포량은 몇 mL인가?

NH_2, N, N, ≡N, N, H, NH_2

다이사이클아닐

개념도

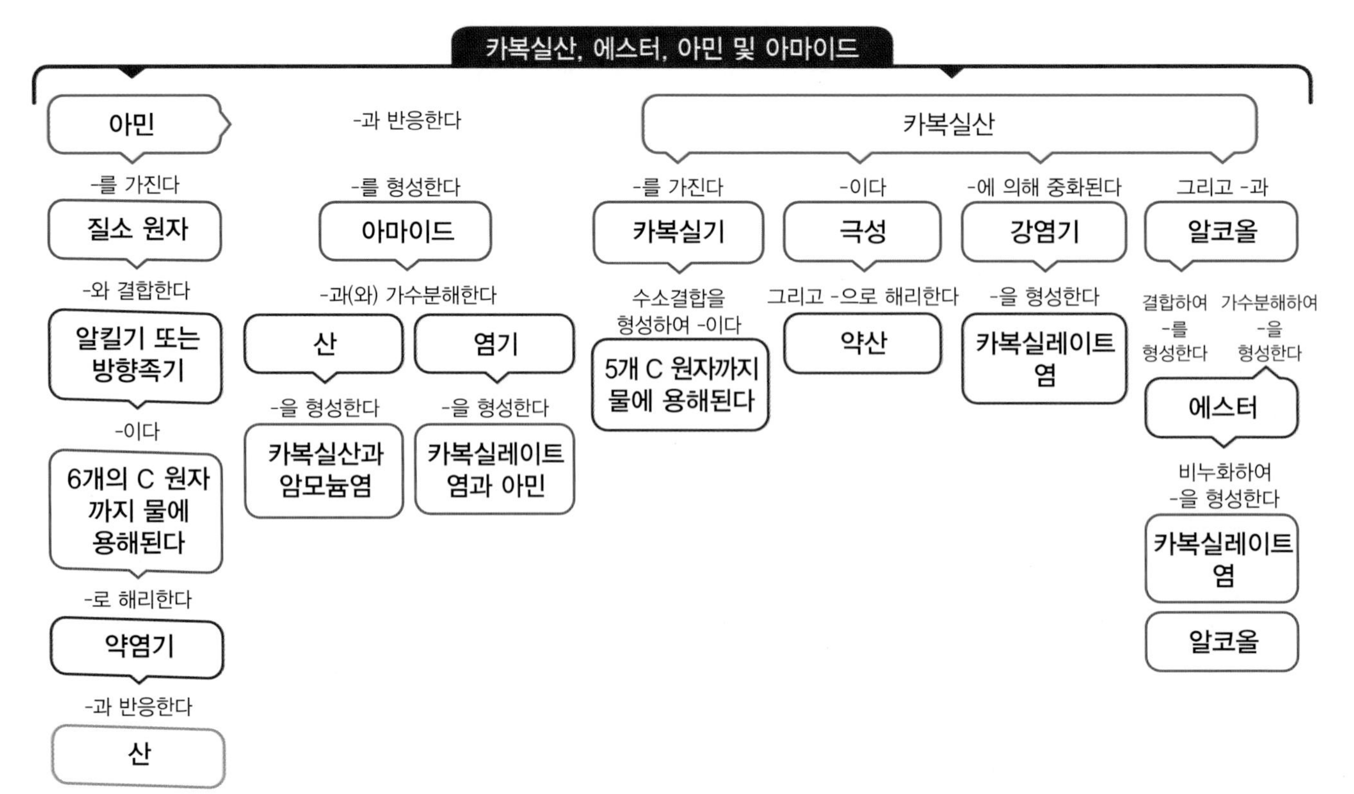

장 복습

13.1 카복실산

학습 목표 카복실산의 IUPAC 이름과 관용명을 쓰고, 이들의 축약 구조식 또는 선-각 구조식을 그린다.

- 카복실산은 카복실 작용기를 가지며, 이 작용기는 하이드록실기가 카보닐기에 연결된 것이다.
- 카복실산의 IUPAC 이름은 알케인 이름의 -**에인**(-ane)을 -**안산**(-anoic acid)으로 대체하여 얻는다.
- 1~4개의 탄소 원자를 가진 카복실산의 관용명은 폼산, 아세트산, 프로피온산과 뷰티르산이다.

13.2 카복실산의 성질

학습 목표 카복실산의 용해도, 해리와 중화를 기술한다.

수소 결합

- 카복실기는 O—H 및 C═O와 같은 극성 결합을 가지며, 이는 1~5개의 탄소 원자를 가진 카복실산을 물에 녹게 한다.
- 약산으로서 카복실산은 물에 수소 이온을 제공하여 카복실레이트 이온과 하이드로늄 이온을 형성함으로써 약간 해리된다.
- 카복실산은 염기에 의하여 중화되어 카복실레이트 염과 물을 생성한다.

13.3 에스터

학습 목표 에스터의 IUPAC 이름과 관용명을 쓰고, 에스터 형성에 대한 완결된 화학 반응식을 쓴다.

메틸 에타노에이트
(메틸 아세테이트)

- 에스터에서 알킬기 또는 방향족기가 카복실산의 하이드록실기의 H를 대체한다.
- 강산 존재하에서 카복실산은 알코올과 반응하여 에스터를 생성한다. 카복실산의 —OH와 알코올 분자의 —H로부터 물 분자가 제거된다.
- 에스터의 이름은 두 단어로 구성된다. 즉, 알코올의 알킬기와 -**안산**을 -**안에이트**로 대체한 카복실레이트의 이름이다.

13.4 에스터의 가수분해

학습 목표 에스터의 산과 염기 가수분해로부터의 생성물에 대한 축약 구조식 또는 선-각 구조식을 그린다.

- 에스터는 물을 첨가하여 산 가수분해를 수행하여 카복실산과 알코올을 생성한다.
- 에스터는 염기 가수분해 또는 비누화를 수행하여 카복실레이트 염과 알코올을 생성한다.

13.5 아민

학습 목표 아민의 관용명을 쓰고, 주어진 이름의 축약 구조식 또는 선-각 구조식을 그린다. 아민의 물에 대한 용해도, 해리 및 중화를 기술한다.

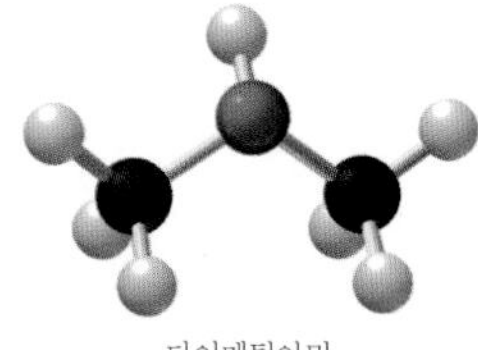

다이메틸아민

- 간단한 아민의 관용명에서, 알킬기는 알파벳 순서대로 기재하고 뒤에 아민을 붙인다.
- 1개, 2개 또는 3개의 알킬기 또는 방향족기에 붙은 질소 원자는 1차(1°), 2차(2°) 또는 3차(3°) 아민을 형성한다.
- 탄소 원자를 6개까지 가진 아민은 물에 녹는다.
- 물에서 아민은 약염기로 작용하여 암모늄 이온과 수산화 이온을 생성한다.
- 아민이 산과 반응하면, 암모늄 이온을 형성한다. 이온 화합물로서 암모늄염은 고체이고, 물에 녹으며, 냄새가 없다.

13.6 아마이드

학습 목표 아마이드의 IUPAC 이름과 관용명을 쓰고, 생성과 가수분해 생성물의 축약 구조식 또는 선-각 구조식을 그린다.

에탄아마이드
(아세트아마이드)

- 아마이드는 하이드록실기가 $—NH_2$ 또는 1차 또는 2차 아민기로 대체된 카복실산의 유도체이다.
- 아마이드는 카복실산이 열 존재하에서 암모니아 또는 1차 또는 2차 아민과 반응할 때 형성된다.
- 아마이드는 카복실산의 이름으로부터 -**안산**을 -**아마이드**로 대체하여 명명한다. 질소 원자에 붙어 있는 모든 탄소기는 *N*- 접두사를 이용하여 명명한다.
- 산에 의한 아마이드의 가수분해는 카복실산과 암모늄염을 생성한다.
- 염기에 의한 아마이드의 가수분해는 카복실레이트 염과 아민을 생성한다.

명명법 요약

족	구조	IUPAC 이름	관용명
카복실산	$CH_3-\overset{\overset{\Large O}{\|}}{C}-OH$	에탄산	아세트산
에스터	$CH_3-\overset{\overset{\Large O}{\|}}{C}-O-CH_3$	메틸 에타노에이트	메틸 아세테이트
아민	$CH_3-CH_2-NH_2$		에틸아민
아마이드	$CH_3-\overset{\overset{\Large O}{\|}}{C}-NH_2$	에탄아마이드	아세트아마이드

반응의 요약

복습할 장의 절은 각 반응 이름 뒤에 표시하였다.

물에서 카복실산의 해리(13.2)

$$\underset{\substack{\text{에탄산}\\(\text{아세트산})}}{CH_3-\overset{\overset{O}{\|}}{C}-OH} + H_2O \rightleftarrows \underset{\substack{\text{에타노에이트 이온}\\(\text{아세테이트 이온})}}{CH_3-\overset{\overset{O}{\|}}{C}-O^-} + \underset{\substack{\text{하이드로늄}\\\text{이온}}}{H_3O^+}$$

카복실산의 중화(13.2)

$$\underset{\substack{\text{프로판산}\\(\text{프로피온산})}}{CH_3-CH_2-\overset{\overset{O}{\|}}{C}-OH} + \underset{\text{수산화 소듐}}{NaOH} \longrightarrow \underset{\substack{\text{소듐 프로파노에이트}\\(\text{소듐 프로피오네이트})}}{CH_3-CH_2-\overset{\overset{O}{\|}}{C}-O^-\ Na^+} + H_2O$$

에스터화 반응: 카복실산과 알코올(13.3)

$$\underset{\substack{\text{에탄산}\\(\text{아세트산})}}{CH_3-\overset{\overset{O}{\|}}{C}-OH} + \underset{\substack{\text{메탄올}\\(\text{메틸 알코올})}}{HO-CH_3} \overset{H^+,\ \text{열}}{\rightleftarrows} \underset{\substack{\text{메틸 에타노에이트}\\(\text{메틸 아세테이트})}}{CH_3-\overset{\overset{O}{\|}}{C}-O-CH_3} + H_2O$$

에스터의 산 가수분해(13.4)

$$\underset{\substack{\text{메틸 에타노에이트}\\(\text{메틸 아세테이트})}}{CH_3-\overset{\overset{O}{\|}}{C}-O-CH_3} + H_2O \overset{H^+,\ \text{열}}{\rightleftarrows} \underset{\substack{\text{에탄산}\\(\text{아세트산})}}{CH_3-\overset{\overset{O}{\|}}{C}-OH} + \underset{\substack{\text{메탄올}\\(\text{메틸 알코올})}}{HO-CH_3}$$

에스터의 염기 가수분해: 비누화(13.4)

$$\underset{\substack{\text{메틸 프로파노에이트}\\(\text{메틸 프로피오네이트})}}{CH_3-CH_2-\overset{\overset{O}{\|}}{C}-O-CH_3} + \underset{\substack{\text{수산화}\\\text{소듐}}}{NaOH} \xrightarrow{\text{열}} \underset{\substack{\text{소듐 프로파노에이트}\\(\text{소듐 프로피오네이트})}}{CH_3-CH_2-\overset{\overset{O}{\|}}{C}-O^-\ Na^+} + \underset{\substack{\text{메탄올}\\(\text{메틸 알코올})}}{HO-CH_3}$$

물에서 아민의 해리(13.5)

$$CH_3-\ddot{N}H_2 + H_2O \rightleftarrows CH_3-\overset{+}{N}H_3 + OH^-$$

메틸아민 / 메틸암모늄 이온 / 수산화 이온

암모늄염의 형성(13.5)

$$CH_3-\ddot{N}H_2 + HCl \longrightarrow CH_3-\overset{+}{N}H_3\ Cl^-$$

메틸아민 / 염화 메틸암모늄

아마이드화 반응: 카복실산과 아민(13.6)

$$CH_3-CH_2-\overset{O}{\overset{\|}{C}}-OH + H-\overset{H}{\overset{|}{N}}-H \xrightarrow{\text{열}} CH_3-CH_2-\overset{O}{\overset{\|}{C}}-\overset{H}{\overset{|}{N}}-H + H_2O$$

프로판산 (프로피온산) / 암모니아 / 프로판아마이드 (프로피온아마이드)

아마이드의 산 가수분해(13.6)

$$CH_3-\overset{O}{\overset{\|}{C}}-NH_2 + H_2O + HCl \xrightarrow{\text{열}} CH_3-\overset{O}{\overset{\|}{C}}-OH + NH_4^+\ Cl^-$$

에탄아마이드 (아세트아마이드) / 에탄산 (아세트산) / 염화 암모늄

아마이드의 염기 가수분해(13.6)

$$CH_3-CH_2-\overset{O}{\overset{\|}{C}}-\overset{H}{\overset{|}{N}}-CH_3 + NaOH \xrightarrow{\text{열}} CH_3-CH_2-\overset{O}{\overset{\|}{C}}-O^-\ Na^+ + H_2N-CH_3$$

N-메틸프로판아마이드 (*N*-메틸프로피온아마이드) / 소듐 프로파노에이트 (소듐 프로피오네이트) / 메틸아민

주요 용어

아마이드 아미노기 또는 치환된 질소 원자에 붙어 있는 카복실기를 가진 유기 화합물

$$-\overset{O}{\overset{\|}{C}}-NH_2 \qquad -\overset{O}{\overset{\|}{C}}-\overset{|}{N}-$$ 아마이드

아민 1개, 2개 또는 3개의 탄화수소기에 붙어 있는 질소 원자를 가진 유기 화합물

$$-\overset{|}{N}-$$

암모늄염 아민과 산으로부터 생성된 이온 화합물

카복실기 카보닐기와 하이드록실기로 구성된 카복실산에서 발견되는 작용기

$$-\overset{O}{\overset{\|}{C}}-OH$$ 카복실기

카복실레이트 이온 카복실산이 물에 수소 이온을 제공할 때 생성되는 음이온

카복실레이트 염 카복실산의 중화의 생성물로, 카복실레이트 이온과 염기로부터의 금속 이온이다.

카복실산 카복실기를 가진 유기 화합물

에스터 알킬기가 카복실산의 수소 원자를 대체한 유기 화합물

$$-\overset{O}{\overset{\|}{C}}-O-\underset{|}{\overset{|}{C}}-$$ 에스터

에스터화 반응 산 촉매 존재하에서 물 분자의 제거와 더불어 카복실산과 알코올로부터 에스터를 형성하는 반응

가수분해 물의 첨가에 의한 분자의 분열. 산에서 에스터는 가수분해하여 카복실산과 알코올을 생성한다. 아마이드는 해당되는 카복실산과 아민 또는 염을 생성한다.

핵심 화학 기법

각 핵심 화학 기법을 포함하는 장의 절은 각 주제 끝의 괄호 안에 표시하였다.

카복실산의 명명(13.1)

- 카복실산의 IUPAC 이름은 해당되는 알케인 이름의 **-에인**(-ane)을 **-안산**(-oic acid)으로 대체하여 얻는다.
- 1~4개의 탄소 원자를 가진 카복실산의 관용명은 폼산, 아세트산, 프로피온산과 뷰티르산이다.

예: 다음에 대한 IUPAC 이름을 써라.

$$CH_3-\underset{\substack{|}}{\overset{CH_3}{\overset{|}{CH}}}-CH_2-\underset{\substack{|\\CH_3}}{\overset{Cl}{\overset{|}{C}}}-CH_2-\overset{O}{\overset{\|}{C}}-OH$$

해답: 3-클로로-3,5-다이메틸헥산산

에스터의 가수분해(13.4)

- 에스터는 물을 첨가하여 카복실산과 알코올을 생성하는 산 가수분해를 수행한다.
- 에스터는 카복실레이트 염과 알코올을 생성하는 염기 가수분해, 또는 비누화 반응을 수행한다.

예: 에틸 뷰타노에이트의 (a) 산과 (b) 염기 가수분해(NaOH)로부터 생성물에 대한 축약 구조식을 그려라.

해답:

a. $CH_3-CH_2-CH_2-\overset{O}{\overset{\|}{C}}-OH + HO-CH_2-CH_3$

b. $CH_3-CH_2-CH_2-\overset{O}{\overset{\|}{C}}-O^- \; Na^+ + HO-CH_2-CH_3$

아마이드의 형성(13.6)

- 카복실산이 열 존재하에서 암모니아 또는 1차 또는 2차 아민과 반응할 때, 아마이드가 형성된다.

예: 3-메틸뷰탄산과 에틸아민의 반응에 대한 아마이드 생성물에 대한 축약 구조식을 그려라.

해답:

$$CH_3-\overset{CH_3}{\overset{|}{CH}}-CH_2-\overset{O}{\overset{\|}{C}}-\overset{H}{\overset{|}{N}}-CH_2-CH_3$$

개념 이해 문제

복습할 장의 절은 각 문제 끝의 괄호 안에 나타내었다.

13.25 분자식이 $C_6H_{12}O_2$인 카복실산의 두 구조 이성질체의 IUPAC 이름을 제시하고 축약 구조식을 그려라. (13.1)

13.26 에스터 메틸뷰타노에이트는 딸기의 풍미와 냄새를 가진다. (13.3, 13.4)

a. 메틸뷰타노에이트에 대한 축약 구조식을 그려라.

b. 메틸뷰타노에이트을 제조하는 데 사용하는 카복실산과 알코올의 IUPAC 이름을 써라.

c. 메틸뷰타노에이트의 산 가수분해에 대한 완결된 화학 반응식을 써라.

13.27 페닐에프린(phenylephrine)은 코 점막의 팽창을 줄이기 위해 사용되는 일부 비강 분무제의 활성 성분이다. 페닐에프린의 작용기를 확인하라. (13.1, 13.3, 13.5, 13.6)

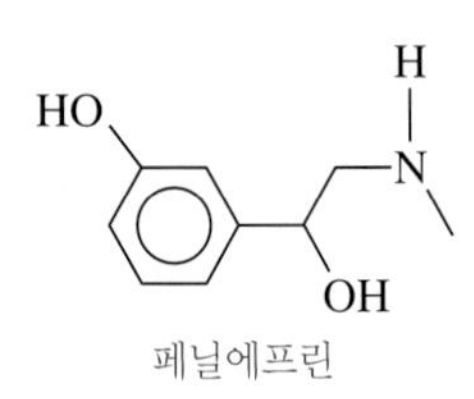

페닐에프린

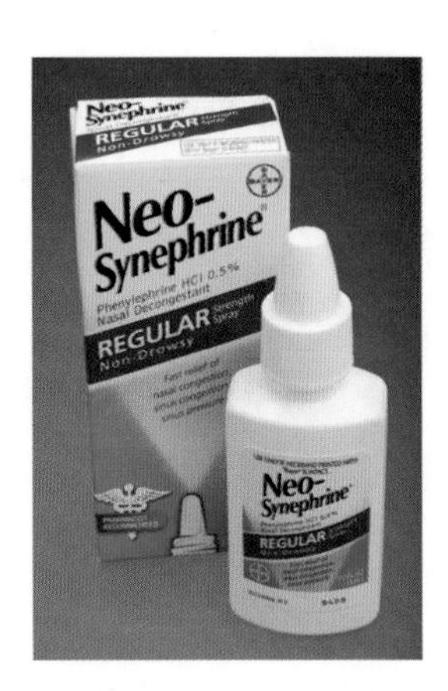

13.28 분자식이 C_3H_9N인 4개의 아민 이성질체가 있다. 이들의 축약 구조식을 그리고, 관용명을 써라. 그리고 각각을 1차(1°), 2차(2°) 또는 3차(3°) 아민으로 분류하라. (13.5)

추가 연습 문제

13.29 다음에 대하여 IUPAC 이름과 관용명이 있을 경우 그 관용명을 써라. (13.1, 13.3)

a. $CH_3-\overset{\displaystyle CH_3}{\overset{|}{CH}}-CH_2-\overset{\displaystyle O}{\overset{\|}{C}}-OH$

b. (O, O)

c. $CH_3-CH_2-\overset{\displaystyle O}{\overset{\|}{C}}-O-CH_2-CH_3$

d. (O, OH, Cl)

e. (O, OH)

13.30 **a**와 **b**에 대하여 축약 구조식을 그리고, **c**와 **d**에 대하여 선-각 구조식을 그려라. (13.1, 13.3)

a. 메틸 아세테이트 **b.** 2,2-다이클로로뷰탄산

c. 3-브로모펜탄산 **d.** 뷰틸 벤조에이트

13.31 다음 반응의 생성물에 대한 축약 구조식 또는 선-각 구조식을 그려라. (13.2, 13.3, 13.6)

a. $CH_3-CH_2-\overset{\displaystyle O}{\overset{\|}{C}}-OH + KOH \longrightarrow$

b. $CH_3-CH_2-\overset{\displaystyle O}{\overset{\|}{C}}-OH + HO-CH_3 \overset{H^+,\ 열}{\rightleftharpoons}$

c. (O) OH + HO $\overset{H^+,\ 열}{\rightleftharpoons}$

d. $CH_3-CH_2-\overset{\displaystyle O}{\overset{\|}{C}}-OH + H_2N-CH_3 \overset{열}{\longrightarrow}$

13.32 다음 반응의 생성물에 대한 축약 구조식 또는 선-각 구조식을 그려라. (13.4, 13.5)

a. $CH_3-CH_2-\overset{\displaystyle O}{\overset{\|}{C}}-O-\overset{\displaystyle CH_3}{\overset{|}{CH}}-CH_3 + H_2O \overset{H^+,\ 열}{\rightleftharpoons}$

b. (O, O) $+ H_2O \overset{H^+,\ 열}{\rightleftharpoons}$

c. (O, N–H) $+ NaOH \overset{열}{\longrightarrow}$

13.33 다음 화합물의 관용명을 쓰고, 1차(1°), 2차(2°) 또는 3차(3°)로 분류하라. (13.5)

a. $H-\overset{\displaystyle CH_3}{\overset{|}{N}}-CH_2-CH_3$

b. (H–N)

c. (NH_2)

13.34 다음에 대하여 축약 구조식, 또는 고리형이면 선-각 구조식을 그려라. (13.5)

a. 다이메틸아민

b. 사이클로헥실아민

c. 염화 다이메틸암모늄

d. *N*-프로필아닐린

13.35 다음 반응의 생성물에 대한 축약 구조식 또는 선-각 구조식을 그려라. (13.5)

a. $CH_3-CH_2-NH_2 + H_2O \rightleftharpoons$

b. $CH_3-CH_2-NH_2 + HCl \longrightarrow$

13.36 다음에 대한 IUPAC 이름을 써라. (13.6)

a. $CH_3-\overset{\displaystyle O}{\overset{\|}{C}}-\overset{\displaystyle H}{\overset{|}{N}}-CH_2-CH_3$

b. $CH_3-CH_2-\overset{\displaystyle O}{\overset{\|}{C}}-NH_2$

c. (O, NH_2)

13.37 다음의 가수분해 생성물에 대한 축약 구조식 또는 선-각 구조식을 그려라. (13.6)

a. $CH_3-\overset{\displaystyle O}{\overset{\|}{C}}-\overset{\displaystyle CH_3}{\overset{|}{N}}-H + H_2O + HCl \overset{열}{\longrightarrow}$

b. $H-\overset{\displaystyle O}{\overset{\|}{C}}-NH_2 + NaOH \overset{열}{\longrightarrow}$

c. (O) $NH_2 + H_2O + HCl \overset{열}{\longrightarrow}$

13.38 볼타렌(Voltaren)은 류머티즘 관절염(rheumatoid arthritis)의 급성 및 만성 치료에 사용된다. 볼타렌의 작용기를 확인하라. (13.1, 13.3, 13.5, 13.6)

볼타렌

도전 문제

다음 문제들은 이 장의 주제와 연관되어 있다. 그러나 장의 순서를 따르지 않으며, 여러 절의 개념과 기법을 종합할 것을 요구한다. 이러한 문제들은 여러분의 비판적 사고 능력을 향상시키고 다음 시험을 준비하는 것을 도와줄 것이다.

13.39 다음에 대한 선-각 구조식을 그리고, IUPAC 이름을 써라. (13.1)

a. 치환기가 없으며, 화학식이 $C_6H_{12}O_2$인 카복실산

b. 1개의 에틸 치환기를 가지며, 화학식이 $C_6H_{12}O_2$인 카복실산

13.40 프로필 아세테이트는 배의 냄새와 향을 가지는 에스터이다. (9.4, 10.6, 13.3, 13.4)

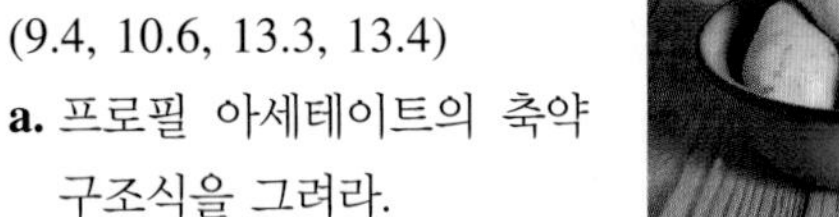

a. 프로필 아세테이트의 축약 구조식을 그려라.

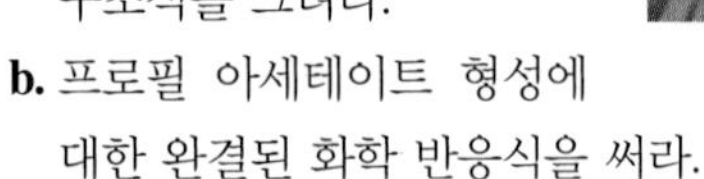

b. 프로필 아세테이트 형성에 대한 완결된 화학 반응식을 써라.

c. 프로필 아세테이트 산 가수분해에 대한 완결된 화학 반응식을 써라.

d. 프로필 아세테이트와 NaOH의 염기 가수분해에 대한 완결된 화학 반응식을 써라.

e. 1.58 g의 프로필 아세테이트를 완전히 가수분해(비누화)하는 데 필요한 0.208 M NaOH 용액은 몇 mL인가?

13.41 국소 마취제인 노보카인(Novocain)은 프로카인(procaine)의 암모늄염이다. (13.5)

$$H_2N-C_6H_4-\overset{O}{\overset{\|}{C}}-O-CH_2-CH_2-N(CH_2-CH_3)_2$$

프로카인

a. 프로카인이 HCl과 반응할 때 형성되는 암모늄염(프로카인 염화수소)의 축약 구조식을 그려라. (힌트: 3차 아민은 HCl과 반응한다.)

b. 프로카인보다 프로카인 염화수소가 사용되는 이유는 무엇인가?

연습 문제 해답

13.1 뷰티르산(Butyric acid)

13.2 **a.** $H_3C-\overset{H_2}{C}-\underset{H_2}{C}-\overset{O}{\overset{\|}{C}}-OH$

뷰탄산

b. $H_3C-\overset{CH_3}{\overset{|}{CH}}-\underset{H_2}{C}-\overset{O}{\overset{\|}{C}}-OH$

3-메틸 뷰탄산

d. (선-각 구조식: 탄소 사슬 끝의 $\overset{O}{\overset{\|}{C}}-OH$)

13.3 **a.** $Br-CH_2-\overset{Br}{\overset{|}{CH}}-CH_2-\overset{O}{\overset{\|}{C}}-OH$

b. $CH_3-\overset{Cl}{\overset{|}{CH}}-\overset{O}{\overset{\|}{C}}-OH$

c. (벤젠 고리)$-\overset{O}{\overset{\|}{C}}-OH$

13.4 **a.** 프로판산은 가장 적은 탄소 사슬을 가지고 있어서 가장 잘 녹는다.

b. 프로판산은 물과 더 많은 수소 결합을 형성하기 때문에 가장 잘 녹는다.

13.5 **a.** $H_3C-\underset{CH_3}{\underset{|}{CH}}-\overset{O}{\overset{\|}{C}}-OH + H_2O \longrightarrow H_3C-\underset{CH_3}{\underset{|}{CH}}-\overset{O}{\overset{\|}{C}}-OH + H_3O$

b. $H_3C-CH_2-CH_2-CH_2-CH_2-\overset{O}{\overset{\|}{C}}-OH + H_2O \longrightarrow H_3C-CH_2-CH_2-CH_2-CH_2-\overset{O}{\overset{\|}{C}}-OH + H_3O$

13.6 **a.** $H-\overset{O}{\overset{\|}{C}}-OH + NaOH \longrightarrow$

$H-\overset{O}{\overset{\|}{C}}-O^- Na^+ + H_2O$

b. $Cl-CH_2-CH_2-\overset{O}{\overset{\|}{C}}-OH + NaOH \longrightarrow$

$Cl-CH_2-CH_2-\overset{O}{\overset{\|}{C}}-O^- Na^+ + H_2O$

c. 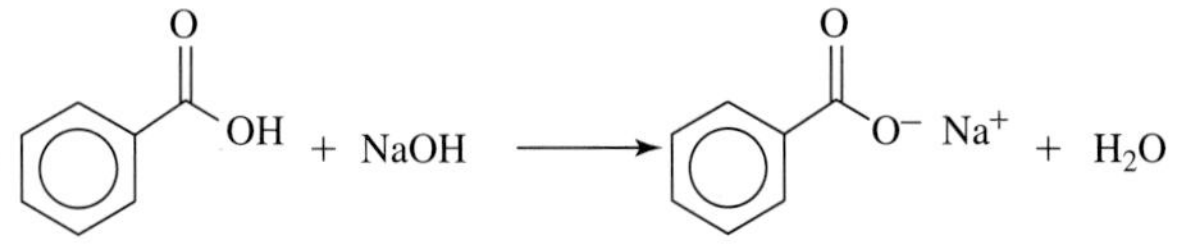 (벤조산) + NaOH ⟶ (벤조에이트 $O^- Na^+$) + H_2O

13.7 **a.** 소듐 메타노에이트(소듐 포메이트)

b. 소듐 3-클로로프로피오네이트

c. 소듐 벤조에이트

13.8 **a.** 메틸 펜타노에이트,

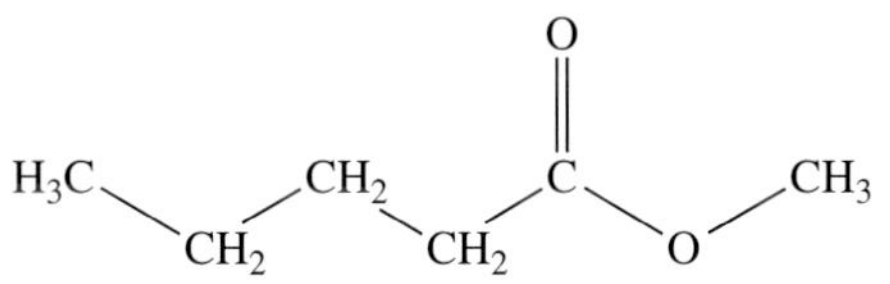

$H_3C-CH_2-CH_2-CH_2-\overset{O}{\overset{\|}{C}}-O-CH_3$

b. 메틸 4-메틸 벤조에이트,

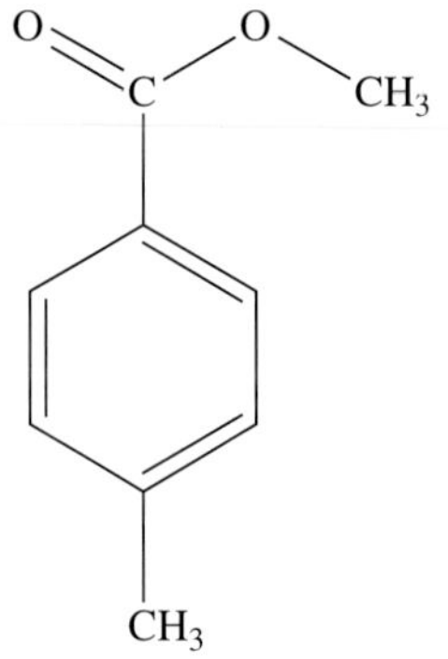

(구조식: CH_3-벤젠 고리-$C(=O)-O-CH_3$)

13.9 **a.** $CH_3-CH_2-CH_2-CH_2-\overset{O}{\overset{\|}{C}}-O-\underset{}{CH}(CH_3)-CH_3$

b. 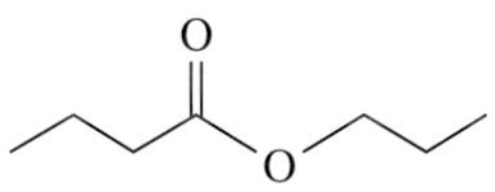 (구조식: 프로필 뷰타노에이트)

13.10 **a.** 메틸 프로파노에이트(메틸 프로피오네이트)

b. 뷰틸 에타노에이트(뷰틸 아세테이트)

13.11 **a.** 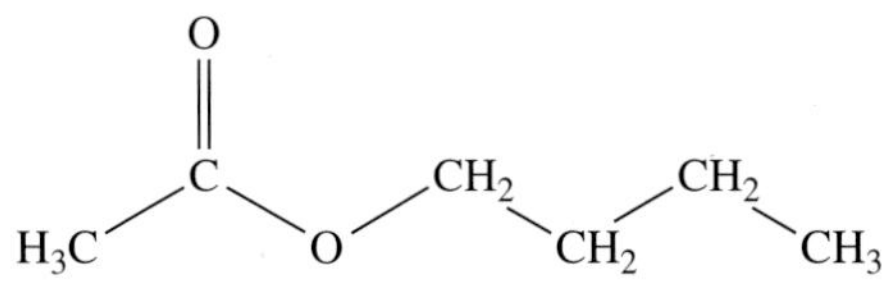 $H_3C-\overset{O}{\overset{\|}{C}}-O-CH_2-CH_2-CH_2-CH_3$

b. 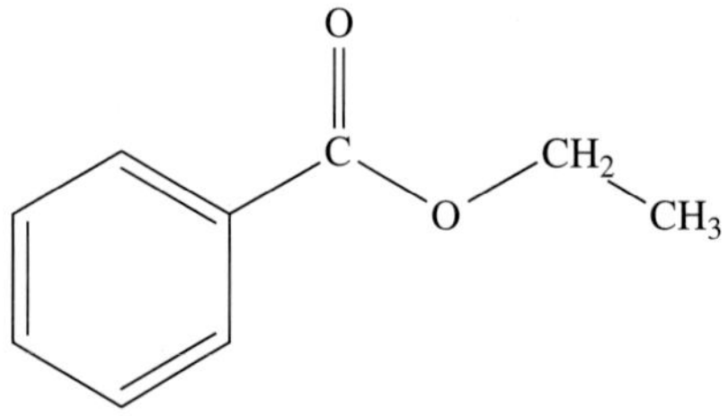 (구조식: 벤젠 고리-$C(=O)-O-CH_2-CH_3$)

13.12 **a.** 프로필 에타노에이트(프로필 아세테이트)

b. 에틸 뷰타노에이트(에틸 뷰티르에이트)

c. 에틸 헵타노에이트(에틸 헵틸에이트)

13.13 에스터의 산 가수분해의 생성물은 카복실산과 알코올이다.

13.14 **a.** $CH_3-CH_2-\overset{O}{\overset{\|}{C}}-O^- Na^+ + HO-CH_3$

b. 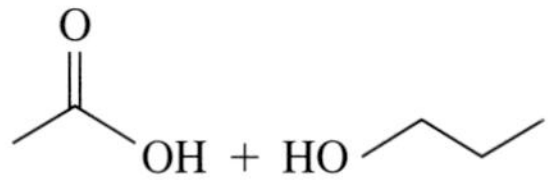 (아세트산) OH + HO(프로판올)

c. $CH_3-CH_2-CH_2-\overset{O}{\overset{\|}{C}}-OH + HO-CH_2-CH_3$

d. 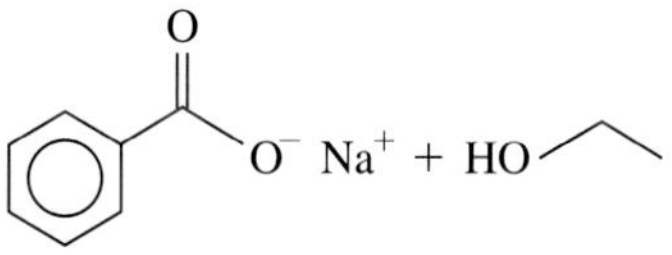 (벤조에이트) $O^- Na^+$ + HO(에탄올)

13.15 **a.** 펜틸아민

b. 에틸 뷰틸아민

c. 다이프로필 에틸아민

13.16 **a.** 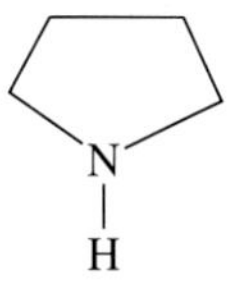 (구조식: 피롤리딘, N–H) **b.** 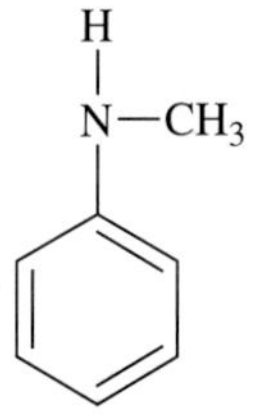 (구조식: 벤젠 고리–$NH-CH_3$)

c. $H_3C-CH_2-CH_2-CH_2-\overset{H}{\overset{|}{N}}-CH_2-CH_2-CH_3$

13.17 **a.** 1° **b.** 2° **c.** 3°

13.18 **a.** 예, 탄소 원자가 7개보다 적은 아민은 분자와 수소 결합을 하고 물에 녹는다.

b. 예, 탄소 원자가 7개보다 적은 아민은 분자와 수소 결합을 하고 물에 녹는다.

c. 아니오, 8개의 탄소 원자를 가진 아민은 물에 녹지 않는다.

d. 예, 탄소 원자가 7개보다 적은 아민은 분자와 수소 결합을 하고 물에 녹는다.

13.19 **a.** $CH_3-NH_2 + HCl \longrightarrow CH_3-\overset{+}{N}H_3 + Cl^-$

b. $CH_3-\overset{H}{\overset{|}{N}}-CH_3 + HCl \longrightarrow CH_3-\overset{+}{N}H_2-CH_3\ Cl^-$

c. (aniline, $C_6H_5NH_2$) + HCl $\longrightarrow$ (anilinium chloride, $C_6H_5\overset{+}{N}H_3\ Cl^-$)

13.20 **a.** $CH_3-\overset{O}{\overset{\|}{C}}-NH_2$

b. $CH_3-\overset{O}{\overset{\|}{C}}-\overset{H}{\overset{|}{N}}-CH_2-CH_3$

c. $C_6H_5-\overset{O}{\overset{\|}{C}}-\underset{H}{\underset{|}{N}}-CH_2CH_2CH_3$

13.21 **a.** *N*,*N*-다이메틸 뷰탄아마이드(*N*,*N*-다이메틸 뷰티르아마이드)

b. *N*-에틸-*N*-메틸 벤즈아마이드(*N*-에틸폼아마이드)

13.22 **a.** $CH_3-CH_2-\overset{O}{\overset{\|}{C}}-NH_2$

b. $CH_3-CH_2-CH_2-\overset{CH_3}{\overset{|}{CH}}-\overset{O}{\overset{\|}{C}}-NH_2$

c. $H-\overset{O}{\overset{\|}{C}}-NH_2$

d. $CH_3-\overset{O}{\overset{\|}{C}}-\overset{CH_3}{\overset{|}{N}}-CH_3$

13.23 **a.** $CH_3-\overset{O}{\overset{\|}{C}}-OH + \overset{+}{N}H_4\ Cl^-$

b. $CH_3-CH_2-\overset{O}{\overset{\|}{C}}-OH + \overset{+}{N}H_4\ Cl^-$

c. $CH_3-CH_2-CH_2-\overset{O}{\overset{\|}{C}}-OH + CH_3-\overset{+}{N}H_3\ Cl^-$

d. $C_6H_5-\overset{O}{\overset{\|}{C}}-OH + \overset{+}{N}H_4\ Cl^-$

e. $CH_3-CH_2-CH_2-CH_2-\overset{O}{\overset{\|}{C}}-OH$

$+ CH_3-CH_2-\overset{+}{N}H_3\ Cl^-$

13.24 **a.** 아민 **b.** 91 mL

13.25

$H_3C-CH_2-CH_2-CH_2-CH_2-\overset{O}{\overset{\|}{C}}-OH$

헥산산

$H_3C-\overset{CH_3}{\overset{|}{CH}}-\underset{CH_3}{\underset{|}{CH}}-\overset{O}{\overset{\|}{C}}-OH$

2,3-다이메틸뷰탄산

13.26 **a.** $CH_3-CH_2-CH_2-\overset{O}{\overset{\|}{C}}-O-CH_3$

b. 뷰탄산과 메탄올

c. $CH_3-CH_2-CH_2-\overset{O}{\overset{\|}{C}}-O-CH_3 + H_2O \underset{}{\overset{H^+,\ 열}{\rightleftarrows}}$

$CH_3-CH_2-CH_2-\overset{O}{\overset{\|}{C}}-OH + HO-CH_3$

13.27 페놀, 알코올, 아민

13.28 $CH_3-CH_2-CH_2-NH_2$

프로필아민(1°)

$CH_3-CH_2-\overset{H}{\overset{|}{N}}-CH_3$

에틸메틸아민(2°)

$CH_3-\overset{CH_3}{\overset{|}{N}}-CH_3$

트라이메틸아민(3°)

$CH_3-\overset{CH_3}{\overset{|}{CH}}-NH_2$

아이소프로필아민(1°)

13.29 **a.** 3-메틸뷰탄산

b. 에틸 벤조에이트

c. 에틸 프로파노에이트(에틸 프로피오네이트)

d. 2-클로로벤조산

e. 펜탄산

13.30 **a.** $CH_3-\overset{O}{\overset{\|}{C}}-O-CH_3$

b. $CH_3-CH_2-\overset{Cl}{\underset{Cl}{C}}-\overset{O}{\overset{\|}{C}}-OH$

c. $CH_3CH_2-\overset{Br}{\overset{|}{CH}}-CH_2-\overset{O}{\overset{\|}{C}}-OH$

d. $C_6H_5-\overset{O}{\overset{\|}{C}}-O-CH_2CH_2CH_2CH_3$

13.31 **a.** $CH_3-CH_2-\overset{O}{\overset{\|}{C}}-O^-\ K^+ + H_2O$

b. $CH_3-CH_2-C(=O)-O-CH_3 + H_2O$

c. $C_6H_5-C(=O)-O-CH_2CH_3 + H_2O$

d. $CH_3-CH_2-C(=O)-N(H)-CH_3 + H_2O$

13.32 **a.** $CH_3-CH_2-C(=O)-OH + HO-CH(CH_3)-CH_3$

b. $(CH_3)_2CH-C(=O)-O^- \; Na^+ + HO-CH_2CH_2CH_3$

c. $C_6H_5-C(=O)-O^- \; Na^+ + H_2N-CH_2CH_2CH_3$

13.33 **a.** 에틸메틸아민(2°) **b.** *N*-에틸아닐린(2°)
c. 뷰틸아민(1°)

13.34 **a.** $CH_3-N(H)-CH_3$

b. $C_6H_{11}-NH_2$

c. $CH_3-\overset{+}{N}H_2(CH_3) \; Cl^-$

d. $C_6H_5-N(H)-CH_2CH_2CH_3$

13.35 **a.** $CH_3-CH_2-\overset{+}{N}H_3 + OH^-$
b. $CH_3-CH_2-\overset{+}{N}H_3 \, Cl^-$

13.36 **a.** *N*-에틸에탄아마이드 **b.** 프로판아마이드
c. 3-메틸뷰탄아마이드

13.37 **a.** $CH_3-C(=O)-OH + CH_3-\overset{+}{N}H_3 \; Cl^-$

b. $H-C(=O)-O^- \; Na^+ + NH_3$

c. $CH_3CH_2-C(=O)-OH + \overset{+}{N}H_4 \; Cl^-$

13.38 방향족, 아민, 카복실레이트 염

13.39 **a.** $CH_3CH_2CH_2CH_2CH_2-C(=O)-OH$

헥산산

b. $CH_3CH_2-CH(CH_2CH_3)-C(=O)-OH$

2-에틸뷰탄산

13.40 **a.** $CH_3-C(=O)-O-CH_2-CH_2-CH_3$

b. $CH_3-C(=O)-OH + HO-CH_2-CH_2-CH_3 \xrightleftharpoons{H^+,\text{ 열}} CH_3-C(=O)-O-CH_2-CH_2-CH_3 + H_2O$

c. $CH_3-C(=O)-O-CH_2-CH_2-CH_3 + H_2O \xrightleftharpoons{H^+,\text{ 열}} CH_3-C(=O)-OH + HO-CH_2-CH_2-CH_3$

d. $CH_3-C(=O)-O-CH_2-CH_2-CH_3 + NaOH \xrightarrow{\text{열}} CH_3-C(=O)-O^- \; Na^+ + HO-CH_2-CH_2-CH_3$

e. 0.208 M NaOH 용액 74.4 mL

13.41 **a.** $H_2N-C_6H_4-C(=O)-O-CH_2-CH_2-\overset{+}{N}H(CH_2-CH_3)_2 \; Cl^-$

b. 암모늄염(노보카인)은 프로카인보다 체액에 더 잘 녹는다.

사진 출처

Chapter 1

p. 1 Nyaivanova/Shutterstock
p. 2 Pearson Education, Inc.
p. 3 (상) Eric Schrader/Pearson Education, Inc.
p. 3 (하) J. R. Eyerman/The LIFE Picture Collection/Getty Images
p. 4 Peter van Evert/Alamy Stock Photo
p. 5 (좌상) Slavko Sereda/Shutterstock
p. 5 (우상) Webphotographeer/Webphotographeer/E+/Getty Images
p. 5 (중) Pressmaster/Shutterstock
p. 6 Evgenyb/iStock/Getty Images
p. 9 Russ Lappa/Pearson Education, Inc./Prentice Hall
p. 10 Chris Schmidt/Schmidt/E+/Getty Images
p. 14 Dmitry Rukhlenko/Fotolia
p. 15 SpxChrome/Getty Images
p. 16 Kevin Peschke/Alamy Stock Photo
p. 20 Jason Stitt/Shutterstock
p. 21 Science Photo Library/Alamy Stock Photo
p. 23 Anyaivanova/Shutterstock
p. 24 (좌상) Pearson Education, Inc.
p. 24 (좌중) Pressmaster/Shutterstock
p. 24 (좌하) Chris Schmidt/Schmidt/E+/Getty Images
p. 24 (우상) Kevin Peschke/Alamy Stock Photo
p. 24 (우하) Jason Stitt/Shutterstock

Chapter 2

p. 29 AVAVA/Shutterstock
p. 30 (좌상) Rod Ferris/Shutterstock
p. 30 (좌하) Andersen Ross/Blend Images/Getty Images
p. 30 (우중) Pearson Education, Inc.
p. 31 (상) Richard Megna/Fundamental Photographs
p. 31 (하) Pearson Education, Inc.
p. 32 Pearson Education, Inc.
p. 34 Seth Christie/Getty Images
p. 36 Radu Razvan/Shutterstock
p. 37 Emin Kuliyev/Shutterstock
p. 41 Legolex/Fotolia
p. 42 (좌상) Monkey Business Images/Shutterstock
p. 42 (중) Eric Schrader/Pearson Education, Inc.
p. 43 Pearson Education, Inc.
p. 46 (좌상) Eric Schrader/Pearson Education, Inc.
p. 46 (좌중) Eric Schrader/Pearson Education, Inc.
p. 46 (좌하) Eric Schrader/Pearson Education, Inc.
p. 47 (우중) Julie Woodhouse f/Alamy Stock Photo
p. 47 (우상) Peter Jordan/Alamy Stock Photo
p. 47 (우하) ExQuisine/Fotolia
p. 51 (우중) Stephen Mcsweeny/Shutterstock
p. 51 (우하) WaveBreakMediaMicro/Fotolia
p. 52 Gina Sanders/Fotolia
p. 53 Pearson Education, Inc.
p. 55 (좌) Pearson Education, Inc.
p. 55 (우) Pearson Education, Inc.
p. 56 (좌상) Pietro M. Motta/Science Source
p. 56 (중상) Pietro M. Motta/Science Source
p. 56 (우상) Voisin/Phanie/Science Source
p. 56 (하) Syner−Comm/Alamy
p. 57 JPC−PROD/Fotolia
p. 58 Dallas Events Inc/Shutterstock
p. 59 (좌상) AVAVA/Shutterstock
p. 59 (우상) Editorial Image, LLC/Alamy Stock Photo
p. 60 2.1: Andersen Ross/Blend Images/Getty Images
p. 60 2.3: Emin Kuliyev/Shutterstock
p. 60 2.5: Eric Schrader/Pearson Education, Inc.
p. 60 2.6: Gina Sanders/Fotolia
p. 60 2.7: Pearson Education, Inc.
p. 63 Romans14/Fotolia

Chapter 3

p. 67 Network Photographer/Alamy Stock Photo
p. 68 (좌상) Norman Chan/Fotolia
p. 68 (좌중) Lenscap/Alamy Stock Photo
p. 69 Pearson Education, Inc.
p. 69 Richard Megna/Fundamental Photographs
p. 69 Pearson Education, Inc.
p. 69 Fotolia
p. 69 Pearson Education, Inc.
p. 69 Dvs71/Fotolia
p. 69 Pearson Education, Inc.
p. 69 (우상) Steven May/Alamy Stock Photo
p. 69 (우하) Jules Selmes/David Murray/Dorling Kindersley Limited
p. 70 (좌중) Phawat/Fotolia
p. 70 (중상) Richard Megna/Fundamental Photographs
p. 70 (우상) Pearson Education, Inc.
p. 70 (중하) Charles Stirling (Diving)/Alamy Stock Photo
p. 72 (좌상) Siede Preis/Getty Images
p. 72 (좌중) Justinb/Fotolia
p. 72 (우중) Lisay/Getty Images
p. 72 (좌하) Elena Elisseeva/Shutterstock
p. 73 Rafa Irusta/Shutterstock
p. 74 Westend61 GmbH/Creativ Studio Heinemann/Alamy Stock Photo
p. 76 Jordache/Shutterstock
p. 77 Phanie/Garo/Phanie/Alamy Stock Photo
p. 80 Jfergusonphotos/Fotolia
p. 81 Ian Hooton/SPL/Alamy Stock Photo
p. 82 NASA
p. 85 Stockbyte/Getty Images
p. 87 Celso Pupo/Fotolia
p. 88 (좌상) Alan Holden/Alamy Stock Photo
p. 88 (좌중) Joe/iStock/Getty Images
p. 89 John A. Rizzo/Getty Images
p. 89 John A. Rizzo/Getty Images
p. 89 Mark Downey/Getty Images
p. 90 Wsphotos/Getty Images
p. 92 Pearson Education, Inc.
p. 93 John A. Rizzo/Getty Images
p. 93 John A. Rizzo/Getty Images
p. 93 Mark Downey/Getty Images
p. 95 Nikkytok/Fotolia
p. 97 Network Photographer/Alamy Stock Photo
p. 98 (좌상) Norman Chan/Fotolia
p. 98 (좌중) Justinb/Fotolia
p. 98 (좌하) Jfergusonphotos/Fotolia
p. 98 (우중) Celso Pupo/Fotolia
p. 101 (좌중) Starfotograf/iStock/Getty Images
p. 101 (우중) Fuat Kose/Getty Images
p. 102 Pearson Education, Inc.
p. 105 (좌상) Impala/Fotolia
p. 105 (우중) Aleksandr Volkov/Fotolia

Chapter 4

p. 107 Martin Harvey/Alamy Stock Photo
p. 109 Pearson Education, Inc.
p. 109 Pearson Education, Inc.

p. 109 Pearson Education, Inc.
p. 109 Pearson Education, Inc.
p. 109 Pearson Education, Inc.
p. 110 Marcel/Fotolia
p. 112 Pearson Education, Inc.
p. 112 Pearson Education, Inc.
p. 112 Pearson Education, Inc.
p. 112 Pearson Education, Inc.
p. 113 Pearson Education, Inc.
p. 114 Polushkin Ivan/Shutterstock
p. 116 Pearson Education, Inc.
p. 117 Graham J. Hills/Science Source
p. 118 Pearson Education, Inc.
p. 121 (좌상) Eric Schrader/Fundamental Photographs
p. 121 (우상) Pearson Education, Inc.
p. 123 (좌) Atiketta Sangasaeng/Shutterstock
p. 123 (우) Vtwinpixel/Getty Images
p. 124 Pearson Education, Inc.
p. 127 Okhotnikova/Fotolia
p. 132 (좌) Bruno Boissonnet/Science Source
p. 132 (우) Cindy Minear/Shutterstock
p. 140 (우하) Nigel Cattlin/Alamy Stock Photo
p. 141 Pearson Education, Inc.

Chapter 5

p. 149 Tyler Olson/Shutterstock
p. 152 (좌상) Celig/Shutterstock
p. 152 (좌하) Josh Sher/Science Source
p. 154 Uberphotos/Uberphotos/E+/Getty Images
p. 155 Pearson Education, Inc.
p. 156 BSIP SA/Alamy Stock Photo
p. 159 Pearson Education, Inc.
p. 162 (좌상) Pool for Yomiuri/Yomiuri Shimbun/AP Images
p. 162 (좌중) Don Farrall/Stockbyte/Getty Images
p. 162 (좌하) Jürgen Schulzki/Alamy Stock Photo
p. 163 U.S. Food & Drug Administration
p. 163 Pearson Education, Inc.
p. 167 Library of Congress Prints and Photographs Division
p. 168 Jihad Siqlawi/AFP/Getty Images
p. 170 Editorial Image, LLC/Alamy Stock Photo
p. 171 Burger/Phanie/SuperStock
p. 171 Pasieka/Science Source
p. 172 Lawrence Berkeley National Library/Photodisc/Getty Images
p. 172 (좌중) National Cancer Institute/Photodisc/Getty Images
p. 172 (우하) GJLP/Science Source
p. 173 (좌) Karen C. Timberlake
p. 173 (우) Cytyc Hologic Corporation
p. 177 (좌중) Foto-rolf/iStock/Getty Images
p. 177 (좌하) Tyler Olson/Shutterstock
p. 177 (우하) CNRI/Science Source
p. 178 Pearson Education, Inc.
p. 179 Lawrence Berkeley National Library/Photodisc/Getty Images
p. 180 Pearson Education, Inc.

Chapter 6

p. 185 Don Hammond/Design Pics Inc/Alamy Stock Photo
p. 190 Pearson Education, Inc.
p. 191 J. Palys/Shutterstock
p. 192 (좌상)Richard Megna/Fundamental Photographs
p. 192 (우상) Pearson Education, Inc.
p. 192 (중) Pearson Education, Inc.
p. 192 (하) Pearson Education, Inc.
p. 195 Pearson Education, Inc.
p. 197 Gary Blakeley/Shutterstock
p. 198 Mark Huls/Fotolia
p. 200 (좌상) Pearson Education, Inc.
p. 200 (우상) Pearson Education, Inc.
p. 201 Smirnov Vladimir Itar-Tass Photos/Newscom
p. 202 Rachel Youdelman/Pearson Education, Inc.
p. 203 Studiomode/Alamy Stock Photo
p. 225 Don Hammond/Design Pics Inc/Alamy Stock Photo
p. 226 Pearson Education, Inc.
p. 226 Pearson Education, Inc.
p. 227 Kameel4u/Shutterstock
p. 236 Editorial Image, LLC/Alamy

Chapter 7

p. 239 Javier Larrea/AGE Fotostock
p. 240 (상) Pearson Education, Inc.
p. 240 (하) Lissart/Lissart/E+/Getty Images
p. 241 Reika/Shutterstock
p. 242 Pearson Education, Inc.
p. 244 (우상) Helen Sessions/Alamy Stock Photo
p. 244 (좌하) Pearson Education, Inc.
p. 245 Pearson Education, Inc.
p. 245 Pearson Education, Inc.
p. 245 Pearson Education, Inc.
p. 245 Pearson Education, Inc.
p. 245 Pearson Education, Inc.
p. 245 (우하) Phil Degginger/Alamy Stock Photo
p. 247 Ruzanna/Shutterstock
p. 248 Pearson Education, Inc.
p. 250 Pearson Education, Inc.
p. 251 (좌상) Pearson Education, Inc.
p. 251 (우상) Sciencephotos/Alamy Stock Photo
p. 251 (좌중) Lawrence Migdale/Science Source
p. 251 (우중) Paul Michael Hughes/Shutterstock
p. 251 (하) Pearson Education, Inc.
p. 253 Pearson Education, Inc.
p. 255 Richard Megna/Fundamental Photographs
p. 258 (좌상) Pearson Education, Inc.
p. 258 (중상) Pearson Education, Inc.
p. 258 (우상) Pearson Education, Inc.
p. 259 (상) Pearson Education, Inc.
p. 259 (좌중) Pearson Education, Inc.
p. 259 (우중) Pearson Education, Inc.
p. 260 (상) Pearson Education, Inc.
p. 260 (좌하) Sergiy Zavgorodny/Shutterstock
p. 262 Getty Images
p. 263 Stinkyt/iStock/Getty Images
p. 264 (좌상) Pearson Education, Inc.
p. 264 (중상) Pearson Education, Inc.
p. 264 (우상) Pearson Education, Inc.
p. 266 (좌) Pearson Education, Inc.
p. 266 (중) Pearson Education, Inc.
p. 266 (우) Pearson Education, Inc.
p. 267 (좌) Pearson Education, Inc.
p. 267 (중) Pearson Education, Inc.
p. 267 (우) Pearson Education, Inc.
p. 269 Thinkstock/Getty Images
p. 271 Richard Megna/Fundamental Photographs
p. 272 Pearson Education, Inc.
p. 275 (좌중) Dario Secen/Lumi/Getty Images
p. 276 (7.1) Lissart/Lissart/E+/Getty Images
p. 276 (7.2) Pearson Education, Inc.
p. 276 (7.3) Pearson Education, Inc.
p. 276 (7.7(좌)) Pearson Education, Inc.
p. 276 (7.7(중)) Pearson Education, Inc.
p. 276 (7.7(우)) Pearson Education, Inc.
p. 276 (7.8) Thinkstock/Getty Images
p. 277 (우중) Gabriele Rohde/Fotolia
p. 277 (우하) Ljupco Smokovski/Fotolia
p. 279 Helen Sessions/Alamy Stock Photo
p. 280 Pearson Education, Inc.
p. 281 Pearson Education, Inc.

Chapter 8

p. 283 Adam Gault/Science Photo Library/Alamy Stock Photo
p. 285 NASA
p. 287 Koszivu/Fotolia
p. 288 GybasDigiPhoto/Shutterstock
p. 289 Kenneth William Caleno/Shutterstock
p. 290 Levent Konuk/Shutterstock
p. 293 Steve Bower/Shutterstock
p. 296 Prasit Rodphan/Shutterstock

p. 297 Andrey Nekrasov/Alamy Stock Photo
p. 300 Tomasz Wojnarowicz/Fotolia
p. 304 Mic Smith/Alamy Stock Photo
p. 305 Pearson Education, Inc.
p. 306 Andrey Nekrasov/Alamy Stock Photo
p. 308 Library of Congress

Chapter 9

p. 311 AJPhoto/Science Source
p. 312 (좌) Pearson Education, Inc.
p. 312 (우) Pearson Education, Inc.
p. 313 Pearson Education, Inc.
p. 314 (상) Thinkstock Images/Getty Images
p. 314 (하) Pearson Education, Inc.
p. 315 Pearson Education, Inc.
p. 316 (상) Pearson Education, Inc.
p. 316 (하) Pearson Education, Inc.
p. 317 Pearson Education, Inc.
p. 319 Comstock Images/Getty Images
p. 321 (좌) Pearson Education, Inc.
p. 321 (우) Pearson Education, Inc.
p. 322 (좌) Dr. P. Marazzi/Science Source
p. 322 (우) remik44992/Shutterstock
p. 323 Pearson Education, Inc.
p. 324 Pearson Education, Inc.
p. 324 Pearson Education, Inc.
p. 324 Pearson Education, Inc.
p. 324 Pearson Education, Inc.
p. 325 CNRI/Science Source
p. 326 (상) Pearson Education, Inc.
p. 326 (하) Pearson Education, Inc.
p. 328 Pearson Education, Inc.
p. 329 Pearson Education, Inc.
p. 330 Pearson Education, Inc.
p. 334 (좌) Pearson Education, Inc.
p. 334 (중) Pearson Education, Inc.
p. 334 (우) Pearson Education, Inc.
p. 335 (좌) Pearson Education, Inc.
p. 335 (우) Pearson Education, Inc.
p. 339 Thinkstock Images/Getty Images
p. 340 (좌) Pearson Education, Inc.
p. 340 (중) Pearson Education, Inc.
p. 340 (우) Pearson Education, Inc.
p. 342 Picsfive/Shutterstock
p. 343 (상) AJPhoto/Science Source
p. 343 (하) Pearson Education, Inc.
p. 344 (좌상) Pearson Education, Inc.
p. 344 (우상) Pearson Education, Inc.
p. 344 (우중) Pearson Education, Inc.
p. 349 (좌하) Eric Schrader/Pearson Education, Inc.
p. 349 (우상) Donvictorio/Shutterstock
p. 349 (우중) Patsy Michaud/Shutterstock
p. 350 (상) Photolibrary/Getty Images
p. 350 (하) Mark sykes/Science Photo Library/Alamy Stock Photo

Chapter 10

p. 351 Lisa S./Shutterstock
p. 352 Kristina Afanasyeva/iStock/Getty Images
p. 354 (상) Kul Bhatia/Science Source
p. 354 (하) Lukas Gojda/Shutterstock
p. 360 (상) Pearson Education, Inc.
p. 360 (좌중) Pearson Education, Inc.
p. 360 (좌하) Richard Megna/Fundamental Photographs
p. 361 (좌) Keith Homan/Alamy Stock Photo
p. 361 (우) Eric Schrader/Fundamental Photographs
p. 365 Incamerastock/Alamy Stock Photo
p. 371 (그림 10.4) Pearson Education, Inc.
p. 371 (그림 10.4) Pearson Education, Inc.
p. 371 (그림 10.4) Pearson Education, Inc.
p. 371 (그림 10.4) Pearson Education, Inc.
p. 371 (그림 10.4) Pearson Education, Inc.
p. 371 (그림 10.4) Pearson Education, Inc.
p. 371 (그림 10.4) Pearson Education, Inc.
p. 371 (그림 10.4) Pearson Education, Inc.
p. 371 (그림 10.4) Pearson Education, Inc.
p. 371 (그림 10.5a) Pearson Education, Inc.
p. 371 (그림 10.5b) Pearson Education, Inc.
p. 371 (그림 10.5c) Pearson Education, Inc.
p. 372 Alexander Gospodinov/Fotolia
p. 373 Pearson Education, Inc.
p. 375 Charles D. Winters/Science Source
p. 377 Richard Megna/Fundamental Photographs
p. 378 Pearson Education, Inc.
p. 379 (좌) Pearson Education, Inc.
p. 379 (중) Pearson Education, Inc.
p. 379 (우) Pearson Education, Inc.
p. 381 Pearson Education, Inc.
p. 385 Lisa S./Shutterstock
p. 387 (좌) Pearson Education, Inc.
p. 386 (우중) Pearson Education, Inc.
p. 386 (우하) Pearson Education, Inc.
p. 390 Geotrac/iStock/Getty Images
p. 391 Universal Images Group/SuperStock

Chapter 11

p. 395 Corepics/Fotolia
p. 396 Pearson Education, Inc.
p. 397 (좌) lillisphotography/Getty Images
p. 397 (우) Pearson Education, Inc.
p. 408 Pearson Education, Inc.
p. 409 (상) Roza/Fotolia
p. 409 (하) HansChris/HansChris/E+/Getty Images
p. 410 (좌) Tim Hall/Getty Images
p. 410 (우) Glen Jones/Shutterstock
p. 414 (상) Pearson Education, Inc.
p. 414 (하) Pearson Education, Inc.
p. 416 Nigel Cattlin/Alamy Stock Photo
p. 418 Pearson Education, Inc.
p. 420 (좌) Alexandr KanÃµkin/Shutterstock
p. 420 (중) Vblinov/Shutterstock
p. 420 (우) Dirkr Richter/Getty Images
p. 424 (우상) Mediscan/Alamy Stock Photo
p. 424 (좌중) Corepics/Fotolia
p. 425 Pearson Education, Inc.
p. 426 (좌상) Roza/Fotolia
p. 426 (우상) Pearson Education, Inc.
p. 428 (좌) Pearson Education, Inc.
p. 428 (우) Sean M. Carroll/Fotolia
p. 430 Hemera Technologies/PhotoObjects/Getty Images

Chapter 12

p. 433 Viappy/Fotolia
p. 438 (좌상) ASA studio/Shutterstock
p. 438 (우중) Pearson Education, Inc.
p. 438 (좌하) Pearson Education, Inc.
p. 439 (우상) Ultrashock/Shutterstock
p. 439 (하) Pearson Education, Inc.
p. 440 Renata Kazakova/Shutterstock
p. 443 (우상) Pictorial Press/Alamy Stock Photo
p. 443 (우중) Katharine Andriotis/Alamy Stock Photo
p. 443 (좌하) Antagain/Antagain/E+/Getty images
p. 449 (좌하) Pearson Education, Inc.
p. 449 (우하) Pearson Education, Inc.
p. 451 David Murray/Dorling Kindersley, Ltd.
p. 454 Schankz/Shutterstock
p. 455 (좌상) Marjan Laznik/Laznik/E+/Getty Images
p. 455 (좌중) Pearson Education, Inc.
p. 455 (우중) Pearson Education, Inc.
p. 456 Pearson Education, Inc.
p. 458 (상) Viappy/Fotolia
p. 458 (하) Wavebreakmedia/Shutterstock
p. 462 (좌) WavebreakmediaMicro/Fotolia
p. 462 (우) Tim UR/Fotolia
p. 468 (좌상) Charles D. Winters/Science Source
p. 468 (좌중) Gvictoria/IStock/Getty Images
p. 468 (우중) Kakimage/Alamy Stock Photo

Chapter 13

p. 471 BartCo/BartCo/E+/Getty Images
p. 472 (상) Skynet/Fotolia
p. 472 (하) Pearson Education, Inc.
p. 476 Pearson Education, Inc.
p. 477 Jose Manuel Ribeiro/Reuters
p. 478 Pearson Education, Inc.
p. 479 Egorxfi/Fotolia

p. 480 Mates/Fotolia
p. 481 (상) Digerati/Fotolia
p. 481 (하) Pearson Education, Inc.
p. 482 (상) Lynn Watson/Shutterstock
p. 482 (하) Luisa Leal/Shutterstock
p. 483 (상) Pearson Education, Inc.
p. 483 (하) Pearson Education, Inc.
p. 485 Lee Brown/Alamy Stock Photo
p. 486 Hlphoto/Shutterstock
p. 488 (좌) Koenig/Blickwinkel/Alamy Stock Photo
p. 488 (우) Imagestate Media Partners Limited – Impact Photos/Alamy Stock Photo
p. 490 Pearson Education, Inc.
p. 491 (상) Pearson Education, Inc.
p. 491 (하) Brasil2/iStock/Getty Images
p. 493 (좌상) Pearson Education, Inc.
p. 493 (좌하) Pearson Education, Inc.
p. 493 (우중) De Meester Johan/Arterra Picture Library/Alamy Stock Photo
p. 497 Pearson Education, Inc.
p. 500 (좌상) BartCo/BartCo/E+/Getty Images
p. 500 (좌중) United States Department of Agriculture
p. 501 (좌상) Pearson Education, Inc.
p. 501 (좌하) Hlphoto/Shutterstock
p. 504 (좌) DenisNata/Shutterstock
p. 504 (우) Eric Schrader/Pearson Education, Inc.
p. 506 Oksanka8306/Fotolia

찾아보기

[ㅅ]

[ㅇ]

원소 주기율표

전형 원소

알칼리 금속 → 1족 (1A족); 알칼리 토금속 → 2족 (2A족); 할로젠 → 17족 (7A족); 0족 기체 → 18족 (8A족)

전이 원소: 3족 (3B) – 12족 (2B)

주기 수	1 1A족	2 2A족	3 3B	4 4B	5 5B	6 6B	7 7B	8 8B	9 8B	10 8B	11 1B	12 2B	13 3A족	14 4A족	15 5A족	16 6A족	17 7A족	18 8A족
1	1 H 1.008																	2 He 4.003
2	3 Li 6.941	4 Be 9.012											5 B 10.81	6 C 12.01	7 N 14.01	8 O 16.00	9 F 19.00	10 Ne 20.18
3	11 Na 22.99	12 Mg 24.31											13 Al 26.98	14 Si 28.09	15 P 30.97	16 S 32.07	17 Cl 35.45	18 Ar 39.95
4	19 K 39.10	20 Ca 40.08	21 Sc 44.96	22 Ti 47.87	23 V 50.94	24 Cr 52.00	25 Mn 54.94	26 Fe 55.85	27 Co 58.93	28 Ni 58.69	29 Cu 63.55	30 Zn 65.41	31 Ga 69.72	32 Ge 72.64	33 As 74.92	34 Se 78.96	35 Br 79.90	36 Kr 83.80
5	37 Rb 85.47	38 Sr 87.62	39 Y 88.91	40 Zr 91.22	41 Nb 92.91	42 Mo 95.94	43 Tc (99)	44 Ru 101.1	45 Rh 102.9	46 Pd 106.4	47 Ag 107.9	48 Cd 112.4	49 In 114.8	50 Sn 118.7	51 Sb 121.8	52 Te 127.6	53 I 126.9	54 Xe 131.3
6	55 Cs 132.9	56 Ba 137.3	57* La 138.9	72 Hf 178.5	73 Ta 180.9	74 W 183.8	75 Re 186.2	76 Os 190.2	77 Ir 192.2	78 Pt 195.1	79 Au 197.0	80 Hg 200.6	81 Tl 204.4	82 Pb 207.2	83 Bi 209.0	84 Po (209)	85 At (210)	86 Rn (222)
7	87 Fr (223)	88 Ra (226)	89† Ac (227)	104 Rf (261)	105 Db (262)	106 Sg (266)	107 Bh (264)	108 Hs (265)	109 Mt (268)	110 Ds (271)	111 Rg (272)	112 Cn (285)	113 Nh (286)	114 Fl (289)	115 Mc (289)	116 Lv (293)	117 Ts (294)	118 Og (294)

* 란탄족	58 Ce 140.1	59 Pr 140.9	60 Nd 144.2	61 Pm (145)	62 Sm 150.4	63 Eu 152.0	64 Gd 157.3	65 Tb 158.9	66 Dy 162.5	67 Ho 164.9	68 Er 167.3	69 Tm 168.9	70 Yb 173.0	71 Lu 175.0
† 악티늄족	90 Th 232.0	91 Pa 231.0	92 U 238.0	93 Np (237)	94 Pu (244)	95 Am (243)	96 Cm (247)	97 Bk (247)	98 Cf (251)	99 Es (252)	100 Fm (257)	101 Md (258)	102 No (259)	103 Lr (262)

금속 준금속 비금속

원소의 원자 질량

이름	기호	원자 번호	원자 질량[a]
악티늄	Ac	89	(227)[b]
알루미늄	Al	13	26.98
아메리슘	Am	95	(243)
안티모니	Sb	51	121.8
아르곤	Ar	18	39.95
비소	As	33	74.92
아스타틴	At	85	(210)
바륨	Ba	56	137.3
버클륨	Bk	97	(247)
베릴륨	Be	4	9.012
비스무트	Bi	83	209.0
보륨	Bh	107	(264)
붕소	B	5	10.81
브로민	Br	35	79.90
카드뮴	Cd	48	112.4
칼슘	Ca	20	40.08
캘리포늄	Cf	98	(251)
탄소	C	6	12.01
세륨	Ce	58	140.1
세슘	Cs	55	132.9
염소	Cl	17	35.45
크로뮴	Cr	24	52.00
코발트	Co	27	58.93
코페르니슘	Cn	112	(285)
구리	Cu	29	63.55
퀴륨	Cm	96	(247)
다름슈타튬	Ds	110	(271)
두브늄	Db	105	(262)
디스프로슘	Dy	66	162.5
아인슈타이늄	Es	99	(252)
어븀	Er	68	167.3
유로퓸	Eu	63	152.0
페르뮴	Fm	100	(257)
플레로븀	Fl	114	(289)
플루오린	F	9	19.00
프랑슘	Fr	87	(223)
가돌리늄	Gd	64	157.3
갈륨	Ga	31	69.72
저마늄	Ge	32	72.64
금	Au	79	197.0
하프늄	Hf	72	178.5
하슘	Hs	108	(265)
헬륨	He	2	4.003
홀뮴	Ho	67	164.9
수소	H	1	1.008
인듐	In	49	114.8
아이오딘	I	53	126.9
이리듐	Ir	77	192.2
철	Fe	26	55.85
크립톤	Kr	36	83.80
란타넘	La	57	138.9
로렌슘	Lr	103	(262)
납	Pb	82	207.2
리튬	Li	3	6.941
리버모륨	Lv	116	(293)
루테튬	Lu	71	175.0
마그네슘	Mg	12	24.31
망가니즈	Mn	25	54.94
마이트너륨	Mt	109	(268)

이름	기호	원자 번호	원자 질량[a]
멘델레븀	Md	101	(258)
수은	Hg	80	200.6
몰리브데넘	Mo	42	95.94
모스코븀	Mc	115	(289)
네오디뮴	Nd	60	144.2
네온	Ne	10	20.18
넵투늄	Np	93	(237)
니켈	Ni	28	58.69
니호늄	Nh	113	(286)
나이오븀	Nb	41	92.91
질소	N	7	14.01
노벨륨	No	102	(259)
오가네손	Og	118	(294)
오스뮴	Os	76	190.2
산소	O	8	16.00
팔라듐	Pd	46	106.4
인	P	15	30.97
백금	Pt	78	195.1
플루토늄	Pu	94	(244)
폴로늄	Po	84	(209)
포타슘	K	19	39.10
프라세오디뮴	Pr	59	140.9
프로메튬	Pm	61	(145)
프로트악티늄	Pa	91	231.0
라듐	Ra	88	(226)
라돈	Rn	86	(222)
레늄	Re	75	186.2
로듐	Rh	45	102.9
뢴트게늄	Rg	111	(272)
루비듐	Rb	37	85.47
루테늄	Ru	44	101.1
러더포듐	Rf	104	(261)
사마륨	Sm	62	150.4
스칸듐	Sc	21	44.96
시보귬	Sg	106	(266)
셀레늄	Se	34	78.96
규소	Si	14	28.09
은	Ag	47	107.9
소듐	Na	11	22.99
스트론튬	Sr	38	87.62
황	S	16	32.07
탄탈럼	Ta	73	180.9
테크네튬	Tc	43	(99)
텔루륨	Te	52	127.6
테네신	Ts	117	(294)
터븀	Tb	65	158.9
탈륨	Tl	81	204.4
토륨	Th	90	232.0
툴륨	Tm	69	168.9
주석	Sn	50	118.7
타이타늄	Ti	22	47.87
텅스텐	W	74	183.8
우라늄	U	92	238.0
바나듐	V	23	50.94
제논	Xe	54	131.3
이터븀	Yb	70	173.0
이트륨	Y	39	88.91
아연	Zn	30	65.41
지르코늄	Zr	40	91.22

[a] 원자 질량 값은 4개의 유효숫자로 주어졌다.

[b] 괄호 안의 값은 중요한 방사성 동위원소의 질량수이다.

미터법 단위 및 SI 단위와 일부 유용한 환산 인자

길이 SI 단위 미터(m)	부피 SI 단위 세제곱미터(m^3)	질량 SI 단위 킬로그램(kg)
1미터(m) = 100센티미터(cm)	1리터 = 1000 밀리리터(mL)	1킬로그램(kg) = 1000그램(g)
1미터(m) = 1000밀리미터(mm)	1mL = 1 cm^3	1 g = 1000밀리그램(mg)
1 cm = 10 mm	1 L = 1.06쿼트(qt)	1 kg = 2.20 lb
1킬로미터(km) = 0.621마일(mi)	1 qt = 946 mL	1 lb = 454 g
1인치(in.) = 2.54cm(정확)		1몰 = 6.02×10^{23} 입자
		물
		밀도 = 1.00 g/mL(4°C)

온도 SI 단위 켈빈(K)	압력 SI 단위 파스칼(Pa)	에너지 SI 단위 줄(J)
$T_F = 1.8(T_C) + 32$	1 atm = 760 mmHg	1칼로리(cal) = 4.184 J(정확)
$T_C = \frac{(T_F - 32)}{1.8}$	1 atm = 101.325 kPa	1 kcal = 1000 cal
$T_K = T_C + 273$	1 atm = 760 Torr	
	1몰 기체 = 22.4 L(STP)	**물**
		녹음열 = 334 J/g; 80. cal/g
		기화열 = 2260 J/g; 540 cal/g
		비열(*SH*) = 4.184 J/g°C; 1.00 cal/g°C

미터법과 SI 접두사

접두사	기호	과학적 표기법
단위의 크기를 증가시키는 접두사		
테라	T	10^{12}
기가	G	10^{9}
메가	M	10^{6}
킬로	k	10^{3}
단위의 크기를 감소시키는 접두사		
데시	d	10^{-1}
센티	c	10^{-2}
밀리	m	10^{-3}
마이크로	μ(mc)	10^{-6}
나노	n	10^{-9}
피코	p	10^{-12}

일부 전형적인 화합물의 화학식과 몰 질량

이름	화학식	몰 질량(g/mole)	이름	화학식	몰 질량(g/mole)
암모니아	NH_3	17.03	염화 수소	HCl	36.46
염화 암모늄	NH_4Cl	53.49	산화 철(III)	Fe_2O_3	159.70
황산 암모늄	$(NH_4)_2SO_4$	132.15	산화 마그네슘	MgO	40.31
브로민	Br_2	159.80	메테인	CH_4	16.04
뷰테인	C_4H_{10}	58.12	질소	N_2	28.02
탄산 칼슘	$CaCO_3$	100.09	산소	O_2	32.00
염화 칼슘	$CaCl_2$	110.98	탄산 포타슘	K_2CO_3	138.21
수산화 칼슘	$Ca(OH)_2$	74.10	질산 포타슘	KNO_3	101.11
산화 칼슘	CaO	56.08	프로페인	C_3H_8	44.09
이산화 탄소	CO_2	44.01	염화 소듐	$NaCl$	58.44
염소	Cl_2	70.90	수산화 소듐	$NaOH$	40.00
황화 구리(II)	CuS	95.62	삼산화 황	SO_3	80.07
수소	H_2	2.016	물	H_2O	18.02

일부 흔한 양이온의 화학식과 전하

양이온(고정 전하)

1+		2+		3+	
Li^{+}	리튬	Mg^{2+}	마그네슘	Al^{3+}	알루미늄
Na^{+}	소듐	Ca^{2+}	칼슘		
K^{+}	포타슘	Sr^{2+}	스트론튬		
NH_4^{+}	암모늄	Ba^{2+}	바륨		
H_3O^{+}	하이드로늄	Zn^{2+}	아연		
Ag^{+}	은	Cd^{2+}	카드뮴		

양이온(가변 전하)

1+ 또는 2+				1+ 또는 3+			
Cu^{+}	구리(I)	Cu^{2+}	구리(II)	Au^{+}	금(I)	Au^{3+}	금(III)
Hg_2^{2+}	수은(I)	Hg^{2+}	수은(II)				

2+ 또는 3+				2+ 또는 4+			
Fe^{2+}	철(II)	Fe^{3+}	철(III)	Sn^{2+}	주석(II)	Sn^{4+}	주석(IV)
Co^{2+}	코발트(II)	Co^{3+}	코발트(III)	Pb^{2+}	납(II)	Pb^{4+}	납(IV)
Cr^{2+}	크로뮴(II)	Cr^{3+}	크로뮴(III)				
Mn^{2+}	망가니즈(II)	Mn^{3+}	망가니즈(III)				
Ni^{2+}	니켈(II)	Ni^{3+}	니켈(III)				

3+ 또는 5+			
Bi^{3+}	비스무트(III)	Bi^{5+}	비스무트(V)

일부 흔한 음이온의 화학식과 전하

단원자 이온

F^{-}	플루오린화	Br^{-}	브로민화	O^{2-}	산화	N^{3-}	질화
Cl^{-}	염화	I^{-}	아이오딘화	S^{2-}	황화	P^{3-}	인화

다원자 이온

HCO_3^{-}	탄산수소(중탄산)	CO_3^{2-}	탄산		
$C_2H_3O_2^{-}$	아세트산	CN^{-}	사이안화		
NO_3^{-}	질산	NO_2^{-}	아질산		
$H_2PO_4^{-}$	인산 이수소	HPO_4^{2-}	인산 수소	PO_4^{3-}	인산
$H_2PO_3^{-}$	아인산 이수소	HPO_3^{2-}	아인산 수소	PO_3^{3-}	아인산
HSO_4^{-}	황산 수소	SO_4^{2-}	황산		
HSO_3^{-}	아황산 수소	SO_3^{2-}	아황산		
ClO_4^{-}	과염소산	ClO_3^{-}	염소산		
ClO_2^{-}	아염소산	ClO^{-}	하이포아염소산		
OH^{-}	수산화				

유기 화합물에서의 작용기

종류	작용기	종류	작용기
할로젠화 알케인	—F, —Cl, —Br, 또는 —I	카복실산	$-\overset{\overset{\displaystyle O}{\|}}{C}-OH$
알켄	—CH═CH—	에스터	$-\overset{\overset{\displaystyle O}{\|}}{C}-O-$
알카인	—C≡C—	아민	$-NH_2$
방향족	벤젠 고리	아마이드	$-\overset{\overset{\displaystyle O}{\|}}{C}-NH_2$
알코올	—OH		
싸이올	—SH		
에터	—O—		
알데하이드	$-\overset{\overset{\displaystyle O}{\|}}{C}-H$		
케톤	$-\overset{\overset{\displaystyle O}{\|}}{C}-$		

핵심 일반화학 번역자

김덕수 · 김보미 · 김복조 · 김영수
김종택 · 박경봉 · 변부형 · 송민정
이은지 · 이익모 · 장기석 · 전영진
정갑섭 · 조은범 · 진대언 · 최현주
홍병표

핵심 일반화학 13판

2023년 3월 1일 인쇄
2023년 3월 5일 발행

원 저 자 ◎ Karen C. Timberlake

역 자 ◎ **일반화학교재편찬위원회**

발 행 인 ◎ **조 승 식**

발 행 처 ◎ (주)도서출판 **북스힐**
서울시 강북구 한천로 153길 17

등 록 ◎ 1998년 7월 28일 제22-457 호

(02) 994-0071

(02) 994-0073

www.bookshill.com
bookshill@bookshill.com

잘못된 책은 교환해 드립니다.

값 35,000원

ISBN 979-11-5971-485-6